"十三五"江苏省高等学校重点教材

编号：2020-1-103

江美福 冯秀舟 张力元 主编

A CONCISE INTRODUCTION TO PHYSICS

物理学简明教程

（第2版）

苏州大学出版社
Soochow University Press

图书在版编目(CIP)数据

物理学简明教程 / 江美福，冯秀舟，张力元主编
. —2 版. —苏州：苏州大学出版社，2022.9(2025.1 重印)
ISBN 978-7-5672-4014-8

Ⅰ.①物… Ⅱ.①江… ②冯… ③张… Ⅲ.①物理学
-高等学校-教材 Ⅳ.①O4

中国版本图书馆 CIP 数据核字(2022)第 133525 号

物理学简明教程(第二版)
WULIXUE JIANMING JIAOCHENG (DI-ER BAN)
江美福　冯秀舟　张力元　主编
责任编辑　肖　荣

苏州大学出版社出版发行
(地址：苏州市十梓街 1 号　邮编：215006)
常州市武进第三印刷有限公司印装
(地址：常州市武进区湟里镇村前街　邮编：213154)

开本 787 mm×1 092 mm　1/16　印张 29.5　字数 737 千
2022 年 9 月第 2 版　2025 年 1 月第 7 次修订印刷
ISBN 978-7-5672-4014-8　定价：78.00 元

图书若有印装错误，本社负责调换
苏州大学出版社营销部　电话：0512-67481020
苏州大学出版社网址　http://www.sudapress.com
苏州大学出版社邮箱　sdcbs@suda.edu.cn

第二版前言

“互联网+教育”的飞速发展突破了教室和教师的限制，拓展了学习的时空，促进了教育信息化及教学模式的改革.教材内容和形式必须适应读者的学习方式和个性化发展的需求也就成了必然.基于此，《物理学简明教程》编委会借助新媒体和互联网技术，结合近年来的教学改革成果，采纳自2017年第一版(江美福 冯秀舟 陈亮 主编)出版发行以来收到的意见和建议，于2019年启动了《物理学简明教程》第二版的编写工作，并获2020年“十三五”江苏省高等学校重点教材立项支持.

相比于第一版，第二版的特色主要体现在“两个融合”.其一，与新媒体和互联网技术的融合，凸显“互联网+教育”的特色.针对教学大纲中的重要知识点，推出了188个线上资源，包括单个时长在10分钟左右的教学微视频、PPT或PDF格式的拓展材料，作为“碎片化”的线上资源，以二维码形式呈现给读者.读者可以依据知识图谱，通过移动端选择性地“点对点”获取学习资源，助力个性化学习，提高学习效率.其二，与相关专业交叉融合，倡导“专业拓展请专业人员写”的理念，彰显物理“析万物之理”的本质，特邀苏州大学附属第二医院的9名一线骨干医生加入编委会.他们结合各自的临床实践，从专业视角以阅读材料的形式专题介绍物理学原理在临床诊断、常规检测、职业防护、身心健康等方面的应用.另外，本教材还介绍了物理学原理在科技前沿中的应用.专业视角下“物理有用”才真有用!

参加本书编写的人员包括苏州大学东吴学院的江美福、冯秀舟、罗晓琴、朱天淳、戴永丰、吴亮、阮中中、杨亦赏、钱懿华、张健敏、曹海霞、倪亚贤、卢兴园，苏州大学附属第一医院的陈亮、顾勇和苏州大学附属第二医院的张力元、邹莉、李柳炳、邢鹏飞、孔月虹、徐美玲、彭啟亮、张军军、徐耀等，最后由江美福、冯秀舟、张力元负责统稿和定稿.

本书的编写得到了苏州大学教务处、东吴学院和苏州大学出版社有关领导与同仁的大力支持，在此，谨向他们致以最诚挚的谢意!

本教材将不断更新和完善，特别注重对相关在线资源，包括教学视频及相关科技前沿知识、专题介绍等内容的补充和更新.编者希望得到广大读者和同仁一如既往的关心与支持，期待所有使用本书的师生们的真知灼见!

编　者

2022年5月于苏州

第一版前言

宇宙万物，大到日月星辰，小至原子里的核子，无论是以固体、液体、气体、等离子体等实物物质形式存在，还是以电磁场、重力场、引力场等场物质形式存在，都在永不停息地运动.运动是绝对的，是物质的根本属性.

物理学就是研究物质运动基本规律和物质的基本结构及其相互作用的科学.物质的运动形式是多种多样的，包括机械运动、电磁运动、热运动、原子分子等微观粒子的运动等.物理学研究的运动普遍存在于其他高级、复杂的运动形式（如生命运动、生物代谢等）之中，因此，物理学所研究的基本规律和基本研究方法具有极大的普遍性，物理学的基本原理已渗透于自然科学的所有领域，广泛应用于工程技术之中.

历史上每次重大的技术革命都来源于物理学上的重大突破.热学、热力学的研究（18世纪下半叶）导致蒸汽机的发明和广泛应用，引发了第一次工业革命，使人类进入了蒸汽机时代.电磁感应的研究、电磁学理论的建立（19世纪中叶）导致发电机、电动机的发明及无线电通信的出现，引发了第二次工业革命，人类从此跨入了电气化时代.相对论、量子力学的建立（1900—1930年）使物理学进入了高速、微观领域；核物理的研究使核能的释放和应用成为现实；原子、分子物理的研究使激光得以发明和应用；半导体、固体物理、材料科学的研究使晶体管、超大规模集成电路、纳米、新能源、云计算、航天等技术得以发展，人们把新能源、新材料、激光、信息等技术的发展称为第三次工业革命.如今量子通信的曙光已经显现，人类对宇宙的了解将进一步深入，物理的光辉曾经并将继续照耀着世界.

但是，相关学院不止一次要求：大学物理课程的讲授应该考虑到学生的专业特点，与专业有关的知识点多讲，无关的少讲或不讲.

目前不少医学院校开设了“医用物理”课程，那是否还要开设“机械物理”“纺织物理”“金融物理”等课程呢?

课堂上学生喜欢问的话题是“物理有何用?”

多年来为理、工、医、农、商等不同学院的学生讲授“大学物理”课程的经历提醒我们：“大学物理”不是专业课！判天地之美，析万物之理，物理学涉及的研究方法多种多样，所起的作用是任何一门专业课无法取代的.物理学为相关专业服务的落脚点应该放在培养学生的学习能力上，而不是具体的知识点或技术的学习.听同行谈及给医学部学生讲授“医用物理”的苦衷，编者也感同身受.物理老师的医学知识不可能到位，学生医学知识也还未掌握，大幅介绍物理原理在一些具体医学环节上的应用，效果并不好.况且，当今的科技日新月异，医学手段、医疗器械更新换代非常快，课堂上学到的与实际接触的势必差距不小.相关统计数据表明，近年来，毕业后真正从事本科所学专业的人大概在30%，工作3年内跳槽、改行已成常态. 物理教学应该回归到培养学生的科学思维方法、科学素养和创新精神上来. 相比学习“医用物理”“纺织物理”等而言，学好“大学物理”可能是一个更好的选择.

物理学在发展，相关的知识、方法也在不断更新. 让身边的物理，以及科技热点尽量融入相关的知识点，正是本书全体参编人员倾心追求的. 希望编者精心准备的阅读材料对拓宽师生们的视野有所裨益.

本书编写秉持的指导思想是：以教育部颁布的“理工科类大学物理课程教学基本要求”为大纲；淡化学生的专业背景，注重相关知识的系统性，加强对物理方法、科学建模思想的介绍；力求结构紧凑，概念清楚，论证严谨. 便于教和学，较好地服务于使用本教程的所有专业的师生们，此乃本书编写的宗旨所在.

参加本书编写的人员包括苏州大学物理科学与技术学院的江美福、冯秀舟、朱天淳、戴永丰、吴亮、阮中中和苏州大学附属第一医院的陈亮、顾勇等，并由江美福、冯秀舟、陈亮负责统稿、修改和定稿.

本书的编写得到了苏州大学教务部、物理科学与技术学院、苏州大学出版社有关领导和同仁的大力支持，在此，谨向他们致以最诚挚的谢意！

虽然本书的构思和组稿耗时较长，但有关想法还须实践检验与完善，所有使用本教程的教师和学生们的真知灼见十分重要，编者期待着.

编　者

2017 年 2 月

目录
Contents

第1篇 力 学

第2篇　电磁学

第3篇 热 学

第 4 篇 光 学

第 5 篇 近代物理基础

第1篇　力　学

物质最基本最直接的运动形式是机械运动，即物体的位置变动或物体内各部分之间的相对运动(变形). 研究机械运动基本规律的学科就是力学(mechanics).

力学是一门古老的学科，力学的源头可追溯至公元前 4 世纪古希腊学者柏拉图认为圆周运动是天体最完美的运动和亚里士多德关于力维持运动的假说；公元前5 世纪古代中国《墨经》中关于杠杆原理的论述等. 经典力学研究的是宏观、低速(与光速相比)运动的情形，其理论基础是牛顿三大定律，又称牛顿力学；对高速运动的物体须用相对论力学来研究. 经典力学的辉煌，曾让人觉得只要通过物理定律进行精确的计算，就可以预测物质运动的未来，实践证明这是机械决定论. 当进入微观领域研究微观粒子的运动时，须采用量子力学，这时采用的是概率性的描述.

按照研究内容来划分，力学可分为运动学和动力学两部分. 运动学着重于物体运动状态的描述，并找出运动方程(规律)；动力学则致力于分析物体运动形成和改变的原因. 另外，物体间通过做功来实现(机械)能的传递和转化.

第1章

质点力学

1.1　质点运动学

1.1.1　质点　参照系　时间和空间

一、时间和空间

日月经天，江河行地，春夏秋冬，草木枯荣．古往今来，人类通过对天地间自然现象的观察与感悟，逐渐形成了时间和空间的概念．在测量和描述物体及其运动的位置、形状、方向等性质中抽象出了**空间**，用以反映物体及其运动和相互作用的广延性；**时间**则是从描述物体运动的持续性以及事件发生的顺序中抽象出来的，正所谓“上下四方曰宇，古往今来曰宙”．

空间和时间的性质，主要是通过它们与物体运动及其相互作用的各种关系和测量表现出来的．日常生活中涉及的是宏观、低速运动的物体，长期的观察形成了经典力学中无限延伸的欧几里得几何的绝对空间和无限延伸的闵可夫斯基空间．时间和空间彼此独立，没有任何联系．就像牛顿表述的“绝对空间就其本质而言，是与任何外界事物无关的，而且是永远相同和不动的”“绝对的、真正的、数学的时间自身在流逝着，而且，由于其本性在均匀地、与任何其他外界事物无关地流逝着”．

事实上，宏观物体的速度很小，即使是所谓的第三宇宙速度，也不过 1.67×10^4 m/s．当物体运动速度接近光速（2.99×10^8 m/s）时，相对论表明：时间、空间和运动着的物质不可分割地联系在一起，组成四维时空，构成宇宙的基本结构．单独谈论空间或时间没有任何意义．时间和空间是相对的，在某些特定的条件下甚至可能发生互换．进入微观世界，量子论则认为对于一个体系在过去可能存在于什么状态的判断结果，决定于在现今的测量中做怎样的选择．在极小的时空尺度中，描写事件顺序的“前”“后”概念将失去意义．

国际单位制中，时间的单位是 s（秒）．现行的时间单位是 1967 年第 13 届国际计量大会规定的，将 ^{133}Cs（铯）原子基态的两个超精细能级间跃迁相对应的辐射周期的 9 192 631 770 倍定义为 1 秒．此定义的复现秒准确度达 1.0×10^{-13}．

空间距离为长度．国际单位制中，长度的单位是 m（米）．长度的现行单位是 1983 年 10 月第 17 届国际计量大会规定的．根据甲烷谱线的频率和波长值，获得了非常精确的真空中的光速值 $c=299\ 792\ 458$ m/s．定义光在真空中 $\dfrac{1}{299\ 792\ 458}$ s 时间间隔内的行程为 1 m（米）．

自然界典型的空间和时间尺度见表 1-1 和表 1-2．

表 1-1 某些空间尺度 单位：m

宇宙范围极限：10^{27}	人类红细胞直径：10^{-5}
超星系团：10^{25}	可见光波长：$0.4\times10^{-6}\sim0.7\times10^{-6}$
银河系半径：7.6×10^{22}	细菌线度：10^{-8}
光年的距离：10^{17}	原子线度：10^{-10}
太阳半径：7×10^{8}	原子核线度：10^{-14}
地球半径：6×10^{6}	基本粒子线度：10^{-16}
日地距离：1.5×10^{10}	普朗克长度：4.05×10^{-35}
成人典型身高：1.6	

表 1-2 某些时间尺度 单位：s

宇宙年龄：10^{18}(约 150 亿年)	人体心律周期：1
太阳年龄：10^{17}(约 50 亿年)	人眼视觉弛豫时间：10^{-1}
地球年龄：10^{17}(约 46 亿年)	中频声波周期：10^{-3}
地球上出现生物距今：10^{16}(约 3.5 亿年)	中频无线电波周期：10^{-6}
地球上出现猿人距今：10^{13}(约 300 万年)	π^{+}介子的平均寿命：10^{-9}
人的平均寿命：10^{9}	分子转动周期：10^{-12}
地球公转一圈(一年)：3.2×10^{7}	顶夸克寿命：10^{-24}
地球自转一圈(一天)：8.6×10^{4}	普朗克时间：1.35×10^{-43}
太阳光到达地球用时：4.8×10^{2}(约 8 分钟)	

二、参照系和坐标系

要描述某物体的运动，必须先选择另一个物体作为参考，这个被选作参考标准的物体叫**参照系**或**参考系**. 同一物体，如果选取不同的参照系，对它的运动的描述可能不一样. 即物质的运动是绝对的，但对运动的描述是相对的. 战国时期的公孙龙就注意到了“飞鸟之影，未尝动也”. 在匀速航行的舰船甲板上松开手中的小球，看到小球做自由落体运动；但对岸边的观察者来说，小球是在做平抛运动. 选择哪个物体作为参照系，主要取决于问题的性质和是否便于研究. 当研究地球运动时，多取太阳为参照系；当研究地球表面附近物体的运动时，一般以地球为参照系.

参照系选定后，为了定量描述物体的运动，还必须选择一个固定的**坐标系**，包括选择参照系上某点为坐标原点和标有刻度及方向的坐标轴. 常用的坐标系有直角坐标系、极坐标系和自然坐标系等. 参照系一旦选定，选取不同的坐标系并不影响运动描述的结果，但坐标系选择得当，可以使问题描述简化.

三、质点

任何物体都有一定的大小、形状、质量和内部结构，一般来说，运动过程中物体上各点的位置变化各不相同，物体的大小和形状也可能发生变化. 如果在某些情形下，物体的形状和大小不起作用(如没有转动和形变的情形)，或与所研究的问题关系甚微以至可以忽略不计时，就可以把物体看作一个具有整个物体的质量而没有大小和形状的几何点，这种具有质量的几何点叫**质点**. 显然，质点是一种理想的物理模型.

至于某物体能否当作质点，要视具体研究要求而定. 例如，研究地球绕太阳公转时，地球的平均半径(6.4×10^{6} m)远小于日地距离(1.5×10^{10} m)，可视地球为质点；但在研究地球的自转时，须将它看作质点的组合体.

1.1.2　位矢　位移　速度　加速度

一、位矢　运动方程

确定了参照系，建立了坐标系后，质点在时刻 t 的位置 P 就可以通过自坐标原点 O 指向 P 点的有向线段 OP 来表示，记作矢量 $\boldsymbol{r}$，称为质点的**位置矢量**，简称**位矢**，又称**矢径**，如图 1-1 所示.

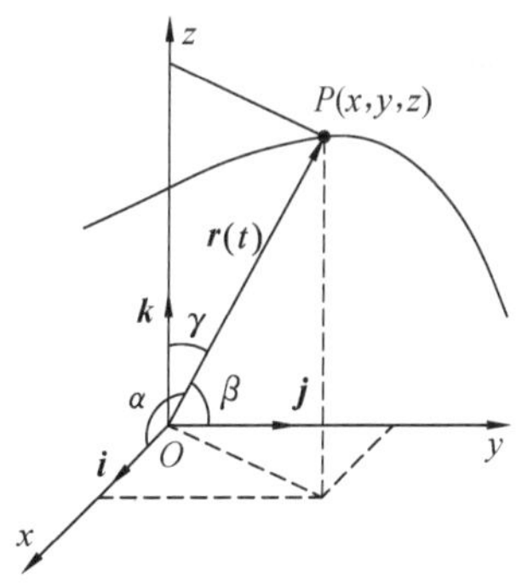

图 1-1　质点的位置矢量

质点位置随时间的变化可以通过相应的坐标值以数学函数的形式给出，称为质点的**运动方程**，或**运动函数**. 以最常用的直角坐标系为例，运动方程可表示为以下两种形式.

(1) 矢量式.

$$\boldsymbol{r}(t)=x(t)\boldsymbol{i}+y(t)\boldsymbol{j}+z(t)\boldsymbol{k} \tag{1-1}$$

式中，$\boldsymbol{i}$、$\boldsymbol{j}$、$\boldsymbol{k}$ 是坐标轴 x、y、z 三个方向的单位矢量. P 点距 O 点的距离由位矢的大小 r 表示：

$$r=|\boldsymbol{r}|=\sqrt{x^2+y^2+z^2}$$

P 点对应的方向余弦是

$$\cos\alpha=\frac{x}{r},\ \cos\beta=\frac{y}{r},\ \cos\gamma=\frac{z}{r}$$

(2) 标量式.

$$x=x(t),\ y=y(t),\ z=z(t) \tag{1-2}$$

由式(1-2)消去时间 t 可得到质点的**轨道方程** $f(x,y,z)=0$.

国际单位制中，位矢(矢径)的单位是米(m).

二、位移

质点在 t 时刻位于 A 点，到 $t+\Delta t$ 时刻运动到了 B 点，相应的位矢分别为 $\boldsymbol{r}_A$ 和 $\boldsymbol{r}_B$，如图 1-2 所示，那么时间 Δt 内质点的位置变化可用有向线段 $\overrightarrow{AB}$ 表示，称为**位移矢量**，简称**位移**，其大小为割线 AB 的长度.

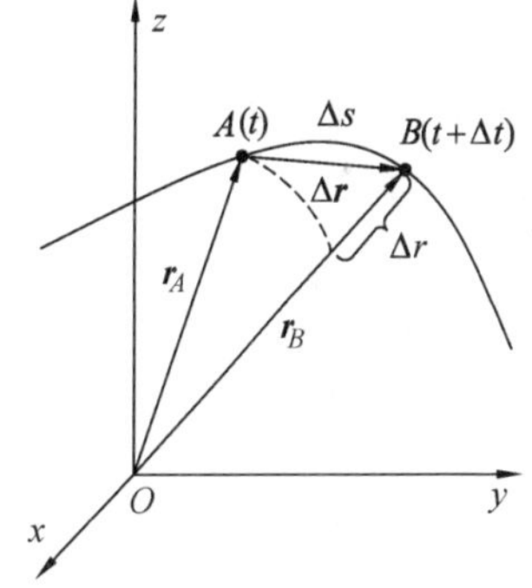

图 1-2　位移矢量

从图 1-2 不难看出，位移 $\overrightarrow{AB}$ 实际上是位矢 $\boldsymbol{r}$ 的增量 $\Delta\boldsymbol{r}$，满足

$$\overrightarrow{AB}=\Delta\boldsymbol{r}=\boldsymbol{r}_B-\boldsymbol{r}_A \tag{1-3}$$

质点自 A 到 B 实际经历的曲线 AB 的长度 Δs，称为**路程**，是一标量. 从图 1-2 中不难发现，一般来说 $\Delta s\neq|\Delta\boldsymbol{r}|$，只有当 Δt 趋近于零时，才有 $\mathrm{d}s=|\mathrm{d}\boldsymbol{r}|$. Δr 与 $\Delta\boldsymbol{r}$ 是两个完全不同的概念，Δr 是标量，仅代表运动过程中质点离原点 O 距离的变化，而 $\Delta\boldsymbol{r}$ 是位移矢量，如图 1-2 所示，两者量值也不一定相等，即 $\Delta r\neq|\Delta\boldsymbol{r}|$.

国际单位制中，位移和路程的单位是米(m).

三、速度

质点在时间 Δt 内的位移 $\Delta\boldsymbol{r}$ 与 Δt 之比，称为 Δt 内的平均速度，反映的是 Δt 时间内质

点位置矢量的平均变化率，即

$$\bar{\boldsymbol{v}}=\frac{\Delta \boldsymbol{r}}{\Delta t} \tag{1-4}$$

当 $\Delta t \to 0$ 时，比值$\frac{\Delta \boldsymbol{r}}{\Delta t}$将无限地接近于一确定的矢量$\boldsymbol{v}$，即质点在 t 时刻的**瞬时速度**，简称**速度**. 即

$$\boldsymbol{v}=\lim_{\Delta t \to 0}\frac{\Delta \boldsymbol{r}}{\Delta t}=\frac{\mathrm{d}\boldsymbol{r}}{\mathrm{d}t} \tag{1-5}$$

从图 1-2 可以分析出，$\Delta t \to 0$ 时，割线的极限为 A 点的切线，因此，任意点的速度方向为该点的切线方向，并指向质点前进的一侧.

利用位矢 $\boldsymbol{r}$ 在直角坐标系中的三个分量，可以得到直角坐标系中速度的三个分量，分别是

$$v_x=\frac{\mathrm{d}x}{\mathrm{d}t},\ v_y=\frac{\mathrm{d}y}{\mathrm{d}t},\ v_z=\frac{\mathrm{d}z}{\mathrm{d}t} \tag{1-6}$$

速度$\boldsymbol{v}$可写作

$$\boldsymbol{v}=v_x\boldsymbol{i}+v_y\boldsymbol{j}+v_z\boldsymbol{k} \tag{1-7}$$

速度的大小记为 v，则

$$v=|\boldsymbol{v}|=\sqrt{{v_x}^2+{v_y}^2+{v_z}^2} \tag{1-8}$$

按定义$|\boldsymbol{v}|=\frac{|\mathrm{d}\boldsymbol{r}|}{\mathrm{d}t}$，由于$|\mathrm{d}\boldsymbol{r}|=\mathrm{d}s$，有

$$v=|\boldsymbol{v}|=\frac{|\mathrm{d}\boldsymbol{r}|}{\mathrm{d}t}=\frac{\mathrm{d}s}{\mathrm{d}t} \tag{1-9}$$

也等于路程的变化率，即单位时间通过的路程，又称速率.

国际单位制中，速度的单位是米/秒(m/s)，表 1-3 给出了一些典型的速率.

表 1-3　某些典型的速率　　单位：m/s

真空中的光速 c	3×10^8	空气中的声速(0 ℃)	3.13×10^2
北京正负电子对撞机中的电子的速率	$0.999\,999\,98c$	动车组行驶时的速率	约 6.9×10
地球公转的速率	3×10^4	猎豹(跑得最快的动物)奔跑的速率	约 2.8×10
人造地球卫星运行时的速率	7.9×10^4	人类百米跑(世界纪录)的速率	1.04×10
现代歼击机飞行的速率	约 9×10^2	大陆板块移动的速率	约 10^{-9}
步枪子弹离开枪口时的速率	约 7×10^2		

四、加速度

质点运动过程中，一般速度也随时间变化. 设质点在 A 点和 B 点的速度分别为$\boldsymbol{v}_A$和$\boldsymbol{v}_B$. 反映质点速度变化快慢的物理量称为加速度(图 1-3).

定义 Δt 时间内质点的**平均加速度**为

$$\bar{\boldsymbol{a}}=\frac{\Delta \boldsymbol{v}}{\Delta t} \tag{1-10}$$

取**平均加速度**的极限即为 t 时刻质点的**瞬时加速度**，简称**加速度**，即

$$\boldsymbol{a}=\lim_{\Delta t \to 0}\frac{\Delta \boldsymbol{v}}{\Delta t}=\frac{\mathrm{d}\boldsymbol{v}}{\mathrm{d}t}=\frac{\mathrm{d}^2\boldsymbol{r}}{\mathrm{d}t^2} \tag{1-11}$$

直角坐标系中加速度的三个分量分别是

$$a_x=\frac{\mathrm{d}v_x}{\mathrm{d}t}=\frac{\mathrm{d}^2x}{\mathrm{d}t^2},\ a_y=\frac{\mathrm{d}v_y}{\mathrm{d}t}=\frac{\mathrm{d}^2y}{\mathrm{d}t^2},\ a_z=\frac{\mathrm{d}v_z}{\mathrm{d}t}=\frac{\mathrm{d}^2z}{\mathrm{d}t^2} \tag{1-12}$$

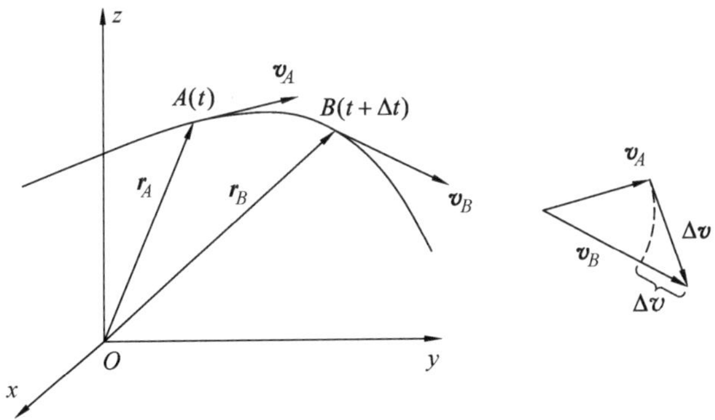

图 1-3　速度的增量

加速度 $\boldsymbol{a}$ 可写作

$$\boldsymbol{a}=a_x\boldsymbol{i}+a_y\boldsymbol{j}+a_z\boldsymbol{k} \tag{1-13}$$

加速度的量值为

$$a=|\boldsymbol{a}|=\sqrt{a_x{}^2+a_y{}^2+a_z{}^2} \tag{1-14}$$

国际单位制中，加速度的单位是米/秒^2(m/s^2)，表 1-4 给出了一些典型的加速度.

表 1-4　某些典型的加速度量值　　单位：m/s^2

超速离心机中粒子的加速度	3×10^6	月球表面的重力加速度	1.7
步枪子弹在枪膛中的加速度	约 5×10^5	地球自转引起赤道上物体产生的加速度	3.4×10^{-2}
使人发晕的加速度	约 7×10^1	地球公转的加速度	6×10^{-3}
地球表面的重力加速度	9.8	太阳绕银河系中心转动的加速度	约 3×10^{-10}
汽车制动的加速度	约 8		

例题 1-1　已知质点做匀加速直线运动，加速度大小为 a，求该质点的运动方程.

解：按定义 $\boldsymbol{a}=\frac{\mathrm{d}\boldsymbol{v}}{\mathrm{d}t}$ 得 $\mathrm{d}\boldsymbol{v}=\boldsymbol{a}\mathrm{d}t$. 直线运动(一维)情况下，上式可写成 $\mathrm{d}v=a\mathrm{d}t$.

设 $t=0$ 时，$x=x_0$，$v=v_0$，对上式两边积分，可得 $\int_{v_0}^{v}\mathrm{d}v=\int_0^t a\mathrm{d}t=a\int_0^t\mathrm{d}t$，解得

$$v=v_0+at \tag{1}$$

对上式再次积分，便得到质点的运动方程：

$$x-x_0=\int_{x_0}^{x}\mathrm{d}x=\int_0^t v\mathrm{d}t=v_0t+\frac{1}{2}at^2 \tag{2}$$

联立式(1)、式(2)，消去时间 t，可得

$$v^2=v_0{}^2+2a(x-x_0) \tag{3}$$

式(1)～式(3)就是匀加速直线运动的相关公式.

例题 1-2 一质点的运动方程为 $\boldsymbol{r}(t)=\boldsymbol{i}+4t^2\boldsymbol{j}+t\boldsymbol{k}$,其中位矢 $\boldsymbol{r}$ 和时间 t 的单位分别为 m 和 s. 试求:

(1) 该质点的速度与加速度;

(2) 该质点的轨道方程.

解:(1) 按照相关定义,速度和加速度分别为

$$\boldsymbol{v}=\frac{\mathrm{d}\boldsymbol{r}}{\mathrm{d}t}=8t\,\boldsymbol{j}+\boldsymbol{k} \text{ 和 } \boldsymbol{a}=\frac{\mathrm{d}\boldsymbol{v}}{\mathrm{d}t}=8\boldsymbol{j}$$

(2) 由质点的运动方程可知 $x=1,y=4t^2,z=t$.

消去时间 t,即可得到质点的轨道方程 $x=1,y=4z^2$.

可见,质点的运动轨迹是 $x=1$ 的 yOz 平面内的一条抛物线.

例题 1-3 路灯距地面的高度为 h,一个身高为 l 的人在水平路上以速率 v_0 朝路灯方向运动,如图 1-4 所示. 求:

(1) 人影中头顶的移动速度.

(2) 影子长度增长的速率.

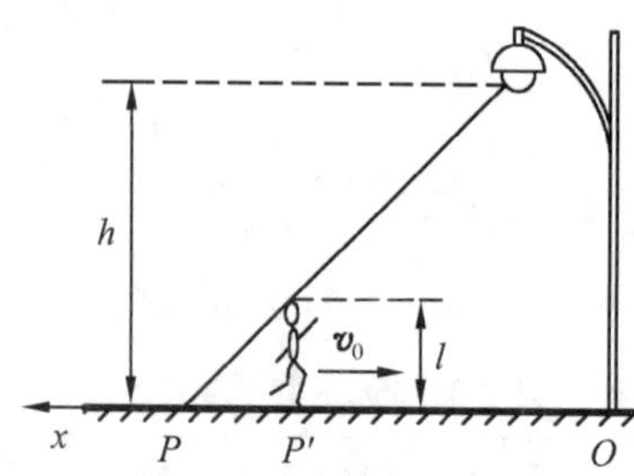

图 1-4 例题 1-3 图

解:(1) 取路灯与地面交会处为坐标原点 O,人处于 P' 时人影中头顶位置为 P,由于 $\overline{OP'}$ 和 $\overline{OP}$ 随时间 t 减小,按定义有 $v_0=-\frac{\mathrm{d}\,\overline{OP'}}{\mathrm{d}t}$,根据三角形相似的原理,人影中头顶的移动速率为

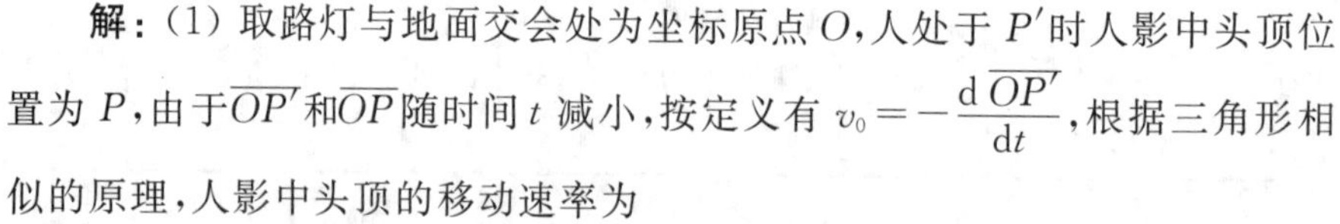

$$v=-\frac{\mathrm{d}\,\overline{OP}}{\mathrm{d}t}=-\frac{h}{h-l}\frac{\mathrm{d}\,\overline{OP'}}{\mathrm{d}t}=\frac{h}{h-l}v_0$$

(2) 影子长度增长的速率为

$$v'=\frac{\mathrm{d}\,\overline{PP'}}{\mathrm{d}t}=-\frac{l}{h}\frac{\mathrm{d}\,\overline{OP}}{\mathrm{d}t}=\frac{l}{h}v=\frac{l}{h-l}v_0$$

例题 1-4 如图 1-5 所示,一质点在 xOy 平面内运动,其运动方程为 $x=R\cos\omega t$ 和 $y=R\sin\omega t$,其中 R 和 ω 为正值常量. 求质点的运动轨道以及任意时刻的位矢、速度和加速度.

解:由已知的运动方程消去时间 t 即可得到轨道方程:

$$x^2+y^2=R^2$$

可见质点在做半径为 R 的圆周运动. 质点在 t 时刻的位矢

$$\boldsymbol{r}(t)=x(t)\boldsymbol{i}+y(t)\boldsymbol{j}=R\cos\omega t\,\boldsymbol{i}+R\sin\omega t\,\boldsymbol{j}$$

位矢的大小为

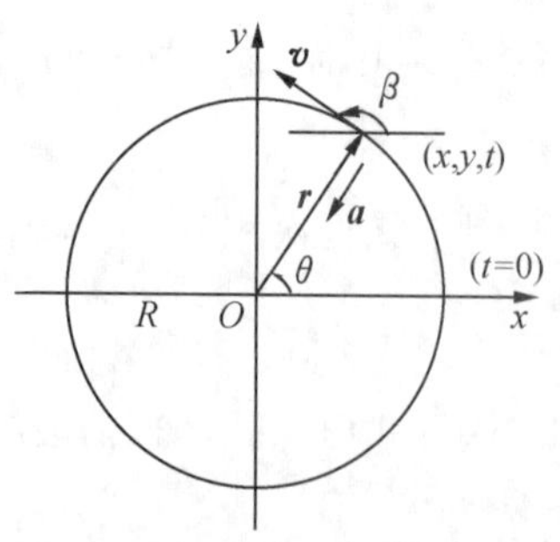

图 1-5 例题 1-4 图

$$r=\sqrt{x^2+y^2}=R$$

设位矢与 x 轴的夹角为 θ,则

$$\tan\theta=\frac{y}{x}=\frac{\sin\omega t}{\cos\omega t}=\tan\omega t$$

可见位矢与 x 轴的夹角为

$$\theta=\omega t$$

t 时刻质点的速度为

$$\boldsymbol{v}=\frac{\mathrm{d}\boldsymbol{r}}{\mathrm{d}t}=-R\omega\sin\omega t\,\boldsymbol{i}+R\omega\cos\omega t\,\boldsymbol{j}$$

其大小

$$v=\sqrt{{v_x}^2+{v_y}^2}=R\omega$$

可见,质点在做匀速圆周运动.

设 t 时刻速度与 x 轴的夹角为 β,则

$$\tan\beta=\frac{v_y}{v_x}=-\frac{\cos\omega t}{\sin\omega t}=-\cot\omega t$$

不难发现 $\beta=\omega t+\frac{\pi}{2}=\theta+\frac{\pi}{2}$,可见速度始终垂直于位矢,方向沿圆周的切线方向.

t 时刻质点的加速度为

$$\boldsymbol{a}=\frac{\mathrm{d}\boldsymbol{v}}{\mathrm{d}t}=-R\omega^2\cos\omega t\,\boldsymbol{i}-R\omega^2\sin\omega t\,\boldsymbol{j}=-\omega^2\boldsymbol{r}$$

上式表明,质点做匀速圆周运动时加速度方向始终与位矢方向相反,即沿半径指向圆心,其大小为

$$a=\sqrt{{a_x}^2+{a_y}^2}=R\omega^2$$

从以上例题不难总结出,已知质点的运动方程,可以利用微分方法求出任意时刻质点的速度和加速度;若知道了质点的加速度,利用初始条件,采用积分手段可以得到任意时刻质点的速度、位矢及运动方程.

1.1.3　曲线运动及其描述

一、抛体运动

抛体的运动可看成是水平方向的匀速直线运动和竖直方向的匀变速直线运动的合成.

通常选抛出点为选定的直角坐标系原点,以斜抛为例. 如图 1-6 所示,取 y 轴竖直向上,x 轴沿水平方向,其正方向与抛体初速度 $\boldsymbol{v}_0$ 在水平方向的分量相同,设 $\boldsymbol{v}_0$ 与 x 轴夹角为 θ_0,初始条件为

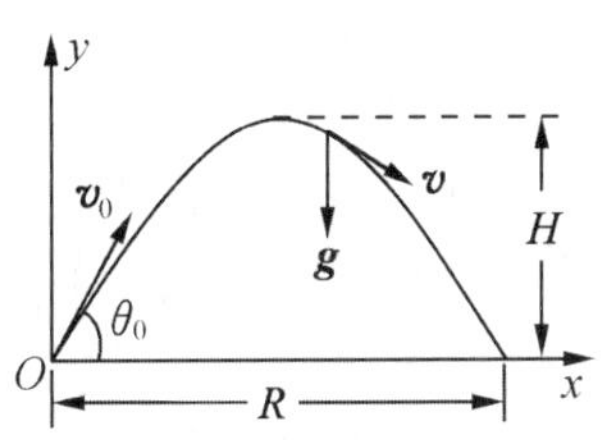

图 1-6　抛体运动

$$t=0,x_0=y_0=0,v_{0x}=v_0\cos\theta_0,v_{0y}=v_0\sin\theta_0$$

任意时刻质点的加速度为

$$\boldsymbol{a}=-g\boldsymbol{j}$$

任意时刻质点的速度为

$$\boldsymbol{v}=\boldsymbol{v}_0+\int_0^t \boldsymbol{a}\mathrm{d}t=v_0\cos\theta_0\boldsymbol{i}+(v_0\sin\theta_0-gt)\boldsymbol{j}$$

相应的速度分量为

$$v_x=v_0\cos\theta_0,v_y=v_0\sin\theta_0-gt$$

任意时刻质点的位矢为

$$\boldsymbol{r}=\boldsymbol{r}_0+\int_0^t \boldsymbol{v}\mathrm{d}t=v_0t\cos\theta_0\boldsymbol{i}+\left(v_0t\sin\theta_0-\frac{1}{2}gt^2\right)\boldsymbol{j}$$

运动方程的标量式：

$$x=v_0\cos\theta_0\cdot t,\ y=v_0\sin\theta_0\cdot t-\frac{1}{2}gt^2$$

可见，质点在水平方向上做匀速直线运动，在竖直方向上做匀变速直线运动.

运动方程标量式中消去时间 t，即得抛体运动的轨道方程：

$$y=\tan\theta_0\cdot x-\frac{g}{2{v_0}^2\cos^2\theta_0}\cdot x^2$$

这是一个典型的抛物线方程.

上式中令 $y=0$，得抛体运动沿水平方向的射程：

$$R=\frac{{v_0}^2\sin2\theta_0}{g}$$

不难发现，当 $\theta=45°$时射程最大.

对轨道方程求极值，可得质点飞行过程中能达到的最大高度为

$$H=\frac{{v_0}^2\sin^2\theta_0}{2g}$$

二、圆周运动

（一）圆周运动的加速度

圆周运动是最简单、最基本的曲线运动. 当物体绕定轴转动时，物体上的每一点都在做圆周运动，所以，圆周运动是研究物体转动的基础.

质点做圆周运动时，其速度方向永远沿切线方向一直在变化，可见，不管速度大小是否变化，圆周运动的质点一定有加速度.

(1) 匀速圆周运动.

如图 1-7 所示，此时 v 保持不变，按加速度的定义，加速度的方向应为 $\Delta\boldsymbol{v}$ 的极限方向，与$\boldsymbol{v}$垂直，即匀速圆周运动的加速度沿半径指向圆心，取沿半径指向圆心的方向为法线方向，其单位矢量为 $\boldsymbol{n}$，有

$$\boldsymbol{a}=\lim_{\Delta t\to0}\frac{\Delta\boldsymbol{v}}{\Delta t}=\frac{v}{R}\lim_{\Delta t\to0}\frac{\overline{AB}}{\Delta t}\cdot\boldsymbol{n}=\frac{v^2}{R}\boldsymbol{n}=a_n\boldsymbol{n} \tag{1-15}$$

(2) 变速圆周运动.

如图 1-8 所示，此时速度大小和方向均在变化，可将 $\Delta\boldsymbol{v}$分解为 $\Delta\boldsymbol{v}_1$ 和 $\Delta\boldsymbol{v}_2$ 两个分量，即

$$\Delta\boldsymbol{v}=\boldsymbol{v}'-\boldsymbol{v}=\Delta\boldsymbol{v}_1+\Delta\boldsymbol{v}_2$$

其中，$\Delta\boldsymbol{v}_1$ 反映速度方向的变化，$\Delta\boldsymbol{v}_2$ 则表征速度大小的变化. 当 $\Delta t\to0$ 时，$\Delta\boldsymbol{v}_1$ 趋于法线方向，$\Delta\boldsymbol{v}_2$ 趋于切线方向.

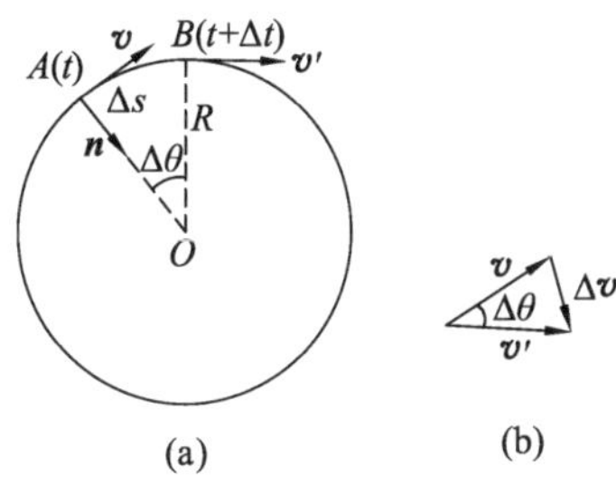

图 1-7　匀速圆周运动的加速度

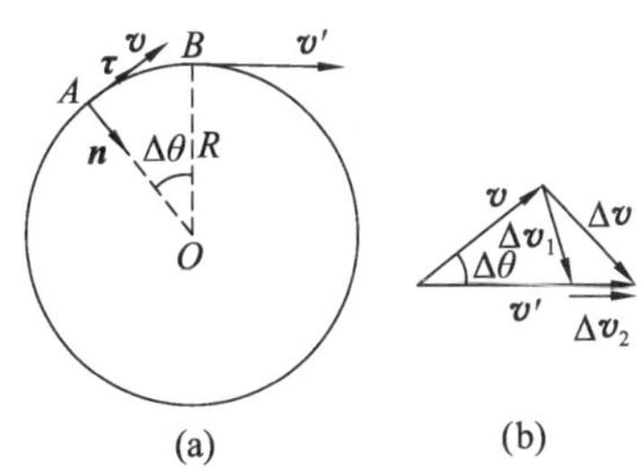

图 1-8　变速圆周运动的加速度

取曲线上任一点为坐标原点，与过该点的切线和法线一起构成自然坐标系. 指向曲线凹侧的法线方向的单位矢量为 $\boldsymbol{n}$，切线方向的单位矢量为 $\boldsymbol{\tau}$，由此按定义有

$$\boldsymbol{a}=\lim_{\Delta t\to 0}\frac{\Delta \boldsymbol{v}_1}{\Delta t}+\lim_{\Delta t\to 0}\frac{\Delta \boldsymbol{v}_2}{\Delta t}=\frac{v^2}{R}\boldsymbol{n}+\frac{\mathrm{d}v}{\mathrm{d}t}\boldsymbol{\tau}=a_n\boldsymbol{n}+a_t\boldsymbol{\tau} \tag{1-16}$$

其中，$a_n=\dfrac{v^2}{R}$，$a_t=\dfrac{\mathrm{d}v}{\mathrm{d}t}$分别表示质点加速度的法向和切向分量. 如图 1-9 所示，自然坐标系下圆周运动总加速度的大小为

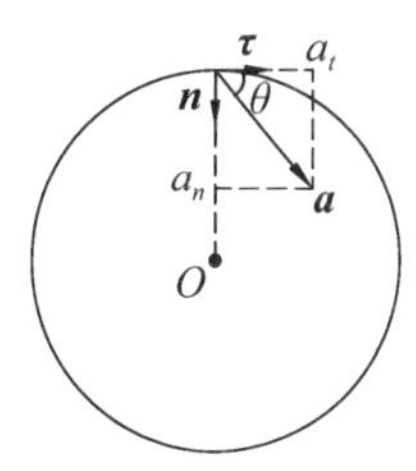

图 1-9　自然坐标系下的圆周运动

$$a=\sqrt{{a_n}^2+{a_t}^2} \tag{1-17}$$

加速度的方向可通过加速度与速度（切线）方向的夹角 θ 来表征：

$$\theta=\arctan\frac{a_n}{a_t}$$

（二）圆周运动的角量描述

质点做圆周运动时，用直角坐标系描述质点的运动比较复杂，考虑到质点离圆心的距离始终等于圆周的半径 R，这时建立一个过圆心的 x 轴，采用角量描述质点的运动状态将比采用直角坐标系更为方便.

(1) 角位置. 通过任意时刻质点的位矢与 x 轴的夹角 θ，可以方便地确定质点在圆周上的位置 A，角 θ 就是角位置，单位为 rad.

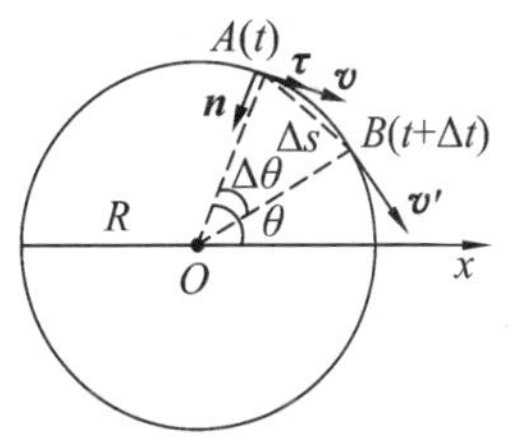

图 1-10　圆周运动的角量描述

(2) 角位移. 质点自 A 点经 Δt 时间后沿圆周运动到 B 点，转过角度 $\Delta\theta$，$\Delta\theta$ 就是相应的角位移. 通常规定：$\Delta\theta$ 逆时针为正，顺时针为负.

(3) 角速度. 质点沿圆周运动的快慢可通过角位移随时间的变化来反映. 定义角位移 $\Delta\theta$ 与 Δt 的比值为 Δt 时间内质点的平均角速度，表示为 $\overline{\omega}$，即

$$\overline{\omega}=\frac{\Delta\theta}{\Delta t} \tag{1-18}$$

$\Delta t\to 0$ 时 $\overline{\omega}$ 的极限，称为 t 时刻质点的瞬时角速度，简称角速度. 即

$$\omega=\lim_{\Delta t\to 0}\frac{\Delta\theta}{\Delta t}=\frac{\mathrm{d}\theta}{\mathrm{d}t} \tag{1-19}$$

国际单位制中角速度的单位是 rad/s.

(4) 角加速度. 如果质点经 Δt 时间后角速度由 ω 变化到 $\omega+\Delta\omega$，那么 $\Delta\omega$ 与 Δt 之比称为质点在 Δt 时间内相对于 O 点的平均角加速度 $\bar{\beta}$，即

$$\bar{\beta}=\frac{\Delta\omega}{\Delta t} \tag{1-20}$$

$\Delta t\to 0$ 时 $\bar{\beta}$ 的极限就是 t 时刻质点相对于 O 点的瞬时角加速度，简称角加速度 β，即

$$\beta=\lim_{\Delta t\to 0}\frac{\Delta\omega}{\Delta t}=\frac{\mathrm{d}\omega}{\mathrm{d}t} \tag{1-21}$$

角加速度的单位为 $\mathrm{rad/s^2}$.

对于做匀速圆周运动的质点而言，角速度 ω 不变，角加速度 β 等于 0，其运动方程为

$$\theta=\theta_0+\omega t \tag{1-22}$$

其中，θ_0 为 $t=0$ 时质点的角位置.

质点做匀变速圆周运动时，角加速度 β 是常量，任意时刻 t 的角速度为

$$\omega=\omega_0+\beta t \tag{1-23}$$

式中，ω_0 为 $t=0$ 时质点的角速度.

做匀变速圆周运动的质点的运动方程为

$$\theta=\theta_0+\omega_0 t+\frac{1}{2}\beta t^2 \tag{1-24}$$

此外，还有关系式

$$\omega^2=\omega_0{}^2+2\beta(\theta-\theta_0) \tag{1-25}$$

(三) 角量与线量的关系

$\mathrm{d}t$ 时间内质点沿半径为 R 的圆周所走的路程 $\mathrm{d}s$ 与角位移 $\mathrm{d}\theta$ 之间满足关系式：

$$\mathrm{d}s=R\mathrm{d}\theta$$

代入式(1-9)，得到线速度的大小(速率)与角速度之间的关系为

$$v=\frac{\mathrm{d}s}{\mathrm{d}t}=R\,\frac{\mathrm{d}\theta}{\mathrm{d}t}=R\omega \tag{1-26}$$

由此可推出，线量切向加速度、法向加速度与角速度、角加速度之间存在如下关系式：

$$a_t=\frac{\mathrm{d}v}{\mathrm{d}t}=R\,\frac{\mathrm{d}\omega}{\mathrm{d}t}=R\beta \tag{1-27}$$

$$a_n=\frac{v^2}{R}=R\omega^2 \tag{1-28}$$

例题 1-5 一质点从静止出发沿半径为 3 m 的圆周运动，其切向加速度为 3 $\mathrm{m/s^2}$. 问质点经过多长时间，其加速度恰好与速度成 45°角？在上述时间内，质点经过的路程和角位移各是多少？

解： $t=0$ 时，$v_0=0$，$a_t=3\ \mathrm{m/s^2}$，按定义有 $\mathrm{d}v=a_t\mathrm{d}t$，两边积分，有

$$\int_0^v \mathrm{d}v=\int_0^t a_t\mathrm{d}t=\int_0^t 3\mathrm{d}t\ ,v=3t$$

相应 $a_n=\dfrac{v^2}{R}=3t^2$，于是

$$\boldsymbol{a}=3t^2\boldsymbol{n}+3\boldsymbol{\tau}$$

按题意，$\dfrac{a_n}{a_t}=\tan 45°=1$，则 $3t^2=3$，$t=1$ s.

可见，1 s后加速度恰好与速度成45°角. 这段时间内，质点走过的路程为

$$s=\int_0^t v\,\mathrm{d}t=\int_0^1 3t\,\mathrm{d}t=1.5t^2\Big|_0^1=1.5(\mathrm{m})$$

角位移为

$$\Delta\theta=\theta-\theta_0=\frac{s}{R}=0.5\ \mathrm{rad}$$

三、任意曲线运动

对于一般二维（即平面内）的曲线运动，自然坐标系仍然便捷有效. 其实，曲线上每一点都对应一个与之相切的曲率圆，其半径 ρ 称为曲率半径，如图1-11所示.

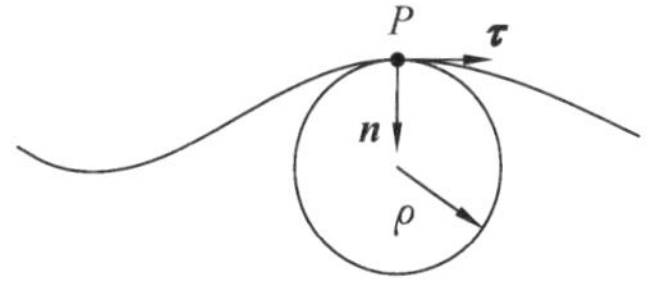

图1-11　自然坐标系下的曲线运动

以过 P 点的曲率圆的圆弧微元代替 P 点附近的曲线元时，质点在 P 点时的加速度可表示为

$$\boldsymbol{a}=a_n\boldsymbol{n}+a_t\boldsymbol{\tau}=\frac{v^2}{\rho}\boldsymbol{n}+\frac{\mathrm{d}v}{\mathrm{d}t}\boldsymbol{\tau} \tag{1-29}$$

与式(1-16)表示的圆周运动情形不同之处在于，上式中的曲率半径 ρ 不再是常量，一般随点而变.

1.1.4　伽利略坐标变换

运动是绝对的，但对运动的描述是相对的，在不同的参照系中描述同一运动的物体，其结果可能不同，但结果存在关联. 甲在岸边走，车在岸边驶，船在河中游，乙坐船窗边，甲、乙测出的车速之间如何转换？事实上，力学中的物理量都是依据长度和时间这两个基本量导出的，要找到不同参照系中测得的同一物体的运动参量之间的关联，必须先弄清不同参照系之间时间空间的关系.

一、伽利略坐标变换

设两个惯性系为 S 系和 S' 系，它们相应的直角坐标轴彼此平行，S' 系相对于 S 系沿 x 轴方向做匀速运动，速度为 u，且当 $t=t'=0$ 时，S' 系与 S 系的坐标原点重合.

同一事件 P 在 S 系与 S' 系中的时空坐标分别为 (x,y,z,t) 和 (x',y',z',t')，从图1-12中不难看出，由于相对运动仅沿 $x(x')$ 方向，任意时刻应有

$$y=y',\ z=z'$$

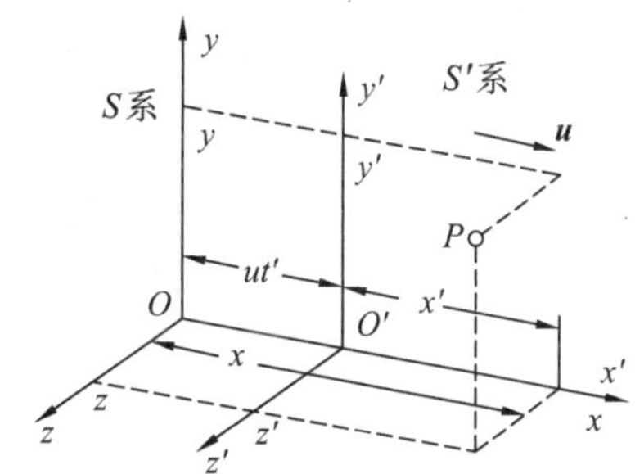

图1-12　伽利略坐标变换

至于时间，经典力学认为时间的量度与空间无关，在不同参照系中，始终有

$$t=t'$$

相应 $ut=ut'$，即任意时刻两参照系之间的距离或者说长度的测量与所在的参照系无关. 于是

$$x=x'+ut'=x'+ut,\ x'=x-ut$$

综上所述，同一事件 P 在 S 系与 S' 系中的时空坐标 (x,y,z,t) 和 (x',y',z',t') 之间的关系式为

$$
\left.\begin{array}{l}
x=x'+ut' \\
y=y' \\
z=z' \\
t=t'
\end{array}\right\} \tag{1-30}
$$

此即伽利略坐标变换式.

二、伽利略速度变换

将式(1-30)两边同时对时间求导，考虑到 $t=t'$，$\frac{\mathrm{d}x'}{\mathrm{d}t'}=\frac{\mathrm{d}x'}{\mathrm{d}t}=v_x'$，可得伽利略速度变换式：

$$
\left.\begin{array}{l}
v_x=v_x'+u \\
v_y=v_y' \\
v_z=v_z'
\end{array}\right\} \tag{1-31}
$$

上式也可写成矢量式

$$\boldsymbol{v}_S=\boldsymbol{v}_{S'}+\boldsymbol{v}_{S'S} \tag{1-32}$$

式中，$\boldsymbol{v}_S$ 和 $\boldsymbol{v}_{S'}$ 分别为质点相对于参照系 S 和 S' 的速度，$\boldsymbol{v}_{S'S}$ 为 S' 系相对于 S 系的速度，即 $\boldsymbol{u}$，也称牵连速度.

上述公式与日常经验吻合，如船相对于岸的速度等于河水相对于岸的速度与船相对于河水的速度之和；空中雨滴相对于行驶的车的速度，等于雨滴对地的速度与车的行驶速度的矢量和，等等. 但当速度接近光速时，绝对时空不再适用，时空是相互联系的，必须用相对论时空来处理相关问题.

三、伽利略加速度变换

如果 S' 系相对于 S 系做匀加速直线运动，质点相对于参照系 S 和 S' 的速度也在变化，将式(1-32)两边对时间 t 求导，有

$$\boldsymbol{a}_S=\boldsymbol{a}_{S'}+\boldsymbol{a}_{S'S} \tag{1-33}$$

式中，$\boldsymbol{a}_S$ 和 $\boldsymbol{a}_{S'}$ 分别为质点相对于参照系 S 和 S' 的加速度，$\boldsymbol{a}_{S'S}$ 为 S' 系相对于 S 系的加速度，也称牵连加速度，此时，加速度也满足矢量叠加原理.

如果 S' 系相对于 S 系仅做匀速直线运动，$\boldsymbol{a}_{S'S}=\mathbf{0}$，此时

$$\boldsymbol{a}_S=\boldsymbol{a}_{S'} \tag{1-34}$$

可见，质点的加速度对于相对做匀速直线运动的各参照系而言是个绝对量.

例题 1-6 某人以 2 km/h 的速度向东行进时，感觉风从正北吹来. 若速度加快一倍，则感觉风从东北吹来. 求相对于地的风速.

解： 以 2 km/h 和 4 km/h 的速度行进时的示意图分别如图 1-13(a)和(b)所示. 其中东北吹来的风，吹向西南方向. 从图中可得

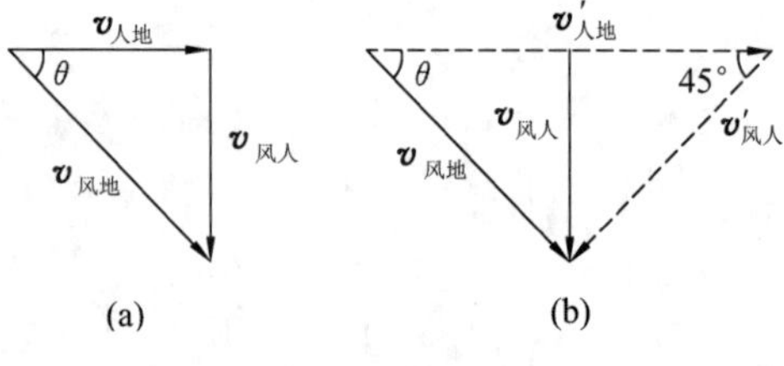

图 1-13 例题 1-6 图

$$v_{人地}=v'_{人地}-v'_{风人}\cos45°=2v_{人地}-\frac{1}{\sqrt{2}}v'_{风人} \tag{1}$$

$$v_{人地}=v_{风地}\cos\theta \tag{2}$$

$$v_{风人}=v'_{风人}\sin45°=\frac{1}{\sqrt{2}}v'_{风人} \tag{3}$$

$$v_{风人}=v_{风地}\sin\theta \tag{4}$$

由式(1)可得 $v'_{风人}=\sqrt{2}v_{人地}=2.83\ \text{km/h}$.

将上式代入式(3),可得 $v_{风人}=v_{人地}=2\ \text{km/h}$,显然,$\theta=45°$. 同时

$$v_{风地}=\sqrt{v_{风人}^2+v_{人地}^2}=2.83\ \text{km/h}$$

即风速为 2.83 km/h,方向为东偏南 45°,相对地面而言为西北方向.

1.2　质点动力学

质点运动学解决了质点运动的描述问题,质点动力学研究的是物体间的相互作用,以及由此引起的物体运动状态变化的规律,即要说明质点为什么,或者说在什么条件下会做那样的运动,其核心是牛顿运动的三大定律. 虽然牛顿运动定律是对质点而言的,但这并没有限制牛顿运动定律的广泛适用,因为任何复杂的物体都可看成是质点的组合. 以牛顿运动定律为基础可以导出刚体、流体、弹性体等的运动规律,从而建构了整个经典力学或牛顿力学的体系.

牛顿力学建立于 17 世纪,其在日常自然现象特别是天体研究等方面取得了惊人成功. 直到人们的生产实践和理论研究进入了高速微观领域,才发现牛顿力学的局限性,即它只适用于宏观物体的低速运动,日常生产实践,如天体运动、航天技术、交通运输、机械制造等,都属于牛顿力学的研究范畴,牛顿力学仍是不可或缺的理论基础.

1.2.1　牛顿运动定律

牛顿集前人特别是伽利略等有关力学研究之大成,在 1687 年出版的名著《自然哲学的数学原理》一书中提出了三条基本定律,通常统称为牛顿运动定律. 该书的问世标志着经典力学体系已经建立,书中叙述的三条运动定律如下:

牛顿第一定律　任何物体都保持静止的或沿一条直线做匀速运动的状态,直到作用在它上面的力迫使它改变这种状态为止.

牛顿第二定律　运动的变化与所加的动力成正比,并且发生在这力所沿的直线的方向上.

牛顿第三定律　对于每一个作用,总有一个相等的反作用与之相应;或者说,两个物体对各自对方的相互作用总是相等的,而且指向相反的方向.

第一定律阐明了两个基本概念的含义,一个是**惯性**,另一个为**力**. 所谓惯性,就是任何物体都具有的保持其原有运动状态不变的特性,反映了物体抵抗运动状态变化的性质. 因此,第一定律也被称为**惯性定律**. 有关惯性现象的记载可追溯至我国春秋末期《考工记》中的"马力既竭,辀犹能一取焉". 表明春秋时期的中国人已经观察到拉车子的马停止后,车子还能继续走一小段路程.

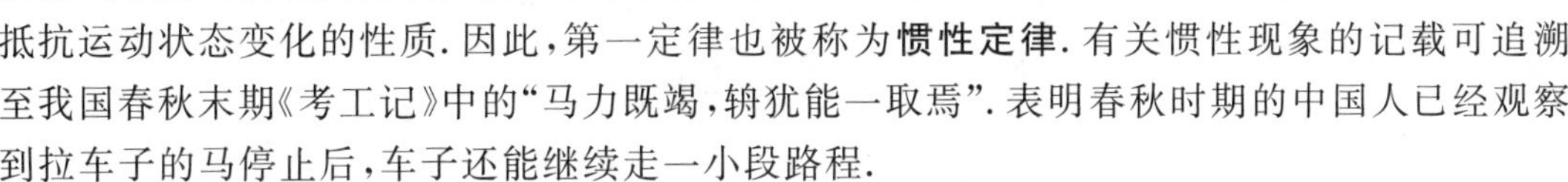

物体之间的相互作用称为"力". 力的作用效果体现在使物体获得加速度(速度或动量发生变化)或者发生形变. 所谓形变是指物体的形状和体积的变化,牛顿力学里一般不考虑物

体的大小和形状，即将物体抽象成质点或质点组，所以就无须考虑形变. 力不是维持运动的原因，而是改变物体运动状态的原因，物体运动状态的改变就意味着速度或动量的变化. "干将之刃，人不推顿，苽瓠不能伤；筱簵之箭，机不能动发，鲁缟不能穿. 非无干将、筱簵之才也，无推顿、发动之主. 苽瓠、鲁缟不穿伤，焉望斩旗、穿革之功乎？"（东汉，王充，《论衡·效力篇》）说的是利器若没有力使其运动起来，是不能产生预期效果的，力是改变物体运动状态的原因.

由于不受到其他物体作用的情形事实上不存在，所以第一定律是理想化抽象、推理的产物，并不能用实验严格验证，只是定性地给出了力与运动的关系. 定量给出力与运动之间关系的是牛顿第二定律.

解读牛顿原著前后文的相关叙述表明，第二定律中所说的"运动的变化"中的"运动"，并非通常泛指的物体位置随时间的变化，而是代表物体"运动的总量"，定义为物体的**动量**，即物体的质量 m 与速度$\boldsymbol{v}$的乘积，常以符号 $\boldsymbol{p}$ 表示，是一矢量，其定义式为

$$\boldsymbol{p}=m\boldsymbol{v} \tag{1-35}$$

第二定律提及的"变化"应理解为"对时间的变化率". 如此，牛顿第二定律应表述为**物体的动量对时间的变化率与所加的外力成正比，并且发生在该外力的方向上.**

设作用在物体上的外力为$\boldsymbol{F}$，第二定律的微分形式为

$$\boldsymbol{F}=\frac{\mathrm{d}\boldsymbol{p}}{\mathrm{d}t}=\frac{\mathrm{d}(m\boldsymbol{v})}{\mathrm{d}t} \tag{1-36}$$

上式给出了力与"运动"（速度或动量）的定量关系. 在牛顿力学范畴内，物体做低速运动（与光速相比），其质量与运动状态无关，是一个常量，此时，式(1-36)可表述为

$$\boldsymbol{F}=m\frac{\mathrm{d}\boldsymbol{v}}{\mathrm{d}t}=m\boldsymbol{a} \tag{1-37}$$

式(1-37)即为中学课本中广泛采用的牛顿第二定律的数学表达式. 对于变质量系统或高速运动情形，式(1-37)已不再适用，但式(1-36)仍然成立.

从式(1-36)和式(1-37)均可揭示出牛顿第二定律具有的三个属性：

(1) **瞬时性**. 即力与所引起的运动状态（速度或动量）的改变同时存在，同时消失.

(2) **矢量性**. 即运动状态（速度或动量）的改变发生在外力的方向上，第二定律是矢量式. 建立坐标系后，可分别写出各坐标分量相应的标量式.

(3) **叠加性**. 如果有多个力$\boldsymbol{F}_1,\boldsymbol{F}_2,\boldsymbol{F}_3,\cdots,\boldsymbol{F}_n$ 同时作用在物体（质点）上，式(1-36)和式(1-37)均适用于每一个力，每一个力将各自产生相应效果，最终物体（质点）的运动状态的改变（速度或动量）取决于各分力产生的改变的矢量和. 两式仍然成立，只是式中的力应理解为所有力的合力，式子的右边应是质点总动量的变化率，即

$$\boldsymbol{F}=\sum_{i=1}^{n}\boldsymbol{F}_i=\sum_{i=1}^{n}\frac{\mathrm{d}\boldsymbol{p}_i}{\mathrm{d}t}=\frac{\mathrm{d}\boldsymbol{p}}{\mathrm{d}t} \tag{1-38}$$

或

$$\boldsymbol{F}=\sum_{i=1}^{n}\boldsymbol{F}_i=m\sum_{i=1}^{n}\boldsymbol{a}_i=m\boldsymbol{a} \tag{1-39}$$

此即**力的叠加原理**.

根据式(1-37)可知，在相同外力作用下，物体的质量和加速度成反比，质量大的物体产生的加速度小，状态改变较小（难），或者说物体的惯性大. 早在我国东汉时期，王充在其《论

衡·状留篇》中就说:"车行于陆,船行于沟,其满而重者行迟,空而轻者行疾."其中所说的就是今天我们说的惯性.可以说,质量是物体惯性大小的量度,式(1-36)和式(1-37)中的质量 m 也叫物体的**惯性质量**.

须强调的是,运动或静止是相对的.实验表明,第一定律和第二定律均只适用于一种参照系,在这种参照系中,一个不受外界作用的物体将保持静止或匀速直线运动状态.这样的参照系称为**惯性参照系**,简称**惯性系**.一个选定的参照系是否是惯性系,只能通过实验来判定.例如,日常生产实践中,通常选取的地面参照系就是一个足够精确的惯性系.

第一定律指出了力是改变物体运动状态的原因,定义了力是物体对物体的作用.第三定律则进一步阐明力的相互性,即物体 1 对物体 2 施加了一个作用 $\boldsymbol{F}_{21}$,那么物体 2 必定会对物体 1 施加作用 $\boldsymbol{F}_{12}$,若称 $\boldsymbol{F}_{12}$ 为作用力,那么 $\boldsymbol{F}_{21}$ 就叫反作用力.$\boldsymbol{F}_{12}$ 与 $\boldsymbol{F}_{21}$ 同时存在,同时消失,是同一性质的力,且始终在一条直线上,等值反向.第三定律的数学形式可表述成

$$\boldsymbol{F}_{21}=-\boldsymbol{F}_{12} \tag{1-40}$$

另外,须指出的是,第一定律和第二定律表明物体的运动状态的变化是因为受到来自外界的其他物体的作用,这种力称为**外力**,而与该物体施加给相关物体的反作用没有关系.如果把相互作用的物体 1 和物体 2 看作一个整体或系统,则 $\boldsymbol{F}_{12}$ 和 $\boldsymbol{F}_{21}$ 组成了一对**内力**,其和始终为零,因而对系统的整体运动不发生影响.东汉的王充在《论衡·效力篇》中说:"古之多力者,身能负荷千钧,手能决角伸钩,使之自举,不能离也."纵有千钧之力,也不可举起自身,这个力就是内力.

1.2.2 SI 单位和量纲

国际单位制(SI) 物理学中的物理量,除极少数是没有单位的纯数外,通常包含数值和单位两部分.物理量之间通过有关公式相关联.早期各地区、各国家使用的单位制种类繁多,导致同一物理定律在不同区域的表达式要附加不同的系数,给科技交流造成诸多不便.1954 年国际度量衡会议决定,自 1978 年 1 月 1 日起实行国际单位制,简称国际制,国际代号 SI.目前包括我国在内的大多数国家已经采用国际制.

国际制是在国际公制和米千克秒制基础上发展起来的.在国际制中选取了七个物理量为**基本量**,相应规定了七个**基本单位**,即米(长度单位,m)、千克(质量单位,kg)、秒(时间单位,s)、安培(电流单位,A)、开尔文(热力学温度单位,K)、摩尔(物质的量单位,mol)、坎德拉(发光强度单位,cd),两个**辅助单位**,即弧度(平面角单位,rad)、球面度(立体角单位,sr).其他物理量可按照它们与基本量的关系导出,称为**导出量**,其单位均可由这些基本单位和辅助单位导出,称为**导出单位**.如根据 $v=\frac{\mathrm{d}s}{\mathrm{d}t}, a=\left|\frac{\mathrm{d}\boldsymbol{v}}{\mathrm{d}t}\right|$,导出速度单位为米/秒(m/s),加速度单位为米/秒^2(m/s^2).根据 $F=ma$,导出力的单位为千克·米/秒^2(kg·m/s^2),即牛顿(N).

为了定性地表示出导出量和基本量之间的联系,常不考虑数字因数而将导出量用若干基本量的乘方之积表示出来.这样的表示式称为该物理量的**量纲**(或**量纲式**).

以 L、M 和 T 分别表示长度、质量和时间的量纲,则对每个力学量 Q 都可以写出关系式

$$[Q]=L^pM^qT^r \tag{1-41}$$

此即物理量 Q 的量纲式,其中指数 p、q、r 称为 Q 的**量纲指数**.例如,速度 v、加速度 a、动量 p 和力 F 的量纲式分别为

$$[v]=[s]/[t]=LT^{-1},[a]=[v]/[t]=LT^{-2},$$
$$[p]=[m][v]=LMT^{-1},[F]=[p]/[t]=LMT^{-2}$$

量纲服从的规律称为量纲法则，常用的有以下两条.

(1) 只有量纲相同的量才可相加减或用等式连接. 如果一个表达式中各项的量纲不全相同，该表达式一定有误.

(2) 指数函数、对数函数和三角函数都是无量纲的纯数.

1.2.3 常见力和基本力

日常生活和工程技术中经常遇到的力有重力、弹力、摩擦力和流体阻力等. 近代科学证明，自然界中只存在 4 种基本相互作用（基本力），包括万有引力、电磁力、强力和弱力等，考虑到中学已经介绍了相关知识，这里仅做一简单回顾.

一、重力

地球表面的物体与地球之间会相互吸引，由于地球的吸引而使物体受到的力叫重力，常用符号 $\boldsymbol{G}$ 表示. 重力是由于地球的吸引而产生的，考虑到地球的自转，它并不等于地球对物体的万有引力 $\boldsymbol{f}$，只是地球对物体引力的一个分力，万有引力的另一个分力则提供物体随地球旋转所需的向心力，如图 1-14 所示. 事实上，物体随地球自转所需向心力很小，忽略此向心力时，可近似地认为重力的大小等于地球对物体的引力（其误差不超过0.4%）. 在重力作用下，任何物体产生的加速度都是**重力加速度**，记为 $\boldsymbol{g}$. 根据牛顿第二定律可知，质量为 m 的物体所受的重力为

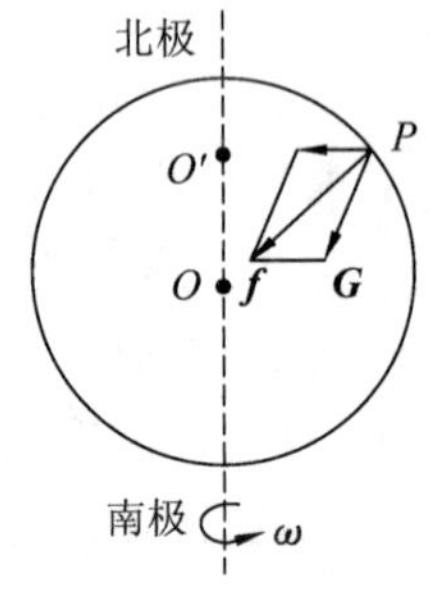

图 1-14 重力

$$\boldsymbol{G}=m\boldsymbol{g} \tag{1-42}$$

二、弹力

发生弹性形变的物体，由于要恢复原状，会对与它接触的物体产生力的作用，这种力叫作弹力. 所谓形变是指物体的形状或体积发生改变. 在外力停止作用后，能够恢复原状的形变叫弹性形变，否则为非弹性形变. 可见，弹力产生的条件为：物体间直接接触且物体发生弹性形变. 弹力的表现形式多种多样，最常见的形式包括以下三种：

(1) 两个物体通过一定面积相互挤压. 这种弹力通常叫正压力或支持力，其大小取决于相互挤压而产生形变的程度，方向总是垂直于接触面而指向对方.

(2) 绳（或线）对物体的拉力. 这种拉力是因为绳（或线）伸长而产生的，其大小取决于绳（或线）被拉紧的程度，拉力的方向总是沿绳（或线）而指向收紧的方向. 绳（或线）产生拉力时，其内部各段之间也有相互的弹力作用，又称张力. 实际问题中，绳（或线）的质量如果可以忽略不计，就可以认为绳（或线）上各点的张力都相等，且都等于外力.

(3) 弹簧的弹力. 弹簧的特点就是受力时容易发生明显的形变（拉伸或压缩）. 这种弹力总是力图使弹簧恢复原状，所以又叫恢复力（或回复力）. 在一定的形变范围（弹性限度）内，弹力的大小 F 与弹簧的长度变化 x 之间满足胡克定律

$$F=-kx \tag{1-43}$$

式中，k 为弹簧的劲度系数，负号表示弹力的方向总是与弹簧形变的方向相反，即总是指向弹簧恢复原长的方向.

三、摩擦力

一个物体在另一个物体表面上存在相对运动或有相对运动的趋势时，接触面之间会产生一对阻止相对运动的力，叫作**摩擦力**，其方向始终与相对运动的方向(或可能的运动方向)相反.

若仅有相对运动的趋势，但并未实际产生相对运动，这时的摩擦力叫**静摩擦力**，记为 f_s. f_s 的大小与相对运动趋势的强弱有关，趋势越强，静摩擦力越大. 刚好发生相对运动时的静摩擦力叫**最大静摩擦力**，记为 f_{sm}. 实验证明，最大静摩擦力 f_{sm} 与两物体间的正压力 N 成正比，即

$$f_{sm}=\mu_s N \tag{1-44}$$

式中，μ_s 为**静摩擦因数**，其大小取决于接触面的表面粗糙度及相互接触的两物体的材质等因素.

当外力大于最大静摩擦力 f_{sm} 时，两物体将发生相对滑动，此时的摩擦力叫**滑动摩擦力**，用符号 f 表示. 实验表明，当相对滑动的速度不太大或不太小时，滑动摩擦力 f 与滑动速度无关而与正压力成正比，即

$$f=\mu N \tag{1-45}$$

式中，μ 为**动摩擦因数**，其大小取决于接触面的表面粗糙度及相互接触的两物体的材质等因素. 当相对运动速度较大时，μ 将与速率有关，通常随相对速度的增大而减小.

对于给定的一对接触面来说，μ_s 和 μ 均小于 1，且 $\mu_s \geqslant \mu$.

四、流体阻力

一个物体在流体(液体或气体)中与流体有相对运动时，将受到来自流体的与物体相对运动方向相反的阻力 f_d，阻力 f_d 的大小与相对速率有关.

当相对速率较小时，流体处于稳定流动状态，阻力 f_d 的大小与相对速率 v 成正比，即

$$f_d=kv \tag{1-46}$$

式中，比例系数取决于物体的大小、形状以及流体的性质(如黏度、密度等). 相对速率较大时，阻力的大小将与相对速率的平方成正比. 对于物体在空气中运动(如火箭上升)的情形，所受阻力的大小可表述为

$$f_d=\frac{1}{2}C\rho A v^2 \tag{1-47}$$

式中，ρ 是空气密度；A 是物体的有效截面积；C 是阻力系数，随相对速率不同一般在 0.4～1.0 之间，相对速率很大时，会急剧增大.

当物体在流体中运动距离足够长时，阻力随相对速率的增加而增大，最终将与重力达到平衡而做匀速运动，相应的最大速率常称为极限速率或收尾速率. 应用式(1-47)可以计算出质量为 m 的物体在空气中运动的极限速率 v_t 为

$$v_t=\sqrt{\frac{2mg}{C\rho A}} \tag{1-48}$$

按上式不难计算出，半径为 1.5 mm 的雨滴在空中下落大约 10 m 后将达到极限速率 7.4 m/s 左右. 跳伞运动中由于降落伞的面积较大，一般在伞展开下降几米后就可达到 5 m/s左右的极限速率.

五、万有引力

万有引力是存在于任何两个有质量的物体之间的吸引力，是一种长程力，其作用规律是

由牛顿首先提出的. 按照牛顿万有引力定律，两个相距为 r、质量分别为 m_1 和 m_2 的质点之间的引力 f 为

$$f=G\frac{m_1m_2}{r^2} \tag{1-49}$$

式中，G 为万有引力常数，首先由卡文迪许测出. 国际单位制中它的值为

$$G=6.67\times10^{-11}\ \mathrm{N\cdot m^2/kg^2} \tag{1-50}$$

式(1-49)中的质量反映了物体的引力性质，是物体相互之间吸引力大小的量度，又称引力质量. 它和牛顿第一定律中的反映物体抵抗运动变化的惯性质量的意义并不相同，它们只是同一质量的两种表现，实验证明，同一物体的这两个质量是相等的，通常不加以区分.

对于两个有限大的物体之间的万有引力，应是组成两物体的所有质点间引力的矢量和. 式(1-49)也显示，只有质量大的质点间引力才显著，如天体之间，地球对其表面附近的物体的引力等. 地面上相隔 1 m 远的两个成人之间的引力不过 10^{-7} N 左右，对人的日常活动不会产生丝毫影响. 两个微观粒子之间(如质子)的万有引力只有 10^{-34} N 左右，完全可以忽略不计.

六、电磁力

静止的带电粒子之间存在**电场力**相互作用，表现为库仑定律. 电场力与万有引力一样也是一种长程作用，且遵从平方反比定律. 不同之处在于，库仑(电场力)作用可能表现为引力(异号电荷之间)，也可能表现为斥力(同号电荷之间)；相同距离下其量值比万有引力大得多，如两个质子之间的电场力比万有引力要大上 10^{36} 倍.

运动电荷之间除了有电场力作用外，还有**磁场力**相互作用，事实上，磁场力和电场力本质上相互联系，统称为**电磁力**.

由于分子或原子都是由电荷组成的系统，因此它们之间的作用力就是电磁力. 物体之间的弹力和摩擦力，流体的压力、浮力、黏滞力等都是原子或分子之间作用力的宏观表现，本质上就是电磁力.

七、强力

现代研究发现在微观世界，质子、中子等核子，以及介子和超子之间存在一种比电磁力还要强百倍的自然力，称作强力. 两质子之间的强力可达 10^4 N. 正是强力将质子以及中子紧紧束缚在一起，形成原子核. 强力是一种短程力，只有在距离小于 10^{-15} m 时，才占支配地位. 距离小到 0.4×10^{-15} m 时，表现为引力；距离再减小，则表现出斥力；距离超过 10^{-15} m 时，强力即小到可以忽略.

八、弱力

在微观领域各种粒子之间还存在一种力程比强力还要短，但很弱的相互作用，称为弱力. 两个相邻质子之间的弱力只有 10^{-2} N 左右. 仅在粒子间的某些反应中，如 β 衰变中释放出电子和中微子，弱力才显示出它的重要性.

认识到自然界的基本作用只有四种，是 20 世纪 30 年代物理学的一大成就. 自此以后，科学家们一直试图寻找这四种相互作用之间的联系，创立统一四种基本力的“超统一”理论，这也是当前理论物理界最活跃的前沿课题之一，科学家们仍在继续努力.

1.2.4 应用牛顿运动定律解题

力学问题一般可简单分为两类：一类是已知力求运动，另一类是已知运动求力. 当然实

际问题常常是两者的综合.具体涉及的问题包括:恒力作用下的连结体问题;变力作用下的单体问题.

一、恒力作用下的连结体问题

例题 1-7　如图 1-15(a)所示,设电梯中有一质量可以忽略的滑轮,在滑轮两侧用轻绳悬挂着质量分别为 m_1 和 m_2 的重物 A 和 B,已知 $m_1>m_2$.当电梯(1) 匀速上升,(2) 匀加速上升时,求绳中的张力和物体 A 相对于电梯的加速度.

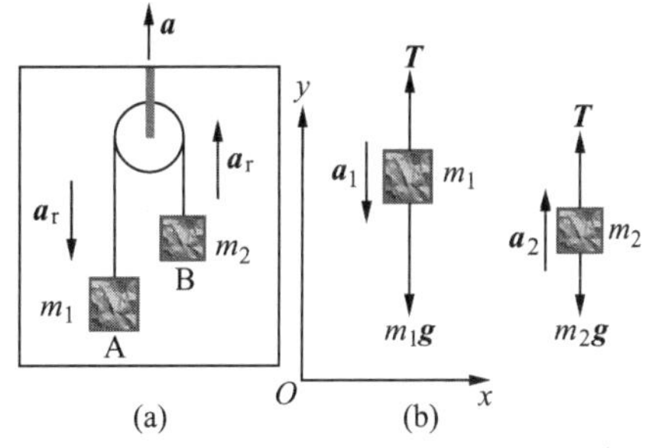

图 1-15　例题 1-7 图

解: 以地面为参照系,y 轴竖直向上.

隔离 A 和 B,分别对 A 和 B 进行受力分析.如图 1-15(b)所示.图中 a_1 和 a_2 分别是 A 和 B 相对于地面的加速度,a_r 为 A 和 B 相对于电梯的加速度.

(1) 电梯匀速上升时,$a_1=a_2=a_r$,由牛顿第二定律,得

$$m_1g-T=m_1a_r \tag{1}$$

$$T-m_2g=m_2a_r \tag{2}$$

联立以上两式,可解得

$$a_r=\frac{m_1-m_2}{m_1+m_2}g \tag{3}$$

$$T=\frac{2m_1m_2}{m_1+m_2}g \tag{4}$$

(2) 电梯以加速度 a 上升时,A 对地的加速度为 $a-a_r$,B 对地的加速度为 $a+a_r$,根据牛顿第二定律,对 A 和 B,分别得到

$$T-m_1g=m_1(a-a_r) \tag{5}$$

$$T-m_2g=m_2(a+a_r) \tag{6}$$

由此解出

$$a_r=\frac{m_1-m_2}{m_1+m_2}(a+g) \tag{7}$$

$$T=\frac{2m_1m_2}{m_1+m_2}(a+g) \tag{8}$$

式(7)和式(8)中用 $-a$ 代替 a,即为电梯以加速度 a 下降的情形;取 $a=0$,与式(3)和式(4)等价;若 $a=-g$,此时 a_r 和 T 都为 0,滑轮和质点均做自由落体运动,两物体间以及物体与电梯间均没有相对运动.

例题 1-8　如图 1-16 所示,在一列以加速度 $\boldsymbol{a}$ 行驶的车厢上装有倾角 $\theta=30°$ 的斜面,并于斜面上放一物体,已知物体与斜面间的最大静摩擦因数 $\mu_s=0.2$,若欲使物体相对斜面静止,则车厢的加速度应有怎样的限制?

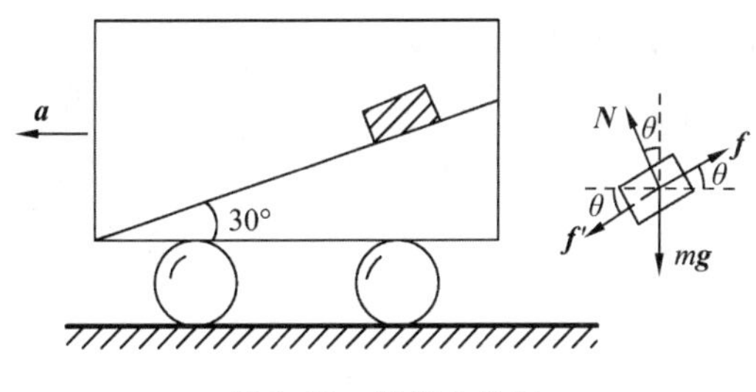

图 1-16　例题 1-8 图

解: 静摩擦力满足 $0<f<\mu_sN$.

当最大静摩擦力沿斜面向上时，加速度最小，有

$$N\sin\theta-\mu_s N\cos\theta=ma_{\min} \tag{1}$$

$$N\cos\theta+\mu_s N\sin\theta=mg \tag{2}$$

解以上两式，得

$$a_{\min}=\frac{g(\sin\theta-\mu_s\cos\theta)}{\cos\theta+\mu_s\sin\theta}\approx 3.39(\mathrm{m/s^2})$$

当最大静摩擦力沿斜面向下时，加速度最大，有

$$N\sin\theta+\mu_s N\cos\theta=ma_{\max} \tag{3}$$

$$N\cos\theta-\mu_s N\sin\theta=mg \tag{4}$$

解式(3)和式(4)，得

$$a_{\max}=\frac{g(\sin\theta+\mu_s\cos\theta)}{\cos\theta-\mu_s\sin\theta}\approx 8.80(\mathrm{m/s^2})$$

可见，欲使物体相对斜面静止，则车厢的加速度的值应满足 $3.39\ \mathrm{m/s^2}\leqslant a\leqslant 8.80\ \mathrm{m/s^2}$.

例题 1-9 如图 1-17(a)所示，一小球 m 用轻绳悬挂在天花板上，绳长 $l=0.5\ \mathrm{m}$，使小球在一水平面内做匀速率圆周运动，转速 $n=1\ \mathrm{r/s}$. 这种装置叫作圆锥摆. 求这时绳和竖直方向所成的角度.

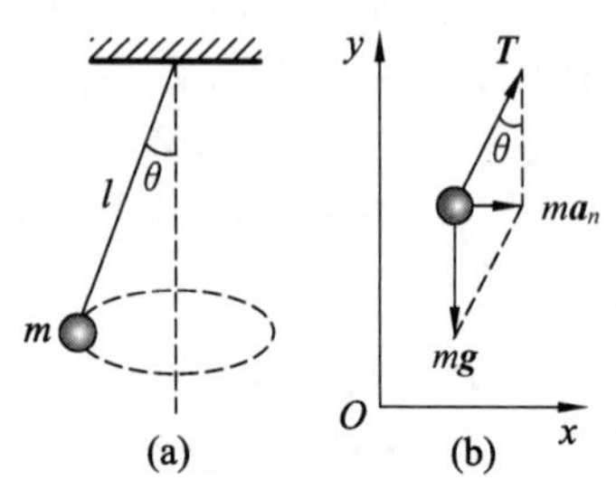

图 1-17　**例题** 1-9 **图**

解： 选水平向右为 x 轴正向，竖直向上为 y 轴正向，建立坐标系. 隔离小球，小球在竖直方向上平衡，在水平方向上做匀速圆周运动，其受力分析如图 1-17(b)所示. 绳的拉力 T 沿两轴进行分解，竖直方向的分量与重力平衡，水平方向的分量提供向心力. 利用牛顿运动定律，列方程：

$$T\sin\theta=m\omega^2 r=m\omega^2 l\sin\theta \tag{1}$$

$$T\cos\theta=mg \tag{2}$$

解出张力

$$T=m\omega^2 l=m(2\pi n)^2 l$$

再求出

$$\theta=\arccos\frac{g}{4\pi^2 n^2 l}=60^\circ 13'$$

不难看出，转速越快，θ 越大；绳长越长，θ 越大；但 θ 与小球质量 m 无关.

二、变力作用下的单体问题

例题 1-10 静止在 x_0 处质量为 m 的物体，在力 $F=-\frac{k}{x^2}$ 的作用下沿 x 轴运动，求物体在 x 处的速率.

解： 由牛顿第二定律 $F=-\frac{k}{x^2}=m\frac{\mathrm{d}v}{\mathrm{d}t}$，又

$$m\frac{\mathrm{d}v}{\mathrm{d}t}=m\frac{\mathrm{d}v}{\mathrm{d}x}\cdot\frac{\mathrm{d}x}{\mathrm{d}t}=m\frac{v\mathrm{d}v}{\mathrm{d}x}$$

于是

$$-\frac{k}{x^2}=m\frac{v\mathrm{d}v}{\mathrm{d}x}$$

先对上式分离变量，再两边同时积分：

$$\int_0^v v\mathrm{d}v=-\frac{k}{m}\int_{x_0}^{x}\frac{\mathrm{d}x}{x^2}$$

可得

$$\frac{1}{2}v^2=-\frac{k}{m}\left(\frac{1}{x_0}-\frac{1}{x}\right)\text{或}\ v^2=\frac{2k}{m}\left(\frac{1}{x}-\frac{1}{x_0}\right)$$

例题 1-11　如图 1-18 所示，一根长为 l 的轻质细绳一端固定在墙上 O 处，另一端系一质量为 m 的小球. 抓住小球拉直细绳抬至水平位置静止，然后松手. 求细绳下摆 θ 角度时小球的速率和细绳中的张力.

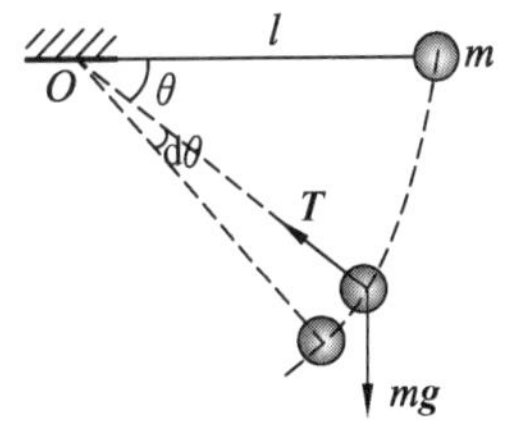

图 1-18　例题 1-11 图

解：小球将做圆周运动，故采用自然坐标系. 任意时刻，摆角为 θ 时，牛顿第二定律的切向方程为

$$mg\cos\theta=ma_t=m\frac{\mathrm{d}v}{\mathrm{d}t}\tag{1}$$

当继续下摆 $\mathrm{d}\theta$ 角时，小球转过的路程为 $\mathrm{d}s$，且 $\mathrm{d}s=l\mathrm{d}\theta$，对式(1)两边同乘 $\mathrm{d}s$，得

$$mg\cos\theta\mathrm{d}s=mgl\cos\theta\mathrm{d}\theta=m\frac{\mathrm{d}v}{\mathrm{d}t}\mathrm{d}s=mv\mathrm{d}v\tag{2}$$

对上式分离变量，可得

$$gl\cos\theta\mathrm{d}\theta=v\mathrm{d}v\tag{3}$$

对式(3)两边同时积分，有

$$\int_0^\theta gl\cos\theta\mathrm{d}\theta=\int_0^v v\mathrm{d}v$$

解得

$$v=\sqrt{2gl\sin\theta}\tag{4}$$

摆角为 θ 时，绳对小球的拉力也等于绳中的张力 T，牛顿第二定律的法向方程为

$$T-mg\sin\theta=ma_n=m\frac{v^2}{l}\tag{5}$$

联立式(4)和式(5)，可解出

$$T=3mg\sin\theta$$

1.2.5　冲量与动量定理

一、冲量与质点的动量定理

如前所述，牛顿第二定律主要反映了力的瞬时性和矢量性，只要有外力存在，物体就会产生加速度，速度(状态)就随之改变. 如果力持续存在，状态就持续改变，可见，物体最终的状态(变化)与力的持续时间有关. 力对时间的累积效应，可以直接从牛顿第二定律的微分形式式(1-36)得出：外力 $\boldsymbol{F}$ 作用 $\mathrm{d}t$ 时间后引起物体(质点)的变化是获得了动量增量 $\mathrm{d}\boldsymbol{p}$：

$$\boldsymbol{F}\mathrm{d}t=\mathrm{d}\boldsymbol{p}\tag{1-51}$$

式中，$\boldsymbol{F}\mathrm{d}t$ 就是外力 $\boldsymbol{F}$ 在时间 $\mathrm{d}t$ 内的累积，定义为 $\mathrm{d}t$ 时间内质点所受外力 $\boldsymbol{F}$ 的冲量. 如果外力 $\boldsymbol{F}$ 从 t_1 时刻持续作用到 t_2 时刻，设质点的动量从 $\boldsymbol{p}_1$ 变化为 $\boldsymbol{p}_2$，那么 $\Delta t=t_2-t_1$ 时间内的冲

量$\boldsymbol{I}$可由对上式积分得出

$$\boldsymbol{I}=\int_{t_1}^{t_2}\boldsymbol{F}\mathrm{d}t=\int_{\boldsymbol{p}_1}^{\boldsymbol{p}_2}\mathrm{d}\boldsymbol{p}=\Delta\boldsymbol{p}=\boldsymbol{p}_2-\boldsymbol{p}_1 \tag{1-52}$$

式(1-51)和式(1-52)就是质点的**动量定理**,分别是动量定理的微分形式和积分形式,表明质点在某时间内所受外力的冲量等于该段时间内质点动量的增量.

式(1-52)可以看成牛顿第二定律的积分形式,牛顿第二定律强调了力的瞬时性和矢量性,而动量定理定义了冲量$\boldsymbol{I}$是一个过程参量,外力$\boldsymbol{F}$在Δt时间内大小和方向都可以变,但这段时间内冲量的大小和方向是固定的,由始末两态的动量增量确定.只有外力方向不变时,冲量的方向才和外力的方向一致.

实际应用中,常取式(1-52)的标量式,即动量定理在各坐标轴上的分量式,如在直角坐标系中,有

$$\begin{cases}I_x=\int_{t_1}^{t_2}F_x\mathrm{d}t=p_{x_2}-p_{x_1}\\ I_y=\int_{t_1}^{t_2}F_y\mathrm{d}t=p_{y_2}-p_{y_1}\\ I_z=\int_{t_1}^{t_2}F_z\mathrm{d}t=p_{z_2}-p_{z_1}\end{cases} \tag{1-53}$$

在国际单位制中,冲量的单位是 N·s,其实与动量的单位 kg·m/s 是一致的,因为 1 N·s=1 kg·m/s^2·s=1 kg·m/s.

由于动量定理无须追究外力作用的中间细节,用来处理碰撞或冲击之类的问题非常有效.在质点间碰撞、冲击等过程中,质点间的相互作用力往往迅速达到很大的量值,然后急剧减小到零,而作用时间极短,如图 1-19 所示.这种量值变化很大、作用时间极短的力,称为**冲力**.冲力的函数关系很复杂,表示瞬时关系的牛顿第二定律无法直接应用,但冲量的大小及方向可以通过测量碰撞或冲击前后质点的动量直接求出.实际问题中,常以冲量除以作用时间,得出**平均冲力**以对碰撞或冲击进行评估.平均冲力$\overline{F}$的计算依据为,$\overline{F}$横线下的面积与冲力F曲线下的面积相等,其大小与碰撞或冲击时间成反比.图 1-19 显示,在冲击效果相同的前提下(冲力F曲线下的面积不变),通过改变作用时间可以调整冲力大小,如延长作用时间,冲力F减小;缩短作用时间,F将增加.

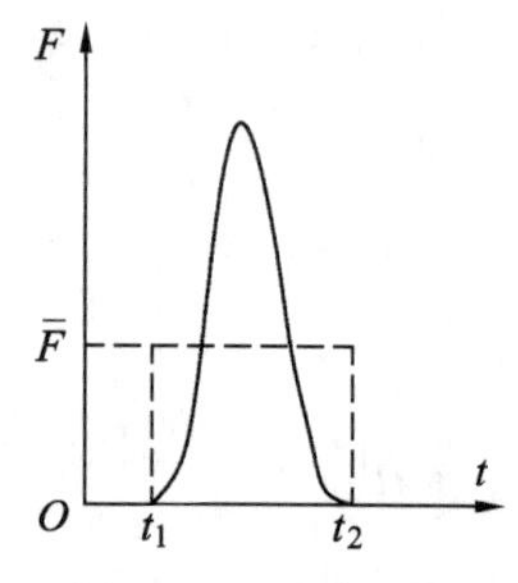

图 1-19　冲力示意图

例题 1-12　质量为m的子弹以速度v_0水平射入沙土中,设子弹所受阻力与速度反向,大小与速率成正比,比例系数为k,忽略子弹的重力,求:

(1) 子弹射入沙土后速度随时间变化的关系.

(2) 子弹射入沙土的最大深度.

解: (1) 依题意,子弹所受阻力$f=-kv$,加速度$a=\dfrac{\mathrm{d}v}{\mathrm{d}t}=-\dfrac{kv}{m}$,分离变量后积分,有

$$\int_{v_0}^{v}\frac{\mathrm{d}v}{v}=\int_0^t\left(-\frac{k}{m}\right)\mathrm{d}t$$

解得速度随时间变化的关系为

$$v=v_0\mathrm{e}^{-\frac{k}{m}t}$$

(2) 设子弹射入沙土的最终深度为 x,根据动量定理,有

$$\int_0^t (-kv)\mathrm{d}t = \int_0^x -k\mathrm{d}x = 0 - mv_0$$

解得子弹射入沙土的最大深度

$$x=\frac{mv_0}{k}$$

例题 1-13 如图 1-20 所示,质量 $M=3\times10^3$ kg 的重锤从高度 $h=1.5$ m 处自由落到受锻压的工件上,使工件发生形变.如果作用的时间(1) $\tau=0.1$ s,(2) $\tau=0.01$ s,试求锤对工件的平均冲力.

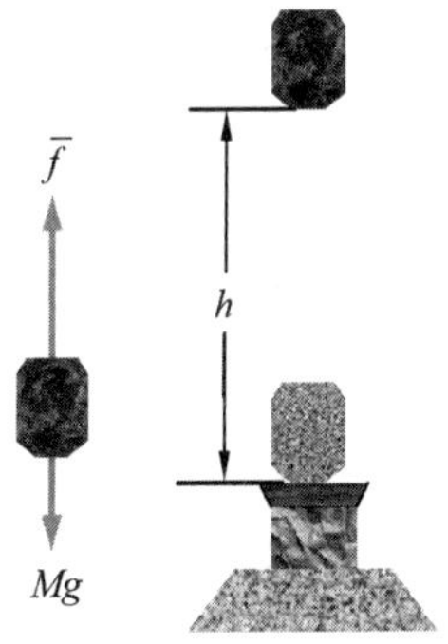

图 1-20 例题 1-13 图

解: 取竖直向上为正,设重锤所受的向上的平均冲力为 $\bar{f}$,锻压工件时向下的初速度为 $v_0=\sqrt{2gh}$,末速度为 0.在竖直方向对重锤利用动量定理,有

$$(\bar{f}-Mg)\tau=0-(-Mv_0)=Mv_0=M\sqrt{2gh}$$

解得

$$\bar{f}=Mg+\frac{M\sqrt{2gh}}{\tau}$$

相应重锤对工件的平均冲力为

$$\bar{f}'=-\bar{f}=-Mg-\frac{M\sqrt{2gh}}{\tau}$$

式中,负号表示方向竖直向下.将作用的时间 $\tau=0.1$ s 和0.01 s 分别代入上式,可分别求出平均冲力:$\tau=0.1$ s 时,$\bar{f}'_1=-1.92\times10^5$ N;$\tau=0.01$ s 时,$\bar{f}'_2=-1.66\times10^6$ N.

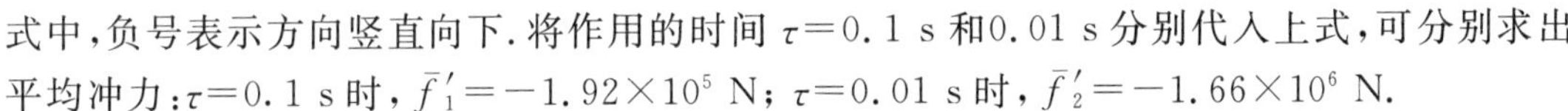

由题知,重锤的自重为 3×10^3 kg$\times9.8$ N/kg$=2.94\times10^4$ N,可见,一般碰撞或冲击情形下,重力的影响可以忽略不计,作用时间越短,重力的影响越小.

以上两例题中的力均是(冲力)变力,牛顿第二定律虽在任何瞬间均成立,但无法直接应用,应用动量定理解决碰撞等问题时比牛顿第二定律更方便.

二、质点系的动量定理

若将相互作用的若干个质点视为一个系统(或整体),就构成了一个质点系.对于系统中的每一个质点而言,其受到的作用有些来自系统以外的物体,这种作用力称为**外力**;有些来自系统内其他质点的作用力,这种作用力称为**内力**.如图 1-21 所示,其中 $\boldsymbol{F}_{1i}$ 和 $\boldsymbol{F}_{i1}$ 分别为质点 i 对质点 1 的作用力和质点 1 对质点 i 的作用力,是一对作用力与反作用力.

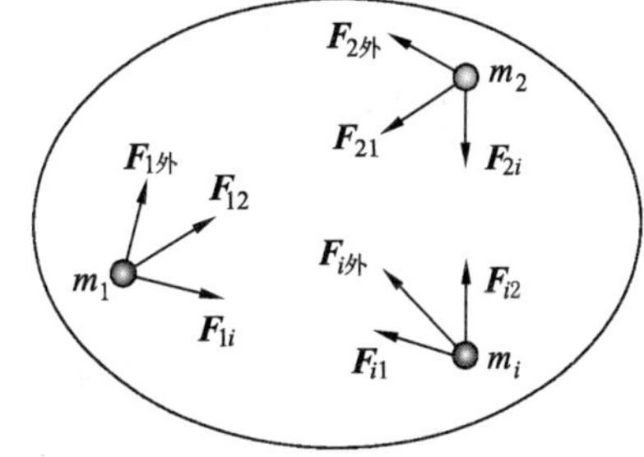

图 1-21 质点系的力

将动量定理运用到质点系的每一个质点,对质点 i,有

$$\boldsymbol{F}_i=\boldsymbol{F}_{i外}+\boldsymbol{F}_{i内}=\boldsymbol{F}_{i外}+\sum_{j=1}^{n}\boldsymbol{F}_{ij}\quad(j\neq i) \tag{1-54}$$

$$\boldsymbol{I}_i=\int_{t_1}^{t_2}\boldsymbol{F}_i\mathrm{d}t=\int_{t_1}^{t_2}\boldsymbol{F}_{i外}\mathrm{d}t+\int_{t_1}^{t_2}\left(\sum_{j=1}^{n}\boldsymbol{F}_{ij}\right)\mathrm{d}t=\boldsymbol{p}_{i2}-\boldsymbol{p}_{i1} \tag{1-55}$$

对整个质点系而言，有

$$\boldsymbol{I}=\sum_i \boldsymbol{I}_i=\int_{t_1}^{t_2}\left(\sum_i \boldsymbol{F}_{i外}\right)\mathrm{d}t+\int_{t_1}^{t_2}\left(\sum_i\sum_j \boldsymbol{F}_{ij}\right)\mathrm{d}t=\sum_i \boldsymbol{p}_{i2}-\sum_i \boldsymbol{p}_{i1}=\boldsymbol{p}_2-\boldsymbol{p}_1 \tag{1-56}$$

式中，$\sum_i \boldsymbol{F}_{i外}=\boldsymbol{F}$，为质点系所受的**合外力**；$\sum_i\sum_j \boldsymbol{F}_{ij}$ 为所有质点所受内力的矢量和，由于内力总是成对出现、相互抵消的(矢量和为 **0**)，必有 $\sum_i\sum_j \boldsymbol{F}_{ij}=\boldsymbol{0}$，上式可改写为

$$\boldsymbol{I}=\int_{t_1}^{t_2}\boldsymbol{F}\mathrm{d}t=\boldsymbol{p}_2-\boldsymbol{p}_1 \tag{1-57}$$

此式即为质点系的动量定理，与式(1-52)表示的单个质点的动量定理形式完全一样，只不过将单个质点的冲量、力和动量改为系统的**总冲量**、**合外力**和始末态的**总动量**，内力会影响各质点的运动，但对整个系统的总动量没有贡献.

质点系的动量定理的微分形式为

$$\boldsymbol{F}\mathrm{d}t=\mathrm{d}\boldsymbol{p} \tag{1-58}$$

例题 1-14 如图 1-22 所示，列车在平直铁轨上装煤，每秒有 200 kg 的煤自煤斗垂直注入列车车厢. 若要保持列车相对于地面的运动速度 3 m/s 保持不变，忽略钢轨与车轮之间的摩擦，求机车的牵引力.

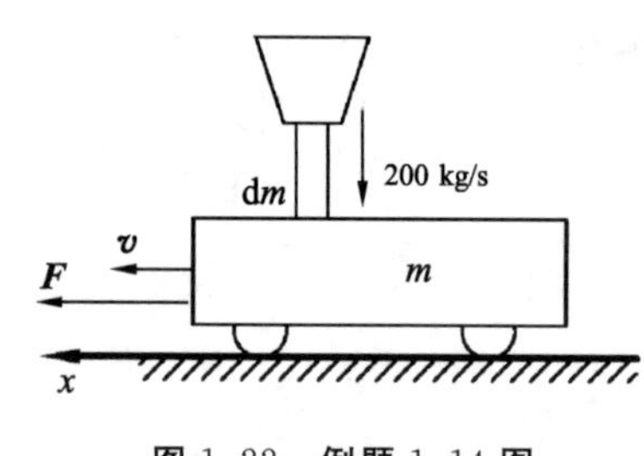

图 1-22 例题 1-14 图

解： 这是一个典型的变质量问题. 由于沿水平方向列车的速度保持不变，设机车的牵引力为 F，t 时刻列车水平方向的总动量为 p，在水平方向直接用动量定理的微分形式，有

$$F\mathrm{d}t=\mathrm{d}p=\mathrm{d}(mv)=\mathrm{d}m\cdot v$$

解得

$$F=\frac{\mathrm{d}m}{\mathrm{d}t}\cdot v$$

将 $\frac{\mathrm{d}m}{\mathrm{d}t}=200\ \mathrm{kg/s}$，$v=3\ \mathrm{m/s}$ 代入上式，即可求出机车的牵引力 $F=600\ \mathrm{N}$.

本例题显示出在变质量系统，应用动量定理也是非常便捷的，动量定理另一典型的应用就是计算火箭的推力.

1.2.6 动量守恒定律

如果质点系所受合外力为零，即 $\boldsymbol{F}=\boldsymbol{0}$，由式(1-57)或式(1-58)均可得出 $\mathrm{d}\boldsymbol{p}=\boldsymbol{0}$，或

$$\boldsymbol{p}=常矢量 \tag{1-59}$$

当质点系所受合外力为零时，系统的总动量将保持不变. 这就是质点系的**动量守恒定律**.

应用动量守恒定律解决实际问题时，须注意以下几点：

(1) 系统动量守恒的条件是所受合外力为零，但在研究碰撞、打击、爆炸之类问题时，内力往往远大于所受的外力，如重力、摩擦力等，此时动量守恒定律仍近似成立.

(2) 实际应用中,还常在某方向上应用动量守恒定律,即如果系统在某方向上所受合外力为零,那么该方向上总动量守恒.为此,可写出式(1-59)的分量式:

$$\left.\begin{aligned} &\text{当 } F_x = 0 \text{ 时}, \sum_i m_i v_{ix} = p_x = \text{常量} \\ &\text{当 } F_y = 0 \text{ 时}, \sum_i m_i v_{iy} = p_y = \text{常量} \\ &\text{当 } F_z = 0 \text{ 时}, \sum_i m_i v_{iz} = p_z = \text{常量} \end{aligned}\right\} \tag{1-60}$$

(3) 以上动量定理及动量守恒定律均是由牛顿第二定律导出的,系统内质点之间通过作用力和反作用力相联系,所以只适用于惯性参照系,方程中所有的速度必须是相对于同一惯性参照系的.

应该指出,动量守恒定律实际上是自然界普遍遵守的三大守恒定律之一,它不仅适用于存在内力作用的质点系,对于有电磁场在内的系统所发生的过程,包括电磁场动量(不能写成 $m\boldsymbol{v}$)在内的总动量也是守恒的.对内部相互作用不能用力来描述的系统所发生的过程,如光子与电子碰撞,电子转化为光子,光子转化为电子等过程,只要系统不受外界影响,其总动量也是守恒的.

例题 1-15 有两个质量均为 m 的人站在停于光滑水平直轨道的平板车上,平板车质量为 M.当他们从车上沿相同方向跳下后,车获得了一定的速度.设两个人跳下时相对于车的水平分速度均为 u.试比较两个人同时跳下和两个人依次跳下这两种情况下,车所获得的速度的大小.

解: 选地面为参照物,不计地面摩擦力,在水平方向,人与车组成的系统没有受到外力作用,动量守恒.车获得的速度的方向与人跳的方向相反.

(1) 两人同时跳下.

设平板车的末速度为 v,则两人同时跳下时相对地面的速度均为 $v-u$.

根据动量守恒,有 $0=Mv+2m(v-u)$,解得

$$v=\frac{2mu}{M+2m}$$

(2) 两人先后跳下.

设第 1 个人跳下车后车的速度为 v_0,动量守恒,则 $0=(M+m)v_0+m(v_0-u)$,解得

$$v_0=\frac{mu}{M+2m}$$

设第 2 个人再跳下车后车的速度为 v,对车和车上的人有 $(M+m)v_0=Mv+m(v-u)$,解得

$$v=\frac{(M+m)v_0+mu}{M+m}=\left(\frac{m}{M+m}+\frac{m}{M+2m}\right)u$$

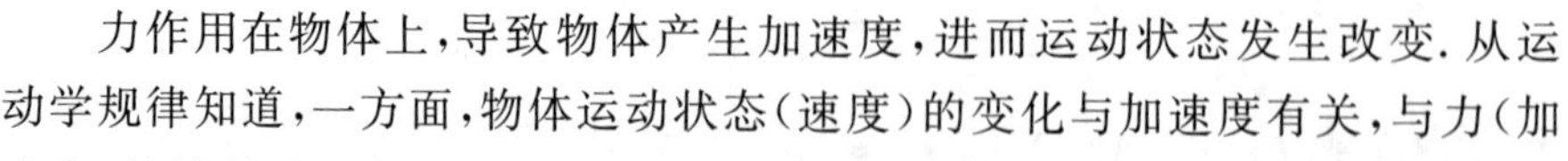

1.3 功和能

力作用在物体上，导致物体产生加速度，进而运动状态发生改变. 从运动学规律知道，一方面，物体运动状态（速度）的变化与加速度有关，与力（加速度）持续的时间有关，相关的是力对时间的累积效应，由冲量和动量定理来描述；另一方面，物体运动状态（速度）的变化还与加速度（力）及运动的距离有关，如匀加速直线运动中有 ${v_2}^2-{v_1}^2=2a(s_2-s_1)$，即运动状态的改变还与力对空间距离的累积有关，与此相关的概念就是功和能.

1.3.1 功与功率　势能

一、功

一质点在力 $\boldsymbol{F}$ 的作用下，发生一无限小的元位移 $\mathrm{d}\boldsymbol{r}$ 时，如图 1-23 所示，力对质点做的元功 $\mathrm{d}W$ 定义为力 $\boldsymbol{F}$ 和位移 $\mathrm{d}\boldsymbol{r}$ 的标量积：

$$\mathrm{d}W=\boldsymbol{F}\cdot\mathrm{d}\boldsymbol{r}=F\cos\theta|\mathrm{d}\boldsymbol{r}|=F\cos\theta\mathrm{d}s \tag{1-61}$$

质点从 A 运动到 B 时，力 $\boldsymbol{F}$ 对质点所做的总功为

$$W=\int_A^B\boldsymbol{F}\cdot\mathrm{d}\boldsymbol{r}=\int_A^B F\cos\theta\mathrm{d}s \tag{1-62}$$

如图 1-24 所示，总功等于图示曲线下包围的面积.

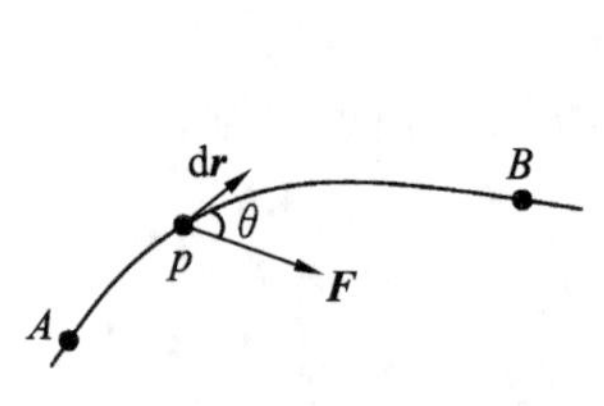

图 1-23　功的定义

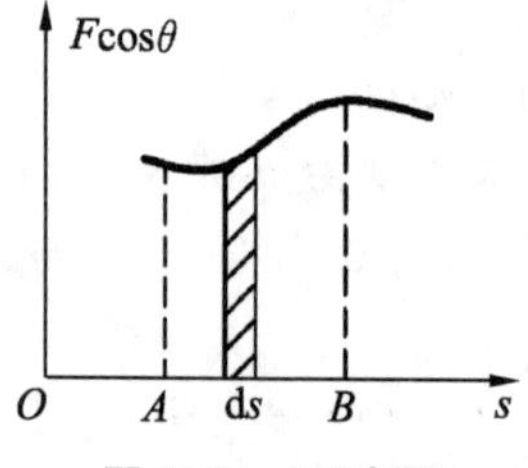

图 1-24　示功图

功的定义是力对空间的累积效应，等于力和位移的点积（或标积）.

国际单位制中，功的单位为 N·m，称为焦耳(J).

功是标量，没有方向，但有正负. 当 $0\leqslant\theta\leqslant\frac{\pi}{2}$ 时，$\mathrm{d}W>0$，力 $\boldsymbol{F}$ 对物体做正功，常称为动力；当 $\theta=\frac{\pi}{2}$ 时，$\mathrm{d}W=0$，力 $\boldsymbol{F}$ 对物体不做功，如圆周运动时，法向力不做功；当 $\frac{\pi}{2}<\theta\leqslant\pi$ 时，$\mathrm{d}W<0$，力 $\boldsymbol{F}$ 对物体做负功，常称为阻力，此时也可以说物体克服阻力做功.

如果质点在几个力同时作用下运动了一段距离，由于力满足叠加原理，合力的功为

$$\begin{aligned}W&=\int_A^B\boldsymbol{F}\cdot\mathrm{d}\boldsymbol{r}=\int_A^B(\boldsymbol{F}_1+\boldsymbol{F}_2+\cdots+\boldsymbol{F}_n)\cdot\mathrm{d}\boldsymbol{r}\\&=\int_A^B\boldsymbol{F}_1\cdot\mathrm{d}\boldsymbol{r}+\int_A^B\boldsymbol{F}_2\cdot\mathrm{d}\boldsymbol{r}+\cdots+\int_A^B\boldsymbol{F}_n\cdot\mathrm{d}\boldsymbol{r}=\sum_{i=1}^n W_i\end{aligned} \tag{1-63}$$

即合力的功等于各分力的功的代数和.

具体计算功时,常将式(1-62)在参照系中展开为力的各分量的功的和.如在直角坐标系中,可展开为 $W=\int_A^B \boldsymbol{F}\cdot \mathrm{d}\boldsymbol{r}=\int_A^B (F_x \mathrm{d}x+F_y \mathrm{d}y+F_z \mathrm{d}z)$;自然坐标系下,有 $W=\int_A^B \boldsymbol{F}\cdot \mathrm{d}\boldsymbol{r}=\int_A^B F_t \mathrm{d}s$,法向力不做功.

功反映的是力对一段距离的累积效果,是一个过程参量,不存在某瞬间的功.

按照定义,功等于力和位移的点积,位移的测量与参照系有关.单个力做的功与参照系的选取有关.如某人站在电梯里随电梯一起上升,对电梯所在的参照系而言,电梯的支持力没有做功;但对地面上的参照系而言电梯的支持力做了功.

至于质点系的内力做的功是否能抵消,则取决于相互作用的质点之间的相对位移,此时与参照系的选取无关.内力是一对作用力与反作用力,永远大小相等,方向相反.如果内力方向上没有发生相对位移则不做功,如沿斜面下滑的物体与斜面之间的压力与支持力均不做功;但如果内力方向上存在相对位移则做功,如一颗射入木块内的子弹推动木块在水平面上运动,若子弹相对于木块还穿行了一段距离,那么子弹与木块之间的相互作用力做的功就不能相互抵消,不为零.

例题 1-16 一质点做圆周运动,作用于质点上的力 $\boldsymbol{F}=F_0(x\boldsymbol{i}+y\boldsymbol{j})$,如图 1-25 所示.试求质点由原点移至 $P(0, 2R)$ 点过程中力 $\boldsymbol{F}$ 做的功.

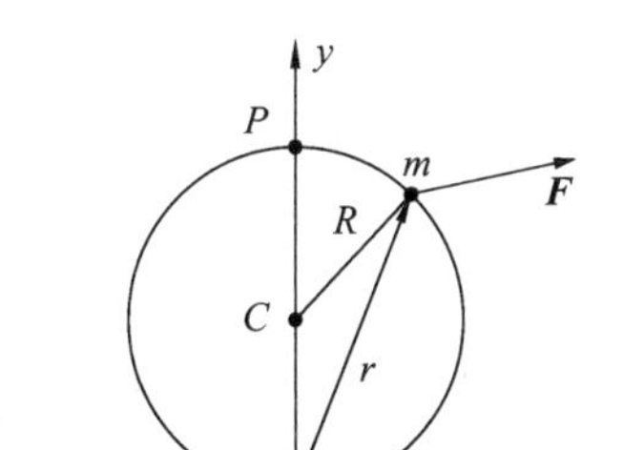

图 1-25 例题 1-16 图

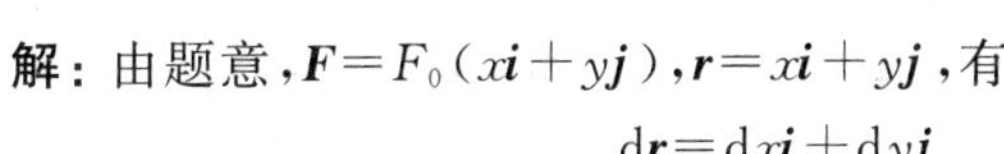

解: 由题意,$\boldsymbol{F}=F_0(x\boldsymbol{i}+y\boldsymbol{j})$,$\boldsymbol{r}=x\boldsymbol{i}+y\boldsymbol{j}$,有

$$\mathrm{d}\boldsymbol{r}=\mathrm{d}x\boldsymbol{i}+\mathrm{d}y\boldsymbol{j}$$

按定义,力 $\boldsymbol{F}$ 做的功为

$$W=\int \boldsymbol{F}\cdot \mathrm{d}\boldsymbol{r}=\int_0^0 F_0 x \mathrm{d}x+\int_0^{2R} F_0 y \mathrm{d}y=2F_0R^2$$

可见 x 方向的分力没有做功.

二、几种常见力的功

(1) 重力的功.

如图 1-26 所示,设质点自 A 点沿曲线①运动到 B 点,此过程中重力 $m\boldsymbol{g}$ 做的功

$$W=\int_{r_A}^{r_B} mg\cdot|\mathrm{d}\boldsymbol{r}|\cdot\cos\theta$$

$$=-\int_{h_A}^{h_B} mg\cdot \mathrm{d}h=-mg(h_B-h_A) \qquad (1\text{-}64)$$

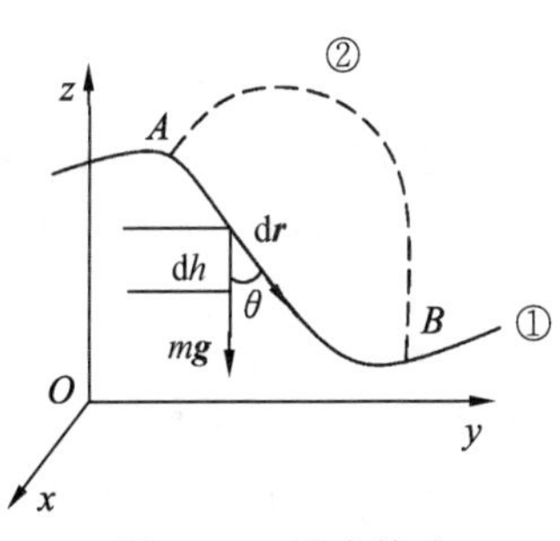

图 1-26 重力的功

可见,重力的功等于重力与质点始末两态降低的高度差

之积，与具体走过的路径无关，如质点自 A 点沿图中路径①或②到达 B 点，重力做的功是一样的.

质点上升过程中，重力做负功；质点下降过程中，重力做正功.

(2) 弹力的功.

如图 1-27 所示，以弹簧平衡位置 O 点为坐标原点，水平向右为正向，建立坐标系. 弹簧的劲度系数为 k，则弹簧自 x_1 处运动到 x_2 处，弹簧的弹力 $\boldsymbol{F}$ 所做的功为

$$W=\int_{x_1}^{x_2}-kx\,\mathrm{d}x=-\left(\frac{1}{2}kx_2{}^2-\frac{1}{2}kx_1{}^2\right) \tag{1-65}$$

可见，弹簧的弹力做功也是由始末两态（距平衡位置）的位置确定的，与具体路径无关. 弹簧伸长时，弹力做负功；弹簧压缩时，弹力做正功.

(3) 摩擦力的功.

设质量为 m 的质点在摩擦因数为 μ 的平面上沿曲线自 S_1 点运动到 S_2 点，摩擦力 $\boldsymbol{f}$ 始终沿速度的反方向（或相同方向），其大小 $f=\mu mg$，对图 1-28 所示情形，摩擦力所做的功为

$$W=\int_{S_1}^{S_2}\boldsymbol{f}\cdot\mathrm{d}\boldsymbol{r}=-\int_{S_1}^{S_2}\mu mg\cdot\mathrm{d}s=-\mu mg\Delta s \tag{1-66}$$

显然，摩擦力的功不仅与始末位置有关，而且与质点所行经的路径有关，沿不同的路径，相应的路程 Δs 长短是不一样的. 当摩擦力与速度方向一致时做正功，如传送带与被输运货物之间的摩擦力就是做正功；当摩擦力与质点速度反向时，将做负功，如斜面上下滑的质点与斜面之间的摩擦力做负功.

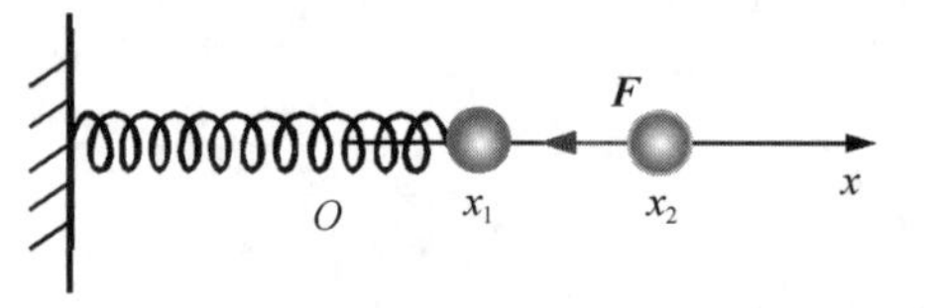

图 1-27 **弹力的功**

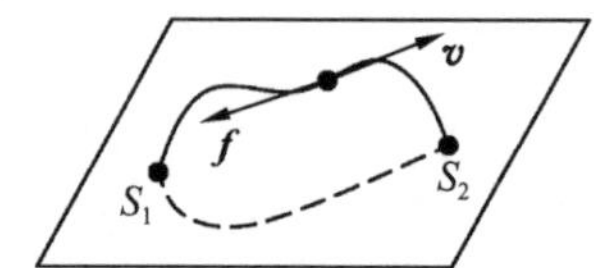

图 1-28 **摩擦力的功**

如前所述，重力的功和弹力的功的共同之处在于，两者均与质点运动的路径无关，功的大小仅由质点的始末位置决定，这样的力称为**保守力**. 这一特性的数学表达式为

$$W=\oint_l\boldsymbol{F}\cdot\mathrm{d}\boldsymbol{r}=0 \tag{1-67}$$

即保守力沿任何一封闭路径的线积分等于零. 自然界的四大基本相互作用均是保守力.

做功与路径有关的力叫**非保守力**或**耗散力**，如摩擦力等.

三、势能

式(1-64)、式(1-65)和式(1-67)表明，保守力做的功，在量值上等于两个位置函数的差值，或者说质点可以通过改变自身的位置，克服保守力（重力、弹力）做功，质点处在某个位置，就拥有与该位置相应的做功本领，即拥有与该位置相关的能量，称为**势能**，常用符号 E_p 表示. 于是自位置 A 到位置 B，保守力的功可写成：

$$W_{保守力}=\int\boldsymbol{F}\cdot\mathrm{d}\boldsymbol{r}=-(E_{\mathrm{p}B}-E_{\mathrm{p}A})=-\Delta E_\mathrm{p} \tag{1-68}$$

即保守力做的功等于势能的减少，或者说**势能增量**的负值.

利用式(1-68)计算保守力的功，只能得出相应势能的减少，并不能得出

某位置的势能. 要给出某点的势能,必须先规定势能为零的位置,即**零势能点(面)**. 物体在场中某点的势能等于将物体从该点移到零势能点过程中保守力 $\boldsymbol{F}$ 做的功,即

$$E_{\mathrm{p}}=\int_{\text{场点}}^{\text{零势能点}}\boldsymbol{F}\cdot\mathrm{d}\boldsymbol{r} \tag{1-69}$$

如取地表为重力势能的零势能面,按照式(1-69)可以得到质点相对于地面高度为 h 时的**重力势能** $E_{\mathrm{p}}=mgh$;取弹簧平衡位置为零势能点,弹簧振子离开平衡位置距离为 x 时相关的弹性势能 $E_{\mathrm{p}}=\frac{1}{2}kx^2$;常用的还有**万有引力势能** $E_{\mathrm{p}}=-G\frac{mM}{r}$,式中 r 表示质量为 m 和 M 的两物体之间的距离.

式(1-69)给出了势能随位置变化的函数关系,即**势能函数**. 已知保守力的表达式,规定了零势能点(面),根据此式即可求出任一点的势能. 反过来,如果已知势能函数,对式(1-69)进行逆运算(微分),也可求出相应的保守力.

如图 1-29 所示,若质量为 m 的质点在保守力 $\boldsymbol{F}$ 作用下沿 l 方向运动了位移 $\mathrm{d}\boldsymbol{l}$,有 $\boldsymbol{F}\cdot\mathrm{d}\boldsymbol{l}=F_l\mathrm{d}l=-\mathrm{d}E_{\mathrm{p}}$,于是保守力 $\boldsymbol{F}$ 在 l 方向的分量为

$$F_l=-\left(\frac{\mathrm{d}E_{\mathrm{p}}}{\mathrm{d}l}\right) \tag{1-70}$$

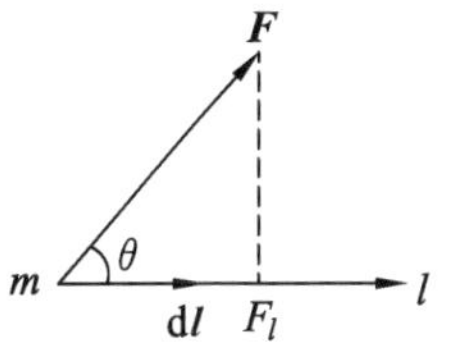

图 1-29　保守力的计算

如在直角坐标系下,有

$$F_x=-\frac{\partial E_{\mathrm{p}}}{\partial x};\ F_y=-\frac{\partial E_{\mathrm{p}}}{\partial y};\ F_z=-\frac{\partial E_{\mathrm{p}}}{\partial z} \tag{1-71}$$

或

$$\boldsymbol{F}=-\left(\frac{\partial E_{\mathrm{p}}}{\partial x}\boldsymbol{i}+\frac{\partial E_{\mathrm{p}}}{\partial y}\boldsymbol{j}+\frac{\partial E_{\mathrm{p}}}{\partial z}\boldsymbol{k}\right)=-\nabla E_{\mathrm{p}} \tag{1-72}$$

即保守力等于相关势能函数梯度的负值.

最后应该指出,影响势能增量或某位置势能值的是相互存在保守力作用的物体之间的相对位置,只有保守力系统才可引进势能,势能属于有保守力相互作用的系统整体. 如重力势能属于质点和地球组成的"重力系统";弹性势能属于质点和弹簧组成的"弹性系统";引力势能属于相互作用的两个质点组成的"引力系统".

例题 1-17　一质点在某三维力场中运动. 已知力场的势能函数为 $E_{\mathrm{p}}=-ax^2+bxy+cz$ (SI).

(1) 求作用力 $\boldsymbol{F}$.

(2) 计算在质点由原点运动到(3,3,3)位置的过程中,该力所做的功.

解: (1) 由力和势能的关系 $\boldsymbol{F}=-\nabla E_{\mathrm{p}}$,有

$$\boldsymbol{F}=-\left(\frac{\partial}{\partial x}\boldsymbol{i}+\frac{\partial}{\partial y}\boldsymbol{j}+\frac{\partial}{\partial z}\boldsymbol{k}\right)(-ax^2+bxy+cz)=(2ax-by)\boldsymbol{i}-bx\boldsymbol{j}-c\boldsymbol{k}$$

(2) 由于该力场是有势场,所以该力是保守力,由保守力做功的定义,有

$$W=-\Delta E_{\mathrm{p}}=-[(-9a+9b+3c)-0]=9a-9b-3c$$

四、功率

为了反映力做功的快慢，定义力在单位时间内所做的功叫功率，用 P 表示：

$$P=\frac{\mathrm{d}W}{\mathrm{d}t}=\boldsymbol{F}\cdot\frac{\mathrm{d}\boldsymbol{r}}{\mathrm{d}t}=\boldsymbol{F}\cdot\boldsymbol{v} \tag{1-73}$$

国际单位制中，功率的单位是 J/s，叫 W（瓦），是一个常用的物理量.

1.3.2 动能 动能定理

一、动能 质点的动能定理

设质量为 m 的质点在力 $\boldsymbol{F}$ 的作用下，从 A 点运动到了 B 点，按照功的定义，力 $\boldsymbol{F}$ 做的功为

$$W=\int_A^B\boldsymbol{F}\cdot\mathrm{d}\boldsymbol{r}=\int_A^B F\cos\theta\mathrm{d}s=\int_A^B F_t\mathrm{d}s$$

利用牛顿第二定律 $F_t=ma_t=m\dfrac{\mathrm{d}v}{\mathrm{d}t}$，$v=\dfrac{\mathrm{d}s}{\mathrm{d}t}$代入上式，就有

$$W=m\int_A^B\frac{\mathrm{d}v}{\mathrm{d}t}\mathrm{d}s=m\int_{v_A}^{v_B}v\mathrm{d}v=\frac{1}{2}mv_B{}^2-\frac{1}{2}mv_A{}^2 \tag{1-74}$$

式中，v_A 和 v_B 分别是质点在 A 点和 B 点时的速率. 上式也等于质点克服力 $\boldsymbol{F}$ 所做的功，表明质点做功是通过与自身运动状态（速度）相关的态函数 $\frac{1}{2}mv^2$ 的改变来实现的，态函数 $\frac{1}{2}mv^2$ 反映了质点具有速率 v 时做功的本领，也就是质点具有速率 v 时拥有的**能量**，由于是与速度有关，此能量称为质点的**动能**，用符号 E_k 表示：

$$E_\mathrm{k}=\frac{1}{2}mv^2 \tag{1-75}$$

采用动能后，式(1-74)可表述为

$$W=\int_A^B\boldsymbol{F}\cdot\mathrm{d}\boldsymbol{r}=\frac{1}{2}mv_B{}^2-\frac{1}{2}mv_A{}^2=E_{\mathrm{k}B}-E_{\mathrm{k}A} \tag{1-76}$$

式(1-76)表明，外力所做的功，等于质点动能的增量，此即质点的**动能定理**. 外力做正功，$W>0$，质点动能增加；若外力做负功，或者说质点克服外力做正功，$W<0$，质点动能减少.

二、质点系的动能定理

对于由 n 个质点组成的系统来说，每个质点均遵守动能定理，对质点 i，有

$$\boldsymbol{F}_i=\boldsymbol{F}_{i外}+\boldsymbol{F}_{i内}=\boldsymbol{F}_{i外}+\sum_{j=1}^{n}\boldsymbol{F}_{ij}\quad(j\neq i)$$

代入式(1-76)，得

$$W_i=\int_A^B\boldsymbol{F}_i\cdot\mathrm{d}\boldsymbol{r}=\int_A^B\boldsymbol{F}_{i外}\cdot\mathrm{d}\boldsymbol{r}+\sum_{j=1}^{n}\int_A^B\boldsymbol{F}_{ij}\cdot\mathrm{d}\boldsymbol{r}=E_{\mathrm{k}Bi}-E_{\mathrm{k}Ai}=\Delta E_{\mathrm{k}i} \tag{1-77}$$

对质点系而言，有

$$W=\sum_{i=1}^{n}W_i=\sum_{i=1}^{n}\int_A^B\boldsymbol{F}_{i外}\cdot\mathrm{d}\boldsymbol{r}+\sum_{i=1}^{n}\sum_{j=1}^{n}\int_A^B\boldsymbol{F}_{ij}\cdot\mathrm{d}\boldsymbol{r}=W_外+W_内=\sum_{i=1}^{n}\Delta E_{\mathrm{k}i}=\Delta E_\mathrm{k} \tag{1-78}$$

式中，$W_{外} = \sum_{i=1}^{n}\int_A^B \boldsymbol{F}_{i外} \cdot \mathrm{d}\boldsymbol{r}$ 和 $W_{内} = \sum_{i=1}^{n}\sum_{j=1}^{n}\int_A^B \boldsymbol{F}_{ij} \cdot \mathrm{d}\boldsymbol{r}$ 分别表示作用在质点系所有质点上的外力所做的功和内力所做的功. 上式即为**质点系的动能定理**，表明作用在质点系所有外力功和内力功的代数和，等于质点系总动能的增量.

需说明的是，动能与动量一样，其量值与参照系的选择有关. 内力不能改变质点系的总动量，但如 1.3.1 所述，内力的功不一定能相互抵消，内力可以改变单个质点及整个质点系的动能.

例题 1-18　如图 1-30 所示，一质量为 m 的质点，在半径为 R 的半球形容器中，由静止开始自边缘上的 A 点滑下，到达最低点 B 时，它对容器的正压力数值为 N，求质点自 A 滑到 B 的过程中，摩擦力对其做的功.

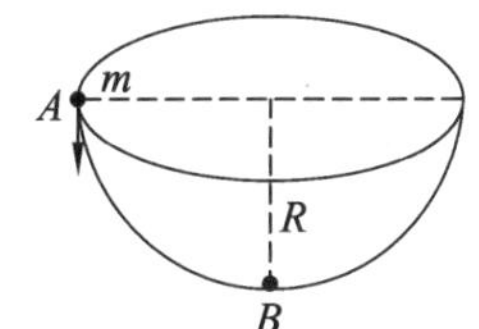

图 1-30　例题 1-18 图

解：设质点在 B 点时的速率为 v，有 $N-mg=m\dfrac{v^2}{R}$，解得

$$\frac{1}{2}mv^2=\frac{1}{2}(N-mg)R$$

摩擦力的功记为 A_f，由动能定理 $mgR+A_f=\frac{1}{2}mv^2-0$，得

$$A_f=\frac{1}{2}(N-mg)R-mgR=\frac{1}{2}(N-3mg)R$$

1.3.3　功能原理　机械能守恒定律

式(1-78)表明，作用在质点系的外力的功和内力的功的代数和等于系统动能的增量：

$$W = W_{外} + W_{内} = \sum_{i=1}^{n}\Delta E_{ki} = \Delta E_{k}$$

事实上，内力又有保守力和非保守力之分，而式(1-68)显示，保守力的功等于系统势能的减少 $W_{保守力}=-(E_{pB}-E_{pA})=-\Delta E_p$.

定义系统的动能 E_k 与势能 E_p 之和为机械能 E，于是，质点系的动能定理可以改写为

$$W_{外}+W_{非保内}=\Delta E_k+\Delta E_p=\Delta E \tag{1-79}$$

即外力和非保守内力对质点系所做的功等于系统机械能的增量. 式(1-79)称为质点系的**功能原理**.

必须注意的是，系统保守(内)力所做的功等于系统势能的减少，因此，处理实际问题时，对系统势能的变化和保守力做功，只需考虑其中之一即可.

从式(1-79)可以看出，

$$W_{外}+W_{非保内}=0 \text{ 时 } \Delta E=0 \tag{1-80}$$

即如果一个系统内的非保守内力的功与外力的功的代数和为零，或者说系统内只有保守内力做功，则系统内动能和势能可以相互转化，但机械能的总值保持不变，此即**机械能守恒定律**. 没有外力做功的系统叫封闭系统，只有保守内力做功的系统通常也叫封闭的保守系统，式(1-80)也可表述为**封闭的保守系统内机械能守恒**.

应该说，如果 $W_{外}+W_{非保内}\neq 0$，系统的机械能将不守恒，但机械能增加或减少，一定有其他形式的能量减少或增加，这就是自然界普遍遵守的**能量转化和守恒定律**，机械能守恒定律只是能量守恒定律的一个特例.

最常见的情形就是摩擦力存在的情形下，机械能不守恒. 摩擦力做正功，系统机械能增加，如利用货物与传送带之间的摩擦力将货物从低处送往高处，货物的机械能增加. 又如炸弹爆炸也是其他形式的能量转化为机械能. 若摩擦力做负功，系统机械能将减少，与此同时将有其他形式的能量产生，如热能、光能等. 如火车紧急制动时，车轮与铁轨之间由于摩擦会发热甚至产生火花.

例题 1-19 试利用机械能守恒定律再解例题 1-11 中细绳下摆 θ 角度时小球的速率.

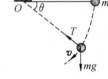

解： 如图 1-31 所示，选取小球和地球作为被研究的系统，小球下落的过程中，绳的张力不做功，只有重力做功，系统机械能守恒. 设下摆 θ 角度时小球的速率为 v，选小球在水平时重力势能为 0，有

$$\frac{1}{2}mv^2-mgl\sin\theta=0$$

解出

$$v=\sqrt{2gl\sin\theta}$$

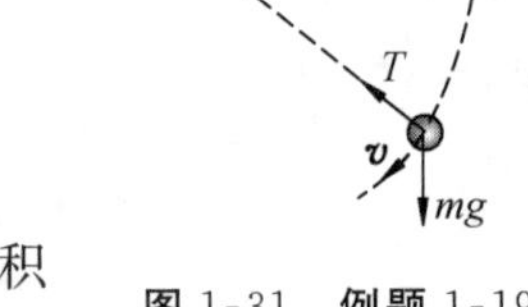

图 1-31 例题 1-19 图

不难发现，本例题利用机械能守恒定律求解比例题 1-11 中用积分求解更简单.

例题 1-20 如图 1-32 所示，在光滑水平面上，平放一轻弹簧，弹簧一端固定，另一端连一物体 A，边上再放一物体 B，它们的质量分别为 m_A 和 m_B，弹簧劲度系数为 k，原长为 l. 用力推 B，使弹簧压缩 x_0，然后释放.

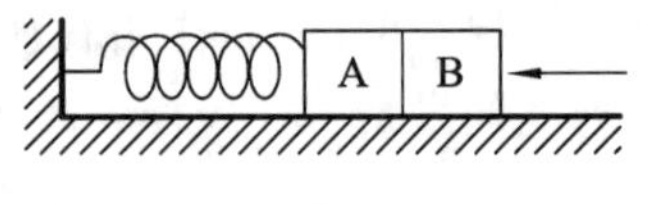

图 1-32 例题 1-20 图

(1) 求当 A 与 B 开始分离时，它们的位置和速度.

(2) 分离之后，A 还能往前移动多远？

解： (1) 当 A 与 B 开始分离时，两者具有相同的速度，但 A 的加速度为零，此时弹簧和 B 都不对 A 产生作用力，即为弹簧原长位置，根据能量守恒，可得

$$\frac{1}{2}(m_A+m_B)v^2=\frac{1}{2}kx_0{}^2$$

解得

$$v=\sqrt{\frac{k}{m_A+m_B}}x_0,\ x=l$$

(2) 分离之后，A 的动能又将逐渐转化为弹性势能，所以 $\frac{1}{2}m_Av^2=\frac{1}{2}kx_A{}^2$，则

$$x_A=\sqrt{\frac{m_A}{m_A+m_B}}x_0$$

1.3.4 碰撞

两个或多个物体在一极短的时间内以相当大的作用力（冲击力）相互作用的过程称为**碰撞**. 除了日常生活中的打桩、锻压、锤击、撞击等物体之间的有接触的短时间的剧烈作用之

外，原子、分子、电子等微观粒子之间没有接触的短时间的相互作用过程也属于碰撞的范畴.

在处理碰撞问题时，由于作用时间极短，相互作用的冲击力极大，作用过程非常复杂，牛顿第二定律无法直接应用.若将相互作用的物体作为一个系统来考虑，系统所受的外力，如重力、摩擦力等，相对较弱，可忽略不计，因此，碰撞过程系统的动量守恒.以质量分别为 m_1 和 m_2 的两小球的碰撞为例，设两球碰撞前后的速度分别为 $\boldsymbol{v}_{10}$、$\boldsymbol{v}_1$ 和 $\boldsymbol{v}_{20}$、$\boldsymbol{v}_2$，碰撞前后系统满足

$$m_1\boldsymbol{v}_{10}+m_2\boldsymbol{v}_{20}=m_1\boldsymbol{v}_1+m_2\boldsymbol{v}_2 \tag{1-81}$$

讨论碰撞前后两球速度在同一直线上，即两球做**对心碰撞**(也称**正碰撞**)的情形，取该直线为轴，以向右为正向，建立坐标轴，上式可写成标量式，各速度的正负就代表了小球的运动方向，如图 1-33 所示.

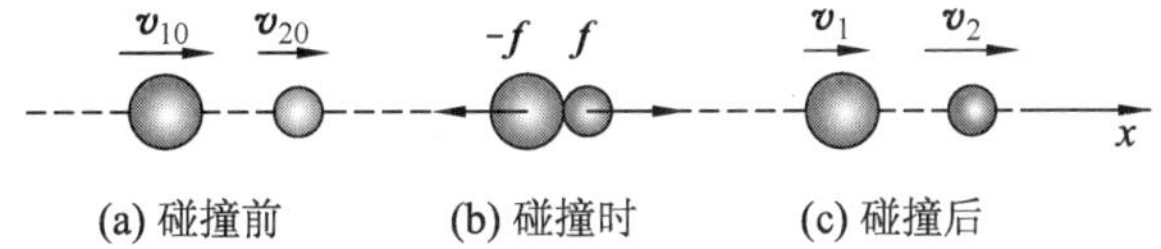

图 1-33　两球的对心碰撞

牛顿根据实验数据总结出了**碰撞定律**：碰撞后两球的**分离速度**(v_2-v_1)与碰撞前两球的**接近速度**($v_{10}-v_{20}$)成正比，比值由两球的材料性质决定，即

$$e=\frac{v_2-v_1}{v_{10}-v_{20}} \tag{1-82}$$

式中，e 称为**恢复系数**.在斜碰的情况下，上式中的分离速度和接近速度均指沿碰撞接触处法线方向上的相对速度.

实际应用中，可将一种材料做成质量为 m_1 的厚板，另一种材料做成质量为 m_2 的小球，且 $m_1\gg m_2$，当小球自高为 H 处掉在板上，反弹高度为 h 时，整个过程可认为 $v_{10}=v_1=0$，$v_{20}=-\sqrt{2gH}$，$v_2=\sqrt{2gh}$，代入式(1-82)，有

$$e=-\frac{v_2}{v_{20}}=\sqrt{\frac{h}{H}} \tag{1-83}$$

一、完全非弹性碰撞

如果 $e=0$，则碰撞后两球没有恢复过程，两球不分开，以共同速度 v 前进，这种碰撞称为完全非弹性碰撞.由式(1-81)可解出

$$v=\frac{m_1v_{10}+m_2v_{20}}{m_1+m_2} \tag{1-84}$$

不难算出碰撞后系统损失的机械能 ΔE 为

$$\Delta E_k=E_k-E_{k0}=\frac{m_1m_2}{2(m_1+m_2)}(v_{10}-v_{20})^2 \tag{1-85}$$

二、完全弹性碰撞

如果 $e=1$，则两球的分离速度等于接近速度，即

$$v_2-v_1=v_{10}-v_{20} \tag{1-86}$$

由上式可以证明，碰撞后两球完全恢复，没有机械能损失，这种碰撞称为完全弹性碰撞.

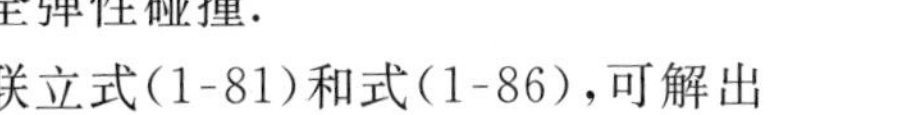

联立式(1-81)和式(1-86)，可解出

$$\begin{cases} v_1 = \dfrac{(m_1 - m_2)v_{10} + 2m_2 v_{20}}{m_1 + m_2} \\ v_2 = \dfrac{(m_2 - m_1)v_{20} + 2m_1 v_{10}}{m_1 + m_2} \end{cases} \tag{1-87}$$

讨论以下两种特殊情形.

(1) 如果两球质量相等，即 $m_1 = m_2$，由式(1-87)可得，$v_1 = v_{20}$，$v_2 = v_{10}$，两球将相互交换速度.

(2) 如果 $m_2 \gg m_1$ 且 $v_{20} = 0$，由式(1-87)可得，$v_1 \approx -v_{10}$，$v_2 \approx 0$，即质量极大并且静止的物体碰撞后仍然几乎不动，质量极小的物体速度反向，速率几乎不变.

三、非完全弹性碰撞

一般情况下，$0 < e < 1$，碰撞后系统可能留下一些永久性的形变，损失部分机械能，转变为形变势能、热能等其他形式的能量，这种碰撞称为非完全弹性碰撞. 联立式(1-81)和式(1-82)，可解出

$$\begin{cases} v_1 = v_{10} - \dfrac{(1+e)m_2(v_{10} - v_{20})}{m_1 + m_2} \\ v_2 = v_{20} - \dfrac{(1+e)m_1(v_{10} - v_{20})}{m_1 + m_2} \end{cases} \tag{1-88}$$

碰撞后系统损失的机械能 ΔE 为

$$\Delta E_k = \frac{1}{2}(1 - e^2)\frac{m_1 m_2}{(m_1 + m_2)}(v_{10} - v_{20})^2 \tag{1-89}$$

例题 1-21 如图 1-34 所示，粒子 A 以初速度 $v_0 = 300$ m/s 与另一静止的同种粒子 B 在水平面上发生完全弹性碰撞. 碰撞后粒子 A 以 $\theta_1 = 30°$ 方向被散射，求两个粒子碰撞后的速率 v_1、v_2 和第二个粒子运动的方向 θ_2.

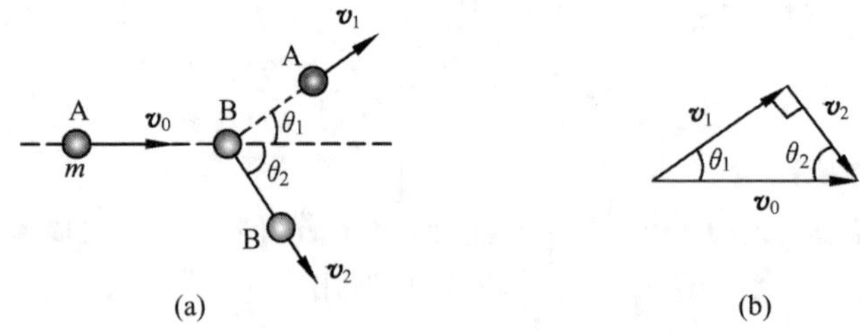

图 1-34 例题 1-21 图

解： 这是一个二维的非对心完全弹性碰撞，两球组成的系统动量和机械能(动能)均守恒.

由动量守恒 $\boldsymbol{p}_0 = \boldsymbol{p}_1 + \boldsymbol{p}_2$，有

$$\boldsymbol{v}_0 = \boldsymbol{v}_1 + \boldsymbol{v}_2$$

即 $\boldsymbol{v}_0$、$\boldsymbol{v}_1$、$\boldsymbol{v}_2$ 组成了一个三角形.

由于两球是在水平面上发生的碰撞，所以系统机械能守恒即动能守恒，有

$$\frac{1}{2}mv_0^2 = \frac{1}{2}mv_1^2 + \frac{1}{2}mv_2^2$$

得

$$v_0^2 = v_1^2 + v_2^2$$

可见 $\boldsymbol{v}_0$、$\boldsymbol{v}_1$、$\boldsymbol{v}_2$ 组成了一个直角三角形，如图 1-34(b)所示. 已知 $\theta_1 = 30°$，$v_0 = 300$ m/s，可

得到

$$v_1=v_0\cos\theta_1=260\ \mathrm{m/s},\ v_2=v_0\sin\theta_1=150\ \mathrm{m/s},\ \theta_2=90°-\theta_1=60°$$

可以证明:两个同种粒子经完全弹性非对称碰撞后总是沿着相互垂直的方向散射.

例题 1-22　如图 1-35 所示,用摆长为 l 的冲击摆可测子弹的速度.木块质量为 M,子弹质量为 m,子弹与木块做完全非弹性碰撞,摆线的最大摆角为 θ_0.求子弹击中木块时的速度 v_0.

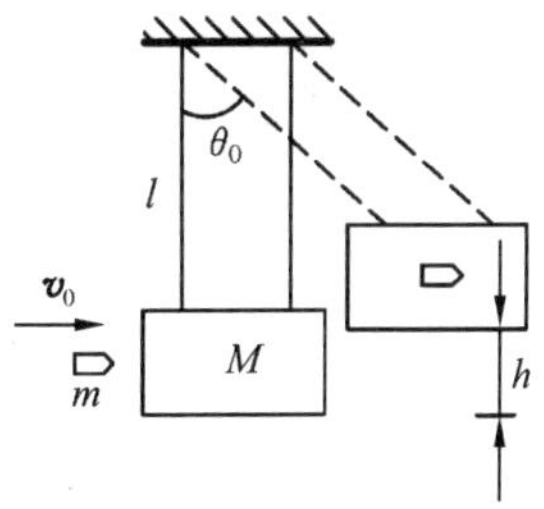

图 1-35　例题 1-22 图

解:以子弹、木块为系统时,动量守恒.设子弹射入木块后两者的共同速度为 v,则

$$mv_0=(M+m)v$$

得

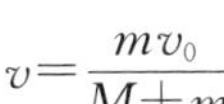

$$v=\frac{mv_0}{M+m}$$

子弹与木块一起摆至最高点的过程中,绳的张力不做功,机械能守恒,则

$$(M+m)gh=\frac{1}{2}(M+m)v^2=\frac{1}{2}\cdot\frac{m^2v_0{}^2}{M+m}$$

解出

$$v_0=\frac{M+m}{m}\sqrt{2gh}=\frac{M+m}{m}\sqrt{2gl(1-\cos\theta_0)}$$

若 $\theta_0=60°$,$m=10$ g,$M=1$ kg,$l=1$ m,则 $v_0=316$ m/s,$v=3.31$ m/s.

不难算出子弹的初动能为

$$E_{k0}=\frac{1}{2}mv_0{}^2\approx500\ \mathrm{J}$$

子弹和木块一起运动时的动能为

$$E_k=\frac{1}{2}(M+m)v^2\approx5\ \mathrm{J}$$

可见,子弹射入木块的过程中,有 99%的动能因摩擦力做功而耗散掉了.

阅读材料 A　人体的力学特性

A.1　骨的力学性质和特点

成人皮质骨湿重的 20%为水,45%为骨盐,其余 35%为有机物质.有机成分中,绝大部分为胶原(占 90%~95%),另有少量的无定形基质,包括氨基多糖和糖蛋白(约占 5%~10%).骨盐的存在使骨具有特有的强度和刚度.

骨组织的化学成分随个体的年龄及其部位不同而不同.间质板层骨的钙含量比骨单位的要大.而且由于矿化程度各异,不同骨单位的钙含量也有很大差异.骨盐的主要成分是磷酸钙和碳酸钙,并有少量的钙、镁和氟化物.骨盐的主要形式为羟基磷灰石结晶和无定形的磷酸钙混合物.骨胶原主要为 I 型胶原,其一般成分及分子结构与皮肤、真皮、肌腱的胶原类似.

骨的细胞包括成骨细胞、破骨细胞和骨细胞.成骨细胞分泌细胞外基质将自己围起来而成为骨细胞.骨形成时，成骨细胞分泌未钙化的类骨质，随后羟基磷灰石结晶在类骨质胶原纤维周围有序沉积.完整骨由皮质骨和松质骨两种骨组织构成.皮质骨构成了长骨的骨干及包绕干骺端的薄壁，干骺端和骨骺的松质骨与干骺端的皮质骨薄壁相连接，形成一个由骨小梁柱和骨板构成的、相互连续的三维网络.骨小梁将干骺端和骨骺内部分隔成许许多多大小不一、相互连通的空隙结构.

一、骨的力学特性

力学测试表明，皮质骨是一种黏弹性材料，形变不仅依赖于加载速率，而且与加载的持续时间有关，骨的形变随加载时间逐渐增加.与缓慢加载相比，快速加载时皮质骨的弹性模量和极限强度均增高.此外，皮质骨是一种各向异性材料，其力学特性完全依赖于微结构的定向排列.皮质骨的轴向刚度和强度均明显高于横向刚度和强度.

松质骨的力学特性和皮质骨的力学特性明显不同，而与工程上的许多多孔材料类似.力学测试表明，松质骨的应力-应变曲线表现为先是一初始弹性区，随着骨小梁断裂而发生屈服，继之是一段很长的平台区，这是由于越来越多的骨小梁逐渐断裂所致.断裂的骨小梁逐渐填充髓腔，到应变约达0.5时，多数髓腔已被断裂骨小梁的碎片所充填.在孔隙完全充填后，继续加载可使标本的弹性模量进一步增高.实验表明，松质骨的拉伸强度与压缩强度大致相等；而且在拉伸和压缩受载时，松质骨的弹性模量大致相等.

二、关节的力学特性

关节是人体中骨与骨可动连接的环节，是人体各部位活动杠杆的支点.关节的作用有：保证人体的运动；力的传递；润滑.而关节软骨有其独特的力学性能，一般来说，它是一种各向异性的、非均匀的、具有黏弹性的、充满液体的可渗透物质.

(1) 软骨的负荷变形.关节软骨在承受压力(负荷)时会发生变形，并随时间变化变形加快，1小时后达到平衡.当压力消除后，原有的软骨厚度很快恢复.

(2) 渗透性.组织间液在流经软骨基质时，其输送机制主要有两种.第一种是组织间液体借助于组织两边液体的正压力梯度经过多孔的可渗透基质输送，液体的输送与压力梯度成正比.第二种是靠软骨基质的变形来输送液体.在增加压力发生变形时，健康软骨的渗透性大大降低.这样，关节软骨就阻止了所有的组织间液流出，这个生物力学调节系统与正常组织的营养需要、关节的润滑和承载能力、软骨组织的磨损程度有密切关系.

(3) 张力特性.软骨承受的张力负荷与关节软骨面相平行时，其硬度和强度与胶原纤维平行于张力方向排列的范围有密切关系，因为胶原纤维是抗张力的主要成分.随着关节表面距离的增加，正常成人关节软骨的拉伸强度均降低，这使胶原蛋白密集的软骨表浅层坚韧耐磨，对软骨组织起到保护作用.

(4) 润滑作用.在工程学中有两种基本润滑类型，即界面润滑和液膜润滑.在某些负荷条件下，关节内的滑液可作为关节软骨的界面润滑剂，而这种润滑能力与滑液的黏滞度无关.如果承力不重，且接触面的相对运动速度较高，关节可能采用第二种润滑机制——液膜润滑.

(5) 磨损.磨损分两个部分，即承载面之间相互作用引起的界面磨损和接受体变形引起的疲劳性磨损.如果两承载面接触，可因粘连或磨损而产生界面磨损.即使承载面润滑作用好，由于反复变形，承载面可发生疲劳性磨损.疲劳性磨损之所以发生，是由于材料反复受压而产生微小的损伤累积所致.

(6) 关节软骨生物力学.关节软骨的修复和再生能力有限，如果承受应力太大，很快会出现全面破坏.这可能与下列因素有关：

① 承受应力的量级.

② 承受应力峰值的总数.

③ 胶原蛋白多糖基质的内部分子和细微结构.

应力的过度集中可导致软骨的衰竭，如先天性髋臼发育不良、关节内骨折、半月板切除后等都可增加总负荷和应力集中.

三、脊柱的力学特性

脊柱是人体的中轴，由脊椎骨、椎间盘、椎间关节和椎旁各关节、韧带及肌肉紧密连结而成.椎管由各脊椎的椎孔连贯而成，内充脊髓.成人整个脊柱从正面看为一条直线，从侧面看分为四个弯曲，即颈部向前凸，胸部向后凸，腰部向前凸，骶部向后凸.这些弯曲适合人体直立行走，在生长发育的过程中逐步形成.

脊柱的功能为：支持体重、传递重力；保护脊髓和神经根；参与形成胸腔、腹腔及骨盆腔；支持和附着四肢与躯干联系的肌肉和筋膜.

脊柱有前屈、后伸、左右侧屈及左右旋转的运动能力，具有内源性稳定和外源性稳定.前者靠椎间盘和韧带，后者靠有关肌肉，特别是胸腹肌.内源性稳定时，椎间盘髓核内的应压力使相邻椎体分开，而纤维环及其周围韧带在抵抗髓核的分离压应力情况下，使椎体靠拢，这两种不同方向的作用力，使脊柱得到较大的稳定性.一般认为，脊柱外源性稳定较内源性重要.

在大多数情况下，椎体和椎间盘承受了大部分载荷，小关节面仅承受0～33%的载荷.椎体承载后，载荷可从椎体上方的软骨终板，经过椎体皮质骨或松质骨，而传递到下方软骨终板.椎间盘构成脊柱整个高度的20%～33%，其主要生物力学功能是对抗压缩力，但对脊柱活动也具有决定性影响.脊柱承受较小的载荷时，由于椎间盘的弹性模量大大小于椎体，易发生变形，因而能起到吸收振动、减缓冲击和均布外力的作用.

A.2　肌肉的力学性质和特点

肌纤维在ATP和Ca^{2+}的刺激下，肌球蛋白与肌动蛋白的横桥相结合，产生收缩.骨骼肌的两端附着于骨骼上，随肌纤维的缩短、延长或不变，产生复杂的功能活动，其收缩形式有等张收缩、等长收缩、等速收缩.

(1) 等张收缩(isotonic contraction).在肌肉收缩时整个肌纤维的长度发生改变，张力基本不变，可产生关节的运动.此类肌肉收缩又根据肌肉纤维的长度变化的方向不同分为不同种类.

(2) 等长收缩(isometric contraction).肌肉收缩时整个肌纤维的长度基本不变，所做功表现为肌张力增高，不产生关节的运动.

(3) 等速收缩(isokinetic contraction).肌肉收缩时产生的张力可变，但关节运动速度是不变的.等速收缩分为向心性和离心性收缩，等速收缩产生的运动称为等速运动.

A.3　血管壁的力学性质和特点

一、血管壁的结构

除毛细血管和毛细淋巴管以外，血管壁从管腔面向外依次为内膜、中膜和外膜.血管壁内还有营养血管和神经分布.内膜是管壁的最内层，由内皮和内皮下层组成，是三层中最薄的一层.内皮为衬贴于血管腔的单层扁平上皮.内皮细胞长轴多与血液流动方向一致.

中膜位于内膜和外膜之间，其厚度及组成成分因血管种类而异. 大动脉以弹性膜为主，间有少许平滑肌；中动脉主要由平滑肌组成. 外膜由疏松结缔组织组成，其中含螺旋状或纵向分布的弹性纤维和胶原纤维. 血管壁的结缔组织细胞以成纤维细胞为主，当血管受损伤时，成纤维细胞具有修复外膜的能力.

二、血管壁的力学性质

血管壁属于生物软组织，其最大的特点就是具有黏弹性. 血管壁具有一般生物软组织的特点：柔软易变形；具有不同程度的抗拉强度；抗压及抗弯曲的能力很低；其生物组织都极具黏弹性；其变形与时间有很强的依赖关系. 其生物组织材料还具有很高的非线性性质，以力学的观点看问题，它是非线性黏弹性的、各向异性的、非均质的材料. 材料对应力的响应兼有弹性固体和黏性流体的双重特性（称黏弹性）. 各向异性是指材料在各方向的力学和物理性能呈现差异的特性.

A.4　相关实用案例

相关实用案例如表 A-1 所示.

表 A-1　实用案例表

腰（L3）椎间盘所受的力/N					
仰卧位		坐位		站立位	
仰卧清醒	250	直坐（无支持）	700	放松站立	500
半卧位	100	坐位 100°，腰部靠垫 4 cm 厚	450	咳嗽	700
腰麻或截瘫	80	坐位 100°，有扶手	400	挺胸大笑	700
被动牵引 30 s	250	坐位 100°，有靠背和脚踏板	500	平跳	700
被动牵引 3 min	<100	坐办公椅内	500	腰椎前屈 20°	700
自体牵引	500	起坐无扶手	1 000	腰椎前屈 40°	1 000
仰卧上肢练习（手握 20 N 重物）	600	起坐有扶手	700	腰椎前屈 20°，每手握 100 N 重物	1 200
仰卧起坐（大范围）	1 200	坐办公椅握 20 N 重物	700	腰椎前屈 20°，旋转 20°，每手握 50 N 重物	2 100
双腿抬起	800	腰前屈每手握 100 N 重物	1 400	上举 100 N 重物，跪、躯干挺直	1 700
仰卧起坐（小范围，等长收缩）	600	上举 50 N 重物	1 400	前平举 100 N 重物，腰椎前屈，屈膝伸直	1 900
头低位床面倾斜 10°	300	—		前平举 100 N 重物	1 900
—		—		腰椎前屈 30°，每手前平举 40 N 重物	1 700
—		—		腰围支持下腰椎前屈 30°，每手举 40 N 重物	1 200

习题

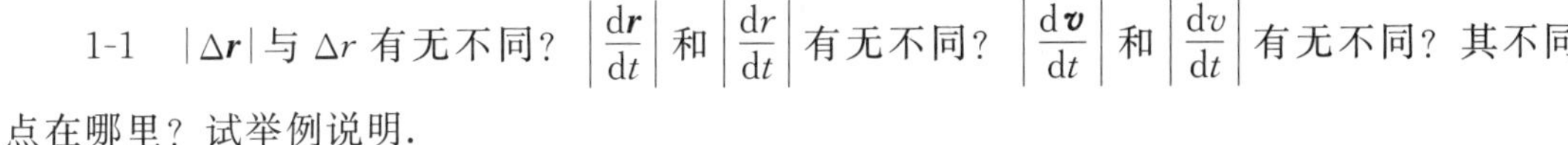

1-1　$|\Delta \boldsymbol{r}|$与Δr有无不同？$\left|\frac{\mathrm{d}\boldsymbol{r}}{\mathrm{d}t}\right|$和$\left|\frac{\mathrm{d}r}{\mathrm{d}t}\right|$有无不同？$\left|\frac{\mathrm{d}\boldsymbol{v}}{\mathrm{d}t}\right|$和$\left|\frac{\mathrm{d}v}{\mathrm{d}t}\right|$有无不同？其不同点在哪里？试举例说明.

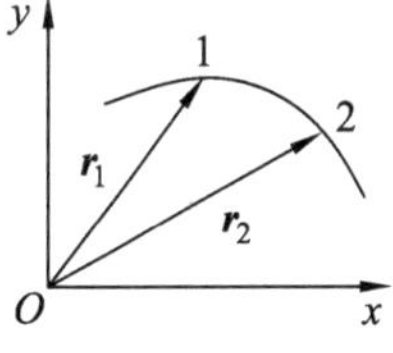

习题 1-2 图

1-2　一物体在位置1的矢径是$\boldsymbol{r}_1$，速度是$\boldsymbol{v}_1$. 如图所示，经Δt时间后到达位置2，其矢径是$\boldsymbol{r}_2$，速度是$\boldsymbol{v}_2$. 则物体在Δt时间内的平均速度是　[　　]

(A) $\frac{1}{2}(\boldsymbol{v}_2-\boldsymbol{v}_1)$　　(B) $\frac{1}{2}(\boldsymbol{v}_2+\boldsymbol{v}_1)$

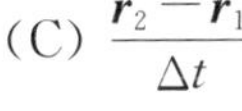

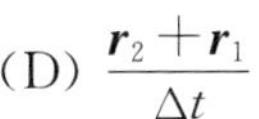

(C) $\frac{\boldsymbol{r}_2-\boldsymbol{r}_1}{\Delta t}$　　(D) $\frac{\boldsymbol{r}_2+\boldsymbol{r}_1}{\Delta t}$

1-3　关于加速度的物理意义，下列说法正确的是　[　　]

(A) 加速度是描述物体运动快慢的物理量
(B) 加速度是描述物体位移变化率的物理量
(C) 加速度是描述物体速度变化的物理量
(D) 加速度是描述物体速度变化率的物理量

1-4　一质点做曲线运动，任一时刻的矢径为$\boldsymbol{r}$，速度为$\boldsymbol{v}$，则在Δt时间内　[　　]

(A) $|\Delta \boldsymbol{v}|=\Delta v$　(B) 平均速度为$\frac{\Delta r}{\Delta t}$　(C) $|\Delta \boldsymbol{r}|=\Delta r$　(D) 平均速度为$\frac{\Delta \boldsymbol{r}}{\Delta t}$

1-5　一物体做匀变速直线运动，则　[　　]

(A) 位移与路程总是相等　(B) 平均速率与平均速度总是相等
(C) 平均速度与瞬时速度总是相等　(D) 平均加速度与瞬时加速度总是相等

1-6　一质点做抛体运动，忽略空气阻力，该质点的$\frac{\mathrm{d}v}{\mathrm{d}t}$和$\frac{\mathrm{d}\boldsymbol{v}}{\mathrm{d}t}$的变化情况为　[　　]

(A) $\frac{\mathrm{d}v}{\mathrm{d}t}$的大小和$\frac{\mathrm{d}\boldsymbol{v}}{\mathrm{d}t}$的大小都不变　(B) $\frac{\mathrm{d}v}{\mathrm{d}t}$的大小改变，$\frac{\mathrm{d}\boldsymbol{v}}{\mathrm{d}t}$的大小不变
(C) $\frac{\mathrm{d}v}{\mathrm{d}t}$的大小和$\frac{\mathrm{d}\boldsymbol{v}}{\mathrm{d}t}$的大小均改变　(D) $\frac{\mathrm{d}v}{\mathrm{d}t}$的大小不变，$\frac{\mathrm{d}\boldsymbol{v}}{\mathrm{d}t}$的大小改变

1-7　下列判断错误的是　[　　]

(A) 质点做直线运动时，加速度的方向和运动方向总是一致的
(B) 质点做匀速率圆周运动时，加速度的方向总是指向圆心
(C) 质点做斜抛运动时，加速度的方向恒定
(D) 质点做曲线运动时，加速度的方向总是指向曲线凹的一边

1-8　下列表述正确的是　[　　]

(A) 质点做圆周运动时，加速度一定与速度垂直
(B) 物体做直线运动时，法向加速度必为零
(C) 轨道最弯处法向加速度最大
(D) 某时刻的速率为零，切向加速度必为零

1-9　下列情形不能出现的是　[　]

(A) 运动中，瞬时速率和平均速率恒相等

(B) 运动中，加速度不变，速度时刻变化

(C) 曲线运动中，加速度越来越大，曲率半径总不变

(D) 曲线运动中，加速度不变，速率也不变

1-10　下列说法正确的是　[　]

(A) 运动的物体有惯性，静止的物体没有惯性

(B) 物体不受外力作用时必定静止

(C) 物体做圆周运动时合外力不可能是恒量

(D) 牛顿运动定律只适用于低速、微观物体

1-11　下列说法正确的是　[　]

(A) 物体的运动速度等于零时，合外力一定等于零

(B) 物体的速度越大，则所受合外力也越大

(C) 物体所受合外力的方向必定与物体运动速度方向一致

(D) 以上三种说法都不对

1-12　如图所示，不计摩擦，物体在力 $\boldsymbol{F}$ 作用下做直线运动，如果力 $\boldsymbol{F}$ 的量值逐渐减小，则该物体　[　]

(A) 速度逐渐减小，加速度逐渐减小

(B) 速度逐渐减小，加速度逐渐增大

(C) 速度继续增大，加速度逐渐减小

(D) 速度继续增大，加速度逐渐增大

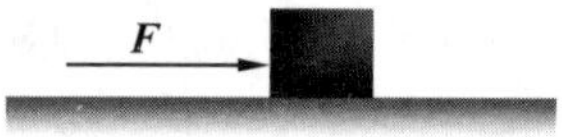

习题 1-12 图

1-13　牛顿第二定律的动量表示式为 $\boldsymbol{F}=\frac{\mathrm{d}(m\boldsymbol{v})}{\mathrm{d}t}$，即有 $\boldsymbol{F}=m\frac{\mathrm{d}\boldsymbol{v}}{\mathrm{d}t}+\boldsymbol{v}\frac{\mathrm{d}m}{\mathrm{d}t}$. 若要使上式中右边的两项都不等于零，而且方向不在同一直线上，则物体应做　[　]

(A) 定质量的加速直线运动　　(B) 定质量的加速曲线运动

(C) 变质量的直线运动　　(D) 变质量的曲线运动

1-14　如图所示，站在电梯内的人，看到用细绳连接的质量不同的两物体跨过电梯内的一个无摩擦的定滑轮而处于“平衡”状态，由此他断定电梯做加速运动，其加速度　[　]

(A) 大小为 g，方向向上　　(B) 大小为 g，方向向下

(C) 大小为 $g/2$，方向向上　　(D) 大小为 $g/2$，方向向下

习题 1-14 图

1-15　升降机内地板上放有物体 A，其上再放另一物体 B，二者的质量分别为 m_A、m_B. 当升降机以加速度 a 向下加速运动时（$a<g$），物体 A 对升降机地板的压力为　[　]

(A) $m_A g$　　(B) $(m_A+m_B)g$

(C) $(m_A+m_B)(g+a)$　　(D) $(m_A+m_B)(g-a)$

1-16　一炮弹在飞行中突然炸成两块，其中一块做自由下落，则另一块着地点　[　]

(A) 比原来更远　　(B) 比原来更近

(C) 仍和原来一样　　(D) 条件不足不能判定

1-17　如图所示,停在空中的气球的质量和人的质量相等.如果人沿着竖直悬挂在气球上的绳梯向上爬 1 m,不计绳梯的质量,则气球将　[　　]

(A) 向上移动 1 m　　(B) 向下移动 1 m

(C) 向上移动 0.5 m　　(D) 向下移动 0.5 m

习题 1-17 图

1-18　有两个同样的木块,从同一高度自由下落,在下落途中,一木块被水平飞来的子弹击中,且子弹陷入其中.子弹的质量不能忽略,若不计空气阻力,则　[　　]

(A) 两木块同时到达地面　　(B) 被击木块先到达地面

(C) 被击木块后到达地面　　(D) 不能确定哪块木块先到达地面

1-19　将一物体提高 10 m,下列情形提升力所做的功最小的是　[　　]

(A) 以 5 m/s 的速度匀速提升

(B) 以 10 m/s 的速度匀速提升

(C) 将物体由静止开始匀加速提升 10 m,速度达到 5 m/s

(D) 使物体从 10 m/s 的初速度匀减速上升 10 m,速度减为 5 m/s

1-20　质点系的内力可以改变　[　　]

(A) 系统的总质量　　(B) 系统的总动量

(C) 系统的总动能　　(D) 系统的总角动量

1-21　作用在质点组的外力的功与质点组内力做功之和量度了　[　　]

(A) 质点组动能的变化

(B) 质点组内能的变化

(C) 质点组内部机械能与其他形式能量的转化

(D) 质点组动能与势能的转化

1-22　在一般的抛体运动中,下列说法正确的是　[　　]

(A) 最高点动能恒为零

(B) 在升高的过程中,物体动能的减少等于物体势能的增加和克服重力所做功之和

(C) 抛射物体机械能守恒,因而同一高度具有相同的速度矢量

(D) 在抛体和地球组成的系统中,物体克服重力做的功等于势能的增加

1-23　将一小球系在一端固定的细线(质量不计)上,使小球在竖直平面内做圆周运动,作用在小球上的力有重力和细线的拉力.将细线、小球和地球一起看作一个系统,不考虑空气阻力及一切摩擦,则　[　　]

(A) 重力和拉力都不做功,系统的机械能守恒

(B) 因为重力和拉力都是系统的内力,故系统的机械能守恒

(C) 因为系统不受外力作用,这样的系统机械能守恒

(D) 以上说法都不对

1-24　关于保守力,下列说法正确的是　[　　]

(A) 只有保守力作用的系统动能和势能之和保持不变

(B) 只有合外力为零的保守内力作用的系统机械能守恒

(C) 保守力总是内力

(D) 物体沿任一闭合路径运动一周,作用于它的某种力所做的功为零,则该力称为保守力

1-25　从地面发射人造地球卫星的速度称为发射速度 v_0，卫星绕地球运转的速度称为环绕速度 v，已知 $v=\sqrt{\frac{gR^2}{r}}$（R 为地球半径，r 为卫星离地心的距离），忽略卫星在运动过程中的阻力，对于发射速度 v_0，有　[　　]

(A) v 越小，相应的 v_0 越大　　(B) $v\propto\frac{1}{v_0}$

(C) v 越大，相应的 v_0 越大　　(D) $v\propto v_0$

1-26　一质点在 xOy 平面内运动，运动方程为 $x=2t$，$y=19-2t^2$，式中，x、y 以 m 计，t 以 s 计.

(1) 计算质点的运动轨道.

(2) 求 $t=1$ s 及 $t=2$ s 时质点的位置矢量，并求此时间间隔内质点的平均速度.

(3) 求 $t=1$ s 及 $t=2$ s 时质点的瞬时速度和瞬时加速度.

(4) 在什么时刻，质点的位置矢量正好与速度矢量垂直？此刻，它们的 x、y 分量各为多少？

(5) 在什么时刻，质点距原点最近？最近距离是多少？

1-27　已知一个在 xOy 平面内运动的物体的速度为 $\boldsymbol{v}=2\boldsymbol{i}-8t\boldsymbol{j}$. 当 $t=0$ 时，该物体通过(3，−7)位置. 求该物体在任意时刻的位置矢量.

1-28　一个质量为 P 的质点，在光滑的固定斜面（倾角为 α）上以初速度 v_0 运动，v_0 的方向与斜面底边的水平线 AB 平行，如图所示，求该质点的运动方程.

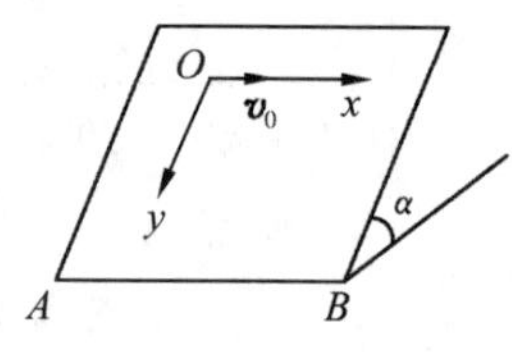

习题 1-28 图

1-29　在离水面高 h m 的岸上，有人用绳子拉船靠岸，船在离岸 s m 处，如图所示. 当人以 v_0(m/s)的速率收绳时，试求船运动的速度和加速度的大小.

1-30　一质点沿 x 轴做直线运动，其 v-t 曲线如图所示. 若 $t=0$ 时质点位于坐标原点，则求 $t=4.5$ s 时质点在 x 轴上的位置.

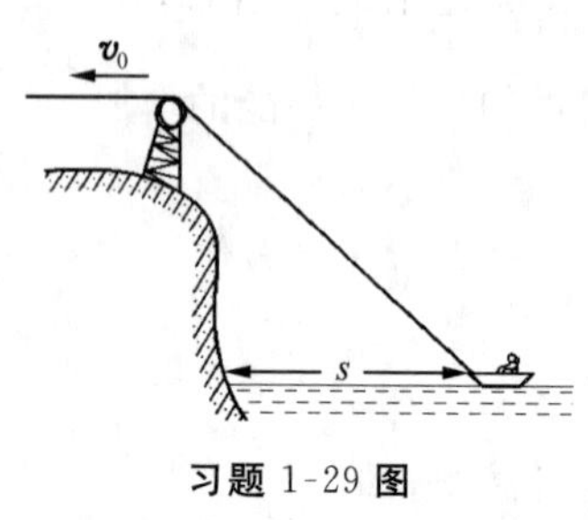

习题 1-29 图

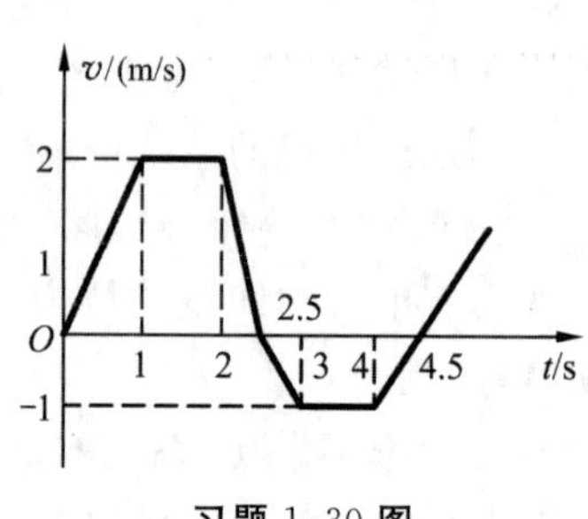

习题 1-30 图

1-31　一质点沿 x 轴做直线运动，在 $t=0$ 时，质点位于 $x_0=2$ m 处. 该质点的速度随时间变化的规律为 $v=12-3t^2$（t 以 s 计）. 求质点瞬时静止时其所在的位置和加速度.

1-32　已知一质点做直线运动，其加速度为 $a=(4+3t)$ m/s^2，开始运动时，$x=5$ m，$v=0$，求该质点在 $t=10$ s 时的速度和位置.

1-33　一物体沿一直线运动，其加速度为 $a=(4-t^2)$ m/s^2，当 $t=3$ s 时，$v=2$ m/s，$x=9$ m，求物体的速度、位移的表达式.

1-34　质点沿 x 轴运动，其加速度和位置的关系为 $a=(2+6x^2)$ m/s^2，x 的单位为 m.

质点在 $x=0$ 处，速度为 10 m/s，试求质点在任何坐标处的速度值.

1-35　甲、乙两卡车在一狭窄的公路上同向行驶，甲车以 10 m/s 速度匀速行驶，乙车在后. 当乙车发现甲车时，车速度为 15 m/s，相距 1 000 m. 乙车立即做匀减速行驶. 为避免相撞，求乙车加速度大小的最小值.

1-36　一质点沿半径为 R 的圆周按 $s=v_0t-\frac{1}{2}bt^2$ 的规律运动，式中，s 为质点离圆周上某点的弧长，v_0、b 都是常量，求：

(1) t 时刻质点的加速度.

(2) t 为何值时，加速度在数值上等于 b.

1-37　一质点沿半径为 1 m 的圆周运动，运动方程为 $\theta=2+3t^3$，式中，θ 以弧度计，t 以秒计，求：

(1) $t=2$ s 时，质点的切向和法向加速度.

(2) 当加速度的方向和半径成 45°角时的角位移.

1-38　一质点沿半径为 0.1 m 的圆做圆周运动，其角位置由式 $\theta=2+4t^3$ 表示，式中，t 以 s 计.

(1) 在 $t=2$ s 时，其法向加速度和切向加速度各是多少？

(2) 当切向加速度的大小正好是总加速度大小的一半时，θ 的值是多少？

(3) 在什么时刻，切向加速度与法向加速度具有相同的数值？

1-39　距河岸(看成直线)300 m 处有一艘静止的船，船上的探照灯以转速 $n=1$ r/min 转动，求当光束与岸边成 30°角时，光束沿岸边移动的速率 v.

1-40　以初速度 $v_0=20$ m/s 抛出一小球，抛出方向与水平面成 60°的夹角，求：

(1) 球在轨道最高点的曲率半径 ρ_1.

(2) 球落地处的曲率半径 ρ_2(提示：利用曲率半径与法向加速度之间的关系).

1-41　一船以速率 $v_1=30$ km/h 沿直线向东行驶，另一小艇在其前方以速率 $v_2=40$ km/h 沿直线向北行驶，问在船上看小艇的速度为多少？在艇上看船的速度又为多少？

1-42　如图所示，两物体用一质量为 4 kg 的均质绳连结成一组合，对该组合施以 $F=200$ N 向上的力，求：

(1) 该组合的加速度.

(2) 绳子上端的张力.

(3) 绳子中点的张力.

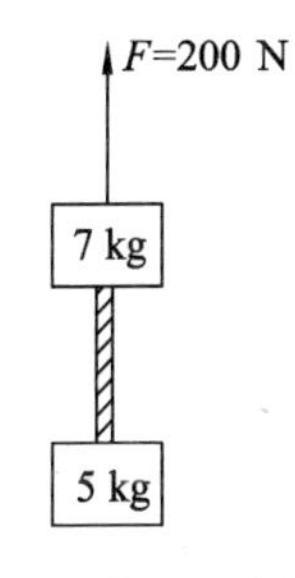

习题 1-42 图

1-43　质量为 16 kg 的质点在 xOy 平面内运动，受一恒力 $\boldsymbol{f}=6\boldsymbol{i}-7\boldsymbol{j}$(N) 作用，当 $t=0$ 时，$x=y=0$，$\boldsymbol{v}_0=-2\boldsymbol{i}$(m/s). 求 $t=2$ s 时质点的位矢和速度.

1-44　一质量为 10 kg 的物体沿 x 轴无摩擦地运动，设 $t=0$ 时，物体位于原点，速率为 0.

(1) 如果物体在作用力 $F=3+4t$(N)作用下运动了 3 s，它的速度和加速度各为多少？

(2) 如果物体在作用力 $F=3+4x$(N)作用下运动了 3 m，它的速度和加速度各为多少？

1-45　静止在 x_0 处的质量为 m 的物体，在力 $F=-k/x^2$ 的作用下沿 x 轴运动，证明物体在 x 处的速率为 $v^2=\frac{2k}{m}\left(\frac{1}{x}-\frac{1}{x_0}\right)$.

1-46　一物体在恒力 F 作用下在某流体中运动. 物体所受阻力 f 与速率 v 之间满足 $f=-kv^2$，其中 k 为常量.

（1）证明物体的收尾速度 $v_T=\sqrt{\frac{F}{k}}$.

（2）证明速度与距离之间的关系为 $v^2=\frac{F}{k}+\left(v_0{}^2-\frac{F}{k}\right)e^{-2\cdot\frac{k}{m}\cdot x}$. 式中，$v_0$ 为 $x=0$ 时的速度.

1-47　一质量为 m 的质点以与地的仰角 $\theta=30^\circ$ 的初速度 $\boldsymbol{v}_0$ 从地面抛出，若忽略空气阻力，求质点落地时相对抛射时的动量的增量.

1-48　一股水流以 300 cm^3/s 的流量垂直喷射到煤层上不再溅回来，设水的流速为 5 m/s，试估算水流作用于煤层上的平均作用力的大小.

1-49　将一空盒放在电子秤上，将秤的读数调整到零. 然后在高出盒底 1.8 m 处将小石子以 100 个/秒的速率注入盒中. 若每个石子质量为 10 g，落下的高度差均相同，且落到盒内后停止运动. 求注入 10 s 时秤的读数（$g=10\ m/s^2$）.

1-50　一质量为 m 的物体系在细绳的一端，绳的另一端固定在平面上. 该物体在粗糙的水平桌面上做半径为 r 的圆周运动. 设物体的初速度是 v_0，当它运动一周时，其速率为 $v_0/2$，求：

（1）摩擦力做的功.

（2）摩擦因数.

（3）物体在静止前运动的圈数.

1-51　一质量 $m=5$ kg 的物体，在 0～10 s 内，受到如图所示的变力 $\boldsymbol{F}$ 的作用，由静止开始沿 x 轴正向运动，而力的方向始终为 x 轴的正方向，求 10 s 内变力 $\boldsymbol{F}$ 所做的功.

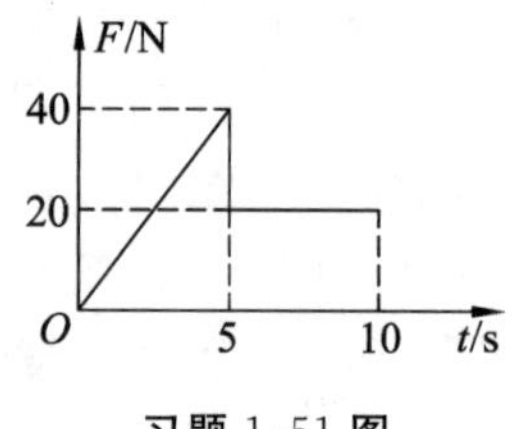

习题 1-51 图

1-52　设一子弹穿过厚度为 l 的木块，其初速度大小至少为 v. 如果木块的材料不变，而厚度增为 $2l$，则要穿过这个木块，子弹的初速度大小至少应为多少？

1-53　用铁锤将一铁钉击入木块，设铁钉受到的阻力与其进入木块的深度成正比，铁锤两次击钉的冲量相同. 铁锤第一次将钉击入木板内 1 cm，则第二次能将钉继续击入多深？

1-54　一质量为 m 的质点在指向圆心的力 $F=-\frac{k}{r^2}$ 的作用下，做半径为 r 的圆周运动. 若取距圆心无穷远处为势能零点，求此质点的速度 v 和机械能.

1-55　一长为 l、质量为 m 的匀质链条放在光滑的桌面上，若其长度的 $\frac{1}{5}$ 悬挂于桌面下，求将其慢慢拉回桌面所需做的功.

1-56　劲度系数 $k=1\ 000$ N/m 的轻质弹簧一端固定在天花板上，另一端悬挂一质量为 $m=2$ kg 的物体. 起初托着物体弹簧无伸长，现突然撒手，求弹簧的最大伸长量（$g=10\ m/s^2$）.

1-57　如图所示，一弹簧可被 100 N 的力压缩 1 m，将该弹簧固定在某倾角 θ 为 30°的无摩擦的斜面下端. 有一质量 $M=10$ kg 的物体自斜面顶端由静止被释放，将弹簧压缩 2 m 后瞬时静止，求：

（1）物体在瞬时静止前在斜面滑行的距离.

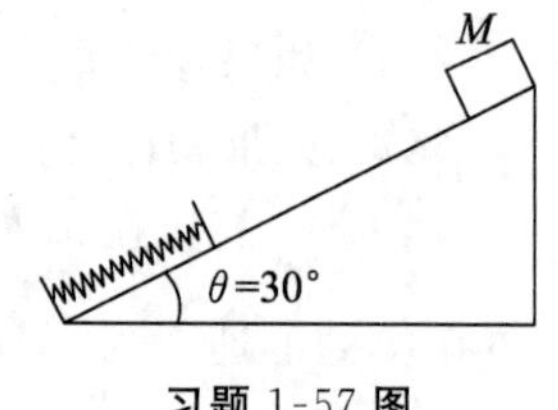

习题 1-57 图

(2) 物体与弹簧接触时的速率.

1-58　用一轻质弹簧把质量分别为 m_1 和 m_2 的两块木板连起来后放置在桌面上($m_2>m_1$),如图所示.

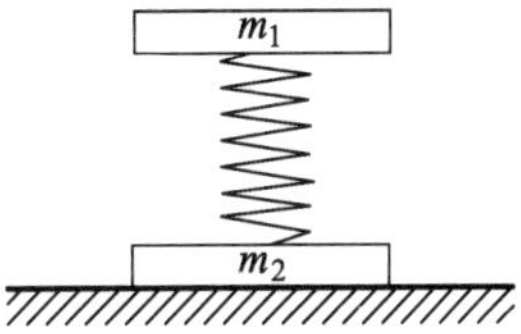

(1) 对上面的木板必须施加多大的正压力 $\boldsymbol{F}$,才能使 $\boldsymbol{F}$ 突然撤去后上面的木板跳起来,恰能使下面的木板离开地面?

(2) 交换两木板的位置,重复上述过程,结果是否变化?

习题 1-58 图

1-59　一质量为 m 的人造地球卫星沿一圆形轨道运动(速度 $v\ll$ 光速 c),离开地面的高度等于地球半径的 2 倍(即 $2R$).试以 m、R、引力恒量 G、地球质量 M 表示:

(1) 卫星的动能.

(2) 卫星在地球引力场中的引力势能.

(3) 卫星的总机械能.

1-60　一质量为 m_0 的弹簧振子水平放置并静止在平衡位置.一质量为 m 的子弹以水平速度 $\boldsymbol{v}$ 射入振子中,并随之一起运动.如果水平面光滑,求弹簧振子运动后系统的最大势能.

1-61　如图所示,一轻质弹簧的劲度系数为 k,两端分别固定一质量为 M 的物块 A 和 B,放在水平光滑桌面上静止.今有一质量为 m 的子弹沿弹簧的轴线方向以速度 $\boldsymbol{v}_0$ 射入物块 A 内而未飞出,求此后弹簧的最大压缩距离.

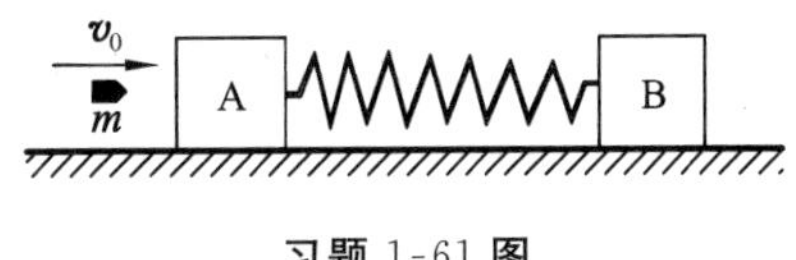

习题 1-61 图

1-62　如图所示,一质量 $M=10$ kg 的物体 A 放在光滑的桌面上,与一水平放置的劲度系数 $k=1\ 000$ N/m 的轻质弹簧相连.有一质量 $m=1$ kg 的小球 B 以水平速度 $v_0=4$ m/s 与物体 A 相撞后以 $v_1=2$ m/s 的速度弹回.

(1) A 被撞击后,弹簧将被压缩多少?

(2) 小球 B 和物体 A 的碰撞是否是弹性碰撞?恢复系数是多少?

(3) 如果小球 B 与 A 相撞后粘在一起,则(1)和(2)的结果又如何?

1-63　两个半径为 r 的光滑均质小棋子,起初静止并相靠,如图所示.现有另一半径为 $2r$、同样厚度的同质大棋子以初速度 $\boldsymbol{v}_0$ 向两小棋子飞来,$\boldsymbol{v}_0$ 正好沿两小棋子中心连线的中垂线方向.求弹性碰撞后大棋子的速度.

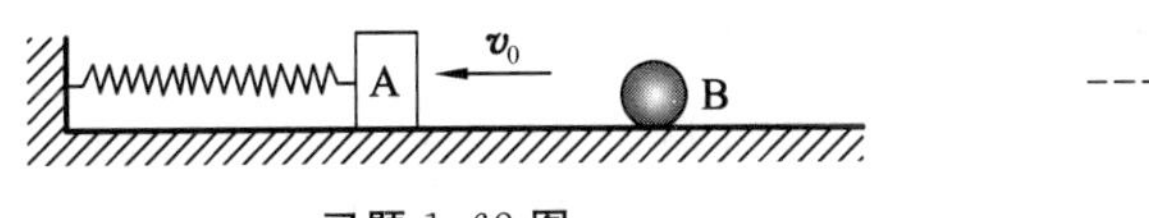

习题 1-62 图

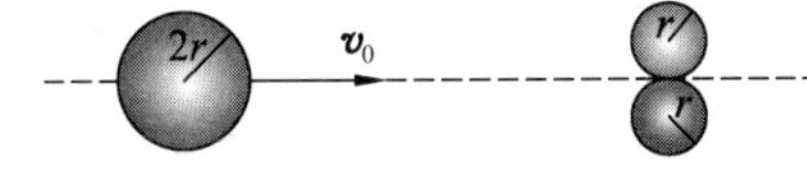

习题 1-63 图

第 2 章

刚体的运动

质点力学研究的对象是质点，所谓质点，是当物体没有发生转动和形变，物体上每一点的运动规律完全相同时，抽象出来的一个拥有质量，但没有大小和形状的理想模型. 实际物体的运动一般是很复杂的，转动是其常见的一种运动形式，而且可能伴随着形变. 如开门过程中，门上任何一点的运动都并不等价，这时物体的形状必须考虑，物体已不能被视为一个点. 本章研究一种特殊的质点系——刚体所遵从的基本力学规律，主要讨论刚体的定轴转动.

2.1 刚体的运动

2.1.1 平动和转动

若运动过程中物体的实际形变不显著，则可将物体简化为另一种理想的模型——**刚体**. 所谓**刚体，就是在外力作用下形状和大小都不改变的物体**.

刚体可以看成是由若干质点组成的质点系，其中的每一个质点称为刚体的一个质元. 按照定义，受到外力作用时，刚体的各质元之间的距离保持不变，各部分之间没有相对运动. 刚体中的每一个质元仍遵守质点力学的规律，但作为特殊质点系的整体，与刚体相关的力学定律也会呈现出新的形式.

如果刚体在运动过程中，连接刚体内任意两点的直线始终保持平行，这种运动称为**平动**. 显然，平动时刚体内各质元的运动轨迹完全等价，可以取其中的任一点代表整个刚体，即平动的刚体可以简化为质点.

如果刚体上各质元都绕同一直线做圆周运动，这样的运动称为刚体的转动. 相应的直线称为**转轴**. 转轴固定不动的转动称为**定轴转动**. 例如，开启门窗、钟表指针的旋转、电机轴子的转动等都属于定轴转动. 若转轴上有一点静止，但转轴的方向在变化，这种转动称为定点转动. 例如，气象雷达天线的转动、玩具陀螺在地面上的旋转就属于定点转动. 刚体的运动如图 2-1 所示.

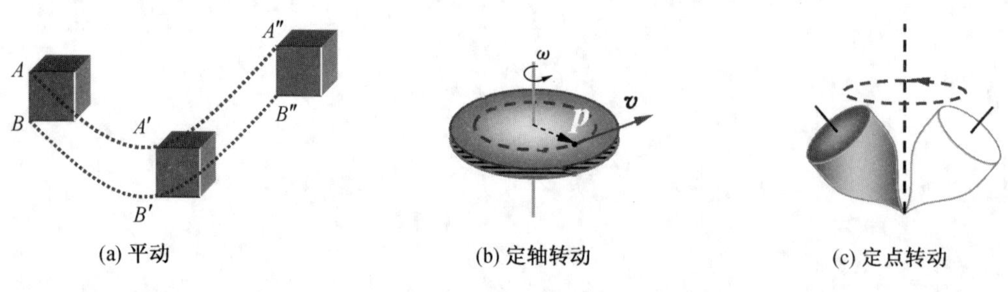

图 2-1 刚体的运动

刚体的任何复杂的运动都可以看成是平动和定轴转动的叠加. 例如,行驶中的车轮的运动,可以看成是车轮随转轴的平动和绕转轴的转动的叠加;拧紧螺帽时,螺帽同时在做平动和转动. 本章只讨论刚体的定轴转动.

2.1.2　质心　刚体的质心运动定理

一、质心

刚体可看成质点系,在讨论质点系的运动时,常引入**质量中心**(简称**质心**)的概念,它是物体上或质点系中假想的全部质量集中于此的一个点. 设质点系各质元质量分别为 $m_1,m_2,\cdots,m_i,\cdots,m_n$,对应位矢分别为 $\boldsymbol{r}_1,\boldsymbol{r}_2,\cdots,\boldsymbol{r}_i,\cdots,\boldsymbol{r}_n$. 定义质心的位矢为

$$\boldsymbol{r}_C=\frac{\sum\limits_{i=1}^{n}m_i\boldsymbol{r}_i}{m} \tag{2-1}$$

式中,$m=\sum\limits_{i=1}^{n}m_i$ 为质点系的总质量. 利用位矢沿直角坐标系各轴的分量,由式(2-1)可得质心的坐标计算式:

$$\left.\begin{aligned} x_C&=\frac{\sum\limits_{i=1}^{n}m_ix_i}{m}\\ y_C&=\frac{\sum\limits_{i=1}^{n}m_iy_i}{m}\\ z_C&=\frac{\sum\limits_{i=1}^{n}m_iz_i}{m}\end{aligned}\right\} \tag{2-2}$$

对于一个质量连续分布的刚体,如图 2-2 所示,其中任一质元的位矢为 $\boldsymbol{r}$,质量为 $\mathrm{d}m$,刚体质心的位矢和坐标计算式可通过将式(2-1)和式(2-2)中的求和换成积分得出:

$$\boldsymbol{r}_C=\frac{\int\boldsymbol{r}\mathrm{d}m}{m} \tag{2-3}$$

$$\left.\begin{aligned} x_C&=\frac{\int x\mathrm{d}m}{m}\\ y_C&=\frac{\int y\mathrm{d}m}{m}\\ z_C&=\frac{\int z\mathrm{d}m}{m}\end{aligned}\right\} \tag{2-4}$$

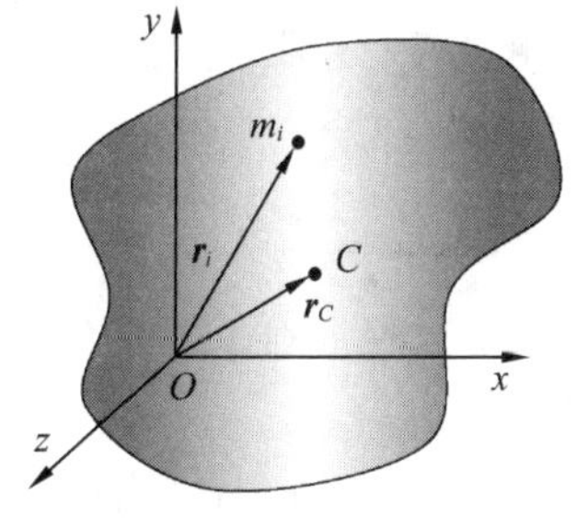

图 2-2　刚体的质心

作为位置矢量,质心位矢与坐标系的选择有关,但质心在质点系内的相对位置是不会随坐标系的选择而变化的,即质心是属于质点系本身的一个特定位置. 可以证明,对质量分布均匀、形状对称的物体,质心就在其几何中心. 当以质心为参照系时,质点系总动量为零.

力学上还常用到重心的概念. 重心是一个物体在重力场中各部分所受重力的合力作用点，或者说是在物体上假想的物体所受重力集中的一个点. 一般情况下，物体质心和重心是重合的. 但是当重力场不均匀，如物体过大时，通常这两点不同. 这种情况下一般不把重力集中的点标为重心，而是称其为受力中心.

例题 2-1 试求长为 L、质量为 m 且均匀分布的细杆的质心位置.

解： 选细杆为坐标轴（x 轴），向右为 x 轴正向.

（1）选细杆的左端为坐标原点，如图 2-3(a)所示.

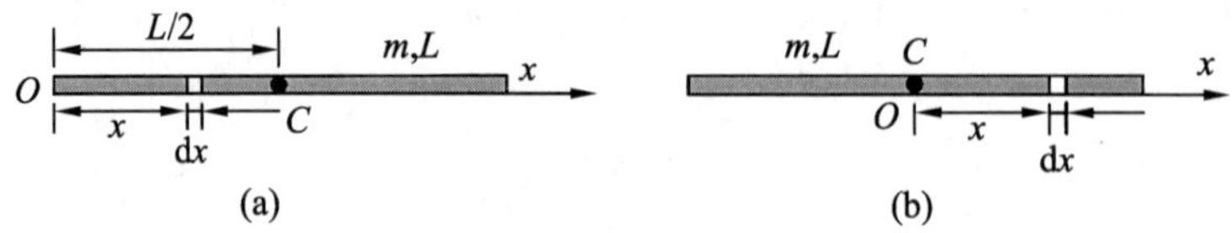

图 2-3 例题 2-1 图

按定义可求出质心坐标为

$$x_C=\frac{\int x\mathrm{d}m}{m}=\frac{1}{m}\int_0^L x\frac{m}{L}\mathrm{d}x=\frac{1}{L}\int_0^L x\mathrm{d}x=\frac{1}{2}L$$

（2）若选细杆的中心为坐标原点，如图 2-3(b)所示，相应的质心坐标为

$$x_C=\frac{\int x\mathrm{d}m}{m}=\frac{1}{m}\int_{-\frac{L}{2}}^{\frac{L}{2}} x\frac{m}{L}\mathrm{d}x=\frac{1}{L}\int_{-\frac{L}{2}}^{\frac{L}{2}} x\mathrm{d}x=0$$

可见，坐标原点选在不同的位置，质心的坐标也会不同，但质心的位置并没有变，此例中质心始终在细杆的中心位置.

二、刚体的重力势能

处在重力场中的总质量为 m 的刚体，其中的每一质元 m_i 均拥有重力势能 m_igh_i，整个刚体的重力势能 E_p 应为所有质元重力势能之和，即

$$E_p=\sum_{i=1}^n m_igh_i=mg\frac{\sum_{i=1}^n m_ih_i}{m}=mgh_C \tag{2-5}$$

可见整个刚体的重力势能等效于将刚体的全部质量集中于质心时该质心所拥有的重力势能.

对于定轴转动的刚体，若转轴通过质心，不难发现，刚体的重力势能在转动时将保持不变.

三、刚体的质心运动定理

如果刚体受到了外力的作用，由质点系的动量定理式(1-58)，有

$$\boldsymbol{F}=\sum_{i=1}^n\frac{\mathrm{d}\boldsymbol{p}_i}{\mathrm{d}t}=\sum_{i=1}^n\frac{\mathrm{d}^2}{\mathrm{d}t^2}(m_i\boldsymbol{r}_i)=m\frac{\mathrm{d}^2}{\mathrm{d}t^2}\left(\sum_{i=1}^n\frac{m_i\boldsymbol{r}_i}{m}\right)=m\frac{\mathrm{d}^2\boldsymbol{r}_C}{\mathrm{d}t^2}=m\boldsymbol{a}_C$$

即

$$\boldsymbol{F}=m\boldsymbol{a}_C \tag{2-6}$$

式中，$\boldsymbol{F}=\sum\boldsymbol{F}_{i外}$ 为刚体所受的合外力，$m=\sum m_i$ 为刚体的总质量. 此即**刚体的质心运动定理**. 可见，刚体实际的运动可能很复杂，有平动，也可能有转动，但刚体质心的运动规

律如同一个质点的运动，其质量等于整个刚体的总质量，所受的力等于作用在刚体上所有外力之和. 如飞行中的炮弹在绕通过质心的瞬时转轴旋转的同时做平动，炮弹上某点的运动规律比较复杂，但其质心如同被抛出去的质点一样，沿一条抛物线运动. 如果炮弹在空中爆炸分裂成几块后散开，由于各碎块受到的爆炸力是内力，不能改变整体的运动状况（总动量不变），全部碎块的质心仍将继续沿原来的弹道曲线运动，虽然质心所在位置可能并无质量，也未受力.

2.1.3 定轴转动的角量描述

刚体做定轴转动时，每一质元将各自在垂直于转轴的平面内做圆周运动，该平面称为**转动平面**. 位于同一转动平面内的各质元将做同心圆周运动，相应的转动平面与转轴的交点即为圆心. 由于各质元离转轴的距离不一，各质元的线速度和加速度一般不同；由于各质元的相对位置不变，所以描述各质元运动的角量，如角位移、角速度和角加速度等都是相同的. 因此，描述刚体定轴转动时，采用角量最方便. 如 1.1.3 节所述，刚体在 $\mathrm{d}t$ 时间内转过的**角位移**为 $\mathrm{d}\theta$，则刚体的**角速度**为

$$\omega=\frac{\mathrm{d}\theta}{\mathrm{d}t} \tag{2-7}$$

角速度 $\boldsymbol{\omega}$ 是矢量，其方向满足右手法则，右手四指沿速度方向环绕，大拇指指向（$\boldsymbol{r}\times\boldsymbol{v}$ 的方向）即为角速度的方向（沿轴线），如图 2-4 所示.

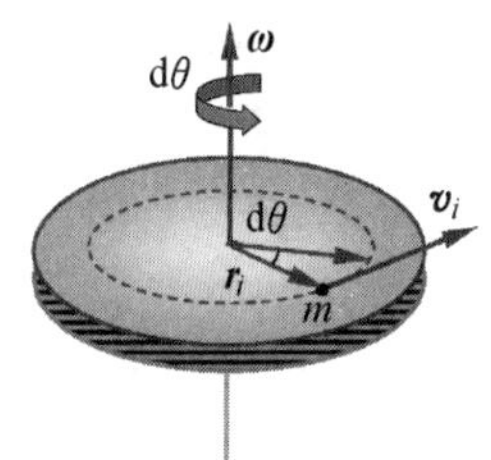

图 2-4 角速度矢量

定轴转动时，刚体上各质元均绕转轴做圆周运动. 质元 i 所对应的矢径 $\boldsymbol{r}_i$、线速度 $\boldsymbol{v}_i$ 及角速度 $\boldsymbol{\omega}$ 三者相互垂直，满足以下关系：

$$\boldsymbol{v}_i=\boldsymbol{\omega}\times\boldsymbol{r}_i \tag{2-8}$$

刚体的**角加速度**为

$$\beta=\frac{\mathrm{d}\omega}{\mathrm{d}t}=\frac{\mathrm{d}^2\theta}{\mathrm{d}t^2} \tag{2-9}$$

距转轴 r 处的质元的线速度、加速度与角量的关系式为

$$v_i=r_i\omega \tag{2-10}$$

$$a_{ni}=\frac{{v_i}^2}{r_i}=r_i\omega^2 \tag{2-11}$$

$$a_{ti}=r_i\beta \tag{2-12}$$

若刚体的定轴转动为匀速转动，初始角位置为 θ_0、角速度 ω 不变，角加速度 $\beta=0$，有关系式

$$\theta=\theta_0+\omega t \tag{2-13}$$

若刚体的定轴转动为匀加速转动，初始角位置、角速度分别为 θ_0、ω_0，角加速度 β 恒定，相应角量满足与匀加速直线运动类似的方程：

$$\omega=\omega_0+\beta t \tag{2-14}$$

$$\theta=\theta_0+\omega_0 t+\frac{1}{2}\beta t^2 \tag{2-15}$$

$$\omega^2={\omega_0}^2+2\beta(\theta-\theta_0) \tag{2-16}$$

2.1.4 刚体定轴转动的角动量

刚体定轴转动时,各质元均有速度及相对应的动量,但由于各质元的速度方向、大小均不一样,没有哪一点的动量可用来代表整个刚体. 如果刚体是相对于固定转轴对称的,如匀质圆盘绕过中心的垂直轴转动时,如图 2-5(a)所示,不难发现,各质元的动量将成对抵消,所有质元的动量和为零,但刚体仍在转,显然总动量不能用来描述转动的刚体.

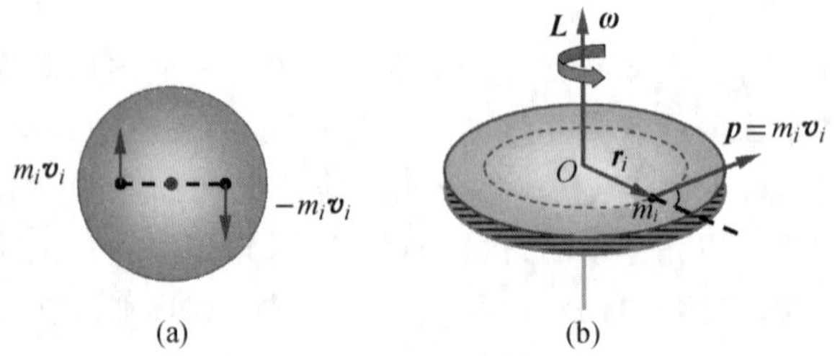

图 2-5　角动量矢量

对绕定点转动的质点,存在相对于定点的角动量. 对于刚体上距转轴 r_i、质量为 m_i、速度为 $\boldsymbol{v}_i$ 的质元 i 而言,绕轴上 O 点做圆周运动,其**相对于 O 点的角动量 $\boldsymbol{L}_i$** 定义为

$$\boldsymbol{L}_i=\boldsymbol{r}_i\times\boldsymbol{p}_i=m_i\boldsymbol{r}_i\times\boldsymbol{v}_i=m_ir_i^2\boldsymbol{\omega} \tag{2-17}$$

可见,质元 i 绕 O 点的角动量沿转轴,与角速度 $\boldsymbol{\omega}$ 方向一致,其大小与固定点 O 的位置有关,相对于不同的点具有不同的角动量. 定轴转动时,虽然刚体上各处的质元绕各自的圆心做圆周运动,其速度及动量各不相同,但所有质元的角动量均沿转轴且与角速度 $\boldsymbol{\omega}$ 方向一致,如图 2-5(b)所示. 将式(2-17)两边对 i 求和,即得整个**刚体对转轴的角动量**为

$$\boldsymbol{L}=\sum_i\boldsymbol{L}_i=\sum_i(\boldsymbol{r}_i\times\boldsymbol{p}_i)=\sum_i(m_i\boldsymbol{r}_i\times\boldsymbol{v}_i)=(\sum_i m_ir_i^2)\boldsymbol{\omega}$$

式中,$\sum_i m_ir_i^2$ 代表的是一个取决于质元相对于转轴的质量及位置分布的物理量,定义为刚体绕转轴的转动惯量,用符号 I 表示,即

$$I=\sum_i m_ir_i^2 \tag{2-18}$$

于是,刚体对转轴的角动量 $\boldsymbol{L}$ 可表示为

$$\boldsymbol{L}=I\boldsymbol{\omega} \tag{2-19}$$

国际单位制中,角动量的单位是 kg · m²/s,也写作 J · s,转动惯量的单位是 kg · m².

2.1.5 刚体的转动动能

刚体转动时,每个质元都有速度,也就拥有动能. 对于刚体上距转轴 r_i、质量为 m_i、速度为 $\boldsymbol{v}_i$ 的质元 i 而言,其动能为 $\frac{1}{2}m_iv_i^2$,所有质元的动能之和应为整个刚体的动能 E_k. 定轴转动时所有质元均做圆周运动,满足 $v_i=\omega r_i$,此时的动能是因转动而有,又称**转动动能**. 于是整个刚体的(转动)动能 E_k 为

$$E_k=\sum_i\frac{1}{2}(m_iv_i^2)=\frac{1}{2}(\sum_i m_ir_i^2)\omega^2$$

式中，$\sum_i m_i r_i^2$ 即为式(2-18)定义的转动惯量 I，于是定轴转动刚体的转动动能可表示为

$$E_k = \frac{1}{2} I \omega^2 \tag{2-20}$$

2.1.6　转动惯量的计算

如前所述，计算定轴转动的刚体的角动量 $\boldsymbol{L} = I\boldsymbol{\omega}$ 及转动动能 $E_k = \frac{1}{2} I \omega^2$ 时，均需要转动惯量 I. 与平动时的动量 $\boldsymbol{p} = m\boldsymbol{v}$ 和动能 $E_k = \frac{1}{2} m v^2$ 相比较，不难发现，刚体的转动惯量 I 与质点的质量 m 的作用相当，表征的是刚体转动惯性大小的量度. 按式(2-18)，转动惯量定义为

$$I = \sum_i m_i r_i^2 \tag{2-21}$$

对于质量连续分布的刚体，上式可写成积分式

$$I = \int r^2 \mathrm{d}m \tag{2-22}$$

式中，r 为质元 $\mathrm{d}m$ 到转轴的垂直距离，即刚体对某转轴的转动惯量等于刚体中各质元的质量和它们各自离该转轴的垂直距离的平方的乘积的总和，其大小不仅与刚体的总质量有关，还与转轴的位置以及质量相对于转轴的分布有关，只有给定了转轴，转动惯量才有意义. 表 2-1 给出了常见刚体的转动惯量.

表 2-1　常见刚体的转动惯量

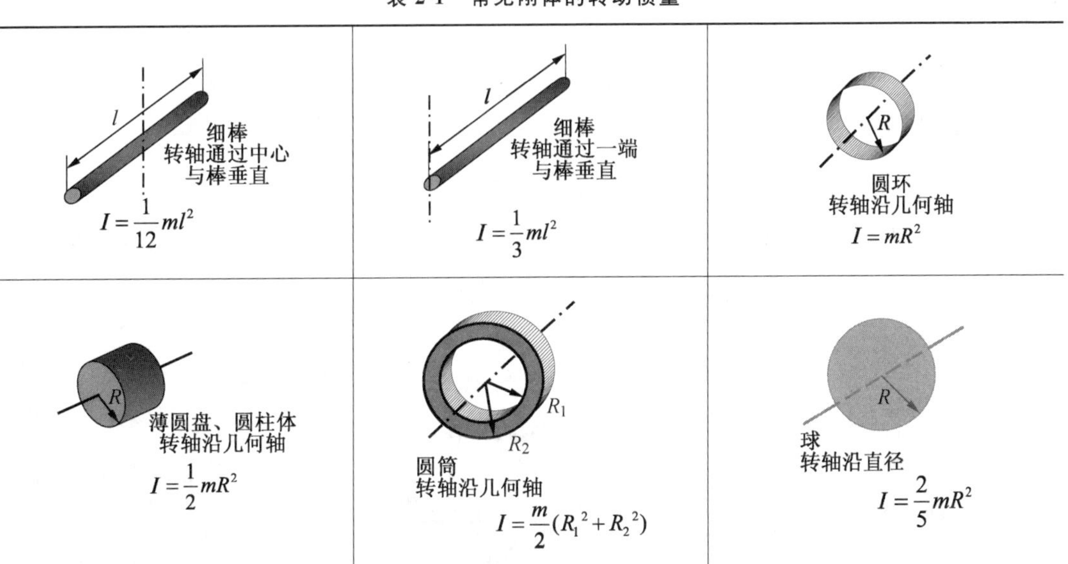

采用刚体的总质量 m 后，刚体对定轴的转动惯量 $I = \sum_i m_i r_i^2$ 可写成 $I = m r_G^2$，其中 r_G 叫作刚体对该定轴的**回转半径**. 引入回转半径 r_G 概念后，该刚体对该转轴来说，其质量相当于集中在离轴距离为 r_G 的圆环之上.

例题 2-2　如图 2-6 所示，求密度均匀、质量为 M、半径为 R 的圆盘对通过中心并与盘面垂直的转轴的转动惯量.

解：在圆盘上取一半径为 r、宽度为 $\mathrm{d}r$ 的圆环，环的面积为 $2\pi r\mathrm{d}r$，环的质量为

$$\mathrm{d}m=\frac{M}{\pi R^2}\cdot 2\pi r\mathrm{d}r=\frac{2M}{R^2}r\mathrm{d}r$$

环的转动惯量为

$$I=\int r^2\mathrm{d}m=\frac{2M}{R^2}\int_0^R r^3\mathrm{d}r=\frac{1}{2}MR^2$$

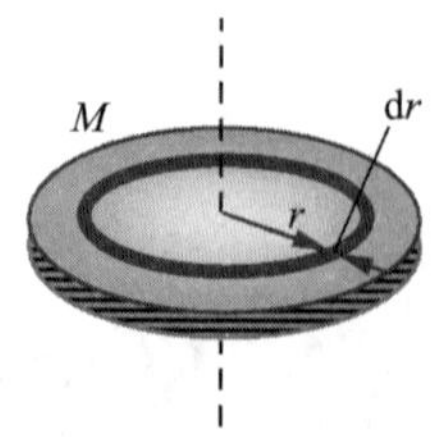

图 2-6　例题 2-2 图

思考：若为圆柱或圆筒，转轴不变，该如何计算？

例题 2-3　如图 2-7 所示，求质量为 M、长为 L 的均匀细棒对下面三种转轴的转动惯量：

（1）转轴通过棒的中心并和棒垂直.

（2）转轴通过棒的一端并和棒垂直.

（3）转轴通过棒上距中心为 d 的一点并和棒垂直.

解：沿棒的方向建立 x 轴，在棒上任取线元 $\mathrm{d}x$，其质量为 $\mathrm{d}m=\frac{M}{L}\mathrm{d}x$，该线元离轴距离为 x，对转轴的转动惯量为

$$\mathrm{d}I=x^2\cdot\frac{M}{L}\mathrm{d}x$$

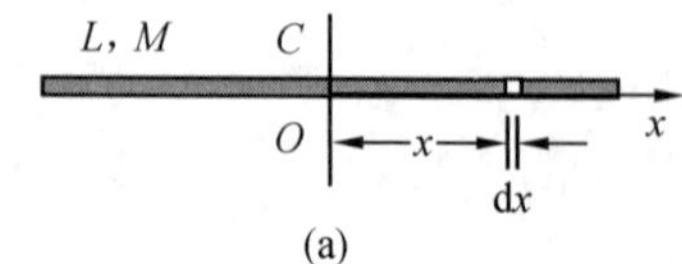

(a)

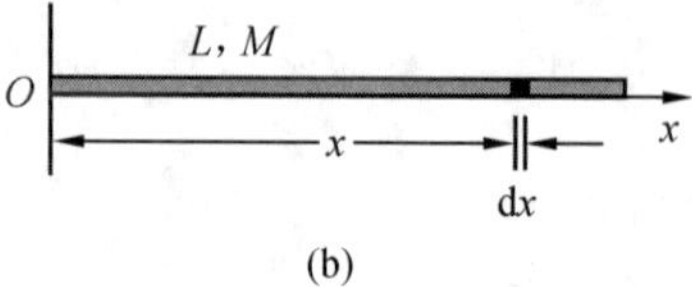

(b)

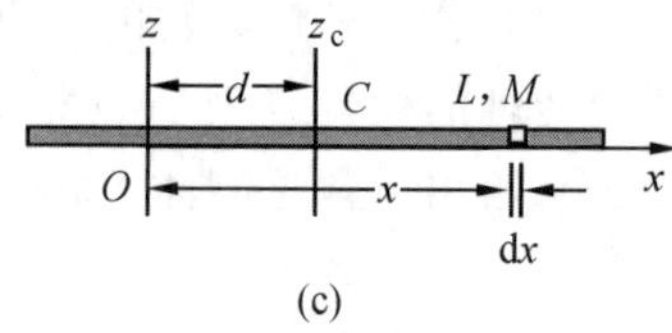

(c)

图 2-7　例题 2-3 图

（1）若转轴通过棒的中心，取棒的中心为坐标原点，则棒的转动惯量为

$$I=\int\mathrm{d}I=\frac{M}{L}\int_{-\frac{L}{2}}^{\frac{L}{2}}x^2\mathrm{d}x=\frac{1}{12}ML^2$$

（2）若转轴通过棒的一端，取该端为坐标原点，则棒的转动惯量为

$$I=\int\mathrm{d}I=\frac{M}{L}\int_0^L x^2\mathrm{d}x=\frac{1}{3}ML^2$$

（3）若转轴通过棒上距中心为 d 的一点，取棒上该点为坐标原点，则棒的转动惯量为

$$I=\int\mathrm{d}I=\frac{M}{L}\int_{-\frac{L}{2}+d}^{\frac{L}{2}+d}x^2\mathrm{d}x=\frac{1}{12}ML^2+Md^2$$

事实上，上式是一个通式，式中 $\frac{1}{12}ML^2$ 为通过质心的转轴的转动惯量，d 是实际转轴与通过质心的平行转轴之间的距离，若 d 取 $L/2$，即得第二问的结果. 在此引入：

平行轴定理　刚体对任一转轴的转动惯量等于刚体对通过质心并与该轴平行的轴的转动惯量 I_C 加上刚体质量 M 与两轴间距 d 的平方的乘积，即

$$I=I_C+Md^2 \tag{2-23}$$

正交轴定理　薄板形刚体对板内两正交轴的转动惯量之和等于刚体对过两轴交点并垂直于板面的转轴的转动惯量，即

$$I_z=I_x+I_y \tag{2-24}$$

2.2 刚体的转动定律

2.2.1 刚体定轴转动的力矩

在外力作用下,刚体可能平动,也可能转动.外力对刚体定轴转动的影响,与力的大小、方向、作用点的位置都有关.改变一个质点运动状态的原因是力,改变一个刚体转动状态的原因则是力矩.

定义:作用在位矢 $\boldsymbol{r}$ 处的力 $\boldsymbol{F}$ **对固定点** O **的力矩**为

$$\boldsymbol{M}=\boldsymbol{r}\times\boldsymbol{F} \tag{2-25}$$

力矩 $\boldsymbol{M}$ 的大小为

$$M=r_{\perp}F=rF\sin\alpha \tag{2-26}$$

其方向垂直于位矢 $\boldsymbol{r}$ 和力 $\boldsymbol{F}$ 组成的平面,指向遵守右手法则,如图 2-8(a)所示.

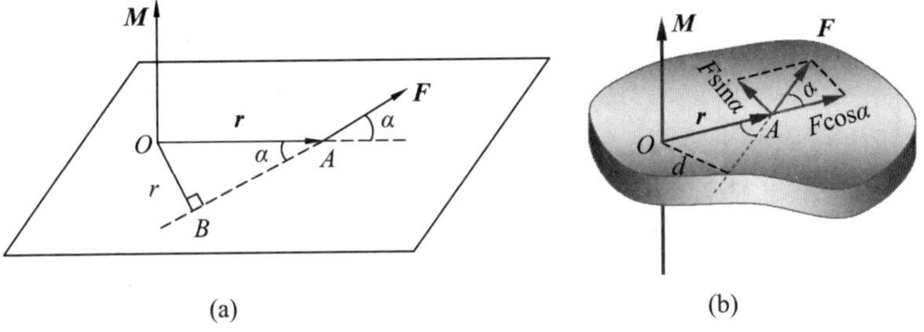

图 2-8 力矩的定义

对于有固定轴的刚体而言,平行于转轴方向的力不能改变刚体的转动状态,只有位于转动平面内的力,才会产生沿转轴方向的力矩,导致刚体的转动状态发生改变,此时刚体上的所有质元将在各自的转动平面内做圆周运动.因此,在定轴转动问题中,只需考虑外力在转动平面内的分力,如图 2-8(b)所示.

如果刚体同时受到几个外力作用,不论作用点在何处,只需考虑位于转动平面内的分力作用,按定义,各分力产生的力矩均沿转轴方向.显然,定轴转动的刚体内各质元之间的内力产生的力矩将成对抵消,对刚体的定轴转动不起作用.**对刚体转轴的力矩**等于各转动平面内的外力沿转轴方向的力矩的代数和,与转动方向满足右手法则的力矩取正,反之,取负.刚体所受合外力为零时,合外力矩不一定为零,反之亦然.

$$M=\sum_i M_i=\sum_i r_i F_i \sin\alpha_i \tag{2-27}$$

从图 2-8(b)可看出,上式中 $F_i\sin\alpha_i=F_{it}$,是力 F_i 沿切向的分量.可见,对刚体定轴转动起作用的是作用在刚体各质元上位于各自转动平面内沿切线方向的分力.

国际单位制中,力矩的单位是 N·m.

2.2.2 刚体定轴转动定律

对于刚体上距转轴 r_i、质量为 m_i、速度为 $\boldsymbol{v}_i$ 的质元 i 而言，所受外力、内力分别为 $\boldsymbol{F}_i$ 和 $\boldsymbol{f}_i$，绕定轴的角动量为

$$\boldsymbol{L}_i=\boldsymbol{r}_i\times\boldsymbol{p}_i=m_i\boldsymbol{r}_i\times\boldsymbol{v}_i$$

上式两边对时间求导，得

$$\frac{\mathrm{d}\boldsymbol{L}_i}{\mathrm{d}t}=\frac{\mathrm{d}}{\mathrm{d}t}(\boldsymbol{r}_i\times\boldsymbol{p}_i)=\frac{\mathrm{d}\boldsymbol{r}_i}{\mathrm{d}t}\times\boldsymbol{p}_i+\boldsymbol{r}_i\times\frac{\mathrm{d}\boldsymbol{p}_i}{\mathrm{d}t}=\boldsymbol{v}_i\times(m_i\ \boldsymbol{v}_i)+\boldsymbol{r}_i\times(\boldsymbol{F}_i+\boldsymbol{f}_i)$$
$$=\boldsymbol{r}_i\times(\boldsymbol{F}_i+\boldsymbol{f}_i)=\boldsymbol{M}_i \tag{2-28}$$

即质点所受合力矩等于其角动量对时间的变化率. 此即**质点的角动量定理**.

对整个刚体而言，须对上式两边求和，有

$$\frac{\mathrm{d}\boldsymbol{L}}{\mathrm{d}t}=\sum_i\frac{\mathrm{d}\boldsymbol{L}_i}{\mathrm{d}t}=\sum_i\boldsymbol{M}_i$$

考虑到刚体绕定轴转动时，刚体内各质元之间的内力产生的力矩成对抵消，刚体对转轴的力矩应为作用在各质元上的外力矩之和，$\sum_i\boldsymbol{M}_i=\sum_i[\boldsymbol{r}_i\times(\boldsymbol{F}_i+\boldsymbol{f}_i)]=\sum_i(\boldsymbol{r}_i\times\boldsymbol{F}_i)=\boldsymbol{M}$，于是

$$\frac{\mathrm{d}\boldsymbol{L}}{\mathrm{d}t}=\boldsymbol{M} \tag{2-29}$$

即刚体所受的对定轴的合外力矩等于刚体对同一转轴的角动量的变化率. 此即**刚体定轴转动的转动定律**. 定轴转动时，刚体的角动量和力矩均沿转轴方向，上式可直接写成轴向标量式：

$$\frac{\mathrm{d}L}{\mathrm{d}t}=M \tag{2-30}$$

上式适用于刚体，也适用于刚体组. 对于单个的刚体而言，刚体绕定轴的转动惯量 I 为常量，按定义，刚体对转轴的角动量大小 $L=I\omega$，代入上式，有

$$M=\frac{\mathrm{d}L}{\mathrm{d}t}=\frac{\mathrm{d}(I\omega)}{\mathrm{d}t}=I\,\frac{\mathrm{d}\omega}{\mathrm{d}t}=I\beta \tag{2-31}$$

即定轴转动的刚体获得的对转轴的角加速度与刚体所受的对转轴的合外力矩成正比，与对同一转轴的转动惯量成反比. 这是转动惯量不变情形下刚体定轴转动的转动定律的另一种表述. 此式表明，合外力矩一定的条件下，转动惯量越小，角加速度将越大，刚体的转动状态越容易改变；反之，转动惯量越大，角加速度将越小，刚体的转动状态越不容易改变. 此式更清楚地阐明了转动惯量是刚体转动惯性大小的量度.

例题 2-4 如图 2-9(a)所示，一根不能伸长的轻绳，一端固定在质量 $M=1$ kg、半径 $R=0.1$ m 的定滑轮上，另一端系有一质量 $m=2$ kg 的物体，已知定滑轮的初始角速度 $\omega_0=5$ rad/s，方向垂直纸面向里，忽略所有摩擦. 求：

(1) 定滑轮的角加速度.

(2) 定滑轮角速度变化到零时，物体上升的高度.

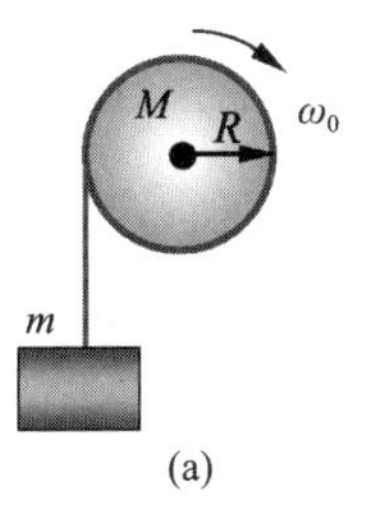

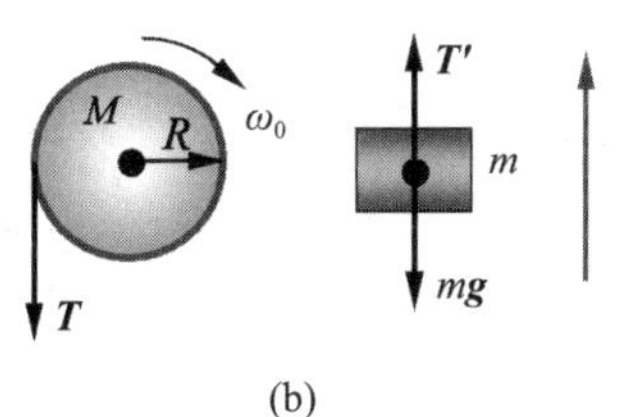

图 2-9 例题 2-4 图

解：(1) 隔离定滑轮和物体，分别画受力分析图，如图 2-9(b)所示. 绳为轻绳，应有 $T=T'$.

取滑轮转动方向为正，对定滑轮，有转动定律：

$$-TR=I\beta=\frac{1}{2}MR^2\beta \tag{1}$$

对物体，取向上为正，有

$$T-mg=ma \tag{2}$$

另外，绳子不可伸长，有

$$a=R\beta \tag{3}$$

联立式(1)～式(3)，可解得

$$\beta=\frac{-mgR}{I+mR^2}=-78.4(\text{rad/s}^2)$$

(2) 定滑轮做匀减速转动，角速度变化到零时转过的角位移为

$$\Delta\theta=\frac{\omega_0^{\ 2}}{2\beta}$$

则物体上升的高度为

$$h=R\Delta\theta=R\frac{\omega_0^{\ 2}}{2\beta}=0.016\ \text{m}$$

例题 2-5 如图 2-10(a)所示，设 $m_1>m_2$，定滑轮可看作匀质圆盘，其质量为 M，半径为 r. 绳的质量不计且与滑轮无相对滑动，滑轮轴的摩擦力不计. 求 m_1、m_2 的加速度及绳中的张力.

解：隔离定滑轮和物体，分别画受力分析图，如图 2-10(b)所示. 绳为轻绳，应有 $T_1=T_1'$，$T_2=T_2'$.

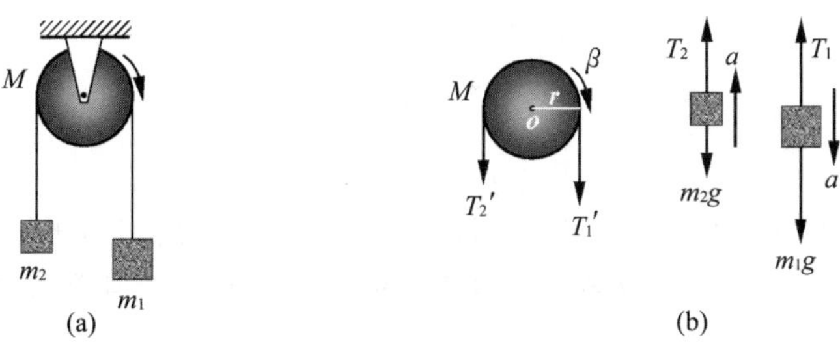

图 2-10 例题 2-5 图

取滑轮转动方向为正，对定滑轮，有转动定律：

$$T_1 r - T_2 r = I\beta = \frac{1}{2}Mr^2\beta$$

对 m_1 和 m_2，有

$$m_1 g - T_1 = m_1 a$$
$$T_2 - m_2 g = m_2 a$$

另有

$$a = r\beta$$

联立解得

$$a = \frac{m_1 - m_2}{m_1 + m_2 + \frac{M}{2}}g, T_1 = \frac{2m_2 + \frac{M}{2}}{m_1 + m_2 + \frac{M}{2}}m_1 g, T_2 = \frac{2m_1 + \frac{M}{2}}{m_1 + m_2 + \frac{M}{2}}m_2 g$$

若滑轮质量不计，即 $M=0$，则

$$a = \frac{m_1 - m_2}{m_1 + m_2}g, T_1 = T_2 = \frac{2m_2 m_1}{m_1 + m_2}g$$

此即高中物理中大家已熟悉的结论.

例题 2-6 如图 2-11 所示，一半径为 R、质量为 m 匀质圆盘，平放在粗糙的水平桌面上. 设盘与桌面间摩擦因数为 μ，令圆盘最初以角速度 ω_0 绕通过中心且垂直盘面的轴旋转，问它经过多久才停止转动？

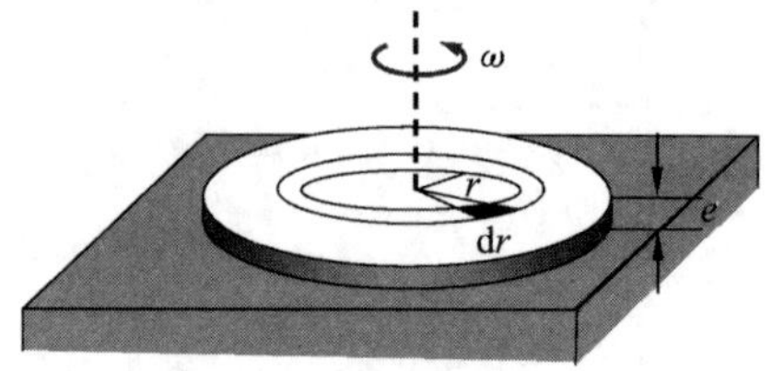

图 2-11　例题 2-6 图

解： 由于摩擦力不是集中作用于一点，而是分布在整个圆盘与桌子的接触面上，力矩的计算要用积分法. 在图中，把圆盘分成许多环形质元，每个质元的质量 $dm = \frac{m}{\pi R^2}2\pi r dr = \frac{2mr}{R^2}dr$，所受到的阻力矩为

$$M_\tau = \int r\mu dmg = \mu g\int \frac{2mr^2}{R^2}dr = \frac{2\mu mg}{R^2}\int_0^R r^2 dr = \frac{2}{3}\mu mgR$$

由转动定律：

$$-\frac{2}{3}\mu mgR = I\beta = \frac{1}{2}mR^2\beta$$

求出圆盘转动的角加速度为

$$\beta = -\frac{4\mu g}{3R}$$

在此恒定角加速度作用下，圆盘停止转动的时间为

$$t = \frac{\omega - \omega_0}{\beta} = -\frac{\omega_0}{\beta} = \frac{3}{4}\frac{R}{\mu g}\omega_0$$

例题 2-7 如图 2-12 所示，质量为 m、长为 l 的细棒，可绕过 O 点的垂直轴转动. 现让棒由水平位置自由下落，求棒下摆 θ 角时的角速度和角加速度. 此时棒受轴的力的大小和方向如何？

解： 细棒受重力矩作用下摆，遵守刚体的转动定律. 先计算重力矩. 在细棒上取一质元 dm，如图 2-12 所示，其所受的重力矩为 $xdmg$，整个细棒受到的总重力矩为

$$M = \int x \mathrm{d}mg = g\int x \mathrm{d}m$$

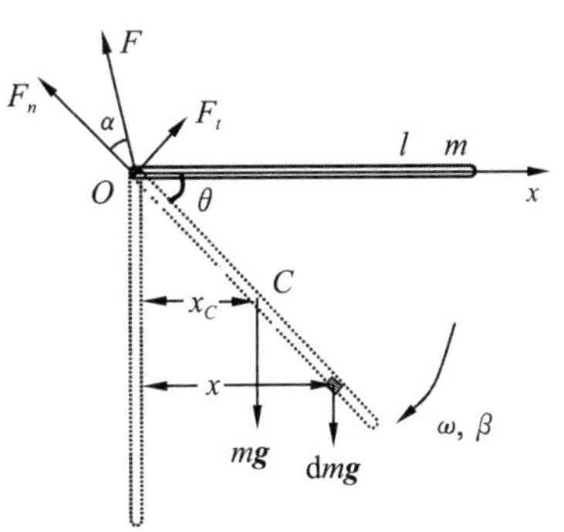

图 2-12　例题 2-7 图

由质心定义可知 $\int x\mathrm{d}m = mx_C$，其中 x_C 是质心相对于轴 O 的坐标. 代入上式，有

$$M=mgx_C \tag{1}$$

可见，整个细棒的重力矩等同于全部重力作用于质心产生的力矩. 这一结论可以推广到任意形状的刚体.

当细棒下摆 θ 角时 $M=mgx_C=\frac{1}{2}mgl\cos\theta$，角速度和角加速度分别为 ω 和 β，由转动定律，得

$$\beta=\frac{M}{I}=\frac{\frac{1}{2}mgl\cos\theta}{\frac{1}{3}ml^2}=\frac{3g\cos\theta}{2l} \tag{2}$$

可见，角加速度 β 不是恒定的.

为了求角速度 ω，须对上式左边做一变换，有

$$\beta=\frac{\mathrm{d}\omega}{\mathrm{d}t}=\frac{\mathrm{d}\omega}{\mathrm{d}\theta}\frac{\mathrm{d}\theta}{\mathrm{d}t}=\omega\frac{\mathrm{d}\omega}{\mathrm{d}\theta} \tag{3}$$

将式(3)代入式(2)，整理可得

$$\omega\mathrm{d}\omega=\frac{3g\cos\theta}{2l}\mathrm{d}\theta$$

两边积分，有

$$\int_0^{\omega}\omega\mathrm{d}\omega=\int_0^{\theta}\frac{3g\cos\theta}{2l}\mathrm{d}\theta$$

解得

$$\omega=\sqrt{\frac{3g\sin\theta}{l}}$$

为了求棒受轴的力，须用质心运动定理. 当细棒下摆 θ 角时，质心 C 的法向和切向加速度分别为

$$a_n=\frac{l}{2}\omega^2=\frac{3g\sin\theta}{2},a_t=\frac{l}{2}\beta=\frac{3g\cos\theta}{4}$$

以 F_n 和 F_t 分别表示棒所受到轴的沿棒的方向和垂直于棒的方向的分力，由质心运动定律，有

$$F_n-mg\sin\theta=ma_n=\frac{3}{2}mg\sin\theta \tag{4}$$

$$mg\cos\theta-F_t=ma_t=\frac{3}{4}mg\cos\theta \tag{5}$$

联立式(4)和式(5)可解得

$$F_n=\frac{5}{2}mg\sin\theta,F_t=\frac{1}{4}mg\cos\theta$$

棒受到轴的作用力大小为

$$F=\sqrt{F_t^{\,2}+F_n^{\,2}}=\frac{1}{4}mg\sqrt{99\sin^2\theta+1}$$

该力与棒的夹角为

$$\alpha=\arctan\frac{F_t}{F_n}=\arctan\frac{\cos\theta}{10\sin\theta}$$

2.3 刚体的功和能

2.3.1 力矩的功

定轴的刚体上某质元受到外力作用时，由于内力的作用，并不能随外力单独运动. 如果此外力产生了转轴方向的力矩，该质元将与整个刚体一起定轴转动，外力的功仍用此力和受力作用的质元在力的方向上的位移的乘积来定义.

如图 2-13 所示，设刚体在作用在 P 点的外力 $\boldsymbol{F}$ 的作用下绕定轴转动了 $\mathrm{d}s$，相应的角位移为 $\mathrm{d}\theta$，力 $\boldsymbol{F}$ 做的元功为

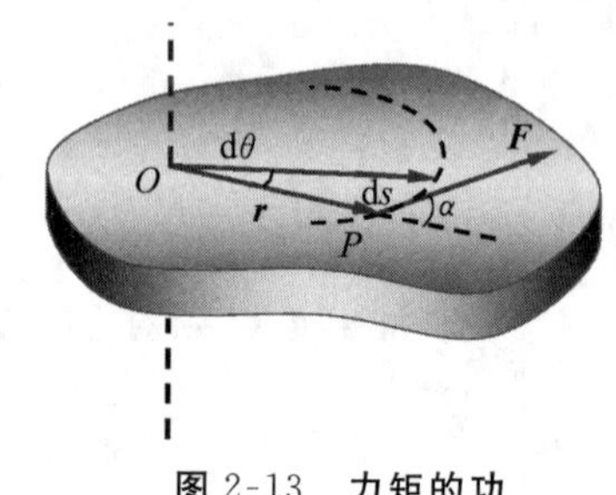

图 2-13　力矩的功

$$\mathrm{d}W=\boldsymbol{F}\sin\alpha\cdot\mathrm{d}\boldsymbol{s}=Fr\sin\alpha\,\mathrm{d}\theta$$

其中，$Fr\sin\alpha$ 就是力 $\boldsymbol{F}$ 对转轴的力矩 M，于是

$$\mathrm{d}W=M\mathrm{d}\theta \tag{2-32}$$

可见，在刚体定轴转动过程中，力做功的形式变成外力矩带动刚体转过一个角度，功的大小等于外力矩与角位移的乘积. 对于有限的角位移，外力做的功应采用积分式：

$$W=\int_{\theta_1}^{\theta_2}M\mathrm{d}\theta \tag{2-33}$$

式(2-33)就是**力矩的功**，是力做功在刚体定轴转动中的特殊表现形式.

与力矩的功相关的功率 P，可按定义由式(2-32)得出

$$P=\frac{\mathrm{d}W}{\mathrm{d}t}=M\frac{\mathrm{d}\theta}{\mathrm{d}t}=M\omega \tag{2-34}$$

可见，外力矩功率一定时，减小外力矩，可获得较大的角速度或较高的转速.

2.3.2 定轴转动的动能定理

外力作用在定轴刚体上，产生了沿转轴方向的力矩后，刚体将绕定轴转动，刚体上的所有质元都将拥有动能. 外力对定轴转动的影响通过力矩做功得以体现. 为此，对转动定律式(2-31)两侧乘以 $\mathrm{d}\theta$ 并积分，可得

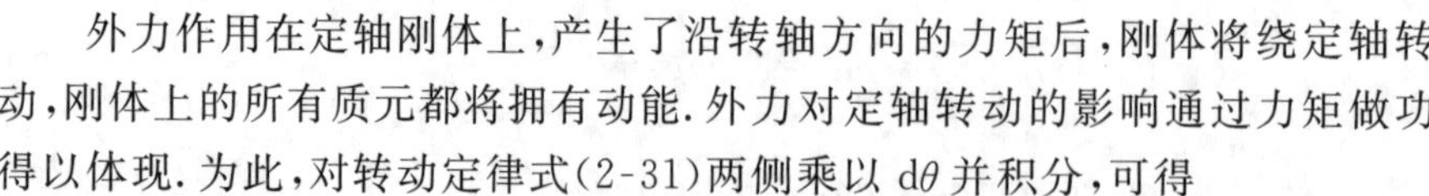

$$\int_{\theta_1}^{\theta_2}M\mathrm{d}\theta=\int I\frac{\mathrm{d}\omega}{\mathrm{d}t}\mathrm{d}\theta=\int_{\omega_1}^{\omega_2}I\omega\,\mathrm{d}\omega=\frac{1}{2}I\omega_2^{\,2}-\frac{1}{2}I\omega_1^{\,2}$$

上式左侧即为外力矩的功，右侧按式(2-20)定义为刚体始末两态转动动能的增量. 上式可表述为

$$W=E_{k2}-E_{k1} \tag{2-35}$$

即作用在定轴刚体上外力矩的功等于刚体转动动能的增量.该公式与质点系的动能定理形式完全一样,事实上是质点系的动能定理在刚体(质点系)定轴转动过程的体现,称为**定轴转动的动能定理**.

2.3.3 定轴转动的机械能

定轴转动的刚体的机械能 E 应为刚体的转动动能和重力势能之和,由式(2-5)和式(2-20),有

$$E=E_k+E_p=\frac{1}{2}I\omega^2+mgh_C \tag{2-36}$$

对于包括有刚体及刚体组在内的系统,如果在运动过程中,只有保守内力做功,系统的机械能守恒.

例题 2-8 利用刚体的动能定理和机械能守恒定律重解例题 2-7,求细棒下摆 θ 角时棒的角速度.

解: 参看图 2-12,细棒下摆 θ 角时,只有重力矩做功,运用动能定理,有

$$\int_0^\theta M\mathrm{d}\theta=\int_0^\theta\frac{1}{2}mgl\cos\theta\mathrm{d}\theta=\frac{1}{2}I\omega^2-0=\frac{1}{6}ml^2\omega^2 \tag{1}$$

解得

$$\omega=\sqrt{\frac{3g\sin\theta}{l}} \tag{2}$$

若取棒和地球一起作为系统,考虑棒下摆过程中,只有重力(矩)做功,因此系统机械能守恒.取棒的初始水平位置为零势能点,有

$$\frac{1}{2}I\omega^2-mgh_C=\frac{1}{6}ml^2\omega^2-\frac{1}{2}mgl\sin\theta=0 \tag{3}$$

由上式可得出与例题 2-7 和式(2)同样的结果,但过程最简捷.

例题 2-9 如图 2-14 所示,光滑斜面倾角为 θ,一劲度系数为 k 的弹簧一端固定,另一端系一绳绕过一半径为 R、质量为 M 的定滑轮与物体 m 相连.开始时弹簧处于原长,让物体由静止沿斜面下滑,求 m 下滑 l 时的速度.

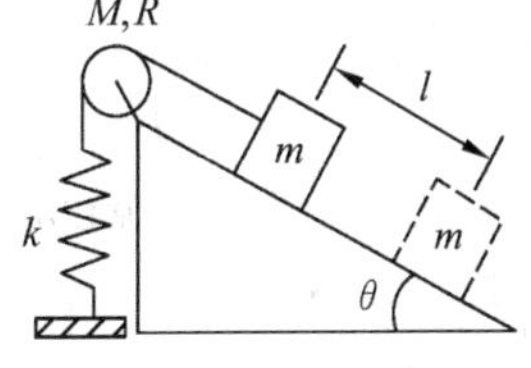

图 2-14 例题 2-9 图

解: 选物体 m、滑轮和弹簧为系统.物体 m 沿光滑斜面下滑的过程中,只有重力和弹簧弹力做功,系统机械能守恒.设物体 m 下滑 l 时的速度为 v,此时滑轮的角速度为 ω,有

$$mgl\sin\theta=\frac{1}{2}kl^2+\frac{1}{2}\left(\frac{1}{2}MR^2\right)\omega^2+\frac{1}{2}mv^2$$

又 $v=R\omega$,代入上式,即得

$$v=\sqrt{\frac{4mgl\sin\theta-2kl^2}{M+2m}}$$

2.4 角动量守恒定律

2.4.1 刚体的角动量定理

定轴转动的刚体的转动状态的改变与外力矩作用的角位移有关，相关规律由刚体的动能定理表述. 事实上，刚体转动状态的改变还与外力矩作用的时间有关. 由刚体定轴转动的转动定律可以求出外力矩对时间的累积效果. 由式(2-30)可得 $M\mathrm{d}t=\mathrm{d}L$，两边同时积分，有

$$\int_{t_1}^{t_2} M\mathrm{d}t = \int_{L_1}^{L_2} \mathrm{d}L = L_2 - L_1 \tag{2-37}$$

式中，M 为作用在刚体上的合外力矩，与刚体的角动量 L 均相对于同一转轴，且沿转轴方向，故采用了标量式. 上式左边 $\int_{t_1}^{t_2} M\mathrm{d}t$ 表示合外力矩对时间的累积，称为**冲量矩**. 式(2-37)表明，刚体所受的冲量矩等于刚体在同一时间内角动量的增量. 此即定轴转动时**刚体的角动量定理**.

对于由若干刚体组成的刚体系，该定理仍然成立，只是式中 M 和 L 分别代表作用在整个刚体系上的合外力矩和相对于同一转轴的总角动量.

2.4.2 刚体的角动量守恒定律

若作用在刚体(系)上的合外力矩 M 为零，由式(2-37)可知，刚体(系)对同一转轴的角动量 L 将保持不变，

$$L=I\omega=\text{常量} \tag{2-38}$$

此即刚体的角动量守恒定律. 角动量守恒定律与动量守恒定律、能量守恒定律一起，组成了自然界普遍遵守的三大守恒定律.

实际应用角动量守恒定律时，可能出现两种情况：其一，刚体的转动惯量不变，角速度也维持不变，刚体将保持匀速转动状态，通常还保持转轴的方向不变. 在轮船、飞机、导弹及航天中起导航作用的回转仪，也叫陀螺，就是利用角动量守恒确保转轴方向不变，实现惯性导航的，如图 2-15 所示. 据《西京杂记》记载，我国西汉(公元 1 世纪)丁缓设计制造了“卧褥香炉”，用两个套在一起的同心圆环形支架架住一个小香炉，利用同心圆环活动轴的平衡作用，不管支架如何转动，香炉都不会倾倒，形成了事实上的“常平架”. 遗憾的是这种装置仅用于褥中取暖，且早已失传.

图 2-15　回转仪

其二，刚体组在内力的作用下调整各刚体对转轴的分布，从而改变刚体的总转动惯量，整体的角速度也因此改变，但二者之积保持恒定. 此时式(2-38)可表达为

$$L=I_1\omega_1=I_2\omega_2=\text{常量}$$

若转动惯量变大，则角速度将变小. 如舞蹈演员、溜冰运动员在绕通过质心的竖直轴旋转时，重力不产生力矩，人体的角动量守恒. 运动员通过收拢双臂、抱胸，迅速减小转动惯量，

得以快速旋转;通过张开双臂,增大转动惯量,实现减速.跳水运动员离开跳台后,绕过质心的轴旋转,角动量也守恒.运动员通过屈体、抱脚等形式减小转动惯量,获得较大的角速度,得以在空中迅速翻转,完成更多的动作.接近水面时,再适时伸直双臂和双腿,增大转动惯量,以较小的角速度沿切线入水.

例题 2-10　一根质量 $m_1=1.5$ kg、长 $l=1$ m 放在水平光滑桌面上的匀质棒,可绕通过其一端的竖直固定光滑轴 O 转动.初始时棒静止.今有一质量 $m_2=0.02$ kg、速率 $v_0=100$ m/s 水平运动的子弹垂直地射入棒的另一端,并留在棒内,如图 2-16 所示.求:

(1) 棒开始和子弹一起转动时的角速度 ω.

(2) 若棒转动时受到大小为 $M_r=4$ N·m 的恒定阻力矩作用,棒能转过的角度 $\Delta\theta$.

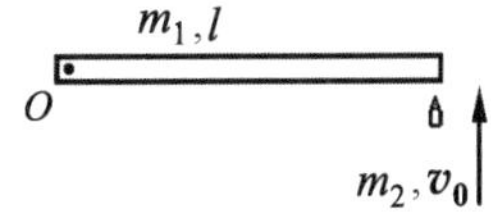

图 2-16　例题 2-10 图

解:(1) 子弹射入棒的瞬间,子弹和棒组成的系统角动量守恒.设系统开始转动时的角速度为 ω,有 $m_2v_0l=\left(\frac{1}{3}m_1l^2+m_2l^2\right)\omega$,解得

$$\omega=\frac{m_2v_0}{\left(\frac{1}{3}m_1+m_2\right)l}=3.85\ \text{rad/s}$$

(2) 子弹随棒水平转动过程中,遵守转动定律,有

$$-M_r=\left(\frac{1}{3}m_1l^2+m_2l^2\right)\beta$$

又 $0-\omega^2=2\beta\Delta\theta$, $M_r=4$ N·m,代入上式,可解出

$$\Delta\theta=\frac{\left(\frac{1}{3}m_1+m_2\right)l^2\omega^2}{2M_r}=0.96\ \text{rad}=55.2°$$

思考:若碰撞不是发生在水平面上,而是在竖直平面内,子弹射入棒后在竖直平面内摆动,有何不同?请重解此题.

例题 2-11　如图 2-17 所示,转台绕中心竖直轴以角速度 ω_0 做匀速转动,转台对该轴的转动惯量 $I=5\times10^{-5}$ kg·m². 现有砂粒以 1 g/s 的流量落到转台,并粘在台面形成一半径 $r=0.1$ m 的圆.求转台角速度变为 $\frac{\omega_0}{2}$ 所需的时间.

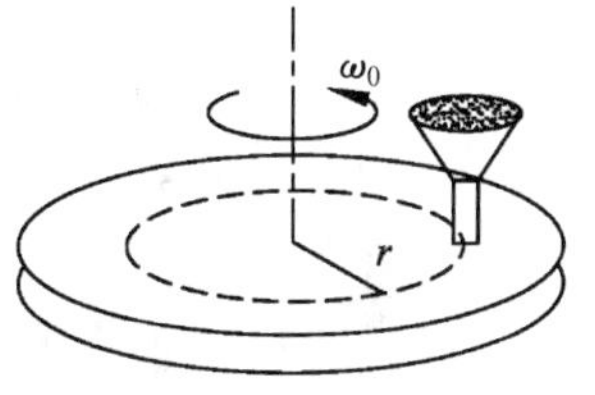

图 2-17　例题 2-11 图

解:选转台和落到转台的砂粒为系统,对于中心竖直轴而言,绕轴方向的外力矩为零,系统沿轴向角动量守恒.设转台角速度变为 $\frac{\omega_0}{2}$ 时落到转台的砂粒质量为 m,有 $(I+mr^2)\frac{\omega_0}{2}=I\omega_0$,解得

$$m=\frac{I}{r^2}$$

由题知 $\frac{m}{t}=1\times10^{-3}$ kg/s,解得所需时间

$$t=\frac{m}{1\times10^{-3}}=\frac{I}{r^2\times1\times10^{-3}}=\frac{5\times10^{-5}}{0.1^2\times1\times10^{-3}}=5(\text{s})$$

例题 2-12 有一质量为 m 的人站在自由旋转的水平圆盘的边沿上，圆盘半径为 R，转动惯量为 I，初始角速度为 ω_0. 求此人由盘边走到盘心时圆盘的角速度 ω. 此时系统动能 E_k 是增加了还是减少了？为什么？

解： 选人和转台为系统，人在圆盘上走动过程中，沿竖直转轴方向的外力矩为零，系统沿转轴方向的角动量守恒，有

$$(I+mR^2)\omega_0=I\omega$$

解得

$$\omega=\left(1+\frac{mR^2}{I}\right)\omega_0$$

此时系统的动能为

$$E_k=\frac{1}{2}I\omega^2=\frac{(I+mR^2)^2}{2I}\omega_0{}^2$$

系统的动能增量为

$$\Delta E_k=\frac{1}{2}I\omega^2-\frac{1}{2}(I+mR^2)\omega_0{}^2$$

解出

$$\Delta E_k=\frac{1}{2}mR^2\omega_0{}^2\left(\frac{mR^2}{I}+1\right)>0$$

可见，系统动能增加，其原因是人与转台之间的摩擦力矩做了功.

2.5 刚体的平面平行运动

实际上刚体的运动，除了平动和定轴转动外，还有一种常见的运动，即刚体的平面平行运动. 所谓刚体的平面平行运动，是指运动过程中，刚体上任一点到某一固定平面的距离始终保持不变，刚体上任一点都在与该固定平面平行的某一平面内运动. 如图 2-18 所示，汽车在平直的道路上行驶时，其车轮的运动属于平面平行运动. 如图 2-19 所示，曲柄连杆机构中连杆 AB 的 A 端做圆周运动，B 端做直线运动，连杆 AB 的整体运动就是平面平行运动.

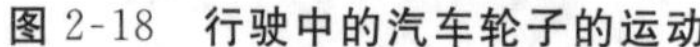

图 2-18 行驶中的汽车轮子的运动

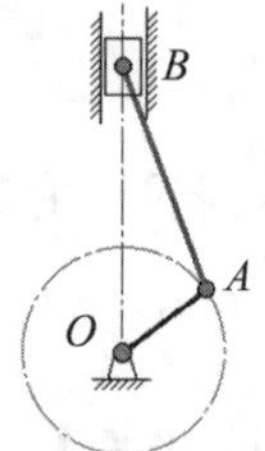

图 2-19 曲柄连杆机构中连杆 AB 的运动

刚体做平面平行运动时，刚体上任一点到固定平面的距离始终保持不变，因此可以取刚体上一个与固定平面平行的平面作为基面，在基面上选择一个点作为基点，刚体的平面平行运动可以看作基点的平动与绕基点的转动的叠加. 此时刚体的动能等于基点的平动动能和绕基点转动的转动动能之和.

例题 2-13　如图 2-20 所示，一质量为 m、半径为 R 的均质圆柱，在水平外力作用下，在粗糙的水平面上做纯滚动，力的作用线与圆柱中心轴线的垂直距离为 l，求质心的加速度和圆柱所受的静摩擦力.

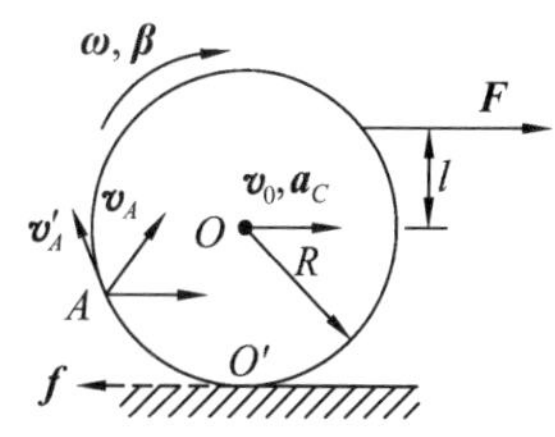

图 2-20　例题 2-13 图

解：取一个与圆柱体中心轴垂直的平面为研究基面(圆)，圆柱体的运动可以看作整个圆柱以速度 v_0 随圆柱中心轴运动和圆柱以角速度 ω 绕中心轴转动的合成. 圆柱体边缘任一点 A 的速度 v_A 等于平动速度 v_0 和相对于车轮中心速度 v'_A 的矢量和：

$$\boldsymbol{v}_A=\boldsymbol{v}_0+\boldsymbol{v}'_A$$

圆柱做纯滚动，即与地面间无相对滑动. 此时圆柱轴心前进的速度 v_0、距离 x 与圆柱相对轴心转动时角速度 ω、转过的角度 θ 之间满足关系式：

$$x=R\theta,\ v_0=R\omega$$

圆柱与地面的接触点 O' 相对于地面的速度

$$v_{O'}=v_0-R\omega=0$$

即 O' 点是瞬时静止的，可以选为瞬时转心. 相对于 O' 点，质心 O 的速度

$$v'_C=R\omega=v_0$$

纯滚动时圆柱体质心的加速度为

$$a_C=R\beta \tag{1}$$

设静摩擦力 f 的方向如图所示，则有质心运动方程：

$$F-f=ma_C \tag{2}$$

圆柱对轴的转动惯量为

$$I_C=\frac{1}{2}mR^2 \tag{3}$$

圆柱对质心的转动定律为

$$Fl+fR=I_C\beta \tag{4}$$

联立上述四式，可以解得

$$a_C=\frac{2F(R+l)}{3mR},\ f=\frac{R-2l}{3R}F$$

由此可见，当 $l<\frac{R}{2}$ 时，$f>0$，静摩擦力向后；当 $l>\frac{R}{2}$ 时，$f<0$，静摩擦力向前；当 $l=\frac{R}{2}$ 时，$f=0$.

阅读材料 B　陀螺仪

绕支点高速转动的刚体被称为陀螺，其上有一个万向支点，绕着这个支点陀螺可以做三个自由度的转动，所以陀螺的运动属于刚体绕一个定点的转动. 更确切地说，一个绕对称轴高速旋转的飞轮转子叫陀螺(top). 将陀螺安装在框架装置上，使陀螺的自转轴拥有转动的自由度，这种装置的整体叫作陀螺仪. 常见的质量均匀分布、由具有轴对称形状的刚体构成的陀螺属于对称陀螺，其几何对称轴就是它的自转轴.

1850年法国物理学家莱昂·傅科(J. Foucault)在研究地球自转的过程中,首先发现高速转动中的转子(rotor)在合外力矩为零时,陀螺仪的自转轴在惯性空间中的指向保持稳定不变,即指向一个固定的方向;同时反抗任何改变转子轴向的力量. 这种物理现象被称为陀螺仪的定轴性或稳定性(图 B-1). 他把一个高速旋转的陀螺,放到一个万向支架上面,发现无论支架怎么转动,陀螺都不会倒(图 B-2),通过陀螺自转轴的方向就可以辨认方向,确定姿态,计算角速度. 傅科将希腊字 gyro(旋转)和 skopein(看)两字合为 gyroscope 一字来命名这种仪表,这就是陀螺仪名称的由来. 事实上,万向支架最早可以追溯到中国几千年前的香炉(图 B-3),即使香炉翻转,里面支架上的炭火也不会撒出来. 陀螺仪最主要的特性包括稳定性和进动性,体现的是角动量守恒定律. 上述例子展现的就是陀螺仪的稳定性.

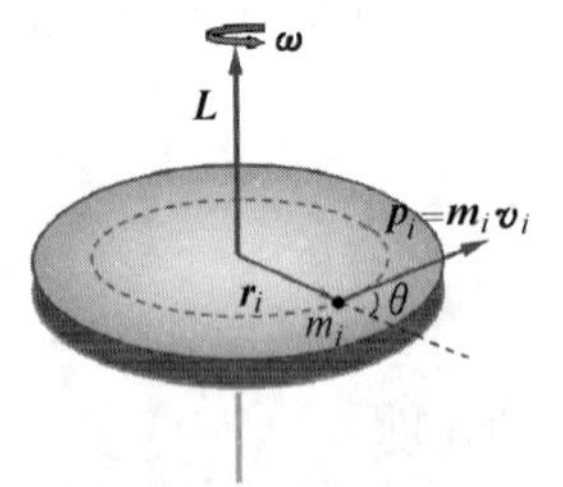

图 B-1　转子的定轴转动

图 B-2　陀螺仪

图 B-3　香炉

在外力矩作用下,陀螺在自转的同时,还会绕另一个固定的转轴旋转,这就是**陀螺的进动**(precession),又称为**回转效应**(gyroscopic effect),如图 B-4 所示. 若外力矩作用于外环轴,陀螺仪将绕内环轴转动;若外力矩作用于内环轴,陀螺仪将绕外环轴转动. 其转动角速度方向与外力矩作用方向互相垂直. 进动角速度的方向取决于角动量 $\boldsymbol{L}$(与转子自转角速度矢量的方向一致)和外力矩 $\boldsymbol{M}$ 的方向,三者满足右手法则. 进动在日常生活中并不少见,玩具陀螺的旋进就是一例. 利用陀螺的力学特性制成的陀螺仪,其本质上是利用高速回转体的角动量敏感壳体,相对惯性空间绕正交于自转轴的一个或两个轴的角运动检测装置. 利用其他原理制成的角运动检测装置,有同样功能的也被称为陀螺仪.

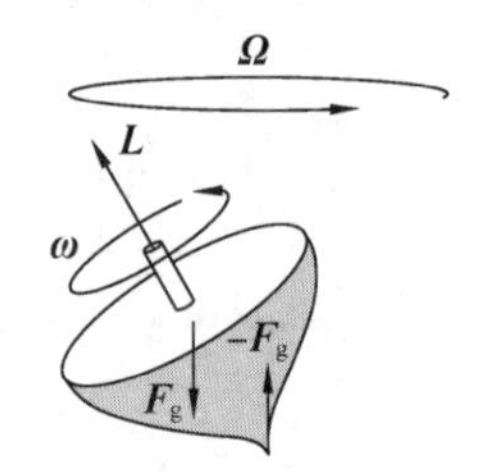

图 B-4　陀螺的进动

陀螺仪的种类很多,按用途来分,它可以分为传感陀螺仪和指示陀螺仪,其最早用于航海导航. 随着科技的发展,如今陀螺仪在航空和航天事业中也得到了广泛的应用. 它除了作为指示仪表外,更重要的应用是作为自动控制系统中的信号传感器,用来提供准确方位、水平、位置、速度和加速度等信号,便于驾驶员用自动导航仪来控制飞机、舰船或航天飞机等按一定的航线飞行. 在导弹、卫星运载器或空间探测火箭等航行体的制导中,则直接利用这些信号完成航行体的姿态控制和轨道控制. 现在在手机里陀螺仪传感器已经被做成一块小小的芯片了. 作为稳定器,陀螺仪能使列车在单轨上行驶,减小船舶在风浪中的摇摆,使安装在飞机或卫星上的照相机相对地面稳定等. 作为精密测试仪器,陀螺仪能够为地面设施、矿山隧道、地下铁路、石油钻探及导弹发射井等提供准确的方位基准.

陀螺仪与加速度计、磁阻芯片、GPS 等结合,可以做成惯性导航控制系统. 在惯性导航应用研究中的陀螺仪按结构构成大致可以分为三类:机械陀螺仪、光学陀螺仪、微机械陀螺仪. 机械陀螺仪指利用高速转子的转轴稳定性来测量载体正确方位的角传感器. 自 1910 年首次用于船载指北陀螺罗经以来，人们探索过很多种机械陀螺仪，液浮陀螺、动力调谐陀螺和静电陀螺是技术成熟的三种刚体转子陀螺仪，精度在 $10^{-6}\sim10^{-4}$(°)/h 范围内，已达到了精密仪器领域内的高技术水平. 1965 年，清华大学首先开始研制静电陀螺，应用背景是高精度船用综合航行系统(INS). 目前静电陀螺工程机的零偏漂移误差小于 0.5(°)/h，随机漂移误差小于 0.001(°)/h，中国和美国、俄罗斯是目前世界上掌握静电陀螺技术的国家.

随着光电技术的发展，激光陀螺、光纤陀螺应运而生. 激光陀螺仪的原理是利用光程差来测量旋转角速度(Sagnac 效应). 在闭合光路中，由同一光源发出的沿顺时针方向和逆时针方向传输的两束光产生干涉，利用检测相位差或干涉条纹的变化，就可以测出闭合光路旋转角速度. 光纤陀螺仪是以光导纤维线圈为基础的敏感元件，由激光二极管发射出的光线朝两个方向沿光导纤维传播. 光传播路径的变化，决定了敏感元件的角位移. 光纤陀螺仪与传统的机械陀螺仪相比，优点是全固态，没有旋转部件和摩擦部件，寿命长，动态范围大，瞬时启动，结构简单，尺寸小，重量轻. 与激光陀螺仪相比，光纤陀螺仪没有闭锁问题，也无须利用石英块精密加工出光路，成本低，适合批量生产. 目前国内的光纤陀螺研制精度已经达到了惯导系统的中低精度要求，已接近甚至达到了国外同类产品的水平.

从 20 世纪开始，由于电子技术和微机械加工技术的发展，使微机械陀螺成为现实. 微机械陀螺仪(MEMS gyroscope)采用振动物体传感角速度的概念. 利用振动来诱导和探测科里奥利力而设计的微机械陀螺仪没有旋转部件，不需要轴承，可以利用微机械加工技术实现大批量生产. 微机械陀螺仪用于测量汽车的旋转速度(转弯或打滚)时，与低加速度计一起构成主动控制系统. 一旦发现汽车的状态异常，主动控制系统在车祸尚未发生时及时纠正异常状态或者正确应对异常状态以阻止车祸的发生. 比如在转弯时，系统通过陀螺仪测量角速度就知道方向盘打得过多还是不够，主动在内侧或者外侧车轮上加上适当的刹车以防止汽车脱离车道. 随着对汽车的安全性能的要求越来越高，陀螺仪在稳定性主控系统的安装率节节攀升. 我国微机械陀螺的研究始于 1989 年，现在已经研制出数百微米大小的静电电机和 3 mm 的压电电机，可满足军民市场的需要.

随着科学技术的发展，相比于高成本的静电陀螺，成本较低的光纤陀螺和微机械陀螺的精度越来越高，是未来陀螺技术的发展总趋势.

习题

2-1　关于力矩，有下述判断：

(1) 对某个定轴转动刚体而言，内力矩不会改变刚体的角加速度.

(2) 一对作用力和反作用力对同一轴的力矩之和必为零.

(3) 质量相等，形状和大小不同的两个刚体，在相同力矩的作用下，它们的运动状态一定相同.

其中正确的是　[　　]

(A) 只有(2)是正确的　　(B) (1)、(2)是正确的

(C) (2)、(3)是正确的　　(D) (1)、(2)、(3)都是正确的

2-2　均匀细棒可绕通过其一端 O 且与棒垂直的水平固定光滑轴转动. 今使棒从水平位置由静止开始自由下落，在棒摆到竖直位置的过程中，下列说法正确的是　[　　]

(A) 角速度从小到大,角加速度不变

(B) 角速度从小到大,角加速度从小到大

(C) 角速度从小到大,角加速度从大到小

(D) 角速度不变,角加速度为零

2-3 一圆盘绕通过盘心且垂直于盘面的水平轴转动,轴间摩擦不计.现有两个质量相同,速度大小相同,方向相反并在一条直线上的子弹,它们同时射入圆盘并且留在盘内,则子弹射入后的瞬间,圆盘和子弹系统的角动量 L 以及圆盘的角速度 ω 的变化情况为 [ ]

(A) L 不变,ω 增大　　(B) 两者均不变

(C) L 不变,ω 减小　　(D) 两者均不确定

2-4 假设卫星环绕地球中心做椭圆运动,则在运动过程中,卫星对地球中心的 [ ]

(A) 角动量守恒,动能守恒　　(B) 角动量守恒,机械能守恒

(C) 角动量不守恒,机械能守恒　　(D) 角动量不守恒,动量也不守恒

(E) 角动量守恒,动量也守恒

2-5 一汽车发动机曲轴的转速在 12 s 内由 1.2×10^3 r/min 均匀地增加到 2.7×10^3 r/min.

(1) 求曲轴转动的角加速度.

(2) 在此时间内,曲轴转了多少转?

2-6 如图所示,一飞轮由一直径为 30 cm、厚度为 2 cm 的圆盘和两个直径为 10 cm、长为 8 cm 的共轴圆柱体组成,设飞轮的密度为 7.8×10^3 kg/m^3,求飞轮对轴的转动惯量.

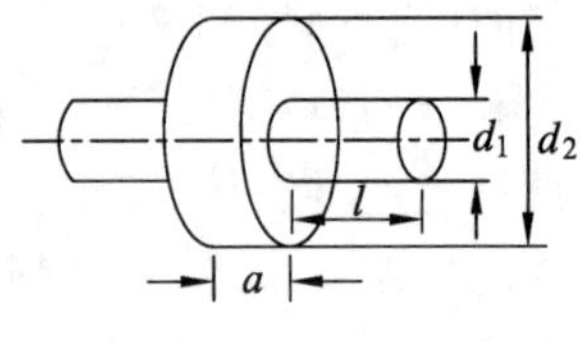

习题 2-6 图

2-7 一燃气轮机在试车时,燃气作用在涡轮上的力矩为 2.03×10^3 N·m,涡轮的转动惯量为 25 kg·m^2.当轮的转速由 2.8×10^3 r/min 增大到 1.12×10^4 r/min 时,所经历的时间t为多少?

2-8 一质量为 M、半径为 R 的圆盘绕一固定轴转动,起初角速度为 ω_0.设它所受阻力矩与圆盘转动角速度成正比,即 $M_r=-k\omega$(k 为正的常数).求圆盘的角速度从 ω_0 变为$\frac{1}{2}\omega_0$ 所需的时间.

2-9 电风扇接通电源后一般经 5 s 后到达额定转速 $n_0=300$ r/min,而关闭电源后经 16 s 后风扇停止转动,已知电风扇的转动惯量为 0.5 kg·m^2,设启动时电磁力矩 M 和转动时的阻力矩 M_f 均为常数,求启动时的电磁力矩 M.

2-10 如图所示,一根质量为 m、长度为 L 的匀质细直棒,平放在水平桌面上.若它与桌面间的动摩擦因数为 μ,在 $t=0$ 时,使该棒绕过其一端的竖直轴在水平桌面上滑动旋转,其初始角速度为 ω_0,求棒停止转动所需的时间.

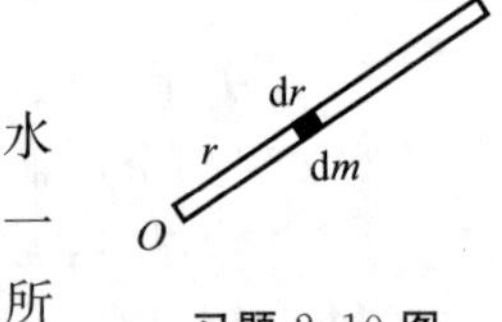

习题 2-10 图

2-11 如图所示,物体 1 和 2 的质量分别为 m_1 与 m_2,滑轮的转动惯量为 I,半径为 r(设绳子与滑轮间无相对滑动,滑轮与转轴无摩擦).

(1) 如物体 2 与桌面间的摩擦因数为 μ,求系统的加速度 a 及绳中的张力 T_1 和 T_2.

(2) 如物体 2 与桌面间为光滑接触,求系统的加速度 a 及绳中的

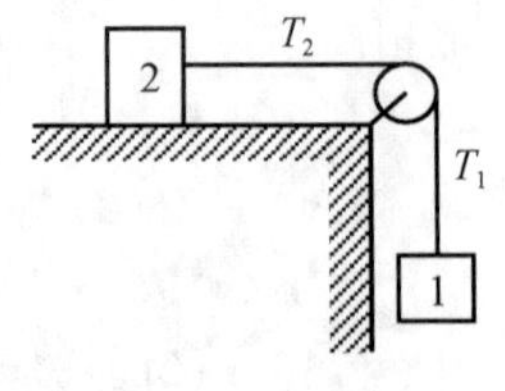

习题 2-11 图

张力 T_1 和 T_2.

2-12　如图所示，一个质量为 m 的物体与绕在定滑轮上的轻绳相连，轻绳与定滑轮之间无相对滑动. 假定滑轮质量为 M，半径为 R，滑轮轴光滑. 试求该物体由静止开始下落的过程中下落速度与时间的关系.

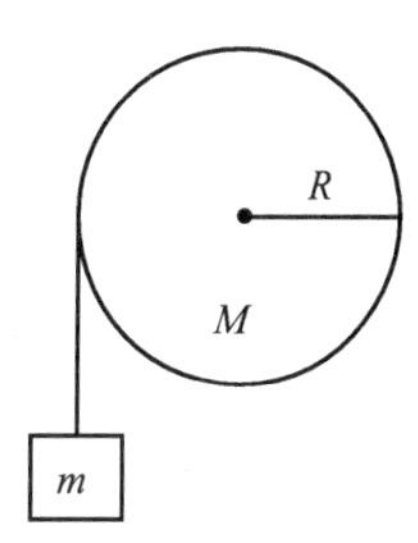

习题 2-12 图

2-13　质量分别为 m 和 $2m$、半径分别为 r 和 $2r$ 的两个均匀圆盘，同轴地粘在一起，可以绕通过盘心且垂直盘面的水平光滑固定轴转动，对转轴的转动惯量为$\frac{9}{2}mr^2$，大小圆盘边缘都绕有绳子，绳子下端都挂一质量为 m 的重物，如图所示. 求圆盘角加速度的大小.

2-14　如图所示，定滑轮的半径为 r，绕转轴的转动惯量为 I，滑轮两边分别悬挂质量为 m_1 和 m_2 的物体 A、B. A 置于倾角为 θ 的斜面上，它和斜面间的摩擦因数为 μ，若 B 向下做加速运动(设绳的质量及伸长均不计，绳与滑轮间无滑动，滑轮轴光滑). 求其下落加速度的大小.

2-15　如图所示，一轻绳跨过两个质量均为 m、半径均为 R 的匀质圆盘状定滑轮. 绳的两端分别系着质量分别为 m 和 $2m$ 的重物，不计滑轮转轴的摩擦. 将系统由静止释放，且绳与两滑轮间均无相对滑动，求两滑轮之间绳的张力.

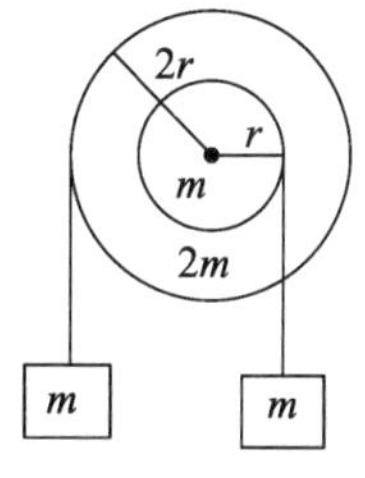

习题 2-13 图

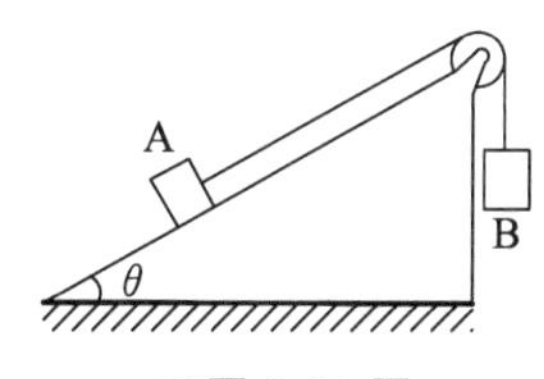

习题 2-14 图

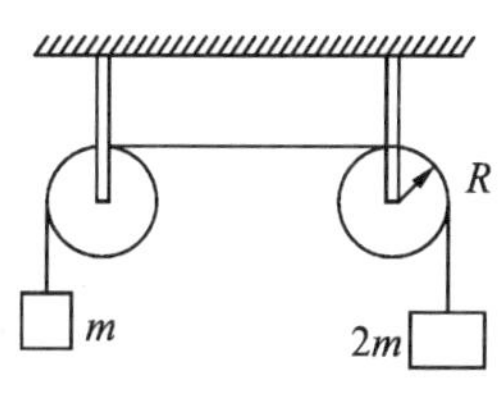

习题 2-15 图

2-16　如图所示，飞轮的质量为 60 kg，直径为 0.5 m，转速为 1×10^3 r/min. 现用闸瓦制动使其在 5 s 内停止转动，求制动力 F 的大小.(设闸瓦与飞轮之间的摩擦因数 $\mu=0.4$，飞轮的质量全部分布在轮缘上)

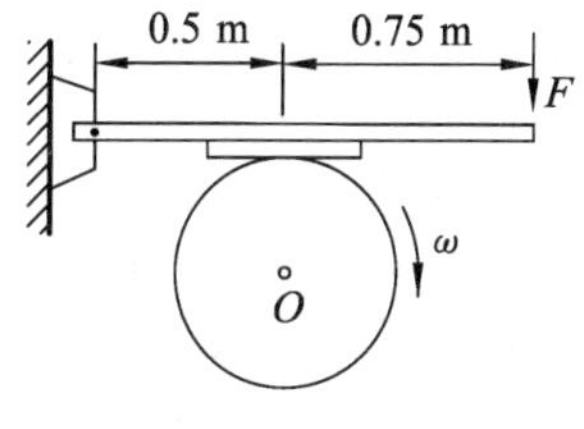

习题 2-16 图

2-17　为求一半径 $R=50$ cm 的飞轮对于通过其中心且与盘面垂直的固定转轴的转动惯量，在飞轮上绕以细绳，绳末端悬一质量 $m_1=8$ kg 的重锤. 让重锤从高 $h=2$ m 处由静止落下，测得下落时间 $t_1=16$ s. 再用另一质量 $m_2=4$ kg 的重锤做同样测量，测得下落时间 $t_2=25$ s. 假定飞轮与转轴之间的摩擦力矩 M_r 是一个常量，求飞轮的转动惯量.

2-18　如图所示，固定在一起的两个同轴均匀圆柱体可绕其光滑的水平对称轴 OO' 转动. 设大小圆柱体的半径分别为 R 和 r，质量分别为 M 和 m. 绕在两柱体上的轻绳分别与质量均为 2 kg 的物体 m_1 和 m_2 相连，m_1 和 m_2 则挂在圆柱体的两侧，如图所示. 设 $R=0.2$ m，$r=0.1$ m，$m=4$ kg，$M=10$ kg，开始时 m_1、m_2 离地均为 $h=2$ m. 求：

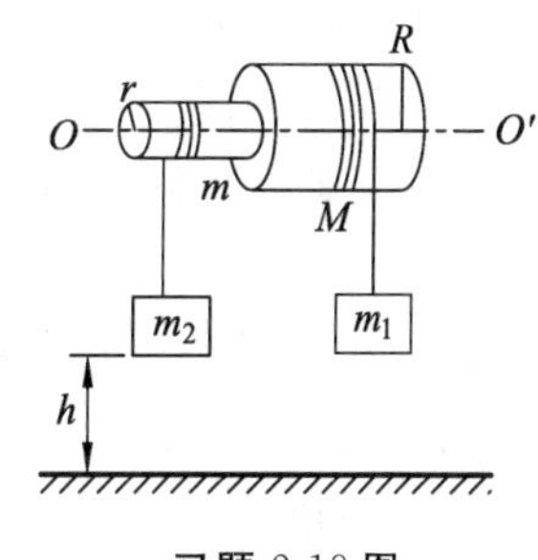

习题 2-18 图

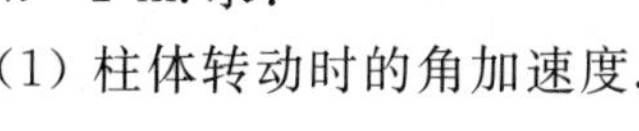

(1) 柱体转动时的角加速度.

（2）两侧轻绳中的张力.

2-19　一轴承光滑的定滑轮，质量 $M=2$ kg，半径 $R=0.1$ m，一根不能伸长的细绳，一端固定在定滑轮上，另一端系有一质量 $m=5$ kg 的物体，如图所示. 已知定滑轮的初角速度 $\omega_0=10$ rad/s，方向垂直纸面向里. 求：

（1）定滑轮的角加速度.

（2）定滑轮的角速度变化到 $\omega=0$ 时，物体上升的高度.

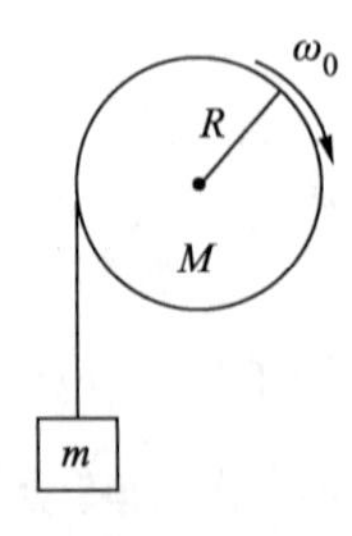

习题 2-19 图

2-20　圆柱体以 80 rad/s 的角速度绕其轴线转动，它对该轴的转动惯量为 4 kg·m^2. 在恒力矩 M 的作用下，10 s 内其角速度降为 40 rad/s. 求圆柱体损失的动能和所受力矩 M 的大小.

2-21　如图所示，滑轮的转动惯量 $I=0.5$ kg·m^2，半径 $r=30$ cm，弹簧的劲度系数 $k=2$ N/m，重物的质量 $m=2$ kg. 当此滑轮-重物系统从静止开始启动，开始时弹簧没有伸长. 滑轮与绳子间无相对滑动，其他部分摩擦忽略不计. 问物体能沿斜面下滑多远？当物体沿斜面下滑 1 m 时，它的速率为多少？

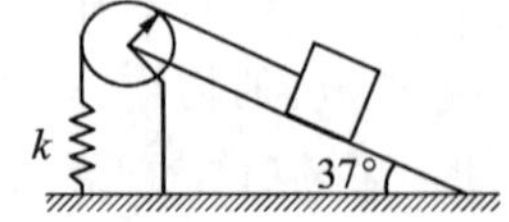

习题 2-21 图

2-22　一质量为 1.12 kg、长为 1 m 的均匀细棒，支点在棒的上端点，开始时棒自由悬挂. 以 100 N 的平均作用力打击它的下端点，打击时间为 0.02 s. 若打击前棒是静止的，求：

（1）打击时棒角动量的变化.

（2）棒的最大偏转角.

2-23　如图所示，一质量为 m 的小球由一绳索系着，以角速度 ω_0 在无摩擦的水平面上做半径为 r_0 的圆周运动. 如果在绳的另一端作用一竖直向下的拉力，使小球做半径为 $\frac{r_0}{2}$ 的圆周运动. 试求：

（1）小球新的角速度.

（2）拉力所做的功.

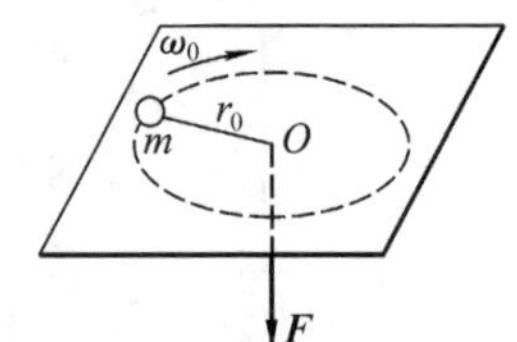

习题 2-23 图

2-24　一质量为 M、半径为 R 的均匀圆盘，通过其中心且与盘面垂直的水平轴以角速度 ω 转动，若在某时刻，一质量为 m 的小碎块从盘边缘裂开，且恰好沿垂直方向上抛，则它可能达到的高度是多少？破裂后圆盘的角动量为多大？

2-25　一位溜冰者伸开双臂以 1 r/s 的转速绕身体中心轴转动，此时的转动惯量为 1.33 kg·m^2，她收起双臂来增加转速，如收起双臂后的转动惯量变为 0.48 kg·m^2. 求：

（1）她收起双臂后的转速.

（2）她收起双臂前后绕身体中心轴的转动动能.

2-26　一质量为 M、半径为 R 的转台，以角速度 ω_a 转动，转轴的摩擦略去不计.

（1）有一质量为 m 的人垂直地爬上转台的边缘，此时转台的角速度 ω_b 为多少？

（2）若该人随后走向转台中心，当它离转台中心的距离为 r 时，转台的角速度 ω_c 为多少？

2-27　半径为 r 的圆环平放在光滑水平面上，环上有一甲虫，环和甲虫的质量相等，起初两者均静止. 若甲虫相对于圆环以等速率爬行，当甲虫沿圆环爬完一周时，求圆环绕其中心转过的角度.

2-28　如图所示，在一水平放置的质量为 m、长度为 l 的均匀细杆上，套着一个质量也

为 m 的套管(可看作质点),套管用细线拉住,它到竖直的光滑固定轴 OO' 的距离为 $\frac{l}{2}$,杆和套管所组成的系统以角速度 ω_0 绕 OO' 轴转动.若在转动过程中细线被拉断,套管将沿着杆滑动.求套管滑动过程中,该系统转动的角速度 ω 与套管轴的距离 x 的函数关系.

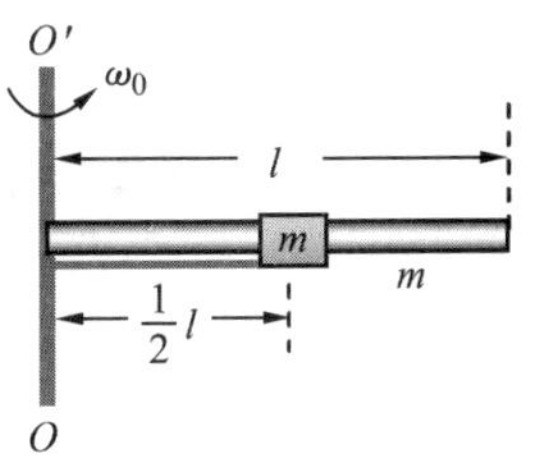

习题 2-28 图

2-29　我国 1970 年 4 月 24 日发射的第一颗人造卫星,其近地点为 4.39×10^5 m,远地点为 2.38×10^6 m.试计算卫星在近地点和远地点的速率(设地球半径为 6.38×10^6 m,质量为 5.97×10^{24} kg).

2-30　如图所示,在光滑的水平面上有一木杆,其质量 $m_1=1$ kg,长 $l=40$ cm,可绕通过其中点并与之垂直的轴转动.一质量 $m_2=10$ g 的子弹,以 $v=2\times10^2$ m/s 的速度射入杆的一端,其方向与杆及轴正交.若子弹陷入杆中,试求杆所得到的角速度.

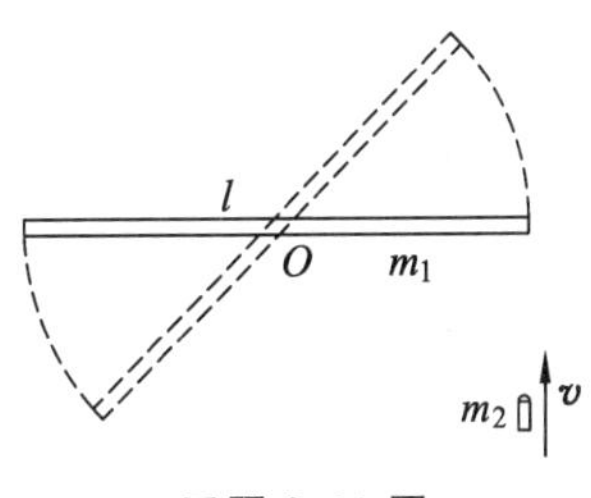

习题 2-30 图

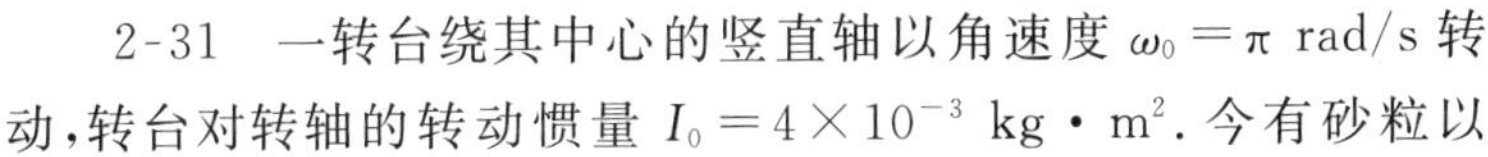

2-31　一转台绕其中心的竖直轴以角速度 $\omega_0=\pi$ rad/s 转动,转台对转轴的转动惯量 $I_0=4\times10^{-3}$ kg・m^2.今有砂粒以 $Q=2t$(Q 的单位为 g/s,t 的单位为 s)的流量竖直落至转台,并黏附于台面形成一圆环,若环的半径 $r=0.1$ m,求 $t=10$ s 时转台的角速度.

2-32　长为 l、质量为 m 的均质杆,可绕点 O 在竖直平面内转动.令杆自水平位置由静止摆下,在竖直位置与质量为 $\frac{m}{2}$ 的物体发生完全弹性碰撞,碰撞后物体沿摩擦因数为 μ 的水平面滑动,试求此物体滑过的距离 s.

2-33　一根长为 l、质量为 M 的匀质棒自由悬挂于通过其上端的光滑水平轴上.现有一质量为 m 的子弹以水平速度 v_0 射向棒的中心,若想子弹以 $\frac{v_0}{2}$ 的水平速度穿出棒,且棒的最大偏转角恰为 90°,v_0 的大小应为多少?

2-34　长 $l=0.4$ m、质量 $M=1$ kg 的匀质木棒,可绕水平轴 O 在竖直平面内转动,开始时棒自然竖直悬垂,现有质量 $m=8$ g 的子弹以 $v=200$ m/s 的速率从 A 点射入棒中,A、O 点的距离为 $\frac{3}{4}l$,如图所示.求:

(1) 棒开始运动时的角速度.

(2) 棒的最大偏转角.

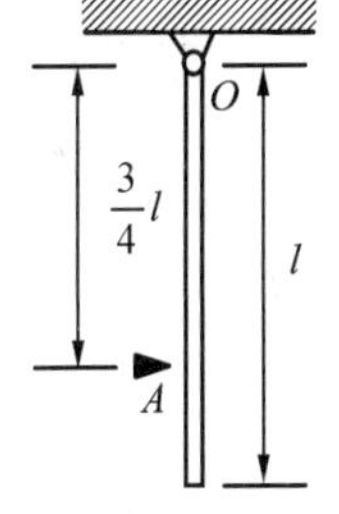

习题 2-34 图

2-35　质量为 M、长为 l 的均匀直棒,可绕垂直于棒的一端的水平轴 O 无摩擦地转动.它原来静止在平衡位置上,现有一质量为 m 的弹性小球飞来,正好在棒的下端与棒垂直地相撞.相撞后,棒从平衡位置处摆动到最大角度 $\theta=30°$处.

(1) 设碰撞为弹性碰撞,试计算小球初速度 v_0 的值.

(2) 相撞时小球受到多大的冲量?

2-36　水平传送带上有一个质量为 m、半径为 R 的均质圆柱体,圆柱体的轴线垂直于传送带的传动加速度 a.若要求圆柱体在传送带上只向前滚动不滑动,求圆柱体的质心加速度和圆柱体与传送带之间的摩擦因数.

第 3 章

流体力学

前面研究了刚体，即大小和形状都不会改变的物体. 实际上，万千世界，有刚有柔. 山的沉稳，水的灵动，坚韧包容，才有了盎然生机. 本章的研究对象为流体，其显著特征为流动性，没有固定形状，是气体、液体及等离子体等的总称. 流体力学是连续介质力学的一门分支，是研究流体现象及相关力学行为的科学. 日常生活中常见的流体是水和空气. 按照研究对象的运动方式来分，流体力学可以分为流体静力学和流体动力学.

第一个对流体力学学科的形成做出贡献的是古希腊的阿基米德，他在两千多年前建立了包括物理浮力定律和浮体稳定性在内的液体平衡理论，奠定了流体静力学的基础. 达 · 芬奇、帕斯卡、牛顿等都对流体力学做出了重要贡献. 到了 18 世纪，瑞士的伯努利从经典力学的能量守恒出发，研究供水管道中水的流动，得到了流体定常运动下流速、压强和管道高程之间的关系——伯努利方程；瑞士的欧拉采用了连续介质的概念，对无黏性流体微团应用牛顿第二定律，建立了欧拉方程. 之后，流体力学又有了很大的发展，并且被应用在了不同的领域，并形成了一些分支学科，比如空气动力学、血流动力学等. 流体力学在航海、航空、航天、医学、气象、水利工程、石油输运等方面都有广泛的应用.

3.1 流体静力学

3.1.1 静止流体中的压强

与固体不同，流体静态时不可能维持剪切应力. 任何微小的剪切力作用都将引起连续变形，以整体的形式从一个位置运动到另一个位置，即具有流动性. 因此静止流体作用于流体内任一面积微元 ΔS 上的只能是法向力或正压力. 定义面积微元 ΔS 单位面积上所受正压力的大小为该面积微元上的平均压强，即

$$\bar{p}=\frac{\Delta F}{\Delta S} \tag{3-1}$$

当 $\Delta S\to 0$ 时，平均压强的极限就是液体中该点处的压强，即

$$p=\lim_{\Delta S\to 0}\frac{\Delta F}{\Delta S}=\frac{\mathrm{d}F}{\mathrm{d}S} \tag{3-2}$$

在国际单位制中，压强的单位是牛/米^2（$\mathrm{N/m^2}$），称为帕斯卡，简称帕，记作 Pa.

流体中的压强有以下几个特点：

（1）无论流体是静止还是流动，流体中某点处的压强与面积微元的取向无关，而是各向同性的.

(2) 静止流体中同一水平面上各点压强相等.

(3) 静止流体中高度差为 h 的两点间压强差为 ρgh. 若取水面大气压强为 p_0,则水面下深度为 h 处的压强为 $p_0+\rho gh$.

3.1.2 帕斯卡原理

封闭容器中静止流体的任一点受外力作用压强发生的变化,将大小不变地向各个方向传递,这就是**帕斯卡原理**.

根据帕斯卡原理,在封闭流体系统中的一个活塞上施加一定的压强,必将在另一个活塞上产生相同的压强增量. 在小活塞上施以小推力,通过流体中的压强传递,在大活塞上就会产生较大的推力,这就是液压机(千斤顶)的工作原理.

例题 3-1 如图 3-1 所示,大坝迎水面与水平方向的夹角 $\theta=60°$,水深 $H=10$ m,求每米长大坝所受水的总压力和水平压力.

解: 大坝横截面如图所示,在迎水的坝面上水深 h 处取长为 1 m、宽为 $\mathrm{d}l$ 的面积微元 $\mathrm{d}S$,则该面积微元上所受作用力为

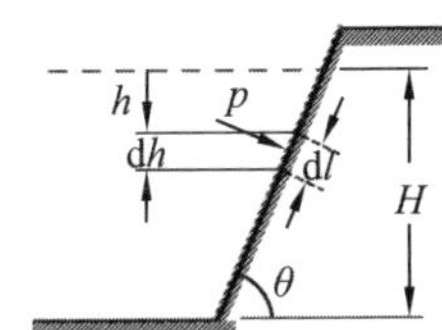

图 3-1 例题 3-1 图

$$\mathrm{d}f=p\mathrm{d}S=\rho gh\mathrm{d}l=\rho gh\mathrm{d}h/\sin\theta$$

每米长大坝所受水的总压力为

$$f=\int_0^{10}\frac{\rho gh}{\sin\theta}\mathrm{d}h=5.66\times10^5\ \mathrm{N}$$

每米长大坝所受水的水平压力为

$$f_{水平}=f\sin\theta=4.9\times10^5\ \mathrm{N}$$

3.1.3 流体中的浮力 阿基米德原理

物体部分或全部浸于流体中时,因压强随深度增加而增加,物体下方所受向上的压力大于物体上方所受向下的压力,其总效果为物体受到一个竖直向上的作用力,称为浮力.

对于静止于流体中的某物体,该物体所受重力与浮力相等,即

$$F_{浮}=\rho gV$$

式中,ρ 为该流体的密度,V 为物体浸于流体中的体积.

物体在流体中所受的浮力等于该物体排开同体积流体所受的重力,这就是**阿基米德原理**. 它是公元前 3 世纪由希腊的阿基米德(Archimedes)提出的.

3.2 理想流体的定常流动

3.2.1 基本概念

一、理想流体

所谓理想流体,是指绝对不可压缩又没有黏性的流体,是为了方便分析引入的一个理想化的模型.

液体几乎不可压缩,比如每增加一个大气压,水体积的减少量不到原体积的两万分之一,水银体积的减少量不到原体积的百万分之四,因此通常可以不考虑液体的可压缩性;气体的可压缩性很明显,比如用不太大的力推动活塞即可使气缸中的气体明显被压缩,但当气体可自由流动时,微小的压强差即可使气体快速流动,从而使气体各部分的密度差可以忽略不计,即可以将可自由流动的气体视为不可压缩的.

流体在流动时,或多或少表现出黏性,那是因为当流体运动时,层与层之间存在阻碍相对运动的内摩擦力,比如河流中心的水流动较快,而靠近岸边的水却几乎不动. 在某些问题中,若流体的流动性是主要的,黏性处于极次要的地位,则可忽略流体的黏性.

建立理想流体的模型具有非常重要的实际意义,一些情况下黏性不大的实际流体的运动规律,就可用理想流体来描述.

二、定常流动

将流体看作是由无穷多稠密、没有间隙的流体质点构成的连续介质,这是 1755 年欧拉提出的"连续介质模型". 流体的流动,就可以看作是组成流体的所有质点的运动的总和. 在连续性的假设之下,表征流体状态的宏观物理量如速度、压强、密度等在空间和时间上都是连续分布的,都可以看作是空间和时间的连续函数.

在某一时刻,流过空间任一点的流体质点都有一个速度,一般情况下,这个速度是随时间改变的. 如果流体中各点的速度都不随时间变化,流体的这种运动被称为定常流动或稳定流动. 流体做定常流动时,虽然空间各点的流速可以各不相同,但流速的空间分布是不随时间变化的.

三、流线和流管

为了形象地描述流体流速的空间分布,任一瞬间可以在流体里引入这样一些曲线,使曲线上各点的切线方向与流体质点在这一点的速度方向相同,这些曲线称为流线. 当流体做定常流动时,流线的形状不随时间变化. 因为每一时刻流体中每一点只能有一个速度,所以流线是不能相交的.

如果在流体中划出一个小截面 S,并且通过它的周边各点作许多流线,则由这些流线所组成的管状体叫流管,如图 3-2 所示. 流管是为了讨论问题方便所设想的,对于定常流动,流管在空间的位置和形状保持不变,就像固定的管道,由于流线不能相交,所以流管内流体不会流出管外,管外流体也不会流入管内. 我们可以把整个流动的流体看成是由若干流管组成的,只要知道每一个流管中流体的运动规律,就可以知道整个流体的运动规律.

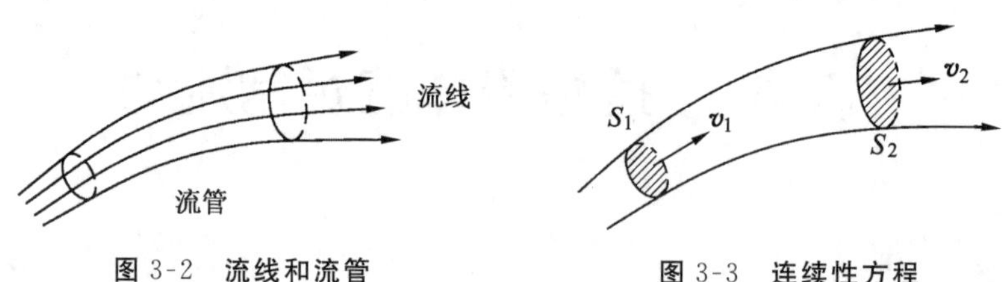

图 3-2　流线和流管　　　　图 3-3　连续性方程

3.2.2　连续性方程

在定常流动的流体中取一根细流管,在流管中任意取两个与流管垂直的截面 S_1 和 S_2(图 3-3),设流体在这两个截面处的速度分别是 $\boldsymbol{v}_1$ 和 $\boldsymbol{v}_2$,因

为理想流体的不可压缩，故在相同的一个很短的时间间隔 Δt 内流过两个截面的流体体积应该相等，即 $S_1 v_1 \Delta t = S_2 v_2 \Delta t$，化简得

$$S_1 v_1 = S_2 v_2 \tag{3-3}$$

式(3-3)说明：理想流体做稳定流动时，流管的任一截面与该处流速的乘积是一个常量，这就是流体的连续性原理，式(3-3)称为流体的连续性方程. 式中 Sv 表示单位时间流过任一截面的流体体积，称为流量，用 Q 表示，$Q=Sv$，单位为 m^3/s. 式(3-3)也表示，沿同一流管，流量守恒.

因为理想流体不可压缩，流管内各处的密度也是相同的，所以

$$\rho S_1 v_1 = \rho S_2 v_2 \tag{3-4}$$

即单位时间内流过同一流管中任何截面的流体质量都相同，式(3-4)是流体动力学中质量守恒的表达，式中 ρSv 表示单位时间流过任一截面的流体质量，称为质量流量.

3.2.3 伯努利方程及其应用

一、伯努利方程

伯努利方程是流体动力学中一个重要的基本规律，由瑞士科学家伯努利首先得出，它本质上是功能原理在流体动力学中的应用.

假设理想流体由左向右做定常流动，取一细流管，将 t 时刻在流管中 A、B 之间的流体段作为我们研究的对象. 如图 3-4 所示，设流体在 A、B 处的截面积分别为 S_1、S_2，压强分别为 p_1、p_2，速度分别为 v_1、v_2，距参考面的高度分别为 h_1、h_2. 经过很短的一段时间 Δt 后，此段流体的位置由 AB 移到了 $A'B'$.

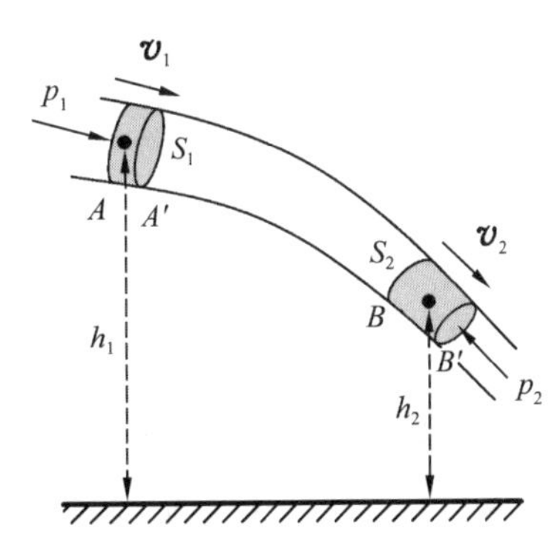

图 3-4 伯努利方程推导

在考虑的时间间隔 Δt 内，位于 A、A' 间的流体流入了流管内部，位于 B、B' 间的流体流出了管外，但对于 $A'B$ 这段流管，流体的质量没有发生变化，运动状态也没有变化，因此动能和势能都没有变化，所以对这段时间内整段流体的能量变化，只要考虑流出管外的 BB' 段流体和流入管内的 AA' 段流体间的能量变化.

令 $AA'=\Delta l_1$，$BB'=\Delta l_2$，则 Δt 时间内流入管内流体的体积 $\Delta V_1 = S_1 \Delta l_1$，流出管外流体的体积 $\Delta V_2 = S_2 \Delta l_2$，因为理想流体不可压缩，$\Delta V_1 = \Delta V_2 = \Delta V$. 流体动能和重力势能的增量 ΔE_k 和 ΔE_p 分别为

$$\Delta E_k = \frac{1}{2}\rho \Delta V {v_2}^2 - \frac{1}{2}\rho \Delta V {v_1}^2$$

$$\Delta E_p = \rho \Delta V g h_2 - \rho \Delta V g h_1$$

理想流体没有黏性，不存在耗散力做功，故只要考虑周围液体对这段流体所做的功. 对这段流体做功的外力只有两端面外侧液体对它的总压力：作用在 S_1 上的总压力为 $F_1 = p_1 S_1$，做功为 $W_1 = F_1 \Delta l_1 = p_1 S_1 v_1 \Delta t = p_1 \Delta V$；作用在 S_2 上的总压力为 $F_2 = p_2 S_2$，做功为 $W_2 = -F_2 \Delta l_2 = -p_2 S_2 v_2 \Delta t = -p_2 \Delta V$. 故外力所做的净功为

$$W = W_1 + W_2 = p_1 \Delta V - p_2 \Delta V$$

根据功能原理 $W=\Delta E_k+\Delta E_p$，得

$$p_1\Delta V-p_2\Delta V=\frac{1}{2}\rho\Delta V v_2{}^2-\frac{1}{2}\rho\Delta V v_1{}^2+\rho\Delta Vgh_2-\rho\Delta Vgh_1$$

整理得

$$p_1+\frac{1}{2}\rho v_1{}^2+\rho gh_1=p_2+\frac{1}{2}\rho v_2{}^2+\rho gh_2$$

因 A 和 B 这两个截面是在流管上任意选取的，可见对同一流管的任一截面来说，均有

$$p+\frac{1}{2}\rho v^2+\rho gh=\text{常量} \tag{3-5}$$

式(3-5)称为伯努利方程，它表明理想流体做稳定流动时，同一流管的任意截面处单位体积流体的动能$\left(\frac{1}{2}\rho v^2\right)$、重力势能($\rho gh$)以及压强能($p$)之和是一常量，因此伯努利方程是能量守恒在流体动力学中的表达.

由于伯努利方程在推导过程中用到了不可压缩、没有黏性且流体做稳定流动的条件，因此只适用于理想流体的稳定流动. 但对于不可压缩且黏性较小的流体(例如水)及流速较低且压力变化不大的气体，本方程可以近似使用. 当所讨论的流管的截面积趋于零时，流管变为流线，式(3-5)依然成立. 因此伯努利方程也可以表述为理想流体做稳定流动时，同一流线上任一点的 $p+\frac{1}{2}\rho v^2+\rho gh$ 为一常量.

例题 3-2 如图 3-5 所示，在一水管的某一点，水的流速为 2 m/s，压强为 1.1×10^5 Pa. 设水管的另一点高度比第一点降低了 1 m，如果第二点处的横截面积是第一点的 $\frac{1}{2}$，求第二点的压强.

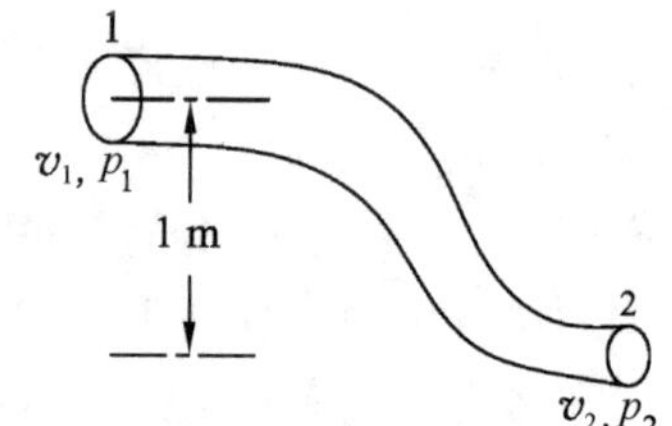

图 3-5 例题 3-2 图

解： 已知 $v_1=2$ m/s，$p_1=1.1\times10^5$ Pa，$h_1=1$，$S_2=\frac{S_1}{2}=0.5S_1$，$h_2=0$. 根据连续性方程 $S_1v_1=S_2v_2$，得

$$v_2=\frac{S_1v_1}{S_2}=\frac{S_1\times2}{0.5S_1}=4\ \text{m/s}$$

由伯努利方程 $p_1+\frac{1}{2}\rho v_1{}^2+\rho gh_1=p_2+\frac{1}{2}\rho v_2{}^2+\rho gh_2$，得

$$p_2=p_1+\frac{1}{2}\rho(v_1{}^2-v_2{}^2)+\rho g(h_1-h_2)$$

$$=1.1\times10^5+\frac{1}{2}\times1\,000\times(2^2-4^2)+1\,000\times9.8\times(1-0)=1.138\times10^5\,(\text{Pa})$$

二、伯努利方程的应用

在流体力学中，伯努利方程有着广泛的应用，下面举几个例子.

(1) 流体静力学公式.

如图 3-6 所示的容器中，流体各处的流速均为零，$v_1=v_2=0$，伯努利方程变为

$$p_1+\rho gh_1=p_2+\rho gh_2$$

即

$$p_1-p_2=\rho g(h_2-h_1) \tag{3-6}$$

(2) 水平流管.

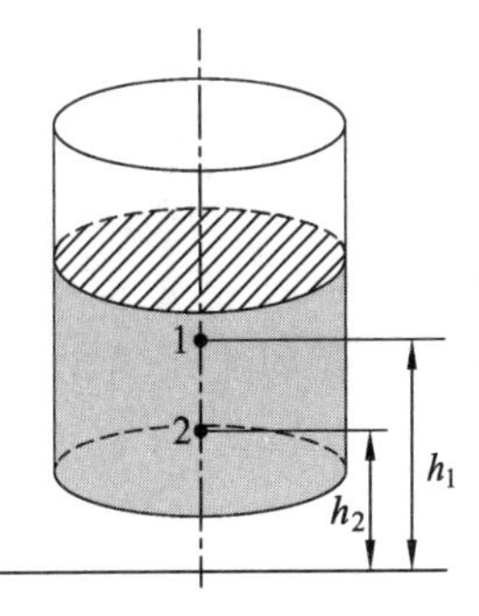

图 3-6　流体静力学公式

在许多问题中,流体常在水平或接近水平的管子中流动,这时 $h_1=h_2$,伯努利方程变为

$$p_1+\frac{1}{2}\rho v_1^{\ 2}=p_2+\frac{1}{2}\rho v_2^{\ 2}$$

由此式可得:在水平管中流动的流体,流速小处压强大,流速大处压强小.再结合连续性原理的截面积大处速度小和截面积小处速度大,可得到这样的结果:在水平管中流动的流体,截面积大处压强大,截面积小处压强小.如果细窄处的截面积小到一定程度,细窄处的压强会小于大气压强,若在细窄处开一小孔,则外面的流体就会被吸进小孔,这就是空吸作用.喷雾器、水流抽气机等就是根据这一原理制成的.

(3) 流速计.

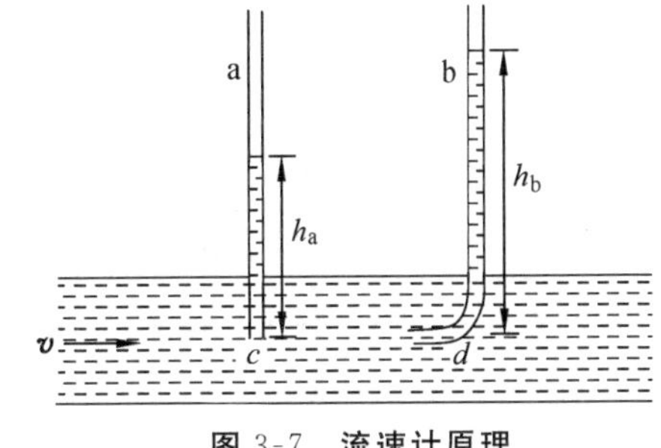

图 3-7　流速计原理

如图 3-7 所示,流体在等粗水平管中以速度 $\boldsymbol{v}$ 流动,在水平管内插入 a、b 两根竖立的管,a 是直管,液体流过其下端的 c 点时流速仍为 v,即 $v_c=v$;b 是弯管,其下端开口正对着流动方向,进入管内的流体在弯管下端 d 点受阻,$v_d=0$. c、d 两点高度相同,由伯努利方程可得 $p_c+\frac{1}{2}\rho v_c^{\ 2}=p_d$,流体的动能在 d 点全部转换为压强能,这时液体在 b 管中的高度就比 a 管中的高.设 a、b 两管内液柱的高度差为 $h_b-h_a=h$,则 $p_d-p_c=\rho gh$,从而得到

$$v=v_c=\sqrt{2gh} \tag{3-7}$$

利用这一原理来测流体流速的装置叫皮托管.

(4) 流量计.

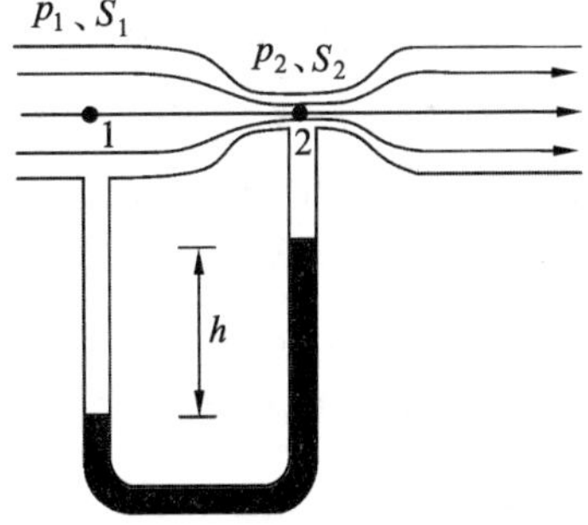

图 3-8　文丘里流量计示意图

图 3-8 为文丘里流量计的示意图.测量时,将管的两端水平地连接到被测管道上,设粗细两处的截面积、压强、流速分别为 S_1、p_1、v_1 和 S_2、p_2、v_2,待测流体的密度为 ρ,U 形管中水银的密度为 ρ',两端高度差为 h,则由伯努利方程和连续性方程可得

$$p_1+\frac{1}{2}\rho v_1^{\ 2}=p_2+\frac{1}{2}\rho v_2^{\ 2},S_1v_1=S_2v_2$$

p_1、p_2 和 U 形管中水银柱高度差 h 的关系为 $p_1-p_2=(\rho'-\rho)gh$.

将上面三式联立求解,可得流量

$$Q=S_1v_1=S_2v_2=\sqrt{\frac{2(\rho'-\rho)gh}{\rho(S_1^{\ 2}-S_2^{\ 2})}}S_1S_2 \tag{3-8}$$

式中,S_1、S_2 为已知,只要测出两竖直管中液面的高度差 h,就可得出管中液体的流量.

（5）液面下小孔流速.

如图 3-9 所示，有一截面很大的容器装有理想液体，液面下 h 处开有一很小的孔，液体从小孔中流出. 由于容器很大，液体从小孔中流出，液面下降极慢，可看作是稳定流动. 取一根从液面到小孔的流线 AB，在 A 端液体流速近似为 0，压强 $p_A=p_0$；在 B 端，压强 p_B 也为 p_0. 由伯努利方程可得 $p_0+\rho gh=p_0+\frac{1}{2}\rho v_B{}^2$，由此可解得液体从小孔中流出的速度为

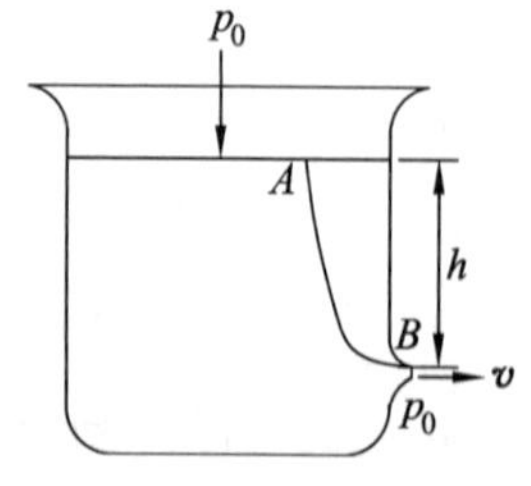

图 3-9　液面下小孔的流速

$$v=v_B=\sqrt{2gh} \tag{3-9}$$

这表明液体从液面下深 h 处小孔中射出的速率与物体从高度 h 处自由落下所获得的速率相同.

3.3　黏性流体的流动

在我们的周围，存在着各种各样的摩擦现象，潺潺的流水里、流动的空气里，都存在着摩擦. 人们把流体的内摩擦称作黏滞性. 所有实际流体都有不同程度的黏滞性，如葡萄糖浆的黏滞性较大，水的黏滞性较小，物理学上用黏滞系数 η 来表示流体黏滞性的大小. 下面讨论黏性流体运动的基本规律.

3.3.1　牛顿黏滞定律

对于实际流体，由于流体的黏滞性，稳定流动的流体发生分层流动，因各流层的流速不同，相邻两层之间就有了相对滑动，存在着与速度方向相切的相互作用力即黏滞力或内摩擦力.

甘油是黏滞性较大的实际流体，若在一根竖直的玻璃圆管中先注入无色甘油，再在上部加一层着色的甘油，打开下端的活塞让甘油缓缓往下流，着色甘油的下部会逐渐形成舌形，如图 3-10 所示. 这表明管中在同一横截面上不同位置处的甘油流速不同，沿管轴处流速最大，离管轴越远流速越小，管壁处流速接近于零.

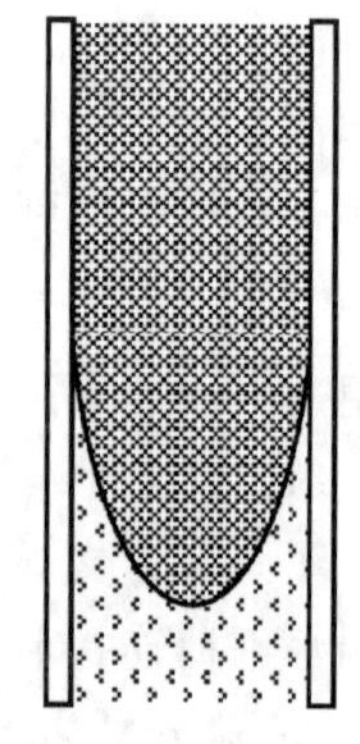
图 3-10　黏性液体流动

假定以管轴为中心，取和管轴垂直的方向为 x 轴方向，则流层与 x 轴方向垂直，不同 x 值的层面具有不同的速度. 设在 x 处的流层流速为 v，在 $x+\Delta x$ 处的流层流速为 $v+\Delta v$，$\lim\limits_{\Delta x\to 0}\frac{\Delta v}{\Delta x}=\frac{\mathrm{d}v}{\mathrm{d}x}$就称为 x 处流层的速度梯度，它表示流速沿着与速度垂直方向的变化率，如图 3-11 所示.

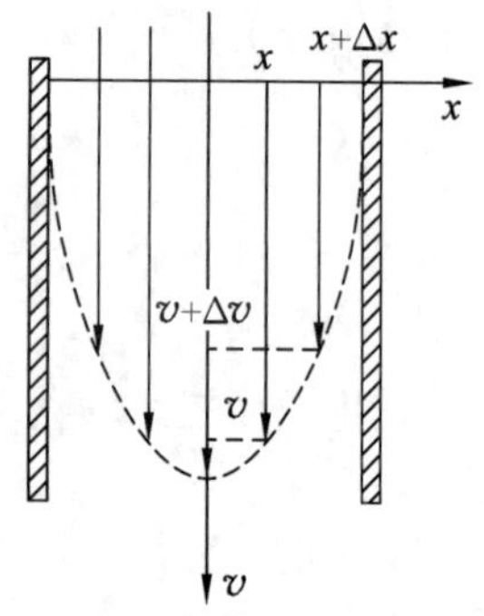

图 3-11　流速梯度

实验表明，两流层之间的内摩擦力 f 与两流层之间的接触面积 S 及该处的速度梯度$\frac{\mathrm{d}v}{\mathrm{d}x}$成正比，即

$$f=\eta S\frac{\mathrm{d}v}{\mathrm{d}x} \tag{3-10}$$

式(3-10)称为**牛顿黏滞定律**. 式中,f 为黏滞力,S 为两流层之间的接触面积,$\frac{dv}{dx}$为该处的速度梯度,比例系数 η 就是流体的黏滞系数,在 SI 中,η 的单位为 Pa·s. 黏滞系数是一个反映流体黏滞性的物理量,其大小决定于流体的性质,还和温度有关. 对于液体来说,黏滞系数随着温度的升高而减小;而对于气体来说,则随着温度的升高而增大. 表 3-1 给出了一些流体在不同温度时的黏滞系数.

表 3-1　几种流体的黏滞系数

流体	温度 t/℃	η/(10^{-3} Pa·s)	流体	温度 t/℃	η/(10^{-3} Pa·s)
水	0	1.79	酒精	20	1.20
水	20	1.01	甘油	20	830
水	37	0.695	蓖麻油	20	986
水	100	0.284	蓖麻油	40	231
血浆	37	1.0～1.4	空气	0	1.71×10^{-2}
血清	37	0.9～1.2	空气	20	1.81×10^{-2}
血液	37	2.0～4.0	空气	100	2.18×10^{-2}

遵循牛顿黏滞定律的流体称为牛顿流体,其黏滞系数 η 在一定温度下是常量,如水、血浆等都是牛顿流体. 不遵循牛顿黏滞定律的流体称为非牛顿流体,它们的黏滞系数在一定温度下不是常量,如含有大量血细胞的血液就是这种流体.

3.3.2　湍流　雷诺数

湍流(图 3-12)是流体的一种流动状态.

图 3-12　**湍流**

当流速很小时,流体分层流动,互不混合,液体做稳定流动,称为层流或片流;逐渐增加流速,流体的流线开始出现波浪状的摆动,摆动的频率及振幅随流速的增加而增加,此种流况称为过渡流;当流速增加到很大时,流线不再清楚可辨,流场中有许多小漩涡,层流被破坏,相邻流层间不但有滑动,还有混合,这时的流体做不规则运动,有垂直于流管轴线方向的分速度产生,这种运动称为湍流,又称为乱流、扰流或紊流.

在自然界中,我们常遇到流体做湍流,如江河急流、烟囱排烟等都是湍流. 有效地描述湍

流的性质至今仍然是流体力学中的一个难题,英国科学家雷诺提出的雷诺数是表征流体流动特性的一个重要参数.

在管道半径为 r、流体的平均流速为 v 的直圆管中,雷诺数为

$$R_e=\frac{\rho v r}{\eta} \tag{3-11}$$

式中,ρ 为流体的密度,η 为流体的黏滞系数.雷诺数是一个无量纲的数,实验表明,当雷诺数 $R_e<1\,000$ 时,流体流态为层流;当 $R_e>1\,500$ 时,流体流态为湍流;而当 R_e 介于 1 000~1 500之间时,流动处于不稳定状态,可能是层流,也可能是湍流,在这种情况下,一旦发生小的随机扰动,扰动会增长而转变成湍流.

流体做湍流时,管内流体流动状态为各分子互相激烈碰撞,非直线流动,呈漩涡状,能量耗损较大,并能发出声音.医生通过听诊器来倾听的心音就与心脏瓣膜开启、闭合时出现的湍流有关.

3.3.3 黏性流体的伯努利方程

理想流体在稳定流动过程中单位体积流体的能量根据伯努利方程是守恒的,即 $p_1+\frac{1}{2}\rho v_1{}^2+\rho g h_1=p_2+\frac{1}{2}\rho v_2{}^2+\rho g h_2$,其中 1 和 2 为同一流管中或同一流线上的任意两点.但对于不可压缩的黏性流体的流动,还必须考虑内摩擦力做负功而引起的能量损耗,理想流体的伯努利方程在此不适用.

假设不可压缩的黏性流体在流管中做稳定流动,单位体积流体从点 1 流到点 2 的过程中能量损耗为 w_{12},则伯努利方程可以修正为

$$p_1+\frac{1}{2}\rho v_1{}^2+\rho g h_1=p_2+\frac{1}{2}\rho v_2{}^2+\rho g h_2+w_{12} \tag{3-12}$$

上式就是黏性流体的伯努利方程,表示不可压缩黏性流体做稳定流动时的功能关系,式中的各 v 为黏性流体在相应截面上的平均流速. w_{12} 作为单位体积流体克服黏滞力所做的功,与流体的性质、流态及管道形状等因素有关.对于不可压缩黏性流体在水平等粗管中的流动,流管中各截面处平均流速和高度均相同,利用式(3-12)可得

$$w_{12}=p_1-p_2 \tag{3-13}$$

这表明,如果要使黏性流体在水平等粗流管中流动,管两端必须有一定的压强差,以克服流体流动时的内摩擦力.

3.3.4 泊肃叶公式

法国生理学家泊肃叶长期研究血液在血管内的流动,他通过大量实验发现:不可压缩的黏性流体在水平圆管中做稳定的层流运动时,其流量与管内单位长度上的压强降成正比,并与管径的四次方成正比.若流管长为 L,两端压强分别为 p_1 和 p_2,管半径为 R,则流量

$$Q\propto\frac{p_1-p_2}{L}R^4$$

后由其他科学家得到比例系数为$\frac{\pi}{8\eta}$,故

$$Q=\frac{\pi R^4}{8\eta L}(p_1-p_2) \tag{3-14}$$

此式即为泊肃叶公式.

泊肃叶公式推导如下:假设不可压缩黏性流体在半径为 R、长度为 L 的水平圆管中做稳定的分层流动,管左端压强为 p_1,右端为 p_2,且 $p_1>p_2$,流体向右流动.我们先讨论管中流速的分布:在管中任取半径为 r、长度为 L 的和圆管共轴的圆柱形流体,如图 3-13 所示,设离管轴 r 处流层的流速为 v,根据牛顿黏滞定律式(3-10)可得,来自相邻外部流层的内摩擦阻力大小为 $f=-\eta S\frac{\mathrm{d}v}{\mathrm{d}r}=-\eta\cdot 2\pi rL\cdot\frac{\mathrm{d}v}{\mathrm{d}r}$,方向向左;压强作用在液柱左、右端面的合力大小为 $p_1\pi r^2-p_2\pi r^2=(p_1-p_2)\pi r^2$,方向向右.由于流体做稳定流动,故圆柱形流体所受的合外力为零,所以

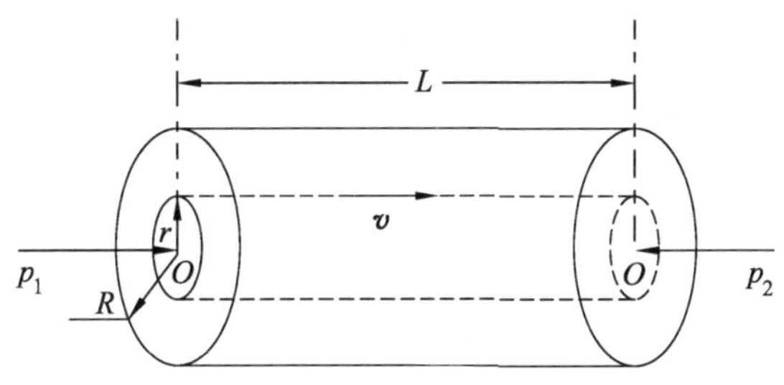

图 3-13　泊肃叶公式中流速的推导

$$-\eta\cdot 2\pi rL\cdot\frac{\mathrm{d}v}{\mathrm{d}r}=(p_1-p_2)\pi r^2$$

整理上式,可得

$$\mathrm{d}v=-\frac{(p_1-p_2)r}{2\eta L}\mathrm{d}r$$

积分得到

$$v=-\frac{(p_1-p_2)r^2}{4\eta L}+C$$

根据 $r=R$ 时 $v=0$ 的条件,得到 $C=\frac{p_1-p_2}{4\eta L}R^2$,代入上式,得

$$v=\frac{p_1-p_2}{4\eta L}(R^2-r^2) \tag{3-15}$$

式(3-15)表明实际流体在等粗水平管中稳定流动时,流速沿管半径方向上的分布曲线为一抛物线,在管轴($r=0$)处流速最大,$v_{\max}=\frac{p_1-p_2}{4\eta L}R^2$;在管壁($r=R$)处流速最小,$v_{\min}=0$.

接下来求水平圆管中流体的流量.考虑一个内径为 r、厚度为 $\mathrm{d}r$ 的薄管状流层,如图 3-14 所示,该薄流层的横截面积为 $2\pi r\mathrm{d}r$,对应的流量 $\mathrm{d}Q$ 为

$$\mathrm{d}Q=v\cdot 2\pi r\mathrm{d}r$$

式中,v 是流体在半径为 r 处的流层的流速,将式(3-15)代入,得

$$\mathrm{d}Q=\frac{\pi(p_1-p_2)}{2\eta L}(R^2-r^2)r\mathrm{d}r$$

对 $\mathrm{d}Q$ 从 $r=0$ 到 $r=R$ 间进行积分,即得管中的总流量为

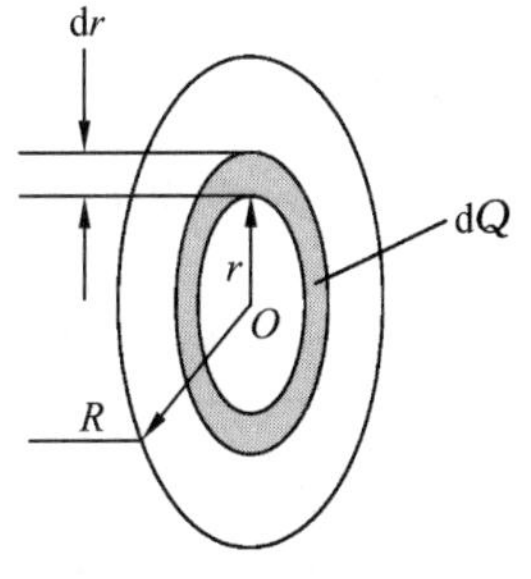

图 3-14　泊肃叶公式中流量计算

$$Q=\frac{\pi(p_1-p_2)}{2\eta L}\int_0^R(R^2-r^2)r\mathrm{d}r$$

$$Q=\frac{\pi R^4(p_1-p_2)}{8\eta L}$$

此式即为泊肃叶公式(3-14).又管中实际流体的流量为其截面积与平均流速的乘积 $S\bar{v}$,故流体在管中的平均流速为

$$\bar{v}=\frac{Q}{\pi R^2}=\frac{(p_1-p_2)R^2}{8\eta L}=\frac{v_{\max}}{2} \tag{3-16}$$

从式(3-14)可知,在影响流量的诸因素中,管径的大小对流量的影响最大.例如,在其他因素不变的条件下,使管径增加一倍,则流量将增加为原来的16倍,因此,医学上常常通过扩张血管的半径来提高血液灌注量和降低压差.在保持一定血液灌注量的情况下,降低血液的黏滞系数也可以减小血流阻力和压差.若令

$$Z=\frac{8\eta L}{\pi R^4} \tag{3-17}$$

则泊肃叶公式可以改写为

$$Q=\frac{p_1-p_2}{Z}=\frac{\Delta p}{Z} \tag{3-18}$$

式中,Δp 为管两端的压强差,Z 称为流阻.从流阻 Z 的表达式(3-17)可知,流阻的大小由流体的性质和流管的尺寸决定.式(3-18)表明,当实际流体流过粗细均匀的水平管时,其流量 Q 与管子两端的压强差 Δp 成正比,与流阻 Z 成反比.如果流体流过几个"串联"的流管,则总流阻等于各流管流阻之和;如果几个流管相"并联",则总流阻的倒数等于各分流管流阻倒数之和,这些关系与电阻的串并联类似.

例题 3-3 一根动脉血管,内半径为 4 mm,长度为 10 cm,若流过这段血管的血液流量为 1 cm^3/s,血液黏滞系数为 2.084×10^{-3} Pa·s.求:

(1) 血流的平均速度和最大速度.

(2) 这段动脉管的流阻.

(3) 这段血管的血压降落.

解:(1) 已知 $r=4\times10^{-3}$ m,$L=0.1$ m,$Q=1\times10^{-6}\ m^3/s$,$\eta=2.084\times10^{-3}$ Pa·s,由 $Q=S\bar{v}$ 可得血流的平均速度为

$$\bar{v}=\frac{Q}{S}=\frac{Q}{\pi r^2}=\frac{1\times10^{-6}}{3.14\times(4\times10^{-3})^2}=2\times10^{-2}(\mathrm{m/s})$$

最大速度 $v_{\max}=2\bar{v}=4\times10^{-2}$ m/s.

(2) 由流阻公式得这段动脉管的流阻为

$$Z=\frac{8\eta L}{\pi r^4}=\frac{8\times2.084\times10^{-3}\times0.1}{3.14\times(4\times10^{-3})^4}=2.07\times10^6(\mathrm{N\cdot s\cdot m^{-5}})$$

(3) 由公式 $Q=\frac{\Delta p}{Z}$,可得这段血管的压降为

$$\Delta p=QZ=1\times10^{-6}\times2.07\times10^6=2.07(\mathrm{Pa})$$

3.3.5 斯托克司定律

当物体在黏性流体中运动时,会受到黏滞阻力,这是因为物体表面附着的一层流体会随着物体一起运动,这一液层与相邻液层由于相对运动产生黏滞力阻碍物体运动.如果物体是球形(半径为 r),在黏滞系数为 η 的流体中以速度 v 运动,这时小球所受的阻力为

$$f=6\pi\eta rv \tag{3-19}$$

这就是斯托克司定律.

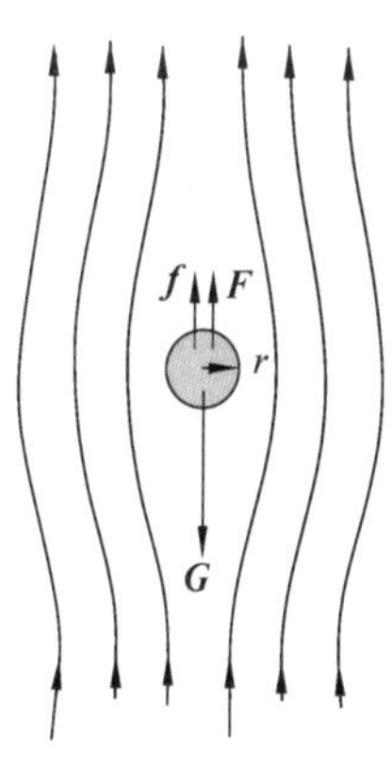

图 3-15　小球在液体中的沉降

利用斯托克司定律可以计算小球在黏滞液体中下落的收尾速度. 图 3-15 表示一半径为 r、密度为 ρ 的小球在黏滞系数为 η、密度为ρ_0($\rho_0<\rho$)的静止流体中下落的情况，若小球的运动速度为 v，它此时受到三个力的作用：重力 $G=\frac{4}{3}\pi r^3\rho g$，方向向下；浮力 $F=\frac{4}{3}\pi r^3\rho_0 g$，方向向上；黏滞阻力 $f=6\pi\eta rv$，方向向上. 小球所受的合力为

$$\sum_{i=1}^{n}F_i=G-F-f=\frac{4}{3}\pi r^3\rho g-\frac{4}{3}\pi r^3\rho_0 g-6\pi\eta rv$$

由于 $G>F$，小球先在流体中加速下落，随着小球速度的增大，黏滞力也越来越大. 当上述三个力达到平衡即 $\sum\limits_{i=1}^{n}F_i=0$ 时，小球不再加速，它以速度 v_T 匀速下落，v_T 称为收尾速度或沉降速度. 由

$$\sum_{i=1}^{n}F_i=\frac{4}{3}\pi r^3\rho g-\frac{4}{3}\pi r^3\rho_0 g-6\pi\eta rv_T=0$$

可解得

$$v_T=\frac{2}{9\eta}(\rho-\rho_0)gr^2 \tag{3-20}$$

式(3-20)也常用来测定液体的黏滞系数 η，只要知道小球的半径 r、密度 ρ 及液体的密度 ρ_0，测出它的沉降速度 v，就可算出 η 值，这一测黏滞系数的方法叫作沉降法.

阅读材料 C　血液的流动

C.1　血液的流动

图 C-1 是人体血液循环系统的示意图. 它是一个由心脏和血管组成的并充满了血液的闭合系统. 心脏可以看作是个双泵，它提供动力使血液在两个主要的循环系统——肺循环和体循环中流动. 体循环始于左心室，当心脏收缩，血液以大约 1.6×10^4 Pa 的压强从左心室射出，经主动脉、动脉和小动脉到达毛细血管，在此血液向细胞组织供氧并收集二氧化碳，然后经过小静脉、静脉和腔静脉回到右心房. 肺循环始于右心室，在心脏下一次收缩时，血液以大约 3.3×10^3 Pa 的压强经肺动脉到达肺部毛细血管，并在肺部进行气体交换，吸收氧气，排出二氧化碳，新鲜的血液经肺静脉流回左心房. 这两个循环在心房和心室之间串联起来，形成一个统一的闭合回路.

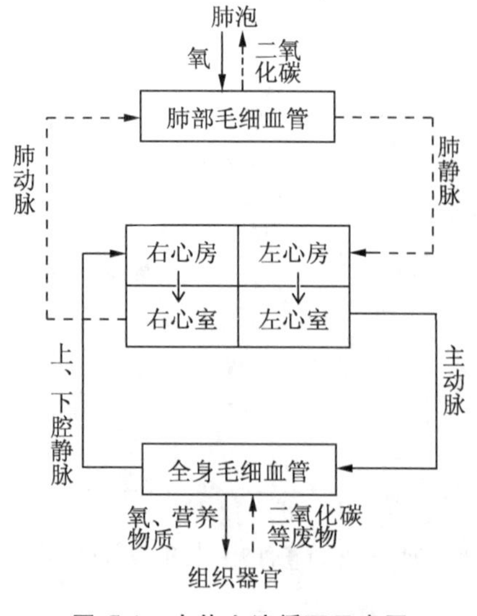

图 C-1　人体血液循环示意图

人体血管是富有弹性的，当心脏收缩射血时，一部分血液往前流动，另一部分则使血管腔扩大并被容纳滞留下来；当心脏舒张时，心脏停止射血，已经扩张的血管开始回缩，驱使原来滞留下来的血液继续向前流动．因此，虽然心脏向主动脉的射血是间断的，但由于血管的弹性加上血液本身的惯性和摩擦等因素，血流却是连续的，只不过是压力有些起伏．

若把血管近似看作刚性管，血液在血管中流动与液体在管道中流动情形相似，因此可以用连续性原理来说明，即各类血管中血液的平均流速和其总面积成反比．

在体循环系统中各类血管的总截面积并不相同，其中主动脉的最小，约为 3 cm^2；而多达数百万条且彼此并联的毛细血管的总截面积可达 900 cm^2；腔静脉血管总截面积为 18 cm^2．因此，主动脉的平均流速最大，可达 30 cm/s；毛细血管的平均流速最小，仅为 0.1 cm/s；腔静脉的平均流速为 5 cm/s．图 C-2 是人体各级血管总截面积与血液平均流速的关系示意图．

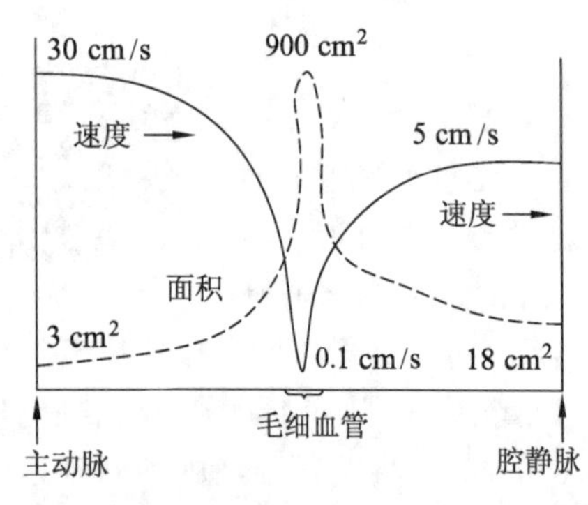

图 C-2　血管总截面积与血液平均流速的关系

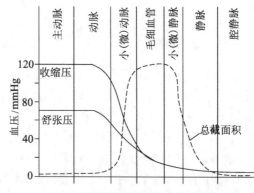

图 C-3　血液流经体循环时血压和总截面积变化示意图

血压是血液在血管内流动时作用于血管壁的压强，它是推动血液在血管内流动的动力．心室收缩，血液从心室流入动脉，此时血液对动脉的压强最高，称为收缩压．心室舒张，动脉血管弹性回缩，血液仍慢慢继续向前流动，但血压降到最小，此时的压强称为舒张压．收缩压与舒张压之差称为脉搏压，它随血管远离心脏而减小．通常用平均压来表示整个心动周期内动脉压的高低，其近似算法是：平均压＝舒张压＋$\frac{1}{3}$脉搏压.

由式(3-18)可知，压强降与流量和流阻有关.血液是黏滞系数较大的非牛顿流体，在流动中因内摩擦力的影响，血液的能量消耗很快，在循环中平均血压会越来越低.从图C-3可以看出，主动脉和大动脉中血压降低很少，由流阻表达式(3-17)可知这是由于这部分血管管径较粗、流阻较小的缘故；在小动脉中血压下降最快，这是由于其半径较小、流阻较大，同时流速仍然较快，每根小血管中仍有较大的流量，由式 $\Delta p=QZ$ 可知血压降 Δp 大；到了毛细管，虽然管径更细、流阻更大，但由于流速极慢，故每根毛细血管中流量也极小，所以血液的下降反而小于小动脉中的.

C.2 心脏做功

血液在体循环和肺循环中流动时，由于要克服黏滞力，沿途会消耗能量，所消耗的能量须由心脏做功来补充，因此，血液能不停地循环是由心脏不断做功来维持的.

体循环是左心室做功，肺循环是右心室做功，整个心脏做的功等于两者之和.心脏做功量表示心室在一定时间内所做功的多少，它是衡量心室功能的主要指标之一.

心室一次收缩所做的功，称为每搏功；心室每分钟所做的功，称为每分功.

由于心肌收缩排出的血液具有很高的压力和流速，故用心脏做功量来评价心脏的泵血功能具有重要的意义.例如，在动脉血压增高的情况下，心脏要射出与原先同等量的血液，就必须加强收缩.如果此时心肌收缩的强度不变(即每搏功不变)，那么搏出量将会减少.由此可见，用心脏做功量作为评价心脏泵血功能的指标要比用单纯的心脏血液输出流量更为全面.

由前面的讨论得知，体循环的血压在流到小动脉之前压强损失很小，故可将心脏做功看作是在恒压下做功，将平均压强乘以血液搏出量就可以估算出心脏所做的功.设左心室的平均压强为 1.33×10^4 Pa，每次搏出的血量为 80 mL，以心率每分钟 60 次计，则左心室每分钟做功为 63.8 J；而右心室的压强约为左心室的五分之一，搏出量相同，故右心室每分钟做功为左心室的五分之一，为 12.8 J，因此，整个心脏的每分功为 76.6 J.

C.3 血压的测量

由前面的讨论可知，心室收缩时动脉内压强最高，为收缩压(SBP)，舒张时血压逐渐下降至一定限度，为舒张压(DBP)，随后血压又因心室收缩而升高，如此循环交替.测量血压是临床体格检查的一个重要项目.

一、测量方法

血压测量有两种方法，即直接测量法和间接测量法.早在 1708 年，英国的 Stephen Hales(斯蒂芬·黑尔斯)用铜制的试管和鹅的喉管直接将马的左小腿动脉和一个 9 英尺(1 英尺＝30.48 厘米)高的玻璃压力计成功地连接起来，成为世界上第一个测量血压的人. 1896 年，意大利的 Riva Rocci(里瓦罗奇)发明了比较简单易用的血压计.而血压计的普及则归功于两件事情：一是 1905 年 Korotkoff(柯氏)音被详细地描述，使临床医生很容易测量收缩压和舒张压；二是 1907 年 Janeway(詹韦)发表的《血压的临床研究》中提出了监测血压具有重要的临床意义.到了第一次世界大战，血压测量已被广泛接受，成为继脉搏、呼吸、体温

之后第四个被临床医生常规记录的生命体征.

（1）直接测量法.

经穿刺将心导管周围动脉送入主动脉，导管末端经传感器与压力监测仪相连，可显示血压数据.直接测量法测得的血压数值准确，不受外周动脉收缩的影响.缺点是须有专用设备，技术要求较高，属创伤性检查，故仅用于危重和大手术患者.

（2）间接测量法.

即目前临床上广泛应用的袖带加压法，采用血压计测量.血压计有水银柱式（汞柱式）、弹簧式（表式）和电子式几种，以水银柱式最常用.此法优点是不需要特殊设备，简便易掌握，适用于任何患者或健康人体检，可在病房、门诊或家中各种场合下使用.缺点是易受周围动脉舒缩的影响，数值有时不够准确.

用袖带加压法测量血压时，先用一连接水银计的袖带将被测者的臂膀扎住，关闭阀门，然后对袖带打气，再适当松开阀门进行放气.放气期间，将听诊器听筒放在袖带与臂膀之间动脉附近，听脉搏音.测量基本原理如图 C-4 所示，充气的血压计袖带从身体外部压迫动脉，以阻断动脉的血流.当施加的压力完全阻断了动脉血流时，即超过了心脏收缩期动脉内的压力，被压迫动脉的远端就听不到声音.然后放气以降低袖带内的压力，使血流刚刚能通过，即心脏收缩期动脉内压力刚超过外加的压力而使血流得以通过时，被压动脉的远端即可听到声音，亦可触到脉搏，此时压力计上所指示的读数即代表动脉的收缩压.当袖带内的空气压力继续下降，搏动的声音从出现到消失.

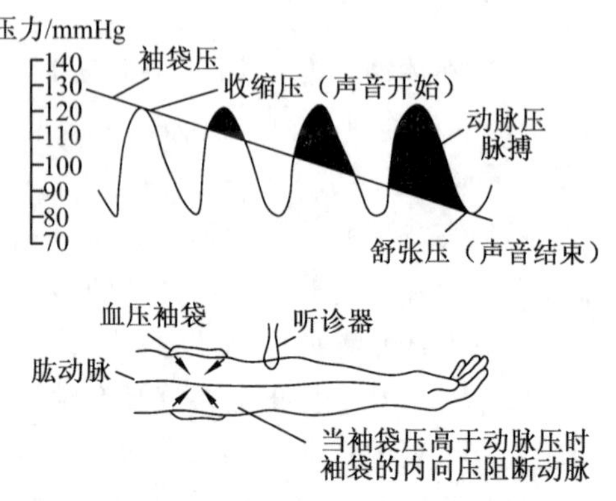

图 C-4 袖带加压法测血压原理示意图

脉搏音按 Korotkoff（柯氏）音分期法可分为五期：第一次出现的声音（收缩压）清脆并逐渐加强，为第一期；随袖带内压力继续下降，清脆的声音变得柔和，如同心脏杂音，为第二期；压力再度下降，声音又转变为与第一期相似的加强的声音，为第三期；当压力下降至声音突然减弱而低沉（变音）时，即为第四期（柯氏音第四期）；当压力再下降至声音消失（消失音）时，为第五期（柯氏音第五期）.一般情况下，将声音消失时的血压计读数（柯氏音第五期）作为舒张压.

该方法所测得的血压实际为血液的绝对压强 p 和大气压强 p_0 之差，即 $p-p_0$，叫作计示压强.临床习惯上不用血液的绝对压强来表示血压的高低，而是用血压计上读出的计示压强.

二、正常血压标准

流行病学研究证实，健康人的血压随性别、种族、职业、生理情况和环境条件的不同而稍有差异.新生儿的血压平均为 50～60 mmHg/30～40 mmHg，成人的血压平均为 90～130 mmHg/60～85 mmHg.收缩压随着年龄的增长呈线性升高，舒张压较平缓地升高，55 岁后进入平台期，在 70 岁左右缓慢下降，同时脉压逐渐增大.成年人中，男性血压较女性稍高，但老年人血压的性别差异很小.《中国高血压防治指南》修订编委会 2004 年 10 月颁布了《中国高血压防治指南》（2004 年修订版），将高血压定义为：未服抗高血压药情况下，收缩压≥140 mmHg 和（或）舒张压≥90 mmHg.

三、影响血压测量结果的因素

准确测量血压是正确诊断和有效控制高血压的前提.

健康人两上肢的血压可有 5～10 mmHg 的差别;卧位时所测得的血压较坐位时稍低;活动、进食、饮茶、吸烟、饮酒、情绪激动或精神紧张时,血压可稍上升,且以收缩压为主,对舒张压影响较小.而测量时袖带宽窄、袖带松紧、放气速度以及被测者衣袖松紧、手臂位置高低等都会影响血压的测量结果,因此不能轻率地依据一次测量血压的结果判定其正常与否,而应该严格按照标准的血压测量方法,根据多次测量的结果加以判断.

习题

3-1 请解释下列名词:(1) 理想流体;(2) 流线、流管;(3) 稳定流动;(4) 流量.

3-2 实际液体与理想液体的主要差别在哪点上?

3-3 理想液体在一水平流管中做稳定流动时,截面积 S、流速 v、压强 p 三者的关系是 [ ]

(A) S 大处,v 小,p 小　　(B) S 大处,v 大,p 小

(C) S 小处,v 大,p 小　　(D) S 小处,v 大,p 大

3-4 水在粗细不均匀的水平管中做稳定流动,粗处的直径是细处的 3 倍.若水在粗处的流速为 1 m/s,压强为 1.96×10^5 Pa,那么水在细处的流速和压强分别为多少?

3-5 水在不等粗水平管中做稳定流动,粗处横截面积为 10 cm^2,细处横截面积为 5 cm^2,两处压强差为 300 Pa,求两处水的流速和水管内水的流量.

3-6 水在一水平管中流动,A 点的流速为 1 m/s,B 点的流速为 3 m/s,求这两点的压强差.

3-7 水在不等粗管道中做稳定流动,如果水管 A 处的水流速为 1 m/s,压强为 3×10^5 Pa;水管 B 处的水管截面积为 A 处水管截面积的二分之一,并且 B 处比 A 处低 20 m.求水管 B 处的压强.

3-8 在一水平管中,某一处的压强 $p_1=64.28\times10^4$ Pa,另一处的压强 $p_2=43.12\times10^4$ Pa.若这两处管子的横截面积分别为 $S_1=3$ cm^2 和 $S_2=1.5$ cm^2,求每分钟流过水管的液体的体积.

3-9 水在截面积不同的水平管中做稳定流动,出口处的截面积为管的最细处的 3 倍.若出口处的流速为 2 m/s,问最细处的压强为多少?若在此最细处开一个小孔,水会不会流出来?

3-10 在一个直立大水桶的侧面有一直径为 1 mm 的小圆孔,小圆孔在桶内水面下 0.2 m 处,求水从小圆孔开始流出的流速和流量.

3-11 一个敞口圆筒容器,高度为 20 cm,直径为 10 cm,圆筒底部开一横截面积为 1 cm^2 的小圆孔,水从圆筒顶部以 140 cm^3/s 的流量由水管注入圆筒内,问圆筒内的水面最终能升到多高?

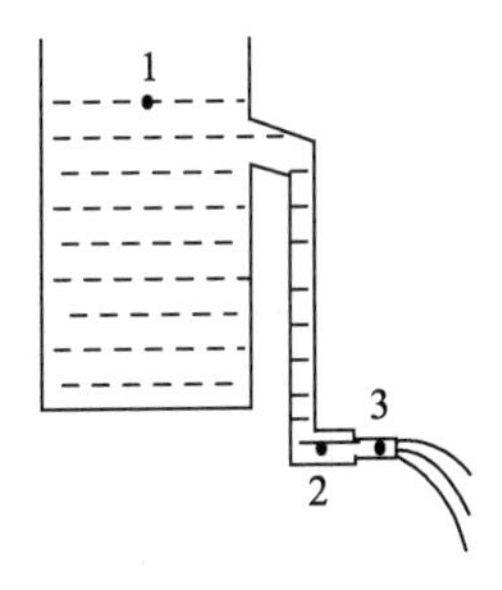

习题 3-12 图

3-12 水从蓄水池中稳定流出,如图所示,点 1 的高度为 10 m,点 2、点 3 的高度均为 1 m,点 2 处管子的横截面积为 0.04 m^2,点 3 处为 0.02 m^2.设蓄水池的面积比管子的横截面积大得多,问此时水

从管口流出的流量是多少？点 2 处的压强是多少？

3-13　将皮托管(图 3-7)插入河水中测量水的流速，若测得两管中水柱上升的高度分别为0.5 cm 和 5.4 cm，问该处的水流速度为多少？

3-14　如图所示，水平管的横截面积在粗处为 40 cm^2，细处为 10 cm^2，两处接一 U 形管，内装水银. 当水平管内水的流量为 3 000 cm^3/s 时，求：

(1) 粗处和细处的流速.

(2) 粗细两处的压强差.

(3) U 形管内水银柱的高度差.

3-15　用如图所示的采气管采集 CO_2 气体，采气管的横截面积为 10 cm^2，若压力计的水柱高度差为 2 cm，问 5 min 内所采集的 CO_2 的体积是多少？已知 CO_2 的密度为 2 kg/m^3.

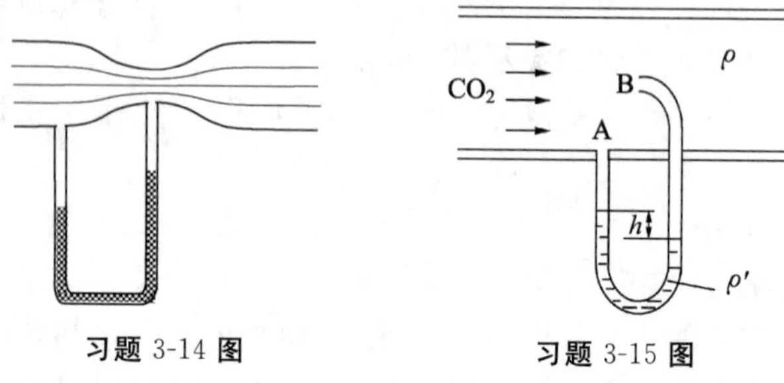

习题 3-14 图　　习题 3-15 图

3-16　如图所示，有两个盛水的开口容器 A 和 F，容器 A 底部连接一根不等粗水平管 BCD，其中 C 点处的横截面积是 D 处的一半，且 D 处的横截面积远小于容器 A 的横截面积. 在 C 处开口连接弯曲的一竖管 E，并使 E 管下端插入容器 F 的水中. 如果水在水平管中稳定流动，且出口 D 处与容器 A 内液面高度差为 h_1，问 E 管内水上升的高度 h_2 为多少？

3-17　如图所示为牛顿黏性液体沿等粗水平管流动时压力沿管路降低的情况，已知 $h=23$ cm，$h_1=15$ cm，$h_2=10$ cm，$h_3=5$ cm，$a=10$ cm，求液体流动的平均速度.

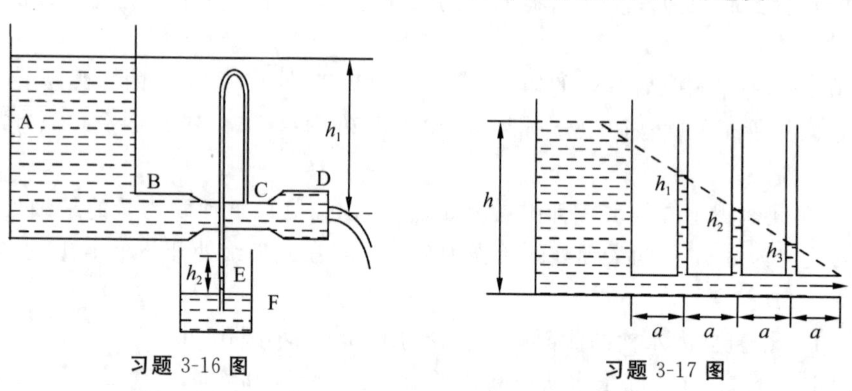

习题 3-16 图　　习题 3-17 图

3-18　使体积为 25 cm^3 的某种液体在均匀的水平管内从压强为 1.3×10^5 Pa 的截面移到压强为 1.1×10^5 Pa 的截面时，克服黏滞力所做的功是多少？

3-19　黏滞系数为 1.005×10^{-3} Pa·s 的水，在半径为 1.0 cm、长度为 2 m 的圆管中流动，如果管轴中心处的流速为 10 cm/s，求该管两端的压强差及管的流阻.

3-20　正常人心脏在一次搏动中泵出血液 70 cm^3，每分钟搏动 75 次. 心脏主动脉的内径约为 2.5 cm，若将血液的循环看作不可压缩流体在刚性管道中的定常流动，则主动脉的平均血流速度为多少?

3-21 成人主动脉的半径 $R=1\times10^{-2}$ m,长 $L=0.2$ m,设心脏血液输出流量 $Q=1\times10^{-4}$ m^3/s,血液黏滞系数 $\eta=3\times10^{-3}$ Pa·s,求:

(1) 血流的平均速度.

(2) 这段主动脉的流阻.

(3) 这段主动脉两端的压力差.

3-22 实际液体在同一圆管中流动时,截面积较大处的雷诺数 $R_e=650$;当流到截面积只有一半的另一段时,雷诺数为多少?

3-23 设主动脉的横截面积为 3 cm^2,黏滞系数为 3.5×10^{-3} Pa·s 的血液以 30 cm/s 的平均速度在其中流过,若血液的密度为 1.05 g/cm^3,问:

(1) 雷诺数是多少?

(2) 这时血液做层流还是湍流?

3-24 一条半径为 3 mm 的分支动脉被一硬斑部分阻塞,使得狭窄处的有效半径变为 2 mm,若血液密度为 1.059×10^3 kg·m^{-3},黏滞系数为 3.0×10^{-3} Pa·s,粗处的血流平均流速为 0.3 m/s,问:

(1) 狭窄处的最大血流速度是多少?

(2) 狭窄处是否会发生湍流?

3-25 一个半径为 1 mm 的钢球,在盛有甘油的槽中下落,当钢球的加速度恰好为自由落体加速度的一半时,求钢球此刻的速度(钢球的密度为 8.5 g/cm^3,甘油的密度为 1.32 g/cm^3,甘油的黏滞系数为 830×10^{-3} Pa·s).

3-26 液体中有一空气泡,泡的直径为 1 mm,液体的黏滞系数为 0.15 Pa·s,密度为 0.9×10^3 kg/m^3,求空气泡在该液体中上升的收尾速度.

第 4 章

振动和波动

4.1 简谐振动

自然界中有着各式各样的振动现象. 从广义上说，凡是描述系统状态的参量在某一数值附近做的周期性的变化都称为振动，如钟摆的运动、琴弦的振动、人体体温昼夜的变化、血液酸碱度的变化、电磁波中电场和磁场的反复变化等. 物体在一定位置附近做的周期性的往复运动称为机械振动. 例如，琴弦的振动、机器开动时各部分的微小振动、鼓膜的振动及心脏的跳动等都是机械振动. 各种振动虽然在本质上并不相同，但对它们的描述却有着共同的基本规律. 振动中最简单、最基本的振动就是简谐振动，任何复杂的振动总可以看成是若干个简谐振动的合成，因此研究简谐振动的运动规律是研究复杂振动的基础. 本节主要以机械振动为例讨论简谐振动的基本特性及其基本规律.

4.1.1 简谐振动的运动学

一、简谐振动方程

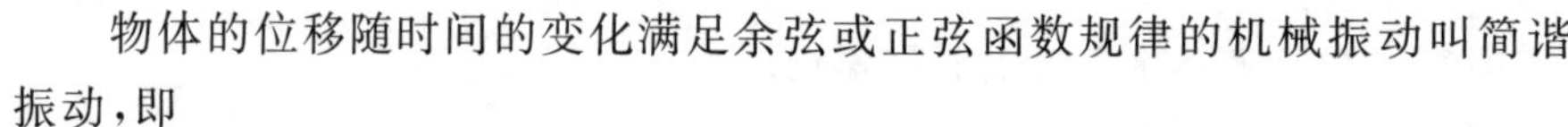

物体的位移随时间的变化满足余弦或正弦函数规律的机械振动叫简谐振动，即

$$x=A\cos(\omega t+\varphi) \tag{4-1}$$

式(4-1)是周期性函数，表明质点的位置变化具有时间上的周期性，物体完成一次全振动所用的时间称为周期，常用 T 表示. 有

$$x=A\cos(\omega t+\varphi)=A\cos[\omega(t+T)+\varphi]=A\cos(\omega t+\omega T+\varphi)$$

由于余弦函数的周期是 2π，所以有 $\omega T=2\pi$，则

$$T=\frac{2\pi}{\omega}$$

单位时间内完成全振动的次数称为频率，常用 ν 表示，有

$$\nu=\frac{1}{T}$$

频率和周期 T 有倒数的关系，ω 是振动物体在 2π 秒内完成全振动的次数，称为角频率，也叫作圆频率，A 是 x 的最大值，叫振幅. 在国际单位制中，周期 T 的单位是秒(s)，频率 ν 的单位是赫兹(Hz)，角频率 ω 的单位是弧度/秒(rad/s).

物体的位移和时间的关系式也叫运动方程，将运动方程对时间求一阶、二阶导数，可分别得到物体在 t 时刻的速度和加速度为

$$v=\frac{\mathrm{d}x}{\mathrm{d}t}=-A\omega\sin(\omega t+\varphi) \tag{4-2}$$

$$a=\frac{\mathrm{d}^2x}{\mathrm{d}t^2}=-A\omega^2\cos(\omega t+\varphi) \tag{4-3}$$

速度和加速度也是周期性函数. $\omega t+\varphi$ 称为相位,其单位是弧度(rad),物体的状态(位移、速度、加速度)随相位 $\omega t+\varphi$ 周期性变化. 对于一个确定的简谐振动来说,t 时刻的相位就决定 t 时刻的运动状态;$t=0$ 时的相位等于 φ,叫初相位,决定开始时刻的运动状态. 在说明简谐振动时,常常不分别指出位移和速度,而直接用相位表示物体所处的运动状态.

如果两个简谐振动的运动方程分别为

$$x_1=A_1\cos(\omega_1 t+\varphi_1),x_2=A_2\cos(\omega_2 t+\varphi_2)$$

则两简谐振动的相位差为 $\Delta\varphi=(\omega_2 t+\varphi_2)-(\omega_1 t+\varphi_1)$. 如果两个简谐振动同频率,则任意时刻的相位差都等于其初相差,而与时间无关,$\Delta\varphi=\varphi_2-\varphi_1$. 相位差的概念在比较两个同频率的简谐振动的步调时特别有用,所以一般相位差是指两个频率相同的简谐振动的相位差.

当两个同频率的简谐振动的相位差 $\Delta\varphi=\varphi_2-\varphi_1>0$ 时,我们说 x_2 振动超前或者说 x_1 振动落后于 x_2 振动;当两者的相位差正好等于 π,这种情况叫作反相位或者叫反相;当相位差为零时叫同相.

二、简谐振动的矢量表示

在处理简谐振动时,常用一个旋转矢量的投影来描述简谐振动,它对简谐振动的相位的描述直观明了. 在坐标系中以 O 为始端画一矢量 $\boldsymbol{A}$,末端为 M 点,如图 4-1 所示,若矢量 $\boldsymbol{A}$ 以匀角速度 ω 绕坐标原点 O 做逆时针方向转动,则矢量末端 M 在 x 轴上的投影点 P 就在 x 轴上点 O 两侧往复运动. 如果 $t=0$ 时刻,矢量 $\boldsymbol{A}$ 与 x 轴的夹角为 φ,则 t 时刻,矢量 $\boldsymbol{A}$ 与 x 轴的夹角变为 $\omega t+\varphi$,投影点 P 相对于坐标原点 O 的位移为

$$x=A\cos(\omega t+\varphi)$$

也就是说,当矢量 $\boldsymbol{A}$ 绕坐标原点以匀角速度 ω 逆时针旋转时,可以用矢量 $\boldsymbol{A}$ 在 x 轴上的投影数值变化描述简谐振动的变化规律. 这个旋转矢量还可以帮助我们理解相位的概念:相位是 t 时刻振幅矢量和 x 轴的夹角 $\omega t+\varphi$. 当 $\boldsymbol{A}$ 和 ω 确定后,$\boldsymbol{A}$ 在 x 轴上投影点的数值 x 就取决于相位,而 φ 则是初始时刻 $t=0$ 时的相位,它决定了开始时的位置.

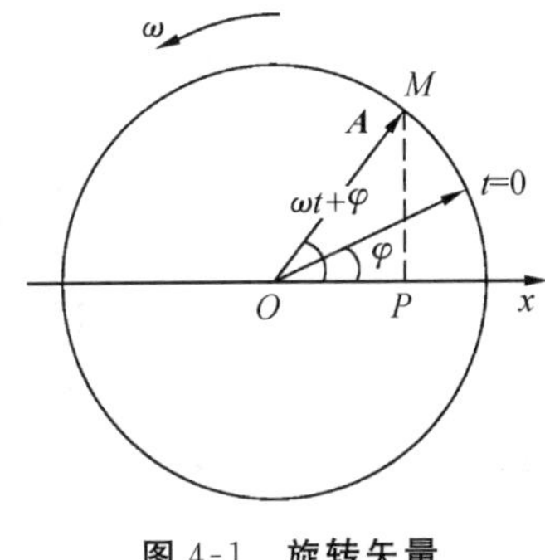

图 4-1　旋转矢量

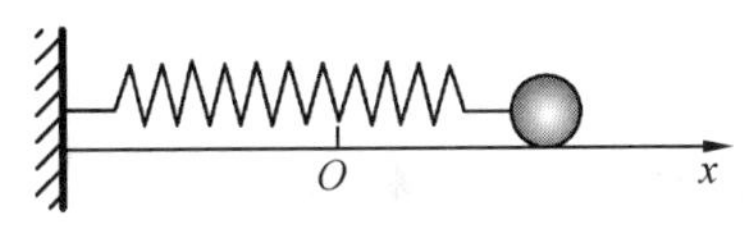

图 4-2　弹簧振子

4.1.2　简谐振动的动力学

从动力学角度看:质点在线性回复力作用下围绕平衡位置的运动就是简谐振动,当某物体做简谐振动时,物体所受的力跟位移成正比,并且力总

是指向平衡位置.求解简谐振动的运动方程的过程一般是：先确定振动系统的平衡位置，并以平衡位置为坐标原点，建立坐标系；然后分析系统偏离平衡位置的受力情况，求出系统所受的合外力；最后根据牛顿运动定律，导出简谐振动的运动微分方程.

一、简谐振动的动力学方程

图 4-2 是一个在水平光滑面上安置的弹簧振子.以物体的平衡位置 O 为坐标原点建立坐标系.如果使物体偏离 O 点，然后释放，物体将振动起来.它离开平衡位置的位移用 x 表示.在忽略弹簧的质量，不计阻力的情况下，物体所受的合力等于弹性力.在弹性限度内，按胡克定律，弹性力 F 与位移 x 成正比，即

$$F=-kx$$

式中，k 为弹簧的劲度系数，负号表示物体所受弹性力的方向与其位移方向相反，弹性力的方向总是指向平衡位置.

设物体的质量为 m，根据牛顿第二定律，可得

$$F=-kx=m\frac{\mathrm{d}^2x}{\mathrm{d}t^2}$$

令 $\frac{k}{m}=\omega^2$，则

$$\frac{\mathrm{d}^2x}{\mathrm{d}t^2}+\omega^2x=0 \tag{4-4}$$

上式的通解为

$$x=A\cos(\omega t+\varphi) \tag{4-5}$$

式中，A 和 φ 是待定常数，根据初始条件来决定.

将式(4-5)对时间求一阶导数，得到弹簧振子的速度为

$$v=\frac{\mathrm{d}x}{\mathrm{d}t}=-A\omega\sin(\omega t+\varphi) \tag{4-6}$$

假如我们已知振动系统的 k、m 及物体初始时刻的运动状态(即 $t=0$ 时振子的坐标 x_0 和速度 v_0)，就可以完全确定这一简谐振动.将初始条件代入方程(4-5)、方程(4-6)可得到

$$x_0=A\cos\varphi$$
$$v_0=-A\omega\sin\varphi$$

由上两式可得

$$\left.\begin{aligned} A&=\sqrt{{x_0}^2+\frac{{v_0}^2}{\omega^2}} \\ \varphi&=\arctan\left(-\frac{v_0}{\omega x_0}\right) \end{aligned}\right\} \tag{4-7}$$

对于弹簧振子，振动频率 $\nu=\frac{\omega}{2\pi}=\frac{1}{2\pi}\sqrt{\frac{k}{m}}$，由振动系统弹簧的劲度系数和物体的质量所决定.

例题 4-1 沿 x 轴做简谐振动的弹簧振子，振幅为 A，周期为 T. $t=0$ 时，振子处于下列状态，写出振动方程.

(1) $x_0=-A$.

(2) 过平衡位置向正方向运动.

解：设弹簧振子的振动方程为 $x=A\cos\left(\frac{2\pi}{T}t+\varphi\right)$.

(1) $t=0, x_0=-A$，则 $\cos\varphi=-1, \varphi=\pi$.

初相位也可以利用旋转矢量 π −A O x 来判断.

振动方程为

$$x=A\cos\left(\frac{2\pi}{T}t+\pi\right)$$

(2) $t=0, x_0=0, v_0>0$，则 $\cos\varphi=0, \varphi=\pm\frac{\pi}{2}$.

因为 $v_0=-A\omega\sin\varphi>0$，则 $\varphi=-\frac{\pi}{2}$.

初相位也可以利用旋转矢量

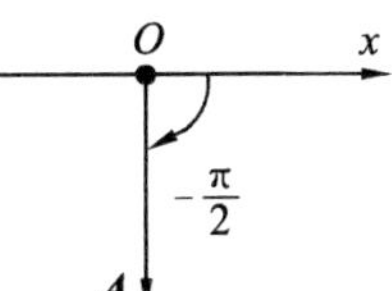

来判断.

振动方程为

$$x=A\cos\left(\frac{2\pi}{T}t-\frac{\pi}{2}\right)$$

例题 4-2　已知某简谐振动的位移和时间关系如图 4-3 所示，试写出该振动的位移与时间的关系.

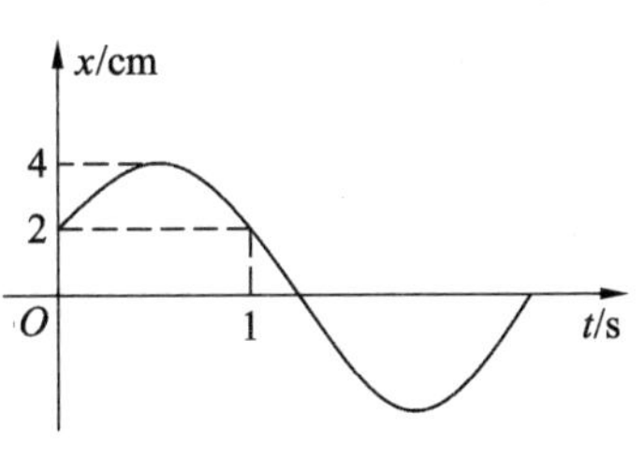

图 4-3　例题 4-2 图

解：设简谐振动方程为

$$x=A\cos(\omega t+\varphi)$$

从图中可以得到最大位移 $A=4\times10^{-2}$ m；$t=0$ 时 $x_0=A\cos\varphi=2\times10^{-2}$ m，所以 $\varphi=\pm\frac{\pi}{3}$，由于 $t=0$ 时，$v_0=$

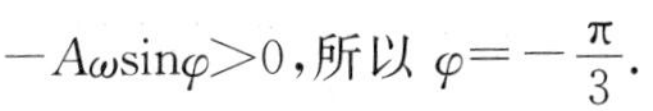

$-A\omega\sin\varphi>0$，所以 $\varphi=-\frac{\pi}{3}$.

从图中可以看到，在 $t=1$ s 时，位移 $x=2\times10^{-2}$ m，则

$$2\times10^{-2}=4\times10^{-2}\cos\left(\omega-\frac{\pi}{3}\right)$$

$$\omega-\frac{\pi}{3}=\pm\frac{\pi}{3}$$

因为 $t=1$ 时，$v=-A\omega\sin\left(\omega-\frac{\pi}{3}\right)<0$，所以 $\omega-\frac{\pi}{3}=\frac{\pi}{3}$. 则

$$\omega=\frac{2\pi}{3}\ \text{rad}\cdot\text{s}^{-1}$$

该简谐振动位移与时间的关系为

$$x=4\times10^{-2}\cos\left(\frac{2\pi}{3}t-\frac{\pi}{3}\right)\ \text{m}$$

二、单摆和复摆

1. 单摆

一质量为 m 的小球，经一根长为 l 的轻质细绳悬挂于固定点 O，如图 4-4 所示. 使小球偏离平衡位置 C 一个小角度 θ 后释放，小球将在竖直平面内沿切线来回自由摆动，这就构成了单摆.

由牛顿第二定律，有

$$mg\sin\theta = -ma_t$$

负号表示小球受力方向与角位移方向相反. 小角度下取 $\sin\theta=\theta$，同时 $a_t = l\beta = l\dfrac{d^2\theta}{dt^2}$，代入上式，得

$$\frac{d^2\theta}{dt^2}+\frac{g}{l}\theta=0 \tag{4-8}$$

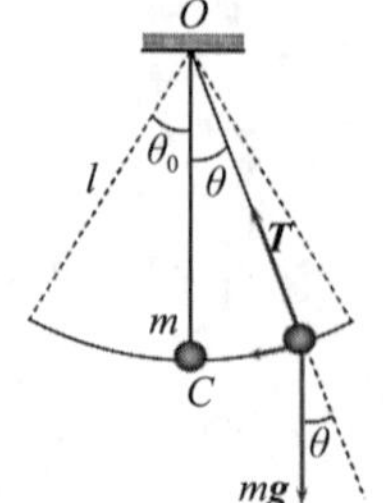

图 4-4　单摆

此方程符合简谐振动的动力学特征，其通解为

$$\theta=\theta_0\cos(\omega t+\varphi) \tag{4-9}$$

其中 $\omega=\sqrt{\dfrac{g}{l}}$ 为单摆做谐振运动的圆频率，相应的周期

$$T=2\pi\sqrt{\frac{l}{g}} \tag{4-10}$$

可见，单摆摆动的周期与单球的质量无关，只和摆线长度有关. 理论分析结果显示，一般当幅角小于 15°时仍可视为单摆.

2. 复摆

复摆是受重力作用在竖直平面内绕水平轴自由摆动的刚体. 取 O 为水平转轴，C 为刚体质心，质心与转轴的距离为 b. 当直线 OC 与竖直线成 θ 角时，刚体所受的重力矩为

$$M=-mgb\sin\theta$$

若刚体相对于转轴的转动惯量为 I，代入转动定律有

$$I\frac{d^2\theta}{dt^2}=-mgb\sin\theta$$

小角度摆动时 $\sin\theta$ 近似等于 θ，上式可改写为

$$\frac{d^2\theta}{dt^2}+\frac{mgb}{I}\theta=0 \tag{4-11}$$

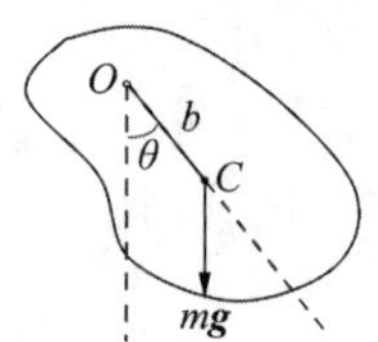

图 4-5　复摆

此方程符合简谐振动的动力学特征，其振动圆频率 $\omega=\sqrt{\dfrac{mgb}{I}}$，振荡周期为

$$T=2\pi\sqrt{\frac{I}{mgb}} \tag{4-12}$$

与单摆周期式(4-10)比较，不难发现，该复摆的周期与摆长为 $l_0=\dfrac{I}{mb}$ 的单摆周期相等，该复摆相当于摆长为 l_0 的单摆，l_0 称为复摆的等值摆长.

例 4-3　半径为 R 的圆环悬挂在一细杆上，如图 4-6 所示，求圆环的振动周期和等值摆长.

解： 圆环对于过质心、垂直于环面的转轴的转动惯量为

$$I_C = mR^2$$

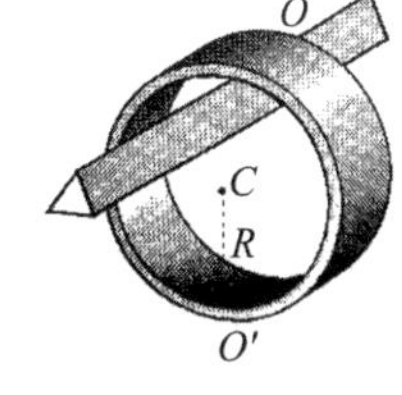

图 4-6　例 4-3 图

由平行轴定理,圆环对于细杆的转动惯量为

$$I = I_C + mR^2 = 2mR^2$$

周期

$$T = 2\pi\sqrt{\frac{I}{mgb}} = 2\pi\sqrt{\frac{2mR^2}{mgR}} = 2\pi\sqrt{\frac{2R}{g}}$$

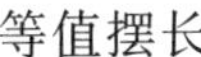
等值摆长

$$l_0 = \frac{2mR^2}{mR} = 2R$$

4.1.3　简谐振动的能量

如图 4-7 所示,我们以水平放置的弹簧振子为例,研究简谐振动中能量的转化和守恒问题. 弹簧振子的位移和速度分别由下式给出:

$$x = A\cos(\omega t + \varphi),\ v = -A\omega\sin(\omega t + \varphi)$$

在任意时刻,系统的动能为

$$E_k = \frac{1}{2}mv^2 = \frac{1}{2}m\omega^2 A^2 \sin^2(\omega t + \varphi) \tag{4-13}$$

除了动能以外,振动系统还具有势能. 对于弹簧振子来说,系统的势能就是弹性势能:

$$E_p = \frac{1}{2}kx^2 = \frac{1}{2}kA^2\cos^2(\omega t + \varphi) \tag{4-14}$$

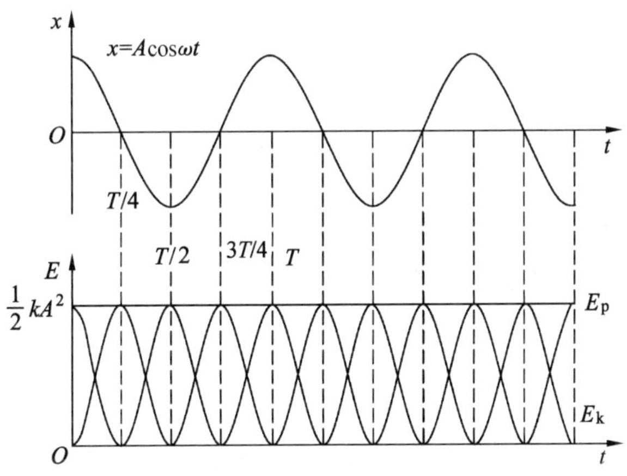

图 4-7　弹簧振子的动能和势能

由式(4-13)和式(4-14)可见,弹簧振子的动能和势能都随时间做周期性变化. 当位移最大时,速度为零,动能也为零,势能达最大值 $E_{pmax} = \frac{1}{2}kA^2$;当在平衡位置时,势能为零,而速度为最大值,动能达最大值,为 $E_{kmax} = \frac{1}{2}m\omega^2 A^2$.

在任何位置,弹簧振子的总能量为动能和势能之和,即

$$E = E_k + E_p = \frac{1}{2}m\omega^2 A^2 \sin^2(\omega t + \varphi) + \frac{1}{2}kA^2\cos^2(\omega t + \varphi)$$

因为$\frac{k}{m}=\omega^2$，所以上式可化为

$$E=\frac{1}{2}m\omega^2A^2=\frac{1}{2}kA^2 \tag{4-15}$$

由上式可见，尽管在振动中弹簧振子的动能和势能都在随时间做周期性变化，但总能量是恒定不变的，并与振幅的平方成正比.

4.1.4 简谐振动的合成和分解

简谐振动是最基本的振动形式，任何一个复杂的振动都可以由多个不同频率的简谐振动叠加而成. 下面讨论几种简单的简谐振动的合成的情况.

一、同方向、同频率的两个简谐振动的合成

设一个物体同时参与了在同一直线（如 x 轴）上的两个频率相同的简谐振动，两个简谐振动分别为

$$x_1=A_1\cos(\omega t+\varphi_1)$$
$$x_2=A_2\cos(\omega t+\varphi_2)$$

合位移 x 应等于两个分位移 x_1、x_2 的代数和：

$$\begin{aligned}x&=x_1+x_2=A_1\cos(\omega t+\varphi_1)+A_2\cos(\omega t+\varphi_2)\\&=(A_1\cos\varphi_1+A_2\cos\varphi_2)\cos\omega t-(A_1\sin\varphi_1+A_2\sin\varphi_2)\sin\omega t\end{aligned}$$

令

$$\left.\begin{aligned}A_1\cos\varphi_1+A_2\cos\varphi_2=A\cos\varphi\\A_1\sin\varphi_1+A_2\sin\varphi_2=A\sin\varphi\end{aligned}\right\} \tag{4-16}$$

有

$$\begin{aligned}x&=x_1+x_2=A_1\cos(\omega t+\varphi_1)+A_2\cos(\omega t+\varphi_2)\\&=A\cos\varphi\cos\omega t-A\sin\varphi\sin\omega t\\&=A\cos(\omega t+\varphi)\end{aligned}$$

在同一条直线上两个频率相同的简谐振动的合振动依然是一个同频率的简谐振动，由式(4-16)可得

$$A=\sqrt{A_1{}^2+A_2{}^2+2A_1A_2\cos(\varphi_2-\varphi_1)}$$

$$\varphi=\arctan\frac{A_1\sin\varphi_1+A_2\sin\varphi_2}{A_1\cos\varphi_1+A_2\cos\varphi_2}$$

下面根据简谐振动的矢量图解法求物体的合振动，上述两个分振动分别与旋转矢量 $\boldsymbol{A}_1$ 和 $\boldsymbol{A}_2$ 相对应，如图 4-8 所示. 在初始时刻，这两个矢量与 x 轴的夹角分别为 φ_1 和 φ_2. 矢量 $\boldsymbol{A}_1$ 和 $\boldsymbol{A}_2$ 都以角速度 ω 绕点 O 做逆时针方向旋转，因而它们的夹角是不变的，始终等于 $\varphi_2-\varphi_1$；合矢量 $\boldsymbol{A}$ 的长度也是恒定的，并以同样的角速度 ω 绕点 O 做逆时针方向旋转，矢量 $\boldsymbol{A}$ 的末端在 x 轴上的投影点的位移可以表示为

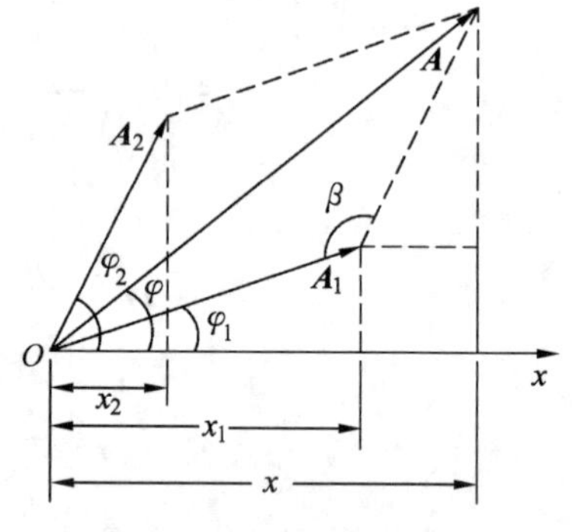

图 4-8　两个振动的合成

$$x=x_1+x_2=A\cos(\omega t+\varphi) \tag{4-17}$$

式(4-17)就是物体所参与的合振动的位移. 图 4-8 中，$\beta=180°-(\varphi_2-\varphi_1)$. 由余弦定理，

求得合振动的振幅为

$$A=\sqrt{A_1{}^2+A_2{}^2+2A_1A_2\cos(\varphi_2-\varphi_1)} \tag{4-18}$$

合振动的初相位为

$$\varphi=\arctan\frac{A_1\sin\varphi_1+A_2\sin\varphi_2}{A_1\cos\varphi_1+A_2\cos\varphi_2} \tag{4-19}$$

由式(4-18)可见,合振动的振幅不仅取决于两个分振动的振幅,而且与它们的相位差$\varphi_2-\varphi_1$有关.下面讨论两种特殊情况.

(1) 如果分振动的相位差 $\varphi_2-\varphi_1=\pm 2k\pi(k=0,1,2,\cdots)$,则由式(4-18)可得

$$A=\sqrt{A_1{}^2+A_2{}^2+2A_1A_2}=A_1+A_2 \tag{4-20}$$

即当两个分振动相位相等或相位差为 π 的偶数倍即同相时,合振动的振幅最大,如图 4-9(a)中的实线所示.

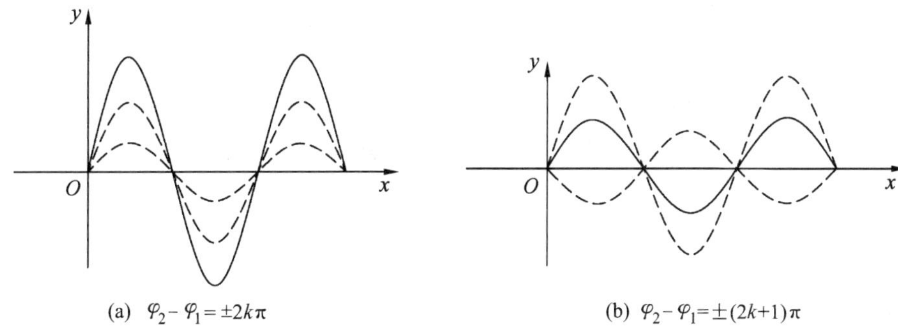

图 4-9 简谐振动的合成

(2) 如果分振动的相位差 $\varphi_2-\varphi_1=\pm(2k+1)\pi(k=0,1,2,\cdots)$,由式(4-18)可得

$$A=\sqrt{A_1{}^2+A_2{}^2-2A_1A_2}=|A_1-A_2| \tag{4-21}$$

即当两个分振动相位差为 π 的奇数倍即相位相反时,合振动的振幅最小,如图 4-9(b)中的实线所示.

在一般情况下,相位差 $\varphi_2-\varphi_1$ 不一定是 π 的整数倍,合振动的振幅 A 处于 A_1+A_2 和 $|A_1-A_2|$之间的某一确定值.

例题 4-4 两个同方向、同频率的简谐振动,合振动振幅为 0.2 m,合振动与第一振动相位差为 π/6,第一振动振幅为 0.173 m.求第二振动振幅及第一、第二振动间的相位差.

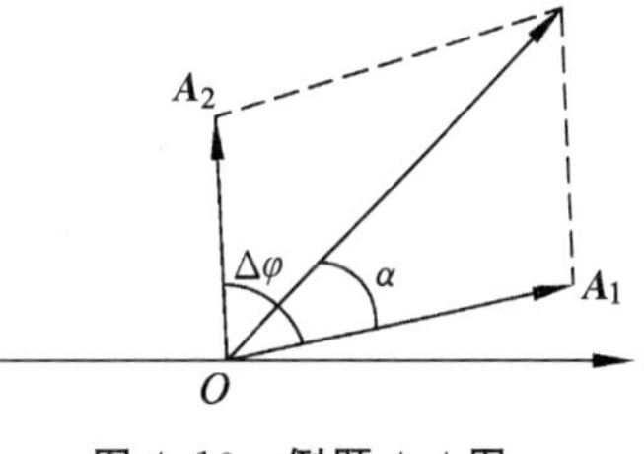

图 4-10 例题 4-4 图

解: 两个振动的矢量如图 4-10 所示,由余弦定理得,第二振动振幅 $A_2=\sqrt{A_1{}^2+A^2-2A_1A\cos\alpha}=0.1$ m.

由式(4-18)得

$$\cos(\varphi_2-\varphi_1)=\frac{A^2-A_1{}^2-A_2{}^2}{2A_1A_2}=2.05\times10^{-3}$$

第一、第二振动间的相位差 $\Delta\varphi=\varphi_2-\varphi_1\approx\frac{\pi}{2}$.

二、同方向、不同频率的两个简谐振动的合成 拍

设某物体同时参与了在同一直线(x 轴)上的两个不同频率的简谐振动,并且这两个简

谐振动分别为

$$x_1=A_1\cos(\omega_1 t+\varphi_1),x_2=A_2\cos(\omega_2 t+\varphi_2)$$

物体所参与合振动的位移等于两个分位移 x_1、x_2 的代数和：

$$x=x_1+x_2=A_1\cos(\omega_1 t+\varphi_1)+A_2\cos(\omega_2 t+\varphi_2) \tag{4-22}$$

这时的合振动不再是简谐振动了，而是一种复杂的振动，在这种情况下，求合振动的最简单、最直观的方法是用振动曲线图解法，即由两分振动曲线求出它们叠加后的曲线，如图 4-11 所示，图中虚线表示分振动，实线表示合振动. 图 4-11 不再是简谐振动.

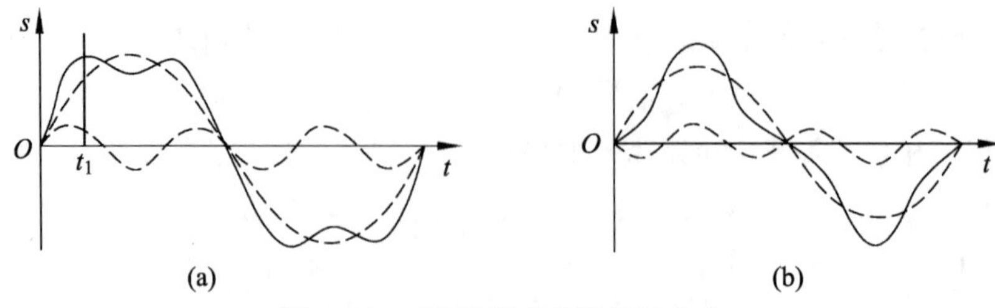

图 4-11　不同频率的简谐振动合成

考虑一个特例：设两个振动振幅、初相位相同，且它们的频率 ω_1 和 ω_2 非常接近，$\omega_2+\omega_1\gg\omega_2-\omega_1(\omega_2>\omega_1)$，利用三角函数的和差化积式，式(4-22)可化为

$$\begin{aligned}x&=x_1+x_2=A\cos(\omega_1 t+\varphi)+A\cos(\omega_2 t+\varphi)\\&=2A\cos\left(\frac{\omega_2-\omega_1}{2}t\right)\cos\left(\frac{\omega_2+\omega_1}{2}t+\varphi\right)\end{aligned} \tag{4-23}$$

从上式可以看出，由于 $\cos\left(\frac{\omega_2-\omega_1}{2}t\right)$ 比 $\cos\left(\frac{\omega_1+\omega_2}{2}t+\varphi\right)$ 随时间变化缓慢得多，在一段较短的时间内，后者经历了多次周期变化，而前者则几乎没有变，这种合成的振动是一种振幅 $\left|2A\cos\left(\frac{\omega_2-\omega_1}{2}t\right)\right|$ 随时间做缓慢的周期性变化、振动的角频率为 $\frac{\omega_1+\omega_2}{2}$ 的准简谐振动，其振动强度具有周期性的强弱变化. 这种现象叫作**拍**(图 4-12)，合振动振幅变化的频率称为拍频，式(4-23)就是拍的数学表达式. 由于余弦函数的绝对值是以 π 为周期的，$\frac{\omega_2-\omega_1}{2}T=\pi$，周期 $T=\frac{2\pi}{\omega_2-\omega_1}$，故拍频为

$$\nu_{拍}=\frac{1}{T}=\frac{\omega_2-\omega_1}{2\pi}=\nu_2-\nu_1 \tag{4-24}$$

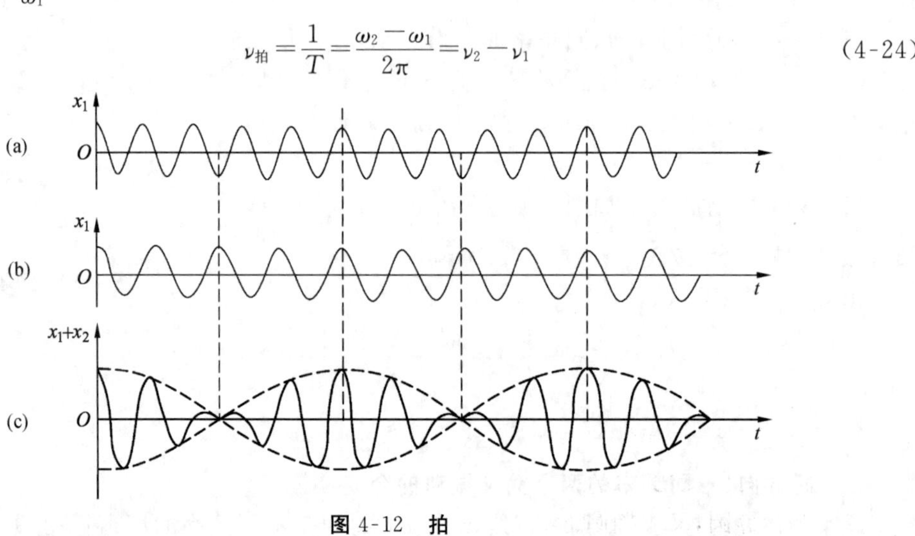

图 4-12　拍

三、相互垂直的简谐振动的合成

设一个质点同时参与了两个振动方向相互垂直的同频率简谐振动，两个振动的方向分别沿着 x 轴和 y 轴，简谐振动的方程表示为

$$x=A_1\cos(\omega t+\varphi_1),\ y=A_2\cos(\omega t+\varphi_2) \tag{4-25}$$

由以上两式消去 t，就得到合振动的轨迹方程为

$$\frac{x^2}{A_1{}^2}+\frac{y^2}{A_2{}^2}-\frac{2xy}{A_1A_2}\cos(\varphi_2-\varphi_1)=\sin^2(\varphi_2-\varphi_1) \tag{4-26}$$

式(4-26)是一个椭圆方程，所以在一般情况下，两个互相垂直的、频率相同的简谐振动的合成，其合振动的轨迹为一椭圆，而椭圆的形状决定于分振动的相位差 $\varphi_2-\varphi_1$. 下面分析几种特殊情形.

(1) $\varphi_2-\varphi_1=0$. 这时式(4-26)变为

$$y=\frac{A_2}{A_1}x \tag{4-27}$$

合振动的轨迹是通过坐标原点的直线，此直线的斜率为 A_2/A_1，合振动仍然是简谐振动，合振动的频率与分振动相同，而合振动的振幅为 $\sqrt{A_1{}^2+A_2{}^2}$.

(2) $\varphi_2-\varphi_1=\frac{\pi}{2}$. 这时式(4-26)变为

$$\frac{x^2}{A_1{}^2}+\frac{y^2}{A_2{}^2}=1 \tag{4-28}$$

此式表示，合振动的轨迹是以坐标轴为主轴的正椭圆，振动沿顺时针方向进行；如果两个分振动的振幅相等，即 $A_1=A_2$，椭圆变为圆.

如果两个分振动的相位差 $\varphi_2-\varphi_1$ 不为上述数值，那么合振动的轨迹为处于边长分别为 $2A_1$(x 轴方向)和 $2A_2$(y 轴方向)的矩形范围内的任意确定的椭圆. 图 4-13 中画出了几种不同相位所对应的合振动的轨迹图形.

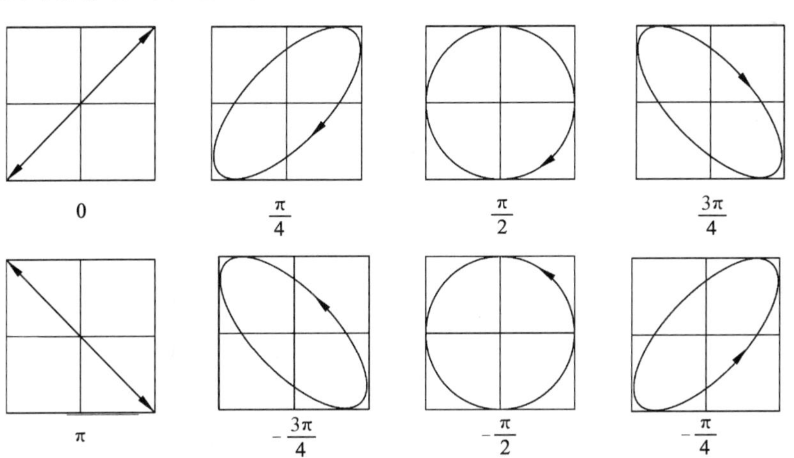

图 4-13　相互垂直、同频率的简谐振动的合成

一个质点同时参与两个振动方向相互垂直、频率不同的简谐振动，合成的振动一般是复杂的，运动轨道不是封闭曲线，即合成运动不是周期性的运动. 如果两个分振动的频率接近，其相位差将随时间变化，合振动的轨迹将不断按图 4-13 所示的顺序，在上述矩形范围内由直线逐渐变为椭圆，又由椭圆逐渐变为直线，并不断重复进行下去.

如果两个分振动的频率相差较大，但具有简单的整数比关系，这时合振动为有一定规则的稳定的闭合曲线，这种曲线称为李萨如图形. 图 4-14 表示两个分振动的频率之比为 1∶2、1∶3 和 2∶3 情况下的李萨如图形. 利用李萨如图形的特点，可以由一个频率已知的振动，求得另一个振动的频率. 这是无线电技术中常用来测定振荡频率的方法.

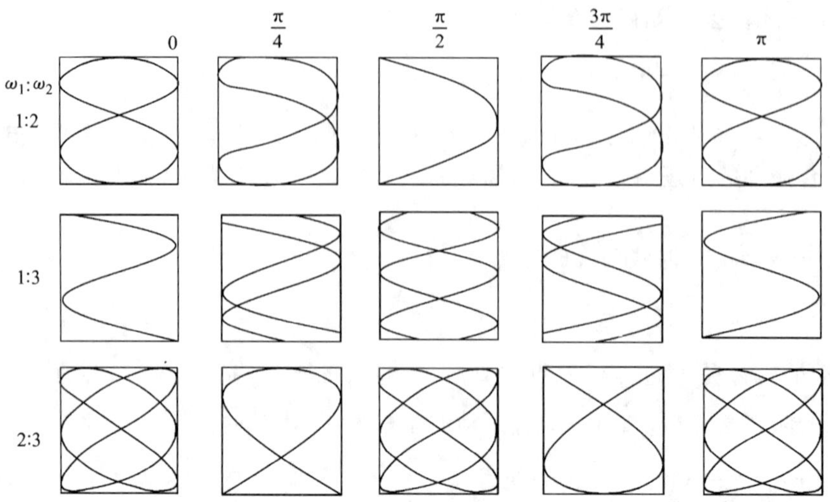

图 4-14　相互垂直、不同频率的简谐振动的合成

四、复杂振动的分解

与振动合成相反，任一复杂振动都可分解为许多频率、振幅不同的简谐振动. 理论上任何形式的周期振动都可通过傅立叶级数分解成一系列不同频率、不同振幅的简谐振动之和；而非周期振动可通过傅立叶积分展开成无数个频率连续分布的简谐振动.

$$x=F(t)=A_0+A_1\cos\omega t+A_2\cos 2\omega t+A_3\cos 3\omega t+\cdots+B_1\sin\omega t+B_2\sin 2\omega t+B_3\sin 3\omega t+\cdots$$

$$=A_0+\sum_{n=1}^{\infty}(A_n\cos n\omega t+B_n\sin n\omega t) \tag{4-29}$$

这种数学表示式叫傅立叶级数，其中 $n=1,2,3,\cdots,\infty$，系数为 $A_0,A_1,A_2,\cdots$ 及 $B_1,B_1,\cdots$. 确定任一振动所包含的各种简谐振动的频率和振幅称为**频谱分析**. 因为随着频率的增高，振动的振幅逐渐变小，所以一般只取前几项. 图 4-15(a)的方波振动，其前三项的谐振成分如图 4-15(b)所示，它们的合成曲线如图 4-15(c)所示，所取项数越多，则合成振动越接近方波.

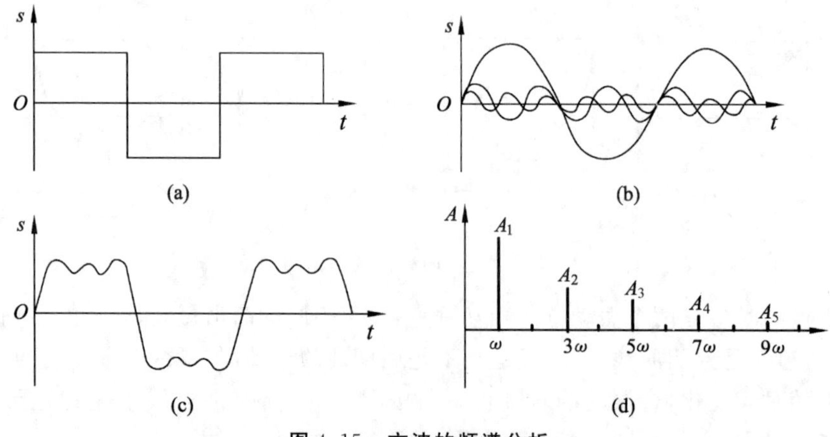

图 4-15　方波的频谱分析

将一复杂振动按傅立叶级数展开的结果，可以用下面的方法直观地表示出来：以横坐标表示频率，纵坐标表示振幅，用垂直线的长度表示各分振动的振幅，列成一系列的分立谱线，这种图叫作振动的**频谱图**，图 4-15(d)就是方波振动的频谱图. 频谱分析在理论研究和实际应用中都有着重要的意义，在医学生物信号的处理方面，如心电、脑电、超声多普勒血流、核磁共振等信号的分析中有着广泛的应用.

4.1.5 阻尼振动 受迫振动 共振

一、阻尼振动

阻尼振动是指由于振动系统受到摩擦和介质阻力或其他能耗而使振幅随时间逐渐衰减的振动，是在回复力和阻力共同作用下的振动，又称减幅振动. 阻尼振动系统的能量将不断减少. 阻尼振动是非简谐振动. 阻尼振动系统属于耗散系统.

假设做阻尼振动的物体所受的阻力与物体运动的速率成正比，方向与运动方向相反，即

$$f=-\gamma v=-\gamma\frac{\mathrm{d}x}{\mathrm{d}t} \tag{4-30}$$

式中，γ 称为阻力系数，负号表示阻力的方向总是与物体的运动方向相反，物体的振动方程可以写为

$$m\frac{\mathrm{d}^2x}{\mathrm{d}t^2}+\gamma\frac{\mathrm{d}x}{\mathrm{d}t}+kx=0 \tag{4-31}$$

令 $\omega_0{}^2=\dfrac{k}{m}$，$2\beta=\dfrac{\gamma}{m}$，式(4-31)可以改写为

$$\frac{\mathrm{d}^2x}{\mathrm{d}t^2}+2\beta\frac{\mathrm{d}x}{\mathrm{d}t}+\omega_0{}^2x=0 \tag{4-32}$$

式中，ω_0 称为振动系统的固有角频率，β 称为阻尼因子，它取决于阻力系数.

在阻尼较小的情况下(欠阻尼状态)，$\beta^2<\omega_0{}^2$，式(4-32)的解可以表示为

$$x=A_0\mathrm{e}^{-\beta t}\cos(\omega t+\varphi)\quad(\omega=\sqrt{\omega_0{}^2-\beta^2}) \tag{4-33}$$

式中，A_0 和 φ 为积分常量，可由初始条件决定. 式(4-33)所表示的位移与时间的关系，由图 4-16 可以看出，阻尼振动不是严格的周期运动，因为位移不能在每一个周期后恢复原值，是一种准周期性运动. 若与无阻尼的情况相比较，阻尼振动的周期可表示为

$$T=\frac{2\pi}{\omega}=\frac{2\pi}{\sqrt{\omega_0{}^2-\beta^2}} \tag{4-34}$$

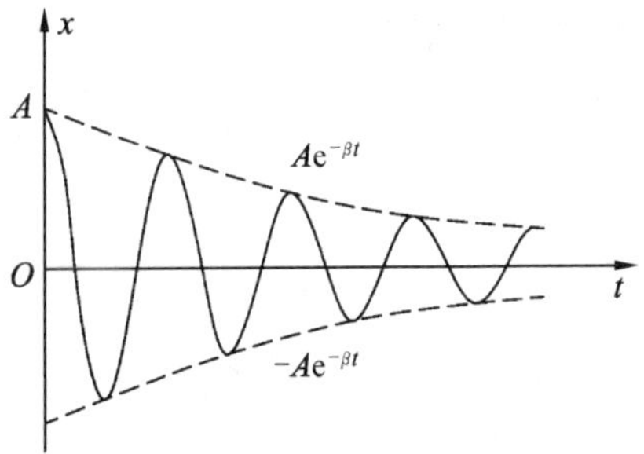

图 4-16 **阻尼振动**

可见，由于阻尼的存在，周期变长了，频率变小了，即振动变慢了.

在阻尼过大，即过阻尼的情况下，$\beta^2>\omega_0{}^2$，式(4-32)的解为

$$x=C_1\mathrm{e}^{-(\beta-\sqrt{\beta^2-\omega_0{}^2})t}+C_2\mathrm{e}^{-(\beta+\sqrt{\beta^2-\omega_0{}^2})t} \tag{4-35}$$

由于阻尼足够大，运动进行得太慢，偏离平衡位置的距离随时间按指数规律衰减以致需要相当长的时间系统才能到达平衡位置.

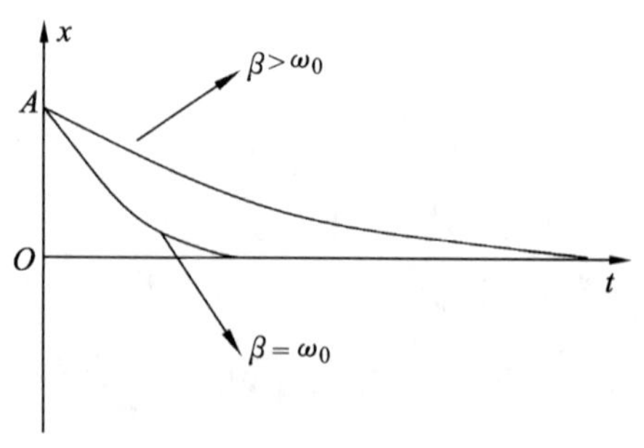

图 4-17　过阻尼和临界阻尼

当 $\beta=\omega_0$ 时，是临界阻尼状态，方程(4-32)的解为

$$x=(C_1+C_2t)\mathrm{e}^{-\beta t} \tag{4-36}$$

物体很快回到平衡位置，如图 4-17 所示.

二、受迫振动

振动系统在周期性外力的持续作用下发生的振动，叫作受迫振动. 例如，发条驱动的钟摆运动、扬声器中纸盆的振动等都属于受迫振动. 在受迫振动中，振子同时受到三个力的作用：弹性力(或准弹性力)、阻尼力、周期性外力. 振子因外力对它做功而获得能量，而阻尼则消耗能量. 在受迫振动开始时，外力作用大于阻尼，使振动逐渐加强，但随着振动的增强，损耗的能量也增多. 当振子从外力获得的能量恰好补偿损耗的能量时，振动达到稳定状态，保持一定的振幅. 可见，稳定状态的受迫振动是一个与驱动力同频率的简谐振动，理论证明其振幅为

$$A=\frac{F_{\mathrm{m}}}{m\sqrt{({\omega_0}^2-\omega^2)^2+4\beta^2\omega^2}} \tag{4-37}$$

式中，F_{m} 为外力的幅值，ω 为外力的角频率，m 是振子的质量. 物体的受迫振动达到稳定状态时，其振动的频率与驱动力频率相同，而与物体的固有频率无关.

三、共振

在受迫振动中，当周期性外力的角频率接近系统的固有频率时，振动的振幅急剧增大，这种现象叫作共振，如图 4-18 所示. 根据函数求极值的方法，对式(4-37)关于 ω 求导数，并令 $\frac{\mathrm{d}A}{\mathrm{d}\omega}=0$，可求出共振时的角频率为

$$\omega_{\mathrm{r}}=\sqrt{{\omega_0}^2-2\beta^2} \tag{4-38}$$

将式(4-38)代入式(4-37)，即得共振时的最大振幅

$$A_{\mathrm{r}}=\frac{F_{\mathrm{m}}}{2\beta m\sqrt{{\omega_0}^2-\beta^2}} \tag{4-39}$$

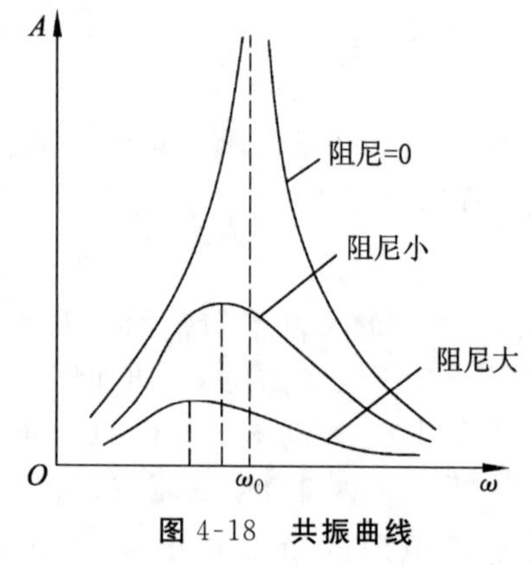

图 4-18　共振曲线

从上面两式可知，阻尼因子 β 越小，共振频率越接近系统的固有频率，共振振幅越大，共振现象也就越强烈. 图 4-18 中三条曲线表示了同一振动系统在三种阻尼下振幅的变化. 可见，增加阻尼，可以降低振幅，共振频率也会变小.

4.2 波动

4.2.1 波的产生和传播

机械振动在弹性介质中的传播形成机械波. 在弹性介质中,某一质点因外界扰动而引起振动时,由于质点与质点之间存在着弹性联系,周围的质点也会跟着振动起来,这样振动就由近及远地传播出去,如声波、水波、地震波等都是机械波. 波动不是物质的传播而是振动状态的传播. 机械波的产生,首先要有做机械振动的物体,即波源,其次要有能够传播这种机械振动的弹性介质. 但是并不是所有的波都依靠介质传播,电磁波可以在真空中传播,它属于另一类波. 各类波都具有波动的共同特性,并遵从相似的规律. 这里我们主要讨论机械波.

在波动中,如果参与波动的质点的振动方向与波的传播方向相垂直,这种波称为横波;如果参与波动的质点的振动方向与波的传播方向相平行,这种波称为纵波. 有的波既不是纯粹的纵波,也不是纯粹的横波,如液体的表面波. 液体表面形成的表面波是由于重力和表面张力作用而形成的,表面每个质点振动既有与波的传播方向相垂直的方向上的运动,也有与波的传播方向相平行的方向上的运动. 介质的弹性和惯性决定了机械波的产生和传播过程,弹性介质,无论是气体、液体还是固体,其质点都具有惯性. 弹性对于流体和固体是不同的,当固体发生体变时能够产生相应的压应力和张应力,无论固体质点之间相对疏远或靠近,还是相邻两层介质之间发生相对错动,都能产生相应的弹性力,使质点返回其平衡位置. 所以固体既能够传播纵波,也能够传播横波. 流体的弹性只表现在当流体发生体变时能够产生相应的压应力和张应力,流体发生剪切时不能产生相应的剪应力,流体只能传播纵波而不能传播横波.

为了描述波在空间的传播,引入波线和波阵面的概念,用波源沿各传播方向所画的带箭头的线表示波的传播路径和传播方向,称为波线. 波在传播过程中,同时传播到的各点连成的面称为波阵面,简称波面,有时又称为等相面. 如图 4-19 所示显然波在传播过程中波面有无穷多个,并且相同波面上所有振动点相位相同. 各向同性的均匀介质中,波线与波面相互垂直.

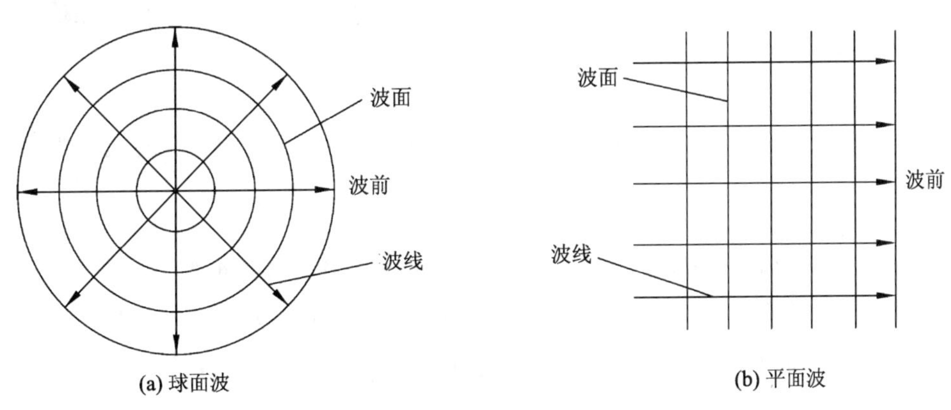

图 4-19 球面波波阵面和平面波波阵面

波面有不同的形状，波面为球面的波称为球面波；波面为平面的波称为平面波.

描述波的四个重要物理量：波速、波长、波的周期和波的频率.

波长：在一个周期中，任一振动状态传播的距离称为波长，一般用 λ 表示.

周期：一个完整的波（即一个波长的波）通过波线上某点所需要的时间，用 T 表示.

频率：单位时间内通过波线上某点的完整波的数目，用 ν 表示.

波速：单位时间内振动传播的距离，也就是波面向前推进的速度，用 u 表示. 在各向同性的均匀介质中，波速是一个恒量. 由于在一个周期内波前进一个波长的距离，所以波速 u 为

$$u=\nu\lambda=\frac{\lambda}{T} \tag{4-40}$$

由于波的传播其实就是相位的传播，故波速也叫相速.

在固体中横波的波速为

$$u=\sqrt{\frac{G}{\rho}} \tag{4-41}$$

式中，G 是固体材料的剪切模量，ρ 是固体材料的密度.

固体中纵波的波速为

$$u=\sqrt{\frac{Y}{\rho}} \tag{4-42}$$

式中，Y 是固体材料的杨氏模量，ρ 是固体材料的密度.

流体中只能形成和传播纵波，其传播速率可以表示为

$$u=\sqrt{\frac{B}{\rho}} \tag{4-43}$$

式中，ρ 是流体的密度，B 是流体的体变模量，定义为流体发生单位体变需要增加的压强，即

$$B=-\frac{\Delta p}{\Delta V/V} \tag{4-44}$$

式中，负号是由于当压强增大时体积缩小，即 ΔV 为负值.

4.2.2 平面简谐波波动方程

当波源做简谐振动时引起介质各点做简谐振动而形成的波称为简谐波. 波阵面为平面的简谐波称为平面简谐波. 描述波线上任意质点在任意时刻的位移的函数式称为波动方程或波函数.

如图 4-20 所示，假设在各向同性的均匀介质中沿 x 轴方向无吸收地传播着一列平面简谐波，在波线上取一点 O 作为坐标原点，取该波线方向为 x 轴. 假设原点处的质点振动方程为

$$y=A\cos(\omega t+\varphi)$$

这样的振动沿着 x 轴正方向传播，每传到一处，那里的质点将以同样的振幅和频率重复着原点 O 的振动. 现在来考察 x 轴上距原点 x 米的任意一点 P 的振动情况：振动从原点 O 传播到点 P 所需要的时间为 $\frac{x}{u}$，也就是说，P 点的振动比 O 点的振动落后了 $\frac{x}{u}$ 秒，t 时刻 P 点的

振动状态是 O 点$\frac{x}{u}$秒前的振动状态，或者说是 O 点$\left(t-\frac{x}{u}\right)$秒时的振动状态，$P$ 点的振动方程应写为

$$y=A\cos\left[\omega\left(t-\frac{x}{u}\right)+\varphi\right] \tag{4-45}$$

上式就是沿 x 轴正方向传播的平面简谐波的表示式，称为平面简谐波波动方程或波函数.

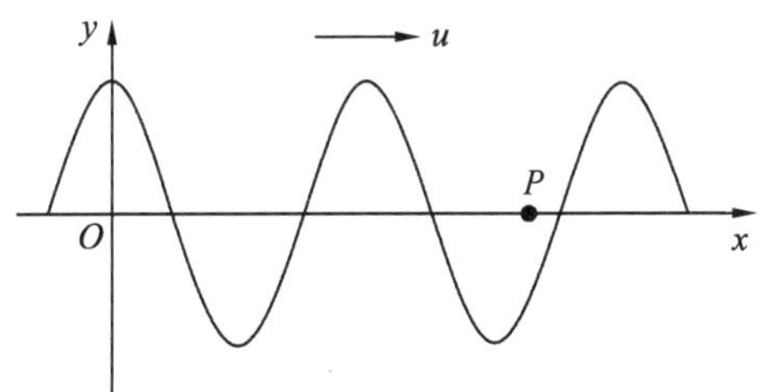

图 4-20 平面简谐波以波速 u 沿波线 x 传播

因为 $\omega=2\pi\nu=\frac{2\pi}{T}$，所以 $u=\frac{\lambda}{T}$，$T=\frac{1}{\nu}$，将它们代入上式，得

$$y=A\cos\left[2\pi\left(\frac{t}{T}-\frac{x}{\lambda}\right)+\varphi\right]=A\cos\left[2\pi\left(\nu t-\frac{x}{\lambda}\right)+\varphi\right] \tag{4-46}$$

在简谐波波函数中，包含了两个变量 x 和 t.

若波沿着 x 轴的负方向传播，则 P 处质点将比 O 处质点早开始振动，即 t 时刻 P 点的位移应与$\left(t+\frac{x}{u}\right)$时刻 O 点的位移相等，因此波以速度 u 沿 x 轴负方向传播的平面简谐波的表达式为

$$y=A\cos\left[\omega\left(t+\frac{x}{u}\right)+\varphi\right] \tag{4-47}$$

或者

$$y=A\cos\left[2\pi\left(\frac{t}{T}+\frac{x}{\lambda}\right)+\varphi\right]=A\cos\left[2\pi\left(\nu t+\frac{x}{\lambda}\right)+\varphi\right] \tag{4-48}$$

如果平面简谐波波动方程中 x 为一定值 x_0，则此时位移 y 仅是时间的函数

$$y=A\cos\left[\omega\left(t-\frac{x_0}{u}\right)+\varphi\right] \tag{4-49}$$

该式实际上是 x_0 处质点的简谐振动方程.

如果平面简谐波波动方程中时间 t 为一定值 t_0，则

$$y=A\cos\left[\omega\left(t_0-\frac{x}{u}\right)+\varphi\right] \tag{4-50}$$

它实际上表示了在 t_0 时刻 x 轴上各质点离开它们各自平衡位置的位移的分布，即波形图.

如图 4-21 所示，当平面简谐波波动方程中 x 和 t 都在变化时，整个波形以波速 u 沿波线传播，这就是行波.

也可以这样推导出波动方程：波的传播是振动状态的传播，而振动状态是由相位来表达的，在同一波线上，传播一个波长时相位落后 2π，传播 x 距离则相位落后$\frac{2\pi x}{\lambda}$.

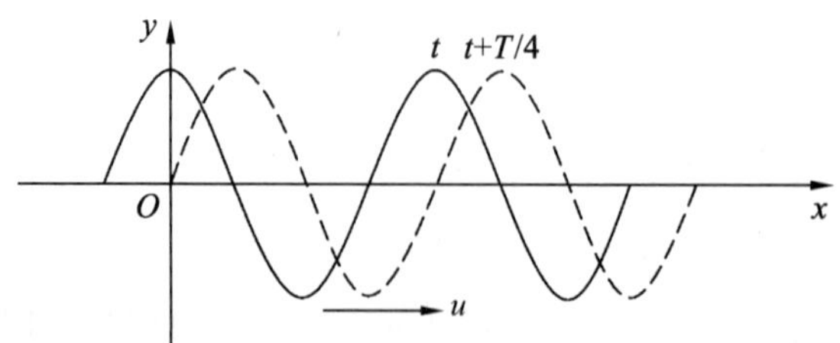

图 4-21 波的传播

假设在各向同性的均匀介质中沿 x 轴方向无吸收地传播着一列平面简谐波，在波线上取一点 O 作为坐标原点，x 轴和该波线一致．假如原点 O 处的振动方程为

$$y=A\cos(\omega t+\varphi)$$

轴上距原点 x 米处的任意一点 P 的振动状态要比原点 O 处振动状态落后$\frac{2\pi x}{\lambda}$，P 点的振动方程为

$$y=A\cos\left(\omega t-\frac{2\pi x}{\lambda}+\varphi\right) \tag{4-51}$$

式(4-51)与式(4-45)都称为平面简谐波的波动方程．

例题 4-5 以 $y=0.04\cos 2.5\pi t$(m)的形式做简谐振动的波源，在某种介质中激发了平面简谐波，并以 100 m/s 的速率传播(不考虑介质的吸收)．

(1) 写出此平面简谐波的波函数．

(2) 求 1 s 时距波源 20 m 处质点的位移、速度和加速度．

解：(1) 取波的传播方向为 x 轴的正方向，波源所在处为坐标原点，该平面简谐波的波函数为

$$y=A\cos\omega\left(t-\frac{x}{u}\right)=0.04\cos 2.5\pi\left(t-\frac{x}{100}\right)\ \text{m}$$

(2) 在 $x=20$ m 处质点的振动方程为

$$y=0.04\cos 2.5\pi(t-0.20)=0.04\sin 2.5\pi t(\text{m})$$

1 s 时该处质点的位移为

$$y=0.04\sin 2.5\pi=0.04\ \text{m}$$

速度为

$$v=\frac{\mathrm{d}y}{\mathrm{d}t}=0.1\pi\cos 2.5\pi=0\ \text{m/s}$$

加速度为

$$a=\frac{\mathrm{d}^2y}{\mathrm{d}t^2}=-0.25\pi^2\sin 2.5\pi=-0.25\pi^2\ \text{m/s}^2$$

式中，负号表示加速度的方向与位移的正方向相反．

例题 4-6 有一列平面简谐波沿 x 轴正方向传播，坐标原点处质点按照 $y=A\cos(\omega t+\varphi)$的规律振动，已知 $A=0.1$ m，$T=0.5$ s，$\lambda=10$ m．

(1) 求波线上相距 2.5 m 的两点的相位差．

(2) 假如 $t=0$ 时处于坐标原点的质点的振动位移为 $y_0=0.05$ m，且向平衡位置运动，求其初相位并写出波函数(不考虑介质的吸收)．

解：(1) $\Delta\varphi=2\pi\dfrac{\Delta x}{\lambda}=\dfrac{\pi}{2}$.

(2) 将 $y=0.05$ m 代入坐标原点的振动方程中，可得

$$0.05=0.1\cos\varphi$$

$$\varphi=\pm\frac{\pi}{3}$$

因为 $v_0=-A\omega\sin\varphi<0$，所以 $\varphi=\dfrac{\pi}{3}$.

波函数为

$$y=A\cos\left(\omega t+\varphi-\frac{2\pi x}{\lambda}\right)=0.1\cos\left(4\pi t+\frac{\pi}{3}-\frac{\pi x}{5}\right)\ \text{m}$$

4.2.3　波的能量和强度

波动传播的过程实际上是能量传播的过程. 波到达的地方，弹性介质的质点就开始振动，因而具有振动的动能；同时由于介质发生形变，具有弹性势能. 设介质的密度为 ρ，平面简谐波波动方程为

$$y=A\cos\omega\left(t-\frac{x}{u}\right)$$

理论上可以证明，在任意坐标处取体积元 ΔV，在 t 时刻的动能 E_k 和势能 E_p 为

$$E_k=E_p=\frac{1}{2}\rho\Delta VA^2\omega^2\sin^2\omega\left(t-\frac{x}{u}\right) \tag{4-52}$$

由上式可见，体积元 ΔV 中的动能 E_k 和势能 E_p 均随时间做周期性的同相变化，且两者的大小相等. 体积元 ΔV 中的总机械能 E 为 E_k 与 E_p 之和，即

$$E=E_k+E_p=\rho A^2\omega^2\Delta V\sin^2\omega\left(t-\frac{x}{u}\right) \tag{4-53}$$

在行波的传播过程中，介质中给定质点的总能量不是常量，而是随时间做周期性变化的变量，即介质中所有参与波动的质点都在不断地接受来自波源的能量，又不断把能量释放出去.

介质中单位体积的波动能量称为波的能量密度，表示为

$$w=\frac{E}{\Delta V}=\rho A^2\omega^2\sin^2\omega\left(t-\frac{x}{u}\right) \tag{4-54}$$

波的能量密度是随时间做周期性变化的. 通常取其在一个周期内的平均值，这个平均值称为平均能量密度. 即

$$\overline{w}=\frac{1}{2}\rho A^2\omega^2 \tag{4-55}$$

能量随着波的传播在介质中流动，因而可以引入能流的概念. 单位时间内通过介质中垂直于波线的某面积的能量称为通过该面积的能流. 如图 4-22 所示，在介质中取垂直于波射线的面积 S，则在单位时间内通过 S 面的能量等于体积 uS 内的能量，通过 S 面的能流是随时间做周期性变化的，通常也将其在一个周期内的平均值称为通

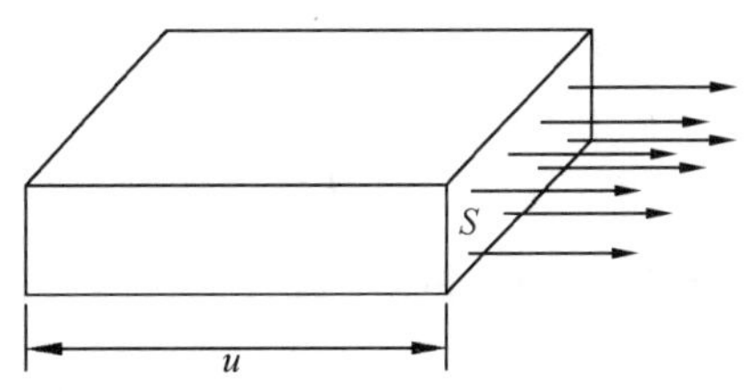

图 4-22　单位时间内通过某一面积的波的能量

过 S 面的平均能流. 即

$$\overline{P}=\overline{w}uS=\frac{1}{2}\rho A^2\omega^2 uS$$

通过垂直于波线的单位面积的平均能流称为能流密度，也称波强度，简称波强. 即

$$I=\frac{\overline{P}}{S}=\frac{1}{2}\rho uA^2\omega^2 \tag{4-56}$$

4.2.4 波的叠加原理 波的干涉 驻波

一、波的叠加原理

大量实验表明：几列波在空间相遇后，每列波将保持各自原有特性（频率、波长、振动方向）不变，就像没遇到其他波，每列波能保持各自的传播规律而不互相干扰，这就是波的独立传播原理. 在波的重叠区域里各点的振动位移等于各列波分别引起的位移的矢量和，这一规律称为波的叠加原理. 例如，当水面上出现几个水面波时，我们可以看到它们总是互不干扰地互相贯穿，然后继续按照各自原先的方式传播；因为波的独立传播原理，我们能分辨大型乐队中各种乐器的声音.

二、波的干涉

波的叠加原理指出：两列或两列以上的波相遇时，相遇区质点的振动应是各列波单独引起的振动的合成. 如果两列频率相同、振动方向相同并且相位差恒定的波相遇，我们会观察到：在交叠区域的某些位置上振动始终加强，而在另一些位置上振动始终减弱或抵消，这种现象称为波的干涉. 能够产生干涉现象的波称为相干波，能够产生干涉的波源叫作相干波源.

图 4-23 中的 S_1 和 S_2 是两个相干波源，它们发出的两列相干波在空间的点 P 相遇，P 点到 S_1 和 S_2 的距离分别为 r_1 和 r_2. 下面来分析 P 点的振动情形. 两个波源的振动为简谐振动，即

$$y_{10}=A_{10}\cos(\omega t+\varphi_1),\ y_{20}=A_{20}\cos(\omega t+\varphi_2)$$

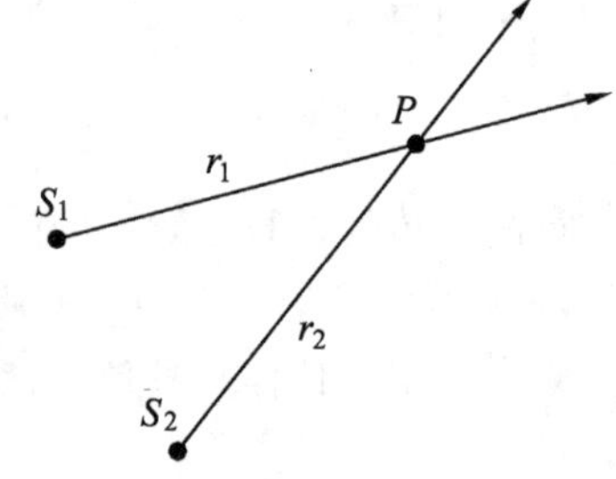

图 4-23 波的干涉

式中，ω 是两个波源的振动角频率，A_{10} 和 A_{20} 分别是它们的振幅，φ_1 和 φ_2 分别是它们的初相位. 波到达 P 点时的振幅若分别为 A_1 和 A_2，则到达 P 点的两个振动可写为

$$y_1=A_1\cos\left(\omega t+\varphi_1-\frac{2\pi r_1}{\lambda}\right),\ y_2=A_2\cos\left(\omega t+\varphi_2-\frac{2\pi r_2}{\lambda}\right)$$

P 点的振动为两个同频率、同方向的简谐振动的合振动，合振动为

$$y=y_1+y_2=A\cos(\omega t+\varphi) \tag{4-57}$$

式中，A 是合振动的振幅，有

$$A=\sqrt{{A_1}^2+{A_2}^2+2A_1A_2\cos\left(\varphi_2-\varphi_1-2\pi\frac{r_2-r_1}{\lambda}\right)} \tag{4-58}$$

φ 为合振动的初相位，有

$$\tan\varphi=\frac{A_1\sin(\varphi_1-2\pi r_1/\lambda)+A_2\sin(\varphi_2-2\pi r_2/\lambda)}{A_1\cos(\varphi_1-2\pi r_1/\lambda)+A_2\cos(\varphi_2-2\pi r_2/\lambda)} \tag{4-59}$$

两列相干波在空间任意一点 P 所引起的两个振动的相位差

$$\Delta\varphi=\varphi_2-\varphi_1-2\pi\frac{r_2-r_1}{\lambda} \tag{4-60}$$

它是空间坐标的函数,其值决定了合振动振幅的大小.

当 $\Delta\varphi=(\varphi_2-\varphi_1)-2\pi\frac{r_2-r_1}{\lambda}=\pm 2k\pi(k=0,1,2,\cdots)$时,$A=A_1+A_2$,振幅最大,即该处的振动因为干涉而加强,称为干涉相长.

当 $\Delta\varphi=(\varphi_2-\varphi_1)-2\pi\frac{r_2-r_1}{\lambda}=\pm(2k+1)\pi(k=0,1,2,\cdots)$时,$A=|A_1-A_2|$,振幅最小,即该处的振动因为干涉而减弱,称为干涉相消.

用 $\delta=r_2-r_1$ 表示两波源到考察点路程之差,称为波程差.如果 $\varphi_1=\varphi_2$(两波源初相位相同),则 $\Delta\varphi$ 仅由波程差决定.

当 $\delta=r_2-r_1=\pm k\lambda(k=0,1,2,\cdots)$时,$A=A_1+A_2$,振动加强.

当 $\delta=r_2-r_1=\pm(2k+1)\frac{\lambda}{2}(k=0,1,2,\cdots)$时,$A=|A_1-A_2|$,振动减弱.

例题 4-7 A、B 为同一介质中两相干平面波波源,振幅相等,频率为 100 Hz,并且 B 波峰时,A 恰为波谷.若 A、B 相距 30 m,波速为 400 m/s.求 A、B 连线上因干涉而静止的各点的位置(不考虑介质的吸收).

解: 如图 4-24 所示,取 A 为坐标原点.

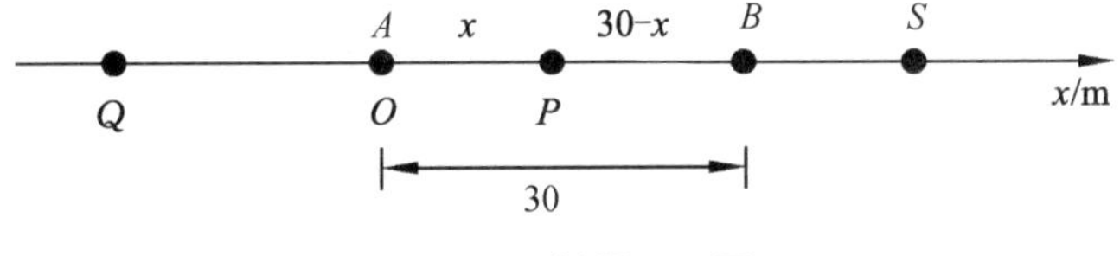

图 4-24 例题 4-7 图

(1) 对 A、B 间任一点 P 的干涉($x\leqslant 30$),两波在此引起的振动相位差为

$$\Delta\varphi=(\varphi_B-\varphi_A)-2\pi\frac{r_{BP}-r_{AP}}{\lambda}=\pi-2\pi\frac{(30-x)-x}{\lambda}$$

$$\lambda=\frac{u}{\nu}=\frac{400}{100}=4(\mathrm{m}),\Delta\varphi=\pi-(15-x)\pi=-14\pi+\pi x$$

当 $\Delta\varphi=(2k+1)\pi(k=0,\pm1,\pm2,\cdots)$时,坐标为 x 的质点由于干涉而静止.

有 $-14\pi+\pi x=(2k+1)\pi$,$x=2k+15\ (k=0,\pm1,\pm2,\cdots)$,同时满足 $x\leqslant 30$;k 取值应为 $k=0,\pm1,\pm2,\cdots,\pm7$,$A$、$B$ 之间满足此条件的点都静止.

(2) 对 A 左侧任一点 Q,两波在 Q 点引起的振动相位差为

$$\Delta\varphi=(\varphi_B-\varphi_A)-2\pi\frac{r_{BQ}-r_{AQ}}{\lambda}=\pi-2\pi\frac{30}{4}=-14\pi$$

A 外侧均为干涉加强,A 左侧不存在因干涉静止的点.

(3) 对 B 点右侧任一点 S,两波在 S 点引起的振动相位差为

$$\Delta\varphi=(\varphi_B-\varphi_A)-2\pi\frac{r_{BS}-r_{AS}}{\lambda}=\pi-2\pi\frac{-30}{4}=16\pi$$

B 外侧均为干涉加强,B 右侧不存在因干涉静止的点.

三、驻波

当两列振幅相同的相干波沿同一直线相向传播时,若合成的波形不随

时间变化,就会形成驻波.驻波实际上是波的干涉的一种特殊情况.两列同频率、同振幅的简谐波分别沿 x 轴正方向和沿 x 轴负方向传播,有

$$y_1=A\cos 2\pi\left(\nu t-\frac{x}{\lambda}\right),\ y_2=A\cos 2\pi\left(\nu t+\frac{x}{\lambda}\right)$$

根据叠加原理,合成的波为

$$y=y_1+y_2=A\cos 2\pi\left(\nu t-\frac{x}{\lambda}\right)+A\cos 2\pi\left(\nu t+\frac{x}{\lambda}\right)=\left(2A\cos\frac{2\pi x}{\lambda}\right)\cos\omega t \qquad (4\text{-}61)$$

上式称为驻波方程.括号内的项 $2A\cos\frac{2\pi x}{\lambda}$ 取绝对值就是振幅,振幅是各点位置的函数.

振幅最大的位置叫波腹,有

$$\left|2A\cos\frac{2\pi x}{\lambda}\right|=2A;\ x=\pm k\frac{\lambda}{2} \qquad (4\text{-}62)$$

静止不动的位置叫波节,振幅为零,有

$$2A\cos\frac{2\pi x}{\lambda}=0;\ x=\pm(2k+1)\frac{\lambda}{4} \qquad (4\text{-}63)$$

相邻波腹或相邻波节之间的距离都是半波长.形成驻波的两列行波能流密度等值、反向,所以驻波不传播能量,它只是介质的一种特殊振动形式.图 4-25 是两列反向传播的波互相叠加形成的驻波,图中画出了一个周期内不同时刻的波形图.

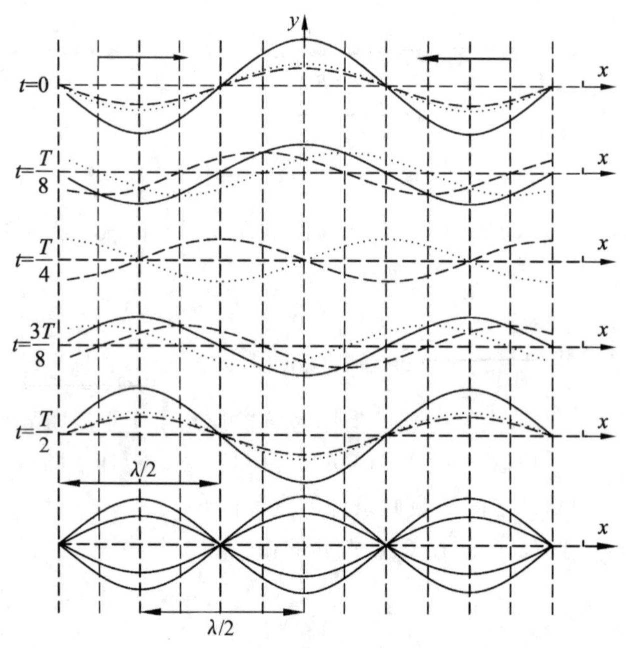

图 4-25　波沿相反方向传播时互相叠加

4.2.5　声波和超声波

一、声波　声强　声强级

(1) 声波.

振动频率约在 20～20 000 Hz 范围内的机械振动称为声振动,在弹性介质中由声振动

而激起的波，能引起人耳的听觉，称为声波．频率高于 20 000 Hz 的声波称为超声波；频率低于 20 Hz 的声波称为次声波．次声波和超声波都不能引起人的听觉．次声波、声波、超声波仅频率不同，并没有本质上的区别，因此广义的声波包含次声波和超声波．

（2）声强和声强级．

声波的能流密度称为声强．对于频率为 1 000 Hz 的声音，引起听觉的最低声音的强度（听阈）为 10^{-12} W/m²，人耳能忍受的最高声强（痛阈）的强度为 1 W/m²，最低和最高相差 10^{12} 倍，但事实上它们在人耳中产生的主观感觉并没有这样大的差别．根据实验测定，声强每增加 10 倍，主观感觉的响度大体上增加 1 倍．因此，声学上用声音的声强与标准参考声强之比的常用对数值来表示声强的等级，叫作声强级，并规定标准参考声强 $I_0=10^{-12}$ W/m²．如果声音的声强为 I，则它的声强级为

$$L=\lg\frac{I}{I_0}(\mathrm{B})=10\lg\frac{I}{I_0}(\mathrm{dB}) \tag{4-64}$$

声强级的单位为贝尔(B)，它的 1/10 叫分贝(dB)．

（3）响度．

人耳对声音强度的主观感觉称为响度．强度相同而频率不同的声音，响度可以相差很大．响度的大小可用响度级来衡量，定义频率为 1 000 Hz 的声波的响度级和它的声强级具有相同的量值，单位为方(Phon)．例如，某 1 000 Hz 声波的声强级为 50 dB，它的响度级即为 50 方；而 7 000 Hz 声强级为 60 dB 的声音听起来和 1 000 Hz 声强级为 50 dB 的声波一样响，则该 7 000 Hz、60 dB 的声音的响度级为 50 方．

如图 4-26 所示为人耳的等响曲线，在同一等响曲线上，任意频率的声音具有相同的响度级，人耳的听阈曲线是 0 方的等响曲线，痛阈曲线是 120 方的等响曲线．听觉区域是由听阈曲线、痛阈曲线、20 Hz 与 20 000 Hz 的频率范围所包围的区域．

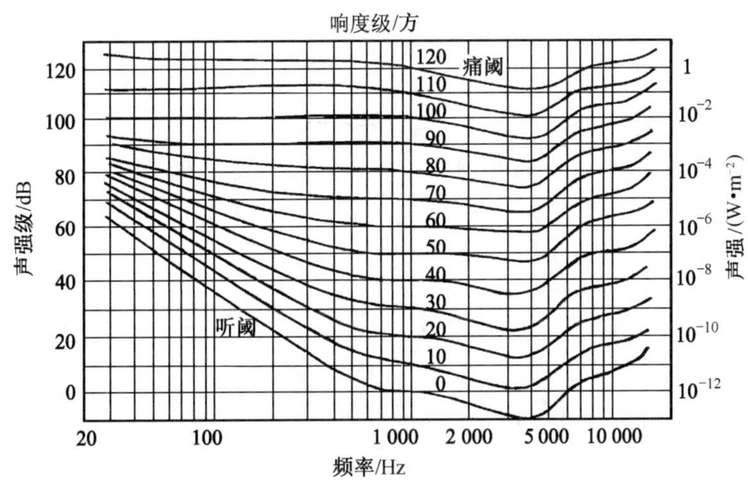

图 4-26　人耳的听觉区域和等响曲线

例题 4-8　狗叫的声功率约为 1 mW，设叫声向四周均匀传播，若不计空气对声波的吸收，求 5 m 远处的声强级；若两只狗在同一地方同时同样叫，则 5 m 处的声强级为多少？

解： 狗叫发出球面波，$r=5$ m 处声波的强度（平均能流密度）为

$$I=\frac{P}{4\pi r^2}=3.18\times10^{-6}(\mathrm{W/m^2})$$

$$L=10\lg\frac{I}{I_0}=65(\mathrm{dB})$$

两只狗同时叫时，有

$$L'=10\lg\frac{2I}{I_0}=68(\mathrm{dB})$$

二、超声波

超声波是频率高于 20 kHz，不能引起人耳声音感觉的声波．它具有声波的通性，也可以在固体、液体或气体中传播，并且与声波的速度相同．由于超声波的频率高、波长短，有许多可以利用的特性和效应．

（1）超声波的特性．

① 方向性好．由于超声波的波长短，衍射现象不显著，可以把超声波近似看成沿直线传播．也就是说，超声波传播的方向性好，容易得到定向而集中的超声波束．

② 能量大．由声强公式可知，声波的强度与频率平方成正比，超声波的频率高，即使振幅不大，也可以产生很大的强度，加之其方向性好，能量集中在一个很窄的声束范围，因此能获得高能量的超声束．

③ 有透射、反射和折射现象．超声在两种不同媒质的分界面上，会出现类似于光线一样的透射、反射和折射现象．

（2）超声波的效应．

当超声波在介质中传播时，由于超声波与介质的相互作用，使介质发生物理的和化学的变化，从而产生一系列力学的、热学的、电磁学的和化学的超声效应，包括以下 4 种．

① 机械效应．当超声波在介质中传播时，将引起介质质点的振动，虽然振幅很小，但质点的加速度、声压和声强却很大，所以其机械作用十分强烈．超声波的机械作用可促成液体的乳化、凝胶的液化和固体的分散．当超声波在流体介质中形成驻波时，悬浮在流体中的微小颗粒因受机械力的作用而凝聚在波节处，在空间形成周期性的堆积．工业上常利用超声波的机械效应对各种物件和材料进行加工、清洗和处理．

② 空化效应．超声波作用于液体时可产生大量小气泡．因空化效应形成的小气泡会随周围介质的振动而不断运动、长大或突然破灭．破灭时周围液体突然冲入气泡而产生高温、高压，同时产生激波．与空化效应相伴随的内摩擦可形成电荷，并在气泡内因放电而产生发光现象．在液体中进行超声处理的技术大多与空化效应有关．

③ 热效应．由于超声波频率高、能量大，因此被介质吸收时能产生显著的热效应．超声波在生物组织中传播时，同样会有热效应，这种效应在软组织与骨骼的交界处尤为显著，这是由于在从软组织中的纵波到骨骼中的横波的模式转换中，横波的超声吸收系数比纵波大几个数量级的缘故．超声波的热效应对一些疾病，如腰痛、肌痛、扭伤、关节炎等有较好的疗效．

④ 化学效应．超声波可促使发生或加速某些化学反应．例如，纯的蒸馏水经超声处理后产生过氧化氢；溶有氮气的水经超声处理后产生亚硝酸；染料的水溶液经超声处理后会变色或褪色．这些现象的发生总与空化效应相伴随．超声波还可加速许多化学物质的水解、分解和聚合过程．超声波对光化学和电化学过程也有明显影响．各种氨基酸和其他有机物质的水

溶液经超声处理后，特征吸收光谱带消失而呈均匀的一般吸收，这表明空化效应使分子结构发生了改变.

(3) 超声波的诊断.

由于超声波具有上述特性，使得超声波在许多行业中得到了广泛的应用，在医学上超声已成为诊断、定位等检测和治疗的重要方法.

医用超声诊断仪可分为 A 型、B 型、M 型及 D 型四大类.

① A 型. 将产生超声脉冲的换能器置于人体表面，声束射入体内，当声束在人体组织中传播遇到不同声阻抗的介质界面时，在该界面上就产生反射，形成一个回声，由组织界面返回的信号幅值，显示于屏幕上，屏幕的横坐标表示超声波的传播时间，即探测深度，纵坐标则表示回波脉冲的幅度. 这就是 A 型诊断仪的诊断原理.

② B 型. B 型超声诊断仪的工作原理与 A 型基本相同，都是应用回声原理进行诊断的. 与 A 型不同之处是，B 型将幅度调制显示改进为辉度调制显示，即反射波不是在扫描的相应位置上以幅度形式显示，而是使扫描线在相应位置上以增辉形式显示. 反射波越强，光点越亮，这就是辉度调制. 探头发射的声束进行扫查得到一系列人体切面声像图(图 4-27).

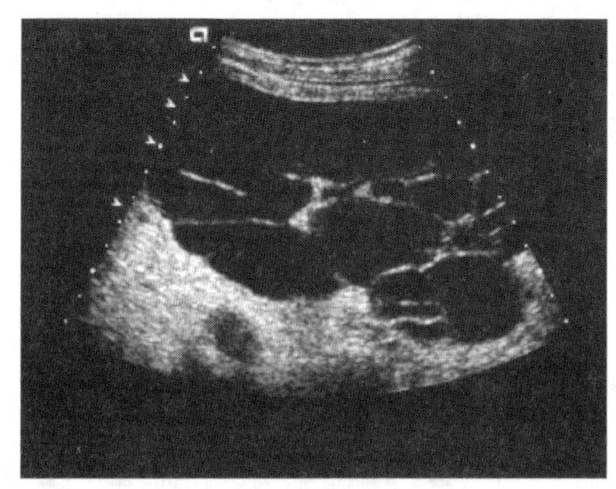

图 4-27　多囊肾的声像图

③ M 型. 类似 B 型诊断原理，M 型在水平偏转板上加入一对慢扫描锯齿波，使回声光点沿水平方向扫描，代表时间；保留原来垂直方向的深度扫描线. M 型常用于观察活动界面时间变化，最适用于检查心脏的活动情况，可以用来观察心脏各层结构的位置、活动状态、结构的状况等，多用于辅助心脏及大血管疾病的诊断，其曲线的动态改变称为超声心动图. M 型诊断仪探头位置固定，心脏有规律地收缩和舒张，心脏各层组织和探头的距离便产生节律性的改变，随着水平方向的慢扫描，便把心脏各层组织的回声展开成曲线. 如图 4-28 所示为超声心动图.

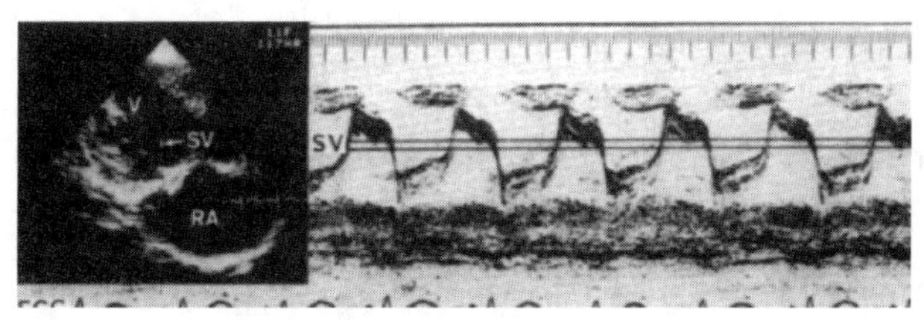

图 4-28　超声心动图

④ D 型. D 型诊断仪专门用来检测血液流动和器官活动，又称为多普勒超声诊断仪. 血

流相对于声源运动，脉冲超声波在人体中以恒定的速度 u 向血流运动，而血流又以某一速度相对于超声波运动，由探头接收回声信息，回波的频率与发射超声频率有一偏移，经信号处理可以测出多普勒频移，并以此确定血管是否通畅，管腔是否狭窄、闭塞. 如图 4-29 所示为正常肾彩色多普勒血流显示像.

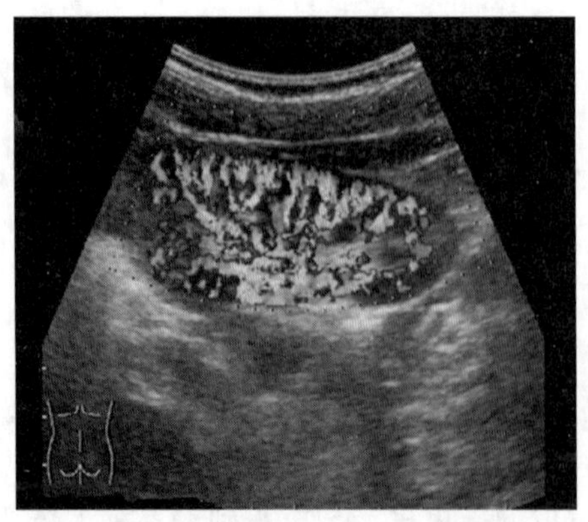

图 4-29　正常肾彩色多普勒血流显示像

4.2.6　多普勒效应

当波源或观察者或两者以不同速度同时相对于介质运动时，观察者所观测到的波的频率将不等于波源的振动频率，这种现象称为多普勒效应. 如当高速行驶的火车鸣笛呼啸而来时，我们听到的汽笛音调变高；当它鸣笛绝尘离去时，我们听到的音调变低，这种现象是声学的多普勒效应. 本节讨论这一效应的规律. 为简单起见，假定波源和接收器在同一直线上运动. 设波源频率为 ν；波相对介质的传播速度为 u；波源相对介质的速度为 v_S；观察者相对介质的速度为 v_0，观察者所观测到的波的频率，取决于观察者在单位时间内所观测到的完整波的数目，或者说取决于单位时间内通过观察者的完整波的数目. 当波源和观察者都相对于介质静止时，观察者所观测到的波的频率与波源的振动频率一致，有

$$\nu=\frac{u}{\lambda}$$

一、波源静止、观察者运动（$\boldsymbol{v}_S=0,\boldsymbol{v}_0\neq 0$）

假设波源相对于介质静止，观察者以速率 v_0 向着波源运动，如图 4-30 所示，这时观察者在单位时间内所观测到的完整波的数目要比其静止时多，波通过观察者时波长不变，观察者在单位时间内所观测到的完整波的数目为

$$\nu'=\frac{u+v_0}{\lambda}=\frac{u+v_0}{u/\nu}=\frac{u+v_0}{u}\nu \tag{4-65}$$

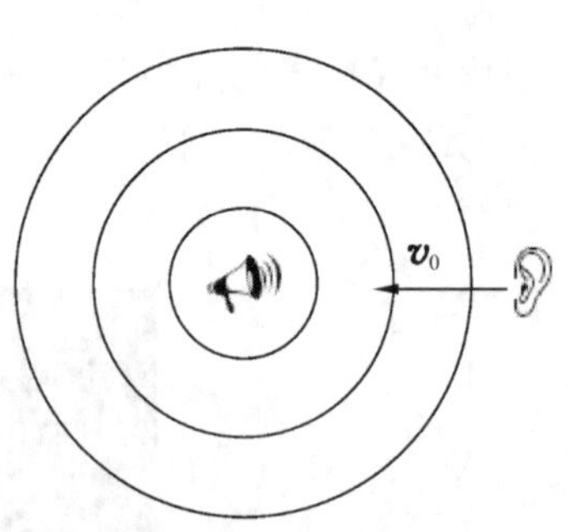

图 4-30　观察者向着波源运动

显然，当观察者以速率 v_0 离开静止的波源运动时，在单位时间内所观测到的完整波的数目要比其静止时少，波通过观察者时波长不变，观察者在单位时间内所观测到的完整波的数目为

$$\nu' = \frac{u - v_0}{\lambda} = \frac{u - v_0}{u}\nu \qquad (4\text{-}66)$$

二、观察者静止、波源运动($v_0 = 0, v_S \neq 0$)

若观察者相对于介质静止,而波源以速率 v_S 向着观察者运动,如图 4-31 所示.这时在波源的运动方向上,向着观察者一侧波长缩短了,若波源静止时介质中的波长为 λ,则此侧介质中的波长为 $\lambda' = \lambda - v_S T = (u - v_S)T$,观察者所观测到的波的频率为

$$\nu' = \frac{u}{\lambda'} = \frac{u}{u - v_S}\nu \qquad (4\text{-}67)$$

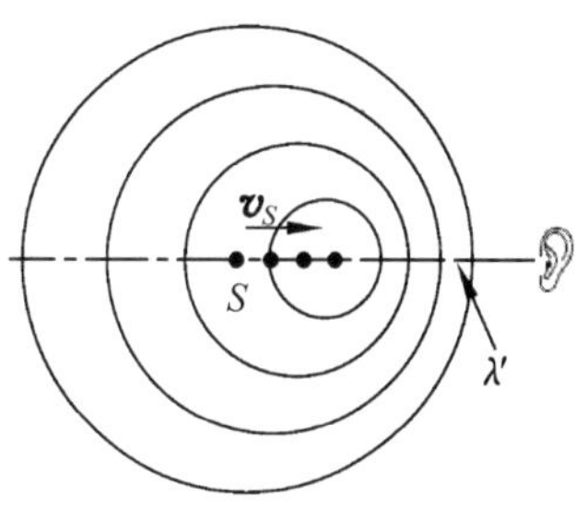

图 4-31 波源向着观察者运动

当波源 S 背离观察者运动,测得的波长变长,$\lambda' = \lambda + v_S T = (u + v_S)T$,观察者所观测到的波的频率为

$$\nu' = \frac{u}{u + v_S}\nu \qquad (4\text{-}68)$$

三、波源和观察者同时运动($v_0 \neq 0, v_S \neq 0$)

将上述两种情况综合起来,观察者以速率 v_0、波源以速率 v_S 同时相对于介质运动,观察者所观察到的频率可以表示为

$$\nu' = \frac{u \pm v_0}{u \mp v_S}\nu \qquad (4\text{-}69)$$

式中的符号选择规则:分子取正号、分母取负号对应于波源和观察者沿其连线相向而行;分子取负号、分母取正号对应于波源和观察者沿其连线背道而驰.当运动不沿两者的连线时,只需考虑速度沿两者连线的分量即可.对于波经障碍物反射后的传播,可以先把障碍物当观察者接收波,再把障碍物当波源发射波来处理.

例题 4-9 用多普勒效应来研究心脏运动时,超声波探头发射 5 MHz 的超声波直射心脏壁,已知超声波在软组织中的传播速度为 1 500 m/s,探头测得接收与发射频率差为 500 Hz,求此时心脏壁的运动速度.

解:本题属于波经障碍物反射后的传播问题,设心脏壁的运动速度为 v.

先把心脏当观察者接收波,此时波源静止、观察者(心脏)运动,心脏接收的频率为

$$\nu_1 = \frac{u + v_0}{u}\nu = \frac{u + v}{u}\nu$$

再把心脏当波源发射波,此时观察者(探头)静止、波源(心脏)运动,有

$$\nu_2 = \frac{u}{u - v_S}\nu_1 = \frac{u + v}{u - v}\nu$$

$$\Delta\nu = \nu_2 - \nu = \frac{u + v}{u - v}\nu - \nu = \frac{2v}{u - v}\nu \approx \frac{2v}{u}\nu$$

$$v = \frac{u\Delta\nu}{2\nu} = \frac{1\ 500 \times 500}{2 \times 5\ 000\ 000} = 0.075(\text{m/s})$$

心脏壁的运动速度为 0.075 m/s.

以上假设 $\Delta\nu = \nu_2 - \nu > 0$,如果 $\Delta\nu = \nu_2 - \nu < 0$,则心脏壁的运动速度为 -0.075 m/s,心脏收缩.

阅读材料 D 听诊与叩诊

叩诊和听诊是西医临床诊断的两种常用方法，是每个医生应熟悉的基本技能，这两种方法都是凭借声音来了解内脏的情况以帮助诊断疾病的. 对于人体内部发出的声音，自古以来就受到医生们的重视. 自古我国医生根据患者的语音、呼吸、咳嗽等声音来判断病情，这属于四诊中的闻诊. 西方医圣、古希腊的希波克拉底的著作中指出，某些病症胸内常发出奇特的声响，著作中还提到用叩诊鉴别腹水与腹胀、判断肝脾的大小等.

一、听诊

听诊是用耳或听诊器来探听人体内自行发出的声音，多用于听心音、呼吸音等. 常用的听诊器（图 D-1）具有集音作用，同时还具有滤波作用. 通过听诊，医生可根据声音的特性与变化（如声音的频率高低、强弱、间隔时间、杂音等）来诊断相关脏器有无病变.

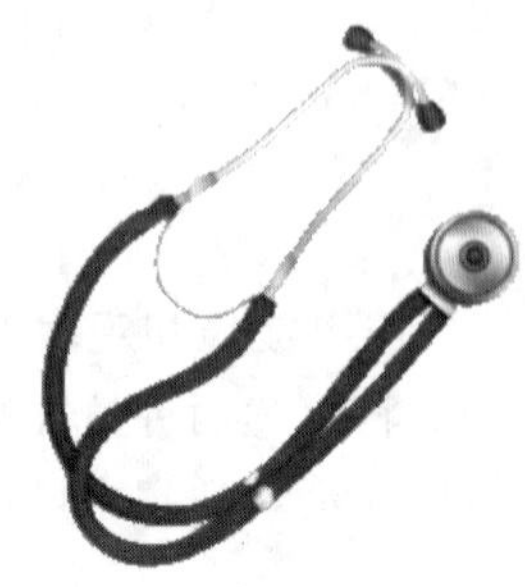

图 D-1 听诊器

听诊器是内、外、妇、儿科医师最常用的诊断用具，现代医学即始于听诊器的发明. 听诊器的原理是，使物质间振动传导通过听诊器中的铝膜，而非单纯空气，改变了声音的频率、波长，使之达到人耳“舒适”的范围，同时遮蔽了其他声音，使用者“听”得更清楚. 所谓“声音”，即物质间相互的振动，如空气振动，传入人耳中的鼓膜等，转化为脑电流. 人耳能感受的振动频率为20 Hz～20 kHz. 人对声音的感受还有一个参数，即音量，它和波长有关，正常人听觉的强度范围为 0～140 dB. 换句话说，音频范围内声音太响或太弱人都听不到，音量范围内音频太小（低频波）或太大（高频波）人也听不到. 人能听到声音还和环境有关，人耳有屏蔽效应，就是强声可以遮盖弱声. 人体内部的声音，如心跳声、肠鸣音、湿啰音、血液流动的声音等，不大能让人“听”到的原因是音频过低或音量太小，或被嘈杂环境遮蔽掉了.

听诊器的物理学原理如下：

（1）声音在封闭的空气腔体内，很容易变向传播，且传播效率极高（这不同于效率较低的声波的反射）.

（2）听诊器头部较大，腔体渐小，故气体振动幅度比前端大很多，从而放大了声波的振动，增大了响度.

（3）人体内部的声音（如心跳声、肠鸣音等）往往频率较低，而紧贴皮肤的听诊器振膜会在人体振动的作用下产生频率稍高的声波，从而容易被人听见.

二、叩诊

叩诊是指用手叩击身体某表面部位，使之振动而产生声音，根据振动和声音的音调的特点来判断被检查部位的脏器状态有无异常的诊断方法.

叩诊借助于手或叩诊锤（图 D-2），叩击身体某些部位，以引起该部位下面的脏器发出不同的共鸣音，并根据声音的性质及间隔时间来判断该部位是否正常，也可用于判断器官边界的病

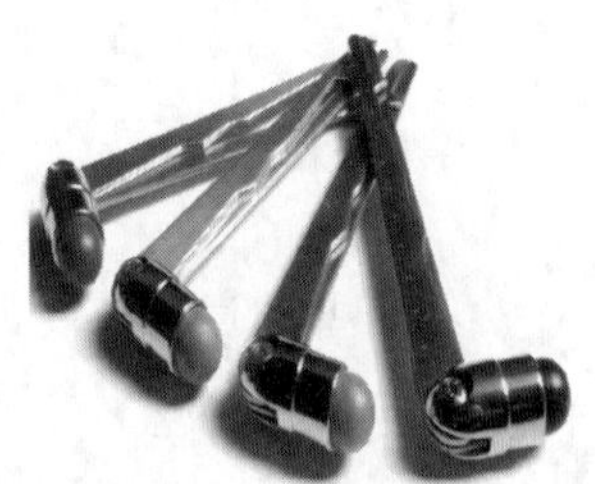

图 D-2 叩诊锤

变情况.叩诊还常用于检查某些关节部位,用以诊断相应部位的神经反射是否正常.叩诊的原理与声音的音色有关.

借助叩诊音来判断人体的某些病变,须掌握音响的物理学特点(表 D-1).

表 D-1　叩诊音及其特点

叩诊音	音响强度	音调	持续时间	正常可出现的部位
清音	强	低	长	正常肺
浊音	较强	较高	较短	心、肝被肺缘覆盖的部分
鼓音	强	高	较长	胃泡区和腹部
实音	弱	高	短	实质脏器部分
过清音	更强	更低	更长	正常成人不出现,可见于肺气肿时

组成音响的三要素为音调、音强与音色.音调的高低决定于振源的频率,即频率高音调也高;音强则决定于振源振幅的大小,即振幅越大音强越强;而音色决定于倍频组分,相同的基频和振幅,如倍频组分不同,音响的音色仍有区别,人耳可分辨出音色不同的声音.

音时的长短与物体振动时间长短和波速在介质中衰减的快慢有关,物质振动期长,音时长;波速在介质中衰减缓慢,其音时也长.

音响在介质中传递时,介质密度大、弹性好时音响传播快,介质密度小、弹性差时音响传播缓慢.人体的组织器官弹性及密度各异,故对其叩诊时发出的叩诊音各异且传递的速度不同,如肺组织由含气的肺泡所组成,其振动频率低、弹性好、振幅大、振动期长,故音调低,但音响强、音时长.

习题

4-1　弹簧振子做简谐振动时,若其振幅增为原来的两倍,而频率降为原来的一半,它的能量怎样改变?

4-2　什么叫阻尼振动、受迫振动?

4-3　要产生机械波必须具备哪两个条件?

4-4　什么是相干波?在两列波发生干涉时,合振动的振幅什么时候最大?什么时候最小?

4-5　一物体做简谐振动,振动方程为 $x=0.1\cos(2\pi t+\pi)$(m),求 $t=2$ s 时该物体的位移、速度、加速度.

4-6　一物体做简谐振动,其速度最大值 $v_m=3\times10^{-2}$ m/s,其振幅 $A=2\times10^{-2}$ m,若 $t=0$ 时,物体位于平衡位置且向 x 轴的负方向运动,求:

(1) 振动周期 T.

(2) 加速度的最大值.

(3) 振动方程.

4-7　一质点沿 x 轴做简谐振动,振幅为 0.1 m,周期为 π s;当 $t=0$ 时,质点在平衡位置,且向 x 轴正方向运动.

(1) 用余弦函数表示该质点的振动方程.

(2) 求质点从 $t=0$ 所处的位置第一次到达$\frac{A}{2}$处所用的时间.

4-8　质量为 0.01 kg 的物体做简谐振动，其振幅为 0.24 m，周期为 4 s，当 $t=0$ 时位移为 0.24 m. 求：

(1) 振动方程.

(2) $t=0.5$ s 时物体的位移和物体所受的作用力.

4-9　一棒长 L，一端悬挂，构成一复摆.

(1) 求该摆的振动周期和等值摆长；

(2) 在棒上新取一悬挂点，与棒一端的距离等于(1)中的等值摆长，求新振动的周期.

4-10　一质量为 2 kg 的质点做简谐振动，振动方程为 $x=0.1\cos\left(20t+\frac{\pi}{2}\right)$(m)，求它在$x=0.05$ m 处的动能、势能和总机械能.

4-11　一个沿 x 轴做简谐振动的弹簧振子，振幅为 0.1 m，周期为 0.2 s，在 $t=0$ 时，质点在 $x_0=-0.05$ m 处且向正方向运动.

(1) 求初相位之值.

(2) 用余弦函数写出振动方程.

(3) 如果弹簧的劲度系数为 100 N/m，求在初始状态时振子的弹性势能和动能.

4-12　两个同频率、同方向的简谐振动，周期为 20 ms，振幅分别为 1 cm 和 3 cm，求：

(1) 两者合振动的圆频率.

(2) 当两者的相位差分别为 $0, \frac{\pi}{3}, \frac{\pi}{2}, \pi$ 时合振动的振幅.

4-13　某质点做简谐振动，周期为 2 s，振幅为 0.06 m，计时开始时($t=0$)质点恰好在负向最大位移处.

(1) 求该质点的振动方程.

(2) 若此振动以速度 $v=2$ m/s 沿 x 轴正方向传播，求波动方程.

(3) 求该波的波长.

4-14　一平面简谐波沿 x 轴正向传播，波速的大小 $u=1$ m/s，已知位于坐标原点处的质点的振动规律为 $y=0.1\cos(\pi t+\varphi)$ m，在 $t=0$ 时，该质点的振动速率为 $v_0=0.1\pi$ m/s，试求该波的表达式.

4-15　一平面简谐波沿 x 轴正方向传播，波的振幅 $A=10$ cm，波的圆频率 $\omega=7\pi$ rad/s，当 $t=1$ s 时，$x=10$ cm 处的 a 质点正通过其平衡位置向 y 轴负方向运动，而 $x=20$ cm 处的 b 质点正通过 $y=5$ cm 点向 y 轴正方向运动，设该波波长 $\lambda>10$ cm，求该平面波的表达式.

4-16　一平面简谐波沿 x 轴负方向传播，坐标原点处的振动方程为 $y=0.05\cos\left(\pi t+\frac{\pi}{2}\right)$ m，波速为 20 m/s，求：

(1) 波动方程.

(2) 坐标值为 ± 5 m 两处质点间的振动相位差.

4-17　一平面简谐波沿 x 轴负方向传播，波长为 λ，位于 x 轴上正向 d 处质点 P 的振动规律如图所示.

(1) 求 P 处质点的振动方程.

(2) 若 $d=\frac{1}{2}\lambda$,求坐标原点 O 处质点的振动方程.

(3) 求波的波动方程.

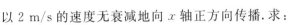

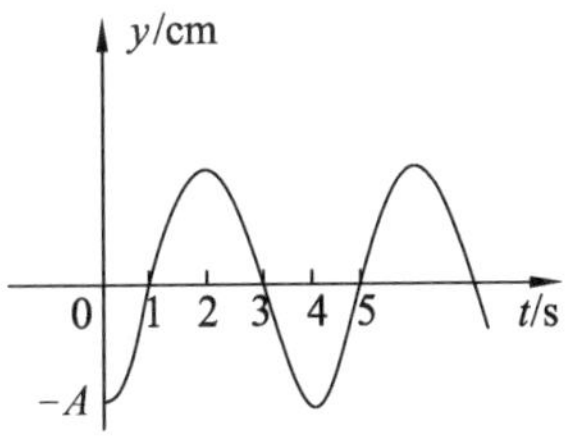

习题 4-17 图

4-18 已知波源 O 的振动方程为 $y=0.06\cos\frac{\pi}{9}t(\mathrm{m})$,以 2 m/s 的速度无衰减地向 x 轴正方向传播.求:

(1) $x=10$ m 处的振动方程.

(2) 10 m 处质点与波源 O 的振动相位差.

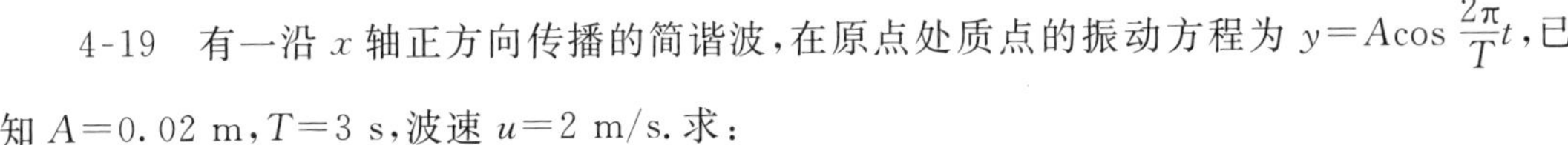

4-19 有一沿 x 轴正方向传播的简谐波,在原点处质点的振动方程为 $y=A\cos\frac{2\pi}{T}t$,已知 $A=0.02$ m,$T=3$ s,波速 $u=2$ m/s.求:

(1) 波动方程.

(2) 在 x 轴正方向离原点 5 m 处质点的振动方程.

(3) 当 $t=2.5$ s 时,原点处质点的位移.

(4) 当 $t=2.5$ s 时,在 x 轴正方向离原点 5 m 处质点的位移.

4-20 如图所示,A、B 为两平面简谐波的波源,振动表达式分别为

$$x_1=0.2\times10^{-2}\cos2\pi t,x_2=0.2\times10^{-2}\cos\left(2\pi t+\frac{\pi}{2}\right)$$

它们传到 P 处时相遇,产生叠加.已知波速 $u=0.2$ m/s,$PA=0.4$ m,$PB=0.5$ m,求:

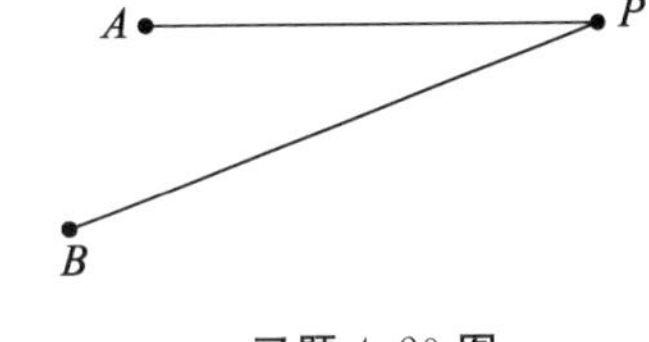

习题 4-20 图

(1) 波传到 P 处的相位差.

(2) P 处合振动的振幅.

4-21 如图所示,O_1 和 O_2 是两个同方向、同频率、同相位、同振幅的波源所在处,设它们在介质中产生的波列的波长为 λ,O_1、O_2 之间的距离为 1.5λ,P 是 O_1、O_2 连线上 O_2 点外侧的任意点.求:

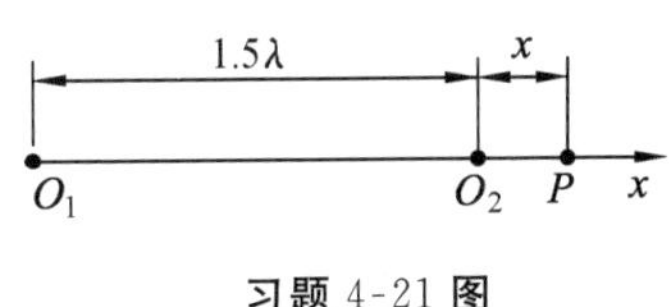

习题 4-21 图

(1) O_1、O_2 两点发出的波到达 P 点时的相位差.

(2) P 点的振幅.

4-22 有一声源的频率为 1 000 Hz,在空气中 P 点的声波强度为 1.59×10^5 W/m^2,空气的密度为 1.29 kg/m^3,波速为 344 m/s,求 P 点的振幅和平均能量密度.

4-23 入射波的波动方程为 $y=10\times10^{-4}\cos\left[2\,000\pi\left(t-\frac{x}{34}\right)\right]$,在固定端反射,坐标原点与固定端相距 0.51 m,求反射波的波动方程(不考虑能量损失).

4-24 入射波的波动方程为 $y=A\cos\left[2\pi\left(\frac{t}{T}+\frac{x}{\lambda}\right)\right]$,在 $x=0$ 处的自由端反射,求反射波的波动方程(不考虑能量损失).

4-25 同一介质中有两个平面简谐波波源做同频率、同方向、同振幅的振动.两列波相对传播,波长 8 m.波线上 A、B 两点相距 20 m.一波在 A 处为波峰时,另一波在 B 处相位为

$-\frac{\pi}{2}$. 求 A、B 连线上因干涉而静止的各点的位置.

4-26　某声音的声强级比声强为 10^{-6} W/m^2 的声音的声强级大 10 dB 时，此声音的声强是多少？

4-27　在窗口测得噪声的声强级为 60 dB，假如窗口面积为 4 m^2，求传入室内的声波功率.

4-28　火车驶过车站时，车站上的观测者测得汽笛声的频率由 1 200 Hz 变到了 1 000 Hz，设空气中声速为 330 m/s，求火车的速率.

4-29　一音叉以 $v_S=2.5$ m/s 的速度接近墙壁，观察者在音叉后面听到的拍频 $\Delta\nu=$ 3 Hz. 求音叉振动的频率（声速取 $u=340$ m/s）.

4-30　公路上一辆以 15 m/s 的速度行驶的警车上的警笛发射频率为 1 500 Hz 的声波，一人骑着自行车以 6 m/s 的速度跟随其后. 求他听到的警笛发出的声音的频率，以及在警笛后方空气中声波的波长（假设没有风，空气中声速为 330 m/s）.

4-31　一驱逐舰停在海面上，它的水下声纳向一驶近的潜艇发射 1.8×10^4 Hz 的超声波. 由该潜艇发射回来的超声波的频率和发射波的频率相差 220 Hz，求该潜艇的速度（水中声速取 1.5×10^3 m/s）.

第 2 篇　电磁学

电磁学是研究电磁现象及其规律的学科.人类对电的最早认识源于摩擦起电和雷电现象.关于电磁现象的文献记载可以追溯到公元前6世纪古希腊学者泰勒斯(Thales)观察到的经摩擦后的琥珀会吸引草屑的现象.在我国战国时期(公元前3世纪)《韩非子·有度》中记有"先王立司南以端朝夕(朝夕,指东西方向)".西汉(公元前3世纪)《春秋纬·考异邮》中有"(玳)瑁吸偌(细小物体)"的记载.东汉时期(公元1世纪)王充所著《论衡》中记有"顿牟掇芥,磁石引针(顿牟指琥珀,掇芥即吸拾轻小物体)".公元3世纪(晋)《博物志》记载:今人梳头、脱著衣时,有随梳、解结有光者,亦有咤声.第一个从理论高度来研究电和磁现象并提出了比较系统的原始理论的人是英国的吉尔伯特(William Gilbert).他将金刚石、蓝宝石、硫黄、树脂、明矾等许多物质一一摩擦,发现它们都有吸引轻小物体的作用.吉尔伯特还发明了第一个验电器(versorium),被称为电学之父.1745年荷兰莱顿大学物理学教授马森布罗克(Pieter Van Musschenbrock)研制出莱顿瓶,也就是世界上第一个电容器,解决了电荷的存储问题.1752年美国的富兰克林(Benjamin Franklin)通过在雷雨天气将风筝放入云层,进行雷击实验,证明了雷闪就是放电现象,统一了"天电"与"地电".1786年意大利解剖学和医学教授伽伐尼(Luigi Galvani)在一次解剖青蛙取解剖刀时触及了放置在实验桌上起电机金属板上的青蛙腿,青蛙腿猛烈地抽搐了一下,起电机也打出了火花.重复实验后,他认为青蛙痉挛起因于动物体上本来就存在电,他把这种电叫作"动物电",电疗的英文就是galvanism.伽伐尼的发现引出了伏打(Alessandro Volta)电池和静电感应起电盘的发明,使电学的研究开始从静电转向动电,这是一次大飞跃.

电磁学从最初被认为是由互不相关的两门科学——电学和磁学组成的学科,发展成为物理学中一个完整的分支,主要是基于两个重要的实验发现,即电流的磁效应和变化磁场的电效应.1820年丹麦的奥斯特(Hans Christian Oersted)发现了电流的磁效应;1820年法国的安培(Ampere)发现了磁铁对电流的作用.到了1831年英国的法拉第(Michael Faraday)发现了电磁感应定律,创造性地提出了场和力线的概念,使人们对电和磁的关系有了更为深刻的认识.近代研究表明,物体带电的根本原因在于组成物体的原子本身具有电结构——物体由原子核和核外电子组成,物体失去电子带正电,得到电子则带负电.磁现象的起源是电荷的流动(电流).在此基础上,英国物理学家麦克斯韦(James Clerk Maxwell)集前人之大成,极富创见地提出了关于感应电场和位移电流的假说,于1865年建立了以一套方程组为基础的完整的电磁场理论,并指出光是以波动形式传播的交变电磁场——电磁波,将光学现象统一在电磁场理论框架之内.这一成就被公认为是从牛顿经典力学的建立到爱因斯坦狭义相对论的提出(1905年)这段时期中物理学史上最重要的理论成果.

本篇分三章介绍电场和磁场的一些基本特性,以及电场和磁场对宏观物体(即实物)的作用和相互影响.第5章介绍静电场、电场与物质的相互作用以及电容器、电场的能量等.第6章介绍恒定电流、直流电路及其欧姆定律、基尔霍夫定律以及电流对人体的作用.第7章介绍磁场、磁场对运动电荷和电流的作用、磁介质、电磁感应及磁场的能量等.

第 5 章

静 电 场

5.1　电场　电场强度

5.1.1　电荷　库仑定律

原子是构成物体的基本单元，由原子核和核外电子构成．原子核由质子和中子构成．电子带负电，质子带正电，是正、负电荷的基本单元，中子不带电．未受外界作用时，原子内电子数与质子数相等，物体不带电，整体呈电中性．受到外界作用后，电子发生转移或电荷重新分布，电中性被破坏，物体将带电．失去电子带正电，得到电子带负电．

自然界中存在两种电荷：正电荷和负电荷．电荷之间存在相互作用力，同种电荷相互排斥，异种电荷相互吸引．物体所带电荷的多少称为电荷量，电荷量的单位是库仑(C)．在自然界中，存在着最小的电荷基本单元，任何带电体所带的电荷量只能是这个基本单元的整数倍，即

$$Q=ne(n=\pm1,\pm2,\cdots) \tag{5-1}$$

电荷的这一特性称为电荷的量子性．实验测得这基本单元的电荷量为

$$e=1.602\ 177\ 33\times10^{-19}\ \mathrm{C} \tag{5-2}$$

由于 e 的量值非常小，在宏观现象中不易观察到电荷的量子性，常将电荷量 Q 看成是可以连续变化的物理量，它在带电体上的分布也看成是连续的．

在电荷转移或重新分配的过程中，正、负电荷的代数和并不改变．一个与外界没有净电荷量交换的系统经任何过程后，系统内正、负电荷量的代数和保持不变，这一结论称为电荷守恒定律，它是自然界中的一条基本定律．

实验表明：带电体之间的相互作用与带电体之间的距离及所带电荷量有关，也与带电体的大小、形状、电荷在带电体上的分布以及周围介质的性质有关．所以在通常情况下，两个带电体之间的相互作用表现出与多种因素有关的复杂情形．当带电体的线度与带电体之间的距离相比小得多时，带电体的大小、形状对所研究问题的影响可以忽略，可视为一个点，这样的带电体称为点电荷．点电荷是一种理想化的物理模型．

两个点电荷之间的相互作用规律是库仑通过扭称实验于 1785 年总结出来的：真空中两静止点电荷之间的相互作用力的大小与它们所带电荷量的乘积成正比，与它们之间距离的平方成反比，作用力的方向沿着两电荷的连线，同号电荷相斥，异号电荷相吸，这一结论称为**库仑定律**．如图 5-1 所示，其数学表达式为

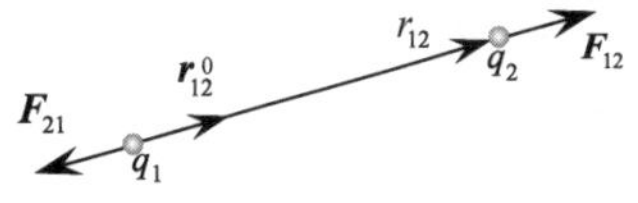

图 5-1　库仑定律

$$\boldsymbol{F}_{12}=k\frac{q_1q_2}{r_{12}{}^2}\boldsymbol{r}_{12}^0 \tag{5-3}$$

式中，$\boldsymbol{F}_{12}$表示 q_1 对 q_2 的作用力，q_1、q_2 为两点电荷的电荷量，r_{12}为两点电荷之间的距离，k 为比例系数，实验测得 $k=8.987\ 551\ 8\times10^9\ \mathrm{N\cdot m^2/C^2}$，$\boldsymbol{r}_{12}^0$表示由 q_1 指向 q_2 的单位矢量. 若 q_1 和 q_2 同号，$\boldsymbol{F}_{12}$与 $\boldsymbol{r}_{12}^0$方向相同，表现为斥力；若 q_1 和 q_2 异号，$\boldsymbol{F}_{12}$与 $\boldsymbol{r}_{12}^0$方向相反，表现为引力.

用 $\boldsymbol{F}_{21}$表示 q_2 对 q_1 的作用力，它与 $\boldsymbol{F}_{12}$大小相等、方向相反，即 $\boldsymbol{F}_{21}=-\boldsymbol{F}_{12}$.

为使由库仑定律导出的其他公式具有较简单的形式，通常将库仑定律中的比例系数写为

$$k=\frac{1}{4\pi\varepsilon_0} \tag{5-4}$$

其中，ε_0 为真空的介电常数，在国际单位制中它的测定值为

$$\varepsilon_0=8.854\ 188\times10^{-12}\ \mathrm{C^2/(N\cdot m^2)}$$

于是库仑定律又可写为

$$\boldsymbol{F}_{12}=\frac{1}{4\pi\varepsilon_0}\frac{q_1q_2}{r_{12}{}^2}\boldsymbol{r}_{12}^0 \tag{5-5}$$

5.1.2 电场 电场强度

关于电荷之间如何进行相互作用，历史上曾经有过两种不同的观点：一种观点认为这种相互作用既不需要媒质，也不需要时间，是直接从一个带电体作用到另一个带电体上的，即电荷之间的相互作用是一种“超距作用”. 另一种观点认为任一电荷都在自己周围的空间产生**电场**，并通过电场对其他电荷施加作用力，这种作用方式可表示为

电荷⇔电场⇔电荷

大量事实证明，电荷在周围的空间形成电场，电荷之间的相互作用是通过电场实现的. 电场的基本性质之一是对放入其中的电荷有力的作用，这种力叫作电场力.

电场是一种客观存在的特殊物质，它具有能量. 要判断空间中某点是否存在电场，可以在该处引入一个试验电荷 q_0. 所谓试验电荷是这样一种电荷：它所带的电荷量非常小，以至于它的引入使原电场发生的改变可以忽略；另外，它的几何尺寸也必须非常小，可以将其看作点电荷，用以精确测量电场空间各点的性质. 若 q_0 受到作用力，就表明该处存在电场.

与观察者相对静止的电荷产生的电场称为静电场. 为了定量描述静电场中各点电场的性质，我们引入一个新的物理量——**电场强度**（简称**场强**），用 $\boldsymbol{E}$ 表示. 利用电场对电荷有力的作用，空间任意一点的电场强度定义为单位正电荷在该处所受的电场力，方向与正电荷在该处所受的电场力方向一致. 在 SI 单位制中，电场强度的单位为牛顿/库仑（N/C），或伏特/米（V/m）.

若试验电荷 q_0 在电场中某点所受的电场力为 $\boldsymbol{F}$，则 $\boldsymbol{F}$ 与 q_0 之比即为该点的电场强度：

$$\boldsymbol{E}=\frac{\boldsymbol{F}}{q_0} \tag{5-6}$$

电场是客观存在的，电场强度表示的是电场的特性，而和试验电荷 q_0 的性质无关.

若电场各点的电场强度已知，由式(5-6)可得处于其中一点的点电荷 q 所受的作用力为

该点场强 $\boldsymbol{E}$ 和点电荷 q 的乘积，即

$$\boldsymbol{F}=q\boldsymbol{E}$$

要计算真空中电荷量为 q 的点电荷产生的场强，可以从库仑定律着手. 设场点 P 离开场源电荷 q 的距离为 r，由库仑定律，试探电荷 q_0 在 P 点所受的电场力为

$$\boldsymbol{F}=\frac{q_0 q}{4\pi\varepsilon_0 r^2}\boldsymbol{r}^0$$

式中，$\boldsymbol{r}^0$ 是从点电荷 q 指向 P 点的单位矢量，由电场强度的定义式(5-6)得 P 点处的电场强度为

$$\boldsymbol{E}=\frac{\boldsymbol{F}}{q_0}=\frac{q}{4\pi\varepsilon_0 r^2}\boldsymbol{r}^0 \tag{5-7}$$

若场源点电荷带电荷量 q 为正，电场强度 $\boldsymbol{E}$ 的方向与 $\boldsymbol{r}^0$ 方向相同，即从点电荷指向 P 点；若 q 为负，电场强度 $\boldsymbol{E}$ 的方向与 $\boldsymbol{r}^0$ 方向相反，即从 P 点指向点电荷中心. 电场强度在空间呈球对称分布.

5.1.3　场强叠加原理

若空间存在 n 个点电荷，由力的叠加原理，在它们的电场中任一点 P 处的试验电荷 q_0 所受的电场力 $\boldsymbol{F}$ 等于各点电荷分别单独存在时 q_0 所受电场力的矢量和，利用电场强度的定义，得

$$\boldsymbol{E}=\frac{\boldsymbol{F}}{q_0}=\frac{\boldsymbol{F}_1+\boldsymbol{F}_2+\cdots+\boldsymbol{F}_n}{q_0}=\boldsymbol{E}_1+\boldsymbol{E}_2+\cdots+\boldsymbol{E}_n=\sum_{i=1}^{n}\boldsymbol{E}_i \tag{5-8}$$

式中，$\boldsymbol{E}_1,\boldsymbol{E}_2,\cdots,\boldsymbol{E}_n$ 分别表示这些点电荷单独存在时在 P 点所产生的场强. 上式表明，在点电荷系的电场中，任意一点的电场强度等于每个点电荷单独存在时在该点所产生的电场强度的矢量和，这一结论称为**场强叠加原理**.

电荷连续分布的带电体可看作由无穷多点电荷组成的点电荷系. 其中某电荷元 $\mathrm{d}q$ 在场点 P 的场强为

$$\mathrm{d}\boldsymbol{E}=\frac{\mathrm{d}q}{4\pi\varepsilon_0 r^2}\boldsymbol{r}^0 \tag{5-9}$$

式中，r 为电荷元 $\mathrm{d}q$ 到 P 点的距离，$\boldsymbol{r}^0$ 是从电荷元 $\mathrm{d}q$ 指向 P 点的单位矢量，由场强叠加原理可知，整个带电体的场强为 $\mathrm{d}\boldsymbol{E}$ 的矢量和，即矢量积分，即

$$\boldsymbol{E}=\frac{1}{4\pi\varepsilon_0}\int\frac{\mathrm{d}q}{r^2}\boldsymbol{r}^0 \tag{5-10}$$

若带电体的电荷是按体积分布的，ρ 为单位体积所带电荷量，称为电荷体密度，则某体积单元 $\mathrm{d}V$ 中所带电荷量为 $\mathrm{d}q=\rho\mathrm{d}V$，电场强度为

$$\boldsymbol{E}=\frac{1}{4\pi\varepsilon_0}\int\frac{\rho\mathrm{d}V}{r^2}\boldsymbol{r}^0$$

若带电体的电荷是按面积分布的，σ 为单位面积所带电荷量，称为电荷面密度，则面积单元 $\mathrm{d}S$ 中所带电荷量为 $\mathrm{d}q=\sigma\mathrm{d}S$，电场强度为

$$\boldsymbol{E}=\frac{1}{4\pi\varepsilon_0}\int\frac{\sigma\mathrm{d}S}{r^2}\boldsymbol{r}^0$$

若带电体的电荷是按线分布的，λ 为单位长度所带电荷量，称为电荷线密度，则线元 $\mathrm{d}l$

上所带电荷量为 $dq=\lambda dl$，电场强度为

$$\boldsymbol{E}=\frac{1}{4\pi\varepsilon_0}\int\frac{\lambda dl}{r^2}\boldsymbol{r}^0$$

例题 5-1 如图 5-2 所示，有两个电荷量相等而符号相反的点电荷 $+q$ 和 $-q$，相距 l，求在两点电荷的中垂面上任一点 P 的电场强度.

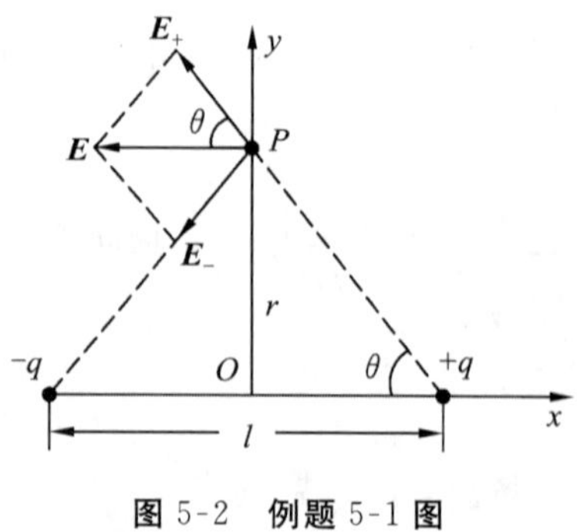

图 5-2 例题 5-1 图

解： 如图 5-2 所示，以两个点电荷的中点 O 为原点建立坐标系，设点 P 到点 O 的距离为 r，电荷 $+q$ 和 $-q$ 在点 P 产生的电场强度分别用 $\boldsymbol{E}_+$ 和 $\boldsymbol{E}_-$ 表示，它们的大小为

$$E_+=E_-=\frac{1}{4\pi\varepsilon_0}\frac{q}{r^2+\frac{l^2}{4}}$$

它们的方向如图 5-2 所示.

点 P 的电场强度 $\boldsymbol{E}$ 为 $\boldsymbol{E}_+$ 和 $\boldsymbol{E}_-$ 的矢量和，即 $\boldsymbol{E}=\boldsymbol{E}_++\boldsymbol{E}_-$.

$\boldsymbol{E}$ 的 x 分量为

$$E_x=E_{+x}+E_{-x}=-E_+\cos\theta-E_-\cos\theta=-\frac{1}{4\pi\varepsilon_0}\frac{ql}{\left(r^2+\frac{l^2}{4}\right)^{\frac{3}{2}}}$$

$\boldsymbol{E}$ 的 y 分量为

$$E_y=E_{+y}+E_{-y}=E_+\sin\theta-E_-\sin\theta=0$$

所以，点 P 的电场强度大小为

$$E=|E_x|=\frac{1}{4\pi\varepsilon_0}\frac{ql}{\left(r^2+\frac{l^2}{4}\right)^{\frac{3}{2}}}$$

方向沿 x 轴负方向.

当 P 点离点电荷中心的距离 $r\gg l$ 时，这样一对相距很近的、带有等量异号电荷的点电荷所组成的系统，称为电偶极子. 从负电荷到正电荷所引的有向线段 $\boldsymbol{l}$ 称为电偶极子的轴，电荷量 q 与电偶极子的轴 $\boldsymbol{l}$ 的乘积，定义为电偶极子的电偶极矩，简称电矩，用矢量 $\boldsymbol{p}$ 表示，即

$$\boldsymbol{p}=q\boldsymbol{l} \tag{5-11}$$

由于 $l\ll r$，故有 $\left(r^2+\frac{l^2}{4}\right)^{\frac{3}{2}}\approx r^3$，所以在电偶极子轴的中垂面上任意一点的电场强度可表示为

$$\boldsymbol{E}\approx-\frac{\boldsymbol{p}}{4\pi\varepsilon_0 r^3} \tag{5-12}$$

电偶极子是一个很重要的物理模型，在研究电介质极化、电磁波的发射和吸收等问题中都要用到该模型.

例题 5-2 如图 5-3 所示，电荷量 $q(q>0)$ 均匀分布在半径为 a、圆心为 O 的圆环上，求圆环轴线上任意点 $P(OP=x)$ 的场强.

解： 场源电荷为连续的带电体，电荷量 q 均匀分布在圆环上，因此电荷线密度为 $\lambda=\frac{q}{2\pi a}$. 在环上取一线元 dl，其带电荷量 $dq=\frac{q}{2\pi a}dl$，设 dq 和 P 点的距离为 r，则由式(5-9)知，

此电荷元在 P 产生的场强大小为

$$dE=\frac{1}{4\pi\varepsilon_0 r^2}\frac{q}{2\pi a}dl$$

方向如图 5-3 所示，与轴线 OP 的夹角为 θ.

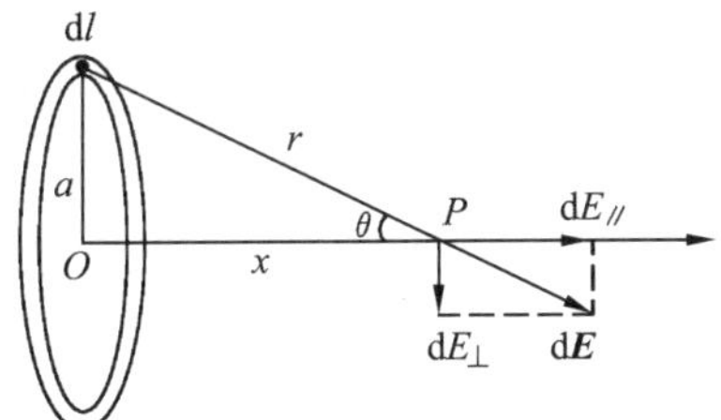

图 5-3　例题 5-2 图

根据对称性，圆环上所有电荷元形成的矢量 $d\boldsymbol{E}$ 构成以 P 点为顶点的圆锥，把 $d\boldsymbol{E}$ 分解为垂直于轴线的分量 $dE_{\perp}$ 和沿轴方向的分量 $dE_{/\!/}$，显然分量 $dE_{\perp}$ 会互相抵消，而分量 $dE_{/\!/}$ 叠加就是 P 点的场强 $\boldsymbol{E}$. 从图 5-3 可知 $dE_{/\!/}=dE\cos\theta$，因此

$$E=\int dE\cos\theta=\int\frac{1}{4\pi\varepsilon_0 r^2}\frac{q}{2\pi a}\cos\theta\,dl$$

积分范围是整个圆环. 由于 P 点在轴线上，故对于不同位置的电荷元，积分式中的 r、θ 均为常量，所以场强大小

$$E=\frac{1}{4\pi\varepsilon_0 r^2}\frac{q}{2\pi a}\cos\theta\cdot\oint dl=\frac{1}{4\pi\varepsilon_0 r^2}\frac{q}{2\pi a}\cos\theta\cdot 2\pi a=\frac{q\cos\theta}{4\pi\varepsilon_0 r^2}$$

将 $\cos\theta=\frac{x}{r}$，$r=\sqrt{x^2+a^2}$ 代入，得

$$E=\frac{q}{4\pi\varepsilon_0}\frac{x}{(x^2+a^2)^{\frac{3}{2}}}$$

场强方向为沿轴线指向远方.

若 $x\gg a$，则 $(x^2+a^2)^{\frac{3}{2}}\approx x^3$，有

$$E=\frac{q}{4\pi\varepsilon_0 x^2}$$

这与点电荷场强公式一致，说明在远离圆环的地方，无须考虑圆环的大小和形状所带来的影响，带电圆环可被视为点电荷.

5.2　高斯定理及其应用

5.2.1　电场线　电通量

一、电场线

为了直观地描绘电场中的电场强度分布状况，在电场中作一系列有向曲线，使曲线上每一点的切线方向与该点的场强方向一致，这些有向曲线称为电场线（又称电力线）. 静电场的电场线具有以下特点：

（1）电场线起自正电荷（或来自无穷远），终止于负电荷（或伸向无穷远），但不会在无电荷的地方中断，也不会形成闭合线.

（2）因为静电场中的任一点只有一个确定的场强方向，所以任何两条电场线都不可能相交.

电场线不仅能表示出电场中各点场强的方向，其疏密程度还能用来表示电场的强弱，我们规定：电场中任一点场强的大小等于在该点附近垂直通过单位面积的电场线数，即

$$E=\frac{\mathrm{d}\Phi_e}{\mathrm{d}S} \tag{5-13}$$

式中，$\mathrm{d}S$ 为通过该点的一个垂直于电场方向的面元，$\mathrm{d}\Phi_e$ 为通过该面元的电场线数量，因此电场线稠密处电场强，电场线稀疏处电场弱. 匀强电场的电场线是一些方向一致、距离相等的平行线.

二、电通量

通过电场中某一个面的电场线数称为通过该面的电通量，用 Φ_e 表示. 国际单位制中，电通量的单位为 $\mathrm{N\cdot m^2/C}$ 或 $\mathrm{V\cdot m}$.

在匀强电场 $\boldsymbol{E}$ 中，若平面与电场方向垂直[图 5-4(a)]，则通过该平面的电通量 $\Phi_e=ES$. 若平面法线方向 $\boldsymbol{n}$ 与场强 $\boldsymbol{E}$ 成一夹角 θ[图 5-4(b)]，则通过该平面的电通量为

$$\Phi_e=ES\cos\theta=\boldsymbol{E}\cdot\boldsymbol{S} \tag{5-14}$$

式中，$\boldsymbol{S}=S\boldsymbol{n}$，$\boldsymbol{n}$ 为该平面的法向单位矢量.

若要求非匀强电场中通过任意曲面的电通量[图 5-4(c)]，可以先求通过曲面上每一个面积微元 $\mathrm{d}S$ 的电通量 $\mathrm{d}\Phi_e$，然后对整个面求和. 由于 $\mathrm{d}S$ 极小，面积元 $\mathrm{d}S$ 可以看作平面，面积元上的电场可认为是均匀的，则通过 $\mathrm{d}S$ 的电通量为

$$\mathrm{d}\Phi_e=E\cos\theta\,\mathrm{d}S=\boldsymbol{E}\cdot\mathrm{d}\boldsymbol{S}$$

式中，$\mathrm{d}\boldsymbol{S}$ 为面元矢量，$\mathrm{d}\boldsymbol{S}=\mathrm{d}S\cdot\boldsymbol{n}$，$\boldsymbol{n}$ 为该面元的单位法向矢量. 通过整个曲面的电通量为通过每个面积元电通量之和，即

$$\Phi_e=\iint_S\boldsymbol{E}\cdot\mathrm{d}\boldsymbol{S} \tag{5-15}$$

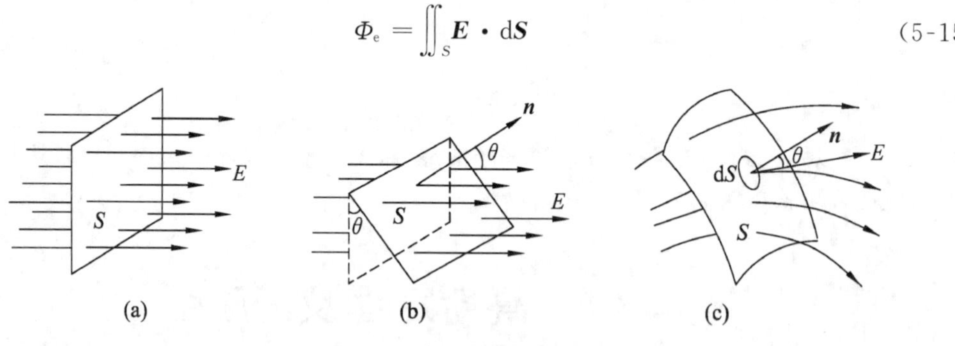

图 5-4　电通量的计算

对电场中的任意闭合曲面，我们规定，闭合曲面上任意面元的单位法线矢量由里指向外. 通过闭合曲面的电通量为

$$\Phi_e=\oint\!\!\!\oint_S\boldsymbol{E}\cdot\mathrm{d}\boldsymbol{S} \tag{5-16}$$

由 $\boldsymbol{E}$ 和 $\mathrm{d}\boldsymbol{S}$ 的取向关系可知，当电场线从闭合曲面内部穿出时，该处电通量为正值；当电场线从外部穿入闭合曲面时，该处电通量为负.

5.2.2 静电场的高斯定理

高斯是德国物理学家和数学家，他导出的静电场的高斯定理，借助静电场中任一封闭曲面的电通量和该封闭曲面所包围的电荷之间的数量关系，来说明静电场的一些特性，并可用于求得某些带电体的电场分布.

一、包围点电荷 q 的球面 S 的电通量

以点电荷 q 所在点为中心，取任意长度 r 为半径，作一球面 S 包围这个点电荷 q，如图 5-5(a)所示，由点电荷电场的球对称性可知，球面上任一点的电场强度 $\boldsymbol{E}$ 的大小为 $\frac{q}{4\pi\varepsilon_0 r^2}$，方向都是以 q 为原点的径向，电场通过该球面的电通量为

$$\Phi_e = \oint\!\!\!\oint_S \boldsymbol{E}\cdot d\boldsymbol{S} = \oint\!\!\!\oint_S \frac{q}{4\pi\varepsilon_0 r^2} dS = \frac{q}{4\pi\varepsilon_0 r^2}\oint\!\!\!\oint_S dS = \frac{q}{\varepsilon_0}$$

此结果与球面的半径 r 无关，实际上也与 q 是否在球心无关，只与它包围的电荷有关.

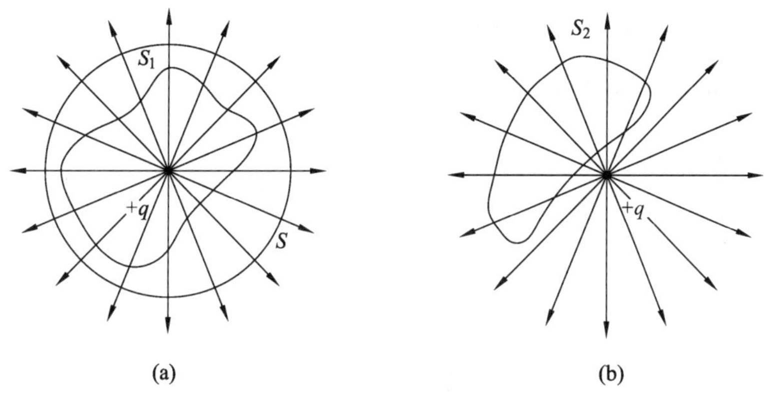

图 5-5 高斯定理

二、包围点电荷 q 的任意封闭曲面 S_1 的电通量

S_1 和球面 S 包围同一个点电荷 q，如图 5-5(a)所示，由于电场线的连续性，可以得出通过任意封闭曲面 S_1 的电场线数量就等于通过球面 S 的电场线数量，所以通过任意形状的包围点电荷 q 的封闭曲面的电通量都等于 $\frac{q}{\varepsilon_0}$.

三、不包围点电荷 q 的封闭曲面 S_2 的电通量

如图 5-5(b)所示，由电场线的连续性可得，由一侧穿入 S_2 的电场线数等于从另一端穿出 S_2 的电场线数，所以净通过 S_2 的电场线数为零，即

$$\Phi_e = \oint\!\!\!\oint_{S_2} \boldsymbol{E}\cdot d\boldsymbol{S} = 0$$

四、任意带电系统的电通量

以上只讨论了在单个点电荷的电场中通过任一封闭曲面的电通量，若把任意带电系统的电场看成是点电荷电场的集合，上面的结果可推广到任意带电系统的电场中.

设真空中有 m 个点电荷，其中有 n 个被包围在一个任意闭合曲面 S 中，则通过闭合曲面 S 的电通量为

$$\begin{aligned}\Phi_e &= \oiint_S \boldsymbol{E} \cdot \mathrm{d}\boldsymbol{S} = \oiint_S \left(\sum_{i=1}^{n} \boldsymbol{E}_i + \sum_{i=n+1}^{m} \boldsymbol{E}_i\right) \cdot \mathrm{d}\boldsymbol{S} \\ &= \sum_{i=1}^{n} \oiint_S \boldsymbol{E}_i \cdot \mathrm{d}\boldsymbol{S} + \sum_{i=n+1}^{m} \oiint_S \boldsymbol{E}_i \cdot \mathrm{d}\boldsymbol{S} \\ &= \sum_{i=1}^{n} \oiint_S \boldsymbol{E}_i \cdot \mathrm{d}\boldsymbol{S} = \frac{1}{\varepsilon_0} \sum_{i=1}^{n} q_i \end{aligned} \tag{5-17}$$

综上可得如下结论：在真空中任意带电系统的电场内，通过任意闭合曲面 S 的电通量 Φ_e 等于该曲面所包围的所有电荷量的代数和 $\sum q_i$ 除以 ε_0，与 S 外电荷无关，这就是高斯定理. 其数学表达式为

$$\oiint_S \boldsymbol{E} \cdot \mathrm{d}\boldsymbol{S} = \frac{1}{\varepsilon_0} \sum_{i=1}^{n} q_i \tag{5-18}$$

式中，$\sum q_i$ 为曲面内所有电荷量的代数和. 应当注意，高斯定理说明了通过封闭面的电通量只与该封闭面所包围的电荷有关，而封闭面 S 上任一点的电场强度应该由激发该电场的所有场源电荷（包括封闭曲面内、外所有的电荷）激发的电场叠加而成.

5.2.3 高斯定理的应用

静电场的高斯定理是反映静电场性质的一条普遍定律，在电荷分布具有某种对称性时用高斯定理求该种电荷系统的电场分布比利用场强叠加原理求电场简便得多.

例题 5-3 真空中有一半径为 R、带电荷量为 $+Q$ 的均匀带电球面，求该均匀带电球面的电场分布.

解： 由于场源电荷均匀分布在球面上，所以电场的分布应具有球对称性，即离球心等距离点上的电场强度大小都相等，方向各沿着半径方向.

若求球外某点 P 处（离球心 O 为 r）的场强，则选通过该点的半径为 $r(r>R)$ 的同心球面为高斯面（图 5-6 中最外面的虚线球面），设高斯面上的场强大小为 E，则通过高斯面的电通量为

$$\Phi_e = \oiint_S \boldsymbol{E} \cdot \mathrm{d}\boldsymbol{S} = \oiint_S E\cos\theta \mathrm{d}S = E \oiint_S \mathrm{d}S = E \cdot 4\pi r^2$$

该高斯面包围了所有电荷量 Q，所以根据高斯定理，又有

$$\Phi_e = \frac{1}{\varepsilon_0} \sum_{S面内} q = \frac{Q}{\varepsilon_0}$$

所以

$$E \cdot 4\pi r^2 = \frac{Q}{\varepsilon_0}$$

$$E = \frac{Q}{4\pi\varepsilon_0 r^2} \quad (r>R)$$

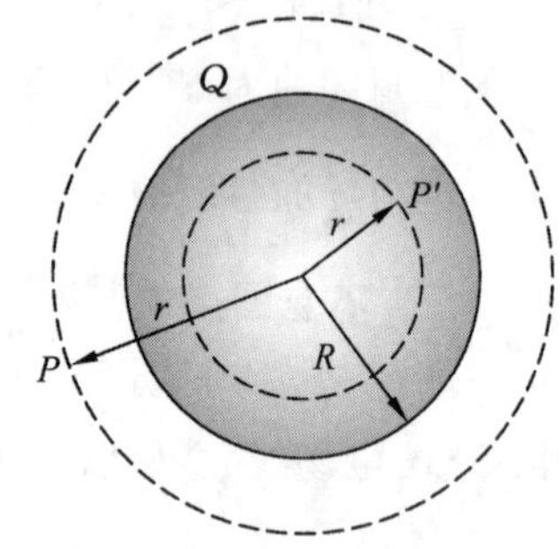

图 5-6 例题 5-3 图

这相当于电荷量 Q 都集中在球心处的场强.

若求球面内某点 P' 处（离球心 O 为 r）的场强，则选通过该点的半径为 $r(r<R)$ 的同心球面为高斯面，设高斯面上的场强大小为 E，则通过高斯面的电通量 $\Phi_e = E \cdot 4\pi r^2$，但由于电荷量只分布在球面上，于是该高斯面包围的电荷量 $\sum_{S面内} q = 0$，所以球面内

$$E=0(r<R)$$

可见均匀球面内部场强处处为零.

图 5-7 为均匀带电球面电场的 E-r 曲线,从曲线可以看出,场强在球面上是不连续的.

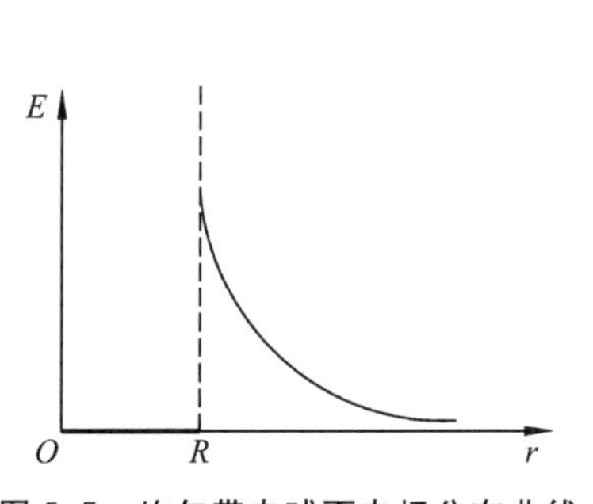

图 5-7　均匀带电球面电场分布曲线

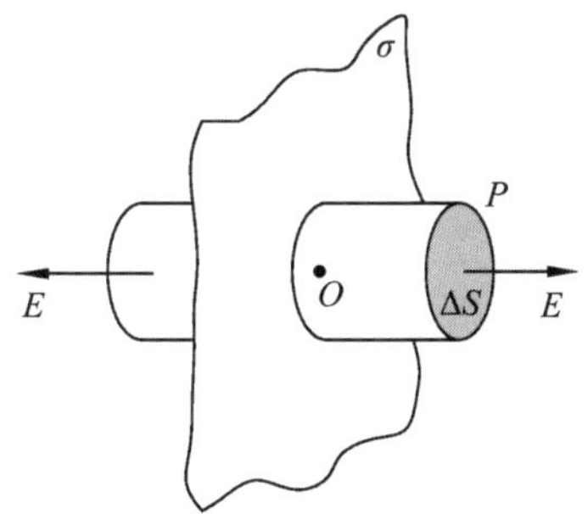

图 5-8　例题 5-4 图

对于电荷均匀分布的球体(电荷体密度为 ρ)或多层同心均匀带电球壳,都可以利用高斯定理求其电场的分布.

例题 5-4　若无限大均匀带电平面的电荷面密度为 σ ($\sigma>0$),求该平面周围的电场分布.

解: 考虑距带电平面为 r 的 P 点的场强 $\boldsymbol{E}$(图 5-8),由于电荷分布对于垂线 OP 是对称的,所以 P 点的场强必然垂直于该带电平面. 又由于电荷均匀分布在一个无限大平面上,所以电场分布必然对该平面对称,且在带电平面两侧与平面距离相等处场强大小相等,方向垂直指离平面,因此可选一个其轴垂直于带电平面、两底面与平面等距的圆筒式封闭曲面为高斯面,而 P 点位于它的一个底面上. 由于圆筒的侧面上各点的 E 与侧面平行,所以通过侧面的电通量为零;而两底面上的场强的方向与该处法线方向相同,$\theta=0°$,若以 ΔS 表示一个底面的面积,则通过高斯面的电通量为

$$\Phi_e = \oiint_S \boldsymbol{E}\cdot d\boldsymbol{S} = 2\iint_{\Delta S} \boldsymbol{E}\cdot d\boldsymbol{S} = 2E\Delta S$$

由高斯定理,得

$$2E\Delta S=\frac{\sigma\,\Delta S}{\varepsilon_0}$$

$$E=\frac{\sigma}{2\varepsilon_0} \tag{5-19}$$

此结果表明,无限大均匀带电平面两侧的电场是均匀的.

若无限大平面带负电($\sigma<0$),则两侧的电场方向垂直指向平面.

对于由几个平行的无限大带电平面构成的带电系统,产生的总电场不再具有单个平面时的简单对称性,所以不能直接用高斯定理求场强,但可利用单个平面时的结果,再用场强叠加原理求得其总电场分布. 例如,对两个无限大带等量异号电荷($\pm\sigma$)平行平面的电场,可求得在两平面内部 $E=\dfrac{\sigma}{\varepsilon_0}$,方向为带正电平面指向带负电平面;在两平面外部 $E=0$.

例题 5-5　若无限长均匀带电直线的电荷线密度为 λ($\lambda>0$),求线外任一点的电场.

解: 由于电荷分布具有轴对称性,产生的电场对带电直线也具有轴对称性,即离带电直线距离相等的各点处,电场强度的大小相等,方向垂直直线向外. 作底面半径为 r、高为 h 的

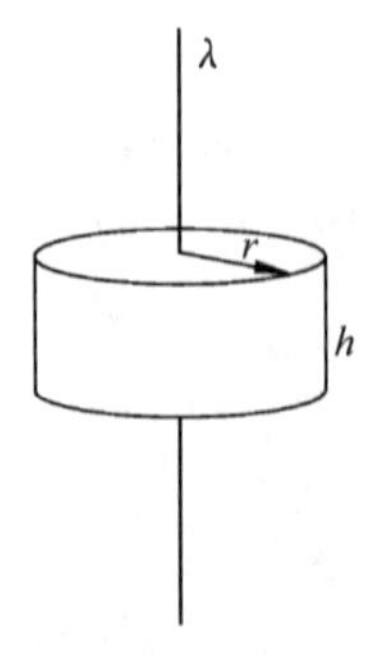

图 5-9　例题 5-5 图

同轴圆柱形闭合曲面为高斯面，如图 5-9 所示．两底面上各处的场强大小虽不同，但场强方向始终与面元的方向垂直，故通过两底面的电通量为零；通过侧面的电场线方向和侧面的法线方向相同，$\theta=0°$．通过高斯面的电通量为

$$\Phi_e=\oint\!\!\!\!\oint_S \boldsymbol{E}\cdot \mathrm{d}\boldsymbol{S}=\iint_{上底}\boldsymbol{E}\cdot \mathrm{d}\boldsymbol{S}+\iint_{侧}\boldsymbol{E}\cdot \mathrm{d}\boldsymbol{S}+\iint_{下底}\boldsymbol{E}\cdot \mathrm{d}\boldsymbol{S}$$

$$=\iint_{侧}\boldsymbol{E}\cdot \mathrm{d}\boldsymbol{S}=E\cdot 2\pi r\cdot h$$

由高斯定理，可得

$$E\cdot 2\pi r\cdot h=\frac{\lambda h}{\varepsilon_0}$$

所以

$$E=\frac{\lambda}{2\pi\varepsilon_0 r}\tag{5-20}$$

若无限长直线均匀带负电（$\lambda<0$），则直线外场强方向垂直指向直线．

5.3　电场力的功　电势

5.3.1　电场力的功　静电场的环路定理

在点电荷 q 的电场中，如图 5-10 所示，把试验电荷 q_0 由 a 点沿任意路径 L 移至 b 点，在此过程中 q_0 受到的电场力 $\boldsymbol{F}$ 为变力，故把整个路径分成许多位移元 $\mathrm{d}\boldsymbol{l}$，每个 $\mathrm{d}\boldsymbol{l}$ 段中场强 $\boldsymbol{E}$、电场力 $\boldsymbol{F}$ 看作不变，则做功 $\mathrm{d}A$ 为

$$\mathrm{d}A=\boldsymbol{F}\cdot \mathrm{d}\boldsymbol{l}=q_0E\cos\theta \mathrm{d}l$$

从 a 到 b 过程中电场力做的功为

$$A_{ab}=\int_a^b q_0E\cos\theta \mathrm{d}l\tag{5-21}$$

而 $\cos\theta \mathrm{d}l=\mathrm{d}r$，$E=\dfrac{Q}{4\pi\varepsilon_0 r^2}$，代入式（5-21），得

$$A_{ab}=\frac{Qq_0}{4\pi\varepsilon_0}\int_{r_a}^{r_b}\frac{1}{r^2}\mathrm{d}r=\frac{Qq_0}{4\pi\varepsilon_0}\left(\frac{1}{r_a}-\frac{1}{r_b}\right)\tag{5-22}$$

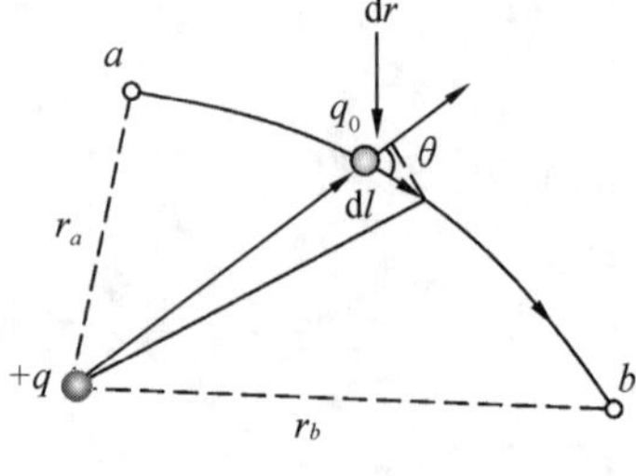

图 5-10　电场力做功

式中，r_a、r_b 分别表示起点 a、终点 b 到场源电荷 q 的距离．
可见，在点电荷 q 形成的电场中，电场力对 q_0 所做的功只与 q_0 及它移动的始末位置有关，而与它所走的路径无关．

在点电荷系的电场中，根据场强叠加原理 $\boldsymbol{E}=\sum\limits_{i=1}^{n}\boldsymbol{E}_i$，试验电荷 q_0 从点 a 沿任意路径移到点 b 过程中电场力所做的总功为

$$A_{ab}=\int_a^b q_0\boldsymbol{E}\cdot \mathrm{d}\boldsymbol{l}=\int_a^b q_0\sum_i \boldsymbol{E}_i\cdot \mathrm{d}\boldsymbol{l}=\sum_i q_0\int_a^b \boldsymbol{E}_i\cdot \mathrm{d}\boldsymbol{l}=\sum_i A_i$$

上式中，右边的 A_i 表示试验电荷 q_0 在各个点电荷单独产生的电场中从点 a 移到点 b 过程中

电场力所做的功,它们都只与路径的始末位置有关,而与路径无关,由此可见点电荷系的电场力对试验电荷所做的功也只与它的始末位置有关,而与移动的路径无关.

任何一个带电体都可以看成由许多很小的电荷元组成的点电荷系,于是我们得到这样的结论:在任何静电场中,电荷运动时电场力所做的功只与始末位置有关,而与电荷运动的路径无关,即静电场是**保守场**.

若试验电荷 q_0 在静电场中沿任一闭合路径 L 绕行一周,静电场力所做的功为零,即

$$q_0\oint_L \boldsymbol{E}\cdot\mathrm{d}\boldsymbol{l}=0$$

因为 $q_0\neq 0$,所以上式可写为

$$\oint_L \boldsymbol{E}\cdot\mathrm{d}\boldsymbol{l}=0 \tag{5-23}$$

式(5-23)表明,静电场中场强沿任意闭合环路的线积分为零,静电场的这一特性称为静电场的**环路定理**,它和“静电场做功与路径无关”的说法是等效的.静电场的环路定理和高斯定理是描述静电场的两个基本定理.

5.3.2 电势能 电势

在力学中,对于保守力场可以引入一个与位置有关的势能,当物体在保守力场中从一个位置移到另一个位置时,保守力所做的功等于这个势能增量的负值.例如,重力场是保守力场,物体在重力场中具有重力势能,重力做功等于重力势能的减少量.同样,静电场也是保守力场,所以在静电场中也可以引入势能的概念,称为**电势能**.设 W_a、W_b 分别表示试探电荷 q_0 在起点 a、终点 b 的电势能,当 q_0 由 a 点移至 b 点时,电场力所做的功为

$$A_{ab}=q_0\int_a^b \boldsymbol{E}\cdot\mathrm{d}\boldsymbol{l}=-(W_b-W_a) \tag{5-24}$$

即当电荷从一个位置移动到另一位置时,电场力做功就等于电势能增量的负值,电势能的单位是 J.

电势能与其他势能一样,是空间坐标的函数,其量值具有相对性,但电荷在静电场中两点的电势能差却有确定的值.为确定电荷在静电场中某点的电势能,应事先选择某一点作为电势能的零点.一般选择无穷远处为零电势能点,即 $W_\infty=0$,则电荷 q_0 在电场中 a 点的电势能等于将电荷 q_0 从 a 点移至无穷远处时电场力所做的功,即

$$W_a=A_{a\infty}=q_0\int_a^\infty \boldsymbol{E}\cdot\mathrm{d}\boldsymbol{l} \tag{5-25}$$

电势能是电荷与电场间相互作用的能量,是电荷与电场所组成的系统共有的,与试验电荷的电荷量有关,如式(5-25)表示的电荷 q_0 在 a 点的电势能就与 q_0 的大小成正比.因此,电势能不能描述静电场本身在某点的特性,但比值 $\dfrac{W_a}{q_0}$ 却与试验电荷无关,反映了静电场本身在 a 点的性质,为此我们引进电势的概念.电场中某一点的**电势** U 定义为:单位正电荷在该点所具有的电势能.如果选择无穷远处的电势能为零,也就是电势为零,则 a 点的电势为

$$U_a=\frac{W_a}{q_0}=\int_a^\infty \boldsymbol{E}\cdot\mathrm{d}\boldsymbol{l} \tag{5-26}$$

它在数值上等于单位正电荷从 a 点经过任意路径移到无穷远处时电场力所做的功.电势具

有相对性,某一点的电势都是相对零电势点而言的.电势是一个标量,单位为伏特(V),$1\ \mathrm{V}=1\ \mathrm{J}\cdot\mathrm{C}^{-1}$.

静电场中任意两点 a、b 的电势之差,称为这两点间的电势差或电位差,也可称为电压,用 U_{ab} 表示,由式(5-26)可推得

$$U_{ab}=U_a-U_b=\int_a^{\infty}\boldsymbol{E}\cdot\mathrm{d}\boldsymbol{l}-\int_b^{\infty}\boldsymbol{E}\cdot\mathrm{d}\boldsymbol{l}=\int_a^{b}\boldsymbol{E}\cdot\mathrm{d}\boldsymbol{l} \tag{5-27}$$

上式反映了电势差与场强的关系,它表明静电场中任意两点的电势差的数值等于将单位正电荷由一点移到另一点的过程中,静电场力所做的功.

若电场中有点电荷 q 从 a 点移动到 b 点,则电场力对它做功为

$$A_{ab}=q\int_a^{b}\boldsymbol{E}\cdot\mathrm{d}\boldsymbol{l}=q(U_a-U_b)=qU_{ab} \tag{5-28}$$

在点电荷 q 的电场中,若选无限远处为零电势点,由电势的定义式(5-26)可得,在与点电荷 q 相距为 r 的任一场点 P 上的电势为

$$U_P=\int_P^{\infty}\boldsymbol{E}\cdot\mathrm{d}\boldsymbol{l}=\int_r^{\infty}\frac{q}{4\pi\varepsilon_0 r^2}\mathrm{d}r=\frac{q}{4\pi\varepsilon_0 r} \tag{5-29}$$

式(5-29)是点电荷电势的计算公式,它表示在点电荷的电场中任意一点的电势与点电荷的电荷量 q 成正比,与该点到点电荷的距离成反比.当 $Q>0$ 时,$U_P>0$,空间各点电势为正;当 $Q<0$ 时,$U_P<0$.

如果电场由点电荷 $q_1,q_2,\cdots,q_n$ 组成,那么电场中某一点 P 的电势为

$$U_P=\int_P^{\infty}\boldsymbol{E}\cdot\mathrm{d}\boldsymbol{l}=\int_{r_i}^{\infty}\sum_{i=1}^{n}\boldsymbol{E}_i\cdot\mathrm{d}\boldsymbol{l}=\sum_{i=1}^{n}\int_{r_i}^{\infty}\boldsymbol{E}_i\cdot\mathrm{d}\boldsymbol{l}=\sum_{i=1}^{n}U_i=\sum_{i=1}^{n}\frac{1}{4\pi\varepsilon_0}\cdot\frac{q_i}{r_i} \tag{5-30}$$

即电场中某一点的电势是各点电荷单独存在时的电场在该点的电势的代数和,这就是**电势叠加原理**,式中 U_i 表示第 i 个点电荷 q_i 单独存在时该点的电势,r_i 表示该点到第 i 个点电荷 q_i 的距离.

对于求电荷连续分布的带电体所产生的电场中某一点的电势,则可将连续带电体进行无限分割,以 $\mathrm{d}q$ 表示带电体上的任一电荷元,r 表示该点到电荷元 $\mathrm{d}q$ 的距离,则该点电势为

$$U=\int_{\Omega}\frac{\mathrm{d}q}{4\pi\varepsilon_0 r} \tag{5-31}$$

例题 5-6 求电偶极子电场中的电势分布.

解:如图 5-11 所示,设 $+q$、$-q$ 到 P 点的距离分别为 r_+ 和 r_-,电偶极子中心到 P 点的距离为 r,r 与电偶极矩 $\boldsymbol{p}$ 之间的夹角为 θ,则两个点电荷在 P 点产生的电势为

$$U=U_++U_-=\frac{q}{4\pi\varepsilon_0}\left(\frac{1}{r_+}-\frac{1}{r_-}\right)=\frac{q}{4\pi\varepsilon_0}\frac{r_--r_+}{r_+r_-}$$

因为 r_+、r_- 和 r 都远大于 l,因此可近似得到 $r_+r_-\approx r^2$,$r_--r_+\approx l\cos\theta$,代入上式,得电偶极子的电势为

$$U=\frac{1}{4\pi\varepsilon_0}\cdot\frac{ql\cos\theta}{r^2}=\frac{1}{4\pi\varepsilon_0}\cdot\frac{p\cos\theta}{r^2} \tag{5-32}$$

从上式可见,电偶极子电场中任意一点的电势与电矩大小 p 成正比,与距离 r 的平方成反比,且与方位有关.根据余弦函数的性质可知,电偶极子形成的电场中,电势被中垂面分为两个正负对称的区域,中垂面上各点的电势为零,在中垂面上靠 $+q$ 一侧的电势为正,另一侧为负.图 5-12 是电偶极子电场的电势分布的某一平面图,其中实线是等势线,虚线是电场

线，等势线与电场线互相正交.

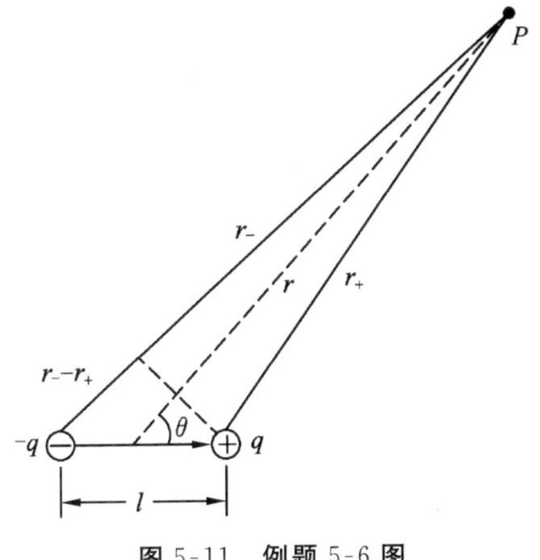

图 5-11　例题 5-6 图

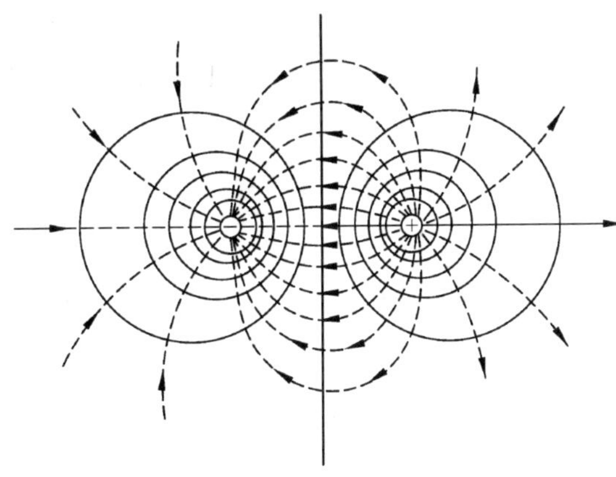

图 5-12　电偶极子的电场、电势分布

例题 5-7　电荷量为 q 的电荷均匀分布在半径为 R 的圆环上，求圆环轴线上任一点 P 的电势.

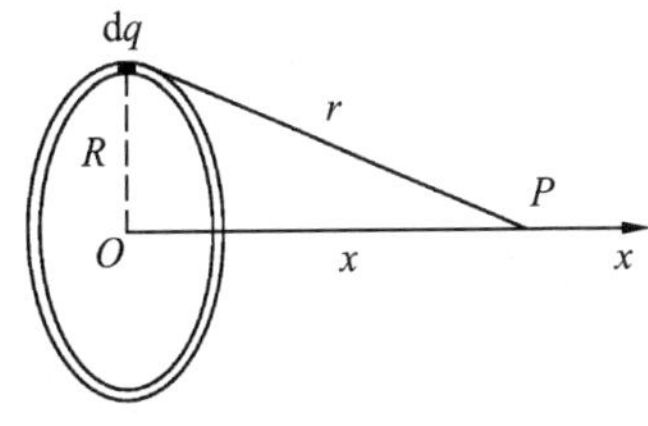

图 5-13　例题 5-7 图

解： 取坐标轴如图 5-13 所示，x 轴沿着圆环的轴线，原点 O 位于环中心处. 设 P 点距环心的距离为 x，它到环上任一点的距离为 r，在环上任取一电荷元 $\mathrm{d}q$，它在 P 点的电势为

$$\mathrm{d}U=\frac{\mathrm{d}q}{4\pi\varepsilon_0 r}$$

于是整个带电圆环在 P 点的电势为

$$U=\oint\frac{\mathrm{d}q}{4\pi\varepsilon_0 r}=\frac{q}{4\pi\varepsilon_0\sqrt{R^2+x^2}}$$

在 $x=0$ 处，即圆环中心处的电势为

$$U=\frac{q}{4\pi\varepsilon_0 R}$$

例题 5-8　均匀带电的球面，半径为 R，带电荷量为 q，求其电势的分布.

解： 先由高斯定理求得电场强度在空间的分布为

$$E=\begin{cases}\dfrac{q}{4\pi\varepsilon_0 r^2}, & r>R\\ 0, & r<R\end{cases}$$

根据电势定义，$U_P=\int_P^\infty \boldsymbol{E}\cdot\mathrm{d}\boldsymbol{l}$.

对于球外任一点，若距球心为 $r(r>R)$，则电势为

$$U=\int_r^\infty \boldsymbol{E}\cdot\mathrm{d}\boldsymbol{l}=\int_r^\infty\frac{q}{4\pi\varepsilon_0 r^2}\mathrm{d}r=\frac{q}{4\pi\varepsilon_0 r}\quad(r>R)$$

对于球内的任一点，若距球心为 $r(r<R)$，则电势为

$$U=\int_r^\infty \boldsymbol{E}\cdot\mathrm{d}\boldsymbol{l}=\int_r^R E\,\mathrm{d}r+\int_R^\infty E\,\mathrm{d}r$$

$$=\int_R^\infty\frac{q}{4\pi\varepsilon_0 r^2}\mathrm{d}r=\frac{q}{4\pi\varepsilon_0 R}\quad(r\leqslant R)$$

结果表明，在球面外部的电势，相当于把电荷集中在球心的点电荷 q 的电势；在球面内部，电势处处相等，且与球面处 $(r=R)$ 的电势相等，球面是个等势面. 均匀带电球面的电势分布如图 5-14 所示.

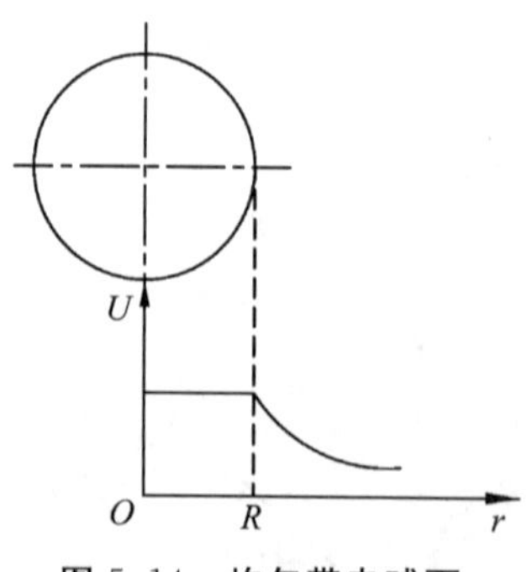

图 5-14　均匀带电球面的电势分布

5.3.3　等势面　电场强度和电势的关系

一、等势面

在电场中电势相等的点所构成的面称为**等势面**. 例如，点电荷 q 电场中的电势 $U=\frac{q}{4\pi\varepsilon_0 r}$，与 q 等距的各点是等势点，其等势面就是以 q 为中心的同心球面. 不同电场的等势面的形状不同，电场的强弱也可以通过等势面的疏密来形象地描述. 通常画等势面时规定相邻等势面的电势差相同，等势面密集处的场强数值大，等势面稀疏处场强数值小. 图 5-15、图 5-16 分别是点电荷和带等量异号电荷的两块无限大平行平板的电场线（虚线）和等势面（实线）. 电场线与等势面处处正交并指向电势降落的方向. 电荷沿着等势面运动时，电场力不做功.

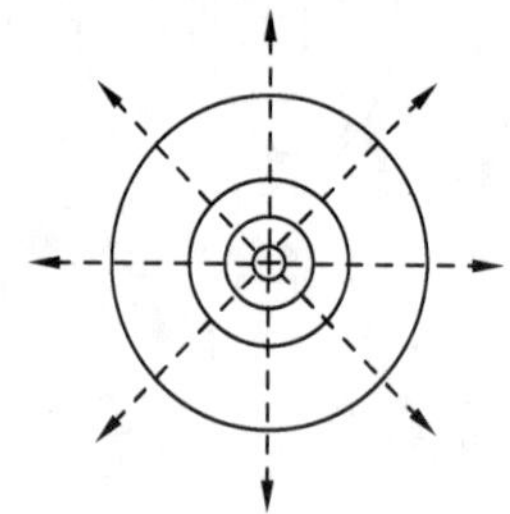

图 5-15　点电荷电场的电场线和等势面

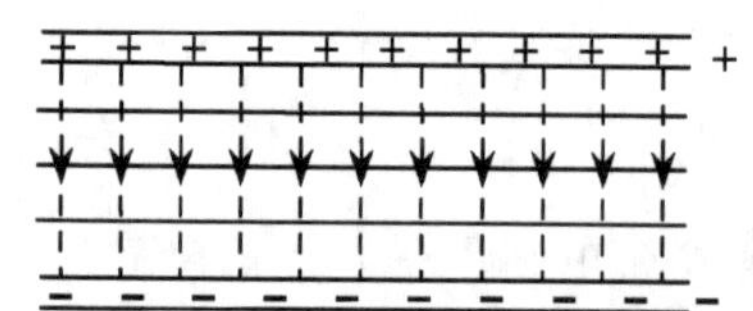

图 5-16　两块带等量异号电荷的无限大平行平板的电场线和等势面

等势面是真实存在的，实际遇到的很多问题中等势面的分布较容易通过实验描绘出来，根据等势面的形状可以分析电场的分布.

二、电势梯度

如图 5-17 所示，在电场中取两个靠得很近的等势面 S_1 和 S_2，它们的电势分别为 U 和 $U+\mathrm{d}U$，且假设 $\mathrm{d}U>0$. A 为等势面 S_1 上的一点，过 A 点作等势面的法线，规定法线正方向指向电势升高的方向，$\boldsymbol{n}$ 为等势面的法向单位矢量. 以 $\mathrm{d}n$ 表示过 A 点沿 $\boldsymbol{n}$ 方向两等势面的距离 AB，电势沿 $\boldsymbol{n}$ 方向单位长度上的变化为 $\frac{\mathrm{d}U}{\mathrm{d}n}$；在等势面 S_2 上任取一点 C，AC 的距离为 $\mathrm{d}l$，电势沿 $\mathrm{d}\boldsymbol{l}$ 方向单位长度上的变化为 $\frac{\mathrm{d}U}{\mathrm{d}l}$. 由图 5-17 可知

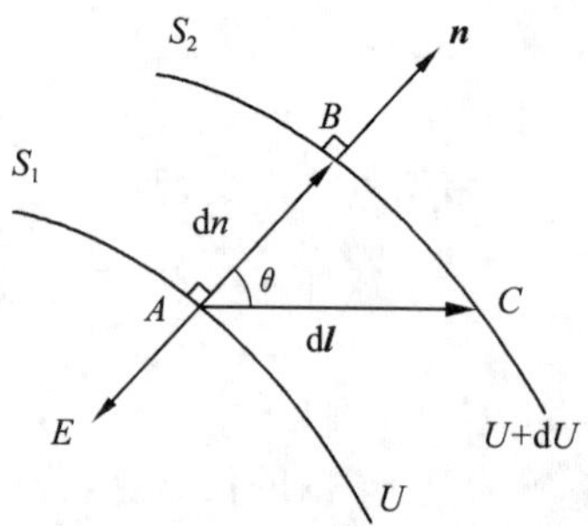

图 5-17　场强与电势的关系

$$\mathrm{d}n=\mathrm{d}l\cos\theta\leqslant\mathrm{d}l,\ \frac{\mathrm{d}U}{\mathrm{d}n}\geqslant\frac{\mathrm{d}U}{\mathrm{d}l}=\frac{\mathrm{d}U}{\mathrm{d}n}\cos\theta$$

于是 A 点处电势增加率最大的方向是 $\boldsymbol{n}$ 方向，我们称矢量 $\frac{\mathrm{d}U}{\mathrm{d}n}\boldsymbol{n}$ 为 A 点的电势梯度，电势梯度的单位是 V/m.

将正电荷 q 从等势面 S_1 移到等势面 S_2，若沿 $\mathrm{d}\boldsymbol{l}$ 方向从 A 点移到 C 点，电场力做功为

$$\mathrm{d}A=q\boldsymbol{E}\cdot\mathrm{d}\boldsymbol{l}=q[U-(U+\mathrm{d}U)]=-q\mathrm{d}U$$

这和沿 $\boldsymbol{n}$ 方向将 q 从 A 点移到 B 点所做的功相同，即

$$q\boldsymbol{E}\cdot\mathrm{d}n\boldsymbol{n}=-q\mathrm{d}U$$

所以

$$\boldsymbol{E}\cdot\boldsymbol{n}=-\frac{\mathrm{d}U}{\mathrm{d}n} \tag{5-33}$$

由于 $\boldsymbol{E}$ 与等势面正交，故 $\boldsymbol{E}$ 与 $\boldsymbol{n}$ 平行，又由式(5-33)知 $\boldsymbol{E}\cdot\boldsymbol{n}<0$，所以 $\boldsymbol{E}$ 和 $\boldsymbol{n}$ 的方向相反，即 $\boldsymbol{E}$ 指向电势降落的方向.

直角坐标系下，式(5-33)可写为

$$\boldsymbol{E}=-\left(\frac{\partial U}{\partial x}\boldsymbol{i}+\frac{\partial U}{\partial y}\boldsymbol{j}+\frac{\partial U}{\partial z}\boldsymbol{k}\right)=-\nabla U \tag{5-34}$$

即电场中各点的电场强度等于该点电势梯度的负值，即场强在数值上等于该处电势梯度值，而方向始终与电势梯度方向相反. 显然场强数值比较大的区域，电势变化得快，也就是说，等势面密集的地方场强较强.

电场强度与电势是从不同角度描述电场性质的两个重要的物理量，场强 $\boldsymbol{E}$ 描述了电场力的特性，而电势 U 则描述了电场能的特性. 它们之间有内在联系，式(5-26)表达了它们的积分关系，式(5-34)为微分关系.

5.4　静电场中的导体

5.4.1　导体的静电平衡

金属导体的电结构特征是在它的内部有可以自由移动的电荷——自由电子. 在没有外电场的时候，自由电子做无规则的热运动，金属导体内的任一部分都是电中性的.

将金属导体放在静电场 $\boldsymbol{E}_0$ 中，导体受到外电场的作用，导体内的自由电子将逆着电场方向做宏观的定向运动，引起导体中电荷的重新分布，这就是**静电感应**现象. 重新分布的电荷同样在空间激发电场，将这部分电场称为附加电场 $\boldsymbol{E}'$，空间任一点的总电场强度 $\boldsymbol{E}$ 就是外加电场 $\boldsymbol{E}_0$ 和附加电场 $\boldsymbol{E}'$ 的矢量和，即

$$\boldsymbol{E}=\boldsymbol{E}_0+\boldsymbol{E}' \tag{5-35}$$

导体内，附加电场 $\boldsymbol{E}'$ 与外电场 $\boldsymbol{E}_0$ 方向相反，只要导体内总场强 $\boldsymbol{E}$ 不为零，自由电子的定向运动就不停止，$\boldsymbol{E}'$ 继续增强，直到 $\boldsymbol{E}'$ 与 $\boldsymbol{E}_0$ 完全抵消，导体内总场强 $\boldsymbol{E}$ 为零，这时自由电子的定向运动就停止了，导体达到**静电平衡**. 由静电感应现象所产生的电荷称为**感应电荷**.

导体的静电平衡条件为：

(1) 导体内部的场强处处为零.

(2) 导体表面上的场强处处垂直于导体表面.

由导体的静电平衡条件容易推出处于静电平衡状态的金属导体是等势体,导体表面是等势面.

5.4.2 静电平衡时导体上的电荷分布

达到静电平衡的金属导体,电荷只分布在导体的表面上,导体表面上电荷的分布与导体本身的形状及附近带电体的状况等多种因素有关.

一、实心导体

在一处于静电平衡状态的实心导体内部任取一高斯面 S,如图 5-18 所示,由于导体内场强处处为零,由高斯定理 $\oiint_S \boldsymbol{E}\cdot \mathrm{d}\boldsymbol{S}=\frac{1}{\varepsilon_0}\sum q_i$ 可得,曲面内电荷必为零,即导体内部处处无净电荷,电荷只能分布在导体的外表面上.

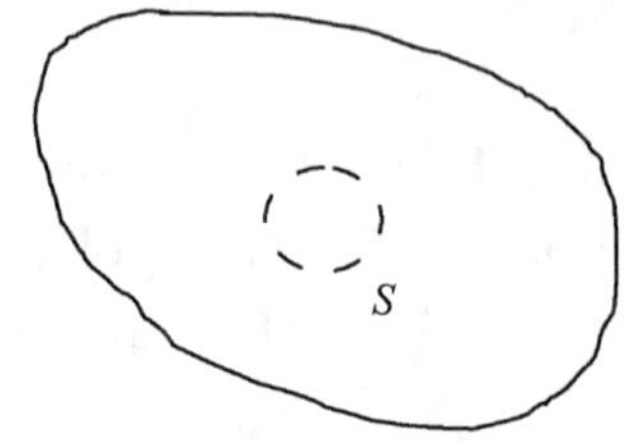

图 5-18 实心导体电荷分布

二、空腔导体

(1) 对于腔内没有带电体的空腔导体,在导体内部作一包围空腔的高斯面 S,如图 5-19(a)所示,由于 S 面上的场强处处为零,由高斯定理可知导体空腔内表面上电荷量的代数和为零.假设在导体内表面分布有等量异号电荷,如图 5-19(b)所示,这时电场线就会从导体空腔内表面某正电荷处出发,终止到导体空腔内表面的负电荷处,这与静电平衡时导体为等势体相矛盾,所以导体内表面没有电荷量分布,腔内没有电荷的空腔导体在静电平衡时电荷都分布在导体的外表面上.

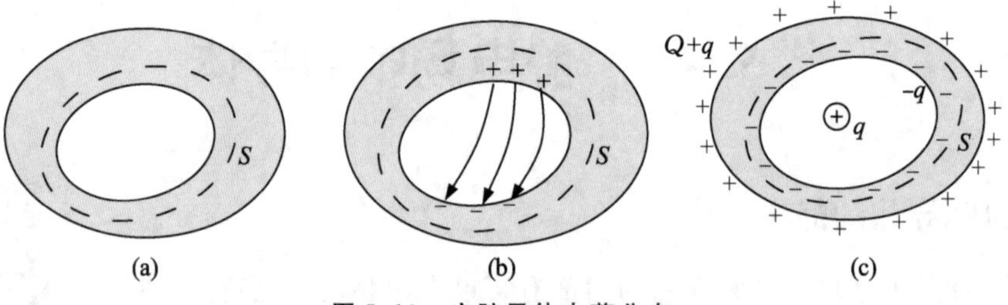

图 5-19 空腔导体电荷分布

(2) 对于腔内有带电体的空腔导体,设导体原带电荷量为 Q,腔内电荷量为 q,在导体内部作一包围空腔的高斯面 S,如图 5-19(c)所示.由于 S 面上的场强处处为零,由高斯定理可知高斯面内包围的电荷量为零,故导体内表面上有感应电荷,电荷量为 $-q$;再由电荷守恒定律可得外表面上带电荷量为 $Q+q$.

三、导体表面电荷面密度

对于孤立导体,实验表明:导体曲率越大处(例如,尖端部分),表面电荷面密度也越大;导体曲率较小处,表面电荷面密度也较小;在表面凹进去的地方(曲率为负),电荷密度更小.

另外,由高斯定理可以求出导体表面附近的场强与该表面处电荷面密度的关系.如图 5-20 所示,在导体表面紧邻处取一点 P,过 P 点作一个平行于导体表面的小面积元 ΔS,并以此为底,以过 P 点的导体表面法线为轴作一个封闭的扁筒,扁筒的另一底面 $\Delta S'$ 在导体的内部.以此封闭的扁筒为高斯面,由于导体内部的场强为零,导体表面紧邻处的场强又与

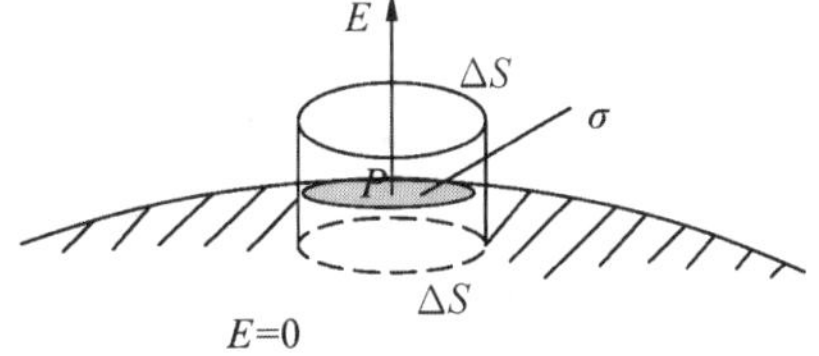

图 5-20　导体表面的场强

表面垂直，所以通过高斯面的电通量就是通过 ΔS 面的电通量．设 σ 为导体表面上 P 点附近的电荷面密度，E 为 P 点处的场强大小，由高斯定理可得

$$E\Delta S=\frac{1}{\varepsilon_0}\sigma\Delta S$$

所以

$$E=\frac{\sigma}{\varepsilon_0} \tag{5-36}$$

上式表明带电导体表面附近的电场强度大小与该处面电荷密度成正比．

对于有尖端的导体，由于尖端处电荷密度很大，因此尖端处的电场也很强．当这里的电场强到一定值时，就可使空气电离而产生尖端放电现象．在尖端放电过程中，还可使原子受激发而出现电晕．避雷针、范德格拉夫起电机、静电复印机就是根据尖端放电的原理制成的．在高压设备中，为了防止因尖端放电引起危险和电能的浪费，可采取表面光滑、较粗的导体．

5.4.3　静电屏蔽

根据导体空腔的性质，若导体空腔内部不存在其他带电体，则无论导体外部电场如何分布，也不管导体空腔自身带电情况如何，只要处于静电平衡状态，腔内必定不存在电场，如图 5-21所示．另外，如果空腔内部存在电荷量为 q 的带电体，则在空腔内、外表面必将分别产生 $-q$ 和 $+q$ 的感应电荷，而外表面的电荷 $+q$ 将会在空腔外空间产生电场，如图 5-22(a)所示．若将导体接地，则由外表面电荷产生的电场随之消失，于是腔外空间将不再受腔内电荷的影响，如图 5-22(b)所示．这种利用导体静电平衡性质使导体空腔内部空间不受腔外电荷和电场的影响，或者将导体空腔接地使腔外空间免受腔内电荷和电场影响的现象，称为**静电屏蔽**．

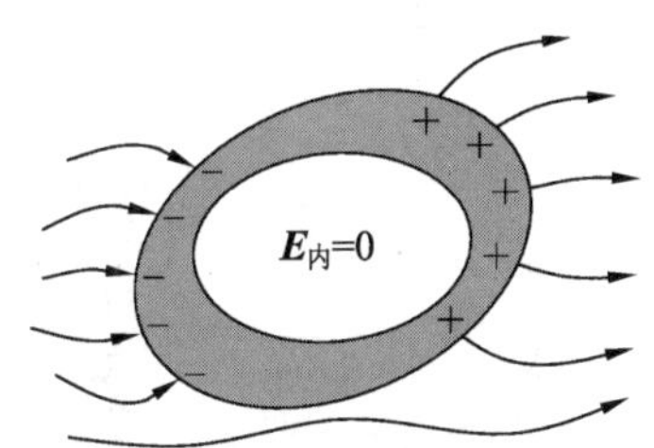

图 5-21　对腔外电场的屏蔽

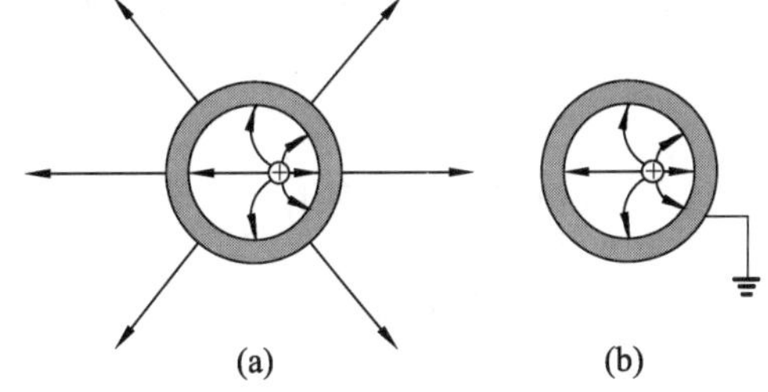

图 5-22　对腔内电场的屏蔽

静电屏蔽在电磁测量和无线电技术中有广泛的应用，如常把测量仪器或整个实验室用金属壳或金属网罩起来，免受外部的影响．

当有导体存在时，解决空间电场分布及电荷分布等问题的依据是电荷守恒定律、导体的静电平衡条件和场强叠加原理．

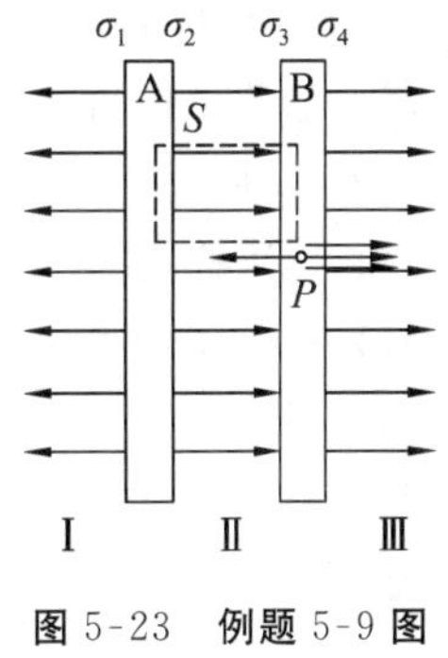

图 5-23　例题 5-9 图

例题 5-9　面积均为 S 的两块大金属平板 A、B 平行放置，A 板带电 Q，B 板不带电．求静电平衡时 A、B 板上的电荷分布及周围电场分布．(忽略边缘效应)

解：金属板 A 和 B 达到静电平衡后，电荷分布在其表面，忽略边缘效应，这些电荷可以看作是均匀分布的．设四个表面的电量分别为 Q_1、Q_2、Q_3 和 Q_4，相应的电荷面密度分别为 σ_1、σ_2、σ_3 和 σ_4，如图 5-23

所示.

由电荷守恒定律可得

$$\sigma_1+\sigma_2=Q/S$$

$$\sigma_3+\sigma_4=0$$

静电平衡条件要求，在导体内任取一点 P，四个面产生的总电场强度应为零，即

$$\frac{\sigma_1}{2\varepsilon_0}+\frac{\sigma_2}{2\varepsilon_0}+\frac{\sigma_3}{2\varepsilon_0}-\frac{\sigma_4}{2\varepsilon_0}=0$$

取一个封闭的圆柱面为高斯面，其两底面分别位于 A、B 板内部，侧面垂直于金属平板，如图 5-23 所示. 由高斯定理可得

$$\sigma_2+\sigma_3=0$$

联立上述四式可解得

$$\sigma_1=\sigma_2=\sigma_4=\frac{Q}{2S},\sigma_3=-\frac{Q}{2S}$$

相应的电量

$$Q_1=Q_2=Q_4=\frac{Q}{2},Q_3=-\frac{Q}{2}$$

图示三个区域的电场强度分别为

$$E_{\rm I}=\frac{Q}{2\varepsilon_0 S},\text{方向向左},E_{\rm II}=E_{\rm III}=\frac{Q}{2\varepsilon_0 S},\text{方向向右}$$

请思考：如果 A 板带电 Q_1，B 板带电 Q_2，结果会如何？如果将 B 板接地，结果又会如何？

5.5 静电场中的电介质

5.5.1 电介质及其极化

电介质就是通常所说的绝缘体，其主要特征是它分子中的电子被原子核束缚得很紧，介质内几乎没有自由电子，导电性能很差. 电介质在外电场作用下也会有电荷的重新分布，但与金属导体不同的是，电介质内部的场强不会为零. 在外电场的作用下电介质表面会出现电荷，这种现象叫作**电介质的极化**，这样产生的电荷叫作**极化电荷**. 因为这些电荷不能离开电介质，也不能在电介质内部自由移动，故又称为**束缚电荷**.

电介质分子是中性的，其电荷的代数和为零. 从每个分子对外的电效应而言，分子中所有正电荷可以等效为集中在某一点的等效点电荷，这个等效点电荷的位置称为分子的正电荷中心；同理，分子中所有负电荷也可以等效为集中在某一点的等效点电荷，这个等效点电荷的位置称为分子的负电荷中心. 按照分子结构的不同，电介质材料可以分为无极分子材料和有极分子材料两类. 在没有外电场的时候，无极分子正电荷中心和负电荷中心重合[图 5-24(a)]，H_2、N_2、O_2、CH_4 就是无极分子；而在 H_2O、H_2S 和 NH_3 的分子中，正负电荷中心不重合，这种分子叫作有极分子. 每一个有极分子都相当于一个电偶极子，具有一定的固有电矩，叫作分子固有电矩.

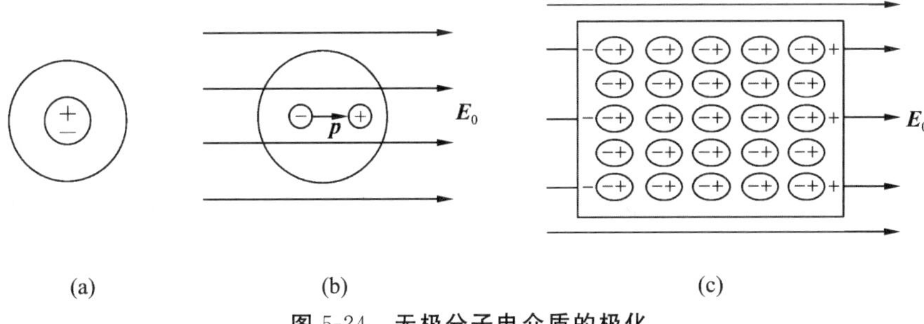

图 5-24　无极分子电介质的极化

当无极分子电介质处在外电场中时，由于分子中正负电荷受到的电场力方向相反，因而正负电荷中心将发生微小的相对位移，从而形成电偶极子，其电矩沿外电场方向排列起来，如图 5-24(b)所示. 对于一块均匀的电介质而言，极化后每个分子都形成一个电偶极子，且方向相同，虽然它的内部仍然是电中性的，但是和外电场垂直的两端面上出现了电荷分布，图 5-24(c)所示的左端面出现负电荷，右端面出现正电荷. 无极分子的上述极化则称为**位移极化**.

在没有外电场时，由于分子的无规则热运动，有极分子电介质各分子电矩的方向是杂乱无章的，整个电介质分子电矩的矢量和为零，对外不显电性[图 5-25(a)]. 而当电介质处在外电场中时，每个有极分子都会受到力矩的作用[图 5-25(b)]，分子的固有电矩将在一定程度上转向外电场的方向，结果在电介质两端面上出现束缚电荷，即产生了极化现象，如图 5-25(c)所示，这种极化称为**取向极化**. 显然，分子的热运动会阻碍有极分子的有序排列，因此温度对取向极化的强弱有影响. 有极分子其实也存在位移极化，但有极分子的取向极化起了主导作用.

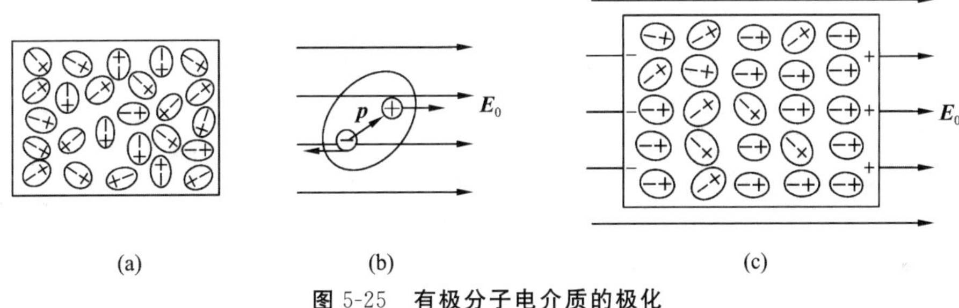

图 5-25　有极分子电介质的极化

电介质的极化程度与外电场的强弱有关，在一定范围内，外电场越强，极化程度越高；外电场撤销后，极化现象随之消失.

5.5.2　电介质中的场强

外电场可以使电介质极化，极化的电介质又会反过来影响电场. 电介质极化后，两端面出现的电荷量为 Q'、极性相反的束缚电荷将产生一个和原电场方向相反的极化电场 $\boldsymbol{E}_p$，电介质内部的总电场 $\boldsymbol{E}$ 是外电场 $\boldsymbol{E}_0$ 与极化电场 $\boldsymbol{E}_p$ 的矢量和，即

$$\boldsymbol{E}=\boldsymbol{E}_0+\boldsymbol{E}_p \tag{5-37}$$

有介质存在时，高斯定理

$$\oiint_S \boldsymbol{E}\cdot \mathrm{d}\boldsymbol{S}=\frac{1}{\varepsilon_0}\sum_{i=1}^{n}q_i$$

仍然成立，式中右边对电荷量的求和应包含曲面 S 内的极化电荷.

实验表明，在大多数各向同性的电介质中，极化电场 $\boldsymbol{E}_p$ 与总电场 $\boldsymbol{E}$ 成正比，即

$$\boldsymbol{E}_p = -\chi_e \boldsymbol{E} \tag{5-38}$$

其中，χ_e 为一个无量纲的比例常数，称为**电极化率**. 将式(5-38)代入式(5-37)，整理得

$$\boldsymbol{E} = \frac{1}{1+\chi_e}\boldsymbol{E}_0 \equiv \frac{1}{\varepsilon_r}\boldsymbol{E}_0 \tag{5-39}$$

式中，令 $\varepsilon_r \equiv 1+\chi_e$，$\varepsilon_r$ 称为电介质的**相对介电常数**，它是一个由电介质本身性质决定的物理量，$\varepsilon_r \geqslant 1$，$\varepsilon_r$ 是无量纲的纯数，其大小反映了电介质极化对原电场影响的程度. 不同的电介质有不同的 ε_r，水、生物组织的介电常数都较大. 表 5-1 列出了一些电介质的介电常数 ε_r.

表 5-1　一些电介质的相对介电常数 ε_r

电介质	ε_r	电介质	ε_r	电介质	ε_r
真空	1	云母	3.7～7.5	脂肪	5～6
空气	1.000 59	二氧化钛	100	皮肤	40～50
纯水	80	纸	3.5	血液	50～60
乙醇	25	玻璃	5～10	肌肉	80～85
油	4.5	普通陶瓷	5.7～6.8	塑料	3～20

因为 $\varepsilon_r \geqslant 1$，由式(5-39)可知，电介质的存在总是削弱原电场，ε_r 的值越大，电介质的极化就越强，原电场就被削弱得越厉害.

点电荷 Q 在真空中形成的场强为 $E_0 = \dfrac{Q}{4\pi\varepsilon_0 r^2}$，在电介质中形成的场强则为

$$E = \frac{1}{\varepsilon_r}E_0 = \frac{Q}{4\pi\varepsilon_r\varepsilon_0 r^2} = \frac{Q}{4\pi\varepsilon r^2} \tag{5-40}$$

其中，$\varepsilon \equiv \varepsilon_r\varepsilon_0$，为电介质的介电常数.

电磁学中把 $\varepsilon_0\varepsilon_r\boldsymbol{E}$ 定义为电位移矢量 $\boldsymbol{D}$，它是一个辅助矢量.

$$\boldsymbol{D} = \varepsilon_0\varepsilon_r\boldsymbol{E}$$

采用电位移矢量后，有介质时的高斯定理可改写为

$$\oint\!\!\!\oint_S \boldsymbol{D}\cdot \mathrm{d}\boldsymbol{S} = \sum_{i=1}^{n} q_i \tag{5-41}$$

式中 $\sum\limits_{i=1}^{n} q_i$ 将不包含 S 曲面内的极化电荷，仅对自由电荷求和.

5.6　电容　电场的能量

5.6.1　电容　电容器

一、孤立导体的电容

理论和实践都证明，任何一种孤立导体，它所带的电荷量 q 与其电势 U

成正比，即孤立导体所带的电荷量 q 与其电势 U 的比值为一常数，把这个比值称为孤立导体的**电容**，用 C 表示，即

$$C=\frac{q}{U} \tag{5-42}$$

孤立导体的电容 C 只取决于导体自身的形状与尺寸，与导体所带的电荷量及电势无关，它反映了孤立导体储存电荷和电能的能力. 在国际单位制中，电容 C 的单位为法拉(F)，简称法，常用的还有微法(μF)和皮法(pF).

由式(5-42)可求得，半径为 R 的球形孤立导体电容为 $C=4\pi\varepsilon_0 R$.

二、电容器　电容器的电容

实际的导体往往不是孤立的，在其周围还常存在着别的导体，且必然存在着静电感应现象，这时导体的电势 U 不仅与其所带的电荷量 q 有关，而且还与其他导体的位置、形状及所带电荷量有关，也就是说，其他导体的存在将会影响导体的电容. 在实际应用中，常根据静电屏蔽原理设计一导体组，使其内部电场能不受外界的影响，这种导体的组合就称为**电容器**.

设由两个导体 A 和 B 组成一电容器(导体 A、B 称为电容器的两个极板)，若 A、B 分别带电荷量 $+q$ 和 $-q$，其电势差 $U_A-U_B=U_{AB}$. 电容器的电容定义为：一个极板带电荷量的绝对值 q 与两极板间的电势差 U_{AB} 之比，即

$$C=\frac{q}{U_{AB}} \tag{5-43}$$

C 与两导体极板的形状、尺寸和相对位置有关，也与两极板间充填的电介质有关，但与导体所带的电荷量无关.

由两块彼此靠得很近的平行金属板构成的电容器叫平行板电容器. 设金属极板的面积为 S，极板间距即两极板内侧间距为 d，在 d 远小于板面线度的情况下，平板可看成无限大平面，因而可忽略边缘效应，电容器内部电场相当于两块带等量异号电荷的无限大平行平板间的电场，是匀强电场，如图 5-26 所示.

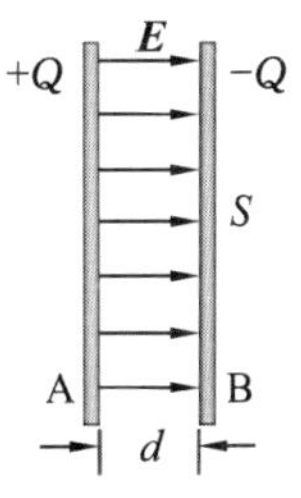

图 5-26　平板电容器

若两极板分别带 $\pm Q$ 的电荷量，极板间为真空，两极板间的场强为

$$E_0=\frac{\sigma}{\varepsilon_0}=\frac{Q}{\varepsilon_0 S}$$

两极板间的电势差为

$$U_{AB}=E_0 d=\frac{Q}{\varepsilon_0 S}d$$

由式(5-43)，得真空平行板电容器的电容为

$$C_0=\frac{Q}{U_{AB}}=\frac{\varepsilon_0 S}{d} \tag{5-44}$$

对于由半径分别为 R_A 和 R_B 的两个同心金属球面组成的球形电容器(图 5-27)，可以计算其电容为

$$C=\frac{4\pi\varepsilon_0 R_A R_B}{R_B-R_A} \tag{5-45}$$

对于由半径为 R_A 的金属圆柱、内径为 R_B 的同轴金属圆柱面组成的圆柱形电容器(图 5-28)，可以计算其电容为

$$C=\frac{2\pi\varepsilon_0 l}{\ln\frac{R_B}{R_A}} \tag{5-46}$$

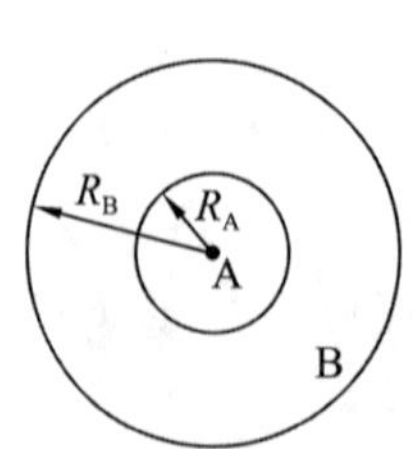

图 5-27　球形电容器

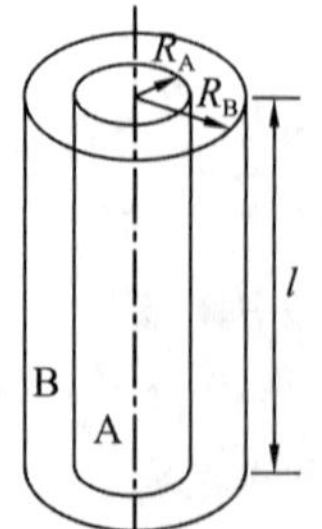

图 5-28　圆柱形电容器

若电容器两极板间充满相对介电常数为 ε_r 的电介质，极板带电荷量依然为 Q，则两极板间的场强、电容器的电容会发生变化. 以平板电容器为例，此时极板间的场强变为

$$E=\frac{E_0}{\varepsilon_r}=\frac{\sigma}{\varepsilon_r\varepsilon_0}=\frac{Q}{\varepsilon S}$$

两极板间的电势差为

$$U_{AB}=Ed=\frac{Q}{\varepsilon S}d$$

由式(5-43)，得此平行板电容器的电容为

$$C=\frac{Q}{U_{AB}}=\frac{\varepsilon S}{d} \tag{5-47}$$

可见，平行板电容器的电容与极板面积 S、极板间电介质的介电常数 ε 成正比，与极板间距 d 成反比，而与带电荷量、两极板电势差无关. 比较式(5-44)和式(5-47)可知

$$C=\varepsilon_r C_0 \tag{5-48}$$

故在实际应用中可在两极板间充填相对介电常数大的电介质来提高电容器的电容量. 因为空气的相对介电常数约等于 1，所以一般情形下空气电容器就当作真空电容器.

三、电容器的串并联

电容器有两个重要性能参数：电容值和耐压值. 使用电容器时，两极板所加的电压不能超过规定的耐压值，否则电容器内的电介质有被击穿的危险.

当一个电容器的电容值或耐压值不符合设计要求时，需要把几个电容器串联或并联起来使用.

当几个电容器串联时，如图 5-29 所示，各电容器的极板电荷和电压满足关系式：

$$q_1=q_2=\cdots=q_n, U_1+U_2+\cdots+U_n=U$$

由电容定义式(5-43)有

$$U_1:U_2:\cdots:U_n=\frac{1}{C_1}:\frac{1}{C_2}:\cdots:\frac{1}{C_n}$$

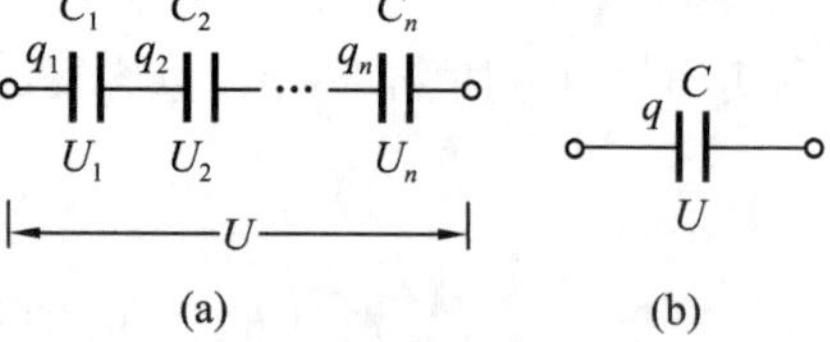

图 5-29　电容器的串联

可见，若干个电容器串联后，电压与电容成反比地分配在各电容器上. 串联电容器组的等值电容 C 与各电容之间满足关系式：

$$\frac{1}{C}=\frac{U}{q}=\frac{1}{C_1}+\frac{1}{C_2}+\cdots+\frac{1}{C_n} \tag{5-49}$$

即电容器串联后，总电容的倒数等于各电容的倒数之和，总电容比其中任何一个电容都小. 但电容器组的耐压值等于各电容器的耐压值之和，耐压效果加强了.

当几个电容器并联后，如图 5-30 所示，各电容器的极板电荷和电压满足关系式：

$$q_1+q_2+\cdots+q_n=q, U_1=U_2=\cdots=U_n=U$$

且有 $$q_1:q_2:\cdots:q_n=C_1:C_2:\cdots:C_n$$

图 5-30 电容器的并联

可见，若干个电容器并联后，各电容器分得的电荷与相应的电容成正比. 并联电容器组的等值电容为

$$C=\frac{q}{U}=C_1+C_2+\cdots+C_n \tag{5-50}$$

即电容器并联后，总电容等于各电容之和，电容器组的总电容增大了，可以储存更多的电荷，但电容器组的耐压值只能取各电容器中最小的，耐压效果没有得到改善.

例题 5-10 A、B 两电容器的参数分别为 200 pF/500 V 和 300 pF/900 V，将它们串联.（1）求等值电容 C.（2）当加上 1 000 V 电压时，电容器是否会被击穿？（3）求此电容器组的耐压值.

解：（1）等值电容为

$$C=\frac{C_A C_B}{C_A+C_B}=\frac{200\times 300}{200+300}\ \text{pF}=120\ \text{pF}$$

（2）加上 1 000 V 电压后，有

$$U_A=\frac{C_B}{C_A+C_B}U=\frac{300}{200+300}\times 1\,000\ \text{V}=600\ \text{V}, U_B=\frac{C_A}{C_A+C_B}U=400\ \text{V}$$

可见电容器 A 将被击穿，随后 1 000 V 电压全部加在电容器 B 上，B 也将被击穿.

（3）A、B 串联后，A 最大承受 $U_{A\max}=500$ V 电压，此时电容器 B 的电压为

$$U'_B=\frac{C_A}{C_B}U_{A\max}=333\ \text{V}$$

此电容器组的耐压值为

$$U_{\max}=500\ \text{V}+333\ \text{V}=833\ \text{V}$$

例题 5-11 一平行板电容器的面积 $S=100\ \text{cm}^2$，极板间距 $d=1.0$ cm，充电到极板间电压 $U_0=100$ V，将电源断开后插入厚 $b=0.5$ cm，$\varepsilon_r=7$ 的电介质板. 求：（1）电容器内空气间隙和电介质板中的场强.（2）插入介质板后，极板间的电势差.（3）插入介质板后的电容.

图 5-31 例题 5-11 图

解：未插入介质板时的空气平行板电容器的电容为

$$C_0=\frac{\varepsilon_0 S}{d}=8.85\ \text{pF}$$

极板上所带电量为

$$Q_0=C_0U_0=8.85\times 10^{-10}\ \text{C}$$

（1）空气间隙内的场强：取如图 5-31 所示的封闭曲面为高斯面 A_1，其上底面在金属极板内部，下底面在极板间的空气间隙内，侧面与极板垂直. 由有介质时的高斯定理(5-41)

$$\oiint_{A_1} \boldsymbol{D} \cdot d\boldsymbol{S} = DS = Q_0$$

可得空气间隙内 $D=Q_0/S$，电场强度 $E_0=Q_0/\varepsilon_0 S=1\times10^4\ \mathrm{V/m}$.

介质内的场强：取如图 5-31 所示的高斯面 A_2，有 $\oiint_{A_2} \boldsymbol{D} \cdot d\boldsymbol{S} = DS = Q_0$，介质内的 $D=Q_0/S$，与空气间隙中 D 相同. 介质内的场强为

$$E=\frac{D}{\varepsilon_0\varepsilon_r}=\frac{Q_0}{\varepsilon_0\varepsilon_r S}=\frac{E_0}{\varepsilon_r}=0.14\times10^4\ \mathrm{V/m}$$

(2) 极板间电势差为

$$U=E_0(d-b)+Eb=57\ \mathrm{V}$$

可见，插入介质板后，电容器两极板间的电势差减小了.

(3) 按定义可得插入介质板后的电容为

$$C=\frac{Q_0}{U}=15.5\ \mathrm{pF}$$

也可看成一个空气平板电容器与一个充满介质的平板电容器的串联，结果相同.

请思考：介质板的插入位置对空气间隙中的电场强度有没有影响？对电容的大小有没有影响？

5.6.2 静电场的能量

带电体系是由众多电荷元聚集而成的，原先这些电荷元处于彼此远离的状态. 在外界把众多电荷元由无限远离状态聚集成一个带电体系的过程中必须做功. 据功能原理，外界所做的总功必定等于带电体系电势能的增加. 若取众多电荷元处于彼此无限远离状态的电势能为零，带电体系电势能的增加就是它所具有的电势能，所以一个带电体系所具有的静电能就是该体系所具有的电势能，它等于把各电荷元从无限远离的状态聚集成该带电体系的过程中外界所做的功.

形成带电体系需要外界做功，说明带电体系具有静电能，带电体系所具有的静电能是由电荷所携带，还是储存在电荷激发的电场中的呢？对此问题，在静电学范围内无法回答，因为在一切静电现象中，静电场与静电荷是无法分离的. 但电磁波可以脱离激发它的电荷和电流而独立传播并携带能量，即场源电荷不存在时，电场仍存在，电能也存在，因此电能是电场所有的，静电能是由静电场携带的.

下面以平行板电容器为例推出电场能量的一般表达式.

电容器的充电过程可理解为不断地把微电荷量 dq 从一个极板移到另一个极板，最后使两极板分别带有 $\pm Q$ 电荷量的过程. 当 t 时刻，两极板的电荷量分别达到 $\pm q$，两极板间的电势差为 $u_{AB}=\frac{q}{C}$，此时，若继续将电荷量 dq 从负极板移到正极板，则外力所做的元功为

$$dA=u_{AB}dq=\frac{q}{C}dq$$

式中，C 是电容器的电容. 电容器所带电荷量从零增加到 Q 的过程中外力所做的功为

$$A=\int_0^Q \frac{1}{C}q\,dq=\frac{1}{2}\frac{Q^2}{C} \tag{5-51}$$

外力所做的功 A 等于电容器这个带电体系电势能的增加，所增加的这部分能量储存在电容

器极板之间的电场中，极板间**电场的能量**等于外力所做的功，即

$$W=A=\frac{1}{2}\frac{Q^2}{C}=\frac{1}{2}QU_{\mathrm{AB}}=\frac{1}{2}CU_{\mathrm{AB}}{}^2 \tag{5-52}$$

这是电容器的储能公式，式中，U_{AB}是电容器带电荷量为Q时两极板间的电势差. 式(5-52)对任何种类的电容器都成立.

设电容器极板上所带自由电荷量为Q，极板间充有介电常数为ε的电介质，极板面积为S，两极板间距为d，则电容器内场强$E=\dfrac{Q}{\varepsilon S}$，极板间电势差$U_{\mathrm{AB}}=Ed$，代入式(5-52)，可得

$$W=\frac{1}{2}Q\cdot U_{\mathrm{AB}}=\frac{1}{2}\varepsilon ES\cdot Ed=\frac{1}{2}\varepsilon E^2V$$

式中，$V=Sd$，是平行板电容器中匀强电场所占的体积，由此可以求得电容器中**静电场的能量密度**为

$$w_{\mathrm{e}}=\frac{W}{V}=\frac{1}{2}\varepsilon E^2=\frac{1}{2}DE \tag{5-53}$$

在国际单位制中，电场能量密度的单位为焦/米^3($\mathrm{J/m^3}$).

式(5-53)虽然是从平行板电容器极板间的电场这一特殊情况下推出的，但可以证明这个公式是普遍适用的. 对于非均匀电场，空间各点的电场强度是不同的，取体积元$\mathrm{d}V$，若在体积元$\mathrm{d}V$内的电场能量为$\mathrm{d}W$，则该处的电场能量密度为

$$w_{\mathrm{e}}=\frac{\mathrm{d}W}{\mathrm{d}V}=\frac{1}{2}\varepsilon E^2$$

对整个电场所在空间积分，便可得总的电场能量为

$$W=\int \mathrm{d}W_{\mathrm{e}}=\iiint_V w_{\mathrm{e}}\mathrm{d}V=\iiint_V \frac{1}{2}\varepsilon E^2\mathrm{d}V \tag{5-54}$$

例题 5-12　如图 5-32 所示，球形电容器的内、外半径分别为R_1、R_2，两极板间充满介电常数为ε的电介质，试计算此球形电容带电荷量为Q时电场所存储的能量.

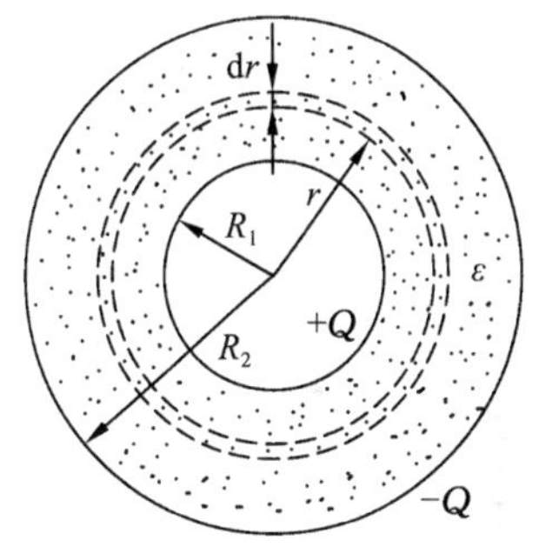

图 5-32　例题 5-12 图

解：该带电系统的电场是不均匀的，但具有球对称性，由高斯定理，可求得场强分布为

$$E=\begin{cases}0, & r<R_1\\ \dfrac{Q}{4\pi\varepsilon r^2}, & R_1<r<R_2\\ 0, & r>R_2\end{cases}$$

球形电容器的电场只集中在两极板(即两球面)之间. 在半径为r的球面上能量密度相同，即

$$w_{\mathrm{e}}=\frac{1}{2}\varepsilon E^2=\frac{1}{2}\varepsilon\left(\frac{Q}{4\pi\varepsilon r^2}\right)^2$$

取半径为r与$r+\mathrm{d}r$两球面之间区域为体积元$\mathrm{d}V$，$\mathrm{d}V$内的电场能量为

$$\mathrm{d}W=w_{\mathrm{e}}\mathrm{d}V=w_{\mathrm{e}}4\pi r^2\mathrm{d}r=\frac{Q^2}{8\pi\varepsilon r^2}\mathrm{d}r$$

该球形电容器电场的总能量为

$$W=\int \mathrm{d}W=\int_{R_1}^{R_2}\frac{Q^2}{8\pi\varepsilon r^2}\mathrm{d}r=\frac{Q^2}{8\pi\varepsilon}\left(\frac{1}{R_1}-\frac{1}{R_2}\right)$$

知道了电容器所存储的能量，可利用储能公式(5-52)来求电容器的电容. 将例题 5-10 的结果与 $W=\frac{Q^2}{2C}$比较可得，球形电容器的电容为 $C=4\pi\varepsilon\ \frac{R_1R_2}{R_2-R_1}$.

例题 5-13 电容器 $C_1=8\ \mu\text{F}$，充电到 $U_0=120$ V 后，与电容器 $C_2=4\ \mu\text{F}$ 的电极两两相连. 求：(1) 电容器组的电压；(2) C_1 与 C_2 连接前后系统的能量.

解：C_1 充电后的电量 $Q_0=C_1U_0=960\ \mu\text{C}$. C_1 与 C_2 的电极两两相连，实为并联，此时 C_1 带电，电量为 $Q_1=\frac{C_1}{C_1+C_2}Q_0=640\ \mu\text{C}$.

(1) 电容器组的电压为

$$U=U_1=\frac{Q_1}{C_1}=80\ \text{V}$$

(2) C_1 与 C_2 连接前的能量为

$$W_0=\frac{1}{2}C_1U_0{}^2=5.76\times10^{-2}\ \text{J}$$

连接后的能量为

$$W_1=\frac{1}{2}(C_1+C_2)U^2=3.84\times10^{-2}\ \text{J}$$

C_1 与 C_2 连接前后系统损失的能量为

$$\Delta W=W_0-W_1=1.92\times10^{-2}\ \text{J}$$

损失的能量部分被导线电阻所消耗，部分以电磁波的形式辐射出去.

习题

5-1 请解释下列名词：

(1) 场强、电场线、电通量、高斯定理.

(2) 环路定理、电势能、电势、等势面.

(3) 电场能量.

5-2 什么是电偶极子? 电偶极子电场中某一点的电势与哪些因素有关? 指出电偶极子电场中电势大于零、等于零、小于零的区域.

5-3 如图所示，闭合面 S 内有一点电荷 q_1，P 为 S 面上一点，在 S 面外的 A 点有另一点电荷 q_2. 若将 q_2 移至也在 S 面外的 B 点，则 [　　]

(A) 穿过 S 面的电通量改变，P 点的场强不变

(B) 穿过 S 面的电通量不变，P 点的场强改变

(C) 穿过 S 面的电通量和 P 点的场强都不变

(D) 穿过 S 面的电通量和 P 点的场强都改变

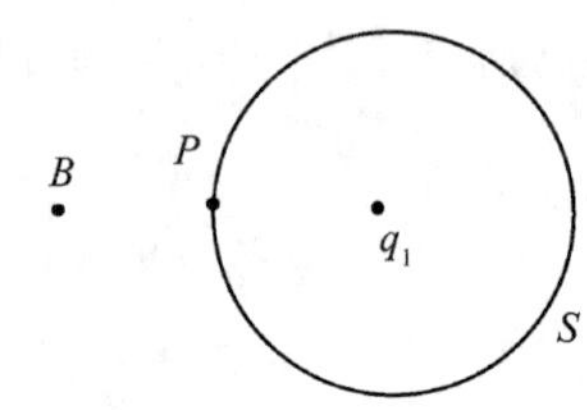

习题 5-3 图

5-4 如图所示，图中的实线为电场线，虚线表示等势面，则由图可判定 [　　]

(A) $E_A>E_B>E_C$，$U_A>U_B>U_C$

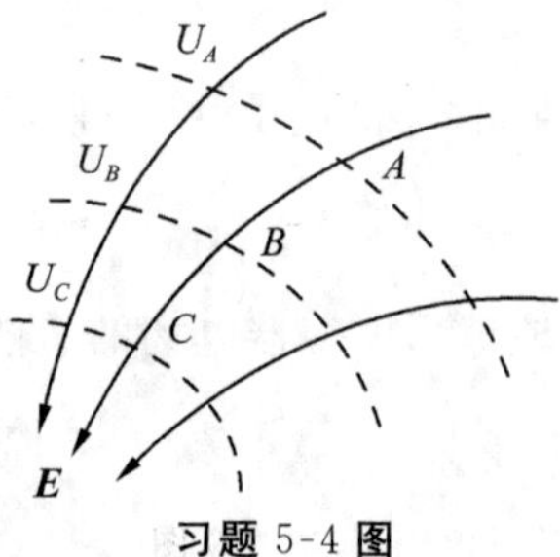

习题 5-4 图

(B) $E_A<E_B<E_C, U_A<U_B<U_C$

(C) $E_A>E_B>E_C, U_A<U_B<U_C$

(D) $E_A<E_B<E_C, U_A>U_B>U_C$

5-5 根据经典模型,氢原子由一个质子和一个电子组成,电子绕质子做圆周运动,半径为 5.3×10^{-11} m,求:

(1) 电子和质子间的静电力.

(2) 彼此间的万有引力,并比较两种力的大小.

5-6 两个点电荷所带电荷量之和为 Q,它们各带电多少时,相互间的作用力最大?

5-7 电偶极子是一个十分重要的物理模型,生物细胞膜及土壤颗粒表面的双电层可视为许多电偶极子的集合.如图所示的电荷体系由两个电偶极子组合而成,称为电四极子,图中 O 为四个电荷的中心,q 和 l 均为已知量.对图中的 P 点(OP 平行于正方形的一边),证明:当 OP 的距离 $x\gg l$ 时,$E_P\approx\dfrac{3pl}{4\pi\varepsilon_0 x^4}$,其中 p 为电偶极矩大小.

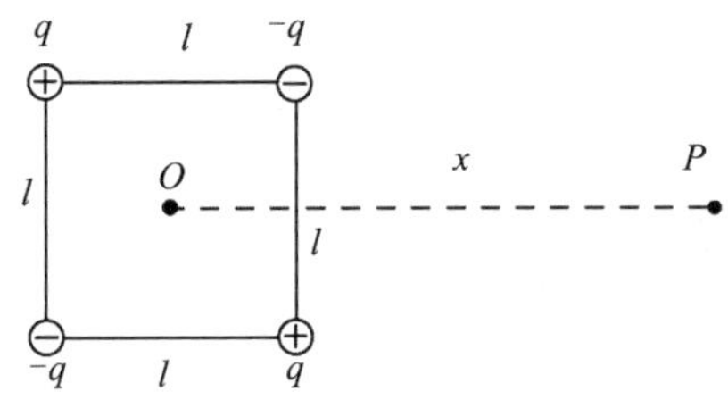

习题 5-7 图

5-8 长度为 L 的直线段上均匀分布有正电荷,电荷线密度为 λ,求该直线的延长线上且与线段较近一端的距离为 d 处的场强.

5-9 如图所示,用绝缘细线弯成半径为 R 的半圆环,其上均匀地带有正电荷 Q,求圆心处电场强度的大小和方向.

5-10 如图所示,有一半径为 R 的均匀带电圆环,总电荷量为 q.根据例题 5-2 所得结果.

(1) 求环心处的场强.

(2) 圆环轴线上什么地方场强最大?它的数值是多少?

5-11 若有一均匀带电的圆盘(半径为 R,电荷面密度为 σ),请利用例题 5-2 的结论计算此圆盘轴线上离盘心距离为 x 处的场强.

5-12 如图所示,一半径为 R 的均匀带电的半球面,电荷面密度为 σ,求球心处的电场强度.

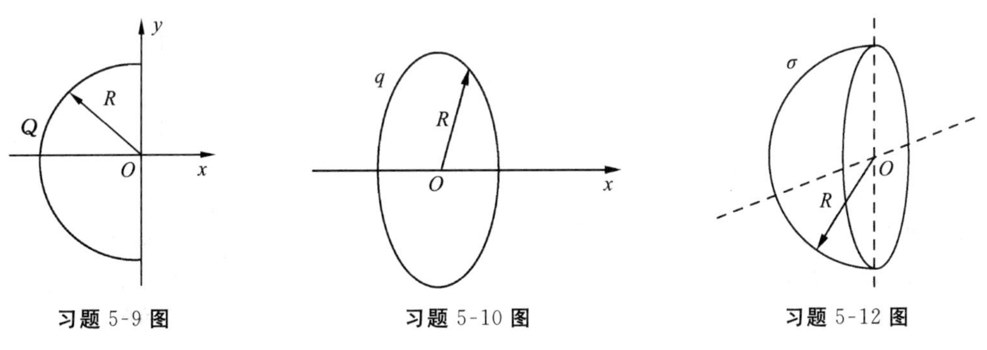

习题 5-9 图　　习题 5-10 图　　习题 5-12 图

5-13　电荷线密度分别为 λ_1 和 λ_2 的两条平行的均匀带电长直线，相距为 d，带电直线单位长度上的电荷受到的静电力大小为多少？

5-14　如图所示，一质量 $m=1\times10^{-6}$ kg 的小球，带有电荷量 $q=2.0\times10^{-11}$ C，悬于一丝线下端．丝线与一块很大的均匀带电平板成 $\theta=30°$ 角．求此带电平板的电荷面密度．

5-15　如图所示，A、B 为两个平行的无限大均匀带电平面，两平面间电场强度大小为 E_0，两平面外侧电场强度大小都为 $\dfrac{E_0}{3}$，方向如图所示．求两带电平面的电荷面密度 σ_A、σ_B．

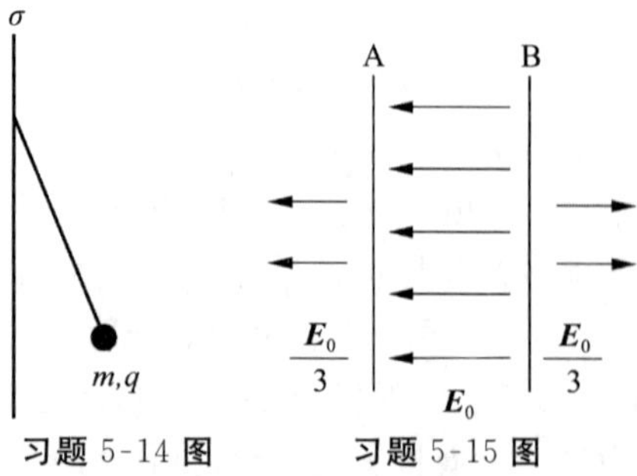

习题 5-14 图　　习题 5-15 图

5-16　真空中有一半径为 R、电荷量为 Q 的均匀带电球体，试求该球体内外的场强分布．

5-17　两个均匀带电的同心球面，半径分别为 $R_1=0.1$ m 和 $R_2=0.3$ m，其中小球面带电 $q_1=1.0\times10^{-8}$ C、大球面带电 $q_2=1.5\times10^{-8}$ C．分别求离球心距离为（1）5 cm；（2）0.2 m；（3）0.5 m 处的电场强度．

5-18　两个无限长的同轴薄圆筒，半径分别为 R_1 和 R_2，且 $R_1<R_2$，它们单位长度带电荷量分别为 $+\lambda$ 和 $-\lambda$，求以下各区域内的电场强度：

（1）$r<R_1$．

（2）$R_1<r<R_2$．

（3）$r>R_2$．

5-19　两个点电荷分别带有 +1 C 和 +4 C 的电荷量，相距 120 cm，求场强为零的点的位置及该点处的电势．

5-20　如图所示，A 点有电荷 $+q$，B 点有电荷 $-q$，$AB=2l$，OCD 是以 B 为中心、l 为半径的半圆．

（1）将单位正电荷从 O 点沿 OCD 移到 D 点，电场力做了多少功？

（2）将单位负电荷从 D 点沿 AB 延长线移到无穷远处，电场力做了多少功？

5-21　如图所示，两无限大的平行平面均匀带电，电荷面密度分别为 $+\sigma$ 和 $-\sigma$（$\sigma>0$）．

（1）求区域Ⅰ、Ⅱ、Ⅲ中各点的场强．

（2）若两平行平面间的距离为 d，它们间的电势差为多少？

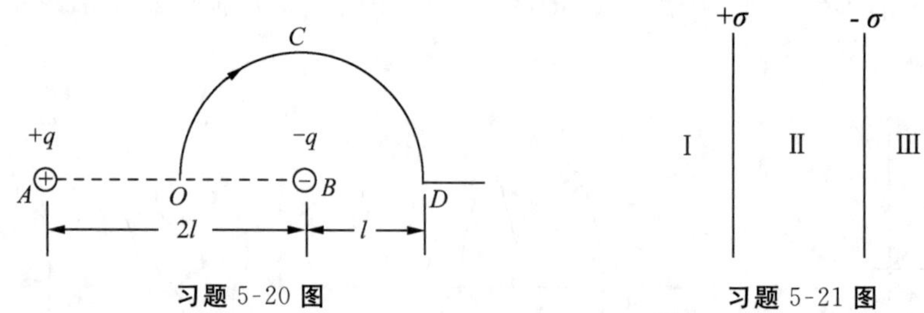

习题 5-20 图　　习题 5-21 图

5-22　在边长为 a 的等边三角形的重心处有一电偶极子，其电偶极矩为 p，p 的方向与底边平行且水平向右，求：

（1）三角形各顶点的电势．

(2) 三角形各边中点的电势.

5-23 长度为 L 的直线段上均匀分布有正电荷,电荷线密度为 λ,求该直线的延长线上且与线段较近一端的距离为 d 处的电势.

5-24 如图所示,有两个半径为 R 的均匀带电的四分之一圆环与 x 轴对称放置,x 轴上端电荷线密度为 $\lambda_1(\lambda_1>0)$,x 轴下端电荷线密度为 $\lambda_2(\lambda_2>0)$,求:

(1) 圆心 O 处的电场强度.

(2) O 处的电势.

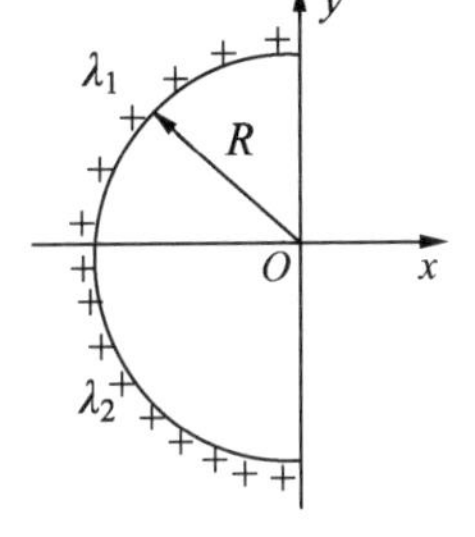

习题 5-24 图

5-25 在一空心橡皮球的表面均匀分布着正电荷 Q,在橡皮球被逐渐吹大的过程中,A 点始终在球面内,B 点始终在球外,问 A、B 点处的场强和电势将如何变化?

5-26 一均匀带电的球体,球的半径为 R,电荷体密度为 ρ,求球体内外电势的分布.

5-27 两个半径分别为 R_1 和 $R_2(R_1<R_2)$ 的同心球面,各自均匀带电,电荷量分别为 Q_1 和 Q_2.求下列区域内的电势:

(1) $r<R_1$.

(2) $R_1<r<R_2$.

(3) $r>R_2$.

5-28 如图所示,半径为 R_1 的金属球 A,带有电荷量 Q_1;其外面有一内、外半径分别为 R_2 和 R_3 的同心金属球壳 B,带有电荷量 Q_2.求:

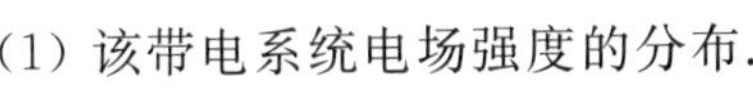

(1) 该带电系统电场强度的分布.

(2) 球 A 与球壳 B 之间的电势差.

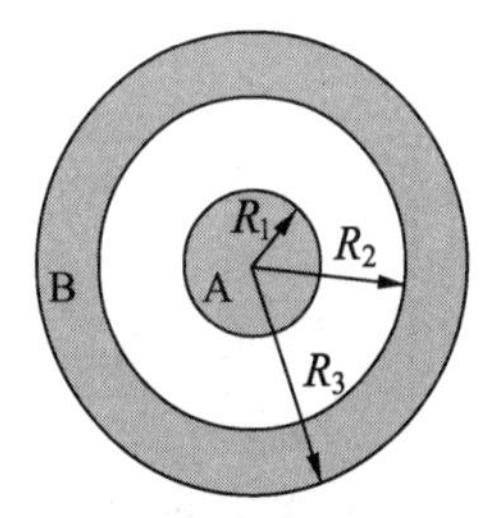

习题 5-28 图

5-29 神经细胞膜两侧的液体都是能导电的电解液,细胞膜本身是很好的绝缘体(电介质),在静息状态下,膜两侧表面各分布着一层负离子和正离子.若某细胞膜厚为 5.2×10^{-9} m,细胞膜的相对介电常数为 6,膜两侧表面所带电的电荷面密度为 $\pm3\times10^{-4}$ C/m^2 且内表面为正电荷,求:

(1) 细胞膜内的电场强度.

(2) 细胞膜两表面间的电势差.

5-30 A、B、C 是三块平行金属板,面积均为 200 cm^2,A、B 相距 4 mm,A、C 相距 2 mm,B、C 两板都接地,如图所示.设 A 板带正电 $q=3\times10^{-7}$C,不计边缘效应.

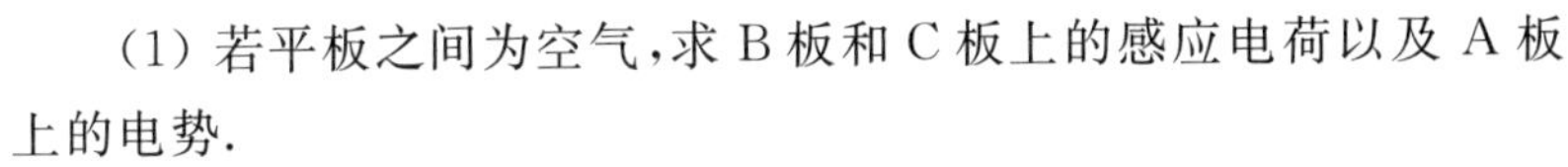

(1) 若平板之间为空气,求 B 板和 C 板上的感应电荷以及 A 板上的电势.

(2) 若在 A、B 间充以 $\varepsilon_r=5$ 的均匀电介质,再求 B 板和 C 板上的感应电荷以及 A 板上的电势.

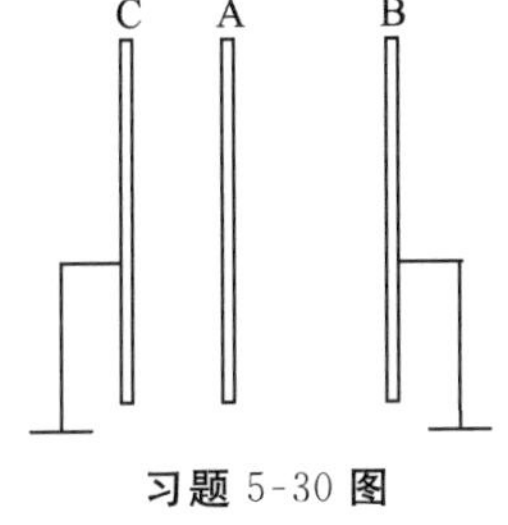

习题 5-30 图

5-31 一空气平板电容器,极板面积为 0.2 m^2,极板间距为 1 cm,将其连接到 50 V 的电源上.

(1) 求两极板间的电场强度和电容器所存储的电场能量.

（2）切断电源，在电容器中平行插入厚度为 0.4 cm、大小形状和电容器极板都相同的金属板，此时电容器两板间的电势差为多少？电容又变为多少？

5-32　一空气平板电容器的电容 $C=1$ pF，充电到电荷量 $Q=1\times10^{-6}$ C 后，将电源切断.

（1）求两板极间的电势差和电场能量.

（2）将两极板拉开，使极板间距增加为原来的两倍，计算拉开前后电场能量的改变，并解释其原因.

5-33　平板电容器两极间的空间（体积为 V）被相对介电常数为 ε_r 的均匀电介质填满. 极板上电荷面密度为 σ. 试计算将电介质从电容器中取出过程中外力所做的功.

5-34　空中有一半径为 R、电荷量为 Q 的孤立导体球.

（1）求其电场的总能量.

（2）其电场能量的一半存储在多大的球壳内（球壳内半径为 R）？

5-35　如图所示，真空球形电容器内半径 R_1 为 0.08 m，外半径 R_2 为 0.1 m，带电荷量 Q 为 0.2 C，试计算：

（1）此球形电容器内的场强分布.

（2）电容器所储存的能量.

（3）该电容器电容的大小.

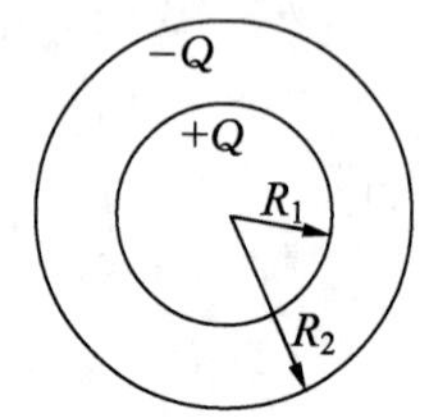

习题 5-35 图

5-36　试证明：球形电容器带电后，其电场能量的一半会存储在内半径为 R_1、外半径为 $\frac{2R_1R_2}{R_1+R_2}$ 的球壳内，其中 R_1 和 R_2 分别为球形电容器内球壳和外球壳的半径.

5-37　1 μF 和 3 μF 的两电容器串联后，接在 1 200 V 的直流电源上.

（1）求充电后每个电容器上的电荷量和电压.

（2）将充好电的两个电容器与电源断开，彼此之间也断开后，再重新同极相连，求稳定后两电容器各自的电荷量和电压.

第6章

电流与电路

6.1　恒定电流

6.1.1　电流　电流强度

一、电流

电流是电荷的定向移动，形成电流的带电粒子称为载流子. 在金属中载流子是自由电子，在电解质溶液中载流子是正负离子.

微观上，导体中的自由电子在没有外电场作用时，总是在不停地做无规则热运动，并不形成电流. 但是，如果在导体内有电场存在，则自由电子除了参与无规则热运动外，还要受到电场力作用，获得一个平均定向速度$\boldsymbol{v}$，从而形成电流. 这一平均定向速度叫作漂移速度.

电流的大小称为电流强度（简称电流）I，是指单位时间内通过导体某一截面的电荷量. 如果在 $\mathrm{d}t$ 时间内，通过导线某一截面的电荷量为 $\mathrm{d}q$，则通过该截面的电流为

$$I=\frac{\mathrm{d}q}{\mathrm{d}t} \tag{6-1}$$

如果导体中电流的大小和方向不随时间而变，这种电流称为恒定电流. 在国际单位制中，电流的单位为 A（安培）.

二、电流密度

电流是一个标量，它只能反映导体截面的整体电流特征，不能说明电流通过截面上各点的情况. 在实际问题中，常常会遇到一些须细致反映电流在导体中分布的情况，如对大块金属、人体的躯干和四肢、电解质溶液等导体中电流分布的描述. 因此，须引入一个描述电流分布特征的物理量，这个物理量就是电流密度，记作 J. 图 6-1 是一些容积导体中电流分布的情况.

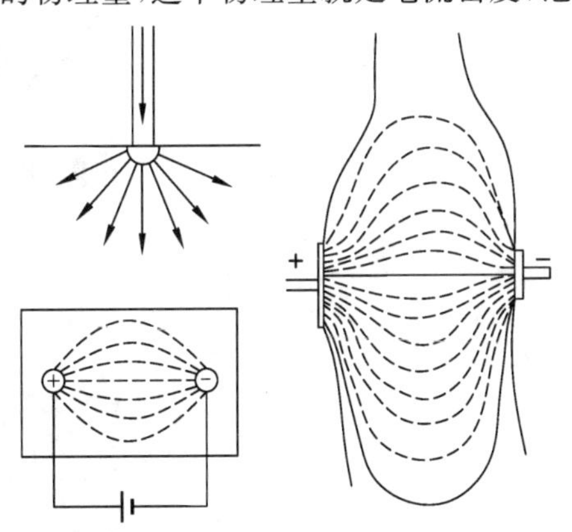

图 6-1　容积导体中的电流分布

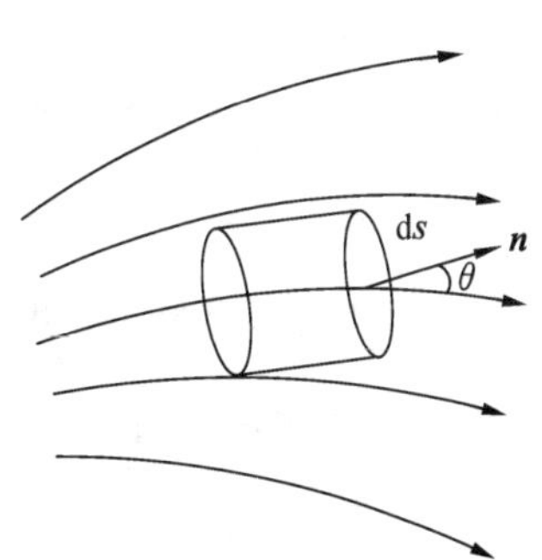

图 6-2　电流与电流密度关系的推导

电流密度是个矢量，其方向为正电荷在该点的流动方向，也就是该点的电场方向，大小等于通过该点的单位横截面积的电流. 如图 6-2 所示，设在导体中某处任取一截面元 dS，面元的法向方向与该点场强方向成 θ，通过 dS 的电流为 dI，则该点的电流密度为

$$J=\frac{dI}{dS_{\perp}}=\frac{dI}{dS\cos\theta} \tag{6-2}$$

利用上式可以计算通过任一面积的电流 I，即

$$I=\iint_S J\,dS\cos\theta=\iint_S \boldsymbol{J}\cdot d\boldsymbol{S} \tag{6-3}$$

式(6-2)表明电流密度 $\boldsymbol{J}$ 与电流强度 I 之间是一个矢量与它的通量之间的关系. 在国际单位制中电流密度单位为 A/m^2.

图 6-2 中，设导体中的载流子为正电荷，价数为 Z，导体中单位体积内载流子的数目为 n，其在电场力作用下的运动速度（漂移速度）为 $\boldsymbol{v}$，则在单位时间内通过截面元 dS 的电荷量等于以 dS 为底、斜长为 $\boldsymbol{v}$ 的斜圆柱体中所包含的载流子的电荷量，也就是通过 dS 的电流为

$$dI=Zenv\cos\theta dS$$

代入式(6-2)，可得

$$J=\frac{dI}{dS\cos\theta}=Zenv \tag{6-4}$$

例题 6-1 一直径为 1 mm 的银导线在 75 min 内通过了 26 100 C 的电荷，已知 1 m^3 的银含有 5.8×10^{28} 个自由电子. 求：

(1) 导线上的电流.

(2) 导线中电子的漂移速度.

解：(1) 由式(6-1)可知

$$I=\frac{\Delta Q}{\Delta t}=\frac{26\ 100}{75\times60}=5.8(A)$$

(2) 银导线中的载流子是自由电子，价数 $Z=1$，导体垂直截面的半径 $r=0.5\times10^{-3}$ m，故由式(6-4)可知

$$v=\frac{\Delta I}{\Delta Sne}=\frac{\Delta I}{\pi r^2 ne}=\frac{5.8}{\pi(0.5\times10^{-3})^2\times5.8\times10^{28}\times1.6\times10^{-19}}$$
$$=8\times10^{-4}(m/s)$$

三、电流的连续性方程

设想在有电流的导体中任取一闭合曲面 S，由式(6-3)可知单位时间内通过 S 向外净流出的电荷量应为 $\oiint_S \boldsymbol{J}\cdot d\boldsymbol{S}$，根据电荷守恒定律，它应等于闭合曲面单位时间内电荷量的减少，即

$$\oiint_S \boldsymbol{J}\cdot d\boldsymbol{S}=-\frac{dq}{dt} \tag{6-5}$$

这一关系式称为电流的连续性方程，其实质为电荷守恒定律.

6.1.2 欧姆定律的微分形式

一、欧姆定律　电阻

实验表明，在恒定条件下，通过一段导体的电流 I 与这段导体两端的电

压 U 成正比，即

$$I=\frac{U}{R} \tag{6-6}$$

这一关系式最早由德国物理学家欧姆通过实验总结出来，称为欧姆定律．其中 R 由导体的性质决定，叫作导体的电阻，单位为 Ω(欧姆)．

对于由一定材料制成的导体，截面均匀、温度一定时，导体的电阻 R 与导体的长度 l 成正比，与横截面积(即垂直于电流方向的横截面积) S 成反比，即

$$R=\rho\frac{l}{S} \tag{6-7}$$

式中，ρ 称为电阻率，由导体的材料决定．电阻率的倒数称为电导率 σ，即

$$\sigma=\frac{1}{\rho} \tag{6-8}$$

国际单位制中，电阻率的单位是 Ω・m，电导率的单位是 S/m(西门子/米)．

当导体的横截面积或电阻率不均匀时，电阻须用下式计算：

$$R=\int\rho\frac{\mathrm{d}l}{S} \tag{6-9}$$

实验表明，导体的电阻率(或电导率)不仅与材料的种类有关，而且还与温度有关．金属在温度不太低时，电阻率与温度之间满足线性关系：

$$\rho_t=\rho_0(1+\alpha t) \tag{6-10}$$

式中，ρ_t 和 ρ_0 分别是 t ℃和 0 ℃时的电阻率，α 叫作电阻温度系数，单位是$℃^{-1}$．

例题 6-2　如图 6-3 所示，两个半径分别为 R_1 和 R_2 的共轴金属圆柱面之间充以电阻率为 ρ 的介质材料，圆柱面高度为 l，求两圆柱面之间的电阻．

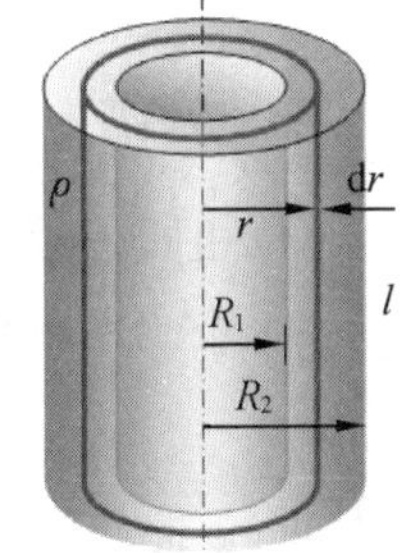

图 6-3　例题 6-2 图

解：考虑半径为 r、厚度为 $\mathrm{d}r$ 的薄圆柱壳，其面积为 $2\pi rl$，电流流过此壳的长度为 $\mathrm{d}r$，则此部分的电阻为

$$\mathrm{d}R=\rho\frac{\mathrm{d}r}{2\pi rl}$$

两个金属圆柱面之间的总电阻为

$$R=\int_{R_1}^{R_2}\rho\frac{\mathrm{d}r}{2\pi rl}=\frac{\rho}{2\pi l}\ln\frac{R_2}{R_1}$$

二、欧姆定律的微分形式

如图 6-4 所示，设一段长为 Δl、横截面积为 ΔS 的均匀导体，载有恒定电流 I．由于电压 $\Delta U=E\Delta l$，电流 $I=J\Delta S$，电阻 $R=\rho\frac{\Delta l}{\Delta S}$，代入式(6-6)，可得

$$J=\frac{E}{\rho}=\sigma E$$

由于 $\boldsymbol{J}$ 的方向与 $\boldsymbol{E}$ 的方向相同，因此上式可写成

$$\boldsymbol{J}=\sigma\boldsymbol{E} \tag{6-11}$$

这就是欧姆定律的微分形式，它给出了导体中各处的电流密度与该处的电场强度的关系．

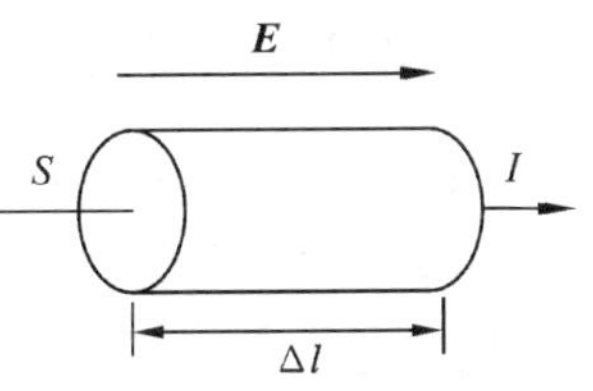

图 6-4　欧姆定律

6.2 电动势

如前所述，要在导体内形成恒定电流必须在导体内建立一个恒定电场. 下面以电容器放电为例来说明恒定电场形成的条件. 如图 6-5 所示，当用导线把电容器正负极板连接起来，在导线中就会有电流产生. 但随着放电的继续，两极板上的电荷逐渐减少，两极板的电势差也逐渐减小，导线中不能形成恒定电场，因而也不能维持恒定电流. 因此，要在导线中产生恒定电流，必须保持两极板之间的电势差不变，也就是说，必须设法使流到负极板上的电荷重新回到正极板上，这样才能保持恒定的电荷分布，从而产生恒定电场. 但是静电场力不可能自动地使正电荷从低电势的负极板流向高电势的正极板. 因此，需要一种非静电力，使正电荷逆着静电场从低电势处流向高电势处，这种能提供非静电力的装置叫作**电源**. 电源是一种能量转换的装置，其功能是把其他形式的能量如化学能、热能、太阳能等转化为电势能.

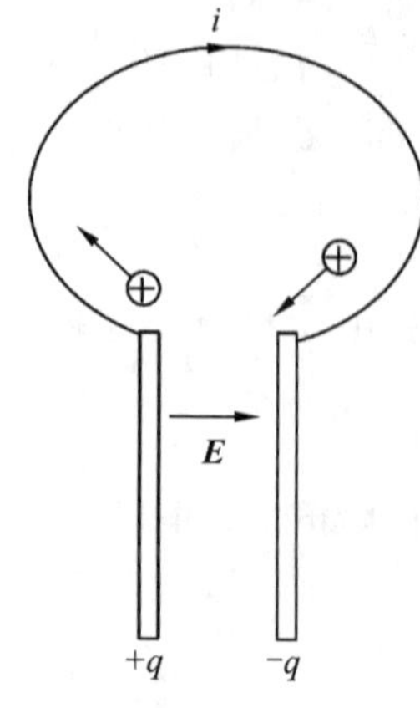

图 6-5　电源

为了定量地描述电源转化能量本领的大小，我们定义，在电源内单位正电荷从负极移向正极时非静电力所做的功为电源的**电动势**：

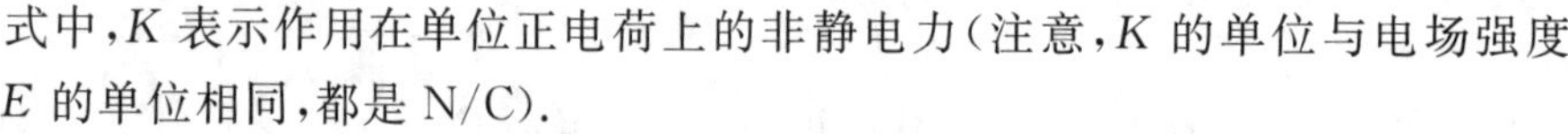

$$\mathscr{E}=\int_{-}^{+}\boldsymbol{K}\cdot \mathrm{d}\boldsymbol{l} \tag{6-12}$$

式中，K 表示作用在单位正电荷上的非静电力（注意，K 的单位与电场强度 E 的单位相同，都是 N/C）.

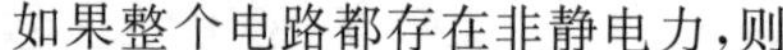

如果整个电路都存在非静电力，则

$$\mathscr{E}=\oint\boldsymbol{K}\cdot \mathrm{d}\boldsymbol{l} \tag{6-13}$$

电动势是标量，习惯上，为了便于应用，通常规定电源内从负极到正极的指向也就是电势升高的方向为电动势的方向.

电动势的单位与电势单位相同，也是 V.

6.3 直流电路

6.3.1　含源电路的欧姆定律

在只含有电源和电阻的恒定电流电路中，两个给定点之间的电势差等于两点之间的各个分段的电势增量之和. 在闭合电路中沿闭合回路环绕一周后，各分段电势增量的代数和等于零. 图 6-6 是最简单的闭合回路，由一个电源和一个负载电阻 R 组成，其中$\mathscr{E}$为电动势，$R_{内}$为内阻. 假设此回路中的电流为 I，流动方向为顺时针方向，则当电流经过电源时，由负极流向正极，根据电动势方向的规定，电势增量为$+\mathscr{E}$，而当电流流过电阻 $R_{内}$ 和 R 时，会产生电

压降，电势增量为$-IR_{内}$和$-IR$，把闭合电路各分段的电势增量相加，可得

$$\mathscr{E}-IR_{内}-IR=0 \text{ 或 } I=\frac{\mathscr{E}}{R_{内}+R} \tag{6-14}$$

这就是全电路欧姆定律公式，它只适用于有一个电源的回路情形.

实际计算时，我们还会遇到一个回路中包含有多个电源的情况，如图 6-7 所示. 这时，应用全电路欧姆定律计算时，可先任意选定电流的方向和绕行方向，然后按以下规定确定电势增量的正负.

(1) 当电阻R中电流的方向与选定的绕行方向相反时，电势增量为$+IR$，相同时为$-IR$.

(2) 如果电动势$\mathscr{E}$的方向与选定的绕行方向相同，则电势增量为$+\mathscr{E}$，反之，电势增量为$-\mathscr{E}$.

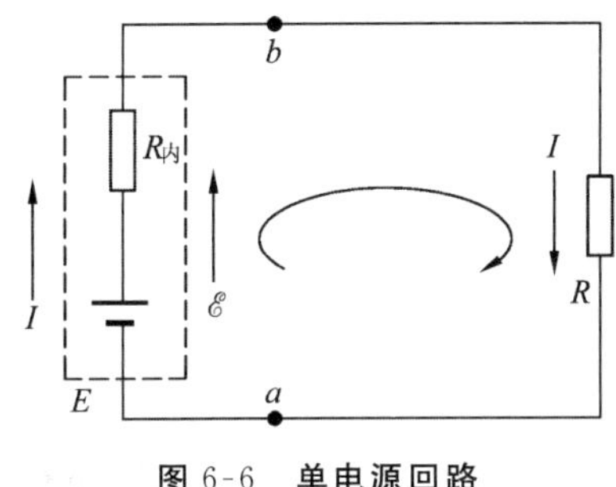

图 6-6　单电源回路

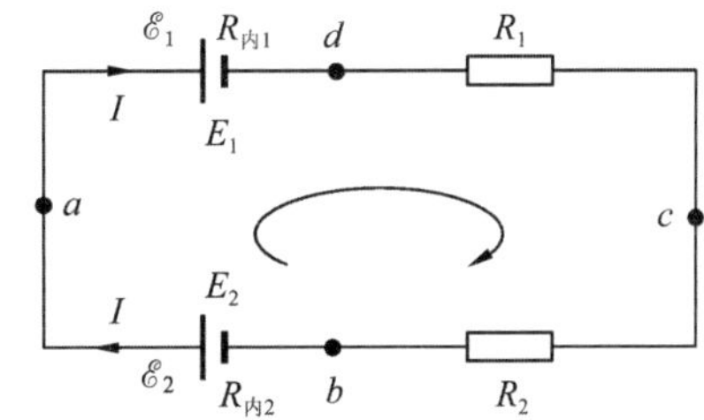

图 6-7　含有两个电源的闭合回路

在图 6-7 所示的闭合电路中，如果选择顺时针方向为绕行方向，同时假定电路中电流的方向为$adcba$，则按照规定，把各分段的电势增量相加，可得

$$-\mathscr{E}_1-IR_{内1}-IR_1-IR_2-IR_{内2}+\mathscr{E}_2=0$$

$$I=\frac{\mathscr{E}_2-\mathscr{E}_1}{R_{内1}+R_1+R_2+R_{内2}}$$

式中，I为正时，电流方向与假定方向一致；若I为负值，则电流的实际流向与假定方向相反.

对于一段非闭合的含源电路，也可以利用上述方法来计算它两端的电压. 如图 6-8 所示的电路，如果求A、B两端点之间的电势差U_{AB}，则应按B点到A点的绕行方向计算电势的增量，即

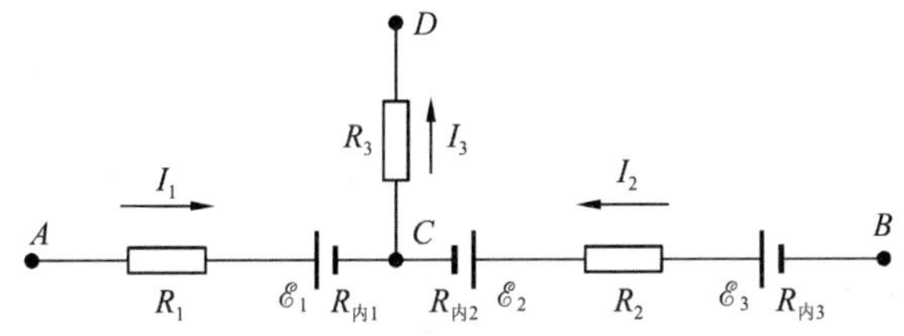

图 6-8　一段非闭合含源电路

$$\begin{aligned}U_{AB}&=U_A-U_B=\mathscr{E}_3-I_2R_{内3}-I_2R_2-\mathscr{E}_2-I_2R_{内2}+\mathscr{E}_1+I_1R_{内1}+I_1R_1\\&=(\mathscr{E}_3-\mathscr{E}_2+\mathscr{E}_1)+(I_1R_1+I_1R_{内1}-I_2R_2-I_2R_{内2}-I_2R_{内3})\end{aligned}$$

即

$$U_{AB}=\sum\mathscr{E}+\sum IR \tag{6-15}$$

这就是一段含源电路的欧姆定律，式中 $\sum\mathscr{E}$ 和 $\sum IR$ 分别表示按上述两条规则计算得到的电势增量.

利用这一方法计算一段含源电路的两端电势差时，U_{AB} 实际上是 A、B 两点的电势降落，如果算得的 U_{AB} 为正值，就表示 A 端的电势高于 B 端；如果是负值，表示 B 端的电势高于 A 端.

例题 6-3 在图 6-7 所示的电路中，已知电源 E_1、E_2 的电动势 $\mathscr{E}_1$ 和 $\mathscr{E}_2$ 分别为 2 V 和 4 V，它们的内阻 $R_{内1}$、$R_{内2}$ 分别为 1 Ω 和 2 Ω，R_1、R_2 分别为 3 Ω 和 2 Ω，求：

(1) 电路中的电流.

(2) 电源 E_1 两端的电势差 U_{ad}.

(3) 电源 E_2 两端的电势差 U_{ab}.

解： (1) 由于 $\mathscr{E}_1<\mathscr{E}_2$，此回路中的电流方向按顺时针绕行，故按全电路欧姆定律，可得

$$I=\frac{\mathscr{E}_2-\mathscr{E}_1}{R_{内1}+R_1+R_2+R_{内2}}=\frac{4-2}{1+3+2+2}=0.25(\text{A})$$

(2) 欲求 U_{ad}，选定逆时针绕行方向，由 d 点出发，经 E_1 至 a 点，即

$$U_{ad}=U_a-U_d=\mathscr{E}_1+IR_{内1}=2+0.25\times1=2.25(\text{V})$$

(3) 欲求 U_{ab}，选定顺时针绕行方向，由 b 点出发，经 E_2 至 a 点，即

$$U_{ab}=U_a-U_b=\mathscr{E}_2-IR_{内2}=4-0.25\times2=3.5(\text{V})$$

6.3.2 基尔霍夫定律及其应用

一、复杂网络

在实际应用中，有些电路比较复杂，如图 6-9 所示是一个交叉连接的电阻网络，我们不能用电阻串、并联把电路简化来计算电路中的电流和电压. 不过对于这种复杂网络的计算，并不需要新的原理，只要借用一些特定的方法，就能解决这些问题. 本节介绍的求解这类复杂网络问题的方法由德国物理学家基尔霍夫首先提出.

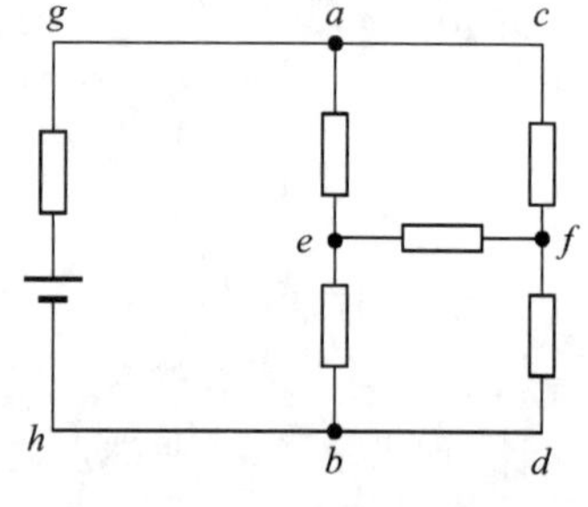

图 6-9　复杂网络电路

电路是由电路元件相互连接而成的. 其中，单个电路元件或若干个电路元件串联构成的电路的分支称为支路，在同一支路内电流处处相等. 凡三个或三个以上支路连接的一点称为节点，几条支路构成的闭合通路称为回路. 图 6-9 所示的电路中有 $aghb$、acf、ae、ef、fdb、eb 共计 6 条支路；有 a、b、e、f 四个节点；闭合路径 $acfea$、$efdbe$、$aebhga$ 及 $gacfdbhg$ 等都是回路.

二、基尔霍夫定律

(1) 基尔霍夫第一定律.

由电流连续性可知，在网络的节点上不会有电荷的积累. 因此，网络中任一节点，流入节点的电流和流出节点的电流的代数和等于零，这就是基尔霍夫第一定律，也称为节点电流定律.

$$\sum I=0 \tag{6-16}$$

依照通常的惯例，式中流向节点的电流取负值，从节点流出的电流取正值.

（2）基尔霍夫第二定律.

在分支电路中，我们选取任一闭合回路，如图 6-9 中的 $efdbe$、$aebhga$. 基尔霍夫第二定律（也称为回路电压定律）指出：沿任一闭合回路的电动势的代数和等于回路中电阻上电势降落的代数和.

$$\sum \mathscr{E} = \sum IR \tag{6-17}$$

基尔霍夫第二定律可以利用恒定电场的环路定理 $\oint \boldsymbol{E} \cdot \mathrm{d}\boldsymbol{l} = 0$ 及普遍的欧姆定律 $j = \sigma(E+K)$ 来导出，它表明把单位正电荷沿回路移动一周，非静电力做功等于电场力做的功，这一点体现了能量守恒.

应用回路电压定律对回路列方程时要遵守以下规定：

① 先设定回路的绕行方向（例如，顺时针或逆时针方向）.

② 如果支路电流流向与绕行方向相同，I 取正值；反之，I 取负值.

③ 如果电动势的方向与绕行方向相同，$\mathscr{E}$ 取正值；反之，$\mathscr{E}$ 取负值.

利用基尔霍夫定律解复杂网络的难点，不在于对定律本身物理内涵的理解，而在于对其中涉及代数和的各量（电流、电动势）正负的取法.

三、基尔霍夫定律的应用

理论上，利用基尔霍夫定律可以方便地求解复杂网络问题，但在具体应用基尔霍夫定律时，必须注意以下几点：

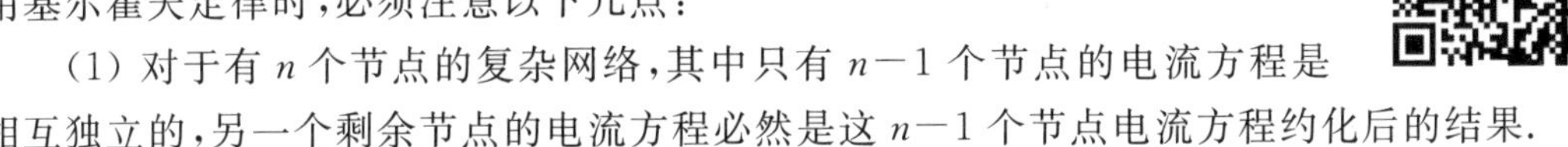

（1）对于有 n 个节点的复杂网络，其中只有 $n-1$ 个节点的电流方程是相互独立的，另一个剩余节点的电流方程必然是这 $n-1$ 个节点电流方程约化后的结果.

（2）取闭合回路写回路电压方程时，必须注意回路的独立性，即要选独立回路. 具体规则是：新选定的回路中，至少要有一条支路是在已选过的回路中未曾出现过的. 这样所得的回路电压方程才是独立的.

（3）独立方程的个数应等于所求未知数的个数. 可以证明：对于一个具有 p 条支路、n 个节点组成的复杂网络，独立回路数为 $p-(n-1)$.

（4）每一个支路上的电流方向可以任意假定，计算结果电流如为负值，即说明电流的实际流向与假定的相反.

在某些实际的电路网络计算中，运用由基尔霍夫定律导出的一些定理，如等效电源定理、叠加定理、Y-Δ 变换等，计算可以大为简化. 有关这方面的内容，可参考有关电路分析书籍.

例题 6-4　如图 6-10 所示的电路是由两个直流电源并联、给一个负载电阻 R_L 供电的情况，设 $\mathscr{E}_1 = 4$ V，$\mathscr{E}_2 = 6$ V，$R_1 = 1\ \Omega$，$R_2 = 1.5\ \Omega$，$R_L = 10\ \Omega$，试求 I_1、I_2 和 I_L 的值.

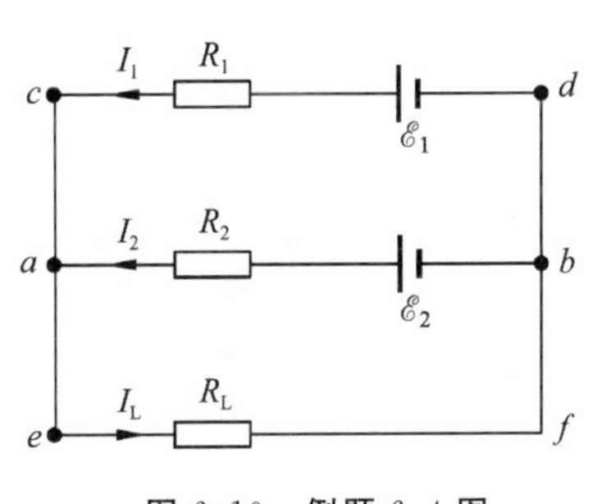

图 6-10　例题 6-4 图

解： 设各支路的电流方向如图 6-10 中箭头所示. 对于节点 a，根据基尔霍夫第一定律，有

$$I_1 + I_2 - I_L = 0$$

根据基尔霍夫第二定律，对回路 $dcabd$（逆时针方向），有

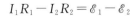

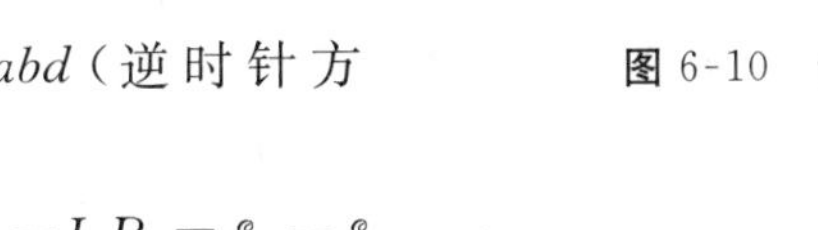

$$I_1R_1 - I_2R_2 = \mathscr{E}_1 - \mathscr{E}_2$$

对回路 $aefba$（逆时针方向），有

$$I_L R_L + I_2 R_2 = \mathscr{E}_2$$

联立三式，可解得

$$I_1 = -0.53\ \text{A}, I_2 = 0.98\ \text{A}, I_L = 0.45\ \text{A}$$

阅读材料 E　细胞膜电位

生物体在生命活动过程中表现出来的电现象，称为**生物电现象**. 研究表明，生物电现象是所有生物基本的生命活动之一. 目前被公认的一种基本观点是：生物电来源于细胞的功能. 细胞由细胞膜、细胞核和细胞质组成，细胞膜的结构很复杂，一方面它把细胞与外界环境分开，另一方面膜上又存在一些孔道，允许细胞与外界交换一些物质. 实验测得在细胞膜内、外存在多种离子，细胞膜内与膜外存在一定的电势差，这种电势差称为细胞跨膜电位差或细胞膜电位，其大小与机体组织结构的不对称性、通透性、离子浓度或功能的不同等因素相关，比如哺乳动物的神经和肌肉细胞在不受外界干扰时，细胞内外的电势差约为 $-90 \sim -70$ mV. 细胞的许多功能都与细胞膜电位相关，细胞膜电位是生物电产生和变化的基础.

一、能斯特方程

为了说明膜电位的产生，我们讨论反映浓差电动势的**能斯特方程**.

先考虑一种简单的情况，在图 E-1 所示的容器内装有两种浓度不同的 KCl 溶液，左侧的浓度 C_1 大于右侧的浓度 C_2，中间由一个半透膜隔开，此半透膜只能通过 K^+ 而不能通过 Cl^-. 由于浓度不同，K^+ 将从浓度大的左侧向浓度小的右侧扩散，使右侧的正电荷逐渐增加，同时左侧出现过剩的负电荷. 这些电荷在膜的两侧积聚起来，就形成了一个阻碍 K^+ 继续扩散到右侧的电场 $\boldsymbol{E}$，其场强随着 K^+ 在膜右侧积累的增多而增强，当达到平衡时，膜的两侧就具有了一定的电势差，称为平衡电位.

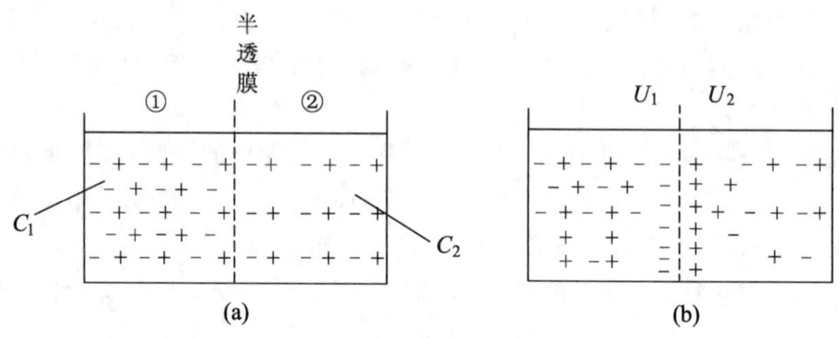

图 E-1　浓差平衡电位的产生

对于稀溶液，根据玻尔兹曼能量分布定律，在一定的温度下，粒子的势能 E_p 与粒子的分子数密度（单位体积内的粒子数）n 有如下关系：

$$n = n_0 e^{-\frac{E_p}{kT}} \tag{E-1}$$

式中，n_0 为粒子势能为零处的分子数密度，k 为玻尔兹曼常数，T 为热力学温度. 设在平衡状态下，半透膜左右两侧的离子密度分别为 n_1 和 n_2，电势分别为 U_1 和 U_2，离子的价数均为 Z，电子的电荷量为 e，则两侧离子的电势能分别为 ZeU_1 和 ZeU_2，将它们代入式(E-1)，可分

别得

$$n_1=n_0\mathrm{e}^{-\frac{Ze}{kT}U_1},n_2=n_0\mathrm{e}^{-\frac{Ze}{kT}U_2}$$

两式相除，得

$$\frac{n_1}{n_2}=\mathrm{e}^{\frac{Ze}{kT}(U_2-U_1)}$$

对上式两边取自然对数，得

$$\ln\frac{n_1}{n_2}=\frac{Ze}{kT}(U_2-U_1)$$

因为离子的密度与浓度成正比，即$\frac{n_1}{n_2}=\frac{C_1}{C_2}$，因此平衡电位为

$$U_2-U_1=\frac{kT}{Ze}\ln\frac{C_1}{C_2} \tag{E-2}$$

式(E-2)称为能斯特方程，它给出了平衡电位与两侧离子浓度的关系，其中若通透的离子为正离子，Z 取正；若为负离子，Z 取负.

二、细胞静息电位

细胞静息电位是指细胞未受刺激时，存在于细胞膜内、外两侧的电位差.

对于一定类型的细胞，其静息电位值一定，如哺乳动物的神经和肌肉细胞的静息电位为 $-90\sim-70$ mV. 静息电位与膜两侧的离子浓度及膜对不同离子的通透性有关. 各类细胞膜内外离子分布的共同特点是：膜内 K^+ 浓度大于膜外，其值约为膜外的 20～40 倍，而膜外 Na^+ 浓度大于膜内，其值约为膜内的 7～12 倍；负离子方面，膜外以 Cl^- 为主，膜内以不能通透的蛋白质负离子为主；膜内的正负离子数相等，膜外也是如此. 表 E-1 列出了细胞内外主要离子的浓度. 细胞在静息状态时，细胞膜对 K^+ 有很好的通透性，对 Na^+ 的通透性很小，因此细胞静息电位近似等于 K^+ 的平衡电位.

表 E-1 细胞内外主要离子的浓度 单位：mmol/L

离子	细胞外浓度 C_o	细胞内浓度 C_i	C_o/C_i	U_i/mV
Na^+	145 } 149	12 } 167	12∶1	+67
K^+	4	155	0.026∶1	−98
Cl^-	120 } 149	4 } 167	30∶1	
〔其他〕$^-$	29	163		

用能斯特方程可以估算细胞静息电位. 在生理学上通常将细胞膜外的电位 U_o 规定为零，即式(E-2)中的 $U_1=U_o=0$，这样由能斯特方程计算得到的 U_2 就是以 U_o 为参考电位的膜内电位 U_i. 若以 C_i、C_o 分别表示膜内、外的离子浓度，则能斯特方程可表示为

$$U_i=\frac{kT}{Ze}\ln\frac{C_o}{C_i} \tag{E-3}$$

将人体体温 $T=(273+37)$K，玻尔兹曼常数 $k=1.38\times10^{-23}$ J/K，电子电荷量 $e=1.6\times10^{-19}$ C 以及表 E-1 中 K^+ 的膜外、膜内浓度代入式(E-3)，可得 K^+ 膜内相对于膜外的平衡电位 $U_i\approx-98$ mV，膜内电势较膜外低. 而静息电位绝对值的实际测量值总是比计算出的 K^+ 平衡电位绝对值略小，这是因为静息时细胞膜对 Na^+ 还有少许的通透性，且 Na^+ 的流向

与 K^+ 相反.

以同样的方法，可以计算出细胞膜对 Na^+ 通透时的平衡电位为 +67 mV.

三、细胞动作电位

细胞动作电位是指可兴奋细胞在受到适当刺激后，其细胞膜在静息电位的基础上发生的迅速而短暂、可向周围扩散的电位波动. 细胞产生动作电位的能力称为**兴奋性**，具有这种能力的细胞有神经细胞和肌细胞，动作电位是实现神经传导和肌肉收缩的生理基础.

由于膜电位的存在，细胞处于静息状态时的电学模型，可看作细胞膜两侧均匀分布着内负、外正的等量电荷，形成一闭合曲面电偶层，此时细胞所处状态称为**极化**. 在静息状态下，膜外 Na^+ 浓度约为膜内的 10 余倍，且静息时膜内电位比膜外低，这都吸引着 Na^+ 向膜内移动，但由于静息时细胞膜对 Na^+ 通透性很小，因此 Na^+ 不能大量内流. 当有外来的刺激并达到一定强度时，细胞膜上的 Na^+ 通道大量被激活，膜对 Na^+ 的通透性突然增大，Na^+ 在浓度差和电势差的双重影响下大量内流，使膜内的电位迅速升高，膜电位由原来的负值变为正值并可达到 +60 mV 左右（约为 Na^+ 的平衡电位）. 与此同时，细胞膜内外的局部电荷分布也发生了改变，变成了膜内带正电、膜外带负电，这个过程称为**除极**. 但是膜内电位并不停留在正电位状态，除极后，Na^+ 通道很快失活，膜对 Na^+ 又变为相对不通透，对 K^+ 的通透性又突然增加，膜内 K^+ 在浓度差和电位差的驱动下大量外流，使膜内电位又由正电位向负电位变化，再逐渐恢复到静息电位水平，这一过程称为**复极**. 在细胞接受外来一定强度的刺激而产生的除极与复极过程中，膜电位随时间变化就形成动作电位. 在细胞恢复静息状态后，又可接受另一次刺激产生另一个动作电位. 细胞在不断的强刺激下，可以不断地产生一个个动作电位，动作电位可以由一个细胞传到另一个细胞.

阅读材料 F　电流对人体的作用

F.1　直流电对人体的作用

人体是由许多不同的组织构成的，它与其他物质一样，也具有导电性. 人体表面是一层导电能力很差的皮肤，而里面大部分是导电能力很强的体液，就整个人体来说，就相当于一个漏电的电容器.

在给人体某一部位通以直流电的情况下，体内组织液中的正、负离子，就是体内的载流子，在电场力的作用下将做定向移动，而离子的移动又将产生各种物理和化学变化，进而引起生理作用.

一、改变离子浓度

由于细胞膜对于离子移动有很大的阻力，所以在直流电的作用下，在细胞膜上会产生离子堆积，一侧堆积正离子，另一侧堆积负离子，从而使原有的离子浓度分布发生变化. 另外，在直流电的作用下，各离子的迁移率不同，也会改变它们原来的分布. 例如，K^+、Na^+ 的迁移率比 Ca^+、Mg^+ 大，所以在阴极附近的 K^+、Na^+ 浓度比原来的变大，而在阳极则相反，从而引起某种生理效应.

二、电解作用

体内组织液中含有大量的 Na^+ 和 Cl^-，当机体通过直流电时，Na^+ 移向阴极，Cl^- 移向阳极，在电极上产生钠原子和氯原子，它们又进一步与水作用，生成酸和碱.

在阴极：$Na^+ + e = Na$，$2Na + 2H_2O = 2NaOH + H_2\uparrow$

在阳极：$2Cl^- - 2e = Cl_2$，$2Cl_2 + 2H_2O = 4HCl + O_2\uparrow$

从而改变了人体组织的酸碱度.

F.2　低频电的作用　心脏起搏器

一、低频脉冲电流的作用

直流电可在机体组织中引起某种生理效应. 但对机体的某些反应，如肌肉的收缩，直流电就无能为力，因为只有不断变化的电流才能兴奋神经肌肉组织，引起肌肉收缩，这就须借助低频电. 在物理疗法和生理实验中使用的低频电主要是指频率在 1 kHz 以下的低频脉冲电流. 其特征是：

(1) 均为低频小电流，电解作用较直流电弱，有些电流无明显的电解作用.

(2) 对感觉神经和运动神经都有强的刺激作用.

(3) 无明显热作用. 低频电流刺激作用的大小主要决定于脉冲电流的幅值和持续的时间，当电流幅值和持续时间达到一定阈值时，每一个脉冲周期都会引起一次兴奋. 但由于从体表送入的低频电流密度随进入体内的深度而急剧减少，所以低频电流的刺激作用只能在体表附近发生.

二、心脏起搏器

心脏起搏器是一种植入于人体内，利用低频电脉冲刺激心脏，使心脏按一定频率有效收缩的电子治疗仪器，它可以有效治疗某些由于心脏兴奋传导受到阻滞或自身起搏功能衰竭引起的心脏功能障碍. 人工心脏起搏系统主要包括以下三个部分：

(1) 低频脉冲发生器. 通过对心脏自身心电活动的监测，定时发送一定频率的脉冲电流，通过导线和电极传输到电极所接触的心肌(心房或心室)，使局部心肌细胞受到外来电刺激而产生兴奋，导致整个心房或心室兴奋并进而产生收缩活动. 如临床广泛应用的 R 波抑制同步型心脏起搏器，就是通过监测心电图中的 QRS 波，将自主心率与起搏器的固定频率进行比较. 当患者自身起搏心率正常时，起搏器不发出刺激脉冲；但当其自身心率下降或发生心脏兴奋传导阻滞时，起搏器就会按其固定频率输出电脉冲刺激心肌，引起心脏起搏.

(2) 电极和引线. 起搏器有双极和单极两种电极. 双极电极是两个电极都和心脏接触. 单极电极是将一个电极与心脏接触，另一个是无关电极，可安放在身体的其他部位.

(3) 电源. 起搏器的电源分为体外佩戴式和体内全埋藏式两种. 目前临床上采用的主要是锂碘电池.

F.3　高频电疗和高频电刀

一、高频电疗

根据电生理测定，要引起人体神经或肌肉兴奋，刺激的持续时间应分别达到 0.3 ms 和 1 ms. 这说明，频率高的交流电不易引起神经的兴奋或肌肉的收缩. 实践证明，当频率大于

10 kHz 时，由于周期小于 0.1 ms，未达到兴奋要求，高频电流对肌肉的刺激作用显著减弱，当频率达到 500～1 000 kHz 时，甚至几安培的电流都不会引起刺激.

高频电流对人体的作用主要是热效应. 在高频交变电磁场的作用下，机体中的离子(如 Na^+、K^+、OH^- 等)发生振动，离子之间相互摩擦，离子与周围介质相互摩擦，结果产生大量的热量；组织中一些分子(如氨基酸型偶极子、神经鞘磷脂型极性分子)或分子中的电荷会发生往复不停的转动或移动，在运动中会消耗部分电能转化为热量. 在临床理疗中，就是利用高频电流对组织的这种热作用进行治疗的. 不同频率的高频电流，其生物作用是不同的. 由于中波治疗时皮肤和皮下组织对电流有很大的阻力，浅表组织产热相对比深层组织要多，因此中波治疗常用于治疗皮肤病. 由于短波照射时深浅组织产热的差别较小，因此短波理疗比中波透热更均匀、深透，适用于治疗各种亚急性和慢性炎症. 超短波透热作用比短波更均匀、深透，能通过人体的不良导体甚至骨等介质，且持续时间长，能有效增强血管通透性，改善微循环，调节内分泌，加强组织机体的新陈代谢.

二、高频电刀

高频电刀(高频手术器)是一种利用高频电流通过机体时的热效应，实现对肌体组织的分离和凝固，从而起到切割和止血目的的电外科器械，是现代外科手术常用的设备之一. 高频电刀有两个电极：一个是无效电极，面积较大，可以放在身体的任何部位，一般放在臀部；另一个电极叫有效电极，通常做成针形或刃状，有效面积很小. 当通入高频电流后，无效电极处电极面积大，电流密度小，不会产生烧灼作用；而有效电极处电极面积小，电极接近人体时发生火花放电，在局部组织中电流密度很大，瞬间会在组织中产生大量的热量，导致组织气化或凝固，从而达到切割和止血的效果.

高频电刀是一种大能量输出的外科器械，能量不宜过于集中. 在切割时，有效电极必须迅速移动，以减少对周围组织的破坏，也不能将切割电极置于切口之外的地方，以免产生灼伤.

F.4　人体的触电问题

人体组织中有 60%以上是由含有导电物质的水分组成的，因此人体是个导体，当人体接触设备的带电部分并形成电流通路时，就会有电流流过人体，从而造成触电. 触电对人身造成的伤害程度受多种因素的影响.

一、电流的大小

触电时电流的大小是决定人体伤害程度的主要因素. 表 F-1 是 50～60 Hz 交流电通过没有破损的皮肤进入人体时所产生的生理反应. 从表中可以看出，电流在 5 mA 以下时，人就有手脚麻或痛的感觉；电流增至 10～20 mA 时，会使人迅速麻痹不能摆脱带电体；当电流达到 100 mA 以上时，就会使人心室开始纤颤，如果持续一段时间就会致命. 电击致死的主要原因是电流引起心室纤颤.

表 F-1　50～60 Hz 交流电对人体产生的生理反应

电流大小/mA	生理反应(触电持续 1 s)
1	开始有感觉
5	手脚最大容许电流，有痛感，肌肉有收缩

续表

电流大小/mA	生理反应(触电持续 1 s)
10～20	开始不能摆脱电流,肌肉持续收缩
50	疼痛,可能出现昏厥及衰竭,迅速麻痹
100～300	心室纤颤,持续下去可以致死,但呼吸功能仍可维持

二、电压的高低

触电是否发生危险,决定因素是电流的大小.当人体电阻一定时,电压越高,电流就越大,对人体的危害也就越大.一般来说,24 V 以下的电压比较安全.

三、人体的电阻

人体的电阻主要决定于皮肤电阻,而皮肤电阻又因干湿差别很大.干燥时皮肤电阻可达 600 kΩ,而潮湿时,只有 1 kΩ.若人体接触的是 220 V 的电压,干燥时电流可能不到 1 mA,人体无触电感觉.但是,若人在沐浴时触摸 220 V 电压,由于这时人体电阻只有 1 kΩ,流过的电流大于 200 mA,人就会触电死亡.

四、电流的路径

当电流通过人体内部重要器官时,后果就很严重.例如,电流通过头部,会破坏脑神经,使人死亡;通过脊髓,会破坏中枢神经,使人瘫痪;通过肺部会使人呼吸困难;通过心脏,20 μA 电流就会引起心脏颤动或停止跳动而使人死亡.这几种伤害中,以心脏伤害最为严重,因为心脏对电击特别敏感,它的正常活动是由内部产生的电脉冲控制的,外来的周期性脉冲,将打乱心脏原有的协调性活动.

五、通电时间

电流通过人体的时间越长后果越严重.这是因为人的心脏每收缩、扩张一次,中间有 0.1 s 的时间间隙期.在这个间隙期内,人体对电流作用最敏感,若通过胸部的电流达到 25 mA,就可引起心脏颤动,触电时间越长,与这个间隙期重合的次数就越多,从而造成的危险也就越大.

六、电流的频率

人体对 50～60 Hz 的交流电(市电频率为 50 Hz)比对较低或较高频率的电流更为敏感.这些频率的电流对人的伤害最大,因为细胞内的离子将以交流电的频率往复运动.当频率为 50～60 Hz 时,离子运动的速度正好使之由细胞的一端到另一端来回一次,离子此时在细胞内所引起的骚动最大,破坏性也最大.

习题

6-1 已知导线中的电流按 $I=t^2-0.5t+6$ 的规律随时间变化,式中电流和时间的单位分别为 A 和 s.试计算在 $t=1$ s 到 $t=3$ s 的时间内通过导线横截面的电荷量.

6-2 一铜棒的横截面积为 1.6×10^3 mm²,长为 2 m,两端的电势差为 50 mV,已知铜的电导率 $\sigma=5.9\times10^7$ S/m,铜内电子的电荷密度为 1.36×10^{10} C/m³.求:

(1) 铜棒的电阻.

(2) 电流密度.

（3）棒内的电场强度.

（4）棒内电子的漂移速度.

6-3 大气中由于存在少量的自由电子和正离子而具有微弱的导电性.地表附近，晴天大气平均电场强度约为120 V/m，大气平均电流密度约为4×10^{-12} A/m^2，求大气电阻率.

6-4 半径为a的球形电极一半埋入大地，大地电阻率为ρ.设电流沿径向均匀分布，求接地电阻.

6-5 有两个同心的导体球面，半径分别为r_a和r_b，其间充以电阻率为ρ的导电材料.求两球面间的电阻.

6-6 同样粗细的碳棒和铁棒串联起来，如果这样的组合其总电阻不随温度而变化，这两棒的长度之比是多少？($\rho_{碳}=3\ 500\times10^{-8}\ \Omega\cdot\text{m},\alpha=-5\times10^{-4}\ \text{K}^{-1}$；$\rho_{铁}=10\times10^{-8}\ \Omega\cdot\text{m}$，$\alpha=5\times10^{-3}\ \text{K}^{-1}$)

6-7 求解图示的无穷电阻网络的等效电阻.

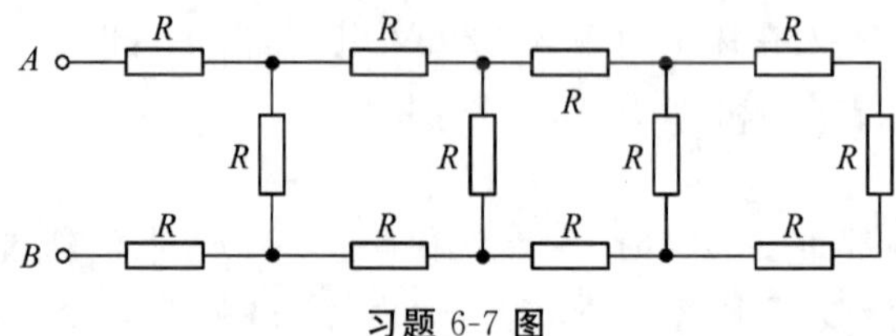

习题6-7图

6-8 如图所示电路中，已知$\mathscr{E}=12$ V，$R_1=5\ \Omega$，$R_2=4\ \Omega$，$R_3=R_4=6\ \Omega$，$R_5=10\ \Omega$，$R_6=2\ \Omega$，求通过每个电阻的电流.

6-9 如图所示电路中，已知参数已注明，求电路中两个电池的电动势$\mathscr{E}_1$、$\mathscr{E}_2$以及U_{ab}.

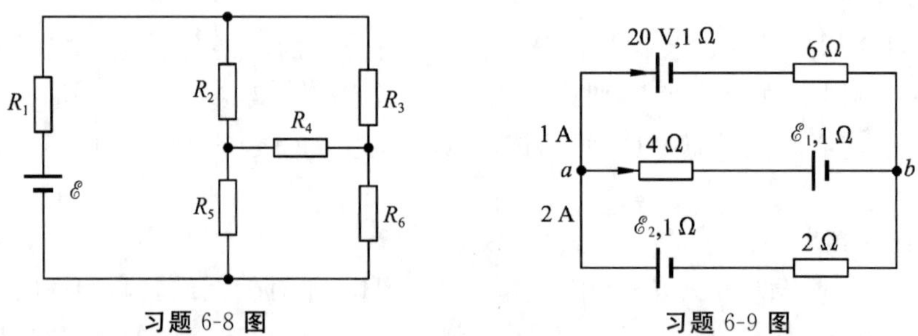

习题6-8图　　习题6-9图

6-10 如图所示电路中，已知$\mathscr{E}_1=1.3$ V，$\mathscr{E}_2=1.5$ V，$\mathscr{E}_3=2$ V，$r_1=r_2=r_3=0.2\ \Omega$，$R=0.55\ \Omega$，求通过每个电池的电流.

6-11 如图所示电路中，$\mathscr{E}_1=6$ V，$\mathscr{E}_2=4.5$ V，$\mathscr{E}_3=2.5$ V，$r_1=0.2\ \Omega$，$r_2=r_3=0.1\ \Omega$，$R_1=R_2=0.5\ \Omega$，$R_3=2.5\ \Omega$，求通过电阻R_1、R_2、R_3的电流.

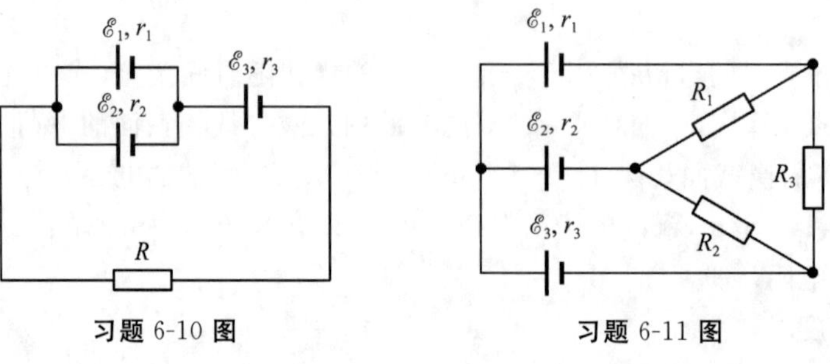

习题6-10图　　习题6-11图

6-12　图示电路中各已知量已标明.

(1) 求 a、b 两点之间的电势差.

(2) 若将 a、b 连接起来,求通过 12 V 电池的电流.

6-13　求图示网络中通过每个电阻的电流以及 a、b 连线中的电流.

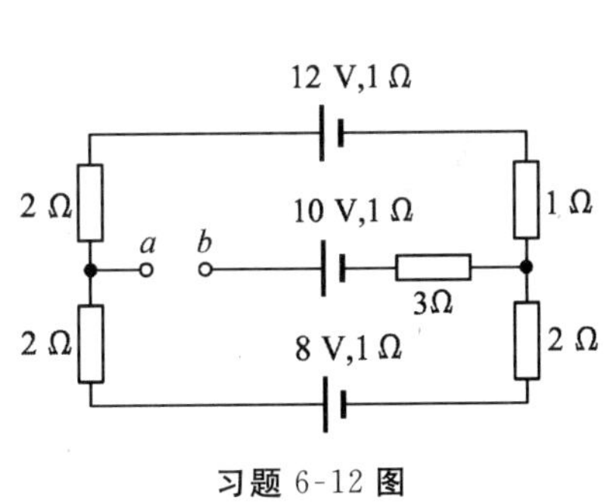

习题 6-12 图

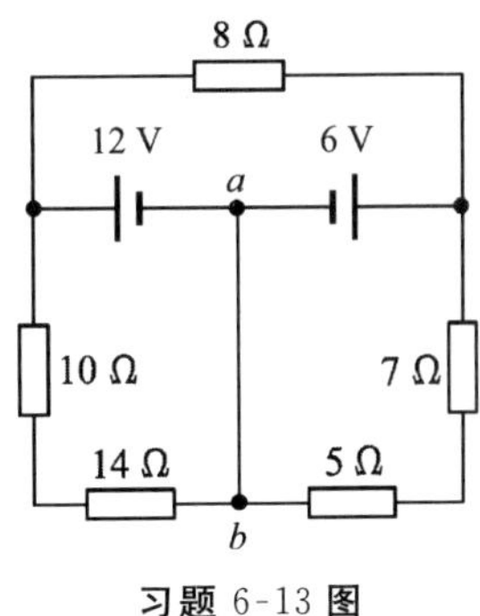

习题 6-13 图

第7章 磁场

7.1 磁场 磁感应强度

7.1.1 磁场 磁感应强度

大量的研究表明,在静止电荷的周围存在着电场,电场的特性是对引入电场的电荷施加作用力.如果电荷在运动,那么在它周围就不仅有电场,而且有磁场.磁场也是物质的一种形态,它只对运动电荷施加作用力,对静止电荷没有作用力.

实验发现,磁场对运动电荷的作用力有下列特点:

(1) 当一个正的试探电荷以速率 v 通过磁场中某点 P 时,电荷 q 受到的磁场力大小与运动方向有关.存在某一特定方向,当 q 沿此方向或其相反方向运动时,所受磁场力为零;而当垂直于该特定方向运动时,所受磁场力最大,用 $F_{\max}$ 表示,而且 $F_{\max}$ 与运动的电荷量 q 和它的速率 v 的乘积 qv 成正比,但比值 $\frac{F_{\max}}{qv}$ 在 P 点具有确定值,而与 qv 值无关.

(2) 比值 $\frac{F_{\max}}{qv}$ 反映了该点磁场的强弱.为此引入一个描述磁场强弱和方向的物理量——磁感应强度($\boldsymbol{B}$,矢量),其大小定义为

$$B=\frac{F_{\max}}{qv} \tag{7-1}$$

磁感应强度的方向即该点处小磁针静止时的N极所指方向;或者用矢积 $\boldsymbol{F}_{\max}\times\boldsymbol{v}$ 的方向确定磁感应强度 $\boldsymbol{B}$ 的方向;也可用右手螺旋法则确定:由正电荷所受力 $\boldsymbol{F}_{\max}$ 的方向沿小于 $180°$ 的角度转向正电荷运动速度 $\boldsymbol{v}$ 的方向,这时螺旋前进的方向便是该磁感应强度 $\boldsymbol{B}$ 的方向,如图7-1所示.

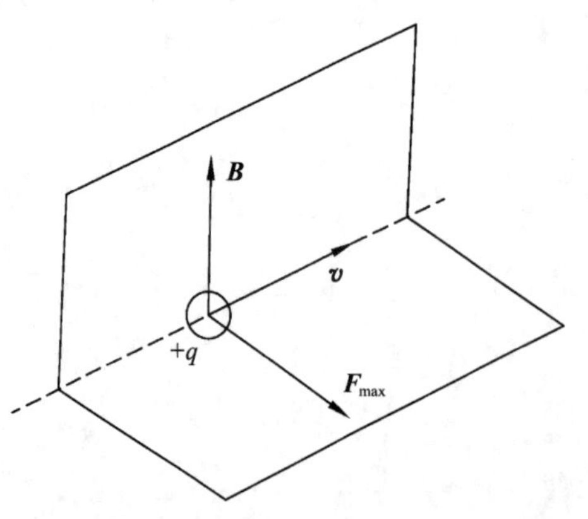

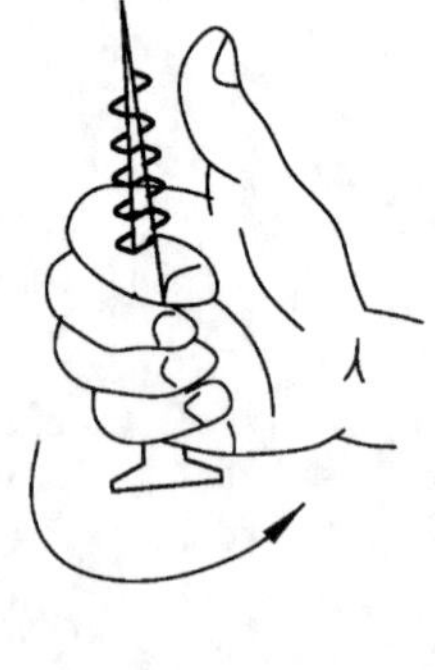

图7-1 $\boldsymbol{B}$ 的定义

在国际单位制中，磁感应强度 $\boldsymbol{B}$ 的单位是特斯拉，用 T 表示. 1 T=1 N/(m·A). 磁感应强度 $\boldsymbol{B}$ 的另一单位是高斯，用 G 表示，1 T=10^4 G. 常见磁场 $\boldsymbol{B}$ 的大小如下：地球表面的磁场在赤道处约为 $0.3\times10^{-4}\sim0.4\times10^{-4}$ T；在两极处约为 $0.6\times10^{-4}\sim0.7\times10^{-4}$ T；电动机、变压器铁芯的磁场约为 0.8～1.7 T；医学磁共振成像设备中扫描孔内的磁场约为 0.2～2.0 T；人体心脏激发的磁场约为 3×10^{-10} T.

7.1.2　磁场的高斯定理

一、磁场线和磁通量

在静电场中，为了形象地描绘静电场的分布，引入电场线. 同样地，为了形象地描述磁场的分布，在磁场中作一系列的曲线，使曲线上每一点的切线方向都与该点的磁感应强度的方向相同，这些曲线称为磁场线.

如图 7-2 所示是几种不同形状的电流所激发的磁场的磁场线. 在磁场中，每一条磁场线都是环绕电流的闭合曲线，因此磁场是涡旋场.

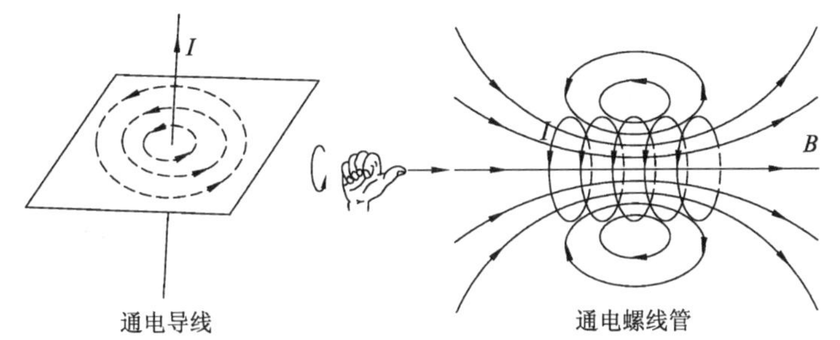

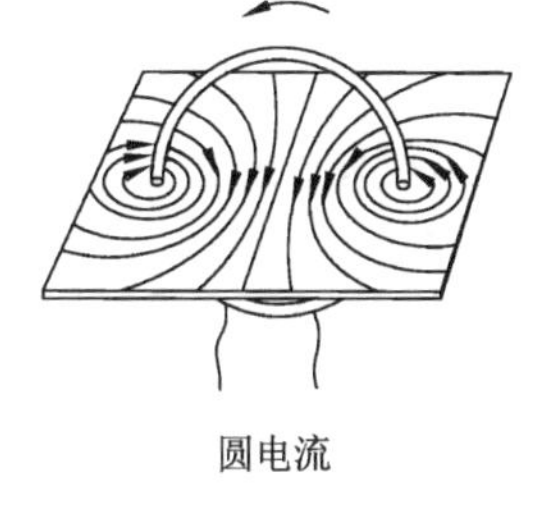

图 7-2　几种不同形状电流磁场的磁感应线

在磁场中，磁场线的疏密反映了磁场的强弱. 我们规定：通过磁场中某点处垂直于 $\boldsymbol{B}$ 的单位面积的磁场线数等于该点 $\boldsymbol{B}$ 的量值. 通过一给定曲面的总磁场线数，称为通过该曲面的磁通量，用 Φ 表示. 在曲面上任取一面元 dS，如图 7-3 所示，dS 的法线 $\boldsymbol{n}$ 与该点处磁感应强度 $\boldsymbol{B}$ 之间的夹角为 θ，则通过面积元 dS 的磁通量为

$$\mathrm{d}\Phi=B\cos\theta\mathrm{d}S=\boldsymbol{B}\cdot\mathrm{d}\boldsymbol{S} \tag{7-2}$$

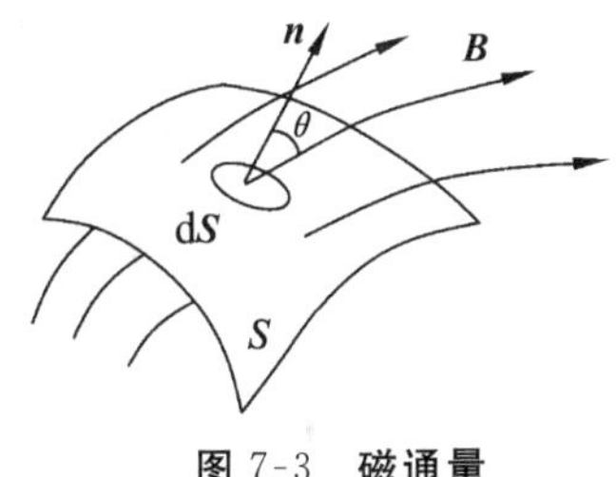

图 7-3　磁通量

所以通过整个曲面 S 的磁通量为

$$\Phi=\iint_S\mathrm{d}\Phi=\iint_S\boldsymbol{B}\cdot\mathrm{d}\boldsymbol{S}=\iint_S B\cos\theta\mathrm{d}S \tag{7-3}$$

在国际单位制中，磁通量的单位是 T·m²，称为韦伯，用 Wb 表示.

二、磁场的高斯定理

如果在磁场中任取一闭合曲面 S，则由于磁场线是闭合曲线，在磁场线穿入该闭合曲面的同时，一定会有相同数量的磁场线穿出该闭合曲面. 如果规定由里向外为正法线方向，则通过任意闭合曲面的磁通量恒等于零，数学表达式为

$$\oiint_S\boldsymbol{B}\cdot\mathrm{d}\boldsymbol{S}=0 \tag{7-4}$$

式(7-4)称为磁场的高斯定理. 实验证明，该式对于随时间变化的磁场仍然成立，反映了磁感应线是闭合曲线，无头无尾. 磁场是无源场或涡旋场. 式(7-4)是电磁场理论的基本方程之一.

7.1.3 毕奥-萨伐尔定律

在研究静电场时，讨论任意带电体所激发的电场，采取的方法是先把带电体分割成许多电荷元 dq，列出电荷元所激发的场强 dE，再应用场强叠加原理，便可得出任意带电体电场中各点的场强 E. 同样，计算由载流导线所激发的磁场，我们也可以把电流看作是由无限多小段电流元组成的. 电流元用矢量 $I\mathrm{d}\boldsymbol{l}$ 来表示，$\mathrm{d}\boldsymbol{l}$ 表示在载流导线上沿电流方向所取的线元，I 为导线中的电流. 任意形状的线电流所激发的磁场等于各段电流元所激发磁场的矢量和. 法国科学家毕奥和萨伐尔通过实验总结了电流元 $I\mathrm{d}\boldsymbol{l}$ 在真空中某点产生的磁感应强度 $\mathrm{d}\boldsymbol{B}$ 的大小为

$$\mathrm{d}B=\frac{\mu_0}{4\pi}\frac{I\mathrm{d}l\sin\theta}{r^2} \tag{7-5}$$

该式称为毕奥-萨伐尔定律，式中 μ_0 是真空中的磁导率，$\mu_0=4\pi\times10^{-7}$ H/m，r 是从电流元所在点到 P 点的矢量 $\boldsymbol{r}$ 的大小，θ 为 $I\mathrm{d}\boldsymbol{l}$ 与 $\boldsymbol{r}$ 之间小于 180°的夹角. 毕奥-萨伐尔定律（图 7-4）的矢量式为

$$\mathrm{d}\boldsymbol{B}=\frac{\mu_0}{4\pi}\frac{I\mathrm{d}\boldsymbol{l}\times\boldsymbol{r}^0}{r^2} \tag{7-6}$$

式中，$\boldsymbol{r}^0$ 是由电流元到所研究的某点 P 的位矢的单位矢量.

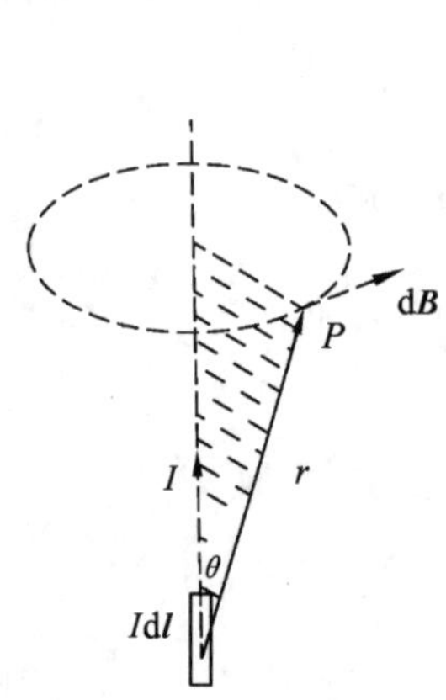

图 7-4　电流元的磁场

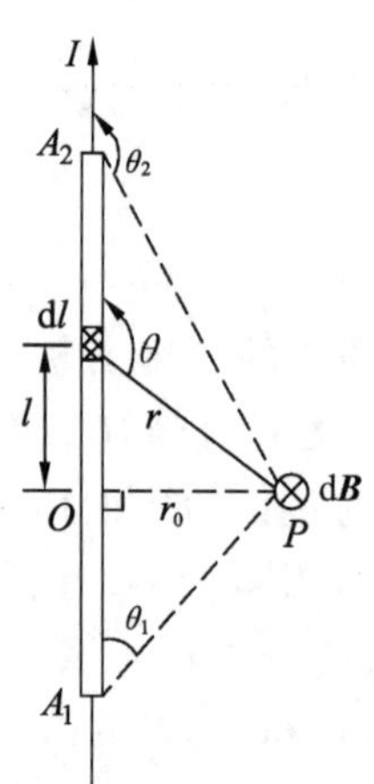

图 7-5　载流长直导线附近的磁场

7.1.4 电流的磁场

根据毕奥-萨伐尔定律，利用磁场的叠加原理，对式（7-6）进行积分，便可以求出任意形状的载流导线产生的磁感应强度，即

$$\boldsymbol{B}=\int\mathrm{d}\boldsymbol{B}=\int_L\frac{\mu_0}{4\pi}\frac{I\mathrm{d}\boldsymbol{l}\times\boldsymbol{r}^0}{r^2} \tag{7-7}$$

一、载流直导线

如图 7-5 所示，载流直导线中的一段 A_1A_2，通过的电流为 I，计算导线旁边任意一点 P 处的磁感应强度.

根据毕奥-萨伐尔定律可知，导线上任一电流元 $I\mathrm{d}\boldsymbol{l}$ 产生的磁场 $\mathrm{d}\boldsymbol{B}$ 的方向在 P 点都垂

直纸面向内. 因此,总的磁感应强度 **B** 等于各个电流元产生的磁感应强度 d**B** 的代数和:

$$B=\int \mathrm{d}B=\int_{A_1}^{A_2}\frac{\mu_0 I\mathrm{d}l\sin\theta}{4\pi r^2}$$

设场点 P 到直导线的垂直距离为 r_0,则由图 7-5 可知

$$l=r\cos(\pi-\theta)=-r\cos\theta$$

$$r_0=r\sin(\pi-\theta)=r\sin\theta$$

两式相除,得

$$l=-r_0\cot\theta$$

取微分,得

$$\mathrm{d}l=\frac{r_0\mathrm{d}\theta}{\sin^2\theta}$$

代入积分式,得

$$B=\int_{\theta_1}^{\theta_2}\frac{\mu_0 I\sin\theta\mathrm{d}\theta}{4\pi r_0}=\frac{\mu_0 I}{4\pi r_0}(\cos\theta_1-\cos\theta_2) \tag{7-8}$$

若导线为无限长,则 $\theta_1=0,\theta_2=\pi$,则

$$B=\frac{\mu_0 I}{2\pi r_0} \tag{7-9}$$

上式表明,无限长载流直导线周围的磁感应强度 **B** 的大小与电流 I 成正比,与垂直距离 r_0 成反比. **B** 的方向与电流 I 的流向成右手螺旋关系.

若电流是由电荷数密度为 n,带电量为 q,沿截面积为 S 的圆柱管道轴线以平均漂移速度 v 定向移动的带电粒子形成,则电流元

$$I\mathrm{d}\boldsymbol{l}=\frac{\mathrm{d}q}{\mathrm{d}t}\mathrm{d}\boldsymbol{l}=\frac{qn\cdot S\cdot v\mathrm{d}t}{\mathrm{d}t}\mathrm{d}\boldsymbol{l}=(nS\cdot \mathrm{d}l)\cdot q\,\boldsymbol{v}=\mathrm{d}N\cdot q\,\boldsymbol{v}$$

代入式(7-6)有

$$\mathrm{d}\boldsymbol{B}=\frac{\mu_0}{4\pi}\frac{\mathrm{d}N\cdot q\,\boldsymbol{v}\times\boldsymbol{r}^0}{r^2}$$

于是可得单个带电粒子产生的磁场

$$\boldsymbol{B}=\frac{\mathrm{d}\boldsymbol{B}}{\mathrm{d}N}=\frac{\mu_0}{4\pi}\frac{q\,\boldsymbol{v}\times\boldsymbol{r}^0}{r^2}$$

二、载流圆线圈轴线上的磁场

如图 7-6 所示,设有一圆线圈,半径为 R,通过的电流为 I,计算圆线圈轴线上 P 点的磁感应强度 **B**.

根据毕奥-萨伐尔定律,$I\mathrm{d}l$ 在 P 点的磁感应强度 d**B** 的大小为

$$\mathrm{d}B=\frac{\mu_0 I\mathrm{d}l}{4\pi r^2}$$

各电流元在 P 点的磁感应强度 **B** 的大小相等,方向各不相同,但每个电流元在 P 点产生的磁感应强度的方向与轴线成一相同的夹角 α.

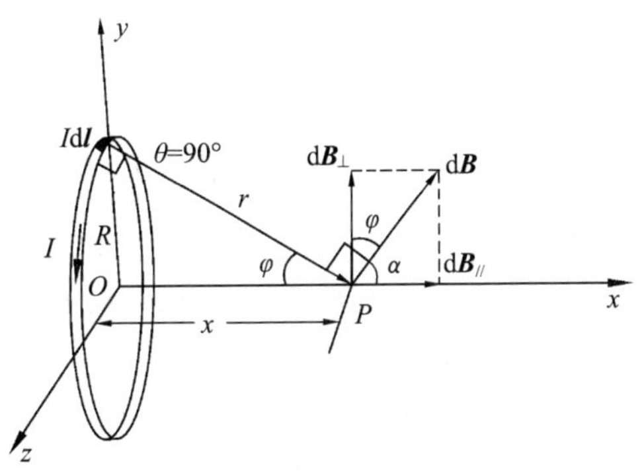

图 7-6 圆电流轴线上的磁场

将 d$\boldsymbol{B}$ 分解为平行于轴线的分矢量 d$\boldsymbol{B}_{/\!/}$ 和垂直于轴线的分矢量 d$\boldsymbol{B}_{\perp}$. 由于对称关系，各 d$\boldsymbol{B}_{\perp}$ 互相抵消，所以 P 点磁感应强度 $\boldsymbol{B}$ 的大小为

$$B=\int \mathrm{d}B_{/\!/}=\int \mathrm{d}B\sin\varphi=\frac{\mu_0 I\sin\varphi}{4\pi r^2}\int_0^{2\pi R}\mathrm{d}l=\frac{\mu_0 I\sin\varphi}{4\pi r^2}2\pi R$$

因为

$$r^2=R^2+x^2,\sin\varphi=\frac{R}{r}$$

所以

$$B=\frac{\mu_0 IR^2}{2(R^2+x^2)^{\frac{3}{2}}} \tag{7-10}$$

B 的方向沿轴线方向，且与电流方向组成右手螺旋关系.

下面讨论几种特殊情况.

(1) 在圆心 O 点处，$x=0$，有

$$B=\frac{\mu_0 I}{2R} \tag{7-11}$$

(2) 在远离圆心的轴线上，$x\gg R$，有

$$B=\frac{\mu_0 IR^2}{2x^3} \tag{7-12}$$

(3) 如图 7-7 所示的一段载流圆弧导线在圆心激发的磁感应强度 B 为

$$B=\frac{\mu_0 I}{2R}\cdot\frac{\theta}{2\pi}=\frac{\mu_0 I\theta}{4\pi R}=\frac{\mu_0 Il}{4\pi R^2} \tag{7-13}$$

式中，θ 为圆弧对圆心所张的圆心角，单位为弧度，l 为圆弧的弧长.

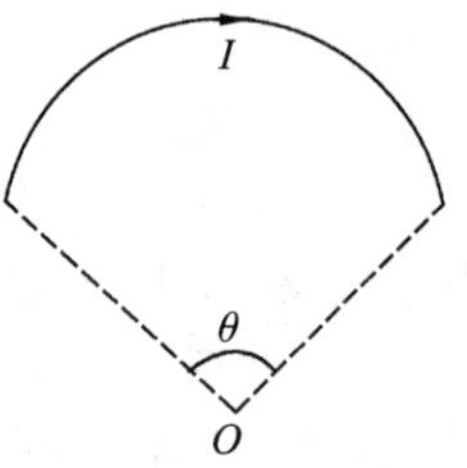

图 7-7　载流圆弧圆心处的磁场

7.1.5　安培环路定理及其应用

在研究静电场时，静电场的场强 $\boldsymbol{E}$ 沿闭合回路的线积分为零，反映了静电场是保守场的性质，那么磁场的磁感应强度 $\boldsymbol{B}$ 沿闭合环路的线积分等于多少？它反映了磁场的什么性质？

恒定电流磁场的安培环路定理的具体表述是：在真空中，磁感应强度沿任何闭合环路 L 的线积分等于穿过该环路所有电流强度的代数和的 μ_0 倍，即

$$\oint_L \boldsymbol{B}\cdot\mathrm{d}\boldsymbol{l}=\mu_0\sum_{L内}\boldsymbol{I} \tag{7-14}$$

其中，$\oint_L \boldsymbol{B}\cdot\mathrm{d}\boldsymbol{l}$ 称为磁感应强度 $\boldsymbol{B}$ 的环流. I 为电流，其正负方向规定为：当穿过回路 L 的电流方向与回路 L 的环绕方向服从右手螺旋法则时，I 取正，反之 I 取负.

磁场的安培环路定理的严格证明比较复杂，下面以无限长直线电流磁场的特例对安培环路定理加以证明.

设在无限长直线电流磁场中，取一个平面与电流垂直，如图 7-8(a)所示，在这一平面内取任一包围电流的闭合曲线，则由式(7-9)可知，在曲线上某点处的磁感应强度 $\boldsymbol{B}$ 的大小为

$$B=\frac{\mu_0 I}{2\pi r}$$

沿图 7-8(b)中闭合曲线 L 对 $\boldsymbol{B}$ 线积分，有

$$\oint_L \boldsymbol{B}\cdot \mathrm{d}\boldsymbol{l} = \oint_L B\cos\theta \mathrm{d}l = \oint B r\,\mathrm{d}\varphi = \int_0^{2\pi} \frac{\mu_0 I r}{2\pi r}\mathrm{d}\varphi = \frac{\mu_0 I}{2\pi}\int_0^{2\pi}\mathrm{d}\varphi = \mu_0 I$$

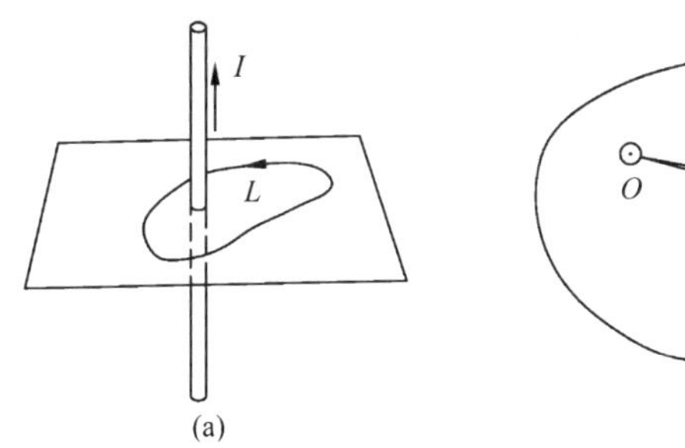

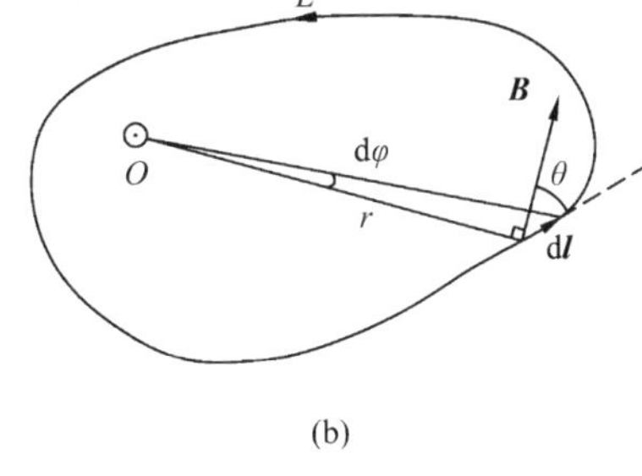

图 7-8 安培环路定理(一)

如果改变回路的绕行方向，则

$$\oint_L \boldsymbol{B}\cdot \mathrm{d}\boldsymbol{l} = \oint_L B\cos(\pi-\theta)\mathrm{d}l = \oint -B\cos\theta \mathrm{d}l = -\int_0^{2\pi}\frac{\mu_0 I}{2\pi}\mathrm{d}\varphi = -\mu_0 I$$

如果所选闭合曲线中没有包围电流，如图 7-9 所示，这时对应于每个线元 $\mathrm{d}l$ 有另一段线元 $\mathrm{d}l'$，二者在 O 点张有相同的圆心角 $\mathrm{d}\varphi$，但 $\mathrm{d}l$ 处的 $\boldsymbol{B}$ 与它成锐角 θ，$\mathrm{d}l'$处的 $\boldsymbol{B}'$与它成钝角 θ'，故

$$\boldsymbol{B}\cdot \mathrm{d}\boldsymbol{l}+\boldsymbol{B}'\cdot \mathrm{d}\boldsymbol{l} = B\mathrm{d}l'\cos\theta + B'\mathrm{d}l'\cos\theta' = \frac{\mu_0 I}{2\pi r}r\,\mathrm{d}\varphi - \frac{\mu_0 I}{2\pi r'}r'\,\mathrm{d}\varphi = 0$$

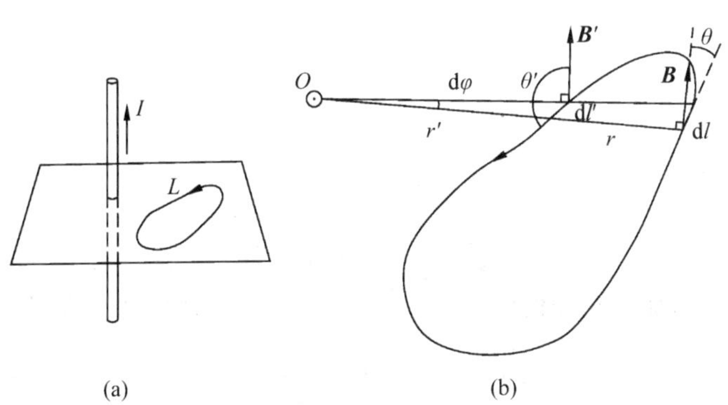

图 7-9 安培环路定理(二)

沿整个闭合环路的积分

$$\oint_L \boldsymbol{B}\cdot \mathrm{d}\boldsymbol{l} = 0$$

以上结果虽然是从长直载流导线的磁场的特例导出的，但其结论具有普遍性，对任意形状的载流导线的磁场都是适用的，而且当闭合曲线包围多根载流导线时也同样适用.

安培环路定理对恒定磁场中的任意闭合环路都是成立的，它是恒定磁场的基本定理之一. 它说明磁场是涡旋场，不能引进势的概念来描述磁场.

利用磁场的安培环路定理可以方便地计算具有对称性的载流导体的磁场分布，以下举几个例题来说明.

例题 7-1 求载流长直螺线管内的磁场分布. 设单位长度上线圈的匝数

为 n，电流强度为 I.

解： 由于螺线管相当长，因此管内中间部分的磁场是均匀的，方向与管的轴线平行. 在管的外侧，磁场很弱，可以忽略. 为了计算管内任一点 P 的磁感应强度，过 P 点作一闭合回路 $KLMN$，如图 7-10 所示，线段 LM、NK 的路程方向与 $\boldsymbol{B}$ 垂直. 对闭合回路，应用安培环路定理，有

$$\begin{aligned}\oint \boldsymbol{B}\cdot \mathrm{d}\boldsymbol{l} &= \int_{MN}\boldsymbol{B}\cdot \mathrm{d}\boldsymbol{l}+\int_{NK}\boldsymbol{B}\cdot \mathrm{d}\boldsymbol{l}+\int_{KL}\boldsymbol{B}\cdot \mathrm{d}\boldsymbol{l}+\int_{LM}\boldsymbol{B}\cdot \mathrm{d}\boldsymbol{l}\\ &= \int_{MN}\boldsymbol{B}\cdot \mathrm{d}\boldsymbol{l}+0+0+0 = B\cdot\overline{MN}\\ &= \mu_0\sum I = \mu_0\,\overline{MN}nI\end{aligned}$$

则

$$B=\mu_0 nI \tag{7-15}$$

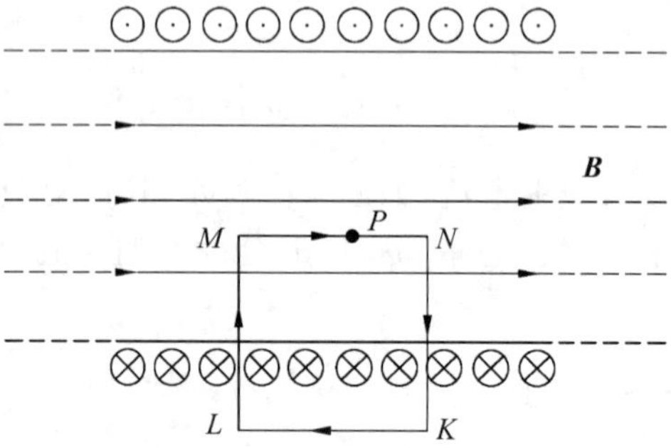

图 7-10　例题 7-1 图

例题 7-2　绕在环形管上的一组圆形电流形成螺绕环，如图 7-11 所示，环的总匝数为 N，通过的电流强度为 I，环的平均半径为 R，计算螺绕环内的磁场.

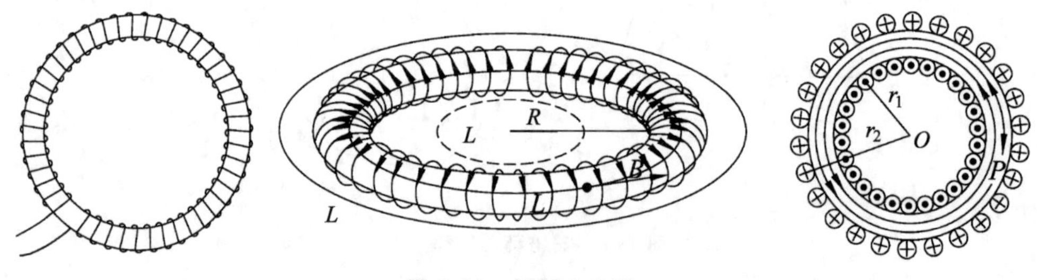

图 7-11　例题 7-2 图

解： 由于环上的线圈绕得很紧密，可以认为磁场全部集中在螺绕环内，环外磁场接近于零. 由于对称性的缘故，环内磁场的磁场线都是一些同心圆，圆心在通过环心垂直于环面的直线上. 在同一条磁场线上各点磁感应强度的量值相等，方向处处沿圆周的切线方向，并与环面平行. 为了计算螺绕环内某点的磁感应强度，取安培环路 L 在螺绕环内，与过研究点的磁场线重合，其半径为 r.

根据安培环路定理，有

$$\oint_L \boldsymbol{B}\cdot \mathrm{d}\boldsymbol{l} = B\cdot 2\pi r = \mu_0 NI$$

$$B=\frac{\mu_0 NI}{2\pi r}$$

即螺绕环内磁感应强度 $\boldsymbol{B}$ 的大小与 r 成反比. 当螺绕环的截面积很小时，管的孔径 r_2-r_1 比环的平均半径 R 小得多时，管内各点磁场大小基本相等. 则环内各点的磁感应强度的量值为

$$B=\frac{\mu_0 NI}{2\pi r}=\mu_0 nI$$

式中 n 为螺绕环单位长度上的线圈匝数，$\boldsymbol{B}$ 的方向与电流的方向成右手螺旋关系.

例题 7-3 如图 7-12 所示，无限长载流圆柱体的截面半径为 R，电流 I 沿轴线方向流动，并且均匀地分布，求圆柱体内外磁场分布.

解： 根据对称性，磁感应强度 $\boldsymbol{B}$ 的大小只与场点到轴线的垂直距离有关. 图 7-12(a)中，O 是轴线通过的地方. 以 O 为中心、r 为半径作一圆形安培环路 L，在 L 上 $\boldsymbol{B}$ 的大小处处相同，方向与该点 $\mathrm{d}l$ 的方向一致，由安培环路定理，有

$$\oint_L \boldsymbol{B}\cdot \mathrm{d}\boldsymbol{l}=B\cdot 2\pi r=\mu_0 I$$

所以圆柱体外 P 点的磁感应强度 $\boldsymbol{B}$ 的大小为

$$B=\frac{\mu_0 I}{2\pi r}\quad (r>R)$$

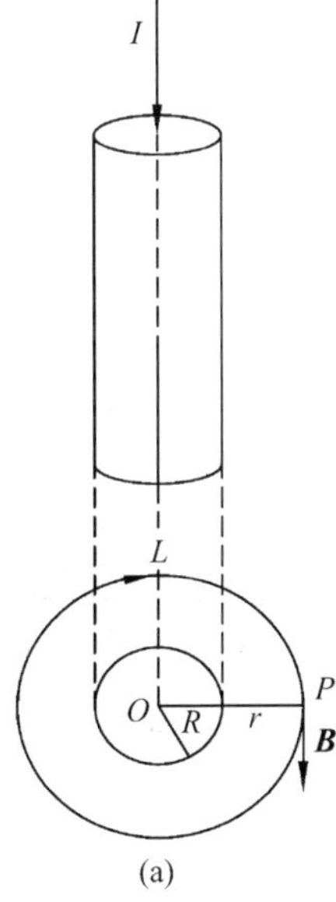

(a)

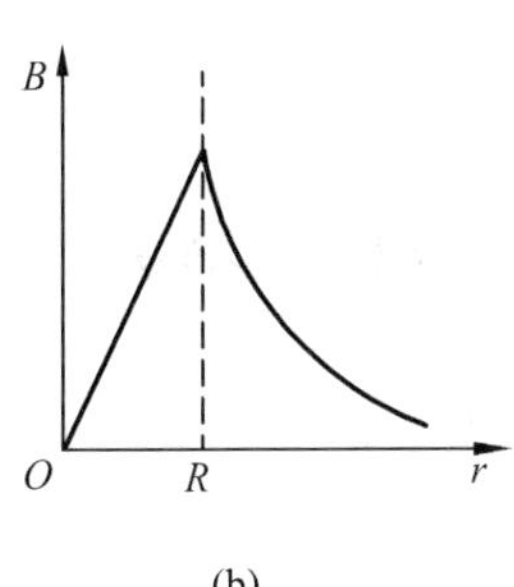

(b)

图 7-12 **例题** 7-3 **图**

当 P 点在圆柱体内时，沿着过 P 点的圆周环路，根据安培环路定理，有

$$\oint_L \boldsymbol{B}\cdot \mathrm{d}\boldsymbol{l}=B\cdot 2\pi r=\mu_0\sum I=\mu_0\frac{I}{\pi R^2}\cdot \pi r^2$$

$$B=\frac{\mu_0 Ir}{2\pi R^2}\quad (r<R)$$

$\boldsymbol{B}$ 的大小沿矢径 r 的分布如图 7-12(b)所示. 圆柱体内磁场 B 与 r 成正比，圆柱体外部磁场 B 与 r 成反比，在圆柱体表面，B 取最大值.

7.2 磁场对运动电荷和电流的作用

7.2.1 磁场对运动电荷和电流的作用　磁聚焦

在 7.1.1 中已提及，当运动电荷沿着磁场方向运动时，作用在运动电荷上的磁场力为零；运动电荷的运动方向与磁场方向相垂直时，所受磁场力最大，其值为

$$F_{max}=qvB$$

并且磁场力 $\boldsymbol{F}_{max}$、电荷运动速度 $\boldsymbol{v}$ 和磁感应强度 $\boldsymbol{B}$ 三者相互垂直.

实验证明，运动电荷运动的方向与磁场方向成夹角 θ，则所受磁场力 $\boldsymbol{F}$ 的大小为

$$F=qvB\sin\theta \tag{7-16}$$

$\boldsymbol{F}$ 的方向与 $\boldsymbol{v}$ 和 $\boldsymbol{B}$ 构成的平面垂直，指向由 $\boldsymbol{v}$ 经小于 180°的角转向 $\boldsymbol{B}$ 按右手螺旋法则决定. 矢量式为

$$\boldsymbol{F}=q\boldsymbol{v}\times\boldsymbol{B} \tag{7-17}$$

运动电荷在磁场中受的力 $\boldsymbol{F}$ 称为洛伦兹力. 由于洛伦兹力的方向与运动电荷方向垂直，因此洛伦兹力永远不对运动电荷做功. 它只改变粒子运动方向，而不改变它的速率和动能. 图 7-13 为运动电荷在磁场中的受力方向. 图 7-13(a)中为正电荷受力方向，负电荷的受力方向与正电荷相反，如图 7-13(b)所示.

由上述可知，当运动电荷运动的速度 $\boldsymbol{v}$ 与 $\boldsymbol{B}$ 在同一直线上，因 $\boldsymbol{v}$ 与 $\boldsymbol{B}$ 夹角为 0 或 π，运动电荷受洛伦兹力为零. 运动电荷仍做匀速直线运动，不受磁场力影响，如图 7-14 所示.

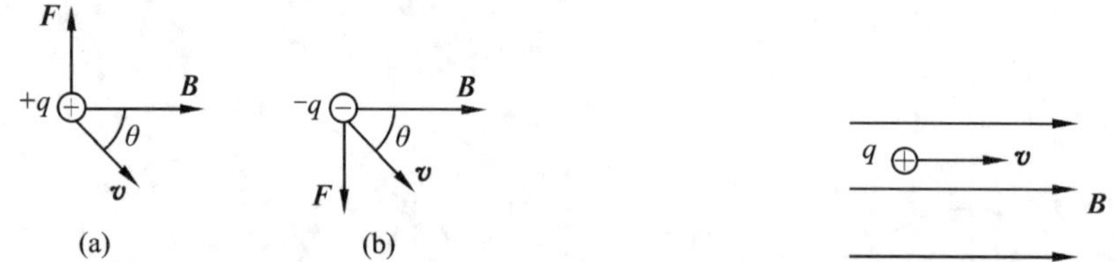

图 7-13　洛伦兹力　　图 7-14　带电粒子在磁场中的运动($\boldsymbol{v}\parallel\boldsymbol{B}$)

如果 $\boldsymbol{v}$ 与 $\boldsymbol{B}$ 垂直，如图 7-15 所示，这时电荷受到大小不变的洛伦兹力 $F_{max}=qvB$，此力作为向心力，运动电荷将在垂直于 $\boldsymbol{B}$ 的平面内做匀速圆周运动. 其圆周半径 R 和回旋周期 T 分别为

$$qvB=m\frac{v^2}{R}$$

$$R=\frac{mv}{qB}$$

$$T=\frac{2\pi R}{v}=\frac{2\pi m}{qB}$$

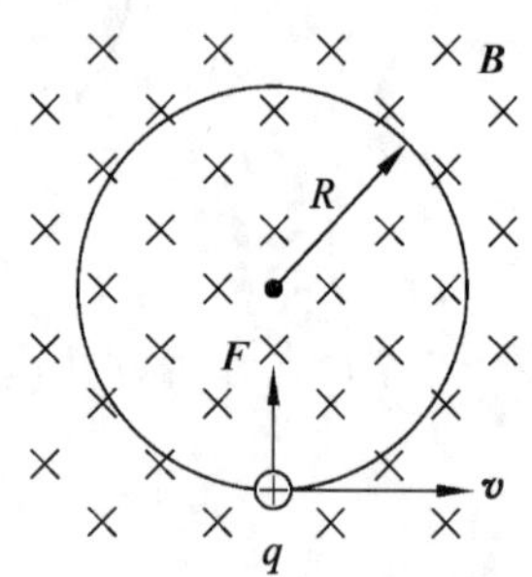

图 7-15　带电粒子在磁场中的运动($\boldsymbol{v}\perp\boldsymbol{B}$)

如果运动电荷的 $\boldsymbol{v}$ 与 $\boldsymbol{B}$ 的夹角为 θ，如图 7-16 所示，把 $\boldsymbol{v}$ 分解成与 $\boldsymbol{B}$ 平行的分量 $\boldsymbol{v}_{\parallel}$ 及与 $\boldsymbol{B}$ 垂直的分量 $\boldsymbol{v}_{\perp}$，则电荷在做速度为 $\boldsymbol{v}_{\parallel}$ 的匀速直线运动，同时又在与 $\boldsymbol{B}$ 垂直方向做半径 $R=\frac{mv_{\perp}}{qB}$ 的圆周运动. 两种运动合成的结果，使

电荷的运动轨迹为一条等螺距的螺旋线. 其螺距为

$$h=v_{/\!/}T=\frac{2\pi mv\cos\theta}{qB}$$

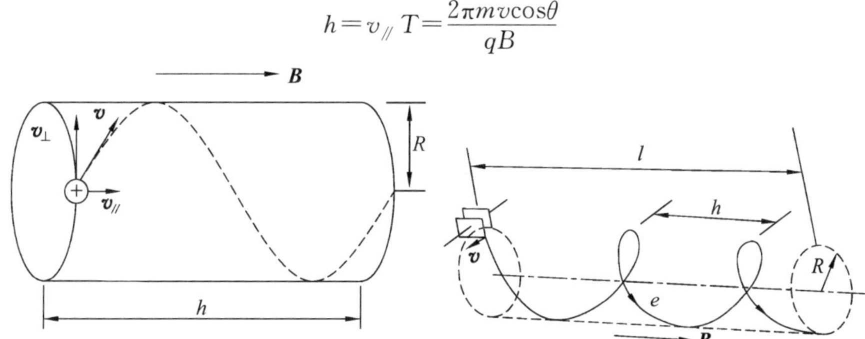

图 7-16 带电粒子在匀强磁场中的运动

如果从磁场中某一点 A,顺着磁场方向发射出一束很窄的带电粒子流,如图 7-17 所示,这些粒子流速度几乎相等,且有一很小的发散角,这时有

$$v_{/\!/}=v\cos\theta\approx v$$

$$v_{\perp}=v\sin\theta\approx v\theta$$

图 7-17 磁聚焦

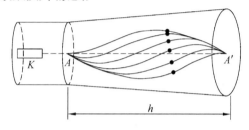

这些粒子显然由于 $v_{\perp}$ 稍有不同而做半径不同的螺旋线轨道运动,但周期相同,螺距也近似相等,所以这些粒子经过一周期(或一个螺距 h)后又将重新会聚在一点 A',这与光通过凸透镜后聚焦相类似,故称为磁聚焦,这是均匀磁场中的磁聚焦现象. 在实际应用的磁透镜如电子显微镜、电视显像管中,常常采用特殊设计的非均匀磁场.

7.2.2 霍尔效应 电磁泵

1879 年,霍尔首先观察到,把一载流导体放在磁场中,如图 7-18 所示,如果磁场方向与电流方向垂直,则在与磁场和电流二者垂直的方向上将出现横向电势差,这一现象称为霍尔效应,该电势差称为霍尔电势差. 实验发现,霍尔电势差的大小与电流 I 成正比,与磁感应强度 B 也成正比,与板的厚度 d 成反比,即

$$U=k\frac{BI}{d} \tag{7-18}$$

式中,k 是比例系数,叫霍尔系数,与导体的材料有关.

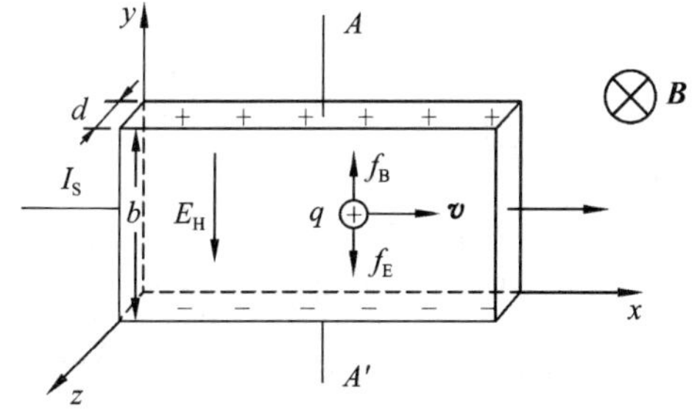

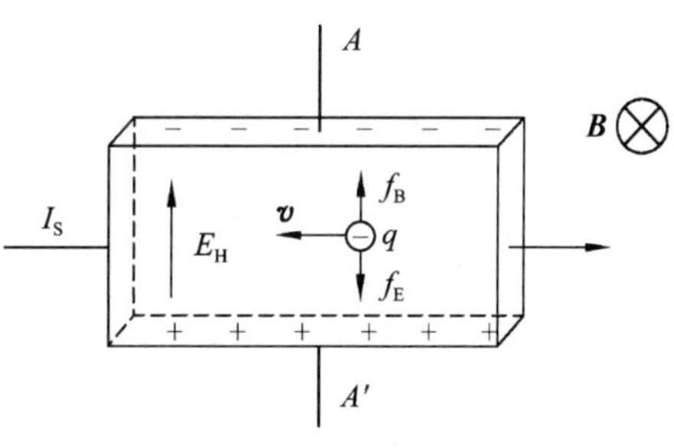

图 7-18 霍尔效应

霍尔效应使导体中的载流子在磁场中运动时受到洛伦兹力的作用而发生偏转,结果在导体的上下表面出现电荷积累而形成电势差,电势差的形成将阻碍载流子的进一步漂移.最后载流子受到的洛伦兹力 qvB 和电场力 qE 达到平衡,有

$$qvB=qE=q\frac{U}{b}$$

设单位体积内载流子数(载流子浓度)为 n,则电流强度 I 为

$$I=nqvbd$$

由上面两式,可得

$$U=\frac{1}{nq}\frac{BI}{d} \tag{7-19}$$

式中,$\frac{1}{nq}$就是霍尔系数,

$$k=\frac{1}{nq} \tag{7-20}$$

上式表明,k 与载流子的浓度有关.因此,通过霍尔系数的测量可以确定导体内载流子的浓度 n.一般金属中载流子(自由电子)的浓度很大,所以霍尔效应不显著.而半导体材料的载流子浓度小得多,能产生较大的电势差,故实用的霍尔器件都是由半导体材料做成的.

根据霍尔系数 k 的正负,可判断半导体的导电类型(N 型或 P 型).霍尔效应有着广泛应用,如制造测量磁感应强度的仪器——特斯拉计、测量血液速度的仪器——电磁流量计;在动物实验和心脏、动脉手术中测定血液速度和血流量;等等.

电磁泵是一种处在磁场中的通电流体在磁场力作用下向一定方向流动的装置,其工作原理如图 7-19 所示.

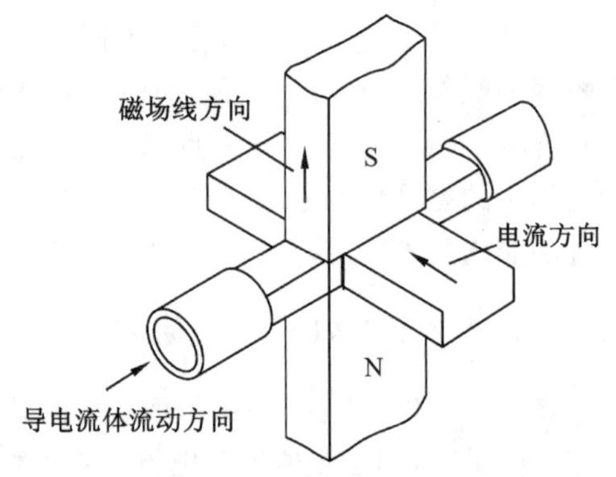

图 7-19　电磁泵原理图

将导电流体通以电流,并使电流 I 的方向与磁感应强度 $\boldsymbol{B}$ 的方向垂直,则流体受磁场力作用而产生压力梯度,从而推动流体流动,实用中多用于泵送液态金属、血液等.由于这种装置没有机械运动部件,结构简单,密封性好,运转可靠,不需要轴密封,因此在化工、印刷行业中用于输送一些有毒的重金属,如汞、铅等,用于核动力装置中输送作为载热体的液态金属(钠或钾),也可用于铸造生产中输送熔融的有色金属.在医学上,人工心肺机和人工肾装置中常用它来输送液体.

7.2.3　磁场对载流导线的作用

运动电荷在磁场中受到力的作用,而载流导线中的电流是由于导线中的自由电子做定向运动而形成的,这时电荷所受洛伦兹力的合力,就是载流导线在磁场中所受的力,这个力叫安培力.

设导线中单位体积的自由电子数为 n,自由电子的电荷量为 e,导线的横截面积为 S.我们在载流导线上任取一电流元 $I\mathrm{d}\boldsymbol{l}$,则电流元 $I\mathrm{d}\boldsymbol{l}$ 中运动的自由电子数为 $\mathrm{d}N=nS\mathrm{d}l$,每个自由电子做定向运动受到的洛伦兹力 $\boldsymbol{F}=-e\boldsymbol{v}\times\boldsymbol{B}$,那么,电流元在磁场中所受的安培力为

$$dF = dNf = -nSdle\boldsymbol{v} \times B = Idl \times B \tag{7-21}$$

式中,$Idl = -neS\boldsymbol{v}$,自由电子定向运动与电流元的方向相反.式(7-21)称为安培定律,其方向间关系如图 7-20 所示,遵守右手螺旋法则,是安培首先由实验总结出来的基本定律.一段任意形状的载流导线所受的磁场力等于作用在它各段电流元上的安培力的矢量和,即

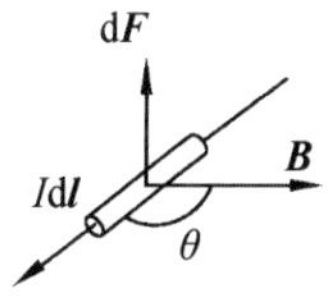

图 7-20 安培力

$$F = \int_L dF = \int_L Idl \times B \tag{7-22}$$

例题 7-4 半径为 R 的半圆形载流线圈放在均匀磁场 B 中,载流线圈所在平面与 B 垂直,导线中通以电流 I,方向如图 7-21 所示,求载流线圈所受的磁场力.

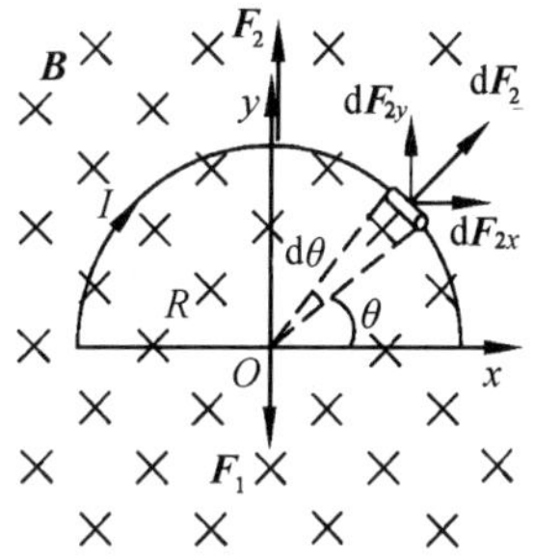

图 7-21 例题 7-4 图

解: 建立坐标系 xOy,在半圆形载流导线上任取电流元 Idl,根据安培定律,电流元受力大小为

$$dF_2 = BIdl$$

方向如图 7-21 所示,将 dF_2 分解为 x 轴方向和 y 轴方向的分力 dF_{2x} 和 dF_{2y},由于电流分布的对称性,x 轴方向分力的总和为零,只有 y 轴方向分力对合力有贡献.

$$F_2 = \int dF_{2y} = \int dF_2 \sin\theta = \int BI\sin\theta dl$$

将 $dl = Rd\theta$ 代入上式,得

$$F_2 = \int_0^{\pi} BIR\sin\theta d\theta = 2BIR$$

合力 F_2 的方向沿 y 轴的正方向.

直线段受力 $F_1 = 2BIR$,方向为 y 轴负向.

载流线圈所受合力 $\boldsymbol{F} = \boldsymbol{F}_1 + \boldsymbol{F}_2 = \boldsymbol{0}$.

7.2.4 磁场对载流线圈的作用

如图 7-22 所示,设有矩形线圈,长、宽分别为 l_1 和 l_2,通过的电流为 I,置于磁感应强度为 B 的均匀磁场中,线圈平面和磁场方向成任意夹角 θ,ab 和 cd 边与磁场垂直,导线 bc 和 ad 受的磁场力分别为 F_1 和 $F_1{}'$.即

$$F_1 = BIl_1\sin\theta,\text{方向向下}$$

$$F_1' = BIl_1\sin(\pi - \theta) = BIl_1\sin\theta,\text{方向向上}$$

这两个力大小相等、方向相反且在同一直线上,相互抵消.

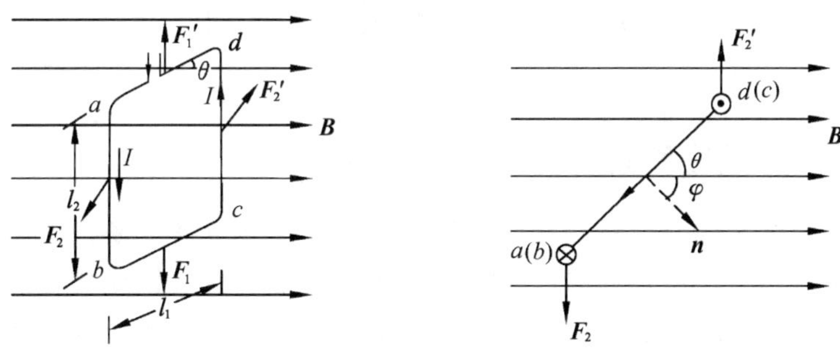

图 7-22 磁场对载流线圈的作用

导线 ab 和 cd 所受的磁场力分别为 F_2 和 F_2',有

$$F_2=F_2'=BIl_2$$

这两个力大小相同,方向相反,不在同一直线上,形成一力偶.所以载流线圈所受的磁力矩为

$$M=F_2\frac{l_1}{2}\cos\theta+F_2\frac{l_1}{2}\cos\theta=BIl_2l_1\cos\theta=BIS\cos\theta=BIS\sin\varphi$$

式中,$S=l_2l_1$ 为载流线圈的面积,φ 为线圈法线与磁场 $\boldsymbol{B}$ 的夹角.考虑到力矩使载流线圈的正法向 $\boldsymbol{n}$ 转向 $\boldsymbol{B}$,可以把上式写成矢量式

$$\boldsymbol{M}=IS\boldsymbol{n}\times\boldsymbol{B} \tag{7-23}$$

其中,$IS\boldsymbol{n}$ 是一个描述载流线圈本身性质的量,称为线圈的磁矩,用 $\boldsymbol{m}$ 表示(其单位在国际单位制中为安·米^2,即 A·m^2),所以上式又可写成

$$\boldsymbol{M}=\boldsymbol{m}\times\boldsymbol{B} \tag{7-24}$$

综上所述,平面载流线圈在均匀磁场中任意位置上所受的合力均为零,因而不会发生平动,但是线圈在磁力矩作用下要发生转动,磁力矩总是促使线圈转到其磁矩的方向与外磁场方向一致的稳定平衡位置处.许多电机和电学仪表的工作原理即基于此.

磁矩是一个重要的物理量.在原子中,核外电子的绕核运动,相应地会产生电子的轨道磁矩、电子自旋磁矩和原子核磁矩,它们在研究物质的磁性、原子、光谱、分子光谱和核磁共振现象时都经常会用到.

例题 7-5 在玻尔的氢原子模型中,电子绕原子核做圆周运动,已知圆周的半径 $R=5.3\times10^{-11}$ m,电子绕核运动的周期 $T=1.5\times10^{-16}$ s,求:

(1) 电子的轨道磁矩.

(2) 做圆周运动的电子在轨道中心产生的 $\boldsymbol{B}$ 的大小.

解:(1) 做圆周运动的电子相当于一环形电流,其对应的等效电流 I 为

$$I=\frac{e}{T}=\frac{1.6\times10^{-19}}{1.5\times10^{-16}}=1.1\times10^{-3}(\text{A})$$

电子绕核运动的轨道面积为 $S=\pi R^2$,则轨道磁矩为

$$m=IS=\frac{e}{T}s=1.1\times10^{-3}\times3.14\times(5.3\times10^{-11})^2=9.7\times10^{-24}(\text{A}\cdot\text{m}^2)$$

(2) 电子轨道中心处的磁感应强度为

$$B=\frac{\mu_0 I}{2R}=\frac{4\pi\times10^{-7}\times1.1\times10^{-3}}{2\times5.3\times10^{-11}}=13(\text{T})$$

7.3 物质的磁性

7.3.1 物质的磁性和磁化

物质的磁性不但是普遍存在的,而且是多种多样的,并因此得到了广泛的研究和应用.近至我们的身体和周边的物质,远至各种星体和星际中的物质,微观世界的原子、原子核或基本粒子,宏观世界的各种材料,都具有这样或那样的磁性.通常物质的磁性分为三类,即顺磁性、抗磁性和铁磁性.

任何物质都具有磁性，在不均匀磁场中都会受到磁场的作用，反过来各种物质都以不同方式、不同程度影响着磁场，因此一切物质都可以称为磁介质. 在静电学中，把电介质放在电场中，电介质就会发生极化而产生一个和原电场方向相反的附加电场. 如果把磁介质放在磁场中，磁介质受到磁场的作用也会产生附加磁场，使原有磁场发生变化，这种现象叫作磁化.

任何物质的原子(或分子)内部都存在运动的电荷，由于电子的绕核运动及电子的自旋运动，每个磁介质分子(或原子)相当于一个圆电流，叫作分子电流. 分子电流的磁矩叫作分子磁矩 $\boldsymbol{m}_{分子}$.

在没有外磁场作用下，由于分子热运动，分子磁矩空间取向杂乱无章，它们之间相互抵消，从整体来看，磁介质不显磁性. 如果有外磁场 $\boldsymbol{B}_0$ 存在，分子磁矩在外磁场作用下发生转动，磁矩做有序排列，方向趋向于与 $\boldsymbol{B}_0$ 平行，这样从宏观来看，在磁介质表面相当于有一层电流，产生了附加磁场 $\boldsymbol{B}'$. 因此，磁介质中的磁感应强度为

$$\boldsymbol{B}=\boldsymbol{B}_0+\boldsymbol{B}'$$

$\boldsymbol{B}'$ 与 $\boldsymbol{B}_0$ 方向相同的磁性物质称为顺磁质，如锰、铬、铂、氮等都属于顺磁质.

$\boldsymbol{B}'$ 与 $\boldsymbol{B}_0$ 方向相反的磁性物质称为抗磁质，如金、银、氢、汞、铜等都属于抗磁质.

不论是顺磁质还是抗磁质都有一个共同点，它们所激发的附加磁场很弱.

还有一类磁介质，附加磁场很强，B' 远大于 B_0，使得 $B \gg B_0$，这类磁性物质称为铁磁质，如铁、钴、镍等，其特性将在后面详细介绍.

磁介质的磁化程度可以用磁化强度 $\boldsymbol{M}$ 来描述. 磁化强度是单位体积内的分子磁矩的矢量和，即

$$\boldsymbol{M}=\frac{\sum_i \boldsymbol{m}_{i分子}}{\Delta V} \tag{7-25}$$

国际单位制中，M 的单位是安/米，记为 A/m.

磁介质的磁化程度还可以用磁化电流来表示. 设在长直螺线管内充满各向同性的均匀磁介质，如图 7-23 所示，电流在螺线管内产生均匀磁场，磁介质在磁场作用下，分子环流的磁矩在一定程度上沿着场的方向排列起来. 截面内任意一点位置上，成对且方向相反的分子电流相抵消，仅在边缘上形成等效的环形大电流，称为磁化电流(或安培表面电流). 由磁化强度的定义式，有

$$M=\frac{\sum_i m_{i分子}}{\Delta V}=\frac{I_S S}{\Delta V}=\frac{i_S l S}{\Delta V}=i_S \tag{7-26}$$

即磁介质表面单位长度的磁化面电流的大小等于磁化强度的量值.

$$\oint_L \boldsymbol{M}\cdot \mathrm{d}\boldsymbol{l}=i_S l=I_S \tag{7-27}$$

式(7-27)表明磁化强度对闭合回路 L 的线积分等于通过回路所包围面积内的总磁化电流.

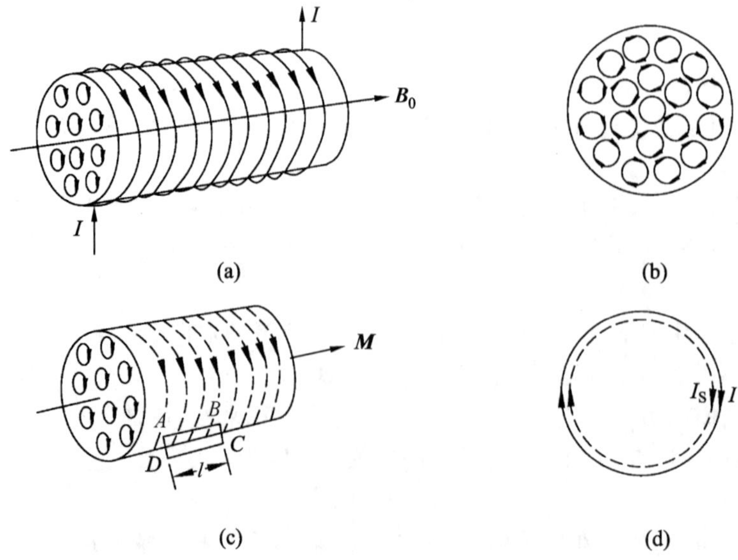

图 7-23 均匀磁化磁介质中的分子电流

7.3.2 有磁介质时的高斯定理和安培环路定理

在有磁介质存在时,除传导电流外,还有磁化电流.磁化电流也要激发磁场,相应的磁场线也是闭合的.因此高斯定理

$$\oiint_S \boldsymbol{B} \cdot \mathrm{d}\boldsymbol{S} = 0$$

仍然成立.此时安培环路定理的表达式为

$$\oint_L \boldsymbol{B} \cdot \mathrm{d}\boldsymbol{l} = \mu_0 \sum_i I_i + \mu_0 \sum I_S$$

$$\oint_L \boldsymbol{B} \cdot \mathrm{d}\boldsymbol{l} = \mu_0 \sum_i I_i + \mu_0 \oint \boldsymbol{M} \cdot \mathrm{d}\boldsymbol{l}$$

整理得

$$\oint_L \left(\frac{\boldsymbol{B}}{\mu_0} - \boldsymbol{M}\right) \cdot \mathrm{d}\boldsymbol{l} = \sum_i I_i$$

令 $\boldsymbol{H} = \dfrac{\boldsymbol{B}}{\mu_0} - \boldsymbol{M}$,则上式写为

$$\oint_L \boldsymbol{H} \cdot \mathrm{d}\boldsymbol{l} = \sum_i I_i \tag{7-28}$$

这就是有磁介质时的安培环路定理,其中 $\boldsymbol{H}$ 称为磁场强度矢量. $\boldsymbol{H}$ 矢量的环流只和传导电流有关,在形式上与磁介质的磁性无关.引入磁场强度 $\boldsymbol{H}$ 只为研究有磁介质存在时的情况提供方便,真正具有物理意义的,确定磁场中运动电荷或电流受力的是 $\boldsymbol{B}$,而不是 $\boldsymbol{H}$.在国际单位制中,H 的单位是安/米(A/m).

通常将磁场强度的定义式

$$\boldsymbol{H} = \frac{\boldsymbol{B}}{\mu_0} - \boldsymbol{M}$$

写成

$$B=\mu_0 H+\mu_0 M \tag{7-29}$$

对于各向同性的磁介质,实验证明,在磁介质中任一点磁化强度 $\boldsymbol{M}$ 和磁场强度 $\boldsymbol{H}$ 成正比,即

$$M=\chi_m H \tag{7-30}$$

式中,比例系数 χ_m 称为磁化率,因为 $\boldsymbol{M}$ 和 $\boldsymbol{H}$ 的单位相同,所以 χ_m 是个无单位的量,它与磁介质的材料有关.将式(7-30)代入式(7-29),得

$$B=\mu_0 H+\mu_0 \chi_m H=\mu_0(1+\chi_m)H \tag{7-31}$$

令

$$\mu_r=1+\chi_m$$

μ_r 称为磁介质的相对磁导率,于是有

$$B=\mu_0\mu_r H=\mu H \tag{7-32}$$

式中,$\mu=\mu_0\mu_r$ 称为磁介质的磁导率,它的单位与 μ_0 相同.一些磁介质的相对磁导率 μ_r 见表 7-1.

表 7-1 几种磁介质的相对磁导率

磁介质		相对磁导率 μ_r
抗磁质 $\mu_r<1$	铋	$1-16.6\times10^{-5}$
	汞	$1-2.9\times10^{-5}$
	铜	$1-1.0\times10^{-5}$
	氢	$1-3.98\times10^{-5}$
顺磁质 $\mu_r>1$	氧	$1+344.9\times10^{-5}$
	铝	$1+1.65\times10^{-5}$
	铂	$1+26\times10^{-5}$
铁磁质 $\mu_r\gg1$	纯铁	5×10^{3}(最大值)
	硅钢	7×10^{2}(最大值)
	坡莫合金	1×10^{5}(最大值)

7.3.3 铁磁性

所谓铁磁性,是指物质中相邻原子或离子的磁矩由于它们的相互作用而在某些区域中大致按同一方向排列,当所施加的磁场强度增大时,这些区域的合磁矩定向排列程度将随之增加到某一极限的现象.

铁、钴、镍等物质都具有铁磁性,称为铁磁质.在铁磁质中,相邻铁原子间存在着非常强的交换耦合作用,这个相互作用促使相邻原子的磁矩平行排列起来,形成一个自发磁化达到饱和状态的小区域,这些小区域称为磁畴.在没有外磁场作用时,每个磁畴中原子的分子磁矩均取向同一方位,但对不同磁畴,其分子磁矩的取向不相同,因此对整个磁体来说,任何宏观区域的平均磁矩为零,物体不显示磁性.

在外磁场作用下,磁化方向与外磁场成较小角度的磁畴的体积逐渐增大,而磁化方向与外磁场成较大角度的磁畴的体积逐渐减小.随着外磁场的不断增强,磁化方向与外磁场成较

大角度的磁畴全部消失，留存的磁畴将向外磁场的方向旋转，当磁场达到一定程度时，所有磁畴将沿外磁场方向整齐排列，即达到饱和状态，如图 7-24 所示.

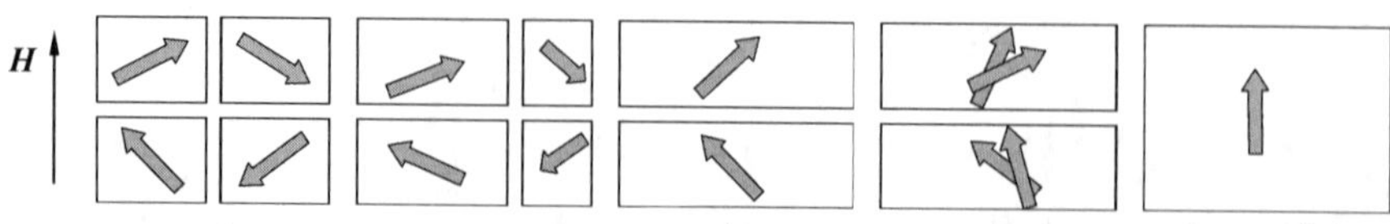

图 7-24　磁畴

当铁磁质受到强烈的震动时或高温下，分子热运动就加剧，磁畴便会瓦解，铁磁性消失而产生顺磁性，这一临界温度称为居里点，不同铁磁质的居里点不一样.

铁磁质的磁化特性可以用 B-H 曲线表示. 如图 7-25 所示是实验测得的磁化曲线和磁导率曲线.

从图 7-25 可以看出，开始时 B 随 H 的增加而很快增加，当 H 达到一定强度时，B 的值几乎不随 H 的增加而增加，这时介质的磁化达到饱和. 同时可以看到 μ 不是一个恒量，它随 H 的变化而变化，铁磁质的 $\mu \gg \mu_0$，即 $\mu_r \gg 1$.

当铁磁质的磁化达到饱和后，使 H 减小，B 的值也将随之减小，但不沿原来的曲线下降，而是沿着曲线 ab 下降. 如图7-26所示，当 $H=0$ 时，B 并不等于零，而保留一定的大小，这就是铁磁质的剩磁现象. 为了消除剩磁，必须加一反向磁场，使磁介质完全退磁所需的反向磁场的大小 H_c，称为这种铁磁质的矫顽力. 如果再反向增加磁场，又可达到反向的饱和状态. 图 7-26 反映了这一过程，在上述变化过程中 B 的变化总是落后于 H 的变化，这一现象称为磁滞，图中闭合曲线称为磁滞回线. 实验得出，当铁磁质在交变磁场作用下反复磁化时，分子振动加剧，磁体要发热而散失能量，这种能量损失叫作磁滞损耗，磁滞回线所包围的面积越大，磁滞损耗也越大.

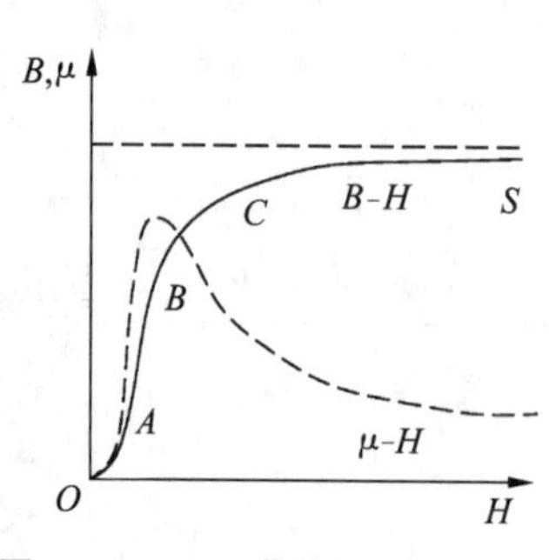

图 7-25　B-H 曲线和 μ-H 曲线

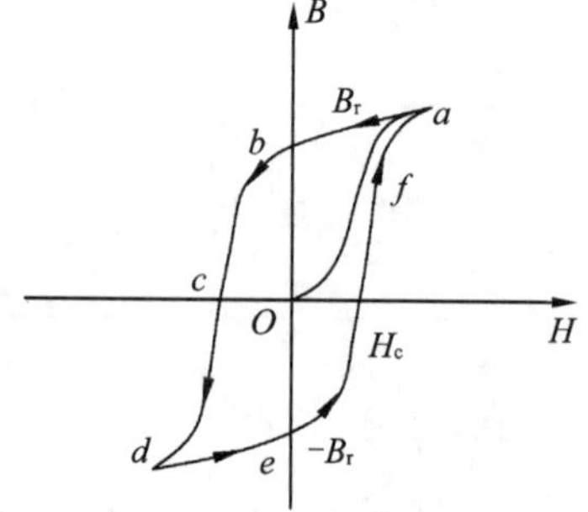

图 7-26　磁滞回线

7.4　电磁感应

7.4.1　电磁感应定律

上节讨论的是电流的磁效应，即电流能产生磁场，那么磁场是否也能产生电流呢？1831 年，英国物理学家法拉第发现电磁感应现象，并总结出电磁感应定律.

根据法拉第的实验,电磁感应现象可归结为两类:一类是磁铁与线圈有相对运动时,线圈中会出现电流;另一类是当一个线圈中电流发生变化时,在它附近的其他线圈中也会出现电流.这些现象称为电磁感应.对所有电磁感应现象分析表明,当穿过一个闭合回路所包围的面积内的磁通量发生变化时,不管这种变化是由什么原因引起的,在导体回路中就会产生电流,这种电流称为感应电流.因此,通过一个闭合回路的磁通量发生变化是产生感应电流的原因和条件.

闭合回路中有感应电流,说明回路中存在电动势,这种由电磁感应产生的电动势叫作感应电动势.实验表明,通过回路所包围面积的磁通量发生变化时,回路中产生的感应电动势$\mathscr{E}$与磁通量Φ对时间的变化率成正比.如果采用国际单位制,则表示为

$$\mathscr{E}=-\frac{\mathrm{d}\Phi}{\mathrm{d}t} \tag{7-33}$$

该式称为法拉第电磁感应定律,式中的负号反映了感应电动势的方向,它是楞次定律的数学表现.在实际问题中用楞次定律来确定感应电动势的方向比较简便.楞次定律指出,感应电流所产生的磁通量总是去反抗或补偿引起电磁感应的磁通量的变化.

以上讨论的都是由导线组成的单匝回路,如果回路是由N匝导线串联而成的,那么当磁通量发生改变时,每匝线圈中都会产生感应电动势,N匝线圈中总的感应电动势应为所有线圈产生的感应电动势的和.即

$$\mathscr{E}=-N\frac{\mathrm{d}\Phi}{\mathrm{d}t}=-\frac{\mathrm{d}(N\Phi)}{\mathrm{d}t} \tag{7-34}$$

习惯上,把$N\Phi$叫作线圈的磁通匝链数或全磁通,简称磁链.

由于引起磁通量变化的原因不同,感应电动势又可分为动生电动势和感生电动势.

7.4.2　动生电动势

由于导体在恒定磁场中运动而产生的感应电动势称为动生电动势.如图7-27所示,一个由导线做成的回路$MNOPM$,其中长度为l的导线段MN在磁感应强度为$\boldsymbol{B}$的均匀磁场中以速度$\boldsymbol{v}$向右做匀速直线运动,假设导线段MN、$\boldsymbol{v}$和$\boldsymbol{B}$互相垂直.若在$\mathrm{d}t$时间内,导线MN移动距离为$\mathrm{d}x$,则闭合回路面积的变化为$l\mathrm{d}x$,回路磁通量的变化为

$$\mathrm{d}\Phi=\boldsymbol{B}\cdot\mathrm{d}\boldsymbol{S}=Bl\mathrm{d}x$$

由法拉第电磁感应定律可知,在运动导线MN段上产生的动生电动势为

$$\mathscr{E}=-\frac{\mathrm{d}\Phi}{\mathrm{d}t}=-Bl\frac{\mathrm{d}x}{\mathrm{d}t}=-Blv \tag{7-35}$$

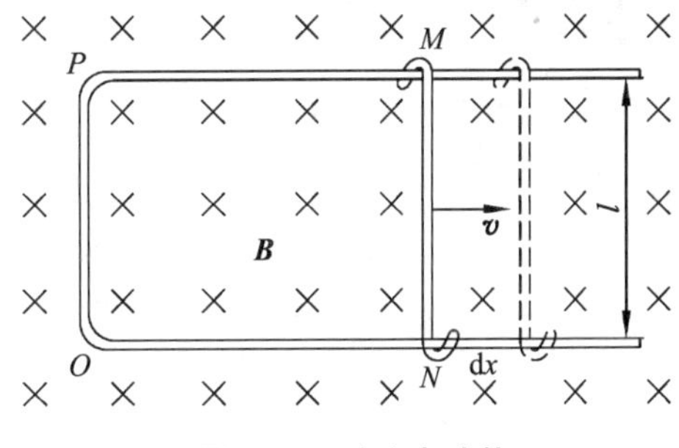

图7-27　动生电动势

由式中的负号或楞次定律,可以判断出电动势的方向是从N指向M.电动势是导线运动产生的,运动着的导线相当于一个电源,M端相当于正极,N端相当于负极.

导体在磁场中运动切割磁感线而产生电动势,从微观上看,当导线MN以速度$\boldsymbol{v}$向右运动时,导线内自由电子也获得同样的速度$\boldsymbol{v}$,每个自由电子受到的洛伦兹力为

$$\boldsymbol{F}=-e\,\boldsymbol{v}\times\boldsymbol{B}$$

洛伦兹力的作用使电子向N端运动,N端出现负电荷,M端出现正电荷.这些正负电荷

在导线 MN 内产生电场 $\boldsymbol{E}_k$，使电子受到一个由 N 指向 M 的电场力的作用，最后两者达到平衡，即

$$-e\boldsymbol{E}_k = -e\,\boldsymbol{v}\times\boldsymbol{B}$$

$$\boldsymbol{E}_k = \boldsymbol{v}\times\boldsymbol{B}$$

这时导线 MN 两端的感应电动势为

$$\mathscr{E} = \int_N^M \boldsymbol{E}_k \cdot \mathrm{d}\boldsymbol{l} = \int_N^M (\boldsymbol{v}\times\boldsymbol{B})\cdot \mathrm{d}\boldsymbol{l} \tag{7-36}$$

这一结果表明形成动生电动势的实质是运动电荷受到洛伦兹力的作用，洛伦兹力是非静电力. 动生电动势为电源电动势，如果有外电路将 M、N 连接起来，则在外电路中形成电流，方向从 M 到 N. 在回路 $MNOPM$ 中，MP、PO、ON 三段不动，因而不产生动生电动势，它们只是提供电流的通路.

例题 7-6 长度为 L 的一根铜棒，在均匀磁场 $\boldsymbol{B}$ 中绕其一端以角速度 ω 做匀角速转动，且转动平面与磁场方向垂直，如图 7-28 所示，求铜棒两端的电动势.

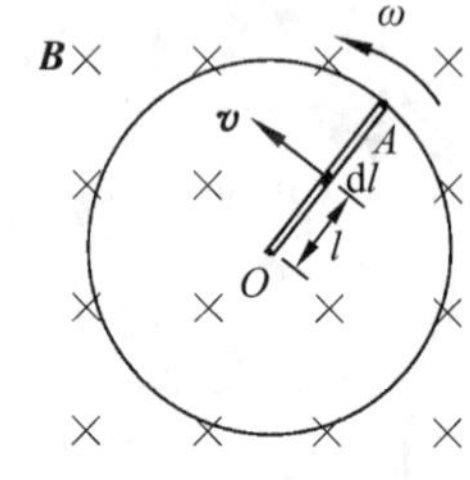

图 7-28 例题 7-6 图

解： 棒绕 O 端转动时，棒上各点的速度是不同的，距 O 点为 l 处的小段 $\mathrm{d}l$ 的速度 $\boldsymbol{v}$ 的大小为 $v=\omega l$，于是该小段的电动势为

$$\mathrm{d}\mathscr{E} = (\boldsymbol{v}\times\boldsymbol{B})\cdot \mathrm{d}\boldsymbol{l} = Bwl\mathrm{d}l$$

总的电动势为

$$\mathscr{E} = \int \mathrm{d}\mathscr{E} = \int_0^L B\omega l\,\mathrm{d}l = \frac{1}{2}B\omega L^2$$

电动势方向由 A 指向 O，O 点电势高，A 点电势低.

7.4.3 感生电动势 涡电流

当导线回路固定不动，而磁通量的变化完全由磁场的变化引起时，导线回路内也将产生感应电动势，这种感应电动势称为感生电动势. 动生电动势的形成是洛伦兹力充当了非静电力，那么感生电动势的形成又是谁充当了非静电力呢？

实验表明，感生电动势的产生完全决定于回路内磁场的变化，而与导体的种类和性质无关. 英国物理学家麦克斯韦分析了这个事实后提出，变化的磁场在其周围空间激发了一种新的电场，这种电场称为感生电场或涡旋电场，用 $\boldsymbol{E}_r$ 表示，它与静电场一样，对电荷有作用力，正是感生电场的电场力将导体中的自由电子推动，在导体回路中形成感生电流（或称涡旋电流），相应地产生了感生电动势. 沿任一闭合回路的感生电动势为

$$\mathscr{E} = \oint_L \boldsymbol{E}_r \cdot \mathrm{d}\boldsymbol{l} = -\frac{\mathrm{d}\Phi}{\mathrm{d}t} \tag{7-37}$$

显然，在感生电动势里是感生电场 E_r 提供了非静电力. 涡旋电场与静电场都是一种客观存在的物质，它们对于其中的电荷都有力的作用，但两者也有不同之处，静电场是由静止电荷激发产生的，而涡旋电场是由变化的磁场激发产生的. 静电场是保守力场，电场线起于正电荷，终于负电荷，电场线不闭合，场强的环路积分等于零，静电场是一种有源无旋场，而涡旋电场是非保守力场，涡旋电场线是无头无尾的闭合曲线，场强 $\boldsymbol{E}_r$ 的环路积分不等于零，涡旋电场是一种无源有旋场.

例题 7-7 半径为 R 的圆柱形空间内有均匀磁场 B，设 $\frac{\mathrm{d}B}{\mathrm{d}t}>0$，且为常量，求空间各点的感生电场.

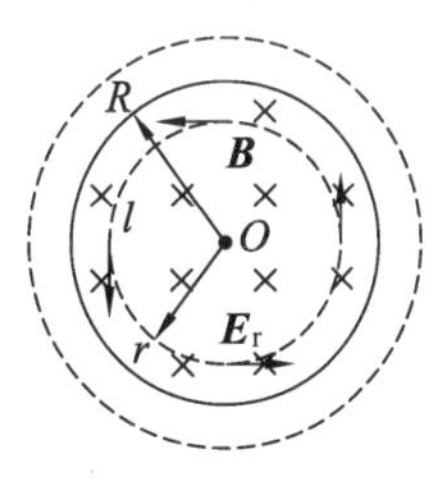

图 7-29 例题 7-7 图

解：由对称性可知，感生电场的电场线是以 O 为圆心的一系列同心圆，取环路 l 顺时针方向为正.

当 $r<R$ 时，$\oint \boldsymbol{E}_{\mathrm{r}} \cdot \mathrm{d}\boldsymbol{l} = E_{\mathrm{r}} \cdot 2\pi r$，$-\frac{\mathrm{d}}{\mathrm{d}t}\iint \boldsymbol{B} \cdot \mathrm{d}\boldsymbol{S} = -\pi r^2 \frac{\mathrm{d}B}{\mathrm{d}t}$，有

$$E_{\mathrm{r}} = -\frac{r}{2}\frac{\mathrm{d}B}{\mathrm{d}t}$$

由此可见，圆柱形磁场区域内感生电场 E_{r} 量值与 r 成正比，负号说明 E_{r} 方向与环路 l 绕行方向相反，即逆时针方向.

当 $r>R$ 时，$\oint \boldsymbol{E}_{\mathrm{r}} \cdot \mathrm{d}\boldsymbol{l} = E_{\mathrm{r}} \cdot 2\pi r$，$-\frac{\mathrm{d}}{\mathrm{d}t}\iint \boldsymbol{B} \cdot \mathrm{d}\boldsymbol{S} = -\pi R^2 \frac{\mathrm{d}B}{\mathrm{d}t}$，得

$$E_{\mathrm{r}} = -\frac{R^2}{2r} \cdot \frac{\mathrm{d}B}{\mathrm{d}t}$$

由此可见，当磁场随时间变化时，在圆柱形磁场以外区域仍然存在感生电场，其大小与 r 成反比，方向也与环路 l 绕行方向相反，即逆时针方向.

7.4.4 自感和互感

一、自感

根据法拉第电磁感应定律，当通过回路所包围面积的磁通量发生变化时，回路就会产生感应电动势. 如果通过回路中的电流发生变化，其所激发的磁场穿过自身回路的磁通量也随之发生变化，会在自身回路中产生感应电动势，这种电磁感应现象叫作自感，所产生的感应电动势叫作自感电动势.

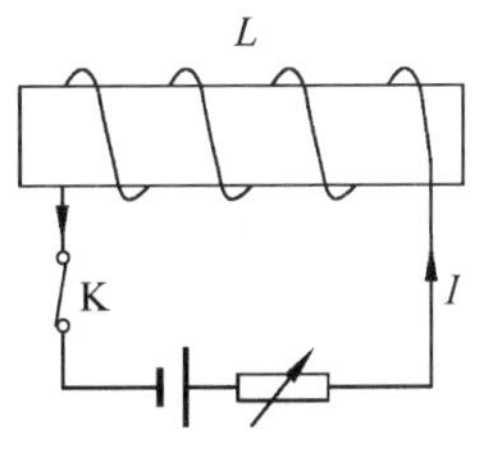

图 7-30 自感现象

如图 7-30 所示，设线圈中通有电流 I，它所激发的磁场 $\boldsymbol{B}$ 与 I 成正比，因此穿过线圈本身的磁通匝链数 Ψ 与 I 成正比，即

$$\Psi = LI \tag{7-38}$$

当电流 I 随时间变化时，线圈中的自感电动势为

$$\mathscr{E} = -\frac{\mathrm{d}\Psi}{\mathrm{d}t} = -L\frac{\mathrm{d}I}{\mathrm{d}t} \tag{7-39}$$

式中，系数 L 称为自感系数，由线圈本身的大小、形状和匝数决定，与电流 I 无关. 在国际单位制中，自感系数的单位为亨利(H)，式中的“－”表示自感电动势反抗自身电流的变化. 自感现象在各种电器设备和无线电技术中有广泛的应用，日光灯的镇流器就是利用线圈的自感现象制成的. 但自感现象也有不利的一面，如果有大自感线圈的电路断开时，会产生很高的自感电动势，形成电弧，烧坏电闸开关，甚至危害到人员安全. 因此，必须采取保护措施.

二、互感

如图 7-31 所示，两相邻线圈 1 和线圈 2，当线圈 1 中的电流变化时，其激发的磁场也随之变化. 这样，通过线圈 2 的磁通量也随之变化，因而在线圈 2 中产生感应电动势. 同样，当

线圈 2 中的电流变化时，也会在线圈 1 中产生感应电动势. 这种现象称为互感，所产生的感应电动势称为互感电动势.

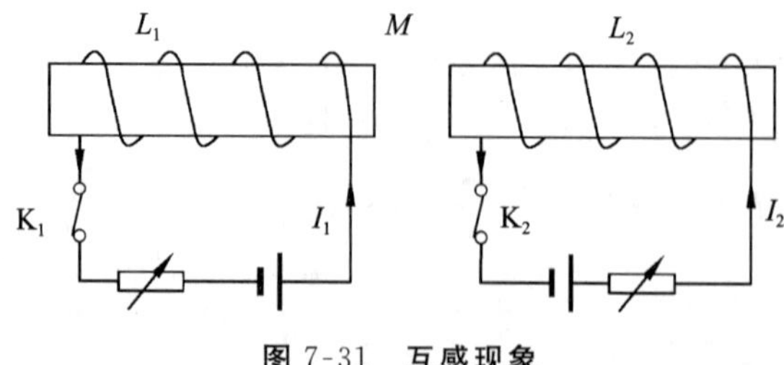

图 7-31　互感现象

设线圈 1 中的电流为 I_1，其所激发的磁场与 I_1 成正比. 该磁场通过线圈 2 中的磁链 Ψ_{21} 也应与 I_1 成正比，即

$$\Psi_{21}=M_{21}I_1 \tag{7-40}$$

根据法拉第电磁感应定律，I_1 变化时，在线圈 2 中产生的互感电动势为

$$\mathscr{E}_2=-\frac{\mathrm{d}\Psi_{21}}{\mathrm{d}t}=-M_{21}\frac{\mathrm{d}I_1}{\mathrm{d}t} \tag{7-41}$$

同理，线圈 2 中通有电流 I_2，它激发的磁场在线圈 1 中的磁链为

$$\Psi_{12}=M_{12}I_2 \tag{7-42}$$

当 I_2 变化时，线圈 1 中的互感电动势为

$$\mathscr{E}_1=-\frac{\mathrm{d}\Psi_{12}}{\mathrm{d}t}=-M_{12}\frac{\mathrm{d}I_2}{\mathrm{d}t} \tag{7-43}$$

式中，M_{21} 和 M_{12} 称为互感. 实验证明 M_{21} 和 M_{12} 相等，即

$$M_{21}=M_{12}=M \tag{7-44}$$

在没有铁磁质的情况下，互感 M 由两线圈的几何形状、大小、匝数及它们的相对位置决定，与线圈中的电流无关. 周围空间存在铁磁质时，M 与线圈中的电流有关. 国际单位制中，互感的单位是亨利(H).

互感现象在电子和电子技术中应用很广，利用互感原理我们可以制成变压器、感应圈等. 但互感有时也有危害，例如，产生有线电话的串音、电力输送线之间的干扰等，此时应尽量减少回路间相互耦合的影响.

例题 7-8　设传输线由两个半径分别为 R_1 和 R_2 的共轴长圆筒组成，如图 7-32 所示，电流由内筒的一端流入，由外筒的另一端流回. 求长为 l 的传输线的自感系数.

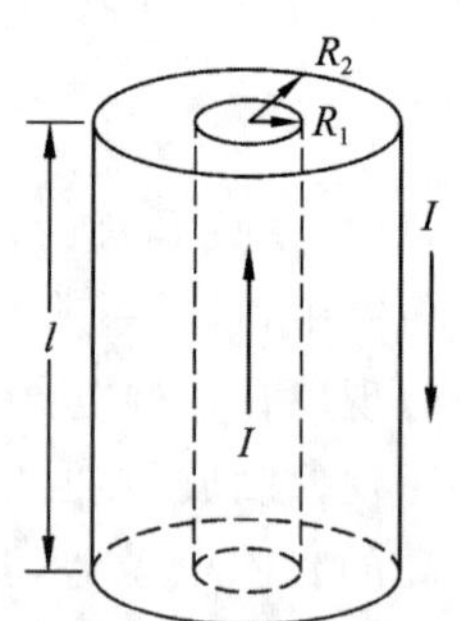

图 7-32　例题 7-8 图

解：设电流强度为 I，用安培环路定理可求得两圆筒之间的磁感应强度为

$$B=\frac{\mu_0 I}{2\pi r}$$

通过两圆筒之间的总磁通量为

$$\Psi=\int\mathrm{d}\Psi=\int\boldsymbol{B}\cos\theta\mathrm{d}\boldsymbol{S}=\int_{R_1}^{R_2}\frac{\mu_0 I}{2\pi r}\cdot\mathrm{d}S=\int_{R_1}^{R_2}\frac{\mu_0 I}{2\pi r}\cdot l\mathrm{d}r=\frac{\mu_0 Il}{2\pi}\ln\frac{R_2}{R_1}$$

由 $\Psi=LI$，可知自感系数为

$$L=\frac{\Psi}{I}=\frac{\mu_0 l}{2\pi}\ln\frac{R_2}{R_1}$$

7.4.5 磁场的能量

在讨论电场的能量时，我们知道形成带电系统的过程中，外力必须克服静电场力而做功，根据功能原理，外力做功所消耗的能量最后转化为电场的能量. 同样，在回路系统中通以电流时，由于各回路的自感和回路间互感的作用，回路中的电流要经历一个从零到稳定值的过程，在这个过程中，电源必须提供能量来克服自感电动势及互感电动势而做功，这功最后转化为载流回路的能量和回路电流间的相互作用能，这就是磁场的能量.

以图 7-33 为例，讨论回路中电流增长过程中能量的转化情况. 当开关 S 接 1 时，电灯泡将逐渐变亮，此时线圈中产生的自感电动势会“反抗”电流增大；电源要反抗自感电动势 ε_L 做功，在 dt 时间内，做功为

$$dA=-\mathscr{E}_L i dt=Li di$$

在电流 i 由 0 变化到稳定值 I 的整个过程中，电源反抗自感电动势做功为

图 7-33 *RL* 电路

$$A=\int dA=\int_0^I Li di=\frac{1}{2}LI^2$$

这部分功以能量形式储存在线圈中. 当 S 接 2 时，电灯不会立刻熄灭，而是渐渐变暗，回路中的电流 i 逐渐减小到 0，线圈中自感电动势方向与电流方向相同，自感电动势对外做功为

$$A'=\int \mathscr{E}_L i dt=\int_I^0 -Li di=\frac{1}{2}LI^2$$

这表明自感线圈把储存的能量通过自感电动势做功全部释放出来. 因此，一个自感为 L 的回路，当其中通有电流 I 时，线圈储存的能量为

$$W=\frac{1}{2}LI^2 \tag{7-45}$$

这部分能量称为自感磁能. 式中，L 的单位为亨(H)，电流 I 的单位为安(A)，则 W 的单位为焦(J).

与电场类似，载流线圈储存的能量就是磁场能量. 下面通过细螺绕环的情况导出磁场能量密度的公式.

设螺绕环的截面积为 S，平均半径为 R，线圈总匝数为 N，其中充满磁导率为 μ 的各向同性线性磁介质. 根据安培环路定理，当螺绕环通有电流时，可得环内磁场 $B=\mu nI$，螺绕环的自感为

$$L=\frac{\Psi}{I}=\frac{NBS}{I}=\frac{N\mu nIS}{I}=\mu n^2 V$$

式中，$V=2\pi RS$，$N=2\pi Rn$. 又 $B=\mu nI$，自感磁能计算式可写成

$$W=\frac{1}{2}LI^2=\frac{1}{2}\mu n^2 VI^2=\frac{B^2}{2\mu}V$$

可见螺绕环的磁场看作全部集中在管内,V 为螺绕环内磁场空间的体积. 所以螺绕环内磁场能量密度为

$$w_{\mathrm{m}}=\frac{B^2}{2\mu}=\frac{1}{2}BH=\frac{1}{2}\mu H^2 \tag{7-46}$$

上式是从螺绕环中均匀磁场的特例导出的,但它是普遍适用的. 任意磁场的总磁场能等于 w_{m} 对磁场空间的积分,即

$$W_{\mathrm{m}}=\iiint_V w_{\mathrm{m}}\mathrm{d}V=\iiint_V \frac{B^2}{2\mu}\mathrm{d}V \tag{7-47}$$

式中的积分区域为整个磁场遍及的空间.

例题 7-9 设同轴电缆由半径为 R_1 和 R_2 的两圆筒组成,如图 7-34 所示,电流由内筒的一端流入,由外筒的另一端流回,形成闭合回路. 试计算:

(1) 长为 l 的一段电缆内的磁场中所储存的能量.

(2) 该段电缆的自感.

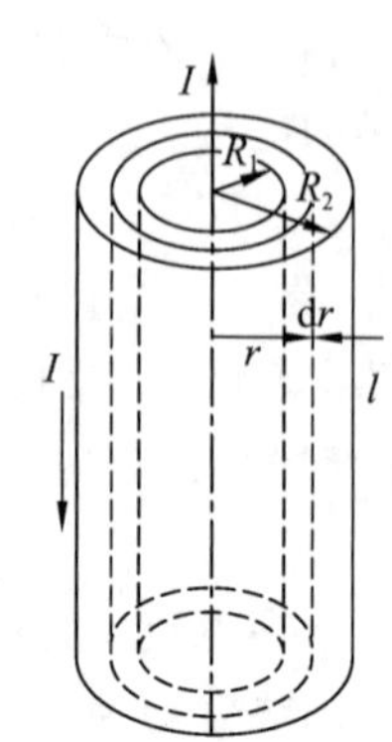

图 7-34 例题 7-9 图

解: (1) 根据安培环路定理,可求得两圆筒之间的磁感应强度为

$$B=\frac{\mu_0 I}{2\pi r}$$

则此空间中离轴线距离为 r 处的磁场能量密度为

$$w_{\mathrm{m}}=\frac{B^2}{2\mu_0}=\frac{\mu_0 I^2}{8\pi^2 r^2}$$

那么,储存在两圆筒之间的磁场总能量为

$$W_{\mathrm{m}}=\iiint_V w_{\mathrm{m}}\mathrm{d}V$$

取一半径为 r,厚度为 $\mathrm{d}r$ 的薄层,其体积 $\mathrm{d}V=2\pi rl\cdot\mathrm{d}r$,代入上式,可得

$$W_{\mathrm{m}}=\int_{R_1}^{R_2}\frac{\mu_0 I^2 l}{4\pi r}\mathrm{d}r=\frac{\mu_0 I^2 l}{4\pi}\ln\frac{R_2}{R_1}$$

(2) 由自感磁能公式 $W=\frac{1}{2}LI^2$,可以得出

$$L=\frac{2W_{\mathrm{m}}}{I^2}=\frac{\mu_0 l}{2\pi}\ln\frac{R_2}{R_1}$$

所得结果与例题 7-8 相同.

7.5 麦克斯韦方程组和电磁波

前面分别讨论了静止的电荷分布所激发的静电场和运动电荷及恒定电流所激发的磁场. 实际上,静止和运动是相对的,当参照系变换时,电场和磁场是可以相互转化的,即电场和磁场实际上是同一种物质,是电磁场的两个方面.

麦克斯韦(J. C. Maxwell)在分析电磁感应定律中感生电动势成因时,提出了感生电场的假设,即变化的磁场会激发电场——感生电场(涡旋电场);在研究将安培环路定理运用于变化的电路电流之间的矛盾时推出了位移电流的假设,即变化的电场可激发磁场,进一步揭

示了电场和磁场的内在联系. 在此基础上，1865 年麦克斯韦将特殊条件下总结出来的电磁现象的实验规律归纳成体系完整的电磁场理论——麦克斯韦方程组，并预言了电磁波的存在，即变化的电场和变化的磁场相互激发形成变化的电磁场在空间传播，其传播速度等于光速. 1887 年赫兹(H. Hertz)首先通过实验证实了电磁波的存在，证明了麦克斯韦电磁场理论的正确性，也揭示了光的电磁本质.

本节先介绍位移电流的概念，然后给出麦克斯韦方程组，进而简单介绍电磁波的性质，包括电磁波的能量、动量和物质性等.

7.5.1　位移电流

式(7-28)表明，恒定电流和它激发的磁场之间遵守磁场中的安培环路定理

$$\oint_L \boldsymbol{H} \cdot \mathrm{d}\boldsymbol{l} = I$$

式中，I 是穿过以闭合曲线 L 为边界的任意曲面 S 的传导电流. 实际上，以闭合曲线 L 为边界的任意曲面 S 有无数个. 电路中电流的变化如图 7-35 所示. 极板面积为 S 的平板电容器充放电的情形下，空间传导电流不连续，曲面 S_1 和 S_2 都以闭合曲线 L 为边界，将安培环路定理应用于曲面 S_1 得到

$$\oint_L \boldsymbol{H} \cdot \mathrm{d}\boldsymbol{l} = I$$

取曲面 S_2，则有

$$\oint_L \boldsymbol{H} \cdot \mathrm{d}\boldsymbol{l} = 0$$

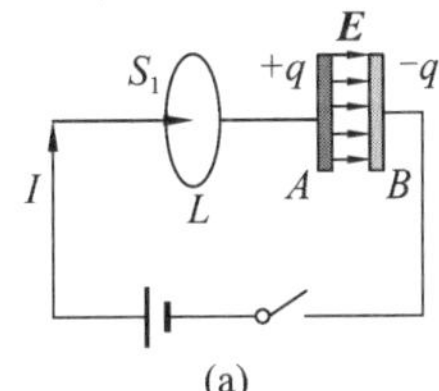

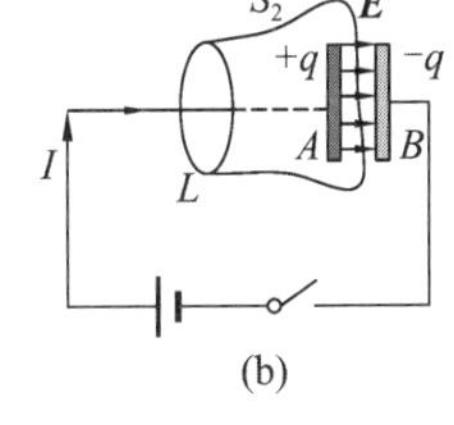

图 7-35　位移电流

可见，恒定电流情况下得出的磁场中的安培环路定理用于可变电流(非稳恒)的情形出现了矛盾. 仔细分析图 7-35 所示的电路，当开关闭合或断开时，电容器处于充放电状态，传导电流 I 在电容器极板处被中断，但极板上的电荷量 q 和电荷面密度 σ 均随时间变化(充电时增加，放电时减少). 此时，极板间虽然没有自由电荷和传导电流，但存在变化的电场 E，相应的电位移 D 和穿过极板所在截面的电位移通量 Ψ 均随时间而变，需要探讨变量 q、σ、D、Ψ 之间的关联. 可以证明，任意时刻 $D=\sigma=\dfrac{q}{S}$，相应的电位移通量

$$\Psi=DS=q$$

不难发现，在充放电的任意瞬间，有

$$\frac{\mathrm{d}\Psi}{\mathrm{d}t}=S\,\frac{\mathrm{d}D}{\mathrm{d}t}=\frac{\mathrm{d}q}{\mathrm{d}t}=I$$

可见，虽然极板之间传导电流 I 中断了，但极板间存在着变化的电位移通量 Ψ，而 Ψ 的变化率 $\dfrac{\mathrm{d}\Psi}{\mathrm{d}t}$ 始终等于导线中的传导电流，这也符合电荷守恒定律的要求. 或者说借助电容器极板间的电场变化，电路中的电流得以连续. 麦克斯韦由此智慧地提出了一个假说：变化的电场也是一种电流，即位移电流，用符号 I_d 表示，有

$$I_\mathrm{d}=\frac{\mathrm{d}\Psi}{\mathrm{d}t}=S\,\frac{\mathrm{d}\sigma}{\mathrm{d}t}=S\,\frac{\mathrm{d}D}{\mathrm{d}t} \tag{7-48}$$

相应的位移电流密度为 δ_{d}，有

$$\delta_{\mathrm{d}}=\frac{\mathrm{d}D}{\mathrm{d}t} \tag{7-49}$$

上述定义说明，电场中某一点的位移电流密度矢量 $\boldsymbol{\delta}_{\mathrm{d}}$ 等于该点电位移矢量 $\boldsymbol{D}$ 对时间的变化率；通过电场中某一截面的位移电流 I_{d} 等于通过该截面电位移通量 Ψ 对时间的变化率.

引入位移电流后，空间某点被中断的传导电流 I，可以由位移电流 I_{d}继续下去，从而构成了电流的连续性. 令传导电流 I 和位移电流 I_{d}叠加后的总电流 I_S为全电流，则空间全电流 I_S是连续的.

位移电流的引入不仅使空间全电流 I_S连续，而且麦克斯韦还假设位移电流与传导电流在产生磁效应上等效，按同样的规律在空间激发涡旋电场. 空间某点的磁场等于传导电流和位移电流产生的磁场的矢量和，安培环路定理改写为

$$\oint_L \boldsymbol{H}\cdot\mathrm{d}\boldsymbol{l}=\sum(I+I_{\mathrm{d}})=\iint_S \boldsymbol{\delta}\cdot\mathrm{d}\boldsymbol{S}+\iint_S \frac{\mathrm{d}\boldsymbol{D}}{\mathrm{d}t}\cdot\mathrm{d}\boldsymbol{S} \tag{7-50}$$

式(7-50)称为全电流安培环路定理，简称全电流定理.

7.5.2　麦克斯韦方程组

麦克斯韦总结了库仑、安培、法拉第等人发现的电磁规律，提出了“涡旋电场”和“位移电流”两个假设，确立了电荷、电流和电场、磁场之间的普遍联系，认为变化的电场和磁场不是彼此孤立的，而是相互联系、相互激发，形成了统一的电磁场. 麦克斯韦于 1865 年建立了体系完整的电磁场理论——麦克斯韦方程组，并预言了电磁波的存在，光就是电磁波. 下面简单介绍麦克斯韦方程组的积分形式.

一、电场性质

电场高斯定理如下：

$$\oiint_S \boldsymbol{D}\cdot\mathrm{d}\boldsymbol{S}=\sum q=\iiint_V \rho\cdot\mathrm{d}V$$

自由电荷和变化的磁场都会激发电场，空间的电场由自由电荷和变化的磁场共同产生，但电位移通量等于它包围的自由电荷量的代数和. 变化的磁场产生的“涡旋电场”对应的电位移线是闭合的，对电位移通量没有贡献.

二、磁场性质

磁场高斯定理如下：

$$\oiint_S \boldsymbol{B}\cdot\mathrm{d}\boldsymbol{S}=0$$

传导电流和变化的电场都会激发磁场，两者激发的磁场线都是闭合线. 空间的磁场由传导电流和变化的电场共同产生，通过任何封闭曲面的磁通量总是等于零.

三、变化电场和磁场的联系

全电流安培环路定理为

$$\oint_L \boldsymbol{H}\cdot\mathrm{d}\boldsymbol{l}=\sum(I+I_{\mathrm{d}})=\iint_S \boldsymbol{\delta}\cdot\mathrm{d}\boldsymbol{S}+\iint_S \frac{\mathrm{d}\boldsymbol{D}}{\mathrm{d}t}\cdot\mathrm{d}\boldsymbol{S}$$

上式揭示了变化的电场可以激发磁场. 在任何磁场中，磁场强度沿任何闭合曲线的线积分等于穿过以该闭合曲线为边界的任意曲面的全电流.

四、变化磁场和电场的联系

法拉第电磁感应定律揭示了

$$\oint_L \boldsymbol{E}\cdot \mathrm{d}\boldsymbol{l}=-\frac{\mathrm{d}\Phi}{\mathrm{d}t}=-\iint_S \frac{\partial \boldsymbol{B}}{\partial t}\cdot \mathrm{d}\boldsymbol{S}$$

即变化的磁场可以激发电场.式中的电场为空间总电场,包括自由电荷产生的静电场和变化磁场激发的涡旋电场,但静电场的环路积分为零.可见,在任何电场中,电场强度沿任意闭合曲线的线积分等于通过该曲线所包围面积的磁通量的时间变化率的负值.

麦克斯韦电磁理论最卓越的成就就是预言了电磁波的存在,光波也是电磁波,从而将电磁现象和光现象联系起来,使波动光学成为电磁场理论的一个分支.不足之处就是认为电磁波是在充满以太的空间传播,这一缺憾已为后人所修正.

7.5.3 电磁波

麦克斯韦根据电磁场方程推断,变化的电荷激发的变化电场,将进一步激发变化的磁场,而变化的磁场又将激发变化的电场,变化的电场进而激发变化的磁场……这样变化的电场和变化的磁场相互转化,统一为电磁场,将以波动的方式按照光速向前传播,形成电磁波.电磁场可以脱离场源电荷,具有完全独立存在的性质,是物质存在的一种形态.

一、电磁波的基本性质

(1) 电磁波是横波,电场强度 $\boldsymbol{E}$、磁场强度 $\boldsymbol{H}$、电磁波传播方向 $\boldsymbol{k}$ 三者相互垂直,方向满足关系 $\boldsymbol{E}\times\boldsymbol{H}=\boldsymbol{k}$.

(2) 电场强度 $\boldsymbol{E}$ 和磁场强度 $\boldsymbol{H}$ 的振动相位相同,其幅值满足关系式

$$\sqrt{\varepsilon}E=\sqrt{\mu}H \tag{7-51}$$

(3) 电磁波的传播速度等于光速,大小等于

$$v=\frac{1}{\sqrt{\varepsilon\mu}}=\frac{c}{\sqrt{\varepsilon_r\mu_r}} \tag{7-52}$$

其中 c 为真空中的光速.

二、电磁场的能量

前面分别导出的电场能量密度公式(5-53)和磁场能量密度公式(7-46),同样适用于电磁场和电磁波的情形.空间某区域单位体积电磁场的能量称为电磁场的能量密度,用 w 表示.

$$w=w_e+w_m=\frac{1}{2}\varepsilon E^2+\frac{1}{2}\mu H^2=\frac{1}{2}DE+\frac{1}{2}BH \tag{7-53}$$

由式(7-51)知,电磁场中电场能量密度与磁场能量密度相等,有

$$w=\varepsilon E^2=\mu H^2 \tag{7-54}$$

单位时间通过与电磁波传播方向垂直的单位面积的能量,称为电磁场的能流密度,也叫电磁场的强度,常用字母 S 表示,单位为瓦/米^2($\mathrm{W/m^2}$),有

$$S=cw=EH \tag{7-55}$$

电磁场的能流密度矢量 $\boldsymbol{S}$,又称玻印亭矢量,是表示电磁场性质的一个重要物理量,与电场强度 $\boldsymbol{E}$ 和磁场强度 $\boldsymbol{H}$ 一起构成右手螺旋关系,即

$$\boldsymbol{S}=\boldsymbol{E}\times\boldsymbol{H} \tag{7-56}$$

在实际应用中，经常用到电磁场的平均能流密度 $\bar{S}$，也称电磁场的强度 I，有

$$I=\bar{S}=\frac{1}{2}E_0H_0 \tag{7-57}$$

式中，E_0、H_0 分别为电场和磁场的最大值（振幅）.

三、电磁场的质量和动量

由于电磁场以光速传播，所以电磁场没有静止质量. 但电磁场有能量，所以它有运动质量和动量. 单位体积的电磁场的质量 m 为

$$m=\frac{w}{c^2}=\frac{1}{2c^2}(DE+BH) \tag{7-58}$$

单位体积的电磁场的动量，即动量密度 p 为

$$p=\frac{w}{c} \tag{7-59}$$

电磁场的动量方向就是电磁波的传播方向，上式的矢量形式为

$$\boldsymbol{p}=\frac{w}{c^2}\boldsymbol{c} \tag{7-60}$$

四、电磁场的物质性

上述讨论表明，电磁场具有实物物质的基本属性，即具有能量、质量和动量，因此可以确认电磁场是物质存在的另一种形式.

场物质与由电子、质子和中子等基本粒子组成的实物物质不同，它以粒子形式与实物发生相互作用，参与作用的“粒子”就是光子. 光子没有静止质量，而组成实物的基本粒子如电子、中子、质子等都有静止质量. 实物可以以小于光速的任意速度在空间运动，且其速度随参照系而变，满足伽利略速度迭加原理. 电磁场以波的形式传播，其传播速度与参照系无关，永远等于相应空间中的光速. 电磁场可以相互叠加，几个电磁场可以同时存在于同一空间，但一个实物所在的空间不允许其他实物同时占据.

电磁场与实物物质虽然存在上述区别，但在某些情况下它们之间可以相互转化. 比如一个负电子和一个正电子相遇发生湮灭转化为光子，即电磁场；光子在一定条件下也可以转化为一对正负电子.

实际上，实物（粒子）和（电磁）场都是物质存在的形式，它们从不同的方面反映了同一客观真实. 现代量子理论中场和粒子可以反映同一事物的两个方面已经得到了辩证的认识.

例 7-10 已知某信号源的电磁波平均输出功率为 800 W，求距信号源 3.5 m 处电磁波的平均能流密度，以及电场 E 和磁场 B 的振幅.

解： 电磁波的平均能流密度

$$\bar{S}=\frac{P}{4\pi r^2}=\frac{800}{4\times3.14\times3.5^2}=5.2\ \mathrm{W/m^2}$$

利用 $\bar{S}=\frac{1}{2}E_0H_0$，$\sqrt{\varepsilon_0}E_0=\sqrt{\mu_0}H_0$ 可得电场 E 的振幅

$$E_0=\sqrt{2c\mu_0\bar{S}}=\sqrt{2\times3\times10^8\times4\times3.14\times10^{-7}\times5.2}=62.6\ \mathrm{V/m}$$

磁场 B 的振幅

$$B_0=\mu_0H_0=\frac{E_0}{c}=\frac{62.6}{3\times10^8}=2.09\times10^{-7}\ \mathrm{T}$$

阅读材料G 生物磁现象

G.1 生物磁现象

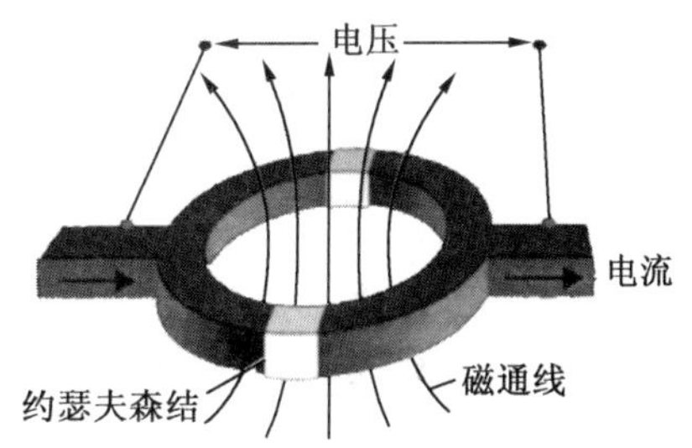

图 G-1 超导量子干涉仪(SQUID)

生物体内产生的磁场及其与生命现象的关系，称为生物磁现象. 虽然人们熟知电与磁的孪生关系，但对生物磁传导的研究落后于对生物电的研究大约 90 年，1963 年美国锡拉丘茨大学的 G. Balule(巴卢莱)和 B. Mcfee(麦克菲)才第一次从人体上记录出心磁信号. 20 世纪 70 年代以后，超导量子干涉仪(SQUID)(图 G-1)的问世与应用，才使生物磁信号的研究得到较快的发展. 迄今探测到的人体磁场有心磁场、肺磁场、神经磁场、肝磁场和肌磁场等.

生物磁一般有三种来源. 第一种是由生物电流产生的磁场. 生物生命活动的氧化还原反应过程中电子的传递、离子的转移均可形成电流，随着生物电流的形成产生了生物磁场，如心磁场(约$10^{-11}\sim10^{-10}$ T)、脑磁场(约 $10^{-13}\sim10^{-12}$ T)等均属于这一类. 第二种是由生物磁性物质产生的感应场. 生物活性组织内某些物质具有一定的磁性，它们在地磁场及其他外磁场作用下产生感应场，如内含较多铁质的肝、脾产生的磁场均属于这一类. 第三种是由侵入生物体的外源性磁性物质产生的剩余磁场，如磁铁矿(Fe_3O_4)粉尘等通过呼吸道进入肺部或通过食道进入胃肠等，这些磁性物质在外磁场作用下被磁化，从而产生剩余磁场. 肺磁场强度约为 $10^{-9}\sim10^{-8}$ T.

由上可知，生物现象的研究发展较慢，主要原因是生物磁场的强度相比地磁场(约 5×10^{-5} T)或环境磁噪声(约 $10^{-8}\sim10^{-6}$ T)要小很多，所以要解决从强大的噪声背景中把微弱的生物体磁信号提取出来(特别须排除地磁场或各种人为磁场的干扰)这个关键问题. 目前，采用的检测技术有铁磁屏蔽技术、空间鉴别技术和交流磁屏蔽与空间鉴别相结合的技术等；常采用的设备有磁通门式磁强计、超导量子干涉仪. 超导量子干涉仪灵敏度可达 10^{-15} T，比脑磁场弱 100 倍的磁场，它都能精确地测量出来. 以心脏为例，心磁图可以衡量直流电效应，而心电图对直流电效应无法感知，且由于磁场测量几乎不受信号源和检测线圈之间夹杂物的影响，因此可以检出局部的信号. 又例如，心、脑电图的测量，都须使用同人体接触的电极片，而电极片的干湿程度及同人体接触的松紧程度都会影响测量的结果，同时因使用的电极片不能离开人体，故只能是二维空间的测量；但心、脑磁图的测量，可使用不与人体接触的测量线圈(磁探头)，没有接触的影响，可离开人体进行三维空间的测量，从而得到比二维空间测量更多的信息. 再例如，实验研究结果表明，心、脑磁图比心、脑电图具有更高的分辨率. 除了心、脑磁图外，到目前为止，人们还测量研究了人体的眼磁图、肌(肉)磁图、肺磁图和腹磁图等，获得了人体多方面的磁场信息.

图 G-2(a)显示出一位癫痫患者头部通过脑磁场测定的脑神经缺损区病灶，图 G-2(b)为癫痫样放电对应的脑磁图. 目前，这方面的研究工作尚处于科研阶段，生物磁信号的开发应

用前景广阔.

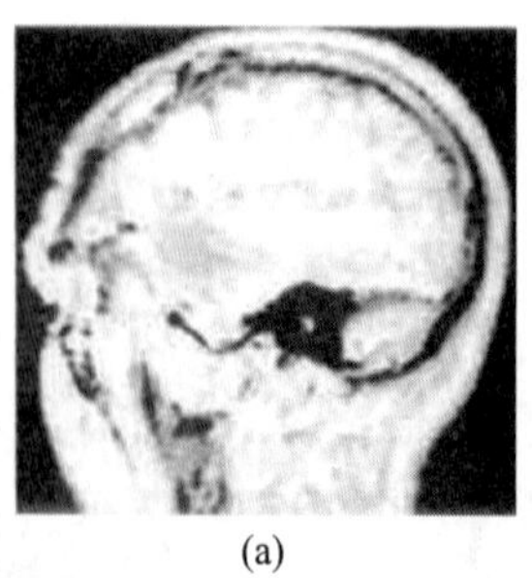

(a)

(b)

图 G-2 一位癫痫患者的脑部病灶及脑磁图

G.2 磁场的生物效应

外加磁场对生物体的影响称为磁场生物效应，磁场生物效应是磁场和生物体两者共同作用的结果，是与两者的参数密切相关的. 由于外加磁场的类型和生物层次的不同，磁场生物效应也有不同的表现. 根据磁场的类型和强度，磁场生物效应可分为地磁场效应、恒定磁场效应、极弱磁场效应和交变磁场效应. 根据磁场作用的生物层次，磁场生物效应可分为生物分子效应、细胞效应、组织器官效应和整体效应. 这些效应对于不同的生物是多种多样的.

地磁场的生物效应大体分为三种情况：第一种是生物的向磁性和地磁场的导航作用，如信鸽归巢、候鸟迁徙等；第二种是地磁场的生命保护伞作用及地磁场极性改变对生物的作用，如太阳风、生物化石灭绝等；第三种是磁暴引起的地磁场变化对生物的作用，如果蝇变异、人的精神和生理节律等.

恒定强磁场引起的生物效应不但与磁场的强度、梯度和作用时间有关，而且对不同的生物、同一生物的不同生长期，磁场的效应也不同. 例如，细菌在 1.4 T 的恒定强磁场中，其繁殖速度受到抑制，而强度高于 1.25 T 的恒定强磁场却会促进燕麦生长.

研究低于 10^{-7} T 的极弱磁场对人和各种生物的影响，对航天活动和生物演化研究具有重要意义. 对生物的影响，包括绿藻和纤毛虫生长繁殖加快，小白鼠寿命缩短，宇航员的闪烁融合系数的阈值会显著降低.

交变磁场的生物效应较为复杂. 例如，将 YC-8 淋巴瘤细胞放置在 2 000 Hz 振荡磁场中，发现其生长加快；而将其放在 60 Hz 的旋转磁场中，生长却变慢了，其机理尚不清楚.

关于磁场对生物分子的效应，实验观测到把 S-37 肿瘤细胞放在 0.37 T 均匀磁场中处理 1～3 h，会使该肿瘤细胞中的脱氧核糖核酸（DNA）合成减少，表明磁场对这种合成有抑制作用. 关于磁场对细胞的效应，在对小鼠的无血浆细胞做体外培养时，若施加强度为 1.46 T、梯度为 0.5 T/cm 的不均匀恒定磁场，会显著增加这些细胞的生长速度. 关于磁场对组织和器官的效应，把小鼠饲养在 0.42 T 的均匀恒定磁场中，4 天后发现小鼠的肾上腺皮层的网状带组织受到破坏且变窄. 关于磁场对生物整体的效应，许多实验结果表明，不论在均匀的还是不均匀的强磁场中，若干细菌的生长都会受到抑制.

关于磁场的生物效应的机理，目前尚不十分清楚，国内外学者仍在不断深入研究. 但随着生物磁现象和磁场的生物效应的观测和研究的发展，生物磁学已在农业、医药、生物工程、环境保护、食品工业等方面得到了广泛应用.

习 题

7-1 一根长直导线上载有电流 200 A,电流方向沿 x 轴正方向,把这根导线放在 $B_0=10^{-3}$ T 的均匀外磁场中,外磁场方向沿 y 轴正方向. 试确定磁感应强度为零的各点的位置.

7-2 两根无限长载流直导线互相平行地放置,导线内通以流向相同的、大小均为 $I=10$ A 的电流. 已知 $r=0.02$ m,求:

(1) 图中 a 点的磁感应强度大小.

(2) 图中 b 点的磁感应强度大小($\mu_0=4\pi\times10^{-7}$ H/m).

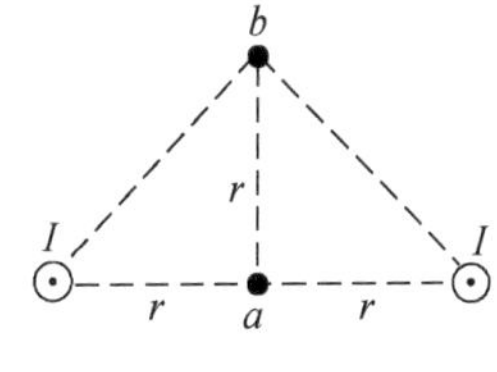

习题 7-2 图

7-3 在空间相隔 20 cm 的两根无限长直导线相互垂直放置,分别载有 $I_1=2$ A 和 $I_2=3$ A 的电流,如图所示. 在两导线的垂线上离载有 2 A 电流导线距离为 8 cm 的 P 点处磁感应强度的大小和方向如何?

7-4 长导线 POQ 中电流为 20 A,方向如图所示,$\alpha=120°$. A 点在 PO 延长线上,$AO=a=2$ cm,求 A 点的磁感应强度.

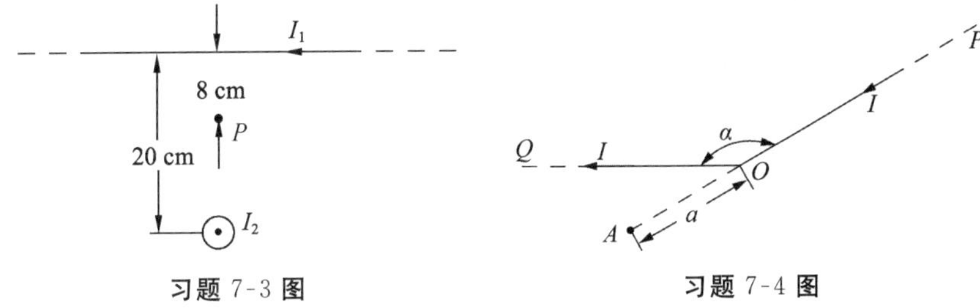

习题 7-3 图　　习题 7-4 图

7-5 如图所示的正方形线圈 $ABCD$,每边长为 a,通有电流 I. 求正方形中心 O 处的磁感应强度 B.

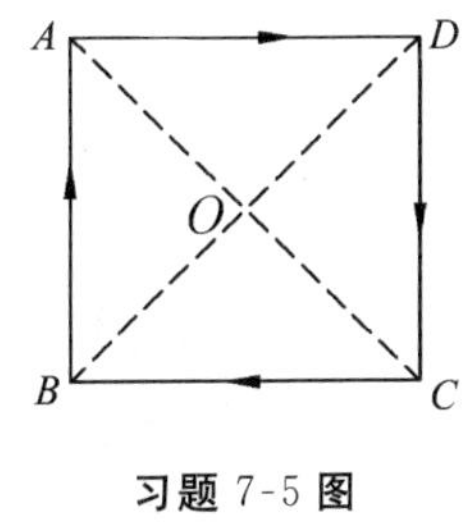

习题 7-5 图

7-6 A 和 B 为两个互相垂直放置的圆形线圈,它们的圆心重合. A 线圈半径 $R_A=0.2$ m,通有电流 $I_A=10$ A,B 线圈半径 $R_B=0.1$ m,通有电流 $I_B=5$ A. 求两线圈公共中心处的磁感应强度的大小.

7-7 一无限长直导线与一半径 $a=0.05$ m 的圆线圈分别载有电流 $I_1=4$ A,$I_2=3$ A,电流方向如图所示. 设直导线到圆心 O 的距离 $b=0.1$ m. 求线圈中心 O 点处的磁感应强度($\mu_0=4\pi\times10^{-7}$ N/A^2).

7-8 两根长直导线沿半径方向引到铁环上 A、B 两点,如图所示,并且与很远的电源相连. 求环中心的磁感应强度.

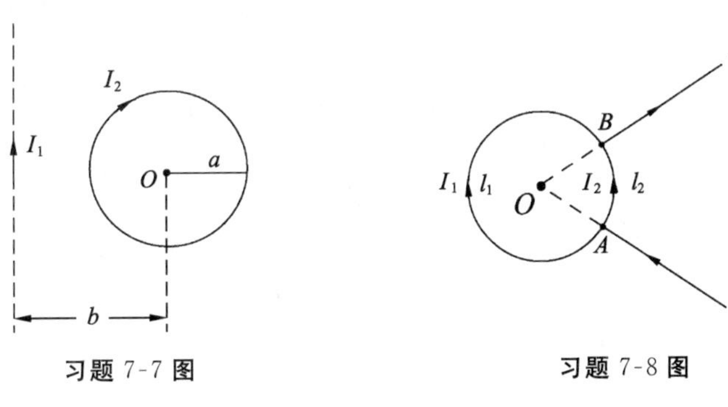

习题 7-7 图　　习题 7-8 图

7-9　半径为 R 的圆环，均匀带电，单位长度所带电荷量为 λ，以每秒 n 转绕通过环心并与环面垂直的转轴做匀角速度转动. 求：

(1) 环心 P 点的磁感应强度.

(2) 轴线上任一点 Q 的磁感应强度.

7-10　半径为 R 的圆片上均匀带电，电荷面密度为 σ，若该片以角速度 ω 绕它的轴旋转，如图所示. 求轴线上距圆片中心为 x 处 P 点的磁感应强度 B 的大小.

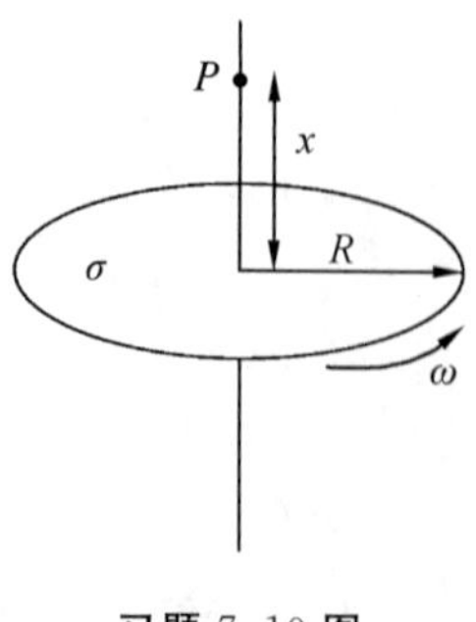

习题 7-10 图

7-11　如图所示，两个共面的平面带电圆环，其内外半径分别为 R_1、R_2 和 R_3、R_4（$R_1<R_2<R_3<R_4$），外面圆环以每秒 n_2 转的转速顺时针转动，里面圆环以每秒 n_1 转逆时针转动，若两圆环电荷面密度均为 σ，则当 n_1 和 n_2 的比值多大时，圆心处的磁感应强度为零？

7-12　如图所示，宽度为 a 的薄长金属板中通有电流 I，电流沿薄板宽度方向均匀分布. 求在薄板所在平面内距板的边缘为 x 的 P 点处的磁感应强度.

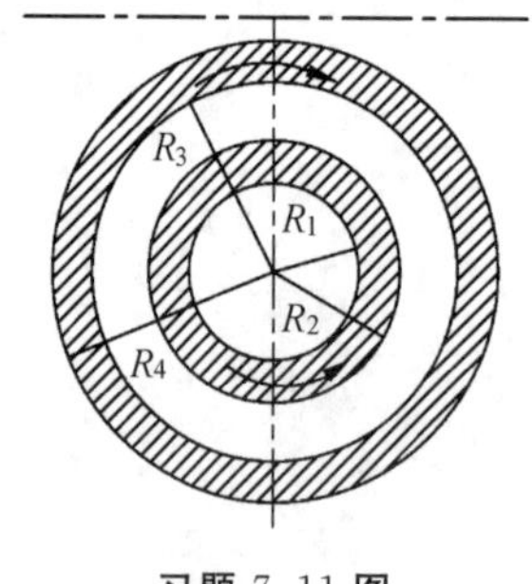

习题 7-11 图

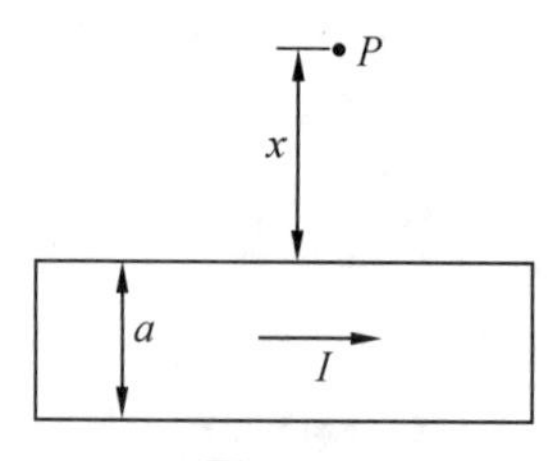

习题 7-12 图

7-13　长 $l=0.1$ m、带电荷量 $q=1.0\times10^{-10}$ C 的均匀带电细棒，

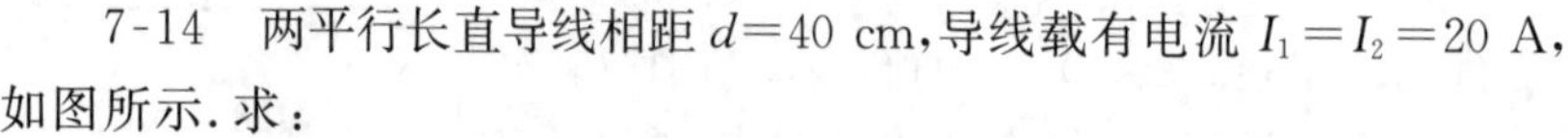

以速率 $v=1$ m/s，沿 x 轴正方向运动. 当细棒运动到与 y 轴重合的位置时，细棒的下端点与坐标原点 O 的距离为 $a=0.1$ m，如图所示. 求此时 O 点的磁感应强度的大小和方向.

习题 7-13 图

7-14　两平行长直导线相距 $d=40$ cm，导线载有电流 $I_1=I_2=20$ A，如图所示. 求：

(1) 两导线所在平面内与该两导线等距的 P 点处的磁感应强度.

(2) 通过图中斜线所示面积的磁通量（已知 $r_1=10$ cm，$l=25$ cm）.

7-15　一长直导线均匀载有电流 I，今在导线内部作一矩形平面 S，其中一边沿长直导线对称于导线轴，另一边在导线侧面，如图所示，试计算通过 S 平面的磁通量（沿导线长度方向取 1 m，取磁导率 $\mu=\mu_0$）.

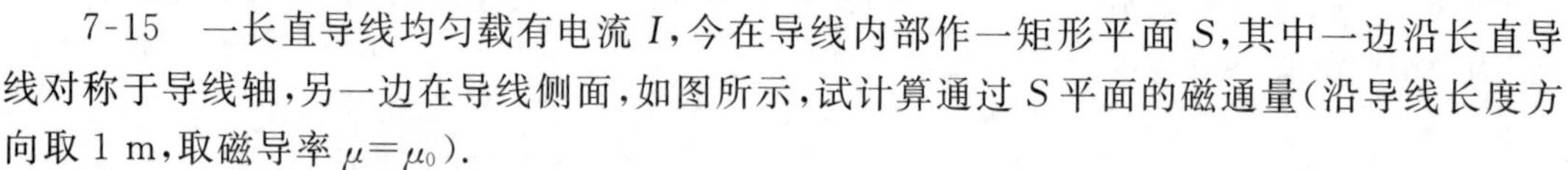

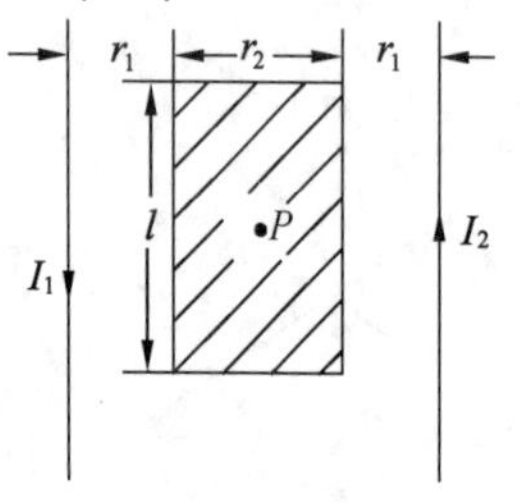

习题 7-14 图

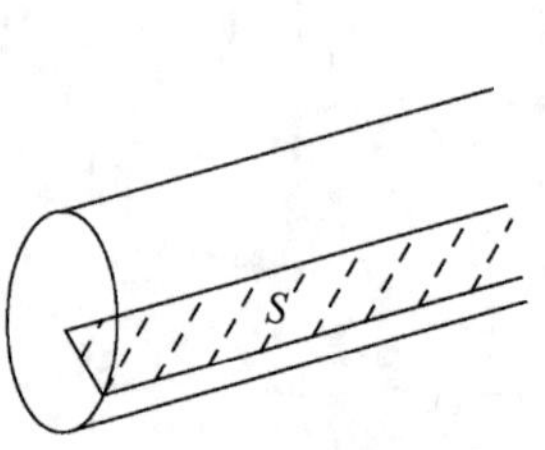

习题 7-15 图

7-16 同轴电缆由导体圆柱和一同轴导体薄圆筒构成，电流 I 从一导体流入，从另一导体流出，且导体上电流均匀分布在其横截面上，设圆柱半径为 R_1，圆筒半径为 R_2，如图所示.

(1) 求磁感应强度 B 的分布.

(2) 在圆柱和圆筒之间单位长度截面的磁通量为多少？

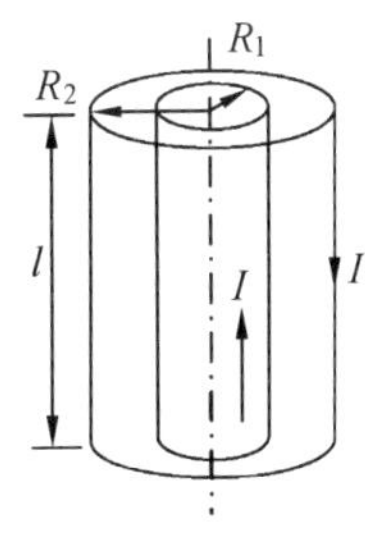

习题 7-16 图

7-17 一长直导线载有电流 50 A，离导线 5 cm 处有一电子以速率 1×10^7 m/s 运动. 求下列情况下作用在电子上的洛伦兹力的大小和方向（请在图上标出）.

(1) 电子的速度 $\boldsymbol{v}$ 平行于导线［图中(a)］.

(2) 设 $\boldsymbol{v}$ 垂直于导线并指向导线［图中(b)］.

(3) 设 $\boldsymbol{v}$ 垂直于导线和电子所构成的平面［图中(c)］.

7-18 如图所示，一束单价铜离子以 1×10^5 m/s 的速率进入质谱仪的均匀磁场，转过 180°后各离子打在照相底片上，如磁感应强度为 0.5 T，计算质量为 63 u 和 65 u 的两同位素分开的距离（已知 1 u $=1.66\times10^{-27}$ kg）.

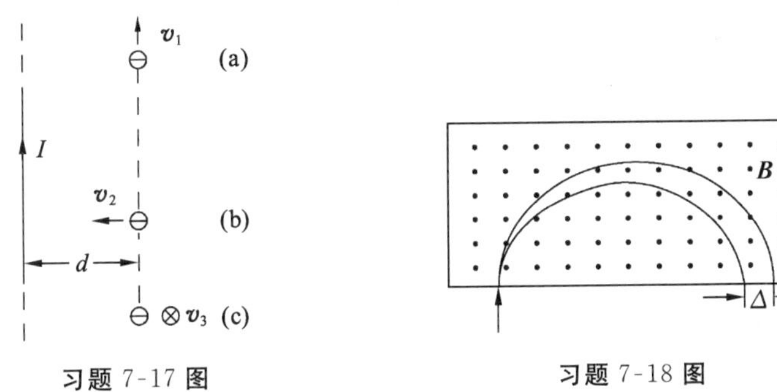

习题 7-17 图　　习题 7-18 图

7-19 一电子在垂直于均匀磁场的方向做半径 $R=1.2$ cm 的圆周运动，电子速度 $v=10^4$ m/s. 求圆轨道内所包围的磁通量.

7-20 把一个 2 keV 的正电子射入磁感应强度 $\boldsymbol{B}$ 的大小为 0.1 T 的均匀磁场内，其速度方向与 $\boldsymbol{B}$ 成 89°角，路径是一个螺旋线，其轴为 $\boldsymbol{B}$ 的方向. 试求此螺旋线的周期 T、半径 r 和螺距 h.

7-21 一银质条带，$z_1=2$ cm，$y_1=1$ mm. 银条置于方向为 y 轴正方向的均匀磁场中，$B=1.5$ T，如图所示. 设电流强度 $I=200$ A，自由电子数 $n=7.4\times10^{28}$ 个/米^3，求：

(1) 电子的漂移速度.

(2) 霍尔电压.

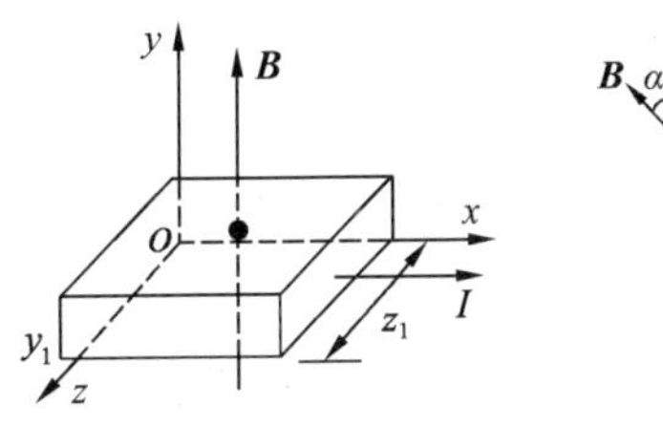

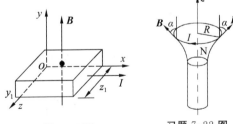

习题 7-21 图

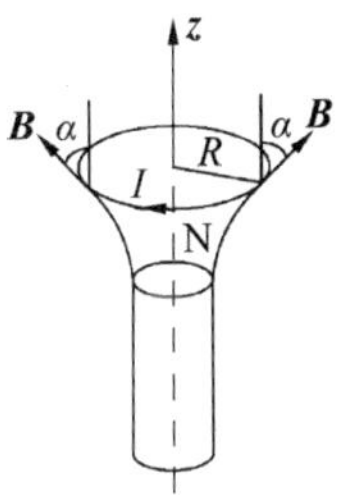

习题 7-22 图

7-22 如图所示，在一个圆柱形磁铁 N 极的正方向，水平放置一半径为 R 的导线环，其中通有顺时针方向（俯视）的电流 I. 在导线所在处磁场 $\boldsymbol{B}$ 的方向都与竖直方向成 α 角. 求导线环所受的磁场力的大小和方向.

7-23 在电流为 $I_1=50$ A 的无限长载流直导线旁有一个电流为 $I_2=20$ A 的矩形载流导线框. 导线框与直导线同面，如图所示，$d_1=10$ cm，$d_2=20$ cm. 求导线框所受的合磁场力的大小和方向（$\mu_0/4\pi=10^{-7}$ H/m）.

7-24　载有电流 I_1 的无限长直导线上放置一个半径为 R、电流为 I_2 的圆形电流线圈，长直导线沿其直径方向，且相互绝缘，如图所示. 求 I_2 在电流 I_1 的磁场中所受到的力.

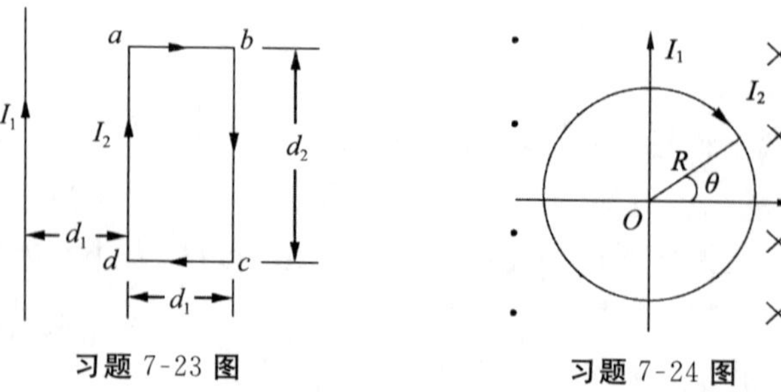

习题 7-23 图　　习题 7-24 图

7-25　半圆形闭合线圈半径 $R=0.1$ m，通有电流 $I=10$ A，放在均匀磁场中，磁场方向与线圈平行，如图所示. $B=0.5$ T. 求：

（1）线圈受力矩的大小和方向.

（2）其直线部分和弯曲部分受的磁场力.

7-26　如图所示，一半径 $R=0.1$ m 的半圆形闭合线圈，载有电流 $I=10$ A，放在均匀外磁场中，磁场方向与线圈平面平行，磁感应强度 $B=0.5$ T. 求：

（1）线圈的磁矩 m.

（2）线圈所受的磁力矩的大小、在此力矩作用下线圈将转到的位置.

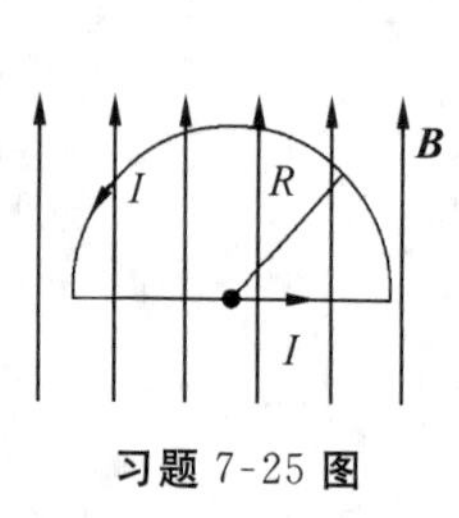

习题 7-25 图

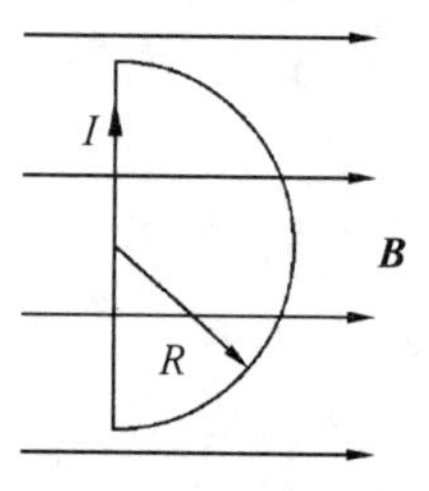

习题 7-26 图

7-27　一电子以速度 $v=10^4$ m/s 沿水平方向自左向右射入磁感应强度 $B=1$ T 的均匀磁场中，磁场方向垂直于纸面向外. 求它的等效电流产生的磁矩的大小和方向.

7-28　如图所示，一平面塑料圆盘，半径为 R，表面带有电荷面密度为 σ 的剩余电荷. 假定圆盘绕其轴线 AA' 以角速度 ω（rad/s）转动，磁场 $\boldsymbol{B}$ 的方向垂直于转轴 AA'. 试证明：磁场作用于圆盘的力矩的大小为 $M=\dfrac{\pi\sigma\omega R^4 B}{4}$（提示：将圆盘分成许多同心圆环来考虑）.

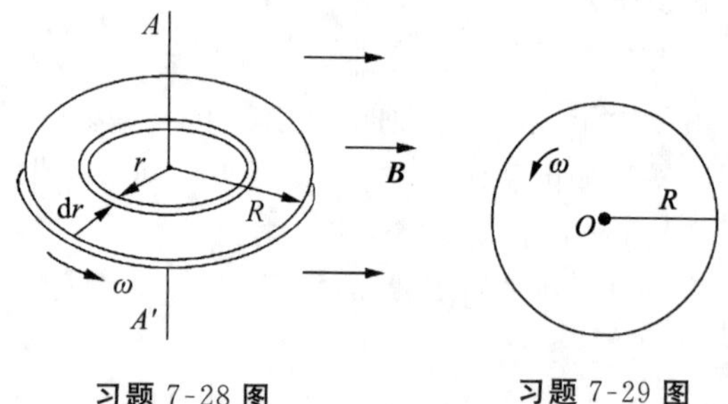

习题 7-28 图　　习题 7-29 图

7-29　如图所示，一个塑料圆盘半径为 R，带电荷量 q 均匀分布于表面，圆盘绕通过圆心垂直盘面的轴转动，角速度为 ω，试证明：

（1）圆盘中心处的磁感应强度 $B=\dfrac{\mu_0\omega q}{2\pi R}$.

(2) 圆盘的磁矩 $m=\frac{1}{4}q\omega R^2$.

7-30　如图所示，有一均匀带电细直导线 AB，长为 b，电荷线密度为 λ. 此线段绕垂直于纸面的轴 O 以匀角速度 ω 转动，转动过程中线段 A 端与轴 O 的距离 a 保持不变. 求：

(1) O 点磁感应强度 $\boldsymbol{B}_0$ 的大小和方向.

(2) 转动线段的磁矩 m.

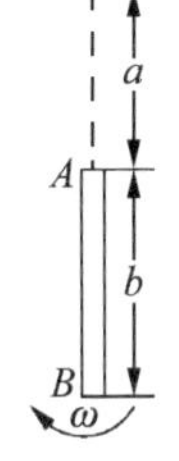

习题 7-30 图

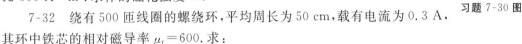

7-31　一均匀磁化的磁介质棒，直径为 25 mm，长为 75 mm，其总磁矩为 12 000 A·m². 求棒的磁化强度 M.

7-32　绕有 500 匝线圈的螺绕环，平均周长为 50 cm，载有电流为 0.3 A，其环中铁芯的相对磁导率 $\mu_r=600$. 求：

(1) 铁芯中的磁感应强度的大小.

(2) 铁芯中的磁场强度的大小.

(3) 磁化电流产生的附加磁感应强度的大小.

7-33　一铁环中心线的周长为 30 cm，横截面积为 1 cm²，在环上密绕线圈共 300 匝，当通有电流 32 mA 时，通过环的磁通量为 2×10^{-6} Wb，求：

(1) 环内磁感应强度 B 的值和磁场强度 H 的值.

(2) 铁的磁导率 μ、磁化率 χ_m 和磁化强度 M.

7-34　一螺绕环的平均周长为 40 cm，绕有 400 匝绕圈，载有电流 2.0 A. 利用冲击电流计测得其磁场 $B=1$ T. 求：

(1) 磁场强度的大小.

(2) 磁化强度的大小.

(3) 磁化率.

(4) 相对磁导率.

7-35　一根无限长的直圆柱形铜导线，外包一层相对磁导率为 μ_r 的圆筒形磁介质，导线半径为 R_1，磁介质外半径为 R_2，导线内有电流 I 通过(I 均匀分布)，求：磁介质内、外的磁场强度 H 和磁感应强度 B 的分布，画 H-r、B-r 曲线说明(r 是磁场中某点到圆柱轴线的距离).

7-36　一根磁棒的矫顽力 $H_c=4\times10^3$ A/m，把它放在每厘米上绕 5 匝线圈的长螺线管中退磁，求导线中至少须通入多大的电流.

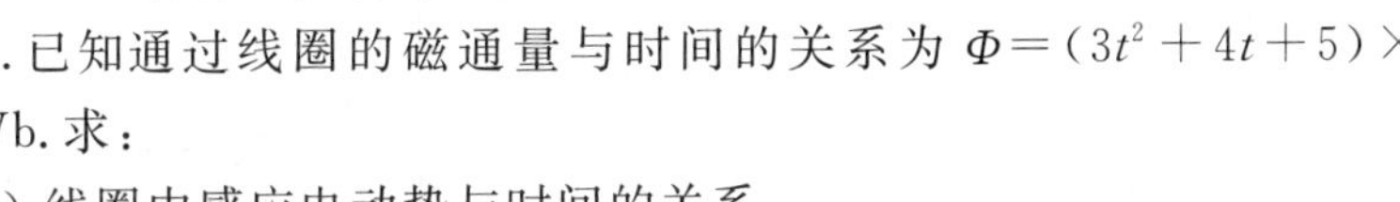

7-37　一矩形线圈放在均匀磁场中，磁场方向垂直于纸面向里，如图所示. 已知通过线圈的磁通量与时间的关系为 $\Phi=(3t^2+4t+5)\times10^{-3}$ Wb. 求：

(1) 线圈中感应电动势与时间的关系.

(2) $t=6$ s 时，感应电动势的大小.

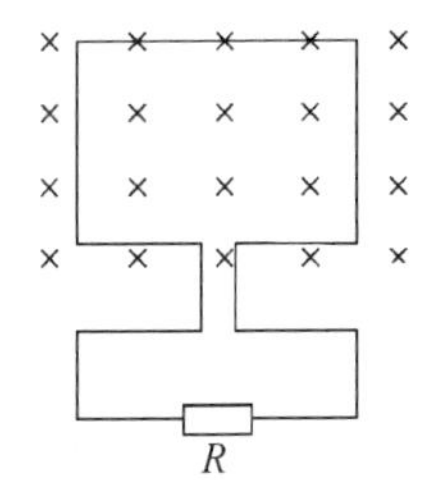

习题 7-37 图

7-38　一半径为 R 的无限长载流螺线管单位长度上绕有 n 匝导线，导线内通有电流 $I=I_0\sin\omega t$，在该螺线管中部外绕有另一匝数为 N 的线圈. 求该线圈内产生的感应电动势的大小.

7-39　如图所示，两条平行长直载流导线和一矩形导线框共面. 已知两导线中电流同为 $I=I_0\sin\omega t$，导线框长为 a，宽为 b，试求导线框内的感应电动势.

7-40　如图所示，一折成 θ 角的 V 形导线上，有一条直导线 MN 可以自由地左右滑动. 使 $MN \perp Ox$，均匀磁场 $\boldsymbol{B}$ 垂直于纸面向里. 若使导线 MN 以匀速率 v 向右滑动. 求：回路 $abOa$ 中感应电动势的大小（表示为 x 的函数）和方向.

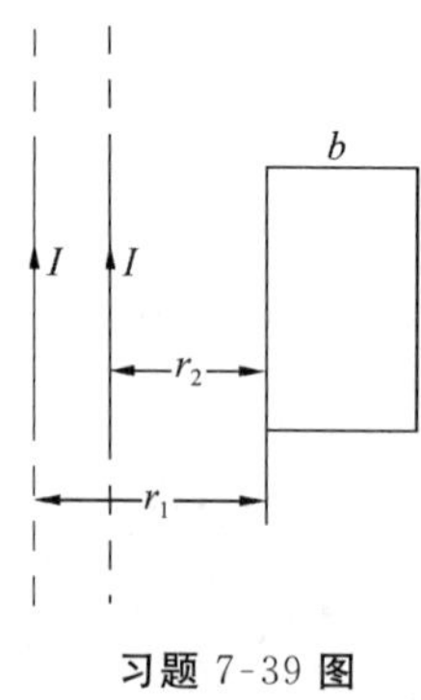

习题 7-39 图

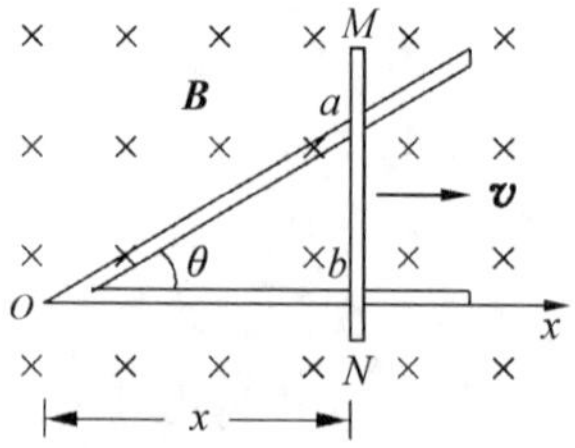

习题 7-40 图

7-41　如图所示，线圈 $abcda$ 放在 $B=0.06$ T 的均匀磁场中，磁场方向与线圈平面法线的夹角 $\theta=60°$，ab 边长 $l=1$ m，并可以左右滑动. 若将 ab 以 $v=5$ m/s 的速度向右滑动，求线圈中感应电动势的大小和方向.

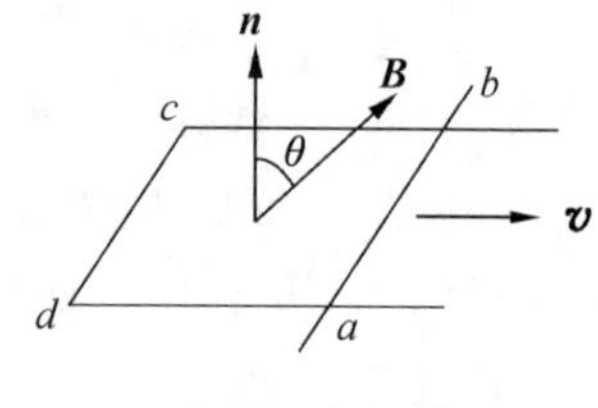

习题 7-41 图

7-42　如图所示，金属杆 AB 以 $v=2$ m/s 的速率平行于一长直导线运动，此导线通有电流 $I=40$ A，图中数值单位为 m.

(1) 求此杆中的感应电动势.

(2) 此杆哪一端电势高？

7-43　如图所示，一长直导线通有电流 I，旁边有一与它共面的长方形线圈 $ABCD$ ($AB=l, BC=a$) 垂直于长直导线方向以速度 $\boldsymbol{v}$ 向右运动，求线圈中感应电动势的表示式 (AB 边到长直导线的距离 x 的函数).

7-44　如图所示，矩形导体框架置于通有电流 I 的长直载流导线旁，且两者共面，AD 边与直导线平行，DC 段可沿框架平动，设导体框架的总电阻 R 始终不变. 现 DC 段以速度 v 沿框架向下做匀速运动，求：

(1) 当 DC 运动到图示位置（与 AB 相距 x）时，穿过 $ABCD$ 回路的磁通量 Φ.

(2) 回路中的感应电流 I.

(3) CD 段所受长直载流导线的作用力 F.

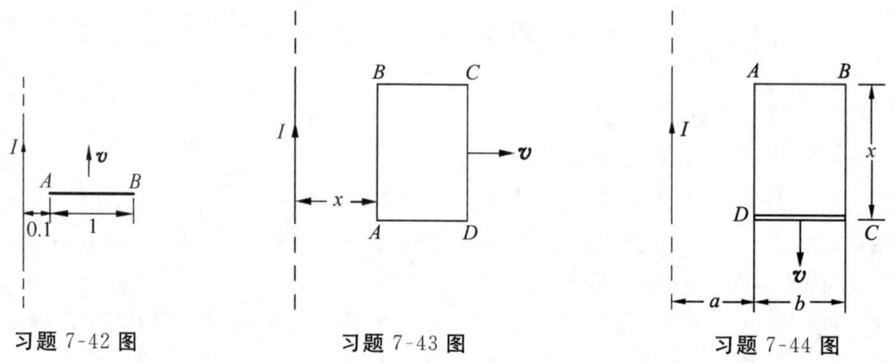

习题 7-42 图　　习题 7-43 图　　习题 7-44 图

7-45 如图所示,线框中 ab 段能无摩擦地滑动,线框宽 $l=9$ cm,设总电阻近似不变,$R=2.3\times10^{-2}\ \Omega$. 旁边有一条无限长载流直导线与线框共面且平行于框的长边,两者距离 $d=1$ cm. 忽略框的其他各边对 ab 段的作用,若长直导线上的电流 $I_1=20$ A,导线 ab 以 $v=50$ m/s 的速度沿图示方向做匀速运动. 求:

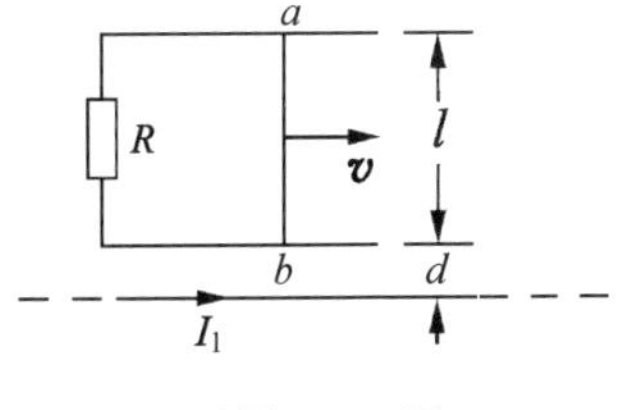

习题 7-45 图

(1) ab 导线段上的感应电动势的大小和方向.

(2) ab 导线段上的电流.

(3) 作用于 ab 段上的外力.

7-46 如图所示的两个同轴圆形导体线圈,小线圈在大线圈上面. 两线圈的距离为 x,设 x 远大于圆半径 R. 大线圈中通有电流 I 时,若半径为 r 的小线圈中的磁场可看作是均匀的,且小线圈以速率 $v=\mathrm{d}x/\mathrm{d}t$ 运动. $x=NR$ 时,小线圈中的感应电动势为多少? 感应电流的方向如何?

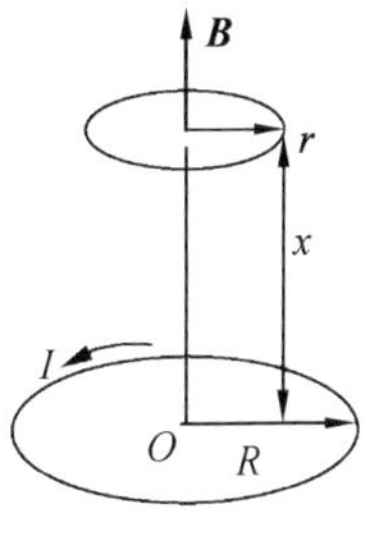

习题 7-46 图

7-47 在图示虚线圆内,有均匀磁场 $\boldsymbol{B}$ 正以 $\dfrac{\mathrm{d}B}{\mathrm{d}t}=0.1$ T/s 的变化率减少,设某时刻 $B=0.5$ T.

(1) 求在半径 $r=10$ cm 的导体圆环的任一点上涡旋电场 E 的大小和方向.

(2) 如果导体圆环的电阻为 2 Ω,求环内的电流.

(3) 如果在环上某一点切开,并把两端稍许分开,则求两端间的电势差.

7-48 如图所示,一对同轴无限长直空心薄壁圆筒,电流 I 沿内筒流去,沿外筒流回,已知同轴空心圆筒单位长度的自感系数 $L=\dfrac{\mu_0}{2\pi}$.

(1) 求同轴空心圆筒内外半径之比 $\dfrac{R_1}{R_2}$.

(2) 若电流随时间变化,即 $I=I_0\cos\omega t$,求圆筒单位长度产生的感应电动势.

7-49 一无限长直导线通以电流 $I=I_0\sin\omega t$,和直导线在同一平面内有一矩形线框,其短边与直导线平行,线框的尺寸及位置如图所示,且 $b/c=3$. 求:

(1) 直导线和线框的互感系数.

(2) 线框中的互感电动势.

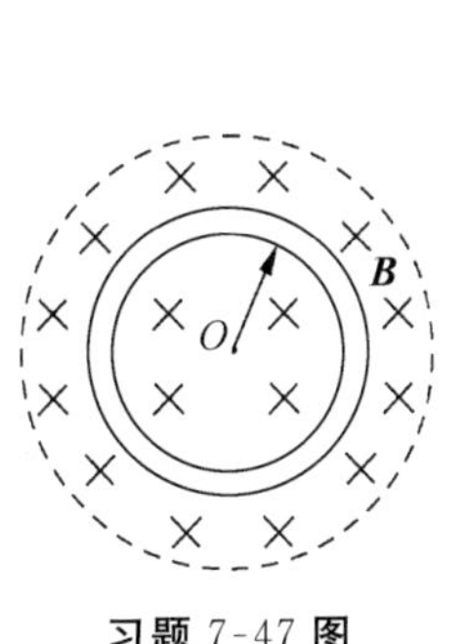

习题 7-47 图

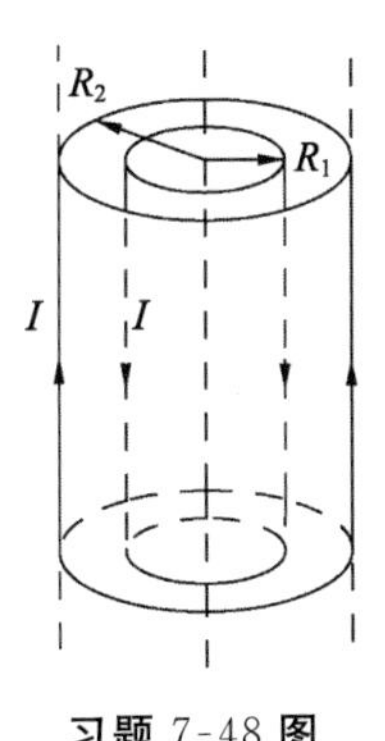

习题 7-48 图

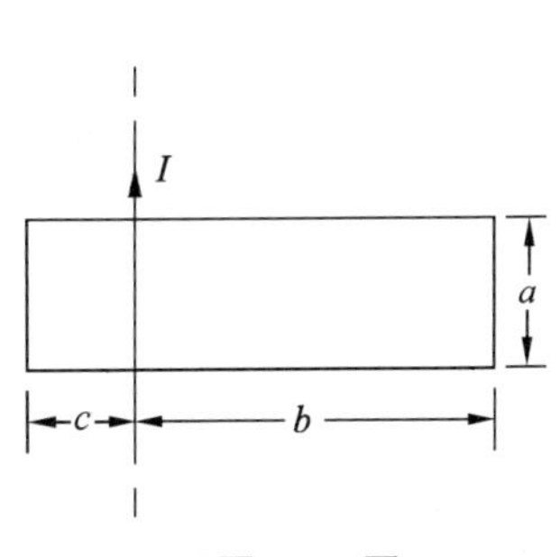

习题 7-49 图

7-50　如图所示，两个共轴圆线圈半径分别为 R 和 r，匝数分别为 N_1 和 N_2，两者相距 L. 设小线圈的半径很小，小线圈处的磁场可近似地视为均匀，求两线圈的互感系数.

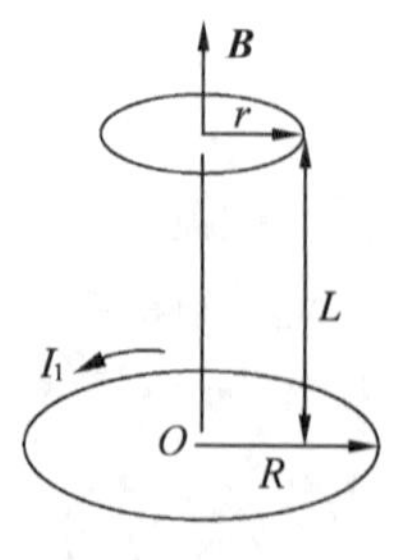

习题 7-50 图

7-51　圆形线圈 a 由 50 匝细线绕成，横截面积为 4 cm^2，放在半径为 20 cm、匝数为 100 的另一圆形线圈 b 的中心，两线圈同轴共面. 求：

（1）两线圈的互感系数.

（2）当线圈 b 中的电流以 50 A/s 的变化率减少时，线圈 a 内磁通量的变化率.

（3）线圈 a 中感生电动势的大小.

7-52　在长圆柱形的纸筒上绕有两个线圈 1 和 2，每个线圈的自感都是 0.01 H，如图所示.

（1）线圈 1 的 a 端和线圈 2 的 a' 端相接时，b 和 b' 之间的自感 L 为多少？

（2）线圈 1 的 b 端和线圈 2 的 a' 端相接时，a 和 b' 之间的自感 L 为多少？

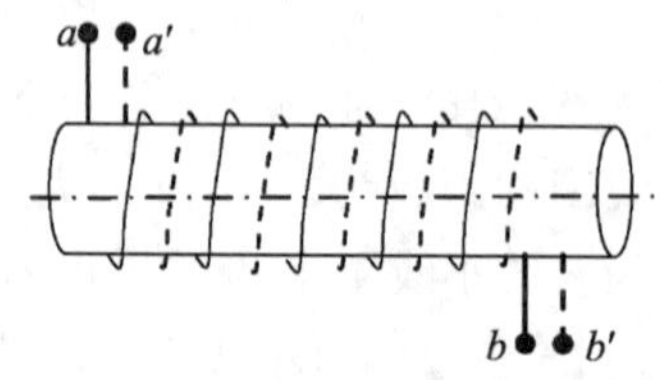

习题 7-52 图

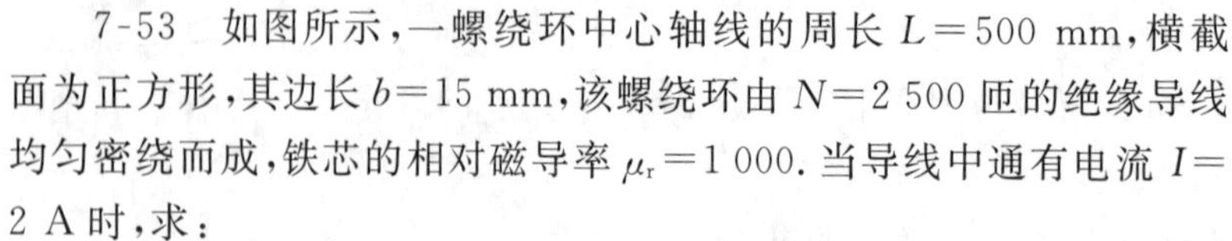

7-53　如图所示，一螺绕环中心轴线的周长 $L=500$ mm，横截面为正方形，其边长 $b=15$ mm，该螺绕环由 $N=2\,500$ 匝的绝缘导线均匀密绕而成，铁芯的相对磁导率 $\mu_r=1\,000$. 当导线中通有电流 $I=2$ A 时，求：

（1）环内中心轴线上的磁场能量密度.

（2）螺绕环的总磁能.

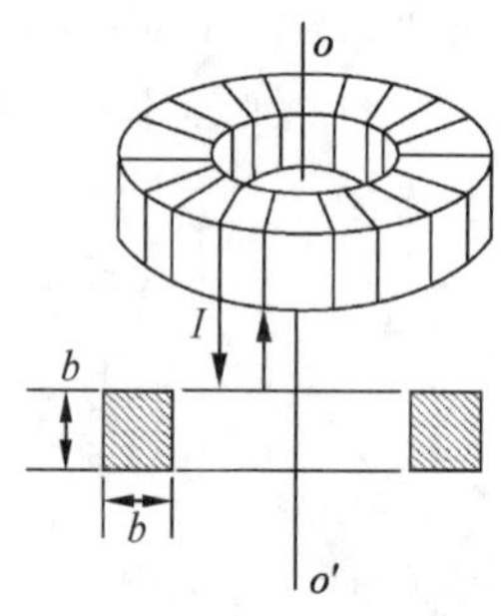

习题 7-53 图

7-54　直径为 0.254 cm 的长直铜导线载有电流 10 A，铜的电阻率 $\rho=1.7\times10^{-8}\ \Omega\cdot\text{m}$，求：

（1）导线表面处的磁场能量密度 w_m.

（2）导线表面处的电场能量密度 w_e.

第3篇　热　学

热学(thermology)是研究与冷热有关的热现象的性质和规律的学科,它起源于人类对冷热现象的探索.

对中国山西芮城西侯度旧石器时代遗址的考古研究,发现大约 180 万年前人类已开始使用火;约在公元前两千年中国已有气温反常的记载;在公元前,东西方都出现了热学领域的早期学说.温度计还没有发明以前,古人在冶炼金属的实践中,创造了通过观察火候和火色来判别温度高低的方法,当温度超过 3 000 ℃,火焰由白转蓝,即所谓的“炉火纯青”.在两周初期,人们已会在酷暑里利用窖藏的天然冰来降温、储存食物.东汉时期的先人就已知晓露、霜、雨、雪都是由地面的水蒸发而产生,又在不同的温度下冻凝而成的,即“云雾,雨之微也,夏则为露,冬则为霜,温则为雨,寒则为雪.雨露冰凝者,皆由地发,不从天降也”(《论衡》).

1714 年,华伦海特(Gabriel Daniel Fahrenheit,1686—1736,德国物理学家),改良水银温度计,定出华氏温标,建立了一个温度测量的标准,使热学走上了实验科学的道路.经过许多科学家 200 多年的努力,到 1912 年能斯特提出热力学第三定律后,人们对热的本质才有了正确的认识,并逐步建立起热学的科学理论.

本篇共有两章,第 8 章阐述气体动理论,第 9 章介绍热力学基础,涉及两种不同的描述方法——热力学和统计物理.气体动理论着重阐明热现象的微观本质,通过物理简化模型,运用统计方法进行概率性的描述,找出宏观现象的微观本质.热力学基础以大量实验事实为依据,侧重于分析热功转换的条件及规律,找出热现象的宏观规律.如今,这两种研究方法在近代物理、现代科学技术中都起着重要的作用.

第 8 章

气体动理论

一切物质都是由原子、分子等微观粒子组成的，所有微观粒子都在永不停息地做无规则运动，微观粒子之间有相互作用力. 组成物体的大量微观粒子的完全无规则的、永不停息的运动称为**热运动**，它是物质的一种基本运动形态，是宏观运动的根源.

本章先介绍描述热现象的常用的基本概念，如系统、外界、宏观量、微观量、平衡态，由气体的实验定律引出理想气体的状态方程；然后揭示出压强微观本质、温度的微观意义、能量均分原理，引出理想气体的内能；再通过速度分布函数研究热平衡态下系统遵从的统计规律——麦克斯韦速率分布律和玻尔兹曼能量分布律；之后，介绍一个更接近实际气体的状态方程——范德瓦尔斯方程；最后对非平衡态时系统内发生的过程——气体的输运过程做一简单说明.

8.1 状态 过程

一、状态参量

热学研究的对象是一些能为感官察觉的物体，它们都是由大量原子、分子组成的，这些被选定的研究对象称为**热力学系统**，简称**系统**. 系统以外的与系统有关联的物体统称为**外界**. 如研究汽缸内气体做功、传热等过程时，这些气体就是选定的系统，汽缸壁、活塞、汽缸外的大气以及与活塞相连的发动机等组成了外界.

为了描述系统的性质、状态及其变化，首先须选定一些表征状态的参量，即状态参量. 状态参量通常分为两大类：一类是用来从整体上描述系统的物理量，这类物理量称为宏观量，这样的描述称为宏观描述. 一般来说宏观量是可以直接测量的，如气体的质量 M 可以直接称量得出，国际单位为 kg. 常用的其他宏观状态参量还包括气体的体积 V、温度 T 和压强 p 等. 气体的体积 V 是指气体分子所能到达的空间范围，是可变的，由相应容器的容积决定，国际单位是 m^3；压强 p 是系统内大量分子碰撞器壁而在器壁单位面积上产生的宏观正压力，可通过各种压力(强)表直接测出，在国际单位制中的单位是 N/m^2，即 Pa(帕斯卡)；温度 T 表征的是物体的冷热程度，其量值可通过各类温度计直接标示出，在国际单位制中采用热力学温标，单位是 K(开尔文).

为了研究系统状态的变化，揭示宏观现象的微观本质，仅有宏观量还不够. 比如桌子上有一杯水，一般情况下其质量会逐渐减少，且减少的速度与环境温度、湿度、开放程度有关. 事实上，所有物质都是由大量原子、分子等微观粒子组成的，它们都在永不停息地运动着. 水表面不断有水分子脱离表面分子的束缚到空中，此即挥发过程；也会有一些空中的水分子重

新回到水中，这就是凝结．如果挥发速度大于凝结速度，宏观上就表现出质量减少．为了解释这一现象，就需要一些表征微观粒子参数的参量，如分子的质量、速度、直径、能量等，这类参量称为**微观量**，相应的描述为**微观描述**．显然，微观量并不能直接被感官察觉，当然也无法测量，但由于宏观量与微观量之间存在内在联系，在相关现象解释中微观量往往不可或缺，宏观量总可以通过一些微观量的**统计平均值**来加以说明．

二、平衡态

在不受外界影响的条件下，系统的宏观性质不随时间改变的状态称为**平衡态**；反之，即使没有外界的影响，系统的宏观性质也在随时间而改变，这样的状态就是**非平衡态**．须强调的是，平衡态只是一种宏观上的“不变”状态，微观层面上，分子均在永不停息地运动，只是由于分子数众多，宏观量的**统计平均值**不随时间变化，因此从微观角度来说，平衡态是**动态平衡**．系统处在平衡态时，有稳定的温度和压强，但对单个分子来说，速度的大小和方向瞬息万变，分子间频繁的碰撞导致系统各部分密度均匀、温度均匀及压强均匀．

平衡态下系统的宏观性质不随时间改变，描述系统特性的宏观参量，如系统的质量 M、体积 V、温度 T 和压强 p 等都有稳定值，这些参数的组合就构成了表征该状态的状态参量．实验表明，平衡态下系统的各宏观参量之间满足一定的关系，这个关系称为系统的**状态方程**．

三、过程

孤立的、不受外界影响的热力学系统是一个理想的概念，任何系统都会与外界发生相互作用，因此，系统不可能维持在某个平衡态不变．一旦受到外界作用，系统将失去密度、温度、压强等的均匀性，平衡态被破坏．随着外界影响的消失或维持恒定，系统内分子的频繁碰撞将引起内部质量、动量或动能的定向迁移，重新均匀分布，从而建立一个新的平衡态．从一个平衡态变化到另一个平衡态，系统经历了一个**过程**．显然，过程的中间态是一系列非平衡态．

一个平衡态被打破到新的平衡态被建立需要的时间称为弛豫时间，常用符号 τ 表示．实际过程可能进行得较快，也可能很慢，如果过程持续时间 $\Delta t>\tau$，则可以认为过程是缓慢的，近似认为过程中的每一瞬间系统的宏观参量具有稳定值，即过程由一系列平衡态组成，这样的过程称为**准静态过程**或**平衡态过程**，简称**平衡过程**．平衡过程可用相关状态图（p-V 图、T-V 图等）中的一条曲线表示，曲线上的每一点代表一个平衡态．显然，平衡过程是一个理想过程，但在许多情况下，将实际过程近似当作平衡过程，可以使问题大为简化，对于找出主要规律很有帮助．比如，研究一个汽缸内气体燃烧做功的问题时，汽缸的线度一般在 10^{-1} m 量级，温度不太高时，气体（氧气）的分子平均速率在 10^{2} m/s 量级，可估算出压强的弛豫时间 τ_{p} 在 10^{-3} s 量级．通常汽车发动机的活塞运动周期在 10^{-2} s 量级，因此可以近似认为发动机压缩、点火膨胀过程是平衡过程，这样将使相关分析过程简单、量化．

8.2 理想气体状态方程

关于气体的量，除了质量 M 以外，还常用摩尔数 ν 表示．摩尔数 ν 可通过 1 mol 气体的质量即摩尔质量 M_{mol} 计算得出，单位为 mol（摩尔）．即

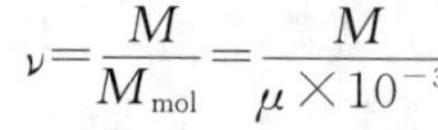

$$\nu=\frac{M}{M_{\mathrm{mol}}}=\frac{M}{\mu\times10^{-3}}$$

式中,M 和 M_{mol} 的单位均为 kg,μ 为相对分子量,如氧的相对分子量为 32,氧的摩尔质量 $M_{mol}=32\times10^{-3}$ kg.

实验表明,处于平衡态的摩尔数为 ν 的某种气体,在一定条件下,其宏观参量体积 V、温度 T 和压强 p 之间遵从一定的实验定律.一般气体,在密度不太高、温度不太低(与室温相比)、压强不太高(与大气压相比)的条件下遵守以下几条定律:

(1) 玻意耳(R. Boyle)定律:气体的温度保持不变时,其压强与体积成反比.

(2) 盖-吕萨克(J. L. Gay-Lussac)定律:气体的压强保持不变时,其体积与热力学温度成正比.

(3) 查理(J. A. C. Charles)定律:气体的体积保持不变时,其压强与热力学温度成正比.

所谓温度不太低,是指温度高于所选气体液化的临界温度;压强不太高,是指实际压强应低于气体的饱和蒸汽压.实际上,不同气体液化的临界温度和饱和蒸汽压不同,以上三条定律的适用范围是不一样的,任何情况下均服从上述三大实验定律的气体是不存在的,研究中将实际气体抽象化、理想化,将无条件遵守上述三大实验定律的气体定为理想气体.由三大实验定律出发,可推出**理想气体的状态方程**

$$pV=\frac{M}{M_{mol}}RT=\nu RT \tag{8-1}$$

式中,R 是一个与气体种类无关的常量,称为**普适气体常量**,也称**摩尔气体常量**,在国际单位制中

$$R=8.31\ \text{J/(mol}\cdot\text{K)} \tag{8-2}$$

式(8-1)中取 $p=1.013\times10^5\ \text{N/m}^2$,$T=273.15$ K,$\nu=1$ mol,可算出 1 mol 的理想气体在**标准状态**下占有的体积 $V_0=22.4\times10^{-3}\ \text{m}^3$.

1 mol 任何气体含有 N_A 个分子,有

$$N_A=6.022\times10^{23}\ \text{mol}^{-1} \tag{8-3}$$

N_A 叫作阿伏伽德罗常量.若 N 表示体积 V 内的分子总数,则摩尔数 $\nu=N/N_A$.引入另一普适常量,称为**玻尔兹曼常量**,用符号 k 表示,有

$$k=\frac{R}{N_A}=1.38\times10^{-23}\ \text{J/K} \tag{8-4}$$

则式(8-1)表示的理想气体状态方程又可以表述为

$$pV=NkT \tag{8-5}$$

或

$$p=nkT \tag{8-6}$$

式中,$n=N/V$ 是单位体积内的分子数,称为分子数密度.利用式(8-6)可算出标准状态下 1 mm^3 空气中约有 2.9×10^{16} 个分子,可见确实是“大量”的.

例题 8-1 水银气压计混进了一个气泡,导致它的读数存在偏差.当实际气压为 760 mmHg 时,它的读数只有 752 mmHg,此时管中水银面到管顶的距离为 20 mm.试问此气压计读数为 740 mmHg 时,实际气压是多少(假设温度保持不变)?

解: 取被封闭的气泡为研究对象,设气压计管子的截面积为 S mm^2.示数为 752 mmHg 时,气体的压强 $p_1=760-752=8$(mmHg),体积 $V_1=20S\ \text{mm}^3$;示数为 740 mmHg 时,气体的体积 $V_2=[20+(752-740)]S=32S(\text{mm}^3)$.

系统经历的是等温过程，有 $p_1V_1=p_2V_2$，得

$$p_2=\frac{p_1V_1}{V_2}=\frac{8\times20S}{32S}=5(\text{mmHg})$$

实际气压应为 $p_2=(740+5)\text{mmHg}=745\ \text{mmHg}=0.993\times10^5\ \text{Pa}$.

例题 8-2 充气机每充一次气，可将 $p_0=1.01\times10^5\ \text{Pa}$(1 个大气压)，$t_1=-3\ ℃$，$V=4\times10^{-3}\ \text{m}^3$ 的气体充至 $V_0=1.5\ \text{m}^3$ 的容器内. 设原来容器中气体的压强和温度分别为 p_0、t_1. 问须充气多少次才能使容器内气体在温度为 $t_2=27\ ℃$时，压强 $p_2=10.13\times10^5\ \text{Pa}$(相当于 10 个大气压)?

解: 充气前容器内气体的摩尔数为

$$\nu_1=\frac{M_1}{M_{\text{mol}}}=\frac{p_0V_0}{RT_1}$$

充气后容器内气体的摩尔数为

$$\nu_2=\frac{M_2}{M_{\text{mol}}}=\frac{p_2V_0}{RT_2}=10\ \frac{p_0V_0}{RT_2}$$

充气一次充入气体的摩尔数为

$$\Delta\nu=\frac{\Delta M}{M_{\text{mol}}}=\frac{p_0V}{RT_1}$$

须充气次数为

$$m=\frac{\nu_2-\nu_1}{\Delta\nu}=\frac{V_0T_1}{V}\left(\frac{10}{T_2}-\frac{1}{T_1}\right)=\frac{1.5\times270}{4\times10^{-3}}\left(\frac{10}{300}-\frac{1}{270}\right)=3\ 000(\text{次})$$

8.3 理想气体的压强

8.3.1 理想气体的微观模型

上节中提出的理想气体的概念，是研究三大气体实验定律的过程中提炼出来的宏观普适气体模型. 如果要揭示宏观现象的微观本质，还要从分子层面进行相关说明，为此，须从分子热运动的无序性和统计性出发，建立理想气体的微观模型.

一、单个分子的运动是无序的

(1) 气体分子本身的大小相比于分子之间的间距可以忽略，因而气体分子可看成质点. 这也是气态特征所要求的.

(2) 分子之间距离相当远，除碰撞的瞬间外，分子之间无相互作用力. 一般情况下，分子的速度在 10^2 m/s 量级，其动能远大于重力势能，分子所受重力可忽略.

(3) 气体分子的运动遵从牛顿运动定律，分子之间的碰撞为完全弹性碰撞.

概括来说，理想气体的分子是一些自由、无规则运动着的弹性质点.

二、大量分子组成的系统服从统计规律

根据气体分子约 $10^{16}\ \text{mm}^{-3}$ 的密度、$10^{10}\ \text{s}^{-1}$ 的碰撞频率以及平衡态时容器中各处密度、温度、压强均匀的事实，可以推定，再小的体积微元里都有大量的气体分子，符合统计规律的使用条件，且

(1) 分子的速度各不相同,通过碰撞频繁地改变.

(2) 平衡态下分子按空间位置的分布是均匀的,单个分子出现在容器中任何地方的概率相等,或者说分子数密度 n 处处相等.

(3) 平衡态下分子速度按空间方向的分布是均匀的,单个分子某瞬间沿空间各个方向运动的概率相等.因此,分子速度的每个空间分量的平方平均值应该相等,即

$$\overline{v_x^2}=\overline{v_y^2}=\overline{v_z^2}=\frac{1}{3}\overline{v^2} \tag{8-7}$$

8.3.2　理想气体的压强

为讨论方便,取边长分别为 l_1、l_2、l_3 的长方形容器,内含 N 个质量为 m 的同类气体分子,因为平衡态下气体对各个方向的压强相等,在此仅讨论分子与 A_1 面的碰撞所产生的压强.

如图 8-1 所示,先考虑任一分子 i,其速度为 $\boldsymbol{v}_i$,沿 x、y 和 z 三个方向的分量分别为 v_{ix}、v_{iy} 和 v_{iz}.当分子 i 与 A_1 面发生正碰时,每碰撞一次,分子的动量改变,也即分子 i 受到的冲量为 $(-mv_{ix}-mv_{ix})=-2mv_{ix}$.按牛顿第三定律,分子 i 与 A_1 面每碰撞一次,A_1 面受到分子 i 给予的沿 x 方向的冲量为 $2mv_{ix}$.分子 i 与 A_1 面碰撞后弹回,飞向 A_2 面,与 A_2 面碰撞后再返回与 A_1 面发生第二次碰撞,两次碰撞间隔为 $\frac{2l_1}{v_{ix}}$.单位时间内分子 i 与 A_1 面碰撞 $\frac{v_{ix}}{2l_1}$ 次,那么单位时间内 A_1 面受到的沿 x 方向的冲量,也即 A_1 面受到的冲力为 $2mv_{ix}\frac{v_{ix}}{2l_1}=\frac{mv_{ix}^2}{l_1}$.

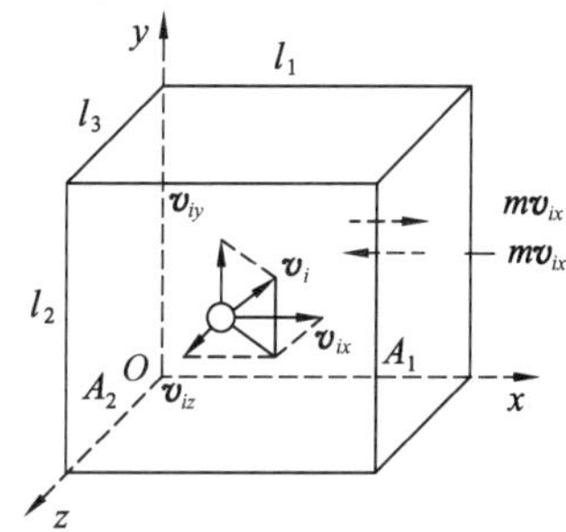

图 8-1　理想气体的压强

由上述讨论过程可知,就单个分子而言,分子对 A_1 面的冲击或作用力是不连续的,也不一定每次都是正碰.但由于容器内的分子数太多,所有的分子都要与 A_1 面碰撞,统计平均的结果,总的碰撞效果是正碰,分子给 A_1 面的作用力是连续而均匀的,就如同下雨天当雨较小时,雨点对伞的作用力是不连续的,但密集的雨点对伞的作用是连续均匀的.A_1 面所受的平均作用力 $\overline{F}$ 的大小应该等于单位时间内所有分子对 A_1 面的冲量的和,即

$$\overline{F}=\sum_{i=1}^{N}\left(\frac{mv_{ix}^2}{l_1}\right)=\frac{m}{l_1}\sum_{i=1}^{N}v_{ix}^2 \tag{8-8}$$

按定义,A_1 面受到的压强为

$$p=\frac{\overline{F}}{l_2 l_3}=\frac{m}{l_1 l_2 l_3}\sum_{i=1}^{N}v_{ix}^2=\frac{Nm}{l_1 l_2 l_3}\left(\frac{v_{1x}^2+v_{2x}^2+\cdots+v_{Nx}^2}{N}\right) \tag{8-9}$$

按照前文所述,容器中单位体积内的分子数即分子数密度 $n=\frac{N}{l_1 l_2 l_3}$,式(8-9)右边括号内实际为所有分子沿 x 方向速度分量的平方平均值,且 $\overline{v_x^2}=\frac{1}{3}\overline{v^2}$,代入式(8-9),可得

$$p=\frac{1}{3}nm\overline{v^2} \tag{8-10}$$

这就是理想气体的压强公式,显然,压强具有统计意义.公式的左边是宏观量压强,右边是微观量,即实现了宏观量的微观解释.从微观上看,气体分子作用于器壁上的压强,是单位

时间内单位面积器壁上所受到的大量分子频繁碰撞时形成的持续的、稳定的(平均)冲力.

引入分子的平均平动动能$\bar{\varepsilon}_k$为

$$\bar{\varepsilon}_k=\frac{1}{2}m\overline{v^2} \tag{8-11}$$

压强公式(8-10)可改写为

$$p=\frac{2}{3}n\bar{\varepsilon}_k \tag{8-12}$$

8.4 温度的微观意义

8.4.1 温标

一、热力学第零定律

若系统 A 和系统 B 分别与系统 C 的同一状态处于热平衡，则将 A、B 热接触时也必处于热平衡.这就是**热力学第零定律**.

当两个(或多个)热力学系统处于同一热平衡态时，它们必然具有某种共同的宏观性质，这就是**温度**.热力学第零定律为温度概念的提出提供了实验基础，并为温度的测量提供了操作依据.

二、温标

温度是用来反映物体冷热程度的物理量，温度的数值表示就是温标.

(1) 摄氏温标 t(℃,摄氏度).

常用的水银温度计、酒精温度计等是利用某物质的某一特性随温度变化而确定温标的.这类温度计选定一个大气压下冰、水混合物达到热平衡时的温度为 0 度，选纯水和水蒸气在蒸汽压为一个大气压下热平衡的温度为 100 度，认定水银或酒精柱的高度随温度做线性变化，将 0 度至 100 度区间分成 100 等份，每一份就相当于 1 度的变化，这样定标出的温度称为**摄氏温标**，用符号 t 表示，单位是℃(**摄氏度**).

显然，这样定标出的温度依赖于所选用的测温物质.

(2) 理想气体温标 T (K,开尔文).

根据理想气体的状态方程，一定量的理想气体的温度与气体的压强和体积的乘积成正比，即 $T\propto PV$.规定水的三相点(指纯冰、纯水和水蒸气三相平衡共存的状态)的温度 T_0 为 273.16 K，相应的固定压强 p_0 为 4.581 mmHg 产生的压强，约为 611.7 Pa.于是有

$$T=273.16\,\frac{pV}{p_0V_0}(\mathrm{K})$$

实际测量时有定体(积)温度计和定压(强)温度计两种，前者保持系统体积不变，温度将与压强成正比;后者保持系统压强不变，温度将与体积成正比.

利用理想气体的压强或体积随温度的变化特性定出的温标称为**理想气体温标**，常用符号 T 表示，国际单位制中单位是 K(开尔文).

由于实际采用的气体并非“理想气体”，所以测量时须对压强进行修正，还须考虑容器的容积、测温用的水银等物质的密度随温度的变化等因素.

(3) 热力学温标 T(K,开尔文).

在热力学中还有一种不依赖于任何物质特性的温标叫**热力学温标**或**绝对温标**,历史上首先由开尔文引进,也用 T 表示,单位为K(开尔文).这种温标指示的数值叫**热力学温度**或**绝对温度**.热力学温标定义:1K 等于水的三相点的热力学温度的$\frac{1}{273.16}$.

可以证明,在理想气体温标的有效范围内热力学温标与理想气体温标等价.在国际单位制中将热力学温度定为基本物理量,规定摄氏温标由热力学温标导出,定义摄氏度 t 为

$$t=T-273.15 \tag{8-13}$$

8.4.2 温度的微观本质

根据理想气体的状态方程(8-6)和压强公式(8-12),可以导出理想气体的宏观温度 T 与分子运动的平均速度或平均动能之间的关系,从而揭示温度的微观本质.将式(8-6)和式(8-12)对比,可得

$$\frac{2}{3}n\bar{\varepsilon}_k=nkT$$

或

$$\bar{\varepsilon}_k=\frac{1}{2}m\overline{v^2}=\frac{3}{2}kT \tag{8-14}$$

上式称为理想气体的温度公式.该式表明平衡态下作为理想气体宏观量的温度只与分子的平均平动动能有关,且与热力学温度成正比.分子的平均平动动能是温度的单值函数,温度是大量分子热运动剧烈程度的量度.这就是温度的微观解释.

当然,温度是通过大量分子的平均平动动能表述的,是一个统计量,只能用来描述大量分子的集体行为,讲单个分子或少数分子的温度是没有意义的.

8.4.3 气体的方均根速率

由式(8-14)可以解出

$$\sqrt{\overline{v^2}}=\sqrt{\frac{3kT}{m}}=\sqrt{\frac{3RT}{M_{\mathrm{mol}}}} \tag{8-15}$$

式中,$\sqrt{\overline{v^2}}$称为分子的方均根速率,常以 v_{rms} 表示,是分子速率的一种统计平均值,其量值与系统温度的平方根成正比,与分子的摩尔质量的平方根成反比,相同温度下,质量越小的分子速率越快.

例题 8-3 求 0 ℃下氢气分子和氧气分子的平均平动动能和方均根速率.

解:分子的平均平动动能与分子的种类无关,在 0 ℃即 273.15 K 时,氢气分子和氧气分子的平均平动动能均为

$$\bar{\varepsilon}_k=\frac{3}{2}kT=\frac{3}{2}\times1.38\times10^{-23}\times273.15=5.65\times10^{-21}(\mathrm{J})=3.53\times10^{-2}(\mathrm{eV})$$

氢气分子和氧气分子的方均根速率分别为

$$v_{\mathrm{rms},H_2}=\sqrt{\frac{3RT}{M_{\mathrm{mol},H_2}}}=\sqrt{\frac{3\times8.31\times273.15}{2.02\times10^{-3}}}=1.84\times10^{2}(\mathrm{m/s})$$

$$v_{\mathrm{rms},O_2}=\sqrt{\frac{3RT}{M_{\mathrm{mol},O_2}}}=\sqrt{\frac{3\times 8.31\times 273.15}{32\times 10^{-3}}}=461(\mathrm{m/s})$$

不难发现，常温下氧气分子的运动速率与空气中的声速相当，但氢气的速率要快得多.

8.5 能量均分原理　理想气体的内能

8.5.1 分子的自由度

上节提到分子的平均动能采用的是平均平动动能，只考虑了分子的平动，是因为将理想气体的分子当作了弹性质点看待. 实际上，分子都有一定的内部结构，有的为单原子分子（如He、Ne），有的为双原子分子（如 H_2、O_2），有的则为多原子分子（如 H_2O、CH_4）. 因此，分子除了平动之外，还可能存在转动及分子内原子间的振动. 为了用统计的方法计算出分子的平均转动动能和平均振动动能，以及分子的平均总动能，须借助运动自由度的概念.

决定一个物体空间位置所需的**独立坐标数**称为该物体的**自由度数**. 单原子分子仍可当作质点看待，只存在平动，未加以限制的条件下，确定其空间位置需要 3 个坐标，如 x、y、z，即自由度数是 3，这 3 个对应的自由度称为平动自由度，以 t 表示，有 $t=3$.

实验表明，在温度不太高的情况下，与平动和转动相比，分子内部原子间的振动并不显著，一般情况下可以忽略. 不考虑原子间振动的分子称为**刚性分子**. 下面的讨论主要针对刚性分子.

对于刚性双原子分子，除了确定其质心位置外，还需要 2 个自由度，即除 $t=3$ 外，还要确定两个原子连线的方位，需要该连线的方向角 α、β 和 γ，如图 8-2(a)所示. 因三个方向角余弦的平方和等于 1，故只需要其中的两个就可给出双原子分子的转动状态，这类自由度称为**转动自由度**，以 r 表示，对刚性双原子分子 $r=2$. 这样刚性双原子分子总自由度 $i=t+r=5$.

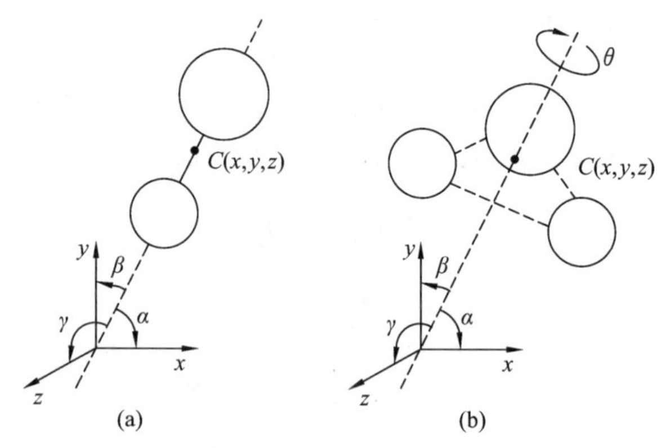

图 8-2　分子的自由度

对于刚性多原子分子，除了表述质心位置的 3 个平动自由度和确定通过质心的转轴方位的 2 个转动自由度之外，还需要一个表明分子绕转轴转动的角度的坐标 θ，如图 8-2(b)所示. 可见，刚性多原子分子共有 3 个转动自由度，其总自由度 $i=t+r=6$.

8.5.2 能量均分原理

前面推导理想气体的压强公式时对理想气体做了一些统计假定，即分子的速度按空间方向的分布是均匀的，单个分子某瞬间沿空间各个方向运动的概率相等，分子速度的每个空间分量的平方平均值相等，$\overline{v_x^2}=\overline{v_y^2}=\overline{v_z^2}=\frac{1}{3}\overline{v^2}$，对照式(8-14)，有

$$\frac{1}{2}m\overline{v_x^2}=\frac{1}{2}m\overline{v_y^2}=\frac{1}{2}m\overline{v_z^2}=\frac{1}{3}\left(\frac{1}{2}m\overline{v^2}\right)=\frac{1}{2}kT$$

上式表明，分子的平均平动动能$\frac{3}{2}kT$均匀地分配在了3个平动自由度上，每个平动自由度分得的能量是$\frac{1}{2}kT$.

事实上，这个结论可以推广到转动及振动自由度上去. 由于分子与分子间频繁碰撞导致了热运动具无序性，且气体分子数量巨大，满足统计规律，因此分子之间频繁的碰撞将能量从一个分子传递给另一个分子，从一个自由度转移到另一个自由度，没有哪一个自由度占有优势. 即在温度为T的平衡态下，分子的每个自由度的平均动能都相等，均为$\frac{1}{2}kT$. 这一结论称为**能量均分原理**，该原理不只适用于气体，对液体和固体分子的热运动均成立.

根据能量均分原理，总自由度数为i的分子，其平均总动能为

$$\bar{\varepsilon}_k=\frac{i}{2}kT \tag{8-16}$$

如前所述，对于单原子分子、刚性双原子分子和刚性多原子分子，总自由度数i分别为3、5、6，相应的平均总动能分别为$\frac{3}{2}kT$、$\frac{5}{2}kT$和$3kT$.

如果分子不是刚性的，除了上述平动自由度和转动自由度外，还须考虑分子之间的振动自由度. 要注意的是，对于每一个振动自由度，每个分子除了分得$\frac{1}{2}kT$的平均动能外，还拥有$\frac{1}{2}kT$的平均势能，即每个振动自由度分得的平均能量为kT. 实际气体到底能不能视为刚性分子视温度及气体的种类而定. 例如，氢气分子，在低温时，只有平动；在室温时，存在平动和转动；在高温时，同时存在平动、转动和振动. 对于氧气分子，在室温时已可能同时参与平动、转动和振动了.

8.5.3 理想气体的内能

除了分子的平动动能、转动动能和振动动能、振动势能外，实验证明，分子之间可能还存在一定的相互作用势能. 系统内所有分子的动能和分子之间相互作用势能的总和就构成了系统的总能量，称为气体的**内能**，用符号U表示.

对于理想气体，由于分子间距离足够远，分子间的相互作用忽略不计，其内能就是总动能. 每一个分子的平均总动能为$\frac{i}{2}kT$，那么，N个分子组成的系统拥有的内能U为

$$U=N\bar{\varepsilon}_k=N\frac{1}{2}ikT=\frac{i}{2}\nu RT \tag{8-17}$$

式中，ν为气体的摩尔数. 1 mol的理想气体含有N_A个分子，所以1 mol理想气体的内能为

$$U_{mol}=N_A\frac{1}{2}ikT=\frac{i}{2}RT \tag{8-18}$$

显然，理想气体的内能只是温度的函数，而且与热力学温度成正比. 与机械能表征物体的定向运动(有序运动)能量不同，理想气体的内能反映的是分子无规则热运动能量的统计平均值，且不可能为零.

8.6 热平衡态的统计规律

8.6.1 速率分布函数

上节在讨论分子的平均平动动能时，给出了分子的方均根速率，它是分子速率的一种统计平均值.事实上，平衡态下，并非所有分子均以方均根速率运动，由于频繁的碰撞，每个分子的速度大小和方向都在不断改变，某瞬间某个分子朝什么方向运动，速率为多少，完全是偶然的，也无法预测该分子下一瞬间将奔向何方，原因在于该分子下次将接受来自何方的碰撞也是偶然的.但总体来看，平衡态下分子速率的分布却遵从一定的统计规律，这就是早在1859年麦克斯韦(J. C. Maxwell)用概率论证明了的麦克斯韦速率分布律.麦克斯韦速率分布律不管分子速度的方向如何，只考虑分子按速率的分布，本节仅将麦克斯韦速率分布律作为典型的统计规律做一介绍.

从微观上对分子的描述只能采取统计的方法.先对速率按区间分组，再说明系统 N 个分子中，分布在 $v \sim v+\mathrm{d}v$ 区间的分子数 $\mathrm{d}N$ 有多少，或占总分子数的百分比 $\mathrm{d}N/N$ 是多少，即给出**分子按速率的分布**.比如，说明某年级某门课程的考试情况时，关注各个分数段的学生有多少，即学生按分数的分布，就可以说明问题，并不须指出每个学生的分数.

显然，$v \sim v+\mathrm{d}v$ 区间的分子数占总分子数的百分比 $\mathrm{d}N/N$ 与 v 有关，也与区间宽度 $\mathrm{d}v$ 有关.如同上述分数统计的例子中，同样相隔 10 分一组，80～90 分的学生人数与 60～70 分的人数是不同的；同样以 60 分为起点，60～70 分区间的人数应该比 60～65 分区间的多.在区间足够小的情况下，可以认为计数起点一样时，人数与区间宽度成正比.因此，可以认为

$$\frac{\mathrm{d}N}{N}=f(v)\mathrm{d}v \tag{8-19}$$

或

$$f(v)=\frac{\mathrm{d}N}{N\mathrm{d}v} \tag{8-20}$$

式中，$f(v)$就是速率分布函数，它具有确定的物理意义：速率 v 附近的单位速率区间的分子数占总分子数的百分比.$Nf(v)\mathrm{d}v$ 表示分布在 $v \sim v+\mathrm{d}v$ 区间的分子数 $\mathrm{d}N$；$f(v)\mathrm{d}v$ 表示分布在 $v \sim v+\mathrm{d}v$ 区间的分子数占总分子数的百分比，或者说某个分子出现在 $v \sim v+\mathrm{d}v$ 区间的概率.显然，分子分布在所有可能的区间的概率总和必须是 1，即

$$\int_0^N \frac{\mathrm{d}N}{N}=\int_0^\infty f(v)\mathrm{d}v=1 \tag{8-21}$$

此即所有分布函数必须满足的条件，叫**归一化条件**.式中，对速率的积分区间取到了无穷，给出的只是一个积分极限，实际的速率上限应由实验条件确定.

8.6.2 麦克斯韦速率分布律

知道了速率分布函数 $f(v)$，就可以估算任意区间(v_1, v_2)内的分子数

$\Delta N=\int_{v_1}^{v_2} Nf(v)\mathrm{d}v$，以及分子出现在$(v_1,v_2)$内的概率$\int_{v_1}^{v_2} f(v)\mathrm{d}v$，也可以进行其他相关的统计平均. 如何确定速率分布函数 $f(v)$就成了关键.

1859 年麦克斯韦(J. C. Maxwell)用概率论导出了平衡态下理想气体的速率分布函数$f(v)$的表达式，直到 60 年以后才被实验证实. 麦克斯韦给出的平衡态下气体分子的速率分布函数，又叫**麦克斯韦速率分布函数**，表达式如下：

$$f(v)=4\pi\left(\frac{m}{2\pi kT}\right)^{\frac{3}{2}}\mathrm{e}^{-\frac{mv^2}{2kT}}v^2 \tag{8-22}$$

式中，T 为系统的热力学温度，m 为单个分子的质量，k 为玻尔兹曼常量. 对于给定的气体，m 一定，$f(v)$只与温度 T 有关. 以 v 为横轴，$f(v)$为纵轴，就可以画出麦克斯韦速率分布曲线，如图 8-3 所示，图中形象地显示出气体分子按速率分布的情况. 图中曲线下面宽度为 $\mathrm{d}v$ 的小矩形区域面积就代表该区间内分子数占总分子数的百分比，或某分子出现在该区间的概率.

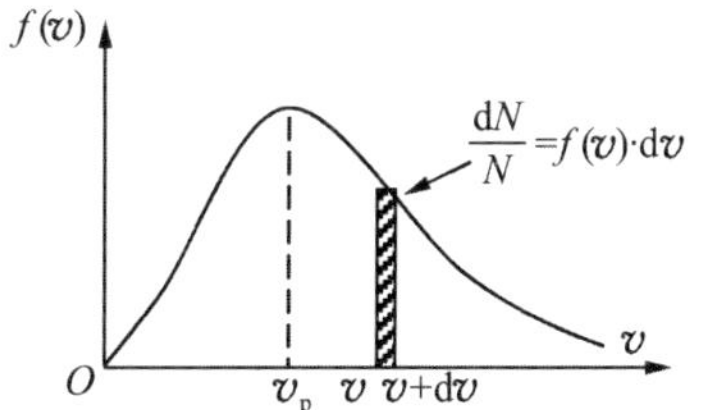

图 8-3 麦克斯韦速率分布曲线

图 8-3 显示，在某一速率 v_p 附近，速率分布函数 $f(v)$存在一极大值，这个速率 v_p 称为最可几速率，其物理意义很明显，即分子出现在速率 v_p 附近单位速率区间的概率最大. 其数值可由式(8-22)求极值得出：

$$v_p=\sqrt{\frac{2kT}{m}}=\sqrt{\frac{2RT}{M_{mol}}}\approx 1.41\sqrt{\frac{RT}{M_{mol}}} \tag{8-23}$$

由于归一化的要求，图中曲线包围的总面积为 1，v_p 的大小决定了曲线的形状. 对给定的系统，当温度升高时，v_p 变大，在横轴上将右移，对应的 $f(v_p)$将下降，整个曲线变得更扁平，向大速率区域移动，此时，分子分布在速率大的区间的概率也随之变大. 对相同温度下不同气体的速率分布曲线也有类似的规律.

利用麦克斯韦速率分布函数可以求出算术平均速率和方均根速率.

$$\bar{v}=\frac{\sum v_i}{N}=\int\frac{v\mathrm{d}N}{N}=\int_0^{\infty} vf(v)\mathrm{d}v \tag{8-24}$$

$$\overline{v^2}=\frac{\sum {v_i}^2}{N}=\int\frac{v^2\mathrm{d}N}{N}=\int_0^{\infty} v^2 f(v)\mathrm{d}v \tag{8-25}$$

将式(8-22)代入上面两式，积分可得

$$\bar{v}=\sqrt{\frac{8kT}{\pi m}}=\sqrt{\frac{8RT}{\pi M_{mol}}}\approx 1.60\sqrt{\frac{RT}{M_{mol}}} \tag{8-26}$$

$$\overline{v^2}=\frac{3kT}{m} \tag{8-27}$$

对上式两边开方，即得方均根速率

$$v_{rms}=\sqrt{\overline{v^2}}=\sqrt{\frac{3kT}{m}}=\sqrt{\frac{3RT}{M_{mol}}}\approx 1.73\sqrt{\frac{RT}{M_{mol}}} \tag{8-28}$$

此结果与式(8-15)相同. 比较式(8-23)、式(8-26)和式(8-28)，不难发现，三种速率的统计平均值 v_p、$\bar{v}$和 v_{rms}均与温度的平方根成正比，与分子的摩尔质量的平方根成反比，仅数值上存在系数上的小差别. 通常分析速率分布时采用 v_p；讨论分子平均平动动能时用 v_{rms}；讨论分子间的碰撞时则使用$\bar{v}$.

例题 8-4 (1) 求速率与最可几速率相差不超过 1%的气体分子占总分子数的百分比.

(2) 对氢气，当 $T=300$ K，求速率在 3 000～3 010 m/s 之间的分子数 ΔN_1 与速率在 1 500～1 510 m/s 之间的分子数 ΔN_2 之比.

解：(1) 由题意，$v=v_p-0.01v_p=0.99v_p$，$\Delta v=(v_p+0.01v_p)-(v_p-0.01v_p)=0.02v_p$，于是可求得在 v_p 两侧宽为 $0.02v_p$ 的速率区间内的分子数占总分子数的百分比为

$$\frac{\Delta N}{N}=4\pi\left(\frac{m}{2\pi kT}\right)^{\frac{3}{2}}\cdot e^{-\frac{mv^2}{2kT}}\cdot v^2\Delta v=\frac{4}{\sqrt{\pi}}v_p^{-3}\cdot e^{-\frac{v^2}{v_p^2}}\cdot v^2\Delta v$$

$$=\frac{4}{\sqrt{\pi}}v_p^{-3}\cdot e^{-(0.99)^2}\cdot(0.99v_p)^2\cdot 0.02v_p=1.66\%$$

(2) 取 $v_1=3\ 000$ m/s，$v_2=1\ 500$ m/s，有

$$\frac{\Delta N_1}{N}=4\pi\left(\frac{m}{2\pi kT}\right)^{\frac{3}{2}}\cdot e^{-\frac{mv_1^2}{2kT}}\cdot v_1^2\ \Delta v_1,\ \frac{\Delta N_2}{N}=4\pi\left(\frac{m}{2\pi kT}\right)^{\frac{3}{2}}\cdot e^{-\frac{mv_2^2}{2kT}}\cdot v_2^2\ \Delta v_2$$

题目中已给定 $\Delta v_1=\Delta v_2=10$ m/s，将上两式相比，并将 $T=300$ K，$v_1=3\ 000$ m/s，$v_2=1\ 500$ m/s 代入，可得

$$\frac{\Delta N_1}{\Delta N_2}=e^{\left(-\frac{mv_1^2}{2kT}+\frac{mv_2^2}{2kT}\right)}\cdot\frac{v_1^2}{v_2^2}=0.267$$

8.6.3 气体分子速率分布的实验测定

由于验证麦克斯韦速率分布律须获得足够高的真空，因此直到 20 世纪 20 年代真空技术的发展才使之成为可能. 1920 年史特恩(Stern)最早测定了分子速率，1934 年我国物理学家葛正权测定了铋(Bi)蒸气分子的速率分布，结果均与麦克斯韦速率分布律大致相符.

图 8-4 是一种测定分子速率的实验装置的示意图，整个系统放置在高真空的容器里. 图 8-4(a)中 O 是蒸气源，R 是一个半径为 r、长为 L，可绕其中心轴转动的圆柱体，图 8-4(b)显示在其上面纵向刻了很多螺旋形细槽，细槽的入口狭缝和出口狭缝的半径之间存在一个夹角 φ. 狭缝后面的 D 是检测器，穿过狭缝的蒸气将沉积在 D 上形成薄膜，相应薄膜的厚度与到达 D 上的蒸气分子数成正比.

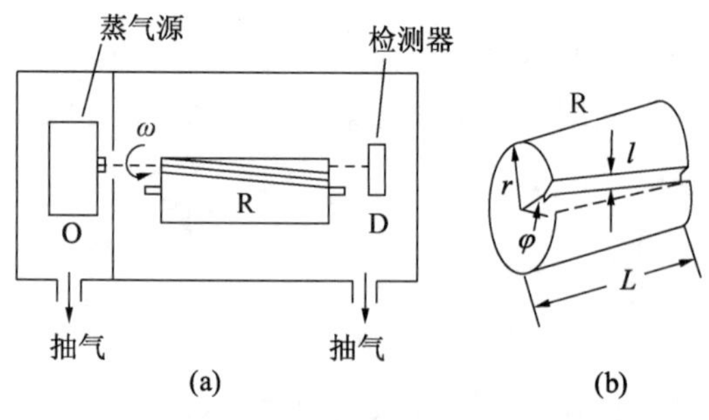

图 8-4 测定分子速率的实验装置

当 R 以角速度 ω 绕中心轴旋转时，进入入口狭缝的分子中，只有速率 v 满足关系式

$$\frac{L}{v}=\frac{\varphi}{\omega}$$

或

$$v=\frac{\omega}{\varphi}L$$

的才可以到达检测器 D，可见 R 实际上是一个速率选择器. 改变 R 旋转的角速度 ω 就可改变到达 D 上的分子的速率. 另外，细槽存在一定的宽度，相当于夹角 φ 有一个变化范围 $\Delta\varphi$，所

以每次到达 D 上的分子的速率也不全是 v，而是在 $v \sim v+\Delta v$ 区间内. 改变 ω，测出不同速率范围内的分子数(薄膜厚度)，就可验证麦克斯韦速率分布律.

8.6.4 麦克斯韦速度分布律 玻尔兹曼能量分布律

一、麦克斯韦速度分布律

以上讨论的是麦克斯韦速率分布，认定理想气体分子速度按空间方向的分布是均匀的，因此未规定速度的方向. 其实，如果外力场(如重力场、电磁场)对分子的作用不可忽略，分子速度按空间的分布将不再均匀，如大尺度研究大气层时大气密度并不均匀，靠近地表的密度呈增大趋势，速度也不再均匀.

麦克斯韦用概率统计的方法导出了理想气体的速度分布律：在温度为 T 的平衡态下，气体分子速度分量 v_x 处在 $v_x \sim v_x+\mathrm{d}v_x$ 区间内，v_y 处在 $v_y \sim v_y+\mathrm{d}v_y$ 区间内，v_z 处在 $v_z \sim v_z+\mathrm{d}v_z$ 区间内的分子数占总分子数的百分比为

$$\frac{\mathrm{d}N}{N}=F(v)\mathrm{d}v_x\mathrm{d}v_y\mathrm{d}v_z=\left(\frac{m}{2\pi kT}\right)^{\frac{3}{2}}\mathrm{e}^{-\frac{mv^2}{2kT}}\mathrm{d}v_x\mathrm{d}v_y\mathrm{d}v_z \tag{8-29}$$

其中分布函数

$$F(v)=\frac{\mathrm{d}N}{N\mathrm{d}v_x\mathrm{d}v_y\mathrm{d}v_z}=\left(\frac{m}{2\pi kT}\right)^{\frac{3}{2}}\mathrm{e}^{-\frac{mv^2}{2kT}} \tag{8-30}$$

式(8-29)称为麦克斯韦速度分布律，$F(v)$ 称为麦克斯韦速度分布函数，满足归一化条件 $\iiint_{-\infty}^{\infty}F(v)\mathrm{d}v_x\mathrm{d}v_y\mathrm{d}v_z=1$，式中 $v^2={v_x}^2+{v_y}^2+{v_z}^2$.

二、玻尔兹曼能量分布律

麦克斯韦速率分布律和速度分布律均表明，平衡态下分布在某速率区间 $\mathrm{d}v$ 和速度区间 $\mathrm{d}v_x\mathrm{d}v_y\mathrm{d}v_z$ 内的分子数均与分子的平动动能 $\frac{1}{2}mv^2$ 有关，且与 $\mathrm{e}^{-\frac{mv^2}{2kT}}=\mathrm{e}^{-\frac{\varepsilon_k}{kT}}$ 成正比. 玻尔兹曼将这一规律推广到气体分子处在任意力场中运动的情形，应以包括动能和势能在内的总能量 $\varepsilon=\varepsilon_k+\varepsilon_p$ 代替式(8-22)和式(8-30)中的 $\varepsilon_k=\frac{1}{2}mv^2$，且在温度为 T 的平衡态下，处在某状态区间的粒子数正比于 $\mathrm{e}^{-\frac{\varepsilon}{kT}}$. 这就是统计物理中适用于任何系统的一个基本定律，称为玻尔兹曼分子按能量分布定律，简称为**玻尔兹曼能量分布律**.

由于分子在保守力场中运动时，相应的势能一般随位置而定，粒子所在的区间应由速度和位置共同限定. 按照玻尔兹曼能量分布律，温度为 T 的平衡态下，速度分量处在($v_x \sim v_x+\mathrm{d}v_x$，$v_y \sim v_y+\mathrm{d}v_y$，$v_z \sim v_z+\mathrm{d}v_z$)，且坐标分量处在($x \sim x+\mathrm{d}x$，$y \sim y+\mathrm{d}y$，$z \sim z+\mathrm{d}z$)内的分子数 $\mathrm{d}N$ 为

$$\begin{aligned}\mathrm{d}N&=n_0\left(\frac{m}{2\pi kT}\right)^{\frac{3}{2}}\mathrm{e}^{-\frac{\varepsilon}{kT}}\mathrm{d}v_x\mathrm{d}v_y\mathrm{d}v_z\mathrm{d}x\mathrm{d}y\mathrm{d}z\\&=n_0\left(\frac{m}{2\pi kT}\right)^{\frac{3}{2}}\mathrm{e}^{-\frac{\varepsilon_k+\varepsilon_p}{kT}}\mathrm{d}v_x\mathrm{d}v_y\mathrm{d}v_z\mathrm{d}x\mathrm{d}y\mathrm{d}z\end{aligned} \tag{8-31}$$

式中，n_0 表示在 $\varepsilon_p=0$ 处单位体积内具有各种速度值的总分子数，$\mathrm{e}^{-\frac{\varepsilon}{kT}}$ 称为概率因子. 该式表明，就统计意义而言，能量越大的状态区间内粒子数越少，或者说粒子将优先占据能量较低的状态. 在温度 T 一定时，分子的平动动能是一定的，此时分子将优先占据势能较低的状态.

将式(8-31)两边对位置积分，即可得到麦克斯韦速度分布律. 如果把式(8-31)两边对所有可能的速度积分，并考虑到 $\iiint_{-\infty}^{\infty}\left(\frac{m}{2\pi kT}\right)^{\frac{3}{2}}\mathrm{e}^{-\frac{mv^2}{2kT}}\mathrm{d}v_x\mathrm{d}v_y\mathrm{d}v_z=1$，玻尔兹曼能量分布律就变为

$$\mathrm{d}N'=n_0\mathrm{e}^{-\frac{\varepsilon_p}{kT}}\mathrm{d}x\mathrm{d}y\mathrm{d}z \tag{8-32}$$

或

$$n=n_0\mathrm{e}^{-\frac{\varepsilon_p}{kT}} \tag{8-33}$$

此处 $\mathrm{d}N'$ 代表分布在 $x\sim x+\mathrm{d}x, y\sim y+\mathrm{d}y, z\sim z+\mathrm{d}z$ 内具有各种速率的分子数，n 表示(x,y,z)附近单位体积内的分子数.

对于重力场中的情形，可取坐标轴 z 竖直向上，并选 $z=0$ 处势能为零，由式(8-33)可得高度为 z 处单位体积内的分子数为

$$n=n_0\mathrm{e}^{-\frac{mgz}{kT}} \tag{8-34}$$

将上式代入理想气体状态方程 $p=nkT$，有

$$p=nkT=n_0kT\mathrm{e}^{-\frac{mgz}{kT}}=p_0\mathrm{e}^{-\frac{mgz}{kT}}=p_0\mathrm{e}^{-\frac{M_{\mathrm{mol}}gz}{RT}} \tag{8-35}$$

式中，$p_0=n_0kT$ 代表 $z=0$ 处的压强. 此式称为气压公式，揭示了温度均匀的前提下，大气压强随高度按指数规律下降. 登山和航空过程中，忽略温度的变化，利用上式还可估算出海拔高度

$$z=\frac{RT}{M_{\mathrm{mol}}g}\ln\frac{p_0}{p} \tag{8-36}$$

8.7 实际气体等温线 范德瓦尔斯方程

8.7.1 实际气体等温线

从理想气体的状态方程可知，一定量的气体在给定温度下 $pV=$常数，就可绘出对应的等温线. 图 8-5 所示 p-V 图上系列等轴双曲线即对应于不同温度下的等温线，显然，温度升高，双曲线整体上移.

实际气体的等温线在温度不太低、压强不太高的前提下，与理想气体等温线基本吻合，但在较高压强和较低温度条件下，实验测得的实际气体的等温线与双曲线明显偏离.

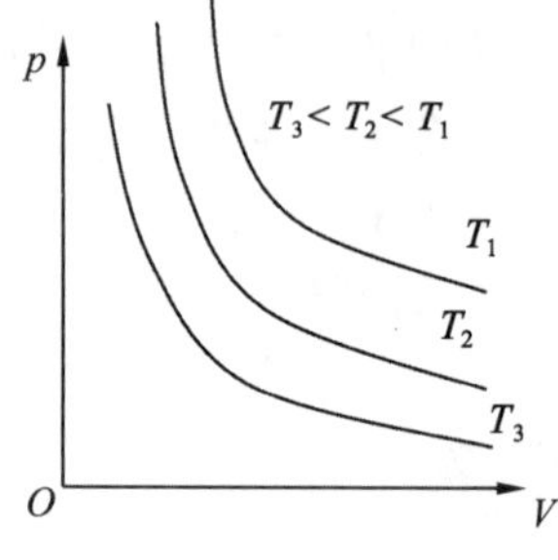

图 8-5 理想气体的等温线

图 8-6 给出的就是不同温度下实验测得的 CO_2 气体的等温线. 图中纵坐标为压强 p，单位是大气压(atm)，横坐标为单位质量的气体体积 V，又称比体积，单位是 $\mathrm{m^3/kg}$. 图中显示，较高温度(如 48.1 ℃)时，等温线与理想气体的双曲线较接近，但随着温度降低，等温线发生了明显变化. 比如 13 ℃下等温压缩气体，最初压强随体积的减小而升高(图中 AB 段). 当压强升高到约 49 个大气压时，再压缩气体时，发现气体的压强不再变化(图中 BC 段)，同时容器中出现了液体，即发生了**液化**现象，在此期间液体与其蒸汽共存且处于平衡态，此时的蒸汽叫

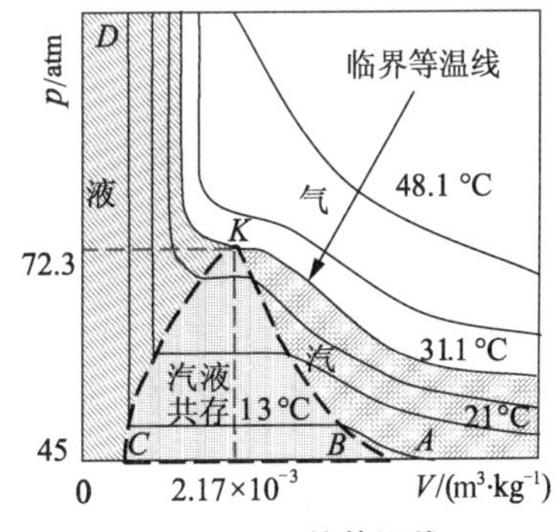

图 8-6　CO_2 的等温线

饱和蒸汽，相应的压强称为**饱和蒸汽压**，其值随温度而变. 进一步压缩至 C 点，气体已全部液化，再增加压强，引起的液体的体积变化非常微弱(图中 CD 段).

升高温度，压缩气体可观察到类似的过程，只是液汽共存区域(图中平直部分)将变短. 等温线的平直部分正好缩成一**拐点**(**临界点**，图中 K 点)时的温度 T_k 叫**临界温度**，对应的等温线称为**临界等温线**. 超过此温度，无论怎么升高压强，也不会出现液化现象，气体可近似看成理想气体. 临界点对应的压强 p_k 叫**临界压强**，比体积 V_k 叫临界比体积. T_k、p_k 和 V_k 一起组成了气体的临界常量，不同的气体拥有不同的临界常量. 图 8-6 中显示对 CO_2 气体而言临界温度 T_k、压强 p_k 和比体积 V_k 分别为 31.1 ℃、72.3 atm 和 $2.17\times10^{-3}\ m^3/kg$. 最后被液化的气体是氦气(He)，其临界温度极低，只有 5 K 左右，一度被称为"不可被液化的气体"，直到 1908 年才被液化，并在 1928 年进一步被凝成固体. 表 8-1 给出了几种常见气体的临界参量.

表 8-1　几种常见气体的临界参量

气体	T_k/K	$p_k/(1.013\times10^5\ Pa)$	$V_k/(10^{-3}\ m^3\cdot kg^{-1})$
He	5.3	2.26	14.5
H_2	33.3	12.8	32.3
N_2	126.1	33.5	3.02
O_2	154.4	49.7	2.32
CO_2	304.3	72.3	2.17
H_2O	647.2	217.7	2.50
SO_2	430.4	77.7	1.92

8.7.2　范德瓦尔斯方程

实际气体的等温线偏离理想气体的双曲线特征，根本原因在于在高压或低温条件下，实际分子自身的体积已不可忽略，气体分子间的相互作用也必须考虑.

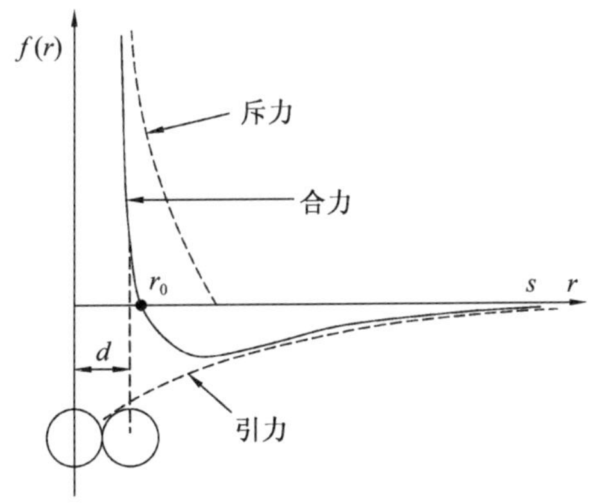

图 8-7　分子力示意图

实验表明，实际气体两个分子之间作用力随两分子中心距离 r 变化的情况可通过图 8-7 中的曲线来说明. 当 r 较大时，两分子间表现出引力；当 r 较小时，两分子间则表现出斥力；当 $r=r_0$ 时，分子间引力与斥力平衡，作用力为零，r_0 称为**平衡距离**. 当 r 太大以致 $r>s$ 时，分子间引力已可以忽略不计，s 称为分子间的**有效作用距离**. 可见气体足够稀薄，以致分子间距离大于 s 时，分子间的相互作用即可忽略不计，此即理想气体分子；$r<r_0$ 时，随距离减小分子间斥力急剧增加，当分子间距离小至 d

时，斥力将趋于无穷大，因此可以视分子为一些**有效直径**为 d 的刚性小球. 实验结果显示分子的有效直径 d 大概在 10^{-10} m 量级，有效作用距离 s 在 10^{-9} m 量级.

考虑 1 mol 的气体，若视为理想气体，状态方程可写为

$$p=\frac{RT}{V} \tag{8-37}$$

下面从两个方面对理想气体的状态方程(8-37)进行修正.

(1) 分子自身体积引起的修正.

式(8-37)中的体积 V 代表的是分子可以实际到达的空间范围，视气体分子为质点，该体积即为容器的容积. 如上所述，实际气体分子应看作有效直径为 d 的刚性小球，则每个分子活动的自由空间必然小于 V，应减去一个反映分子自身占有体积的修正量 b，状态方程改写为

$$p=\frac{RT}{V-b} \tag{8-38}$$

理论分析得出，修正量 b 约为气体分子自身体积的 4 倍. 实验分析出分子有效直径 d 在 10^{-10} m 量级，则

$$b=4\times N_A\times\frac{4}{3}\pi\left(\frac{10^{-10}}{2}\right)^3\approx10^{-6}\ \text{m}^3$$

标准状态下，1 mol 气体的体积 $V_0=22.4\times10^{-3}\ \text{m}^3$，此时 $b\approx V_0/10^5$，完全可以忽略不计. 温度仍为 0 ℃，压强增至 1 000 atm，用玻意耳定律算出 1 mol 气体的体积缩小至 $22.4\times10^{-6}\ \text{m}^3$，考虑修正量 b 就有必要了.

(2) 分子间引力引起的修正.

如前所述，压强是单位时间内单位面积器壁上所受到的大量分子频繁碰撞时形成的持续的、稳定的(平均)冲力. 考虑分子可能受到的引力，须考虑与其距离小于有效作用距离 s 的分子的影响. 对于处在容器内部的分子 α 来说，由于空间对称性，有效作用范围内的分子对其的引力的合力为零，可以自由运动. 但对于靠近器壁且与器壁距离在有效作用距离 s 以内的分子 β 来说，内侧的分子数明显多于靠近器壁一侧的分子数，因此分子 β 将受到一个指向内侧的合引力，从而削弱其给予器壁的冲力. 从总效果来看，靠近器壁的分子层受到了一个指向内侧的压强，称为内压强 p_i. 式(8-38)中的压强应减去内压强 p_i，即

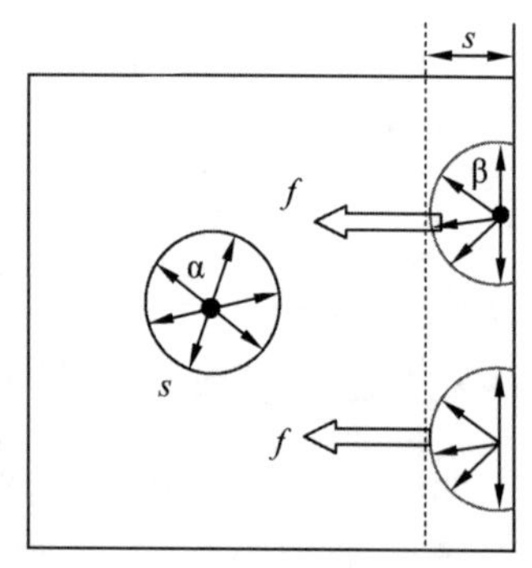

图 8-8　气体的内压强

$$p=\frac{RT}{V-b}-p_i \tag{8-39}$$

从理论上讲，内压强 p_i 应与被吸引的表面层内的分子数密度 n 成正比，另外，还与施加引力的那些内部分子数密度 n 成正比，故 p_i 应与 n^2 成正比，而 n 与体积 V 成反比，于是

$$p_i\propto n^2\propto\frac{1}{V^2}$$

或

$$p_i=\frac{a}{V^2} \tag{8-40}$$

将上式代入式(8-39)，即得

$$\left(p+\frac{a}{V^2}\right)(V-b)=RT \tag{8-41}$$

上式适用于 1 mol 的气体. 对于质量为 m 的气体，其体积扩大了$\frac{m}{M_{\mathrm{mol}}}$倍，相应的方程变为

$$\left(p+\frac{m^2}{M_{\mathrm{mol}}{}^2}\frac{a}{V^2}\right)\left(V-\frac{m}{M_{\mathrm{mol}}}b\right)=\frac{m}{M_{\mathrm{mol}}}RT \tag{8-42}$$

式(8-41)和式(8-42)称为**范德瓦尔斯方程**，是荷兰物理学家范德瓦尔斯(van der Waals)于 1873 年首先导出的. 方程中的常量 a 和 b 与气体的种类有关，称为范德瓦尔斯常量，可由实验测得. 如 CO_2 气体的 $a=0.37\ \mathrm{N\cdot m^4/mol^2}$，$b=42.8\times10^{-6}\ \mathrm{m^3/mol}$.

表 8-2 给出了 0 ℃时 N_2 等温过程范德瓦尔斯方程与理想气体状态方程准确度的比较，表中压强的单位是大气压(atm)，对应于 1.013×10^5 Pa. 范德瓦尔斯方程给出的两项乘积即使在 500 个大气压下仍能基本不变，效果显然优于理想气体的状态方程. 在 1 000 个大气压下出现了明显偏差，说明范德瓦尔斯方程也非绝对准确.

表 8-2　范德瓦尔斯方程与理想气体状态方程准确度的比较(0 ℃时的 N_2)

p/atm	pV/(atm·m³)	$\left(p+\frac{m^2}{M_{\mathrm{mol}}{}^2}\frac{a}{V^2}\right)\left(V-\frac{m}{M_{\mathrm{mol}}}b\right)$/(atm·m³)
1	1.000 0	1.000
100	0.994 1	1.000
200	1.048 3	1.009
500	1.390 0	1.014
1 000	2.068 5	0.893

8.7.3　范德瓦尔斯方程的等温线

温度 T 保持恒定时，1 mol 气体的范德瓦尔斯方程可改写为

$$V^3-\left(\frac{Pb+RT}{P}\right)V^2+\frac{a}{P}V-\frac{ab}{P}=0$$

可见，p 与 V 之间的关系是一个三次方程，据此可得不同温度下范德瓦尔斯方程的等温线，如图 8-9 所示，它们和图 8-6 显示的真实气体的等温线十分相似，都有一条临界等温线. 临界线之上，两者比较接近，但临界线以下，两者区别很明显. 真实气体在汽液共存区是系列平直线，而范德瓦尔斯等温线相应区域是一段曲线，如图中标注的 $ABEFC$ 段. 其中 BE 段和 FC 段实验中是可以实现的. BE 段是一个亚稳态，属于“应该”液化却没有液化的**过饱和蒸汽**，如果气体中缺少液化核就可能出现此情况；FC 段也是一个亚稳态，属于“应该”气化却没有气化的**过热液体**，如果液体中缺少气化核就可能出现此情况. 至于 EF 段要求气体的体积随压强的降低而继续缩小，显然是不可能实现的.

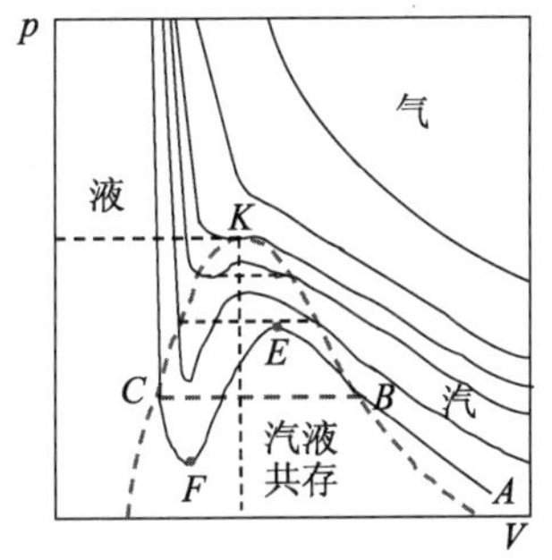

图 8-9　范德瓦尔斯等温线

可见，范德瓦尔斯模型也并非完全正确，任何模型均存在缺陷. 事实上，适用于任何实际

气体的状态方程还没有被发现.

8.8 气体分子的平均自由程

前面相关讨论已经强调，系统由非平衡态过渡至平衡态，气体分子的速度按空间分布均匀以及分子的能量按自由度均分，靠的就是分子的频繁碰撞. 频繁碰撞导致分子热运动的无规则性. 前面利用方均根速率计算得知常温下分子的速率在每秒几百米，似乎气体中的过程都应该在一瞬间完成，但实际情况并非如此. 经验告诉我们，打开汽油瓶盖子后，汽油味道弥漫开来是需要时间的，原因在于任何分子都不可能一直沿直线运动.

单个分子在任意连续的两次碰撞之间的运动是自由的，所经过的路程不尽相同，如图8-10 所示. 连续两次碰撞期间分子可能经过的各段自由程的平均值称为**平均自由程**，常用符号 $\bar{\lambda}$ 表示，其大小显然与分子间碰撞的频繁程度有关. 分子单位时间内所受到的平均碰撞次数叫**平均碰撞频率**，用符号$\bar{Z}$表示.

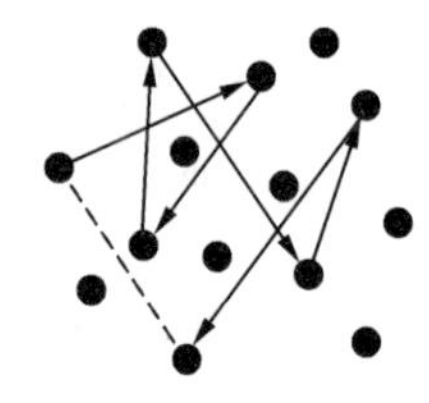
图 8-10　分子的自由程

采用算术平均速率 $\bar{v}$ 后，分子在 Δt 时间内经过的平均距离为 $\bar{v}\Delta t$，受到的平均碰撞次数为$\bar{Z}\Delta t$，相应的平均自由程为

$$\bar{\lambda}=\frac{\bar{v}\Delta t}{\bar{Z}\Delta t}=\frac{\bar{v}}{\bar{Z}} \tag{8-43}$$

下面从计算平均碰撞频率$\bar{Z}$入手，导出平均自由程公式. 如图 8-11 所示，视分子为具有一定体积的刚性小球，分子的有效直径为 d，分子数密度为 n. 对碰撞来说，重要的是分子间的相对运动速度，因此可以假定其他分子均不动，只有某个分子 A 在以相对平均速率 $\bar{u}$ 运动. 跟踪分子 A，显然只有那些与 A 的中心间距小于或等于分子有效直径 d 的分子能与 A 相碰. 在 Δt 时间内，分子 A 走过一段折线，以该折线为轴、有效直径 d 为半径的曲折的圆柱体内的分子都将在 Δt 时间内与 A 相撞，该圆柱体的截面积为 σ，称为分子的碰撞截面，显然，$\sigma=\pi d^2$. 该曲折圆柱体的体积为 $\sigma\bar{u}\Delta t$，其内的分子数为 $n\sigma\bar{u}\Delta t$，平均碰撞频率为

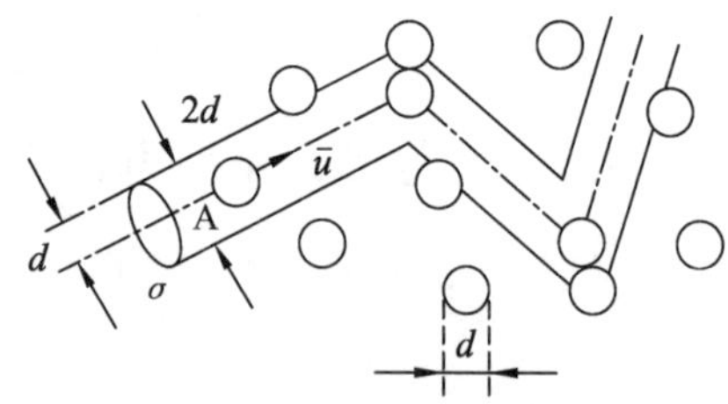

图 8-11　$\bar{Z}$ 的计算

$$\bar{Z}=\frac{n\sigma\bar{u}\Delta t}{\Delta t}=n\sigma\bar{u} \tag{8-44}$$

实际上所有分子都在做无规则运动，根据麦克斯韦速率分布律，可以推导出相对平均速率 $\bar{u}$ 与算术平均速率 $\bar{v}$ 之间满足 $\bar{u}=\sqrt{2}\bar{v}$，代入上式，有

$$\bar{Z}=\sqrt{2}\sigma n\bar{v}=\sqrt{2}\pi d^2 n\bar{v} \tag{8-45}$$

将此式代入式(8-43)，即得平均自由程为

$$\bar{\lambda}=\frac{1}{\sqrt{2}\pi d^2 n} \tag{8-46}$$

可见，平均自由程与分子有效直径的平方及分子数密度成反比，而与平均速率无关. 考虑到 $p=nkT$，式(8-46)可写成

$$\bar{\lambda}=\frac{kT}{\sqrt{2}\pi d^2 p} \tag{8-47}$$

说明温度一定时，平均自由程与压强成反比，真空状态下，分子的平均自由程将加长. 高真空下利用上式计算出的平均自由程可能比容器的线度还要长，此时应取容器的线度作为分子的实际平均自由程.

例题 8-5　求在标准状况下氮气分子的平均碰撞频率和平均自由程(已知氮分子的有效直径 $d=3.76\times10^{-10}$ m).

解： 标准状况下氮气分子的分子数密度为

$$n=\frac{p}{kT}=\frac{1.013\times10^5}{1.38\times10^{-23}\times273}=2.69\times10^{25}(\mathrm{m}^{-3})$$

算术平均速率为

$$\bar{v}=\sqrt{\frac{8RT}{\pi M_{\mathrm{mol}}}}=\sqrt{\frac{8\times8.31\times273}{3.14\times28\times10^{-3}}}=454(\mathrm{m/s})$$

平均碰撞频率为

$$\bar{Z}=\sqrt{2}\pi d^2\bar{v}n=7.7\times10^9\ \mathrm{s}^{-1}$$

平均自由程为

$$\bar{\lambda}=\frac{1}{\sqrt{2}\pi d^2 n}=6\times10^{-8}\ \mathrm{m}$$

可见，常温下分子的平均碰撞频率每秒达几十亿次，碰撞十分频繁，平均自由程只有几十纳米.

8.9　输运过程及其宏观规律

前面各节讨论了系统处在平衡态下的问题，实际上系统受到外界干扰或与外界发生相互作用时，其宏观性质如流速、温度和密度等的均匀性将受到破坏，系统将处于非平衡态. 研究表明，没有外界干扰后，系统会自发从非平衡态向平衡态过渡，这种过渡称为输运过程. 输运过程并不局限于气体，研究输运过程在生产、生活中是有现实意义的.

输运过程有三种，即内摩擦、热传导和扩散，下面分别加以介绍.

8.9.1　内摩擦

流体中各部分流速不同时，流体可按流速进行分层，相邻流层之间将形成一对阻碍相对运动的等值而反向的作用力，称为**内摩擦力**，也叫**黏滞力**. 用管道输送气体时，紧靠管壁的气体分子附着于管壁，流速为零，越接近管道中心，流速越大，这就是常见的**内摩擦现象**. 稳定流动的河道中的水也表现出类似的现象.

设气体沿 x 轴正向流动，流速沿 y 方向增大，存在流速梯度 $\mathrm{d}u/\mathrm{d}y$. 在高度为 y_0 处沿流速方向取一平面 dS，将气体分为 A、B 两部分，则两层间互施反作用力(内摩擦力)，使 A 层

减速，B 层加速，如图 8-12 所示. 实验证明两层间的内摩擦力与该处的流速梯度及面积成正比，即

$$f=\pm\eta\left(\frac{\mathrm{d}u}{\mathrm{d}y}\right)_{y_0}\cdot\mathrm{d}S \tag{8-48}$$

式中，比例系数 η 称为**内摩擦系数**，或**黏度系数**，正号适用于流速快的流层作用在流速慢的流层的摩擦力，负号则用在流速慢的流层施加给流速快的流层的摩擦力. 式(8-48)叫牛顿黏滞定律. 根据分子动理论可以导出，内摩擦系数 η 与分子运动的微观量的统计平均值之间满足：

$$\eta=\frac{1}{3}\bar{v}nm\bar{\lambda} \tag{8-49}$$

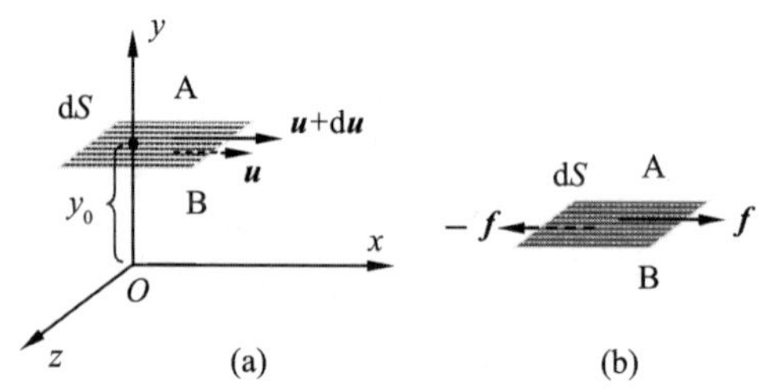

图 8-12　**流体的内摩擦现象**

国际单位制中内摩擦系数 η 的单位是 Pa·s. 实验测得 0 ℃时内摩擦系数，空气为 18.1×10^{-6} Pa·s，氧气为 18.9×10^{-6} Pa·s，水为 1.8×10^{-3} Pa·s，甘油为 10×10^{-3} Pa·s.

从分子动理论来看，内摩擦现象来源于定向动量的输运或迁移. 设平面 dS 附近分子数密度均匀，由于热运动的无规则性，相同时间内自下而上和自上而下穿过平面 dS 的分子数应该相等，由于平面 dS 上、下的分子定向流速不同，上、下交换分子的结果使得下层定向动量增加，上层定向动量减少，宏观上等效于上层分子给下层分子整体施加了一个沿流速方向的作用力，即内摩擦力.

8.9.2　热传导

物体内部温度不均匀时，将有平均动能从温度较高处传递到温度较低处，这就是**热传导现象**. 此过程中传递的平均动能的多少叫**热量**.

如图 8-13 所示，设沿 z 方向有温度梯度 dT/dz，在高度为 z_0 处取一平面 dS，将气体分为上、下两部分，下侧温度高，上侧温度低. 实验指出，单位时间内通过 dS 传递的热量 dQ 与该处的温度梯度及面积成正比，即

$$\frac{\mathrm{d}Q}{\mathrm{d}t}=-\kappa\left(\frac{\mathrm{d}T}{\mathrm{d}z}\right)_{z_0}\mathrm{d}S \tag{8-50}$$

式中，κ 称为导热系数，负号表示热量总是从温度高的区域向温度低的区域传递，导热系数 κ 始终为正. 进一步由分子动理论可以导出：

$$\kappa=\frac{1}{3}nm\bar{v}\bar{\lambda}c_V \tag{8-51}$$

式中，c_V 为气体定容摩尔热容量. 导热系数 κ 的国际单位是 W/(m·K). 实验测得银的导热系数为 406 W/(m·K)，水的导热系数为 0.597 W/(m·K)，空气的导热系数为

0.024 W/(m·K).

热传导的机制在固体、液体和气体中不太一样. 就气体来说,是与分子的热运动直接相关的. 各部分温度不同,意味着各处分子的平均动能不同. 气体分子由于热运动要不断在 dS 面上穿越. 由下而上的分子带着较大的平均动能,而由上而下的分子带着较小的平均动能. 上下分子交换的结果是将有净动能自下而上输运,宏观上表现为热传导. 因此,气体内的热传导在微观上是分子热运动过程中定向输运动能的过程.

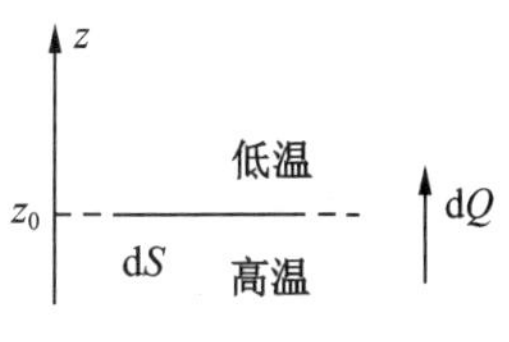

图 8-13　热传导现象

8.9.3　扩散

两种物质混合时或一种物质内部各处密度不均时,物质将从密度大的地方向密度小的地方散布,最终各处密度将趋向均匀,这种现象叫扩散. 实际的扩散过程较为复杂,与多种因素有关,在此仅考虑单纯扩散过程,选两种分子质量和大小均相近的 N_2 和 CO,在没有外界影响和总密度均匀的条件下的自扩散情形. 如图 8-14 所示,设沿 z 方向有密度梯度 $d\rho/dz$,在高度为 z_0 处取一平面 dS,将气体分为上、下两部分,下侧密度高,上侧密度低. 实验指出,单位时间内通过 dS 传递的质量 dM 与该处的密度梯度及面积成正比,即

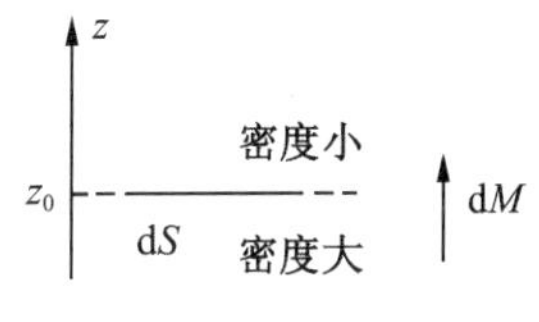

图 8-14　扩散现象

$$\frac{dM}{dt}=-D\left(\frac{d\rho}{dz}\right)_{z_0}\cdot dS \tag{8-52}$$

式中,D 称为扩散系数,负号表示质量总是从密度高的区域向密度低的区域传递,扩散系数 D 始终为正. 扩散系数 D 的国际单位是 m^2/s. 常温及标准大气压下,氢气的扩散系数为 $1.28\times10^{-4}\ m^2/s$,氧气的扩散系数为 $0.189\times10^{-4}\ m^2/s$.

进一步由分子动理论可以导出:

$$D=\frac{1}{3}\bar{v}\bar{\lambda} \tag{8-53}$$

从微观角度来看,扩散现象也与分子的热运动直接相关. 热运动分子不断在 dS 面上穿越,由于较高密度处分子数较多,上下分子穿越 dS 面的结果是将有净质量自下而上输运,宏观上表现为扩散. 因此,气体内的扩散在微观上是分子热运动过程中定向输运质量的过程.

阅读材料 H　液体的表面性质

液体是具有体积的流体,在机体中占有非常重要的地位. 液体的主要特点之一是它和空气接触处有一个自由表面,和固体、器官组织接触处有一个附着层,因而在机体各处表现出多种多样的表面现象. 液体内部由于分子的紊乱运动,各个方向的物理性质完全相同,即具各向同性;而在液体表面,无论是液体与气体的自由表面,还是液体与固体之间的界面,还是不能混合的两液体之间的界面,都可以通过一些特殊的液体表面现象来说明液体表面各个方向的性质是不同的.

本节主要介绍液体的表面张力和表面能的基本概念、基本原理及液体与固体交界处的几种表面现象.

H.1 液体的表面张力和表面能

一、表面张力和表面能

(1) 表面张力.

从许多自然现象中可以观察到，液体表面如同拉紧的弹性薄膜，具有收缩的趋势. 如荷叶上的小水珠、散落在地上的小水银滴均呈球状；将钢针放置于水面上，钢针不会下沉，只是稍稍将水面压下. 由此可见，液体具有收缩表面以使其表面积最小的性质，也就是说，液体表面层内具有一种收缩的力，我们将这种**促使液体表面收缩的力**，称为**表面张力**(surface tension).

处于液体表面层的分子与处于液体内部的分子所受的力场是不同的. 众所周知，分子之间存在短程的相互作用力，称为范德瓦尔斯力. 处在液体内部的分子受周围各种分子的相互作用力，从统计平均来说分子之间的力是对称的，相互抵消. 但处在液体表面的分子没有被同种分子完全包围，在气液表面上的分子受到指向液体内部的液体分子的吸引力，也受到指向气相的气体分子的吸引力. 由于气体方面的吸引力比液体方面的吸引力小得多，因此气液表面的分子净受到指向液体内部并垂直于表面的引力. 这种分子间的引力主要是范德瓦尔斯力，它与分子间的距离的 6 次方成反比. 所以表面层分子所受临近分子的引力只限于第一、二层分子，离开表面几个分子直径的距离，分子受到的力基本上就是对称的了. 从液体内部将一个分子移到表面层要克服这种分子间引力而做功，从而使系统的自由焓增加；反之，表面层分子移入液体内部，系统自由焓下降. 因为系统的能量越低越稳定，故液体表面具有自动收缩的能力.

表面张力的大小可以通过表面张力系数来描述. 设想图 H-1(a)中的线段 MN 长为 L，由于线段 L 上每点都受力，因此线段 L 越长，Ⅰ、Ⅱ两部分间互相作用力就越大，也就是表面张力越大. 实验表面：表面张力 f 作用在表面任意分界线的两侧，其方向沿液体表面，并且与分界线垂直；其大小与分界线长度 L 成正比，即

$$f=\alpha L \tag{H-1}$$

式中，α 称为**表面张力系数**(coefficient of surface tension). 在数值上，表面张力系数等于沿液体表面垂直作用于单位长度上的张力，单位是牛顿/米(N/m)，在量值上等于沿液体表面作用在分界线单位长度上的表面张力. α 的量值视液体的性质而定，可用各种实验方法测定出来.

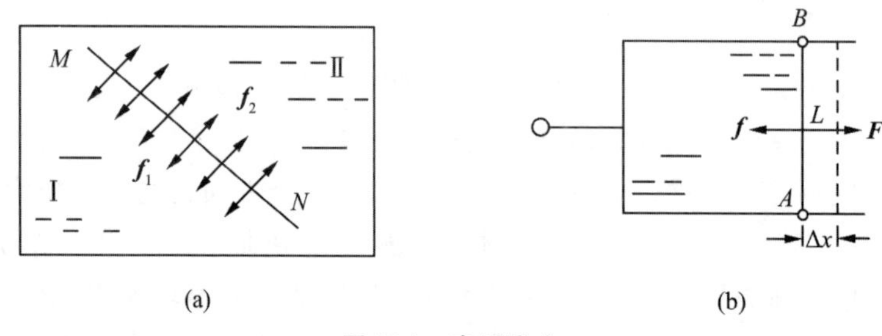

图 H-1 表面张力

图 H-1(b)中有一长方形金属框,AB 边可在框上自由滑动,在框上浸上一层液膜,由于液膜收缩,AB 边将向左滑动. 若在 AB 边上加上向右的力 $\boldsymbol{F}$,可使 AB 边保持平衡,可以得出

$$F=2\alpha L \tag{H-2}$$

式中,L 为 AB 边长,液体表面张力系数 α 前乘以系数 2 是由于液膜具有上下两个表面的缘故. 测出 L 和 F 之值,即可测得 α 的数值.

液体的表面张力系数随液体的性质不同而不同,通常密度小的、容易蒸发的液体表面张力系数较小. 液体的表面张力系数还与温度有关,对同一种液体,表面张力系数随温度的升高而减小. 另外,表面张力系数还与液体的纯净程度相关,在液体中加入杂质,能明显地改变液体的表面张力系数.

(2) 表面能.

液体表面因存在表面张力而具有收缩的趋势,因此要加大液体表面,就须做功. 现在计算在图 H-1(b)中使液体表面积增加时做功的情况. 图中外力 F 使 AB 向右移动 Δx,外力克服表面张力所做的功为

$$A=F\Delta x=2\alpha L\Delta x=\alpha\Delta S$$

式中,$\Delta S=2L\Delta x$ 是液膜表面积的增量,根据做功原理,外力所做的功应等于增加液膜表面积时所增加的分子势能 ΔE_p,分子势能也称为**表面能**(surface energy),即

$$\Delta E_p=A=\alpha\Delta S$$

或

$$\alpha=\frac{\Delta E_p}{\Delta S} \tag{H-3}$$

由此可见,表面张力系数 α 又可定义为:液体表面增加单位面积时外力所做的功或液体表面增加单位面积时表面能的增量. 因此,α 的单位还可用 J/m^2 表示.

二、弯曲液面的附加压强

通常所见,较大面积静止液体的表面是平面. 而液滴、水中的气泡、肥皂泡、人体肺泡内壁覆盖的黏液等,它们的液面都是弯曲的. 由于表面张力的存在,液面内和液面外有一定的压强差,称为附加压强(additional pressure).

如图 H-2 所示,在液体的某一部分,任意取一块小面积元 dS,dS 以外的液面对 dS 有一定的表面张力的作用. 由于表面张力与液面相切,作用在 dS 周界上的所有表面张力,在平面情况下仍为水平,刚好处于相互平衡状态,如图 H-2(a)所示. 在曲面情况下,合成一指向曲面曲率中心的合力. 对凸面的情况,合力指向液体内部,如图 H-2(b)所示. 对凹面的情况,合力指向液体外部,如图 H-2(c)所示. 这就相当于弯曲液面上各处都受到一个额外的压强.

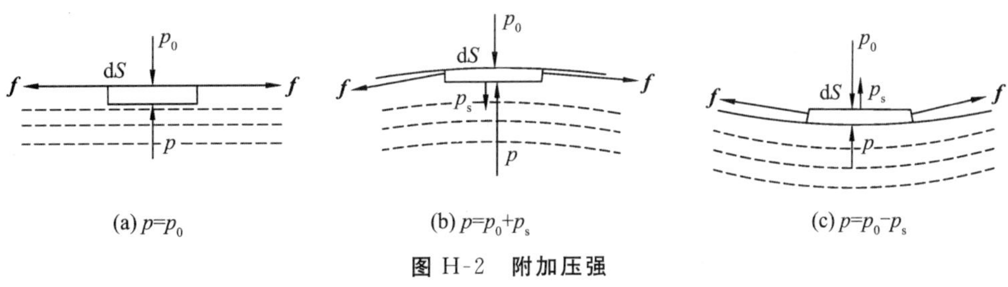

图 H-2 附加压强

这种因液面弯曲由表面张力而产生的指向液面曲率中心的压强，称为**弯曲液面的附加压强**，用 p_s 表示. 在凸面情况下，p_s 指向液体内部，这表示液面内外的压强差为正值，p_s 取正值；在凹面情况下，p_s 则取负值. 该处液体压强值 p 应为 p_s 与液面无弯曲时该处的压强值 p_0 之和，即

$$p = p_0 + p_s \tag{H-4}$$

附加压强 p_s 的方向指向液面的曲率中心，大小与曲面的曲率半径成反比，与表面张力系数成正比.

三、肺泡中的表面活性物质

哺乳动物的呼吸器官主要包括鼻、咽喉、气管及肺等部分. 肺位于胸腔内，左右各一，肺中的支气管经多次反复分支，形成无数细支气管，它们的末端膨大成囊，囊的四周有许多突出的小囊泡，即为肺泡，如图 H-3(a)所示. 肺泡是肺部气体交换的主要部位，也是肺的功能单位，肺泡的大小、形状不一，且有些肺泡相互连通，其平均直径约为 0.2 mm(约两张纸的厚度). 成年人约有 3 亿个肺泡，肺泡总面积约为 80 m^2. 肺泡壁的张力由肺泡内壁上一层含有表面活性物质的液体的表面张力和壁组织的弹性共同引起，而前者更为重要.

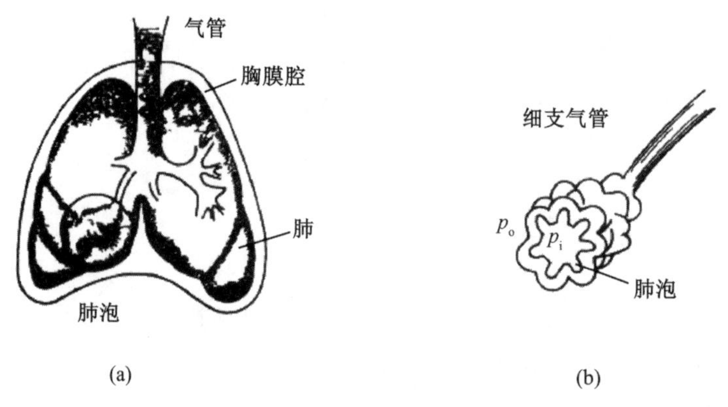

图 H-3 肺泡

肺泡表面活性物质(pulmonary surfactant)是一种主要由肺泡Ⅱ型上皮细胞合成和分泌的含脂质与蛋白质的混合物，主要成分为二棕榈酰卵磷脂(DPPC). DPPC 分子的一端是非极性的脂肪酸，另一端为极性端，因此，DPPC 分子能垂直排列于肺泡内液-气平面，极性端插入液体层，非极性端朝向肺泡腔，以单分子的形式分布于肺泡内液-气界面上，其密度可随肺泡的张缩而改变.

肺表面活性物质的主要作用是降低肺泡表面张力，减小肺泡回缩力，它可以使肺泡表面张力系数下降到 $5\times10^{-3}\sim30\times10^{-3}$ N/m，显著低于血浆的表面张力. 其作用主要表现在以下几个方面：

(1) 降低吸气阻力，减少吸气做功.

(2) 维持肺泡稳定性. 因为肺表面活性物质在肺泡内液-气界面的密度可随肺泡半径的变小而增大，随肺泡半径的增大而减小，所以可防止肺泡的过度膨胀及萎缩. 这使得不同大小的肺泡得以稳定.

(3) 防止肺水肿. 由于肺泡表面张力的合力指向肺泡腔内，根据组织液生成原理，肺泡表面张力对肺毛细血管血浆和肺组织间液可产生“抽吸”作用，使肺组织液生成增加，因而可能导致肺水肿.肺表面活性物质可降低肺泡表面张力，减小肺泡回缩力，减弱对肺毛细血管血浆及肺组织间液的“抽吸”作用，从而防止肺水肿的发生.

肺泡可近似地看作有微小出入口的、由液体包围的球形小气泡.设肺泡内的压强为 p_i，肺泡外即胸膜腔的压强为 p_o，肺泡内外压强差为 p_s，如图 H-3(b)所示，肺泡的半径为 R，肺泡内壁上液体的表面张力系数为 α. p_i、p_o 和 p_s 之间满足：

$$p_s = p_i - p_o = \frac{2\alpha}{R} \tag{H-5}$$

或

$$p_s R = (p_i - p_o)R = 2\alpha \tag{H-6}$$

由上式可见，对此由液体所包围的气泡，其内外压强差与半径的乘积必须等于表面张力系数的 2 倍，气泡才能处于平衡，否则将胀破或萎缩.

吸气时横膈下降，胸廓扩大而使肺泡外及胸膜腔压强 p_o 下降，而肺泡内压强 p_i 降低程度比 p_o 小(图 H-4)，所以肺泡内外压强差 p_s 将增大，同时随着吸气过程的进行，空气进入肺泡，肺泡半径 R 增大，如果此时表面张力系数 α 不变，则上式平衡条件将不能满足.但由于吸气时肺泡表面积增大，表面活性物质分子层较为稀疏，浓度减小，从而增加了表面张力系数 α，可使上式平衡条件得以满足，肺泡不致胀破.

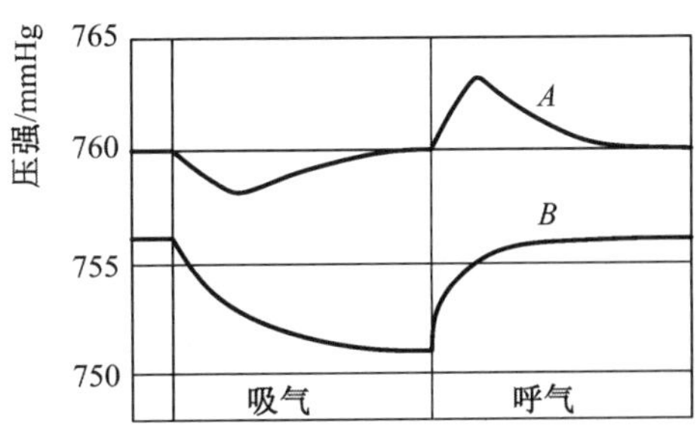

注：A为肺内压p_i；B为胸内压p_o.

图 H-4　呼吸时肺内压和胸内压的变化

呼气时，横膈上升，胸廓缩小而使肺泡外及胸膜腔压强 p_o 上升，而肺泡内压强 p_i 升高程度比 p_o 小(图 H-4)，因此肺泡内外压强差 p_s 将减小，同时随着呼气过程的进行，空气被排出肺泡，肺泡半径 R 减小，如果此时表面张力系数 α 不变，则上式平衡条件将不能满足.但由于吸气时肺泡表面积减小，表面活性物质分子层较为密集，浓度增加，从而降低了表面张力系数 α，可使上式平衡条件得以满足，肺泡不致萎缩.

H.2　液体与固体交界处的表面现象

一、浸润和表面接触角

从前文已知，在洁净的玻璃板上放一滴水，它会附着在玻璃板上形成薄层，这种液体附着在固体表面上的现象叫作**浸润现象**或**润湿现象**(soakage)；相反，在洁净的玻璃板上放一滴小水银，它会收缩成球形而不附着在玻璃板上，这种液体不附着在固体表面的现象称为**不浸润现象**或**不润湿现象**(non-soakage)，如图 H-5 所示.这种浸润或不浸润的现象称为液体与固体交界处的表面活性现象.同一种液体，可以浸润一种固体表面而不浸润另一种固体表面，如水能浸润洁净的玻璃板，却不能浸润石蜡、雨披；水银不能浸润洁净的玻璃板，但能浸润干净的锌板.

通常用表面接触角 θ 来描述浸润和不浸润现象.在液体与固体的接触处，液体表面的切线和固体表面的切线通过液体内部所形成的角度 θ 称为**表面接触角**(contact angle). θ 为锐角时($\theta < 90°$)液体浸润固体，$\theta = 0°$时为完全浸润；θ 为钝角时($\theta > 90°$)液体不浸润固体，$\theta =$

180°时为完全不浸润.

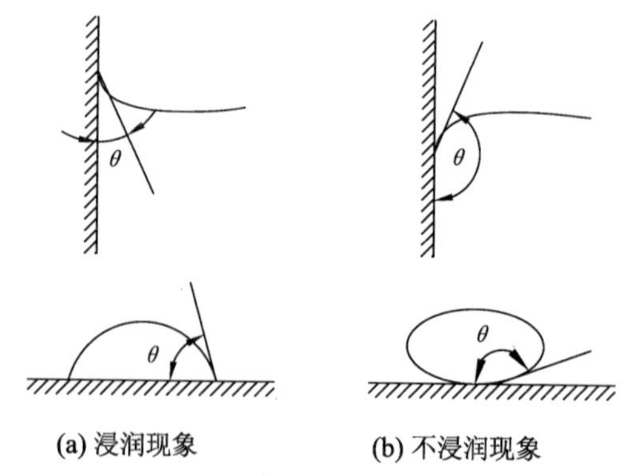

(a) 浸润现象 (b) 不浸润现象

图 H-5 浸润现象和不浸润现象

上述现象是由于液体与固体分子间相互作用引起的. 当液体分子间的相互作用力(内聚力)小于液体与固体分子间的相互作用力(附着力)时，合力指向固体内部，表现为液体浸润固体；当内聚力大于附着力时，合力指向液体内部，表现为液体不浸润固体. 当液体和固体表面接触时，固体与液体分子之间有相互作用力并且有一定的分子作用距离. 假设附着力的有效作用距离为 l，内聚力的有效作用距离为 r，则在液体与固体接触处有一层液体，其厚度为 l 和 r 中的大者，称为附着层. 只有附着层内的液体分子才受到接触面的影响.

二、毛细现象

我们通常把内径很小(通常小于或等于 1 mm)的管子叫作毛细管(capillary tube). 将毛细管插入浸润的液体中，管内的液面上升，高于管外；毛细管插入不浸润液体中，管内液体下降，低于管外. 我们将这种现象称为**毛细现象**(capillarity). 在自然界和日常生活中有许多毛细现象的例子，如植物根茎内的导管就是植物体内的极细的毛细管，它能将土壤中的水分吸收入植物体内；棉布吸水、毛巾吸汗、血液在血管内流动都与毛细现象有关.

下面讨论毛细管中液面上升(浸润)的情况. 如图 H-6(a)所示，毛细管刚插入液体中时，液面处于管中虚线所示位置. 由于液体湿润管壁，接触角为锐角，管中液面为凹面，设 A 点为凹面下方一点. 凹面所引起的附加压强使 A 点的压强 p_A 小于大气压强 p_0，而管外与 A 点同高的 B 点的压强 p_B 与 p_0 相等. 根据流体静力学原理，同高的两点压强相等，因此，此时液体是不平衡的，管内的液面升高，使得 A 点的压强增大到大气压强大小，液体才能平衡. 设液面上升到 C 点，上升高度为 h，可得

$$p_A = p_C + \rho g h$$

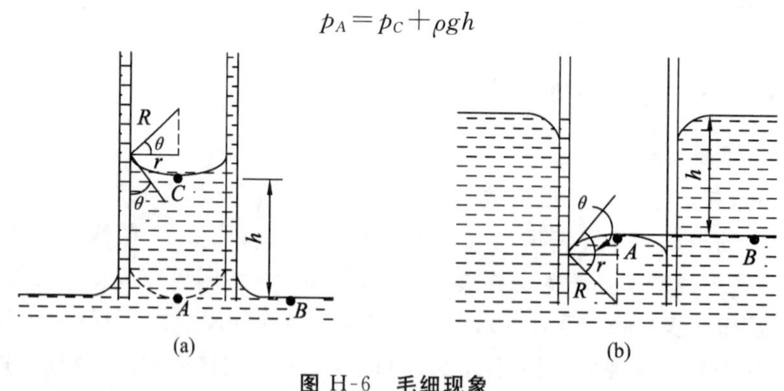

图 H-6 毛细现象

对于毛细管，液面可看成球面的一部分，设该球面的半径为 R，它所引起的附加压强差为 $\frac{2\alpha}{R}$，即

$$p_C = p_0 - \frac{2\alpha}{R}$$

又 $p_A=p_B$，且均等于 p_0，有

$$p_0=p_0-\frac{2\alpha}{R}+\rho g h$$

可得

$$h=\frac{2\alpha}{\rho g R} \tag{H-7}$$

设毛细管半径为 r，液面与器壁接触角为 θ，如图 H-6 所示，$R=\frac{r}{\cos\theta}$，则 h 又可表示为

$$h=\frac{2\alpha\cos\theta}{\rho g r} \tag{H-8}$$

从上式可以得出，毛细管中液面上升的高度与液体的表面张力系数成正比，与毛细管的内径成反比，管径越小，液面上升越高. 对于不浸润管壁的液体，在毛细管内的液面将是凸球面，附加压强为正，液面内的压强高于液面外的压强. 管内的液面要下降一段距离 h，直到等高的两点 A 与 B 压强相等为止.

三、气体栓塞

栓塞是指在循环血液中出现不溶于血液的异常物质，随血流运行阻塞血管腔的现象. 栓子常为脱落的血栓碎片或节段、脂肪滴、空气、羊水及肿瘤细胞团等. 在浸润的情况下，血液在血管中流动，如果血管中出现气泡，血液的流动就要受到阻碍，气泡较多时易致阻塞，这种现象称为**气体栓塞**(aero-embolism). 在行头胸部手术、创伤损伤静脉或分娩、流产时，容易引起大量空气（>100 mL）进入血液循环，由于心脏搏动，空气与血液可在右心房和右心室中混合形成泡沫状血液，形成气体栓塞，可致猝死.

气体栓塞的形成是由于液体与气体之间的曲面所产生的附加压强造成的，在图 H-7(a)中，细管中有一气泡，在左右两端压强相等时，气泡两端的曲率半径相等，两端的附加压强大小相等、方向相反，即 $p_{左}=p_{右}$，液体不流动.

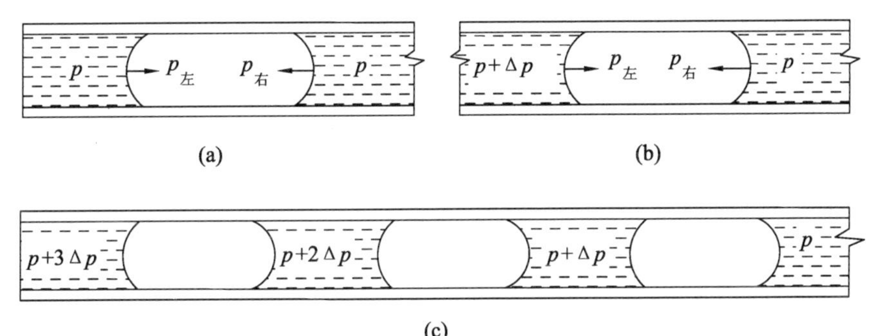

图 H-7　气体栓塞

为了使液体流动，我们增加左边液体的压强，设增量为 Δp，此时气泡的形状会进行调节，使左边液面的曲率半径变大，而右边液面的曲率半径变小，如图 H-7(b)所示，这样左边液面产生的附加压强 $p_{左}$ 会小于右边液面产生的附加压强 $p_{右}$，且其差值可刚好等于 Δp，则气泡两端依旧压强相等，液体依旧不流动，只有当液体两端的压强差 Δp 超过一定的临界值 δ 时，液体才能带着气泡流动. 该临界值 δ 与液体和管壁的性质及毛细管的半径有关. 当细管中有 n 个气泡时，只有当 $\Delta p>n\delta$ 时，液体才能带着气泡流动.

临床输液时，要经常注意防止输液管路中出现气体栓塞现象，一旦出现要及时排除.静脉注射时，应特别注意不能在注射器中留有气泡，以免在微血管中发生栓塞.此外，潜水员从深水处上来，或患者和工作人员从高压氧舱中出来时，都应有适当的缓冲时间，否则在高压时溶于血液中的过量气体，在正常压强下会迅速释放出来，易导致气体栓塞.

习 题

8-1 关于温度的意义，有下列几种说法：

(1) 气体的温度是分子平均平动动能的量度.

(2) 气体的温度是大量气体分子热运动的集体表现，具有统计意义.

(3) 温度的高低反映物质内部分子运动剧烈程度的不同.

(4) 从微观上看，气体的温度表示每个气体分子的冷热程度.

其中正确的是 [ ]

(A) (1)、(2)、(4)　(B) (1)、(2)、(3)　(C) (2)、(3)、(4)　(D) (1)、(3)、(4)

8-2 对一定质量的气体来说，当温度不变时，气体的压强随体积减小而增大；当体积不变时，压强随温度升高而增大.从宏观来看，这两种变化同样使压强增大，从微观分子运动看，它们的区别在哪里？

8-3 当盛有理想气体的密封容器相对某惯性系运动时，有人说：容器内分子的热运动速度相对于该参考系增大，因此气体的温度将升高.这种说法对不对？

8-4 盛有理想气体的密封容器相对某惯性系运动时，假如该容器突然停止运动，则 [ ]

(A) 容器内气体的压强增大、温度升高

(B) 容器内气体的压强、温度均无变化

8-5 一瓶氦气和一瓶氮气密度相同，分子平均平动动能相同，且都处于平衡态，则它们 [ ]

(A) 温度相同、压强相同　(B) 温度、压强都不相同

(C) 温度相同，但氦气的压强比氮气的大　(D) 温度相同，但氦气的压强比氮气的小

8-6 速率分布函数 $f(v)$ 的物理意义为

(A) 具有速率 v 的分子占总分子数的百分比

(B) 速率分布在 v 附近的单位速率间隔中的分子数占总分子数的百分比

(C) 具有速率 v 的分子数

(D) 速率分布在 v 附近的单位速率间隔中的分子数

8-7 若 $f(v)$ 表示分子速率的分布函数，有下列四种叙述：

(1) $f(v)\mathrm{d}v$ 表示在 $v \sim v+\mathrm{d}v$ 区间内的分子数.

(2) $\int_{v_1}^{v_2} f(v)\mathrm{d}v$ 表示在 $v_1 \sim v_2$ 速率区间内的分子数.

(3) $\int_0^{\infty} vf(v)\mathrm{d}v$ 表示在整个速率范围内分子速率的总和.

(4) $\int_{v_0}^{\infty} vf(v)\mathrm{d}v$ 表示在 $v_0 \sim \infty$ 速率区间内分子的平均速率.

则 [ ]

(A) 正确的是(1) (B) 正确的是(2)

(C) 正确的是(3) (D) 正确的是(4)

(E) 都不正确

8-8 如图所示的两条曲线分别表示在相同温度下氧气和氢气分子的速率分布曲线；令$(v_p)_{O_2}$和$(v_p)_{H_2}$分别表示氧气和氢气的最可几速率，则 [ ]

(A) 图中 a 表示氧气分子的速率分布曲线；$(v_p)_{O_2}/(v_p)_{H_2}=4$

(B) 图中 a 表示氧气分子的速率分布曲线；$(v_p)_{O_2}/(v_p)_{H_2}=1/4$

(C) 图中 b 表示氧气分子的速率分布曲线；$(v_p)_{O_2}/(v_p)_{H_2}=1/4$

(D) 图中 b 表示氧气分子的速率分布曲线；$(v_p)_{O_2}/(v_p)_{H_2}=4$

8-9 各自处于平衡态的两种理想气体，温度相同，分子质量分别为 m_1、m_2. 已知两种气体分子的速率分布曲线如图所示，则 m_1 和 m_2 的大小关系是 [ ]

(A) $m_1>m_2$ (B) $m_1<m_2$

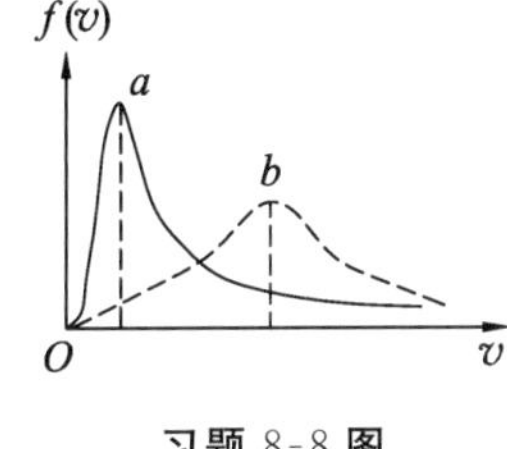

习题 8-8 图

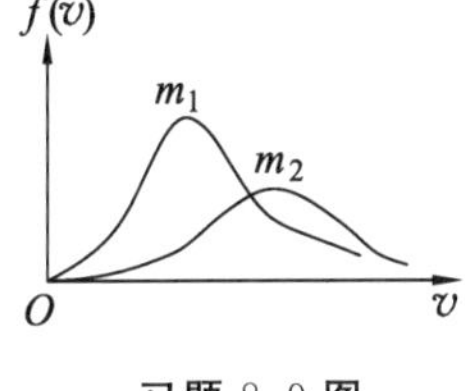

习题 8-9 图

8-10 设声波通过理想气体的速率正比于气体分子的热运动平均速率，则声波通过具有相同温度的氧气和氢气的速率之比为 [ ]

(A) 1 (B) 1/2 (C) 1/3 (D) 1/4

8-11 气缸内盛有一定量的氢气(可视作理想气体)，当温度不变而压强增大一倍时，氢气分子的平均碰撞频率$\bar{Z}$和平均自由程$\bar{\lambda}$的变化情况是 [ ]

(A) $\bar{Z}$和$\bar{\lambda}$都增大一倍 (B) $\bar{Z}$和$\bar{\lambda}$都减为原来的一半

(C) $\bar{Z}$增大一倍，而$\bar{\lambda}$减为原来的一半 (D) $\bar{Z}$减为原来的一半，而$\bar{\lambda}$增大一倍

8-12 在什么条件下，气体分子热运动的平均自由程$\bar{\lambda}$与温度 T 成正比？在什么条件下，$\bar{\lambda}$与 T 无关(设气体分子的有效直径一定)？

8-13 两个容器容积相等，分别储有相同质量的 N_2 和 O_2 气体，将两个容器用光滑水平的细管相连通，管子中置一水银滴以隔开 N_2 和 O_2. 设两容器内气体的温度差为 30 K，则当水银滴于细管正中不动时，求 N_2 和 O_2 的温度(N_2 和 O_2 分子的分子量分别为 28 和 32).

8-14 一氧气瓶的容积是 32 L，其中氧气的压强是 130 atm. 规定瓶内氧气压强降到 10 atm 时就得充气，以免混入其他气体而要洗瓶. 今有一玻璃室，每天要用 1 atm 的氧气 400 L，问一瓶氧气能用几天？

8-15 有一个体积为 1×10^{-5} m^3 的空气泡由水面下 50 m 深的湖底处(温度为 4 ℃)升到湖面上来. 若湖面的温度为 17 ℃，求气泡到达湖面时的体积(取大气压强 $p_0=1.013\times10^5$ Pa).

8-16 一容积为 12.6×10^{-4} m^3 的真空系统已被抽到真空度为 1×10^{-5} mmHg 的真

空，为提高其真空度，通过给真空室内烘烤灯丝通以电流的方式给真空室加热，使器壁释放出所吸附的气体. 若加热至 500 K 时，真空室压强增为 1×10^{-2} mmHg，试求器壁释放出的分子数.

8-17　一容器内储有氧气，其压强 $p=1$ atm，温度 $t=27$ ℃，求：

(1) 单位体积内的分子数.

(2) 氧气的质量密度.

(3) 氧分子的质量.

(4) 分子间的平均距离.

(5) 分子的平均平动动能.

8-18　三个容器 A、B、C 中装有同种理想气体，其分子数密度 n 相同，方均根速率之比 $\sqrt{\overline{v_A^2}}:\sqrt{\overline{v_B^2}}:\sqrt{\overline{v_C^2}}=1:2:4$，求其压强之比 $p_A:p_B:p_C$.

8-19　在容积为 2×10^{-3} m³ 的容器中，有内能为 6.75×10^2 J 的某刚性双原子分子理想气体.

(1) 求气体的压强.

(2) 设分子总数为 5.4×10^{22} 个，求分子的平均平动动能及气体的温度.

8-20　容积为 1 m³ 的容器储有 1 mol 氧气，以 $v=10$ m/s 的速率运动，设容器突然停止，其中氧气的 80% 的机械运动动能转化为气体分子热运动动能. 则气体的温度及压强各升高了多少？

8-21　一封闭房间的体积为 45 m³，室温为 20 ℃.

(1) 室内空气分子(视为刚性双原子分子)的平均平动动能的总和是多少？

(2) 如果空气的温度升高 1 K，而体积不变，则气体的内能变化多少？气体分子的方均根速率增加多少 (已知空气密度 $\rho=1.29$ kg/m³，摩尔质量 $M_{mol}=29\times10^{-3}$ kg/mol)？

8-22　右图给出了某量 x 的分布图线，且满足归一化条件. 求：

(1) A 的值.

(2) x 和 x^2 的平均值.

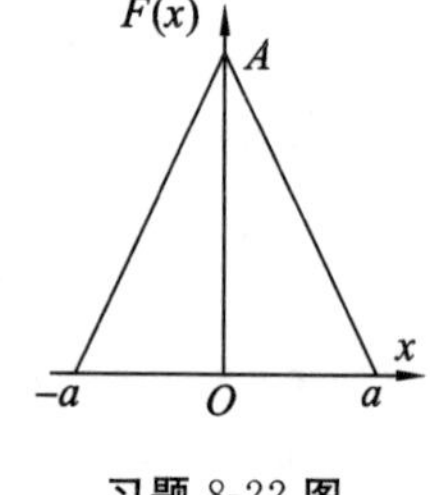

习题 8-22 图

8-23　设 N 个粒子满足的速率分布函数为 $\frac{dN}{N}=\frac{4\pi A}{N}v^2dv(0\leqslant v\leqslant v_f)$，而 $\frac{dN}{N}=0(v>v_f)$，其中 v_f 为粒子的最大速率.

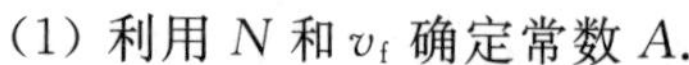

(1) 利用 N 和 v_f 确定常数 A.

(2) 求 $\frac{1}{3}v_f\sim\frac{1}{2}v_f$ 速率区间的粒子数.

8-24　有 N 个质量均为 m 的同种气体分子，它们的速率分布如图所示.

(1) 说明曲线与横坐标所包围的面积的含义.

(2) 由 N 和 v_0 求 a 的值.

(3) 求速率在 $\frac{v_0}{2}\sim\frac{3v_0}{2}$ 区间内的分子数.

(4) 求分子的平均平动动能.

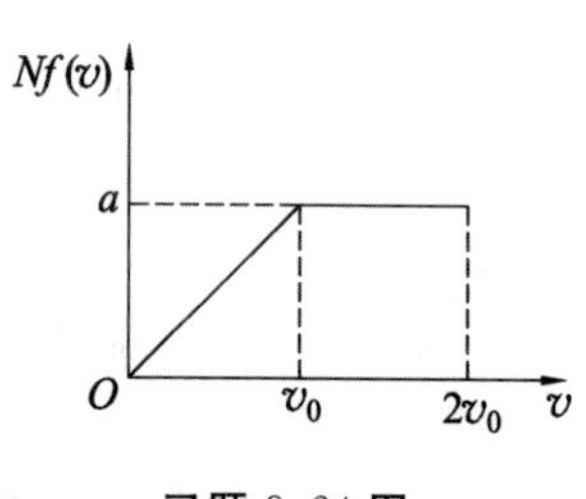

习题 8-24 图

8-25 设某理想气体分子的最可几速率 $v_P=367\ \text{m/s}$,气体的密度 $\rho=1.3\ \text{kg/m}^3$.求:

(1) 该气体分子的平均速率 $\bar{v}$ 和方均根速率 $\sqrt{\overline{v^2}}$.

(2) 该气体的压强.

8-26 在容积为 V 的容器内,同时盛有质量为 M_1 和质量为 M_2 的两种单原子分子理想气体,已知此混合气体处于平衡状态时它们的内能相等,且均为 U.求:

(1) 混合气体的压强 p.

(2) 两种分子的平均速率之比 $\dfrac{\overline{v_1}}{\overline{v_2}}$.

8-27 由范德瓦尔斯方程 $\left(p+\dfrac{a}{V^2}\right)(V-b)=RT$,证明气体在临界状态下的温度 T_c、压强 p_c 和体积 V_c 分别为 $T_c=\dfrac{8a}{27bR}$,$p_c=\dfrac{a}{27b^2}$,$V_c=3b$(提示:由范德瓦尔斯方程写出 V 的三次方程,将临界温度 T_c、压强 p_c 代入,可得 V 的三重根解).

8-28 在一个体积不变的容器中,储有一定量的某种理想气体,温度为 T_0 时,气体分子的平均速率为 $\overline{v_0}$,分子平均碰撞次数为 $\overline{Z_0}$,平均自由程为 $\overline{\lambda_0}$,当气体温度升高为 $4T_0$ 时,求气体分子相应的平均速率 $\bar{v}$、平均碰撞频率 $\bar{Z}$ 和平均自由程 $\bar{\lambda}$.

8-29 目前实验室获得的极限真空度约为 1.33×10^{-11} Pa,这与距地球表面 1×10^4 km 处的压强大致相等.而电视机显像管的真空度为 1.33×10^{-3} Pa.试求 27 ℃时这两种不同压强下单位体积中的分子数及分子的平均自由程(设气体分子的有效直径 $d=3\times10^{-8}$ cm).

8-30 容器内盛有一定量的理想气体,其分子平均自由程 $\overline{\lambda_0}=2\times10^{-7}$ m.

(1) 若分子热运动的平均速率 $\bar{v}=1\ 600$ m/s,求分子平均碰撞频率 $\overline{Z_0}$.

(2) 保持温度不变而使压强增大一倍,求此时分子的平均自由程 $\bar{\lambda}$ 和平均碰撞频率 $\bar{Z}$.

第9章

热力学基础

9.1 热力学第一定律

9.1.1 内能 功和热

一、内能

根据分子动理论,一个系统的内能是指它所包含的所有分子的热运动动能(包括平动、转动和振动)和分子间相互作用的势能的总和.对于理想气体,由于忽略了分子间的相互作用,所以其内能就是它所有分子的动能的总和,即

$$U=N\frac{i}{2}kT=\frac{i}{2}\nu RT \tag{9-1}$$

式中,ν 为气体的摩尔数,k 为玻尔兹曼常量,R 为摩尔气体常量,i 为分子的自由度.

由式(9-1)可知,理想气体的内能是温度 T 的单值函数,内能的改变量只决定于初、末态,而与其所经历的过程无关.

二、功和热

力学中,我们把功定义为力与位移两个矢量的标积,而外力对物体做功的结果会使物体的状态变化.在热力学中,讨论准静态过程时,功的大小常利用系统的状态参量来计算.以气体准静态膨胀对外做功为例,图 9-1 为一充满气体的汽缸,缸内压强为 p,活塞面积为 S,则气体作用在活塞上的压力为 pS,当气体推动活塞向外无摩擦地缓慢移动一段微小位移 $\mathrm{d}l$ 时,气体对外界所做的功为

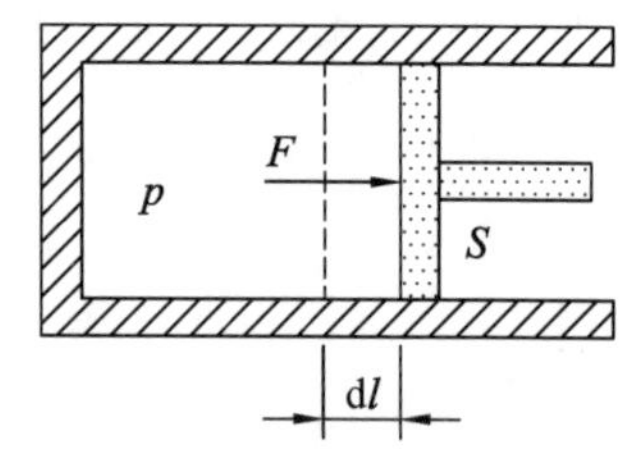

图 9-1 气体膨胀时所做的功

$$\mathrm{d}W=pS\mathrm{d}l=p\mathrm{d}V \tag{9-2}$$

若准静态过程中,气体体积从 V_1 变化到 V_2,则系统对外界做的总功为

$$W=\int_{V_1}^{V_2}p\mathrm{d}V \tag{9-3}$$

由积分的意义可知,用式(9-3)求出的功的大小等于 p-V 图上过程曲线下的面积,如图 9-2 所示.比较(a)、(b)两图可以看出,从相同初态 1 经历不同过程到相同终态 2,系统做的功不一样.功的数值与初、末态及系统所经历的过程有关,功是过程量.

做功是热力学系统与外界交换能量的一种方式.热力学系统与外界交换能量的另一种方式是热传递,它是由于系统与外界的温度不同而引起的能量的传递,是通过分子的无规则运动来完成的.热传递过程中所传递的能量多少叫作热量,通常以 Q 表示.

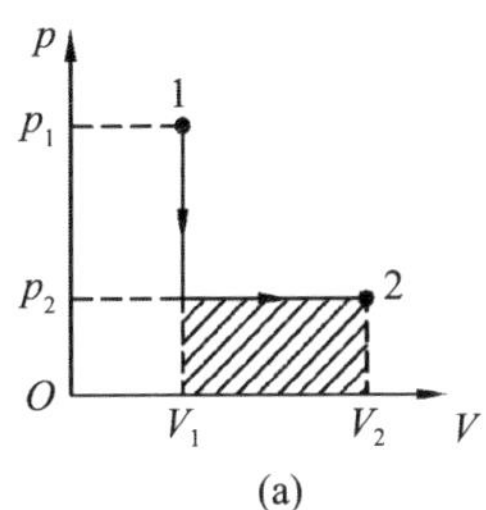

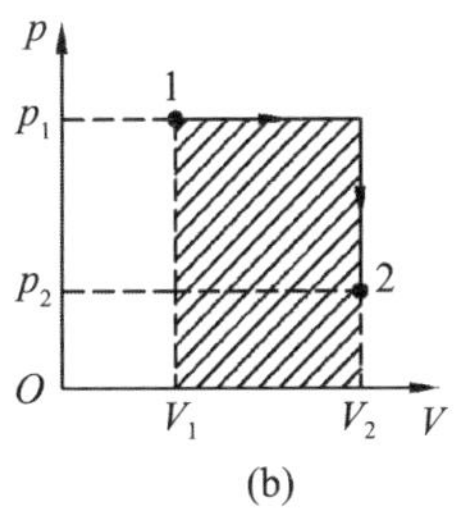

图 9-2　气体膨胀做功的图示

过去习惯上用J作为功的单位，用cal作为热量的单位(1 cal=4.186 J，此换算称为热功当量)，现在，在SI中，热量和功都用J作单位.

9.1.2　热力学第一定律

做功和热传递是系统能量改变的两种方式，它们都可以改变系统的状态，从而改变系统的内能. 一般情况下，当系统状态变化时，做功和热传递往往是同时存在的. 设某一过程中，系统从外界吸收了热量 Q，同时对外做功 W，系统内能从 U_1 的初态改变到 U_2 的终态. 由于能量的传递和转换服从守恒定律，因此

$$Q=U_2-U_1+W \tag{9-4}$$

上式就是热力学第一定律，它表明了系统从外界吸收的热量一部分使系统的内能增加，一部分用于系统对外做功.

在讨论热力学第一定律时，应注意如下问题：

(1) 热力学第一定律适用于任何系统(固体、液体、气体)的任何过程(不管是否准静态).

(2) 由式(9-4)可知，W 是过程量，而 ΔU 与过程无关，因此，Q 也必然是过程量.

(3) 对于一个无限小的变化过程，式(9-4)可写成

$$\mathrm{d}Q=\mathrm{d}U+\mathrm{d}W \tag{9-5}$$

上式称为热力学第一定律的微分形式. 但必须注意，式中，$\mathrm{d}W$、$\mathrm{d}Q$ 不是状态函数的全微分.

(4) 对于式中各量，我们规定：系统从外界吸热时，Q 为正，反之为负；系统对外界做功时，W 为正，反之为负；系统内能增加时，ΔU 为正，反之为负.

热力学第一定律实质上是包括热量在内的能量转换和守恒定律. 它指出了要使系统对外做功，必须从外界吸收热量或消耗内能，因此不需要任何动力或燃料，工作物质的内能也不改变，却能不断对外做功的永动机(第一类永动机)是不可能实现的.

例题 9-1　一定量理想气体经历一准静态的膨胀过程，体积从 1 m^3 增大到 2 m^3. 在此过程中 $p=\alpha V^2$，已知 $\alpha=5.05\times10^5$ $\mathrm{Pa/m^6}$，求此膨胀过程中气体所做的功.

解：由式(9-3)可得

$$W=\int_1^2 p\mathrm{d}V=\int_1^2 \alpha V^2\mathrm{d}V=1.18\times10^6\ \mathrm{J}$$

9.1.3　理想气体的热容

很多情况下，系统和外界之间的热传递会引起系统本身温度的变化. 这一温度的变化和热传递的关系可用热容表示. 假设一系统温度升高 $\mathrm{d}T$ 时，它所吸收的热量为 $\mathrm{d}Q$，则系统的

热容定义为

$$C=\frac{dQ}{dT} \tag{9-6}$$

如果考虑 1 mol 的系统，则它的热容称为摩尔热容，用 C_m 表示，单位是 J/(mol·K).

由于系统吸收的热量与具体过程有关，因此对于同一系统，相应于不同过程，热容有不同的数值. 最常用的是等容摩尔热容 $C_{V,m}$ 和等压摩尔热容 $C_{p,m}$.

下面讨论理想气体的摩尔热容. 设 1 mol 理想气体经历一微小准静态过程，根据热力学第一定律，气体在这一过程中吸收的热量为

$$dQ=dU+dW=dU+p dV \tag{9-7}$$

如果过程中体积不变，即 $dV=0$，由式(9-6)和式(9-7)可得

$$C_{V,m}=\frac{dQ}{dT}=\frac{dU}{dT} \tag{9-8}$$

又由于 $dU=\frac{i}{2}R dT$，因此理想气体等容摩尔热容为

$$C_{V,m}=\frac{i}{2}R \tag{9-9}$$

如果过程中气体压强保持不变，则由式(9-6)和式(9-7)可得

$$C_{p,m}=\frac{dQ}{dT}=\frac{dU}{dT}+\frac{p dV}{dT} \tag{9-10}$$

利用 1 mol 理想气体状态方程 $pV=RT$，可得 $p dV=R dT$，代入上式，并利用式(9-9)，可得理想气体等压摩尔热容为

$$C_{p,m}=C_{V,m}+R=\frac{i+2}{2}R \tag{9-11}$$

式(9-11)称为**迈耶公式**，它指出 1 mol 理想气体温度升高 1 K 时，在等压过程中要多吸收 8.31 J 的热量，用来转化为对外所做的功.

在实际应用中，常常用到 $C_{p,m}$ 与 $C_{V,m}$ 的比值，这一比值用 γ 表示，叫作**比热容比**，即

$$\gamma=\frac{C_{p,m}}{C_{V,m}}=\frac{i+2}{i} \tag{9-12}$$

上述经典统计理论分析结果指出了理想气体的热容只与气体分子的自由度有关，而与气体温度无关.

表 9-1 列举了一些气体的 $C_{p,m}$、$C_{V,m}$ 及 γ 的理论值和实验值. 从表中可以看出，对单原子分子气体及双原子分子气体来说，实验值和理论值符合得相当好；而对多原子分子气体，理论值与实验值显然不符，这说明 $C_{p,m}$、$C_{V,m}$ 和 γ 的值实际应与气体性质有关.

表 9-1　气体的 $C_{V,m}/R$、$C_{p,m}/R$ 与 γ 的测量值(温度为 300 K)

		$C_{V,m}/R$	$C_{p,m}/R$	γ
单原子分子气体	He	1.50	2.50	1.67
	Ar	1.50	2.50	1.67
	Ne	1.53	2.50	1.67
	Kr	1.48	2.50	1.69

续表

		$C_{V,m}/R$	$C_{p,m}/R$	γ
双原子分子气体	H_2	2.45	3.47	1.41
	N_2	2.50	3.50	1.40
	O_2	2.54	3.54	1.41
	CO	2.53	3.53	1.40
	Cl_2	3.09	4.18	1.35
多原子分子气体	CO_2	3.43	4.45	1.30
	SO_2	3.78	4.86	1.29
	H_2O	3.25	4.26	1.31
	CH_4	3.26	4.27	1.31

不仅如此，实验还指出，$C_{p,m}$、$C_{V,m}$ 和 γ 值与温度也有关系，图 9-3 所示是氢气的 $C_{p,m}/R$ 与温度的关系. 可见气体的热容随温度变化，这种关系用经典理论是无法解释的，只有利用量子理论才能对气体热容做出较好的解释.

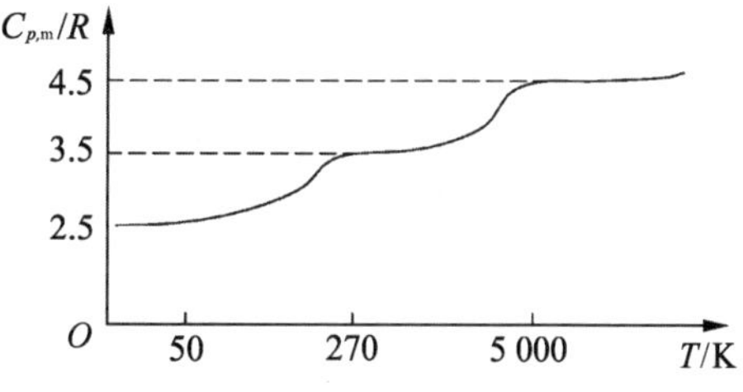

图 9-3　氢气的 $C_{p,m}/R$ 与温度的关系

9.1.4　热力学第一定律的应用

本节利用热力学第一定律对理想气体的几种平衡过程进行讨论.

一、等容过程

在体积不变的条件下发生的过程称为等容过程(图 9-4). 设在等容过程中，气体从状态 1(p_1, V, T_1)变到状态 2(p_2, V, T_2)，由于这个过程中体积不变，气体对外做功 $W=0$. 因此由热力学第一定律，有

$$Q=\Delta U=\nu C_{V,m}(T_2-T_1) \tag{9-13}$$

即在等容过程中，系统对外界吸收的热量全部用来增加系统的内能.

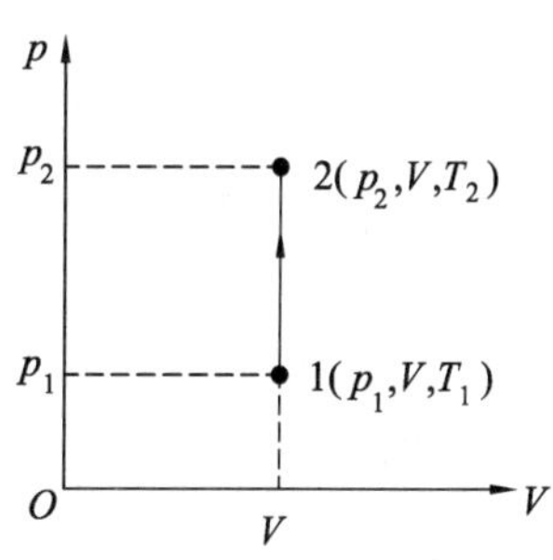

图 9-4　等容过程的 p-V 图

二、等压过程

在压强不变的条件下发生的过程称为等压过程(图 9-5). 设等压过程中，气体从状态 1(p, V_1, T_1)变到状态 2(p, V_2, T_2)，则在此过程中系统所做的功为

$$W=\int_{V_1}^{V_2} p\mathrm{d}V=p(V_2-V_1) \tag{9-14}$$

根据理想气体状态方程 $pV=\nu RT$，如果气体体积从 V 增加到 $V+\mathrm{d}V$，温度从 T 增加到 $T+\mathrm{d}T$，则气体所做的功为

$$\mathrm{d}W=p\mathrm{d}V=\nu R\mathrm{d}T \tag{9-15}$$

因此，式(9-14)可写成

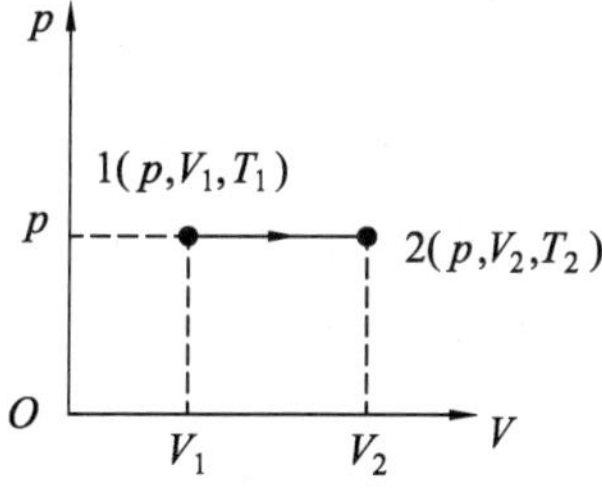

图 9-5　等压过程的 p-V 图

$$W=\int_{T_1}^{T_2}\nu R\mathrm{d}T=\nu R(T_2-T_1) \tag{9-16}$$

根据热力学第一定律,系统吸收的热量为

$$\begin{aligned}Q&=\Delta U+W\\&=\nu C_{V,\mathrm{m}}(T_2-T_1)+\nu R(T_2-T_1)\\&=\nu C_{p,\mathrm{m}}(T_2-T_1)\end{aligned} \tag{9-17}$$

由式(9-17)可知,对于等压膨胀过程,系统吸收的热量一部分用于增加系统的内能,一部分用于对外做功.

三、等温过程

在温度不变的条件下发生的过程称为等温过程.由理想气体状态方程可知,等温过程中

$$p=\frac{\nu RT}{V}$$

因此,在 p-V 图上,等温线是一条双曲线,如图 9-6 所示.

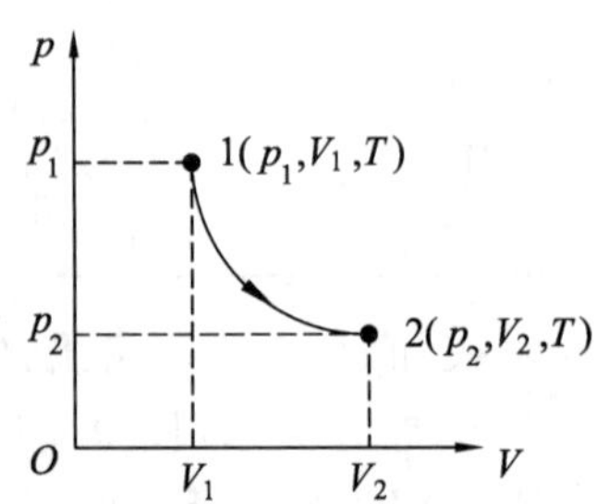

图 9-6 等温过程的 p-V 图

设气体经历等温过程从状态 $1(p_1,V_1,T)$ 变到状态 $2(p_2,V_2,T)$,由于理想气体的内能只取决于温度,所以在此过程中,理想气体的内能保持不变,即

$$\Delta U=0$$

气体所做的功为

$$W=\int_{V_1}^{V_2}p\mathrm{d}V=\int_{V_1}^{V_2}\frac{\nu RT}{V}\mathrm{d}V=\nu RT\ln\frac{V_2}{V_1} \tag{9-18a}$$

又由于等温过程中,$p_1V_1=p_2V_2$,式(9-18a)又可写成

$$W=\nu RT\ln\frac{p_1}{p_2} \tag{9-18b}$$

根据热力学第一定律,系统在等温过程中吸收的热量为

$$Q=W=\nu RT\ln\frac{V_2}{V_1}=\nu RT\ln\frac{p_1}{p_2} \tag{9-19}$$

式(9-19)表明,在等温膨胀过程中,系统从外界吸收的热量全部转化为对外所做的功.

9.1.5 绝热过程

一、绝热过程

系统与外界没有热量交换的过程叫作绝热过程.理想气体的绝热过程在自然界中是不存在的,如果过程进行得很快,在过程中系统来不及和外界进行显著的热量交换,如汽油机汽缸内的气体经历的急速压缩和膨胀过程,就可以近似地被看作绝热过程.

设在绝热过程中,气体从状态 $1(p_1,V_1,T_1)$ 变到状态 $2(p_2,V_2,T_2)$.由于过程中系统与外界无热量交换 $Q=0$,根据热力学第一定律,可得

$$\Delta U=-W=\nu C_{V,\mathrm{m}}(T_2-T_1) \tag{9-20}$$

上式表明,在绝热过程中,外界对系统所做的功等于系统内能的增量.

二、绝热方程

在绝热过程中,理想气体的三个状态量 p、V、T 都在变化.可以证明,绝热过程中,p、V

参量之间有如下关系：

$$pV^{\gamma}=常量 \tag{9-21}$$

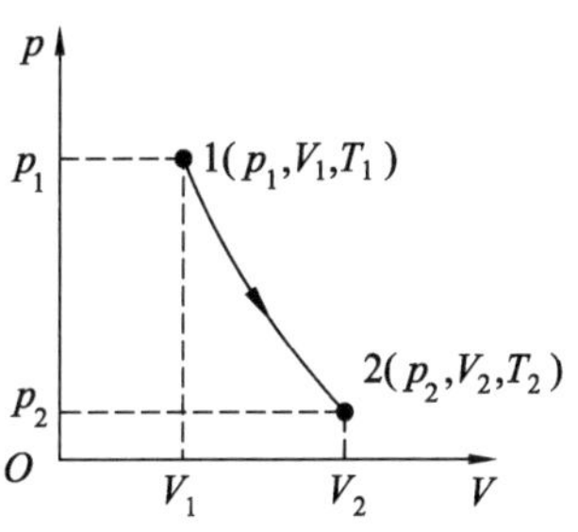

图 9-7 绝热过程的 p-V 图

式(9-21)叫作绝热过程的**泊松方程**. 根据此式，在 p-V 图上画出的关系曲线称为绝热线，如图 9-7 所示.

利用式(9-21)和理想气体状态方程，可得绝热过程中 V 和 T 以及 p 和 T 之间的关系：

$$V^{\gamma-1}T=常量 \tag{9-22}$$

$$p^{\gamma-1}T^{-\gamma}=常量 \tag{9-23}$$

三、泊松方程的推导

根据热力学第一定律及绝热过程的特征($\mathrm{d}Q=0$)，可得

$$p\mathrm{d}V=-\frac{M}{M_{\mathrm{mol}}}C_{V,\mathrm{m}}\mathrm{d}T \tag{1}$$

对于理想气体 $pV=\frac{M}{M_{\mathrm{mol}}}RT$. 在绝热过程中，因 p、V、T 三个状态量都在变化，所以对理想气体状态方程取微分，得

$$p\mathrm{d}V+V\mathrm{d}p=\frac{M}{M_{\mathrm{mol}}}R\mathrm{d}T \tag{2}$$

对比(1)、(2)两式，消去 $\mathrm{d}T$，并利用关系 $C_{p,\mathrm{m}}-C_{V,\mathrm{m}}=R$，可得

$$p\mathrm{d}VC_{p,\mathrm{m}}+V\mathrm{d}pC_{V,\mathrm{m}}=0$$

利用 $\gamma=\frac{C_{p,\mathrm{m}}}{C_{V,\mathrm{m}}}$，可把上式化成

$$\frac{\mathrm{d}p}{p}+\gamma\frac{\mathrm{d}V}{V}=0$$

将上式积分，得

$$pV^{\gamma}=常量$$

应用理想气体状态方程 $pV=\frac{M}{M_{\mathrm{mol}}}RT$ 和上式消去 p 或者 V，就可得到 V 和 T 及 p 与 T 之间的关系.

例题 9-2 一汽缸内储有 3 mol 的氦气，在压强不变的条件下缓慢加热，使温度升高 200 K，求：

(1) 气体膨胀时所做的功.

(2) 气体内能的增量.

(3) 气体所吸收的热量.

解： 氦气是单原子分子气体，它的摩尔热容为

$$C_{V,\mathrm{m}}=\frac{3}{2}R=12.5\ \mathrm{J/(mol\cdot K)},C_{p,\mathrm{m}}=\frac{5}{2}R=20.8\ \mathrm{J/(mol\cdot K)}$$

(1) $W=\nu R\Delta T=3\times8.31\times200=5.00\times10^{3}(\mathrm{J})$.

(2) $\Delta U=\nu C_{V,\mathrm{m}}\Delta T=3\times12.5\times200=7.50\times10^{3}(\mathrm{J})$.

(3) $Q=\nu C_{p,\mathrm{m}}\Delta T=3\times20.8\times200=12.5\times10^{3}(\mathrm{J})$.

例题 9-3 20 mol O_2 由状态 1 变化到状态 2 所经历的过程如图 9-8 所示：(1) 沿 1→a→2 路径；(2) 沿 1→2 路径. 试求两过程中的 W、Q 以及氧气内能的变化 U_2-U_1.

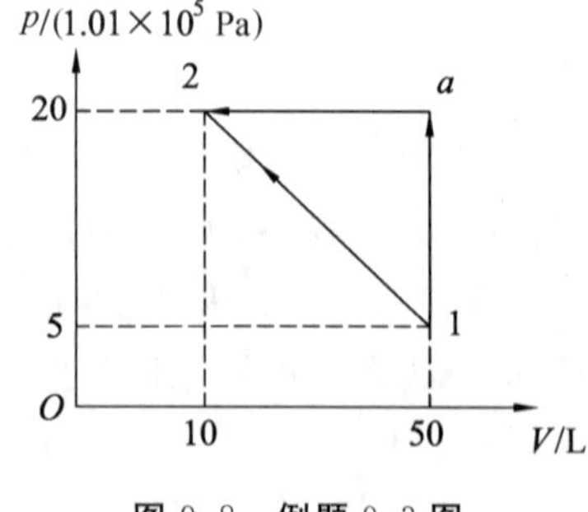

图 9-8　例题 9-3 图

解：O_2 是双原子分子气体，它的摩尔热容为

$$C_{V,m}=\frac{5}{2}R,C_{p,m}=\frac{7}{2}R$$

（1）1→a→2 过程.

1→a 是等容过程，故 $W_{1a}=0$，则

$$Q_{1a}=\nu C_{V,m}(T_a-T_1)=\nu C_{V,m}\left(\frac{p_aV_a}{\nu R}-\frac{p_1V_1}{\nu R}\right)$$
$$=1.90\times10^5\ \text{J}$$
$$\Delta U_{1a}=Q_{1a}=1.90\times10^5\ \text{J}$$

a→2 是等压过程，则

$$W_{a2}=p_2(V_2-V_1)=-0.81\times10^5\ \text{J}$$
$$Q_{a2}=\nu C_{p,m}(T_2-T_a)=\nu C_{p,m}\left(\frac{p_2V_2}{\nu R}-\frac{p_aV_a}{\nu R}\right)=-2.84\times10^5\ \text{J}$$
$$\Delta U_{a2}=Q_{a2}-W_{a2}=-2.03\times10^5\ \text{J}$$

对于整个 1→a→2 过程，有

$$W=W_{1a}+W_{a2}=-0.81\times10^5\ \text{J}$$
$$Q=Q_{1a}+Q_{a2}=-0.94\times10^5\ \text{J}$$
$$\Delta U=\Delta U_{1a}+\Delta U_{a2}=-0.13\times10^5\ \text{J}$$

（2）1→2 过程.

功可由直线下的面积求出.由于气体被压缩，外界对气体做功，故

$$W=-\frac{p_1+p_2}{2}(V_1-V_2)=-0.51\times10^5\ \text{J}$$
$$\Delta U=\nu C_{V,m}(T_2-T_1)=\nu C_{V,m}\left(\frac{p_2V_2}{\nu R}-\frac{p_1V_1}{\nu R}\right)=-0.13\times10^5\ \text{J}$$
$$Q=\Delta U+W=-0.64\times10^5\ \text{J}$$

比较上述两个过程的计算结果，可以看出，内能的变化和过程没有关系，内能是系统的状态函数；而功和热量则随过程不同而不同，是过程量.

9.2　热力学第二定律

9.2.1　循环过程　热机和制冷机

一、循环过程

物质系统（又称工作物质）由某一状态经历一系列的变化后又回到初始状态的过程称为循环过程，简称循环.由于系统的内能是状态的单值函数，因此系统经历一个循环过程后，内能没有变化，这是循环过程的重要特征.如果系统在循环过程中所经历的各个阶段都是准静态过程，则在状态图（p-V 图）上，循环过程可以用一个闭合的曲线表示，如图 9-9 所示.

循环过程按进行的方向可分为两类：在 p-V 图中，按顺时针方向进行的循环称为正循环.如图 9-9(a)所示，系统从状态 a 出发经过程 abc 到达状态 c，在此过程中，系统对外所做

的功等于 abc 曲线下的面积；当系统从状态 c 经历过程 cda 回到初始状态 a，曲线 cda 下的面积为外界对系统所做的功. 因此，正循环过程中系统对外所做的净功为过程曲线 $abcda$ 所包围的面积，$W>0$. 如果在 p-V 图上，系统的循环按逆时针方向进行，则该循环称为逆循环. 如图 9-9(b)所示，逆循环过程中系统对外做的净功为过程曲线 $adcba$ 所包围的面积，$W<0$.

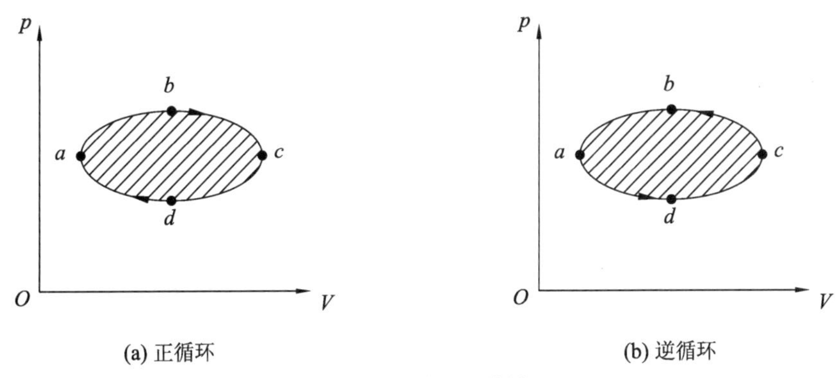

图 9-9　正循环和逆循环

二、热机

实践中，利用工作物质做正循环，把热量持续地转化为机械功的装置叫作热机(如蒸汽机、内燃机).

从能量角度，热机工作原理可以用能流图 9-10 来说明. 工作物质从高温热源吸收热量 Q_1，一部分用于对外做净功 W，另一部分热量 Q_2(为了书写方便 Q_2 取正号)则向低温热源释放. 由于工作物质经过一个循环后，其内能不变，因此，根据热力学第一定律，工作物质吸收的净热量 Q_1-Q_2 等于它对外做的净功 W，即

$$W=Q_1-Q_2 \tag{9-24}$$

显然，对于吸收一定量的热量 Q_1，该热机输出的功 W 越大越好. 定义热机在一次循环过程中工作物质对外做的净功 W 与它从高温热源吸收的热量 Q_1 之比为热机效率，用字母 η 表示，即

$$\eta=\frac{W}{Q_1} \tag{9-25}$$

利用式(9-24)，可得

$$\eta=1-\frac{Q_2}{Q_1} \tag{9-26}$$

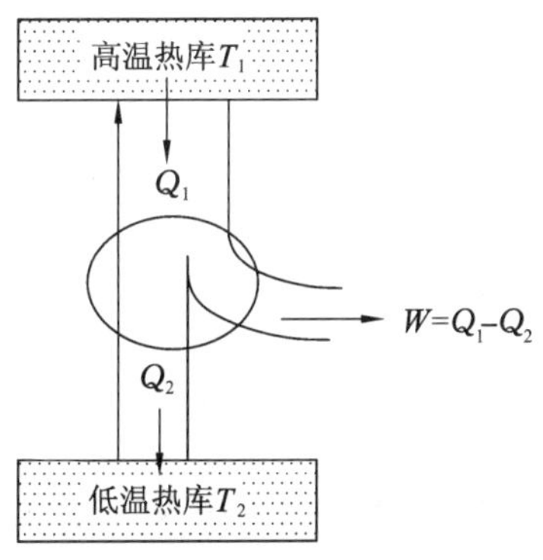

图 9-10　热机工作原理

三、制冷机

制冷机(电冰箱、空调或热泵等)是工作物质做逆循环，利用外界对系统做净功，使热量由低温热源释放到高温热源，从而获得低温的机器. 图 9-11 是制冷机的工作原理图. 工作物质从低温热源吸收热量 Q_2，再通过外界对系统做净功 W(为了书写方便，W 取正号)，向高温热源释放热量 Q_1(Q_1 取正号). 由热力学第一定律

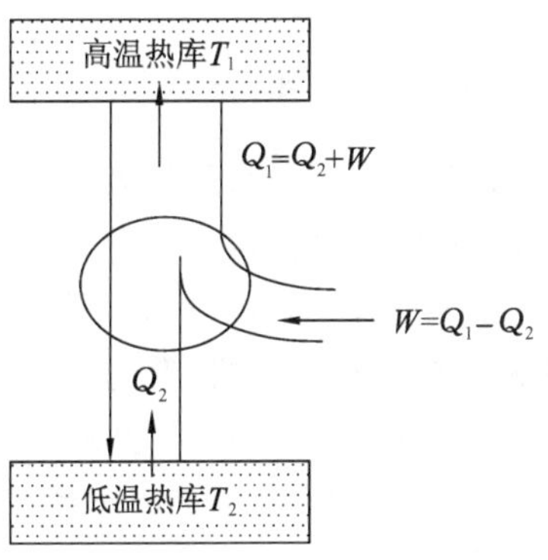

图 9-11　制冷机工作原理

可知，制冷机完成一个逆循环后，有

$$W=Q_1-Q_2$$

对于制冷机，人们关注的是工作物质在循环过程中从低温热源吸收的热量 Q_2 的多少以及外界对它做功的大小. 因此，制冷机的制冷系数 ω 定义为

$$\omega=\frac{Q_2}{W}=\frac{Q_2}{Q_1-Q_2} \tag{9-27}$$

例题 9-4 奥托循环是四冲程汽油机的工作循环，其过程如图 9-12 所示，(1) 1→2 绝热压缩；(2) 2→3 等容吸热；(3) 3→4 绝热膨胀；(4) 4→1 等容放热. 求采用此循环的热机的效率.

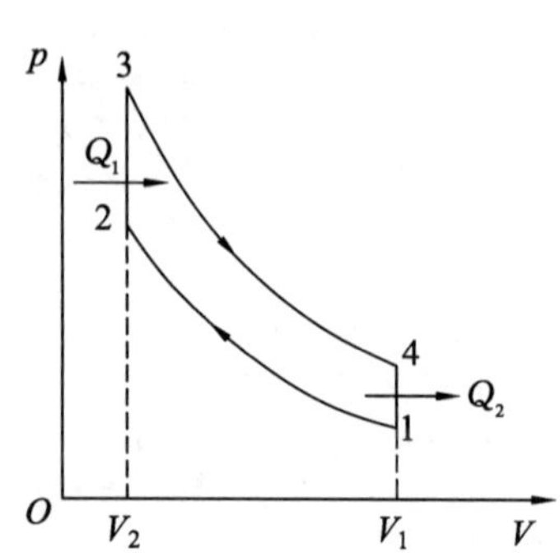

图 9-12 例题 9-4 图

解： 对于两个绝热过程，有

$$\frac{T_2}{T_1}=\left(\frac{V_1}{V_2}\right)^{\gamma-1},\frac{T_3}{T_4}=\left(\frac{V_1}{V_2}\right)^{\gamma-1}$$

由此可得 $\frac{T_2}{T_1}=\frac{T_3}{T_4}$，以及

$$\frac{T_2}{T_1}=\frac{T_3}{T_4}=\frac{T_3-T_2}{T_4-T_1}$$

对于两个等容过程，有

$$Q_1=\nu C_{V,\mathrm{m}}(T_3-T_2),Q_2=\nu C_{V,\mathrm{m}}(T_4-T_1)$$

所以热机效率为

$$\eta=1-\frac{Q_2}{Q_1}=1-\frac{T_4-T_1}{T_3-T_2}=1-\frac{T_1}{T_2}=1-\left(\frac{V_2}{V_1}\right)^{\gamma-1}$$

引入压缩比 $r=\frac{V_1}{V_2}$，则

$$\eta=1-\frac{1}{r^{\gamma-1}}$$

9.2.2 热力学第二定律

一、热力学第二定律的开尔文表述

热力学第一定律指出了制造一种效率大于 100% 的热机是无法实现的，因为第一类永动机违反了能量转换与守恒定律. 但根据热机的效率公式 $\eta=1-\frac{Q_2}{Q_1}$ 可知，当 $Q_2=0$ 时，如图 9-13 所示，热机效率可达到最大 100%. 这种从一个热源吸热，并把吸收的热量全部转化为功的热机叫作第二类永动机，它并没有违反热力学第一定律. 据计算，如果能制成第二类永动机，使它从海水中吸热做功的话，全世界的海水温度降低 1 K，可提供 10^{21} kJ 的热量用来做功，这相当于 10^{14} t 的煤完全燃烧所释放的热量. 但无数尝试表明，第二类永动机不可能实现.

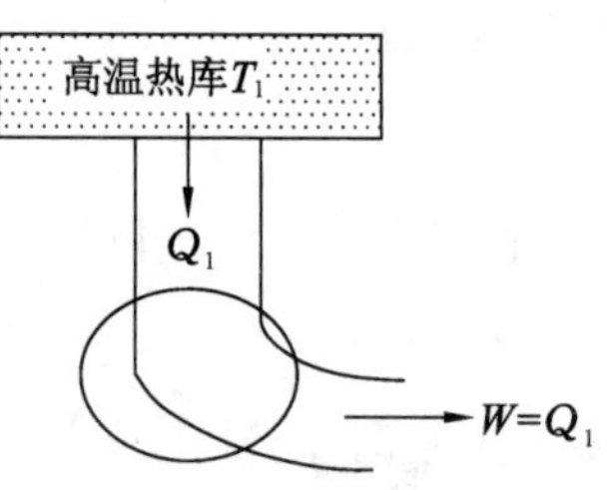

图 9-13 第二类永动机

根据这些事实，开尔文总结出一条重要原理：不可能制成一种循环动作的热机，只从单

一热源吸收热量，使之全部转化为等量的功而对外不产生影响. 热力学第二定律的开尔文表述反映了热功转换的一种特殊规律. 热功转换过程中，通过摩擦，功可以全部变为热量；但是，热量不能通过循环过程全部转化为功而不对外产生影响.

二、热力学第二定律的克劳修斯表述

对于制冷机，如果不须外界对系统做功，即 $W=0$，则制冷系数 $\omega=\frac{Q_2}{W}\to\infty$，也就意味着它能使热量自动地从低温热源传到高温热源，这种过程自然界中是找不到的. 根据这一事实，克劳修斯在 1850 年提出了热力学第二定律的另一种表述：热量不能自动地从低温物体流向高温物体. 克劳修斯的表述反映了热量传递是单方向性的这种特殊规律.

三、热力学第二定律两种表述的等价性

热力学第二定律两种表述表面上看来是各自独立的，其实两者是等价的. 可以证明，如果开尔文表述成立，则克劳修斯表述也成立；反之，如果克劳修斯表述成立，则开尔文表述也成立. 下面，我们用反证法来证明两者的等价性.

如图 9-14 所示，假设热力学第二定律的开尔文表述不成立，即有一热机循环 E 可只从高温热源吸收热量 Q_1，并把它全部转化为功 W. 这样，我们可以用一制冷机循环 D 接收 E 所做的功 $W=Q_1$，利用它把从低温热源吸收的热量 Q_2 输送到高温热源，$Q_2+W=Q_2+Q_1$. 现在把上述热机和制冷机组成一个复合制冷机，由图 9-14 可见，外界没有对它做功，但复合制冷机却把热量 Q_2 从低温热源传到了高温热源，这显然违反克劳修斯表述. 反之，也可以证明如果克劳修斯表述不成立，则开尔文表述也不成立.

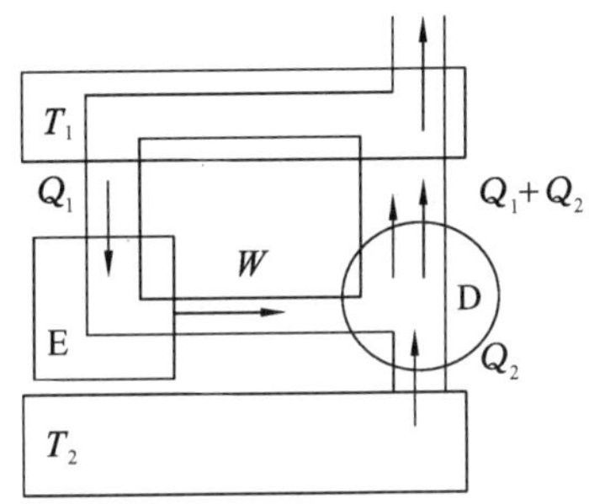

图 9-14　复合制冷机

9.2.3　可逆过程与不可逆过程

为了进一步研究热力学过程方向性的问题，下面介绍可逆过程和不可逆过程的概念.

设一系统从某一初始状态 A 出发，经一过程到达另一状态 B，如果存在某过程能使系统反向变化，从状态 B 回到状态 A，同时，外界也完全回到初始状态，则这一过程称为可逆过程. 反之，如果利用任何过程，都不能使系统和外界均恢复到初始状态，则此过程叫作不可逆过程.

实际中，凡是单纯的、无机械能耗散的机械过程都是可逆过程. 如单摆不受到空气阻力和其他摩擦力的作用，当它离开初始位置经过一个周期后又回到原来位置，且对外界不产生任何影响. 对于热力学过程，如通过摩擦完成的功热转换过程，根据热力学第二定律，热量不能通过循环过程全部转化为功，因此通过摩擦，使功变热的过程是不可逆过程. 又如热传导过程，根据热力学第二定律的克劳修斯表述，热量自动地从高温物体传向低温物体，也是不可逆过程. 而自然界中一切与热现象有关的实际宏观过程都涉及热功转换或热传导，因此，一切与热现象有关的实际宏观过程都是不可逆的. 但对于进行非常缓慢的热力学过程，由于过程中经历的中间状态无限接近于平衡态，几乎没有能量的耗散效应，因此这样的过程可近似认为是可逆过程，也就是说，在热力学中只有准静态过程是可逆过程，因为准静态过程中的每个状态都是平衡态.

9.2.4 卡诺循环和卡诺定理

一、卡诺循环

卡诺循环是1824年法国工程师卡诺对热机的最大效率问题进行理论研究时提出的，它在热力学研究中具有非常重要的意义.

卡诺循环是工作物质只在两个恒温热源之间交换热量的准静态循环. 以理想气体为工作物质，如图9-15所示，卡诺循环由以下几个准静态过程组成.

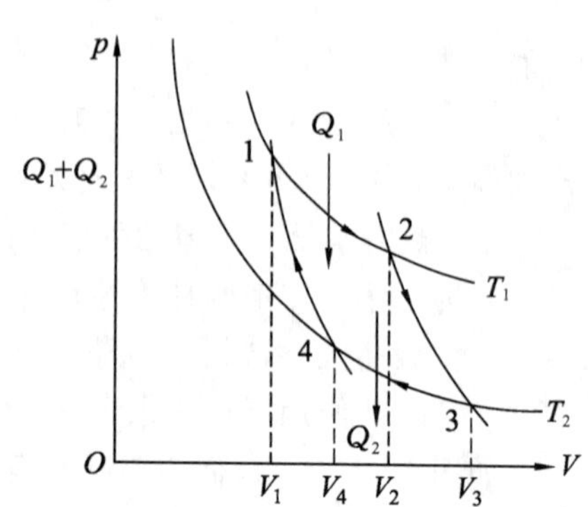

图9-15 理想气体的卡诺循环

1→2：气体与温度为 T_1 的高温热源接触，做等温膨胀，体积由 V_1 增大到 V_2. 在这个过程中，气体从高温热源吸收热量，有

$$Q_1=\nu RT_1\ln\frac{V_2}{V_1}$$

2→3：气体离开高温热源，做绝热膨胀，体积由 V_2 增大到 V_3，温度从 T_1 降至 T_2.

3→4：气体和温度为 T_2 的低温热源接触，进行等温压缩，体积降为 V_4. 在这个过程中，气体向低温热源释放热量（为方便计算取正值），有

$$Q_2=\nu RT_2\ln\frac{V_3}{V_4}$$

4→1：气体离开低温热源，做绝热压缩，回复到初始状态1，完成一次循环.

在一次循环中，气体对外做净功 $W=Q_1-Q_2>0$，因此，根据热机循环的效率公式(9-26)，上述卡诺热机效率为

$$\eta=1-\frac{Q_2}{Q_1}=1-\frac{T_2\ln\dfrac{V_3}{V_4}}{T_1\ln\dfrac{V_2}{V_1}} \tag{9-28}$$

又由于理想气体的绝热方程，对循环中2→3、4→1两个绝热过程，有如下关系：

$$V_2^{\gamma-1}T_1=V_3^{\gamma-1}T_2$$
$$V_1^{\gamma-1}T_1=V_4^{\gamma-1}T_2$$

两式相比，可得

$$\frac{V_2}{V_1}=\frac{V_3}{V_4}$$

代入式(9-28)，卡诺热机效率可简化为

$$\eta=1-\frac{T_2}{T_1} \tag{9-29}$$

上式表明，卡诺热机的效率总是小于100%，而且只与两个恒温热源的温度有关. 显然，高温热源的温度越高，低温热源的温度越低，卡诺热机的效率就越大.

如果理想气体做逆循环，即沿着热机循环相反方向进行循环过程，则在一次循环中，气体从低温热源吸热 Q_2，通过外界对气体做功 W，向高温热源放热 $Q_1=W+Q_2$.

由于气体从低温热源吸热，可导致低温热源温度降低，因此这是一个制冷循环. 根据制冷循环的制冷系数公式(9-27)，有

$$\omega=\frac{Q_2}{W}=\frac{Q_2}{Q_1-Q_2}$$

对于卡诺制冷机，易证

$$\omega=\frac{T_2}{T_1-T_2} \tag{9-30}$$

二、卡诺定理

卡诺在卡诺循环的基础上提出了卡诺定理，从理论上回答了热机的最大效率问题.

(1) 一切工作在相同的高温 T_1 热源和低温 T_2 热源之间的可逆热机(工作循环为可逆循环)，不论其工作物质的性质如何，其效率均为

$$\eta=1-\frac{T_2}{T_1}$$

(2) 一切工作在相同的高温 T_1 热源和低温 T_2 热源之间的不可逆热机(工作循环为不可逆循环)，其效率不可能高于可逆热机.

卡诺定理可以用热力学第二定律来论证，它是与热力学第二定律完全一致的.

卡诺定理重要的意义在于指出了热机效率的最大可能值，即任何实际热机效率都不可能超过 $1-\frac{T_2}{T_1}$. 同时，它也给出了提高热机效率的有效途径：提高高温热源的温度 T_1，尽量降低低温热源的温度 T_2；使热机工作循环尽可能接近可逆循环.

三、热力学温标

卡诺定理不仅为提高热机效率提供了有效的途径，而且为热力学定义了一个重要的温标. 对比式(9-26)和式(9-29)，可得

$$\frac{Q_2}{Q_1}=\frac{T_2}{T_1} \tag{9-31}$$

即卡诺循环中，系统从高温热源吸收的热量与释放给低温热源的热量之比仅依赖于两热源的温度比，而与工作物质的种类无关. 因此，可以利用任意一台卡诺热机，通过工作物质与高低温热源之间交换的热量之比来定义两热源的温度. 如果以水的三相点温度作为计量温度的固定点，并规定它的数值为 273.16 K，则由式(9-31)可确定任意热源温度为

$$T=273.16\,\frac{Q}{Q_0} \tag{9-32}$$

这种以卡诺定理为基础的温度定标称为热力学温标.

如果工作物质选定为理想气体，则由此定标得到的理想气体温标与热力学温标测得的值相同. 即在理想气体概念有效范围内，热力学温标与理想气体温标是相同的.

例题 9-5 某台蒸汽机锅炉内温度为 227 ℃，炉内水烧成蒸汽后，由蒸汽推动活塞做功，废气排入大气中. 环境温度为 27 ℃，求蒸汽机的最大效率.

解：从卡诺定理可知这台蒸汽机的最大效率为

$$\eta=1-\frac{T_2}{T_1}=1-\frac{273+27}{273+227}=40\%$$

9.3 熵 熵增加原理

9.3.1 熵

热力学第二定律指出一切与热现象有关的实际宏观过程都是不可逆的.也就是说，系统可以由初始状态出发自发地向终止状态过渡，但不能自发地从终止状态过渡到初始状态，而不引起其他变化.例如，密闭容器中，用隔板把气体隔离在容器一侧，若撤去隔板，气体能自动地向真空做自由膨胀，最终均匀地充满整个容器，但反过来，均匀充斥在整个容器中的气体不可能自动地向另一边收缩从而使另一边出现真空.

上述例子以及大量的生产实践表明，在不受外界影响的条件下，当系统处于非平衡态时，总要自发地从非平衡态过渡到平衡态；反之，系统处于平衡态时，却不能自发地向非平衡态过渡.为解决实际过程中的方向问题，需要引入一个与系统平衡态有关的状态函数，根据这个状态函数单向变化的性质来判断实际过程进行的方向.热力学是用状态函数——熵（符号 S）来量度这一问题的，这是由克劳修斯在 1865 年首先提出的.

考虑一个可逆卡诺循环过程的效率

$$\eta=\frac{Q_1+Q_2}{Q_1}=\frac{T_1-T_2}{T_1}$$

式中，T_1 和 T_2 分别对应于高温源和低温源的温度，Q_1 和 Q_2 分别是单循环中的总吸热和总放热（实际为负值），整理可得

$$\frac{Q_1}{T_1}=-\frac{Q_2}{T_2} \text{ 或 } \frac{Q_1}{T_1}+\frac{Q_2}{T_2}=0$$

上式表明，系统经历一可逆卡诺循环后，热温比总和为零.可以证明，对于有限个卡诺循环组成的可逆循环，有 $\sum_{i=1}^{n}\frac{Q_i}{T_i}=0$.对于无限个卡诺循环组成的可逆循环，求和变成沿整个循环过程积分，有 $\oint\frac{\mathrm{d}Q}{T}=0$.可见，对任一可逆循环，其热温比之和为零.

在状态图上任意两状态 1 和 2 间，连两条路径 a 和 b，形成一个可逆循环.有

$$\int_1^2\frac{\mathrm{d}Q_a}{T}+\int_2^1\frac{\mathrm{d}Q_b}{T}=0 \text{ 或 } \int_1^2\frac{\mathrm{d}Q_a}{T}=\int_1^2\frac{\mathrm{d}Q_b}{T}$$

即状态 1 变化到状态 2 的热温比与经历的过程无关，只由始末两个状态决定.

定义：系统从初态变化到末态时，其熵的增量等于初态和末态之间任意一可逆过程热温比的积分.对无限小过程，有

$$\mathrm{d}S=\frac{\mathrm{d}Q_r}{T} \tag{9-33}$$

式中，$\mathrm{d}Q_r$ 的下标 r 表示定义式仅适用于可逆过程.熵的单位是 J/K.

如果系统从状态 1 经历可逆过程变化到状态 2，全过程中系统总的熵变为

$$\Delta S=\int_1^2\mathrm{d}S=\int_1^2\frac{\mathrm{d}Q_r}{T} \tag{9-34}$$

这说明，熵是系统状态的函数，两个确定状态间的熵变是一确定的值，与过程无关.

根据上式,在可逆的绝热过程中,由于系统与外界没有热量交换,因此系统的熵变 $\Delta S=0$,即系统经历可逆的绝热过程,总熵保持不变,所以可逆绝热过程又称为等熵过程.

对于任意可逆循环过程而言,由于熵是状态函数,它在过程中的变化量只依赖于始末状态,因此,可逆循环过程中的熵变

$$\Delta S=\oint\frac{dQ_r}{T}=0$$

即在一个可逆循环过程中,系统的熵变等于零.

例题 9-6 计算 1 kg 0 ℃的冰融化成 0 ℃的水的过程中熵的变化(设冰的熔解热为 3.35×10^5 J/kg).

解: 在熔解过程中,温度保持不变,即 $T=273$ K. 又由于熔解过程发生得非常缓慢,可近似看成是可逆过程,故

$$\Delta S=\int_1^2\frac{dQ_r}{T}=\frac{Q}{T}=\frac{1\times3.35\times10^5}{273}=1.22\times10^3\ \text{J/K}$$

9.3.2 不可逆过程中的熵变

一个系统从初始平衡态经历一过程变化到终了平衡态.如果所经历的过程是可逆过程,则过程中系统的熵变可按式(9-34)计算;如果过程是不可逆过程,则可利用熵是系统的状态函数的性质,即系统在两平衡态之间的熵变只取决于始末平衡态,而与所经历的过程无关,在两平衡态之间设计一个或多个可逆过程,利用式(9-34)等效计算不可逆过程中的熵变:

$$\Delta S=\int_1^2\frac{dQ_r}{T}=\int_1^2\frac{dU+p dV}{T}=\int_1^2\nu c_V\frac{dT}{T}+\int_1^2\nu R\frac{dV}{V}=\nu c_V\ln\frac{T_2}{T_1}+\nu R\ln\frac{V_2}{V_1}$$

如果系统由几部分组成,各部分熵变之和等于系统总的熵变:

$$\Delta S=\sum_{i=1}^{N}\Delta S_i$$

一、理想气体自由膨胀中的熵变

如图 9-16 所示,设绝热容器中,理想气体经自由膨胀由初态 V_1、温度 T_0 变化到终态 V_2、温度 T_0,我们来计算这一过程的熵变.由于绝热自由膨胀是一个不可逆过程,且始末温度不变,因此我们可以设计一个可逆等温膨胀过程,使气体由初态 (V_1,T_0) 缓慢膨胀到 (V_2,T_0),这一过程中气体的熵变为

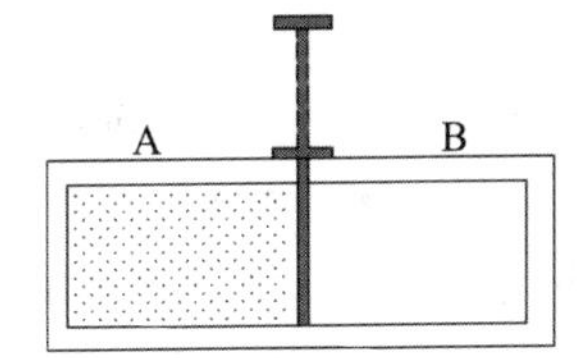

图 9-16 绝热容器中气体膨胀

$$\Delta S=\int_1^2\frac{dQ_r}{T_0}=\int_1^2\frac{p dV}{T_0}=\int_{V_1}^{V_2}\frac{1}{T_0}\frac{\nu RT_0}{V}dV=\nu R\ln\frac{V_2}{V_1}>0$$

上式说明,理想气体经历自由膨胀这一不可逆过程,熵是增加的.

例题 9-7 2 mol 的理想气体经历了绝热自由膨胀,体积增大为原来的 3 倍,求此过程中的熵变.

解: 由于绝热自由膨胀过程中始末温度不变,我们可以设计一个可逆等温膨胀过程,有

$$\Delta S=\nu R\ln\frac{V_2}{V_1}=18.3\ \text{J/K}$$

二、热传导中的熵变

假设在一绝热容器中装入两个同类物体 A、B,质量均为 m,比热容为 c,物体 A 初始温

度为 $3T$，物体 B 初始温度为 T，如图9-17所示，经过热接触两物体最终达到平衡态时的温度是 $2T$. 由于热量只能自动地从高温物体流向低温物体，因此这个热传导过程是不可逆的. 为了计算此过程中系统的熵变，可以设计一系列的可逆过程，假定 A 物体的冷却过程是通过物体 A 与一系列与物体 A 仅有微小温度差的热库连续接触发生热传导实现的，则物体 A 在冷却过程中温度经历了一系列微小变化，每一个微小变化过程都可以看成一可逆过程，利用式(9-34)，可得出物体 A 温度由 $3T$ 冷却到 $2T$ 过程中的熵变为

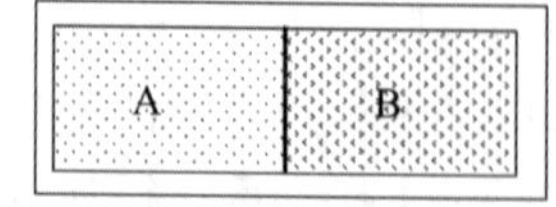

图 9-17　绝热容器中的 A、B

$$\Delta S_{\mathrm{A}} = \int_{3T}^{2T} \frac{\mathrm{d}Q_{\mathrm{r}}}{T} = mc\int_{3T}^{2T} \frac{\mathrm{d}T}{T} = mc\ln\frac{2T}{3T} < 0$$

同样对物体 B 分析，可知物体 B 温度由 T 升高到 $2T$ 过程中的熵变为

$$\Delta S_{\mathrm{B}} = \int_{T}^{2T} \frac{\mathrm{d}Q_{r}}{T} = mc\int_{T}^{2T} \frac{\mathrm{d}T}{T} = mc\ln\frac{2T}{T} > 0$$

系统的总熵变为

$$\Delta S = \Delta S_{\mathrm{A}} + \Delta S_{\mathrm{B}} = mc\ln\frac{2}{3} + mc\ln 2 > 0$$

在上述不可逆的热传导过程分析中可知，物体 A 的熵减少，物体 B 的熵增加，但从整个系统(A 与 B)来看，系统的总熵是增加的.

例题 9-8　将 0 ℃的水 1 kg 与同样质量、温度为 100 ℃的水相混合. 当它们达到热平衡后温度为 50 ℃. 试求此过程中系统的熵变.

解：水的比热容为 $c=4\ 186\ \mathrm{J/(kg\cdot K)}$，$m=1\ \mathrm{kg}$，则

$$\Delta S = mc\ln\frac{323}{273} + mc\ln\frac{323}{373} = 102\ \mathrm{J/K}$$

9.3.3　熵增加原理

在上节分析的两个例题中，热力学过程都是发生在绝热容器中的，系统与外界没有热量交换，也未对外界做功(外界也未对系统做功)，我们把这种与外界不发生任何相互作用的系统称为孤立系统. 例题的计算结果表明，发生在孤立系统中的气体自由膨胀、物体间的热传导两个不可逆过程中，系统的总熵是增加的. 这一结论可以推广为：一个孤立系统在不可逆过程中熵总是增加的.

如果孤立系统中发生的是可逆过程，则由于孤立系统与外界没有热量交换，因此由式(9-34)可知，系统的熵变 $\Delta S=0$，即系统总熵保持不变. 由此我们可以得出一个结论：在孤立系统中发生任一变化过程后，系统的总熵不会减少. 如果过程是不可逆的，则系统的总熵是增加的；如果过程是可逆的，则系统的总熵保持不变. 这就是熵增加原理，可以根据卡诺定理来证明它.

应该指出，熵增加原理只能用于孤立系统或绝热过程. 倘若不是孤立系统或不是绝热过程，则借助外界作用，系统的熵是可能减少的. 例如，在可逆的等温压缩过程中，由于外界对理想气体做功，理想气体不是一个孤立系统，它的熵是减少的；而在前面分析的不可逆的热传导过程中，对高温的物体 A，它的熵也是减少的. 因此，只有当把相互作用的所有物体在过程中的熵变加起来，以求得一个孤立系统的总的熵变时，才会与熵增加原理一致.

9.4 热力学第二定律的统计意义

9.4.1 热力学第二定律的统计意义

热力学第二定律指出了热量传递方向和热功转化方向的不可逆性，这一结论可以从微观角度出发，从统计意义来解释.

下面以气体的自由膨胀为例来说明. 如图 9-18 所示，某一容器被一隔板分成容积相等的 A、B 两室. 假设开始时，A 室中有 4 个气体分子，B 室保持真空. 当抽掉隔板后，气体分子将在整个容器中运动，如果以 A 室和 B 室来分类，则这 4 个分子在容器中的分布有 16 种可能，情况见表 9-2.

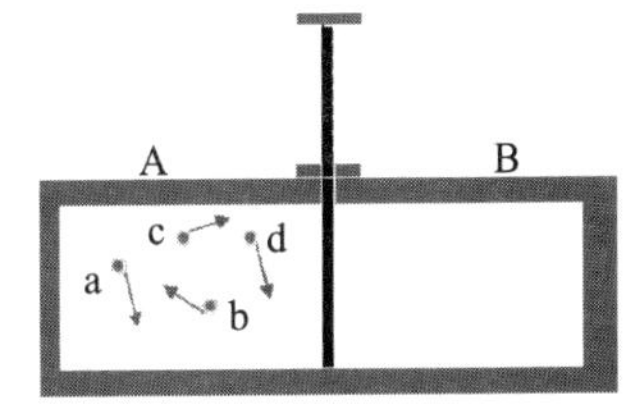

图 9-18　分子在容器中的分布

表 9-2　4 个分子的位置分布

	分子的分布																
A	0	abcd	a	b	c	d	bcd	acd	abd	abc	ab	ac	ad	bc	bd	cd	总计
B	abcd	0	bcd	acd	abd	abc	a	b	c	d	cd	bd	bc	ad	ac	ab	
状态数	1	1	4				4				6						16

从表中可以看出，若以分子处在 A 室或 B 室来分类，4 个分子的分布共有 2^4 种可能. 如果把每一种可能的分布称为一个微观状态，则 4 个分子共有 2^4 个可能的概率均等的微观状态；如果把宏观上能够加以区分的每一种分布方式，即不区分具体分子的分布方式称为一个宏观状态(例如，A 室有 2 个分子，B 室有 2 个分子)，相应的宏观状态数为 5 种. 可以推知：如果容器中共有 N 个分子，则分子分布共有 2^N 个微观状态、$N+1$ 个宏观状态. 在热力学中，我们定义任一宏观状态所包含的微观状态数目为该宏观状态的热力学概率，用 Ω 表示.

表 9-3 反映的是 20 个气体分子的位置分布，从表中可以看出，容器中气体均匀分布的宏观状态(即左右两侧分子数相等或差不多相等的宏观状态)包含了绝大多数的微观状态，即这个宏观状态出现的概率最大，因此在实际的气体自由膨胀的最终观察中，我们看到的总是这种宏观状态. 一个宏观状态所包含的微观状态的数量越多，分子运动的混乱程度就越高；而全部分子集中回到容器左侧的宏观状态只包含了一个可能的微观状态，分子运动显得很有序，也就是混乱程度极低，实现这种宏观状态的方式只有一个，因而这个宏观状态出现的概率小到接近于零. 由此可见，气体自由膨胀的不可逆性，实质上反映了这个系统内部发生的过程总是由包含微观状态数目少的宏观状态向包含微观状态数目多的宏观状态进行；也就是由概率小的宏观状态向概率大的宏观状态进行.

一般来说，一个不受外界影响的孤立系统，其内部发生的过程，总是由包含微观状态数目少的宏观状态向包含微观状态数目多的宏观状态进行；由概率小的宏观状态向概率大的宏观状态进行. 这就是熵增加原理的实质，也是热力学第二定律的统计意义.

表 9-3　20 个分子的位置分布

宏观状态		一种宏观状态对应的微观状态数 Ω
左 20	右 0	1
左 18	右 2	190
左 15	右 5	15 504
左 11	右 9	167 960
左 10	右 10	184 756
左 9	右 11	167 960
左 5	右 15	15 504
左 2	右 18	190
左 0	右 20	1

9.4.2　玻尔兹曼关系

用 W 表示系统所包含的微观状态数，或理解为宏观状态出现的概率，叫热力学概率或系统的状态概率.

考虑到在不可逆过程中，有两个量是在同时增加，一个是状态概率 W，一个是熵 S，玻尔兹曼(1844—1906)从理论上证明其关系如下：

$$S=k\ln W \tag{9-35}$$

上式称为玻尔兹曼关系，k 为玻尔兹曼常数. 上式表明，孤立系统的熵增是一个概率问题.

熵的这个定义表示，它是分子热运动无序性或混乱性的量度. 系统某一状态的熵值越大，它所对应的宏观状态越无序.

系统的无序包括位形的无序和速度的无序. 如前所述，系统由状态 1 变化到状态 2，相应的熵增

$$\Delta S=\nu c_V\ln\frac{T_2}{T_1}+\nu R\ln\frac{V_2}{V_1}$$

系统温度增加，分子的速度分布无序性增加，相应的熵增称为速度熵增，对应于上式第一项；系统体积增加，分子的空间分布无序性增加，相应的熵增称为位形熵增，对应于上式第二项.

阅读材料 I　人体的体温控制

I.1　人体的能量交换

人体是一个开放系统，它与外界之间既有能量交换(散失热量，对外做功)，又有物质交换(摄取食物、氧气，排出废物). 为了保证各个器官的正常活动，维持恒定的体温以及对外做功，人体必须从食物中获取能量. 在整个人体的生命活动中，能量的变化也服从热力学第一定律. 对于微小的变化过程，式(9-4)可写成

$$\Delta U = Q - W \tag{I-1}$$

式中，ΔU 是摄入的食物和体内脂肪等的能量变化，Q 是人体从外界吸收的热量（若 $Q<0$，则表示散热），W 是人体对外所做的功.

假设在所考虑的时间 Δt 内，人体没有饮食和排泄，这时为了维持正常的生命活动，要不断地将食物或体内脂肪所储存的化学能转化为需要的其他形式的能量，这个过程叫作分解代谢. 因为在这一过程中，人体要经常向外散发热量和对外做功，所以其内能将不断减少，即 ΔU 为负. 在人体能量代谢的研究中，常用到 ΔU、Q、W 随时间的变化率，根据式(I-1)，它们之间有以下关系：

$$\frac{\Delta U}{\Delta t} = \frac{Q}{\Delta t} - \frac{W}{\Delta t} \tag{I-2}$$

式中，$\frac{\Delta U}{\Delta t}$叫作分解代谢率，$\frac{Q}{\Delta t}$为人体向外散热的速率，$\frac{W}{\Delta t}$为人体对外做功的功率. 后两者原则上可以直接测定，而分解代谢率则只能通过氧的分解率来间接测定，原因是食物在分解代谢过程中需要氧，同时产生热量. 例如，完全氧化 1 mol(180 g) 葡萄糖需要 134.4 L 的氧，产生 $2\,871.6\times10^3$ J 的热量，即 1 L 氧产生的热量为 2.1×10^4 J.

根据式(I-2)，代谢率$\frac{\Delta U}{\Delta t}$要受到对外输出功率$\frac{W}{\Delta t}$大小的影响，并且与人体的健康状况及进行各类体力活动的剧烈程度有关. 表 I-1 给出了普通成人从事不同活动时的代谢率和耗氧率. 从该表可以看出，当人体处于完全休息状态时（睡眠），代谢率仍达到 2.93×10^5 J/h，此时的代谢率在生理学上叫作基础代谢率，它是人体处于基础状态，维持心跳、呼吸等最基本的生命活动所消耗的能量. 这时对外没有做功，$W=0$，$\Delta U = Q$，即体内储存能量的减少等于人体向外散失的热量.

表 I-1 各种活动的大概代谢率和耗氧率

活动水平	代谢率/(J/h)	耗氧率/(L/min)
完全休息（睡眠）	293×10^3	0.23
轻微活动（听、讲、漫步）	837×10^3	0.65
中等活动（骑自行车，16 km/h）	$1\,674\times10^3$	1.30
剧烈运动（踢足球）	$2\,093\times10^3$	1.63
甚剧烈运动（篮球赛、快速游泳）	$2\,512\times10^3$	1.93
极剧烈运动（自行车竞赛）	$5\,860\times10^3$	4.65

I.2 人体中的熵变问题

人体是一种生命系统，由活的组织构成，它能生长、发育、繁殖和新陈代谢. 人体中的各种组织的物理过程、化学反应、生理活动等都是高度有序的. 例如，蛋白质分子是由成千上万个原子按一定的顺序和结构组合而成的，其有序性比它的成分要高得多，而熵值却比组成它的成分低得多. 细胞的结构比蛋白质分子更复杂，其有序性更高，在机体内具有特定的位置和功能. 由于机体的组织和结构在生长时有序性增加，熵值减少，因此，整个人体是一个远离平衡态的高度有序的系统. 如果破坏了这种有序性，使它的熵值不断增加，生命将无法维持. 这说明，人体在生命期间，永远不处于热力学平衡状态，也不会趋于平衡态，直至死亡. 这似乎违背了热力学第二定律.

实际上这两者并不矛盾，因为热力学第二定律的熵增加原理只适用于孤立系统，而人体不是一个孤立系统，它是一个开放性的热力学系统，它与周围环境既有能量交换，又有物质交换. 人体要维持机体的有序结构需要能量，这主要来自外界供给的食物，食物的结构也是高度有序的. 当食物的化学能在体内释放后，它的有序结构也就解体了，最后分解为简单的排泄物. 各种排泄物的化学结构比原来的营养食物要简单得多，也就是说，排泄物的无序程度比食物的无序程度大得多，即熵增加了. 如果把人体与它周围的环境（包括环境供给的食物、空气、水分等）都考虑在一起，组成一个包括人体和环境在内的复合系统，则其总熵值是增加的. 因此，人体生命过程并不违反热力学第二定律，其熵值减少是由它周围环境的熵增加得更多而得到补偿的.

习 题

9-1 一气体从初态 I 沿如图所示的三条可能途径膨胀至终态 F，试计算沿着 IAF、IF 及 IBF 膨胀时气体所做的功.

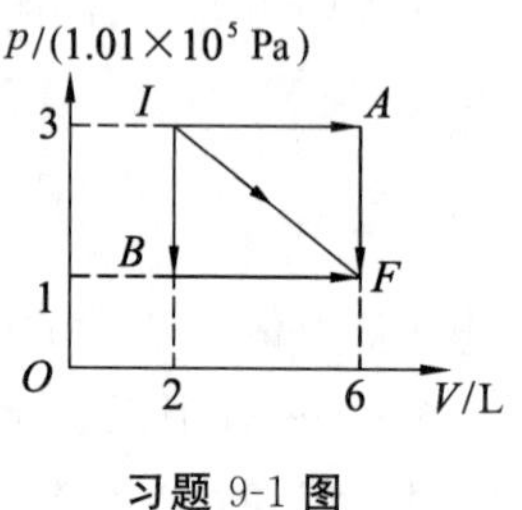

习题 9-1 图

9-2 有一定量的理想气体，其压强按 $p=\dfrac{C}{V^2}$ 的规律变化，C 是一常量. 求气体从容积 V_1 增加到 V_2 所做的功.

9-3 一汽缸内储有 2 mol 的双原子分子理想气体，在压缩过程中外界做功 300 J，气体升温 2 K，求此过程中气体内能的增量和传递的热量.

9-4 如图所示为一定量气体在 I 与 F 两个状态间的三个平衡过程. 若沿 IAF 过程，系统吸热 200 J，对外做功 80 J；若沿 IBF 过程，系统吸热 144 J.

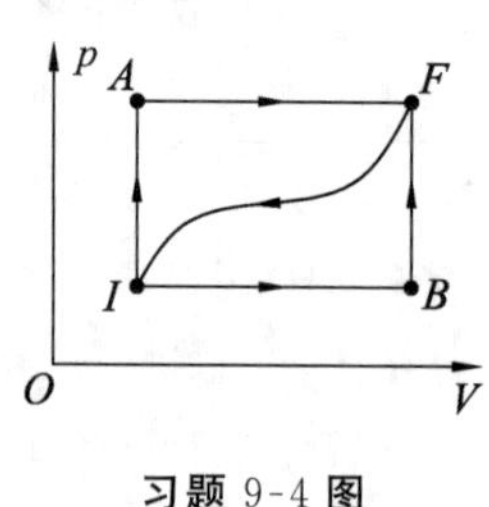

习题 9-4 图

(1) 若系统沿 IBF 过程，做了多少功？

(2) 若沿 FI 过程，外界对系统做功 52 J，求这一过程中传递的热量.

(3) 如果状态 I 的内能是 40 J，那么状态 F 的内能是多少？

(4) 如果状态 B 的内能是 88 J，在 IB 过程和 BF 过程中传递的热量各是多少？

9-5 在恒定大气压下，将 16 g 的氧从 27 ℃升高到 127 ℃. 问：

(1) 传递给氧的热量为多少？

(2) 该热量中有多大一部分用以增加这些氧气的内能？

(3) 气体对外做的功为多少？

9-6 将 1 mol 单原子理想气体从 300 K 加热到 350 K，(1) 容积保持不变；(2) 压强保持不变. 问在这两个过程中各吸收了多少热量？增加了多少内能？对外做了多少功？

9-7 将压强为 10^5 Pa、体积为 0.008 2 m^3 的氮气，从初始温度 27 ℃加热到 127 ℃，如加热时(1) 体积不变，(2) 压强不变，问各需多少热量？

9-8 400 J 热量传给标准状态下的 1 mol 氢气，如压强保持不变，问：

(1) 氢气对外做多少功？

(2) 内能增量为多少?

(3) 温度升高多少?

9-9 2 mol 的氢,在压强为 10^5 Pa、温度为 20 ℃时,其体积为 V_0. 今使它经以下两种过程达到同一状态:(1) 先保持体积不变,加热使其温度升高到 80 ℃,然后令它做等温膨胀,体积变为原体积的 2 倍;(2) 先使它做等温膨胀至原体积的 2 倍,然后保持体积不变,加热使其温度升到 80 ℃. 试分别计算以上两种过程中吸收的热量、气体对外做的功和内能的增量.

9-10 3 mol 温度为 $T_0=273$ K 的理想气体,先经等温过程体积膨胀到原来的 5 倍,然后等体加热,使其末态的压强刚好等于初始压强,整个过程传给气体的热量为 $Q=8\times10^4$ J. 试求这种气体的比热容比.

9-11 1 mol 单原子分子理想气体经历如图所示的循环. a 点的温度为 T_0,$c\to a$ 的过程方程为 $p=\dfrac{p_0V^2}{V_0^{\,2}}$. 试以 T_0、普适气体常量 R 表示三个分过程中气体吸收的热量.

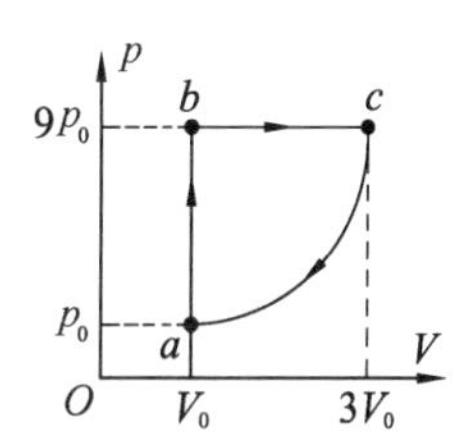

习题 9-11 图

9-12 绝热汽缸被一不导热的隔板均分为体积相等的 A、B 两室,两室温度均为 T_0,体积均为 V_0,A、B 中各有 1 mol N_2,现用 A 室中的电热丝加热,待达到新的平衡后 A 室的体积为 $\dfrac{4}{3}V_0$,则 A、B 室的温度分别是多少?

9-13 绝热壁包围的汽缸被一绝热活塞分成 A、B 两室,活塞在汽缸内可无摩擦地自由滑动,A、B 两室内各有 1 mol 的双原子分子理想气体,初始时气体处于平衡态,压强和体积分别为 p_0、V_0. 现 A 室中有一电加热器使温度徐徐上升,直到 A 室中的压强为 $2p_0$. 则此时 B 室中的温度为初态温度 T_0 的多少倍? B 室的体积为初态体积 V_0 的多少倍?

9-14 一定量的单原子分子理想气体,从初态 A 出发,沿图示直线过程变到另一状态 B,又经过等容、等压两过程回到状态 A. 求:

(1) $A\to B$、$B\to C$、$C\to A$ 各过程中系统对外做的功 W、内能的增量 ΔU 及所吸收的热量 Q.

(2) 整个循环过程中系统对外做的总功及从外界吸收的总热量.

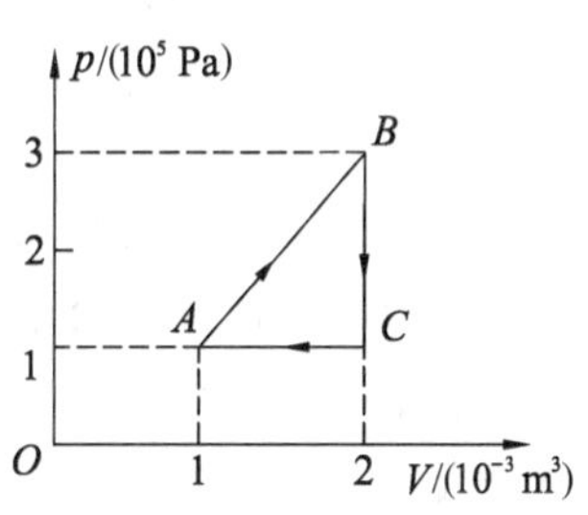

习题 9-14 图

9-15 一定量的某种理想气体进行如图所示的循环过程. 已知气体在状态 A 的温度为 $T_A=300$ K,求:

(1) 气体在状态 B、C 的温度.

(2) 各过程中气体对外所做的功.

(3) 经过整个循环过程,气体从外界吸收的总热量.

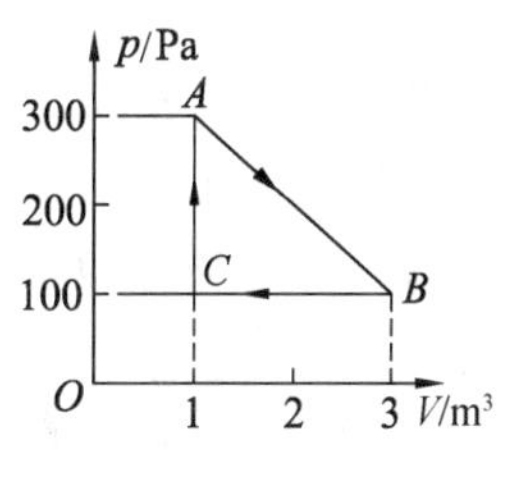

习题 9-15 图

9-16 有一台热机,在每一循环过程中从高温热库吸收热量 1 600 J,向低温热库排出热量 1 000 J. 求:

(1) 热机的效率.

(2) 每一循环过程中热机所做的功.

(3) 在每一循环持续时间为 0.3 s 时热机的输出功率.

9-17　估算一台汽车发动机的实际效率.已知每个辛烷(C_8H_{18})分子氧化产生 57 eV 的能量,发动机功率为 6 kW,它每 20 min 燃烧 1 L 汽油(1 L 汽油的质量为 0.7 kg).试求此热机的效率.

9-18　如图所示是一定量理想气体所经历的循环过程,其中 AB 和 CD 是等压过程,BC 和 DA 是绝热过程.已知 B 点和 C 点的温度分别为 T_2 和 T_3,求此循环的效率.

9-19　如图所示是一定量理想气体的循环过程的 T-V 图.其中 CA 是绝热过程,状态 $A(V_1,T_1)$、状态 $B(V_2,T_1)$为已知.设气体的比热容比 γ 和物质的量 ν 也为已知.求:

(1) 状态 C 的 p、V、T.

(2) 该循环的效率.

9-20　以理想气体为工作热质的热机循环如图所示.试证明其效率为

$$\eta=1-\gamma\frac{\left(\frac{V_1}{V_2}\right)-1}{\left(\frac{P_1}{P_2}\right)-1}$$

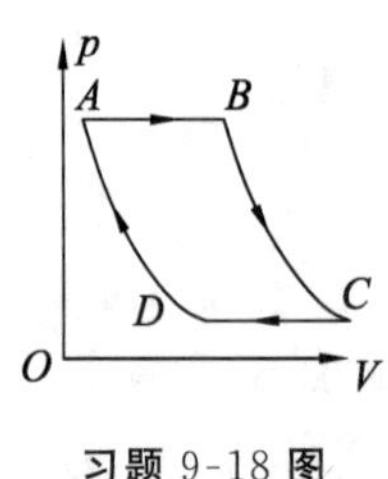

习题 9-18 图

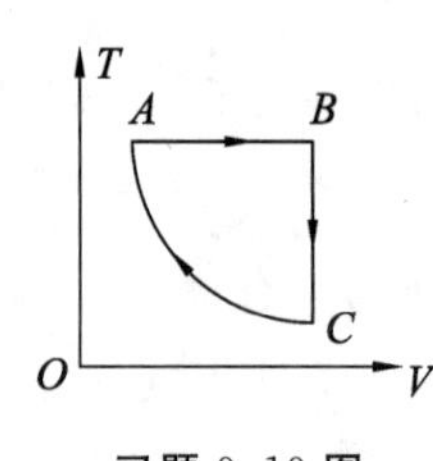

习题 9-19 图

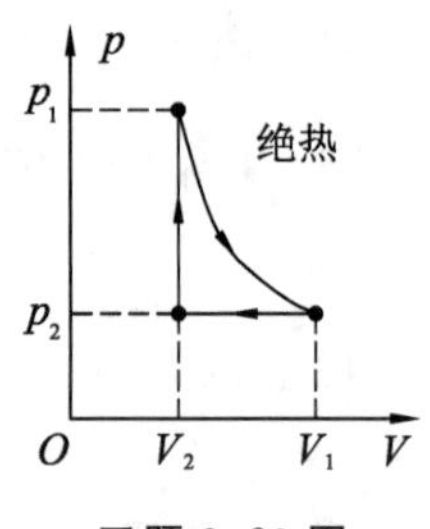

习题 9-20 图

9-21　把效率分别为 η_1 和 η_2 的两台热机联合起来使用,如果把效率 η_1 的热机所排放的热量作为效率 η_2 的热机的输入热量.试证这样使用的热机组的总体效率 $\eta=\eta_1+\eta_2-\eta_1\eta_2$.

9-22　一卡诺循环的热机,高温热源温度是 400 K,每一循环从此热源吸进 100 J 热量并向一低温热源放出 80 J 热量,求:(1) 低温热源温度.(2) 该循环的热机效率.

9-23　一热机从温度为 227 ℃的高温热源吸热,向温度为 27 ℃的低温热源放热.若热机在最大效率下工作,且每一循环吸热 2 000 J,求此热机每一循环所做的功.

9-24　1 mol 理想气体在 400 K 与 300 K 之间完成一个卡诺循环,在 400 K 的等温线上,起始体积为 0.001 m^3,最后体积为 0.005 m^3,试计算气体在此循环中的功及从高温热源吸收的热量和传给低温热源的热量.

9-25　一卡诺热机(可逆的),当高温热源的温度为 127 ℃、低温热源的温度为 27 ℃时,其每次循环对外做净功 8 000 J.今维持低温热源的温度不变,提高高温热源温度,使其每次循环对外做净功 10 000 J.若两个卡诺循环都工作在相同的两条绝热线之间,试求:

(1) 第二个循环的热机效率.

(2) 第二个循环的高温热源的温度.

9-26　1 mol 双原子理想气体采用如图所示的可逆循环,其中状态 A 为已知(p_0,V_0,T_0),求:

(1) 循环中气体吸收的热量.

(2) 循环中气体放出的热量.

(3) 采用此循环的效率.

(4) 工作于该循环过程中两极端温度的卡诺热机的效率.

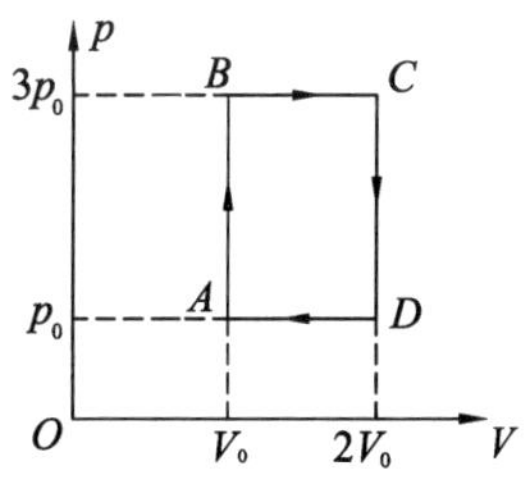

习题 9-26 图

9-27 1 mol 的多原子理想气体,准静态地等容加热,温度从 300 K 升高至 400 K,求该过程中熵的变化.

9-28 已知某固态物质在温度 T_m 时熔解,熔解热为 L,计算质量为 m 的该物质熔解时熵的变化.

9-29 计算将 250 g 水从 20 ℃缓缓加热到 80 ℃过程中熵的变化($dQ=mcdT$).

9-30 冰盘中盛有 500 g、0 ℃的水,计算它在结成 0 ℃冰时熵的变化(0 ℃水的熔解热为 3.33×10^5 J/kg).

9-31 一定量理想气体经过如图所示的过程从状态 A 变化到了状态 D.

(1) 该过程中系统吸收的净热量是多少?

(2) 如果气体的物质的量为 1 mol,则该过程中熵的变化是多少?

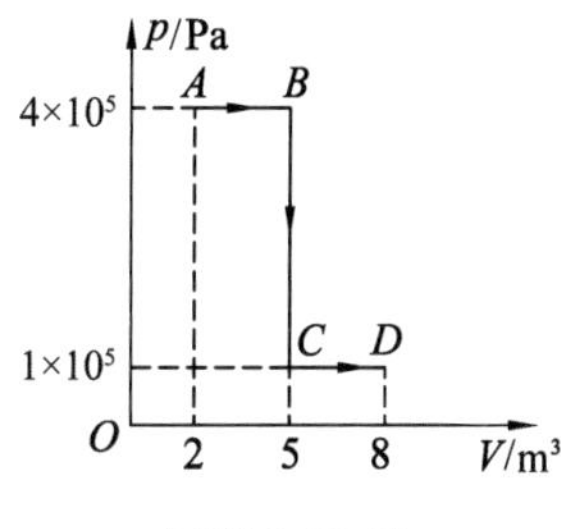

习题 9-31 图

第 4 篇　光　　学

光是一定波长范围内的电磁波.通常意义上的光指的是可见光,是能引起人的视觉的一类电磁波,其真空中的波长范围在 400～760 nm 之间,相应的频率范围为 $8.6\times10^{14}\sim3.9\times10^{14}$ Hz,会让人产生从紫到红的不同颜色的感觉.研究光现象、光的本性和光与物质相互作用等规律的学科称为光学,它是物理学的一个重要分支.

光学通常可分为几何光学、波动光学和量子光学三个部分.最早也最容易观察到的规律是光的直线传播规律.在我国古代人们已注意到“立竿见影”的问题,周朝(公元前 10 世纪前后)就开始用此方法测影定向,应用于确定墓穴和建筑物的方位.《墨经》(公元前 388 年)中论述了 8 条几何光学知识,它阐述了影、小孔成像及平面镜、凹面镜、凸面镜成像,还说明了焦距和物体成像的关系,这些比古希腊欧几里得(约公元前 330～公元前 275 年)的光学记载早百余年.如“二临鉴而立,景到,多而若少,说在寡区(鉴,镜子;景,镜子内的像)”;“鉴位,景一小而易,一大而正,说在中之外内”;“中之外,鉴者近中,则所鉴大,景亦大;远中,则所鉴小,景亦小.而必易,合于中,而长其直也(中,焦点)”.随着反射、折射等定律的建立,光学真正成了一门科学,这两大定律与光的直线传播(成像)规律一起奠定了几何光学的基础.

关于光的规律和本性的认识等问题,很早就引起了人们的注意.到了 17 世纪已经形成了以牛顿为代表的“微粒说”和惠更斯倡议的“波动说”.两者均可以“解释”光的反射和折射现象,但都没有令人信服的理论,都存在缺陷.在解释光由空气折射入水中时,牛顿认为水中的光速大于空气中的,而惠更斯的看法刚好相反,苦于当时还无法测定光速,因而不能判断对错.牛顿已察觉有些光现象用波动解释更合适,比如牛顿环.惠更斯也无法解释光的偏振现象.直到 19 世纪初,托马斯·杨的双缝干涉实验,傅科通过实验证明水中的光速小于空气中的光速等,人们才开始接受光是一种波,逐步建立了比较完整的光的波动理论.但到了 19 世纪末 20 世纪初,光电效应等一系列实验现象又必须假定光是具有一定能量和动量的粒子流才可以解释.人们更进一步认识到,光甚至实物粒子都具有波动和粒子两重属性(波粒二象性).当光的波动效应不明显,波动性可以忽略时,光遵从沿直线传播、反射、折射等定律,属于几何光学范畴.波动光学则研究光的波动性,光在传播过程中出现的干涉、衍射和偏振等现象.对光的规律及本性的研究还在不断深入,自 20 世纪 60 年代以来,随着激光和光信息技术的出现及大量应用,光学出现了新的发展,并且派生出许多属于现代光学范畴的新分支.人们把建立在光的量子性基础上,深入微观和极短时间领域内研究光及光与物质相互作用规律的分支学科,称为量子光学.

本篇第 10 章介绍了几何光学的基本规律、透镜成像及眼睛的光学系统等内容.第 11 章主要讨论了光的波动理论,包括光的干涉、衍射和偏振现象等.

第10章

几何光学

10.1　几何光学的基本定律

几何光学是以光线为基础，研究光的传播和成像规律的科学.

光线的传播遵循以下三条基本定律：

(1) 光线的直线传播定律. 在各向同性的均匀介质中，光沿直线传播.

(2) 反射定律. 如图 10-1 所示，光在传播途中遇到两种不同媒质的光滑分界面时部分光线发生反射，反射光线与入射光线和法线在同一平面上，反射光线和入射光线分居在法线的两侧；反射角等于入射角，即

$$i_1=i_2$$

式中，i_1 为入射角，i_2 为反射角.

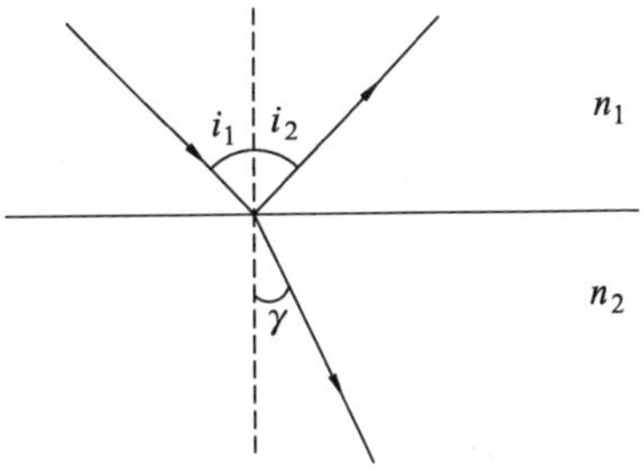

图 10-1　反射定律和折射定律

(3) 折射定律. 如图 10-1 所示，光在传播途中遇到两种不同媒质的光滑分界面时部分光线发生折射，折射光线与入射光线、法线处于同一平面内，折射光线与入射光线分别位于法线的两侧；入射角的正弦与折射角的正弦成正比，即

$$\frac{\sin i_1}{\sin\gamma}=\frac{n_2}{n_1}$$

式中，i_1 为入射角，γ 为折射角，n_1 为第一种介质的折射率，n_2 为第二种介质的折射率.

10.2　球面折射成像

基于光线传播的基本定律，在实际处理光学系统成像问题时，最直接的方法是把折射定律准确地应用于每一个折射面，追迹具有代表性的光线通过光学系统的准确路径，这是光学设计的主要方法. 为了了解光学系统的成像性质和规律，人们在研究近轴区成像规律的基础上建立起了理想光学系统的模型. 几何光学中研究和讨论理想光学系统成像性质的分支称为高斯光学，或称近轴光学，它所研究的光线必须满足近轴条件，它通常只讨论对某一轴线具有旋转对称性的光学系统即共轴光学系统，其中所有的折射面和反射面都是旋转对称面，并有一个共同的对称轴. 一般常见的共轴光学系统中折射面都是球面(平面可当作半径无穷大的球面)，如透镜的表面就是由两个球面组成的，这样的系统所产生的折射现象称为球面折射.

以下为球面折射的一些基本概念和符号法则.

（1）物、像.物和像都是对成像系统而言的，不能理解成具体的物体或图像.物可以看成是由无穷个只有几何位置而没有大小的发射光束的点物构成的，物有虚实之分：实物发出的是发散光线，不会发出会聚光线；会聚的入射光线延长线的交点是虚物，虚物一般是另一个折射面成的像.像是由出射光线形成的，同样，物的像也可以看成是由无穷个只有几何位置而没有大小的点像构成的.点物发出的光束经理想光学系统折射后的交点称为点像，像亦有虚实之分：实际光线会聚的点是实像点；有时候物发出的光线经光学系统折射后不会聚，但是光束的反向延长线能相交在一点，这个点叫虚像点.

（2）物空间、像空间.入射光线所在的空间称为物空间，入射光线所在空间的折射率称为物方折射率.出射光线所在的空间叫像空间，出射光线所在空间的折射率称为像方折射率.判断物空间、像空间的依据不是物或像所在的位置，而是入射光线和出射光线.图 10-2 中，物所在的位置是像空间，像所在的位置却是物空间；物所在的位置的折射率是像方折射率，而像所在的位置的折射率却是物方折射率.

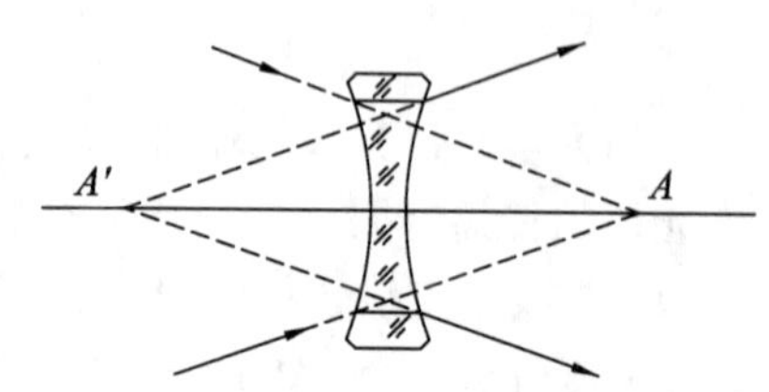

图 10-2　**虚物** A**，虚像** A'

若光学系统由球面组成，各球心的连线都在一条直线上，则该光学系统称为共轴球面系统，这条直线为该光学系统的光轴，也叫作主光轴.球面顶点到曲率中心的距离称为球面的曲率半径，用字母 r 表示.物点到球面顶点或第一主平面的距离称为物距，用字母 u 表示.球面顶点或第二主平面到像点的距离称为像距，用字母 v 表示.

（3）符号法则.实物和实像的物距 u、像距 v 取正，虚物和虚像的物距 u、像距 v 取负；入射光线对着凸面时曲率半径 r 取正，入射光线对着凹面时曲率半径 r 取负.光线的各种夹角恒取正.规定在图上只标记线段的绝对值，若某一字母表示负的数值，则在其前面标以负号.

10.2.1　单球面折射成像

光线从一种介质进入另一种介质时，如果两种介质的分界面是球面的一部分，所产生的折射现象叫作单球面折射.光线在单球面上的折射成像规律是透镜成像理论的基础.

一、单球面折射系统的成像公式

如图 10-3 所示的球面折射系统，它的曲率中心为 C，曲率半径为 r，折射面两边介质的折射率分别为 n_1、n_2，并假定 $n_2>n_1$.通过球面顶点 O 和球心 C 的直线 QOQ' 为球面的主光轴，点光源 Q 位于主光轴上，它到球面顶点 O 的距离 u 为物距.由 Q 点发出的光线 QM 在球面上 M 点被折射，与物点从 Q 点发出的沿主光轴传播的光线相交于 Q'，Q' 为 Q 的像，球面顶点 O 到 Q' 的距离 v 为像距.

由折射定律，有

$$n_1\sin i=n_2\sin i'$$

式中，i 是入射光线 QM 在 M 点的入射角，i' 是从 M 点折射的光线 MQ' 的折射角，由于是近轴光线，α、β、γ、i、i' 都很小，$\tan\alpha\approx\sin\alpha\approx\alpha$，$\tan\beta\approx\sin\beta\approx\beta$，$\tan\gamma\approx\gamma$，$\sin i'\approx i'$，$\sin i\approx i$，我们可以得到

$$n_1 i=n_2 i'$$

在三角形 MQC 中 $i=\alpha+\gamma$，在三角形 $Q'MC$ 中 $i'=\gamma-\beta$，所以

$$n_1(\alpha+\gamma)=n_2(\gamma-\beta)$$

再由于 α、β、γ 都很小，O 和 H 近似在同一点，所以 $\alpha\approx\frac{MH}{QH}=\frac{MH}{u}$，$\beta\approx\frac{MH}{Q'H}=\frac{MH}{v}$，$\gamma\approx\frac{MH}{CH}=\frac{MH}{r}$，将上面三式一并代入式 $n_1(\alpha+\gamma)=n_2(\gamma-\beta)$，整理后，得

$$\frac{n_1}{u}+\frac{n_2}{v}=\frac{n_2-n_1}{r} \tag{10-1}$$

这就是近轴光线的单球面折射成像公式，它给出了单球面折射时，u、v 和 n_1、n_2、r 之间的关系.

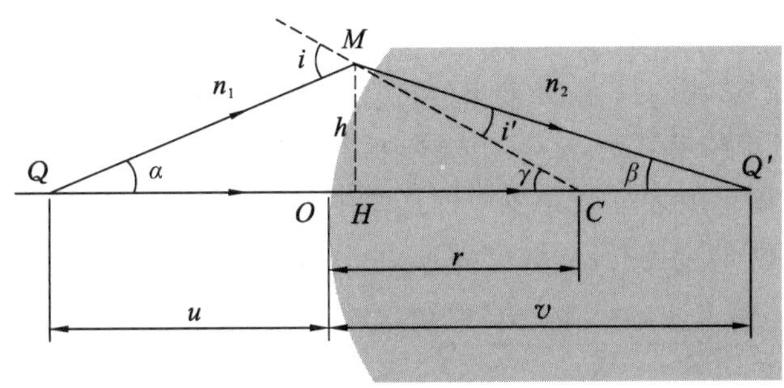

图 10-3 单球面折射

二、单球面折射系统的焦点、焦距和焦度

(1) 第一焦点(图 10-4). 当物点位于主光轴上某点 F_1 时，如果它所发出的光线经折射后变为平行光束即成像于无穷远，则 F_1 称为第一焦点，也叫物方焦点. F_1 到折射面顶点的距离称物方焦距 f_1，f_1 实际上就是像距为无穷远时的物距，将 $v=\infty$ 代入式(10-1)，可得

$$f_1=\frac{n_1}{n_2-n_1}r \tag{10-2}$$

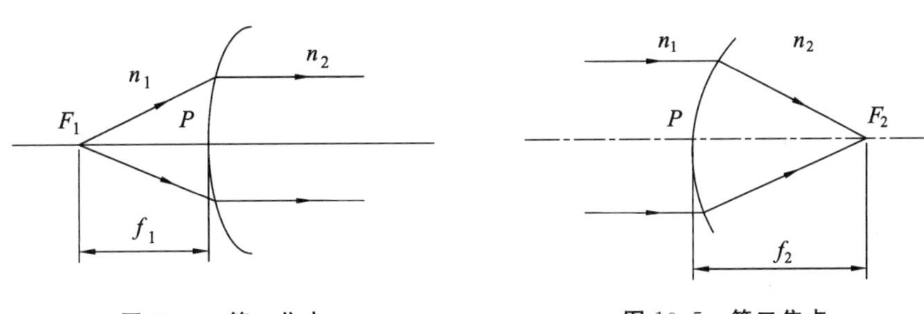

图 10-4 第一焦点　　图 10-5 第二焦点

(2) 第二焦点(图 10-5). 平行于主光轴的入射光线折射后与主光轴的交点 F_2 称为第二焦点，也叫像方焦点. 从球面顶点 O 到像方焦点 F_2 的距离称为像方焦距 f_2，f_2 实际上就是物距为无穷远时的像距，将 $u=\infty$ 代入式(10-1)，可得

$$f_2=\frac{n_2}{n_2-n_1}r \tag{10-3}$$

焦距可正可负，焦距为正时，焦点为实焦点，系统会聚光线；焦距为负时，焦点为虚焦点，系统发散光线. 焦距的绝对值越小，系统折射光线的本领就越大.

通常用焦度表示单球面折射系统对光线的折射本领，焦度用 φ 表示，即

$$\varphi=\frac{n_2-n_1}{r} \tag{10-4}$$

曲率半径 r 用米作单位时，焦度的单位为屈光度，用符号 D 表示，1 D=1 m^{-1}. 焦度 φ 与折射面的曲率半径及两种介质的折射率有关. 两种介质的折射率相差越大，折射面的曲率半径越小，φ 的绝对值越大，对光线的折射本领也越大. φ 有正有负，$\varphi>0$ 时系统会聚光线，$\varphi<0$ 时系统发散光线.

将式(10-2)或式(10-3)代入上式，焦度 φ 也可以表示为

$$\varphi=\frac{n_1}{f_1}=\frac{n_2}{f_2} \tag{10-5}$$

三、横向放大率

像高与物高之比称为系统的横向放大率，用 m 表示. 如图 10-6 所示，在单球面前有一垂直于主光轴的物 QM，从物的顶端 M 发出的平行于主光轴的光线，通过球面折射后，过系统的第二焦点 F_2；通过系统第一焦点 F_1 的光线，折射后平行于主光轴；通过球面曲率中心的光线不改变方向. 只要画出上述三条光线中的任意两条，其相交点就是物的顶端 M 的像 M'. 图中物 MQ 和像 $M'Q'$ 的方向相反，取物高 y 为正(大于零)，像高 y' 为负(小于零).

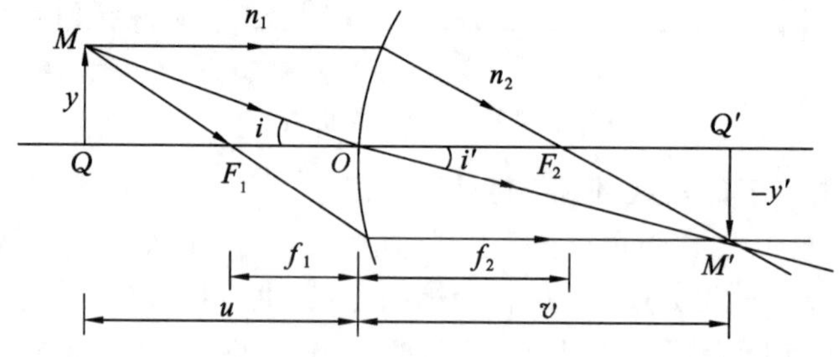

图 10-6　**横向放大率**

在三角形 MQO 中，有

$$\tan i=\frac{y}{u}$$

在三角形 $M'Q'O$ 中，有

$$\tan i'=\frac{-y'}{v}$$

根据折射定律，有

$$n_1\sin i=n_2\sin i'$$

由于是近轴光线，$\tan i\approx\sin i$，$\tan i'\approx\sin i'$，所以横向放大率为

$$m=\frac{y'}{y}=-\frac{n_1 v}{n_2 u} \tag{10-6}$$

像的方向可以与物的方向相同，也可以相反. 如果方向相同，$m>0$，是正立像；如果方向相反，$m<0$，是倒立像. $|m|<1$，像是缩小的；$|m|>1$，像是放大的；$|m|=1$，像与物等高.

例题 10-1　长玻璃棒一端成凸半球形，其曲率半径为 2 cm，将它水平地浸入折射率为 1.33 的水中，沿着棒的轴线离球面顶点 8 cm 处的水中有一物体，求成像的位置、横向放大率及系统的焦距.

解： 已知 $u=8$ cm，$r=2$ cm，$n_1=1.33$，$n_2=1.5$.

由成像公式$\frac{n_1}{u}+\frac{n_2}{v}=\frac{n_2-n_1}{r}$得 $v=-18$ cm，为虚像.

横向放大率 $m=\frac{y'}{y}=-\frac{n_1 v}{n_2 u}=2$，即为正立的放大的像.

由焦距公式得第一焦距 $f_1=\frac{n_1}{n_2-n_1}r=15.65$ cm；第二焦距 $f_2=\frac{n_2}{n_2-n_1}r=17.65$ cm.

例题 10-2　直径为 1 m 的球形鱼缸($n_{水}=1.33$)的中心处有一条小鱼，若玻璃缸壁的影响可忽略不计，求缸外观察者所看到的水中小鱼的表观位置和横向放大率；如果玻璃鱼缸是边长为 1 m 的立方体，小鱼在立方体中心，则缸外观察者看到的水中小鱼的表观位置和横向放大率又是什么？

解：人眼看到的是鱼经折射后成的像.

球形鱼缸时，已知 $u=0.5$ m，$r=-0.5$ m，$n_1=1.33$，$n_2=1$.

由成像公式$\frac{n_1}{u}+\frac{n_2}{v}=\frac{n_2-n_1}{r}$，得 $v=-0.5$ m，即鱼的像在鱼缸内离缸壁 0.5 m 处，即小鱼原来的位置.

横向放大率 $m=\frac{y'}{y}=-\frac{n_1 v}{n_2 u}=\frac{1.33\times0.5}{0.5}=1.33$，即是一放大的正立的虚像.

立方体鱼缸时，$u=0.5$ m，$r=\infty$，$n_1=1.33$，$n_2=1$.

由$\frac{n_1}{u}+\frac{n_2}{v}=\frac{n_2-n_1}{r}$，得 $v=-0.376$ m，即小鱼的像更加靠近表面.

横向放大率 $m=\frac{y'}{y}=-\frac{n_1 v}{n_2 u}=1$，即为一等大的正立的虚像.

四、单球面折射系统作图求像

(1) 轴外物点.

可利用三条典型光线中的任意两条光线作图求像. 第一条：平行于光轴的光线，经折射后光线通过像方焦点；第二条：经过物方焦点的入射光线，经折射后光线平行于光轴；第三条：经过球面曲率中心 C 的入射光线，出射时不改变方向. 如图 10-7 所示，光线交点 P' 即为物点 P 的像.

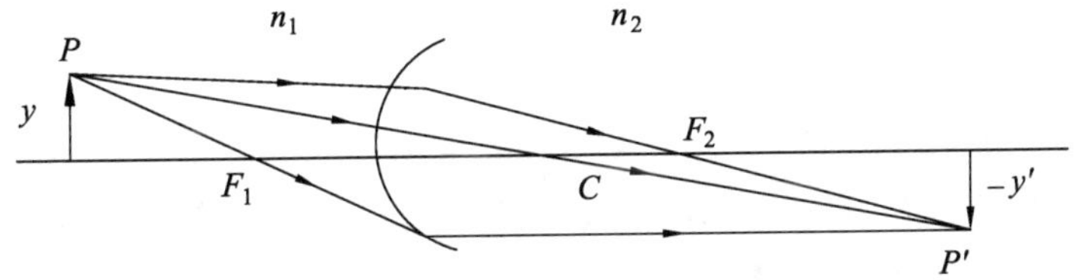

图 10-7　轴外物点作图成像法

(2) 轴上物点.

过焦点且与光轴垂直的平面叫焦平面. 平行入射的光线出射会聚于焦平面上一点；焦平面上某一点发出的光线经折射后出射时是平行光线.

如图 10-8 所示，设轴上物点 P 发出的一条光线和第一焦平面交于 A 点，和球面交于 B 点. 过焦平面上 A 点作过曲率中心 C 的辅助光线 AC，折射后方向不变；由于焦平面上某一点发出的光线经折射后出射时是平行光线，所以 A 发出的到达 B 点的光线经折射后与 AC

平行，它和另一条由 P 点发出的沿主光轴的光线相交于 P'，P'即为 P 的像点.

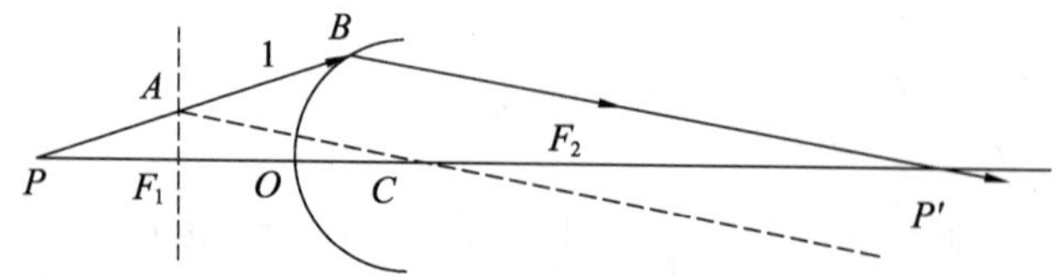

图 10-8　轴上物点作图成像法

10.2.2　共轴球面系统

如果折射球面不止一个，而这些折射球面的曲率中心都在一直线上，这个系统称为共轴球面系统，下面介绍求解共轴球面系统成像问题的两种方法.

一、依次成像法

所谓依次成像法，就是先求出物体通过第一折射面所成的像，将此像作为第二折射面的物，再求该物通过第二折射面所成的像……如此下去，直到求出通过最后折射面所成的像.

例题 10-3　玻璃球（$n=1.5$）的半径为 10 cm，置于空气中，如图 10-9 所示. 若在球前 30 cm 处放一点光源 O，求该点光源的近轴光线通过玻璃球后所成像的位置.

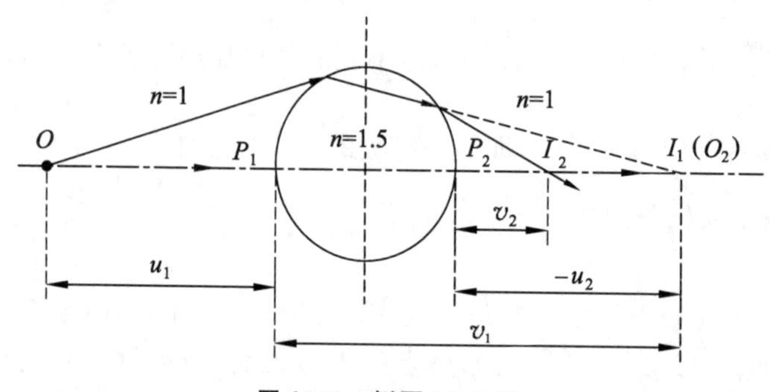

图 10-9　例题 10-3 图

解： 点光源 O 经第一折射面折射成像，已知 $u_1=30$ cm，$r_1=10$ cm，$n_1=1$，$n_2=1.5$，代入单球面折射公式 $\frac{n_1}{u_1}+\frac{n_2}{v_1}=\frac{n_2-n_1}{r_1}$，得 $v_1=90$ cm.

如果没有第二折射面，即第一折射面后面都是玻璃介质的话，第一次成像应在 P_1 后 90 cm 的 I_1 处，但由于存在第二折射面，所以光线未到达 I_1 就要发生二次折射. 对第二折射面来说，第一折射面所成的像 I_1 就是第二次折射的物 O_2，按照符号法则，$u_2=P_1P_2-90=-70$(cm)，O_2 为虚物；又第二面是凹面，迎着光线，$r_2=-10$ cm，第二次折射时物方折射率为 $n_1'=1.5$，像方折射率 $n_2'=1$，代入

$$\frac{n_1'}{u_2}+\frac{n_2'}{v_2}=\frac{n_2'-n_1'}{r_2}$$

得 $\frac{1.5}{-70}+\frac{1}{v_2}=\frac{1-1.5}{-10}$，解得 $v_2=14$ cm. 即最后在玻璃球后（第二面顶点 P_2 后）14 cm 处成一实像.

二、三对基点等效光路法

任何共轴球面系统，不论有多少个折射面，虽然原则上都可依次采用成像法求像，但一般来说是相当繁杂的. 通过对近轴区成像规律的研究发现，任何具体的光学系统都能与一个等效模型相对应，可以撇开具体的光学系统结构，只用三对基点的位置及一对焦距的大小来表征该系统. 对于不同的系统，模型的差别仅在于基点位置和焦距大小有所不同，这样的方法称为共轴球面系统的三对基点等效光路法. 根据三对基点的性质能得到物体被此模型成像时像的位置、大小、正倒和虚实等成像特性和规律.

图 10-10 表示一个具有多个折射面的共轴球面系统，图中仅画出了第一个折射面和最后一个折射面. 下面介绍共轴球面系统的三对基点概念.

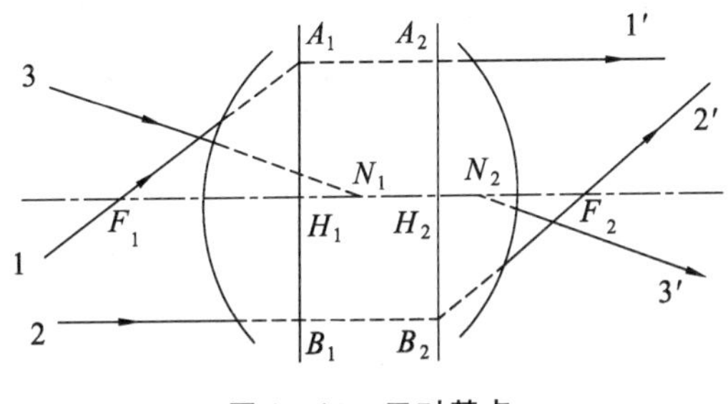

图 10-10 三对基点

(1) 一对焦点. 任何共轴球面系统对入射光线的作用不外乎是会聚或发散光线，因此它应有两个等效的主焦点. 若主光轴上某点 F_1 发出的光线 1 经系统折射后成为平行于主光轴的光线 $1'$，则点 F_1 称为该共轴球面系统的第一主焦点；平行于主光轴的光线 2 经系统折射后成为与主光轴相交于点 F_2 的光线 $2'$，则点 F_2 称为该共轴球面系统的第二主焦点.

(2) 一对主点. 若将通过 F_1 的入射光线 1 和它通过系统折射后的出射光线 $1'$ 按图10-10虚线延长或反向延长，两者相交于 A_1 点，过 A_1 作垂直于主光轴的平面 A_1B_1，与主光轴相交于 H_1 点，则 H_1 称为该共轴球面系统的第一主点，平面 A_1B_1 为第一主平面；同样，将平行于主光轴的入射光线 2 和它通过系统折射后的出射线 $2'$ 延长或反向延长，可求得共轴球面系统的第二主点 H_2 和第二主平面 A_2B_2. 系统的物距、第一焦距分别为物点、第一主焦点到第一主点的距离；像距、第二焦距分别为第二主点到像点、第二主焦点的距离.

(3) 一对节点. 主光轴上存在着某一点 N_1，以任何角度向 N_1 入射的光线 3 经系统折射后，出射光线 $3'$ 将平行于入射光线从 N_2 射出，则 N_1 和 N_2 分别称为该共轴球面系统的第一节点和第二节点. 光线通过节点时不改变方向，只产生平移.

根据三对基点的性质，可以利用下列三条光线中的任意两条用作图方法求出物体经系统折射后所成的像. 三条光线如图 10-11 所示：通过第一主焦点的光线，在第一主平面折射后成为平行于主光轴的光线；平行于主光轴的光线，在第二主平面折射并通过第二主焦点射出；通过第一节点的光线，从第二节点平行于原来方向射出.

三对基点的位置可用理论或实验的方法确定.

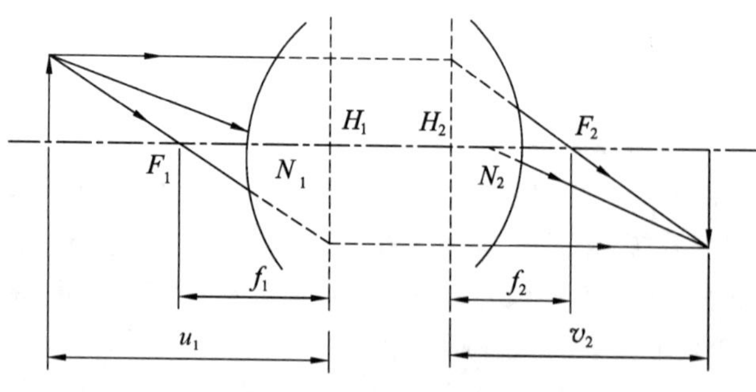

图 10-11　三对基点成像法

10.3　透镜成像

10.3.1　薄透镜成像

透镜是指共轴球面系统中仅有两个折射面而其中至少有一个表面是曲面的系统.常见的曲面是球面.当透镜的厚度(两个表面顶点间的距离)与其焦距相比不能忽略时,则这种透镜称为厚透镜;透镜的厚度与焦距的长度比较可以被忽略时,这种透镜称为薄透镜.薄透镜两个球面的顶点可视为重合在一点,是薄透镜的中心.边缘薄、中心厚的透镜叫作凸透镜;边缘厚、中心薄的透镜叫作凹透镜.各种薄透镜的形状和名称如图 10-12 所示.

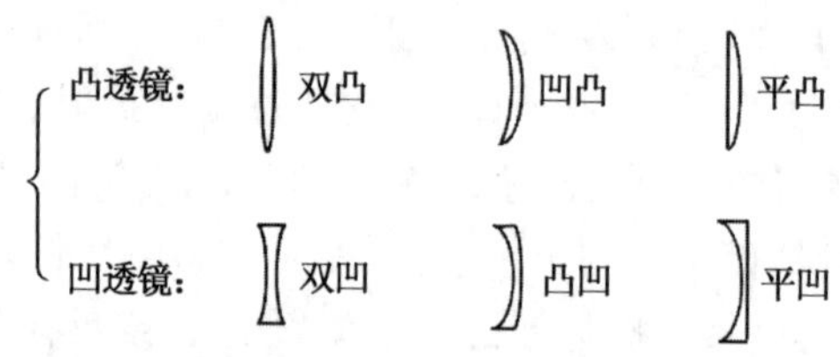

图 10-12　薄透镜

一、薄透镜成像公式

如图 10-13 所示,曲率半径分别为 r_1、r_2,折射率为 n 的薄透镜放置于折射率为 n_0 的介质中,用依次成像法求物像关系:先求出物体 O 经过第一折射面所成的像 I_1,再将此像作为第二折射面的物,求出它经过第二折射面后所成的像 I.

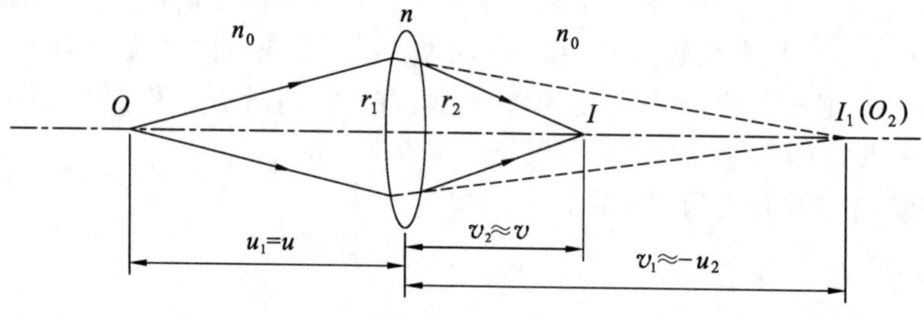

图 10-13　薄透镜成像公式的推导

对第一个折射面，由单球面成像公式，可得

$$\frac{n_0}{u_1}+\frac{n}{v_1}=\frac{n-n_0}{r_1}$$

对第二两个折射面，由单球面成像公式，可得

$$\frac{n}{u_2}+\frac{n_0}{v_2}=\frac{n_0-n}{r_2}$$

对于薄透镜，$u_2\approx -v_1$. 若令 $u_1=u, v_2=v$，则上面两式分别变为

$$\frac{n_0}{u}+\frac{n}{v_1}=\frac{n-n_0}{r_1}$$

$$\frac{n}{-v_1}+\frac{n_0}{v}=\frac{n_0-n}{r_2}$$

将上面两式相加，整理后得

$$\frac{1}{u}+\frac{1}{v}=\frac{n-n_0}{n_0}\left(\frac{1}{r_1}-\frac{1}{r_2}\right) \tag{10-7}$$

上式是薄透镜成像公式. 若将薄透镜置于空气中，$n_0=1$，则上式可简化为

$$\frac{1}{u}+\frac{1}{v}=(n-1)\left(\frac{1}{r_1}-\frac{1}{r_2}\right) \tag{10-8}$$

利用透镜成像公式计算时，u、v、r_1、r_2 的正负号规则均遵循球面折射的符号法则.

二、薄透镜的焦点和焦距

如图 10-14 所示，当主光轴上某点 F_1 发出的光线经折射后变为平行光束即成像于无穷远时，则 F_1 称为第一焦点，也叫物方焦点，F_1 到透镜中心 O 的距离称为第一焦距 f_1，f_1 即 $v=\infty$ 时的物距. 若与主光轴平行的入射光线经透镜折射后相交于光轴上的某点，则该点叫作第二焦点，也叫像方焦点，用 F_2 表示，从透镜中心 O 到该点之间的距离叫作第二焦距 f_2，f_2 即 $u=\infty$ 时的像距. 由式(10-7)得 $f_1=f_2$，一般用 f 表示，即

$$f=f_1=f_2=\left[\frac{n-n_0}{n_0}\left(\frac{1}{r_1}-\frac{1}{r_2}\right)\right]^{-1} \tag{10-9}$$

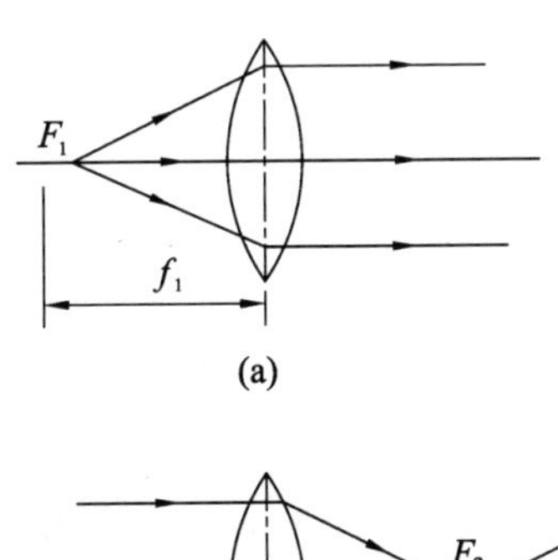

(a)

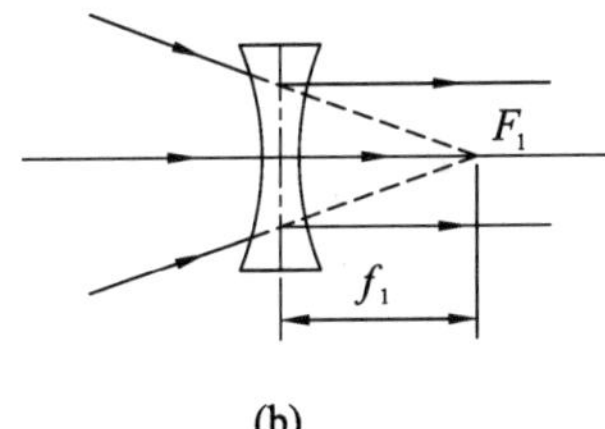

(b)

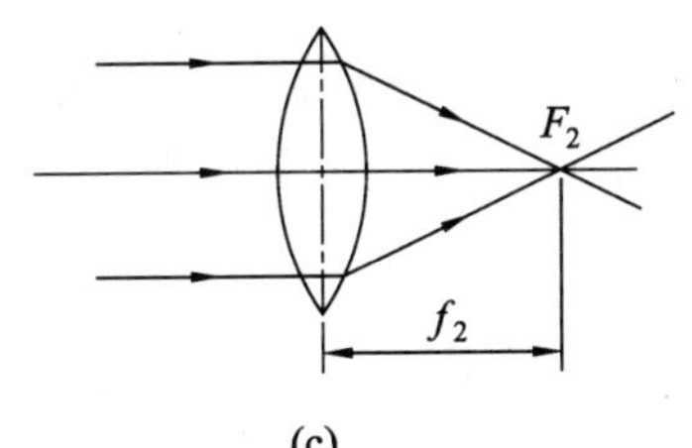

(c)

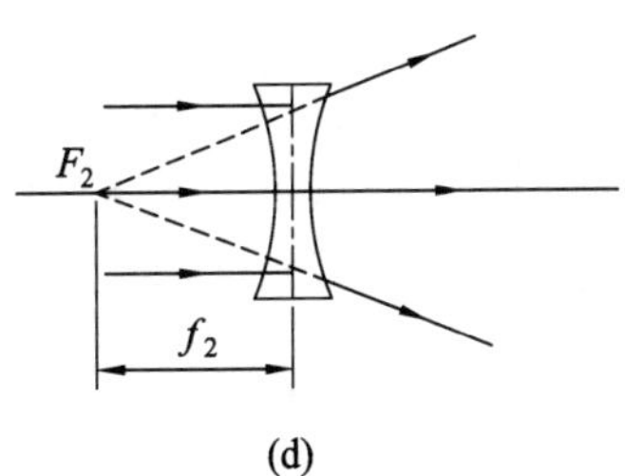

(d)

图 10-14 焦点和焦距

焦距为正时，称为实焦点，透镜会聚光线；焦距为负时，称为虚焦点，透镜发散光线. 薄透镜的焦距随所在环境折射率的不同而不同.

薄透镜成像公式也可表示为

$$\frac{1}{u}+\frac{1}{v}=\frac{1}{f} \tag{10-10}$$

式(10-10)称为高斯公式.

应注意的是，薄透镜的成像公式(10-7)和焦距公式(10-9)是在薄透镜两边折射率相同的情况下推导求得的，因此当薄透镜两边的折射率不相同时，薄透镜的成像公式及高斯公式(10-10)都不成立，这种情况可以依次用成像法或三对基点等效光路法来求物像关系.

三、焦度

透镜的焦距越短，它会聚或发散光线的本领就越强. 因此，焦距的倒数$\frac{1}{f}$表征了透镜折光能力的大小，称为透镜的焦度，用 φ 表示，即

$$\varphi=\frac{1}{f} \tag{10-11}$$

根据焦度和焦距的关系，焦度也有正负之分. 焦度为正时，透镜会聚光线，称为会聚透镜或正透镜；焦度为负时，透镜发散光线，称为发散透镜或负透镜. 焦距以 m 为单位时，焦度的单位叫屈光度，记为 D. 在配眼镜时透镜焦度也常用度作单位，1 D=100 度.

四、横向放大率

像高与物高之比称为系统的横向放大率，用 m 表示. 如图 10-15 所示，可得薄透镜的横向放大率公式：

$$m=\frac{y'}{y}=-\frac{v}{u} \tag{10-12}$$

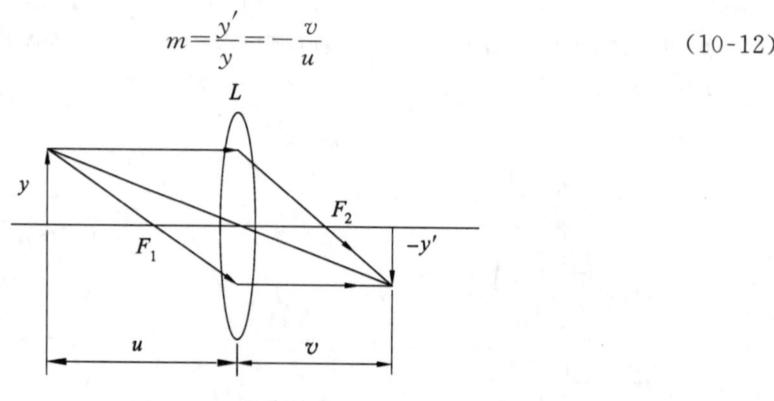

图 10-15　**横向放大率**

五、薄透镜作图求像的原理

对轴外的物点可利用两条典型光线来作图求像. 第一条：平行于主光轴的光线，经薄透镜折射后通过第二焦点；第二条：经第一焦点入射的光线，经折射后出射成平行于主光轴的光线，两条光线的交点即像点，如图 10-16 所示.

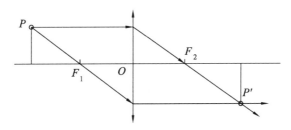

图 10-16 轴外物点的作图方法

轴上的物点可以利用第一焦平面来作图,因为第一焦平面上的任一点发出的光线经薄透镜折射后,其出射光线一定是一簇平行光线. 如图 10-17 所示,设轴上物点 P 发出的一条光线和第一焦平面交于 A 点,和透镜交于 B 点,过焦平面上的交点 A 作平行于主光轴的辅助光线 AC,AC 出射后会通过焦点 F_2;由于 AB、AC 都是焦平面上 A 点发出的光线,经透镜折射后出射光线是两条平行光线,所以经 B 点折射的光线与辅助光线 CF_2 平行,它和从 P 点发出的另一条沿着主光轴的光线相交于 P' 点,P' 即 P 的像点.

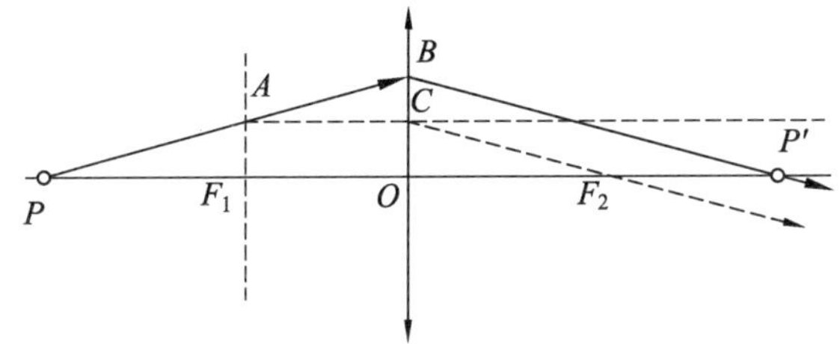

图 10-17 轴上物点的作图方法

当透镜两侧的折射率相同时,透镜的两个焦距相等,通过透镜中心的出射光线方向不变,这条光线可以作为第三条作图的典型光线.

例题 10-4 空气中有一焦距为 10 cm 的薄双凸透镜($n=1.5$,两凸面的曲率半径相同),若将该透镜放入水中,求透镜的焦距.

解:由透镜在空气中的焦距可计算出两凸面的曲率半径.

设薄透镜一个凸面的曲率半径 $r_1=r$,则另一凸面的曲率半径 $r_2=-r$,由透镜在空气中的焦距 $f=10$ cm,$n_0=1$,$n=1.5$,根据焦距公式 $f=\left[\frac{n-n_0}{n_0}\left(\frac{1}{r_1}-\frac{1}{r_2}\right)\right]^{-1}$,可得

$$10=\left[\frac{1.5-1}{1}\left(\frac{1}{r}-\frac{1}{-r}\right)\right]^{-1}$$

解得 $r=10$ cm.

放入水中时,$n_0=1.33$,由焦距公式 $f=\left[\frac{n-n_0}{n_0}\left(\frac{1}{r_1}-\frac{1}{r_2}\right)\right]^{-1}$,可得水中焦距为

$$f'=\left[\frac{1.5-1.33}{1.33}\left(\frac{1}{10}-\frac{1}{-10}\right)\right]^{-1}=39(\text{cm})$$

例题 10-5 如图 10-18 所示,两薄透镜 L_A、L_B 置于空气中,相距 30 cm,其焦距分别为 15 cm 和 12 cm. 一物 PQ 置于透镜 L_A 前 20 cm 处,物高为 3 mm,求:

(1) 像的位置.

(2) 像的大小和性质.

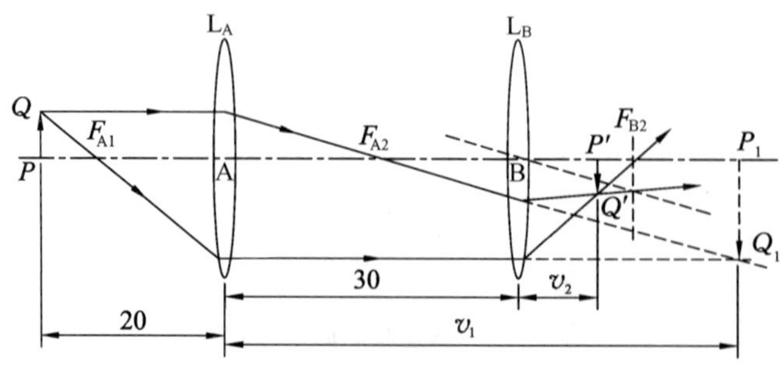

图 10-18 例题 10-5 图

解：(1) 物经透镜 L_A 成像，已知 $u_1=20\ \text{cm}$，$f_A=15\ \text{cm}$.

代入透镜成像公式 $\frac{1}{u_1}+\frac{1}{v_1}=\frac{1}{f_A}$，解得 $v_1=60\ \text{cm}$.

第二次成像时，对 L_B 来说，$u_2=AB-v_1=30-60=-30(\text{cm})$，$f_B=12\ \text{cm}$.

代入成像公式 $\frac{1}{u_2}+\frac{1}{v_2}=\frac{1}{f_B}$，解得 $v_2=8.6\ \text{cm}$，故最后成实像于 L_B 后 8.6 cm 处.

(2) 第一次成像的放大率为

$$m_1=\frac{y'}{y}=-\frac{v_1}{u_1}=-\frac{60}{20}=-3$$

第二次成像的放大率为

$$m_2=\frac{y''}{y'}=-\frac{v_2}{u_2}=-\frac{8.6}{-30}=0.29$$

总放大率 $m=m_1m_2=-0.87$，故像高 $y''=m\cdot y=-2.61\ \text{mm}$，因此，物体经透镜组后成一缩小、倒立的实像.

六、复合透镜

两薄透镜紧密黏合在一起，就组成了复合透镜. 复合透镜的厚度仍然可以忽略不计，仍为薄透镜，如图 10-19 所示. 两个紧密接合的薄透镜，焦距分别为 f_1 和 f_2，据高斯公式(10-10)，可以分别写出：

$$\frac{1}{u_1}+\frac{1}{v_1}=\frac{1}{f_1}$$

$$\frac{1}{u_2}+\frac{1}{v_2}=\frac{1}{f_2}$$

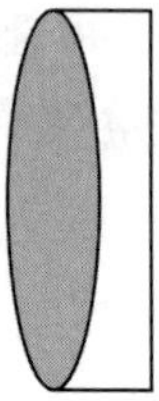

图 10-19 复合透镜

因两透镜之间的距离 $d\approx 0$，故两次成像时 $u_2=d-v_1=-v_1$，令 $u=u_1$，$v=v_2$，分别代入上面两式，得

$$\frac{1}{u}+\frac{1}{v_1}=\frac{1}{f_1}$$

$$\frac{1}{-v_1}+\frac{1}{v}=\frac{1}{f_2}$$

将两式相加，整理后得

$$\frac{1}{u}+\frac{1}{v}=\frac{1}{f_1}+\frac{1}{f_2}=\frac{1}{f} \tag{10-13}$$

式中，f 叫作复合透镜的等效焦距. 如果用 φ_1、φ_2 和 φ 分别表示第一透镜、第二透镜以及上述复合透镜的焦度，则

$$\varphi=\frac{1}{f}=\varphi_1+\varphi_2 \tag{10-14}$$

10.3.2 透镜的像差

上面讨论的透镜成像公式仅仅是当入射光线束为近轴光线束时才是正确的，如果入射光线束不满足近轴光线的条件，或者入射光是复色光，透镜所成的像就会有各种各样的缺陷，不能成完整的像，存在一定的像差. 像差是实际像与理想像之间的差异. 像差一般分两大类：色像差和单色像差.

色像差是由于透射材料折射率随波长变化，造成物点发出的不同波长的光线通过光学系统后不能会聚在一点，而形成的有色的弥散斑. 色像差可分为与物高无关的像差，也称位置色差，以及与物高成正比的像差，也称放大率色差. 图 10-20(a)表示两束平行于主光轴的复合光，经透镜折射后，红光的会聚点远于紫光的会聚点，两种颜色的光不能聚成清晰的亮点，而是形成一个带有彩色边缘的小圆. 凸透镜和凹透镜具有相反性质的色像差，因而可以用适当的凸透镜和凹透镜组合成复合薄透镜来减小色像差. 例如，可以在由冕牌玻璃制成的凸透镜上粘一块适当的火石玻璃制成的凹透镜，使通过凸透镜所产生的色像差大部分被凹透镜抵消，这样就可以得到消色差透镜，如图 10-20(b)所示.

单色像差是指在光线为单色光时也会产生的像差，分为球差、彗差、像散、像场弯曲和畸变五种.

轴上物点发出的宽光束经球面光学系统以后，与光轴成不同角度的光线(非近轴光线)会聚在主光轴上不同的位置，因此，在像面上形成一个圆形弥散斑，这就是球差. 对于单色光而言，球差是轴上点成像时唯一存在的像差. 一般而言，加光阑可以减小但不能完全消除球差. 以适当形状的正、负透镜组合成的双透镜组或复合透镜是可以消除球差的一种简单结构，非球面镜片也可以有效地解决球差问题. 相比球面镜片，非球面镜片的边缘更薄，透镜中央处通过的光线和边缘处通过的光线都可以正确地会聚到同样的位置，有效矫正球差，如图 10-21 所示.

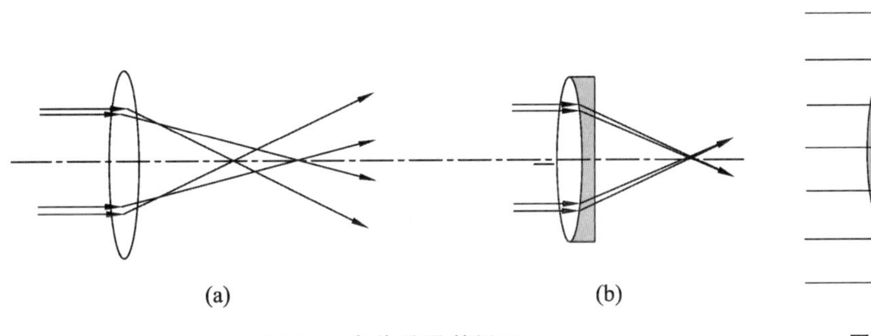

图 10-20 色像差及其矫正

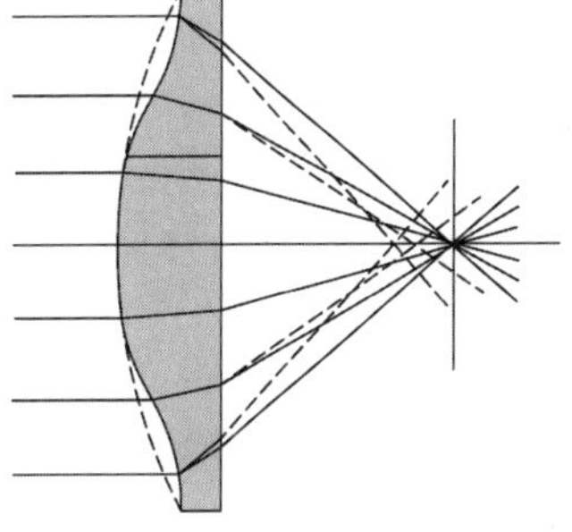

图 10-21 非球面镜片

轴外近轴物点发出的宽光束经透镜折射后，在理想平面处不能形成清晰点，而是形成拖着明亮尾巴的彗星形光斑，这种成像缺陷称为彗差. 彗差的大小是以它所形成的弥散光斑的不对称程度来表示的.

当物点离开光轴较远时，入射光束将不对称地射到透镜上，此时出射光束将不是圆光束，光斑一般呈椭圆形，但在两个位置退化为直线，称为散焦线. 两散焦线互相垂直，分别称为子午焦线和弧矢焦线，如图 10-22 所示，这种成像缺陷称为像散.

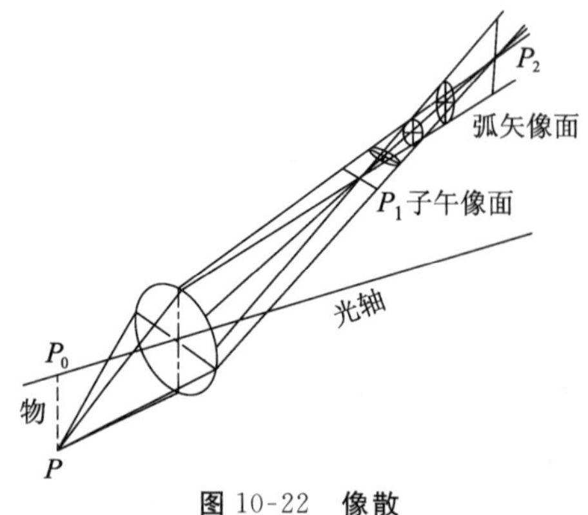

图 10-22　像散

平面物成的像不是平面而是弯曲的，这种成像缺陷称场曲．当光学系统存在严重的场曲时，就不能使一个较大平面物体各点同时成清晰像，当把中心调焦清楚了，边缘就模糊，反之亦然，所以大视场系统必须校正场曲．场曲影响的也是轴外像点的清晰程度．场曲分为子午场曲及弧矢场曲．可用高折射率的正透镜与低折射率的负透镜，并适当拉开距离来矫正．

物点离主光轴的距离不同，横向放大率也不同，畸变就是由于横向放大率在整个视场范围内不能保持一致而引起的．常见的畸变类型有枕形畸变和桶形畸变两种，如图 10-23 所示．畸变只使像的形状产生失真，并不影响像的清晰程度．

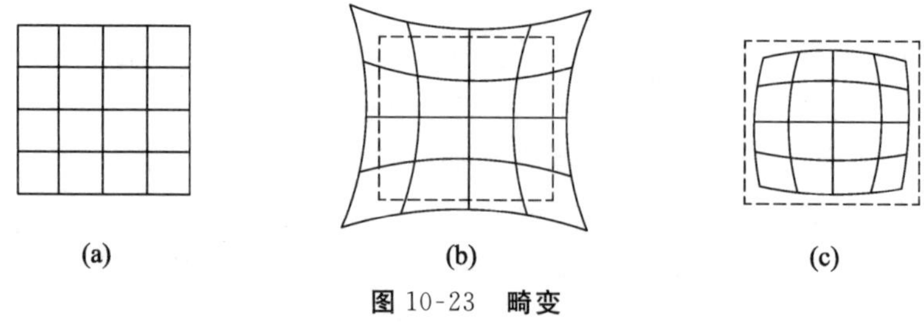

图 10-23　畸变

10.4　放大镜　光学显微镜

由于眼睛的分辨率有一定的限制，要清楚地辨别出所观察物体的细节就必须使该细节的视角大于眼睛的最小分辨角．当观察细小物体时，常常要使物体移近眼睛，以增大视角．但是由于眼的调节能力是有限度的，观察物体时物距一般不能小于 10～12 cm，因此当不能进一步移近物体以增大视角时就须通过一个光学仪器来扩大物体的视角，这样人眼才能看清该物体．帮助人眼看清物体的光学仪器称为助视光学仪器．放大镜、显微镜和望远镜等都属于助视光学仪器．这类光学仪器的放大作用不能仅用光学系统自身的放大率来表征．下面讨论放大镜和显微镜．

10.4.1　放大镜

放大镜实际上就是一个会聚透镜，在利用放大镜观察物体时，通常把物体放在放大镜的焦点以内靠近焦点处，这样就在远处成一虚像，通过放大镜的光线以近似平行的光线进入眼内，如图 10-24 所示．

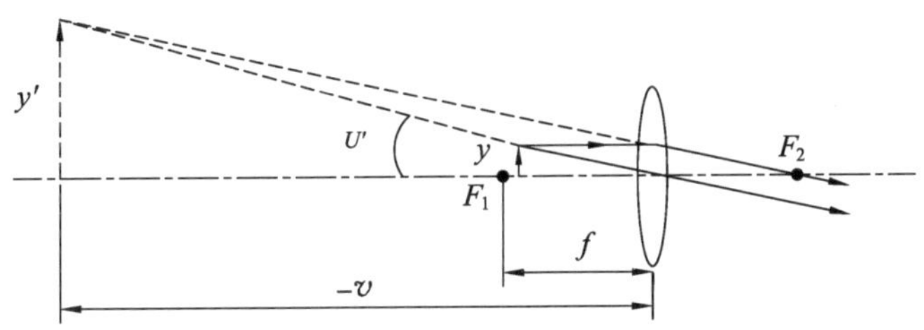

图 10-24 放大镜

放大镜的放大本领定义为:物体经放大镜在视网膜上所成像对光心所张角与肉眼直接观察时物体在视网膜上成的像对光心所张角之比,用 α 表示,称为视角放大率,简称角放大率. 即

$$\alpha=\frac{U'}{U} \tag{10-15}$$

在图 10-24 中,设利用放大镜观察物体 y 时,所成的像为 y',像 y'对眼睛的张角为 U',$\tan U'=\frac{y'}{-v}\approx\frac{y}{f}$;物体 y 放在明视距离 25 cm 处直接用肉眼观察时,对眼睛的张角为 U,$\tan U=\frac{y}{25}$. 由于 U'、U 都很小,所以 $\tan U\approx U$,$\tan U'\approx U'$.

代入式(10-15),得

$$\alpha=\frac{25}{f} \tag{10-16}$$

式中,f 的单位是 cm.

式(10-16)表明放大镜的角放大率与焦距 f 成反比,减小焦距可增大角放大率. 但是由于像差等各种原因,放大镜的放大倍率最大也就十几倍.

10.4.2 光学显微镜

一、显微镜的放大本领

光学显微镜是常用的助视仪器,它可以用来观察微小的物体. 它由两组会聚透镜组成,靠近物的一组叫物镜,靠近眼睛的一组叫目镜,物镜和目镜的焦距分别为 f_o和 f_e,f_o很短,f_e稍长. 被观察的物体 y 放在物镜前方第一焦点稍外的地方,y 经物镜放大成一倒立的实像 y'. 目镜的作用和放大镜相同,因此 y'应落在目镜第一焦点以内靠近焦点处,经目镜再放大成一虚像 y'',如图 10-25 所示.

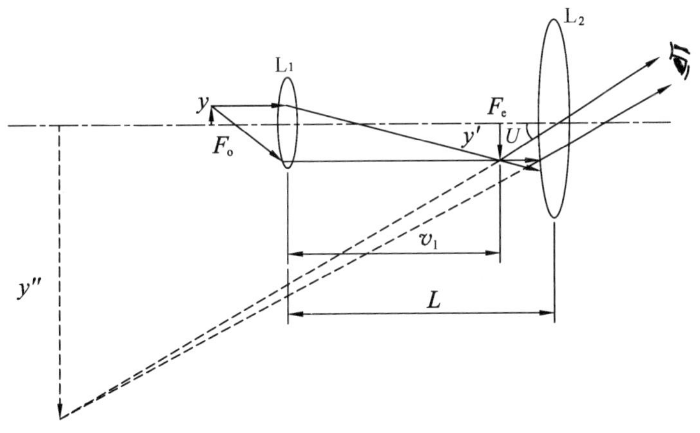

图 10-25 显微镜光路图

通过目镜放大后，虚像到眼睛的张角为 U'；而不用显微镜时明视距离处的物体到眼睛的张角为 U，根据视角放大率的定义，显微镜的角放大率为

$$M=\frac{U'}{U} \tag{10-17}$$

由图 10-25 可知，$\tan U'=\frac{y'}{f_e}$；而眼睛直接观察时 $\tan U=\frac{y}{25}$，由于 U'、U 都很小，所以有

$$M=\frac{U'}{U}\approx\frac{\tan U'}{\tan U}=\frac{y'}{y}\cdot\frac{25}{f_e} \tag{10-18}$$

式中，$\frac{y'}{y}$是物镜的横向放大率，用 m 表示；$\frac{25}{f_e}$是目镜的角放大率，用 α 表示，故

$$M=m\alpha \tag{10-19}$$

这表明显微镜的总放大率等于物镜的横向放大率与目镜的角放大率的乘积. 显微镜一般附有可调换的物镜和目镜，可适当配合使用，来获得所需要的放大率.

通常物体放在物镜的焦点外靠近焦点的地方，物距近似等于物镜的焦距 f_o，所以 $m=\frac{y'}{y}\approx-\frac{v_1}{f_o}$，$v_1$ 为像 y'到物镜的距离即物镜所成像的像距. 又 y'落在目镜第一焦点以内靠近焦点处，而显微镜的焦距与镜筒的长度 L 相比总是很小的，故 $v_1\approx L-f_e\approx L$，可近似地用显微镜镜筒的长度 L 代替 v_1，这样，显微镜的角放大率可表示为

$$M\approx-\frac{25L}{f_o f_e} \tag{10-20}$$

式中，25 是眼的明视距离，其单位是 cm，因此计算显微镜总放大率时应注意另外三个长度量单位与 25 cm 的匹配. 由式(10-20)可知，镜筒越长，物镜和目镜的焦距越短，则显微镜的放大率越大. 式中的负号表示最后的像相对于物体是倒立的.

二、显微镜的分辨本领

光学仪器的分辨本领是指它能够清晰地分辨被观察物体细节的本领，显然，仪器所能分辨的两点间的距离越小，其分辨本领就越大. 故分辨本领常用所能分辨的两点间的最小距离 z 来表示. 由于镜头对光束的限制而产生衍射效应，物点发射的光波在像面上不可能成为一个像点，而是以像点为中心的圆孔衍射像斑. 这就是说，即使不考虑所有几何像差，成像光学仪器也无法实现点物成点像的理想情况. 因此，物面上相距很近的两个分离的物点，在像面上就可能成为两个互相重叠的衍射斑，这两个衍射斑甚至可能过度重叠，变得模糊一团，以致观察者无法辨认物方两个物点的存在. 为了给光学仪器规定一个分辨细节能力的统一标准，通常采用瑞利判据. 瑞利判据规定，当一个像斑中心刚好落在另一个像斑边缘(即一级暗环)时，两个像斑恰好可以分辨(图 10-26). 衍射斑的大小由第一暗环的方向角 θ 决定，对于须用助视仪器来分辨的微小物体而言，θ 很小，故 $\theta=\arcsin 1.22\frac{\lambda}{D}\approx1.22\frac{\lambda}{D}$，式中，$\lambda$ 为光波的波长，D 为通光圆孔的直径.

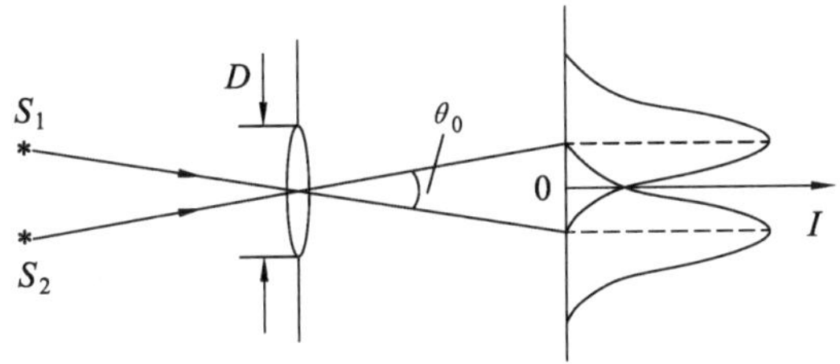

图 10-26 瑞利判据

德国光学家阿贝研究指出，对于显微镜的物镜，它所能分辨的两点间的最小距离为

$$z=\frac{0.61\lambda}{n\sin u} \tag{10-21a}$$

式中，λ 为所用光波的波长，$n\sin u$ 是物镜的数值孔径，记为 N. A.，则上式又可写成

$$z=\frac{0.61\lambda}{\text{N. A.}} \tag{10-21b}$$

数值孔径 N. A. $=n\sin u$，式中，n 是物镜前方透镜与标本之间介质的折射率，u 是被观察物体射到物镜边缘的光线与主光轴的夹角（称为孔径角）. 由式（10-21）可得，物镜的数值孔径越大，所用光波的波长越短，显微镜能够分辨的两点间的距离就越小，分辨本领就越高.

显微镜的分辨本领只取决于物镜，目镜只能放大物镜所能分辨的细节，而不能提高物镜的分辨本领. 要提高物镜的分辨本领，可以设法增加数值孔径或减小光波波长.

利用油浸物镜可增加 n 和 u 的值以增加物镜的数值孔径. 如图 10-27 所示，若标本物体置于空气中（称为干物镜），因为在盖玻片和空气的分界面上，入射角大于临界角 42°的光束都被反射了，所以 N. A. 不可能大于 1. 但若把标本与物镜之间的介质换成折射率和玻璃差不多的香柏油（$n=1.52$），就构成了油浸物镜，既增加了 n，又避免了全反射，物镜的数值孔径 N. A. 理论上可提高到 1.5，实际上也可达到 1.36 左右. 由于油浸物镜中避免了全反射，像的亮度也得到了提高.

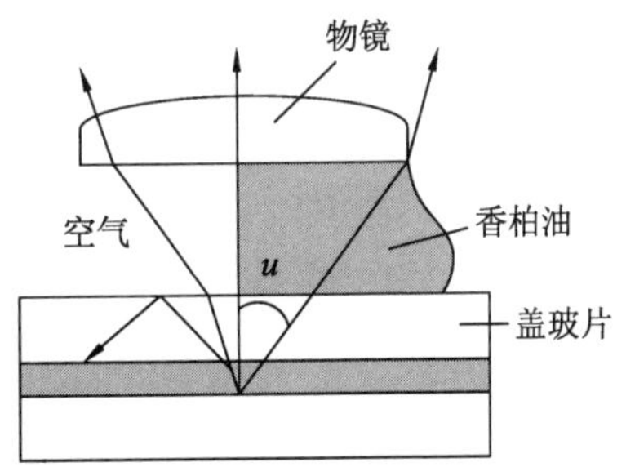

图 10-27 干物镜和油浸物镜数值孔径对比

采用波长短的光成像也可以提高显微镜的分辨本领，例如，用紫外光代替可见光，但使用紫外光成像时，光学系统包括载玻片在内都须使用石英或萤石制品，且图像须转换成人眼所能看见的. 由于电子具有波动性，如果利用波长极短的电子射线来代替可见光，分辨本领可大大提高. 在电子显微镜中，电子束有千分之几纳米的有效波长，因而电子显微镜具有很高的分辨本领，能看到病毒和蛋白质的分子结构等. 随着电子显微镜不断地被发展和改进，人们将可以看到更微小的物体，从而进一步了解微观世界的奥秘.

例题 10-6 （1）显微镜用波长为 250 nm 的紫外光照射时，其分辨本领比用波长为 500 nm 的可见光照射时增大多少倍？

（2）它的物镜在空气中的数值孔径约为 0.75，用紫外光所能分辨的两线之间的最小距离是多少？

（3）用折射率为 1.56 的油浸物镜时，这个最小距离又为多少？

解：(1) 显微镜的最小距离为 $z=\frac{0.61\lambda}{n\sin u}$，有

$$\frac{z_1}{z_2}=\frac{\lambda_1}{\lambda_2}=\frac{250\ \text{nm}}{500\ \text{nm}}=\frac{1}{2}$$

所以用紫外光照射，分辨本领增至2倍，即比可见光照射时增大1倍.

(2) 空气中 $n=1$，$n\sin u=\sin u=0.75$.

以紫外光照射时的最小分辨距离为

$$z=\frac{0.61\lambda}{n\sin u}=\frac{0.61\times 250}{0.75}=203(\text{nm})\approx 0.2(\mu\text{m})$$

(3) 用折射率为1.56的油浸物镜时，$n=1.56$，$\sin u=0.75$.

仍用紫外光照射，用油浸物镜时的最小距离为

$$z'=\frac{0.61\lambda}{n\sin u}=\frac{0.61\times 250}{1.56\times 0.75}=130(\text{nm})\approx 0.13(\mu\text{m})$$

三、几种特殊光学显微镜

(1) 紫外线显微镜.

由于利用紫外线作显微镜的照明光源，可使最小分辨距离减小到用可见光照明时的二分之一，观察到更小的细节，因此人们设计了用紫外线作照明光源的紫外线显微镜. 由于某些化合物，特别是核酸，在紫外线区显示出特殊的吸收效应，故使用紫外线显微镜可以观察这类化合物的存在，鉴定单细胞的组成物，研究染色组织和活组织. 例如，可观察细胞内核酸的分布状况和细胞发育中核酸的变化，区别没有被染色的活细胞核和细胞质. 因此，采用紫外线显微镜不仅可以提高分辨本领，而且可以利用上述的特殊效应研究某些细胞的成分.

由于玻璃会阻挡紫外线，故紫外线显微镜的透镜等光学部件要采用石英材料，由于它只能消除球面像差，不能消除色像差，故为使样品的像清晰，紫外光的波长单色性要好，且要求光源很强. 一般用一万伏的水冷式变压水银灯作光源，常用波长为257 nm和275 nm. 由于人眼看不见紫外线，因此必须用照相设备或光电池记录样品像. 另外，紫外线对眼睛有损害，应注意防护.

(2) 荧光显微镜.

某些物质在紫外线照射后会发出荧光，还有些物质在紫外线照射停止后，还会继续发光，呈现所谓的磷光现象. 例如，维生素A、弹性组织、叶绿素、毛发、精液等，在紫外线照射下均发白光. 不呈荧光现象的物质，也可用荧光素处理，经荧光素处理后的生物标本在短波光线照射下可以激发产生辉煌的荧光，其显色效应和显像效应极为强烈. 荧光显微镜是利用紫外线照射样品，使之激发荧光，从而对样品进行观察的. 在荧光显微镜中常用超高压水银灯作光源，其光线很强，最强辐射波长在365～435 nm之间；由萤石（纯净的 CaF_2 结晶品）所制成的透镜可让紫外线通过，在使用高频紫外线作光源时，必须采用萤石代替玻璃透镜.

荧光显微技术的特点是灵敏度高、简便、迅速. 用很低浓度的荧光染色，就可得到很高的对比度，样品的细节在暗视野中显得很亮. 荧光色素的种类很多，能否激发出最佳的荧光效果，关键在于荧光素以及与之相适合的滤光片组合的选配. 用荧光标记示踪技术，在荧光显微镜下可观察培养细胞的生长、活菌的状况等. 荧光显微技术在医学、生物学、分子生物学等领域已成为一种不可或缺的研究手段.

(3) 激光共聚焦扫描显微镜.

前面介绍的各种光学显微镜都有一个共同的缺陷,即焦平面之外模糊不清的样品像也会进入视场.这是由于样品上不同深度的层次都被照亮,故反射光、透射光或激发的荧光也来自样品各个深度层次,焦平面之上或之下的光都可进入物镜,使焦平面上的像又叠加了背景像及前景像,从而严重地影响了像的清晰度和对比度.

为了解决这个问题,马文·明斯基(Marvin Minsky)提出了共聚焦扫描式显微镜的设想,其基本原理是:对样品的照明只聚焦于焦平面上的一点,物镜也只限于检测这一点发出的反射光或荧光,即照明和检测的点位于同一焦点上.因而在视物场中就只看到由这一点发出的反射光或荧光,在该点以外其余的区域因无照明,在视场中均不发光,不能被看见.再借助扫描的方法,按顺序在每一焦平面上的各点做照明和检测,并在整个样品各个深度层次上聚焦扫描,然后再将各点的扫描信号送入计算机,重建整个样品图像.这种共聚焦扫描显微镜的概念和方法早在20世纪50年代就被提出来了,但在激光、变速扫描技术和高效率图像处理的计算机出现后,才使它进入了实用阶段,现在其名称叫作激光共聚焦扫描显微镜.有人将这一系统称为细胞的X-CT,它为生命科学的研究工作解决了许多难题,并由其引出了很多新的发现.

(4) 偏光显微镜.

有些标本的细节具有旋光性或双折射性质,如细胞膜、胆固醇结晶等的结构就是各向异性的,可以使用偏光显微镜来观察这些样品的结构特性.

图10-28是偏光显微镜的示意图,它采用偏振光来照射样品.由平面镜M反射的光线经起偏器P后变成偏振光.P能绕显微镜轴旋转,其上附有刻度,当P在零位时,其透射轴方向与目镜E中的十字叉丝之一平行.集光器C使光集中于样品上,C上还可以加一专用的平凸透镜B以增大光锥(在观察干涉图样时才加入).载物台S为圆形,也能绕显微镜轴转动.物镜O的上方是检偏器A,其透射轴方向固定,不能转动.

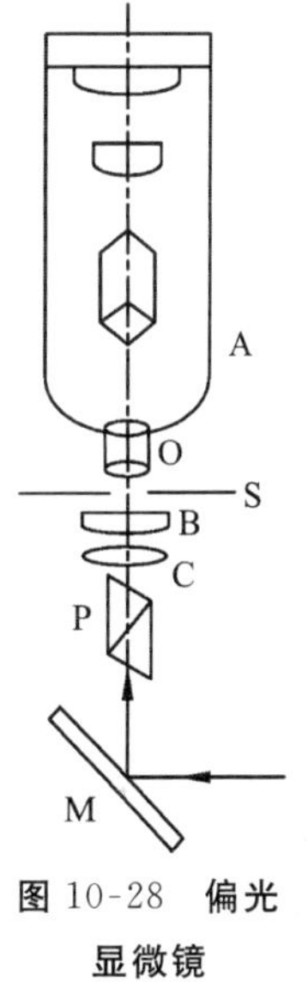

图10-28 偏光显微镜

首先将起偏器P置于零位,使之与检偏器A的透射轴正交,令来自起偏器P的偏振光不能透过检偏器A.当载物台上没有样品或样品是各向同性物质的时候,旋转载物台,视野总是暗的.而样品是各向异性的透明物质时,视场会变亮.若使样品绕显微镜轴旋转,可调节样品像的亮度,将样品的像调至最亮,就可以在暗视野上看到样品明亮的像.但这样所显示的样品的光学特性只是在显微镜镜轴方向上的特性.如在集光器C上加一平凸透镜B,使光线会聚地通过样品,则可以看到干涉图案,可显示出样品沿其他方向的光学特性.生物标本的细节具有极为复杂的光学特性,用偏光显微镜可观察到一般显微镜看不到的神经纤维结构,用它还可以显示出在不同介质中活细胞的内含物与微细结构,而这些是用自然光所不能看见的,或由于样品被染色常规办法看不到的.偏振光显微技术在生物学和医学中应用很广泛.

四、检眼镜

检眼镜是用来观察眼底(视网膜)病变的,如眼内肿瘤、视网膜脱落、凹陷、水肿、眼底动脉病变等,是眼科、神经内科、脑外科医生常用的光学仪器.

检眼镜的最简单形式只包括一个光源和一个有孔的反射镜，如图 10-29 所示. 从光源发出的光束被反射镜反射到患者的眼内将其眼底照亮. 如果患者的眼睛屈光正常，眼睛的焦点正好位于视网膜上，这样由视网膜反射的光线在通过角膜射出时将变为平行光束进入医生的眼内，在医生眼的视网膜上形成患者眼底的清晰像. 患者的眼折射系统起到放大镜的作用，医生可以看到患者视网膜上放大了的像. 如果患者（或医生）的眼屈光不正（有近视或远视），则可在检眼镜的光路中插入适当的发散或会聚透镜，直至看到患者眼底的清晰像为止.

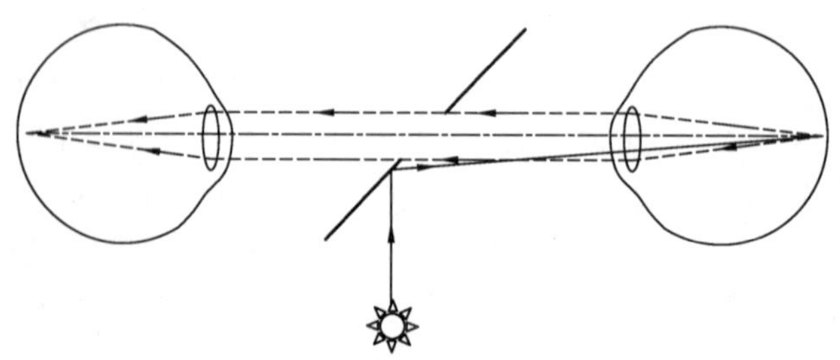

图 10-29　检眼镜的光路原理

五、光导纤维内窥镜

光导纤维内窥镜简称为纤镜. 它是由透明度很好的玻璃或其他透明材料拉成很细的纤维，并在其外表面涂上一层折射率较低的物质而制成的，由于它可以导光，所以叫光导纤维. 使光束以不大的入射角 i 从光导纤维的一端射入，当进入玻璃纤维中的光束入射至侧壁时的角度大于临界角时，光束将在侧壁被全反射，并沿光导纤维前进，而不向外泄漏，如图 10-30 所示. 设 n_1 是玻璃的折射率，n_2 是涂层物质的折射率，当光束从空气向纤维端面投射时，使光不至于向外泄漏的最大投射角 i_m 由下式决定：

$$\sin i_m = \sqrt{{n_1}^2 - {n_2}^2} \tag{10-22}$$

当 $n_1 = 1.62$，$n_2 = 1.52$ 时，由上式可算出 $i_m = 34°$. 可见，$\sin i_m$ 表示光导纤维接受入射光的能力.

玻璃虽然是硬而脆的物质，但当它被拉成很细的纤维时，就变得柔软而可弯曲，且有一定的机械强度. 纤镜一般是由数万根这样的玻璃纤维捆缚成束的，纤维束两端应黏结固定，但纤维束的外部不加黏结，以保证它非常柔软，使它插入体内时，能减少患者的痛苦. 纤维束两端纤维的排列必须完全对应，以便使导出的图像正确清晰，如图 10-31 所示. 纤维束有两个作用：一是利用它将外部强光源发出的光导入器官内，照亮要观察的部位；二是通过它把器官内被观察部位的像导出体外，以便医生观察和摄影.

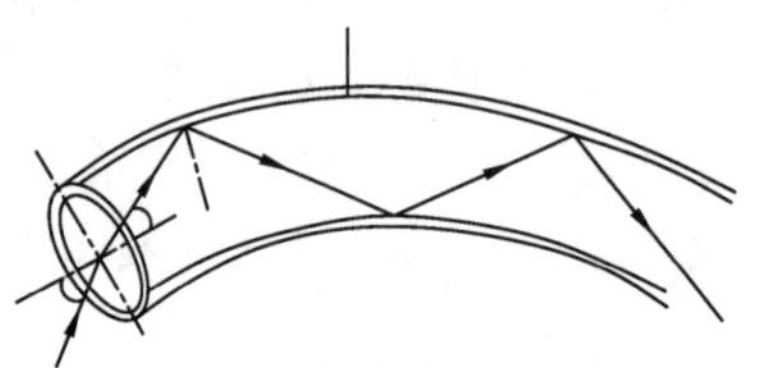

图 10-30　光导纤维的导光原理

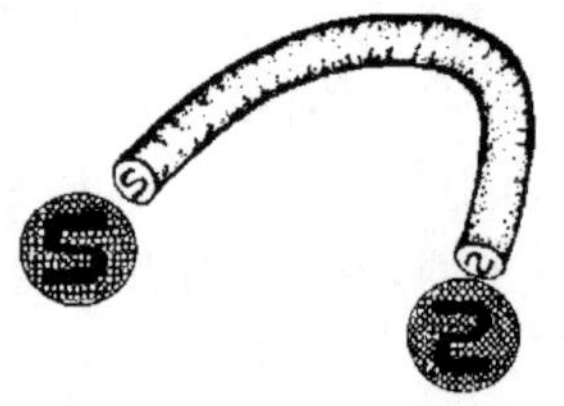

图 10-31　光导纤维成像示意图

目前用光导纤维制成的各种内窥镜已广泛用于临床.例如,分别用于观察食管、胃、十二指肠、胆道、直肠、结肠、支气管、膀胱等器官的内窥镜.利用内窥镜不仅可以观察体内器官患病部位,而且还可以直接进行活体组织取样,摘除结石或息肉等.可以直接观察利用纤镜获得的图像,也可以进行电视摄像和记录,使图像在电视屏幕上显示出来.纤镜已成为临床诊断的有力工具.

10.5　眼的光学系统

10.5.1　眼的结构和光学性质

从光学的角度来看,人眼是一个近似于球体的共轴球面系统,它能够把远、近不同的物体成像在视网膜上.

如图 10-32 所示,眼睛最外层是巩膜,厚度约为 0.4～1.1 mm,它由 6 根筋拉住,以维持眼睛的位置.巩膜正前方曲率较大的一部分是角膜,角膜是透明的,折射率是 1.376.眼房是位于角膜和晶状体之间的腔隙,被虹膜分为前房和后房.眼房水为无色透明液体,折射率是 1.336,充满于眼房内.虹膜与睫状体是相连接的,其中央有一圆孔,称为瞳孔.瞳孔的大小可自动调节以控制进入眼内的光量,瞳孔还起着光阑的作用,可减小像差,使视网膜上所成的像清晰.晶状体呈双凸透镜状,透明而富有弹性,外层折射率为 1.386,内层折射率为 1.406,周缘由晶状体韧带连于睫状突上,借助睫状肌的收缩可以改变晶状体的曲率.玻璃体为无色透明的胶冻状物质,充满于晶状体与视网膜之间,外包一层透明的玻璃体膜.玻璃体除有折光的作用外,还有支持视网膜的作用.在玻璃体的后面,眼球的内层是视网膜,是光线成像的地方,上面布满了感光细胞.视网膜上正对瞳孔处有一小块黄色的区域,叫黄斑,黄斑上有一直径为 0.25 mm 的凹坑,叫中央窝,它对光的刺激最为敏感.

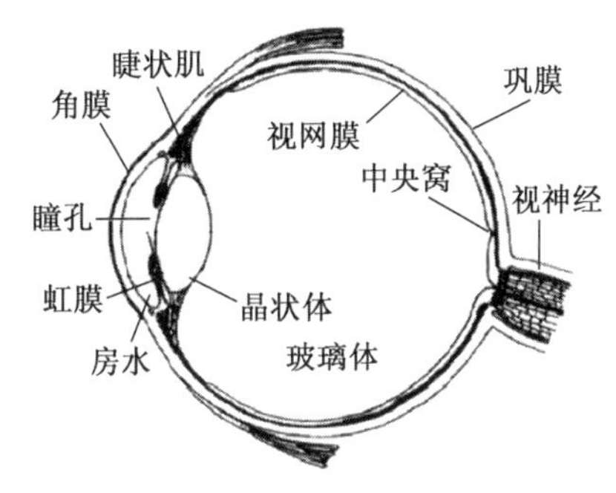

图 10-32　眼的结构

眼的屈光装置由角膜、房水、晶状体和玻璃体四部分构成,共同特点是无色、透明,允许光线通过,故统称为眼的屈光装置.

简约眼是一种简化的眼睛成像的模型眼,它把眼睛复杂的屈光系统简化成了一个单球面折射系统,如图 10-33 所示.假定眼球有一个凸出的球表面介于空气和眼内液两种介质之间,眼内液折射率为 1.336.简化眼的光心或称节点在晶状体后,节点到前表面(近似为角膜前表面)的距离为 5.73 mm,到后主焦点的距离是 17.05 mm,则从角膜前表面到后主焦点距离应为22.78 mm.当正常人眼处于安静而不进行调节的状态时,后主焦点恰落在视网膜上.

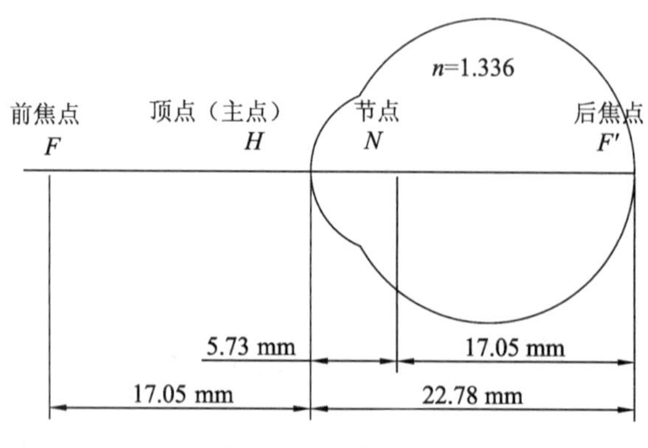

图 10-33　简约眼

10.5.2　人眼的调节　视力

水晶体的曲率可通过睫状肌的收缩或松弛而改变，这样就能在一定范围内改变眼睛的焦度，从而根据需要让远近不同的物体都能在视网膜上成一清晰的像. 眼睛改变焦度的本领叫作眼的调节. 当睫状肌松弛时，水晶体两面的曲率半径最大，眼睛处于不调节状态，此时所能看清的物体到眼的距离称为远点. 正常情况下眼的远点是无穷远（儿童、青年、中年），老年人眼的远点只有几米. 当物体由远逐渐移近时，睫状肌收缩，压紧水晶体，使它两面的曲率半径（主要是前表面）随之变小，眼的焦度增加，使近物所成的像仍能落在视网膜上. 不过这种调节是有一定限度的，当物距短于一定距离时，虽尽力调节也不能使物成像于视网膜上. 经眼的最大调节能看清的物体到眼的距离称为近点. 视力正常的人，近点约为 10～12 cm，老人是 1～2 m. 在观察近物时，由于眼睛须高度调节，易于疲劳. 在适当的光照下，看物体不致引起眼睛过分疲劳的距离通常称为明视距离，其值约为 25 cm.

眼睛能否看清物体的细节取决于视角的大小. 所谓视角，是从物体两端射到眼中节点的光线所夹的角度. 视角大，所成的像也大；视角小，所成的像也小. 眼睛是一个透光的圆孔，所分辨的最小视角要受到衍射图样的限制，一般人的眼睛实际上的最小分辨角约为$1'$（2.9×10^{-4} rad）. 如果物体上两点在眼内所张视角小于 $1'$，眼睛就分辨不清两点. 医学上用眼睛所能分辨的最小视角表示眼的分辨本领，常用视力来表示.

视力 L 定义为

$$L=5-\lg\alpha$$

式中，α 为能分辨的最小视角，单位为分. 例如，$\alpha=1'$时，视力为 5.0；$\alpha=2'$，视力为 4.7.

10.5.3　非正视眼的矫正

当眼在无调节状态下，无限远的物体发出的平行光线进入眼球，能通过屈光系统会聚于视网膜上形成清晰的影像，这样的眼睛屈光正常，叫正视眼（图 10-34）. 相反，如果光线无法会聚在视网膜上，便会出现“屈光不正”的问题，导致影像迷糊不清. 最常见的“屈光不正”有近视、远视、老视和散光. 下面我们从几何光学的角度来讨论这四种眼的缺陷及其矫正方法.

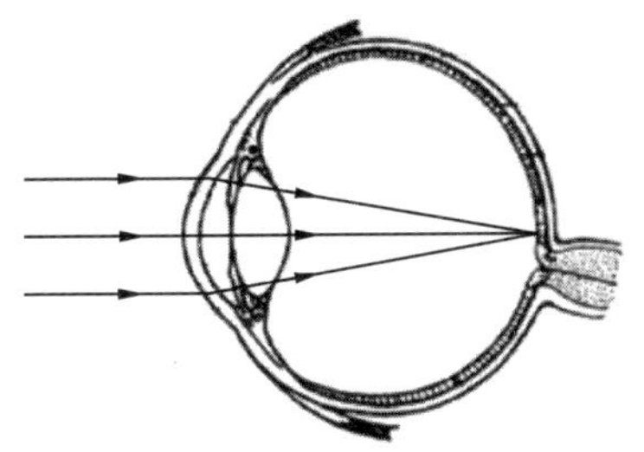
图 10-34 正视眼

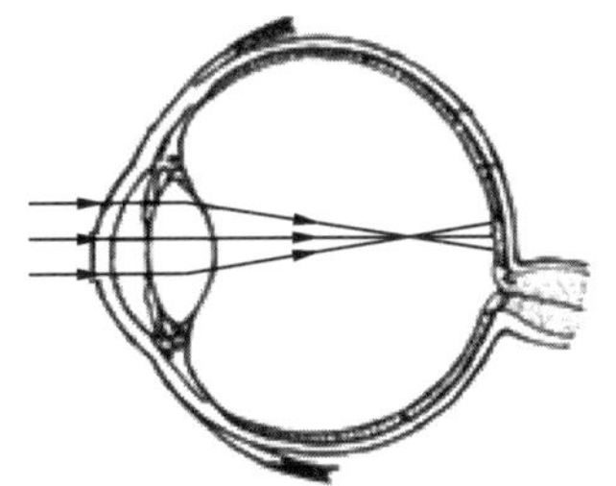
图 10-35 近视眼

一、近视眼及其矫正

在眼不调节时，平行光线经眼球屈光系统后会聚在视网膜之前，这样的眼睛称为近视眼. 由于平行光线射入眼后在视网膜之前会聚，而抵达视网膜时光线又分散，使得视网膜上所成的像模糊不清，如图 10-35 所示. 近视眼看不清远物，但若物体移近，当物距小至某一点时，像正好能后移至视网膜上，眼不加调节也能看清，因此近视眼的远点不在无限远处，它看不清楚在其远点以外的物体，依靠调节也只能看清远点以内的物体. 形成近视眼的原因可能是角膜或晶状体的曲率半径太小，或者是眼球前后直径太长，使其第二焦点落在视网膜之前. 近视眼的矫正方法是配一适当焦度的负透镜，使平行光线在进入眼睛前先经透镜适当发散，再经眼睛折射后正好成像于视网膜上. 从光学原理来看，配这样的负透镜，就是将无穷远处的物，经负透镜成像于近视眼的远点处，这样近视眼不调节也能看清远处的物.

例题 10-7 如果某人的远点是 1 m，则所戴透镜是什么透镜，度数是多少?

解: 因为远点是 1 m，所以是近视眼，应配负透镜，如图 10-36 所示，这时物距 $u=\infty$，像距$v=-0.5$ m，代入薄透镜成像公式(10-10)，得

$$\frac{1}{\infty}+\frac{1}{-1}=\frac{1}{f}$$

$$\varphi=\frac{1}{f}=-1\ \text{D}=-100\ 度$$

即应戴焦度为-100 度的负透镜，其焦距的长度等于从近视眼远点到眼的距离.

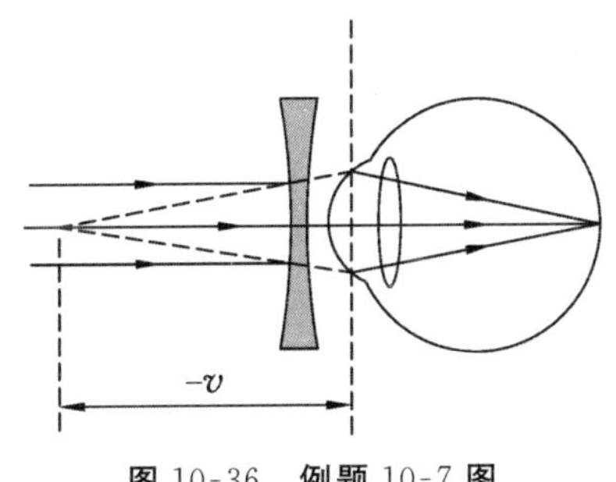

图 10-36 例题 10-7 图

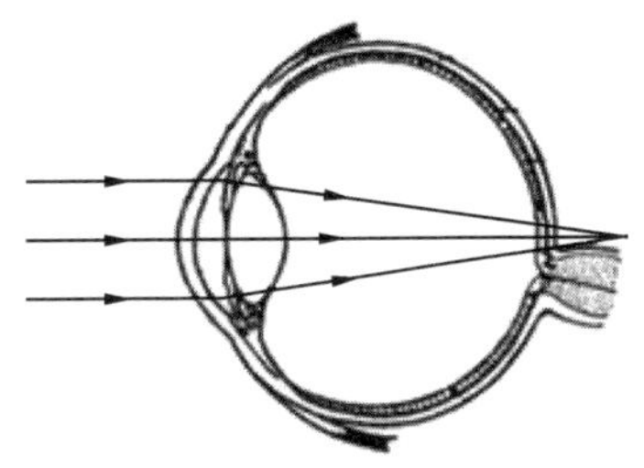
图 10-37 远视眼

二、远视眼及其矫正

在眼不调节时，平行光线经眼球屈光系统后会聚在视网膜之后，这样的眼睛称为远视眼(图 10-37). 当眼球的屈光力不足或其眼轴长度不足时就产生远视. 远视眼在不调节时看不清远物，更看不清近物，因而要看清远距离目标时，远视眼须调节以增加屈光力，而要看清近目标则须调节得更厉害. 当调节力不能满足这种需要时，即会出现近视力甚至远视力障碍. 很多时候眼睛处于过度调节状态，所以很容易产生视觉疲劳.

因为只有会聚光线才能成像在远视眼的视网膜上，所以使远视眼不调节就能看清的物的位置即远点，在远视眼的顶点之后，也即远视眼的眼前没有远点．远视眼的近点一般比正视眼的近点远．远视眼的矫正方法是配一适当焦度的正透镜，使入射的平行光线先经正透镜适当会聚，再经眼睛在不调节状态下成像于视网膜上．从光学原理来说，就是将无限远处的物体，经正透镜成像于远视眼的远点（对于远视眼是一虚物），再由远视眼将这虚物清晰成像于视网膜上，这样远视眼在不调节时也能看清远方的物体．应当指出的是，在远视眼佩戴正透镜眼镜后近点也相应地移近了．在医疗实践中，对于年轻人远距离可给予正透镜矫正，度数可做适度减量；近距离则须全矫．对于中老年人，看近、看远都需要正透镜矫正，因此此年龄段可采用双光镜矫正．

例题 10-8 一远视眼的远点在眼后 30 cm 处，为使眼在不调节时能看清远方的物体，须戴多少度的眼镜？

解： 已知 $u=\infty$，$v=0.3$ m，由高斯公式：

$$\frac{1}{u}+\frac{1}{v}=\frac{1}{f}$$

得

$$\varphi=\frac{1}{f}=\frac{1}{u}+\frac{1}{v}=0.33\ \mathrm{D}\approx 300\ 度$$

例题 10-9 如图 10-38 所示，一远视眼的近点在 2 m 处，要正常阅读，应配多少度的眼镜？

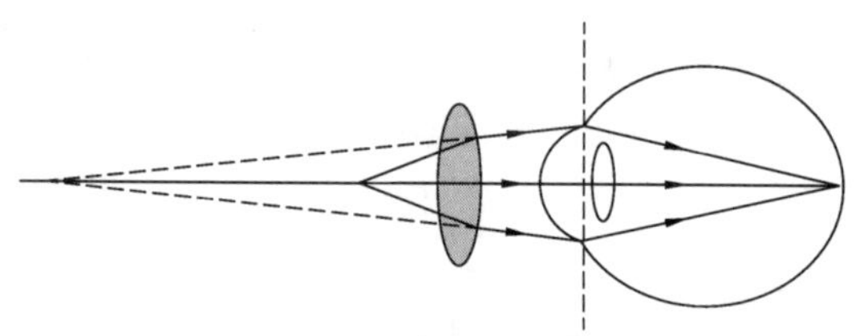

图 10-38 **例题** 10-9 **图**

解： 已知 $u=0.25$ m，$v=-2$ m，代入薄透镜成像公式，有

$$\frac{1}{0.25}+\frac{1}{-2}=\frac{1}{f}$$

得

$$\varphi=\frac{1}{f}=3.5\ \mathrm{D}=350\ 度$$

应戴焦度为 350 度的正透镜．

三、老花眼及其矫正

老花眼是一种正常的生理现象，随着年龄增长，眼球晶状体逐渐硬化、增厚，眼部肌肉的调节能力随之降低，使近点移远、远点移近．老花眼的矫正方法是配一适当焦度的正透镜，将近点移到明视距离内．从光学原理来看，是把明视距离的物经正透镜成像在老花眼的近点，然后再由老花眼经调节清晰成像在视网膜上，让老花眼也能看清明视距离处的物．

例题 10-10 某老人眼睛的近点为眼前 1.2 m，为了正常看报纸他应戴多少度的眼镜？

解： 所戴的眼镜应使眼前 25 cm 处的物成像在老花眼的近点处，因为像与物都在镜前，所以是一个虚像．已知 $u=0.25$ m，$v=-1.2$ m，由高斯公式：

$$\frac{1}{u}+\frac{1}{v}=\frac{1}{f}$$

得

$$\varphi=\frac{1}{f}=\frac{1}{u}+\frac{1}{v}=3.17\ \text{D}\approx 300\ 度$$

应戴焦度约为300度的正透镜.

四、散光眼及其矫正

散光是眼睛的一种屈光不正的表现,一般与角膜的弧度有关.散光眼的角膜在不同方向上的半径不完全相同,也就是说,角膜的表面不是理想的球面,因而由点光源发出的近轴光线经该曲面折射后各方向上的成像位置不同,不能都会聚在视网膜上形成清晰的像,这种情况不能通过调节来获得改善,所以始终得不到清晰的像.

矫正的办法是针对要矫正的方向佩戴合适焦度的圆柱面透镜.实际上,散光眼的情况一般都比较复杂,根据两条焦线的成像位置不同,散光又可以分为单纯性近视散光、单纯性远视散光、复合性近视散光、复合性远视散光、混合性散光五类.单纯性近视散光如通过眼球水平子午面的平行光束可正常会聚在视网膜上,而通过垂直子午面的平行光束却会聚在视网膜之前,这种情况须配一适当焦度的负圆柱面透镜,而且要使镜轴方向水平放置.单纯性远视散光如水平子午面的屈光正常,平行光束可正常会聚在视网膜上,而通过垂直子午面的平行光束会聚在视网膜之后,如图10-39(a)所示,这种情况须配一适当焦度的凸圆柱面透镜,而且要使镜轴方向垂直放置.复合性近视散光如图10-39(b)所示,散光的两条焦线都在视网膜的前面.复合性远视散光,散光的两条焦线都在视网膜的后面.混合性散光两条焦线中一条在视网膜前,一条在视网膜后.

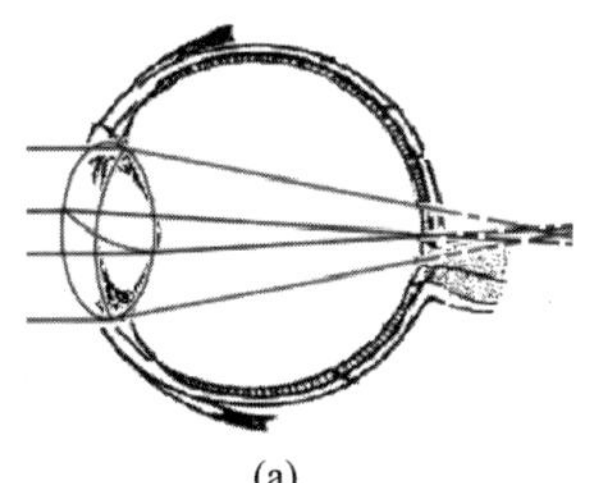

(a)

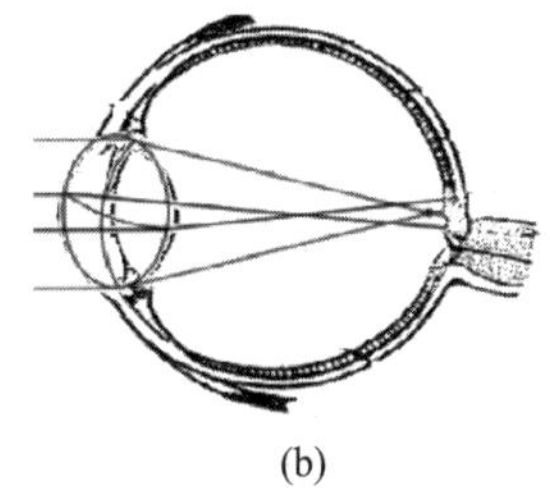

(b)

图10-39　散光眼成像

习　题

10-1　在单球面折射成像中,物距、像距、曲率半径的正负号各是如何规定的?在什么情况下物是实物?什么情况下是虚物?

10-2　什么叫角放大率?用放大镜观察细小物体时,它起什么作用?看到的是虚像还是实像?

10-3　什么叫显微镜的分辨本领?为了提高显微镜的分辨本领,可以采取哪两方面的措施?

10-4　什么叫近点、远点、明视距离?什么叫视角?通常是如何来表示眼的分辨本领的?

10-5　什么叫正视眼、近视眼、远视眼?产生近视眼、远视眼的原因是什么?近视眼和

远视眼各应戴什么性质的镜片？

10-6　折射率为 1.5 的圆柱玻璃棒，一端磨成 4 cm 的凸球面置于某液体中，一物体位于顶点前 60 cm 处，其像成于玻璃棒内离顶点 100 cm 处的位置，该液体的折射率是多少？

10-7　某液体（$n_1=1.3$）和玻璃（$n_2=1.5$）的分界面为球面．在液体中有一物体放在球面的轴线上，离球面顶点 39 cm，并在球面前 30 cm 处成一虚像．求该球面的曲率半径，并指出球面的曲率中心在哪一种介质中．

10-8　在 3 m 深的水池底部有一小石块，人在上方垂直向下观察，观察者看到此石块的深度是多少（水的折射率 $n=1.33$）．

10-9　在一张报纸上放一个平凸透镜，眼睛通过透镜来看报纸．当透镜的平面在上时，报纸的虚像在平面下 13.3 mm 处；当凸面在上时，报纸的虚像在凸面下 14.6 mm 处．若透镜的中心厚度为 20 mm，求透镜的折射率和它的凸球面的曲率半径．

10-10　人眼的角膜可看作是曲率半径为 7.8 mm 的单球面，瞳孔在角膜后 3.6 mm 处，其直径设为 3 mm，求他人看到的瞳孔的深度及其直径的大小（设角膜后的媒质折射率为1.33）．

10-11　一层 2 cm 厚的醚（$n=1.36$）浮在 4 cm 深的水（$n=1.33$）上，人眼沿入射方向看下去时，从醚面到水底的表观距离是多少？

10-12　一半径为 R' 的玻璃球（$n=1.5$），置于空气中．一点光源的光线通过玻璃球后成平行光出射，求点光源距玻璃球的位置．

10-13　一个半径为 10 cm 的透明球折射率为 1.6，其前表面与折射率为 1.2 且透明的液体接触，后表面与折射率为 1.3 的透明液体接触．若一点物放在折射率为 1.2 的液体中离球心 20 cm 处，求最后成像的位置．

10-14　一薄透镜的折射率为 1.5，在空气中的焦距为 9 cm，将它浸入液体中，焦距变为 36 cm，试求该液体的折射率．

10-15　某一玻璃薄透镜（$n=1.5$）在空气中的焦距为 10 cm，求将此透镜放在水中（$n=1.33$）时的焦距．

10-16　折射率为 1.3 的平凸透镜，在空气中的焦距为 50 cm，该透镜凸面的曲率半径是多少？如果该透镜放在香柏油中（$n=1.5$），其焦距是多少？

10-17　在空气中，有一折射率 $n=1.65$ 的双凸薄透镜，两面的曲率半径都是 40 cm，物高 4 mm，物距 80 cm，求：

（1）透镜的焦距．

（2）像的位置、大小．

10-18　某物经一薄凸透镜成倒立的实像，像高为物高的一半．今将物向透镜移近 10 cm，则所得的像与物的大小相等，求该凸透镜的焦距．

10-19　两个焦距均为 +8 cm 的薄透镜放在同一轴上，相距 12 cm，在一镜前 12 cm 处放置一小物体，求成像的位置．

10-20　有两个薄透镜 L_1 和 L_2，已知 $f_1=10$ cm，$f_2=40$ cm，两镜相距 $d=7$ cm，一点光源置于 L_1 前 30 cm 处，问最后成像在何处？

10-21　把焦距为 15 cm 的凸透镜和焦距为 −30 cm 的凹透镜紧密贴合，求贴合后的焦度．

10-22　两薄透镜的焦距为 5 cm 和 −10 cm，黏合在一起，求轴上距透镜左方 15 cm 处一高为 5 mm 的物成像后的位置．

10-23 一放大镜的焦距为 8 cm,所成的像在镜前 25 cm 处.

(1) 物体放在镜前何处?

(2) 此镜的角放大率是多少?

10-24 显微镜的目镜焦距为 2.5 cm,物镜焦距为 12 mm,物镜与目镜相隔 21.7 cm,把两镜作为薄透镜处理.

(1) 标本应放在物镜前什么地方?

(2) 物镜的横向放大率是多少?

(3) 显微镜的总放大率是多少?

10-25 某显微镜的油浸数值孔径为 1.5,若用波长为 2.5×10^{-5} cm 的紫外光源照射,可分辨的最短距离为多大? 若改用波长为 450 nm 的光源又将如何?

10-26 照明光的波长为 600 nm,问用孔径为 0.75 的显微镜,是否能看清 0.3 μm 的细节? 如果用孔径数为 1.3 的物镜去观察,结果又如何?

10-27 人眼可分辨的最小距离为 0.1 mm,欲观察 0.25 μm 的细节,照射光源的波长为 600 nm,问显微镜的有效放大率是多少? 数值孔径是多少?

10-28 一台显微镜,已知其孔径数为 1.1,光源的波长 $\lambda=550$ nm,肉眼可分辨的最小间隔约为 0.1 mm,物镜焦距为 2 mm,目镜焦距为 7 cm,求:

(1) 此物镜的最小分辨距离.

(2) 镜筒的长度.

10-29 一近视眼患者,远点在眼前 40 cm 处,他看远物时应戴多少度的眼镜?

10-30 某人老花眼的近点为 100 cm,为看清 25 cm 处的物体,他应配多少度的眼镜?

第 11 章

波动光学

光学通常可分为几何光学、波动光学和量子光学三个部分(图 11-1).第 10 章介绍了当光的波动效应不明显,波动性可以忽略时,光遵从沿直线传播、反射、折射等定律,属于几何光学范畴,自光源向四周发出的几何线,称为光线,并用光线代表光的传播方向.波动光学研究的是光的波动性,即光在传播过程中出现的干涉、衍射和偏振等波动现象.另外,通常人们把建立在光的量子性基础上,深入到微观和极短时间领域内研究光以及光与物质相互作用规律的分支学科,称为量子光学.从 20 世纪 60 年代以来,随着激光和光信息技术的出现及大量应用,光学发展迅速,并且派生出许多属于现代光学范畴的新分支.本章主要讨论光的波动理论.

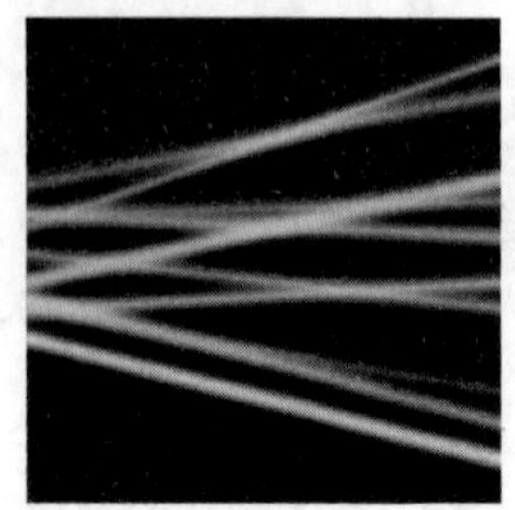

(a) 几何光学用光线代表光的传播方向

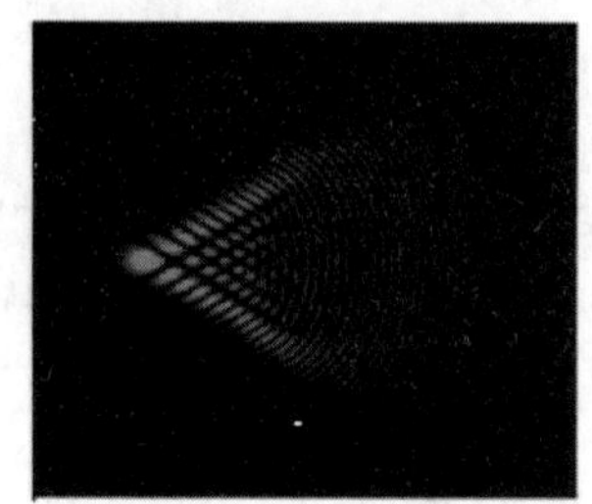

(b) 波动光学研究光的波动性

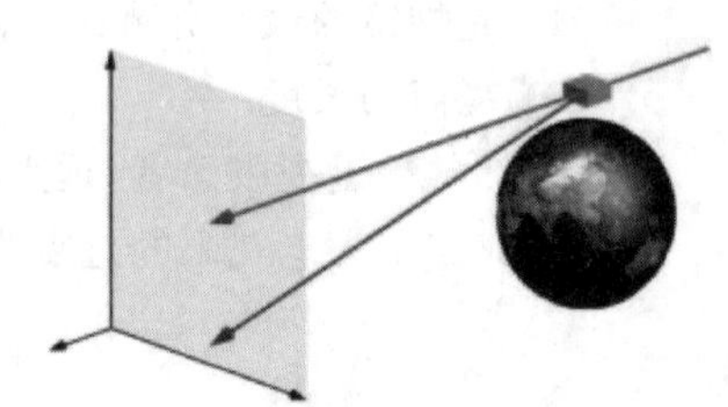

(c) 量子光学深入到微观和极短时间领域

图 11-1　光学的三个部分

11.1　光的干涉

变化的电场和磁场相互激发,向外传播,形成了电磁波,理论和实验证明电场强度 $\boldsymbol{E}$ 和磁场强度 $\boldsymbol{H}$ 与电磁波的传播方向三者相互垂直,如图 11-2 所示.实验指出,通常人眼和一般光学仪器对光波中的电场部分较为敏感.因此,通常将光波中的电场强度矢量 $\boldsymbol{E}$ 称为光矢量.光矢量的方向和光波的传播方向构成的平面称为光的振动面.

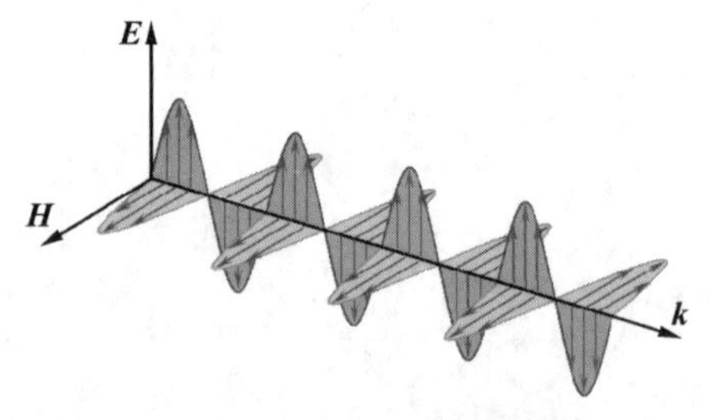

图 11-2　电磁波中的电场和磁场

在通常情况下,光和其他波动一样,在空间传播时,遵从波的叠加原理.当几列光波在空间传播时,它们都将保持原有的特性,此即光波的独立传播原理.由此,在它们交叠的区域内各点的光振动是各列光波单独存在时在该点所引起的光振动的矢量和，这就是光的叠加原理．

应当指出，光并不是在任何情况下都遵从这一叠加原理的．当光通过非线性介质（如变色玻璃）或者光强很强（如激光、同步辐射）时，该原理并不成立．强光通过介质时有可能会出现许多非线性效应，研究这类非线性光现象的理论称为非线性光学．本章波动光学不涉及非线性光学，光波叠加原理成立、有效．

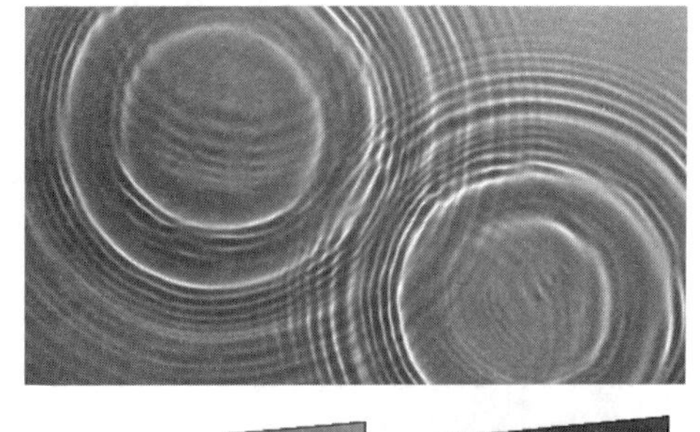

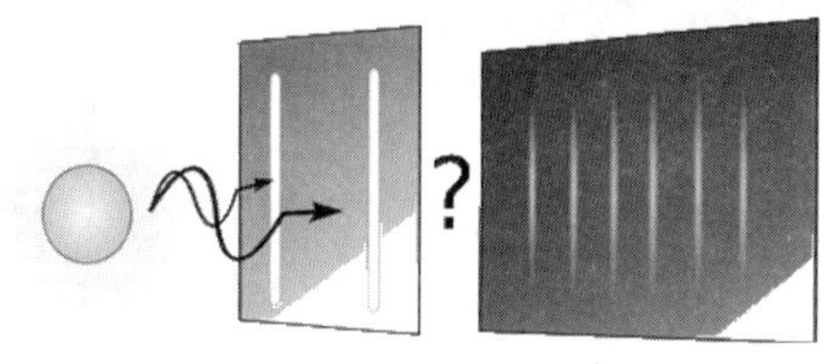

图 11-3　水波和光波干涉的观测

在讨论机械波时，已给出了波的干涉的定义，即当两列波在空间相遇，发生能量重新分布，某些地方振动始终加强，而另一些地方振动始终减弱的现象．图 11-3 显示了机械波（水波）和光波干涉在观测形式上的差别．水波干涉形成的强弱起伏变化可以用肉眼直接观测，光波干涉的结果是空间明暗的变化．能产生干涉现象的光叫相干光．相干光须满足：

（1）频率相同．

（2）振动方向相同（或存在相互平行的振动分量）．

（3）具有恒定的相位差．

设光在真空中速度为 c，频率为 ν，波长为 λ．它在折射率为 n 的介质中传播时，频率不变仍为 ν，速度为 u，波长为 λ'．$\lambda'=\dfrac{u}{\nu}=\dfrac{\frac{c}{n}}{\nu}=\dfrac{\lambda}{n}$，即 $\lambda'=\dfrac{\lambda}{n}$．因此，光在介质中的波长是真空中波长的 $\dfrac{1}{n}$．当光分别从波源 S_1、S_2 传至 P 点相遇，如图 11-4 所示，相位差 $\Delta\varphi=\dfrac{2\pi}{\lambda}(n_2r_2-n_1r_1)$．可见，相位差 $\Delta\varphi$ 不仅依赖于几何路程差 r_2-r_1，而且与介质的折射率 n 有关．

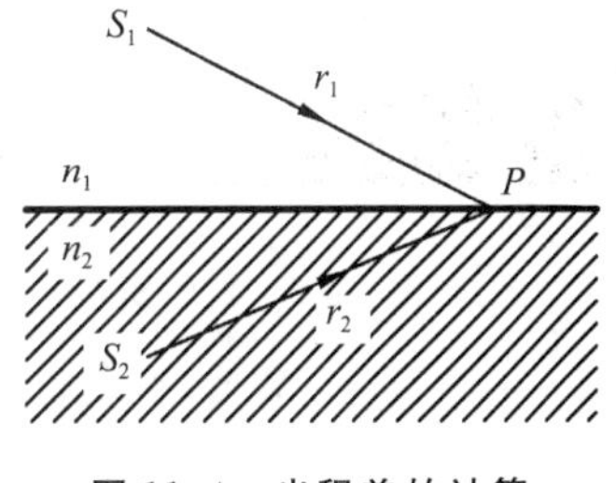

图 11-4　光程差的计算

折射率与几何路程之积称为**光程**，用 L 表示，即 $L=nr$．光在介质中走过空间距离 r 所用的时间为 $\Delta t=\dfrac{r}{u}$，在 Δt 时间内，光在真空中走过的路程 $c\cdot\Delta t=c\dfrac{r}{u}=nr$（介质中光程）．因此，光在介质中通过的光程即为在相同时间内光在真空中传播的距离，或称等效真空程．

一般情况下，两束光经两种不同介质传播 r_1 和 r_2 路程后至介质分界面相遇，其光程差为

$$\delta=L_2-L_1=n_2r_2-n_1r_1 \tag{11-1}$$

两相干光的干涉效果决定于相位差，而相位差决定于光程差，可见，光程差是讨论光的干涉现象的非常重要的概念．

相位差与光程差的关系及干涉明、暗点的位置决定于光程差 δ：

$$\Delta\varphi=\frac{2\pi}{\lambda}\delta \xrightarrow{\text{干涉明暗点位置}} \delta=\begin{cases}\pm k\lambda(k=0,1,2,\cdots) & \text{明点}\\ \pm(2k+1)\dfrac{\lambda}{2}(k=0,1,2,\cdots) & \text{暗点}\end{cases} \tag{11-2}$$

观测干涉、折射等现象时常借助各式透镜.在此简单分析光波通过薄透镜传播时的光程变化情况.当光波的波阵面（图 11-5）ABC 与某一光轴垂直时，平行于该光轴的近轴光线通过透镜后会聚于一点 F，并在这点互相加强产生亮点.可见，这些光线在 F 点属于同相叠加，或者说 ABC 面上各光线经过透镜 L 未产生附加光程差，只是改变了光线方向.对于厚透镜可能会产生球差、慧差等.

如图 11-6 所示，有两列振动方向、振动频率相同的光波分别从光源 S_1 和 S_2 发出.光源 S_1 的光波在 P 点引起的光振动方程为 $E_1(p,t)=A_1\cos\left[\omega\left(t-\frac{r_1}{u}\right)+\varphi_{10}\right]$，其中 A_1 为波源 S_1 引起的光振动的振幅；ω 是圆频率；r_1 是 P 点到光源 S_1 的距离；u 为光波传播的速度；φ_{10} 为光源 S_1 振动的初相位.单独就 S_1 发出的光波而言，P 点的振动相位落后 S_1 为 $\omega\frac{r_1}{u}$.类似地，光源 S_2 的光波在 P 点引起的光振动方程为 $E_2(p,t)=A_2\cos\left[\omega\left(t-\frac{r_2}{u}\right)+\varphi_{20}\right]$.两列波在 P 点引起的合成光振动为 $E(p,t)=E_1(p,t)+E_2(p,t)=A\cos(\omega t+\varphi)$.合成的结果仍然是同方向、同频率的简谐函数.

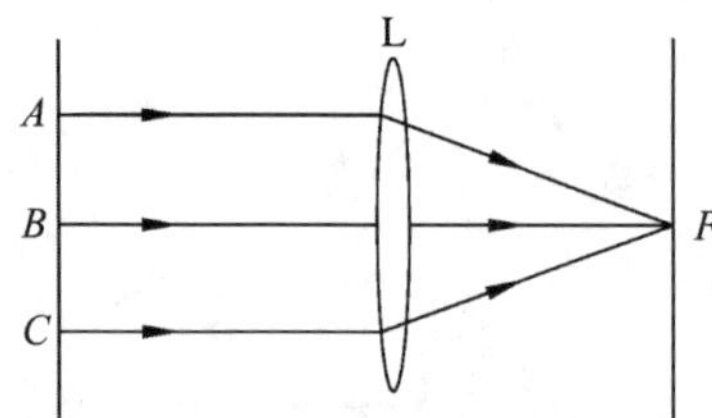

图 11-5　经过透镜不产生附加光程差

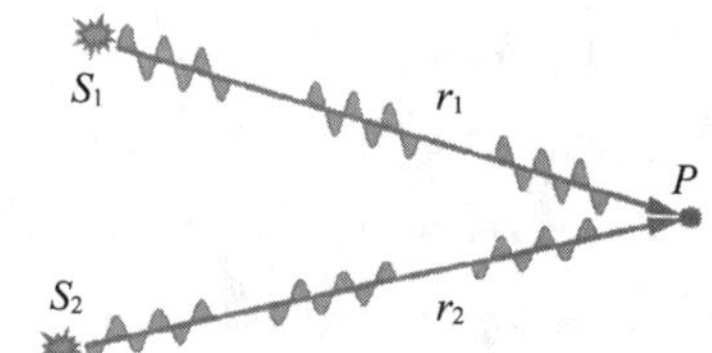

图 11-6　波的相干叠加

合成光振动的振幅 A 的表达式为

$$A=\sqrt{A_1{}^2+A_2{}^2+2A_1A_2\cos\Delta\varphi} \tag{11-3}$$

相位差 $\Delta\varphi$ 的表达式为

$$\Delta\varphi=(\varphi_{20}-\varphi_{10})-\left(\frac{r_2-r_1}{u}\omega\right)=(\varphi_{20}-\varphi_{10})-\frac{nr_2-nr_1}{\lambda}2\pi \tag{11-4}$$

相位差 $\Delta\varphi$ 来自两部分.第一部分$(\varphi_{20}-\varphi_{10})$是光源 S_1 和 S_2 的初相位差.第二部分$\frac{nr_2-nr_1}{\lambda}2\pi$ 是由 P 到光源 S_1 和 S_2 的光程差引起的相位差.

光矢量的振动很快.通常，人眼或者其他光学仪器感受或测量到的 P 点的光强 I 是一段时间的平均值.$I=A^2=A_1{}^2+A_2{}^2+2A_1A_2\overline{\cos\Delta\varphi}=I_1+I_2+2\sqrt{I_1I_2}\,\overline{\cos\Delta\varphi}$.

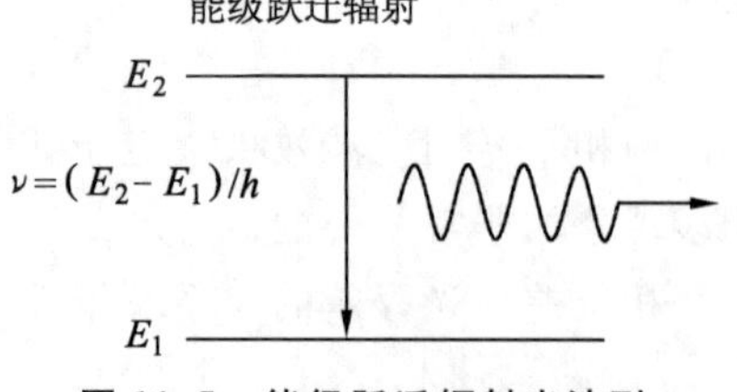

图 11-7　能级跃迁辐射光波列

普通光源不容易观察到干涉现象.这与普通光源的发光机制有关.所谓发光是光源中大量分子或原子等微观粒子的能量状态发生变化而引起的电磁辐射.近代物理学表明，分子或原子的能量是量子化的，即能量具有分立值. 当分子或原子由较高能态跃迁到较低能态时就会发出一个波列，如图 11-7 所示. 通常一个波列的长度是有限的，持续的时间约为 10^{-8} s. 在发出一个波列后，它还可以从外界吸收能量，由低能态跃迁到高能态，当它再次由高能态向低能态跃迁时就再发出一个波列. 这是一个随机的过程. 如果 S_1 和 S_2 是两个独立的普通光源，由于原子或分子发光是随机地和间歇性地发射波列的，因此同一原子或分子先后两次发射的波列之间没有固定相位关系. 不同原子或分子在同一时间发射的波列之间也没有固定相位关系. 因此，$\Delta\varphi$ 将随机变化，$\Delta\varphi$ 以相同概率取 $0\sim 2\pi$ 范围内的一切数值，$\overline{\cos\Delta\varphi}=0$，则 $I=I_1+I_2$，空间 P 点的光强是两列波单独存在时在该处引起的光强的代数叠加. 没有出现干涉现象，这种叠加为非相干叠加.

如果两列波在 P 点引起的光振动有固定的相位差，则干涉项 $2\sqrt{I_1 I_2}\ \overline{\cos\Delta\varphi}=2\sqrt{I_1 I_2}\cdot\cos\Delta\varphi$ 就要起作用. 如果 $I_1=I_2=I_0$，则 $I=2I_0(1+\cos\Delta\varphi)$. 当 $\Delta\varphi=\pm 2k\pi(k=0,1,2,\cdots)$ 时，$I=4I_0$，两列波在 P 点振动加强，即发生干涉相长，在 P 点出现明纹. 当 $\Delta\varphi=\pm(2k+1)\pi$ $(k=0,1,2,\cdots)$ 时，$I=0$，两列波在 P 点振动减弱，即发生干涉相消，在 P 点出现暗纹. 当 $\Delta\varphi$ 为其他数值时，P 点的光强也将在 $0\sim 4I_0$ 之间，如图 11-8 所示.

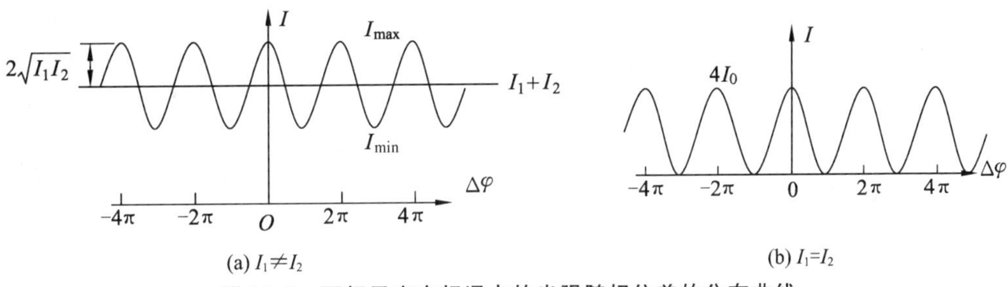

图 11-8 两相干光在相遇点的光强随相位差的分布曲线

一般情况下，普通单色光源发出的光是由光源中各个分子或原子发出的波列组成的，即使频率相同，振动方向相同，这些波列的相位差也不可能保持恒定，因而不是相干光. 同一单色光源的两个不同部分发出的光，也不满足相干条件，因此也不是相干光.

如何借助普通光实现光的干涉呢？基本原理是把某一光源同一点（同一波阵面）发出的光波设法分成两束. 让这两束光经由不同路径传播，然后再相遇叠加. 由于这分开的两束光来自同一个原子的同次光波列，因此频率相同，振动方向相同，相位差也恒定.

利用普通单色光源大体上有两种方法实现光的干涉. 一种方法称为分波阵面法（图 11-9），即从同一波前分割出两个光源，如杨氏双缝干涉就是这样. 另一种方法称为分振幅法（图 11-10），即利用多次反射折射分束产生干涉，如薄膜干涉和迈克耳孙干涉仪就是这样.

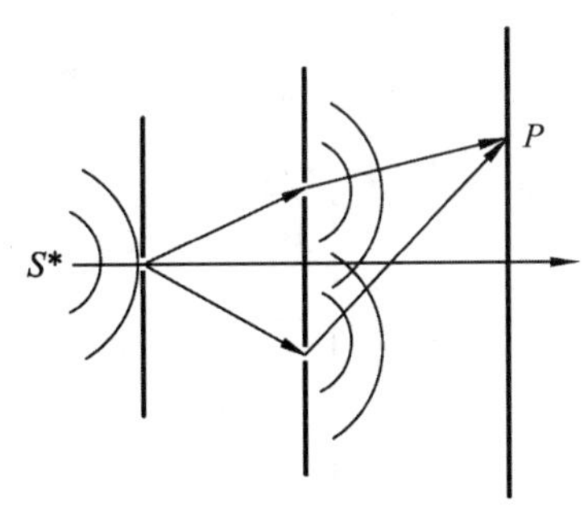

图 11-9 分波阵面法

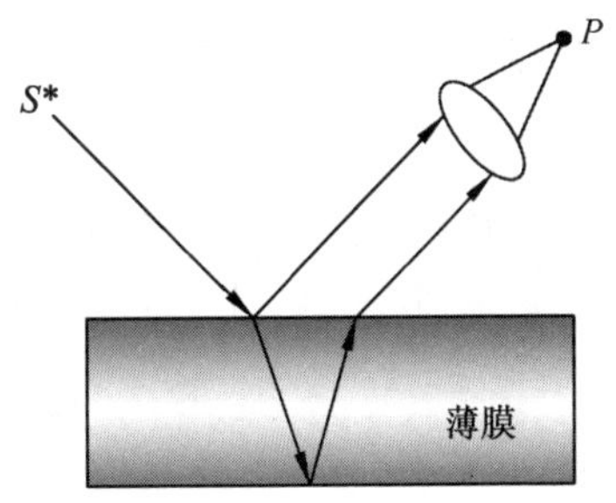

图 11-10 分振幅法

事实上，为了实现光的干涉，两列波的光程差不能太大，否则，相对于某观测点 P 而言，一光路上光的光波列已过，另一光路上对应的光波列还未到，则两相应波列就无法相遇而发生干涉现象．能出现干涉现象的最大的光程差称为相干长度．单色光仍有一定的谱线宽度．单色性越好，相干长度越长．激光光源出现之前，单色光源的相干长度一般在 1 mm 之内．

上面讨论的是普通光源发生干涉的问题．对激光光源而言，所有发光的原子或分子都是步调一致的，所发出的光具有高度的相干稳定性．从激光束中任意两点引出的光都是相干的，人们可以方便地观察到干涉现象，因而不必采用上述获得相干光束的方法．激光光源的单色性显著优于普通光源，相干长度也随之增加．氦氖激光器的相干长度的量级可以达到万米以上．

11.1.1　分波前干涉

1801 年，英国物理学家托马斯·杨（图 11-11）首先在实验中观察到了两束光之间的干涉现象．图 11-12 是杨氏双缝干涉实验的实验装置示意图．单色平行光通过狭缝 S，形成缝光源，通常称它为初级光源．在 S 光源的后方放置一块挡光板，板上有两条透光狭缝，彼此平行且距离很近，$SS_1=SS_2$．S_1 和 S_2 位于同一波阵面上充当相干光源的角色．在挡光板后面放上观察屏．屏上呈现的是明暗相间的等间距的平行直条纹．

图 11-11　托马斯·杨

设入射单色光的波长为 λ，两相干光源之间的距离为 d，观察屏到相干光源的距离为 D．在实验中，一般 $D\gg d$．在观察屏上建立一维坐标．坐标原点 O 放在整个装置的对称轴上．观察屏上 P 点的坐标用 x 来表示．显然 $x=D\cdot\tan\theta$．θ 是 P 点和相干光源间的中点的连线与对称轴之间的夹角．$SS_1=SS_2$，所以两相干光源 S_1 和 S_2 在观察屏上 P 点引起的光振动的相位差 $\Delta\varphi=(nr_2-nr_1)\dfrac{2\pi}{\lambda}$．整个实验装置暴露在空气中，式中 n 为空气的光学折射率，$n\approx1$．因此 $\Delta\varphi=(r_2-r_1)\dfrac{2\pi}{\lambda}$．在 $x\ll D$ 的远场近轴条件下，r_2-r_1 可以近似用图中的 δ 来表示，且 $\delta=d\sin\theta_1$．考虑到近似条件 $\theta_1\approx\theta$，且在 θ 角较小时，$\tan\theta\approx\sin\theta=\dfrac{x}{D}$．可以在观察屏上 P 点坐标 $x(P)$ 和两光路相位差 $\Delta\varphi_P$ 之间建立起近似线性的关系．$\Delta\varphi_P=\dfrac{2\pi}{\lambda}\cdot\dfrac{d}{D}x$．值得指出的是，正是因为 $\Delta\varphi_P$ 和 x 之间的关系是线性的，观察屏上观察到的条纹才是等间距的，当然只在 x 较小且 $D\gg d$ 时，近似才成立．

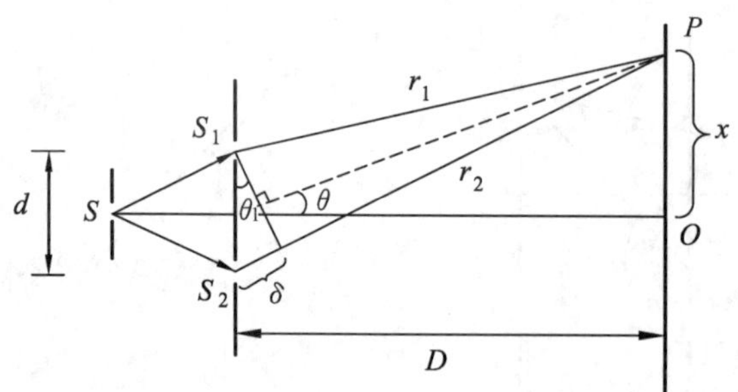

图 11-12　双缝干涉实验装置示意图

当 $\Delta\varphi_P=2k\pi$ 时，P 点处出现明纹. 图 11-13 为双缝干涉实验效果图. 图 11-14 显示观察屏上 O 点处的两路光的相位差为 0，符合 2π 的整数倍的条件，因此 O 点处出现明纹，称为零级明纹. 当 $x=\dfrac{D}{d}\lambda$ 时，$\Delta\varphi=2\pi$，此时两路光的相位差是 2π 的 1 倍，出现了明纹. 两路光的光程差 r_2-r_1 为波长的 1 倍，称此明纹为第一级明纹，以此类推. 第 k 级明纹出现在观察屏上 $x=k\dfrac{D}{d}\cdot\lambda$ 处.

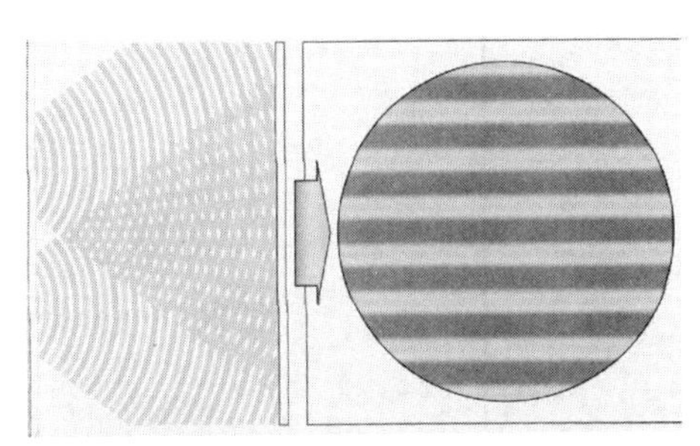

图 11-13 双缝干涉实验效果图

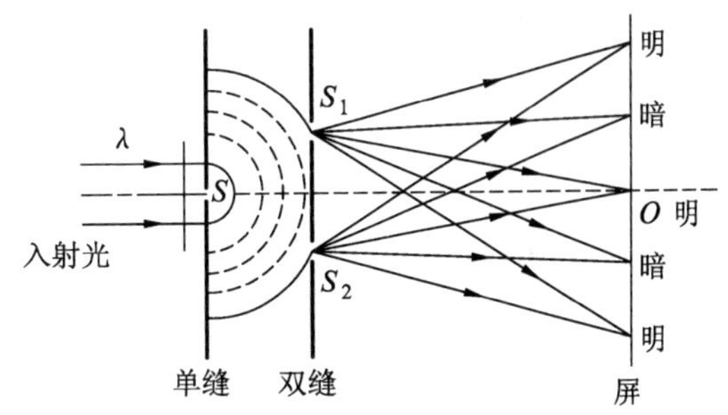

图 11-14 双缝干涉实验条纹分布示意图

杨氏双缝干涉条纹位置

$$x=\begin{cases}\pm k\dfrac{D}{d}\lambda\,(k=0,1,2,\cdots) & \text{明纹中心}\\[2ex] \pm(2k-1)\dfrac{D}{d}\dfrac{\lambda}{2}\,(k=1,2,\cdots) & \text{暗纹中心}\end{cases}\tag{11-5}$$

对应 $k=0$ 的明条纹，出现在屏幕中央处，称为中央明条纹. 其他与 $k=1,2,\cdots$ 相对应的明条纹分别称为第一级明条纹、第二级明条纹……x 可取正负，表明各级明纹对称地分布在中央明纹的两侧. 与明纹相似，暗纹也是对称分布的.

相邻的两级条纹中心的间距为

$$\Delta x=\frac{D}{d}\lambda\tag{11-6}$$

由式(11-6)不难发现，增大观察屏到相干光源的距离 D 和减小两相干光源之间的距离都可以拉大观察屏上条纹的间距. 当相干光源间距 d 小于波长时，将无法观察到干涉条纹. 屏上任一点的光程差都比 1 倍波长小. 按照明纹的要求，明纹处对应的两路光的光程差是波长的整数倍. 因此，除了中央零级明纹以外，将无法观察到其他级次的明纹.

例题 11-1 以单色平行光照射到相距为 0.2 mm 的双缝上，缝距为 1 m.

(1) 从第一级明纹到同侧第四级明纹为 7.5 mm 时，求入射光的波长.

(2) 若入射光波长为 6 000 Å，求相邻明纹间的距离.

解：(1) 明纹坐标为

$$x=\pm k\frac{D\lambda}{d}$$

$$x_4-x_1=4\frac{D\lambda}{d}-\frac{D\lambda}{d}=\frac{3D\lambda}{d}$$

由题意有 $\lambda=\dfrac{d}{3D}(x_4-x_1)=\dfrac{0.2\times10^{-3}}{3\times1}\times7.5\times10^{-3}$

$$=5\times10^{-7}(\text{m})=5\ 000(\text{Å})$$

（2）当 $\lambda=6\ 000$ Å 时，相邻明纹间距为

$$\Delta x=\frac{D\lambda}{d}=\frac{1\times6\ 000\times10^{-10}}{0.2\times10^{-3}}=3\times10^{-3}(\text{m})=3(\text{mm})$$

例题 11-2 如图 11-15 所示，用很薄的云母片（$n=1.58$）覆盖在双缝装置的一条缝上，光屏上原来的中心这时被第七级明纹所占据，已知入射光的波长 $\lambda=550$ nm，求该云母片的厚度.

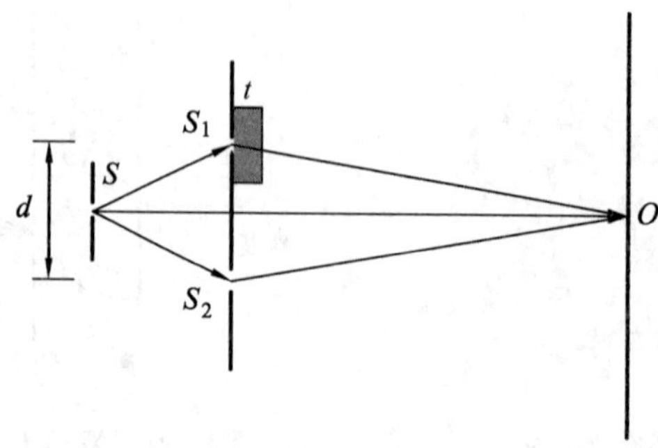

图 11-15 例题 11-2 图

解： 未覆盖云母片时，到达光屏中心的两束光之间的光程差为零. 设云母片的厚度为 t，则覆盖云母片后两束光在 O 点的光程差为

$$L=(n-1)t$$

所以 $L=(n-1)t=7\lambda$，解得 $t=6.638\times10^{-6}$ m.

例题 11-3 双缝干涉实验中，若 $d=0.25$ cm，$D=120$ cm，入射光的波长 $\lambda=600$ nm，计算屏上光强为中央亮条纹光强 75%的点离中央亮条纹的距离.

解： 光强公式为

$$I=2I_0(1+\cos\Delta\varphi)$$

中央明纹光强为 $I=4I_0$，由题意，有

$$\frac{I}{4I_0}=\frac{2I_0(1+\cos\Delta\varphi)}{4I_0}=0.75$$

$$1+\cos\Delta\varphi=1.5,\cos\Delta\varphi=0.5,\Delta\varphi=1.047\ \text{rad}$$

$$\Delta\varphi=\frac{2\pi}{\lambda}d\sin\theta\approx\frac{2\pi d}{\lambda}\cdot\frac{x}{D}$$

所以，有

$$x=\frac{\lambda\cdot D\cdot\Delta\varphi}{2\pi d}=48\ \mu\text{m}$$

如果用白光（复色光）来做实验，由于明纹的位置 $x=k\dfrac{D}{d}\lambda$ 和波长 λ 有关，所以除了中央零级明纹仍然为白色以外，其他各级次明纹将随波长不同而彼此错开，在中央零级明纹两侧形成内紫外红的彩色条纹，如图 11-16 所示.

改变一路光的光程可以平移观察屏上的条纹. 通过观察测量条纹移动的级次来实现对光波长、介质厚度等物理量的测量.

在双缝干涉中，仅当缝 S、S_1 和 S_2 都很狭窄时，干涉条纹才较清楚. 但这时通过狭缝的光又太弱. 1918 年菲涅耳进行了双镜实验，其实验装置如图 11-17 所示. 狭缝光源 S 的光射向以微小夹角装在一起的两平面镜 M_1 和 M_2，使从 M_1 和 M_2 反射的两束光交叠发生干涉. 由于两束反射光好像是来自虚光源 S_1 和 S_2，所以双镜干涉是杨氏双缝干涉的变体.

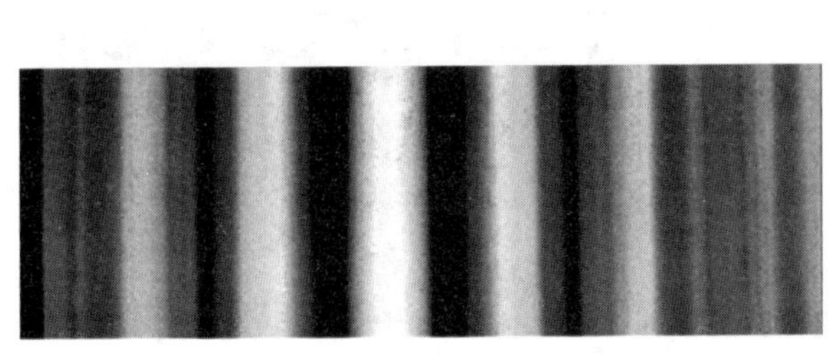

图 11-16 白光入射的双缝干涉条纹

图 11-17 菲涅耳双镜实验装置示意图

洛埃镜也是一个分波前干涉的例子. 1834 年的洛埃镜实验不仅显示了光的干涉现象，而且还在实验上证实了“半波损失”现象的存在.

“半波损失”现象指的是当光从光疏媒质向光密媒质传播时，在分界面上反射，反射光会有 π 的相位突变，相当于产生了半个波长的光程损失.

洛埃镜的实验装置如图 11-18 所示. S 是狭缝光源. 从 S 出射的光可以直接照射在观察屏上，也可以经由平面镜反射到达观察屏上. 此反射光也可以认为来自虚光源 S'. 因此，实验中充当相干光源的是光源 S 本身以及 S 关于平面镜 M 的虚像 S'.

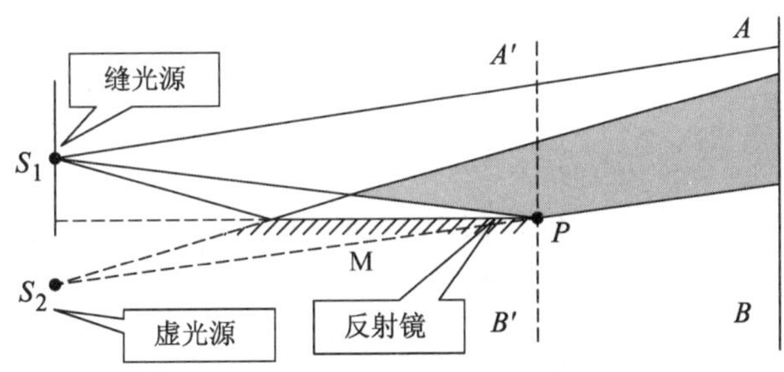

图 11-18 洛埃镜的实验装置

若将观察屏移至和平面镜 M 右侧相接，则相接处到 S 和 S' 的距离相等. 在相接处本应该类似于杨氏双缝干涉中出现中央零级明纹，但是，实验结果却出现了暗纹，说明入射光和反射光在此处反相叠加、相消，反射光产生了附加的相位差“π”. 即反射光产生了“半波损失”.

11.1.2 薄膜干涉

在潮湿的路面上，常常可以看到五颜六色的油膜. 在阳光的照射下，肥皂泡及蜻蜓的翅膀也会呈现五彩的颜色. 图 11-19 为五彩的肥皂泡. 本节将通过对薄膜干涉的讨论解释这些颜色的由来.

如图 11-20 所示是一层厚度均匀的薄膜，厚度为 d，折射率为 n. 薄膜的上表面与折射率为 n_1 的空气（或者其他介质）相接触. 薄膜蒸镀在折射率为 n_2 的基底上.

图 11-19　五彩的肥皂泡

考虑波长为 λ 的单色光入射的情形，如图11-20所示. 入射点 A 处的膜厚为 d. 不考虑半波损失时，相干反射光 1 和 2 之间的光程差 $\delta=n(\overline{AB}+\overline{BC})-n_1\overline{AN}$.

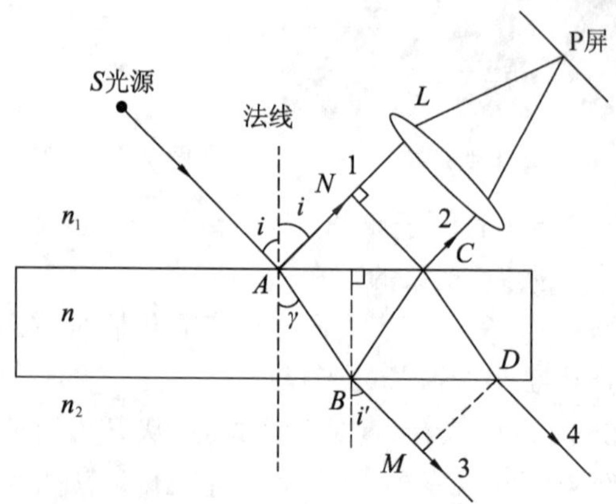

图 11-20　薄膜干涉光路图

运用折射定律和几何关系，可以导出光程差 δ 与入射角 i、折射角 γ、膜厚 d 以及各折射率之间满足：

$$\delta=2d\sqrt{n^2-n_1{}^2\sin^2 i}=2nd\cos\gamma \tag{11-7}$$

考虑两个界面反射时可能存在的半波损失，式(11-7)应改写为

$$\delta=\begin{cases}2d\sqrt{n^2-n_1{}^2\sin^2 i}=2nd\cos\gamma, & \text{当 } n_1<n<n_2 \text{ 或 } n_1>n>n_2 \text{ 时}\\ 2d\sqrt{n^2-n_1{}^2\sin^2 i}+\dfrac{\lambda}{2}=2nd\cos\gamma+\dfrac{\lambda}{2}, & \text{当 } n<n_1,n<n_2 \text{ 或 } n>n_1,n>n_2 \text{ 时}\end{cases} \tag{11-8}$$

当 $\delta=k\lambda$，$k=1,2,\cdots$时，反射加强，出现明纹；当 $\delta=\frac{1}{2}(2k+1)\lambda$，$k=0,1,2,\cdots$时，反射相消，出现暗纹.

膜的厚度并不总是均匀的，薄膜干涉现象的结果是在膜的表面呈现明暗相间的条纹. 如果是复色光入射，会呈现有颜色的条纹.

可以证明，考虑半波损失后，透射光 3 与 4 之间的光程差 δ' 与 δ 相差半个波长，即

$$\delta'=\begin{cases}2d\sqrt{n^2-n_2{}^2\sin^2 i'}=2nd\cos\gamma, & \text{当 } n<n_1,n<n_2 \text{ 或 } n>n_1,n>n_2 \text{ 时}\\ 2d\sqrt{n^2-n_2{}^2\sin^2 i'}+\dfrac{\lambda}{2}=2nd\cos\gamma+\dfrac{\lambda}{2}, & \text{当 } n_1<n<n_2 \text{ 或 } n_1>n>n_2 \text{ 时}\end{cases} \tag{11-9}$$

可见，反射光与透射光互补，即满足反射加强的光，透射相消，反之亦然.

例题 11-4 如图 11-21 所示，白光垂直射到空气中一厚度为 3 800 Å 的肥皂水膜上. 问水正面呈什么颜色？背面呈什么颜色（肥皂水的折射率为 1.33）？

解：依题意，对正面，有 $\delta=2nd+\dfrac{\lambda}{2}$（$i=0$，光有半波损失）.

（1）因反射加强，有 $2nd+\dfrac{\lambda}{2}=k\lambda(k=1,2,\cdots)$

$$\lambda=\frac{2nd}{k-\frac{1}{2}}=\frac{2\times1.33\times3\,800}{k-\frac{1}{2}}=\frac{10\,108}{k-\frac{1}{2}}=\begin{cases}20\,216\text{Å}(k=1)\\6\,739\text{Å}(k=2)\\4\,043\text{Å}(k=3)\\2\,888\text{Å}(k=4)\end{cases}$$

因为可见光范围为 4 000～7 600 Å，所以，反射光中 $\lambda_2=6\,739$ Å 和 $\lambda_3=4\,043$ Å 的光得到加强，前者为红光，后者为紫光，即膜正面呈红色和紫色.

图 11-21　例题 11-4 图

（2）因为透射最强时，反射最弱，所以有

$$2nd+\frac{\lambda}{2}=(2k+1)\frac{\lambda}{2}(k=1,2,\cdots)$$

$$2nd=k\lambda$$

上式即为透射光加强条件. 有

$$\lambda=\frac{2nd}{k}=\frac{10\,108}{k}=\begin{cases}10\,108\text{ Å}(k=1)\\5\,054\text{ Å}(k=2)\\3\,369\text{ Å}(k=3)\end{cases}$$

可见透射光中只有 $\lambda_2=5\,054$ Å 的可见光得到加强，此光为绿光，即膜背面呈绿色.

例题 11-5 在玻璃表面上涂 MgF_2 透明膜可减少玻璃表面的反射. 已知 MgF_2 的折射率为 1.38，玻璃的折射率为 1.60. 若波长为 5 000 Å 的光从空气中垂直入射到 MgF_2 膜上，为了使反射最小，形成增透膜. 求薄膜的最小厚度 $d_{\min}$.

解：依题意知 $\delta=2nd$（膜上下表面均有半波损失）.

反射最小时 $2n_1d=(2k+1)\dfrac{\lambda}{2}(k=0,1,2,\cdots)$，因此有

$$d=\frac{(2k+1)\lambda}{4n_1}$$

把 $k=0$ 代入，得

$$d_{\min}=\frac{\lambda}{4n_1}=\frac{5\,000}{4\times1.38}=906(\text{Å})$$

当平行光照射在厚度不均匀的薄膜上时，在薄膜的表面将产生干涉. 这种干涉的特点是，膜厚相同处，对应的两相干光光程差相等，产生的干涉条纹为同一级，故称这种干涉为等厚干涉. 常见的等厚干涉装置有劈形膜和牛顿环.

两片平面玻璃片一端相接，如图 11-22 所示，形成一个非常小的顶角 θ. 这两片玻璃片之间夹了一层空气膜. 空气膜的上下两表面反射光之间发生干涉现象. 两玻璃片的交线称为棱边，在平行于棱边的线上，劈形膜的厚度是相等的.

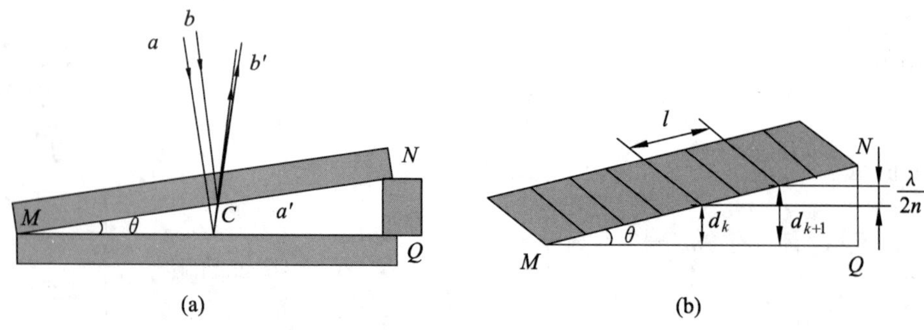

图 11-22　劈形膜的干涉

由于劈形膜的尖角 θ 很小，可以近似地认为入射光垂直于空气膜的上下表面，两反射光的方向与入射光相同. 劈形膜在 C 点处的厚度为 d，在空气膜的上下表面反射的两束光的光程差为

$$\delta=2nd+\frac{\lambda}{2}=\begin{cases}k\lambda(k=1,2,\cdots) & 明\\(2k+1)\dfrac{\lambda}{2}(k=0,1,2,\cdots) & 暗\end{cases}\tag{11-10}$$

上式表明，厚度 d 相等的地方，两相干光光程差相等，干涉条纹为同一级. 劈形膜的干涉条纹为平行于棱边的直线条纹，如图 11-22 所示.

在劈尖的交棱处，$d=0$，相位差 $\Delta\varphi=\pi$. 所以劈尖的交棱处呈现暗纹. 在接近交棱处，当膜厚 $d=\dfrac{\lambda}{4n_0}$时，$\Delta\varphi=1\times2\pi$，呈现第一级明纹. 在厚度 $d=\dfrac{3\lambda}{4n_0}$处，$\Delta\varphi=2\times2\pi$，膜表面呈现第二级明纹. 空气膜越厚，所呈现的条纹级次越高. 相邻两级次明纹所对应的膜的厚度差为

$$\Delta d=\frac{\lambda}{2n_0}\tag{11-11}$$

由图 11-22(b)知，任何两个相邻的明纹或暗纹之间的距离 l 由下式决定：

$$l\sin\theta=d_{k+1}-d_k=\frac{1}{2n}[(k+1)\lambda-k\lambda]=\frac{\lambda}{2n}\tag{11-12}$$

式中，θ 为劈尖的夹角. 显然，干涉条纹是等间距的，而且 θ 越小，干涉条纹越疏；θ 越大，干涉条纹越密. 如果劈形膜的夹角 θ 逐渐加大，干涉条纹就将密得无法分开. 因此，干涉条纹只能在很尖的劈形膜上才能看到.

在实际应用中常用劈形膜干涉原理测量薄片厚度、细丝直径等微小量. 还可利用劈形膜来检查光学表面的平整度，用待测平面和标准光学平面形成空气劈形膜：若待测平面非常平整，则干涉条纹为平行且等距的直条纹；若待测平面有缺陷，则待测条纹发生不规则弯曲. 这种检查方法能检查出不超过$\dfrac{\lambda}{4}$的凹凸缺陷.

薄膜干涉要求膜要薄. 这是因为原子发出的波列有一定的长度，如果膜过厚，则来自同一波列的两束反射光到 P 点时不能相遇，就谈不上干涉. 当然薄膜的厚度是相对的，它取决于光的相干长度. 如对普通光（如灯光、日光等），一块较厚的玻璃板，不能看作薄膜，不能形成干涉，而对激光它则可以被看作薄膜.

白光照在金属圆圈上的肥皂膜形成的干涉图样如图 11-23 所示. 由于肥皂膜自身存在重力，因此上部的膜厚度小，下部的膜厚度大. 因此越往下，前后两表面的反射光之间的光程

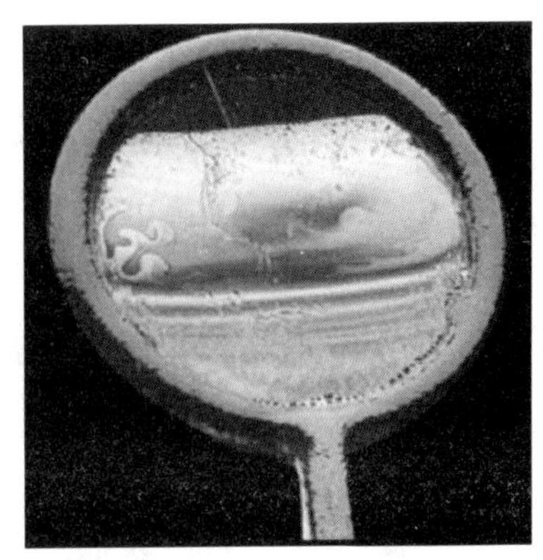
图 11-23 肥皂膜干涉图

差也越大.越往下条纹的级次越高.由上往下看,上半部分膜厚的增加相对缓慢,条纹稀疏,越往下,膜厚的增加越快,条纹越密集.另外,由于半波损失现象,顶部出现的是暗纹.就同一级次而言,由于红光比黄光的波长长,因此红光的条纹较黄光来说更偏下.劈尖干涉中,从交棱处到远离交棱处,由于空气膜厚度的增加是均匀的,因此膜表面的明暗条纹也是均匀等间隔的.

例题 11-6 把直径为 D 的细丝夹在两块平板玻璃的一边,形成空气劈尖.在 $\lambda=589.3$ nm 的钠黄光垂直照射下,形成如图 11-24 所示的干涉条纹.问 D 为多大?

解: 细丝处正好是第八级暗纹中心,由暗纹条件,有

$$\delta=2D+\frac{\lambda}{2}=(2k+1)\frac{\lambda}{2}$$

得 $k=8$ 时,有

$$D=k\times\frac{\lambda}{2}=2.36\ \mu\text{m}$$

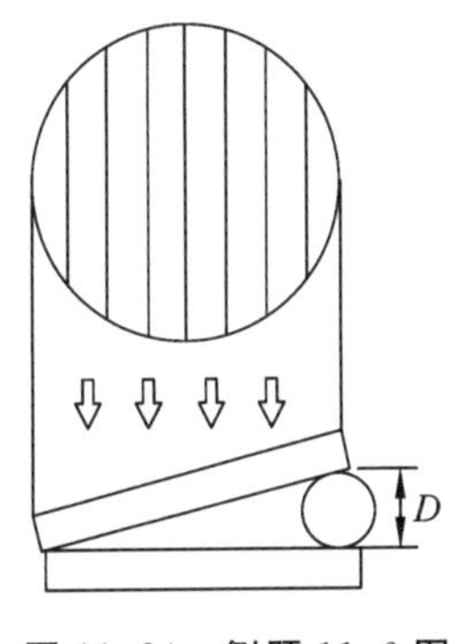

图 11-24 例题 11-6 图

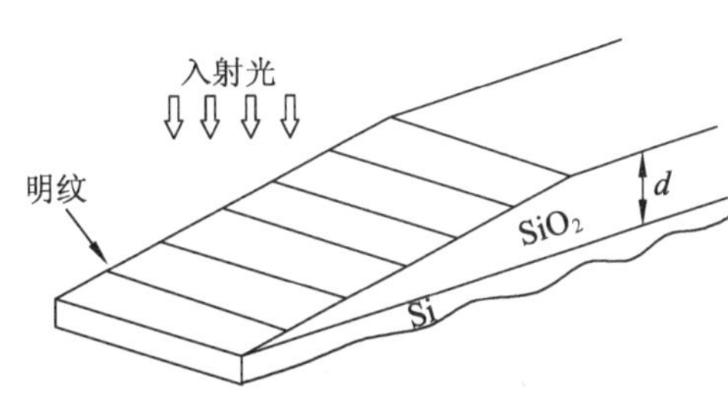

图 11-25 例题 11-7 图

例题 11-7 制造半导体元件时,常要确定硅体上二氧化硅(SiO_2)薄膜的厚度 d,可用化学方法将 SiO_2 薄膜的一端腐蚀成劈尖形状,SiO_2 的折射率为 1.5,Si 的折射率为 3.42.已知单色光垂直入射,波长为5 893 Å,若观察到如图 11-25 所示的 7 条明纹,则 SiO_2 膜厚度 d 为多少?

解: 方法一:

由题意知,由 SiO_2 上、下表面反射的光均无半波损失,所以

$$\delta=2nd$$

反射加强时 $2nd_k=k\lambda(k=0,1,2,\cdots)$,有

$$d_6=\frac{6\lambda}{2n}=\frac{6\times5\,893}{2\times1.5}=11\,786(\text{Å})=1.178\,6\times10^{-6}(\text{m})$$

方法二:

$$d=N\cdot\Delta d=6\times\frac{d}{2n}(\text{相邻明纹对应厚度差})=\frac{3d}{n}=1.178\,6\times10^{-6}(\text{m})$$

牛顿环是另外一个薄膜等厚干涉的例子.如图 11-26 所示,曲率半径很大的平凸透镜凸面朝下,放在光洁平整的平晶玻璃板上,在两者之间形成了厚度不均匀的空气膜.空气膜的上

下两表面反射光之间发生干涉，呈现明暗相间的圆条纹. 条纹级次的分布是中间低，四周高. 由于相邻两级次条纹之间膜的厚度差总是$\frac{\lambda}{2n}$，所以条纹呈现中间稀疏，越沿半径往外越密集.

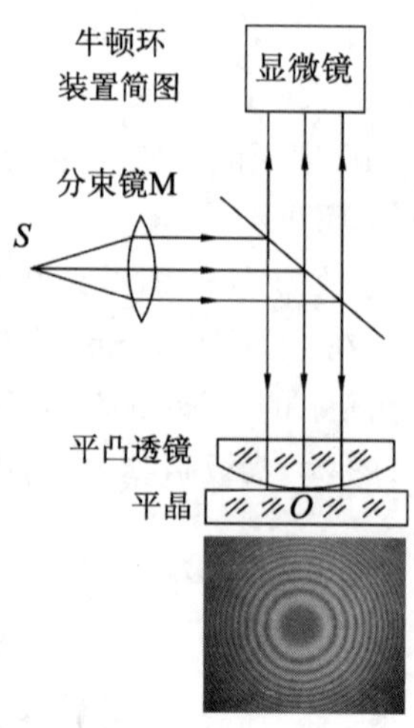

图 11-26　牛顿环装置

形成牛顿环处的空气薄膜的厚度 d 满足下列条件：

$$\delta=2d+\frac{\lambda}{2}=\begin{cases}k\lambda(k=1,2,\cdots) & \text{明环}\\(2k+1)\frac{\lambda}{2}(k=0,1,2,\cdots) & \text{暗环}\end{cases}\tag{11-13}$$

在实验中直接测量的是牛顿环的半径 r，而不是膜的厚度 d，下面用几何关系计算环的半径与膜的厚度的关系，由图 11-27 可得

$$R^2=r^2+(R-d)^2\xrightarrow{R\gg d}d=\frac{r^2}{2R}\tag{11-14}$$

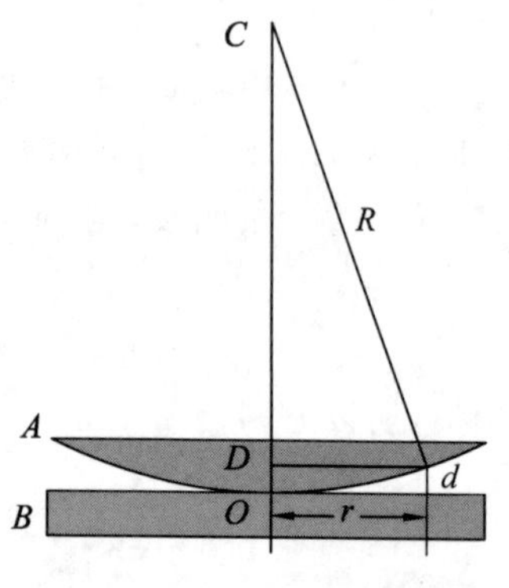

图 11-27　牛顿环光路图

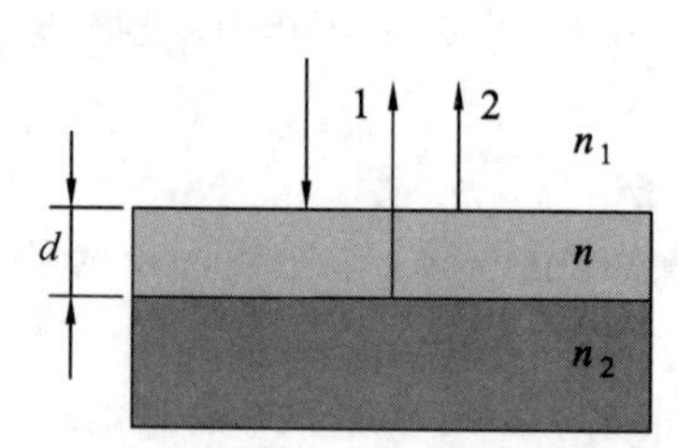

图 11-28　薄膜干涉

将式(11-14)代入式(11-13)，得明环和暗环的半径分别为

$$\begin{cases}r_{明}=\sqrt{\frac{(2k-1)R\lambda}{2}} & (k=1,2,\cdots)\\r_{暗}=\sqrt{Rk\lambda} & (k=0,1,2,\cdots)\end{cases}\tag{11-15}$$

可见，条纹半径与正整数 k 的平方根成正比. 随着 k 的增加，相邻明(或暗)环的半径之

差越来越小,条纹分布越来越密.

牛顿环中心处相应的空气层厚度 $d=0$,而实验观察到的是一暗斑,这是由于光从光疏介质到光密介质界面反射时有相位突变.

由于光从空气入射到玻璃片上大约有 4%的光强被反射,而普通光学仪器常常包含多个镜片,其反射损失经常要达到 20%~50%,使进入仪器的透射光强度大为减弱,同时杂散的反射光还会影响观测的清晰度.如果在透镜表面镀上一层透明介质薄膜就可以达到减少反射、增强透射的目的,这种介质薄膜称为增透膜.平常我们看到的照相机镜头上的一层蓝紫色的膜就是增透膜.现假定在折射率为 n_2 的玻璃上镀了一层透明薄膜,其折射率为 n,且有 $n_1<n<n_2$,如图 11-28 所示.控制透明薄膜厚度 d,使其对于某波长的光,光线 1 和光线 2 产生相消干涉,即有

$$2nd=(2k+1)\frac{\lambda}{2}(k=0,1,2,\cdots)$$

$$d=\frac{2k+1}{4n}\lambda \xrightarrow{k=0} \frac{\lambda}{4n} \tag{11-16}$$

由上式可看出,一层增透膜能使某种波长的反射光达到极小,对于其他相近波长的反射光也有不同程度的减弱.至于控制哪一种波长的反射光达到极小,视实际情况而定.对于一般的照相机和助视光学仪器,常选人眼最敏感的波长 $\lambda=550$ nm 来消反射光,这一波长的光呈黄绿色,所以增透膜的反射光中呈现出与它互补的颜色即蓝紫色.

实际中有时会有相反的要求,即尽量降低透射率、提高反射率,相应的薄膜称为高反射膜.例如,激光器中的高反射镜,对特定波长的光的反射率可达 99%以上;宇航员头盔和面甲上都镀有对红外线具有高反射率的多层膜,以屏蔽宇宙空间中极强的红外线照射.

11.1.3 迈克耳孙干涉仪

迈克耳孙干涉仪是利用光的干涉精确测量长度和长度变化的仪器.它是很多近代干涉仪的基础原型,在物理学的发展历史上曾经起过非常重要的作用(图 11-29 为迈克耳孙),迈克耳孙干涉仪如图 11-30 所示,其基本结构如图 11-31 所示.图中,M_1、M_2 是精细磨光的平面反射镜,M_1 固定,M_2 借助于螺旋及导轨(图中未画出)可沿光路方向做微小平移,G_1、G_2 是厚度相同、折射率相同的两块平行平面玻璃板,G_1 和 G_2 保持平行,并与 M_1 或 M_2 成$\frac{\pi}{4}$角.G_1 的一个表面镀银层,使其成为半透半反射膜.

图 11-29 迈克耳孙

从光源 S 发出的光线进入 G_1,光线一部分在薄膜银层上被反射后射向 M_1,这路光称为光线 1,它经过 M_1 反射后再穿过 G_1 向 E 处传播.从光源 S 发出的光线进入 G_1 后,另一部分穿过 G_1 和 G_2 形成光线 2,光线 2 向 M_2 传播,经 M_2 反射后再穿过 G_2,经 G_1 的银层反射也向 E 处传播,形成光 2′.显然,1′、2′光是相干光,故可在 E 处看到干涉图样.若无 G_2,由于光线 1′经过 G_1 三次,而光线 2 经过 G_1 一次,因而 1′、2′光产生极大的光程差.为保证 1′、2′光能相遇,故引进 G_2,使 2′光也经过等厚的玻璃板.迈克耳孙干涉仪是利用分振幅法产生双光束干涉的仪器.

图 11-30　迈克耳孙干涉仪

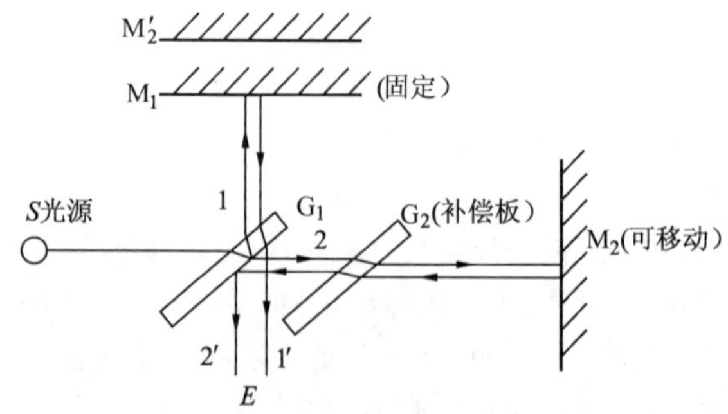

图 11-31　迈克耳孙干涉仪光路图

M_2'是 M_2 关于 G_1 半透半反膜的虚像，由 M_2 反射的光线可看作是 M_2'反射的. 因此，干涉相当于薄膜干涉. 若 M_1、M_2 不严格垂直，则 M_1 与 M_2'就不严格平行，在 M_1 与 M_2'间形成一劈尖，从 M_1 与 M_2'反射的光线 1′、2′类似于从劈尖两个表面上反射的光，所以在 E 处可看到互相平行的等间距的等厚干涉条纹. 如果 M_2 移动$\frac{\lambda}{2}$时，M_2'相对 M_1 也移动$\frac{\lambda}{2}$，则在视场中可看到一明纹（或暗纹）移动到与它相邻的另一明纹（或暗纹）上去，当 M_2 平移距离 d 时，M_2'相对 M_1 也运动距离 d，此过程中，可看到移过某参考点的条纹移动的级次为 Δk，则有 $d=\Delta k\,\frac{\lambda}{2}$.

例题 11-8　用迈克耳孙干涉仪进行精密测长，如图 11-32 所示，入射光的波长 $\lambda_0=632.8$ nm，其谱线宽度为 10^{-4} nm. 设该仪器可分辨出$\frac{1}{10}$条条纹的变化. 问这台仪器测长精度为多大？一次测长的量程为多少？

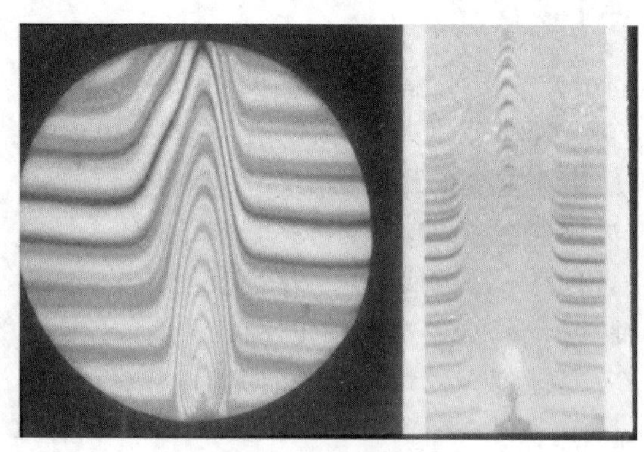

图 11-32　例题 11-8 图

解：(1) 由公式 $2\Delta d=\Delta k\cdot\lambda_0$，取 $\Delta k=\frac{1}{10}$，得

$$\Delta d=\frac{\Delta k\cdot\lambda_0}{2}=0.032\ \mu\text{m}$$

(2) 该仪器的量程与相干长度有关，因为 $L_0=\frac{\lambda_0^{\ 2}}{\Delta\lambda}=4$ m，所以量程 $L=\frac{L_0}{2}=2$ m.

11.1.4　光的相干性

一、空间相干性

在双缝干涉实验中，如果逐渐增加光源狭缝 S 的宽度，则屏幕 EE' 上的条纹就会变得逐渐模糊起来，最后干涉条纹完全消失．这是因为 S 内包含的各小部分 S'、S'' 等(图 11-33)在屏上产生的干涉条纹位置不重合，会产生非相干叠加，影响屏上条纹的清晰度．缝 S 越宽，所包含的非相干子波波源越多，导致屏上条纹最暗和最亮的光强差缩小，造成干涉条纹模糊甚至消失．只有当光源 S 的线度较小时，才能获得较清楚的干涉条纹．这一特性称为光场的空间相干性．

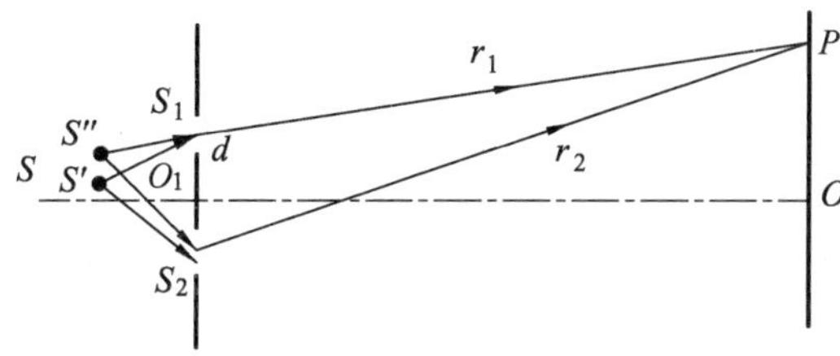

图 11-33　空间相干性

二、时间相干性

实验发现单色的点光源发出的光经过干涉装置分束后，能否产生干涉效应，还受光程差的限制．例如，在迈克耳孙干涉仪中，如果 M_2 与 M_1' 之间的距离超过一定的限度，就观察不到干涉条纹．这是因为光源实际发射的是一个个的波列，每个波列都有一定的长度．例如，在迈克耳孙干涉仪的光路中，光源先后发出两个波列 a 和 b，每个都被分束板分成 1、2 两波列，用 a_1、a_2、b_1、b_2 表示，当两路光程差不太大时，如图 11-34(a)所示，a_1 和 a_2、b_1 和 b_2 等可能重叠，这时能够发生干涉．但如果两光路的光程差太大，如图 11-34(b)所示，则由同一波列分解出来的两波列将不再重叠，而相互重叠的是由前后两波列 a、b 分解出来的波列(如 a_1 和 b_2)，这时就不能发生干涉．显然，要保证同一原子光波列被分割的两部分能重新会合，两光路的光程差就不能超过原子光波列在真空中的长度，而此长度为

$$\Delta x=\frac{\lambda^2}{\Delta\lambda}$$

则

$$\Delta t=\frac{\Delta x}{c}=\frac{\lambda^2}{c\Delta\lambda} \tag{11-17}$$

Δt 也就是发射一个原子光波列的时间．通常我们将 Δx 和 Δt 分别称为相干长度和相干时间，并将这类相干性称为时间相干性．显然，相干长度或相干时间越长，代表时间相干性越好．可以看出，光的单色性越好(谱线宽度越小)，Δx 与 Δt 就越大，这时光的时间相干性就越好．

联系前面所讨论的光的空间相干性，可以看出：空间相干性研究的是在垂直于光线的横向两空间点上光的相干性；时间相干性讨论的是沿光线纵向两空间点上光的相干性．前者的好坏决定于光源尺度，而后者的优劣则由光源的单色性决定．所以尺度较大或单色性差的光源都难以形成干涉．

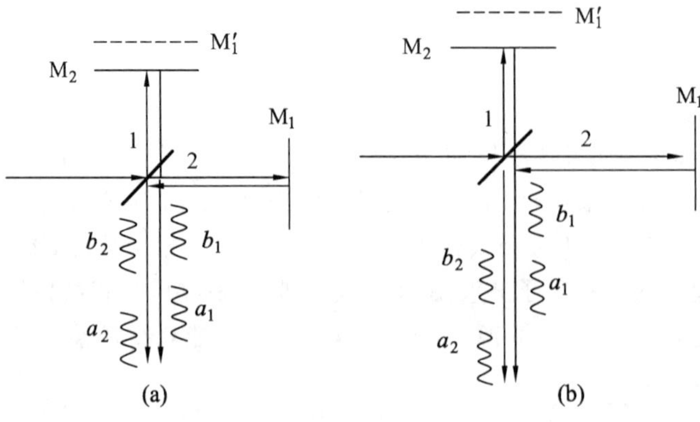

图 11-34　时间相干性

若采用激光作光源，因为激光的相干长度一般达数万米，所以对于迈克耳孙干涉仪移动的距离实际上没有任何限制. 若采用钠光灯作光源，因为其相干长度只有数厘米，所以 M_2 和 M_1' 间的距离超过这个长度就观察不到干涉现象. 如果用白光作光源，因为白光的相干长度只有微米数量级，所以要观察到干涉现象，M_2 与 M_1' 间的距离不能超过微米级. 因此，在迈克耳孙干涉仪中采用普通光源时，必须加上补偿板 G_2 来消去多余的光程差. 最后应当指出，时间相干性问题不仅存在于迈克耳孙干涉仪中，还存在于所有的干涉现象中.

11.2　光的衍射

波能绕过障碍物传播且强度重新分布的现象称为波的衍射现象. 例如，声波可以绕过墙等障碍物，使得“只闻其声不见其人”. 无线电波可以绕过高山、大楼传到很远的地方等. 光是电磁波，光具有波动性决定了光也能发生衍射现象. 但是，日常生活的经验告诉我们，光在均匀介质中沿直线传播，一般不会绕到障碍物后面去继续传播. 日食、小孔成像等是光沿直线传播的例子. 光能否发生衍射现象的问题实际上是关于光在均匀介质中如何传播的问题.

11.2.1　光的衍射现象　惠更斯-菲涅耳原理

一、光的衍射现象

如图 11-35 所示，K 是一条透光狭缝，宽度可以调节. E 是观察屏. 入射的平行光穿过狭缝，在观察屏上将能看到光斑. 实验发现，如果狭缝的宽度比光波波长大得多，观察屏上的光斑和狭缝的形状几乎完全一致. 可见，此时光沿直线传播. 如果缩小狭缝宽度，至宽度和光波波长可以比拟时，一方面光斑亮度降低，另一方面，随着狭缝宽度进一步减小，光斑范围不降反增，光斑的范围明显比狭缝宽度大. 同时，在光斑范围内出现了清晰的明暗相间的条纹. 将狭缝换成孔径可变的小孔，也可看到明暗相间的条纹.

光能够绕过障碍物的边缘，偏离直线传播且光强重新分布的现象称为光的衍射. 日常情况下，我们看到光沿直线传播，光的衍射现象不明显，这是因为光的波长较短（可见光的波长是几百万分之一米）. 加长波长，波动性越明显，衍射现象越容易被观察到. 声波波长可达数十米，无线电波的波长可达几百米，所以声波、无线电波的衍射现象容易被观察到. 图 11-36 为刀片边缘的衍射，图 11-37 为圆盘衍射图样.

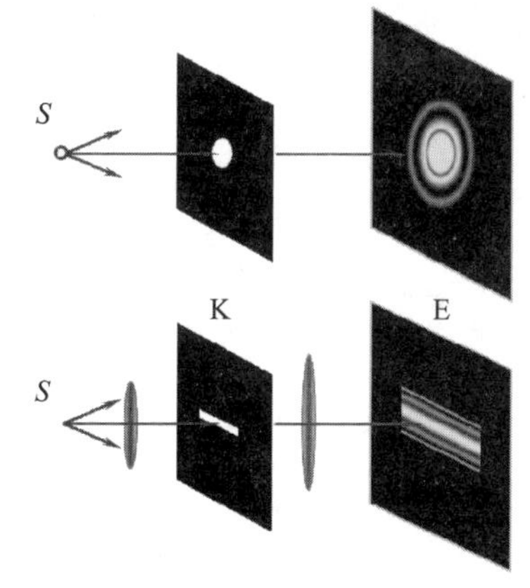

图 11-35 光的衍射现象

图 11-36 刀片边缘的衍射

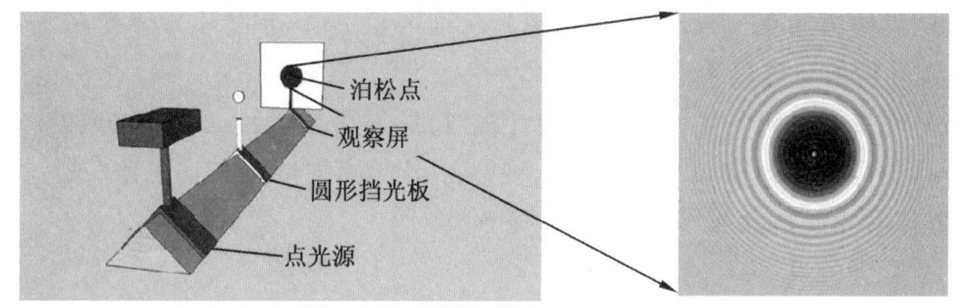

注：在圆盘几何阴影的中心处出现一个亮斑(称泊松点).

图 11-37 圆盘衍射图样

二、惠更斯-菲涅耳原理

光能够偏离直线传播发生衍射现象，可以用惠更斯-菲涅耳原理来描述和解释. 平静水面上的波在遇到条状障碍物时将会被挡住，如果在障碍物上开孔，水波能从小孔里透出来. 透过去的水波从小孔出发，在障碍物的另一侧继续传播. 透过去的水波像是以小孔为波源产生的一样.

惠更斯原理指出：介质中波传播到的各点，都可以看作是发射子波的波源. 其后的任一时刻，这些子波的包迹就是新的波阵面. 图 11-38 为惠更斯原理图示.

菲涅耳根据波的叠加和干涉原理，提出了"子波相干叠加"的思想，发展了惠更斯原理. 在图 11-39 中，$\mathrm{d}S$ 为某波阵面 S 上的任一面元，是发出球面子波的子波源，而空间任一点 P 的光振动，则取决于波阵面 S 上所有面元发出的子波在该点相互干涉的总效应. 菲涅耳提出，球面子波在点 P 的振幅正比于面元的面积 $\mathrm{d}S$，反比于面元到点 P 的距离 r，与 $\boldsymbol{r}$ 和 $\mathrm{d}S$ 的法线方向 $\boldsymbol{n}$ 之间的夹角 θ 有关，θ 越大，在 P 处的振幅越小. 点 P 处光振动的相位，由 $\mathrm{d}S$ 到 P 点的光程确定. 由此可见，点 P 处光矢量 $\boldsymbol{E}$ 的大小应由下述积分决定，即

$$E = C\int \frac{k(\theta)}{r}\cos\left[2\pi\left(\frac{t}{T} - \frac{r}{\lambda}\right)\right]\mathrm{d}S \tag{11-18}$$

式中，C 是与光源和所选波面有关的比例系数；$k(\theta)$ 是随 θ 增大而减小的倾斜因子. T 和 λ 分别是光波的周期和波长.

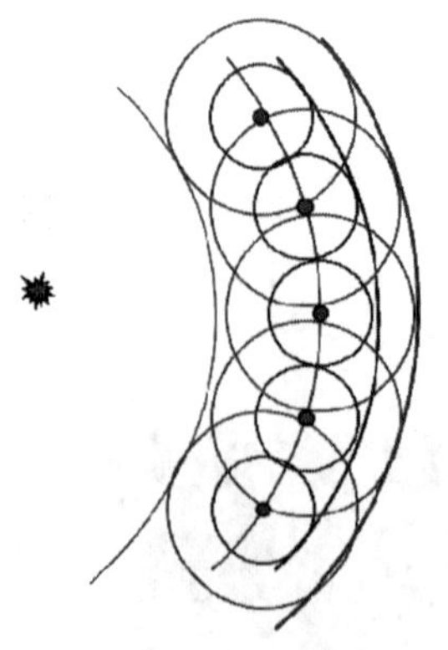

图 11-38　惠更斯原理图示

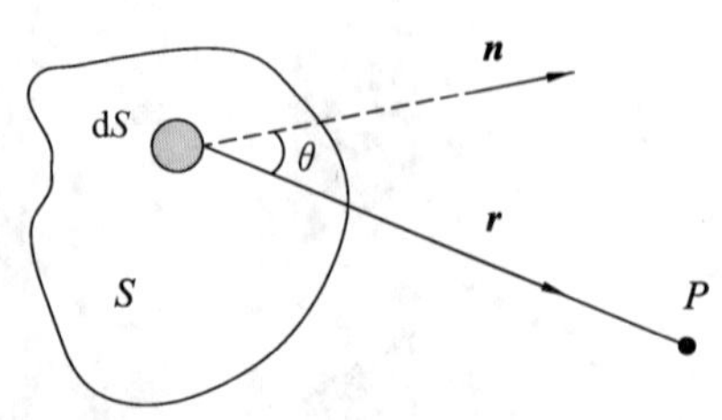

图 11-39　子波相干叠加

式(11-18)的积分一般是比较复杂的.在这里我们将以惠更斯-菲涅耳原理为基础,用菲涅耳提出的一种简化的近似方法——半波带法,来讨论单缝及光栅的衍射.值得一提的是,当年光的微粒说拥护者泊松(S. D. Poisson)根据菲涅耳理论计算了小圆盘衍射的相关数据,得出在几何阴影中央应有一亮斑(阿喇果斑),从而为惠更斯-菲涅耳原理奠定了实验基础.

三、菲涅耳衍射和夫琅禾费衍射

观察衍射现象的实验装置一般都是由光源、衍射屏和观察屏三部分组成的.通常把衍射分为菲涅耳衍射和夫琅禾费衍射.光源 S、观察屏 E 与衍射屏距离均有限(或一个距离为无限远)的衍射称为菲涅耳衍射,如图 11-40 所示.

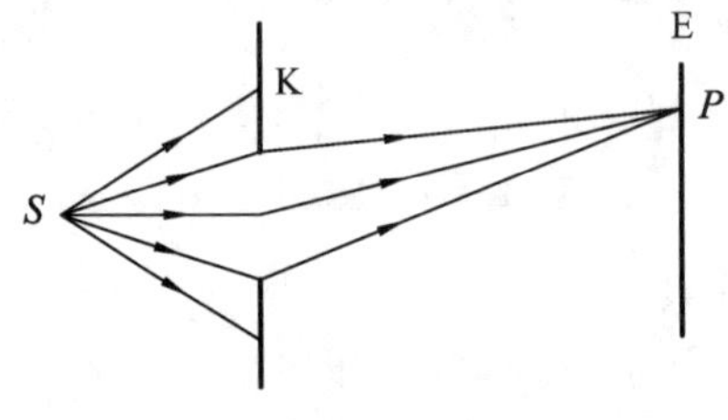

图 11-40　菲涅耳衍射

光源 S、观察屏 E 与衍射屏均无限远时的衍射称为夫琅禾费衍射.因为光源和光屏相对衍射物是在无穷远处,因而入射光和衍射光都是平行光,所以夫琅禾费衍射也称为平行光衍射,如图 11-41 所示.

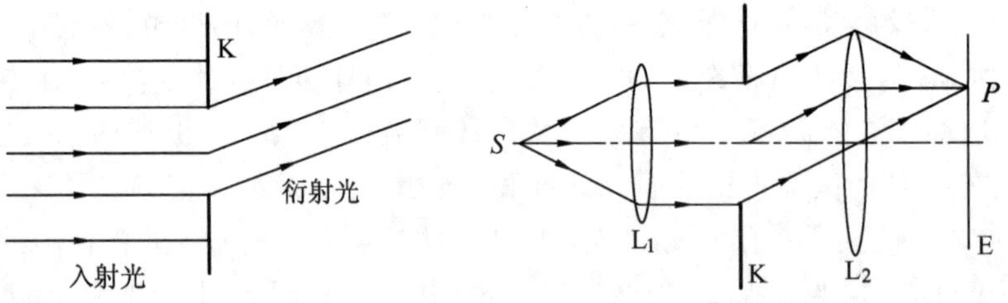

图 11-41　夫琅禾费衍射

实际上,夫琅禾费衍射经常利用两个会聚透镜来实现.如图 11-41 所示,将光源 S 置于 L_1 焦平面上,就可产生平行光形成夫琅禾费衍射.

11.2.2 单缝的夫琅禾费衍射

图 11-42 为单缝夫琅禾费衍射实验装置示意图. 宽度比长度小得多的矩形狭缝作为衍射屏. 光源 S 放在透镜 L′的焦点上,形成平行入射光照射到单缝衍射屏上,衍射屏后面放上凸透镜 L. 在 L 的焦平面上放上观察屏.

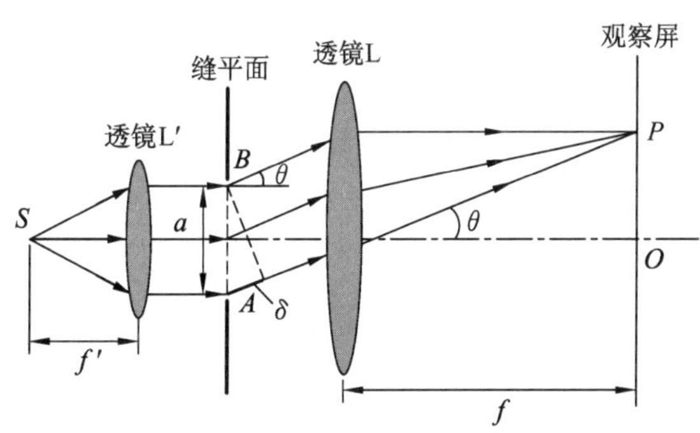

图 11-42 单缝衍射实验装置示意图

入射的单色光波长为 λ,狭缝宽度为 a. 如果没有衍射现象,平行正入射的光穿过狭缝后也将完全正出射,经过凸透镜会聚作用以后,只在观察屏上的 O 处有亮光,观察屏上其他地方全暗. 但是,实验结果是除 O 处外,在屏幕上其他地方也有明纹. 这表明发生了衍射现象. 在从狭缝透出的光中,还有非正出射的光.

从狭缝出射的光中包含各种角度的平行光束. 图中画出的为出射角度(也称为衍射角)为 θ 的一组平行光. 这组平行光线经过透镜的折射作用后,将会聚到观察屏上的 P 点. 衍射角为其他的平行出射光将会聚到观察屏上其他相应的点. 该点的光强决定于这组平行光线相干叠加的结果. 以 O 点作为坐标原点,在观察屏上建立一维坐标系. 观察屏上 P 点的坐标 x 和对应的平行出射光束的衍射角 θ 之间有关系式 $x=f\tan\theta$. 其中,f 是透镜 L 的焦距.

$\theta=0$ 时,对应正出射的情形. 这组平行光束彼此之间的光程差为 0 而发生相长干涉. 从而在观察屏中央 O 点处出现一条平行于狭缝的明纹.

当 $\theta\neq0$ 时,考虑从狭缝两端点发出的衍射角为 θ 的平行光线. 两者之间的光程差为 $a\sin\theta$.

(1) $a\sin\theta=\lambda$,如图 11-43 所示. 这时,我们考虑从 AB 中点 C 发出的衍射角为 θ 的光线. 这条光线与从 A、B 出发的光线的光程差都为 $\frac{\lambda}{2}$. 这样,狭缝所在的波阵面 AB 就可以被分为 AC 和 CB 两部分. 每部分的两端点沿 θ 方向的出射光之间的光程差为 $\frac{\lambda}{2}$,故称半波带. 两半波带对应点发出的光线之间的光程差均为 $\frac{\lambda}{2}$,满足干涉相消的条件. 例如,光线 1 和 1′之间、光线 2 和 2′之间相消. 因此,和 θ 相对应的观察屏上的点出现暗纹.

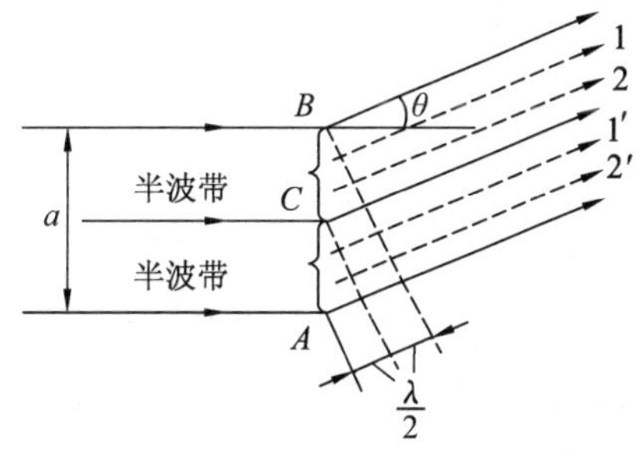

图 11-43 狭缝被分成两个半波带

（2）$a\sin\theta=3\cdot\frac{\lambda}{2}$，如图 11-44 所示．和前面一种情况相比较，$a$ 和 λ 都没有变化．衍射角 θ 增大了，对应的观察屏上的点离 O 点更远了．此时，波阵面 AB 可以分成 3 个半波带．两个半波带相消，第三个半波带的出射光线会聚到观察屏上对应的点，从而出现一个次级明纹．之所以称之为次级明纹，是因为只有近 $\frac{1}{3}$ 的光线到达此处，其亮度比中央明纹的亮度要小得多．

（3）$a\sin\theta=4\cdot\frac{\lambda}{2}$，如图 11-45 所示．波阵面 AB 可被分成 4 个半波带．它们两两发生相消干涉，使得在和 θ 相对应的观察屏上的地方又出现了暗纹．

一般情况下，有

$$a\sin\theta=\begin{cases}\pm k\lambda \quad (k=1,2,3\cdots). & \text{暗纹}\\ \pm(2k+1)\dfrac{\lambda}{2} \quad (k=1,2,3\cdots) & \text{明纹（中心）}\end{cases} \tag{11-19}$$

$+1$ 级暗纹和 -1 级暗纹中间包围的区域是中央明纹．±1 级暗纹的衍射角为 $\theta=\pm\arcsin\frac{\lambda}{a}$．中央明纹的宽度为 $\Delta x=2f\tan\left(\arcsin\frac{\lambda}{a}\right)$．在 θ 较小时，有

$$\Delta x=2f\frac{\lambda}{a} \tag{11-20}$$

在 $+1$ 级和 $+2$ 级暗纹之间所夹的为第一级次明纹，在 $+2$ 级和 $+3$ 级暗纹之间所夹的为第二级次明纹，以此类推．

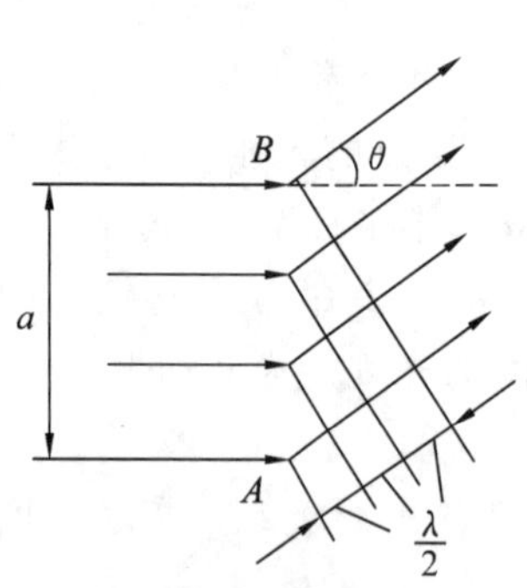

图 11-44　狭缝被分成 3 个半波带

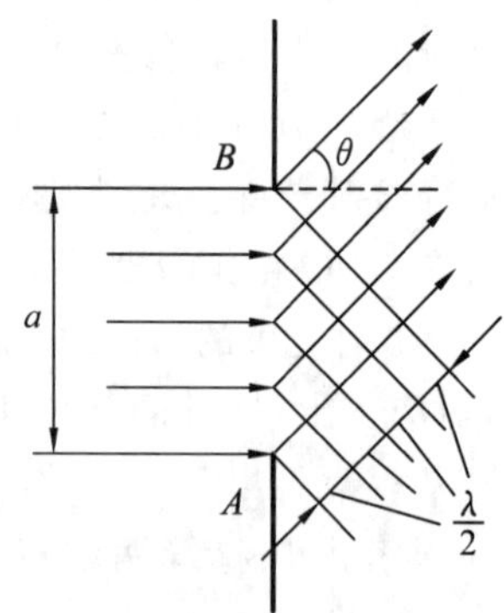

图 11-45　狭缝被分成 4 个半波带

用菲涅耳半波带法不但可以确定衍射图样中各级明、暗条纹的位置，而且可以定性地讨论各级明纹的亮度．第 k 级明纹对应于 $2k+1$ 个半波带，其中相邻的 $2k$ 个半波带的衍射光干涉抵消，因此照射到明纹上的能量是衍射光能量的 $1/(2k+1)$．可见 k 越大，照射到明纹上的光能量越小，明纹的亮度越小．于是，各级明纹随着级次的增加，即衍射角的增大，亮度将变小，明暗条纹的分界越来越模糊，所以一般只能看到中央明纹附近少数几条清晰的明纹．图 11-46 表示单缝衍射的光强分布．从图中可以看出，中央明纹最宽、最亮；其他各级明纹分居中央明纹两侧，其光强随着级次的增大而减小．

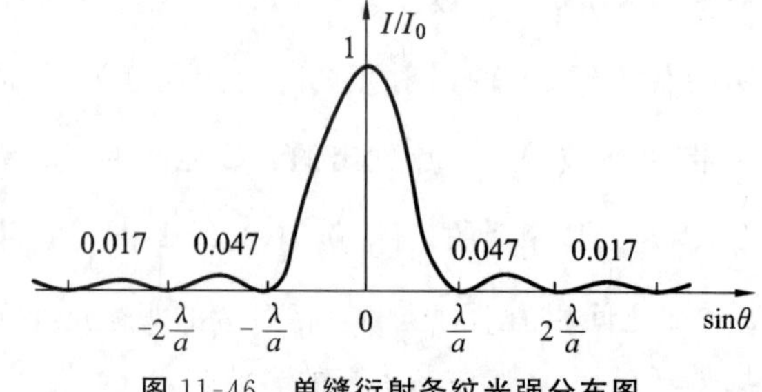

图 11-46　单缝衍射条纹光强分布图

中央明纹的宽度是其他各级次明纹宽度的两倍. 狭缝宽度越小，条纹间距越大，衍射现象就越明显. 反之，当狭缝远大于光波波长时，条纹间距很小，各级次条纹密集集中于观察屏的中央，形成狭缝的“像”，衍射不明显. 这时，光线“沿”直线传播，即几何光学的情形.

例题 11-9　波长 $\lambda=500$ nm 的单色平行光垂直入射于缝宽为 $a=1$ mm 的单缝，缝后透镜焦距 $f=1$ m. 求在透镜焦平面上中央明纹中心到下列各点的距离：

(1) 第 1 极小.

(2) 第 1 次极大.

(3) 第 3 极小.

解：(1) 第 1 极小对透镜光心的张角为半角宽度，即

$$a\sin\theta_1=a\frac{x_1}{f}=\lambda$$

所以，中央明纹中心到第 1 极小的距离为

$$x_1=\lambda\frac{f}{a}=0.5\ \text{mm}$$

(2) 同理，中央明纹中心到第 1 次极大的距离(即第 1 次极大位置)为

$$x_1'=\frac{3}{2}\cdot\lambda\cdot\frac{f}{a}=0.75\ \text{mm}$$

(3) 第 3 极小位置在

$$x_3=\frac{6}{2}\cdot\lambda\cdot\frac{f}{a}=3\lambda\cdot\frac{f}{a}=1.5\ \text{mm}$$

由式(11-19)可知，对一定宽度的单缝来说，$\sin\theta$ 与波长 λ 成正比. 因此，如果入射光为白光，各种波长的光抵达 O 点都没有光程差，所以中央是白色明纹. 但在中央明纹两侧的各级条纹中，不同波长的单色光在屏幕上的衍射明纹将不完全重叠. 各种单色光的明纹将随波长的不同而略微错开，最靠近的为紫色，最远的为红色.

例题 11-10　如图 11-47 所示，用波长为 λ 的单色光垂直入射到单缝 AB 上.

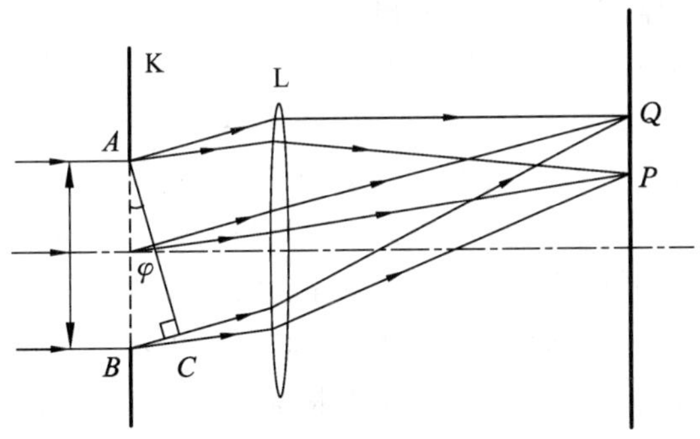

图 11-47　**例题** 11-10 **图**

(1) 若 $AP-BP=2\lambda$，问对 P 点而言，狭缝可分几个半波带？P 点是明是暗？

(2) 若 $AP-BP=1.5\lambda$，则 P 点又是怎样？对另一点 Q 来说，$AQ-BQ=2.5\lambda$，则 Q 点是明是暗？P、Q 两点相比哪点较亮？

解：(1) AB 可分成 4 个半波带，P 为暗点($2k$ 个).

(2) P 点对应 AB 上的半波带数为 3，P 为亮点. Q 点对应 AB 上的半波带数为 5，Q 为

亮点. 因为 $2k_Q+1=5$, $2k_P+1=3$，所以 $k_Q=2$, $k_P=1$. 因此，P 点较亮.

11.2.3 圆孔的夫琅禾费衍射　光学仪器的分辨率

如图 11-48 所示，把单缝衍射实验装置中的狭缝换成透光小孔，在观察屏上能看到圆孔衍射图样. 观察屏中央是一个明亮的圆斑，该圆斑称为艾里斑. 艾里斑周围是明暗相间的圆环. 由于艾里斑中集中了从小孔里透射出来的光强的大部分（84%左右），如图 11-49 所示，因此，研究圆孔衍射时，更多关注的是艾里斑.

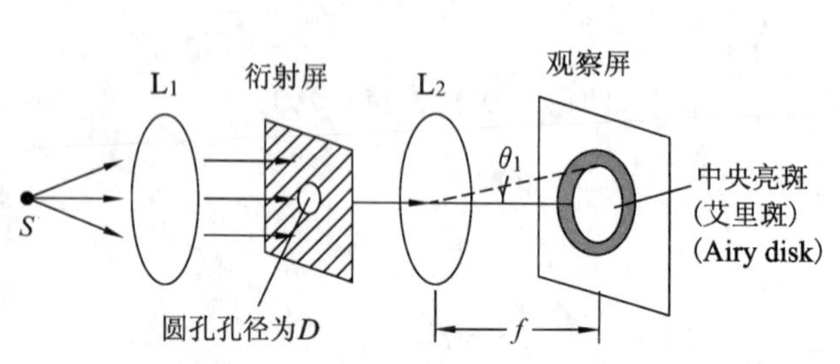

图 11-48　圆孔衍射实验装置示意图

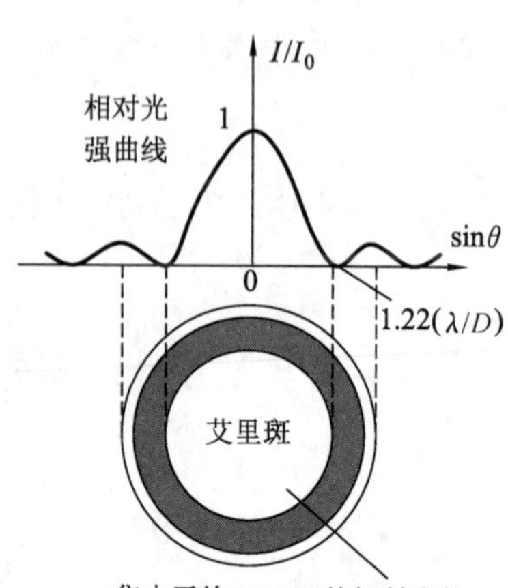

图 11-49　圆孔衍射条纹光强分布

艾里斑是由周边的第一级暗环包围的，第一暗环的衍射角用 θ_1 表示，θ_1 也即艾里斑的角半径. 由理论计算可知，艾里斑的角半径为 $\theta_1 \approx 1.22\dfrac{\lambda}{D}$. 增加入射光的波长或者减小通光孔径 D 都可以增大艾里斑.

圆孔衍射现象会对光学仪器的分辨本领产生限制作用. 例如，照相机中能在照相机胶卷上成像的光线必须要穿过照相机的镜头. 照相机镜头不仅对光有折射作用，而且事实上起到了通光孔的作用. 用一台照相机对一个点光源进行拍摄，在底片上形成的不是一个点，而是一个艾里斑. 人的眼睛也是如此，人眼通过瞳孔观看两个点光源时，在视网膜上形成的不是两个亮点，而是两个圆斑，如图 11-50 所示. 如果两个圆斑间的距离较远，人眼可以分辨出两个斑，从而判断出有两个物点. 但如果两个圆斑距离较近，则人眼将无法分辨出两个圆斑，只能“看到”一个物点.

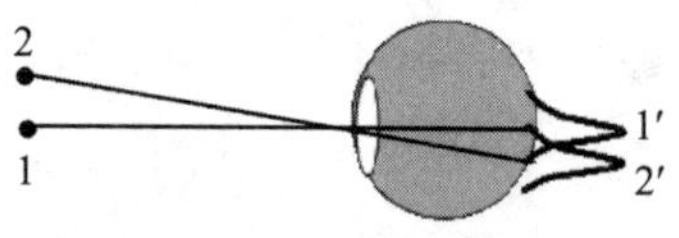

图 11-50　人眼观察事物发生衍射现象的示意图

瑞利判据指出，对于两个不相干的物点，如果一个艾里斑的中心恰好位于另一个艾里斑的边缘处，则恰可以分辨两个艾里斑，如图 11-51 和图 11-52 所示. 根据计算可知，此时两艾里斑中间交叠区域的最大光强为每一个艾里斑中心最大光强的 80%，正是利用了中间相对较暗的区域才把两个圆斑分辨出来.

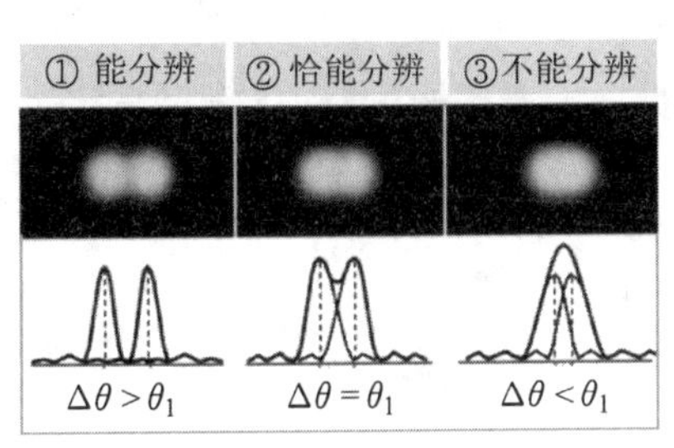

图 11-51 瑞利判据

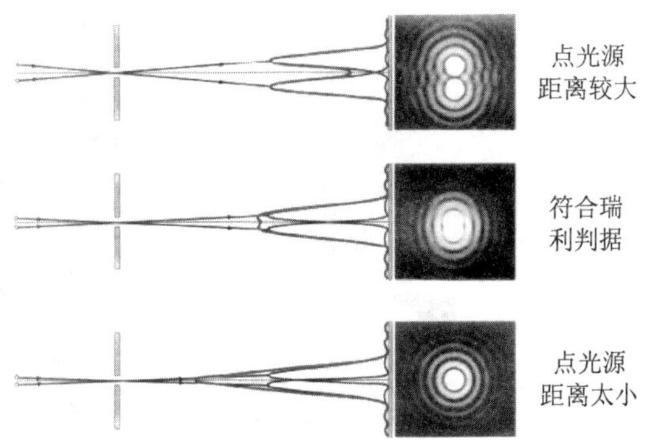

图 11-52 两个物点之间的分辨

图 11-53 是两个圆斑满足瑞利判据，恰可以被分辨的情形. 一方面，两艾里斑中心关于透镜中心所张的角为艾里斑的角半径 $1.22\dfrac{\lambda}{D}$. 另一方面，左侧两个点光源关于透镜中心所张的角 θ 和 δ_θ 是对顶角的关系. 从图中几何关系不难判断，两个物点要能被分辨，则它们关于透镜中心所张的角必须要大于等于艾里斑的角半径. 恰能分辨两个物点的所需的张角称为光学仪器的最小分辨角，有

$$\delta_\theta=\theta_1\approx 1.22\frac{\lambda}{D} \tag{11-21}$$

光学仪器的最小分辨角越小，分析物体表面细节的能力就越强. 因此，用最小分辨角的倒数可以度量光学仪器的分辨本领 R. 有

$$R=\frac{1}{\delta_\theta}=\frac{D}{1.22\lambda} \tag{11-22}$$

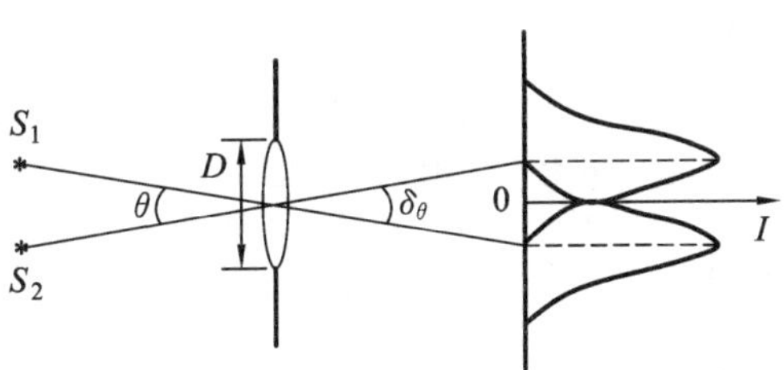

图 11-53 最小分辨角示意图

增大望远镜孔径可以增大其分辨本领. 世界上最大的光学望远镜——加那列大型望远镜(GTC)(图 11-54)，建造在西班牙的加那列群岛，直径为 10.4 m. 2007 年 7 月 13 日该望远镜首次试运行 . 1990 年送入太空的哈勃望远镜(图 11-55)的凹面物镜的直径为 2.4 m，最小分辨角(对于可见光中 550 nm 的黄绿光)为 $\delta_\theta=1.22\dfrac{\lambda}{D}=1.22\times\dfrac{500\times10^{-9}}{2.4}=2.542\times10^{-7}$(rad). 2016 年在我国贵州省平塘县建成的 500 m 口径的球面射电望远镜(FAST)(图 11-56)是目前世界上口径最大、灵敏度最高的宇宙监听设备.

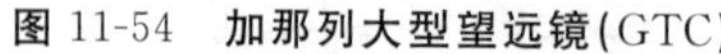
图 11-54　加那列大型望远镜(GTC)

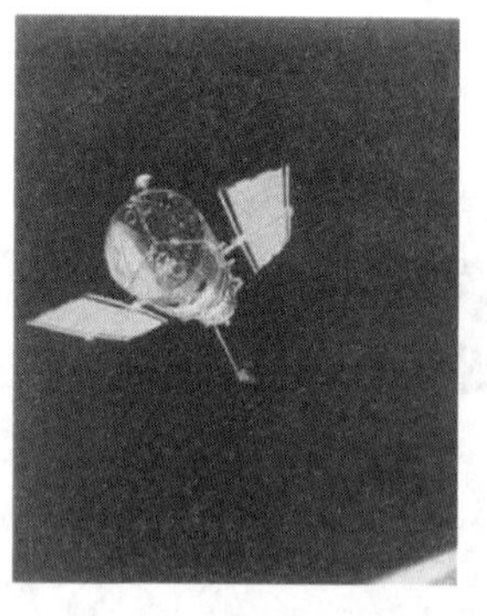
图 11-55　哈勃望远镜

图 11-56　FAST 射电望远镜

对于显微镜，通常通过减小波长来增加显微镜的分辨本领．在生物学研究中被广泛应用的紫外显微镜就采用了波长较短的紫外光．近代物理告诉我们，高能电子束也具有波动性，波长可短至 0.1～0.01 nm，用电子显微镜（图 11-57）可以分辨几纳米的微结构，放大倍数可达上百万倍，可用以研究分子、原子的结构．图 11-58 为电子显微镜下的尘螨．

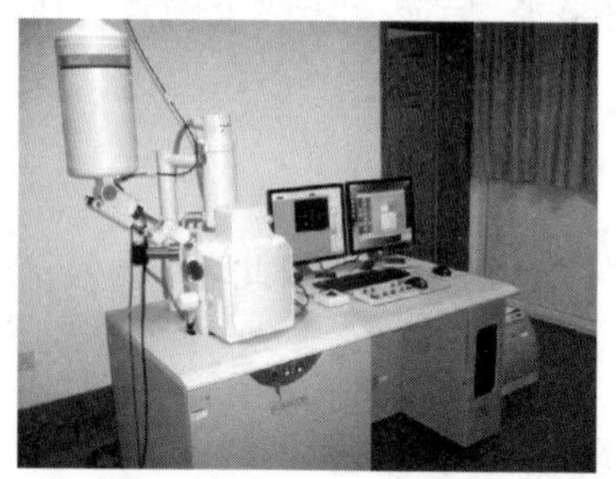
图 11-57　电子显微镜

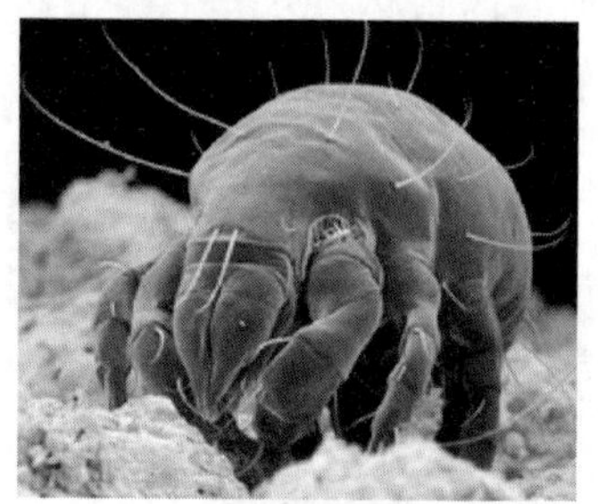
图 11-58　电子显微镜下的尘螨

例题 11-11　通常亮度下人眼瞳孔直径约为 3 mm，问人眼的最小分辨角是多少？远处两细丝之间的距离为 2 mm，问离开多远时恰能分辨（取 $\lambda=550$ nm）？

解：（1）人眼最小分辨角 $\delta_\theta=\arcsin\left(1.22\dfrac{\lambda}{D}\right)\approx 1.22\dfrac{\lambda}{D}=2.24\times10^{-4}$ rad.

（2）设两细丝间距为 s，细丝与人的距离为 l，则恰能分辨时 $\delta_\theta=\dfrac{s}{l}$.

所以 $l=\dfrac{s}{\delta_\theta}=8.9$ m.

例题 11-12　遥远天空中两颗星恰好被阿列亨（Orion）天文台的一架折射望远镜所分辨．设物镜直径为 76.2 cm，波长 $\lambda=550$ nm.

（1）求最小分辨角．

（2）若这两颗星距地球 10 光年，求两星之间的距离．

解：（1）最小分辨角为

$$\delta_\theta=\arcsin\left(1.22\frac{\lambda}{D}\right)\approx 1.22\frac{\lambda}{D}=8.81\times10^{-7}\ \text{rad}$$

（2）最小分辨角与两颗星到地球的距离 d 和两星之间的距离 s 之间的关系为 $\delta_\theta=\dfrac{s}{d}$.

所以 $s=d\cdot\delta_\theta=8.33\times10^{10}\ \text{m}=8.33\times10^{7}$ km.

11.2.4　衍射光栅

在单缝衍射实验中，为了获得分隔得较开的衍射条纹，透光狭缝的宽度须减小，但这将降低条纹的亮度，不利于条纹的观察和测量. 若扩大透光狭缝的宽度，则包括中央明纹在内的所有级次条纹都变窄，条纹都向中央明纹靠拢. 条纹间彼此不易被分辨，也不利于条纹的观察和测量. 解决的办法是用多条等宽度、等间隔的透光狭缝作为衍射屏替代单条狭缝.

图 11-59 中显示的是 $N=6$ 条狭缝平行并排等间隔排列作为衍射屏的情形. 每条狭缝的透光宽度为 a，相邻狭缝间不透光部分的宽度为 b，$d=a+b$ 为空间周期，也就是相邻狭缝的中心之间的距离，如图 11-60 所示.

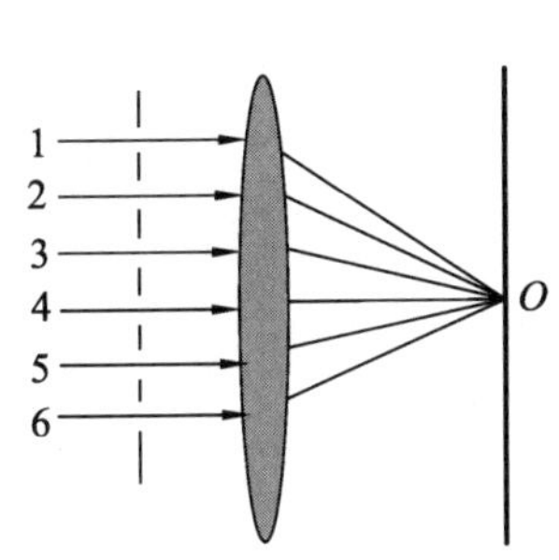

图 11-59　衍射屏为 6 条透光狭缝

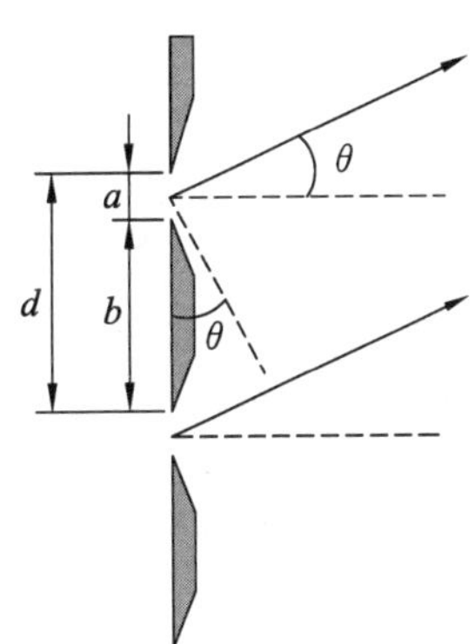

图 11-60　相邻狭缝透射光的光程差

若挡住其余狭缝仅让第一个狭缝透光，此时，等同于单缝衍射. 在观察屏上将能看到单缝衍射的条纹. 值得指出的是，中央明纹对应于衍射角 $\theta=0$ 的透射光束，经凸透镜会聚到透镜光轴和观察屏的交点 O 处. 单独打开任意一条狭缝所得到的观察屏上的单缝衍射条纹的中央明纹都位于 O 点. 这些单缝衍射条纹是重合的，不会因为透光狭缝不同而互相错开.

大量的等宽的平行狭缝(或反射面)等间距地排列起来构成的光学元件叫**光栅**. 光栅中的每一条宽度为 a 的透光部分，与宽度为 b 的不透光部分一起构成了光栅的一个空间周期，$d=a+b$ 称为光栅常数. 光线通过光栅的每条狭缝后的衍射光线的叠加是相干叠加，衍射光线之间有固定相位差并满足相干的条件，所以光栅衍射应该是单缝衍射和多光束干涉共同作用的结果.

图 11-61 中显示的是未考虑单缝衍射，只考虑多光束干涉的结果. 其中上图是(杨氏)双缝干涉实验的条纹. 观察屏上将呈现明暗相间的等间隔明纹. 当狭缝数目增多时，$N=4$(中图)，6(下图)，与双缝时明纹对应处仍为明条纹，但各级明纹将变得更加明亮和锐利，称为主极大. 相邻明纹之间出现了 $N-1$ 条暗纹和 $N-2$ 条次明纹，次明纹的亮度远小于主极大，故称为次极大. 各级主极大的位置可以用下面的公式来确定：

$$d\sin\theta=k\lambda\,(k=0,\pm1,\pm2,\cdots)\tag{11-23}$$

上式称为光栅方程.

若考虑单缝的衍射作用，光栅衍射的光强分布应为各单缝衍射和多光束干涉的总效果. 图 11-62(a)是单缝衍射的光强分布. 当衍射角 θ 满足 $\sin\theta=\pm k\dfrac{\lambda}{a}$时，出现了暗纹. 在$-\dfrac{\lambda}{a}$和$\dfrac{\lambda}{a}$之间是单缝衍射的中央明纹. 图 11-62(b)是多光束干涉的结果. 狭缝数 $N=6$，所以，相邻明纹(主极大)之间有 5 条暗纹. 当衍射角 θ 满足 $\sin\theta=\pm k\dfrac{\lambda}{d}$时，出现了各级次的干涉明纹. 图 11-62(c)是光栅衍射的光强分布. 多光束干涉条纹受到了单缝衍射的调制. 各级次干涉明纹(主极大)的相对光强等于单缝衍射光强的大小.

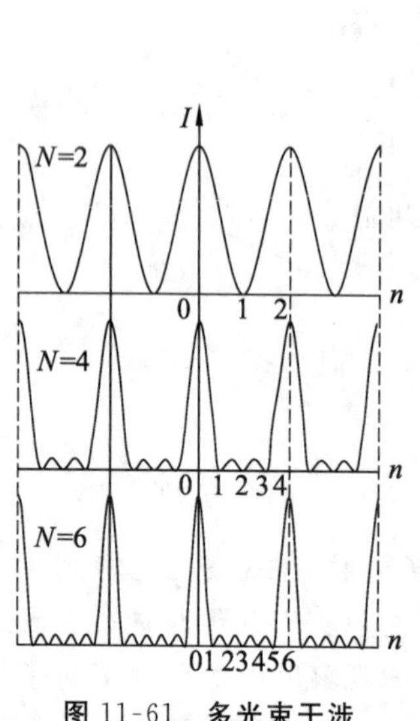

图 11-61　多光束干涉

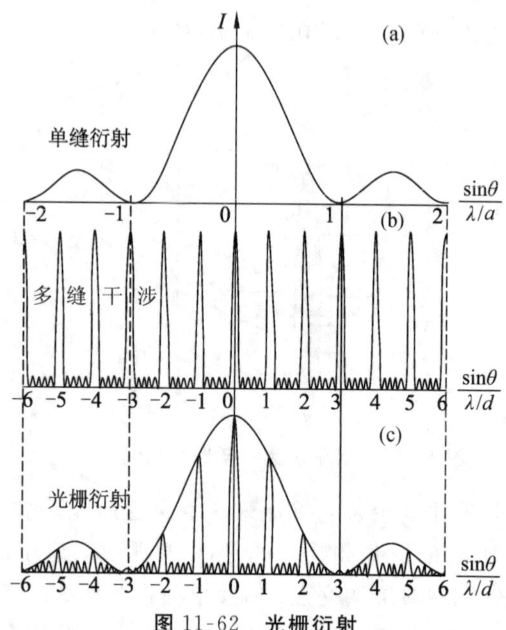

图 11-62　光栅衍射

若 θ 同时满足 $\sin\theta=k'\dfrac{\lambda}{a}$和 $\sin\theta=k\dfrac{\lambda}{d}$，此时第 k 级干涉明纹将消失. 这种衍射调制的特殊结果叫缺级现象，不难得出，光栅条纹中 $k=\dfrac{d}{a}k'$($k'=\pm1,\pm2,\pm3,\cdots$)的各级主极大将消失(缺级).

根据光栅方程 $d\sin\theta=k\lambda$，当 d 一定时，入射光波长 λ 越大，相同级次的衍射角 θ 就越大. 所以，当白光(复色光)入射时，除了 0 级明纹仍为白色外，其他级次将呈现内紫外红的彩色条纹，形成彩色光带，对称分布在中央零级白色明纹的两侧，这些彩带称为光栅光谱(图 11-63).

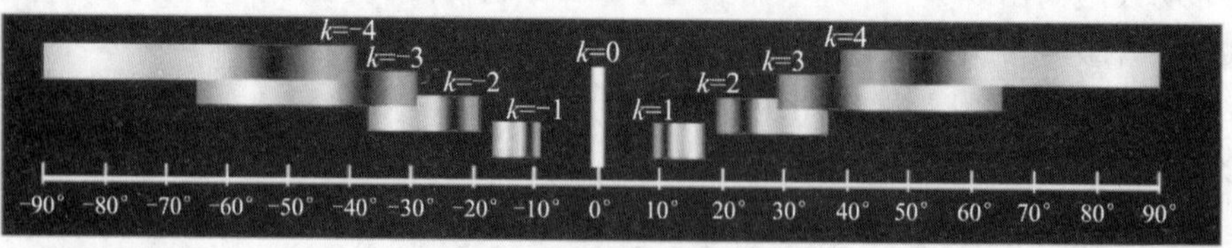

图 11-63　光栅光谱

设以白光(波长为 400～760 nm)垂直入射于一个每厘米有 4 000 条刻线的光栅，则该光栅的光栅常数为 $d=\frac{1}{4\ 000}$ cm=2 500 nm. 由光栅方程，得其各级明条纹的衍射角为 $\theta=\arcsin\frac{k\lambda}{d}$，因为采用复色光入射，所以各级光谱的紫端和红端的衍射角不同，如表 11-1 所示，可以看出，第 2 级光谱和第 3 级光谱出现了交叠现象.

表 11-1 光栅光谱

	(紫端)θ_V	(红端)θ_R
中央明纹	0	0
1 级光谱	9.2°	17.7°
2 级光谱	18.7°	37.4°
3 级光谱	28.7°	65.8°
4 级光谱	39.8°	>90°

复色光中不同波长的光在光栅光谱中依次散开，这种现象称为色散. 光栅使不同波长的光散开的能力称为色散本领.

在透明的玻璃片上等宽度、等间隔地刻画一系列平行刻线即得一实际光栅. 刻痕相当于毛玻璃，不透光，相邻两刻痕之间的光滑部分可以透光，与缝相当. 精制的光栅在 1 cm 内刻痕可以多达一万条以上，所以刻画光栅是较困难的技术. 通常在可见光范围内的光栅，光栅常数在 $10^{-6}\sim10^{-5}$ 数量级，总缝数在 $10^3\sim10^4$ 数量级.

例题 11-13 用白光(400～700 nm)垂直照射在每毫米 500 条刻痕的光栅上，光栅后放一焦距 $f=320$ mm 的凸透镜，试求透镜焦平面处光屏上第一级光谱的宽度.

解： $d=\frac{1}{500}=0.002$(mm)，由 $d\sin\theta=k\lambda$，$k=1$，$\theta_{400}=\arcsin\frac{\lambda}{d}=11.537°$，$\theta_{700}=20.487°$，得

第一级光谱衍射角宽度 $\Delta\theta=8.95°=0.156\ 2$ rad；

第一级光谱宽度 $L=f\Delta\theta=50$ mm.

例题 11-14 复色光入射到光栅上，若其中一光波的第三级最大和红光($\lambda_R=6\ 000$ Å)的第二级极大相重合，求该光波的波长.

解： 光栅方程为 $d\sin\theta=\pm k\lambda$，由题意知

$$\begin{cases} d\sin\theta=\pm3\lambda_x \\ d\sin\theta=\pm2\lambda_R \end{cases}$$

得 $3\lambda_x=2\lambda_R$，即

$$\lambda_x=\frac{2}{3}\lambda_R=\frac{2}{3}\times6\ 000=4\ 000(\text{Å})$$

例题 11-15 白光入射每厘米中有 6 500 条刻线的平面光栅上，求第三级光谱的张角(白光波长为 4 000～7 600 Å).

解： 光栅常数 $d=\frac{1}{6\ 500}\ \text{cm}=\frac{1}{6\ 500}\times10^8$ Å.

光栅方程 $d\sin\theta=\pm k\lambda$(考虑 $\theta>0$ 即可).

第三级光谱中，

$$\begin{cases}\theta_{min}=\arcsin\dfrac{3\lambda_{min}}{d}=\arcsin\dfrac{3\times400}{\dfrac{1}{6\ 500}\times10^8}=51.25^\circ\\\theta_{max}=\arcsin\dfrac{3\lambda_{max}}{d}=\arcsin\dfrac{3\times7\ 600}{\dfrac{1}{6\ 500}\times10^8}=\arcsin1.48(\text{不存在})\end{cases}$$

说明不存在第三级完态光谱，只是一部分出现.

这一光谱的张角是 $\Delta\theta=90^\circ-\theta_{min}=38.74^\circ$.

设第三级光谱中出现的最大波长为 λ'，则由 $d\sin\theta=k\lambda$，有

$$\lambda'=\frac{d\sin90^\circ}{3}=\frac{\dfrac{1}{6\ 500}\times10^8}{3}=5\ 128(\text{Å})(\text{绿光})$$

可见，第三级光谱中只能出现紫、蓝、青、绿等色的光，波长比 5 128 Å 大的黄、橙、红等光看不到.

例题 11-16 以氦放电发出的光入射某光栅，若测得 $\lambda_1=6\ 680$ Å 时衍射角为 20°，如在同一衍射角下出现更高级次的氦谱线 $\lambda_2=4\ 470$ Å，问光栅常数最小各为多少？

解：依题意，有

$$\begin{cases}d\sin20^\circ=k\lambda_1\\d\sin20^\circ=(k+n)\lambda_2\quad(n\text{ 为正整数})\end{cases}$$

得 $k\lambda_1=(k+n)\lambda_2$，即 $k=\dfrac{\lambda_2}{\lambda_1-\lambda_2}n$.

$d\propto k$，而 $k\propto n$，所以 $d\propto n$.

可见，$n=1$ 时，$d=d_{min}$.

$n=1$ 时，$k=\dfrac{\lambda_2}{\lambda_1-\lambda_2}=\dfrac{4\ 470}{6\ 680-\ 4\ 470}=2.02$，取 $k=2$.

得 $d_{min}=\dfrac{2\lambda_1}{\sin20^\circ}=\dfrac{2\times6\ 680}{\sin20^\circ}=39\ 062(\text{Å})=3.906\times10^{-4}(\text{cm})$.

注意：k 值要取整数，才能把 $k=\dfrac{\lambda_2}{\lambda_1-\lambda_2}$ 直接代入 d_{min} 公式中.

例题 11-17 一束光线入射到光栅上，当分光计转过 θ 角时，在视场中可看到第三级光谱为 $\lambda=4.4\times10^{-7}$ m 的等级. 问在同一 θ 角上能否看见波长在可见光范围内的其他条纹（可见光波长范围为 $4\times10^{-7}\sim7.6\times10^{-7}$ m）？

解：光栅方程为 $d\sin\theta=\pm k\lambda$（考虑 $\theta>0$ 即可），依题意，有

$$d\sin\theta=3\lambda=13.2\times10^{-7}\ \text{m}$$

$k=1$（一级光谱）时，应看到的波长为 λ_1，有

$$d\sin\theta=\lambda_1=13.2\times10^{-7}\ \text{m}$$

因为 $\lambda_1=7.6\times10^{-7}$ m，所以看不见.

$k=2$（二级光谱）时，应看到的波长为 λ_2，有

$$d\sin\theta=2\lambda_2=13.2\times10^{-7}\ \text{m}$$

得

$$\lambda_2=6.6\times10^{-7}\ \text{m}$$

因为在可见光内，所以看得见.

$k=4$(四级光谱)时，应看到的波长为 λ_4，有

$$d\sin\theta=4\lambda_4=13.2\times10^{-7}\ \text{m}$$

得 $\lambda_4=3.3\times10^{-7}\ \text{m}<4\times10^{-7}\ \text{m}$，所以看不见.

综上知，可看到二级光谱中波长为 6.6×10^{-7} m 的光谱线.

11.2.5 晶体对X射线的衍射

X射线(伦琴射线)是一种波长极短的电磁波，最初很难用实验证明X射线的存在. 普通的光学光栅虽然可以用来测定光波波长，但因光栅常数的限制，对波长极短的电磁波无法测定.

1912年，德国物理学家劳厄利用天然晶体作为光栅进行了实验，如图11-64所示，圆满地获得了X射线的衍射图样(图11-65)，证实了X射线的波动性，开创了采用X射线进行晶体结构分析的重大应用.

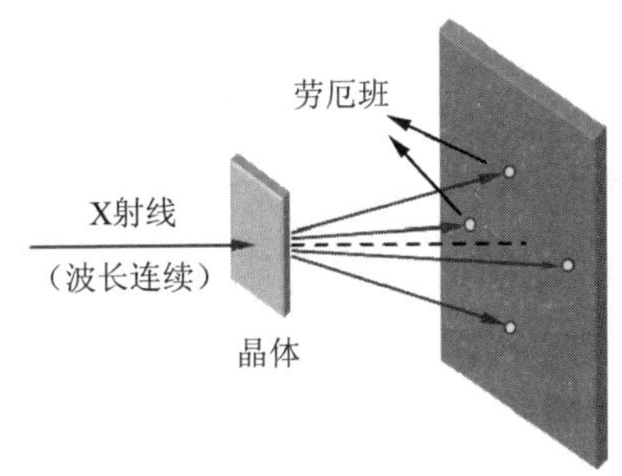

图11-64 X射线衍射装置示意图

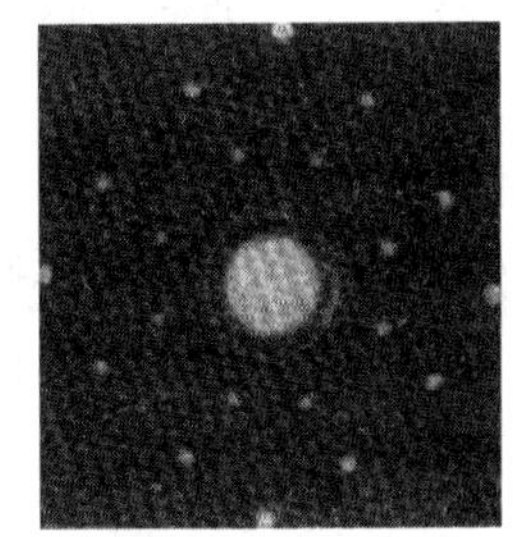

图11-65 劳厄实验图样

在劳厄实验不久，苏联物理学家于利夫和英国物理学家布拉格父子分别独立提出了另一种研究X射线的方法. 假设晶体是由一种原子组成的，如图11-66所示，相邻原子层(或晶面)之间的距离(晶面间距)为 d. 有一细束平行的、波长为 λ、满足相干条件的X射线投射在晶体上发生散射，如图11-67所示. 入射X射线与晶面之间夹角为 φ(称为掠射角)，来自相邻原子层反射线之间的光程差为 $\delta=AC+CB=2d\sin\varphi$. 若

$$2d\sin\varphi=k\lambda(k=1,2,\cdots) \tag{11-24}$$

则与晶面的夹角为 φ 的方向上将观察到散射加强，形成亮点. 上式称为**布拉格方程**.

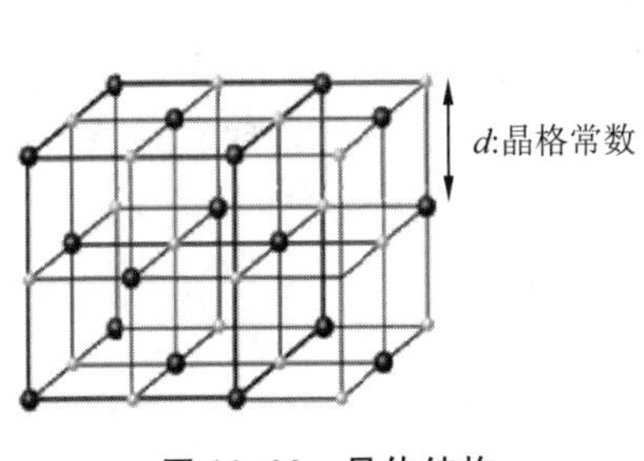

图11-66 晶体结构

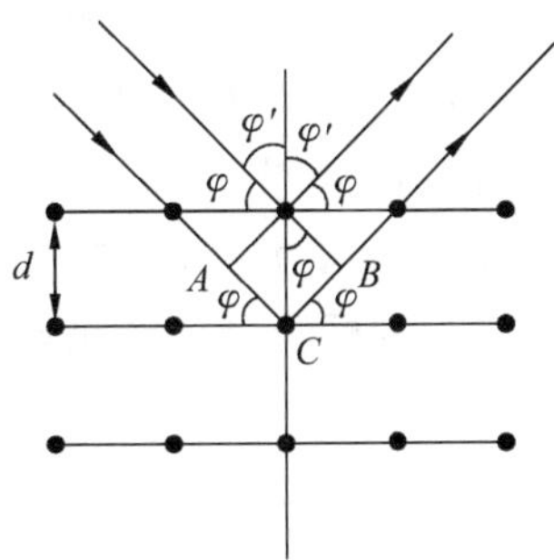

图11-67 X射线的衍射图样

由布拉格方程可看出，如果晶体结构（晶面间距为 d）为已知，则可测定 X 射线的波长，这就是 X 射线光谱学. 通常 X 射线波长范围为 0.1～100 Å. 反之，如果 X 射线波长 λ 为已知，通过上述方程，可测出晶体晶面间距 d，推测晶体结构，这就是 X 射线结构分析.

由于发现 X 射线在晶体中的衍射现象，劳厄获得了 1914 年的诺贝尔物理学奖. 1915 年诺贝尔物理学奖授予亨利・布拉格和劳伦斯・布拉格父子（图 11-68），以表彰他们在 X 射线晶体结构分析中所做的贡献.

亨利・布拉格
(William Henry Bragg,
1862.7.2—1942.3.10)

劳伦斯・布拉格
(William Lawrence Bragg,
1890.3.31—1971.7.1)

图 11-68　**布拉格父子**

例题 11-18　设入射 X 射线的波长为 0.095～0.130 nm. 晶体的晶格常数 $d=2.75$ Å，掠射角为 45°. 问能否产生强反射？求出能产生强反射的射线的波长.

解： 由布拉格方程 $2d\sin\varphi=k\lambda$，得能产生强反射的 X 射线的波长为

$$\lambda=\frac{2d\sin\varphi}{k}=\begin{cases}0.130\ \text{nm}(k=3)\\0.097\ \text{nm}(k=4)\end{cases}$$

11.3　光的偏振

光是电磁波. 前面介绍的光的干涉和衍射现象显示了光的波动性，但不能说明光是横波还是纵波. 光的偏振现象则进一步证明光矢量的振动方向垂直于光的传播方向，光波（电磁波）是横波，如图 11-69 所示.

光矢量 $\boldsymbol{E}$ 的振动方向与光的传播方向垂直. 在垂直于光的传播方向的平面内，光矢量 $\boldsymbol{E}$ 有各种可能的振动方向，称为光的偏振态. 光的偏振态大致可分为五种：自然光、线偏振光、部分偏振光、椭圆偏振光和圆偏振光. 如果光矢量 $\boldsymbol{E}$ 的振动方向总是沿某一个方向，如图 11-70 所示，光的振动方向构成的平面是一个固定平面，则这样的光称为线偏振光，这个固定平面称为光矢量振动面. 线偏振光也称为平面偏振光，通常用图 11-71 表示.

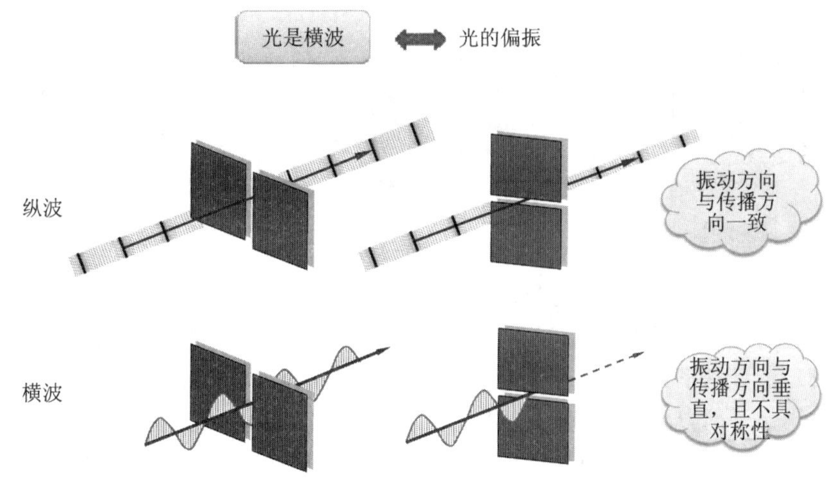
光是横波
光的偏振
纵波
振动方向与传播方向一致
横波
振动方向与传播方向垂直，且不具对称性

图 11-69 光的偏振和光的横波性的关系

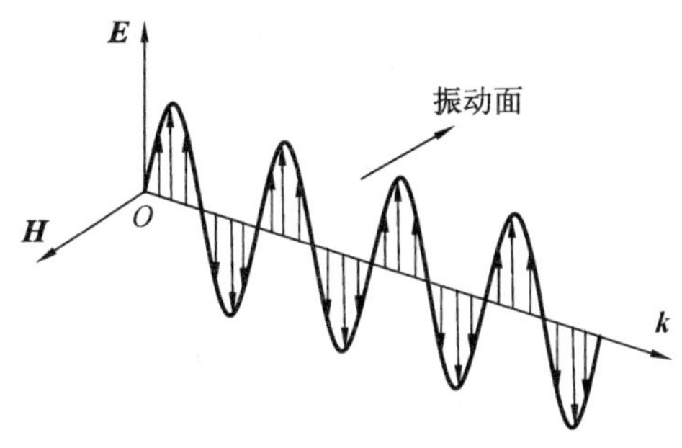
E
振动面
H
O
k

图 11-70 线偏振光的振动面

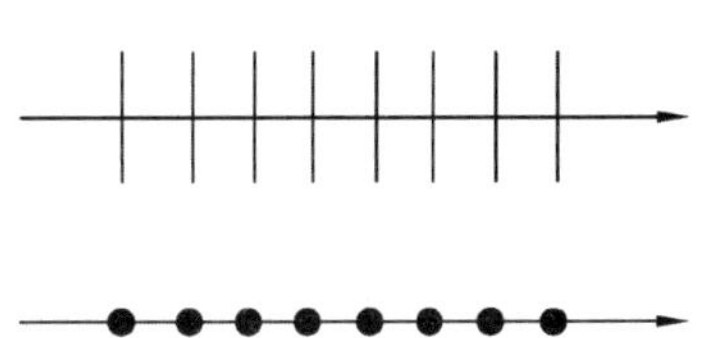

注："|"表示平行振动分量(P 分量)；"·"表示垂直振动分量(S 分量).

图 11-71 线偏振光的图示法

11.3.1 自然光和偏振光

一、自然光 线偏振光和部分偏振光

某一个原子(或者分子)发射的单次波列具有确定的振动方向.普通光源所发出的光是由大量原子所发射的光列组成的,这些光列的振动方向是随机的,所以在垂直于光传播方向的平面内的各个方向上都有振动的光波列,且各个方向上出现光波列的概率是一样的,即光矢量的振动在各个方向上的分布是对称的,这种光称为自然光,如图 11-72(a)所示.

对任何一束自然光,在垂直于传播方向的平面内,我们总可以将各个方向的光矢量都分解到两个互相垂直的方向上,从而得到两个互相垂直的、振幅相等的、彼此独立的振动.也就是说,自然光的光振动可以用振动方向相互垂直、振幅相同的两个分振动来表示,如图 11-72(b)中的 $\boldsymbol{E}_1$ 和 $\boldsymbol{E}_2$ 所示.值得注意的是,由于自然光中各矢量之间无固定的相位关系,因而表示自然光的两个分振动之间也无固定的相位关系,并且在用图表示时,$\boldsymbol{E}_1$ 和 $\boldsymbol{E}_2$ 可以任意取向,只要求它们相互垂直、长度相等就可以了.正因为 $\boldsymbol{E}_1$ 和 $\boldsymbol{E}_2$ 的幅度相等,所以这两个光振动各自都占自然光总光强的一半.通常用图 11-72(c)表示自然光,其中短线表示平行于纸面的光振动,黑点表示垂直于纸面的光振动,画成均等分布以表示两者振动相等、能量相等.

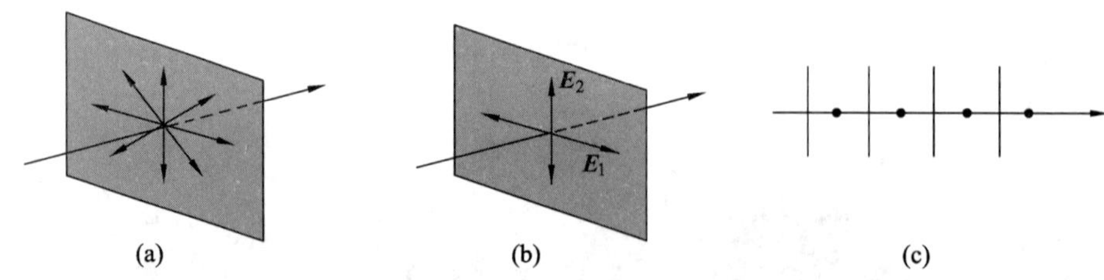

图 11-72 自然光及其图示法

如果某一方向的光矢量振动比与之垂直方向上的光振动占优势，并且两方向的光振动没有确定的相位关系，这种光称为部分偏振光. 对于自然光，可以把两个相互垂直的分量中的一个完全移走，只剩下另一个方向的分量，从而得到线偏振光. 如果不是完全移走，而是只移除部分，就获得了部分偏振光. 部分偏振光可看成是自然光和线偏振光的合成.

在与光的传播方向相垂直的平面内，部分偏振光各个方向光振动的振幅不同，振幅最大的方向与振幅最小的方向相垂直，如图 11-73(a)所示. 一般用图 11-73(b)表示部分偏振光.

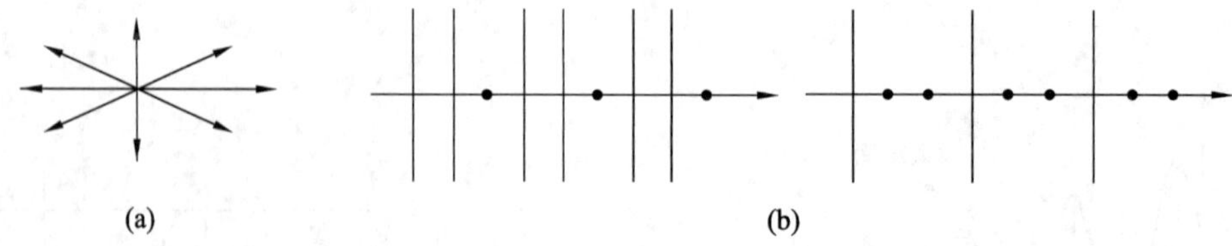

图 11-73 部分偏振光及其图示法

二、椭圆偏振光和圆偏振光

在垂直于光的传播方向的平面内，若光矢量以一定角速度(即光的圆频率)旋转，且光矢量端点的轨迹是一个椭圆，则称这种光为椭圆偏振光，如图 11-74 所示. 若光矢量端点的轨迹是一个圆，则称这种光为圆偏振光，如图 11-75 所示. 椭圆(或圆)偏振光按光矢量旋转方向不同分为右旋和左旋两种. 迎着光的传播方向观看，光矢量顺时针旋转的，称为右旋椭圆(或圆)偏振光；迎着光的传播方向观看，光矢量逆时针旋转的，称为左旋椭圆(或圆)偏振光.

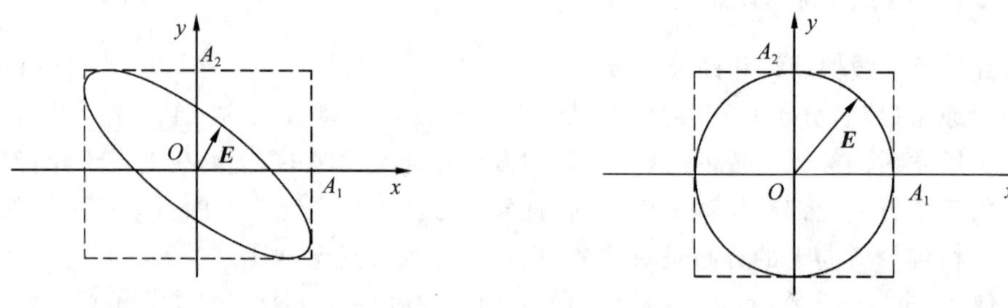

图 11-74 椭圆偏振光　　图 11-75 圆偏振光

根据垂直振动的合成理论，两个频率相同、互相垂直的简谐运动，当它们的相位差不等于 0 或 $\pm\pi$ 时，其合成运动的轨迹就是椭圆. 所以椭圆偏振光可以看成是两个互相垂直的线偏振光的合成，这两个互相垂直的线偏振光可以表示为

$$E_x = A_1\cos\omega t, E_y = A_2\cos(\omega t + \varphi) \tag{11-25}$$

式中，$\varphi \neq 0, \pm\pi$. 当 $\varphi > 0$ 时，为右旋椭圆偏振光；当 $\varphi < 0$ 时，为左旋椭圆偏振光；当 $\varphi = 0$ 或 $\pm\pi$ 时，椭圆偏振光退化为线偏振光.

在式(11-25)中，当 $A_1 = A_2$ 且 $\varphi = \pm\frac{\pi}{2}$ 时，光矢量 $\boldsymbol{E}$ 的端点的轨迹呈圆形，即为圆偏振

光. 所以圆偏振光可以看成是两个互相垂直的、振幅相等、相位差为 $\pm\frac{\pi}{2}$ 的线偏振光的合成. 这两个线偏振光可以表示为

$$E_x = A\cos\omega t, E_y = A\cos\left(\omega t \pm \frac{\pi}{2}\right) \tag{11-26}$$

式中，$\frac{\pi}{2}$ 前取正号对应于右旋圆偏振光；$\frac{\pi}{2}$ 前取负号对应于左旋圆偏振光.

光的偏振现象在现实中有很多应用. 例如，拍摄水下的景物或街面展览橱窗中的陈列品时，由于水面或橱窗玻璃会有较强反射，影响拍摄效果，使得水面下的景物和橱窗中的陈列品拍摄不清楚. 如果在照相机镜头前加一块偏振片，使偏振片的透振方向与反射光的偏振方向垂直，就可以滤掉这些反射光，从而得到清晰的照片，如图 11-76 所示.

(a) 有反射光干扰的橱窗

(b) 在照相机镜头前加偏振片消除了反射光的干扰

图 11-76　光偏振在摄影中的应用

一般来说，太阳光是自然光，当太阳光经过物体的反射、折射及散射后，有可能会变成部分偏振光或偏振光. 如果设法从自然光中分离出沿某一特定方向振动的光，就可以获得线偏振光，这种过程称为起偏. 能产生起偏作用的光学仪器称为起偏器. 本章将介绍通过三种不同的方法实现起偏的物理机制，它们分别是：① 利用晶体的二向色性；② 利用反射和折射；③ 利用双折射.

11.3.2　偏振片　马吕斯定律

借助偏振片可以实现起偏. 所谓偏振片，是利用二向色性晶体制作而成的. 晶体的二向色性指的是某些晶体，如天然的电气石晶体，对某一方向光振动能强烈吸收，而对与之垂直的另一方向的光振动几乎不吸收. 这个几乎不吸收的特定方向称为偏振片的透振方向.

图 11-77　电气石晶体

事实上，天然的电气石晶体(图 11-77)的二向色性不是很强，以自然光入射时，出射光的偏振化程度不高. 在工业生产中目前被广泛使用的是人造的偏振片. 它利用某种具有二向色性的物质的透明薄体为基体制作而成，能强烈吸收某一方向的光振动，而让与这个方向垂直的光振动通过(实际上也有少量吸收). 它是由偏振膜、保护膜、压敏胶层及外保护膜层压成的复合材料，一般用高分

子化合物聚乙烯醇薄膜作为基片，再浸染具有强烈二向色性的碘，经硼酸水溶液还原稳定后，再将其单向拉伸 5 倍左右制成. 为了便于使用，我们在所用的偏振片上标出记号“↕”，表明该偏振片允许通过的光振动方向，这个方向称作偏振化方向，也叫透光轴方向. 如图 11-78 所示，自然光经偏振片 P 变成了线偏振光.

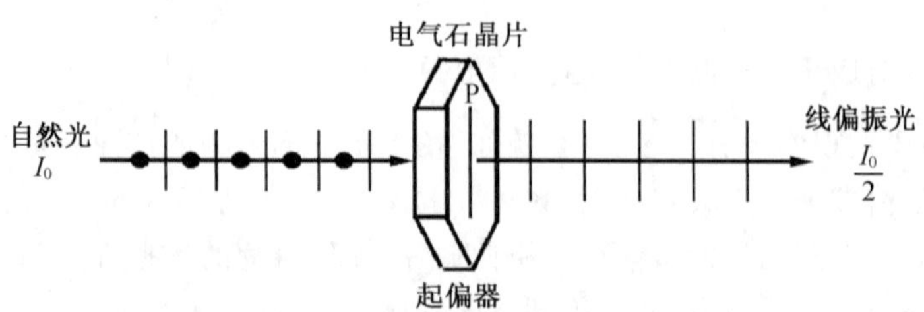

图 11-78　自然光经过偏振片

任意偏振态的光线入射到偏振片上，透射光总是线偏振光，并且线偏振光的偏振方向与偏振片的透光方向始终一致. 如果是自然光入射，则沿着偏振片的透振方向的光振动及光振动分量能透过. 如果忽略偏振片对光的吸收，从偏振片里透射出来的光强是入射自然光光强的一半.

如果是线偏振光入射，则出射的线偏振光的偏振方向应该与偏振片的透振方向一致，出射的光强则依赖于入射偏振光的偏振方向与偏振片的透振方向之间的夹角 α，如图 11-79 所示.

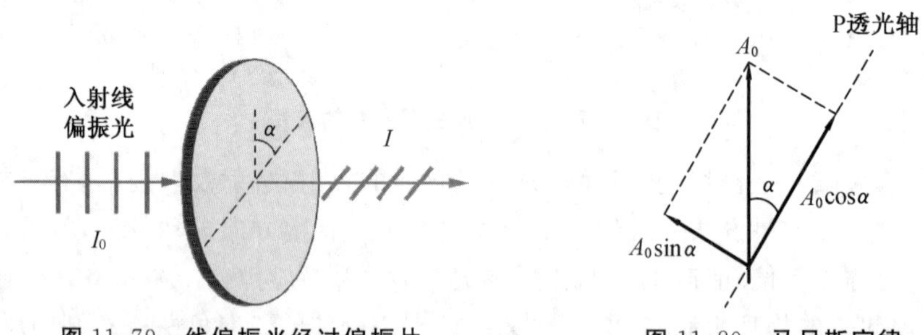

图 11-79　线偏振光经过偏振片　　　　图 11-80　马吕斯定律

如图 11-80 所示，设入射的线偏振光的振幅为 A_0，A_0 在偏振片透振方向的投影 $A_0\cos\alpha$ 可以通过偏振片，而垂直于透振方向的分量 $A_0\sin\alpha$ 不能透过. 入射光强为 I_0，透射光强为 I，由于光强正比于光振动矢量振幅的平方，因此

$$I=I_0\cos^2\alpha. \tag{11-27}$$

这一关系由马吕斯于 1808 年发现，所以又称为马吕斯定律.

$\alpha=0$ 和 $\alpha=\frac{\pi}{2}$ 分别对应入射线偏振光的偏振方向与偏振片的透光方向一致及相互垂直，光分别全部透过和全部不透过偏振片两种极端情况. 当 $0<\alpha<\frac{\pi}{2}$ 时，透射光强将介于 0 和最大值之间. 因此，当以入射光线为轴旋转偏振片时，随着 α 角的周期性变化，透射光强发生周期性变化，并且会出现光强为 0 的位置，即出现消光. 利用消光现象，可以判别入射光线是否是线偏振光. 设想去商店里买太阳镜，怎样检验太阳镜是普通的太阳镜还是偏振太阳镜（图 11-81）？

图 11-81　偏振太阳镜

用来检验入射光是否为线偏振光的偏振片称为检偏器. 如图 11-82 所示，让一束线偏振光入射到偏振片 P_2 上，当 P_2 的偏振化方向与入射线偏振光的光振动方向相同时，该线偏振光仍可继续经过 P_2 而射出，此时观察到最明情况；把 P_2 以入射光线为轴转动 α 角 $\left(0<\alpha<\frac{\pi}{2}\right)$ 时，线偏振光的光矢量在 P_2 的偏振化方向有一分量能通过 P_2，可观测到明的情况(非最明)；当 P_2 转动 $\alpha=\frac{\pi}{2}$ 时，入射到 P_2 上线偏振光振动方向与 P_2 偏振化方向垂直，故无光通过 P_2，此时可观测到最暗(消光).

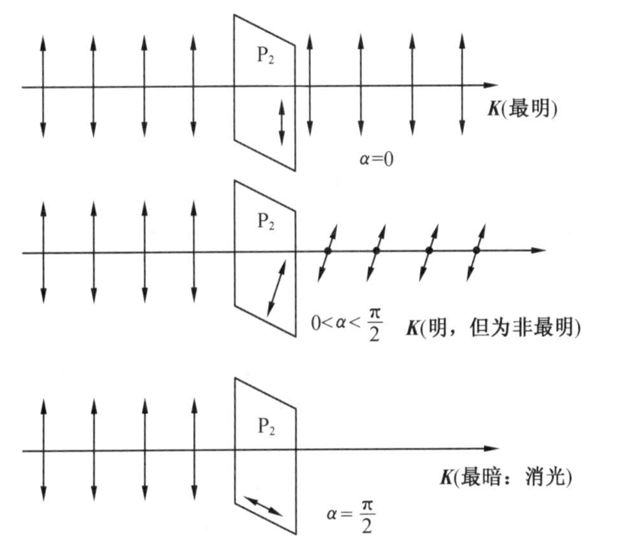

图 11-82　线偏振光的检验

在 P_2 转动一周的过程中，可发现最明→最暗(消光)→最明→最暗(消光)的现象. 若入射光不是线偏振光，则 P_2 转动一周不可能出现消光现象，但会有光强变化. 表 11-2 给出了线偏振光检验的结果.

表 11-2　线偏振光检验的结果

转动检偏器	透射光光强无变化	透射光强出现极大、极小交替变化(有消光)	透射光强出现极大、极小交替变化(无消光)
入射光	自然光 圆偏振光	线偏振光	部分偏振光 椭圆偏振光

例题 11-19　偏振片 P_1、P_2 放在一起，如图 11-83 所示，一束自然光垂直入射到 P_1 上，在下列情况下，试求 P_1、P_2 偏振化方向的夹角．

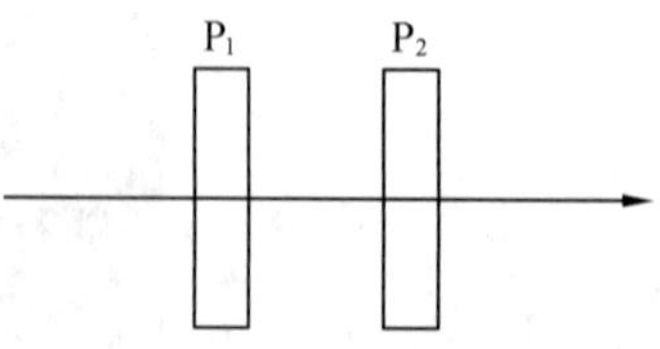

图 11-83　例题 11-19 图

（1）透过 P_2 的光强为最大透射光强的 $\frac{1}{3}$．

（2）透过 P_2 的光强为入射到 P_1 上的光强的 $\frac{1}{3}$．

解：（1）设自然光光强为 I_0，透过 P_1 的光强为 $I_1=\frac{1}{2}I_0$．

透过 P_2 的光强为 $I_2=I_1\cos^2\alpha$（马吕斯定律）．

$I_{2\max}=I_1$，当 $I_2=\frac{1}{3}I_{2\max}=\frac{1}{3}I_1$ 时，有 $\frac{1}{3}=\cos^2\alpha$，得 $\alpha=\arccos\left(\pm\frac{\sqrt{3}}{3}\right)$．

（2）$I_2=I_1\cos^2\alpha=\frac{1}{2}I_0\cos^2\alpha$．

当 $I_2=\frac{1}{3}I_0$ 时，$\frac{1}{3}I_0=\frac{1}{2}I_0\cos^2\alpha$，得 $\alpha=\arccos\left(\pm\frac{\sqrt{6}}{3}\right)$．

例题 11-20　如图 11-84 所示，三偏振片平行放置，P_1、P_3 偏振化方向垂直，自然光垂直入射到偏振片 P_1、P_2、P_3 上．问：

（1）当透过 P_3 的光的光强为入射自然光光强的 $\frac{1}{8}$ 时，P_2 与 P_1 偏振化方向的夹角为多少？

（2）透过 P_3 的光强为零时，P_2 该如何放置？

（3）P_2 如何放置，能使最后透过的光强为入射自然光光强的 $\frac{1}{2}$？

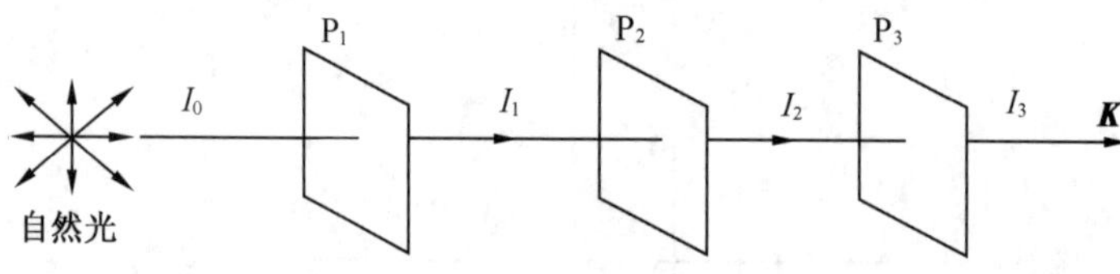

图 11-84　例题 11-20 图

解：（1）设 P_1、P_2 偏振化的夹角为 θ，自然光的光强为 I_0，经 P_1 后的光强为 $I_1=\frac{I_0}{2}$，经 P_2 后的光强 I_2 为

$$I_2=I_1\cos^2\theta=\frac{1}{2}I_0\cos^2\theta$$

经 P_3 后的光强 I_3 为

$$I_3=I_2\cos^2\left(\frac{\pi}{2}-\theta\right)=I_2\sin^2\theta=\left[\frac{1}{2}I_0\cos^2\theta\right]\sin^2\theta=\frac{1}{8}I_0\sin^2 2\theta$$

当 $I_3=\frac{1}{8}I_0$ 时，$\sin^2 2\theta=1$，得 $\theta=45°$．

(2) $I_3=\frac{1}{8}I_0\sin^2 2\theta$，$I_3=0$ 时，$\sin^2 2\theta=0$，得 $\theta=0°,90°$.

(3) $I_3=\frac{1}{8}I_0\sin^2 2\theta$，$I_3=\frac{1}{2}I_0$ 时，$\sin^2 2\theta=4$，无意义.

所以找不到 P_2 的合适方位使 $I_3=\frac{1}{2}I_0$.

11.3.3 反射和折射时光的偏振

实验表明，光线在两种介质表面除了传播方向发生改变外，其偏振态也会发生变化.自然光在两种介质的分界面上发生反射和折射时，反射光和折射光一般都变成了部分偏振光.通常把入射光线与界面法线所构成的平面称为入射面.通常在反射光中，垂直于入射面的光振动多于在入射面内的光振动；而在折射光中，平行于入射面的光振动多于垂直于入射面的光振动，改变入射角，反射光与折射光的偏振化程度都会发生变化.实验发现存在一个特殊的入射角 i_0，使反射光成为振动方向垂直于入射面的线偏振光，该入射角 i_0 称为**布儒斯特角**，也称**起偏角**.如图 11-85 所示，实验还发现，当光线以布儒斯特角入射时，反射光线和折射光线传播方向恰垂直，即 $i_0+\gamma_0=\frac{\pi}{2}$.又 $\frac{\sin i_0}{\sin\gamma_0}=\frac{n_2}{n_1}$（折射定律），所以 $\sin\gamma_0=\sin\left(\frac{\pi}{2}-i_0\right)=\cos i_0$，不难得出 $\tan i_0=\frac{n_2}{n_1}=n_{21}$.即入射角 i_0 满足

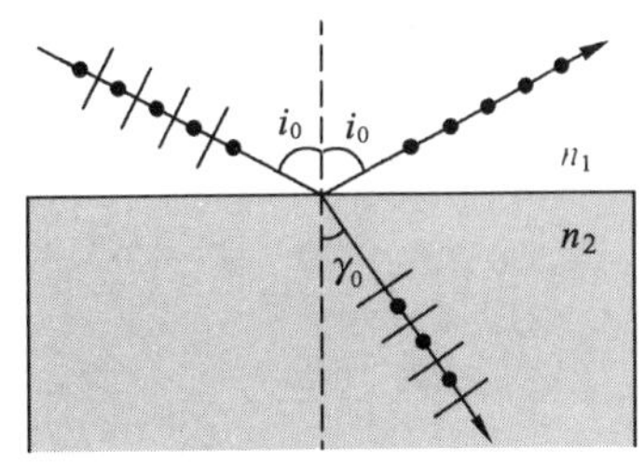

图 11-85 反射起偏

$$\tan i_0=\frac{n_2}{n_1}=n_{21} \tag{11-28}$$

时，反射光为垂直于入射面振动的线偏振光，这一规律称为**布儒斯特定律**.

考虑以布儒斯特角入射的光线是线偏振光的情形.当入射光光振动方向平行于入射面时，反射光将消失，光全部折射.当入射光的光振动方向垂直于入射面时，反射光和折射光仍都是线偏振光，但一般情况下，反射光光强要比折射光弱得多.

当自然光以起偏角从一种介质入射到第二种介质的表面上时，反射光成为线偏振光，如果第二种介质没有特殊的吸收作用，那么折射光将成为部分偏振光，并且在入射面内的光振动成分将大于垂直入射面的光振动的成分.假若让这样的部分偏振光连续多次做同样的反射和折射，最后获得的折射光将近乎为振动方向平行于入射面的线偏振光.

如图 11-86 所示，可以将许多相互平行、等厚的相同玻璃片组合在一起，形成玻璃片堆，经过多次反射和折射来优化起偏效果.$i=i_0$ 入射时，射到各玻璃表面的入射角均为起偏角.每通过一个面，折射光的偏振化程度就增加一次，如果玻璃片数目足够多，则最后折射光就接近于完全偏振光.

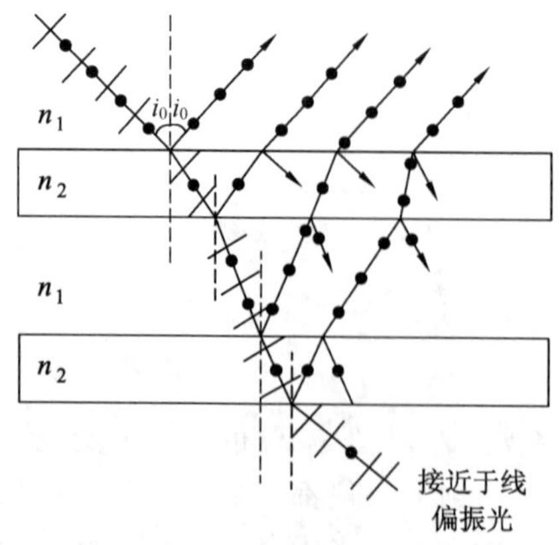

图 11-86　玻璃片堆

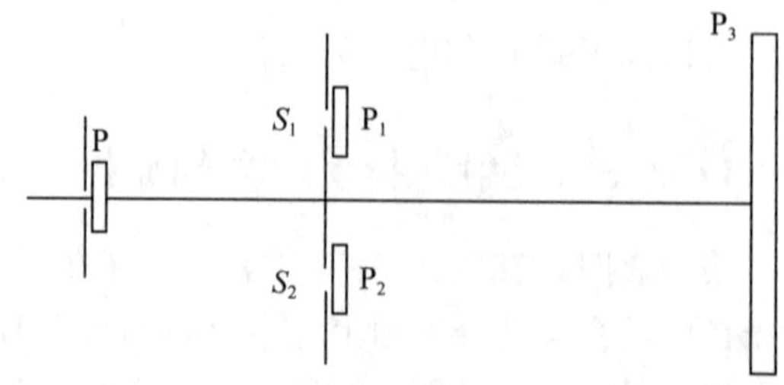

图 11-87　例题 11-22 图

例题 11-21　某一物质对空气全反射的临界角为 45°，光从该物质向空气入射，求 i_0.

解： 设 n_1 为该物质折射率，n_2 为空气折射率，根据全反射定律，有

$$\frac{\sin 45^\circ}{\sin 90^\circ}=\frac{n_2}{n_1}$$

又因为 $\tan i_0=\frac{n_2}{n_1}$，所以 $\tan i_0=\frac{\sin 45^\circ}{\sin 90^\circ}=\frac{\sqrt{2}}{2}$，$i_0=35.3^\circ$.

例题 11-22　如图 11-87 所示，杨氏双缝实验中，在下述情况下能否看到干涉条纹？简单说明理由.

(1) 在单色自然光源 S 后加一偏振片 P.

(2) 在情况(1)下，再在双缝 S_1、S_2 后分别加偏振片 P_1、P_2，P_1 与 P_2 透光方向垂直，P 与 P_1、P_2 透光方向成 45°角.

(3) 在情况(2)下，再在屏前加偏振片 P_3，P_3 与 P 透光方向一致.

解：(1) 到达 S_1、S_2 的光是从同一线偏振光分解出来的，它们满足相干条件，且由于偏振片对光程差的影响可忽略不计，干涉条纹的位置与间距和没有 P 时基本一致，只是强度由于偏振片的吸收而减弱.

(2) 由于从 P_1、P_2 射出的光方向相互垂直，所以不满足干涉条件，故屏上呈现非相干叠加，无干涉现象.

(3) 因为从 P 出射的线偏振光经过 P_1、P_2 后虽偏振化方向改变了，但经过 P_3 后它们的振动方向又相同，仍满足相干条件，所以可看到干涉条纹.

自然光射入悬浮有微粒的空气、水等透明介质中时，这些微粒吸收了部分的入射光，再向四周发射出球面光波，从而产生散射. 实验发现这些散射光也是部分偏振光.

如图 11-88 所示，当自然光入射到处于坐标原点的微粒上，微粒上的电荷随光矢量振动产生的辐射类似于振荡电偶极子向周围空间所发射的辐射. 在沿 z 轴传播的自然光光矢量作用下，电荷在 xOy 平面上振动，振动电荷沿 xOy 平面上各个方向发射出的是平行于 xOy 平面振动的线偏振光，而向其他角度发射的则是部分偏振光. 例如，当太阳光以 90°散射时（图 11-89），偏振效应特别强. 在晴天的早晨或傍晚，阳光接近于水平方向，如果空气中有水蒸气或尘埃，则被它们向下散射的光中就包含了 70%或 80%的线偏振光.

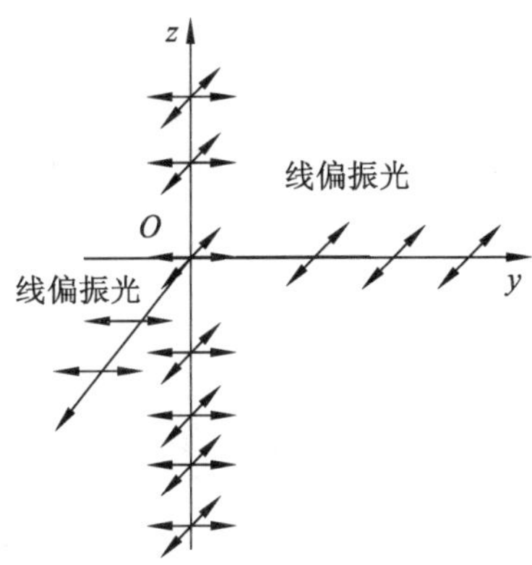

图 11-88 散射光是偏振光

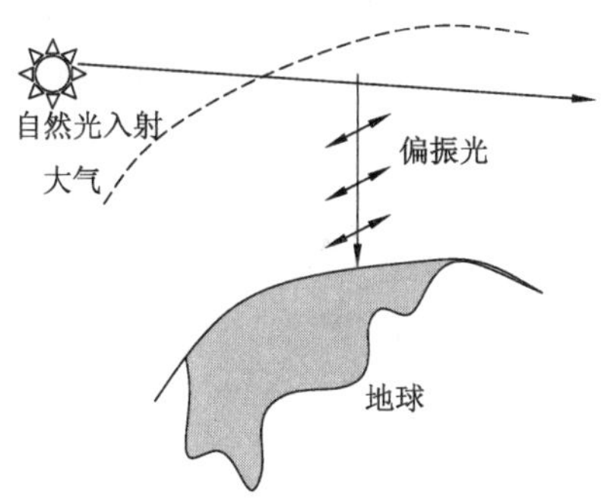

图 11-89 从太阳来的自然光被散射

人的眼睛对光的偏振状态是不能分辨的，但是某些昆虫的眼睛对偏振光却很敏感. 例如，蜜蜂飞行时主要依靠参考物太阳，它在飞行时正是利用散射阳光的偏振光来指导飞行方向和路线的. 蜜蜂的偏光导航仪在头部的复眼中. 它的复眼是由 6 300 只小眼组成的，每只小眼里有 8 个做辐射状排列的感光细胞，蜜蜂就是靠这些小眼来感受天空偏振光的(图 11-90).

图 11-90 蜜蜂利用散射阳光的偏振光指导飞行方向和路线

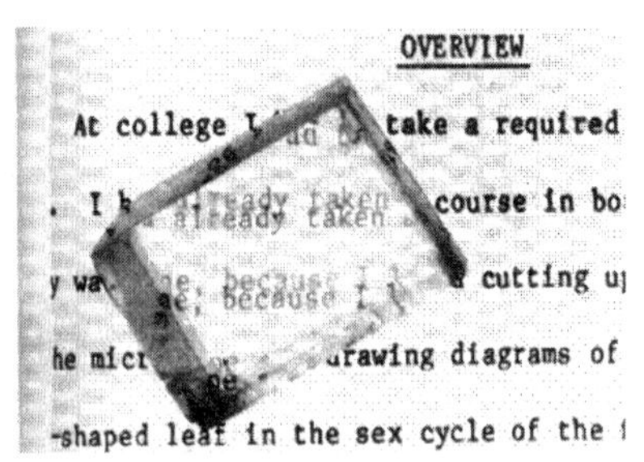

图 11-91 方解石晶体发生双折射

11.3.4 双折射现象 二向色性

1669 年荷兰人巴托莱纳(E. Bartholinus)无意将一块很大的方解石(又称冰洲石)放在书上，他惊奇地发现，书上每一个字都变成了两个字(图 11-91). 十年后，惠更斯研究了这一现象，他认为一个字有两个像，表明一束光通过方解石后变成了两束光. 一束光在各向异性介质中折射成两束光的现象，称为双折射现象.

双折射现象的出现是由于晶体的各向异性. 具体来说，在某些透明晶体中光沿不同的方向传播时具有不同的传播速度. 具有这种性质的晶体，称为双折射晶体. 除了岩盐等立方系晶体外，光线进入晶体都将发生双折射现象.

当一束自然光正入射进经磨制的厚度均匀的方解石晶体时，折射光有两束. 若将晶体绕光的入射方向慢慢转动，实验发现一束折射光不改变传播方向，满足折射定律，称为寻常光，简称 o 光. 另一束折射光斜向折射，且随晶体的转动绕前一束光旋转. 显然，该光不满足折射定律，称为非寻常光，简称 e 光，如图 11-92 所示.

用检偏器检验的结果表明，o 光和 e 光都是线偏振光.

研究发现，在晶体内部存在某些特殊方向，当光沿这些方向传播时，将不发生双折射现象.这个方向就是晶体的光轴.显然，光轴并不是晶体内的一条具体的轴，而是一个特定的方向.在晶体内任何一条与上述光轴平行的直线都是光轴.具有一个光轴的晶体称为单轴晶体（如方解石、石英等），具有两个光轴的晶体称为双轴晶体（如云母、硫黄、蓝宝石等）.

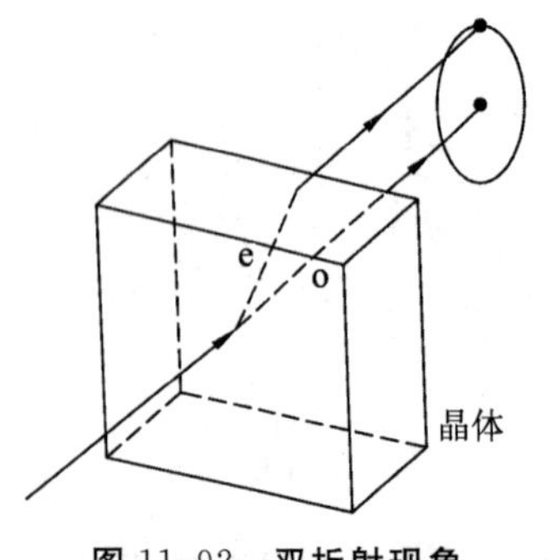

图 11-92　双折射现象

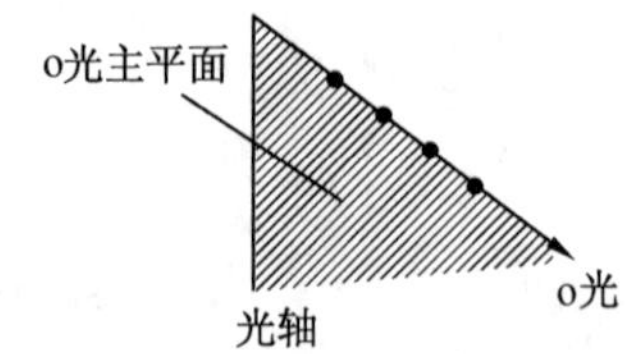

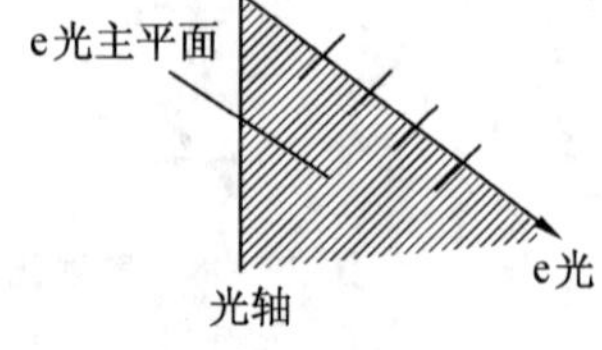

图 11-93　o 光和 e 光的主平面

如图 11-93 所示，o 光光束与光轴构成的平面称为 o 光主平面，e 光光束与光轴构成的平面称为 e 光主平面.这两个主平面一般并不重合.但当晶体的光轴在入射面内时，o 光和 e 光的各自主平面和入射面都重合.o 光的偏振方向垂直于 o 光的主平面，e 光的偏振方向平行于 e 光的主平面.

产生双折射现象的原因是振动方向不同的光波在各向异性的晶体中传播速度不同.振动方向垂直于其主平面的光波（o 光）遵循折射定律，沿着晶体内各个方向的传播速度是相同的.因此，从晶体内任一点出发形成的 o 光波阵面都是球面.相反，振动方向平行于其主平面的光波（e 光）不遵循折射定律，沿着晶体内各个方向的传播速度并不相同.沿着光轴的方向传播时，e 光的传播速度与 o 光的相同；垂直于光轴方向传播时，e 光的传播速度却与 o 光不同.因此，从晶体内任一点出发形成的 e 光波阵面是椭球面.

在垂直于光轴的方向，o 光与 e 光速度差最大.o 光的传播速度用 v_o 表示，e 光的传播速度用 v_e 表示.有些晶体 $v_o > v_e$，称为正轴晶体（如石英，图 11-94）；另一些晶体 $v_o < v_e$，称为负轴晶体（如方解石，图 11-95）.根据折射率的定义，寻常光（o 光）的折射率 $n_o = \frac{c}{v_o}$，是由晶体材料决定的常数.而非寻常光（e 光）沿各个方向的传播速度不同，所以不存在一般意义上的折射率，为与寻常光对应起见，通常把真空光速与非寻常光沿垂直于光轴方向传播速率之比称为非寻常光的主折射率，即 $n_e = \frac{c}{v_e}$.如前所述，对于正轴晶体来说，有 $n_o < n_e$，对负轴晶体，有 $n_o > n_e$.

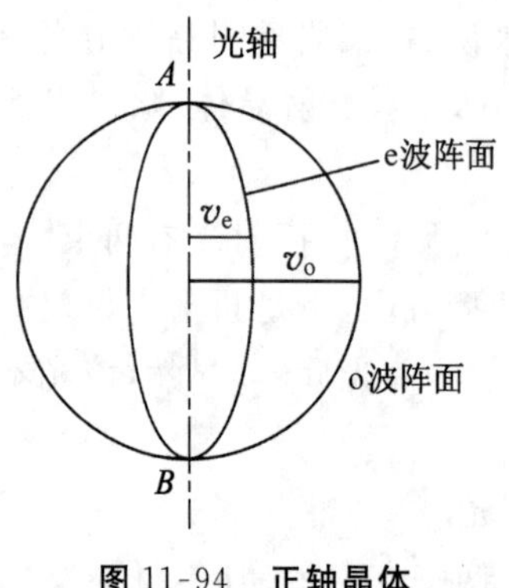

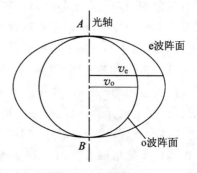

图 11-94　正轴晶体

图 11-95　负轴晶体

图 11-96 中显示的是光轴平行于晶体表面，自然光垂直入射的情形. 折射光中，寻常光和非寻常光的传播路径相同，因此并不能分开，但是两种光在晶体内传播速度不同，两种光在晶体内同一点处的相位并不相同.

当光轴与晶体表面有一定的夹角时，一束自然光垂直入射，平行自然光垂直入射到晶体表面并进入晶体继续传播. 自 A 点和 B 点入射的光的波阵面如图 11-97 所示，A、B 位于同一波阵面上. 某时刻，与 AB 平行的直线与 o 光、e 光的波阵面分别相切于 C、D 和 E、F，则 AC、BD 即为晶体内 o 光的传播方向；AE、BF 即为晶体内 e 光的传播方向. 显然此时 o 光与 e 光传播方向不一致.

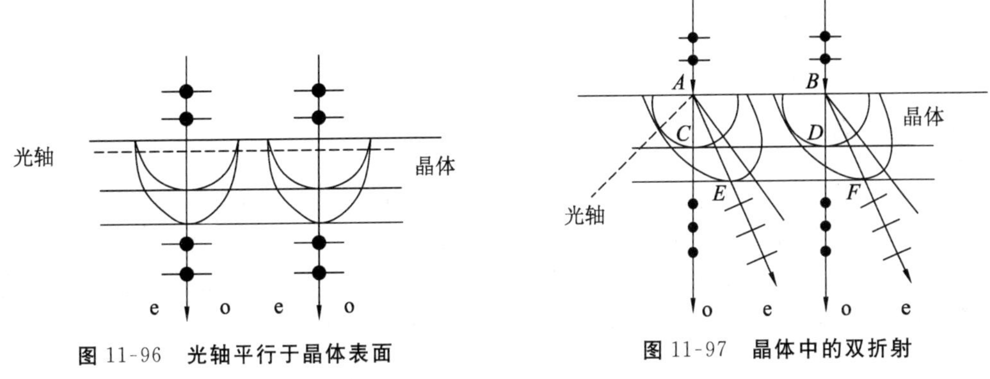

图 11-96 光轴平行于晶体表面

图 11-97 晶体中的双折射

图 11-98 显示的是由两块经特殊加工而成的方解石晶体，使用折射率为 1.55 的特殊树胶粘在一起形成的长方形柱状棱镜，称为尼科耳棱镜.

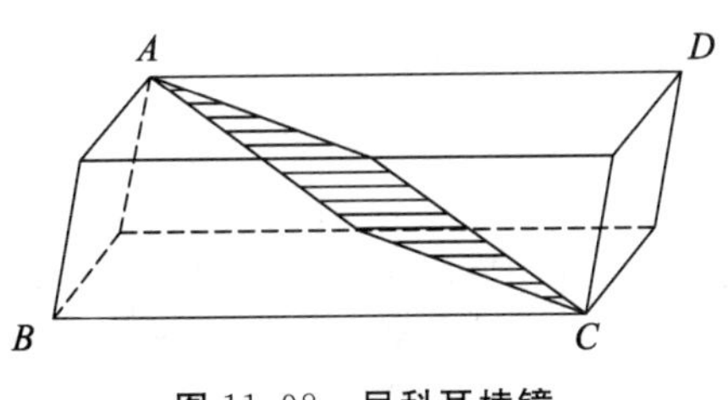

图 11-98 尼科耳棱镜

实验表明，当自然光射入双折射晶体时，两束折射光 o 光和 e 光均为线偏振光. 所以，如果能将寻常光与非寻常光分开，那么就可以利用双折射晶体由自然光获得线偏振光. 但是实际上，由于常见的天然晶体的厚度都比较薄，所以很难有效地将两种光分开.

如图 11-99 所示，自然光从尼科耳棱镜的端面入射进入晶体后由于方解石晶体中寻常光的折射率为 1.658，非寻常光的主折射率为 1.486，而尼科耳棱镜使用的树胶的折射率为 1.55，o 光的入射角超过临界角发生全反射，而 e 光则透射过树胶. 最终 o 光照射到底面被涂黑的部分吸收，而 e 光自棱镜的另一个端面射出，可见尼科耳棱镜起到了分光棱镜的作用.

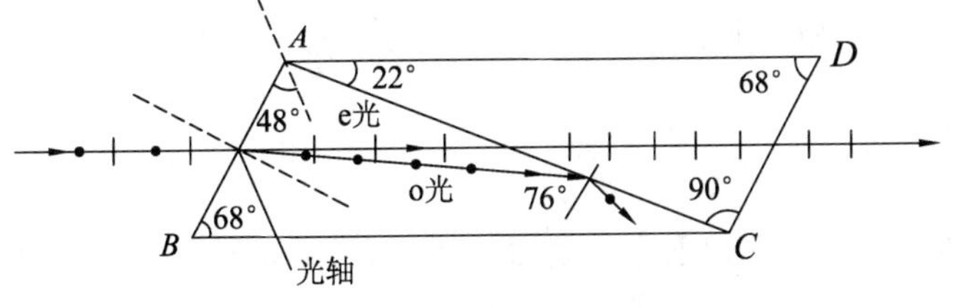

图 11-99 尼科耳棱镜起偏

利用由光轴相互垂直的两块方解石晶体组合而成的沃拉斯特棱镜,可以获得两束分得很开的线偏振光,如图 11-100 所示.棱镜①的光轴平行于入射面;棱镜②的光轴垂直于入射面.棱镜①中的 e 光进入棱镜②后成为 o 光. $n_e\sin45°=n_o\sin\gamma_o$,所以 $\gamma_o=\arcsin\left(\frac{n_e}{n_o}\sin45°\right)=39.32°$.棱镜 1 中的 o 光进入棱镜 2 后则成了 e 光. $n_o\sin45°=n_e\sin\gamma_e$, $\gamma_e=\arcsin\left(\frac{n_o}{n_e}\sin45°\right)=52.07°$.所以两光束分开,所张开的角度为 $\alpha=\gamma_e-\gamma_o=12.75°$.

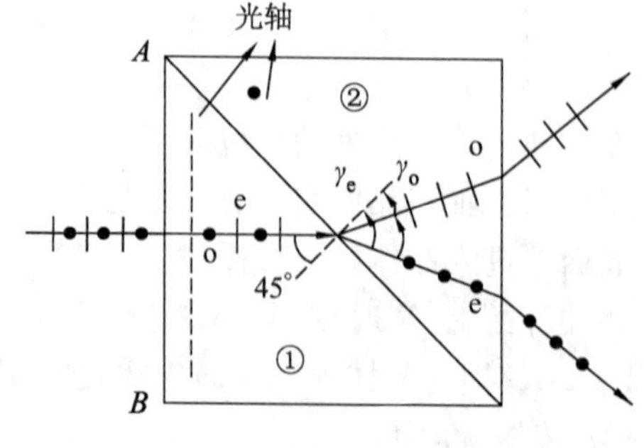

图 11-100 沃拉斯特棱镜起偏

11.3.5 波片 偏振态的检验

由单轴晶体(如方解石)制成的光轴平行于晶体表面的薄片称为波片.

由图 11-101 可见,当正入射的线偏振光的偏振化方向与波片光轴方向的夹角为 θ 时,在波片内该入射线偏振光被分解为平行于光轴的 e 光和垂直于光轴的 o 光,o 光和 e 光的振幅分别为 $A_o=A\sin\theta$ 和 $A_e=A\cos\theta$.而 o 光和 e 光的光程差与相位差分别为 $\Delta L=(n_o-n_e)l$ 和 $\Delta\varphi=\frac{2\pi}{\lambda}(n_o-n_e)l$.可见,出射光中 o 光和 e 光之间的相位差依赖于波片的厚度 l.可以通过改变波片厚度得到不同的 o 光和 e 光之间的相位差.如当 $\Delta\varphi=\frac{\pi}{2}$时,两出射光叠加后成为椭圆偏振光,当 $A_o=A_e$时,出射光为圆偏振光.通常使用的波片有以下两种.

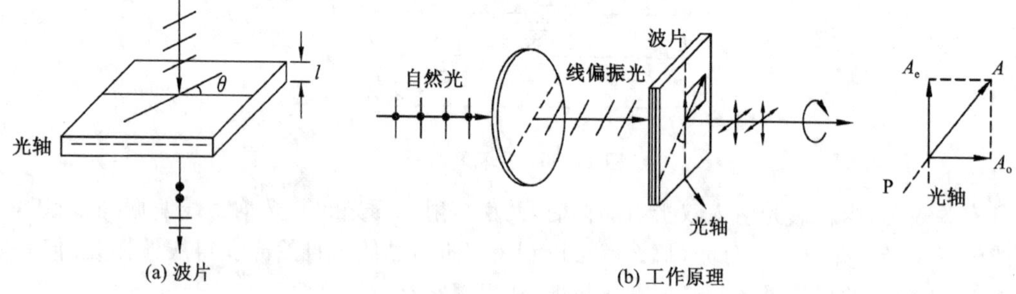

图 11-101 波片及其工作原理

(1) 四分之一波片($\frac{\lambda}{4}$波片).

线偏振光通过$\frac{\lambda}{4}$波片后,o 光和 e 光的光程差与相位差分别为

$$\Delta L=(n_o-n_e)l=\frac{\lambda}{4},\Delta\varphi=\frac{2\pi}{\lambda}(n_o-n_e)l=\frac{\pi}{2}$$

$\frac{\lambda}{4}$波片的最小厚度为 $l=\frac{\lambda}{4(n_o-n_e)}$.

线偏振光正入射$\frac{\lambda}{4}$波片后出射光的偏振状态如表 11-3 所示.

表 11-3　线偏振光入射$\frac{\lambda}{4}$波片后出射光的偏振状态

$\Delta\varphi=\varphi_e-\varphi_o$	θ	透射光的偏振状态	$\Delta\varphi=\varphi_e-\varphi_o$	θ	透射光的偏振状态
$\frac{\pi}{2}$	0	只有 e 光——线偏振光	$\frac{\pi}{2}$	$\frac{\pi}{4}$	圆偏振光(右旋)
	$\frac{\pi}{2}$	只有 o 光——线偏振光		其他	椭圆偏振光(右旋)

(2) 二分之一波片($\frac{\lambda}{2}$波片).

线偏振光通过$\frac{\lambda}{2}$波片后,o 光和 e 光的光程差与相位差分别为

$$\Delta L=(n_o-n_e)l=\frac{\lambda}{2},\Delta\varphi=\frac{2\pi}{\lambda}(n_o-n_e)l=\pi$$

$\frac{\lambda}{2}$波片的最小厚度为 $l=\frac{\lambda}{2(n_o-n_e)}$.

线偏振光正入射$\frac{\lambda}{2}$波片时,出射光仍为线偏振光,但振动方向从一、三象限转到二、四象限,振动面转过 2θ 角,如图 11-102 所示.

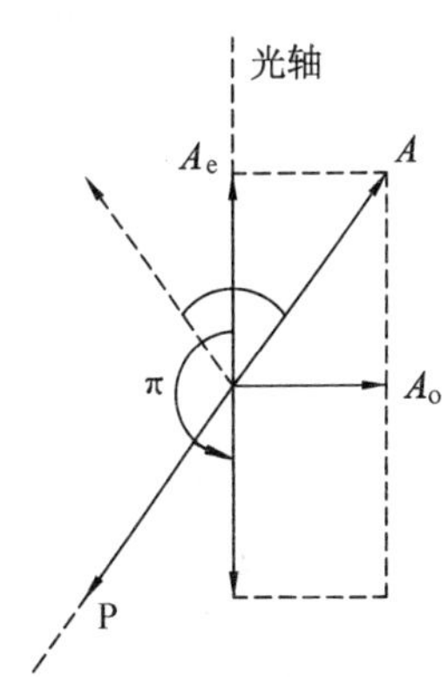

图 11-102　线偏振光入射$\frac{\lambda}{2}$波片

用单独的偏振片无法检验和判断入射光是自然光还是圆偏振光或是部分偏振光还是椭圆偏振光. 将$\frac{\lambda}{4}$波片和偏振片配合使用,使入射光先通过$\frac{\lambda}{4}$波片,再用偏振片检验,则可加以区分入射光的偏振态. 偏振态的检验方法如表 11-4 所示.

表 11-4　偏振态的检验方法

入射光	$\frac{\lambda}{4}$波片光轴位置	出射光
线偏振光	振动面与$\frac{\lambda}{4}$波片光轴一致或垂直	线偏振光(e 光或 o 光)
	振动面与$\frac{\lambda}{4}$ 波片光轴成$\frac{\pi}{4}$角	圆偏振光
	其他位置	椭圆偏振光
圆偏振光	任何位置	线偏振光
椭圆偏振光	长轴与$\frac{\lambda}{4}$波片光轴一致或垂直	线偏振光
	其他位置	椭圆偏振光
部分偏振光	任何位置	部分偏振光
自然光	任何位置	自然光

例题 11-23　两偏振片的透振方向夹角为 60°,现在在它们中间插入一块$\frac{\lambda}{4}$波片,波片的光轴平分 60°角,若入射光是光强为 I_0 的自然光. 求:

(1) 通过$\frac{\lambda}{4}$波片后光的偏振状态.

（2）通过第二块偏振片的光强.

解：（1）通过第一片偏振片，光强为 I_0 的自然光转成线偏振光，光强为$\frac{I_0}{2}$.

通过$\frac{\lambda}{4}$波片，线偏振光转为椭圆偏振光，光强仍为$\frac{I_0}{2}$.

（2）通过第二片偏振片后，椭圆偏振光转为线偏振光，为两个振动方向相同、相位差为$\frac{\pi}{2}$的振动的合成，其合成后光强为

$\frac{I_0}{2}\sin^4 30°+\frac{I_0}{2}\cos^4 30°=\frac{5I_0}{16}$.

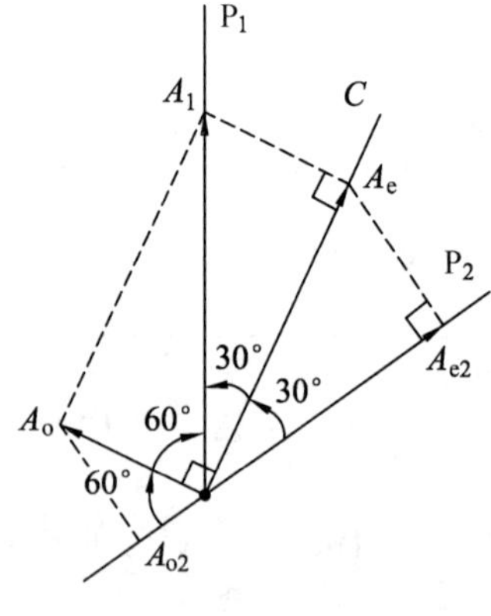

图 11-103　例题 11-24 图

11.3.6　偏振光的干涉

实现偏振光的干涉的实验装置如图11-104所示. M、N 为两块偏振片，分别作起偏振器和检偏振器用，其偏振化方向是互相垂直的，C 为一双折射晶片，它的光轴和晶面平行，一束自然单色光垂直地投射在偏振片 M 上，如果取出晶片 C，视场是黑暗的，放入晶片 C 后，当晶片 C 的光轴与偏振片 M 的偏振化方向成一适当角度时，视场便由黑暗变为明亮，这是两束偏振光干涉的结果. 自然光通过偏振片 M 后变为偏振光，它的振动方向即偏振片 M 的偏振化方向，这束偏振光垂直进入晶片后分解为振动方向互相垂直的 o 光和 e 光. 因光轴与晶面平行，o 光和 e 光沿同一方向行进不分开，但由于这两束光在晶片中的传播速度不相同，因此从晶片射出时有一相位差. 设 n_o 为晶片对 o 光的折射率，n_e 为晶片对 e 光的主折射率，d 为晶片的厚度，则这两束光的光程差为$(n_o-n_e)d$，因而它们的相位差为 $\delta=\frac{2\pi}{\lambda}(n_o-n_e)d$，式中，$\lambda$ 为光在真空中的波长.

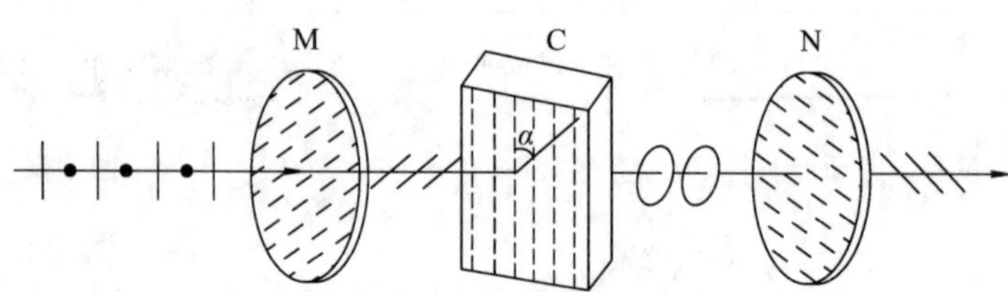

图 11-104　偏振光干涉的光路示意图

这两束光线平行于 N 的偏振化方向的分振动从偏振片 N 射出后，振动方向相同，频率相同，又有恒定的相位差，可以发生干涉.

如图 11-105 所示，设晶片的光轴方向 CC' 与偏振片 M 的偏振化方向 MM' 的夹角为 θ，A 为从 M 射出的偏振光的振幅，则从晶片 C 射出的 o 光和 e 光的振幅分别为

$$A_o=A\sin\theta, A_e=A\cos\theta$$

图 11-106 显示，NN' 为偏振片 N 的偏振化方向，与偏振片 M 的偏振化方向 MM' 垂直，从偏振片 N 射出的两束光的振幅分别为

$$A_{oN}=A_o\cos\theta, A_{eN}=A_e\sin\theta$$

因此，$A_{oN}=A\sin\theta\cos\theta$，$A_{eN}=A\sin\theta\cos\theta$. 可见这两束光线的振幅相等，但振动方向相反. o 光

和 e 光从晶片 C 射出时有一相位差 δ. 因 A_{oN} 与 A_{eN} 这两个振动方向相反，又引入相位差 π，故总的相位差为 $\delta+\pi=\frac{2\pi}{\lambda}(n_o-n_e)d+\pi$.

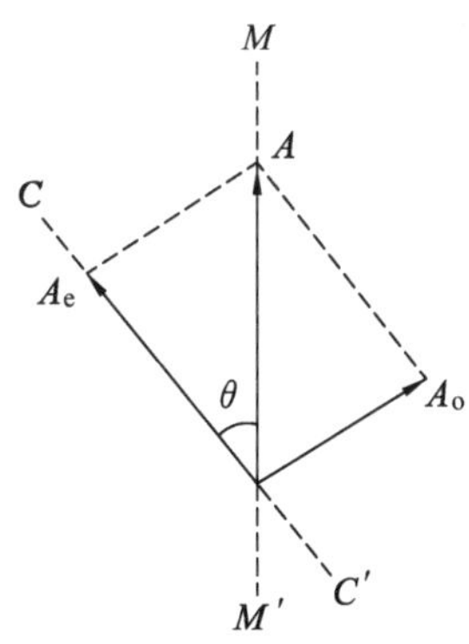

图 11-105 光矢量投影(1)

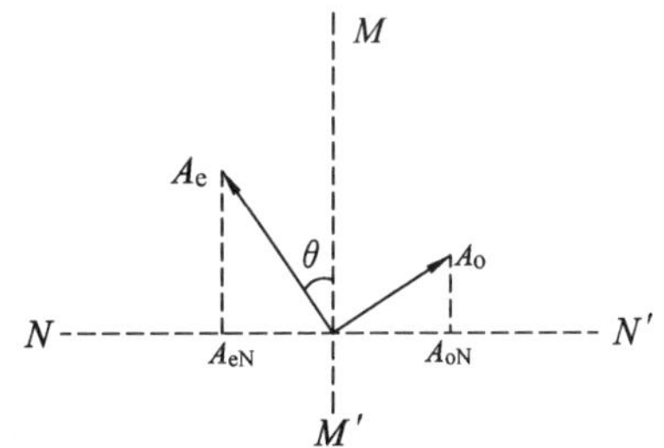

图 11-106 光矢量投影(2)

干涉加强和减弱的条件如下：

当 $\frac{2\pi}{\lambda}(n_o-n_e)d+\pi=2k\pi$，即 $\delta=\frac{2\pi}{\lambda}(n_o-n_e)d=(2k-1)\pi$ 时，干涉加强，视场最亮.

当 $\frac{2\pi}{\lambda}(n_o-n_e)d+\pi=(2k+1)\pi$，即 $\delta=\frac{2\pi}{\lambda}(n_o-n_e)d=2k\pi$ 时，干涉减弱，视场最暗.

将图 11-104 中的晶片 C 换成石英劈尖或加上应力后的透明实物模型，可以直观观测到偏振光的干涉效果，如图 11-107 和图 11-108 所示.

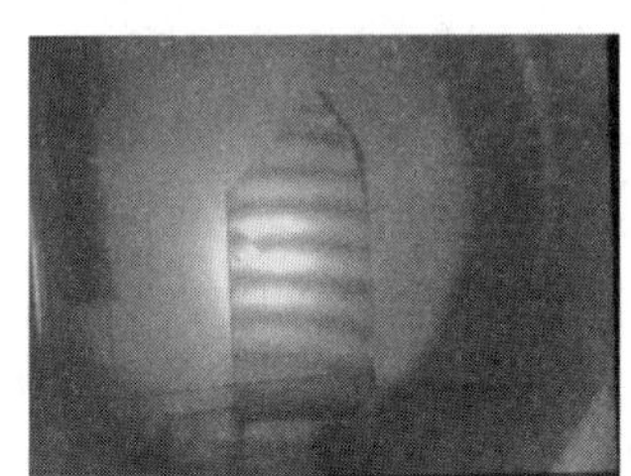

图 11-107 石英劈尖的偏振光干涉(等厚条纹)

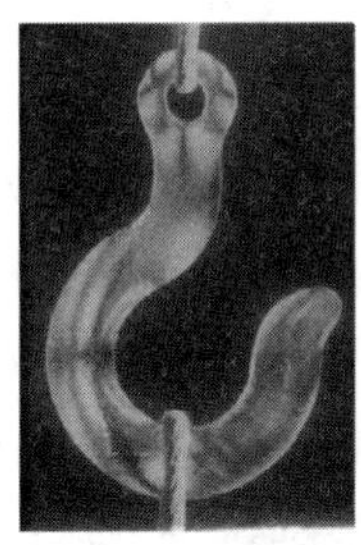

(a) 吊钩的光弹图像

(b) 模型的光弹图像

图 11-108 偏振光干涉的效果图

阅读材料 J 克尔效应和旋光现象

一、克尔电光效应

某些各向同性的媒质本来并不产生双折射现象，但受到外界作用(如机械力、电场或磁场等)时，可以变为各向异性媒质，从而显示双折射现象，这种在人为的条件下产生的双折射，称为人工双折射. 下面以克尔电光效应为例，介绍人工双折射现象及其应用.

实验表明有些原本各向同性的液体(如硝基苯)在强电场作用下会出现双折射，这种现象称为克尔电光效应，这时的液体类似于光轴沿电场方向的晶体. 各向同性液体分子原本是不规则排列的，在足够强的电场作用下，分子会做有序排列，致使整体表现为各向异性，光轴的方向与电场方向一致. 图 J-1 是观察克尔效应的示意图. 图中 K 是盛有硝基苯液体的克尔盒，被放置在两个透振方向正交的偏振片之间，K 的两端为透明窗口以便光线通过，盒中在与光的传播方向相垂直的方向上装有两块平行金属板作为电极. 单色平行自然光通过起偏振器 M 后变为线偏振光. 电源未接通时，各向同性的液体样品无双折射现象，所以没有光从偏振片 N 射出. 当电源接通后，克尔盒中处于电极之间的液体受到电场作用而变成各向异性的，使进入其中的线偏振光发生双折射，分解为 o 光和 e 光.

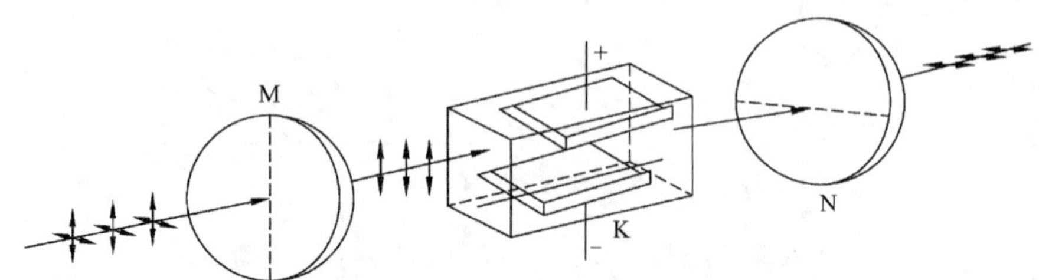

图 J-1　观察克尔效应示意图

实验表明，o 光和 e 光之间的光程差 δ 正比于电场强度 E 大小的平方，正比于光在各向异性液体中通过的距离 l，即

$$\delta=(n_o-n_e)l=klE^2 \tag{J-1}$$

式中，k 为克尔系数. 克尔效应的特点是可以利用外加电场的变化来调节偏振光的输出，特别是可以制成反应极为灵敏的电光开关. 这种开关在 10^{-9} s 内能做出响应，可用于高速摄影、激光测距、激光通信等设备中.

如在图 J-1 的装置中用磁场代替电场，同样能产生双折射现象，此时液体则类似于光轴沿磁场方向的晶体. 其分解的 o 光和 e 光的光程差与磁感应强度成正比. 这种现象称为科顿-穆顿(Cotton-Monton)磁光效应.

二、旋光现象

当线偏振光沿某些晶体(如石英)的光轴传播时，透射光虽然仍是线偏振光，但它的振动面却旋转了一个角度，这种现象称为旋光现象. 除了石英晶体外，有些液体或溶液也能产生旋光现象. 物质的这种使线偏振光的振动面发生旋转的性质，称为旋光性. 具有旋光性的物质，称为旋光物质. 旋光现象可用图 J-2 所示的装置进行观测. 图中 M 和 N 是两个透振方向正交的偏振片，R 是旋光物质. 未插入旋光物质时，单色自然光通过 M 和 N 后由于出现消光视场是暗的，插入 R 后，视场则由暗变亮. 若将 N 以光的传播方向为轴旋转某一角度 θ，视场又重新变暗，这说明线偏振光通过旋光物质 R 后仍为线偏振光，只是振动面旋转了 θ 角.

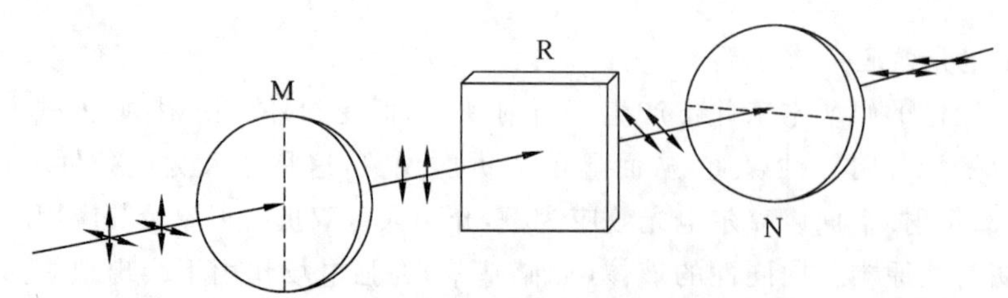

图 J-2　观察旋光现象示意图

实验证明,线偏振光通过旋光物质时,振动面转过的角度 φ 与光在旋光物质中通过的距离 l 成正比,即

$$\varphi=\alpha l \tag{J-2}$$

式中,比例系数 α 为旋光物质的旋光率,它与旋光物质的性质及入射光的波长等有关.旋光率随波长而改变的现象称为旋光色散.对于液体旋光物质,振动面转过的角度 φ 除了与光在液体中通过的距离 l 有关外,还与溶液的浓度 C 成正比,即

$$\varphi=\alpha Cl \tag{J-3}$$

在化学、化工和生物学研究中,常利用上式来测定溶液的浓度 C,糖量计就是利用这个道理来测定糖溶液浓度的仪器.

实验发现,线偏振光振动面的旋转分为右旋和左旋两种.振动面向左旋还是向右旋与旋光物质的结构有关.如葡萄糖为右旋物质,而果糖为左旋物质,两种糖的分子式相同,但分子结构互为镜像对称.石英晶体也有右旋和左旋两种,它们的结构也是镜像对称的.一个有趣的现象是,化学成分和化学性质相同的右旋物质和左旋物质,所引起的生物效应却完全不同.例如,人体需要右旋糖,而左旋糖对人体却是无用的.

利用人工方法也可以产生旋光性,其中最重要的是磁致旋光,又称法拉第旋转效应.当线偏振光通过磁性物质时,如果沿光的传播方向加磁场,就能发现偏振光的振动面也转了一个角度.利用材料的这种性质可以制成光隔离器,控制光的传播.

阅读材料K　液　晶

K.1　液晶的光学特性

液晶是介于液体与晶体之间的一种物质状态.一般的液体内部分子排列是无序的,而液晶既具有液体的流动性,其分子又按一定规律有序排列,使它呈现晶体的各向异性.当光通过液晶时,会产生偏振面旋转、双折射等效应.液晶分子是含有极性基团的极性分子,在电场作用下,偶极子会按电场方向取向,导致分子原有的排列方式发生变化,从而液晶的光学性质也随之发生改变.大多数液晶材料都是由有机化合物构成的,这些有机化合物分子多为细长的棒状结构,长度为数纳米,粗细约为 0.1 nm 量级,并按一定规律排列.

1888 年,奥地利植物学家莱尼茨尔(Reinitzer)在做有机物溶解实验时,在一定的温度范围内观察到了液晶.1961 年美国无线电公司(RCA)的海梅尔(Heimeier)发现了液晶的一系列电光效应,并制成了显示器件.从 20 世纪 70 年代开始,液晶与集成电路技术相结合,诞生了一系列的液晶显示器件.液晶显示器件由于具有驱动电压低(一般为几伏)、功耗极小、体积小、寿命长、环保无辐射等优点,在当今各种显示器件的竞争中有独领风骚之势.

根据排列的方式不同,液晶一般被分为以下三大类:

(1) 近晶相液晶[图 K-1(a)].分子分层排列,每一层内的分子长轴相互平行且垂直或倾斜于层面.分子质心在层内的位置无一定规律,称为取向有序,位置无序.

(2) 向列相液晶[图 K-1(b)].分子的位置比较杂乱,不再分层排列,但各分子的长轴方向仍大致相同,光学性质上有点像单轴晶体.

(3) 胆甾相液晶[图 K-1(c)]. 分子也是分层排列，每一层内的分子长轴方向基本相同并平行于分层面，但相邻的两个层中分子长轴的方向逐渐转过一个角度，总体来看分子长轴方向呈现一种螺旋结构.

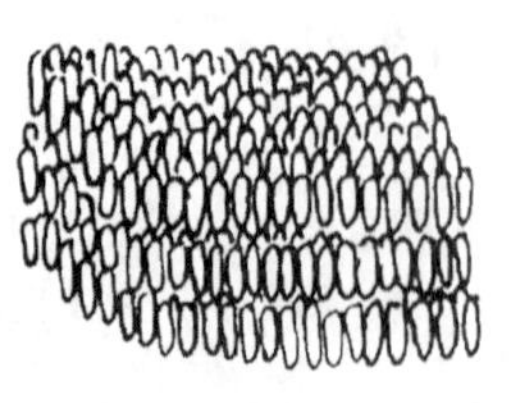
(a) 近晶相液晶

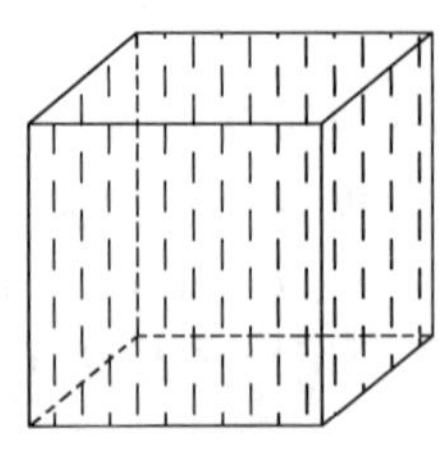
(b) 向列相液晶

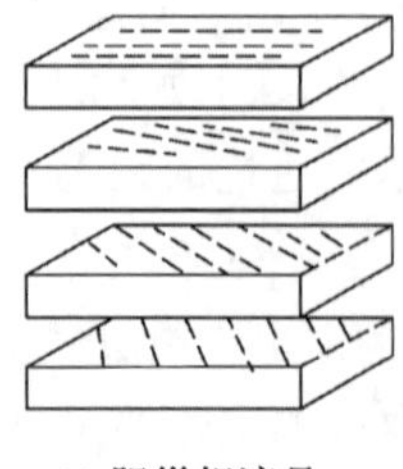
(c) 胆甾相液晶

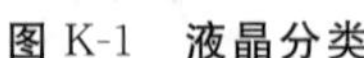
图 K-1 液晶分类

K.2 液晶的电光效应

由于液晶分子的结构特性，其极化率和电导率等都具有各向异性的特点，当大量液晶分子有规律地排列时，其总体的电学和光学特性，如介电常数、折射率也将呈现出各向异性的特点. 如果对液晶物质施加电场，就可能改变分子排列的规律，从而使液晶材料的光学特性发生改变，这就是液晶的电光效应.

在两个玻璃基片的内侧镀一层透明电极. 基片电极、取向膜、液晶和密封结构组成液晶盒. 如图 K-2 所示，当在液晶盒的两个电极之间加上一个适当的电压时，液晶分子会发生变化. 根据液晶分子的结构特点，假定液晶分子没有固定的电极，但可被外电场极化形成一种感生电极矩. 这个感生电极矩也会有一个自己的方向，当这个方向与外电场的方向不同时，外电场就会使液晶分子发生转动，直到各种互相作用力达到平衡为止. 液晶分子在外电场作用下的变化，也将引起液晶盒中液晶分子的总体排列规律发生变化.

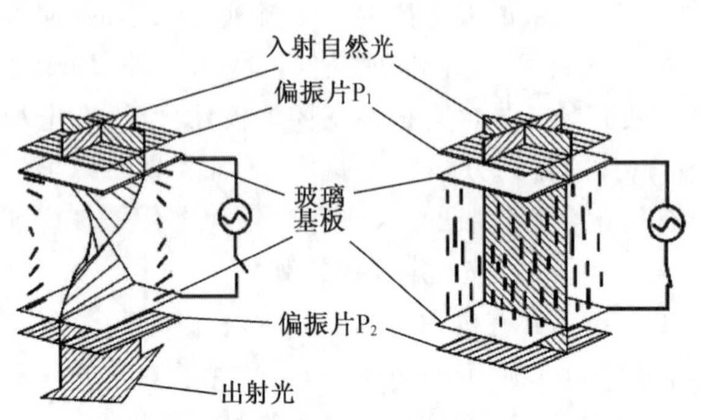

图 K-2 液晶盒工作原理示意图

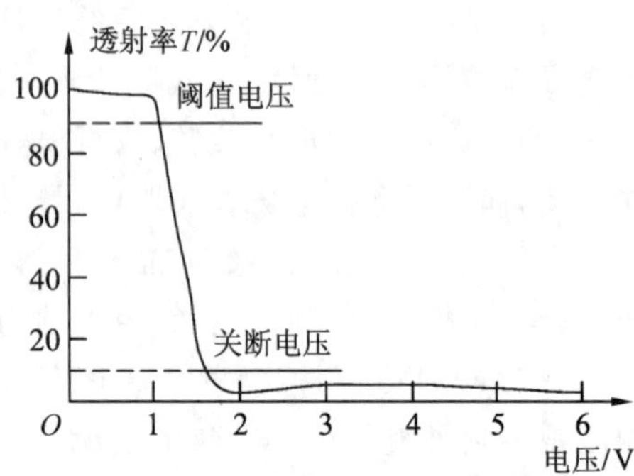

图 K-3 液晶的电光特性曲线

若将液晶盒放在两片平行偏振片之间，其偏振方向与上表面液晶分子取向相同. 不加电压时，入射光通过起偏器形成的线偏振光，经过液晶盒后偏振方向随液晶分子轴旋转 90°，不能通过检偏器. 施加电压后，透过检偏器的光强与施加在液晶盒上电压大小的关系如图 K-3 所示，其中纵坐标为透光强度，横坐标为外加电压. 最大透光强度的 10%所对应的外加电压值称为阈值电压(U_{th})，它标志了液晶电光效应有可观察反应的开始（或称起辉），阈值电压小是电光效应好的一个重要指标.

阅读材料L　光的吸收、散射和色散

光通过透明物质时，它的传播情况也要发生变化. 首先，随着光束深入物质，光强将衰减，这是由于一部分光的能量被物质吸收，而另一部分光向各个方向散射的结果，这就是光的吸收和散射现象. 其次，光在物质中的传播速度将小于光在真空中的传播速度，并将随频率而改变，这就是光的色散现象.

光的吸收、散射和色散这三种现象，都是由于光与物质的相互作用引起的，实质上是由于光与原子中的电子相互作用引起的. 这些现象是不同物质光学性质的主要表现，对它们的讨论可以为我们提供关于原子、分子和物质结构的信息.

L.1　光的吸收

一、吸收现象

在一个波长范围内，若某种媒质对于通过它的各种波长的光波都做等量(指能量)吸收，且吸收量很小，则称这种媒质具有一般吸收性(general absorption). 光通过呈现一般吸收性的媒质时，光波几乎都能从媒质透射，因此又可说媒质对这一波长范围的光是透明的. 通常所说的透明体，如玻璃、水晶，对白光呈现一般吸收性.

真空中，对全部波长范围内的光都透明的物体是不存在的. 通常情况下，1 cm 厚的玻璃板对可见光范围内的各种波长的光波都等量吸收 1%(即透射光的功率密度为入射光的 99%)，然而玻璃对于波长大于 2 500 nm 的光波，或波长小于 380 nm 的光波都能完全吸收. 因而对于红外线或紫外线来说，玻璃就成为非透明体了. 虽然橡皮对于可见光来说是一种非透明体，但它对于红外线却是良透明体. 若媒质吸收某种波长的光能比较显著，则称它具有选择吸收性(selective absorption)(图 L-1). 如果不把光局限于可见光范围以内，可以说一切物质都具有一般吸收和选择吸收两种特性.

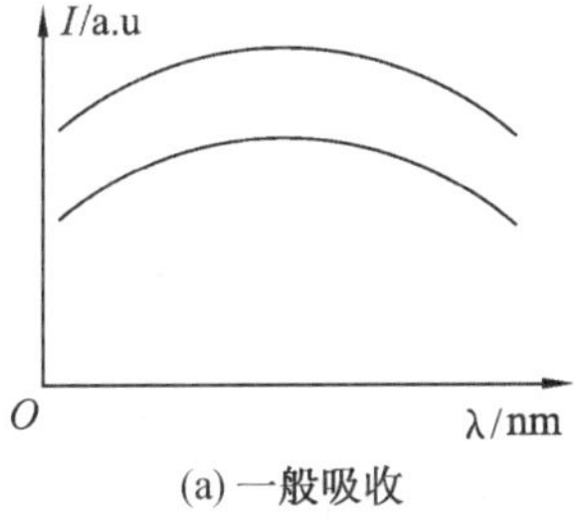

(a) 一般吸收

(b) 选择吸收

图 L-1　一般吸收和选择吸收

从媒质的吸收光谱中，可以得知媒质对哪些波长的光具有选择吸收性. 一般来说，固体和液体选择吸收的波长范围较宽，称该范围为吸收带；而稀薄气体选择吸收的波长范围很窄，表现为吸收线.

选择吸收性是物体呈现颜色的主要原因. 例如，绿色玻璃呈现绿色是因为它把入射的白光中绿色光以外的光吸收，只剩下绿色光能够透过去. 带色物体的颜色一般有体色(body color)和表面色(surface color)的区分. 大多数天然物质，如颜料、花等的颜色都是因为在光入射的物体内部成分不同而形成的，所以叫作体色，呈现体色物体的透射光和反射光的颜色是一样的.还有一些物质，特别是金属，对于某种颜色光的反射率特别强，于是被它们反射的光就呈现这种颜色，而它们透射的光是这种颜色的互补色（某种颜色和它的互补色等量混合后是白色）.例如，被金黄薄膜反射的光呈现黄色，而由它们透射的光则是绿色.这类物体的颜色是由于物体表面的选择反射而形成的，所以叫表面色.被不具有选择反射性表面所反射的光仍呈现白色.例如，啤酒的泡沫呈现白色，而啤酒本身却是深黄色.

光谱中的每一种颜色都是纯色（pure color），实际中，有许多颜色在光谱中并不存在.例如，在光谱里找不出和高锰酸钾溶液的紫红色一样的颜色.令白色光透射高锰酸钾溶液后，再用分光仪检查，可发现这种溶液能完全吸收光谱中的各色光，而能透射光谱两端的红色光和紫色光.事实上，纯色是很少看到的，绝大多数物体的颜色通常是混合色.

上述各色光混合后显示的颜色与不同颜色的漆和颜料混合后显示的颜色是不同的.黄色光和它的互补色——蓝色光混合后得到的是白色光.但是黄色颜料和蓝色颜料混合时，却要显示绿色.这是因为蓝色颜料能够全部吸收红、黄各色光，反射蓝、绿各色光.而黄色颜料能够全部吸收蓝、紫各色光，反射红、黄、绿各色光.因而这两种颜料混合起来只能反射绿色光，故显示绿色.

二、吸收定律

布格（Bouguer）和朗伯（Lambert）分别在1729年和1760年阐明了物质对光的吸收程度和吸收介质厚度之间的关系；1852年比尔（Beer）又提出光的吸收程度和吸光物质浓度也具有类似关系，得到有关光吸收的基本定律——朗伯-比尔定律（Lambert-Beer Law）.

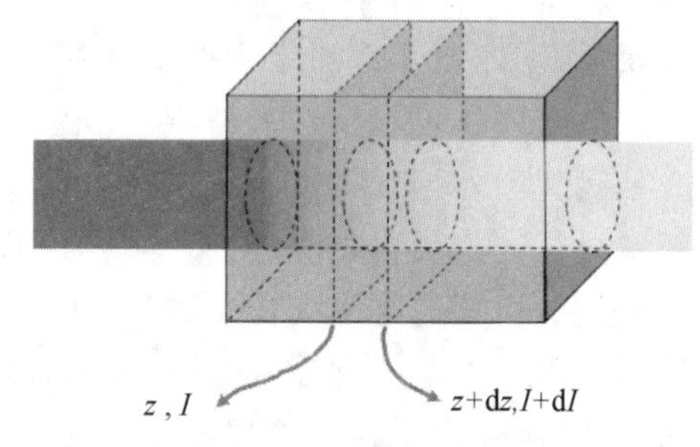

图 L-2　光的吸收

如图 L-2 所示，入射功率密度为 I_0 的平行光柱，入射厚度为 l 的吸收物质后，透射光的功率密度减弱为 I_1.设入射到物质内部薄层 dz 上的功率密度为 I，由它透射后的功率密度为 $I+dI$，这一薄层所吸收的功率密度应与 Idz 成正比，即

$$dI=-\alpha I dz$$

式中，α 叫作吸收物质的吸收率，它表明吸收媒介的单位厚度所吸收的入射功率密度的比例.式中负号表明通过吸收层后 I 是减弱的.对上式积分，并考虑到在均匀媒介中 α 是常数，可得朗伯-比尔定律

$$I=I_0 e^{-\alpha l} \tag{L-1}$$

当光通过溶液时，光被溶解在透明溶剂中的物质吸收的量与溶液内单位长度光波路程上吸收分子的数目成正比.因为单位长度上吸收分子的数目与溶液的浓度 C 成正比，所以吸收率 α 也就与浓度 C 成正比，即

$$\alpha=\beta C \tag{L-2}$$

因此吸收定律可写成

$$I=I_0 e^{-\beta C l} \tag{L-3}$$

例题 L-1　一固体有两个吸收带，宽度都是 30 nm.一个吸收带处在蓝光区（450 nm 附近），另一个吸收带处在黄光区（580 nm 附近）.设第一吸收带的吸收系数为 50 cm^{-1}，第二吸

收带的吸收系数为 250 cm^{-1}. 试描绘出白光分别透过 0.1 mm 及 5 mm 的该物质后在吸收带附近光强分布的情况.

解：根据吸收定律 $I=I_0e^{-\alpha l}$，得白光透过 0.1 mm 的该物质后在吸收带附近光强分布为

$$I_{蓝}=I_0e^{-\alpha l}=I_0e^{-50\times 0.01}\approx 0.606\ 5I_0$$

$$I_{黄}=I_0e^{-\alpha l}=I_0e^{-250\times 0.01}\approx 0.082\ 1I_0$$

白光透过 5 mm 的该物质后在吸收带附近光强分布为

$$I_{蓝}=I_0e^{-\alpha l}=I_0e^{-50\times 0.5}\approx 1.388\ 8\times 10^{-11}I_0$$

$$I_{黄}=I_0e^{-\alpha l}=I_0e^{-250\times 0.5}\approx 501\ 664\times 10^{-55}I_0$$

吸收率 α 数值的大小，可用以说明光波通过物质时功率密度损失的多少. 所损失的功率密度会转变成物质中的分子的热运动. 此外，上面讲过，当光波通过物质时所发生的向四方散射现象，也会使光波沿入射方向损失部分功率密度. 可见 α 应反映两种因素的合作用. 在大多数情况下，这两种因素中的一个往往比另一个小很多，可忽略不计. 但我们应当认识到，这两种因素的作用是同时存在的，而且这两种作用有时还是同等重要的. 由于吸收和散射都能起消光作用，因此在普遍情况下，可写出消光定律：

$$I_1=I_0e^{-(\alpha_a+\alpha_s)l} \tag{L-4}$$

这里，α_a 和 α_s 分别是消光率和散射率.

L.2　光的散射

一、光的散射现象及其分类

当光束通过均匀的透明介质时，从侧面是难以看到光的. 但当光束通过不均匀的透明介质时，则从各个方向都可以看到光，这是介质中的不均匀性使光线朝四面八方散射的结果，这种现象称为光的散射. 例如，当一束太阳光从窗外射进室内时，从侧面可以看到光线的径迹，就是因为太阳光被空气中的灰尘散射的缘故.

通常把线度小于光的波长的微粒对入射光的散射称为瑞利散射(Rayleigh Scattering). 瑞利散射不改变原入射光的频率. 在液体和晶体散射时，除了有瑞利散射外，还有一种改变了原入射光频率的散射，称为拉曼散射(Raman Scattering).

按照介质不均匀结构的性质，散射可以分为以下两大类：

(1) 悬浮微粒的散射或廷德尔(J. Tyndall，1820—1893)散射，例如，在胶体、乳浊液及含有烟、雾或灰尘的大气中的散射.

(2) 分子散射(molecular scattering)，即由于分子热运动造成的密度局部涨落而引起的光的散射. 例如，即使是光学性质完全均匀的物质，当它处在临界点附近时，密度涨落很大，光照射在其上就会发生强烈的分子散射，这就是所谓的临界乳光现象.

二、瑞利散射定律

为了解释天空为什么呈蔚蓝色，瑞利(J. W. S. Rayleigh，1842—1919)研究了线度比光的波长小的微粒的散射问题，在 1871 年提出了散射光强与波长的四次方成反比的关系，即

$$I_s\propto 1/\lambda^4 \tag{L-5}$$

这就是瑞利散射定律.

在散射微粒的尺度比光的波长小的条件下，作用在散射微粒上的电场可视为交变的均

匀场,于是散射微粒在极化时只感生电偶极矩而没有更高级的电矩.按照电磁理论,偶极振子的辐射功率正比于频率的四次方.瑞利认为,由于热运动破坏了散射微粒之间的位置关联,各偶极振子辐射的子波不再是相干的,计算散射光强时应将子波的强度而不是振幅叠加起来.因此,散射光强正比于频率的四次方,即反比于波长的四次方.实验和理论都证明,较大的颗粒对光的散射不遵从瑞利散射定律,这时散射光强与波长的依赖关系就不十分明显了.

例题 L-2 计算波长为 253.6 nm 和 456.1 nm 的两条谱线瑞利散射的强度之比.

解:瑞利散射的散射强度为 $I=f(\lambda)\lambda^{-4}$,则

$$\frac{I_{253.6}}{I_{456.1}}=\frac{f(\lambda_1)\lambda_1^{-4}}{f(\lambda_2)\lambda_2^{-4}}\approx\frac{(253.6)^{-4}}{(456.1)^{-4}}\approx 10.5$$

L.3 光的色散

一、光的色散

在真空中,光以恒定的速度传播,与光的频率无关.然而,在通过物质时,光的传播速度将发生变化,而且不同频率的光在同一物质中的传播速度也不同,产生折射现象,即物质的折射率与光的频率有关,如图 L-3 所示.折射率 n 取决于真空中光速 c 和物质中光速 u 之比,即

$$n=c/u \tag{L-6}$$

这种光在介质中的传播速度(或介质的折射率)随其频率(或波长)变化而变化的现象,称为光的色散现象.1672 年牛顿首先利用棱镜的色散现象,把日光分解成了彩色光带,如图 L-4 所示.

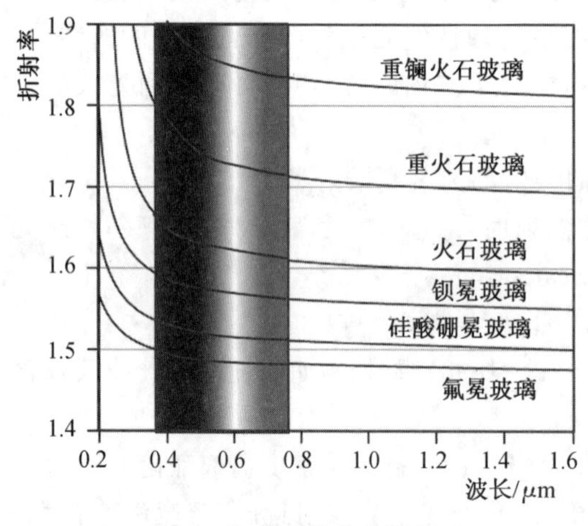

图 L-3 材料的色散性质

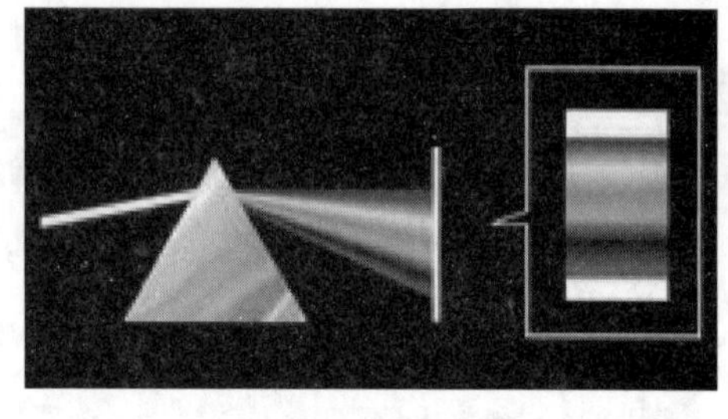

图 L-4 光的色散

在棱镜顶角 A 已知的条件下,通过最小偏向角 δ_m 的测量,可以得到棱镜材料对该波长的光的折射率 n.

$$n=\frac{\sin\theta_1}{\sin\theta_2}=\frac{\sin\dfrac{A+\delta_m}{2}}{\sin\dfrac{A}{2}} \tag{L-7}$$

用各种波长 λ 的光入射,即可得到 δ_m 和 n 随波长 λ 的变化关系.在光谱仪中,棱镜通常

安装在接近于产生最小偏向角的位置上，因此棱镜的角色散本领 $D=\frac{\mathrm{d}\delta}{\mathrm{d}\lambda}$ 可通过对上式的微分得到，即

$$D=\frac{\mathrm{d}\delta_{\mathrm{m}}}{\mathrm{d}\lambda}=\frac{\mathrm{d}\delta_{\mathrm{m}}}{\mathrm{d}n}\cdot\frac{\mathrm{d}n}{\mathrm{d}\lambda}=\frac{1}{\frac{\mathrm{d}n}{\mathrm{d}\delta_{\mathrm{m}}}}\cdot\frac{\mathrm{d}n}{\mathrm{d}\lambda}=\frac{2\sin\frac{A}{2}}{\sqrt{1-n^2\sin^2\frac{A}{2}}}\cdot\frac{\mathrm{d}n}{\mathrm{d}\lambda}$$

波长相差 $\delta\lambda$ 的两条谱线之间的角距离为

$$\delta\theta=D\cdot\Delta\lambda=\frac{2\sin\frac{A}{2}}{\sqrt{1-n^2\sin^2\frac{A}{2}}}\frac{\mathrm{d}n}{\mathrm{d}\lambda}\Delta\lambda \tag{L-8}$$

以上两式中的 $\frac{\mathrm{d}n}{\mathrm{d}\lambda}$ 称为色散率，它表征了棱镜材料的色散性质.

角色散本领 $D=\frac{\mathrm{d}\delta}{\mathrm{d}\lambda}$ 也可以写作 $D=\frac{b}{a}\cdot\frac{\mathrm{d}n}{\mathrm{d}\lambda}$. 其中，$b$ 为棱镜的底边宽度，a 为光束通过棱镜后的宽度.

二、正常色散

测量不同波长光线通过棱镜的最小偏向角，就可以算出棱镜材料的折射率 n 与波长 λ 之间的关系曲线，即色散曲线. 实验表明，凡在可见光范围内无色透明的物质，它们的色散曲线在形式上都很相似，这些曲线的共同特点是，折射率 n 及色散率 $\frac{\mathrm{d}n}{\mathrm{d}\lambda}$ 的数值都随着波长的增加而单调下降，在波长很长时折射率趋于定值，这种色散称为正常色散(normal dispersion).

夏天雨后，在朝着太阳那一边的天空上，常常会出现彩色的圆弧，这就是虹(俗称彩虹). 形成虹的原因就是下雨以后，天上悬浮着很多极小的水滴，太阳光沿着一定角度射入，这些小水滴就发生了色散，朝着小水滴看过去，就会出现彩色的虹. 虹的颜色是红色在上，紫色在下，依次排列，如图 L-5 所示.

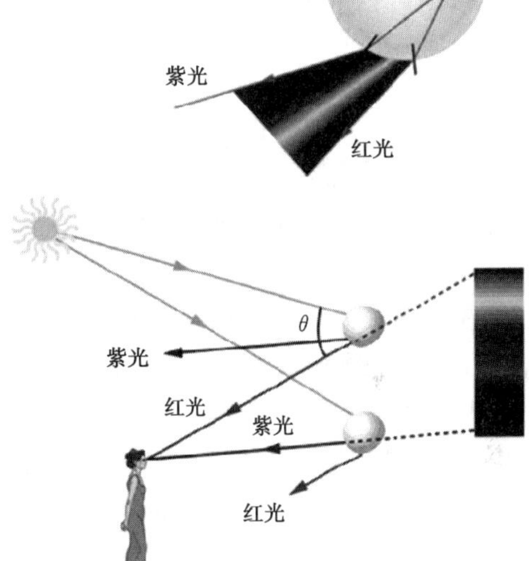

图 L-5　彩虹中的色散现象

1836 年，科希(A. L. Cauchy)给出了正常色散的经验公式，即

$$n=A+\frac{B}{\lambda^2}+\frac{C}{\lambda^4}$$

式中，A、B 和 C 是与物质有关的常量，其数值由实验数据来确定，当 λ 变化范围不大时，科希公式可只取前两项，于是有

$$n=A+\frac{B}{\lambda^2} \tag{L-9}$$

$$\frac{dn}{d\lambda}=-\frac{2B}{\lambda^3} \tag{L-10}$$

三、反常色散

实验表明，在发生强烈吸收的波段，色散曲线中折射率 n 随着波长的增加而增大，即 $\frac{dn}{d\lambda}>0$，与上述正常色散曲线大不相同. 尽管通常把这种色散称为反常色散（anomalous dispersion），但实际上它反映了物质在吸收区域内所普遍遵从的色散规律. 在吸收区域以外，物质的色散曲线仍属于正常曲线.

阅读材料 M　　激光全息

全息指的是光波的全部信息（振幅、频率和位相）的意思. 而全息术是利用了光的干涉，将物体上发射的某种特定的光波用干涉条纹进行记录，从而形成一种可以记录物体全部信息的图像，这种图像被称为全息图. 当使用激光照射全息图时可观察到物体的再现图像，激光是一种相干性非常好的光，根据光的衍射，就可以用激光记录和再现全息图，形成激光全息图. 自从激光全息技术发明以来，它的应用领域和范围不断拓展，对相关技术行业的影响也越来越突出.

M.1　激光全息的原理

全息照相和普通照相有一定的联系，它们都以光波作为信息的载体，以光信息的储存和显示为目的. 但它们在原理上有着本质的区别，普通照相以几何光学原理为基础，利用透镜成像来记录各点的光强分布，所成像为二维平面图像，物像间关系是点点对应的，只要底片破损就不能重现图像. 全息照相则不同，它以光的干涉、衍射等物理光学的规律为基础，引入适当的相干参考波，记录了物体的振幅信息和相位信息，因而才能得到三维立体图像的实像. 在感光底板上得到的不是物体的像，而是物光与参考光的干涉条纹，这些条纹的明暗对比度、形状和疏密反映了物光波的振幅和相位分布. 经过显影、定影处理后，便得到了一张全息图. 它相当于一块复杂的光栅，只有在适当的光波照明下才能重建原来的物光波. 全息照相得到的是三维立体的实像. 物像之间的关系是点面对应的，全息图上每一点都记录了所有的物光信息，无论磨损还是残破，只要得到一小块全息图，就能把原来的物体真实地再现出来.

激光束照射物体产生物光束，另一束激光作为参考光束，使两束光在空间相遇，从而发生干涉，感光材料置于其中某一平面处，记录下该平面处的干涉条纹，即全息图.

$$I(x,y)=|u+r|^2=R_0^{\,2}+|u|^2+ur^*+ru^* \tag{M-1}$$

式中，$u(x,y)$、$r(x,y)$分别为物光波和参考光波在全息图平面的复振幅分布. 右边第一、第二项为 0 级衍射项，第三项为原始像（即 +1 级像），第四项为共轭像（即 −1 级像）.

图 M-1 就是全息照相的记录光路. 激光束通过快门后经过分束板分为两束：透射的一束经平面镜 M_2 反射、扩束镜 L_2 扩束后作为参考光投射到全息干板 E 上；反射的一束经平面镜 M_1 反射、扩束镜 L_1 扩束后照到被摄物上，再经过物体的漫反射作为物光束也投射到 E

上. 整个光路光轴在同一个水平面上，光束通过各元件中心. 物光与参考光夹角在 45°左右.

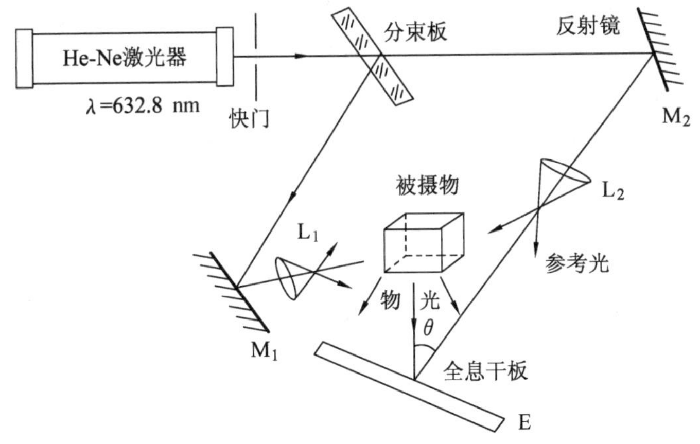

图 M-1 全息照相的记录光路

黑暗中把全息干板夹在干板架上，使感光乳剂面朝向物光和参考光，稳定后启动定时曝光器. 曝光结束后取下干板，在暗室中显影，水洗后定影一段时间用水冲洗干净，晾干，全息图就制作好了.

在全息干板上不能观察到原来物体的像，这是因为它记录的不是物体的几何图像，只能观察到许多明暗不同的干涉条纹，可以利用光栅衍射原理，使全息图再现物体发出的光波，这个过程就称为全息图的再现. 如图 M-2 所示就是再现过程的观察光路图，照射在全息图上的光是一束特定方向的激光束或与原来参考光方向相同的激光束(通常称为再现光)，全息图像上有许多明暗不同的干涉条纹，这些条纹相当于一个复杂的光栅，按光栅衍射原理，再现光将发生衍射，“+1 级”衍射光是发散光，对应于物体在原来位置时发出的光波，形成一个虚像，称为真像；“−1 级”衍射光是会聚光，将形成一个共轭实像，称为赝像.

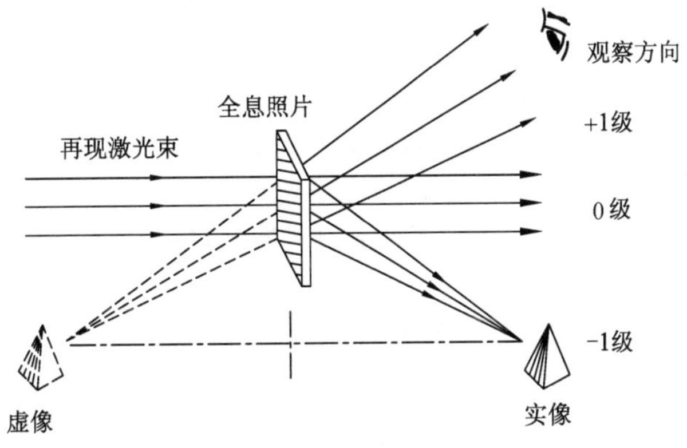

图 M-2 再现过程的观察光路图

M.2 全息显示的发展及应用

全息显示技术的发展经历了几个大的阶段. 20 世纪 80 年代以前，全息显示技术局限于实验室制作阶段，发展了多种白光显示全息图. 例如，像平面全息图、反射式体积全息图、彩虹全息图、合成体视全息图等. 20 世纪 80 年代后期，全息图的模压式复制技术逐渐成熟，可以采用与凸版印刷类似的工艺技术对全息图和全息光栅进行大规模工业生产，这种先进的制造技术使得全息技术走出了实验室，形成了庞大的全息产业，在产品防伪、商标广告、包装装潢、珍品展示、科普教育等各个方面发挥着重要作用. 如今出现的数字式合成全息图利用强大的计算机设计功能，产生三维物体一系列带有视差信息的二维图像，然后利用光学全息记录技术，综合出白光三维显示全息图. 这是一种拼装式全息图，对像元逐个进行记录，然后拼接成任意大的尺寸. 它具有全视差、大视场、大景深、全方位真彩色显示的特点，这种全息技术必将全息显示推向一个更高的阶段.

自 20 世纪 60 年代以来，激光全息三维显示技术因有广泛的应用前景而备受关注. 人们已经设想发展全息显微术、全息 X 射线显微镜、全息电影、全息电视，乃至于立体艺术广告等. 目前作为高科技的激光全息三维显示技术在检测、计量、文字图像、信息、设计、商品展示、医学诊断、装饰装潢等领域得到了越来越多的应用，它带来的经济效益和社会效益越来越受到人们的重视，不少国家还兴起了激光全息三维显示产业，并且正形成日益广阔的市场，其应用前景非常乐观.

习 题

11-1　某单色光从空气射入水中，其频率、波速、波长是否变化？怎样变化？

11-2　什么是光程？在不同的均匀媒质中，若单色光通过的光程相等时，其几何路程是否相同？其所需时间是否相同？在光程差与相位差的关系式 $\Delta\varphi=\frac{2\pi}{\lambda}\Delta L$ 中，光波的波长要用光在真空中的波长，为什么？

11-3　在杨氏双缝干涉实验中，做如下调节时，屏幕上的干涉条纹将如何变化？试说明理由.

(1) 使两缝之间的距离变小.

(2) 保持双缝间距不变，使双缝与屏幕间的距离变小.

(3) 整个装置的结构不变，全部浸入水中.

(4) 光源在平行于 S_1、S_2 连线方向做上下微小移动.

(5) 用一块透明的薄云母片盖住下面的一条缝.

11-4　如图所示，A、B 两块平板玻璃构成空气劈尖，分析在下列情况中劈尖干涉条纹将如何变化.

(1) A 沿垂直于 B 的方向向上平移[图(a)].

(2) A 绕棱边做逆时针转动[图(b)].

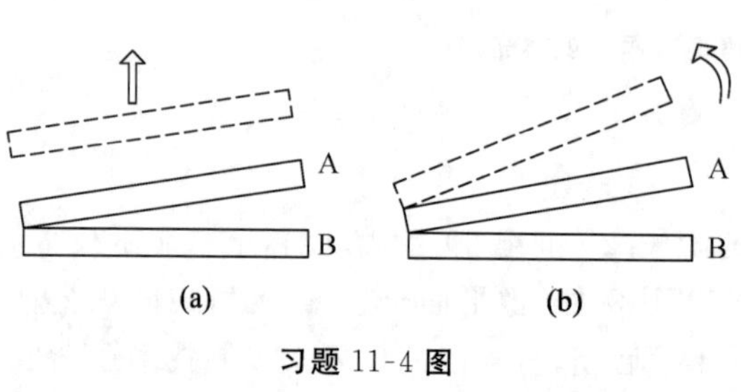

习题 11-4 图

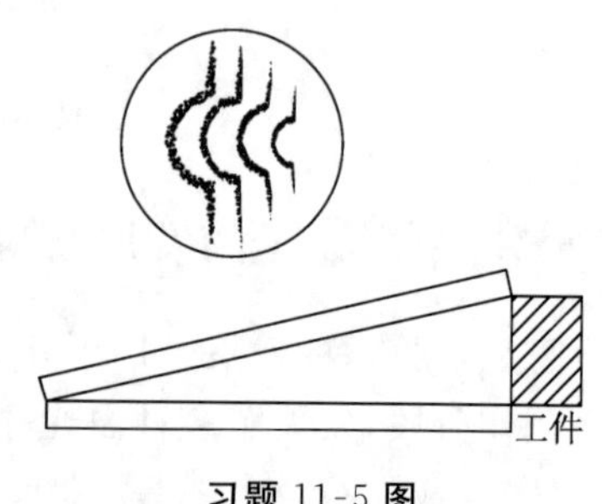

习题 11-5 图

11-5　用劈尖干涉来检测工件表面的平整度. 当波长为 λ 的单色光垂直入射时，观察到的干涉条纹如图所示，每一条纹的弯曲部分的顶点恰与左邻的直线部分的连线相切. 试说明工件缺陷是凸还是凹，并估算该缺陷的程度.

11-6　如图所示，牛顿环的平凸透镜可以上下移动，若以单色光垂直照射，看见条纹向中心收缩，问透镜是向上移动还是向下移动？

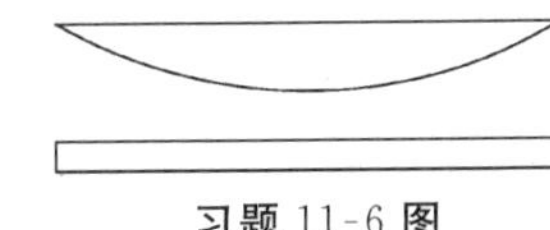

习题 11-6 图

11-7　在杨氏双缝干涉实验中，双缝间距 $d=0.2$ mm，缝屏间距 $D=1$ m，求：

(1) 第二级明纹离屏中心的距离为 6 mm 时此单色光的波长.

(2) 相邻两明纹间的距离.

11-8　在空气中做杨氏双缝干涉实验，缝间距 $d=0.6$ mm，观察屏至双缝间距 $D=2.5$ m，今测得第三级明纹与零级明纹对双缝中心的张角为 2.724×10^{-3} rad，求入射光的波长及相邻明纹间距.

11-9　在杨氏双缝干涉装置中，用一很薄的云母片($n=1.58$)覆盖其中的一条缝，结果使屏幕上的第七级明纹恰好移到屏幕中央原零级明纹的位置. 若入射光的波长为 5 500 Å，求此云母片的厚度.

11-10　洛埃镜干涉装置如图所示，镜长为 30 cm，狭缝光源 S 在离镜左边 20 cm 的平面内，与镜面的垂直距离为 2 mm，光源波长 $\lambda=7.2\times10^{-7}$ m，求位于镜右边缘的屏幕上第一条明纹到镜边缘的距离.

11-11　如图所示，平行单色光垂直照射到某薄膜上，经上下两表面反射的两束光发生干涉，设薄膜厚度为 d，$n_1>n_2$，$n_2<n_3$，入射光在折射率为 n_1 的媒质中波长为 λ，试计算两反射光在上表面相遇时的相位差.

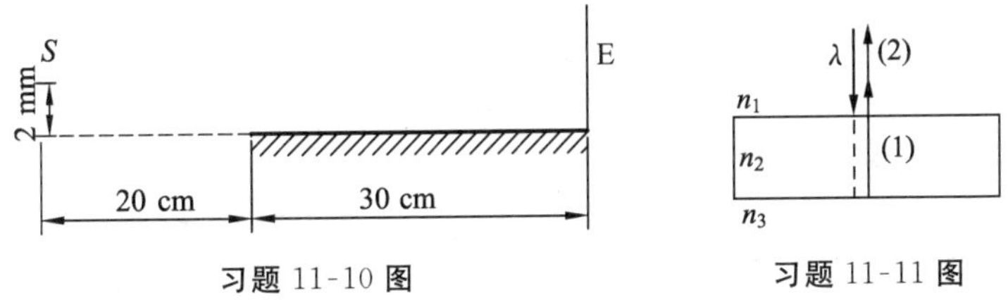

习题 11-10 图　　习题 11-11 图

11-12　一平面单色光波垂直照射在厚度均匀的薄油膜上，油膜覆盖在玻璃板上. 油的折射率为 1.3，玻璃的折射率为 1.5，若单色光的波长可由光源连续可调，可观察到 5 000 Å 与 7 000 Å 这两个波长的单色光在反射中消失. 求油膜层的厚度.

11-13　白光垂直照射到空气中一厚度为 3 800 Å 的肥皂膜上，设肥皂膜的折射率为 1.33，则该膜的正面呈现什么颜色？背面呈现什么颜色？

11-14　如图所示，波长为 6 800 Å 的平行光垂直照射到 $L=0.12$ m 长的两块玻璃片上，两玻璃片一边相互接触，另一边被直径 $d=0.048$ mm 的细钢丝隔开.

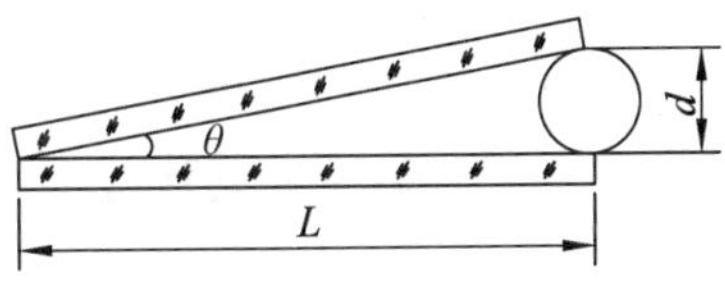

习题 11-14 图

(1) 求两玻璃片间的夹角 θ.

(2) 相邻两明纹间空气膜的厚度差是多少？

(3) 相邻两暗纹的间距是多少？

(4) 在这 0.12 m 内呈现多少条明纹？

11-15　用 $\lambda=5\,000$ Å 的平行光垂直入射劈形薄膜的上表面，从反射光中观察，劈尖的棱边是暗纹．若劈尖上面媒质的折射率 n_1 大于薄膜的折射率 $n(n=1.5)$．

(1) 求膜下面媒质的折射率 n_2 与 n 的大小关系．

(2) 求从交棱处向外数第十条暗纹处薄膜的厚度．

(3) 使膜的下表面向下平移一微小距离 Δd，干涉条纹有什么变化？若 $\Delta d=2\ \mu$m，原来的第十级暗纹处将被哪级暗纹占据？

11-16　若用波长不同的光观察牛顿环，$\lambda_1=6\,000$ Å，$\lambda_2=4\,500$ Å，观察到波长为 λ_1 时的第 k 级暗环与波长为 λ_2 时的第 $k+1$ 级暗环重合，已知透镜的曲率半径为 190 cm．

(1) 求波长为 λ_1 时第 k 级暗环的半径．

(2) 如用波长为 5 000 Å 的光产生的第五级明环与波长为 λ_3 时第六级明环重合，求未知波长 λ_3．

11-17　当牛顿环装置中的透镜与玻璃之间的空间充以液体时，第十级亮环的直径由 $d_1=1.4\times10^{-2}$ m 变为 $d_2=1.27\times10^{-2}$ m，求此液体的折射率．

11-18　在折射率 $n_1=1.52$ 的镜头表面涂有一层折射率 $n_2=1.38$ 的 MgF_2 增透膜，如果此膜适用于波长 $\lambda=5\,500$ Å 的光，问膜的厚度应取何值？

11-19　利用迈克耳孙干涉仪可测量单色光的波长．当 M_1 移动距离为 0.322 mm 时，观察到干涉条纹移动数为 1 024 条，求所用单色光的波长．

11-20　把折射率 $n=1.632$ 的玻璃片放入迈克耳孙干涉仪的一条光路中，观察到有 150 条干涉条纹向一方移过．若所用单色光的波长 $\lambda=5\,000$ Å，求此玻璃片的厚度．

11-21　衍射的本质是什么？衍射和干涉有什么联系和区别？

11-22　在夫琅禾费单缝衍射实验中，把单缝沿透镜光轴方向平移时，衍射图样是否会跟着移动？把单缝沿垂直于光轴方向平移时，衍射图样是否会跟着移动？

11-23　什么叫半波带？单缝衍射中怎样划分半波带？对应于单缝衍射第三级明条纹和第四级暗条纹，单缝处波面各可分成几个半波带？

11-24　在单缝衍射中，为什么衍射角 θ 越大(级数越大)的那些明纹的亮度越小？

11-25　若把单缝衍射实验装置全部浸入水中，衍射图样将发生怎样的变化？如果此时用公式 $a\sin\theta=\pm(2k+1)\dfrac{\lambda}{2}(k=1,2,\cdots)$ 来测定光的波长，问测出的波长是光在空气中的波长还是光在水中的波长？

11-26　在单缝夫琅禾费衍射中，做如下改变时，衍射条纹有何变化？

(1) 缝宽变窄．

(2) 入射光的波长变长．

(3) 入射平行光由正入射变为斜入射．

11-27　单缝衍射暗纹条件与双缝干涉明纹条件在形式上类似，两者是否矛盾？怎样说明？

11-28　光栅衍射与单缝衍射有何区别？为何光栅衍射的明纹特别明亮而暗区很宽？

11-29　指出当衍射光栅的光栅常数为下述三种情况时，哪些级次的衍射明条纹缺级？

(1) $a+b=2a$．

(2) $a+b=3a$．

(3) $a+b=4a$.

11-30 若以白光垂直入射光栅,不同波长的光将会有不同的衍射角.

(1) 零级明条纹能否分开不同波长的光?

(2) 在可见光中哪种颜色的光衍射角最大?

11-31 一单色平行光垂直照射一单缝,若其第三级明纹位置正好与 6 000 Å 的单色平行光的第二级明纹位置重合,求前一种单色光的波长.

11-32 单缝宽 0.1 mm,透镜焦距为 50 cm,用 $\lambda=5\ 000$ Å 的绿光垂直照射单缝.

(1) 位于透镜焦平面处的屏幕上中央明纹的宽度和半角宽度各为多少?

(2) 若把此装置浸入水中($n=1.33$),中央明纹的半角宽度又为多少?

11-33 用橙黄色的平行光垂直照射一宽 $a=0.6$ mm 的单缝,缝后凸透镜的焦距 $f=40$ cm,观察屏幕上形成的衍射条纹.若屏上离中央明纹中心 1.4 mm 处的 P 点为一明纹.

(1) 求入射光的波长.

(2) 求 P 点处条纹的级数.

(3) 从 P 点看,对该光波而言,狭缝处的波面可分成几个半波带?

11-34 用 $\lambda=5\ 900$ Å 的钠黄光垂直入射到每毫米有 500 条刻痕的光栅上,问最多能看到第几级明纹?

11-35 波长为 5 000 Å 的平行单色光垂直照射到每毫米有 200 条刻痕的光栅上,光栅后的透镜焦距为 60 cm.

(1) 求屏幕上中央明纹与第一级明纹的间距.

(2) 当光线与光栅法线成 30°角斜入射时,中央明纹的位移为多少?

11-36 一衍射光栅,每厘米有 400 条刻痕,刻痕宽为 1.5×10^{-5} m,光栅后放一焦距为 1 m 的凸透镜,现以 $\lambda=500$ nm 的单色光垂直照射光栅,问:

(1) 透光缝宽为多少? 透光缝的单缝衍射中央明纹宽度为多少?

(2) 在该宽度内有几条光栅衍射主极大明纹?

11-37 波长 $\lambda=6\ 000$ Å 的单色光垂直入射到一光栅上,第二、第三级明纹分别出现在 $\sin\theta=0.2$ 与 $\sin\theta=0.3$ 处,第四级缺级.求:

(1) 光栅常数.

(2) 光栅上狭缝的宽度.

(3) 在 $-90°<\theta<90°$ 范围内,实际呈现的全部级数.

11-38 在通常的环境中,人眼的瞳孔直径为 3 mm.设人眼最敏感的光波长 $\lambda=550$ nm,人眼的最小分辨角为多大? 如果窗纱上两根细丝之间的距离为 2.0 mm,人在多远处恰能分辨?

11-39 在夫琅禾费圆孔衍射中,设圆孔半径为 0.1 mm,透镜焦距为 50 cm,所用单色光的波长为 5 000 Å,求在透镜焦平面处屏幕上呈现的艾里斑的半径.

11-40 已知天空中两颗星相对于一望远镜的角距离为 4.84×10^{-6} rad,它们都发出波长为 5 500 Å 的光,试问望远镜的口径至少要多大,才能分辨出这两颗星?

11-41 迎面开来的汽车,其两车灯相距为 1 m,汽车离人多远时,两灯刚能为人眼所分辨(假定人眼瞳孔直径 d 为 3 mm,光在空气中的有效波长 $\lambda=500$ nm)?

11-42　已知入射的 X 射线束含有从 0.95～1.30 Å 范围内的各种波长，晶体的晶格常数为 2.75 Å，当 X 射线以 45°角入射到晶体时，问对哪些波长的 X 射线能产生强反射？

11-43　一束 X 射线在晶格常数为 0.281 nm 的单晶体氧化钠的天然晶面上反射，当掠射角减小到 4.1°时才观察到强反射，试求该反射 X 射线的波长.

11-44　在 X 射线衍射实验中，一波长为 0.084 nm 的单色 X 射线，以 30°的掠射角射到某晶体上，出现第三级反射极大，求该晶体的晶格常数.

11-45　自然光是否一定不是单色光？线偏振光是否一定是单色光？

11-46　一束光入射到两种透明介质的分界面上时，发现只有透射光而无反射光，试说明这束光是怎样入射的，其偏振状态如何.

11-47　两偏振片组装成起偏器和检偏器，当两偏振片的偏振化方向夹角成 30°时观察一普通光源，夹角成 60°时观察另一普通光源，两次观察所得的光强相等，求两光源光强之比.

11-48　投射到起偏器的自然光强度为 I_0，开始时，起偏器和检偏器的透光轴方向平行，然后使检偏器绕入射光的传播方向分别转过 30°、45°、60°，试问：在上述三种情况下，透过检偏器后光的强度是 I_0 的几倍？

11-49　使自然光通过两个偏振化方向夹角为 60°的偏振片时，透射光强为 I_1，今在这两个偏振片之间再插入一个偏振片，它的偏振化方向与前两个偏振片均成 30°角，问此时透射光 I 与 I_1 之比为多少？

11-50　自然光入射到两个重叠的偏振片上. 如果透射光强为(1) 透射光最大强度的三分之一；(2) 入射光强的三分之一，则这两个偏振片透光轴方向间的夹角为多少？

11-51　一束自然光从空气入射到折射率为 1.4 的液体表面上，其反射光是完全偏振光. 问：

(1) 入射角等于多少？

(2) 折射角为多少？

11-52　水的折射率为 1.33，玻璃的折射率为 1.5，当光由水射向玻璃时，起偏角为多少？当光由玻璃射向水时，起偏角又是多少？这两个角度数值上的关系如何？

11-53　一方解石晶体置于两平行且偏振化方向相同的偏振片之间，晶体的主截面与偏振片的偏振化方向成 30°角，入射光在晶体的主截面内，求以下两种情况下的 o 光和 e 光强度之比.

(1) 从晶体出射时.

(2) 从检偏器出射时.

11-54　如果一个$\frac{\lambda}{2}$波片或$\frac{\lambda}{4}$波片的光轴与起偏器的偏振化方向成 30°角，问从$\frac{\lambda}{2}$波片或$\frac{\lambda}{4}$波片透射出来的光将是线偏振光、圆偏振光还是椭圆偏振光？为什么？

11-55　波长 $\lambda=525$ nm 的线偏振光垂直入射到一个波片上，该波片由透明的双折射晶体纤维锌矿组成. 如果要使得透过波片的 o 光和 e 光合成后仍然为一线偏振光，求波片的最小厚度.（已知纤维锌矿的 $n_o=2.356$，$n_e=2.378$）

11-56　在偏振化方向相互正交的两偏振片之间放一$\frac{1}{4}$波片，其光轴与第一片偏振片的偏振化方向成 30°角，强度为 I_0 的单色自然光通过此系统后，试求：(1) 从波片出射的 o 光与 e 光的强度之比.(2) 从第二片偏振片出射的光的强度.(3) 如用 $\frac{1}{2}$ 波片，从第二片偏振片出射的光的强度又如何？

11-57 将厚度为 1 mm 且垂直于光轴切出的石英晶片放在两平行的偏振片之间，某一波长的光波经过晶片后振动面旋转了 20°. 问石英晶片的厚度变为多少时，该波长的光将完全不能通过？

*11-58 某种介质的吸收系数 α_a 为 0.32 cm^{-1}，则透射光强分别为入射光强的 0.1、0.2、0.5 及 0.8 时，该介质的厚度各为多少？

*11-59 如果考虑到吸收和散射都将使透射光强度减弱，则透射光表达式中的 α 可看作是由两部分合成的，一部分 α_a 是缘于真正的吸收(变为物质分子运动)，另一部分 α_s(称为散射系数)是缘于散射，于是该式可写作 $I=I_0 e^{-(\alpha_a+\alpha_s)l}$. 如果光通过一定厚度的某种物质后，只有 20% 的光强通过，已知该物质的散射系数等于吸收系数的 $\frac{1}{2}$，假定不考虑散射，则透射光强可增加多少？

第 5 篇　近代物理基础

17 世纪伽利略创立的理论与实验探究相结合的科学研究方法，打开了通向近代物理学的大门. 继伽利略之后，牛顿“站在巨人们的肩膀上”，把地面上物体的运动和天体运动统一起来，揭示了天上地下一切物体的普遍运动规律，建立了以牛顿三大定律和万有引力定律为核心的经典力学体系，实现了物理学史上的第一次大综合. 18 世纪末期到 19 世纪中期，迈尔、焦耳、卡诺、克劳修斯等人经过研究，发现了热力学第一、第二定律，建立了经典热力学和经典统计力学，特别是能量转化和守恒定律的发现，把热与能、热运动的宏观表现与微观机制统一起来，揭示了热、机械、电、化学等各种运动形式之间的相互联系和转化的关系，从而实现了物理学的第二次大综合. 到了 19 世纪中后期，麦克斯韦在物理学家库仑、安培、法拉第研究的基础上，经过深入研究，把电、磁、光统一起来，提出了变化的电场产生磁场，变化的磁场产生电场，电场和磁场的相互转化产生电磁波，并推导出电磁波在真空中的速度与光在真空中的速度相等，建立了以麦克斯韦方程组为基础的完整的经典电磁理论，预言了电磁波的存在，充分体现了电与磁的对称性和完美性，实现了物理学史上的第三次大综合.

至此，经典物理学已经发展到了相当完善的阶段. 物理学在 19 世纪所取得的这一系列辉煌成就，使得当时不少物理学家认为物理学理论的大厦已经建成，今后的工作只能是扩大这些理论的应用范围和提高实验的精确度. 但 19 世纪与 20 世纪之交 X 射线、电子和放射性的发现将人类带进了微观世界，掀起了研究物理学的新浪潮. 一些新的实验事实与经典物理学理论产生了尖锐矛盾. 最突出的矛盾包括迈克耳孙-莫雷实验的“0”结果没能提供绝对静止状态存在的依据，热学中比热容的理论解释与实验事实不符以及热辐射能谱出现的“紫外灾难”，它们被称为物理学晴朗天空中的“两朵小乌云”. 相对论和量子理论的建立驱散了这“两朵乌云”，物理学上一场意义深远的革命由此拉开序幕，物质、运动、时间和空间不可分割，人类由宏观、低速领域步入了高速、微观时代. 人们发现，物理学的研究，人类对宇宙的认识还远没有到尽头.

本篇第 12 章介绍了狭义相对论的基本原理、主要概念和著名效应等，并对广义相对论做了简介. 第 13 章介绍了量子力学基础，包括量子理论的基本概念和基本的薛定谔方程. 第 14 章和第 15 章分别涉及原子核和放射性、X 射线及其应用.

第 12 章

狭义相对论基础

相对论(Theory of Relativity)是关于时空和引力的科学理论.20世纪初建立的相对论是近代物理学界的伟大成就之一,它提升了人们对时间和空间的认识.相对论研究了高速运动物体的动力学和电磁学规律.相对论主要是由爱因斯坦(Albert Einstein,图 12-1)创立的,依其研究对象的不同分为狭义相对论和广义相对论.

图 12-1　爱因斯坦

12.1　经典力学的相对性原理和时空观

力学研究物体的运动.物体的运动就是它的位置随时间的变化.为了定量研究这种变化,必须选择适当的参照系,力学概念及力学规律都是对一定的参照系才有意义的.在处理实际问题时,视问题的方便可以选择不同的参照系.相对于任一参照系分析研究物体的运动时,都要应用基本的力学规律.对于不同的参照系,基本力学定律的形式是完全一样的吗?运动既然是物体位置随时间的变化,那么无论是运动的描述还是运动定律的说明,都离不开长度和时间的测量.因此,与上述问题紧密联系而又更根本的问题是:相对于不同的参照系,长度和时间的测量结果一样吗?物理学对于这些根本性问题的解答,经历了从牛顿力学到相对论的发展.

在牛顿经典理论中,有对第一个问题的回答,早在1632年伽利略曾在封闭的船舱里仔细地观察了力学现象,发现在船舱中觉察不到物体的运动规律和地面上有任何不同.他写道:在这里(只要船的运动是等速的),对一切现象你观察不出丝毫的改变,你也不能根据任何现象来判断船在运动还是停止,当你在地板上跳跃的时候,你所通过的距离和你在一条静止的船上跳跃时通过的距离完全相同.据此现象伽利略得到如下结论:在彼此做匀速直线运动的所有惯性系中,物体运动所遵循的力学规律是完全相同的,应具有完全相同的数学表达式.也就是说,对于描述力学现象的规律而言,所有惯性系都是等价的,这称为力学相对性原理.

对第二个问题的回答,牛顿经典理论认为,时间和空间都是绝对的,可以脱离物质运动而存在,并且时间和空间也没有任何联系.这就是经典的时空观,也称为绝对时空观.这种观

点表现在对时间间隔和空间间隔的测量上，认为所有的参照系中的观察者，对于任意两个事件的时间间隔和空间距离的测量结果都应该相同.这种观点由于符合人们的日常经验而被普遍接受.

依据绝对时空观，伽利略得到反映经典力学规律的伽利略变换.并在此基础上，得出不同惯性参照系中物体的加速度是相同的.在经典力学中，物体的质量 m 又被认为是不变的，据此，牛顿运动定律在这两个惯性系中的形式也就成为相同的了，这表明牛顿第二定律具有伽利略变换下的不变性.可以证明，经典力学的其他规律在伽利略变换下也是不变的.所以说，伽利略变换是力学相对性原理的数学表述，它是经典时空观念的集中体现.

在爱因斯坦所处的那个时代，牛顿经典力学是绝对的权威.爱因斯坦的相对论思想可以说是挑战了牛顿的思想.1905 年爱因斯坦在《物理学年鉴》上连续发表四篇论文，分别是《关于光的产生和转化的一个启发性观点》《热分子运动论所要求的静液体中悬浮粒子的运动》《论动体的电动力学》《物体的惯性同它所包含的能量有关吗》，由此创立了狭义相对论.在当时，相对论的思想得不到认可，但爱因斯坦并未气馁，他发现自己提出的理论并不完善，便开始了反反复复的修改，并于 1916 年提出了广义相对论，由等效性原理引出了弯曲的时空(图 12-2).至此他认为自己的相对论是完全正确的了，但是没有有力的证据来证明，唯一的证据来自于日全食的照片.1919 年英国科学考察队进行天文观测，观测的结果证明了爱因斯坦的相对论是正确的.相对论的提出是一场革命，在物理学上及其他方面都产生了巨大的意义，深刻地改变了那个时代.图 12-3 所示为工作中的爱因斯坦.

图 12-2　弯曲的时空

图 12-3　工作中的爱因斯坦

19 世纪后期，随着电磁学的发展，电磁技术得到了越来越广泛的应用，同时对电磁规律的更加深入的探索成了物理学研究的中心，麦克斯韦电磁理论得以建立.麦克斯韦方程组是这一理论的概括和总结，它完整地反映了电磁运动的普遍规律，而且预言了电磁波的存在，揭示了光的电磁本质.这是继牛顿运动定律之后经典理论的又一伟大成就.

光是电磁波，由麦克斯韦方程组可知，光在真空中传播的速率为

$$c=\frac{1}{\sqrt{\mu_0\varepsilon_0}}=2.988\times10^{8}\ \text{m/s} \tag{12-1}$$

它是一个恒量，这说明光在真空中传播的速率与光传播的方向无关.

任何物理规律都是相对一定的参照系而表述的.牛顿运动定律符合伽利略变换的相对性原理.物理规律在各个参照系中的表述是相同的.当以麦克斯韦方程组为核心的电磁学建立以

后，人们开始思考麦克斯韦方程组的数学表述对应于不同的参照系是否具有相同的形式.

麦克斯韦方程组可以确定包括光在内的电磁波在真空中的传播速度是一个常数，与参照系的选择无关.根据伽利略变换，若这个关于光速的结论在一个惯性系 S 中成立，则在相对于惯性系 S 系做匀速直线运动的参照系 S' 系中来观察，在不同方向上光的传播速度不可能总是一个确定的数值.也就是说，如果伽利略变换成立，则麦克斯韦方程组在不同参照系中应该将具有不同的数值.

当时的科学界倾向于认为麦克斯韦方程组只在一个特殊的惯性系中才成立.这个由电磁现象确定的特殊参照系称为绝对参照系.当时认为在宇宙空间内充满了“以太”这种弹性介质.电磁波就在这种弹性介质中传播.绝对静止的以太就成为绝对参照系.对于电磁规律来说，这否认了各个惯性系之间是平等的这个基本原则.绝对静止的以太参照系具有绝对的地位.根据这个观点，当时的物理学家设计了各种实验证明以太的存在.迈克耳孙和莫雷设想地球以一定的速度相对以太运动，而光沿不同方向传播时光速是不同的，这样应该在他们所设计的迈克耳孙干涉实验中得到某种预期的结果，从而求得地球相对以太的速度，证明以太参照系的存在.他们所用的实验装置就是迈克耳孙干涉仪.干涉仪的两臂长度相等，由于两光束相对地球的速度不相同，虽然行经相等的臂长，但所需的时间是不一样的，在干涉仪中将看到干涉条纹.如果将仪器旋转 90°，两光束相对地球的速度将发生变化，这样，光束通过两臂的时间差也随之变化.根据干涉原理，将可以观察到干涉条纹的相应移动.迈克耳孙和莫雷在不同的地理条件、不同季节条件下多次进行实验，却始终观察不到干涉条纹的移动.这样，原本试图求证以太参照系存在的实验反而成为否定以太参照系存在的证据.

迈克耳孙-莫雷实验的结果揭示了电磁理论与力学相对性原理的矛盾.这是一个与伽利略变换乃至整个经典力学不相容的实验结果，它曾使当时的物理学界大为震动.为了在绝对时空观的基础上统一地说明这个实验和其他实验结果，一些物理学家，如洛伦兹等，曾提出各种各样的假设，但都未能成功.要解决这一难题必须在物理观念上进行变革.爱因斯坦分析了迈克耳孙-莫雷实验的结果，研究了经典力学与电磁学的深刻矛盾，于 1905 年提出了狭义相对论.

狭义相对论是建立在两个基本的假设之上的，这两个基本假设是：

(1) 光速不变原理.即光在真空中的传播速度与参照系的选择无关，光速与光源或观察者的运动都没有关系.

(2) 狭义相对性原理.即所有惯性系对于一切物理定律都是等价的.包括力学规律、电磁学规律在内的所有物理定律在一切惯性系中都具有相同的数学形式，不存在绝对静止的参照系.也就是说，所有惯性系对于描述物理现象的规律都是等价的.

麦克斯韦方程组可以计算真空中的光速.计算中并没有提及相对什么参照系.这不是麦克斯韦方程组的缺陷，而恰恰反映了光传播的速度与参照系无关这一事实.迄今为止的所有实验都没有发现光速与参照系有关的任何迹象，也没有发现光速与观察者的运动速度以及光源的运动速度有什么关系.

12.2 洛伦兹变换

由于伽利略变换与狭义相对论的基本原理不相容,因此须寻找一个满足狭义相对论基本原理的变换式,这就是洛伦兹(H. A. Lorentz,1853—1928)变换式.该变换式最初是由荷兰物理学家洛伦兹(图 12-4)为弥合经典理论所暴露的缺陷而建立起来的.爱因斯坦根据狭义相对论的两条基本原理提出用洛伦兹变换替代伽利略变换,并赋予变换式深刻的时空观.

图 12-4 洛伦兹

洛伦兹变换式满足如下一些合理的要求:

(1) 由于伽利略变换在低速情况下是成功的,所以新的洛伦兹变换在低速情况下必须能够回退转化为伽利略变换.

(2) 新的时空变换中必须保证真空光速为一常量的思想.

(3) 所有惯性系应该是等价的,不存在任何特殊的参照系.

为简单起见,如图 12-5 所示,设惯性系 $S'(O'x'y'z')$ 以速度 $\boldsymbol{u}$ 相对于惯性系 $S(Oxyz)$ 沿 $x(x')$ 轴正向做匀速直线运动,x' 轴与 x 轴重合,y' 和 z' 轴分别与 y 和 z 轴平行,S 系原点 O 与 S' 系原点 O' 重合时两惯性坐标系在原点处的时钟都指示零点.设 P 为观察的某一事件,在 S 系观察者看来,它在 t 时刻发生在 (x,y,z) 处,而在 S' 系观察者看来,它却在 t' 时刻发生在 (x',y',z') 处.下面我们就来推导这同一事件在这两惯性系之间的时空坐标变换关系.

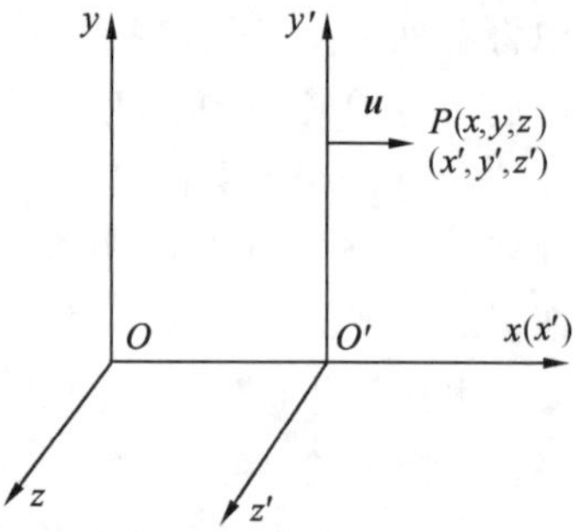

图 12-5 洛伦兹坐标变换

在 $y(y')$ 方向和 $z(z')$ 方向上,S 系和 S' 系没有相对运动,则有 $y'=y,z'=z$,下面仅考察 (x,t) 和 (x',t') 之间的变换.由于时间和空间的均匀性,变换应是线性的,在考虑 $t=t'=0$ 时两个坐标系的原点重合,则 x 和 $x'+ut'$ 只能相差一个常数因子,即

$$x=\gamma(x'+ut') \tag{12-2}$$

由相对性原理知,所有惯性系都是等价的,对 S' 系来说,S 系是以速度 $\boldsymbol{u}$ 沿 x' 轴的负方向运动的,因此,x' 和 $x-ut$ 也只能相差一个常数因子,且应该是相同的常数,即有

$$x'=\gamma(x-ut) \tag{12-3}$$

为确定常数 γ,考虑在两惯性系原点重合时 $(t=t'=0)$,在共同的原点处有一点光源发出一光脉冲,在 S 系和 S' 系都观察到光脉冲以速率 c 向各个方向传播.所以有

$$x=ct,x'=ct' \tag{12-4}$$

将式(12-2)代入式(12-3)和式(12-4)并消去 t 和 t' 后得

$$\gamma=\frac{1}{\sqrt{1-\frac{u^2}{c^2}}} \tag{12-5}$$

将上式中的 γ 代入式(12-3),得

$$x'=\frac{x-ut}{\sqrt{1-\frac{u^2}{c^2}}} \tag{12-6}$$

另由式(12-2)和式(12-3),求出 t',并代入 γ 的值,得

$$t'=\gamma t+\left(\frac{1-\gamma^2}{\gamma u}\right)=\frac{t-\frac{ux}{c^2}}{\sqrt{1-\frac{u^2}{c^2}}} \tag{12-7}$$

于是得到如下坐标变换关系:

$$\begin{cases} x'=\dfrac{x-ut}{\sqrt{1-\frac{u^2}{c^2}}} \\ y'=y \\ z'=z \\ t'=\dfrac{t-\frac{ux}{c^2}}{\sqrt{1-\frac{u^2}{c^2}}} \end{cases} \xrightarrow[\text{逆变换}]{x'\to x,t'\to t,u\to -u} \begin{cases} x=\dfrac{x'+ut'}{\sqrt{1-\frac{u^2}{c^2}}} \\ y=y' \\ z=z' \\ t=\dfrac{t'+\frac{ux'}{c^2}}{\sqrt{1-\frac{u^2}{c^2}}} \end{cases} \tag{12-8}$$

这种新的坐标变换关系称为洛伦兹变换.

在经典力学中,时间、空间和研究对象的运动三者是相互独立、彼此无关的.但是在洛伦兹变换中,不仅 x' 是 x、t 的函数,而且 t' 也是 x、t 的函数,并且还都与两个惯性系之间的相对速度 u 有关.洛伦兹变换集中地反映了相对论中时间、空间和物质运动三者紧密联系的物理思想.

从洛伦兹变换可以看出,当 $u\ll c$ 时,$\sqrt{1-\frac{u^2}{c^2}}$ 趋近于1,洛伦兹变换式又退回到伽利略变换式.这说明经典的牛顿力学是相对论力学在低速下的一个极限情形,只有在物体的运动速度远小于光速时,经典的牛顿力学才是正确的.一方面,由于在日常生产生活中,物体的速度大多比光速小得多,所以经典力学的牛顿运动定律仍能准确地应用.另一方面,如果 $\sqrt{1-\frac{u^2}{c^2}}$ 变为虚数,物理意义是不明确的.所以物体的运动速度不能超过真空中的光速.

洛伦兹速度变换关系讨论的是同一运动质点在 S 系和 S' 系中速度的变换关系.在 S 系中的观察者测得该物体速度的三个分量为

$$v_x=\frac{\mathrm{d}x}{\mathrm{d}t},v_y=\frac{\mathrm{d}y}{\mathrm{d}t},v_z=\frac{\mathrm{d}z}{\mathrm{d}t} \tag{12-9}$$

在 S' 系中的观察者测得该物体速度的三个分量为

$$v_x'=\frac{\mathrm{d}x'}{\mathrm{d}t'},v_y'=\frac{\mathrm{d}y'}{\mathrm{d}t'},v_z'=\frac{\mathrm{d}z'}{\mathrm{d}t'} \tag{12-10}$$

为了求得上列不同惯性系速度各分量之间的变化关系,我们对洛伦兹变换式中各式求微分,得

$$\begin{cases} dx' = \dfrac{dx - u dt}{\sqrt{1-\dfrac{u^2}{c^2}}} \\ dy' = dy \\ dz' = dz \\ dt' = \dfrac{dt - \dfrac{u dx}{c^2}}{\sqrt{1-\dfrac{u^2}{c^2}}} \end{cases} \tag{12-11}$$

由上式中的第一、第二和第三各式分别除以第四式便可得到从 S 惯性系到 S' 惯性系的速度变换公式为

$$\begin{cases} v_x' = \dfrac{v_x - u}{1-\dfrac{uv_x}{c^2}} \\ v_y' = \dfrac{v_y\sqrt{1-\dfrac{u^2}{c^2}}}{1-\dfrac{uv_x}{c^2}} \\ v_z' = \dfrac{v_z\sqrt{1-\dfrac{u^2}{c^2}}}{1-\dfrac{uv_x}{c^2}} \end{cases} \tag{12-12}$$

这便是洛伦兹速度变换关系. 据相对性原理,在式(12-12)中将带撇的量与不带撇的量互换,并将 u 换成 $-u$,就得到速度变换的逆变换:

$$\xrightarrow[u\to -u]{\text{带撇量与不带撇量对调}} \begin{cases} v_x = \dfrac{v_x' + u}{1+\dfrac{uv_x'}{c^2}} \\ v_y = \dfrac{v_y'\sqrt{1-\dfrac{u^2}{c^2}}}{1+\dfrac{uv_x'}{c^2}} \\ v_z = \dfrac{v_z'\sqrt{1-\dfrac{u^2}{c^2}}}{1+\dfrac{uv_x'}{c^2}} \end{cases} \tag{12-13}$$

例题 12-1 如图 12-6 所示,地面上空两飞船 A 和 B 分别以 $+0.9c$ 和 $-0.9c$ 的速度向相反方向飞行,求 A 飞船相对于 B 飞船的速度.

解: 将 S 系固定在速度为 $-0.9c$ 的 B 飞船上,S' 系建立在地面上,则 S' 系相对 S 系的速度 $u=+0.9c$. 则 A 飞船在 S' 系中的速度为 $v'_x=0.9c$.

由洛伦兹速度逆变换式,有 A 相对于 B 的速度

$$v_x = \frac{v_x' + u}{1+\dfrac{u}{c^2}v_x'} = \frac{0.9c + 0.9c}{1+0.9\times 0.9} = \frac{1.80}{1.81}c = 0.994c$$

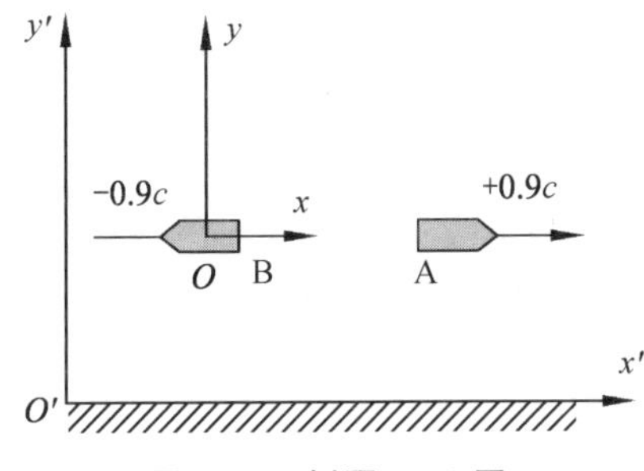

图 12-6　例题 12-1 图

相对于地面来说，两飞船的“相对速度”的确等于 1.8c，但相对一个物体来说，它对任何其他物体或参照系的速度不可能大于 c，这才是相对论中速度概念的真正含义.

例题 12-2　π^0 介子在高速运动中衰变，衰变时辐射出光子. 如果 π^0 介子的运动速度为 0.999 75c，求它向运动的正前方辐射的光子的速度.

解： 设实验室参照系为 S 系，随同 π^0 介子一起运动的惯性系为 S' 系，取 π^0 介子和光子运动的方向为 x 轴，由题意知 $u=0.999\ 75c$，$v_x'=c$. 根据相对论速度变换的逆变换公式，得

$$v_x=\frac{v_x'+u}{1+\frac{uv_x'}{c^2}}=\frac{c+u}{1+\frac{u}{c}}=c$$

可见光子的速度仍为 c，这已为实验所证实，洛伦兹速度变换关系能够保证光速不变性. 若按照伽利略变换，光子相对于实验室参照系的速度是 1.999 75c，显然与实验不符.

洛伦兹变换反映的时空性质不同于牛顿力学. 接下来将从洛伦兹变换出发，讨论长度、时间和同时性等基本概念. 值得指出的是，狭义相对论对经典的时空观进行了一次十分深刻的变革.

12.3　狭义相对论的基本原理

12.3.1　同时的相对性

在经典牛顿力学的理论框架内，时间是绝对的，因而同时性也是绝对的. 这就是说，两个事件在同一个惯性系 S 中观察是同时发生的话，那在任何其他惯性系 S' 看来也一定是同时发生的. 在相对论中，同时性不是绝对的.

在 S' 系中发生的两个事件，时空坐标分别为 (x_1',t_1')、(x_2',t_2'). 此两个事件在 S 系中时空坐标为 (x_1,t_1)、(x_2,t_2)，当 $t_1'=t_2'=t_0'$ 时，在 S' 中是同时发生的，根据洛伦兹变换，在 S 系看来这两个事件发生的时间间隔为

$$\Delta t=t_2-t_1=\gamma\left(t_2'+\frac{u}{c^2}x_2'\right)-\gamma\left(t_1'+\frac{u}{c^2}x_1'\right)=\gamma\left[(t_2'-t_1')+\frac{u}{c^2}(x_2'-x_1')\right]$$

$t_2'=t_1'$，若 $x_1'\neq x_2'$，则 $\Delta t=\gamma\frac{u}{c^2}(x_2'-x_1')\neq 0$，这表明在参照系 S 上测得这两个事件不是同时发生的. 若 $t_2'=t_1'$ 且 $x_1'=x_2'$，则 $\Delta t=0$，即在 S 上测得的这两个事件，只有是同时同地发生的，在其他惯性系中才同时. 以上讨论表明“同时”在相对论理论的框架中是相对的. 这与

经典力学截然不同.

12.3.2　时间延缓(钟慢效应)

设在 S' 中同一地点不同时刻先后发生两事件，时空坐标为 (x_1',t_1')、(x_2',t_2')，$x_1'=x_2'$，时间间隔为 $\Delta t'=t_2'-t_1'$. 在 S 系上测得两事件的时空坐标为 (x_1,t_1)、(x_2,t_2) $(x_2\neq x_1)$. 在 S 上测得这两个事件发生的时间间隔为

$$\Delta t=t_2-t_1=\gamma\left(t_2'+\frac{u}{c^2}x_0'\right)-\gamma\left(t_1'+\frac{u}{c^2}x_0'\right)=\gamma(t_2'-t_1')=\gamma\Delta t'=\frac{\Delta t'}{\sqrt{1-\frac{u^2}{c^2}}}$$

即

$$\Delta t=\frac{\Delta t'}{\sqrt{1-\frac{u^2}{c^2}}} \tag{12-14}$$

若在某惯性系中两事件发生于同一地点，相应的两个事件的时间间隔称为固有时间或原时；在相对于事件发生地点做相对运动的惯性系 S 中，两事件发生在不同地点，相应的时间间隔为非原时. 式(12-14)表明原时最短. 这种效应称为时间延缓，或者说运动的钟变慢.

时间延缓效应在 π 介子衰变的实验中得到了验证. 在相对于 π 介子静止的参照系观察，π 介子的平均寿命是 2.2×10^{-6} s，即使它们的速率达到光速，按寿命乘速率计算，π 介子在衰变之前的平均行程也只有 600 m. 但实际上，在地面参照系中可以观察到宇宙射线在大气层顶部与大气中分子碰撞产生的 π 介子，至少穿越了上万米的空间. 这是因为当 π 介子以很高的速率运动时，寿命增加了. 可算得当 π 介子速率达 $0.999\,9c$ 时，在地面参照系中的寿命是在相对于它静止的参照系中的寿命的 70 多倍.

时间膨胀是一种相对论效应，钟的结构并没有改变，固有时的定义与参照系无关. 在 S 系中测得 S' 系中的钟慢了，同样在 S' 系中测得 S 系中的钟也慢了.

例题 12-3　一飞船以 $u=9\times10^3$ m/s 的速率相对于地面(假定为惯性系)匀速飞行. 飞船上的钟显示 5 s 的时间间隔里，地面上的钟显示经过了多少时间？

解： 由题意，以地面为 S 系，飞船为 S' 系，$u=9\times10^3$ m/s，$\Delta t'=5$ s(固有时)，所以

$$\Delta t=\frac{\Delta t'}{\sqrt{1-\frac{u^2}{c^2}}}=\frac{5}{\sqrt{1-\frac{(9\times10^3)^2}{(3\times10^8)^2}}}\text{ s}\approx5.000\,000\,002\text{ s}$$

可见，即使对于 9×10^3 m/s 这样大的速率来说，时间延缓效应也是很难测量出来的. 若 $u=0.2c$，则 $\Delta t=5.103$ s；若 $u=0.4c$，则 $\Delta t=5.455$ s；若 $u=0.9c$，则 $\Delta t=11.471$ s.

例题 12-4　带正电的 π 介子 π^+ 是一种不稳定的粒子. 静止时的平均寿命为 2.5×10^{-8} s，然后衰变为一个 μ 介子和一个中微子. 设有一束 π^+ 介子经加速器加速获得 $u=0.99c$ 的速率，并测得它在衰变前通过的平均距离为 52 m. 这些测量结果是否一致？

解： 以绝对时间的概念，π^+ 介子在衰变前通过的距离为

$$0.99\times3\times10^8\times2.5\times10^{-8}\text{ m}=7.4\text{ m}$$

与实验结果不符.

若考虑相对论时间延缓效应，则 $\Delta t'=2.5\times10^{-8}$ s 为固有时.

当 π^+ 介子以 $0.99c$ 的速率运动时,实验室测得的平均寿命为

$$\Delta t=\frac{\Delta t'}{\sqrt{1-\frac{u^2}{c^2}}}=1.8\times10^{-7}\ \mathrm{s}$$

即在实验室测得它通过的平均距离为 $u\Delta t=53\ \mathrm{m}$,与实验结果相符.

12.3.3　长度收缩

如图 12-7 所示,有一杆静止在 S'系中的 x'轴上,在 S'上测得杆长 $l_0=x_2'-x_1'$;在 S 上测得杆长$l=x_2-x_1$(相应 $t_1=t_2$).在与杆相对静止的 S'参照系中测得杆的长度称为杆的固有长度或原长,用 l_0 表示.设 S'系相对于 S 系以速度 $\boldsymbol{u}$ 沿 x 轴方向运动,由式(12-6)有

$$\begin{cases}x_2'=\dfrac{x_2-ut}{\sqrt{1-\frac{u^2}{c^2}}}\\[2ex] x_1'=\dfrac{x_1-ut}{\sqrt{1-\frac{u^2}{c^2}}}\end{cases}$$

所以

$$x_2'-x_1'=\frac{x_2-x_1}{\sqrt{1-\frac{u^2}{c^2}}}$$

即

$$l_0=\frac{l}{\sqrt{1-\frac{u^2}{c^2}}}$$

所以

$$l=l_0\sqrt{1-\frac{u^2}{c^2}}\tag{12-15}$$

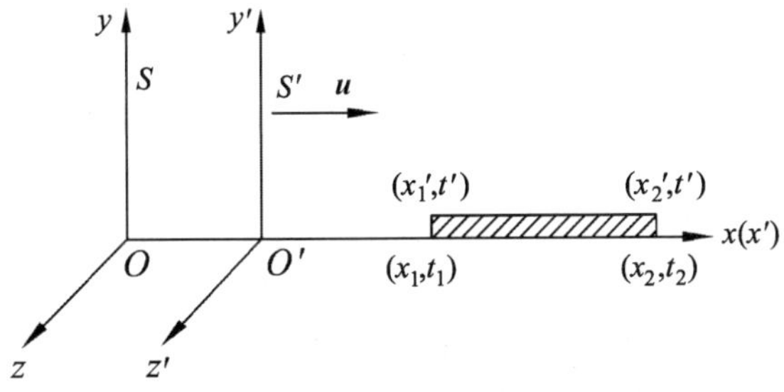

图 12-7　长度的测量

可见,相对于观察者运动时物体在运动方向的长度比相对观察者静止时物体的长度短了.物体并非发生形变或者发生了结构性质的变化.在狭义相对论中,长度缩短是相对论效应,所有惯性系都是等价的,所以,在 S 系中 x 轴上静止的杆,在 S'上测得的长度也短了,固有长度的定义也与参照系没有关系.相对论长度收缩只发生在物体运动方向上(因为 $y'=y$,$z'=z$).$v\ll c$ 时,$l=l_0$,即为经典情况.

例题 12-5 固有长度为 5 m 的飞船以 $u=9\times10^3$ m/s 的速率相对于地面（假定为惯性系）匀速飞行. 从地面上测量，它的长度是多少？

解： 由题意 $u=9\times10^3$ m/s，$l'=5$ m（固有长度），所以

$$l=l'\sqrt{1-\frac{u^2}{c^2}}=5\sqrt{1-\frac{(9\times10^3)^2}{(3\times10^8)^2}}\ \text{m}\approx4.999\ 999\ 998\ \text{m}$$

可见，即使对于 $u=9\times10^3$ m/s 这样“大”的速率来说，长度收缩效应也是很难测量出来的. 若 $u=0.2c$，则 $l=4.899$ m；若 $u=0.4c$，则 $l=4.583$ m；若 $u=0.9c$，则 $l=2.179$ m.

例题 12-6 如图 12-8 所示，在 S' 系中，一米尺与 $O'x'$ 轴成 30°角，若要使该米尺与 x 轴成 45°角. 问：

(1) S' 系应以多大速率相对于 S 系运动？

(2) 在 S 系中该米尺有多长？

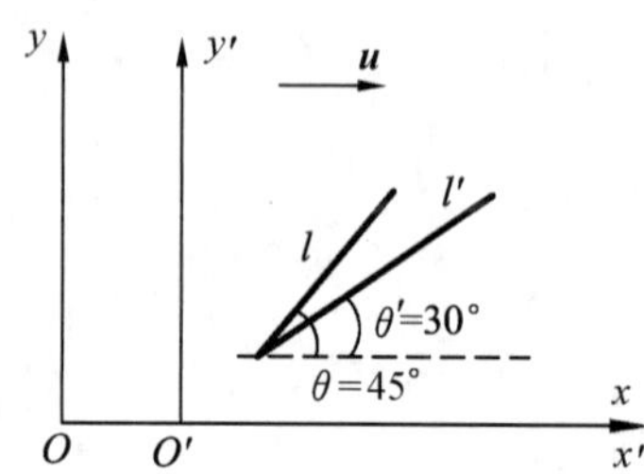

图 12-8　例题 12-6 图

解： (1) $l\cos45°=l'\cos30°\sqrt{1-\frac{u^2}{c^2}}$

得

$$\left(\frac{\sin30°}{\cos30°}\right)^2=1-\frac{u^2}{c^2}$$

因此可得

$$u=c\sqrt{1-\left(\frac{\sin30°}{\cos30°}\right)^2}=0.816c=2.45\times10^8\ \text{m/s}$$

(2) $l\sin45°=l'\sin30°=\sin30°$，$l=0.707$ m.

12.4 相对论动量和能量

在不同的惯性系中，时空坐标的关系遵守洛伦兹变换. 要求物理规律符合相对论原理，也就是要求它们在洛伦兹变换下保持不变. 而牛顿运动定律和动量守恒定律等都不满足这一要求，因此，须建立狭义相对论动力学，对经典力学的这些动力学规律进行修改，使之既满足在洛伦兹变换下保持不变，又能在速度远小于光速时回归为经典力学中的形式. 要做到以上两点，必须对经典力学中质量、能量和动量等物理量的表达式进行修改.

12.4.1 质量与速度的关系

在经典力学的牛顿第二定律中，物体质量是不变量. 若外力作用时间足够长，质点的速度将会超过真空光速 c. 这与狭义相对论中物体运动速度不能超过真空中的光速相矛盾. 在经典力学中，质点动量 $\boldsymbol{p}=m\boldsymbol{v}$. 当质点所受合外力为零时，质点系的动量守恒. 须指出的是，动量守恒定律是自然界的普遍规律之一. 在相对论力学中，动量守恒定律仍被认为是基本定律，而且动量的定义也相同.

质点相对论动量为

$$\boldsymbol{p}=m\boldsymbol{v}=\frac{m_0\boldsymbol{v}}{\sqrt{1-\frac{v^2}{c^2}}}\tag{12-16}$$

以速率 v 运动的物体,其质量为

$$m=\frac{m_0}{\sqrt{1-\frac{v^2}{c^2}}} \tag{12-17}$$

式中,m_0 为相对观察者静止时测得的质量,称为静止质量;m 为物体以速率 v 运动时的质量,称为相对论质量.

可见相对论质量是随着质点速度的增加而增加的,这与经典力学不同.质量随速度增加的关系,早在相对论出现之前,就已经从 β 射线的实验中观察到了,近年在高能电子实验中,可以把电子加速到只比光速小三百亿分之一,这时电子质量达到静止质量的四万倍.考夫曼曾经使用不同速度的电子,观察电子在磁场作用下的偏转,从而测定电子的质量.实验证明,电子的质量随速度不同而有不同的量值,并且实验结果与相对论质量的结果符合得很好.

当物体运动速率 $v\to c$ 时,$m\to\infty(m_0\neq0)$,这就是说,一切实物不能以光速运动,这与洛伦兹变换是一致的.

12.4.2 相对论力学的基本方程

如果按照相对论的质量和速度的关系,把物体质量看作是一个与运动速度有关的量,则牛顿第二定律可以写作

$$\boldsymbol{F}=\frac{\mathrm{d}\boldsymbol{p}}{\mathrm{d}t}=\frac{\mathrm{d}}{\mathrm{d}t}(m\boldsymbol{v})=\frac{\mathrm{d}m}{\mathrm{d}t}\boldsymbol{v}+m\frac{\mathrm{d}\boldsymbol{v}}{\mathrm{d}t}$$

上式表明,宏观物体在恒力作用下,不会有恒定的加速度,且加速度$\frac{\mathrm{d}\boldsymbol{v}}{\mathrm{d}t}$的方向与力 $\boldsymbol{F}$ 的方向也不一定一致.随着物体速度的增加,加速度的量值会不断减小.当物体以接近于光速运动时,物体加速度$\frac{\mathrm{d}\boldsymbol{v}}{\mathrm{d}t}$的大小趋于 0.这说明,无论用多大的力,作用多长的时间,都不可能把物体加速到等于或大于光速的情形.光速是一切物体运动速度的上限.

在 $v\ll c$ 时,$\boldsymbol{p}=m_0\boldsymbol{v}$,$\boldsymbol{F}=m_0\frac{\mathrm{d}\boldsymbol{v}}{\mathrm{d}t}$,此时又退回到经典情况.

12.4.3 质量与能量的关系

在相对论动力学中,物体在力 $\boldsymbol{F}$ 的作用下由静止加速到速率 v,$\boldsymbol{F}$ 所做的功仍然等于物体动能的增量.速率为 v 时物体的动能为 E_k,则

$$E_\mathrm{k}=\int_{(v=0)}^{(v)}\boldsymbol{F}\cdot\mathrm{d}\boldsymbol{r}=\int_{(v=0)}^{(v)}\frac{\mathrm{d}(m\boldsymbol{v})}{\mathrm{d}t}\cdot\mathrm{d}\boldsymbol{r}=\int_{(v=0)}^{(v)}\boldsymbol{v}\cdot\mathrm{d}(m\boldsymbol{v})$$

由于$\boldsymbol{v}\cdot\mathrm{d}(m\boldsymbol{v})=m\mathrm{d}\boldsymbol{v}\cdot\boldsymbol{v}+\mathrm{d}m\,\boldsymbol{v}\cdot\boldsymbol{v}=m\mathrm{d}\boldsymbol{v}\cdot\boldsymbol{v}+v^2\mathrm{d}m=mv\mathrm{d}v+v^2\mathrm{d}m$,由式(12-17)可得

$$m^2c^2-m^2v^2=m_0{}^2c^2$$

两边微分后有

$$c^2\mathrm{d}m=v^2\mathrm{d}m+mv\mathrm{d}v$$

所以有

$$c^2\mathrm{d}m=\boldsymbol{v}\cdot\mathrm{d}(m\boldsymbol{v})$$

代入动能的表达式积分可得

$$E_k = \int_{m_0}^{m} c^2 \mathrm{d}m$$

有

$$E_k = mc^2 - m_0c^2 \tag{12-18}$$

这就是相对论动能公式，式中 m 为物体的相对论质量或运动质量；m_0c^2 称为物体的静止能量 E_0，简称静能；mc^2 为物体以速率 v 运动时的总能量，以 E 表示此相对论能量，则

$$E = mc^2 \tag{12-19}$$

式(12-18)可以改写成

$$E_k = E - E_0 \tag{12-20}$$

即物体的动能为此刻物体的总能量与静能之差.

在低速情况下，$v \ll c$，

$$E_k = (m - m_0)c^2 = \left(\frac{1}{\sqrt{1-\frac{v^2}{c^2}}} - 1\right)m_0c^2$$

$$= \left[\left(1 + \frac{1}{2}\left(\frac{v}{c}\right)^2 + \frac{3}{8}\left(\frac{v}{c}\right)^4 + \cdots\right) - 1\right]m_0c^2 \approx \frac{1}{2}m_0v^2$$

又回到了经典力学的动能表达式.

质量和能量都是物质的基本属性，将物体的能量与物体的质量直接联系起来是相对论最有意义的结论之一，质能关系式(12-19)将相对论质量或者说运动质量守恒与能量守恒完全统一了起来. 系统能量改变同时有相应的质量的改变($\Delta E = \Delta mc^2$)，而任何质量改变的同时，必有相应能量的改变，两种改变总是同时发生的.

质能关系式在原子核反应等过程中得到证实. 在某些原子核反应如重核裂变和轻核聚变过程中，会发生静止质量减小的现象，称为质量亏损. 由质能关系式可知，这时静止能量也相应地减少. 但在任何过程中，总质量和总能量又是守恒的，因此这意味着有一部分静止能量转化为反应后粒子所具有的动能. 而后者又可以通过适当方式转变为其他形式能量释放出来，这就是某些核裂变和核聚变反应能够释放出巨大能量的原因. 原子弹、核电站等的能量来源于裂变反应，氢弹和恒星能量来源于聚变反应. 质能关系式为人类利用核能奠定了理论基础，它是狭义相对论对人类的最重要的贡献之一.

水能利用了水流的机械能，燃烧煤、油、气可利用这些物质的化学能，核能则利用了质子和中子在合成原子核时发生的质量亏损所相当的能量. 这些能量，可按爱因斯坦质能关系式来求得.

例题 12-7 在一种热核反应 ${}_1^2\mathrm{H} + {}_1^3\mathrm{H} \rightarrow {}_2^4\mathrm{He} + {}_0^1\mathrm{n}$ 中，各粒子的静质量为：氘核(${}_1^2\mathrm{H}$) $m_D = 3.343\,7 \times 10^{-27}$ kg；氚核(${}_1^3\mathrm{H}$) $m_T = 5.004\,9 \times 10^{-27}$ kg；氦核(${}_2^4\mathrm{He}$) $m_{He} = 6.642\,5 \times 10^{-27}$ kg；中子(${}_0^1\mathrm{n}$) $m_n = 1.675 \times 10^{-27}$ kg. 则这一热核反应释放的能量是多少？

解： 质量亏损为

$$\Delta m_0 = (m_D + m_T) - (m_{He} + m_n) = 0.031\,1 \times 10^{-27}\ \mathrm{kg}$$

释放能量为

$$\Delta E = \Delta m_0 c^2 = 2.799 \times 10^{-12}\ \mathrm{J}$$

1 kg 该核燃料释放的能量为

$$\frac{\Delta E}{m_D+m_T}=3.35\times10^{14}\ \text{J/kg}$$

这相当于1万吨优质煤完全燃烧所释放的能量，而这一反应的“释能效率”仅为 $\Delta E/[(m_D+m_T)c^2]=0.37\%$.

12.4.4 动量与能量之间的关系

联立相对论动量和相对论总能量的表达式

$$\begin{cases}E=mc^2=\dfrac{m_0c^2}{\sqrt{1-\dfrac{v^2}{c^2}}}\\ p=mv=\dfrac{m_0v}{\sqrt{1-\dfrac{v^2}{c^2}}}\end{cases}$$

有

$$E^2=m_0{}^2c^4+p^2c^2 \tag{12-21}$$

这就是相对论动量和能量关系式(图12-9).

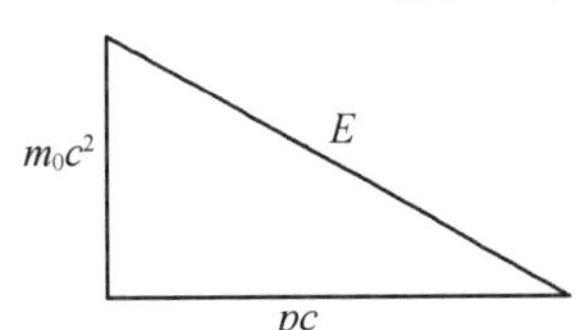

图12-9 相对论动量和能量的关系

光子以速率 c 运动，由于 $m=\dfrac{m_0}{\sqrt{1-\dfrac{v^2}{c^2}}}$，当 $v=c$ 时，只有 $m_0=0$ 时，m 才有可能取有限值. 所以按相对论观点，一切以光速运动的微观粒子的静止质量必须是零，光子的静质量为零，也意味着光在任何参照系中永远以光速运动.

光子静质量为零，只具有动质量. 由质能关系，光子的动质量为

$$m=\frac{E}{c^2}=\frac{hv}{c^2} \tag{12-22}$$

光子具有动质量，它在大星体附近通过时，由于受到万有引力的作用而形成可观测的光线弯曲. 这已经被实验证明.

对于光子，$m_0=0$，所以 $E=pc$. 即光子的动量为

$$p=\frac{E}{c}=\frac{hv}{c}=mc \tag{12-23}$$

光子具有动量已经由光压现象得到证明. 太阳照到地球表面的辐射能流会产生一定的光压，由于压强较小，不会引起明显的效应. 但是彗星的“尾巴”是相对稀疏的物质，太阳光对它产生的光压不能忽略，因此在彗星靠近太阳时，其“尾巴”总是朝向背离太阳的一边.

例题12-8 如图12-10所示，一原子核相对于实验室以 $0.6c$ 运动，在运动方向上向前发射一电子，电子相对于核的速率为 $0.8c$，当在实验室中测量时，求：

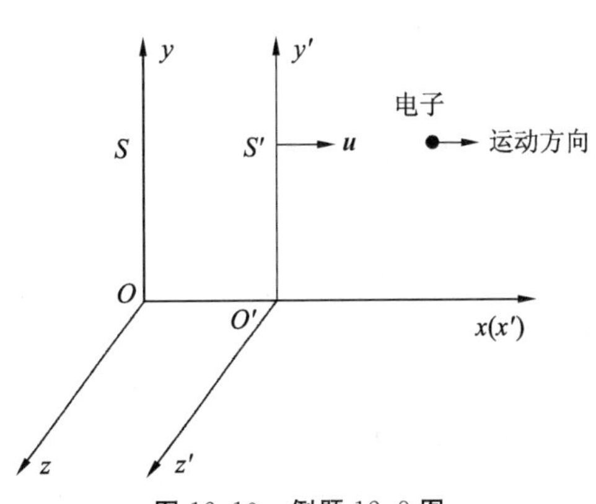

图12-10 例题12-8图

（1）电子的速率.

（2）电子的质量.

（3）电子的动能.

（4）电子动量的大小.

解：S 系固连在实验室上，S' 固连在原子核上，S、S' 相应坐标轴平行. x 轴正向取为原子核运动方向.

（1）
$$\begin{cases} u=0.6c \\ v_x'=0.8c \end{cases}$$

$$v_x=\frac{v_x'+u}{1+\frac{uv_x'}{c}}=\frac{0.6c+0.8c}{1+\frac{0.6c\times 0.8c}{c^2}}=\frac{35}{37}c\approx 0.946c$$

（2）
$$m=\frac{m_0}{\sqrt{1-\frac{v_x^2}{c^2}}}=\frac{m_0}{\sqrt{1-\frac{35^2}{37^2}\frac{c^2}{c^2}}}=\frac{37}{12}m_0$$

（3）
$$E_k=E-E_0=mc^2-m_0c^2=\frac{37}{12}m_0c^2-m_0c^2=\frac{25}{12}m_0c^2$$

（4）
$$p=mv=\frac{37}{12}m_0v_x=\frac{37}{12}m_0\ \frac{35}{37}c=\frac{35}{12}m_0c$$

例题 12-9　如图 12-11 所示，在 S 系中，静质量均为 m_0 的两个粒子 A、B 分别以速率 v_A、v_B 相向运动（$v_A=v_B=v$），相互碰撞后合在一起成为静质量为 M_0 的合粒子，求 M_0.

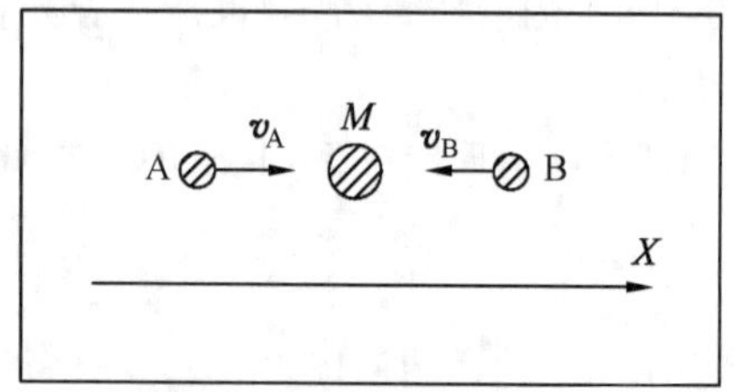

图 12-11　例题 12-9 图

解：设合粒子质量为 M，速率为 V. 由动量守恒，得

$$m_A\boldsymbol{v}_A+m_B\boldsymbol{v}_B=M\boldsymbol{V}$$

因为 A、B 静质量相同，速率相同，所以 $m_A=m_B$.

又 $\boldsymbol{v}_A=-\boldsymbol{v}_B$，所以 $V=0$，$M=M_0$.

由能量守恒，有 $M_0c^2=m_Ac^2+m_Bc^2$，得 $M_0=m_A+m_B=\dfrac{2m_0}{\sqrt{1-\frac{v^2}{c^2}}}>2m_0$.

可见，在相对论力学中，质量守恒定律仍成立，但指的是相对论质量守恒，而不是静质量守恒.

通过上述对狭义相对论的介绍，不难意识到相对论的建立是物理学的巨大进步，具有划时代的意义. 相对论揭示了时间、空间和运动三者之间的联系，比经典物理学更真实地反映了自然界的一般规律. 狭义相对论不仅已被大量实验证实，而且还在许多前沿学科（粒子物理学、宇宙学等）和尖端技术（宇航、激光、核动力、高能物理等）中得到极其广泛的应用.

12.5 广义相对论简介

狭义相对论在惯性系里研究物理规律，不能处理引力问题.

1915 年，爱因斯坦在数学家的协助下，把相对性原理从惯性系推广到任意参照系，发表了广义相对论. 由于这个理论相对抽象，数学运算比较复杂，这里仅做简要介绍.

12.5.1 非惯性系与惯性力

牛顿运动定律在惯性系里才成立，在相对惯性系做加速运动的参照系(称非惯性系)里，会出现什么情况呢？例如，在一列以加速度 $\boldsymbol{a}_1$ 做直线运动的车厢里，如图 12-12 所示，有一个质量为 m 的小球，小球保持静止状态，小球所受合外力为零，符合牛顿运动定律. 相对于非惯性系的车厢来观测，小球以加速度 $-\boldsymbol{a}_1$ 向后运动，而小球没有受到其他物体力的作用，牛顿运动定律不再成立.

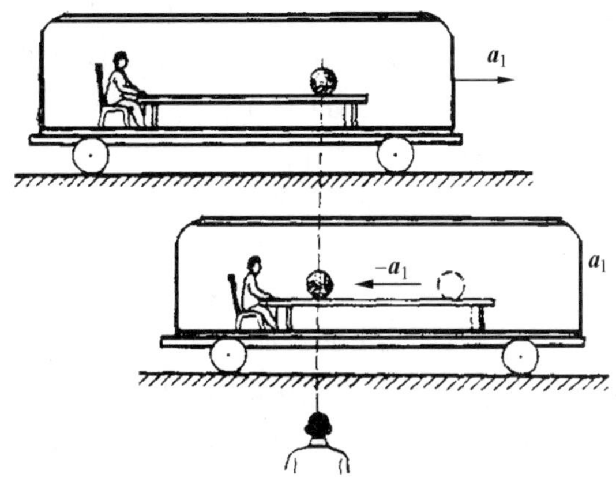

图 12-12 关于惯性力的讨论

不过，车厢里的人可以认为小球受到一向后的力，把牛顿运动定律写为 $f_{惯}=-ma_1$. 这样的力不是其他物体的作用，而是由参照系是非惯性系所引起的，称为惯性力. 如果一非惯性系以加速度 $\boldsymbol{a}_1$ 相对惯性系运动，则在此非惯性系里，任一质量为 m 的物体受到一惯性力 $-ma_1$，把惯性力 $-ma_1$ 计入，在非惯性系里也可以应用牛顿运动定律. 当汽车拐弯做圆周运动时，相对于地面出现向心加速度 $\boldsymbol{a}_1$，相对于车厢人感觉向外倾倒，人们常说受到了离心力，准确地说应是惯性离心力，这就是非惯性系中出现的惯性力.

12.5.2 惯性质量和引力质量

根据牛顿运动定律，力一定时，物体的加速度与质量成反比，牛顿运动定律中的质量度量了物体的惯性，称为惯性质量，以 $m_{惯}$ 表示，有

$$F=m_{惯}a \tag{12-24}$$

根据万有引力定律，两物体(质点)间的引力和它们的质量的乘积成正比. 万有引力定律中的质量，类似于库仑定律中的电荷，称为引力质量，以 $m_{引}$ 表示.

惯性质量 $m_{惯}$ 和引力质量 $m_{引}$ 是两个不同的概念，没有必然相等的逻辑关系，它们是否相

等,应由实验来检验. 21世纪初,匈牙利物理学家厄缶应用扭秤证明,只要单位选择恰当,惯性质量和引力质量相等,实验精度达 10^{-8}. 后来,人们又把两者相等的实验精度提高到 10^{-12}.

设一物体在地面上做自由落体运动,此物体的惯性质量和引力质量分别为 $m_{惯}$ 和 $m_{引}$,以 $M_{引}$ 代表地球的引力质量,根据万有引力定律和牛顿第二定律,有

$$G\frac{M_{引} \cdot m_{引}}{R^2}=m_{惯}g \tag{12-25}$$

式中,G 为万有引力常量,R 为地球半径,g 为物体下落的加速度. 因为 $m_{引}=m_{惯}$,所以 $g=\frac{GM_{引}}{R^2}$,与物体的质量无关. 这就是伽利略自由落体实验的结论.

既然惯性质量与引力质量相等,就可以简单地应用质量一词,并应用相同的单位. 质量也度量了物质的多少.

12.5.3 广义相对论的基本原理

爱因斯坦提出广义相对论,主要依据就是引力质量和惯性质量相等的实验事实. 既然引力质量和惯性质量相等,就无法把加速坐标系中的惯性力和引力区分开来. 比如,在地面上,物体以 $g=9.8\ \mathrm{m/s^2}$ 的加速度向下运动,这是地球引力作用的结果. 设想在没有引力的太空,一个飞船以 $a=9.8\ \mathrm{m/s^2}$ 的加速度做直线运动(现在可以做到),宇航员感受到惯性力,力的方向与 $\boldsymbol{a}$ 的方向相反,这时完全可以认为他受到引力的作用. 匀加速的参照系与均匀引力场等效,这是爱因斯坦提出的等效原理的特殊形式. 因为引力质量和惯性质量相等,所以在均匀引力场中,不同的物体以相同的加速度运动. 这也是伽利略自由落体实验的结果. 它可一般叙述为:在引力场中,如无其他力作用,任何质量的质点的运动规律都相同. 这是等效原理的另一种表述.

由于等效原理,相对于做加速运动的参照系来观测,任一质点的运动规律都是引力作用的结果,具有相同的规律形式. 爱因斯坦进一步假设,相对任何一种坐标系,物理学的基本规律都具有相同的形式. 这个原理表明,一切参照系都是平等的,所以又称为广义协变性原理.

等效性原理和广义协变性原理是广义相对论的基本原理.

12.5.4 广义相对论的实验验证

在广义相对论的基本原理下,应建立新的引力理论和运动定律,爱因斯坦完成了这个任务. 这样,牛顿运动定律和万有引力定律成为一定条件下广义相对论的近似规律. 根据广义相对论得出的许多重要结论,有一些已得到实验证实. 下面介绍几例.

一、近日点的进动

按照牛顿引力理论,水星绕日做椭圆运动,轨道不是严格封闭的,轨道离太阳最近的点(近日点)也在做旋转运动,称为水星近日点的进动,如图 12-13 所示. 理论计算和实验观测的水星轨道长轴的转动速率有差异. 牛顿的引力理论不能正确地给予解释,而广义相对论的计算结果与观测值符合. 爱因斯坦当年给朋友写信说:"方程给出了进动的正确数字,你可以想象我有多高兴,有好些天,我高兴得不知怎样才好."

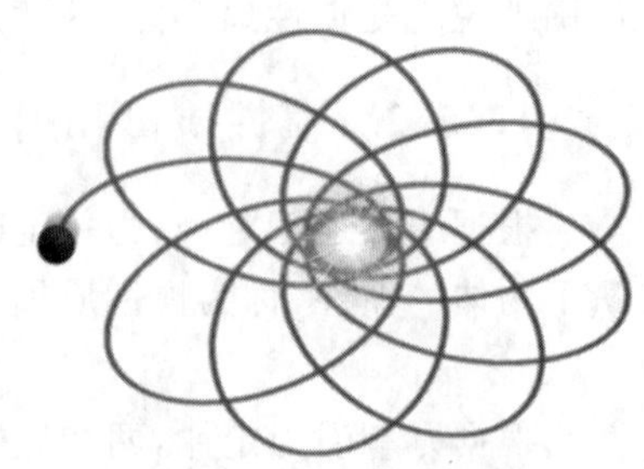

图 12-13　水星近日点的进动

二、光线的引力偏折

在没有引力存在的空间，光沿直线行进. 在引力作用下，光线不再沿直线传播. 比如，星光经过太阳附近时，光线向太阳一侧偏折，如图 12-14 所示. 这已在几次日食测量中得到了证实，证明广义相对论计算的偏折角与观测值相符合.

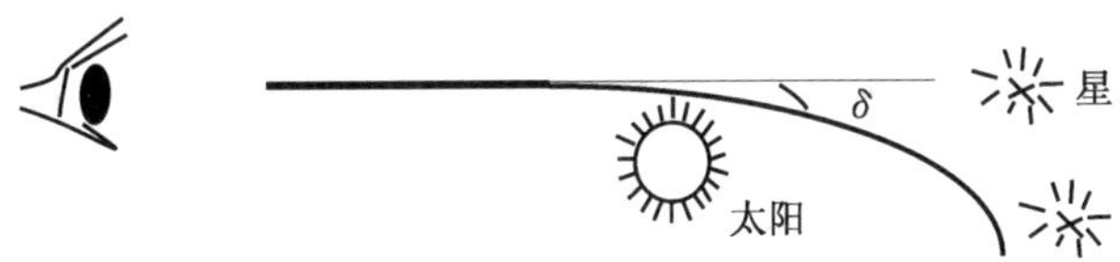

图 12-14 光线的引力偏折

三、光谱线的引力红移

按照广义相对论，在引力场强的地方，钟走得慢，在引力场弱的地方，钟走得快. 原子发光的频率或波长可视为钟的节奏. 引力场存在的地方，原子谱线的波长加大，引力场越强，波长增加的量越大，这个效应称为引力红移. 引力红移早已被恒星的光谱测量所证实. 20 世纪 60 年代，由于大大提高了时间测量的精度，即使在地面上几十米高的地方由引力场强的差别所造成的微小引力红移，也已经能精确地测量出来. 这再一次肯定了广义相对论的正确性.

四、引力波的存在

广义相对论预言，与电磁波相似，引力场的传播形成引力波. 星体做激烈的加速运动时，发射引力波. 引力波也以光的速度传播. 虽然当时没有直接的实验证据，但后来对双星系统的观测，给出了引力波存在的间接证据.

广义相对论建立的初期并未引起人们的足够重视，后来在天体物理中发现了许多广义相对论对天体物理的预言，如脉冲星、致密 X 射线源、类星体等新奇天象的发现以及微波背景辐射的发现等. 这些发现一方面证实了广义相对论的正确性，另一方面也大大促进了相对论的进一步发展.

习 题

12-1 惯性系 S'相对惯性系 S 以速度 $\boldsymbol{u}$ 运动. 当它们的坐标原点 O 与 O'重合时，$t=t'=0$，发出一光波，此后两惯性系的观测者观测该光波的波阵面形状如何？用直角坐标系写出各自观测的波阵面的方程.

12-2 一短跑运动员，在地球上以 10 s 的时间跑完了 100 m 的距离，在对地飞行速度为 $0.8c$ 的飞船上观察，结果如何？

12-3 已知 S'系以 $0.8c$ 的速度沿 S 系 x 轴正向运动，在 S 系中测得两事件的时空坐标为 $x_1=20$ m，$x_2=40$ m，$t_1=4$ s，$t_2=8$ s. 求 S'系中测得的这两件事件的时间和空间间隔.

12-4 惯性系 S'相对另一惯性系 S 沿 x 轴做匀速直线运动，取两坐标原点重合时刻作为计时起点. 在 S 系中测得两事件的时空坐标分别为 $x_1=6\times10^4$ m，$t_1=2\times10^{-4}$ s，以及 $x_2=12\times10^4$ m，$t_2=1\times10^{-4}$ s. 已知在 S'系中测得该两事件同时发生. 问：

(1) S'系相对 S 系的速度是多少？

(2) S'系中测得的两事件的空间间隔是多少？

12-5 观测者甲、乙分别静止于两个惯性参照系 S 和 S'中，甲测得在同一地点发生的两

事件的时间间隔为 4 s，而乙测得这两个事件的时间间隔为 5 s. 求：

(1) S'相对于 S 的运动速度.

(2) 乙测得这两个事件发生的地点间的距离.

12-6　如图所示，两个惯性系中的观察者 O 和 O' 以 $0.6c$（c 表示真空中的光速）的相对速度相互接近，如果 O 测得两者的初始距离是 20 m，则 O' 测得两者经过多少时间相遇？

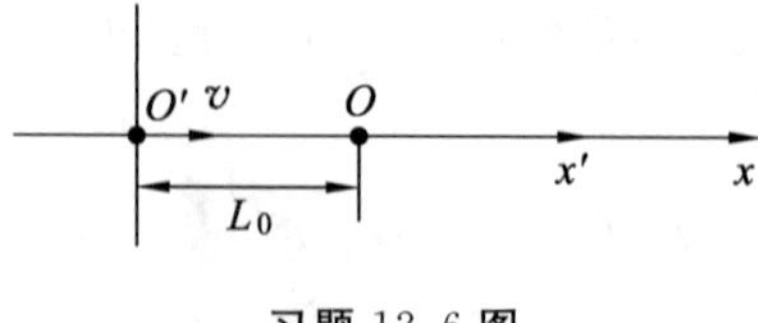

习题 12-6 图

12-7　设物体相对 S'系沿 x' 轴正向以 $0.8c$ 运动，如果 S'系相对 S 系沿 x 轴正向的速度也是 $0.8c$，问物体相对 S 系的速度是多少？

12-8　如图所示，飞船 A 以 $0.8c$ 的速度相对地球向正东飞行，飞船 B 以 $0.6c$ 的速度相对地球向正西方向飞行. 当两飞船即将相遇时 A 飞船在自己的天窗处相隔 2 s 发射两颗信号弹. 在 B 飞船的观测者测得的两颗信号弹的时间间隔为多少？

12-9　如图所示.

(1) 火箭 A 和 B 分别以 $0.8c$ 和 $0.6c$ 的速度相对地球向 $+x$ 和 $-x$ 方向飞行. 求由火箭 B 测得的 A 的速度[图(a)].

(2) 若火箭 A 相对地球以 $0.8c$ 的速度向 $+y$ 方向运动，火箭 B 的速度不变，求 A 相对于 B 的速度[图(b)].

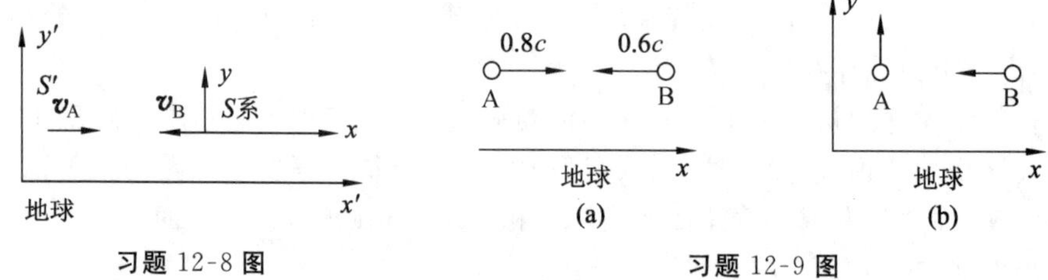

习题 12-8 图　　习题 12-9 图

12-10　(1) 如果将电子由静止加速到速率为 $0.1c$，须对它做多少功？

(2) 如果将电子由速率为 $0.8c$ 加速到 $0.9c$，又须对它做多少功？

12-11　μ 子静止质量是电子静止质量的 207 倍，静止时的平均寿命 $\tau_0=2\times10^{-6}$ s，若它在实验室参照系中的平均寿命 $\tau=7\times10^{-6}$ s，则其质量是电子静止质量的多少倍？

12-12　一物体的速度使其质量增加了 10%，则此物体在运动方向上缩短了百分之几？一电子在电场中从静止开始加速，则它应通过多大的电势差才能使其质量增加 0.4%？此时电子速度是多少(已知电子的静止质量为 9.1×10^{-31} kg)？

12-13　氢原子的同位素氘($^2_1$H)和氚($^3_1$H)在高温条件下发生聚变反应，产生氦($^4_2$He)原子核和一个中子($^1_0$n)，并释放出大量能量，其反应方程为 $^2_1\text{H}+^3_1\text{H}\rightarrow^4_2\text{He}+^1_0\text{n}$. 已知氘核的静止质量为 2.013 5 原子质量单位(1 原子质量单位 $=1.66\times10^{-27}$ kg)，氚核、氦核及中子的质量分别为 3.015 5 原子质量单位、4.001 5 原子质量单位、1.008 65 原子质量单位. 求上述聚变反应释放出来的能量.

12-14　有 A、B 两个静止质量都是 m_0 的粒子，分别以 $v_1=v$，$v_2=-v$ 的速度相向运动，在发生完全非弹性碰撞后合并为一个粒子. 求碰撞后粒子的速度和静止质量.

12-15　某快速运动的粒子，其动能为 4.8×10^{-16} J，该粒子静止时的能量为 1.6×10^{-17} J，若该粒子的固有寿命为 2.6×10^{-6} s，求其能通过的距离.

第13章

量子力学基础

1900年普朗克为了解决经典力学解释黑体辐射规律的困难时首先提出了能量子概念；1905年爱因斯坦针对光电效应实验与经典理论的矛盾，提出了光量子的假设，并成功地应用于解释固体比热容的有关问题；1913年玻尔在卢瑟福原子模型的基础上，应用量子化的概念解释了氢原子光谱的规律，至此，早期的量子理论基本形成．后来，德布罗意提出了微观粒子具有波粒二象性的假设．薛定谔进一步推广了德布罗意波的概念，率先提出了波动力学，并与海森堡、玻恩、狄拉克等物理学家一起于20世纪30年代建立了一套完整的量子力学理论．量子力学研究的对象是微观世界，它的一些基本概念、研究方法以及总结出的规律与经典力学明显不同，与相对论一起，成了现代物理学的理论基础，并已成功应用于现代科技领域．限于本课程的要求，本章只介绍量子理论的基本概念及基本的薛定谔方程，未涉及应用量子力学处理实际问题．

13.1　黑体辐射和普朗克的量子假设

13.1.1　热辐射现象

实验研究发现，由于在任何温度下物体都会向外发射各种波长的电磁波，而且在不同温度下物体所发射的电磁波的能量按波长的分布也会有所不同，因此同一物体的颜色会随其自身的温度变化而不同．中国古代先人在铸剑和“炼丹”过程中就可以通过观察炉火的颜色(如“炉火通红”“炉火纯青”)判断是否达到了“火候”．

物体以电磁波的形式向外发射能量称为**辐射**，任何温度下都可以发生的辐射称为**热辐射**，例如人体、灯泡、岩浆、土壤等的热辐射．实验证明，热辐射具有连续的辐射能谱，波长自远红外区延伸到紫外区，低温时辐射中心以红外为主，随着温度的升高，辐射中心向紫光方向漂移．辐射的电磁波的能量称为**辐射能**．

13.1.2　黑体辐射实验定律

一、单色辐出度和总辐出度

为了定量描写热辐射的规律，须引进两个有关辐射的物理量．

(1) 单色辐出度．

单位时间内，温度为 T 的物体单位面积上发射的波长在 $\lambda \sim \lambda + \mathrm{d}\lambda$ 范围内的辐射能 $\mathrm{d}E_\lambda$ 与波长间隔 $\mathrm{d}\lambda$ 的比值，称为**单色辐出度**，或称**单色辐射本领**，表示的是单位时间内从物体表面上单位面积发射的波长在 λ 附近单位波长间隔内的辐射能，如图 13-1 所示，用符号 $E_\lambda(T)$ 表示. 即

$$E_\lambda(T)=\frac{\mathrm{d}E_\lambda}{\mathrm{d}\lambda} \tag{13-1}$$

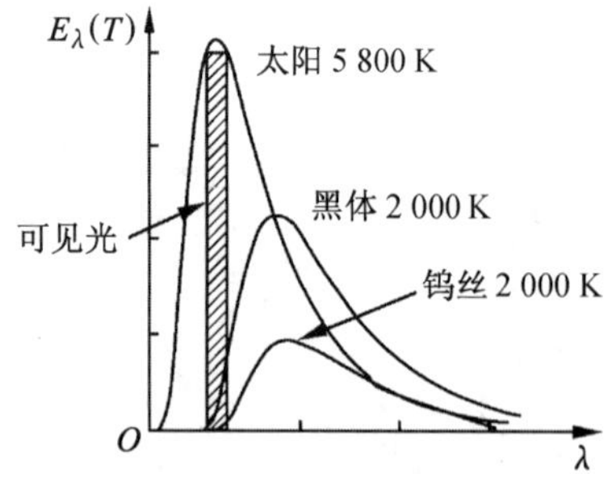

图 13-1　单色幅出度

显然，单色辐出度 $E_\lambda(T)$ 与物体的温度和辐射波长有关，国际单位制中单位是 $\mathrm{W/m^3}$.

(2) 总辐出度.

单位时间内从物体表面上单位面积所发射的各种波长的总辐射能，称为**总辐出度**，或称**总辐射本领**，用符号 $E(T)$ 表示，单位为 $\mathrm{W/m^2}$. 在温度为 T 时，总辐出度 $E(T)$ 与单色辐出度 $E_\lambda(T)$ 之间满足

$$E(T)=\int_0^\infty E_\lambda(T)\mathrm{d}\lambda \tag{13-2}$$

即总辐出度 $E(T)$ 等于单色辐出度 $E_\lambda(T)$ 对波长 λ 的曲线下方所包围的面积.

二、基尔霍夫辐射定律

任一物体在向周围发出辐射的同时，也吸收周围物体发出的辐射能. 如果在同一时间内从物体表面辐射出的电磁波的能量等于它从外界吸收的电磁波的能量，则称该物体处于**热辐射平衡态**，此时的热辐射称为**平衡热辐射**.

外界入射到不透明的物体表面的辐射能，一部分被反射，一部分被吸收. 如果物体是透明的，还将有一部分被透射. 在温度为 T 的热辐射平衡态下，物体吸收和反射波长在 $\lambda\sim\lambda+\mathrm{d}\lambda$ 范围内的电磁波的能量与入射电磁波能量之比分别称为吸收比 $\alpha_\lambda(T)$ 和反射比 $r_\lambda(T)$，对于不透明的物体，应有

$$\alpha_\lambda(T)+r_\lambda(T)=1 \tag{13-3}$$

若物体在任何温度下，对任何波长辐射能的吸收比 $\alpha_\lambda(T)$ 都等于 1，则称该物体为**绝对黑体**，简称**黑体**.

如图 13-2 所示，用任何不透明材料做成带小孔的空腔，则射入小孔的光线就很难再从小孔出来了，小孔就是一个近似的黑体. 加热空腔到不同的温度，小孔就成了不同温度下的黑体，测出其发出的电磁波能量随波长的分布，就可以研究黑体辐射的有关规律. 实验表明，小孔辐射规律与腔体材料和腔内壁的性质无关.

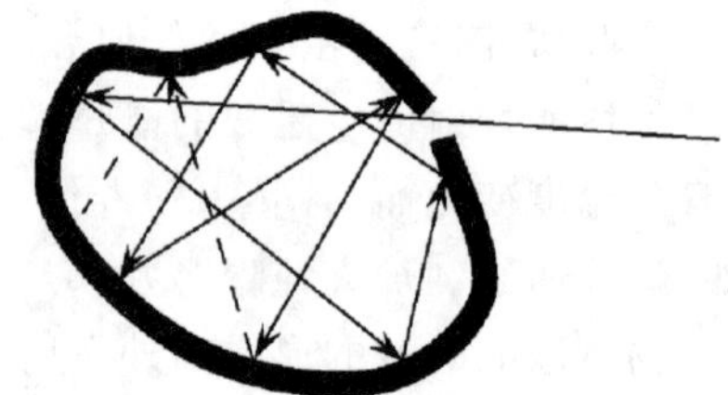
图 13-2　黑体模型

1860 年，基尔霍夫(G. R. Kirchoff)从理论上提出：在同样的温度下，各种不同物体对相同波长的单色辐出度与单色吸收比之比值都相等，并等于该温度下黑体对同一波长的单色辐射本领. 此即**基尔霍夫辐射定律**：

$$\frac{E_{\lambda1}(T)}{\alpha_{\lambda1}(T)}=\frac{E_{\lambda2}(T)}{\alpha_{\lambda2}(T)}=\cdots=\frac{E_{\lambda\mathrm{B}}(T)}{\alpha_{\lambda\mathrm{B}}(T)}=E_{\lambda\mathrm{B}}(T) \tag{13-4}$$

式中，$E_{\lambda\mathrm{B}}(T)$ 和 $\alpha_{\lambda\mathrm{B}}(T)$ 分别是同温度下黑体的单色辐出度和吸收比. 上式表明，好的吸收体也是好的辐射体，黑体是完全的吸收体，也是理想的辐射体.

三、黑体辐射实验定律

图 13-3 给出的是黑体的单色辐出度按波长分布的实验曲线. 根据实验曲线，得出了两

条关于黑体辐射的实验定律.

(1) 斯特藩-玻耳兹曼定律.

图 13-3 中每一条曲线对应某个温度下黑体的单色辐出度 $E_{\lambda B}(T)$ 随波长的分布情况，每一条曲线所包围的面积为该温度下的总辐出度 $E_B(T)$，实验发现

$$E_B(T)=\int_0^{\infty} E_{\lambda B}(T)\mathrm{d}\lambda=\sigma T^4 \qquad (13\text{-}5)$$

式中，$\sigma=5.67\times10^{-8}\ \mathrm{W/(m^2\cdot K^4)}$，为斯特藩-波耳兹曼常量. 这个定律称为**斯特藩(J. Stefan)-玻耳兹曼(L. Boltzmann)定律**，是斯特藩首先通过实验发现，后由玻耳兹曼通过理论证明的. 该定律表明，黑体的辐射本领(辐出度)随温度的升高迅速增强.

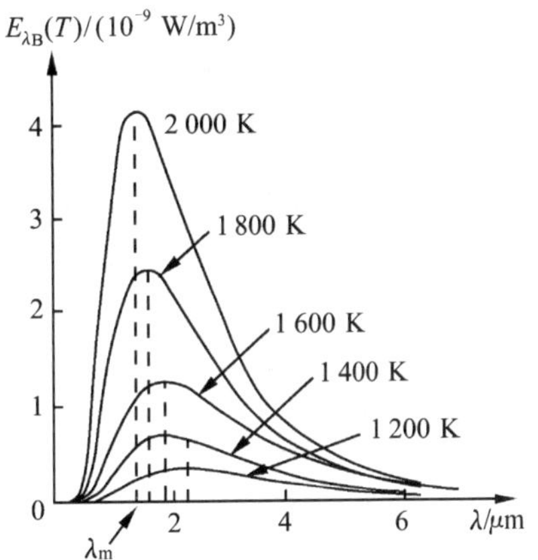

图 13-3 黑体的单色辐出度按波长的分布

(2) 维恩位移定律.

图 13-3 显示，每一条曲线都存在一个最大(峰)值，即最大单色辐出度，相应的波长称为峰值波长 λ_m，实验发现随着温度 T 的升高，峰值波长 λ_m 向短波方向移动，两者之间满足

$$T\lambda_m=b \qquad (13\text{-}6)$$

式中，$b=2.897\times10^{-3}\ \mathrm{m\cdot K}$. 这就是维恩位移定律. 灼热的铁块随着温度的上升，颜色逐渐由暗红色到赤红色，再到后来的黄白色，其原因就是相应的峰值波长向紫色漂移(蓝移). 古代中国先人通过观察炉火的颜色判断“火候”(温度)的道理也是如此，他们比维恩发现得早，遗憾的是仅停留在现象的观察上，并未上升到理论层面.

例题 13-1 实验测得太阳辐射波谱的峰值波长 $\lambda_m=490\ \mathrm{nm}$，若把太阳视为黑体，已知太阳半径 $R_S=6.96\times10^8\ \mathrm{m}$，地球半径 $R_E=6.37\times10^6\ \mathrm{m}$，地球到太阳的距离 $d=1.496\times10^{11}\ \mathrm{m}$，求：

(1) 太阳每单位表面积上所发射的功率.

(2) 阳光直射的地球表面单位面积上接收到的辐射功率.

解： 若把太阳视为黑体，根据维恩位移定律 $T\lambda_m=b$，可得出太阳表面的温度为

$$T=\frac{b}{\lambda_m}=\frac{2.897\times10^{-3}}{490\times10^{-9}}=5.9\times10^3(\mathrm{K})$$

由于太阳并非绝对黑体，太阳表面的实际温度还要高些.

(1) 根据斯特藩-玻耳兹曼定律可求出太阳的总辐出度，即单位表面积上的发射功率为

$$E_S=\sigma T^4=5.67\times10^{-8}\times(5.9\times10^3)^4=6.87\times10^7(\mathrm{W/m^2})$$

(2) 太阳辐射的总功率为

$$P_S=E_S 4\pi R_S{}^2=6.87\times10^7\times4\pi\times(6.96\times10^8)^2=4.2\times10^{26}(\mathrm{W})$$

此功率分布在以太阳为中心、以日地距离为半径的球面上，故地球表面单位面积接收到的辐射功率为

$$P_E'=\frac{P_S}{4\pi d^2}=\frac{4.2\times10^{26}}{4\pi\times(1.496\times10^{11})^2}=1.49\times10^3(\mathrm{W/m^2})$$

13.1.3 普朗克量子假设

为了解释图13-3所示的热辐射的实验曲线，1896年维恩从经典的热力学和麦克斯韦分布律出发，导出了一个公式，即**维恩公式**：

$$E_\lambda(T)=c_1\lambda^{-5}\mathrm{e}^{-\frac{c_2}{\lambda T}} \tag{13-7}$$

式中，c_1 和 c_2 为常量，该公式在短波区域与实验结果很吻合，但在长波波段有较大的偏差，如图13-4所示.

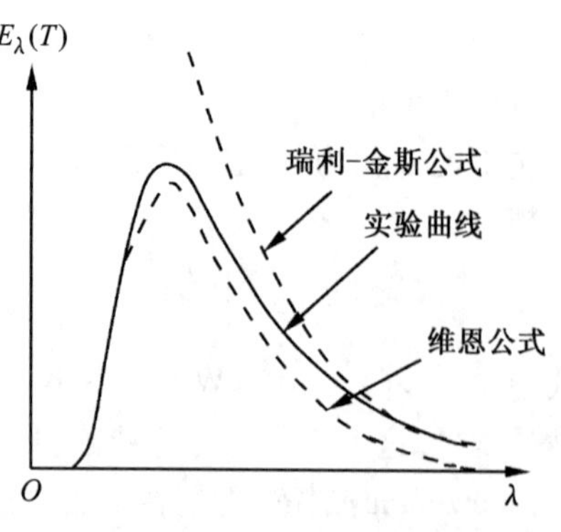

图13-4 热辐射的理论与实验结果

1900年6月瑞利(L. Rayleigh)发表了他根据经典电磁学和能量均分原理导出的公式，后来由金斯(J. H. Jeans)做了修正，即**瑞利-金斯公式**：

$$E_\lambda(T)=c_3\lambda^{-4}T \tag{13-8}$$

式中，c_3 为常量. 图13-4显示该公式在长波部分与实验结果很吻合，但在短波区域与实验数据相差甚远，且逐渐趋向无穷大，以致当时被有的物理学家惊呼为“紫外灾难”.

维恩公式和瑞利-金斯公式都是用经典物理学理论导出的，与实验曲线的偏离暴露出经典物理学存在缺陷. 开尔文因此将黑体辐射实验比喻为物理学晴朗的天空中漂浮的一朵令人不安的乌云.

1900年12月普朗克(Max Planck)在热力学分析的基础上，“幸运地猜到”，同时为了更好地接近实验曲线，“绝望地”“不惜任何代价地”(引号内的话均译自普朗克原话)提出了**能量量子化**的假设，他认为空腔黑体的腔壁分子可视为谐振子，可以发射或吸收辐射能，黑体的热平衡是这些谐振子与腔内辐射交换能量的结果. 但这些频率为 ν 的谐振子的能量 E 不像经典力学中要求的那样是连续的，而是只能取某一最小能量值 ε 的整数倍，即

$$E=nh\nu,n=1,2,3,\cdots \tag{13-9}$$

式中，$h=6.626\ 075\ 5\times10^{-34}\ \mathrm{J\cdot s}$ 是一常量，后来称之为普朗克常量；$\varepsilon=h\nu$ 为能量子；n 为正整数，称为量子数. 由此导出了他的黑体辐射公式，现在称为普朗克公式，即

$$E_\lambda(T)=\frac{2\pi hc^2}{\lambda^5}\frac{1}{\mathrm{e}^{\frac{hc}{\lambda kT}}-1} \tag{13-10}$$

或

$$E_\nu(T)=\frac{2\pi h\nu^3}{c^2}\frac{1}{\mathrm{e}^{\frac{h\nu}{kT}}-1} \tag{13-11}$$

当波长较短或温度较低时，$\frac{hc}{\lambda kT}\gg1$，普朗克公式(13-10)可近似写成

$$E_\lambda(T)=2\pi hc^2\lambda^{-5}\mathrm{e}^{-\frac{hc}{\lambda kT}}=c_1\lambda^{-5}\mathrm{e}^{-\frac{c_2}{\lambda T}}$$

此即维恩公式(13-7). 当波长很长或温度很高时，$\frac{hc}{\lambda kT}\ll1$，$\mathrm{e}^{\frac{hc}{\lambda kT}}\approx1+\frac{hc}{\lambda kT}+\cdots$，忽略高次项，只取前两项，普朗克公式(13-10)可写为

$$E_\lambda(T)=2\pi kc\lambda^{-4}T=c_3\lambda^{-4}T$$

此即瑞利-金斯公式(13-8). 另外，从普朗克公式也可以推导出斯特藩-玻耳兹曼定律和维恩

位移定律,在此不再赘述.由于“能量子”概念的革命性和重要意义,普朗克荣获1918年度诺贝尔物理学奖.

13.2 光电效应

13.2.1 光电效应的实验规律

1887年,德国物理学家赫兹(H. R. Hertz)用紫外线照射两个邻近的锌质小球中的一个时,发现在两个小球之间竟然有电流产生,表明光照射到金属表面后,有电子从金属表面逸出,这就是著名的**光电效应**现象.逸出的电子称为**光电子**,光电子形成的电流称为**光电流**.

图13-5为光电效应实验装置简图.实验结果归纳如下.

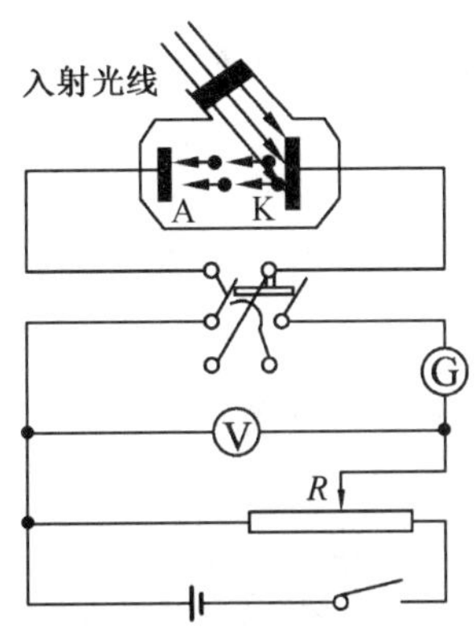

图13-5 光电效应实验装置

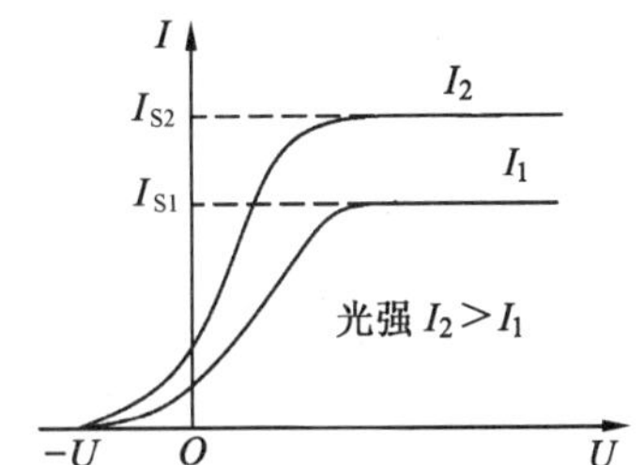

图13-6 光电效应的伏安特性曲线

一、饱和电流

入射光的光强及频率不变,加速电压U增加,光电流I增加,如图13-6所示.但当U增大到某一定值时,光电流达到一饱和值I_S,说明从阴极逸出的电子已全部被阳极接收了.**饱和电流**I_S的大小与入射光的强度成正比,则表明单位时间内从金属表面逸出的电子数目n与入射光强度成正比,$I_S=ne$.

二、遏止电压

加速电压U下降,光电流I也下降,但$U=0$时,仍有光电流;当U变负,U减小到某一定值U_a时,光电流为零.这一电压值U_a称为**遏止电压**.此时从阴极逸出的即使是最快的电子,由于受到电场的阻碍也不能到达阳极了.根据能量分析可得光电子逸出时的最大初动能与遏止电压之间满足:

$$E_{kmax}=\frac{1}{2}mv_m^{2}=eU_a \tag{13-12}$$

式中,m和e分别是电子的质量和电荷量,v_m是光电子从金属表面逸出时的最大速率.

用相同频率不同光强的光入射,光强增大,饱和电流I_S增大,但遏止电压U_a不变.

三、截止频率

改变入射光的频率ν,实验结果显示遏止电压U_a与入射光的频率ν之间呈线性关系,如

图 13-7 所示.

$$U_a = K\nu - U_0 \tag{13-13}$$

式中，K 和 U_0 均为正常数，K 与阴极材料无关，但 U_0 值随阴极材料不同而变化. 联立式(13-12)和式(13-13)，有

$$\frac{1}{2}mv_m^{\ 2} = eK\nu - eU_0 \tag{13-14}$$

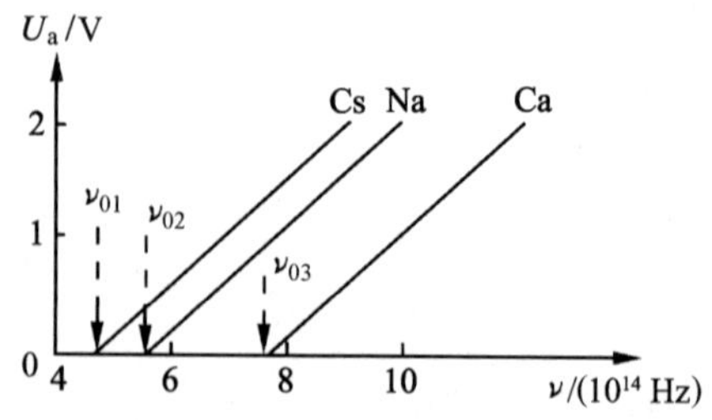

图 13-7　遏止电压与入射光频率的关系

可见，从金属表面逸出的光电子的最大初动能随入射光的频率 ν 线性增加，对任何一种材料，均存在一个(最小)**截止频率** ν_0，当入射光的频率 $\nu = \nu_0$ 时，$U_a = 0$，$v_m = 0$，此时将没有光电子逸出，即当入射光的频率 $\nu < \nu_0$ 时，不会产生光电效应. 由式(13-13)可得

$$\nu_0 = \frac{U_0}{K} \tag{13-15}$$

四、弛豫时间

实验证明，当入射光的频率 $\nu > \nu_0$ 时，无论入射光强度如何，几乎在光线入射到材料表面同时，就有光电子逸出，**弛豫时间**不超过 10^{-9} s.

13.2.2　爱因斯坦的光子理论

上述光电效应的实验规律与当时公认的光的波动说麦克斯韦电磁理论相矛盾，关键在于光的波动说认为光的能量是连续发布的，光的强度由光振动的振幅决定.

当普朗克还在寻找能量子的经典根源时，爱因斯坦将能量子概念做了进一步推广. 普朗克只假设辐射物体(腔体)上谐振子吸收或辐射的能量是量子化的，而认为辐射本身作为弥漫于空腔中的电磁波能量还是连续的. 爱因斯坦则进一步提出，不仅腔体上的谐振子，空腔内的辐射能本身也是量子化的. 他认为“从一个点光源发出的光线的能量并不是连续地分布在逐渐扩大的空间范围内的，而是由有限个数的能量子组成的. 这些能量子个个都只占据空间的一些点，运动时不分裂，只能以完整的单元产生或被吸收”. 爱因斯坦首先提出的光的能量子单元在 1926 年被刘易斯(G. N. Lewis)定名为“**光子**”. 光子的能量也是 $\varepsilon = h\nu$，光子的能量由光的频率决定，但光的强度与光子数成正比.

为了解释光电效应实验规律，爱因斯坦认为，当入射光子与金属中的自由电子碰撞时，最简单的方法是设想一个光子将它的全部能量给予一个电子. 电子获得此能量后动能立即增加，若其动能大于电子从金属表面逸出时克服阻力须做的功 A(称为**逸出功**)，则该电子可能瞬间逸出金属表面，不需要积累能量的时间. 由能量守恒可得，电子逸出金属表面时的最大初动能为

$$\frac{1}{2}mv_m^{\ 2} = h\nu - A \tag{13-16}$$

这就是爱因斯坦的**光电效应方程**，利用此方程可以解释遏止电压和截止频率的存在.

比对式(13-14)和式(13-16)，可得

$$h = eK \tag{13-17}$$

1916 年密立根(R. A. Milikan)通过测定 U_a-ν 直线的斜率 K，计算出了普朗克常数值，与当时用其他方法测得的值符合得很好.

比对式(13-14)、式(13-15)和式(13-16)，有 $A=eU_0$，于是

$$\nu_0=\frac{A}{eK}=\frac{A}{h} \tag{13-18}$$

表 13-1 列出了几种金属的逸出功和截止频率.

表 13-1 几种金属的逸出功和截止频率

金属	钾	钠	钨	锌	钙	铷	钼
截止频率 $\nu_0/(10^{14}$ Hz)	5.44	5.53	10.95	8.065	7.73	5.15	9.93
逸出功 A/eV	2.25	2.29	4.54	3.34	3.20	2.13	4.12

13.2.3 光的波粒二象性

19 世纪，通过光的干涉、衍射等实验，麦克斯韦电磁理论逐渐被人们接受，即光就是一种波——电磁波. 到了 20 世纪，光电效应等实验又显示出光的粒子特性. 综合起来就是，光在某些情况下显示出波动特征，有时却突现出粒子特性，或者说光具有**波粒二象性**.

光的波动性用光的波长和频率描述，光的粒子特征则通过光子的质量、能量和动量等表述. 如前所述，一个光子的能量为

$$\varepsilon=h\nu$$

根据相对论质能关系可得，一个光子的质量为

$$m=\frac{h\nu}{c^2}=\frac{h}{c\lambda} \tag{13-19}$$

相对论指出，物体的质量与其速度有关，即

$$m=\frac{m_0}{\sqrt{1-\left(\frac{v}{c}\right)^2}}$$

式中，m_0 为静止质量. 对于光子来说，$v=c$，而 m 是有限的，只能是 $m_0=0$，即光子的静止质量为零.

光子的动量为

$$p=mc=\frac{h\nu}{c}=\frac{h}{\lambda} \tag{13-20}$$

由于光子具有动量，当光照射到物体上面时，将对物体的反射面或吸收面施加压力，产生非常小的光压，此结论已得到了实验的证实.

须强调的是，前面所述的光电效应阴极采用的材料为金属，直观现象是有电子逸出，此类光电效应叫**外光电效应**，相关的应用产品包括光电管及光电倍增管等. 其实，半导体等材料也会产生光电效应，其结果不是有电子逸出，而是材料的特性发生变化. 主要有两种：其一，光照在材料(如太阳能电池等)的表面会发生电荷的积累而形成一定的电势差，即**光生伏特效应**；其二，光照在材料(如光敏电阻等)的表面会导致材料的导电性能发生变化，即**光生电导效应**. 这类光电效应称为**内光电效应**.

例题 13-2 已知铝的逸出功为 4.2 eV，波长为 $\lambda=200$ nm 的单色光投射到铝的表面，求：

(1) 光电子的最大动能.

(2) 遏止电压.

(3) 铝的截止频率和截止波长.

解：(1) 由光电效应方程算得光电子的最大动能为

$$\frac{1}{2}mv_m^2=h\nu-A=\frac{hc}{\lambda}-A=3.23\times10^{-19}\ \mathrm{J}=2\ \mathrm{eV}$$

(2) 遏止电压 $U_a=\frac{1}{e}\times\frac{1}{2}mv_m^2=2\ \mathrm{V}$.

(3) 铝的截止频率和截止波长分别为

$$\nu_0=\frac{A}{h}=10.1\times10^{14}\ \mathrm{Hz},\lambda_0=\frac{c}{\nu_0}=2.96\times10^{-7}\ \mathrm{m}=296\ \mathrm{nm}$$

例题 13-3 采用 $\lambda_1=300\ \mathrm{nm}$ 的单色光照射钠制阴极时，遏止电压 $U_{a1}=1.85\ \mathrm{V}$，若改用 $\lambda_2=400\ \mathrm{nm}$ 的入射光时，$U_{a2}=0.82\ \mathrm{V}$. 求：

(1) 普朗克常量 h.

(2) 钠的逸出功.

(3) 钠的截止波长.

解：(1) 由光电效应方程 $\frac{1}{2}mv_m^2=h\nu-A=eU_a$，得

$$\frac{hc}{\lambda_1}-A=eU_{a1},\frac{hc}{\lambda_2}-A=eU_{a2}$$

所以

$$h=\frac{e(U_{a1}-U_{a2})}{c\left(\frac{1}{\lambda_1}-\frac{1}{\lambda_2}\right)}=6.6\times10^{-34}\ \mathrm{J\cdot s}$$

(2) $A=h\nu_1-eU_{a1}=\frac{hc}{\lambda_1}-eU_{a1}=3.66\times10^{-19}\ \mathrm{J}=2.28\ \mathrm{eV}$.

(3) 由 $\nu_0=\frac{A}{h}$，得 $\lambda_0=\frac{hc}{A}=542\ \mathrm{nm}$.

13.3 康普顿效应

13.3.1 康普顿效应的实验规律

1923 年康普顿(A. H. Compton)及其后不久吴有训研究了 X 射线经物质散射的实验. 实验装置如图 13-8 所示，由 X 光管发出的波长为 λ_0 的 X 射线经石墨散射后，散射光的波长及其强度可由晶体和探测器组成的摄谱仪测定.

实验发现：

(1) 散射光中除了有与入射光波长 λ_0 相同的射线外，同时还有波长 $\lambda>\lambda_0$ 的成分. 波长偏移 $\Delta\lambda=\lambda-\lambda_0$ 随散射角 θ(散射线与入射线之间的夹角)而变，当散射角 θ 增大时，波长偏移 $\Delta\lambda$ 也随之增加. 且随着散射角 θ 的增大，原波长 λ_0 的强度减小，新谱线 λ 强度增强，如图 13-9 所示. 这种波长有改变的散射称为**康普顿散射**或**康普顿效应**.

(2) 波长偏移 $\Delta\lambda$ 只与散射角有关,与散射物质无关,但在相同散射角下,原波长 λ_0 的强度随散射物质原子序数的增大而增加,新谱线 λ 的强度随之减小,如图 13-10 所示.

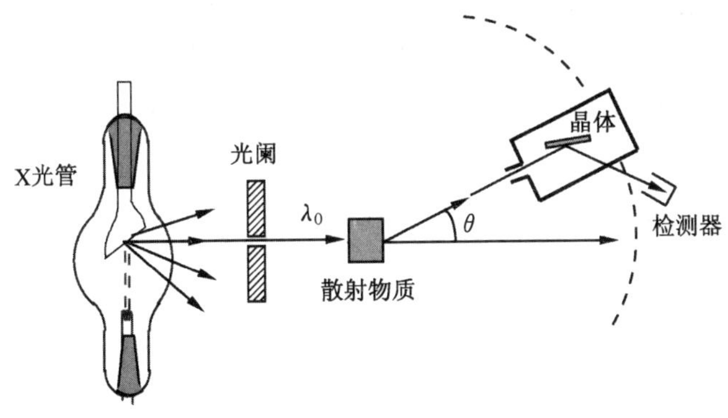

图 13-8 康普顿效应实验装置

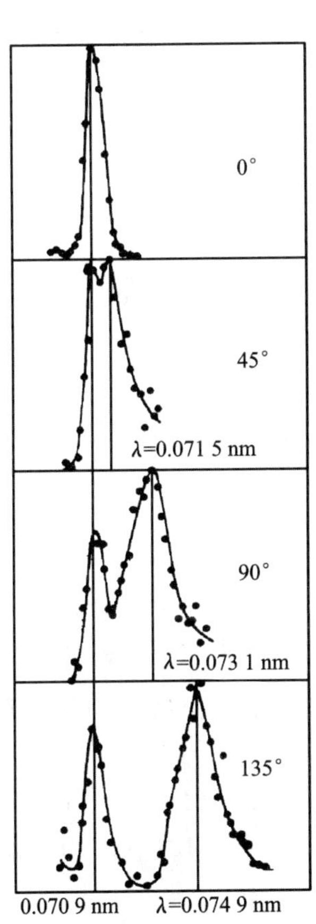

图 13-9 康普顿散射与角度

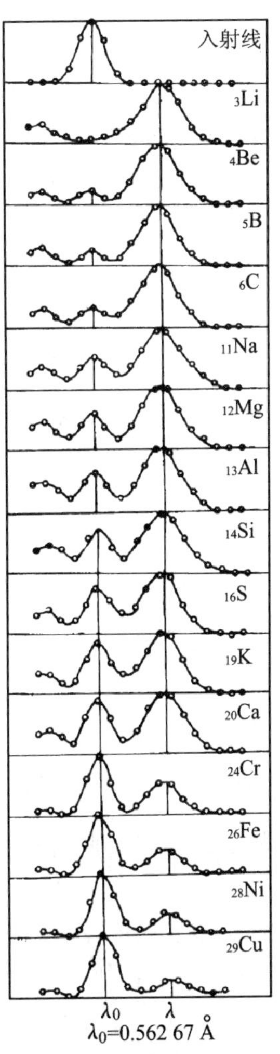

图 13-10 康普顿散射与原子序数

13.3.2 光子理论的解释

经典电磁理论认为,电磁波经过物体时将引起物体中的带电粒子做相同频率的受迫振动,并从入射波中吸收能量.当这些电子辐射电磁波时,其频率应该与受迫振动的频率相同,即与入射X射线的频率相同.电子仅起到能量传递者的作用,不应该出现波长大于入射X射线波长的电磁波.

采用光子理论就可以很好地解释康普顿效应.固体(尤其是金属)中有许多受原子核束缚很弱的自由电子,自由电子在常温下的平均热运动动能约为 10^{-2} eV,远小于X射线光子的能量,因此可看作静止.光子与散射物的自由电子或束缚很弱的电子发生碰撞交出部分能量沿某方向散射后,电子将吸收光子的部分能量沿某方向反冲.整个碰撞过程中动量守恒,能量也守恒.交出部分能量后的散射光子能量减少,波长增加;如果光子是与原子中束缚得很紧的电子碰撞,就等效于光子与整个原子做弹性碰撞,因原子的质量远大于光子的能量,此时的散射光子能量不会明显减少,导致散射光中也有波长不变的成分,如图13-11所示.

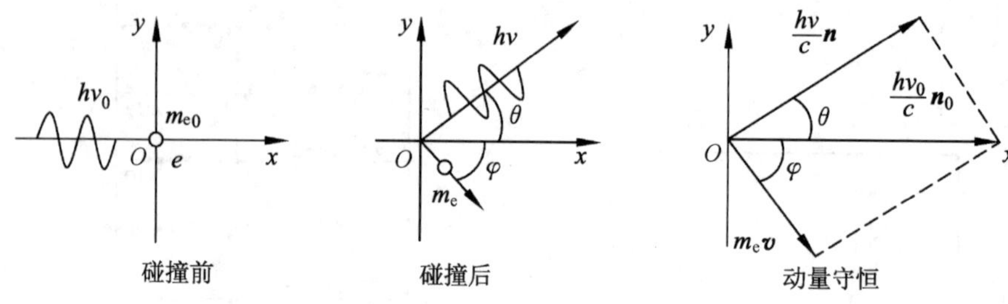

图13-11 **光子与电子的碰撞**

电子的静止质量和运动质量分别为 m_{e0} 和 m_e,光子动量 $p=\frac{h}{\lambda}=\frac{h\nu}{c}$.由能量守恒,得

$$h\nu_0+m_{e0}c^2=h\nu+m_ec^2 \tag{13-21}$$

由动量守恒,得

$$\frac{h\nu_0}{c}\boldsymbol{n}_0=\frac{h\nu}{c}\boldsymbol{n}+m_e\boldsymbol{v} \tag{13-22}$$

联立式(13-21)和式(13-22),可得

$$\Delta\lambda=\lambda-\lambda_0=\frac{h}{m_{e0}c}(1-\cos\theta)=2\lambda_C\sin^2\frac{\theta}{2} \tag{13-23}$$

式中,$\lambda_C=\frac{h}{m_{e0}c}=0.0024$ nm 称为**康普顿波长**,处于X波段.上式说明波长偏移 $\Delta\lambda=\lambda-\lambda_0$ 与散射物质及入射光的波长无关,仅由散射角 θ 决定,只有当入射光波长与 λ_C 接近时,康普顿效应才明显.

康普顿效应理论与实验的吻合,进一步证实了光子理论,说明光子具有一定的质量、能量和动量,具有明显的粒子特征,同时也证实了在微观粒子相互作用过程中,能量守恒定律和动量守恒定律仍然成立.

例题13-4 在康普顿散射实验中,入射光子波长 $\lambda_0=0.003$ nm,反冲电子速度为光速的60%,求散射光子波长及散射角.

解: 反冲电子的动能为

$$E_k=m_{e0}c^2\left(\frac{1}{\sqrt{1-\frac{v^2}{c^2}}}-1\right)=0.25m_{e0}c^2=2.05\times10^{-14}\ \text{J}=0.128\ \text{MeV}$$

同时 $E_k=h\nu_0-h\nu=hc\left(\frac{1}{\lambda_0}-\frac{1}{\lambda}\right)$，可得 $\lambda=0.0043$ nm.

由康普顿散射公式 $\Delta\lambda=\lambda-\lambda_0=\frac{h}{m_{e0}c}(1-\cos\theta)=\lambda_C(1-\cos\theta)$，得

$$1-\cos\theta=\frac{\lambda-\lambda_0}{\lambda_C}=0.5363,\theta=62.37°$$

例题 13-5　如图 13-12 所示，波长 $\lambda_0=0.02$ nm 的 X 射线与静止的自由电子碰撞，在 $\theta=90°$ 方向观察，求：

(1) 散射 X 射线的波长 λ.

(2) 反冲电子的动能和动量.

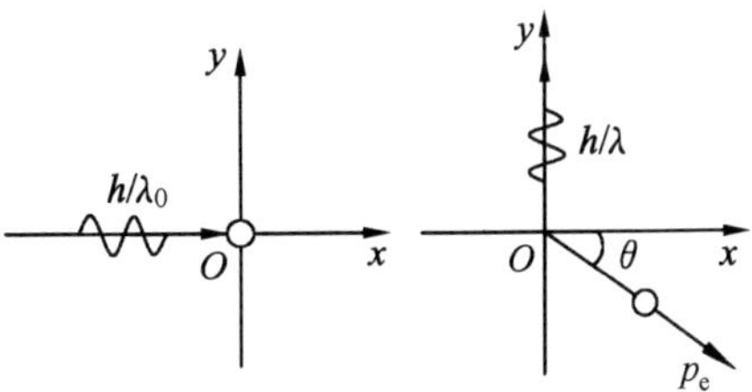

图 13-12　例题 13-5 图

解：(1) 散射后 X 射线波长的改变量为

$$\Delta\lambda=\frac{2h}{m_{e0}c}\sin^2\frac{\theta}{2}=\frac{2\times6.63\times10^{-34}}{9.11\times10^{-31}\times3\times10^8}\sin^2\frac{\pi}{4}$$
$$=0.024\times10^{-10}(\text{m})=0.0024(\text{nm})$$

散射 X 射线的波长为

$$\lambda=\Delta\lambda+\lambda_0=0.0024+0.02=0.0224\ \text{nm}$$

(2) 根据能量守恒，反冲电子获得的能量就是入射光子与散射光子能量的差值，所以

$$\Delta E=\frac{hc}{\lambda_0}-\frac{hc}{\lambda}=\frac{hc\Delta\lambda}{\lambda\lambda_0}=\frac{6.63\times10^{-34}\times3\times10^8\times2.4\times10^{-12}}{2\times10^{-11}\times2.24\times10^{-11}}$$
$$=10.7\times10^{-16}(\text{J})=6.66\times10^3(\text{eV})$$

根据动量守恒，有

$$\frac{h}{\lambda}=p_e\sin\theta,\frac{h}{\lambda_0}=p_e\cos\theta$$

解得

$$p_e=h\left(\frac{\lambda^2+\lambda_0{}^2}{\lambda^2\lambda_0{}^2}\right)^{\frac{1}{2}}$$
$$=6.63\times10^{-34}\times\left[\frac{2.24^2\times10^{-22}+2^2\times10^{-22}}{(2\times2.24)^2\times10^{-44}}\right]^{\frac{1}{2}}$$
$$=4.44\times10^{-23}(\text{kg}\cdot\text{m/s})$$

$$\cos\theta=\frac{h}{\lambda_0p_e}=\frac{6.63\times10^{-34}}{2\times10^{-11}\times4.44\times10^{-23}}=0.747,\theta\approx41°40'$$

13.4 氢原子光谱与玻尔模型

13.4.1 氢原子光谱的规律性

原子发光是重要的原子现象之一，原子光谱提供了关于原子结构的丰富信息. 原子光谱经光谱仪分光后可以形成一系列分立的、按一定规律排列的光谱线，每一条光谱线对应一种波长. 一定元素的原子光谱包含了完全确定的波长成分，不同元素的光谱成分各不相同. 寻找原子光谱的规律性有助于研究、分析物质的结构和特性.

氢原子的结构最为简单，氢原子光谱也是最简单并最早被发现和研究的. 图 13-13 给出了氢原子的光谱图，图中标注了可见光范围内的谱线 H_α、H_β、H_γ 和 H_δ 等.

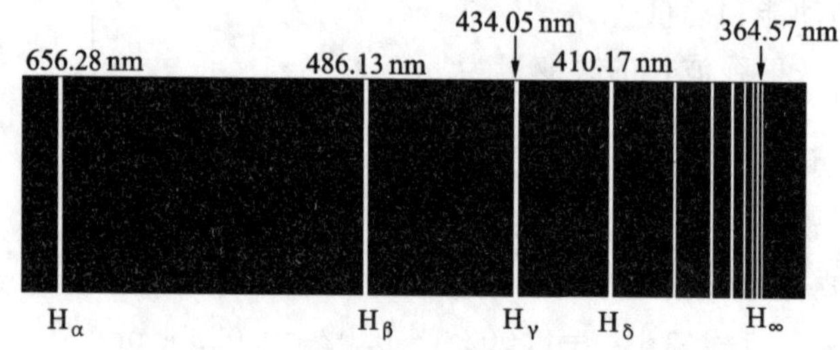

图 13-13　氢原子光谱的巴尔末线系

1885 年瑞士中学教师巴尔末(J. J. Balmer)首先发现氢原子位于可见光部分的谱线波长可归纳为

$$\lambda=364.57\frac{n^2}{n^2-2^2}\ \text{nm}, n=3,4,5,\cdots \tag{13-24}$$

上式称为**巴尔末公式**. 式中 n 分别取 3、4、5、6 和∞，就可计算出氢原子的 H_α、H_β、H_γ、H_δ 和 H_∞ 线的波长 λ_α、λ_β、λ_γ、λ_δ 和 λ_∞，与实验结果相当吻合，λ_∞ 又称**系限波长**，也是**最短波长**. 如果采用波长的倒数(波数)来表述，巴尔末公式又可写成

$$\tilde{\nu}=\frac{1}{\lambda}=\frac{4}{364.57}\left(\frac{1}{2^2}-\frac{1}{n^2}\right)\ \text{nm}^{-1}, n=3,4,5,\cdots \tag{13-25}$$

波数的物理意义是单位长度内所含波的个数. 继巴尔末线系之后，氢原子的莱曼线系(紫外区)、帕邢线系(红外区)、布喇开线系(红外区)等陆续被发现. 1889 年里德伯(J. R. Rydberg)总结了一个描述氢原子光谱的通式：

$$\tilde{\nu}=\frac{1}{\lambda}=R_H\left(\frac{1}{m^2}-\frac{1}{n^2}\right), m=1,2,3,\cdots, n=m+1,m+2,\cdots \tag{13-26}$$

式中，$R_H=1.097\ 373\ 1\times10^7\ \text{m}^{-1}$，称为里德伯常量.

$m=1, n=2,3,4,\cdots$ 对应于莱曼(T. Lyman)线系(1914 年)，紫外区；

$m=2, n=3,4,5,\cdots$ 对应于巴尔末(J. J. Balmer)线系(1885 年)，可见光区；

$m=3, n=4,5,6,\cdots$ 对应于帕邢(F. Paschen)线系(1908 年)，红外区；

$m=4, n=5,6,7,\cdots$ 对应于布喇开(F. Brackett)线系(1922 年)，红外区；

$m=5, n=6,7,8,\cdots$ 对应于普芳德(H. A. Pfund)线系(1924 年)，红外区；

$m=6, n=7,8,9,\cdots$ 对应于汉弗莱(C. S. Humphreys)线系(1953 年),红外区.

相关线系示意图如图 13-14 所示.

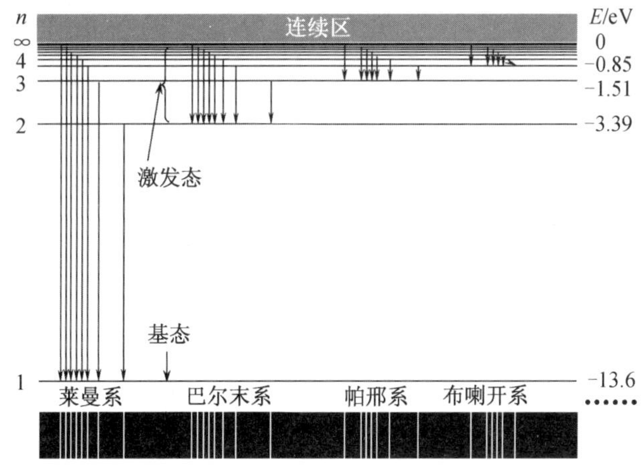

图 13-14 **氢原子能级与光谱系图**

继氢原子光谱后,里德伯、里兹(W. Ritz)等人发现碱金属等光谱也可分为若干个线系,有类似的规律,其频率或波数都可写成两项之差:

$$\tilde{\nu}=\frac{1}{\lambda}=R_{\mathrm{H}}\left(\frac{1}{m^2}-\frac{1}{n^2}\right)=T(m)-T(n) \tag{13-27}$$

上式称为**里兹并合原理**.式中 $T(m)$ 和 $T(n)$ 称为**光谱项**,对同一 m 值,n 取不同值就给出了同一线系的不同谱线.原子光谱的规律性反映的实际上是原子内部结构的规律性.

13.4.2 玻尔的氢原子理论

发现氢原子光谱的实验规律后,人们尝试用经典理论建立原子模型,解释原子光谱.当时接受程度较高的当推 1911 年英国物理学家卢瑟福(E. Rutherford)在 α 粒子被金属薄片散射的实验结果基础上提出的核式模型,即原子是由带正电 Ze 的原子核和核外 Z 个电荷量为 e 的做轨道运动的电子组成的.然而,电子绕核运动有加速度,按照经典电磁理论,加速运动的电子应辐射电磁波,其频率等于电子绕核转动的频率.随着能量不断辐射,电子的轨道半径将逐渐减小,辐射频率逐渐改变,光谱应是连续分布的,显然与观测到的氢原子线状光谱完全不符.电子因能量的不断减少最终将落到原子核上,原子将"坍塌".经典物理学再次遇到了难以克服的困难.

为了解决上述困难,丹麦物理学家玻尔(N. Bohr) 1913 年在卢瑟福的核式模型基础上,将量子化概念引入到原子系统,结合里兹并合原理,提出了以三个基本假设为基础的氢原子理论,很好地解释了氢原子光谱规律.玻尔的三个假设如下:

(1) 定态假设.

原子系统只能处在一系列不连续且稳定的能量状态,称为定态,相应的能量分别为 E_1, $E_2, E_3, \cdots(E_1<E_2<E_3<\cdots)$.处于定态时电子绕核运动,不吸收也不辐射电磁波.

(2) 跃迁定则.

原子能量的任何变化,包括发射或吸收电磁辐射,都只能在两个定态之间以跃迁的方式进行.原子在两定态 E_n 和 $E_m(E_n>E_m)$ 之间跃迁,吸收或辐射一个频率为 ν 的光子,满足:

$$h\nu = |E_n - E_m| \tag{13-28}$$

(3) 量子化条件.

定态与电子绕核运动的一系列分立轨道相对应，电子轨道角动量 L 只能是 $\frac{h}{2\pi}$ 的整数倍，即

$$L = mvr = n\frac{h}{2\pi} = n\hbar, n = 1,2,3,\cdots \tag{13-29}$$

上式称为轨道**角动量量子化条件**，$\hbar = \frac{h}{2\pi}$ 称为约化普朗克常量，其值为 $1.054\ 588\ 7\times 10^{-34}$ J·s.

设电子绕核在定态 E_n 上以速率 v_n 做半径为 r_n 的圆周运动，电子与原子核之间的库仑力提供了向心力，有

$$\frac{e^2}{4\pi\varepsilon_0 r_n{}^2} = m\frac{v_n{}^2}{r_n}$$

由量子化条件有 $v_n = \frac{nh}{2\pi m r_n}$，代入上式，得

$$r_n = \frac{\varepsilon_0 h^2}{\pi m e^2}n^2 = r_1 n^2, n = 1,2,3,\cdots \tag{13-30}$$

可见，电子轨道运动的半径也是量子化的. 式中，n 取 1，得到最小的轨道半径，称为玻尔半径，记为 a_0，有

$$a_0 = r_1 = \frac{\varepsilon_0 h^2}{\pi m e^2} = 0.529\times 10^{-10}\ \text{m} \tag{13-31}$$

再计算电子的能量 E_n，应为动能和势能之和，即

$$E_n = \frac{1}{2}mv_n{}^2 - \frac{e^2}{4\pi\varepsilon_0 r_n} = -\frac{me^4}{8\varepsilon_0{}^2 h^2}\frac{1}{n^2} = \frac{E_1}{n^2} \tag{13-32}$$

式(13-32)显示，系统的能量也是量子化的. 式中

$$E_1 = -\frac{me^4}{8\varepsilon_0{}^2 h^2} = -13.6\ \text{eV}$$

表示处于 $n=1$ 的态(称为**基态**)对应的能量，所有 $n>1$ 的态，称为**激发态**. 基态和激发态统称束缚态. $n\to\infty$ 时，$E_\infty\to 0$，原子处于**电离态**. 将处于束缚态的电子电离所需要的能量称为**电离能**.

当电子从 E_n 态跃迁到 E_m 态时，由跃迁定则，辐射的频率为

$$\nu = \frac{E_n - E_m}{h} = \frac{me^4}{8\varepsilon_0{}^2 h^3}\left(\frac{1}{m^2} - \frac{1}{n^2}\right)$$

或

$$\frac{1}{\lambda} = \frac{me^4}{8\varepsilon_0{}^2 h^3 c}\left(\frac{1}{m^2} - \frac{1}{n^2}\right)$$

与式(13-26)比较，即得里德伯常量为

$$R_{\text{H}} = \frac{me^4}{8\varepsilon_0{}^2 h^3 c} = 1.097\times 10^7\ \text{m}^{-1} \tag{13-33}$$

与实验值吻合得很好. 至此，利用玻尔的三个假设很好地解释了氢原子的光谱规律.

例题 13-6 在气体放电管中，用能量为 12.5 eV 的电子通过碰撞使氢原子激发，问受激发的原子向低能级跃迁时，能发射哪些波长的光谱线？

解：设氢原子全部吸收电子的能量后最高能激发到第 n 个能级，此能级的能量为 $-\frac{13.6}{n^2}$ eV，所以 $E_n-E_1=13.6-\frac{13.6}{n^2}$.

把 $E_n-E_1=12.5$ eV 代入上式，有 $n^2=\frac{13.6}{13.6-12.5}=12.36$，解得 $n=3.5$.

因为 n 只能取整数，所以氢原子最高能激发到 $n=3$ 的能级，当然也能激发到 $n=2$ 的能级. 可见能产生 3 条谱线.

$n=3\rightarrow n=1$，$\tilde{\nu}_1=R_H\left(\frac{1}{1^2}-\frac{1}{3^2}\right)=\frac{8}{9}R_H$，$\lambda_1=\frac{9}{8R_H}=\frac{9}{8\times1.097\times10^7}$ m$=102.6$ nm；

$n=3\rightarrow n=2$，$\tilde{\nu}_2=R_H\left(\frac{1}{2^2}-\frac{1}{3^2}\right)=\frac{5}{36}R_H$，$\lambda_2=\frac{36}{5R_H}=\frac{36}{5\times1.097\times10^7}$ m$=656.3$ nm；

$n=2\rightarrow n=1$，$\tilde{\nu}_3=R_H\left(\frac{1}{1^2}-\frac{1}{2^2}\right)=\frac{3}{4}R_H$，$\lambda_3=\frac{4}{3R_H}=\frac{4}{3\times1.097\times10^7}$ m$=121.5$ nm.

13.4.3 玻尔理论的局限性

玻尔的氢原子理论能够满意地解释氢原子光谱的规律，它指出了经典理论不能完全适用于氢原子内部的运动. 但玻尔理论仍然以经典理论为基础，定态假设又和经典理论相抵触，量子化条件的引进没有适当的理论解释. 另外，对谱线的强度、宽度、偏振等无法处理. 对比氢原子结构更为复杂的原子的光谱结构(如氦和碱土元素等的光谱结构)，该理论的结果与实验结果有明显的偏差，可见该理论并不完善.

玻尔提出的定态假设和跃迁定则至今还属于物理学中的基本概念，玻尔的创造性工作对现代量子力学的建立有着深远的影响.

13.5 实物粒子的波粒二象性

13.5.1 德布罗意波

光的干涉和衍射现象证明了光的波动性，但在热辐射、光电效应及康普顿效应等实验中，光展现出了粒子特性，普朗克和爱因斯坦的能量子的理论得以确立，可见光具有波粒二象性. 1924 年，德布罗意(L. V. de Broglie)受光的波粒二象性的启发，在其博士论文中把光的波粒二象性推广到所有的物质粒子，提出了实物粒子(如电子、质子等)也具有波粒二象性，“任何物体伴随着波，而且不可能将物体的运动和波的传播分开”的基本假设.

德布罗意认为，质量为 m、速度为 v 的实物粒子拥有与光子一样的能量-频率和动量-频率关系，即

$$E=h\nu=mc^2 \tag{13-34}$$

$$p=mv=\frac{h}{\lambda} \tag{13-35}$$

与静止质量为 m_0、速度为 v 的实物粒子对应的波长为

$$\lambda=\frac{h}{p}=\frac{h}{mv}=\frac{h}{m_0 v}\sqrt{1-\frac{v^2}{c^2}} \tag{13-36}$$

式(13-36)称为**德布罗意公式**或**德布罗意假设**. 这种与物质相联系的波称为**德布罗意波**或**物质波**，式(13-36)给出的就是对应的**德布罗意波长**.

如果 $v \ll c$，则

$$\lambda=\frac{h}{p}=\frac{h}{m_0 v} \tag{13-37}$$

电子经加速电势差为 U 的电场加速后，不考虑相对论效应，有

$$eU=E_k=\frac{1}{2}m_0 v^2$$

动量为

$$m_0 v=\sqrt{2m_0 E_k}=\sqrt{2m_0 eU}$$

相应的德布罗意波长为

$$\lambda=\frac{h}{p}=\frac{h}{\sqrt{2m_0 eU}}=\frac{1.225}{\sqrt{U}}\ \text{nm} \tag{13-38}$$

由上式可知，经 $U=100$ V 电势差加速的电子的德布罗意波长为 0.122 5 nm，$U=10\ 000$ V时波长则为 0.012 25 nm，均属于 X 射线波段，波长很短.

德布罗意认为，电子的物质波绕圆轨道传播时，只有满足驻波条件的轨道才是稳定的，如图 13-15 所示，即

$$2\pi r=n\lambda, n=1,2,3,\cdots$$

将相应的德布罗意波长 $\lambda=\frac{h}{mv}$ 代入，有

$$mvr=n\frac{h}{2\pi}, n=1,2,3,\cdots$$

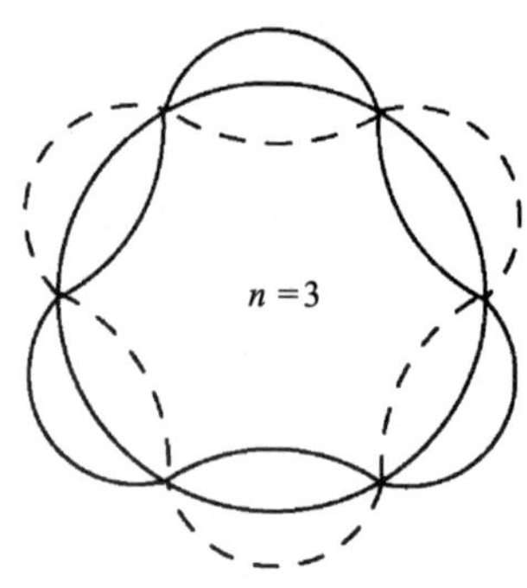

图 13-15　电子驻波

此即玻尔假设中的有关电子轨道角动量量子化的条件.

13.5.2　德布罗意波的实验验证

德布罗意提出物质波的概念后，不久就得到了实验证实. 1927 年，戴维孙(C. J. Davisson)和革末(L. H. Germer)做了电子束在晶体表面的散射实验，观察到了与 X 射线衍射类似的电子衍射现象，首先证实了电子的波动性. 实验装置如图 13-16 所示.

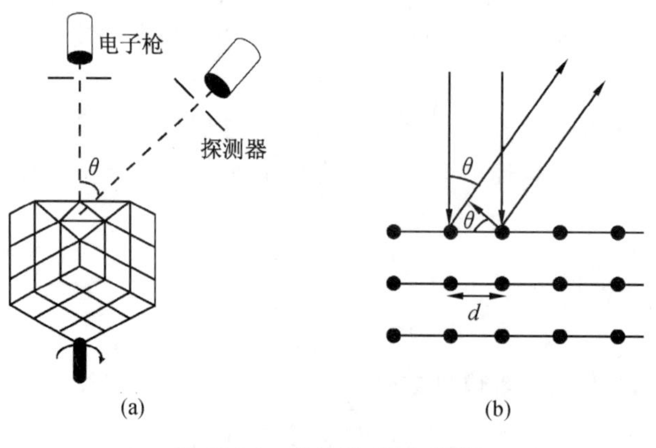

图 13-16　戴维孙-革末实验

使电子束垂直入射到镍单晶的水平晶面上，用探测器测量沿不同方向散射的电子束强度，如图 13-16(a)所示. 当加速电势为 54 V 时，沿 $\theta=50°$的方向上观测到了一个明显的极大. 由图 13-16(b)可知，散射电子束第一次极大满足：

$$d\sin\theta=k\lambda$$

镍单晶的 $d=2.15\times10^{-10}$ m，$\theta=50°$，取 $k=1$，由上式算出 $\lambda=1.65\times10^{-10}$ m. 将 $U=54$ V 代入式(13-38)，算得的电子德布罗意波长为 1.67×10^{-10} m，两者符合得很好. 戴维孙因发现电子在晶体中的衍射现象，荣获 1937 年度诺贝尔物理学奖.

同年，汤姆孙(G. P. Thomson) 做了电子穿过金多晶薄膜的衍射实验，成功得到了与 X 射线通过多晶薄膜后产生的衍射条纹极为相似的衍射图样(图 13-17). 1961 年，约恩孙(C. Jonsson)得到了电子的多缝干涉图样，更加直接地说明了电子具有波动性(图 13-18).

除了电子以外，其后的实验陆续证实了中子、质子以及原子甚至分子等中性微观粒子也具有波动性，德布罗意波确实存在. 德布罗意公式成为描述微观粒子波粒二象性的基本公式.

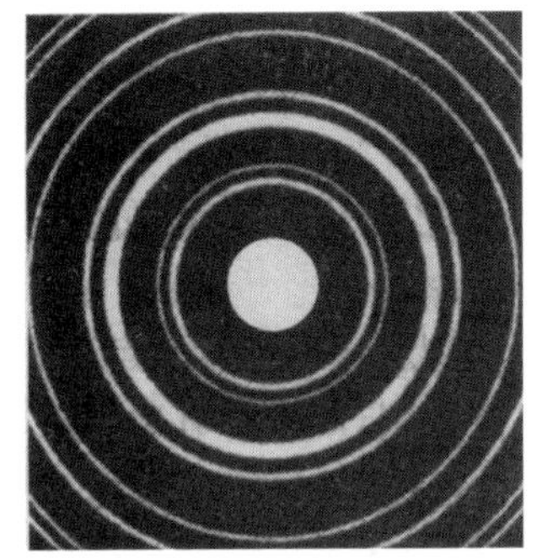

图 13-17　**电子穿过多晶薄膜的衍射**

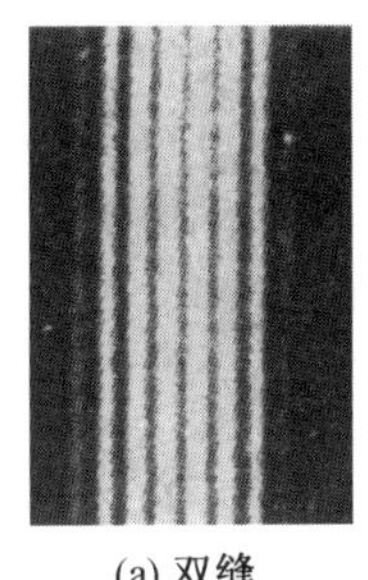

(a) 双缝

(b) 四缝

图 13-18　**电子衍射图样**

例题 13-7　一质量 $m=0.05$ kg 的子弹，以速率 $v=300$ m/s 运动着，其德布罗意波长为多少？

解：由德布罗意公式，得

$$\lambda=\frac{h}{mv}=\frac{6.63\times10^{-34}}{0.05\times300}=4.4\times10^{-35}\text{(m)}$$

质量越大，波长越短. 由此可见，对于一般的宏观物体，其德布罗意波长是很小的，很难显示波动性.

例题 13-8　求氢原子中基态电子的德布罗意波长.

解：处于基态的氢原子能量较低，忽略相对论效应，有 $E_k=\frac{p^2}{2m}$或 $p=\sqrt{2mE_k}$.

对于电子，德布罗意波长

$$\lambda=\frac{h}{p}=\frac{h}{\sqrt{2m_0E_k}}=\frac{1.226}{\sqrt{E_k}}\ \text{(nm)}$$

式中，E_k 以 eV 为单位. 由 $E_1=13.6\ \text{eV}=E_{1k}+E_{1p}$解出 E_{1k}，代入上式，解得 $\lambda=0.332\ \text{nm}=2\pi\times0.0529\ \text{nm}$.

氢原子处于基态时的轨道半径 $r_1=0.0529$ nm. 可见，氢原子处于基态时的德布罗意波长正好等于氢原子第一玻尔轨道的周长，满足德布罗意提出的轨道运动的驻波条件.

粒子的波动性在现实生活中已获得了很多重要的应用. 例如，由于低能电子穿透深度较 X 光小，低能电子衍射已广泛应用于固体表面性质的研究. 利用中子易被氢原子散射的特性,采用中子束研究含氢的晶体非常有效.光学显微镜采用的是可见光,其最小分辨距离为 0.2 μm,最大放大倍数不超过 1 000 倍.利用电子束的波动性,电子显微镜的分辨能力可达 0.1 nm,放大倍数可以超过 100 万倍.

13.6 不确定关系

经典力学中,物体运动有确定的轨道,在任何时刻均有完全确定的位置、动量、能量以及角动量等,甚至可以准确预测物体未来某时刻的运动状态.但对于微观粒子而言,由于具有明显的波动性,在任一时刻粒子的位置、动量、能量及角动量等不再是确定的,而是都存在一个不确定量,而且不确定量之间存在一定的联系.下面先借助电子的单缝衍射实验结果粗略地导出这一关系.

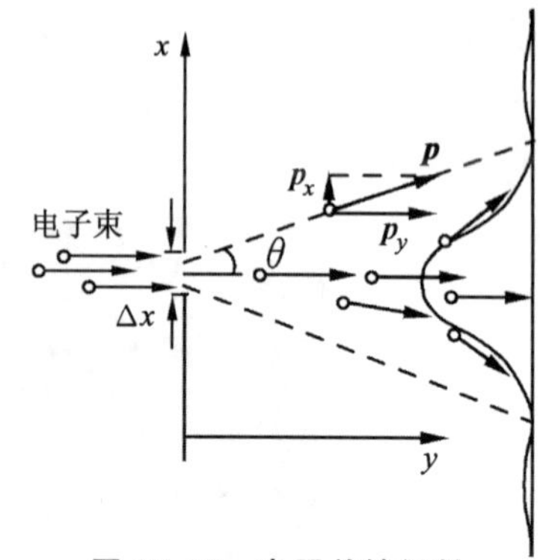

图 13-19 电子单缝衍射

一束动量为 $\boldsymbol{p}$ 的电子束沿 y 轴方向通过宽为 Δx 的单缝后形成单缝衍射图样(图 13-19).单个电子最终从单缝的哪个位置通过是不确定的,即电子在 x 轴方向的位置不确定量就是 Δx.电子通过缝之前动量为 $\boldsymbol{p}$,沿 x 轴方向的动量 p_x 为零,但经过缝之后,电子不是集中到达屏上中心点,而是沿 x 轴方向散开,p_x 不再为零,大部分电子将落在中央零级主极大内.若忽略次极大,可近似认为电子运动在 x 轴方向可以有大到 θ_1 角的偏转,p_x 满足

$$0\leqslant p_x\leqslant p\sin\theta_1$$

即电子通过单缝时在 x 轴方向上的动量存在一个不确定量 $\Delta p_x=p\sin\theta_1$,考虑到次极大的存在,则有

$$\Delta p_x\geqslant p\sin\theta_1 \tag{13-39}$$

单缝衍射中央主极大的边缘即为第一级极小所在处,第一级极小的角位置 θ_1 满足

$$\Delta x\cdot\sin\theta_1=\lambda$$

电子的德布罗意波长 $\lambda=\dfrac{h}{p}$,所以有

$$\sin\theta_1=\frac{\lambda}{\Delta x}=\frac{h}{p\Delta x}$$

将上式代入式(13-39),得到 $\Delta p_x\geqslant\dfrac{h}{\Delta x}$,或

$$\Delta x\cdot\Delta p_x\geqslant h \tag{13-40}$$

对 y 轴方向和 z 轴方向的分量,也可推出类似关系 $\Delta y\cdot\Delta p_y\geqslant h$ 和 $\Delta z\cdot\Delta p_z\geqslant h$.以上是粗略的推导,严格的位置不确定量和动量不确定量之间的关系是 1927 年德国物理学家海森伯(W. Heisenberg)根据量子力学有关理论给出的:

$$\Delta x\cdot\Delta p_x\geqslant\frac{\hbar}{2},\Delta y\cdot\Delta p_y\geqslant\frac{\hbar}{2},\Delta z\cdot\Delta p_z\geqslant\frac{\hbar}{2} \tag{13-41}$$

式中,$\hbar=\dfrac{h}{2\pi}$称为约化普朗克常量,其值为 $1.054\ 588\ 7\times10^{-34}$ J·s.式(13-41)称为**海森伯坐**

标和动量的不确定关系或不确定原理. 它的物理意义在于表明了微观粒子不可能同时具有确定的位置和动量. 粒子的位置越固定，不确定量 Δx 越小，不确定量 Δp_x 就越大，反之亦然.

除了坐标和动量的不确定关系外，粒子的能量和时间之间也存在不确定关系. 考虑一个粒子在时间 Δt 内的动量为 p，能量为 E，根据相对论动量与能量关系式 $p^2c^2=E^2-m_0{}^2c^4$ 可得其动量的不确定量为

$$\Delta p=\frac{E}{c^2 p}\Delta E \tag{13-42}$$

在 Δt 时间内粒子的位置不确定量为

$$\Delta x=v\Delta t=\frac{p}{m}\Delta t \tag{13-43}$$

联立式(13-42)和式(13-43)，并考虑到 $E=mc^2$，可得 $\Delta x\cdot\Delta p=\Delta E\cdot\Delta t$，由式(13-41)即得能量和时间的不确定关系：

$$\Delta E\cdot\Delta t\geqslant\frac{\hbar}{2} \tag{13-44}$$

与能量不确定量 ΔE 相关的还有谱线宽度 $\Delta\lambda$，由 $E=h\nu=\frac{hc}{\lambda}$，可得出 $\Delta E=\frac{hc}{\lambda^2}\Delta\lambda$.

不确定关系的根源在于粒子的波粒二象性，物理学家费恩曼曾称其为“自然界的根本属性”.

例题 13-9 一个电子沿 x 轴方向运动，速度大小 $v_x=500$ m/s，已知其精确度为 0.01%. 求测定电子坐标 x 所能到达的最大精确度. 若是一颗以同样速度运行的质量为 0.01 kg 的子弹，结果又如何?

解： $\Delta p_x=m_e\Delta v_x$，由不确定关系式，得

$$\Delta x\geqslant\frac{\hbar}{2\Delta p_x}=\frac{\hbar}{2m_e\Delta v_x}=\frac{1.05\times10^{-34}}{2\times9.11\times10^{-31}\times500\times10^{-4}}=1.15\times10^{-3}\,(\mathrm{m})$$

此位置不确定量还是可观的.

若是一颗以同样速度运行的质量为 0.01 kg 的子弹，同理可算出

$$\Delta x\geqslant\frac{\hbar}{2m\Delta v_x}=\frac{1.05\times10^{-34}}{2\times0.01\times500\times10^{-4}}=1.05\times10^{-31}\,(\mathrm{m})$$

此位置不确定量完全可以忽略不计.

例题 13-10 试求原子中电子速度的不确定量，取原子的线度约为 10^{-10} m.

解： 原子中电子位置的不确定量 $\Delta x\approx10^{-10}$ m.

由不确定关系式，得

$$\Delta v_x\geqslant\frac{\hbar}{2m_e\Delta x}=\frac{1.05\times10^{-34}}{2\times9.11\times10^{-31}\times10^{-10}}=5.8\times10^{5}\,(\mathrm{m/s})$$

由玻尔理论可估算出氢原子中电子的轨道运动速度约为 10^6 m/s，可见速度的不确定量与速度的大小接近同一数量级，因此原子中电子在任一时刻没有完全确定的位置和速度，也没有确定的轨道，不能看成经典粒子，波动性十分显著，描述电子运动采用表征电子在空间的概率分布的电子云图像较为合适.

13.7 波函数与薛定谔方程

经典力学中宏观物体运动状态的描述采用的是位置和速度（动量），两者可以同时被确定，普遍遵守牛顿运动定律. 对于微观粒子，由于波动性的限制，位置和动量不可以同时被确定，微观粒子的运动状态该如何描述，遵守怎样的运动方程？本节将先介绍用来描述微观粒子运动状态的波函数及其统计意义，然后给出微观粒子运动的基本方程——薛定谔方程.

13.7.1 波函数及其统计解释

一、概率波

德布罗意最初是通过类比的方法提出他的假设的，当时并没有任何直接的证据，其本人曾认为德布罗意波是引导粒子运动的“导波”，并预言了电子双缝干涉的结果. 对于德布罗意波的物理意义或本质是什么，他并没有给出明确的回答，只是说它是虚拟的和非物质的.

对于德布罗意波与粒子的运动之间有什么联系、德布罗意波本质是什么，历史上有不同的观点. 比较容易接受的当属 1926 年玻恩（M. Born）提出的概率波的假设. 玻恩保留了粒子的微粒性，认为德布罗意波或物质波描述了粒子在空间各处被发现的概率，德布罗意波本质上就是**概率波**.

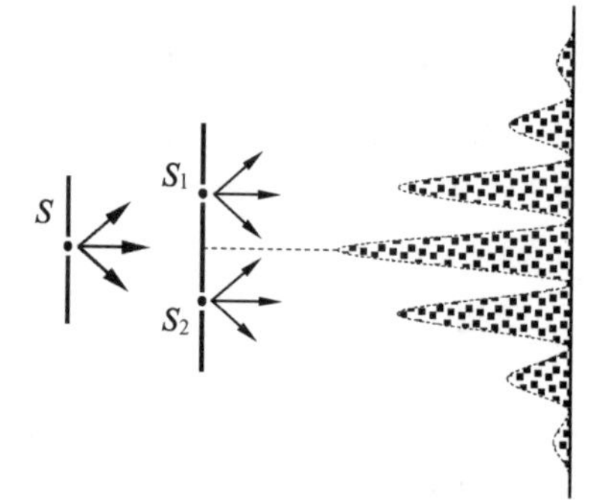

图 13-20 波函数的统计解释

概率波的物理意义可通过光波与实物粒子的相似的衍射图样的比较加以说明. 图 13-20 是双缝衍射的图像. 按照波动学说，衍射图样中的亮度与该处光振动振幅的平方成正比；但从微粒的角度来看，光强代表的是单位时间到达该处的光子数量.

若用统计学观点分析，光子从哪一条缝通过，落到屏上哪一点都是不确定的，屏上各点的亮度与光子到达该处的概率成正比，衍射图像说明光波是一种概率波. 电子与其他的实物粒子同样具有波粒二象性，电子双缝衍射与光的双缝衍射图像十分相似. 甚至为了排除通过双缝的电子之间发生“干涉”，特地控制入射电子束的密度，结果显示大量电子短时间内通过双缝与长时间内让极少数电子“单个”分别通过双缝后的图像基本一致，表明电子等粒子的德布罗意波就是概率波，衍射图像中信号强弱反映的是粒子出现在该处的概率大小. 如此解释德布罗意波的统计意义，就把微观粒子的波动性和粒子性很好地联系起来，近代量子力学认可了这种观点并得到了实验的证实. 由于在量子力学中所做的贡献，特别是对德布罗意波的统计解释，玻恩分享了 1954 年度诺贝尔物理学奖.

二、波函数

如前所述，由于具有波动性，任意时刻能量为 E、动量为 p 的自由运动的微观粒子的状态不能用位置来确定，而须用波函数来表述，所谓微观粒子的波函数，就是德布罗意波的数学表达式.

频率为 ν、波长为 λ、沿 x 轴正向传播的平面波的表达式为

$$y(x,t)=y_0\cos 2\pi\left(\nu t-\frac{x}{\lambda}\right)$$

或取上式的复数形式 $y(x,t)=y_0\mathrm{e}^{-\mathrm{i}2\pi\left(\nu t-\frac{x}{\lambda}\right)}$ 的实部. 将 $E=h\nu$ 和 $p=\dfrac{h}{\lambda}$ 代入,即得能量为 E、动量为 p 的自由运动的粒子的德布罗意波的表达式,即**波函数**

$$\Psi(x,t)=\Psi_0\mathrm{e}^{-\mathrm{i}\frac{2\pi}{h}(Et-px)} \tag{13-45}$$

上式显示,德布罗意波的波函数一般情况下是复数. 波函数的强度可用波函数与其共轭复数的乘积即 $|\Psi|^2=\Psi\Psi^*$ 表示. 根据概率波的概念,三维情况下,粒子在时刻 t 出现在 (x,y,z) 点附近体积微元 $\mathrm{d}V$ 内的概率为

$$|\Psi|^2\mathrm{d}V=\Psi\Psi^*\,\mathrm{d}V \tag{13-46}$$

波函数的强度 $|\Psi|^2=\Psi\Psi^*$ 表示的是粒子在时刻 t 出现在 (x,y,z) 点附近单位体积内的概率,称为**概率密度**.

粒子任意时刻出现在整个空间的概率应等于1,即满足归一化条件:

$$\iiint |\Psi|^2\mathrm{d}V=1 \tag{13-47}$$

综上所述,在量子力学中,用来描述微观粒子的波函数具有确定的物理意义,在任意时刻任意地点只有单一的值,而且不能突变也不能无穷大. 波函数必须满足单值、连续、有限且归一化的条件,这就是**波函数的标准条件**.

13.7.2 薛定谔方程

德布罗意提出了与粒子相联系的波,粒子的运动状态用波函数 $\Psi=\Psi(x,y,z,t)$ 来描述,t 时刻粒子出现在空间某点的概率密度为 $|\Psi|^2$. 处在不同外场中的粒子具有不同的运动状态,应该有相应的波函数,如何确定波函数,波函数遵守的方程是什么? 1926 年,奥地利物理学家薛定谔 (E. Schrödinger)提出了波函数与粒子所处条件的关系式:

$$i\hbar\frac{\partial\Psi}{\partial t}=-\frac{\hbar^2}{2m}\nabla^2\Psi+U\Psi \tag{13-48}$$

式中,$U=U(x,y,z,t)=U(\boldsymbol{r},t)$ 为粒子所处的势场,上式称为**含时薛定谔方程**. 符号 $\nabla^2\equiv\dfrac{\partial^2}{\partial x^2}+\dfrac{\partial^2}{\partial y^2}+\dfrac{\partial^2}{\partial z^2}$ 为拉普拉斯算符.

若为恒定势场,则有 $U=U(\boldsymbol{r})$,与时间无关,波函数可以表述为

$$\Psi(\boldsymbol{r},t)=\psi(\boldsymbol{r})\mathrm{e}^{-\frac{iEt}{\hbar}} \tag{13-49}$$

式中,$\psi(\boldsymbol{r})$ 与时间无关,称为**定态波函数**,描述的是粒子的稳定状态,简称**定态**. $\psi(\boldsymbol{r})$ 满足:

$$\nabla^2\psi+\frac{2m}{\hbar^2}(E-U)\psi=0 \tag{13-50}$$

上式即为**定态薛定谔方程**. 若取 $U=0$,即为自由粒子的情形.

薛定谔方程是量子力学的基本方程,其在量子力学中的地位和作用同牛顿运动定律在经典力学中的地位和作用相似. 通过薛定谔方程可以求出处于给定势场中粒子的波函数,从而可了解粒子的运动情况. 作为基本方程,薛定谔方程不可能由其他量子力学的方程,更不可能由经典力学的基本原理、方程导出或证明,它的正确与否,只能通过实践来检验. 自 1926 年薛定谔方程提出以来,大量低能微观粒子的相关实验结果都与其计算结论相吻合. 以薛定

谔方程为基本方程的量子力学仍然在接受着近代物理理论和实验的考验.

13.8 一维势阱 势垒与隧道效应

本节将应用定态薛定谔方程求解几个具体问题，以期对量子力学的应用有一个初步的理解.

13.8.1 一维无限深势阱

粒子在保守力场的作用下被限制在一定范围内运动，例如，金属内的电子脱离金属须克服逸出功，电子在金属外的电势能高于金属内的电势能，“自由”电子在金属中运动时的一维势能曲线形如陷阱，故称势阱. 原子核中的质子也有类似的势能曲线. 为此，可以建立一个理想的势阱模型——无限深势阱.

一维无限深势阱的势能函数为

$$U(x)=\begin{cases}0 & 0<x<a(\text{阱内})\\ \infty & x\leqslant 0, x\geqslant a(\text{阱外})\end{cases} \tag{13-51}$$

其势能曲线如图 13-21 所示.

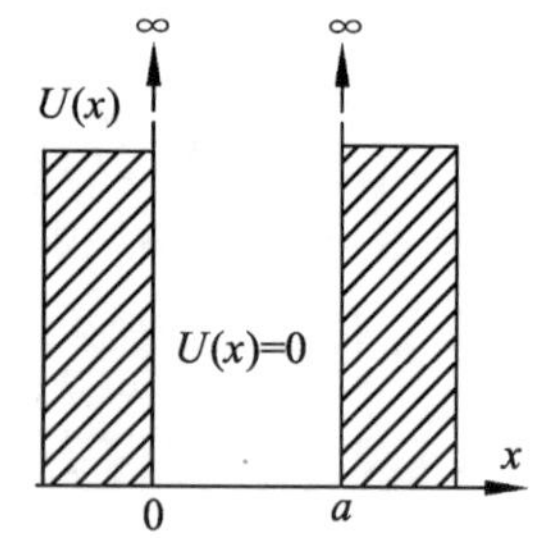

图 13-21 一维无限深势阱

按照经典理论，处于无限深势阱中的粒子，其能量可以取任意有限值，粒子出现在宽度为 a 的势阱内各处的概率相等.

由定态薛定谔方程(13-50)可知，在势阱外，$U=\infty$，对于能量 E 为有限值的粒子，应有波函数 $\psi=0$. 在势阱内，$U=0$，波函数 ψ 满足的定态薛定谔方程为

$$\frac{\hbar^2}{2m}\frac{\mathrm{d}^2\psi}{\mathrm{d}x^2}+E\psi=0 \tag{13-52}$$

令

$$k^2=\frac{2mE}{\hbar^2} \tag{13-53}$$

方程可改写为

$$\frac{\mathrm{d}^2\psi}{\mathrm{d}x^2}+k^2\psi=0 \tag{13-54}$$

其通解为

$$\psi(x)=A\cos kx+B\sin kx$$

式中，A 和 B 是由边界条件决定的两个常数. 本例中边界条件为 $\psi(0)=\psi(a)=0$，有

$$\psi(0)=A=0$$

$$\psi(a)=B\sin ka=0$$

由于 B、k 不可能同时为零，所以 k 必须满足 $ka=n\pi$ 或

$$k=\frac{n\pi}{a}, n=1,2,3,\cdots \tag{13-55}$$

于是方程(13-54)的解为

$$\psi(x)=B\sin\frac{n\pi}{a}x, n=1,2,3,\cdots\ (0<x<a)$$

由归一化条件

$$\int_{-\infty}^{+\infty} |\psi(x)|^2 \mathrm{d}x = B^2 \int_0^a \sin^2 \frac{n\pi}{a} x \, \mathrm{d}x = \frac{1}{2} a B^2 = 1$$

得

$$B = \sqrt{\frac{2}{a}}$$

所以一维无限深势阱的定态波函数为

$$\psi_n(x) = \begin{cases} 0 \ (x \leqslant 0, x \geqslant a) \\ \sqrt{\frac{2}{a}} \sin \frac{n\pi}{a} x, n=1,2,3,\cdots \ (0<x<a) \end{cases} \tag{13-56}$$

考虑时间后的一维无限深势阱的波函数为

$$\Psi(x,t) = \begin{cases} 0 (x \leqslant 0, x \geqslant a) \\ \sqrt{\frac{2}{a}} \sin \frac{n\pi}{a} x \ \mathrm{e}^{-\frac{\mathrm{i}Et}{\hbar}}, n=1,2,3,\cdots (0<x<a) \end{cases} \tag{13-57}$$

由式(13-56)可得势阱中各处粒子出现的概率密度为

$$|\psi_n(x)|^2 = \frac{2}{a} \sin^2 \frac{n\pi}{a} x \ (0<x<a) \tag{13-58}$$

可见,粒子出现在势阱中各处的概率密度不等,图 13-22 给出了波函数 $\psi_n(x)$(实线)和概率密度 $|\psi_n(x)|^2$(虚线)随 x 变化的曲线.

联立式(13-53)和式(13-55),可得一维无限深势阱中粒子的能量为

$$E_n = \frac{k^2 \hbar^2}{2m} = \frac{\pi^2 \hbar^2}{2ma^2} n^2 = E_1 n^2, n=1,2,\cdots \tag{13-59}$$

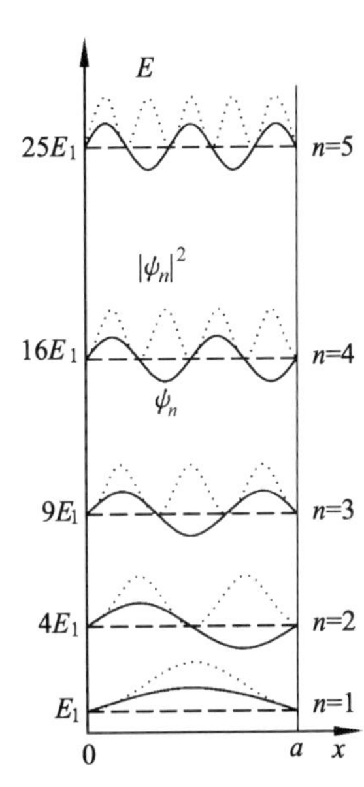

图 13-22 势阱中的波函数和概率密度

式中,n 是正整数,可见粒子的能量是量子化的,在量子力学中能量量子化是自然得出的结果,并非人为假定的. 其中 E_1 对应于 $n=1$ 的状态,能量最小,称为粒子的**基态**. 粒子的最小能量不为 0. E_n 称为粒子在无限深势阱中能量的本征值,波函数 $\psi_n(x)$为与本征值 E_n 对应的本征函数.

例题 13-11 一粒子沿 x 轴方向运动,波函数$\psi(x) = \frac{C}{1+\mathrm{i}x}$.

(1) 由归一化条件求 C.

(2) 概率密度与 x 有何关系?

(3) 什么地方粒子出现的概率最大?

解: (1) 由归一化条件,有

$$\int |\psi(x)|^2 \mathrm{d}x = \int_{-\infty}^{+\infty} \frac{C}{1+\mathrm{i}x} \cdot \frac{C}{1-\mathrm{i}x} \mathrm{d}x = \int_{-\infty}^{+\infty} \frac{C^2}{1+x^2} \mathrm{d}x = C^2 \arctan x \Big|_{-\infty}^{+\infty} = \pi C^2 = 1$$

解得 $C = \frac{1}{\sqrt{\pi}}$.

(2) 概率密度 $|\psi(x)|^2 = \frac{C^2}{1+x^2} = \frac{1}{\pi(1+x^2)}$.

(3) 由(2)可知，当 $x=0$ 时，$|\psi(x)|^2$ 最大. 所以粒子出现在 $x=0$ 处的概率最大.

例题 13-12 在一维无限深势阱中，求当粒子处于 ψ_1 和 ψ_2 时，发现粒子概率最大的位置.

解：一维无限深势阱的波函数为

$$\psi_n(x)=\sqrt{\frac{2}{a}}\sin\frac{n\pi}{a}x\ (0<x<a)$$

概率密度为

$$|\psi_n(x)|^2=\frac{2}{a}\sin^2\frac{n\pi}{a}x\ (0<x<a)$$

即 $\psi_1(x)=\sqrt{\frac{2}{a}}\sin\frac{\pi}{a}x$，当 $\frac{\pi}{a}x=(2k+1)\frac{\pi}{2}(k=1,2,3,\cdots)$ 时，$x=\frac{a}{2},\frac{3a}{2},\frac{5a}{2},\cdots$，$|\psi_1(x)|^2$ 有极大值. 但仅有 $x=\frac{a}{2}$ 满足 $0<x<a$ 的条件.

当 $x=\frac{1}{4}a,\frac{3}{4}a,\frac{5}{4}a,\cdots$ 时，$|\psi_2(x)|^2$ 有极大值，取 $x=\frac{1}{4}a,\frac{3}{4}a$.

例题 13-13 一粒子处于宽为 a 的无限深势阱的基态($n=1$)，求在(1) $x=\frac{a}{2}$；(2) $x=\frac{3a}{4}$；(3) $x=a$ 处 $\Delta x=0.01a$ 间隔内找到该粒子的概率.

解：一维无限深势阱的概率密度 $|\psi_n(x)|^2=\frac{2}{a}\sin^2\frac{n\pi}{a}x\ (0<x<a)$.

当 $n=1$ 时，$|\psi_1(x)|^2=\frac{2}{a}\sin^2\frac{\pi}{a}x$.

$x=\frac{a}{2}$ 处，$|\psi_1(x)|^2=\frac{2}{a}\Rightarrow$ 概率 $P_1\approx\frac{2}{a}\times0.01a=0.02$；

$x=\frac{3a}{4}$ 处，$|\psi_1(x)|^2=\frac{2}{a}\times\frac{1}{2}=\frac{1}{a}\Rightarrow$ 概率 $P_2\approx\frac{1}{a}\times0.01a=0.01$；

$x=a$ 处，$|\psi_1(x)|^2=0\Rightarrow$ 概率 $P_3=0$.

例题 13-14 在宽为 a 的一维无限深势阱中，当 $n=1,2,3$ 和 ∞ 时，从阱壁起到 $\frac{a}{3}$ 粒子出现的概率有多大？

解：一维无限深势阱的概率密度 $|\psi_n(x)|^2=\frac{2}{a}\sin^2\frac{n\pi}{a}x\ (0<x<a)$.

从阱壁起到 $\frac{a}{3}$ 粒子出现的概率为

$$P_n=\int_0^{\frac{a}{3}}\frac{2}{a}\sin^2\frac{n\pi x}{a}\mathrm{d}x=\frac{2}{a}\cdot\frac{1}{2}\int_0^{\frac{a}{3}}\left(1-\cos\frac{2n\pi}{a}x\right)\mathrm{d}x=\frac{1}{3}-\frac{1}{2n\pi}\sin\frac{2n\pi}{3}$$

$n=1,P_1=\frac{1}{3}-\frac{1}{2\pi}\sin\frac{2\pi}{3}\approx0.20$；

$n=2,P_2=\frac{1}{3}-\frac{1}{4\pi}\sin\frac{4\pi}{3}\approx0.40$；

$n=3,P_3=\frac{1}{3}$；

$n=\infty, P_{\infty}=\frac{1}{3}$.

13.8.2　一维势垒与隧道效应

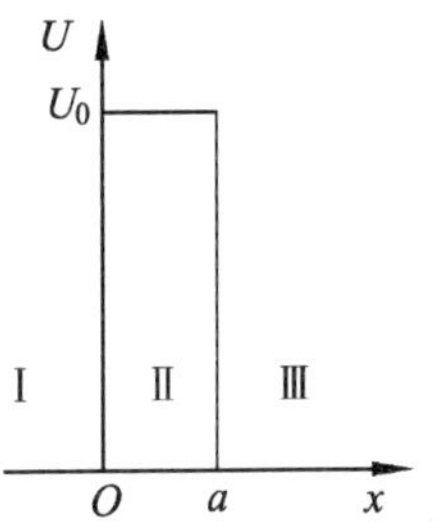

图 13-23　一维方势垒

设有一质量为 m、能量为 E 的粒子在如图 13-23 所示的力场中，沿 x 轴方向由区域Ⅰ向区域Ⅱ运动，其势能函数为

$$U(x)=\begin{cases}U_0 & 0<x<a \\ 0 & x<0, x>a\end{cases} \tag{13-60}$$

这种势能分布称为**方势垒**. 如果 $E>U_0$，粒子无疑能穿过区域Ⅱ到达区域Ⅲ；如果 $E<U_0$，按照经典理论，粒子无法穿越区域Ⅱ，但从量子力学的理论来分析，粒子有可能穿越区域Ⅱ而到达区域Ⅲ. 下面通过薛定谔方程来讨论 $E<U_0$ 的情况，由于 U_0 与时间无关，所以是个定态问题.

在区域Ⅰ，波函数 $\psi_1(x)$ 遵守的定态薛定谔方程为 $-\frac{\hbar^2}{2m}\frac{\mathrm{d}^2\psi_1}{\mathrm{d}x^2}=E\psi_1$；

在区域Ⅱ，波函数为 $\psi_2(x)$，相应的定态薛定谔方程为 $-\frac{\hbar^2}{2m}\frac{\mathrm{d}^2\psi_2}{\mathrm{d}x^2}+U_0\psi_2=E\psi_2$；

在区域Ⅲ，波函数为 $\psi_3(x)$，相应的定态薛定谔方程为 $-\frac{\hbar^2}{2m}\frac{\mathrm{d}^2\psi_3}{\mathrm{d}x^2}=E\psi_3$.

令 ${k_1}^2=\frac{2mE}{\hbar^2}$，${k_2}^2=\frac{2m(U_0-E)}{\hbar^2}$，$k_2$ 为实数，将 k_1 和 k_2 代入上述定态薛定谔方程，得

$$\begin{aligned}&\frac{\mathrm{d}^2\psi_1}{\mathrm{d}x^2}+{k_1}^2\psi_1=0\ (x<0)\\&\frac{\mathrm{d}^2\psi_2}{\mathrm{d}x^2}-{k_2}^2\psi_2=0\ (0<x<a)\\&\frac{\mathrm{d}^2\psi_3}{\mathrm{d}x^2}+{k_1}^2\psi_3=0\ (x>a)\end{aligned} \tag{13-61}$$

其解为

$$\begin{aligned}&\psi_1(x)=A\mathrm{e}^{\mathrm{i}k_1x}+A'\mathrm{e}^{-\mathrm{i}k_1x}\\&\psi_2(x)=B\mathrm{e}^{\mathrm{i}k_2x}+B'\mathrm{e}^{-\mathrm{i}k_2x}\\&\psi_3(x)=C\mathrm{e}^{\mathrm{i}k_1x}\end{aligned} \tag{13-62}$$

上式第一项表示沿 x 轴正方向传播的平面波，第二项表示沿 x 轴负方向传播的反射波. 由于粒子到达区域Ⅲ后，不存在反射，所以 $\psi_3(x)$ 只有入射波，没有反射波项. 利用波函数及其一阶微商在 $x=0$ 和 $x=a$ 处连续的条件，可以确定波函数中的相关系数：

$$A'=\frac{2\mathrm{i}({k_1}^2-{k_2}^2)\sin k_2a}{(k_1+k_2)^2\mathrm{e}^{-\mathrm{i}k_2a}-(k_1-k_2)^2\mathrm{e}^{\mathrm{i}k_2a}}A \tag{13-63}$$

$$C=\frac{4k_1k_2\mathrm{e}^{-\mathrm{i}k_1a}}{(k_1+k_2)^2\mathrm{e}^{-\mathrm{i}k_2a}-(k_1-k_2)^2\mathrm{e}^{\mathrm{i}k_2a}}A \tag{13-64}$$

以上两式给出了透射波振幅 C、反射波振幅 A' 与入射波振幅 A 之间的关系. 式(13-64)显示即使 $E<U_0$，透射波仍然存在，粒子有一定的概率穿透势垒. 粒子能穿透比其动能更高的势垒的现象，称为**隧道效应**. 通常用**贯穿系数** T 表示粒子穿透势垒的概率，其定义为 $x=a$ 处透射波的强度(模的平方)与入射波的强度之比，即

$$T=\frac{|\psi_3(a)|^2}{A^2}\approx e^{-\frac{2a}{\hbar}\sqrt{2m(U_0-E)}} \tag{13-65}$$

可见，贯穿概率与势垒的宽度与高度有关．a 变大（势垒加宽）或 U_0 变大（势垒变高）将导致贯穿系数变小．势垒很宽或能量差很大的情形下，贯穿系数近似为零，此时量子力学与经典力学的结论是一致的．

微观粒子穿透势垒的现象已被实验证实，如 α 衰变、电子的场致发射、超导中的隧道结等．日本物理学家江琦玲於奈（Esaki）利用隧道效应制成隧道二极管，发现了半导体中的隧道效应，获得了 1973 年度诺贝尔物理学奖．利用隧道效应研制成功的扫描隧道显微镜（Scanning Tunneling Microscopy，简称 STM）已成为研究材料表面结构的重要工具．

13.8.3　谐振子

粒子在一维势场中运动，如晶体中晶格的振动、表面原子的振动等，其势能函数可写为

$$U=\frac{1}{2}kx^2=\frac{1}{2}m\omega^2x^2 \tag{13-66}$$

这种体系称为线性谐振子或一维谐振子．式中，$\omega=\sqrt{\frac{k}{m}}$ 是振子的固有角频率，m 是振子的质量，k 是振子的等效劲度系数，x 是振子相对平衡位置的位移．此时的定态薛定谔方程可表示为

$$\frac{d^2\psi}{dx^2}+\frac{2m}{\hbar^2}\left(E-\frac{1}{2}m\omega^2x^2\right)\psi=0 \tag{13-67}$$

这是一个变系数的常微分方程，可以证明，为了使波函数满足单值、连续和有限的条件，谐振子的能量 E 须满足：

$$E_n=\left(n+\frac{1}{2}\right)\hbar\omega=\left(n+\frac{1}{2}\right)h\nu,n=0,1,2,\cdots \tag{13-68}$$

显然，谐振子的能量是量子化的，n 是相应的量子数．与无限深势阱中粒子的能级不同之处在于，谐振子的能级是等间距的．最早大胆提出谐振子的能量是量子化的假设的是普朗克[见式(13-9)]，但在这里，能量量子化是量子力学的一个自然推论．$n=0$ 时的能量 $E_0=\frac{1}{2}\hbar\omega=\frac{1}{2}h\nu$ 称为粒子的零点能，显然粒子的零点能不为零，本质上是微观粒子波动性的表现．零点能的存在已被光的散射实验所证实．光被晶格散射是由于原子的振动引起的，按经典理论，当温度趋于绝对零度时，原子能量趋于零，即原子趋于静止，不再有光散射．然而实验证实，当温度趋于绝对零度时，散射光的强度并不为零，是趋于一个不为零的极限值，说明即使在绝对零度，原子也不可能静止，仍有零点振动能 $\frac{1}{2}h\nu$．

阅读材料 N　　量子通信

从普朗克的能量子假说，到爱因斯坦的光量子理论，再到玻尔的原子理论，在百年的时间里，量子力学发展迅速．尤其是 20 世纪二三十年代，爱因斯坦和玻尔之间的“物理学灵魂的论战”引发了无数科学家对“量子纠缠”现象的研究，从而点燃了量子通信的星星之火．

所谓量子通信，是指利用量子纠缠效应进行信息传递的一种新型的通信方式，是近 20

年发展起来的新型交叉学科，是量子论和信息论相结合的新的研究领域.量子通信具有高效率和绝对安全等特点，是目前国际量子物理和信息科学的研究热点.追溯量子通信的起源，还得从爱因斯坦的“幽灵”——量子纠缠的实证说起.

在量子力学中，有共同来源的两个微观粒子之间存在着某种纠缠关系，不管它们被分开多远，只要一个粒子发生变化，就能立即影响到另外一个粒子，即两个处于纠缠态的粒子无论相距多远，都能“感知”和影响对方的状态，这就是量子纠缠.尽管爱因斯坦最早注意到微观世界中这一现象的存在，却不愿意接受它，并斥之为“幽灵般的超距作用”.量子纠缠已经被实验证实确实存在，量子纠缠的实证被认为是近几十年来最重要的科学发现之一，对科学界和哲学界产生了深远的影响，成为量子计算机和量子通信的理论基础，并从理论走向现实，逐渐走进人们的日常生活.

在量子纠缠理论的基础上，1993年，美国科学家贝内特(C. H. Bennett)提出了量子通信(quantum teleportation)的概念.量子通信是由量子态携带信息的通信方式，它利用光子等基本粒子的量子纠缠原理实现保密通信过程.量子通信概念的提出，使量子纠缠效益开始发挥其真正的威力.

在贝内特提出量子通信概念以后，6位来自不同国家的科学家，基于量子纠缠理论，提出了利用经典通信与量子纠缠相结合的方法实现量子隐形传送的方案，即将某个粒子的未知量子态传送到另一个地方，把另一个粒子制备到该量子态上，而原来的粒子仍留在原处，这就是量子通信最初的基本方案.不仅量子隐形传送在物理学领域对人们认识与揭示自然界的神秘规律具有重要意义，而且可以用量子态作为信息载体，通过量子态的传送完成大容量信息的传输，实现原则上不可破译的量子保密通信.

1997年，在奥地利留学的中国青年学者潘建伟与荷兰学者波密斯特等人合作，首次实现了未知量子态的远程传输.这是国际上首次在实验上成功地将一个量子态从甲地的光子传送到乙地的光子上.实验中传输的只是表达量子信息的“状态”，作为信息载体的光子本身并不被传输.

量子通信具有传统通信方式所不具备的绝对安全特性，不但在国家安全、金融等信息安全领域有着重大的应用价值和前景，而且将逐渐走进人们的日常生活.

为了让量子通信从理论走进现实，从20世纪90年代开始，国内外科学家做了大量的研究工作.自1993年美国IBM的研究人员提出量子通信理论以来，美国国家科学基金会、国防高级研究计划局都对此项目进行了深入的研究；欧盟在1999年集中国际力量致力于量子通信的研究，研究项目多达12个；日本邮政省把量子通信作为21世纪的战略项目；我国从20世纪80年代开始量子光学领域的研究，近几年来，中国科学技术大学的量子研究小组在量子通信方面取得了突出的成绩.

2003年，韩国、中国、加拿大等国学者提出了诱骗态量子密码理论方案，彻底解决了真实系统和现有技术条件下量子通信的安全速率随距离增加而严重下降的问题.2006年夏，中国科学技术大学潘建伟教授小组、美国洛斯阿拉莫斯国家实验室、欧洲慕尼黑大学-维也纳大学联合研究小组各自独立实现了诱骗态方案，同时实现了超过100 km的诱骗态量子密钥分发实验，由此打开了量子通信走向应用领域的大门.

2008年年底，潘建伟的科研团队成功研制了基于诱骗态的光纤量子通信原型系统，在合肥成功组建了世界上首个3节点链状光量子电话网，成为国际上实现了绝对安全的实用

化量子通信网络实验研究的两个团队之一. 2009 年 9 月，潘建伟的科研团队正是在 3 节点链状光量子电话网的基础上，建成了世界上首个全通型量子通信网络，首次实现了实时语音量子保密通信. 这一成果在同类产品中位居国际先进水平，标志着中国在城域量子网络关键技术方面已经达到了产业化要求.

全通型量子通信网络是一个 5 节点的星型量子通信网络，克服了量子信号在商用光纤上传输的不稳定性这个量子保密通信技术实用化的主要技术障碍，首次实现了两两用户间同时进行通信，互不影响. 该网络用户间的距离可达 20 km，可以覆盖一个中型城市；容纳了互联互通和可信中继两种重要的量子通信组网方式，并实现了上级用户对下级用户的通信授权管理. 该成果首次全面展示和检验了量子通信系统组网和扩展的能力，标志着大规模可扩展网络量子通信技术的成熟，将量子通信实用化和产业化进程又向前推进了一大步.

经过 20 多年的发展，量子通信已逐步从理论走向实验，并向实用方向发展.

2022 年，以潘建伟为代表的中国科学家团队通过“天宫二号”和 4 个卫星地面站上的紧凑型量子密钥分发终端，实现了空地量子保密通信网络的实验演示. 2023 年 6 月，中国科学家将异步匹配技术与响应过滤方法引入量子通信，创造了城际量子密钥率的新纪录——传输距离 201 km 处量子密钥率超过 57 000 b/s，传输距离 306 km 处量子密钥率超过 5 000 b/s.

近年来，中国科学家在量子计算领域也有卓越进展. 量子计算是利用诸如叠加和纠缠等量子力学现象来进行计算. 2023 年 10 月，中国科学家成功构建了 255 个光子的量子计算原型机“九章三号”，再度刷新光量子信息的技术水平和量子计算优越性的世界纪录.

习 题

13-1　将北极星看作绝对黑体，测得其单色辐出度在 $\lambda_m = 350$ nm 处有极大值，试估算北极星的表面温度.

13-2　从某炉壁小孔测得炉子的温度为 1 000 K，求炉壁小孔的总辐出度.

13-3　太阳的表面温度约为 6 000 K，如果将太阳看作绝对黑体，求其单色辐出度极大值处对应的波长 λ_m.

13-4　设太阳照射到地球上光的强度为 8 J/(s · m^2)，如果平均波长为 5 000 Å，则每秒钟落到地面上 1 m^2 的光子数量是多少？若人眼瞳孔直径为 3 mm，每秒钟进入人眼的光子数是多少？

13-5　当用波长为 250 nm 的光照射在某材料上时，光电子的最大动能为 2.03 eV，求这种材料的逸出功和红限波长.

13-6　利用单色光和钠制的光电阴极做光电效应实验，发现对于 $\lambda_1 = 300$ nm 的入射光，其遏止电压为 1.85 V，当改变入射光的波长时，其遏止电压变为 0.82 V，问与此相应的入射光波长是多少？钠的逸出功是多少？

13-7　已知钾的光电效应红限为 550 nm，求：

(1) 钾的逸出功.

(2) 在波长 $\lambda = 480$ nm 的可见光照射下，钾的遏止电压.

13-8　金属锂的逸出功为 2.7 eV，那么它的光电效应红限波长为多少？如果有 $\lambda =$ 300 nm 的光投射到锂表面上，由此发射出来的光子的最大动能为多少？

13-9 若一个光子的能量等于一个电子的静能，试求该光子的频率、波长和动量.

13-10 波长为 0.05 nm 的 X 射线在石墨上散射，如果从与入射 X 射线成 60°的方向去观察 X 射线，问：

(1) 波长的改变量 $\Delta\lambda$ 为多少？

(2) 原来静止的电子得到多大动能？

13-11 在康普顿散射中，入射 X 射线的波长为 0.003 nm，当光子的散射角为 90°时，求散射光子的波长及反冲电子的动能.

13-12 在康普顿散射中，入射光子的波长为 0.003 nm，反冲电子的速度为光速的 60%，求散射光子的波长及散射角(考虑相对论情形).

13-13 在康普顿效应的实验中，若散射光波长是入射光波长的 1.2 倍，则散射光子的能量 ε 与反冲电子的动能 E_k 之比等于多少？

13-14 实验测得氢原子莱曼线系的系限波长为 91.1 nm，求莱曼线系第一条谱线的波长.

13-15 已知处于基态氢原子的电离能为 13.6 eV，求氢原子光谱莱曼线系的系限波长、里德伯常量.

13-16 实验测得氢原子光谱巴尔末线系第一条谱线 H_α 的波长为 656.3 nm，求巴尔末线系系限的波长.

13-17 已知氢原子的基态能量为－13.6 eV，求将电子从处于 $n=8$ 能态的氢原子中移去所需的能量.

13-18 实验发现基态氢原子可吸收能量为 12.75 eV 的光子.

(1) 试问氢原子吸收光子后将被激发到哪个能级？

(2) 受激发的氢原子向低能级跃迁时，可发出哪几条谱线？请将这些跃迁画在能级图上.

13-19 处于基态的氢原子被外来单色光激发后发出两条可见光谱线，试求这两条谱线的波长及外来光的频率.

13-20 一质量为 40 g 的子弹以 1 000 m/s 的速度飞行，求与之相应的德布罗意波长.

13-21 求动能为 100 eV 的质子的德布罗意波长(已知质子的质量为 1.67×10^{-27} kg).

13-22 一束带电粒子经 206 V 的电压加速后，测得其德布罗意波长为 0.002 nm，已知该带电粒子所带电荷量与电子电荷量相同，求该带电粒子的质量(非相对论情形).

13-23 已知氢原子的电离能为 13.6 eV，则氢原子第一激发态($n=2$)电子的动能及相应的德布罗意波长为多少(忽略相对论效应)？

13-24 若一个电子的动能等于它的静能，问：

(1) 该电子的速度为多大？

(2) 其相应的德布罗意波长是多少(考虑相对论效应)？

13-25 一个电子沿 x 方向运动，速度 $v_x=500$ m/s，已知其精确度为 0.01%，求测定电子 x 坐标所能达到的最大准确度.

13-26 氢原子线度约为 10^{-10} m，求原子中电子速度的不确定量 Δv.

13-27 带电粒子在威尔孙云室(一种径迹探测器)中的轨迹是一串小雾滴，雾滴的线度约为 1 μm. 为观察能量为 1 000 eV 的电子径迹(属于非相对论情形)，电子动量与经典力学

动量的相对偏差 $\Delta p/p$ 不得小于多少？

13-28　一个质量为 m 的粒子，约束在长度为 L 的一维线段上．试根据不确定关系估算这个粒子所具有的最小能量值．

13-29　在激发能级上的钠原子的平均寿命为 10^{-8} s，发出波长 589 nm 的光子，试求能量的不确定量和波长的不确定量．

13-30　一个原子某激发态的平均寿命是 10^{-9} s，于此态跃迁的辐射波长是 600 nm，求谱线宽度．

13-31　某原子的激发态发射波长为 600 nm 的光谱线，测得波长的精度为 $\frac{\Delta\lambda}{\lambda}=10^{-7}$，该原子态的寿命为多长？

13-32　若原子在某激发态的能级宽度为 5.27×10^{-27} J，求原子处在该态的平均寿命．

13-33　原子处于某激发态的寿命为 4.24×10^{-9} s，向基态跃迁时发射 400 nm 的光谱线，求测得的波长的精度 $\frac{\Delta\lambda}{\lambda}$．

13-34　一微观粒子沿 x 轴方向运动，其波函数 $\psi(x)=\frac{1}{\sqrt{\pi}(1-\mathrm{i}x)}$，求发现粒子概率最大的位置．

13-35　宽度为 a 的一维无限深势阱中粒子的波函数 $\psi(x)=A\sin\frac{n\pi}{a}x$．

（1）求归一化系数 A．

（2）$n=2$ 时在何处发现粒子的概率最大？

13-36　已知粒子在一维矩形无限深势阱中运动，其波函数 $\psi(x)=\frac{1}{\sqrt{a}}\cos\frac{3\pi x}{2a}$ $(-a\leqslant x\leqslant a)$．粒子在 $x=\frac{5}{6}a$ 处出现的概率密度为多少？

13-37　粒子在一维无限深势阱中运动，其波函数 $\psi_n(x)=\sqrt{\frac{2}{a}}\sin\left(\frac{n\pi x}{a}\right)$ $(0<x<a)$．若粒子处于 $n=1$ 的状态，在 $0\sim\frac{1}{4}a$ 区间发现粒子的概率是多少？

13-38　求振动频率为 300 Hz 的一维谐振子的零点能和能级间隔．

第 14 章

原子核与放射性

14.1　原子核的结构和性质

14.1.1　原子核的组成

原子核由质子和中子组成，质子和中子统称为核子. 质子带一个单位的正电荷，常用符号 p 表示，质量是 $1.672\,623\times10^{-27}$ kg. 原子序数就是原子核内的质子数，拥有相同质子数的原子是同一种元素. 中子不显电性，常用符号 n 表示，自由中子的质量是 $1.674\,928\times10^{-27}$ kg，中子是原子中质量最大的亚原子粒子. 中子和质子的尺寸相仿，直径均约为 2.5×10^{-15} m. 由于质子与中子的质量相近且远大于电子，所以用原子核中质子和中子数量的总和定义相对原子质量，称为质量数 A. 若质子数是 Z，则原子核内的中子数 $N=A-Z$. 如果用 X 表示某种元素的化学符号，则可以用 ${}_Z^AX$ 表示该原子核的符号. 由于元素符号 X 已经确定了它的原子序数，因此，通常核素也可简记为 ${}^AX$.

微观粒子的静止质量通常可用原子质量单位 u 来表示，原子质量单位 u 被定义为电中性的碳-12 原子质量的十二分之一，$1\ \mathrm{u}=1.660\,538\,8\times10^{-27}$ kg. 氢元素里的氕是最轻的原子，质量为 1.007 825 u. 最重的稳定原子是铅，质量为 207.976 652 1 u. 若质子和中子的质量分别记作 m_p 和 m_n，则 $m_p=1.007\,276$ u，$m_n=1.008\,665$ u. 一个原子的质量约为质量数与原子质量单位的乘积.

根据实验资料，原子核半径 R 的经验公式为

$$R=r_0 A^{1/3} \tag{14-1}$$

式中，A 是原子核的质量数；r_0 是比例常数，其值约等于 1.2×10^{-15} m. 原子核的半径只有原子半径的万分之一，但它却集中了 99%以上的原子质量. 若用波函数来描述核，它也是没有确定的边界的，大多数原子核是稍稍偏离球形的长球形，但对于许多问题的研究，可以把原子核看作是具有确定边界的球形. 如估算原子核的密度，设某原子核里 A 个核子紧密结合在一个圆球形体积内，原子核的平均密度为

$$\rho=\frac{M}{V}=\frac{M}{(4/3)\pi R^3}\approx\frac{3A\mathrm{u}}{4\pi {r_0}^3 A}=\frac{3\mathrm{u}}{4\pi {r_0}^3} \tag{14-2}$$

由式(14-2)可知，各种原子核的密度是相同的，大约为 $2.3\times10^{17}\ \mathrm{kg/m^3}$. 这个密度非常巨大，大约是典型的固体物质密度的一百万亿倍. 这个数据说明原子中绝大部分是空的，核子都紧密结合在很小的区域中.

由于质子带正电，根据库仑定律，质子间的排斥力原本应该使原子核散开，但核中的质子能和其他的质子以及中子非常紧密地结合在一起，就意味着原子核中存在着一种比电磁力强得多的吸引力，这种力就是核力. 在一定距离内，核力比静电力大百倍以上；超过一定距

离，核力作用很快下降为零. 核力的作用范围被称作力程，力程在 2.5 fm 左右，最多不超过 3 fm，即不能从一个原子核延伸到另一个原子核，因此核力属于短程力. 核力作用和电荷无关，质子和质子、质子和中子、中子和中子之间，都存在着相互吸引的核力，它们的表现也大致相同. 核力还具有饱和性，在原子核中，某个核子只与邻近的有限几个核子之间存在着核力的作用.

同种元素的原子带有相同数量的质子，而中子数可以不同. 具有相同质子数和中子数的原子核称为核素，质子数相同、中子数不同的同种元素被称为同位素. 例如，氢有 ^{1}H、^{2}H、^{3}H 3 种原子，它们的原子核中分别有 0、1、2 个中子，这 3 种核素互称为同位素. 质量数 A 相同但原子序数 Z 不同的核素，称为同量异位素.

14.1.2 结合能 原子核的稳定性

实验表明，原子核的质量总是小于组成原子核的全部核子质量的总和，这说明单个核子在组成原子核时质量有了减少，差额 Δm 称为质量亏损. 质量亏损

$$\Delta m = Zm_p + (A-Z)m_n - m_X \tag{14-3}$$

式中，m_p、m_n 和 m_X 分别表示质子、自由中子和原子核 $^{A}_{Z}X$ 的质量. 减少的这部分质量，按照爱因斯坦的质能关系公式转化为能量释放出来，相应的能量 $\Delta E = \Delta mc^2$ 就是原子核的结合能. 故原子核的结合能就是将若干个核子结合成原子核放出的能量或是将原子核的核子全部分散开来所需的能量，核的结合能也称总结合能，是核的重要性质之一. 为了比较各种原子核结合的紧密程度，采用每颗核子的平均结合能比较方便，平均结合能也叫比结合能，其数值等于原子核的结合能 ΔE 除以原子核的核子个数（或质量数）A. 在原子核物理中常用比结合能来表示原子核的稳定性，比结合能越大，原子核越难被分解成单个的粒子，核越稳定.

图 14-1 所示为各种核素的比结合能曲线，从图中可以得出：质量中等的核，比结合能大，其中铁原子核的比结合能最大，最为稳定；重核的比结合能要小些，因此它们倾向于分裂并放出能量；轻核的比结合能也比较小，且有明显的起伏，它们倾向于互相结合，组成较大的原子核. 使重核裂变为两个质量中等的核或使轻核聚变，都可使核更为稳定并放出能量，这是核能释放的两种途径.

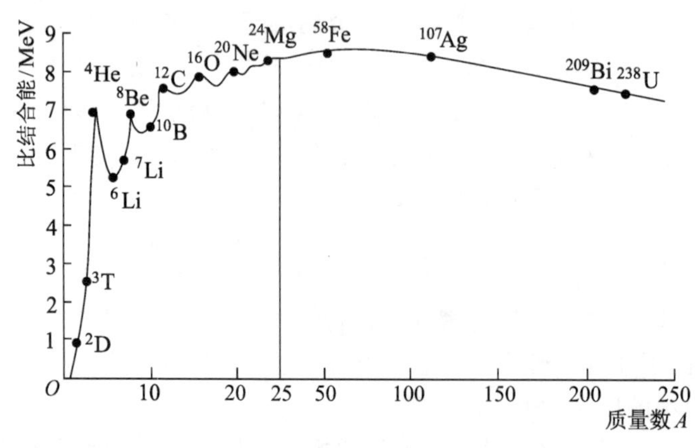

图 14-1 比结合能曲线

其实,任何由更小的粒子组成的系统的质量都小于各粒子分散时的质量的总和,系统都具有相应的结合能.电子与原子核结合成原子的结合能就是原子的电离能,原子或离子结合成晶体也有结合能,但核的结合能比原子的结合能要大得多.

例题 14-1　若氦核的质量为 4.001 505 u,试计算氦原子核的质量亏损、结合能和比结合能.

解: 氦核的 $A=4,Z=2,m_{He}=4.001\ 505\ u,m_p=1.007\ 276\ u,m_n=1.008\ 665\ u$,氦核的质量损亏为

$$
\begin{aligned}
\Delta m &= Zm_p+(A-Z)m_n-m_{He}\\
&=2\times 1.007\ 276\ u+2\times 1.008\ 665\ u-4.001\ 505\ u=0.030\ 377\ u
\end{aligned}
$$

根据质能方程,1 u 对应的能量为 $E=mc^2=931.49\ MeV$,

所以氦核的结合能为 $\Delta E=\Delta mc^2=0.030\ 377\times 931.49=28.296(MeV)$,

氦核的比结合能为 $\dfrac{\Delta E}{A}=\dfrac{28.296}{4}=7.074(MeV)$.

14.1.3　原子核的自旋和磁矩

在量子力学中,自旋是基本粒子或复合粒子所具有的一种角动量的内在属性,虽然有时会将其与经典力学中的自转相类比,但实际上两者本质是不同的.经典意义中的自转,是物体对于其自转轴的旋转,而在量子力学中,理论及实验验证都发现基本粒子可看作是不可分割的点粒子,因此无法将物体自转直接套用到自旋角动量上去,而仅能将自旋看作是粒子的一种内在性质,是与生俱来带有的一种角动量.自旋角动量是系统的一个可观测量,在量子力学中,任何体系的角动量都是量子化的,无法用现有的手段去改变其取值.复合粒子的自旋是其内部各组成部分之间相对轨道角动量和各组成部分的自旋角动量的总向量和.

原子核由质子和中子组成,质子和中子都有确定的自旋角动量,它们在核内还有轨道运动所对应的轨道角动量,所有这些角动量的总和就是原子核的自旋角动量,反映了原子核的内禀特性,是原子核的重要性质之一.

原子核的自旋角动量为 $L_I=\sqrt{I(I+1)}\hbar$,式中 I 为核自旋量子数,$\hbar=\dfrac{h}{2\pi}$是约化普朗克常数.不同的原子核具有不同的自旋量子数;质量数为奇数的原子核,核自旋量子数等于$\dfrac{1}{2}$的奇数倍;质量数为偶数的原子核,核自旋量子数为零或正整数.

原子核带有电荷且有自旋,所以原子核具有一定的磁矩,称为原子核磁矩,用 μ_I 表示.原子核磁矩也是核的重要性质之一,是表征原子核磁性大小的物理量.原子核磁矩和原子核自旋角动量的关系为 $\mu_I=g\ \dfrac{e}{2m_p}L_I$,式中,$e$ 和 m_p 分别是质子的电荷量和质量;g 称为 g 因子,是个无量纲的常数,不同的原子核具有不同的 g 因子,比如质子(氢核)的 g 因子 $g_p=5.586$,氘核的 g 因子 $g_D=0.857\ 48$.

14.2 原子核的衰变

1896 年，法国物理学家贝克勒尔在研究铀盐的实验中，首先发现了铀化合物本身能放出一种肉眼看不见的射线，这种现象叫作放射性. 后来又发现所有原子序数大于 83 的天然存在的元素都具有放射性，还可以用人工的方法产生自然界原本不存在的放射性元素.

一种元素的原子核自发地放出某种射线而转变成其他种类元素的原子核的现象，称作放射性衰变. 能发生放射性衰变的核素，称为放射性核素（或称放射性同位素）. 较轻的元素中也有许多放射性同位素，比如碳的三种同位素，碳-14 是放射性的，碳-12 和碳-13 却不是.

放射性同位素拥有不稳定的原子核，从而能发生放射性衰变. 最常见的放射性衰变有 α 衰变、β 衰变和 γ 衰变，所有的衰变过程都严格遵守质量守恒、能量守恒、动量守恒、核子数守恒和电荷守恒等基本定律.

14.2.1 α 衰变

α 衰变是原子核自发放射 α 粒子的核衰变过程. 自从贝可勒尔发现放射性，人们投入了大量的时间和精力研究 α 衰变，卢瑟福和他的学生经过整整 10 年的努力，终于证明了 α 粒子就是电荷数为 2、质量数为 4 的氦原子核.

设衰变前的原子核（称母核）为 ${}^{A}_{Z}X$，衰变后的原子核（称子核）为 ${}^{A-4}_{Z-2}Y$，α 衰变可表示为

$$ {}^{A}_{Z}X \to {}^{A-4}_{Z-2}Y + {}^{4}_{2}He + Q \tag{14-4}$$

子核的原子序数比母核少 2，相当于在元素周期表上向前移动两位，这条规律称为 α 衰变的位移定则. 例如：

$$ {}^{238}_{92}U \to {}^{234}_{90}Th + {}^{4}_{2}He + Q $$

$$ {}^{226}_{88}Ra \to {}^{222}_{86}Rn + {}^{4}_{2}He + Q $$

式中，Q 表示衰变能（母核衰变成子核时放出的能量），α 衰变能 Q 可表示为 $Q=(m_X-m_Y-m_\alpha)c^2$，其中 m_X、m_Y 和 m_α 分别是母核、子核和 α 粒子的静止质量.

α 衰变能 Q 以 α 粒子的动能 E_α 和子核的反冲能 E_Y 的形式表现出来，$Q=E_\alpha+E_Y$，但过程中衰变能绝大部分转化为 α 粒子的动能，子核所占的动能很小，α 粒子以很高的速度从母核中飞出.

实验表明，在发生 α 衰变的核素中，只有少数几种核素放射出单能的 α 粒子，大多数核素放出几种不同能量的 α 粒子，使子核处于激发态或基态，因此 α 粒子的能谱是不连续的线状谱，而且常伴有 γ 射线.

核衰变过程可以用衰变能级图表示，图 14-2 表示镭核（${}^{226}_{88}Ra$）α 衰变的两种方式.

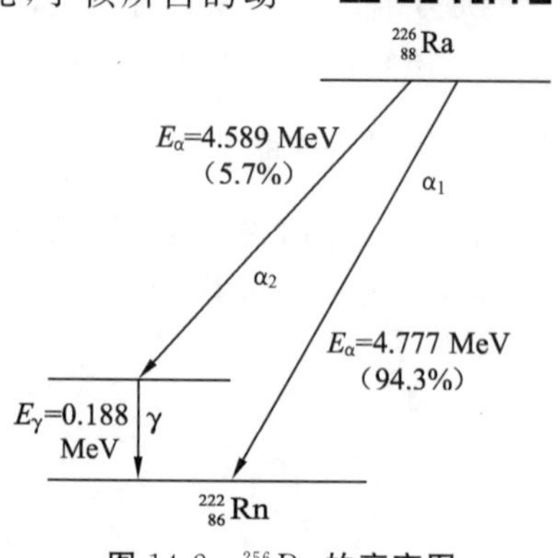

图 14-2 ${}^{256}_{88}Ra$ 的衰变图

14.2.2　β 衰变和电子俘获

原子核自发地放射出 β 粒子或俘获一个轨道电子而发生的转变称为 β 衰变，放出电子的称为“负 β 衰变”（β^- 衰变），放出正电子的称为“正 β 衰变”（β^+ 衰变），原子核从核外电子壳层中俘获一个轨道电子的衰变过程称为电子俘获．在 β 衰变中，原子核的质量数不变，只是电荷数改变了一个单位，因此母核与子核属于同量异位素．β 衰变中放出的 β 粒子的能量是连续分布的，为了解释这一现象，1930 年泡利提出了 β 衰变放出中性微粒的假说．

一、β^- 衰变

β^- 粒子是电子，β^- 衰变实际上是母核中的一个中子（${}^1_0n$）转变为一个质子（${}^1_1p$），并发射出一个电子和反中微子（${}^0_0\bar{\nu}$）的过程．β^- 衰变可用下式表示：

$$ {}^A_ZX \longrightarrow {}^{A}_{Z+1}Y + e^- + {}^0_0\bar{\nu} + Q \qquad (14\text{-}5)$$

例如，对常用的放射源 C_O-60，有

$$ {}^{60}_{27}Co \longrightarrow {}^{60}_{28}Ni + {}^{0}_{-1}e + {}^0_0\bar{\nu} + Q $$

考古中用的 C-14，有

$$ {}^{14}_{6}C \longrightarrow {}^{14}_{7}N + e^- + {}^0_0\bar{\nu} + Q $$

反中微子是不带电的中性微粒，它的静止质量接近于零，是中微子（${}^0_0\nu$）的反粒子，它与其他粒子的相互作用极其微弱，即使沿直径穿过地球，能量也几乎没有损失．

发生 β^- 衰变后，子核与母核质量数相同，子核的原子序数增加 1，在周期表中比母核后移 1 位．图 14-3 为两种放射性核素的 β^- 衰变，其中钴-60 是放射治疗中常用的核素．由图可见发生 β^- 衰变的核素，有的只放射 β^- 粒子，有的在放射 β^- 粒子的同时，还伴随有 γ 粒子，有的要放射两种或多种能量的 β^- 粒子．

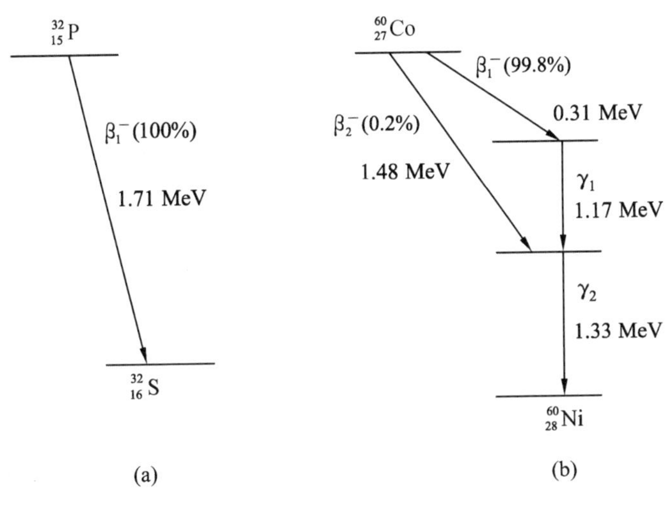

图 14-3　β^- 衰变图

二、β^+ 衰变

放射性核素的原子核放射出 β^+ 射线而变成原子序数减少 1 的核素的过程称 β^+ 衰变，β^+ 粒子是带 1 个单位正电荷且静止质量与电子相等的粒子（正电子），可用 β^+、e^+ 或 ${}^{0}_{1}e$ 来表示. 在 β^+ 衰变中，核内的一个质子转变成中子，同时释放一个正电子和一个中微子，这种衰变只有人工放射性核素才能发生. β^+ 衰变用下式表示：

$${}^{A}_{Z}X \longrightarrow {}_{Z-1}^{\ \ A}Y + e^+ + {}^{0}_{0}\nu + Q \tag{14-6}$$

例如：

$${}^{13}_{7}N \longrightarrow {}^{13}_{6}C + {}^{0}_{1}e + {}^{0}_{0}\nu + Q$$

β^+ 粒子是不稳定的，只能存在短暂的时间，当它被物质阻障失去动能后，可与物质中的电子相结合而转化成一对沿相反方向飞行的 γ 光子，这一过程称为湮没辐射.

β 衰变所放出的能量由 β 粒子、（反）中微子和子核所共有，虽子核分得的能量可忽略不计，但能量在另两种粒子之间的分配是不固定的. 同一种核素放出的 β 粒子的动能形成一个连续的能谱，如图 14-4 所示. 各种核素放出的 β 射线能谱的上限能量 E_m 各不相同，但能谱的形状大致相似，且其中能量接近 $E_m/3$ 的 β 粒子最多，一般图表上所给的 β 射线的能量是指最大值 E_m.

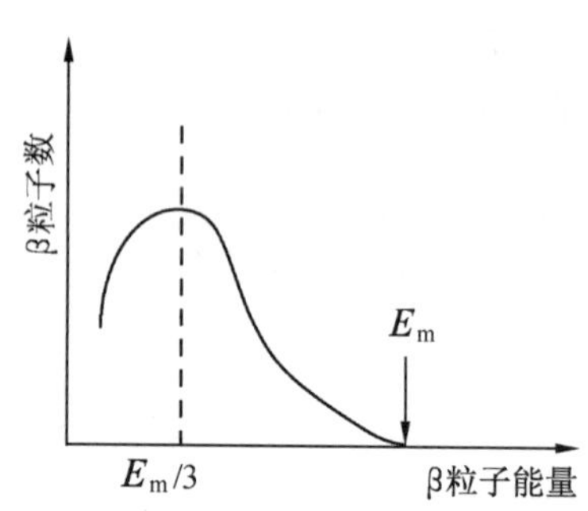

图 14-4　β 射线能谱

三、电子俘获

原子核俘获核外电子，使核内的一个质子转变为一个中子，同时又放出一个中微子，而使得核的电荷数减 1 的衰变过程称为电子俘获. 如果母核俘获一个 K 层电子就称为 K 俘获，同理还有 L 俘获和 M 俘获. 因 K 层最靠近原子核，故发生 K 俘获的概率最大. 电子俘获过程可表示为

$${}^{A}_{Z}X + {}_{-1}^{\ \ 0}e \longrightarrow {}_{Z-1}^{\ \ A}Y + {}^{0}_{0}\nu + Q \tag{14-7}$$

例如：

$${}^{26}_{13}Al + {}_{-1}^{\ \ 0}e \longrightarrow {}^{26}_{12}Mg + {}^{0}_{0}\nu + Q$$

在电子俘获过程中，可能出现更外层电子填补内层电子空位而产生标识 X 射线或俄歇电子的现象. 当高能级的电子跃迁至低能级时，其多余的能量直接转移给同一能级的另一个电子而不辐射 X 射线，接收这份能量的电子脱离原子成为自由电子，这种电子就叫俄歇电子. 在实际工作中，常通过观测 X 射线或俄歇电子来确定电子俘获是否发生.

14.2.3　γ 衰变和内转换

一、γ 衰变

处于激发态的核，通过放射出 γ 射线而跃迁到基态或较低能态的现象叫作 γ 衰变. 通常在发生 α 衰变或 β 衰变时，所生成的子核仍处于不稳定的较高能态（激发态），子核通过发射 γ 光子从不稳定的高能状态跃迁到稳定或较稳定的低能状态，图 14-2 和图 14-3 中都有伴随 α 衰变和 β 衰变而发生的 γ 衰变. 经过 γ 衰变后，核的原子序数和质量数都不变,只是能级发生了改变.

由于此衰变不涉及质量或电荷变化,故并没有特别重要的反应式.

γ 射线是电磁辐射,具有在电磁辐射的频谱中最高的频率和能量,属于高能光子,活细胞吸收它们时会产生伤害. γ 射线在医学、核物理技术等应用领域占有重要地位.

二、内转换

有时处于激发态的核回到基态或较低能态时不辐射 γ 射线,而是将能量直接传给一个核外电子(主要是 K 层电子),使该电子电离出去.这种现象称为内转换,放出的电子称作内转换电子.内转换发生后,在原子的 K 层或 L 层留下空位,因此还会有标识 X 射线或俄歇电子出现,这与电子俘获的情况相同.

14.3 原子核的衰变规律

14.3.1 指数衰变规律

放射性核是一个量子体系,核衰变是一个量子跃迁过程,遵从量子力学的统计规律,也就是说,对于任何一个放射性核,发生衰变的时刻完全是偶然的,不能预料,而大量放射性核的集合作为一个整体,衰变规律却是十分确定的.

对于某一放射性元素集合体,设 t 时刻的放射性母核数为 N, $t+\mathrm{d}t$ 时刻的放射性母核数为 $N+\mathrm{d}N$,由实验和理论可知,在 $t\sim t+\mathrm{d}t$ 时间间隔内衰变的核数 $-\mathrm{d}N$ 和时间间隔 $\mathrm{d}t$ 之比,与 t 时刻的母核数 N 成正比,即

$$\frac{-\mathrm{d}N}{\mathrm{d}t}=\lambda N$$

故

$$-\mathrm{d}N=\lambda N\mathrm{d}t \tag{14-8}$$

式中,负号表示母核的个数随着时间的增加而减少;比例系数 λ 称为衰变常量,表示单位时间内放射性核的衰变概率,它反映了放射性核衰变的快慢.衰变常量由原子核本身的性质决定,而与其化学状态无关,也不受温度、压力等物理因素的影响,且每一种放射性核素都有各自的 λ 值.如果一种核素同时发生 n 种类型的核衰变,且它们的衰变常数分别为 $\lambda_1,\lambda_2,\cdots,\lambda_n$,则总的衰变常数 λ 等于各衰变常数之和,即 $\lambda=\lambda_1+\lambda_2+\cdots+\lambda_n$, λ 值越大,衰变越快.

将式(14-8)两边积分,并利用 $t=0$ 时 $N=N_0$ 的初始条件,可以得到

$$N=N_0\mathrm{e}^{-\lambda t} \tag{14-9}$$

这就是放射性衰变定律.它表明,放射性物质是按指数规律衰减的.

14.3.2 半衰期和平均寿命

实际中常用半衰期 $T_{\frac{1}{2}}$ 或平均寿命 τ 来反映衰变的快慢.半衰期是放射性核衰变掉一半所需的时间,根据此定义,若当 $t=0$ 时核素的个数为 N_0,当 $t=T_{\frac{1}{2}}$ 时,核素的个数 $N=N_0/2$,代入式(14-9),就有

$$\frac{N_0}{2}=N_0\mathrm{e}^{-\lambda T_{\frac{1}{2}}}$$

取对数得

$$T_{\frac{1}{2}}=\frac{\ln 2}{\lambda}=\frac{0.693}{\lambda} \tag{14-10}$$

上式表明,半衰期与衰变常数成反比.若用半衰期代替衰变常数,即将上式代入式(14-9),可得

$$N=N_0\mathrm{e}^{\frac{-\ln 2}{T_{\frac{1}{2}}}t}=N_0\left(\frac{1}{2}\right)^{\frac{t}{T_{\frac{1}{2}}}} \tag{14-11}$$

这是用半衰期表示的衰变定律,当 t 是 $T_{\frac{1}{2}}$ 的整数倍时,应用式(14-11)极为方便.例如,^{60}Co的半衰期约为 5.3 年,经过 2 个半衰期就剩下原来的 1/4,如图 14-5 所示.

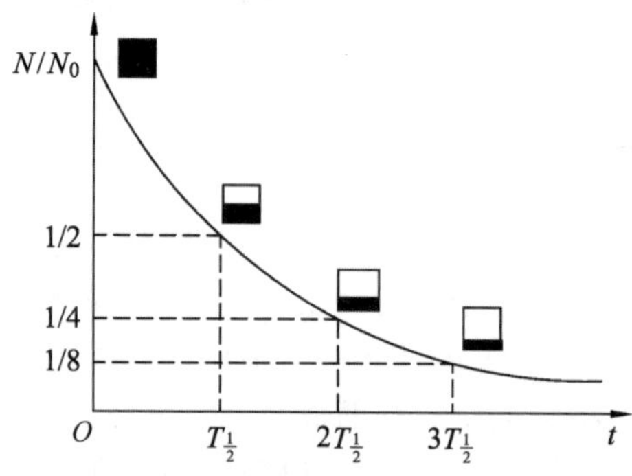

图 14-5 放射性原子核的指数衰变规律

当放射性核素引入体内时,其原子核的数量一方面要按自身衰变的规律递减,另一方面还要通过人体的代谢排泄而减少,这是两个互不影响而又同时进行的过程.假设由于人体的排泄作用使得放射性核素也按指数规律衰减,与之对应的生物衰变常数为 λ_b,则放射性核素的总有效衰变常数 λ_e 为

$$\lambda_e=\lambda+\lambda_b \tag{14-12}$$

式中,λ 是物理衰变常数.根据半衰期与衰变常数的关系,由式(14-10)可得

$$\lambda_e=\frac{\ln 2}{T_e},\lambda=\frac{\ln 2}{T_{\frac{1}{2}}},\lambda_b=\frac{\ln 2}{T_b} \tag{14-13}$$

T_e、$T_{\frac{1}{2}}$、T_b 分别为有效半衰期、物理半衰期、生物半衰期,将上面三式代入式(14-12)并除以 ln2,得

$$\frac{1}{T_e}=\frac{1}{T_{\frac{1}{2}}}+\frac{1}{T_b} \tag{14-14}$$

可见,有效半衰期比物理半衰期和生物半衰期都短,当 $T_b>20T_{\frac{1}{2}}$ 时,T_e 值基本上等于 $T_{\frac{1}{2}}$ 值.表 14-1 是几种医用放射性核素的三种半衰期.

表 14-1 几种医用放射性核素的三种半衰期

（单位：天）

核素名	$T_{\frac{1}{2}}$	T_b（全身）	T_e
磷^{32}P	24.3	257	13.5
铬^{51}Cr	27.7	616	26.5
铜^{64}Cu	0.529	80	0.526
钼^{99}Mo	2.75	5	1.8
锝^{99m}Tc	0.25	1	0.2
金^{195}Au	2.7	120	2.64
汞^{203}Hg	46.76	10	8.4

在一个放射性核素的样品中，有的原子核衰变得早，有的衰变得晚，完全是偶然事件，即一个单独的放射性核的寿命可以是 0～∞间的任意值，但对于单一核素的集合而言，大量放射性核的平均生存时间是一定的，称为平均寿命，用 τ 表示. 设 $t=0$ 时，放射性样品的母核个数为 N_0，经过时间 t 后，原子核个数变为 N，在 $t\sim t+\mathrm{d}t$ 时间内衰变掉的核的个数由式(14-8)知为 $-\mathrm{d}N=\lambda N\mathrm{d}t$，这 $-\mathrm{d}N$ 个核的寿命都为 t，它们的总寿命为 $-\mathrm{d}N\cdot t$，于是样品中全部的放射性核的总寿命为

$$\int_0^{\infty}-\mathrm{d}N\cdot t=\int_0^{\infty}\lambda Nt\,\mathrm{d}t$$

这种核素的原子核的平均寿命 τ 为

$$\tau=\frac{1}{N_0}\int_0^{\infty}\lambda Nt\,\mathrm{d}t=\frac{1}{N_0}\int_0^{\infty}\lambda t\cdot N_0\mathrm{e}^{-\lambda t}\cdot\mathrm{d}t=\frac{1}{\lambda}=1.44T_{\frac{1}{2}}\tag{14-15}$$

上式说明，平均寿命等于衰变常数的倒数，比 $T_{\frac{1}{2}}$ 大 50%左右.

14.3.3 放射性活度

我们在应用放射性核素时须了解它放射性的强弱. 如果单位时间内原子核衰变的个数越多，则该放射源发出的射线越强，反之则射线越弱. 因此，我们用单位时间内衰变的核数来表示放射性强度，又称为放射性活度，记作 A. 由式(14-8)，可得

$$A=-\frac{\mathrm{d}N}{\mathrm{d}t}=\lambda N\tag{14-16}$$

因为 $N=N_0\mathrm{e}^{-\lambda t}$，于是

$$A=\lambda N_0\mathrm{e}^{-\lambda t}=A_0\mathrm{e}^{-\lambda t}\tag{14-17}$$

式中，$A_0=\lambda N_0$ 是 $t=0$ 时的放射性活度. 上两式表明，放射性活度 A 与现有原子核个数 N 成正比，与衰变常量成正比，放射性活度也是按指数规律衰减的. 如果将 $\lambda=\frac{\ln 2}{T_{\frac{1}{2}}}$ 代入式(14-17)，可得到用半衰期 $T_{\frac{1}{2}}$ 表示的放射性活度，即

$$A=A_0\left(\frac{1}{2}\right)^{\frac{t}{T_{\frac{1}{2}}}}\tag{14-18}$$

放射性活度的国际单位是贝克勒尔，记作 Bq，1 Bq=1 s^{-1}. 常用的旧单位是居里，用 Ci

表示，1 Ci＝3.7×10^{10} Bq. 居里是一个很大的单位，在核医学检测中通常使用毫居里（mCi）或微居里（μCi），但在放射性治疗中使用的 Co-60 放射源，其放射性活度很大，通常可高达数百至千居里.

例题 14-2 $^{226}_{88}\mathrm{Ra}$ 的半衰期为 1 600 年，1 克镭的活度是多少？

解： 1 克镭的原子数为 $N=\frac{1}{226}\times6.022\times10^{23}=2.665\times10^{21}$，

衰变常量 $\lambda=\frac{0.693}{T_{\frac{1}{2}}}=\frac{0.693}{1\,600\times365\times24\times3\,600}=1.373\times10^{-11}\ \mathrm{s}^{-1}$，

故活度为

$$A=\lambda N=3.659\times10^{10}\ \mathrm{s}^{-1}$$

由计算结果可知，1 克镭的活度近似为 1 Ci.

例题 14-3 某医院同位素室向工厂购买放射性 $^{198}_{79}\mathrm{Au}$，经 16 h 才能运到医院. 若运到医院时活度为 200 mCi，那么工厂发货时活度是多少（$^{198}_{79}\mathrm{Au}$ 的 $T_{\frac{1}{2}}=2.7$ d）？

解： 因为 $A=A_0\mathrm{e}^{-\lambda t}=A_0\mathrm{e}^{-\frac{0.693}{T_{\frac{1}{2}}}t}$，所以 $200=A_0\mathrm{e}^{-\frac{0.693}{2.7\times24}\times16}=A_0\mathrm{e}^{-0.171}$.

工厂发货时的活度为 $A_0=\frac{200}{\mathrm{e}^{-0.171}}=\frac{200}{0.843}=237(\mathrm{mCi})$.

14.3.4 放射性平衡

很多放射性核素衰变后，生成的新核素不稳定，会立刻开始衰变，发射自己的射线而变为另一种新核素. 这一现象可以延续好几“代”，形成一个放射性核素的“家族”，称为放射族或放射系. 它们都是从一个长寿命（半衰期很长）的核素开始的，这个起始的核素称为母体. 比如铀族，母体是 $^{238}_{92}\mathrm{U}$，半衰期是 4.51×10^{9} 年，经过 8 次 α 衰变和 6 次 β^- 衰变，最后到达稳定的核素 $^{206}_{82}\mathrm{Pb}$. 再如钍族，母体是 $^{232}_{90}\mathrm{Th}$，半衰期是 1.4×10^{10} 年，经过 6 次 α 衰变和 4 次 β^- 衰变，最后到稳定的核素 $^{208}_{82}\mathrm{Pb}$. 在各个放射族中，都存在着母体衰变为子体，子体再衰变成第三代、第四代子体的递次衰变，各代的衰变快慢相差很大. 对母体来说，其数量随时间减少的快慢，仅决定于其本身的衰变常数，但对于子体来说情况就复杂得多，因为子体不断衰变成第三代的同时，又从母体的衰变中获得补充，这样，子体在数量上的变化不仅与它自己的衰变常量有关，而且与母体的衰变常量有关. 由于母体的衰变，子体的核数逐渐增加，而子体又将按自己的规律进行衰变. 因为放射性活度（衰变率）与现有的核数成正比，所以随着子体核数的增加，子核单位时间里衰变的核数也增加，经过一段时间后，子核单位时间里衰变掉的核数将等于它从母体衰变而得到补充的个数，于是子核的核数就不再增加，这样就达到了放射性平衡，这时，母核和子核的放射性活度相等.

放射性平衡在放射性核素的应用中具有一定的意义. 短半衰期的核素在医学中应用很广，但在供应上有很大的困难. 由上述的递次衰变现象可知，当母体与子体达到或接近放射性平衡时，子体的放射性活度等于或接近母体的放射性活度. 如果把子体从母体中分离出来，经过一定时间后，子体与母体又会达到新的放射性平衡，再把子体分离出来，又可以再达到新的放射性平衡. 这种由长寿命核素不断地获得短寿命核素的分离装置叫作核素发生器. 由于母体的寿命很长，一套核素发生器可以在较长时间内供应短寿命核素.

14.4 射线与物质的相互作用

14.4.1 带电粒子与物质的相互作用

放射性核衰变发射出的 α 射线和 β 射线都是带电粒子束. 带电粒子作用于物质所引起的某些物理、化学变化或作用于生物体时所产生的某些生物效应,几乎都是由带电粒子把能量传递给物质引起的. 带电粒子与物质的相互作用主要有以下几种.

一、电离作用

当带电粒子通过物质时,和物质原子的核外电子发生静电作用,使电子脱离原子轨道形成一个带负电荷的自由电子,失去核外电子的原子带有正电荷,与自由电子形成一离子对,这一过程称为电离. 带电粒子电离能力的大小可用带电粒子在单位路径上形成离子对的数目表示,称为电离密度或比电离. 电离密度与带电粒子的电荷量、速度以及物质密度有关,带电粒子的电荷量越大,其与物质原子核外电子发生静电作用越强,电离密度越大;带电粒子的速度越慢,其与核外电子作用的时间越长,电离密度越大. α 粒子的电离能力最强.

二、激发作用

当带电粒子通过物质时,和物质原子的核外电子发生静电作用,使核外电子获得能量,由能量较低的轨道跃迁到能量较高的轨道,使整个原子处于能量较高的激发态. 激发态的原子不稳定,退激后可释放出光子或热量.

三、散射作用

带电粒子与物质的原子核碰撞而改变运动方向的过程称为散射. 若作用过程中带电粒子没有能量损失,则称为弹性散射;若作用过程中带电粒子损失了一部分能量,则称为非弹性散射. 散射作用的强弱与带电粒子的质量有关,带电粒子的质量越大,散射作用越弱,α 粒子散射一般不明显,β^- 粒子散射较为明显.

四、韧致辐射

带电粒子受到物质原子核电场的作用,运动方向和速度都发生变化,能量减低,多余的能量以 X 射线的形式辐射出来,称为韧致辐射,韧致辐射实际上是一种非弹性散射.

韧致辐射释放的能量与介质的原子序数的平方成正比,与带电粒子的质量成反比,并且随带电粒子能量的增大而增大. α 粒子质量大,一般能量较低,韧致辐射作用非常小,可以忽略不计. β^- 粒子的韧致辐射在空气和水中很小,但在原子序数较大的介质中不可忽略不计,因此,在放射防护中,屏蔽 β 射线应使用原子序数较小的物质,如塑料、有机玻璃、铝等.

五、湮灭辐射

β^+ 衰变产生的正电子可在介质中运行一定的距离,能量耗尽时和物质中的自由电子结合,两个电子的静止质量相当于 1 022 keV 的能量,转化为两个方向相反、能量各为 511 keV 的 γ 光子而自身消失,这个过程叫作湮灭辐射,核医学诊断所用的正电子 ECT(简称 PET)影像设备就是利用湮没辐射原理成像的.

六、吸收作用

带电粒子通过物质时,与物质相互作用,能量不断损失,当能量耗尽后,带电粒子就停留在

物质中,射线不再存在,这个过程称为吸收.射线被吸收前在物质中所行经的路程称为射程,射线的射程与射线的种类、射线能量、介质密度有关,射线能量越高,射程越长;介质密度越大,对射线吸收作用越强,射程越短.在相同的物质中相同能量的β粒子比α粒子射程长很多.

14.4.2 光子与物质的相互作用

X射线和γ射线都是电磁波,它们都是能量很大的光子流.光子与物质相互作用的方式主要有三种:光电效应、康普顿效应和电子对生成,下面分别讨论这三种作用过程.

一、光电效应

光子与物质原子的轨道电子(主要是内层电子)碰撞,把能量全部交给轨道电子使其脱离原子,光子消失,这种作用过程称为光电效应.脱离原子轨道的电子称为光电子.发生光电效应后,原子内层轨道形成空轨道,外层轨道电子很快填充进去,从而释放出特征X射线或俄歇电子.

光电效应发生的概率与入射光子的能量及介质原子序数有关,当光子的能量等于或略高于轨道电子的结合能时,发生光电效应的概率最大,光电效应发生的概率随原子序数的增高明显增大.

二、康普顿效应

光子与原子的核外电子碰撞,将一部分能量传递给电子,使之脱离原子轨道成为自由电子,光子本身能量降低,运行方向发生改变,这个过程称为康普顿效应,释放出的电子称为康普顿电子,经散射后的光子称为康普顿散射光子.

康普顿效应发生的概率与光子的能量和介质的密度有关,当光子的能量为500~1 000 keV时,康普顿效应比较明显;介质的密度越高,康普顿效应越明显.

三、电子对生成

当γ光子能量大于1 022 keV时,其中1 022 keV的能量在物质原子核电场作用下转化为一个正电子和一个负电子,称为电子对生成.余下的能量变成电子对的动能.

电子对生成的概率大约与原子序数的平方成正比.

14.4.3 中子与物质的相互作用

中子不带电,因此中子与原子核或电子之间没有静电作用,当中子通过物质时,不能和核外电子发生作用直接引起电离而损失能量,所以中子的贯穿能力很强.中子与物质相互作用的类型主要取决于中子的能量,中子与物质的作用过程主要可以分为散射和核反应.

中子与物质中原子核碰撞时,可发生弹性散射和非弹性散射,中子把部分能量传给原子核,使原子核受到反冲,而中子本身也改变了运动方向继续行进.反冲核获得能量后,在物质中快速运动时可引起物质电离和激发.根据力学知识,当一个小球和一个质量很大的球碰撞时,小球失去的能量很少,如与质量相等的球碰撞时,失去的能量最多,所以中子和重核碰撞时,只失去一小部分能量,而中子和质子碰撞时,平均失去50%的能量,因此中子射线很容易被含有许多氢原子的轻物质(如水和石蜡)吸收,却能通过很厚的高原子序数的物质(如铅).这一点与X射线和γ射线恰好相反,在防止中子射线时须注意.

由于中子与物质的原子核之间没有库仑力的作用,所以容易接近原子核而被俘获产生核反应.中子可以按能量分为快中子(能量较大)和慢中子(能量较小),慢中子较快中子容易被原子核俘获而产生核反应，如含氢物质中的氢核俘获中子变成同位素氘核，并放出 γ 光子.

中子通过人体时，组成人体组织的许多核素在慢中子作用下会发生核反应变成放射性同位素，核反应所产生的质子、反冲核等都参与对组织的电离作用. 另外，产生的放射性同位素还将在人体中长期遗留，产生不良影响，因此要特别注意中子射线对人体的伤害.

14.5 射线的探测、剂量与防护

14.5.1 射线的探测

对放射性核素的研究，都是通过探测其放出的射线来实现的. 射线探测器是一种换能器，它利用射线与物质的相互作用，将射线的能量转换成可记录的电脉冲信号. 下面介绍几种常用的射线探测器，包括盖革计数器、闪烁探测器和热释光计量仪.

一、盖革计数器

盖革计数器也称盖革-米勒计数器，是根据射线对气体的电离性质设计而成的. 探测器的通常结构是：在一根两端用绝缘物质密闭的金属管内充入稀薄气体（通常是掺加了卤素的稀有气体，如氦、氖、氩等），在沿管的轴线上安装有一根金属丝电极，并在金属管壁和金属丝电极之间加上略低于管内气体击穿电压的电压. 这样在通常状态下，管内气体不放电；而当某种射线的一个高速粒子进入管内时，能够使管内气体原子电离，释放出几个自由电子，并在电压的作用下飞向金属丝. 这些电子沿途又电离气体的其他原子，释放出更多的电子. 越来越多的电子再接连电离越来越多的气体原子，终于使管内气体成为导电体，在丝极与管壁之间产生迅速的气体放电现象，从而有一个脉冲电流输入放大器，并由接在放大器输出端的计数器来接收. 计数器自动地记录下每个粒子飞入管内时的放电情况，由此可检测出粒子的数目. 盖革计数器通常用于探测 α 射线和 β 射线，但对高能 γ 射线的探测灵敏度较低. 盖革计数器的优点是灵敏度高，脉冲幅度大，缺点是不能快速计数. 因其造价低廉、使用方便、探测范围广泛，盖革计数器至今仍然被普遍地使用于核物理学、医学、粒子物理学及工业领域.

二、闪烁探测器

闪烁探测器是主要由闪烁体、光的收集部件和光电转换器件组成的辐射探测器. 当射线进入闪烁体时，引起闪烁体中原子（或离子、分子）的电离激发，之后受激粒子退激放出波长接近于可见光的闪烁光子而发生一次闪光. 闪烁光子通过光导等光的收集部件射入光电倍增管的光阴极并打出光电子，再经多级打拿极实现光电子的倍增，最终光电子到达阳极并在输出回路中产生一个电脉冲信号. 很多物质都可以在粒子入射后受激发光，因此闪烁体的种类很多，闪烁体材料有碱金属卤化物晶体如 NaI(Tl)、CsI(Tl)，无机晶体如 $CdWO_4$、BGO，有机晶体如蒽、芪，气体如氩、氙等.

闪烁探测器可用来探测 α、β 和 γ 射线，因为电脉冲信号的幅度和进入的射线的能量成正比，因此闪烁探测器除了能记录进入的射线粒子数量外，还能分辨射线粒子的能量，其分辨时间短，是目前应用较多的一类探测器.

三、热释光计量仪

热释光计量仪的基本工作原理是：经辐照后的待测元件由仪器内的电热片或热气等加

热后所发出的光，通过光路系统的滤光、反射、聚焦，由光电倍增管转换成电信号，最后换算出待测元件接受的照射量. 一些晶体（如 LiF）存在结构上的缺陷，被射线照射后产生自由电子和空穴，然后电子和空穴又分别被导带和激发能级俘获，当这些晶体加热后，被俘获的电子获得足够的能量逃逸出来与空穴结合，同时多余的能量以光辐射的形式释放出来，这种现象称为热释光. 实验表明，发光强度与释放的电子数成正比，而电子数又与晶体的吸收剂量有关，于是可通过测量光的强度或能量得知吸收剂量. 具有热释发光特性的物质称为热释光磷光体，常用的热释光材料有氟化锂（LiF）晶体、天然萤石（CaF_2）等. 通常将晶体粉末包藏在聚氟乙烯中，压制成薄片或装在毛细管中，以方便戴在在放射性环境中工作的工作人员的身上，也可以放进患者体内的空腔脏器如膀胱、肛门内，用于测量其受到的射线剂量.

14.5.2 射线的剂量

一、照射量

照射量是用来度量 X 射线或 γ 射线在空气中电离能力的物理量.

若 dQ 是射线在质量为 dm 的干燥空气中产生的任一种符号（正或负）离子的总电荷量的绝对值，则照射量为

$$X=\frac{\mathrm{d}Q}{\mathrm{d}m}$$

照射量 X 在国际单位制里的单位是 C/kg，曾经用的旧单位为伦琴（R），1 R$=2.58\times10^{-4}$ C/kg. 照射量只用于 X 或 γ 光子在空气中引起电离的情况，其他类型的辐射虽然也可以在空气中引起电离，却不能使用照射量来度量.

单位时间内的照射量称为照射量率，单位是 C/(kg · s)，或 R/s（旧单位）.

二、吸收剂量

人体组织吸收电离辐射能量后，会产生物理、化学和生物学的变化，或使其生物组织产生损伤，这称为生物效应. 这种效应的强弱和生物体吸收的辐射能量有密切的关系. 吸收剂量是反映单位质量被照射物质吸收电离辐射能量大小的物理量. 若电离辐射给予质量为 dm 的物质的平均授予能量为 dE，则吸收剂量为

$$D=\frac{\mathrm{d}E}{\mathrm{d}m}$$

吸收剂量 D 的单位在国际单位制里是 Gy（戈瑞），1 Gy＝1 J/kg，曾用的旧单位为 rad（拉德），1 Gy＝100 rad. 吸收剂量适用于任何类型的辐射和受照物体.

单位时间内的吸收剂量称为吸收剂量率，吸收剂量率的 SI 单位为 Gy/s（戈瑞/秒），旧单位为 rad/s（拉德/秒）.

三、剂量当量

如上所述，辐射作用于物质引起的物理、化学或生物学变化首先决定于单位质量物质吸收的辐射能量，因此吸收剂量是一个重要的物理量. 但是研究表明，辐射类型不同时，即使同一物质吸收相同剂量，引起的变化也不相同，特别表现在对生物损伤的程度方面. 例如，0.01 Gy 快中子的剂量引起的损伤和 0.1 Gy γ 辐射的剂量引起的损伤相当，即快中子的损伤因子为 γ 辐射的 10 倍. 因此在辐射剂量学中建立了剂量当量这种物理量.

根据射线生物效应的强弱，引入一个称为品质因素（QF）的无量纲的量，定义剂量当量为

$$剂量当量=吸收剂量(D)\times 品质因数(QF)$$

式中，吸收剂量 D 的单位是 Gy，为了和吸收剂量有区别，剂量当量的单位在国际单位制里是 Sv（希沃特），1 Sv＝1 J/kg，其曾用的旧单位是 rem（雷姆），1 rem＝0.01 Sv. 常见辐射的品质因素如表 14-2 所示.

表 14-2　常见辐射的 QF 值

辐射种类	QF（近似值）
X 射线、γ 射线、β 粒子	1
质子	5
中子（＜10 keV）	5
中子（10～100 keV）	10
中子（100 keV～2 MeV）	20
α 射线、裂变碎片	20

四、有效剂量

为了建立辐射剂量与辐射危害之间的关系，除了考虑不同种类的辐射照射所产生的生物效应的差异外，还须考虑不同器官和组织对同种辐射照射的敏感性不同的问题. 为此，引入组织权重因子，用它和组织当量剂量加权求和来获得人体所受的有效剂量，有效剂量单位为 Sv 或 rem.

$$有效剂量=\sum 当量计量\times 组织权重因子$$

表 14-3 为一些器官或组织的权重因子.

表 14-3　一些器官或组织的权重因子

器官或组织	权重因子	器官或组织	权重因子
性腺	0.08	肝	0.04
骨髓	0.12	膀胱	0.04
结肠	0.12	甲状腺	0.04
肺	0.12	皮肤	0.01
胃	0.12	骨表面	0.01
乳腺	0.12	脑	0.01

14.5.3　辐射防护

辐射分为非电离辐射和电离辐射两大类. 通常辐射防护就是电离辐射的防护. 电离辐射包括高能电磁辐射和粒子辐射，高能电磁辐射指 X 射线和 γ 射线产生的辐射；粒子辐射是指中子、α 粒子、β 粒子、质子、重离子等产生的辐射.

在接触电离辐射的环境中，如防护措施不当，人体受照射的剂量超过一定限度，则会产生有害作用. 在电离辐射作用下，机体的反应程度取决于电离辐射的种类、剂量、照射条件及机体的敏感性. 短时间内接受超过一定剂量的照射，可引起机体的急性损伤. 而较长时间内分散接受一定剂量的照射，可引起慢性放射性损伤，如皮肤损伤、造血障碍、白细胞减少、生育能力受损等. 另外，辐射还可能致癌及引起胎儿死亡和畸形. 因此，辐射的防护是十分重要的，通过合理的辐射防护和必要的安全管理措施，可有效降低辐射所产生的危害.

一、照射剂量限制

根据《电离辐射防护与辐射源安全基本标准 GB 18871－2002》，辐射防护剂量限值要求如下：

（1）职业照射. 连续 5 年内的平均有效剂量为 20 mSv；或者连续 5 年中任何一个单一年份中的年有效剂量为 50 mSv，但 5 年内有效剂量总合不超过 100 mSv.

(2) 公众照射.年有效剂量为 1 mSv；特殊情况下，连续 5 年的年平均有效剂量不超过 1 mSv，其中某一个单一年份中的年有效剂量可为 5 mSv.

二、辐射防护基本方法

一般分为外照射防护和内照射防护.

外照射是指来自体外的电离辐射对人体的照射，根据外照射的特点，应尽量减少和避免辐射从外部对人体的照射，使人体所受照射不超过规定的剂量限值.外照射防护方法的要点如下：

(1) 缩短时间.因为受到辐射照射的时间越少，身体所受的剂量越少.

(2) 增大距离.因为人体所受辐射照射剂量和人与放射源之间距离的平方成反比，故距离辐射源越远，所受的剂量越少.

(3) 设置屏蔽.在人体和辐射源之间设置合适的屏蔽体是有效的防护措施，对于 γ 射线，通常可采用原子序数大的物质进行屏蔽，如铅等；对于中子，一般使用含氢、硼的材料进行慢化和吸收.

内照射即放射性核素能通过吸入、食入或经由皮肤进入体内对人体进行照射，产生危害.要减低因摄入放射性物质而导致的照射剂量，可采取以下的基本辐射防护措施：缩短接触污染物的时间；防止吸入带有放射性物质的空气，防止进食受放射性物质污染的食物及水；如要在有辐射的室外活动，尽量采取全身防护，减少皮肤裸露面积，从室外回来，须使用肥皂清洗全身.

14.6 放射性核素的医学应用

在居里夫妇从沥青铀矿中发现镭后，瑞典科学家于 1907 年研究证明镭辐射对于发育迅速的细胞有特别强的抑制作用；1912 年，科学家在化学反应中首次成功地用镭作为示踪原子，从此人们认识到放射性核素示踪应用的广泛可能性，后来又逐步发现放射性核素 ^{131}I 可以诊断疾病并用于治疗疾病；1958 年发明了第一台 γ 照相机，开创了核医学显像新纪元；20 世纪 80 年代推出了单光子发射型计算机断层仪(Single Photon Emission Computed Tomography，SPECT)及正电子发射型计算机断层仪(PET)，后来又推出 PET-CT，实现了全身显像和断层显像.

放射性核素在医学中的应用主要有治疗和诊断两个方面.

14.6.1 放射性治疗

一、碘-131 治疗

碘-131(I-131)治疗是一种内照射治疗方法，用放射性碘破坏甲状腺组织可达到治疗目的.甲状腺有浓集碘的能力，注射入体内的碘-131 会通过血液循环很快集中到甲状腺部位，核衰变放出的 β 射线可杀死肿瘤及部分甲状腺，可以治疗甲状腺功能亢进和部分甲状腺癌.

二、钴-60 治疗

钴-60 治疗是一种外照射治疗方式.治疗时，用钴-60 作为放射源发出 γ 射线照射疾患部位，其特点是源的放射性活度很大，γ 光子能量大、穿透能力强，射线强度大且单纯，而且治疗设备比较简单.钴-60 治疗在放疗中占有重要位置，是治疗恶性肿瘤的重要手段之一.

钴-60 治疗机放射源活度可达成千上万居里，治疗距离可达 100 cm，主要用于深部肿瘤的治疗.

三、中子治疗

最早利用加速器产生的快中子束治疗癌症始于 1938 年，即中子发现后的第 6 年，但这一尝试很快被终止并于几十年后才重新开始. 以往主要利用快中子治疗唾液腺癌、前列腺癌等恶性肿瘤，适用范围有限. 近几年出现了中子刀和硼中子俘获治癌技术. 中子刀是以治疗人体腔道或管道内肿瘤为主的放射治疗设备，并不是真正的手术刀. 它利用锎-252 中子源作为治疗放射源，通过远距离遥控手段，自动将中子源经特制的施源器准确地引导送达肿瘤部位，源发出的中子射线能有效克服 γ 射线和 X 射线对恶性肿瘤内乏氧细胞不敏感的缺陷，其生物效应比深部 X 射线、γ 射线强 2～8 倍，具有强大的直接杀死肿瘤细胞的作用，适用于放射敏感性较差的肿瘤、中晚期肿瘤及复发的肿瘤. 硼中子俘获治癌技术的原理是把硼元素的肿瘤亲和药物注入人体内，该药物能迅速浓聚于病灶部分，此时用超热中子射线照射，可以在靶区引起核反应，所释放的高能射线只杀肿瘤细胞而不损伤周围组织.

四、γ 刀

γ 刀又称立体定向 γ 射线放射治疗系统，并不是真正的手术刀. 它将钴-60 发出的数百条 γ 射线精确聚焦，集中射于病灶，一次性、致死性地摧毁靶点内的组织，而每条射线经过人体正常组织时几乎无伤害，并且剂量锐减. 因此，其治疗照射范围与正常组织界限非常明显，边缘如刀割一样，人们形象地称之为“伽马刀”，它具有无创伤、无须全麻、不开刀、不出血和无感染等优点.

头部伽马刀主要用于颅内小肿瘤和功能性疾病的治疗，体部伽马刀可用于治疗全身各种肿瘤.

14.6.2 放射性诊断

一、示踪诊断

每一种元素的各种同位素都有相同的化学性质，它们在体内的分布、转移和代谢都是一样的. 如要研究某一种元素在机体内的情况，只要在这种元素中掺入少量该元素的放射性同位素，然后借助它们放出的有贯穿性的射线，在体外探查该元素的行踪就可以了，这种方法称为示踪原子法. 利用示踪原子法可以研究物质在体内的运动规律和测定器官的功能，它在基础医学和临床医学中都有广泛的用途. 比如，机体的马尿酸是肝脏解毒过程中合成的一种无用物质，通过肾脏很快随尿排出. 用 I-131 标记的马尿酸钠（即邻^{131}I 马尿酸钠）作为示踪剂给受检者静脉注射后，闪烁探头对准左右两肾连续进行放射性探测，描记出两条动态曲线，就能反映出邻^{131}I 马尿酸钠在左右肾内的聚集和排泄情况，从而判断肾功能及尿路的排泄情况.

二、放射性核素成像

核医学功能代谢显像是现代医学影像的重要组成内容之一，它可探测、接收并记录引入体内靶组织或器官的放射性示踪物发射的 γ 射线，并以影像的方式显示出来. 这不仅可以显示脏器或病变的位置、形态、大小等解剖学结构，更重要的是可以同时提供有关脏器和病变的血流、功能、代谢甚至是分子水平的化学信息，有助于疾病的早期诊断.

目前在临床上广泛应用的放射性核素成像设备有三种：γ 照相机、单光子发射型计算机断层仪和正电子发射型计算机断层仪，下面分别简略介绍这些影像设备的工作原理.

(1) γ照相机.

γ照相机(γ Camera)是核医学最基本的显像仪器，它利用宽面闪烁探测器测定放射性核素在体内和脏器中的分布，不仅能提供静态图像，还可以提供动态图像，显示血流和代谢过程，是诊断肿瘤和循环系统疾病的重要设备. γ照相机由探头及支架、电子线路、计算机操作和显示系统组成，如图 14-6 所示.

(2) 单光子发射型计算机断层仪.

单光子发射型计算机断层仪在高性能的γ照相机的基础上增加了支架旋转的机械部分、断层床和图像重建软件，使探头能围绕躯体旋转 360°或 180°，从多角度、多方位采集一系列平面投影像(图 14-7)，通过图像重建和处理，可获得横断面、冠状面和矢状面的断层影像. SPECT 的突出优点是：它在与普通的γ照相机相比没有增加很多成本的情况下获得了真正的人体断面图像，实际上它还可以实现多层面的三维成像，这对肿瘤及其他一些疾病的诊断是很有用的.

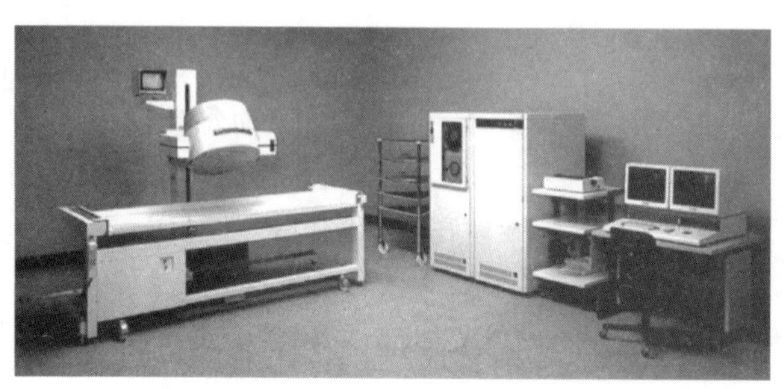

图 14-6　γ照相机

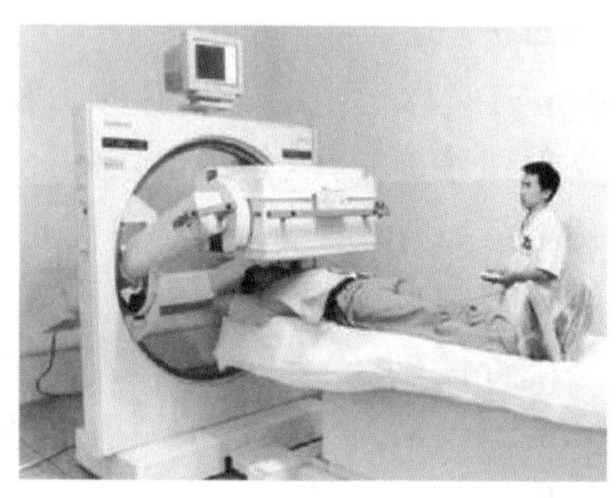

图 14-7　西门子公司的 SPECT 系统

(3) 正电子发射型计算机断层仪.

正电子发射型计算机断层仪，简称为 PET，它的基本原理是利用正电子的湮没辐射特性，将能发生 β^+ 衰变的核素或其标记化合物引入体内某些特定的脏器或病变部位，通过探测正电子湮没时向体外辐射的γ光子，获得成像所需的各向投影数据，由计算机分析处理，实现图像重建. PET 是目前唯一可在活体上显示生物分子代谢、受体及神经介质活动的新型影像设备，主要被用来确定癌症的发生与严重性、神经系统的状况及心血管方面的疾病. 其原理是，将某种物质，一般是生物生命代谢中必需的物质，如葡萄糖、蛋白质、核酸、脂肪酸，标记上短寿命的放射性核素(如 ^{18}F、^{11}C 等)，注入人体后，通过对于该物质在代谢中的聚集，来反映生命代谢活动的情况，从而达到诊断的目的.

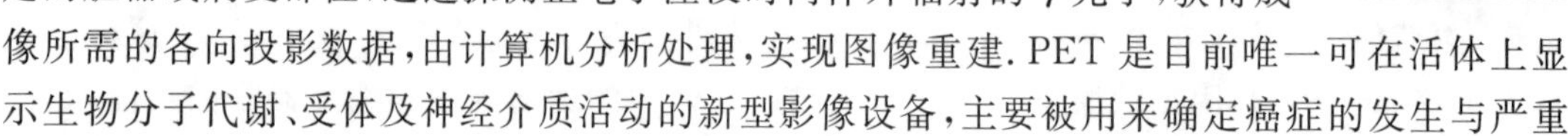

此外，在 PET 基础上通过添加 CT 成像系统，即目前新推出的 PET-CT，实现了衰减校正与同机图像融合，可同时获得病变部位的功能代谢状况和精确解剖结构的定位信息，极大地提高了精度和诊断准确率，已成功用于临床，图 14-8 是 GE 公司的 PET-CT 系统.

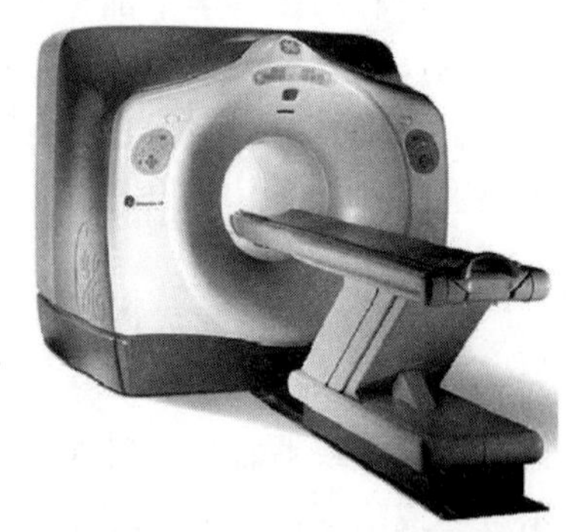

图 14-8　GE 公司的 PET-CT 系统

习 题

14-1 请解释下列名词：

(1) 同位素、质量亏损、结合能、平均结合能.

(2) 核衰变、α 衰变、β 衰变、γ 衰变、电子俘获.

(3) 衰变常量、半衰期、放射性活度.

14-2 (1) 在 α 衰变中，子核的原子序数和质量数与母核比较有什么改变？在元素周期表中的位置如何变化？

(2) 在 β^-、β^+ 衰变及电子俘获中，各产生子核的原子序数和质量数与母核比较有什么改变？在元素周期表中的位置又如何变化？

14-3 $^{60}_{27}$Co 衰变时，先形成激发态的$^{60}_{28}$Ni，然后再跃迁到基态的$^{60}_{28}$Ni. 这个过程中发生了 [ ]

(A) β^+ 衰变　　(B) β^- 衰变

(C) β^+ 衰变和 γ 衰变　　(D) β^- 衰变和 γ 衰变

14-4 关于放射性活度衰减规律，下列说法正确的是 [ ]

(A) 加压、加热可以改变指数衰减规律

(B) 加电磁场可以改变指数衰减规律

(C) 机械运动可以改变指数衰减规律

(D) 放射性衰变是由原子核内部运动规律决定的，外部条件不能改变衰减规律

14-5 试由原子核半径公式 $R=1.2\times10^{-15}A^{1/3}$ 计算：

(1) 核物质的密度.

(2) 核物质单位体积内的核子数.

14-6 试求^{16}O 和^{208}Pb 的核半径.

14-7 $^{6}_{3}$Li 核的质量是 6.013 4 u，试计算它的结合能和比结合能.

14-8 $^{9}_{4}$Be 核内每个核子的平均结合能为 6.46 MeV，$^{4}_{2}$He 核内每个核子的平均结合能为 7.07 MeV，如要把一个$^{9}_{4}$Be 分裂为两个$^{4}_{2}$He 和一个中子，需要多少能量？

14-9 $^{226}_{88}$Ra 经 α 衰变成$^{222}_{86}$Rn，它们的原子量分别为 226.025 3 u 和 222.017 5 u，氦原子的质量为 4.002 6 u，求所放射的 α 粒子可能具有的最大动能.

14-10 ^{131}I 常用来做甲状腺功能检查，已知其半衰期为 8.04 d，则其衰变常量为多少？

14-11 $^{32}_{15}$P 的半衰期为 14.3 d，问 1 μg $^{32}_{15}$P 在一昼夜中放出多少个 β 粒子？

14-12 某一放射性核素的原子核数为 N_0，经 24 h 后，该核素的原子核数变为$\frac{1}{16}N_0$，该放射性核素的半衰期为多少？

14-13 利用^{131}I 的溶液做甲状腺扫描，在溶液出厂时只需注射 0.5 mL 就够了. 若出厂后^{131}I 溶液被储存了 16 d，则做同样扫描须注射溶液的量为多少？

14-14 ^{14}C 在考古中非常有用，它的半衰期是 5 730 年. 由于活的生物体通过呼吸或光合作用与大气进行碳交换，故活生物体内的^{14}C 和^{12}C 之比与大气中的比例相同，近似为常数 1.2×10^{-12}. 一旦生物体死亡，这种碳交换停止，生物体内的^{14}C 只有衰变，没有生成，其放射

性活度将按规律下降，所以只要测出死亡生物体中每克碳的放射性活度，就可推出其死亡的年代. 现测得一古尸 1 g 碳中^{14}C的活度是 0.121 Bq，问此人已死亡了多少年？

14-15　^{60}Co是常用的放射线源，半衰期为 5.3 年，今有这种放射性^{60}Co 60 g，它的活度是多少？

14-16　$^{32}_{15}P$的半衰期为 14.3 d，求放射性活度为 $1.055\ 9\times10^{16}$ Bq 所需$^{32}_{15}P$的质量.

14-17　如果 3×10^{-9} kg 的放射性$^{200}_{79}Au$的活度为 58.9 Ci，它的半衰期是多少？

14-18　用放射性$^{131}_{53}I$治疗甲状腺功能亢进症，患者口服 1 mCi 的碘化钠溶液，其中 60% 可被甲状腺吸收，2 d 后甲状腺组织每秒将发生多少次衰变（^{131}I的半衰期是 8 d）？

14-19　两种放射性核素，半衰期分别为 1 d 和 8 d，开始时短寿命核素的放射性活度为长寿命的 128 倍，问经过多长时间后两者的放射性活度相等？

14-20　两种放射性核素的半衰期分别为 8 d 和 6 h，设这两种放射性样品的活度相同，两者原子核个数之比为多少？

14-21　在放射系达到平衡之前，母体和子体的放射性活度分别是增加还是减少？当达到平衡时，母体和子体放射性活度的大小关系如何？

14-22　为什么核素发生器可以供应短寿命的放射性核素？

14-23　简述辐射防护的基本方法.

14-24　目前疗效比较好的放射性治疗主要有哪几种？分别介绍它们的治疗作用.

14-25　为什么可以利用放射性核素做示踪检查？

14-26　目前在临床上广泛应用的放射性核素成像设备有哪几种？

第 15 章

X 射线成像

1895 年,伦琴(图 15-1)在研究阴极射线时发现一种新的射线.由于当时对这种射线的性质和发生原理不清楚,为了表明这是一种新的射线,伦琴采用表示未知数的 X 来命名.自伦琴发现 X 射线后,许多物理学家都积极地研究和探索,1895 年爱迪生研究了材料在 X 射线照射下发出荧光的能力,发明了荧光观察管,被用于医学检查.1906 年,巴克拉发现了 X 射线的偏振现象.1912 年,劳厄证实了 X 射线的波动性.

图 15-1 威廉·康拉德·伦琴

15.1 X 射线的产生及其基本性质

15.1.1 X 射线的产生

产生 X 射线最简单的方法是用加速后的电子撞击金属靶.在 X 射线管中,从阴极发射的热电子,经极间电场加速后与靶物质相互作用,电子在失去它的全部能量前要经受多次同靶原子的碰撞,其能量损失分为碰撞损失和辐射损失两种情况.碰撞损失主要是由高速电子与外层电子的作用引起的,碰撞损失的能量将全部转化为热能.而辐射损失则是由高速电子与原子核和内层电子的作用引起的,辐射损失的能量大部分以 X 射线的形式辐射出去,约占电子总能量的 1%.电子和原子核的作用形成 X 光光谱的连续部分.通过加大加速电压,电子携带的能量增大,当高速电子轰击靶原子时,将原子内层电子电离,内层产生一个电子的空位,外层电子跃迁到内层空位也发出 X 射线.

X 射线管是利用高速电子撞击金属靶面产生 X 射线的电子器件,分为充气管和真空管两类.1895 年伦琴发现 X 射线时使用的克鲁克斯管就是最早的充气 X 射线管.这种管接通高压后,管内气体电离,在正离子轰击下,电子从阴极逸出,经加速后撞击靶面产生 X 射线.充气 X 射线管功率小、寿命短、控制困难.

1913 年发明了在阳极靶面与阴极之间装有控制栅极的 X 射线管,在控制栅上施加脉冲调制,以控制 X 射线的输出和调整定时重复曝光,部分地消除了散射线,提高了影像的质量.1914 年制成了钨酸镉荧光屏,开始了 X 射线透视的应用.对 X 射线管的要求是焦点小,强度大，以形成较大的功率密度. 因此，在阳极上须供给比较大的功率，但 X 射线管的效率很低，99%以上的电子束功率成为阳极热耗，而使焦斑过热. 避免阳极过热的方法是对阳极或管子采取不同的冷却方式，以降低焦斑处的温度，或使靶面倾斜一定角度，以提供较大的散热面积. 后又出现旋转阳极 X 射线管，如图 15-2 所示，因为靶面高速旋转(转速达 10 000 r/min)，所以功率密度高、焦点小. 图 15-3 是 X 射线发生装置的原理图：降压变压器 T_2 把 220 V 的交流电压降到 5～10 V 作为钨丝的加热电源. 改变钨丝的电流就可改变热阴极单位时间内发射的电子数，即控制了通过两极间的管电流. 升压变压器 T_1 把 220 V 交流电压提升到几万伏，整流电路把副线圈输出的交流高压改变成直流高压加到 X 射线管，改变原副线圈的匝数比可调节输出高压.

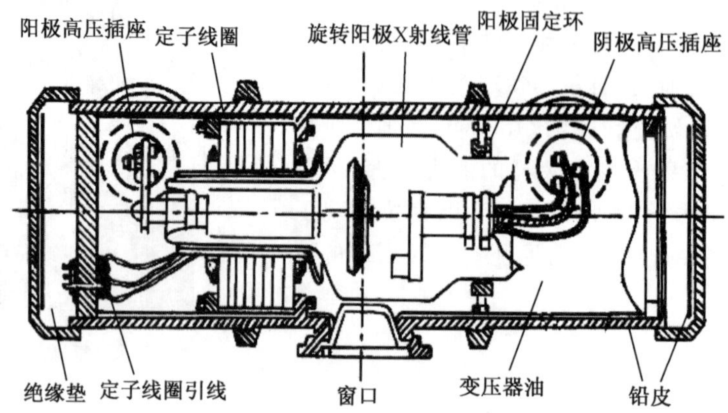

图 15-2　旋转阳极 X 射线管

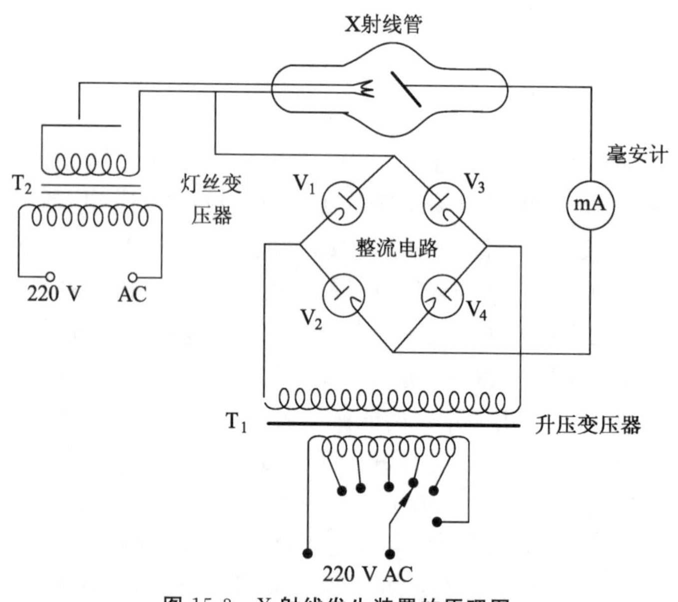

图 15-3　X 射线发生装置的原理图

15.1.2　X 射线的基本性质

X 射线是一种波长很短的电磁波(其衍射特性参见本书 11.2.5)，在发

现X射线后不久，X射线很快在物理学、工业、农业和医学上得到广泛的应用，特别是在医学上，X射线技术已成为对疾病进行诊断和治疗的专门学科，在医疗卫生事业中占有重要地位.

一、X射线的物理效应

(1) 穿透作用. X射线波长短，能量大，照在物质上时，仅一部分被物质吸收，大部分经由原子间隙而透过，表现出很强的穿透能力. X射线穿透物质的能力与X射线光子的能量有关，X射线的波长越短，光子的能量越大，穿透力越强. 同一波长的X射线，对原子序数较低元素组成的物体的贯穿本领较强，对原子序数较高元素组成的物体的贯穿本领相对较弱. X射线的穿透力也与物质的密度有关，利用差别吸收性质可以把密度不同的物质区分开来.

(2) 电离作用. 物质受X射线照射时，可使核外电子脱离原子轨道产生电离. 利用电离电荷的多少可测定X射线的照射量，根据这个原理制成了X射线测量仪器. 在电离作用下，气体能够导电；某些物质可以发生化学反应；在有机体内可以诱发各种生物效应.

(3) 荧光作用. X射线波长很短，不可见，但某些化合物如磷、铂氰化钡、硫化锌镉、钨酸钙等荧光物质受X射线照射时，物质原子被激发或电离，当被激发的原子恢复到基态时，便可放出荧光. 荧光的强弱与X射线量成正比. 这种作用是X射线应用于透视的基础，利用这种荧光作用可制成荧光屏，用于透视时可观察X射线通过人体组织时的影像，也可制成增感屏，用于摄影时可增强胶片的感光量.

(4) 热作用. 物质吸收的X射线能大部分被转变成热能，使物体温度升高.

二、X射线的化学效应

(1) 感光作用. X射线同可见光一样能使胶片感光. 胶片感光的强弱与X射线量成正比，当X射线通过人体时，因人体各组织的密度不同，对X射线量的吸收不同，胶片上所获得的感光度不同，从而获得X射线的影像.

(2) 着色作用. X射线长期照射某些物质，如铂氰化钡、铅玻璃、水晶等，可使其结晶体脱水而改变颜色.

三、X射线的生物效应

X射线照射到生物机体时，可使生物细胞受到抑制、破坏甚至坏死，致使机体发生不同程度的生理、病理和生化等方面的改变. 由于不同的生物细胞对X射线有不同的敏感度，因此X射线可用于治疗人体的某些疾病，如肿瘤.

15.1.3 X射线的强度和硬度

一、X射线的强度

单位时间内通过与X射线方向垂直的单位面积的辐射能量称为X射线的强度. 因为X射线束是由各种频率的X光子组成的，故X射线的强度 I 可表示为

$$I=\sum_{i=1}^{n} N_i \cdot h\nu_i = N_1 \cdot h\nu_1 + N_2 \cdot h\nu_2 + \cdots + N_n \cdot h\nu_n \tag{15-1}$$

式中，$h\nu_1, h\nu_2, \cdots, h\nu_n$ 分别表示各种频率的X光子的能量，而 $N_1, N_2, \cdots, N_n$ 则表示对应于各种能量的X光子的数目.

从式(15-1)可知，X射线的强度既与光子的能量有关，又与光子数目有关. 因此，调节X射线的强度有两种方法：一是调节管电流，控制轰击阳极靶的电子数目，以控制阳极靶发射X光子的数目；二是调节管电压，控制电子的动能，以控制每个X光子的能量. 但在实际应用

中，通常是在特定的管电压下，用管电流的毫安数（mA）来表示 X 射线的强度. 因为管电流大，单位时间内轰击阳极靶的电子数目多，阳极靶产生的 X 射线光子数目也就多，即 X 射线的强度大；反之，若管电流小，产生的光子数就少，X 射线强度也就弱.

二、X 射线的硬度

X 射线的硬度是指 X 射线的贯穿本领. 贯穿本领强则硬度大，贯穿本领弱则硬度小. X 射线的贯穿本领决定于单个 X 光子的能量. 如果 X 光子的能量大，被介质吸收的光子数少，它的贯穿本领强，硬度也就大；相反，如果 X 光子能量小，容易被介质吸收，其贯穿本领弱，硬度也就小.

单个 X 光子的能量与 X 射线管的管电压大小有关. 管电压高，轰击阳极靶的电子动能大，产生的光子能量大，其贯穿本领强，硬度也就大. 因此，通过调节管电压就可以控制 X 射线的硬度，医学上常用管电压的千伏数来间接地表示 X 射线的硬度. 表 15-1 列出了按硬度分类的四类 X 射线及其管电压、最短波长和主要用途.

表 15-1　医用 X 射线按硬度的分类

名　称	管电压/kV	最短波长/nm	主要用途
极软 X 射线	5～30	0.25～0.041	软组织摄影
软 X 射线	30～100	0.041～0.012	体部或脏器的透视和摄影
硬 X 射线	100～250	0.012～0.005	较深组织治疗
极硬 X 射线	250 以上	0.005 以下	深部组织治疗

15.2　X 射线谱

15.2.1　连续 X 射线谱

实验指出，当 X 射线管的管电压较低时，它只发射连续 X 射线谱. 图 15-4 是钨靶 X 射线管在四种较低电压下的 X 射线谱. 由图可知，随着波长增大，谱线强度逐渐上升到最大值（即峰值强度），然后很快下降为零. 谱线左侧强度为零处对应的波长是连续谱中的最短波长，又称为短波极限. 从图 15-4 还可以看出，当管电压增大时，各种波长所对应的强度都增大，而且峰值强度的波长和短波极限都向短波方向移动.

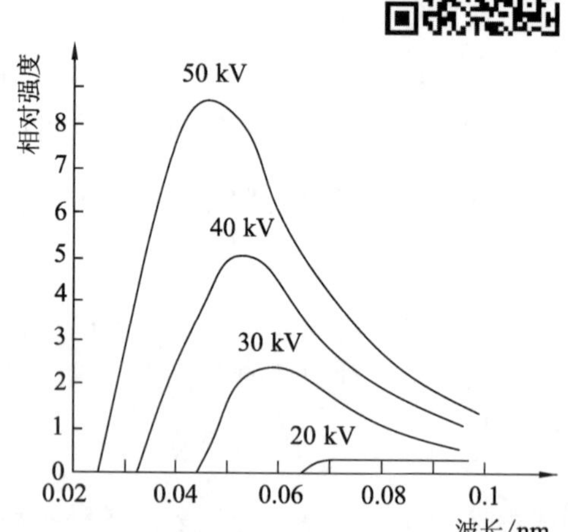

图 15-4　钨的连续 X 射线谱

当高速电子流撞击阳极靶时，在原子核强大的电场的作用下，电子的速度的大小和方向都发生急剧变化，导致电子动能的损失，一部分电子动能转化为光子能量 $h\nu$ 而发射出来，这种现象称为轫致辐射. 由于各个电子运动径迹不同，与原子核的距离不同，速度变化情况不一致，所以损失的动能可能有各种不同的数值，辐射光子的能量也就不一致，于是产生了连续 X 射线谱. 连续谱的 X 射线强度是随波长的变化而连续变化的. 每条曲线都有一个峰值；曲线在波长增加的方向上都无限延展，但强度越来越弱；在波长减小的方向上，曲线都存在一个最短波长，称为短波极限 λ_{min}. 此时电子在与核电场一次作用中把全部动能转化为一个 X 光子的能量，这时 X 光子的能量最大，对应于连续谱中的最短波长.

下面分析最短波长与管电压的关系. 设管电压为 U，电子的电荷量为 e、质量为 m，当电子从阴极到达阳极时，电场力对电子所做的功为 eU，转变成电子的动能，即

$$\frac{1}{2}mv^2=eU$$

如果电子受到阳极靶的阻挡，将全部动能转变为一个光子的能量，光子将有最高的频率 ν_{max}，于是有

$$h\nu_{max}=\frac{1}{2}mv^2=eU \tag{15-2}$$

将 $\nu=\frac{c}{\lambda}$ 代入上式，可得最短波长 λ_{min} 为

$$\lambda_{min}=\frac{hc}{eU} \tag{15-3}$$

上式表明，连续 X 射线谱的最短波长与管电压成反比，管电压越高，λ_{min}越短. 这一结论与图 15-4 所示的实验结果完全一致. 把 $h=6.626\times10^{-34}$ J·s，$c=3\times10^{8}$ m·s^{-1}，$e=1.6\times10^{-19}$ C 代入上式，并取电压的单位为 kV，波长的单位为 nm，则上式变为

$$\lambda_{min}=\frac{1.242}{U}(\text{nm}) \tag{15-4}$$

例题 15-1 设 X 射线管电压为 10 万伏，求：

(1) 电子到达阳极靶时的速度.

(2) 连续 X 射线谱的最短波长.

解：(1) 设电子到达靶的速度为 v，如果不考虑速度所引起的质量变化，则电子的质量 $m=9.11\times10^{-31}$ kg，$e=1.6\times10^{-19}$ C，$U=10$ 万伏$=10^5$ V，由式(15-2)，可得

$$v=\sqrt{\frac{2eU}{m}}=\sqrt{\frac{2\times1.6\times10^{-19}\times10^5}{9.11\times10^{-31}}}\approx1.87\times10^8(\text{m/s})$$

(2) 由式(15-4)，可得最短波长 λ_{min} 为

$$\lambda_{min}=\frac{1.242}{U(\text{kV})}=\frac{1.242}{100}=1.242\times10^{-2}(\text{nm})$$

15.2.2 标识 X 射线

前面讨论的连续 X 线谱是钨靶 X 射线管在管电压小于或等于 50 kV 工作条件下产生的. 当管电压升高到 70 kV 以上时，在连续谱的 0.02 nm 波长位置附近将叠加 4 条明锐的谱线，在相对强度曲线上出现 4 个尖峰，如图 15-5 所示. 当电压继续升高时，连续谱的强度和短波极限都随之变化，但这 4 个尖峰在横坐标轴上的位置却始终不变，即它们的波长是确定的. 大量的实验表明，这些谱线的波长决定于阳极靶的材料，不同元素制成的阳极靶具有不同的分立 X 射线谱，可以作为这些元素的标识，故将它称为标识 X 射线.

标识X射线是怎么产生的呢？当高速电子进入阳极靶内时，如果它与某个原子的内层电子发生强烈的作用，就有可能把一部分动能传递给这个电子，使它从原子中脱出（电离），于是在原子的内层出现一个空位. 通常用 $K, L, M, N, \cdots$ 表示主量子数 $n=1,2,3,4,\cdots$ 壳层的能级，如图15-6所示，如果被打出去的是 K 层电子，则空出来的位置就会被 L、M 或更外层电子填补，并在跃迁过程中发出一个光子，这个光子的能量等于始末两个能级的能量差. 这样发出的几条谱线就组成 K 线系. 如果空位出现在 L 层（这个空位可能是由于高速电子直接把一个 L 层电子击出去，也可能是由于 L 层电子跃迁到了 K 层留下的空位），那么这个空位就可能由 M、N、O 等层的电子来补充，它们在跃迁过程中发出能量不同的光子而形成 L 线系. 如 $n=2$ 壳层的电子跃迁到 $n=1$ 壳层空位的辐射称为 K_α 系，$n=3$ 壳层的电子跃迁到 $n=1$ 壳层空位的辐射称为 K_β 系，$n=3$ 壳层的电子跃迁到 $n=2$ 壳层空位的辐射称为 L_α 系，$n=4$ 壳层的电子跃迁到 $n=2$ 壳层空位的辐射称为 L_β 系，等等. 由此可见，标识X射线谱是由原子内壳层电子的跃迁而产生的. 由于壳层离核越远，能级差越小，所以 L 系各谱线的波长比 K 系的大些. 同理，M 系各谱线的波长又比 L 系的大些.

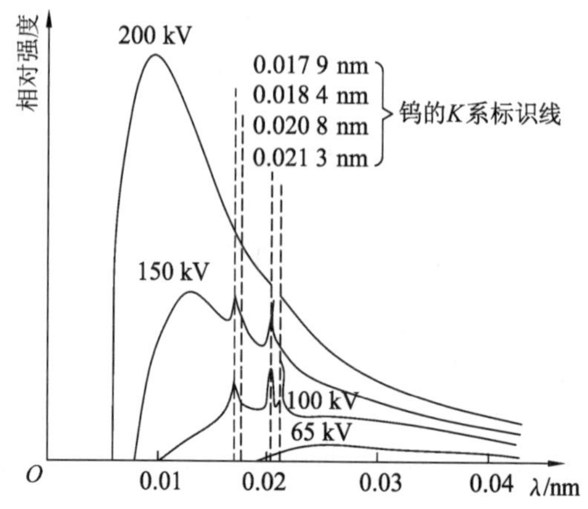

图15-5　在较高管电压下钨的X射线谱

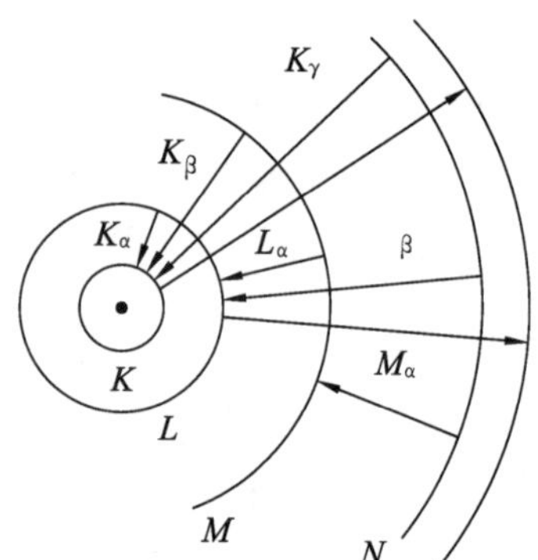

图15-6　标识X射线产生的示意图

15.3　X射线的吸收

15.3.1　X射线的线性吸收系数及质量吸收系数

当X射线穿过物质层时，X光子与物质原子发生相互作用，一部分光子被吸收，其能量转化为其他形式的能量；另一部分光子则被物质散射而改变了行进的方向. 因此，X射线在原来入射方向上的强度减弱了，这种现象称为X射线的吸收. 实验表明，单色平行X射线束通过物质时的衰减服从朗伯定律，即

$$I=I_0 e^{-\mu x} \tag{15-5}$$

式中，I_0 是入射线的强度，I 是通过厚度为 x 的物质层后的射线强度，μ 称为线性吸收系数. 如果 x 的单位为cm，则 μ 的单位为 cm^{-1}. 显然，μ 值越大，射线强度在物质中减弱越快；μ 值越小，减弱越慢.

对于同一种物质来说，线性吸收系数 μ 与它的密度 ρ 成正比，因为吸收体的密度越大，单位体积中与 X 光子发生作用的原子越多，光子在单位路程中被吸收或散射的概率越大. 由于 μ 值与密度成正比，所以同一种物质会因状态不同，如液态、固态或气态，μ 值差别很大，这样就不便比较各种物质对 X 射线的吸收本领. 为此，我们引进质量吸收系数，它定义为线性吸收系数 μ 与密度 ρ 之比，记为 μ_m，即

$$\mu_m=\frac{\mu}{\rho} \tag{15-6}$$

其单位为 cm^2/g. 与此同时，引进质量厚度，它定义为吸收体的实际厚度 x 与密度 ρ 的乘积，即

$$x_m=x\rho \tag{15-7}$$

式中，x_m 表示质量厚度，它等于单位面积中厚度为 x 的吸收层的质量，单位为 g/cm^2. 根据式(15-6)和式(15-7)，可将式(15-5)改写为

$$I=I_0\mathrm{e}^{-\mu_m x_m} \tag{15-8}$$

这就是用质量厚度和质量吸收系数表示的物质对 X 射线的吸收规律.

15.3.2 半价层

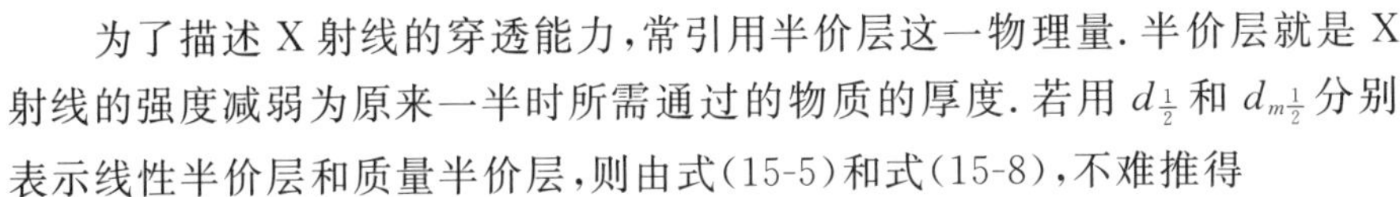

为了描述 X 射线的穿透能力，常引用半价层这一物理量. 半价层就是 X 射线的强度减弱为原来一半时所需通过的物质的厚度. 若用 $d_{\frac{1}{2}}$ 和 $d_{m\frac{1}{2}}$ 分别表示线性半价层和质量半价层，则由式(15-5)和式(15-8)，不难推得

$$d_{\frac{1}{2}}=\frac{0.693}{\mu},\ d_{m\frac{1}{2}}=\frac{0.693}{\mu_m} \tag{15-9}$$

$d_{\frac{1}{2}}$ 的单位是 cm，$d_{m\frac{1}{2}}$ 的单位是 g/cm^2，由上式可知，线性半价层和质量半价层分别与线性吸收系数和质量吸收系数成反比.

各种物质的吸收系数都与射线的波长有关，以上各式只适用于单色 X 射线束. X 射线主要是连续谱，所以射线的强度并不严格地按照上述指数规律衰减. 在实际应用中，经常近似地运用这一规律，式中的吸收系数应当用各种波长的吸收系数的平均值来代替.

15.3.3 质量吸收系数与波长的关系

吸收系数反映了物质对 X 射线吸收本领的大小，其值大则吸收本领大，反之则吸收本领小. 实验证明，对于医学上常用的低能量 X 射线(光子能量在几十到几百千电子伏特之间)，各种元素的质量吸收系数 μ_m 与原子序数 Z、X 射线波长 λ 有以下近似关系：

$$\mu_m=KZ^{\alpha}\lambda^3 \tag{15-10}$$

式中，K 是一个常数. 上式表明，元素的质量吸收系数 μ_m 近似与原子序数的 α 次方成正比(α 通常在 3～4 之间，与吸收物质和射线波长有关)，与 X 射线波长的三次方成正比. 如果吸收物质中含有多种元素，它的质量吸收系数大约等于其中各元素的质量吸收系数按照物质含量的加权平均值. 从式(15-10)可以得出以下两个有实际意义的结论.

(1) 原子序数越大的物质，吸收本领越大. 医学上正是利用各种物质有不同的质量吸收系数这一特点，进行 X 射线造影和选取防护材料的. 例如，人体肌肉组织的主要成分是 H、O、C 等，而骨的主要成分是磷酸钙 $Ca_3(PO_4)_2$，由于 Ca 和 P 的原子序数比肌肉组织中任何主要成分的原子序数都高，因此骨的质量吸收系数比肌肉组织的大. 当 X 射线摄影或透视

时，骨对 X 射线的吸收比肌肉多，因而在照片或荧光屏上形成明显的骨骼阴影．胃肠组织的质量吸收系数与邻近其他组织的吸收系数差别不大，图像对比度较低．如果在胃肠透视或拍片时让患者吞服钡盐（其中钡的原子序数 $Z=56$），增大胃肠部位的质量吸收系数，就能显示出胃肠的形态．铅的原子序数较高（$Z=82$），质量吸收系数很大，对 X 射线的吸收本领强，因此在 X 射线的防护中常用铅板和铅制品作防护材料．

（2）波长越长的 X 射线，越容易被吸收．也就是说，波长越长，X 射线被物质吸收得越多．因此，在浅部治疗时应使用较低的管电压，产生波长较长的 X 射线；在深部治疗时则使用较高的管电压，产生波长较短的 X 射线．当含有各种波长的 X 射线进入吸收物体后，长波成分比短波成分衰减得快，短波成分所占的比例越来越大，平均吸收系数则越来越小．这就是说，X 射线随着穿透层厚的增加而硬度越来越大，这种现象称为 X 射线束的硬化．

X 射线管产生的 X 射线是波长范围较宽的连续谱，在深部组织治疗中，那些波长较长的 X 射线容易被皮肤吸收而增加对健康组织的损害，须滤除．用厚度不同的铜、铝或铅薄片制成滤线板，置于 X 射线管的出线窗口，可以把波长较长的 X 射线吸收掉，得到波长较短的 X 射线，同时射线谱的范围也变窄了．

X 射线射入人体后，一部分被吸收和散射，另一部分透过人体沿原方向传播．图 15-7 是三种主要吸收 X 射线效应发生的相对概率，从图中可以看出，随着能量的增加，发生光电效应的概率下降，但原子序数增加时，发生光电效应的概率增加．对 20 keV 的低能 X 射线，不管吸收物质的原子序数如何，主要发生光电效应．对高原子序数的碘化钠来说，在整个诊断用 X 射线能量范围内（10～100 keV），均以发生光电效应为主；而对原子序数较低的水和骨，随着 X 射线能量的增加，康普顿效应占主要地位．随着 X 射线能量的提高，X 射线透过的比率也增加，当 X 射线能量为 100 keV 时，透过人体的 X 射线约占 30%．

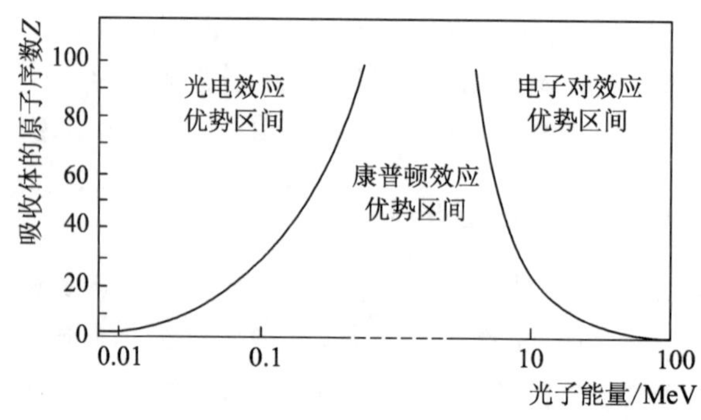

图 15-7　三种主要吸收 X 射线效应发生的相对概率

15.4　X 射线的应用

X 射线被伦琴发现后仅仅几个月时间，就被应用于医学影像．1896 年 2 月，苏格兰医生约翰·麦金泰在格拉斯哥皇家医院设立了世界上第一个放射科，使用放射线照相术和其他技术产生诊断图像．X 射线有很强的贯穿本领，当一束强度大致均匀的 X 射线投照到人体上时，由于人体各种组织、器官在密度、厚度等方面存在差异，对投照在其上的 X 射线的衰减各不相同，因此使透过人体的 X 射线强度分布发生变化，从而携带人体信息，形成 X 射线信息影像. 图 15-8 为 X 光片. X 射线信息影像不能被人眼识别，须通过一定的采集、转换、显示系统将 X 射线强度分布转换成可见光的强度分布，形成人眼可见的 X 射线影像.

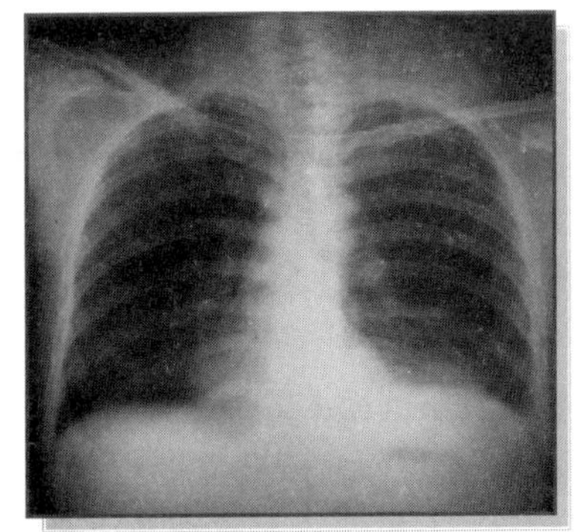
图 15-8　X 光片

X 射线在工业中用来探伤，在医学上常用于透视检查. X 射线可用电离计、闪烁计数器和感光乳胶片等检测. X 射线衍射法已成为研究晶体结构、形貌和各种缺陷的重要手段.

15.4.1　常规 X 射线投影成像

一、X 射线摄影

管电压在 20～40 kV 能产生低能 X 射线即软 X 射线，用软 X 射线进行的摄影，称为**软 X 射线摄影**.

软 X 射线与物质相互作用时，物质对 X 射线的吸收衰减以光电效应为主. 光电效应的发生概率与吸收物质有效原子序数的 4 次方成正比，对于密度相差不大，但有效原子序数存在微小差别的物质，因光电效应发生的概率不同，对 X 射线的吸收衰减有明显的差别，因而可在感光胶片上形成对比良好的 X 射线影像.

对于 120 kV 以上管电压产生的较高能量的 X 射线，物质的吸收衰减则以康普顿效应为主，由于康普顿效应发生的概率与有效原子序数无关，此时，骨骼的影像密度与软组织及气体的影像密度相差不大，即使相互重叠也不致为骨影所遮盖，从而使与骨骼相重叠的软组织或骨骼本身的细小结构及含气的管腔等变得易于观察. 使用高于 120 kV 的管电压所产生的 X 射线进行的摄影称为**高千伏 X 射线摄影**.

二、X 射线造影

X 射线造影应用一般的 X 射线检查方法，即平片检查，使人体中那些由于天然的物质密度不同而对 X 射线有明显吸收差别的结构显现出光密度不同的影像.

为了提高 X 射线诊断效果，扩大 X 射线的诊断范围，常常借助于人工造影，形成人工对比度. 将某种对比剂引入欲检查的器官内，形成物质密度差异，使器官与周围组织的 X 射线影像密度差增大，从而显示出器官的形态和功能. 图 15-9 为动脉血管造影. 对比剂可分为阳性对比剂和阴性对比剂两大类. 阳性对比剂的有效原子序数大，物质密度高，对 X 射线吸收强，在透视荧光屏上显示浓黑的对比剂影像，在胶片上显示淡白的对比剂影像，如各种钡剂和碘剂等均为阳性对比剂. 阴性对比剂的有效原子序数低，物质密度小，对 X 射线吸收差，在透视荧光屏上显示淡白的对比剂影像，胶片上显示浓黑的对比剂影像，如空气、氧气、二氧化碳及笑气(N_2O)等均为阴性对比性.

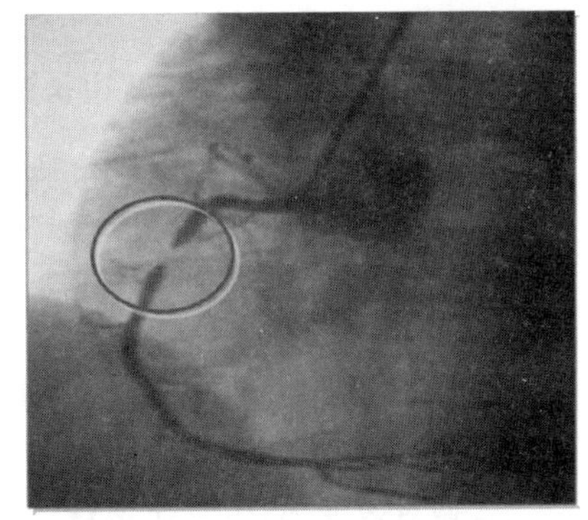
图 15-9　动脉血管造影

15.4.2 X射线的电子计算机断层成像

X-CT（X-ray Computed Tomography）是电子计算机X射线断层扫描的简称，是运用扫描并采集投影的物理技术，以测定X射线在人体内的衰减系数为基础，采用一定算法，经计算机运算处理，求解出人体组织的衰减系数值在某剖面上的二维分布矩阵，再将其转为图像上的灰度分布，从而实现建立断层解剖图像的现代医学成像技术，X-CT成像的本质是衰减系数成像. 普通X射线摄影把X射线穿过的人体厚度范围的多层组织结构压缩到一个平面来显示，造成各体层信息互相重叠而难以区分，尤其是对于吸收系数差别较小的低对比度组织，成像效果就更差. 1972年X射线CT的诞生，是放射学和影像诊断技术发展的重要里程碑，它使X射线成像技术进入了数字化时代并实现了真正的断层摄影和三维成像. 图15-10为头颅CT图.

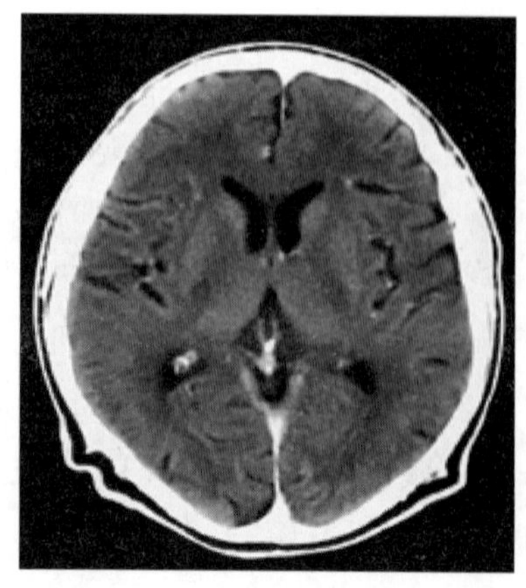
图 15-10　头颅 CT 图

一、CT成像原理

CT图像是由一定数目灰度的像素按矩阵排列构成的. 这些像素反映相应体素的X射线吸收系数，以及器官和组织对X射线的吸收程度. 因此，与X射线图像所示的黑白影像一样，黑影表示低吸收区，即低密度区，如含气体多的肺部；白影表示高吸收区，即高密度区，如骨骼.

图15-11是对单束X射线衰减的测量，从焦点到探测器的连线就是投影线，投影线经过的各个体积元的衰减系数为 $\mu_1, \mu_2, \cdots$，对它们求和便可以算出该透射路径的投影值.

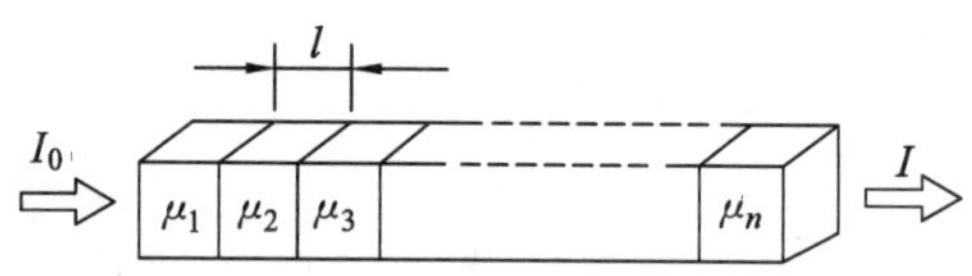

图 15-11　一束 X 射线穿过 n 个体素

人体断层可看作是非均匀吸收体，计算机把被扫描体层分割成 $n\times n$ 个小体积元，称为体素. 假定一束X射线从某个方向穿过 n 个体素，如图15-11所示，这 n 个体素的线性吸收系数分别为 $\mu_1, \mu_2, \cdots, \mu_n$，其边长都是 Δx，根据朗伯定律 $I=I_0 e^{-\mu x}$，透过第一个体素的X射线强度为

$$I_1 = I_0 e^{-\mu_1 \Delta x}$$

透过第二个体素的X射线强度为

$$I_2 = I_1 e^{-\mu_2 \Delta x} = I_0 (e^{-\mu_1 \Delta x}) e^{-\mu_2 \Delta x} = I_0 e^{-(\mu_1+\mu_2)\Delta x}$$

以此类推，透过这几个体素的X射线强度（投影信号）变为

$$I = I_0 e^{-(\mu_1+\mu_2+\cdots+\mu_n)\Delta x} \tag{15-11}$$

对上式做对数变换，可算出该行体素的衰减系数之和即投影值为

$$\mu_1+\mu_2+\cdots+\mu_n = \frac{1}{\Delta x}\ln\frac{I_0}{I} \tag{15-12}$$

式(15-12)是X-CT实现图像重建的主要依据. 左式中各个 μ 值在图像重建时一般为未知

量. 右式中 I_0 和 I 的值为已知,I 可以用探测器测量得到,这样右式在图像重建时一般为已知量,称为投影值,用 p 表示,$p=\frac{1}{\Delta x}\ln\frac{I_0}{I}$,因此,式(15-12)是关于 $\mu_1+\mu_2+\cdots+\mu_n$ 这 n 个变量的一个线性方程.

二、图像重建的算法

图像重建是一种适用于断层扫描的间接成像法. CT 与普通 X 射线摄影的根本区别在于它不是直接利用 X 射线投影信号成像,而是首先把投影信号转换成数字信号,输入计算机系统进行数据处理,建立被扫描组织层面的衰减系数矩阵,最后转变成解剖学影像. CT 机扫描时,X 射线管沿环形轨道做 360°旋转,X 射线从各个不同方向透过人体,可以获得大量的投影数据. X 射线球管和探测器绕患者同步地旋转,每隔一个角度就记录一个投影,如分别记录 0°、45°、90° 方向的投影,投影数据分布用函数或剖面线来表示.

这里关键问题就是要求出断面上各个像素的线性吸收系数(μ 值)的分布. 如图 15-12 所示,将体层按照一定大小划分成由 $n\times n$ 个体素组成的矩阵. 每个体素的衰减系数如图 15-11 所示,那么 X-CT 所要解决的关键问题就是求取体素矩阵中所有体素的线性衰减系数. 当 X 射线穿过体素矩阵的第 1 行体素时,由探测器测得透射 X 射线强度,计算得到第 1 行的投影值;同样,将 X 射线管连同探测器一起平移到第 2 行,测得透射 X 射线强度,又可得到第 2 行的投影值;继续平移 X 射线管和探测器,每移动一次可获得一个投影值. 根据式(15-12),每个投影值对应一个关于体素 μ 值的线性方程. 矩阵中共有 n^2 个待求的 μ 值,共需要 n^2 个线性独立的方程. 只要能得到 n^2 个线性独立的方程,从数学上讲,借助计算机就可以求得矩阵中每个体素的线性衰减系数.

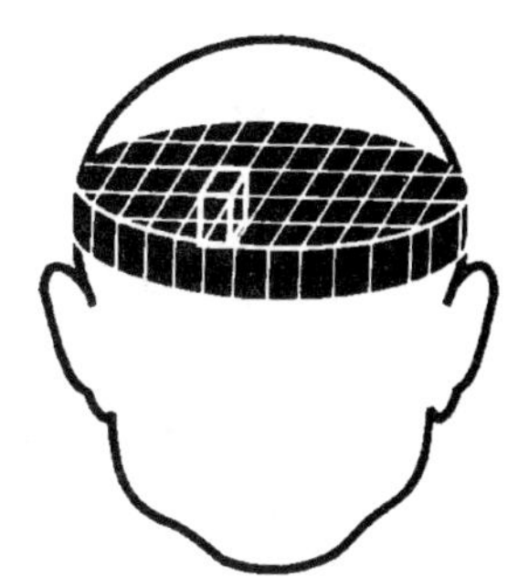

图 15-12 人体头颅断层

美国物理学家科马克(A. M. Cormack,1963)通过模拟实验,提出用 X 射线投影数据重建人体断层图像的数学方法. 这里将所有体素的线性衰减系数组成的矩阵称为 μ 值矩阵. 注意 μ 值矩阵是一个二维数组. 图像重建的算法有很多,主要有联立方程法、反投影法、滤波反投影法、傅里叶变换法和迭代法等. 下面以联立方程法和反投影法为例简要介绍图像重建算法.

(1) 联立方程法.

图 15-13 为一个简单的由 2×2 体素矩阵组成的层面,4 个体素的衰减系数依次为 μ_{11},μ_{12},μ_{21} 和 μ_{22}. 为了求得这 4 个未知数,须列出 4 个独立的方程. 如果按照水平方向和垂直方向扫描,可得 4 个方程:$\mu_{11}+\mu_{12}=7$,$\mu_{21}+\mu_{22}=11$,$\mu_{11}+\mu_{21}=5$,$\mu_{12}+\mu_{22}=13$. 不难发现,这 4 个方程中只有 3 个是独立的. 因此,还须再换一个扫描方向,如取左下右上对角线再扫描,可得 $\mu_{21}+\mu_{12}=8$,将此方程与上面 4 个方程中任意的 3 个联立可求得 $\mu_{11}=2$,$\mu_{12}=5$,$\mu_{21}=3$,$\mu_{22}=8$. 一个实际层面的体素数目远比2×2 大得多,常用的体素数目有 256×256、512×512 等,分别须对 65 536 和 262 144 个方程联立求解,其运算量非常大. 因此,这种方法并不实用.

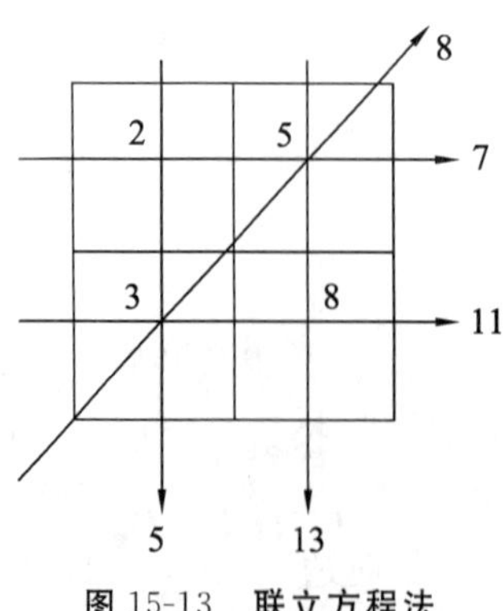

图 15-13 联立方程法

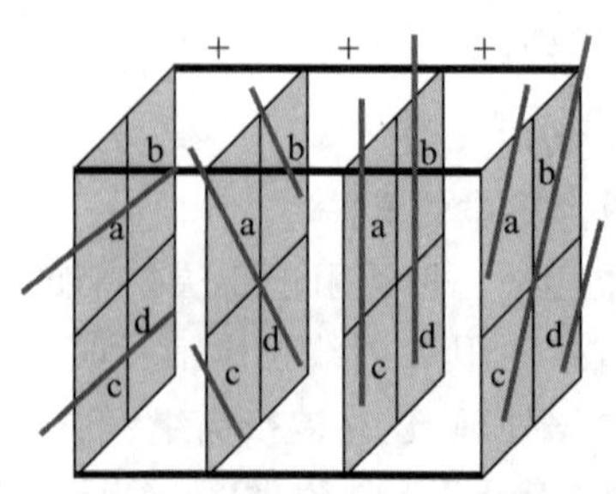

图 15-14 2×2 体素矩阵组成的层面

(2) 反投影法.

反投影法也叫总和法，它将体素矩阵的每个投影值沿原路径放回到对应的 μ 值矩阵里(称为反投影)并进行叠加，经适当的数学处理后，得到重建一幅图像的产值矩阵. 下面仍以上述 2×2 矩阵为例说明反投影法的求解过程. 图 15-14 为一个简单的 2×2 体素矩阵组成的层面，4 个体素的衰减系数依次为 μ_{11}、μ_{12}、μ_{21} 和 μ_{22}. 我们无法直接测量出各个矩阵元素的值，但我们可以由式(15-12)通过投影方向探测得到投影方向的矩阵元素的和(衰减系数的和). 为了求得这 4 个未知数，首先沿 4 个投影方向探测创建 4 个矩阵. 假定开始先沿水平方向进行投影探测，规定新建矩阵沿着线条投影方向上的每个矩阵元素的数值相同并且等于该行矩阵元素的和即投影值(这个新矩阵也可以在原矩阵基础上建立，在原矩阵上线划过的矩阵元素值相等，大小是线划过的这些矩阵元素的和即投影值，如图 15-14 所示). 对投影方向为负 45°方向、垂直方向、135°方向进行类似处理，最后把得到的 4 个新矩阵相加，并且将矩阵的每个元素减去各次投影值的和然后除以 3，得到的就是 μ 值矩阵. 最后这一步处理并不难理解. 以 μ_{11} 元素为例，由前面的步骤可知，μ_{11} 元素一共进行了 4 个投影值的累加，累加和 S_{ii} 为

$$S_{ii}=\mu_{11}+\mu_{12}+\mu_{21}+\mu_{22}+3\mu_{11}$$

式中，$\mu_{11}+\mu_{12}+\mu_{21}+\mu_{22}$ 等于每次投影值的总和. 本例中，该值为 $a+b+c+d$，反投影法的优点是可以一边投影、一边进行累加，扫描结束，数据处理也随之完成，所以图像重建的速度非常快，其缺点是所重建的图像会出现伪像.

滤波反投影法又称为卷积反投影法，它是对简单反投影法的一种改进. 从数学原理上说是选择适当的滤波函数与原来的投影函数做卷积运算，相当于对投影波形先进行修改再做反投影和叠加，从而达到消除模糊及图像畸变的效果.

虽然 CT 图像重建过程可以归结为线性吸收系数 μ 值矩阵的求解，但实际 CT 图像的像素值不是采用 μ 值而是采用与之相关的一个参数 CT 值来表示的，所以 CT 图像实质上就是 CT 值矩阵. CT 图像中各种组织与 X 射线吸收系数(μ 值)相当的对应值，是从人体组织器官的 μ 值换算出来的.

$$CT=\frac{\mu-\mu_{w}}{\mu_{w}}\times\alpha \tag{15-13}$$

式中，μ 和 μ_{w} 分别为受检物和水的吸收系数；α 为分度因数. CT 值的单位是 HU(亨斯菲尔德单位).

一般将人体组织 CT 值划分为 2 000 个单位(HU)，最上界为骨＋1 000 HU，最下界为空气－1 000 HU，水的理想 CT 值为 0. CT 值不是绝对不变的数值，与 X 射线管电压、CT 设备、扫描层厚等因素有关. CT 值有助于大致判断组织类型，从而有助于提示疾病的诊断.

三、CT 设备的系统结构

CT 设备主要分为扫描系统，计算机系统，图像显示和存储、照相系统三部分.

(1) 扫描系统.

包含 X 射线管、探测器和扫描机架. 扫描机架内安装有 X 射线系统、图像采集设备、X 射线过滤器、系统准直器等. X 射线球管(图 15-15)是 CT 影像设备的心脏部分，由阴极、阳极和真空玻璃或金属管组成，其类型可分为固定阳极和旋转阳极两种.

CT 的数据采集系统的作用是测量 X 射线束，并将这些数据编码成二进制数据，送往计算机进行运算.

探测器是数据采集系统中的重要部件. 探测器的数量越多，采集到的扫描数据就越多，可提高 X 射线的利用率，相应地缩短扫描时间和提高图像的质量. 常见探测器有以下几种：

a. 高压氙气探测器(图 15-16).

高压氙气探测器的电离室在高压下充入惰性气体氙. 其优点是结构简单，单个探测器通道的灵敏度相同；缺点是量子效率低，相邻探测器之间存在缝隙.

图 15-15 X 射线球管

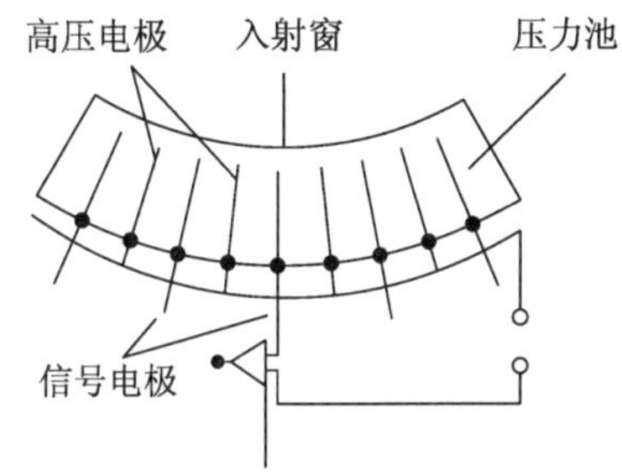

图 15-16 高压氙气探测器

b. 闪烁晶体探测器.

闪烁晶体探测器使用的晶体包括碘化钠、碘化铯、氟化钙、锗酸铋晶体等，并加入微量增光或减少余辉的物质(铊、铕)，优点是探测效率高.

X-CT 成像的数据采集是利用 X 射线管和检测器等的同步扫描来完成的. CT 的各种扫描方式中，单束平移-旋转方式、窄扇形束扫描平移-旋转方式、旋转-旋转方式、静止-旋转方式的共同点是 X 射线管和检测器之间须进行同步扫描机械运动.

a. 单束平移-旋转(T/R)扫描方式(图 15-17).

单束扫描装置是由一个 X 射线管和一个检测器组成的，X 射线束由准直成笔直单射线束形式，X 射线管和检测器围绕受检体做同步平移-旋转扫描运动. 这种扫描首先进行同步平移直线扫描. 当平移扫完一个指定断层后，同步扫描系统转过一个角度(一般为 1°)后再对同一指定断层进行平移同步扫描，如此进行下去，直到扫描系统旋转到与初始值位置成 180°角为止.

b. 静止-旋转(S/R)扫描方式(图 15-18).

这种方式称为第四代 CT 扫描方式，扫描装置由一个 X 射线管和 600～2 000 个检测器组成. 在静止-旋转扫描方式中，每个检测器得到的投影值，相当于以该检测器为焦点，由 X

射线管旋转扫描一个扇形面而获得的.静止-旋转扫描方式的优点是:每一个检测器上获得多个方向的投影数据,能很好地克服宽扇形束的旋转-旋转扫描方式中由检测器之间的差异带来的环形伪影,扫描速度也有所提高.

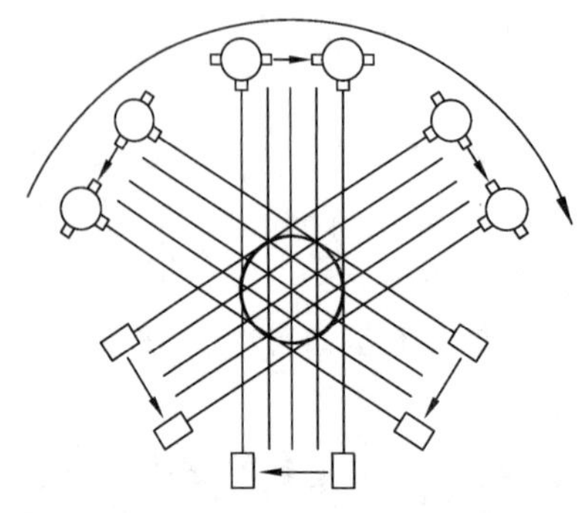

图 15-17　单束平移-旋转扫描方式

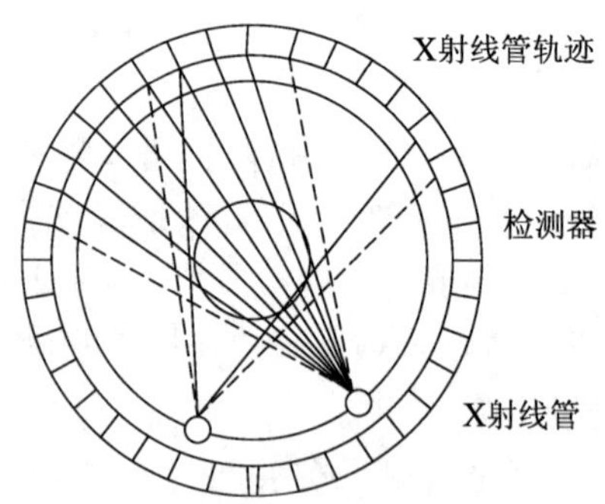

图 15-18　静止-旋转扫描方式

c. 电子束扫描方式(图 15-19).

为满足人体动态器官的检查,须进一步提高扫描的速度,在静止-旋转扫描方式基础上发展出来的电子束扫描方式,没有机械运动,大大地提高了扫描速度.

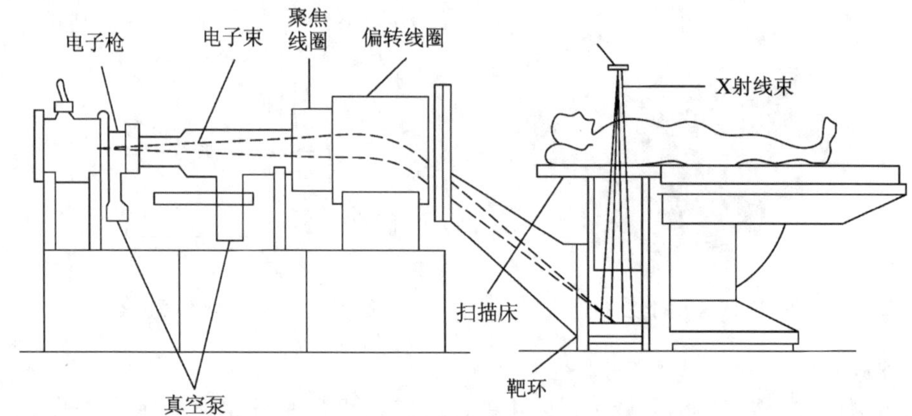

图 15-19　一束 X 射线穿过 n 个体素

电子束扫描 CT 又被称为第五代 CT,扫描装置由一个特殊制造的大型 X 射线管和静止排列的检测器环组成.这种机构在 50～100 ms 内能完成 216°的局部扫描.

(2) 计算机系统.

CT 的计算机系统包括主计算机和阵列计算机两部分.主计算机控制 CT 整个系统的正常工作,其主要的功能有:

a. 扫描监控,并将 CT 扫描得到的数据进行存储.

b. CT 值的校正.

c. 图像的重建控制与图像后处理.

d. CT 机自身故障的诊断与分析.

(3) 图像显示和存储、照相系统.

数据处理和图像重建的基本过程是:由数据收集系统(DAS)采集投影数据,阵列处理器(AP)接收 DAS 的投影数据进行处理后再传送到反投影系统.反投影控制器将接收到的投影数据分配到反投影板上的各个单元，影像数据与每个反投影单元的结果被一起传送到每个反投影板进行求和运算，合成扫描像素数据还须由运算单元进行处理和统一换算. 最后，这些合成的像素数据被输送到主控计算机进行存储和显示.

无论 CT 图像采取何种介质存储，最终还须由一种途径产生硬拷贝，即 CT 影像胶片.

CT 诊断已广泛应用于临床，中枢神经系统疾病的 CT 诊断价值高，应用普遍，对颅内肿瘤、脓肿及肉芽肿、寄生虫病、外伤性血肿与脑损伤、缺血性脑梗死与脑出血、椎管内肿瘤及椎间盘突出等的检查效果好，且诊断较为可靠；CT 对肺癌、纵隔肿瘤的诊断很有帮助；心脏大血管疾病的 CT 诊断需要多层螺旋 CT 或 EBCT；CT 对腹部肿瘤、外伤性疾病及炎性疾病的诊断也有帮助；而对乳腺的检查，由于电离辐射的原因，较少应用 CT.

习 题

15-1 X 射线是怎样产生的？它有哪些基本性质？

15-2 为什么 X 射线管的阳极靶通常要用钨材料或其合金制作？

15-3 什么是 X 射线的强度？如何调节 X 射线的强度？为什么在一定的管电压下，可以用管电流来表示？

15-4 什么叫 X 射线的硬度？为什么可以用管电压间接地表示 X 射线的硬度？

15-5 用 X 射线对人体摄影和透视时，为什么可以清楚地分辨出骨骼和肌肉？

15-6 对密度差别小的软组织，为什么用软 X 射线摄比硬 X 射线得到的影像的对比度和清晰度更好？

15-7 欲产生最高频率为 3×10^9 Hz 的 X 射线，应加多大的管电压？如果不考虑速度所引起的质量变化，电子到达阳极靶的速度是多少？

15-8 若 X 射线管的管电压为 50 kV，试求：(1) 连续 X 射线谱最短波长为多少？(2) 从阴极发射的电子(初速为 0)到达阳极靶时的速度为多大？

15-9 一个 X 射线管的工作电压为 200 kV，管电流为 30 mA，问连续 X 射线谱最短波长为多少？

15-10 X 射线被物质吸收后强度减弱到原来的 0.1%，问需要几个半价层？

15-11 某物质对 X 射线的质量吸收系数为 4 cm^2/g，欲使通过的 X 射线的强度减弱到原入射强度的 10%，则该物质的厚度应为多少(设该物质的密度为 5 g/cm^3)？

15-12 设肌肉的密度为 1.0×10^3 kg/m^3，质量吸收系数为 0.020 m^2/kg，骨的密度为 1.8×10^3 kg/m^3，质量吸收系数为 0.027 4 m^2/kg，若肌肉和骨的厚度均为 2 cm，试求同一强度的 X 射线分别通过它们后的强度之比.

15-13 设密度为 3 g/cm^3 的物质对某 X 射线的质量吸收系数为 0.03 cm^2/g，求放射线束分别穿过厚度为 1 cm、10 cm、100 cm 的吸收层后的强度为原入射强度的百分数.

15-14　对波长为 0.154 nm 的 X 射线,铝的吸收系数为 132 cm^{-1},铅的吸收系数为 2 610 cm^{-1},要得到与 1 mm 厚的铅层相同的防护效果,铝板的厚度应为多大?

15-15　设某一单色 X 射线连续地穿过密接的三种物质,它们的厚度都为 1 cm,已知透过这三种物质后 X 射线的强度为入射强度的 10%,第一、第二种物质的吸收系数分别为 0.71 cm^{-1} 和 1.28 cm^{-1},求第三种物质的吸收系数.

附 录

附表 1 国际单位制的基本单位与辅助单位

	量的名称	单位名称	单位符号
基本单位	长度	米	m
	质量	千克(公斤)	kg
	时间	秒	s
	电流	安[培]	A
	热力学温度	开[尔文]	K
	物质的量	摩[尔]	mol
	发光强度	坎[德拉]	cd
辅助单位	平面角	弧度	rad
	立体角	球面度	sr

附表 2 国际单位中具有专门名称的导出单位

量的名称	单位名称	单位符号	SI 单位表示	SI 基本单位表示
频率	赫[兹]	Hz	—	s^{-1}
力、重力	牛[顿]	N	J/m	$m \cdot kg \cdot s^{-2}$
压力、压强、应力	帕[斯卡]	Pa	N/m^2	$m^{-1} \cdot kg \cdot s^{-2}$
能量、功、热	焦[耳]	J	$N \cdot m$	$m^2 \cdot kg \cdot s^{-2}$
功率、辐射通量	瓦[特]	W	J/s	$m^2 \cdot kg \cdot s^{-3}$
电荷量	库[仑]	C	—	$A \cdot s$
电位、电压、电动势	伏[特]	V	W/A	$m^2 \cdot kg \cdot s^{-3} \cdot A^{-1}$
电容	法[拉]	F	C/V	$s^4 \cdot A^2 \cdot m^{-2} \cdot kg^{-1}$
电阻	欧[姆]	Ω	V/A	$m^2 \cdot kg \cdot s^{-3} \cdot A^{-2}$
电导	西[门子]	S	A/V	$s^3 \cdot A^2 \cdot m^{-2} \cdot kg^{-1}$
磁通量	韦[伯]	Wb	$V \cdot s$	$m^2 \cdot kg \cdot s^{-2} \cdot A^{-1}$
磁通量密度、磁感强度	特[斯拉]	T	Wb/m^2	$kg \cdot s^{-2} \cdot A^{-1}$
电感	亨[利]	H	Wb/A	$m^2 \cdot kg \cdot s^{-2} \cdot A^{-2}$
摄氏温度	摄氏度	℃	—	K
光通量	流[明]	lm	$cd \cdot sr$	—
光照度	勒[克斯]	lx	$cd \cdot sr \cdot m^{-2}$	—
放射性活度	贝可[勒尔]	Bq	—	s^{-1}
吸收剂量	戈[瑞]	Gy	J/kg	$m^2 \cdot s^{-2}$
剂量当量	希[沃特]	Sv	J/kg	$m^2 \cdot s^{-2}$

附表 3　基本物理常数

［根据国际科技数据委员会（CODATA）2006 年正式发表的推荐值］

物理量	符号	数　　值	单位
真空中光速	c	299 792 458	$\mathrm{m \cdot s^{-1}}$
磁常量	μ_0	$12.566\ 370\ 614\cdots \times 10^{-7}$	$\mathrm{N \cdot A^{-2}}$
电常量	ε_0	$8.854\ 187\ 817\cdots \times 10^{-12}$	$\mathrm{F \cdot m^{-1}}$
标准重力加速度	g_n	9.806 65	$\mathrm{m \cdot s^{-2}}$
标准大气压		101 325	Pa
牛顿引力常量	G	$6.673\ (10) \times 10^{-11}$	$\mathrm{m^3 \cdot kg^{-1} \cdot s^{-2}}$
普朗克常量	h	$6.626\ 068\ 76\ (52) \times 10^{-34}$	$\mathrm{J \cdot s}$
精细结构常量	α	$7.297\ 352\ 533\ (27) \times 10^{-3}$	—
摩尔气体常量	R	8.314 472 (15)	$\mathrm{J \cdot mol^{-1} \cdot K^{-1}}$
阿伏伽德罗常数	N_A	$6.022\ 141\ 99\ (47) \times 10^{23}$	$\mathrm{mol^{-1}}$
玻尔兹曼常量	k	$1.380\ 650\ 3\ (24) \times 10^{-23}$	$\mathrm{J \cdot K^{-1}}$
气体摩尔体积(标准状况)	V_m	$22.413\ 996\ (39) \times 10^{-3}$	$\mathrm{m^3 \cdot mol^{-1}}$
洛喜密特常量	n_0	$2.686\ 777\ 5\ (47) \times 10^{25}$	$\mathrm{m^{-3}}$
玻尔半径	a_0	$0.529\ 177\ 208\ 3\ (19) \times 10^{-10}$	m
电子磁矩	μ_e	$-928.476\ 362\ (37) \times 10^{-26}$	$\mathrm{J \cdot T^{-1}}$
质子磁矩	μ_p	$1.410\ 606\ 633\ (58) \times 10^{-26}$	$\mathrm{J \cdot T^{-1}}$
中子磁矩	μ_n	$-0.966\ 236\ 40\ (23) \times 10^{-26}$	$\mathrm{J \cdot T^{-1}}$
核磁子	μ_N	$5.050\ 783\ 17\ (20) \times 10^{-27}$	$\mathrm{J \cdot T^{-1}}$
μ 子质量	m_μ	$1.883\ 531\ 09\ (06) \times 10^{-28}$	kg
τ 子质量	m_τ	$3.167\ 88\ (52) \times 10^{-27}$	kg
基本电荷	e	$1.602\ 176\ 462\ (63) \times 10^{-19}$	C
电子荷质比	e/m_e	$-1.758\ 820\ 174\ (71) \times 10^{11}$	$\mathrm{C \cdot kg^{-1}}$
电子质量	m_e	$9.109\ 381\ 88\ (72) \times 10^{-31}$	kg
质子质量	m_p	$1.672\ 621\ 58\ (13) \times 10^{-27}$	kg
中子质量	m_n	$1.674\ 927\ 16\ (13) \times 10^{-27}$	kg
氘核质量	m_d	$3.343\ 583\ 09\ (26) \times 10^{-27}$	kg
里德伯常量	R_∞	10 973 731.568 549 (83)	$\mathrm{m^{-1}}$
斯特藩-玻尔兹曼常量	σ	$5.670\ 400(40) \times 10^{-8}$	$\mathrm{W \cdot m^{-2} \cdot K^{-4}}$
维恩位移常量	b	$2.897\ 768\ 6\ (51) \times 10^{-3}$	$\mathrm{m \cdot K}$
电子伏特	eV	$1.602\ 176\ 462\ (63) \times 10^{-19}$	J
原子量单位	u	$1.660\ 538\ 73\ (13) \times 10^{-27}$	kg

附表 4　国际制词头

倍数	词头名称		符号	分数	词头名称		符号
	拉丁文	中文			拉丁文	中文	
10^{24}	yotta	尧[它]	Y	10^{-1}	deci	分	d
10^{21}	zetta	泽[它]	Z	10^{-2}	centi	厘	c
10^{18}	exa	艾[可萨]	E	10^{-3}	milli	毫	m
10^{15}	peta	拍[它]	P	10^{-6}	micro	微	μ
10^{12}	tera	太[拉]	T	10^{-9}	nano	纳[诺]	n
10^{9}	giga	吉[咖]	G	10^{-12}	pico	皮[可]	p
10^{6}	mega	兆	M	10^{-15}	femto	飞[母托]	f
10^{3}	kilo	千	k	10^{-18}	atto	阿[托]	a
10^{2}	hecto	百	h	10^{-21}	zepto	仄[普托]	z
10^{1}	deca	十	da	10^{-24}	yocto	幺[科托]	y

附表 5　一些常见物体的密度

单位：$\rho/(g\cdot cm^{-3})$

物质	密度	物质	密度	物质	密度	物质	密度
银	10.492	康铜(3)	8.88	瓷器	2.0～2.6	石板	2.7～2.9
金	19.3	硬铝(4)	2.79	砂	1.4～1.7	橡胶	0.91～0.96
铝	2.70	德银(5)	8.30	砖	1.2～2.2	硬橡胶	1.1～1.4
铁	7.86	殷钢(6)	8.0	混凝土(10)	2.4	丙烯树脂	1.182
铜	8.933	铅锡合金(7)	10.6	沥青	1.04～1.40	尼龙	1.11
镍	8.85	磷青铜(8)	8.8	松木	0.52	聚乙烯	0.90
钴	8.71	不锈钢(9)	7.91	竹	0.31～0.40	聚苯乙烯	1.056
铬	7.14	花岗岩	2.6～2.7	软木	0.22～0.26	聚氯乙烯	1.2～1.6
铅	11.342	大理石	1.52～2.86	电木板(纸层)	1.32～1.40	冰(0 ℃)	0.917
锡(白、四方)	7.29	玛瑙	2.5～2.8	纸	0.7～1.1	水(0 ℃)	0.999 84
锌	7.12	熔融石英	2.2	石蜡	0.87～0.94	水银(0 ℃)	13.595 1
黄铜(1)	8.5～8.7	玻璃	2.4～2.6	蜂蜡	0.96	汽油	0.66～0.75
青铜(2)	8.78	玻璃(火石)	2.8～4.5	煤	1.2～1.7	乙醇	0.789 3

注：附表 5 中物质的配比成分

(1) Cu 70，Zn 30　(2) Cu 90，Sn 10　(3) Cu 60，Ni 40　(4) Cu 4，Mg 0.5，其余为 Al

(5) Cu 26.6，Zn 36.6，Ni 36.8　(6) Fe 63.8，Ni 36，C 0.2　(7) Pb 87.5，Sn 12.5

(8) Cu 79.7，Sn 10，Sb 9.5，P 0.8　(9) Cr 18，Ni 8，Fe 74　(10) 水泥 1，沙 2，碎石 4

附表 6　1 标准大气压(1.013×10^{5} Pa)下一些元素的熔点和沸点

元素	熔点/℃	沸点/℃	元素	熔点/℃	沸点/℃	元素	熔点/℃	沸点/℃
铜	1 084.5	2 580	铝	660.4	2 486	锡	231.97	2 270
铁	1 535	2 754	锌	419.58	903	铅	327.5	1 750
镍	1 455	2 731	金	1 064.43	2 710	汞	−38.86	356.72
铬	1 890	2 212	银	961.93	2 184			

附表 7 希腊字母读音表及意义

大写	小写	英文读音	国际音标	意义
Α	α	alpha	/aːlf/	角度、系数
Β	β	beta	/bet/	磁通系数、角度、系数
Γ	γ	gamma	/gaːm/	电导系数、角度
Δ	δ	delta	/delt/	变动、密度、屈光度
Ε	ε	epsilon	/epˈsilon/	对数的基数
Ζ	ζ	zeta	/zat/	系数、方位角、阻抗、相对黏度
Η	η	eta	/eit/	迟滞系数、效率
Θ	θ	theta	/θit/	温度、角度
Ι	ι	iota	/aiot/	微小、一点
Κ	κ	kappa	/kappa/	介质常数
Λ	λ	lambda	/lambda/	波长、体积
Μ	μ	mu	/mju/	磁导系数、微、动摩擦因数、流体黏度
Ν	ν	nu	/nju/	磁阻系数
Ξ	ξ	xi	/ksi/	随机数、(小)区间内的一个未知特定值
Ο	ο	omicron	/omikˈron/	高阶无穷小函数
Π	π	pi	/pai/	圆周率、$\pi(n)$表示不大于 n 的质数个数
Ρ	ρ	rho	/rou/	电阻系数、柱坐标和极坐标中的极径、密度
Σ	σ	sigma	/ˈsigma/	总和、表面密度、跨导
Τ	τ	tau	/tau/	时间常数
Υ	υ	upsilon	/jupˈsilon/	位移
Φ	φ	phi	/fai/	磁通、角、透镜焦度
Χ	χ	chi	/kai/	—
Ψ	ψ	psi	/psai/	角速、介质电通量
Ω	ω	omega	/oˈmiga/	欧姆、角速、交流电的电角度

习题答案

第 1 章　质点力学

1-26　(1) $y=19-\frac{x^2}{2}(x\geqslant 0)$；

(2) $\boldsymbol{r}_1=2\boldsymbol{i}+17\boldsymbol{j}, \boldsymbol{r}_2=4\boldsymbol{i}+11\boldsymbol{j}$；$\bar{v}=6.32$ m/s，与 x 轴的夹角为 $-71°33'54''$；

(3) $v_1=4.47$ m/s，$-63°26'5''$，$v_2=8.25$ m/s，$-75°57'50''$，$\boldsymbol{a}=-4\boldsymbol{j}$，$a=4$ m/s^2；

(4) $t=0$ 时，$\boldsymbol{r}_0=19\boldsymbol{j}$；(5) $t=3$ s 时，$\boldsymbol{r}_3=6\boldsymbol{i}+\boldsymbol{j}$

1-27　$(2t+3)\boldsymbol{i}-(4t^2+7)\boldsymbol{j}$

1-28　$y=\frac{1}{2{v_0}^2}g\sin\alpha x^2$

1-29　$\frac{\sqrt{h^2+s^2}}{s}v_0$，$a=\frac{h^2{v_0}^2}{s^3}$

1-30　2 m

1-31　18 m；-12 m/s^2

1-32　190 m/s，705 m

1-33　$v=\left(4t-\frac{t^3}{3}-1\right)$m/s，$x=2t^2-\frac{t^4}{12}-t+\frac{3}{4}$

1-34　$v=2\sqrt{x^3+x+25}$ m/s

1-35　0.012 5 m/s^2

1-36　(1) $a=\sqrt{b^2+\frac{(v_0-bt)^4}{R^2}}$，与半径的夹角 $\arctan\frac{-Rb}{(v_0-bt)^2}$；(2) v_0/b

1-37　(1) 36 m/s^2；1 296 m/s^2；(2) 2.67 rad

1-38　(1) 230.4 m/s^2；4.8 m/s^2；(2) 3.15 rad；(3) 0.55 s

1-39　125.6 m/s

1-40　(1) 10 m；(2) 80 m

1-41　50 km/h，方向北偏西 36.87°；50 km/h，方向南偏东 36.87°

1-42　(1) 2.7 m/s^2；(2) 112.5 N；(3) 87.5 N

1-43　$\boldsymbol{r}=\left(-\frac{13}{4}\boldsymbol{i}-\frac{7}{8}\boldsymbol{j}\right)$ m，$\boldsymbol{v}=\left(-\frac{5}{4}\boldsymbol{i}-\frac{7}{8}\boldsymbol{j}\right)$ m/s

1-44　(1) 2.7 m/s，1.5 m/s^2；(2) 2.3 m/s，1.5 m/s^2

1-47　$|m\boldsymbol{v}_0|$，方向竖直向下

1-48　1.5 N

1-49　100 N

1-50　(1) $-\frac{3}{8}m{v_0}^2$；(2) $\frac{3}{16}\frac{{v_0}^2}{\pi rg}$；(3) $\frac{4}{3}$圈

1-51　4 000 J

1-52　$\sqrt{2}v$

1-53 $\sqrt{2}$ cm

1-54 $\sqrt{\dfrac{k}{mr}}, -\dfrac{k}{2r}$

1-55 $mgl/50$

1-56 0.04 m

1-57 (1) 4.1 m；(2) 4.5 m/s

1-58 (1) m_1g+m_2g；(2) 不变

1-59 (1) $\dfrac{GmM}{6R}$；(2) $-G\dfrac{mM}{3R}$；(3) $-\dfrac{GMm}{6R}$，负号说明卫星约束于引力场中，未摆脱地球影响

1-60 $\dfrac{m^2v^2}{2(m_0+m)}$

1-61 $mv_0\left[\dfrac{M}{k(m+M)(m+2M)}\right]^{\frac{1}{2}}$

1-62 (1) 0.06 m；(2) 非弹性碰撞，恢复系数 $e=0.65$；(3) 0.04 m，$e=0$

1-63 $5v_0/13$

第2章　刚体的运动

2-5 (1) 13.1 rad/s^2；(2) 390 圈

2-6 0.136 kg·m^2

2-7 10.8 s

2-8 $\dfrac{MR^2\ln 2}{2k}$

2-9 4.12 N·m

2-10 $\dfrac{2\omega_0L}{3\mu g}$

2-11 (1) $a=\dfrac{m_1-\mu m_2}{m_1+m_2+\dfrac{J}{r^2}}\cdot g$；$T_1=\dfrac{m_2+\mu m_2+\dfrac{J}{r^2}}{m_1+m_2+\dfrac{J}{r^2}}\cdot m_1g$；$T_2=\dfrac{m_1+\mu m_1+\mu\dfrac{J}{r^2}}{m_1+m_2+\dfrac{J}{r^2}}\cdot m_2g$

(2) $a=\dfrac{m_1}{m_1+m_2+\dfrac{J}{r^2}}\cdot g$；$T_1=\dfrac{m_2+\dfrac{J}{r^2}}{m_1+m_2+\dfrac{J}{r^2}}\cdot m_1g$；$T_2=\dfrac{m_1}{m_1+m_2+\dfrac{J}{r^2}}\cdot m_2g$

2-12 $\dfrac{2mgt}{2m+M}$

2-13 $\dfrac{2g}{19r}$

2-14 $\dfrac{m_2g-m_1g\sin\theta-\mu m_1g\cos\theta}{m_1+m_2+J/r^2}$

2-15 $11mg/8$

2-16 3.14×10^2 N

2-17 1.06×10^3 kg·m^2

2-18 (1) 6.13 rad/s^2；(2) 17.1 N，20.8 N

2-19 (1) 81.7 rad/s^2，方向垂直纸面向外；(2) 6.12 cm

2-20 9 600 J；16 N·m

2-21 11.8 m；1.7 m/s

2-22 (1) 2.0 $kg \cdot m^2/s$; (2) $88°38'$

2-23 (1) $4\omega_0$; (2) $\frac{3}{2}mr_0{}^2\omega_0{}^2$

2-24 $\frac{\omega^2R^2}{2g}$; $\left(\frac{1}{2}m'-m\right)R^2\omega$

2-25 (1) 2.77 r/s; (2) 26.2 J, 72.6 J

2-26 (1) $\frac{M}{M+2m}\omega_a$; (2) $\frac{MR^2}{MR^2+2mr^2}\omega_a$

2-27 π rad

2-28 $\frac{7l^2}{4l^2+12x^2}\omega_0$

2-29 8.11×10^3 m/s; 6.31×10^3 m/s

2-30 2.19 rad/s

2-31 0.8π rad/s

2-32 $\frac{24l}{25\mu}$

2-33 $\frac{4M}{m}\sqrt{\frac{gl}{3}}$

2-34 (1) 8.88 rad/s; (2) 94.5°

2-35 (1) $0.106\frac{3m+M}{m}\sqrt{gl}$; (2) $-0.211M\sqrt{gl}$,负号说明所受冲量与初速度方向相反

2-36 $\frac{1}{3}a$, $\frac{a}{3g}$

第3章 流体力学

3-4 9 m/s, 1.56×10^5 Pa

3-5 0.447 m/s, 0.894 m/s, 4.47×10^{-4} m^3

3-6 4 000 Pa

3-7 4.9×10^5 Pa

3-8 0.214 m^3

3-9 水不会流出来

3-10 1.98 m/s, 1.55×10^{-6} m^3/s

3-11 0.10 m

3-12 0.266 m^3/s; 1.66×10^5 Pa

3-13 0.98 m/s

3-14 (1) 0.75 m/s, 3 m/s; (2) 4.22×10^3 Pa; (3) 3.42 cm

3-15 4.2 m^3

3-16 $3h_1$

3-17 0.77 m/s

3-18 0.5 J

3-19 0.06 mmHg; 5.12×10^5 $N\cdot s/m^{-5}$

3-20 0.18 m/s

3-21 (1) 0.32 m/s; (2) 1.5×10^5 $N\cdot s/m^{-5}$; (3) 15 Pa

3-22 919

3-23 (1) 879.5；雷诺数小于1 000.(2) 血液做层流

3-24 (1) 1.36 m/s；(2) $R_e=480$，不会发生湍流

3-25 0.77 cm/s

3-26 3.27×10^{-3} m/s

第4章 振动和波动

4-5 -0.1 m；0；3.94 m/s^2

4-6 (1) 4.19 s；(2) 4.5×10^{-2} m/s^2；(3) $x=0.02\cos\left(1.5t+\frac{\pi}{2}\right)$

4-7 (1) $x=0.1\cos\left(2t-\frac{\pi}{2}\right)$；(2) 0.262 s

4-8 (1) $x=0.24\cos\left(\frac{\pi}{2}t\right)$m；(2) 0.17 m，$-4.18\times10^{-3}$ N

4-9 (1) $\frac{2L}{3}$；(2) $2\pi\sqrt{\frac{2L}{3g}}$

4-10 3 J，1 J，4 J

4-11 (1) $\varphi_0=\frac{4\pi}{3}$；(2) $x=0.10\cos\left(10\pi t+\frac{4\pi}{3}\right)$；(3) 0.125 J，0.375 J

4-12 (1) 100π rad/s；(2) 4.0 cm，3.6 cm，3.2 cm，2.0 cm

4-13 (1) $y=0.06\cos(\pi t+\pi)$ m；(2) $y=0.06\cos\left[\pi\left(t-\frac{x}{2}\right)+\pi\right]$ m；(3) 4 m

4-14 $y=0.1\cos\left[\pi(t-x)-\frac{\pi}{2}\right]$m

4-15 $y=0.1\cos\left(7\pi t-\frac{\pi x}{0.12}+\frac{\pi}{3}\right)$

4-16 (1) $y=0.05\cos\left[\pi\left(t+\frac{x}{20}\right)+\frac{\pi}{2}\right]$ m；(2) $x=-5$ m处质点的振动相位落后$\pi/2$

4-17 (1) $y_P=A\cos\left(\frac{\pi}{2}t+\pi\right)$；(2) $y_0=A\cos\left(\frac{1}{2}\pi t\right)$；(3) $y=A\cos\left(\frac{\pi t}{2}+\frac{2\pi x}{\lambda}\right)$

4-18 (1) $y=0.06\cos\frac{\pi}{9}(t-5)$；(2) $\frac{5}{9}\pi$

4-19 (1) $y=0.02\cos\frac{2}{3}\pi\left(t-\frac{x}{2}\right)$；(2) $y=0.02\cos\left(\frac{2}{3}\pi t+\frac{\pi}{3}\right)$；(3) 0.01 m；(4) 0.02 m

4-20 (1) $-\frac{\pi}{2}$；(2) 0.28 cm

4-21 (1) 3π；(2) 0

4-22 4.3×10^{-3} m；462 J/m^3

4-23 $y=10\times10^{-4}\cos\left[2\,000\pi\left(t+\frac{x}{34}\right)-\pi\right]$

4-24 $y=A\cos\left[2\pi\left(\frac{t}{T}-\frac{x}{\lambda}\right)\right]$

4-25 距A处：1 m、5 m、9 m、13 m、17 m

4-26 10^{-5} W/m^2

4-27 4×10^{-6} W

4-28 30 m/s

4-29 204 Hz

4-30 1 460.9 Hz,0.23 m

4-31 9.35 m/s

第 5 章 静电场

5-5 (1) 8.2×10^{-8} N; (2) 3.6×10^{-47} N, 2.3×10^{38}

5-6 两点电荷均为 $Q/2$ 时,它们间的作用力最大

5-8 $\frac{1}{4\pi\varepsilon_0}\cdot\frac{\lambda L}{d(L+d)}$,方向沿 x 轴正方向

5-9 $E_O=E_x=\frac{Q}{2\pi^2\varepsilon_0 R^2}$

5-10 (1) 环心处 $E=0$; (2) $x=\pm\frac{\sqrt{2}}{2}R$

5-11 $E=\frac{\sigma}{2\varepsilon_0}\left(1-\frac{x}{\sqrt{R^2+x^2}}\right)$

5-12 $\frac{\sigma}{4\varepsilon_0}$

5-13 $\frac{\lambda_1\lambda_2}{2\pi\varepsilon_0 d}$

5-14 5.0×10^{-6} C/m^2

5-15 $\sigma_A=-\frac{2\varepsilon_0 E_0}{3}$; $\sigma_B=\frac{4\varepsilon_0 E_0}{3}$

5-16 当 $r<R$ 时, $E=\frac{Qr}{4\pi\varepsilon_0 R^3}$; 当 $r>R$ 时, $E=\frac{Q}{4\pi\varepsilon_0 r^2}$

5-17 (1) 0; (2) 2.25×10^3 V/m; (3) 9.0×10^2 V/m

5-18 (1) $r<R_1$ 时, $E=0$; (2) $R_1<r<R_2$ 时, $E=\frac{\lambda}{2\pi\varepsilon_0 r}$; (3) $r>R_2$ 时, $E=0$

5-19 $r_1=40$ cm, $r_2=80$ cm; 6.75×10^{10} V

5-20 (1) $\frac{q}{6\pi\varepsilon_0 l}$; (2) $\frac{q}{6\pi\varepsilon_0 l}$

5-21 (1) $E_{\text{I}}=E_{\text{III}}=0$, $E_{\text{II}}=\frac{\sigma}{\varepsilon_0}$; (2) $\frac{\sigma d}{\varepsilon_0}$

5-22 (1) $U_A=0$, $U_B=-\frac{3\sqrt{3}p}{8\pi\varepsilon_0 a^2}$, $U_C=\frac{3\sqrt{3}p}{8\pi\varepsilon_0 a^2}$; (2) 底边中点 D 的电势 $U_D=0$,左边中点 E 的电势 $U_E=-\frac{3\sqrt{3}p}{2\pi\varepsilon_0 a^2}$,右边中点 F 的电势 $U_F=\frac{3\sqrt{3}p}{2\pi\varepsilon_0 a^2}$

5-23 $\frac{\lambda}{4\pi\varepsilon_0}\ln\left(\frac{L+d}{d}\right)$

5-24 (1) $\frac{\sqrt{2\lambda_1{}^2+2\lambda_2{}^2}}{4\pi\varepsilon_0 R}$,与 x 轴夹角为 $\tan^{-1}\frac{\lambda_2-\lambda_1}{\lambda_1+\lambda_2}$; (2) $\frac{\lambda_1+\lambda_2}{8\varepsilon_0}$

5-25 A、B 两点的场强不变; U_A 随橡皮球 R 的增加而降低, U_B 不变

5-26 $r<R$, $U=\frac{\rho}{6\varepsilon_0}(3R^2-r^2)$; $r>R$, $U=\frac{\rho R^3}{3\varepsilon_0 r}$

5-27 (1) $r<R_1$, $U=\frac{Q_1}{4\pi\varepsilon_0 R_1}+\frac{Q_2}{4\pi\varepsilon_0 R_2}$; (2) $R_1<r<R_2$, $U=\frac{Q_1}{4\pi\varepsilon_0 r}+\frac{Q_2}{4\pi\varepsilon_0 R_2}$; (3) $r>R_2$, $U=\frac{Q_1+Q_2}{4\pi\varepsilon_0 r}$

5-28 (1) $E_{\text{I}}=0\,(r<R_1)$, $E_{\text{II}}=\frac{Q_1}{4\pi\varepsilon_0 r^2}\,(R_1<r<R_2)$, $E_{\text{III}}=0\,(R_2<r<R_3)$, $E_{\text{IV}}=\frac{Q_1+Q_2}{4\pi\varepsilon_0 r^2}\,(r>R_3)$;

$\frac{Q_1}{4\pi\varepsilon_0}\left(\frac{1}{R_1}-\frac{1}{R_2}\right)$

5-29　(1) 5.65×10^6 V/m，由细胞膜内指向细胞膜外；(2) 29.4 mV，细胞膜内电势高

5-30　(1) -1.0×10^{-7} C，-2.0×10^{-7} C，2.3×10^3 V；(2) -8.8×10^{-8} C，-2.14×10^{-7} C，968 V

5-31　(1) 5 000 V/m，2.2×10^{-7} J；(2) 30 V，295 pF

5-32　(1) 1.0×10^6 V，0.5 J；(2) 电场能量增加 0.5 J，外力克服电场力做功的缘故

5-33　$\frac{1}{2}\cdot\frac{\sigma^2 V}{\varepsilon_0}\left(1-\frac{1}{\varepsilon_r}\right)$

5-34　(1) $\frac{Q^2}{8\pi\varepsilon_0 R}$；(2) $2R$

5-35　(1) $0(r<R_1)$，$\frac{Q}{4\pi\varepsilon_0 r^2}(R_1<r<R_2)$，$0(r>R_2)$；(2) 4.5×10^8 J；(3) 4.4×10^{-11} F

5-37　(1) 900 μC, 900 V；900 μC, 300 V. (2) 450 μC, 450 V；1 350 μC, 450 V

第 6 章　电流与电路

6-1　18.7 C

6-2　(1) 2.12×10^{-5} Ω；(2) 1.475×10^6 A/m²；(3) 2.5×10^{-2} V/m；(4) 1.08×10^{-4} m/s

6-3　3×10^{13} Ω/m

6-4　$\frac{\rho}{2\pi a}$

6-5　$\frac{\rho}{4\pi}\left(\frac{1}{r_a}-\frac{1}{r_b}\right)$

6-6　0.028 6

6-7　$2.732R$

6-8　$I_1=1.25$ A，向右；$I_2=0.60$ A，下；$I_3=0.65$ A，下；$I_4=0.26$ A，右；$I_5=0.34$ A，下；$I_6=0.91$ A，下

6-9　22 V，33 V，27 V

6-10　$I_1=1.5$ A，向左；$I_2=2.5$ A，向左；$I_3=4$ A，向左

6-11　$I_{4(R_1)}=-2$ A，向右；$I_{5(R_2)}=3$ A，向左；$I_{6(R_3)}=-1$ A，向上

6-12　(1) 0.22 V；(2) $I_1=0.46$ A，向左

6-13　$I_{10}=I_{14}=0.5$ A，向下；$I_7=I_5=0.5$ A，向下；$I_8=0.75$ A，向右；$I_{ba}=1$ A，向上

第 7 章　磁　场

7-1　xz 平面上，$z=4$ cm 上的各点磁感应强度为零

7-2　(1) 0；(2) 1.0×10^{-4} T

7-3　7.1×10^{-6} T，磁感应强度 $\boldsymbol{B}$ 在垂直纸面且与 I_1 平行的平面内，与 I_1、I_2 的夹角均为 45°

7-4　1.73×10^{-4} T，垂直纸面向外

7-5　$\frac{2\sqrt{2}\mu_0 I}{\pi a}$，垂直纸面向里

7-6　4.44×10^{-5} T

7-7　4.57×10^{-5} T，垂直纸面向里

7-8　0

7-9　(1) $\mu_0\pi n\lambda$；(2) $\frac{\mu_0\pi n\lambda R^3}{(R^2+x^2)^{\frac{3}{2}}}$

7-10 $\frac{\mu_0\sigma\omega}{2}\left(\frac{R^2+2x^2}{\sqrt{R^2+x^2}}-2x\right)$

7-11 $(R_4-R_3)/(R_2-R_1)$

7-12 $\frac{\mu_0 I}{2\pi a}\ln\left(1+\frac{a}{x}\right)$

7-13 5.0×10^{-16} T，垂直纸面向内

7-14 (1) 4.0×10^{-5} T；(2) 2.2×10^{-6} Wb

7-15 $\frac{\mu_0 I}{4\pi}$

7-16 (1) $\frac{\mu_0 Ir}{2\pi {R_1}^2}(0<r<R_1)$，$\frac{\mu_0 I}{2\pi r}(R_1<r<R_2)$，$0(r>R_2)$；(2) $\frac{\mu_0 I}{2\pi}\ln\frac{R_2}{R_1}$

7-17 (1) 3.2×10^{-16} N，垂直于导线背向导线；(2) 3.2×10^{-16} N，平行于导线，并与电流同方向；(3) 0

7-18 8.4 mm

7-19 2.14×10^{-9} Wb

7-20 3.56×10^{-10} s，1.52 mm，0.167 mm

7-21 (1) 8.45×10^{-4} m/s；(2) 2.53×10^{-5} V

7-22 $2\pi IRB\sin\alpha$，方向竖直向上

7-23 2.0×10^{-4} N，向左

7-24 $\mu_0 I_1 I_2$，方向向右

7-25 (1) 7.85×10^{-2} N·m，向左；(2) 直线部分 1 N，垂直纸面向外；圆弧部分 1 N，垂直纸面向里

7-26 (1) 0.157 A·m²，方向垂直纸面向里；(2) 0.078 5 m·N，线圈转 90°，即转到线圈平面与 **B** 垂直

7-27 4.6×10^{-23} A·m²

7-30 (1) $\frac{\lambda\omega\mu_0}{4\pi}\ln\frac{a+b}{a}$，方向为垂直纸面向里；(2) $\frac{1}{6}\lambda\omega[(a+b)^3-a^3]$，方向为垂直纸面向里

7-31 3.26×10^8 A/m

7-32 (1) 0.226 T；(2) 300 A/m；(3) 0.225 6 T

7-33 (1) 0.02 T，32 A/m；(2) 6.25×10^{-4} Wb·A^{-1}·m^{-1}，496.4，1.59×10^4 A/m

7-34 (1) 2 000 A/m；(2) 7.97×10^5 A/m；(3) 399；(4) 400

7-35 $\frac{Ir}{2\pi {R_1}^2}(0\leqslant r\leqslant R_1)$，$\frac{I}{2\pi r}(r\geqslant R_1)$；$\frac{\mu_0 Ir}{2\pi {R_1}^2}(0\leqslant r\leqslant R_1)$；$\frac{\mu_r\mu_0 I}{2\pi r}(R_1\leqslant r\leqslant R_2)$；$\frac{\mu_r I}{2\pi r}(r\geqslant R_2)$

7-36 8 A

7-37 (1) $-(6t+4)\times10^{-3}$ V；(2) -0.04 V

7-38 $\mu_0\pi R^2 nNI_0\omega\cos\omega t$

7-39 $-\frac{\mu_0 I_0 a\omega}{2\pi}\ln\left[\frac{(r_1+b)(r_2+b)}{r_1 r_2}\right]\cos\omega t$

7-40 $Bxv\tan\theta$，由 b 指向 a

7-41 0.15 V，由 b 指向 a

7-42 (1) -3.84×10^{-5} V；(2) “－”表示 A 端电势高

7-43 $\frac{\mu_0 Ilav}{2\pi x(x+a)}>0$，方向为 $ABCDA$

7-44 (1) $\frac{\mu_0 Ix}{2\pi}\ln\frac{a+b}{a}$；(2) $\frac{\mu_0 Iv}{2\pi R}\ln\frac{a+b}{a}$，方向：$D\to C$；(3) $\left(\frac{\mu_0 I}{2\pi}\ln\frac{a+b}{a}\right)^2\frac{v}{R}$

7-45 (1) 4.6×10^{-4} V，方向 $a\to b$；(2) 0.02 A，方向 $a\to b$；(3) 1.8×10^{-7} N，方向垂直于$\overline{ab}$向右

7-46 $\frac{3\pi\mu_0 I r^2 v}{2N^4 R^2}$，感应电流的方向与原电流的环绕方向相同

7-47 (1) 5×10^{-3} V/m，顺时针沿圆周切向；(2) 1.57 mA；(3) 3.14 mV

7-48 (1) e；(2) $\frac{\mu_0 I\omega}{2\pi}\sin\omega t$

7-49 (1) $\frac{\mu_0 a}{2\pi}\ln3$；(2) $-\frac{\mu_0 a I_0\omega\ln3}{2\pi}\cos\omega t$，方向顺时针为正

7-50 $\frac{\pi\mu_0 N_1 N_2 R^2 r^2}{2(L^2+R^2)^{3/2}}$

7-51 (1) 6.28×10^{-6} H；(2) -3.14×10^{-4} Wb/s；(3) 3.14×10^{-4} V

7-52 (1) 0；(2) 0.04 H

7-53 (1) $2\pi\times10^4$ J/m^3；(2) 7.07 J

7-54 (1) 0.987 J/m^3；(2) 4.98×10^{-15} J/m^3

第 8 章　气体动理论

8-13 210 K；240 K

8-14 9.6 天

8-15 6.11×10^{-5} m^3

8-16 2.43×10^{17}个

8-17 (1) 2.44×10^{25} m^{-3}；(2) 1.30 kg/m^3；(3) 5.314×10^{-23} g；(4) 42.8 Å；(5) 6.21×10^{-21} J

8-18 1∶4∶16

8-19 (1) 1.35×10^5 Pa；(2) 7.49×10^{-21} J；362 K

8-20 0.062 K；0.51 Pa

8-21 (1) 7.31×10^6 J；(2) 4.16×10^4 J；0.856 m/s

8-22 (1) $1/a$；(2) 0，$a^2/6$

8-23 (1) $\frac{3N}{4\pi v_f^{\,3}}$；(2) $0.088N$

8-24 (1) 曲线下面的面积表示系统分子总数 N；(2) $2N/(3v_0)$；(3) $0.58N$；(4) $0.86mv_0^{\,2}$

8-25 (1) 415 m/s，450 m/s；(2) 8 790 Pa

8-26 (1) $\frac{4U}{3V}$；(2) $\sqrt{\frac{M_2}{M_1}}$

8-28 $2\,\overline{v_0}$，$2\,\overline{Z_0}$，$\overline{\lambda_0}$

8-29 1.33×10^{-11} Pa 时，3.21×10^9 m^{-3}，7.8×10^8 m；1.33×10^{-3} Pa 时，3.21×10^{17} m^{-3}，7.8 m. 这两种情形下，都应取显像管的线度作为分子的实际平均自由程

8-30 (1) 8.0×10^9 Hz；(2) 1.0×10^{-7} m，1.6×10^{10} Hz

第 9 章　热力学基础

9-1 1 212 J，808 J，404 J

9-2 $\frac{C}{V_1}-\frac{C}{V_2}$

9-3 83.1 J，−216.9 J

9-4 (1) 24 J；(2) −172 J；(3) 160 J；(4) 72 J，72 J

9-5 (1) 1 454 J；(2) 1 039 J；(3) 415 J

9-6 623 J，623 J，0；1 039 J，623 J，416 J

9-7 683 J，957 J

9-8 (1) 114.3 J；(2) 285.7 J；(3) 13.75 K

9-9 6 560 J，4 067 J，2 493 J；5 868.4 J，3 375.4 J，2 493 J

9-10 1.39

9-11 $Q_{ab}=12RT_0$；$Q_{bc}=45RT_0$；$Q_{ca}=-47.7RT_0$

9-12 $T_A=2.352T_0$；$T_B=1.176T_0$

9-13 1.22；0.61

9-14 (1) $A\to B$：$W_1=200$ J，$\Delta U_1=750$ J，$Q_1=950$ J；$B\to C$：$W_2=0$ J，$\Delta U_2=-600$ J，$Q_2=-600$ J；$C\to A$：$W_3=-100$ J，$\Delta U_3=-150$ J，$Q_3=-250$ J；(2) $Q=100$ J，$W=100$ J

9-15 (1) 300 K，100 K；(2) $W_{CA}=0$ J，$W_{AB}=400$ J，$W_{BC}=-200$ J；(3) $Q=200$ J

9-16 (1) 37.5%；(2) 600 J；(3) 2 000 W

9-17 21%

9-18 $1-\dfrac{T_3}{T_2}$

9-19 (1) $V_C=V_2$，$T_C=T_1\left(\dfrac{V_1}{V_2}\right)^{\gamma-1}$，$p_C=\nu RT_1\dfrac{V_1^{\gamma-1}}{V_2^{\gamma}}$；(2) $1-\dfrac{1-\left(\dfrac{V_1}{V_2}\right)^{\gamma-1}}{(\gamma-1)\ln\left(\dfrac{V_2}{V_1}\right)}$

9-22 320 K；20%

9-23 800 J

9-24 1 338 J，5 350 J，−4 012 J

9-25 (1) 29.4%；(2) 425 K

9-26 (1) $15.5RT_0$；(2) $-13.5RT_0$；(3) 12.9%；(4) 83.3%

9-27 7.17 J/K

9-28 mL/T_m

9-29 195 J/K

9-30 −610 J/K

9-31 (1) 1.5×10^6 J；(2) 11.6 J/K

第 10 章 几何光学

10-6 1.35

10-7 −12 cm，负号表示折射面的凹面对着入射光线，即曲率中心在液体中

10-8 −2.25 m

10-9 1.5；−76.8 mm

10-10 −3.05 mm，3.39 mm

10-11 −4.48 cm

10-12 $0.5R'$

10-13 最后成像在第二折射面顶点后 130 cm 处

10-14 1.33

10-15 40 cm

10-16 15 cm；−112.5 cm

10-17 (1) 30.77 cm; (2) 50 cm
10-18 10 cm
10-19 像在第二透镜后 4.8 cm 处
10-20 最后成像在 L_2 后面 6.67 cm 处
10-21 333 度
10-22 30 cm
10-23 (1) 6.06 cm; (2) 3.12
10-24 (1) 标本应放在物镜前 1.28 cm 处；(2) −15.0；(3) −150
10-25 0.1 μm; 0.183 μm
10-26 不能看清 0.3 μm 的细节；0.3 μm
10-27 400; 1.46
10-28 (1) 0.31 μm; (2) 18.4 cm
10-29 应配 −250 度的凹透镜
10-30 应配 300 度的老花镜

第 11 章 波动光学

11-5 工件缺陷是凹陷的，凹陷深度为 $\lambda/2$
11-6 向上
11-7 (1) 6 000 Å; (2) 3 mm
11-8 544.8 nm; 2.27 mm
11-9 6.6 μm
11-10 0.045 mm
11-11 $\dfrac{2n_2d+n_1\lambda/2}{n_1\lambda}\times 2\pi$
11-12 6 731 Å
11-13 6 739 Å(红色)，$\lambda_3=4\ 043$ Å(紫色)，正面呈现紫红色；5 054 Å(绿色)，背面呈现绿色
11-14 (1) 4.0×10^{-4} rad; (2) 3.4×10^{-7} m; (3) 0.85 mm; (4) 141 条
11-15 (1) $n_2>n$; (2) 1.5 μm; (3) 各级条纹向棱边方向移动，被第 21 级暗纹占据
11-16 (1) 1.85 mm; (2) 4 091 Å
11-17 1.22
11-18 $(1\ 993k+996)$ Å
11-19 6 289 Å
11-20 59 μm
11-25 水中的波长
11-31 4 286 Å
11-32 (1) 5 mm, 5.0×10^{-3} rad; (2) 3.76×10^{-3} rad
11-33 (1) 6 000 Å; (2) 3 级明纹; (3) 7 个半波带
11-34 3
11-35 (1) 6 cm; (2) 34.6 cm
11-36 (1) 1.0×10^{-5} m, 100 mm; (2) 5 条
11-37 (1) 6.0×10^{-6} m; (2) 1.5×10^{-6} m; (3) 共 15 条明条纹
11-38 2.2×10^{-4} rad, 9.1 m

11-39 1.5 mm

11-40 13.86 cm

11-41 4 918 m

11-42 1.30 Å,0.94 Å

11-43 0.040 2 nm

11-44 0.252 nm

11-47 1/3

11-48 分别是 I_0的 3/8,1/4,1/8

11-49 2.25

11-50 (1) 54°44′; (2) 35°16′

11-51 (1) 54°28′; (2) 35°32′

11-52 光由水射向玻璃时,48.44°;由玻璃射向水时,41.56°.两次起偏角互余

11-53 (1) 1/3; (2) 1/9

11-54 椭圆偏振光

11-55 11.91 μm

11-56 (1) 1∶3;(2) $\frac{3}{16}I_0$;(3) $\frac{3}{8}I_0$

11-57 4.5 mm

* 11-58 7.196 cm;5.03 cm;2.166 cm;0.697 cm

* 11-59 14.2%

第 12 章 狭义相对论基础

12-1 $x^2+y^2+z^2=(ct)^2$,$x'^2+y'^2+z'^2=(ct')^2$

12-2 16.67 s;-4×10^9 m

12-3 6.67 s;-1.6×10^9 m

12-4 (1) -1.5×10^8 m/s; (2) 5.2×10^4 m

12-5 (1) 1.8×10^8 m/s; (2) -9.0×10^8 m

12-6 8.89×10^{-8} s

12-7 $0.98c$

12-8 6.17 s

12-9 (1) $0.946c$; (2) $0.88c$,与 x'轴的夹角为 46.8°

12-10 (1) 4.12×10^{-16} J; (2) 5.14×10^{-14} J

12-11 725

12-12 9.1%,2.05×10^3 V,2.68×10^7 m/s

12-13 2.82×10^{-12} J;2 000 V;2.7×10^7 m/s

12-14 0; 碰撞后静止质量为$\frac{2m_0}{\sqrt{1-v^2/c^2}}$

12-15 24 167.4 m

第 13 章 量子力学基础

13-1 8 280 K

13-2 5.67×10^{4} W/m^{2}

13-3 483 nm

13-4 2.01×10^{19}个；1.42×10^{14}个

13-5 2.935 eV；423 nm

13-6 400 nm；2.29 eV

13-7 (1) 2.26 eV；(2) 0.33 V

13-8 461 nm；1.44 eV

13-9 1.236×10^{20} Hz；0.02 Å；2.73×10^{-22} kg·m/s

13-10 (1) 1.213×10^{-3} nm；(2) 9.4×10^{-17} J

13-11 5.426×10^{-3} nm；2.96×10^{-14} J

13-12 0.004 3 nm；62.3°

13-13 5

13-14 121.5 nm

13-15 91.27 nm，10 956 697 m^{-1}

13-16 364.6 nm

13-17 4，0.212 5 eV

13-18 (1) 4；(2) 莱曼系 3 条，巴尔末系 2 条，帕邢系 1 条，共计 6 条

13-19 6 573 Å，4 872 Å；3.08×10^{15} Hz

13-20 1.655×10^{-35} m

13-21 2.86×10^{-12} m

13-22 1.67×10^{-27} kg

13-23 3.4 eV，0.665 nm

13-24 (1) $0.866c$；(2) 0.001 4 nm

13-25 1.16 mm

13-26 5.8×10^{5} m/s

13-27 3.09×10^{-6}

13-28 $\dfrac{h^2}{32\pi^2 mL^2}$

13-29 5.3×10^{-27} J；9.2×10^{-15} m

13-30 9.95×10^{-5} nm

13-31 1.6×10^{-9} s

13-32 10^{-8} s

13-33 2.5×10^{-8}

13-34 $x=0$

13-35 (1) $\sqrt{\dfrac{2}{a}}$；(2) $a/4$，$3a/4$

13-36 $\dfrac{1}{2a}$

13-37 0.091

13-38 9.93×10^{-32} J，1.99×10^{-31} J

第 14 章 原子核与放射性

14-5 (1) 2.3×10^{17} kg/m^{3}；(2) 1.38×10^{44}

14-6 3.0×10^{-15} m;7.1×10^{-15} m

14-7 33.6 MeV;5.60 MeV

14-8 1.58 MeV

14-9 4.84 MeV

14-10 1.00×10^{-6} s^{-1}

14-11 8.9×10^{14}个

14-12 6小时

14-13 2 mL

14-14 5 340

14-15 2.15×10^{15} Bq

14-16 1.000 g

14-17 48 min

14-18 1.87×10^{7}

14-19 8天

14-20 32倍

第15章 X射线成像

15-7 124 kV,2.1×10^{8} m/s

15-8 0.024 84 nm,1.325×10^{8} m/s

15-9 0.006 21 nm

15-10 10

15-11 0.115 cm

15-12 1.8

15-13 91.4%,40.6%,0.012%

15-14 1.98 cm

15-15 0.31 cm^{-1}